中国社会科学年鉴

中国社会科学院

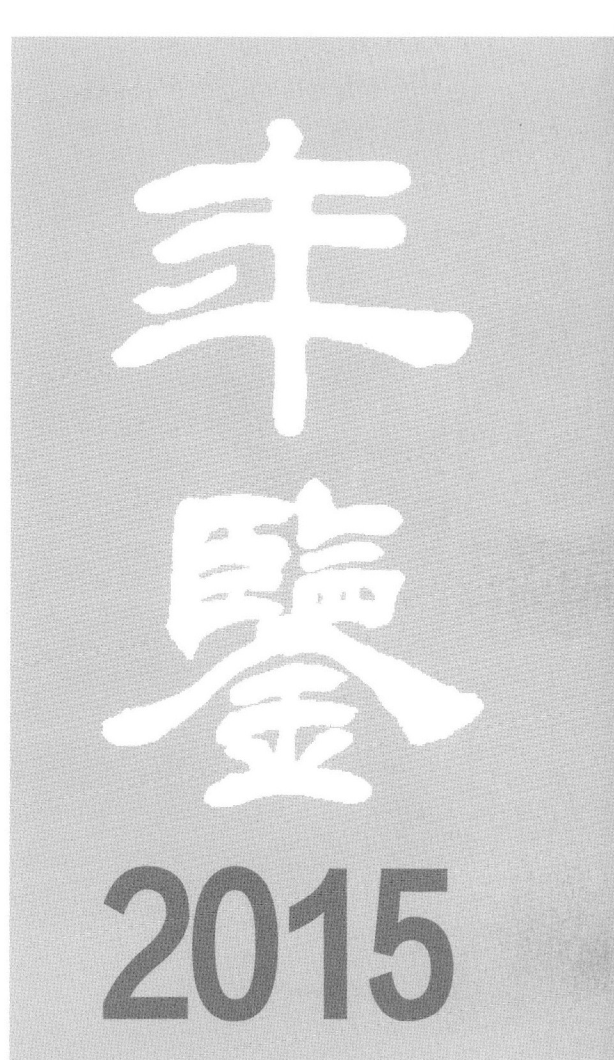

年鉴 2015

YEARBOOK OF CHINESE ACADEMY OF SOCIAL SCIENCES

中国社会科学出版社

图书在版编目（CIP）数据

中国社会科学院年鉴．2015／方军主编．—北京：中国社会科学出版社，2018.5

ISBN 978-7-5203-2385-7

Ⅰ.①中…　Ⅱ.①方…　Ⅲ.①中国社会科学院－2015－年鉴　Ⅳ.①G322.22-54

中国版本图书馆CIP数据核字（2018）第076175号

出 版 人　赵剑英
特邀编辑　刘玉杰
图片设计　胡　斌
责任编辑　姜阿平　马志鹏
责任校对　林福国
责任印制　郝美娜

出　　版　中国社会科学出版社
社　　址　北京鼓楼西大街甲158号
邮　　编　100720
网　　址　http://www.csspw.cn
发 行 部　010-84083685
门 市 部　010-84029450
经　　销　新华书店及其他书店

印刷装订　三河市东方印刷有限公司
版　　次　2018年5月第1版
印　　次　2018年5月第1次印刷

开　　本　787×1092　1/16
印　　张　56.25
插　　页　20
字　　数　1308千字
定　　价　358.00元

编辑委员会

中国社会科学院年鉴（2015）

编辑说明

一、《中国社会科学院年鉴》(以下简称《院年鉴》) 2015年卷较为全面系统地反映了中国社会科学院重大科研、管理工作，重大学术活动和重大国际学术交流活动，学习贯彻党的十八大，十八届三中、四中全会精神和习近平总书记系列重要讲话精神，继续实施科研强院、人才强院、管理强院战略，深化管理体制机制改革，大力推进哲学社会科学创新工程，着力加强中国特色新型智库建设、大力加强马克思主义理论研究和学科建设，努力实现中国社会科学院“三个定位”要求，努力发挥阵地、智库、殿堂功能等方面的作用；还收录了中国社会科学院2014年的机构设置、行政后勤工作、党务工作等方面的情况，是了解中国社会科学院2014年工作全貌的、内容比较翔实的资料性参考书。

二、《院年鉴》2015年卷共分为“综合”“组织机构”“工作概况和学术活动”“科研成果”“学术人物”“规章制度”“统计资料”和“大事记”等八编。其中，第一编“综合”收录了中国社会科学院领导的《深入学习贯彻习近平总书记系列重要讲话精神，全面推进哲学社会科学创新工程》《在中国社会科学院2014年“三项纪律”建设专题工作会议上的讲话》《在财经纪律培训班上的总结讲话》《关于加强智库建设和提高执行力问题》《在2014年度全院科研管理工作会议上的讲话》《恪尽职守积极作为　扎扎实实做好党风廉政建设工作——在中国社会科学院工作会议暨反腐倡廉建设工作会议上的讲话》《坚持和发展唯物史观——在第二届马克思主义史学理论论坛上的讲话》等文章和中国社会科学院2014年度工作会议文件；第二编“组织机构”收录了中国社会科学院机构设置及负责人名单、中国社会科学院院级专业技术资格评审委员会名单、各研究所学术委员会及专业技术资格评审委员会名单；第三编“工作概况和学术活动”收录了院属各单位的年度工作概况和主要学术活动，第四编“科研成果”收录了以科研机构为主的院属各单位的主要科研成果；第五编“学术人物”收录了“中国社会科学院博士学位研究生指导教师（2014 ~ 2015）”和“2014 年度晋升正高级专业技术职务人员”情况；第六编“规章制度”收录了《中国社会科学院党组关于对党员领导干部进行诫勉谈话和函询的办法》《中共中国社会科学院党组关于落实党风廉政建设主体责任的实施意见》《中国社会科学院关于进一步加强政治纪律建设的决定》《关于加强和改进国情调研工作的若干意见》《中国社会科学院学术期刊审读办法》《中国社会科学院皮书管理办法》《中国社会科学院重大信息化项目管理办法》《中国社会科学院创新工程重大社会调查项目管理办法》等；第七编“统计资料”收录了 2014 年度的主要统计资料；第八编“大事记”收录了中国社会科学院 2014 年度的主要事件和活动。卷首图片生动、系统地反映了中国社会科学院 2014 年度的重大活动、重要学术会议等。

在封面装帧和版式设计上，《院年鉴》2015 年卷继续将院属各单位的工作概况和学术活动与图片资料集中编排，以突出科研机构的工作动态。

三、《院年鉴》2015 年卷的编辑工作是在中国社会科学院领导的关心下、在《院年鉴》编委会的指导下、在全院各单位的帮助下完成的，我们对各方面的大力支持和密切合作表示衷心的感谢。

《中国社会科学院年鉴》编辑部

二〇一六年十二月

↑ 2014 年 2 月 12 日，应国务院总理李克强邀请，匈牙利总理欧尔班・维克托对中国进行正式访问。在中匈两国总理见证下，中国社会科学院院长王伟光与匈牙利科学院院长巴林卡斯・约瑟夫共同签署了《中国社会科学院与匈牙利科学院科学合作协议》。

↑ 2014 年 4 月 19 日，第五次全国地方志工作会议在北京召开。中共中央政治局委员、国务院副总理刘延东在会前会见部分与会代表，并发表重要讲话。中国社会科学院院长、中国地方志指导小组组长王伟光，中国社会科学院副院长、中国地方志指导小组常务副组长李培林参加会见。

↑ 2014 年 3 月 28 日，中共中央政治局委员、中央书记处书记、中宣部部长刘奇葆出席中国社会科学院马克思主义理论专业博士生开学典礼并参观中国社会科学院研究生院校史展。

↑ 2014 年 12 月 1 日，中国社会科学院召开学习贯彻党的十八届四中全会精神报告会。

↑ 2014 年 1 月 15 日，中国社会科学院召开 2014 年度工作会议暨反腐倡廉建设工作会议。

↑ 2014 年 2 月，中国社会科学院召开 2014 年度马克思主义理论学科建设与理论研究工程工作会议。

↑ 2014 年 3 月，中国社会科学院和经济合作与发展组织谅解备忘录签约仪式在北京举行。

↑ 2014 年 5 月，中国社会科学院院长王伟光会见爱丁堡皇家学会会长阿布斯纳特爵士一行。

↑ 2014 年 4 月，中国社会科学院副院长张江会见法国波尔多政治学院院长万桑·奥弗马－马尔梯诺，并代表中国社会科学院签署了《中国社会科学院与法国波尔多政治学院协议》。

↑ 2014 年 1 月 23 日，中国社会科学院副院长李扬会见来访的乌克兰驻华大使焦明·奥列格。

↑ 2014 年 1 月，中国社会科学院副院长李培林会见蒙古国科学院院长恩赫图布新。

↑ 2014 年 4 月，“《甲申三百年祭》发表 70 周年——反腐倡廉话甲申”主题展览开幕式在北京举行。中央纪委驻院纪检组组长张英伟出席开幕式并参观展览。

↑ 2014 年 8 月，中国城市百人论坛成立大会暨学术研讨会“以人为本 众志成城”在北京举行。中国社会科学院副院长蔡昉作演讲。

↑ 2014 年 9 月，中国社会科学院图书馆三线典藏工作总结表彰大会在中国社会科学院举行。中国社会科学院秘书长高翔出席会议并为获奖者颁奖。

↑ 2014 年 1 月，中国社会科学院全院古籍普查登记工作总结表彰大会在北京举行。

↑ 2014 年 1 月，中国社会科学院召开信息研究和报送工作培训会议。

↑ 2014 年 1 月，中国社会科学院召开传达贯彻中共中央关于党的群众路线教育实践活动第一批总结暨第二批部署会议和传达十八届中央纪委第三次全会精神会议。

↑ 2014 年 1 月，中国社会科学院举行 2014 年度创新工程签约仪式。

↑ 2014 年 1 月，中国社会科学院领导班子成员与老领导新春茶话会在北京举行。

↑ 2014 年 2 月，中国社会科学院研究生院马克思主义教育系学位评定委员会委员暨博士生导师聘任大会在北京举行。

↑ 2014 年 2 月，中国社会科学院召开党的群众路线教育实践活动工作总结会议。

↑ 2014 年 2 月，中国社会科学院召开全国人大代表和全国政协委员座谈会。

↑ 2014 年 3 月，中国社会科学院马克思主义理论专业博士生开学典礼在北京举行。

↑ 2014 年 3 月，中国社会科学院 2014 年度离退休干部工作会议在北京召开。

↑ 2014 年 3 月，中国社会科学院 2014 年所局级主要领导干部马克思主义经典著作读书班在北京举办。

↑ 2014 年 3 月，中国社会科学院处室领导干部学习贯彻习近平总书记系列重要讲话精神培训班开班动员会在北京举行。

↑ 2014 年 3 月，国际经济政策与治理国际研讨会在北京举行。

↑ 2014 年 3 月，中国社会科学院“性别・经济・社会・发展论坛（2014 年）”在北京举行。

↑ 2014 年 4 月，中国社会科学院第一届毛泽东思想论坛在北京举行。

↑ 2014 年 4 月，“从非正规性到发展：中国和拉丁美洲的城市化、创业及竞争力”国际研讨会在北京举行。

↑ 2014 年 4 月，《中国支付清算发展报告（2014）》发布暨支付清算理论与政策高层论坛在北京举行。

↑ 2014 年 4 月，纪念“和平共处五项原则”发表 60 周年研讨会在北京举行。

↑ 2014 年 4 月，中国社会科学院召开处室领导干部学习贯彻习近平总书记系列重要讲话精神第二期培训班。

↑ 2014 年 4 月，中国社会科学院召开“三项纪律”建设学习教育月专题报告会。

↑ 2014 年 5 月，“中国与邻国：推进共同繁荣与发展”国际学术论坛在北京举行。

↑ 2014 年 5 月，中国社会科学院召开《党政领导干部选拔任用工作条例》专题报告会。

↑ 2014 年 5 月，中国社会科学院召开“三项纪律”建设学习教育活动月第二场专题报告会。

↑ 2014 年 5 月，中国社会科学院召开维稳工作专题会议。

↑ 2014 年 5 月，中国社会科学院召开“学习习近平总书记重要讲话 提升哲学社会科学‘围绕中心服务大局’能力和水平”专题讲座。

↑ 2014 年 5 月，“文学研究的中国话语”学术研讨会在北京举行。

↑ 2014 年 5 月，中国社会科学院处室领导干部学习贯彻习近平总书记系列重要讲话精神第四期培训班在北京举行。

↑ 2014 年 5 月，中国社会科学院财经战略研究院重大成果发布暨研讨会在北京举行。

← 2014 年 6 月，新中国成立以来的中国古代史研究暨历史研究所成立 60 周年座谈会在北京举行。

→ 2014 年 6 月，伊朗最高领袖阿亚图拉·哈梅内伊阁下国际事务顾问韦拉亚提阁下演讲会在北京举行。

← 2014 年 6 月，印度副总统安萨里阁下演讲会在北京举行。

→ 2014 年 6 月,《创意经济报告 2013（特别版)》发布会暨座谈会在北京召开。

← 2014 年 7 月，中国社会科学院召开学习习近平总书记系列重要讲话精神会议和加强“三项纪律”建设专题工作会议。

→ 2014 年 7 月，中国社会科学院第二届道德建设论坛“诚与信：社会主义核心价值观的塑造”在北京举行。

← 2014 年 7 月，中国社会科学院召开管理岗位干部交流会。

→ 2014 年 7 月，中国社会科学院召开学习贯彻《事业单位人事管理条例》专题报告会暨第六期“才思讲坛”。

← 2014 年 7 月，中国社会科学院和文化部联合主办的首期“2014 青年汉学家研修计划”开班仪式在北京举行。

→ 2014 年 7 月，吉林省档案馆藏“日本侵华档案”学术研讨会在北京举行。

← 2014 年 7 月，“一战和二战历史回顾：教训和启示”国际学术研讨会在北京举行。

→ 2014 年 7 月，中国社会科学院第二届马克思主义史学理论论坛“中国特色社会主义与马克思主义史学理论建设”在北京举行。

← 2014 年 8 月，中国社会科学院纪念邓小平同志诞辰 110 周年学术研讨会在北京举行。

→ 2014 年 8 月，“当前美国内政外交政策走向与中美关系前景”国际学术研讨会暨《美国蓝皮书（2014）》发布会在北京举行。

← 2014 年 8 月，第十五次全国皮书年会（2014）“大数据时代的皮书研创”在贵州省贵阳市举行。

→ 2014 年 8 月，“中日经济增长与劳动力市场研讨会”在北京举行。

← 2014 年 9 月，《新大众哲学》首发式暨出版座谈会在北京举行。

→ 2014 年 9 月，“民族团结进步边疆繁荣稳定云南经验研讨会暨《民族团结云南经验》出版座谈会”在北京举行。

← 2014 年 9 月，“日本侵华档案”国际学术研讨会在北京举行。

→ 2014 年 10 月，“根在基层·情系民生”2014 年中央国家机关青年干部调研实践活动总结汇报会在北京举行。

← 2014 年 10 月，《中华思想通史》项目启动大会在北京举行。

→ 2014 年 10 月，2014 “汉学与当代中国” 座谈会在北京举行。

← 2014 年 10 月，“丝绸之路经济带建设与中蒙全面战略伙伴关系——纪念建交 65 周年中国·蒙古国智库圆桌会议”在北京举行。

→ 2014 年 10 月，“全国哲学社会科学话语体系建设理论研讨会”在北京举行。

← 2014 年 10 月，“欧盟面临的挑战——匈牙利外交与对外经济部部长彼得·西雅尔多演讲会”在北京举行。

→ 2014 年 10 月，“‘美国与东北亚局势’学术研讨会暨中华美国学会 2014 年年会”在北京举行。

← 2014 年 11 月，“中国社会科学院与甘肃省委省政府干部双向挂职启动仪式暨 2014 年度干部实践锻炼动员大会”在北京举行。

→ 2014 年 11 月，“面向未来的中墨关系”国际研讨会在北京举行。

← 2014 年 11 月，“‘学习贯彻习近平总书记文艺座谈会重要讲话精神 开展积极健康文艺批评’研讨会暨人民日报《文学观象》专栏作者座谈会”在北京举行。

→ 2014 年 11 月，“第四届亚洲研究论坛‘TPP 与 RCEP：竞争性与互补性’”国际研讨会在北京举行。

← 2014 年 11 月，“2014 年《二十国集团（G20）国家创新竞争力黄皮书》《中国省域环境竞争力绿皮书》发布会暨‘创新发展与绿色转型战略’研讨会”在北京举行。

→ 2014 年 11 月，“2014 年气候变化绿皮书发布会暨气候治理与节能减排高峰论坛”在北京举行。

← 2014 年 12 月，“中国社会科学院 2014 年报刊出版馆网库学术评价名优建设工程工作会议”在北京举行。

→ 2014年12月，“中国社会科学院反腐倡廉蓝皮书发布会暨第八届廉政研究论坛”在北京举行。

← 2014年12月，“中国社会科学论坛（2014年·经济学）‘深化改革与促进中国长期增长和发展：农村发展的作用’”在北京举行。

→ 2014年12月，“中国经济新常态——速度、结构与动力国际研讨会”在北京举行。

《中国社会科学院年鉴》（2015年卷）
审稿人名单

刘跃进　巴莫曲布嫫　陈众议　张伯江　王立民
郑筱筠　王　巍　卜宪群　赵笑洁　王建朗　张顺洪
李国强　周志怀　裴长洪　黄群慧　李　周　夏杰长
王国刚　李　平　张车伟　潘家华　莫纪宏　陈泽宪
杨海蛟　尹虎彬　赵克斌　唐绪军　王苏粤　姚枝仲
李永全　江时学　杨　光　吴白乙　李向阳　孙海泉
李　薇　廖峥嵘　邓纯东　张星星　于俊霄　姜　辉
王卫东　胥锦成　马　援　张冠梓　王　镭　段小燕
刘　红　崔建民　胡乐生　王　兵　邱伟立　孙　红
庄前生　赵剑英　王利民　魏长宝　赵　磊　谢寿光
杨沛超　刘福庆　李传章　荆林波　吴　敏　张世贤
赵　芮　金　碚

《中国社会科学院年鉴》（2015年卷）
供稿人名单

曹维平　姚　慧　李玲燕　华　武　王　莹　陈粟裕
巩　文　安子毓　李　斌　柴　怡　王　宇　陆晓芳
高　月　刘　洋　程　红　尹茂祥　周　济　王　楠
卢宪英　刘尚超　夏　萌　刘戈平　薛　波　韩胜军
戴丽萍　连鹏灵　薛苏鹏　张锦贵　廖　凡　张　宁
孙　懿　杨晶晶　张　逸　张晨曲　兰丽霞　郗艳菊
冯育民　崔　振　蔡雅洁　史晓溪　刘东山　郭　靓
陈宪奎　周文婷　彭　华　刘　江　刘琨仑　池重阳
潘　娜　郭志法　高　军　朱　晨　陈于武　毕争妍
李卓然　于晓丹　曾　军　高中宁　冯秋颖　范三国
赵晨硕　周兴君　李　安　魏　进　陈　彪　朱华彬
侯丽敏　蔡继辉　柳　杨　匡卫群　贺建忠　赵晓军
张青松　何　蒂　王　超　李慧霞

目 录

第一编 综合

第二编 组织机构

第三编 工作概况和学术活动

第四编　科研成果

第五编　学术人物

第六编　规章制度

第七编　统计资料

第八编　大事记

2015 YEARBOOK OF CHINESE ACADEMY OF SOCIAL SCIENCES

CONTENTS

CHAPTER ONE A COMPREHENSIVE SURVEY

CHAPTER TWO ORGANIZATIONAL COMPOSITION

CHAPTER THREE WORK AND ACADEMIC ACTIVITIES

CHAPTER FOUR SCIENTIFIC RESEARCH ACHIEVEMENTS

CHAPTER FIVE ACADEMIC FIGURES

CHAPTER SIX RULES AND REGULATIONS

CHAPTER SEVEN STATISTICS DATA

CHAPTER EIGHT CHRONICLE

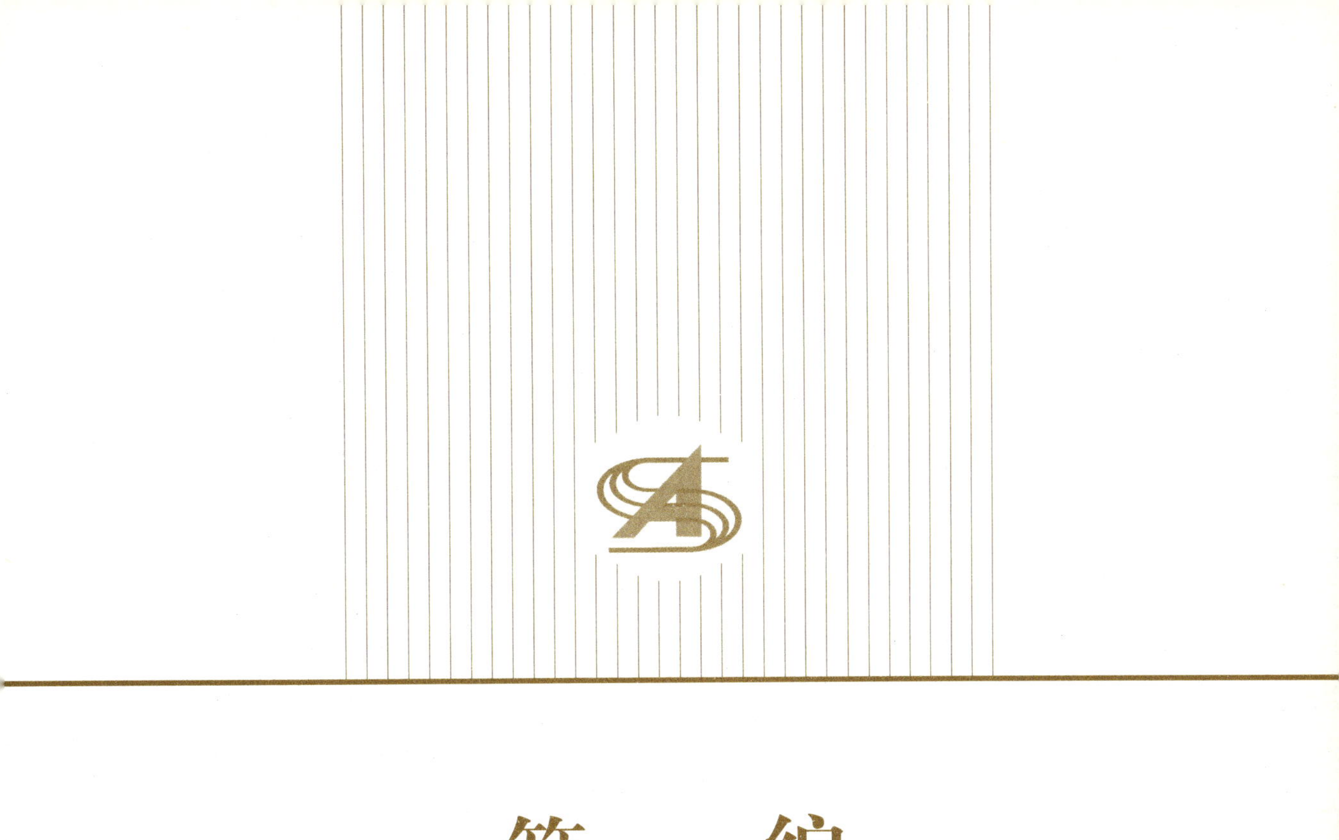

第一编

综 合

ZONGHE

一　领导讲话

深入学习贯彻习近平总书记系列重要讲话精神，全面推进哲学社会科学创新工程

王伟光

（2014年1月25日）

同志们：

现在，我代表党组做工作报告。

2014 年工作的指导思想是：高举中国特色社会主义伟大旗帜，以马克思列宁主义、毛泽东思想和中国特色社会主义理论体系为指导，贯彻落实党的十八大和十八届二中、三中全会精神与习近平总书记系列重要讲话精神，以及全国宣传思想工作会议精神，巩固扩大党的群众路线教育实践活动成果，深入实施科研强院、人才强院、管理强院战略，全面推进哲学社会科学创新工程，努力打造一支政治方向和学术导向正确、高素质的哲学社会科学工作者队伍，着力推出更多有影响的科研创新成果，在实现中央“三个定位”要求方面迈出更加坚实的步伐，为进一步繁荣发展哲学社会科学，坚持和发展中国特色社会主义作出新的贡献。

（一）2013 年工作回顾

过去一年，在党组领导下，全院同志共同努力，圆满完成了 2013 年度工作会议提出的各项任务。党组重点抓了以下三件大事：

——认真学习、贯彻落实党的十八大，十八届二中、三中全会和习近平总书记系列重要讲话精神。

——深入开展党的群众路线教育实践活动。

——全面推进哲学社会科学创新工程试点工作。

同时，党组还着力抓了以下九个方面的工作：

一是加强马克思主义阵地建设，牢牢掌握意识形态工作的领导权、管理权、话语权。

二是实施科研强院战略，推出一批有影响的科研创新成果。

三是实施人才强院战略，人才队伍建设呈现新面貌。

四是实施管理强院战略，科研保障能力得到新提升。

五是实施“走出去”战略，国际知名度和学术影响力日益扩大。

六是推进报刊出版馆网库名优工程建设，抢占哲学社会科学学术传播制高点。

七是解决干部职工最关心、最直接、最现实的利益问题，改善办院条件有了突破性进展。

八是重视做好离退休干部工作，离退休干部满意度不断提高。

九是加强党委领导班子、基层党组织和党风廉政建设，党风及学风、作风、文风明显好转。

在充分肯定2013年成绩的同时，必须清醒地看到，我院工作与中央要求相比还有较大距离，与新形势新任务的要求相比还存在许多不适应。主要是：为党中央国务院科学决策服务的能力还有待进一步提高；对我国思想理论领域和经济社会发展过程中出现的一些新情况新问题，把握不够准确、反映不够及时；创新工程体制机制有待完善，重大创新成果不够突出，拔尖人才培养效果不太明显，创新型人才还比较缺乏；领导联系群众的长效机制尚待健全，落实中央“八项规定”勤俭办一切事业还需更加坚决、更加自觉；在学科建设、课题研究、国情调研和科研手段现代化等方面还存在重复投入和效益不高的问题；改善办院条件、解决职工切身利益还有不少实际困难需要克服；等等。对于存在的不足和问题，我们将以改革的精神和创新的思路加以解决。

（二）当前的首要任务和亟待解决的关键问题

当前和今后一个时期，全院要继续认真学习、贯彻落实党的十八大和十八届二中、三中全会精神，深刻领会和全面贯彻习近平总书记系列重要讲话精神，巩固扩大党的群众路线教育实践活动成果，从根本上解决好哲学社会科学为什么人的问题，解决好学风作风文风问题，解决好实现中央“三个定位”要求问题。

在新的起点上办好中国社会科学院，关键在队伍，关键在人才。要打造一支始终坚持以马克思主义为指导、整体素质高、人才结构合理的哲学社会科学工作者队伍。全院各级党组织要把培养人才、吸引人才作为一项战略任务，注重人才队伍的政治建设、思想建设和组织建设。老一代专家学者要切实发挥好传帮带作用，把培养合格的、高素质的中青年学者作为自己的神圣职责。要积极创造条件，在政治上引导，在学术上严格要求，在生活待遇上关心，帮助中青年学者尽快成长。

1.充分认识学习贯彻落实党的十八大和十八届二中、三中全会与习近平总书记系列重要讲话精神的重大意义，深刻把握精神实质、基本内涵和主要观点。

要学习好、宣传好、贯彻好、落实好党的十八大和十八届二中、三中全会精神，切实把思想和行动统一到中央精神上来。

党的十八大以来，习近平总书记发表了一系列重要讲话，提出了许多富有创建的新思想、新观点、新论断、新要求、新举措，为我们在新的历史起点上实现新的奋斗目标提供了基本遵循。这一系列重要讲话是对党的十八大精神的深化和拓展，是对中国特色社会主义理论体系的丰富和发展，是在我国经济社会发展的决定性阶段坚持和发展中国特色社会主义的政治纲领，是全面阐述事关中国特色社会主义前途命运重大原则问题的马克思主义文献，是指导我们推进中国特色社会主义伟大实践、实现“两个一百年”奋斗目标和中华民族伟大复兴中国梦的行动指南，当然也是进一步繁荣发展哲学社会科学的重要指导方针。

习近平总书记的系列重要讲话包含着十分丰富的内容，全院同志要注重把握其精神实质、基本内涵和主要观点。结合我院实际，要在以下几个方面下大功夫。

第一，深刻把握系列重要讲话贯穿的马克思主义立场观点方法，学会用科学的世界观方法论观察问题、分析问题、研究问题、解决问题。学习贯彻好讲话精神，要深刻把握讲话贯穿的坚定信仰追求，着力解决好世界观、人生观、价值观这个“总开关”问题，坚定“主心骨”、筑牢“压舱石”，增强政治定力，自觉做共产主义远大理想和中国特色社会主义共同理想的坚定信仰者、忠实践行者；要深刻把握讲话贯穿的历史担当精神，增强忧患意识、使命意识、进取意识，努力创造出经得起实践、人民和历史检验的代表国家水准的创新性研究成果；要深刻把握讲话贯穿的坚定的人民立场和真挚的为民情怀，牢固树立人民是真正英雄的历史观、以人为本人民至上的价值观，切实解决好“为了谁、依靠谁、我是谁”的问题，始终站在人民的立场上，为人民做学问，为最广大人民的利益鼓与呼；要深刻把握讲话贯穿的求真务实和创新实干的思想作风，以党和国家关注的重大问题为科研主攻方向，努力发挥好我院作为党中央国务院重要思想库和智囊团作用；要深刻把握讲话贯穿的马克思主义哲学世界观方法论，增强战略思维、辩证思维、系统思维、创新思维能力，提高运用马克思主义指导科研的能力，不断增强服务党和政府决策的科学性、前瞻性和主动性。

第二，深入学习领会系列重要讲话关于坚持和发展中国特色社会主义的重要论述，进一步坚定道路自信、理论自信、制度自信。学习贯彻好讲话精神，要明确中国特色社会主义是科学社会主义理论逻辑和中国社会发展历史逻辑的辩证统一，是社会主义而不是其他什么主义，科学社会主义的基本原则不能丢，丢了就不是社会主义；要明确改革开放前后两个历史时期既相互联系又有重大区别，本质上都是党领导人民进行社会主义建设的实践探索；要明确必须以发展的观点对待马克思主义、社会主义，不断有所发现、有所创造、有所前进，不断丰富中国特色社会主义的实践特色、理论特色、民族特色、时代特色；要明确中国特色社会主义的真谛要义，排除和纠正各种错误思想认识，毫不动摇地坚持、与时俱进地发展中国特色社会主义。

第三，深入学习领会系列重要讲话关于实现中华民族伟大复兴中国梦的重要论述，为国家富强、民族振兴、人民幸福而不懈奋斗。关于中国梦的重要论述升华了我们党的执政理念，是中华民族实现民族独立、民族自强的伟大觉醒，是中国特色社会主义的重大思想理论成果。学习贯彻好讲话精神，要深刻理解、深入阐释中国梦的重大意义、基本内涵、精神实质、实现路径和实践要求，为深化中国梦的宣传教育、实现中国梦的伟大实践提供有力的智力支撑。

第四，深入学习领会系列重要讲话关于全面深化改革开放的重要论述，为社会主义市场经济体制改革和各领域的改革建言献策。学习贯彻好讲话精神，要深刻理解全面深化改革开放的重大意义、正确方向、总体目标和重要任务，发挥我院综合研究实力强的优势，围绕全面深化改革面临的重大理论和现实问题，开展前瞻性、全局性、战略性研究，努力推出创新性理论成果，及时提供有价值的决策建议。

第五，深入学习领会系列重要讲话关于宣传思想和意识形态工作的重要论述，牢牢掌握意识形态工作的领导权管理权话语权。学习贯彻好讲话精神，要充分认识到我院作为党的意识形态重镇和马克思主义坚强阵地，必须积极应对当前意识形态领域所面临的挑战，始终不渝地坚持和巩固马克思主义在意识形态领域的指导地位，坚持正确的政治方向和学术导向，做到守土有责、守土负责、守土尽责，把思想统一到中央对意识形态工作的形势判断和工作措施上来，把意识形态工作的领导权管理权话语权牢牢掌握在手中。不能片面地理解“不争论”,不能当“好好先生”，当“太平绅士”。要组织力量批判新自由主义、民主社会主义、历史虚无主义、普世价值观，资产阶级民主、自由、人权、平等观，以及质疑改革开放等错误思潮，开展积极的舆论斗争。

习近平总书记在许多重要讲话中，对加强党的建设、推动科学发展、社会主义民主政治和依法治国、国际关系和我国外交战略、“一国两制”、国防和军队建设等都进行了深刻论述，提出了一系列新思想、新论断，都需要我们认真学习、深入领会。

党的十八大以来，党组对学习习近平总书记系列重要讲话始终高度重视，将其作为全院一项重要政治任务，与学习贯彻党的十八大和十八届二中、三中全会精神一同部署、一同推进，取得了明显成效。一定要把学习贯彻落实习近平总书记系列重要讲话与学习贯彻落实党的十八大和十八届二中、三中全会精神结合起来，同学习中国特色社会主义理论体系结合起来，同学习马克思主义哲学和马克思主义基本原理结合起来，进一步提高全院同志运用马克思主义指导科研等各项工作的水平和能力。

全院同志必须充分认识到，学习贯彻好习近平总书记系列重要讲话是一个逐步深化的过程，是一项长期的政治任务。我院各级领导干部要以高度的思想自觉，把学习贯彻讲话精神作为政治责任、政治要求，坚持带头学、作表率，做到真学、真懂、真信、真用。要组织好党组中心组、院属单位党委中心组和各级党组织的学习，抓好所局级、处级干部和全院同志的培训学习。要做好讲话精神的宣传阐释工作，充分运用中央主流媒体及我院报纸、期刊、网络、出版社等，多渠道、多层次宣传讲话精神。

要组织优势科研力量，加强对十八大和十八届二中、三中全会提出的重大理论和现实问题的研究，加强对习近平总书记系列重要讲话重大观点、重要论断的研究，推出一批有分量的研究成果，为全面深化改革、全面建成小康社会提供有力的智力支持。

2. 从根本上解决好哲学社会科学为什么人的问题

首先，要办好中国社会科学院，首要而关键的问题是切实解决好哲学社会科学为什么人的问题，即全院人员为什么人从事哲学社会科学研究的问题。

为什么人的问题，是马克思主义唯物史观的核心问题。习近平总书记在全国宣传思想工作会议上强调指出，要树立以人民为中心的工作导向，为我们解决哲学社会科学研究为什么人的问题指明了方向。哲学社会科学工作者站在什么人的立场上、采取什么样的态度、扮演什么样的角色，一句话，是站在人民一边，还是站在个人一边，甚至站在与人民对立的一边，是关乎哲学社会科学发展方向、前途命运的一个带根本性的首要问题，这也就是刘云山同志反复强调要解决好的“为了谁，依靠谁，我是谁”的问题。

哲学社会科学的绝大多数学科是有政治性和意识形态属性的。即使一些学科没有鲜明的政治性和意识形态属性，也有一个为什么人的问题。要解决为什么人的问题，就有一个坚持以什么样的世界观、价值观和方法论为指导的问题。如果坚持以错误的世界观、价值观和方法论为指导，那么搞科研就只是为了个人，只是为了评职称，为了多拿钱，为了光宗耀祖，为了出名得利。极而言之，甚至站在与人民相对立、与党相对立、与社会主义相对立的立场上，持与马克思主义和社会主义、与党和人民的要求相左的观点言论。如果坚持以马克思主义的世界观、价值观、方法论为指导，那么搞科研就是为了人民利益，为了党的事业，为了中国特色社会主义，为了中华民族伟大复兴，为了发展社会主义文化事业，这样就会把党和国家关注的重大理论和现实问题作为科研的主攻方向，把拿出让党和人民放心的科研成果放在第一位，就会从事为人民、为党、为社会主义服务的研究，就会旗帜鲜明地对错误思潮展开斗争。

在这方面，我院尚存在必须全力加以解决的问题：一是在少数科研人员中间还存在政治方向和学术导向不明确、不正确、不坚定的问题。例如，有极个别人，不是站在人民的、社会主义的、党的立场上，不为党说话，不为普通工人农民说话，对反党、反社会主义言论不敢反对，甚至发出附和、呼应的杂音。二是运用马克思主义指导科研的素质和能力与中央要求存在一定差距。例如，有极个别人在科研指导思想上马克思主义立场不坚定，对错误思潮辨别不明；有极个别人主张学术研究要“非意识形态化”“非政治化”，主张学术与政治不沾边，避开政治。三是对基本理论、基本问题的宏观性、全面性、战略性、前沿性、前瞻性研究重视不够，过多集中在细节、局部、技术、微观、操作层面上，存在碎片化现象。四是把党和国家关注的重大理论和现实问题作为研究主项，当好党中央、国务院的思想库和智囊团方面还存在相当距离。例如，有极个别人以为可以完全脱离现实需要，抱着洋人、古人搞纯学术研究，认为只有洋人和古人才有学问，言必称西，言必称古，食洋不化，食古不化，崇拜洋教条、土教条，甚至连名词用语都照抄照搬外国的、古人的，只做洋人书本的传话筒、古人经典的应声虫，自拉自唱，自娱自乐，自我欣赏。五是有个别人对火热的现实生活，对国内外大势有什么变化，党和人民想什么、做什么不去关心，存在理论脱离实际、脱离群众，做文章“假、大、空”，文字太晦涩，让人看不懂，甚至出现学术不端现象等学风、作风、文风问题。六是有个别人以老同学、老部下、老战友和学生画线搞学术小圈子，以至于形成左右一个单位的不利格局，影响团结和“双百”方针的落实，等等。

这些问题的总根子是尚未解决好“为什么人”的问题，尚未解决好对人民负责和对党负责相一致、坚持党性和坚持人民性相一致的问题。

总体来说，世界上没有任何哲学社会科学研究与政治、意识形态可以完全不沾边，可以完全相脱离。我们不否认也不反对个人研究兴趣、爱好和追求，但作为党领导的国家哲学社会科学研究机构的学者，个人的兴趣要服务于人民、党和国家的需要。我们也不反对研究古人、研究洋人，借鉴古学问、借鉴洋学问是需要的，但要为现实服务、为人民服务。对外国和中国古代传统的学术，必须一分为二，去粗取精，去伪存真。必须处理好学术与政治和意识形态的关系，既要看到它们之间的区别，又要看到它们之间的必然联系，既坚持正确的政治方向和学术导向，又坚持贯彻落实党的“双百方针”，调动研究人员的积极性、主动性和创造性。

毛泽东同志曾经借用“皮之不存，毛将焉附”，论述知识分子与人民大众的关系。通俗地讲，我院的科研人员就是附着在中国人民群众身上的“毛”，如果不为人民群众服务，不依靠人民群众，不做群众的学生，还要我们干什么？为什么人的问题，就是马克思主义立场问题。坚持马克思主义立场，就要站在人民的立场上，就要对人民怀有深厚感情，就要一切从人民的利益出发，为人民服务。全院同志必须明确，我们是为了人民而做学问，依靠人民做学问，做学问是服务于人民群众的。这就决定了做学问要密切联系群众，深入群众实践，从群众实践中汲取养分。一切真知灼见皆来自群众、来自实践，哲学社会科学工作者学问再高，也是为人民服务的，也是人民的学生，必须站在人民的立场上，与人民结合在一起，为人民鼓与呼，为人民的利益发声。

为人民搞科研，有一个对人民负责和对党负责、坚持党性和坚持人民性相一致的问题。党是代表人民根本利益的，对人民负责就必须对党负责。这就决定了从事科研工作，必须紧密地团结在以习近平同志为总书记的党中央周围，坚持正确的政治方向和学术导向，抓好党的意识形态工作，严格遵守政治纪律，不能跟中央唱反调，跟人民唱反调，不能发出杂音、噪音。坚持了这个政治底线，就是坚持党性原则，就是坚持人民性原则。

从我院来看，解决为什么人的问题，就必须解决：一是哲学社会科学研究要不要确保、怎样确保正确的政治方向和学术导向；二是要不要以马克思主义立场观点方法作指南，怎样提高用马克思主义指导科研的能力问题；三是要不要做到、怎样做到以党、国家和人民关注的重大理论和现实问题为主攻方向；四是要不要站在、怎样才能站在人民的立场上，对人民充满感情，为党的事业、为人民的事业服务，为人民发声，为人民研究，把为人民服务与忠于党的事业一致起来；五是要不要培养、怎样培养又红又专的科研人才，把人才培养作为重大发展战略抓好落实；六是要不要坚持、怎样坚持基础研究和应用研究并举、基础研究成果和应用研究成果双丰收，解决好质量第一的问题，推出高质量的经得起实践和时间检验的科研成果；七是要不要树立、怎样树立正确的学风、作风和文风，做到深入实践，深入一线，深入现实，理论联系实际，密切联系群众，科学严谨的问题；八是要不要推进、怎样推进“三大强院战略”，推进创新工程，构建哲学社会科学创新体系，实现中央对我院“三个定位”的要求。

不管有没有鲜明的政治性和意识形态属性，所有从事哲学社会科学研究的同志，都要解决好为什么人的问题。党、国家和人民拿出这么多钱供养我们，我们当然要为人民搞科研，为人民服务，为党和政府的决策服务。在今天，就是为中国特色社会主义服务，为实现中国梦的总目标服务。同志们都要认真思考这些问题，统一思想，提高认识，下决心加以深度解决。

其次，解决了为什么人的问题，必须要解决好“三风”问题。

一是学风问题。要解决好为什么人的问题，必须坚持理论联系实际，密切联系群众，不能脱离实际，脱离群众，这就是马克思主义学风。就哲学社会科学而言，学风主要包括两个方面的内容，一方面是联系实际和群众，另一方面是科学严谨。这两个方面的问题，是我们要下决心解决并要反复解决的问题。当前我院科研存在重所谓“纯学术”轻现实问题研究，重数量轻质量，重形式轻内容，重碎片化、操作性、技术性研究轻重大基本理论和基础现实问题研究，重长篇大论轻短小精悍的倾向，这是不良学风的突出表现。当然，有内容的“长篇大论”也是必要的。

二是作风问题。全院各级领导干部，院属所有职能部门和直属单位，一切管理人员和后勤人员，都是为科研、科研人员服务的。解决了这个问题，科研单位的文件就不会被压，科研单位提出的问题就会得到迅速答复和解决。目前，在部分职能部门和直属单位中，作风上还存在不少必须切实解决好的问题，如解决推诿扯皮、拖拉不办，门难进、脸难看、事难办的问题；办事不认真，不负责任，得过且过，糊弄了事的问题；既要重视定制度，更要重视执行力的问题；减少文山会海，简化考核评价，反对人浮于事，减少层次和烦琐哲学的问题。反对办事中的人情世故，简政放权，解决好群众切身利益，实现管理服务科学化的问题等。在创新工程和学科建设、科研管理、人才引进、期刊建设、国际交流、信息化建设、图书馆工作等方面存在的问题，也必须实打实地解决好。

三是文风问题。所谓文风，就是我们写的文章，对实际工作有没有作用、有没有价值，能不能说明问题，即内容实不实、能不能让人看懂，文字精练不精练、能不能让人有时间看和看得下去等问题。现在有些文章写得连作者自己都看不懂了。有些杂志刊登的文章充斥着公式、模型。我们不反对把公式、模型引入哲学，引入经济学和其他学科，引入人文社会科学研究，但一定要适当。

最后，解决为什么人的问题，解决“三风”问题，最终是为了解决好实现中央对我院“三个定位”要求的问题。

解决好哲学社会科学为什么人的问题，对中国社会科学院来说，目的是要实现中央“三个定位”的要求，即真正把我院建设成为马克思主义的坚强阵地、党中央国务院重要的思想库和智囊团、中国哲学社会科学研究的最高殿堂，使我院各项工作真正迈上一个新的台阶。这是一个总目标，是全院同志必须为之奋斗的总任务。

中国社会科学院就好比是一艘航船，党组就是引导这艘航船前进的舵手，起着把关定向的关键作用。党组要把好方向，带领全院同志共同奋斗，齐心协力一起划好这艘大船，就要把为什么人的问题作为一个根本性、方向性、关键性的重大问题加以解决。如果舵把不好，也就是为什么人的问题解决不好，社科院这艘航船就会偏离党和国家指引的正确方向。党组决心依靠全院同志，特别是院属单位主要负责同志，集中精力解决好“为什么人”的问题，解决好“三风”和落实“三个定位”要求的问题。这是全院必须长期坚持不懈地抓紧、抓深、抓透、抓实的三个重要问题。

（三）2014 年工作部署

2014 年，要着力完成好以下几个方面的工作。

1. 加强党组自身建设，打造让党和人民放心、让全院同志满意的过硬的领导班子

加强党组班子思想政治建设，抓好党组中心组学习，带头认真学习马克思列宁主义、毛泽东思想和中国特色社会主义理论体系，提高运用马克思主义立场观点方法指导工作的能力和水平。认真学习贯彻党的理论路线方针政策，始终坚持正确的政治方向和学术导向。加强民主集中制建设，落实院领导班子议事规则，完善党组会议、院务会议、院长办公会议制度，提高决策的科学化水平。开好党组民主生活会，用好批评和自我批评的武器，自觉提高党性修养。加强作风建设，模范遵守中央“八项规定”及我院实施意见。建立联系群众的机制，深入实际、深入群众开展调查研究，广泛听取意见，及时改进工作。带头写短文、讲短话、开短会，简化院领导活动新闻报道。厉行节约，勤俭办一切事业，严格控制“三公”经费支出，严格执行出访规定。

2. 加强党的意识形态工作，建设马克思主义坚强阵地

加强党的意识形态工作，落实意识形态工作“一把手”责任制。把意识形态工作列入党委重要议事日程，定期研究意识形态工作并向党组提交报告。完成我院承担的马克思主义理论研究和建设工程任务，实施好我院马克思主义理论学科建设与理论研究方案 2014 年度工作计划。实施马克思主义文学理论研究和文学批评工程。加强马克思主义研究学部、马克思主义研究院、中国特色社会主义理论体系研究中心、世界社会主义研究中心和研究生院马克思主义理论骨干培养基地建设。加强马克思主义理论类别学科和研究室建设，启动编写相应的基本原理和基础理论研究著作。积极撰写研究、阐释中国特色社会主义理论体系、道路、制度与习近平总书记重要讲话精神的著作、论文和大众化读本，着力推进马克思主义中国化、时代化、大众化。站在人民群众的立场上，回答和解决与人民群众根本利益密切相关的重大理论和现实问题。

坚持党管媒体原则，加强院属媒体建设和管理，使之成为弘扬主旋律、凝聚正能量的重要宣传载体。加强出版物审读制度建设，提高审读质量。强化媒体从业人员马克思主义新闻观教育。建设又红又专的理论工作和党的意识形态工作队伍。实施好马克思主义理论骨干人才培养计划，培养马克思主义理论研究的高层次人才。组织研究、宣传中国特色社会主义理论体系写作组，完成在中央重要媒体发表理论宣传文章的任务。开展积极舆论斗争，组织好对错误思潮的有力的批判。建立马克思主义网络评论队伍，积极参与引导网络舆论。

3.加强党和国家重要思想库建设，提高我院战略决策影响力

落实习近平总书记关于加强我国智库建设的重要指示精神，进一步明确我院思想库建设的目标定位，夯实思想库建设基础。引导科研人员开展服务党和国家决策的学术研究和政策研究。加强思想库型人才队伍建设，建立面向国内国际各研究领域的优秀专家人才数据库。建立常态化访问学者制度，吸引院内外、国内外优秀学者从事短期学术研究。加强战略研究院建设，探索建立符合思想库发展规律的科研体制机制和科研组织形式。打破研究所和学科界限，建立能够直接承载思想库职能的研究组织，鼓励研究所成立跨专业的综合研究室。坚持开门办院、开门办所，充分发挥各类学术社团和非实体研究中心的作用，加强协调，整合资源，调动社会科学界力量，服务于我院思想库建设。办好信息情报研究院，加强和改进信息报送工作，提高信息类成果的评价权重，调动科研人员从事对策研究的积极性。

4.改革创新科研管理及激励机制，开展对重大理论和现实问题的研究

紧密围绕服务党和国家工作大局，推进科研管理体制改革，建立健全并严格执行以重大理论和现实问题为科研主攻方向的激励机制。围绕党的十八大、十八届三中全会和习近平总书记系列重要讲话提出的重大问题，设立若干重点研究方向，确立一批重大研究项目，组织优势科研力量，进行跨学科集体攻关，推出一批系统性、有影响力的研究成果。完成党组交办、党组成员负责协调的5个创新工程重大研究问题，院直接组织的11项重大招标项目；各个研究单位根据研究领域指南通知和补充通知精神，编制、实施并完成2014年创新工程研究项目。完成中央及党组、有关部委交办委托课题，积极组织申报国家社科基金课题，管理好已立项的社科基金项目。加强学部建设，组织好学部委员增选工作，发挥学部作用，探索学部办公室工作机制。构建科研单位集体研究、全院跨学科跨单位综合研究、与院外合作研究相结合的科研组织格局。充分发挥院重大问题综合研究中心作用，强化其组织协调功能。加强和改进国情调研工作，认真实施《关于加强和改进国情调研工作的若干意见》。完善重大科研成果发表机制，定期发布我院重大科研成果，提高我院学术和社会影响力。加强科研局自身建设，使科研局真正发挥党组指导科研工作的参谋助手作用。规范和深化院地、院企、院校合作。加强国史研究，做好地方志工作，发挥好史志咨政育人作用。开好第五次全国地方志工作会议。

5.大力推动哲学社会科学话语体系建设，牢牢掌握国际话语权

抓好话语体系建设工作，构建坚持以马克思主义为指导，让本国人民和世界人民听得懂、能信服，富有亲和力、吸引力、感召力，中国特色、中国风格、中国气派的哲学社会科学话语体系。定期召开研讨会，办好《哲学社会科学话语体系建设研究动态》，积极发挥我院作为建设哲学社会科学话语体系协调会议召集单位的作用。以中国特色学术语言妥善回应世界关切，增进国际社会对我国基本国情、根本制度、价值观念、发展道路、内外政策的了解和认识，展现我国文明、民主、开放、进步的形象，增强国际话语权。要抓住坚持和发展中国特色社会主义、实现中国梦的重大问题，创新学术话语体系，打造融通中外的新概念新范畴新表述。着眼现实需要，梳理、萃取传统文化的精华，赋予其与时代发展相适应、与主流价值相一致的科学内涵和表达形式，使之在新的时代条件下发扬光大。正确对待西方话语体系，结合我国国情，以开放包容、兼收并蓄的态度，对西方学术的基本概念、范畴，赋予更加科学的含义和解释，借鉴其有益成分，去粗存精、去伪存真，经过科学的扬弃后，使之具有中国特色，为我所用。

6. 全面展开哲学社会科学创新工程，推出一批优秀成果和优秀人才

深入总结创新工程试点三年来的基本经验，坚持标准，注重规范，完善制度，严格管理，全面实施创新工程。完善准入和退出制度，严格准入和退出条件。完善经费配置制度，实行年度经费总额拨付制度，完成经费管理并轨，提高经费使用效率。严格财经纪律，加强创新工程经费使用和支出管理，加大“三项经费”审计检查力度。完善报偿制度，先行试点，把报偿发放与科研成果质量、工作绩效挂起钩来，拉开目标报偿档次，防止新的“平均主义大锅饭”。完善评价制度，构建哲学社会科学学术评价体系和评价标准，建立统一的科研成果评价平台，引入独立第三方参与科研成果评价，提高评价的科学性、客观性和公正性。完善学者资助体系，建立成果出版后期资助制度，改革科研资源配置方式，鼓励学者潜心钻研，推出高质量成果。办好中国社会科学评价中心，占领学术评价和学术标准制高点。加强学科建设和研究室建设。坚持基础研究和对策研究并重并举原则，尊重哲学社会科学科研规律和人才成长规律，鼓励学术争鸣和学术创新，营造有利于出成果、出人才的科研环境。实施“走出去”战略，积极参与学术外宣、学术外交，推动更多优秀成果和优秀人才走向世界。坚持以我为主、对我有利、为我所用原则，多形式、多渠道、全方位拓展和深化对外交流合作，提升中国哲学社会科学的国际影响力。实施对外学术翻译出版资助计划，加强优秀研究成果的对外推介工作。加强与国际知名智库的交流和联系。开展国外应急调研项目。多渠道派遣我院科研人员长期出访研修。办好中国社会科学论坛。

7. 全面推进报刊出版馆网库名优工程建设，占领哲学社会科学学术传播制高点

建设好一馆、一网、一库、一室、一平台，实现报刊出版馆网库的数字化，建设数字社科院。继续办好《中国社会科学报》，积极创办英文版，加强海外记者站建设。落实期刊建设“五统一”要求，打造以《中国社会科学》为龙头的精品学术期刊群。办好院属出版社，提高学术出版能力，提升皮书学术质量，加强对“中国社会科学年鉴”和学术集刊的开发与管理。办好以“中国社会科学网”为龙头的学术网络集群，打造世界知名的哲学社会科学门户网站。推动科研手段的信息化，建立国内最大、世界一流的哲学社会科学海量专业数据库，加速推进“国家哲学社会科学学术期刊数据库”“科研成果库”等子库建设。完善“总馆—分馆—所馆（资料室）”三级管理体制，建成经济分馆和历史专业书库。加强数字资源建设，实行纸质图书藏书零增长，优化馆藏布局。完成古籍整理保护，编纂馆藏古籍总目录，启动善本古籍数字化工作。按照“八统一”要求，推进信息化管理体制机制改革，理顺关系，细化职能，加强制度建设、项目管理和经费管理。

8.加强院属单位领导班子建设，建设一支高素质的干部人才队伍

加强所局领导班子思想政治建设，完善党委中心组学习的督促检查机制。举办所局级和处级领导干部学习贯彻习近平总书记系列重要讲话精神培训班、所局主要领导干部马克思主义经典著作读书班。组织学习贯彻党的十八届三中全会精神宣讲团深入院属各单位宣讲。举办青年学习马克思主义经典著作读书班、科研骨干马克思主义理论培训班，继续办好所局领导干部学习报告会、机关干部学习报告会。严把领导干部选拔任用政治关，把政治表现、意识形态工作等情况作为考察领导干部的重要内容。加强对院属单位领导班子贯彻执行民主集中制情况的分析和考核。坚持严格党内生活，坚持“三会一课”等组织生活制度。开好年度院属单位领导班子民主生活会，开展严肃认真的批评和自我批评。认真贯彻落实中央新修订的《党政领导干部选拔任用工作条例》，加强干部经常性考察，实现平时考核、年度考核和换届考察、任职考察有机结合。规范干部职务任期管理，开展所长、研究室主任、编辑部主任任期制试点。规范研究室主任培养使用。完善领导干部选任机制，扩大所长遴选范围，试行研究所所长全国公开招聘。扩大研究单位和职能部门、直属单位之间干部交流范围，切实推进院属单位管理岗位特别是关键岗位干部的交流。加强所局后备干部队伍建设，探索建立干部信息台账，重点掌握一批能担当重任的中青年干部。定期对干部队伍状况进行调查摸底，建立所局后备干部人才储备库，对后备干部队伍实施动态管理。改进干部挂职工作，选派更多干部学者到各级党政部门、企事业单位、城乡基层挂职。严格执行所局领导干部离京请销假制度和因公出国管理制度。严格领导干部用车、办公用房、出差食宿管理。做好第四批全国干部学习培训教材编写工作。制定年度培训计划，加强培训，抓好调训，做好统一培训工作。抓好留学人员管理服务。落实中长期人才发展规划纲要，制定人才强院实施方案近期工作计划，推进实施马克思主义理论人才造就工程、学术名家推介工程、领军人才引进工程、青年英才培养工程、支撑与管理人才保障工程，鼓励哲学社会科学创新人才大量成长。落实国家重大人才工程，做好“千人计划”“万人计划”、百千万人才工程国家级人选等的人选申报、评审推荐，引进遴选更多高层次人才。面向全国乃至全球加大高端人才引进力度，引进一定数量的拔尖人才。办好研究生院，整合优质资源，提高学生培养质量。继续加强博士后培养工作，巩固我院在国家哲学社会科学博士后领域的领军地位。

9. 实施管理强院战略，提高服务科研能力和保障水平

抓好行政管理，实现行政管理规范化、制度化和科学化。推进院综合管理平台系统建设，加强整体规划设计，逐步完成资源整合和信息共享。加强党组写作班子建设，提高文稿写作水平。办好“三会”和院重要会议，改进会风，完善视频会议组织方式，提高会议质量和效率。提高文秘工作信息化管理水平。改进新闻宣传报道管理，健全科研成果发布机制。创新全院档案管理。加强信访和维稳工作。抓好安全保卫，提高保密管理水平。做好财务保障和管理。落实年度经费，加强预算、决算管理，加强预算执行力管理。巩固财务管理体制机制改革成果。发挥结算中心的作用，推进会计委派和代理工作。完善图书经费总代理制，推进信息化经费使用改革，加强信息化工程服务外包。扎实推进科研与学术交流大楼、东坝职工住宅、中心档案馆及科研附属用房翻改建、科研办公大楼和经济片办公楼改造等项目，加快研究生院二期工程和绿化建设。完成北戴河培训中心、密云绿化基地翻改建。积极推进燕郊中国学者之家建设。启动史学片翻改建项目、中国考古基地和海南考古基地建设。抓好全院办公用房调整，改善科研和办公条件。推进职工住房、单身宿舍管理的规范化。加强国有资产管理，确保国有资产保值增值，办好人文公司、中经出版传媒集团等国有企业，提高经济效益和创收能力。抓好后勤服务工作，推进后勤社会化改革，做好物业、交通、会议、餐饮、医疗、文印、停车、综管等各项后勤服务工作。关心职工生活，想方设法解决职工收入、住房、子女入学等切身利益问题。

10. 以改革创新精神加强党的建设和反腐倡廉工作，全面提高党建科学化水平

巩固和扩大党的群众路线教育实践活动成果，继续改进学风文风工作作风。围绕反对“四风”，以落实中央“八项规定”为突破口，落实党组七个制度性整改文件，深入开展专项整治行动，狠抓专项整改落实。加强学风建设，倡导理论联系实际优良学风，开展“书记所长抓学风”专项行动。发挥院学术道德委员会作用，加大对学术不端行为的处罚力度。加强文风建设，反对假、空、旧、长的不良文风，提倡和树立务实求理、言之有物的“短、精、新”文风，写短文，讲短话。加强机关作风建设，落实“马上就办、努力办好”要求，严格责任制，搞好院直机关单位“文明窗口”评比活动。严格考勤纪律，强化工作任务考核。加强党的建设，落实基层党委、纪委换届和增补委员的选举工作。建立完善党委委员联系党支部制度。加强基层党支部建设，开展以党性教育为主要内容的主题党日活动，健全发展党员管理工作协调机制，加强党支部书记培训。加强中经出版传媒集团党的建设，建立中经出版传媒集团机关党委。加强思想道德建设，大力培育和模范践行社会主义核心价值观，广泛开展学雷锋志愿服务活动，建立志愿者协会，举办道德论坛，深入持久地开展勇攀学术道德双高峰的活动。发挥各级党组织在思想政治工作方面的优势，做好科研人员工作，统一思想，凝聚人心，化解矛盾，为创新工程提供思想政治保障。切实加强反腐倡廉建设，打造风清气正的科研环境。严肃政治纪律，执行组织纪律，严格财经纪律，加大创新经费检查力度，提高创新工程综合监督实效。加大信访举报核查力度。

办好中国廉政研究中心。加强纪检监察自身建设。高度重视和切实做好离退休干部工作，为老同志创造更好的科研和生活条件。加强统战工作，改进工会工作，切实做好青年和妇女工作。

全院同志要自觉把哲学社会科学研究事业与党和人民的事业紧密联系在一起，把哲学社会科学工作者个人的前途命运与党和国家的前途命运紧密联系在一起，始终站在党和人民的立场上，为国家长治久安和我们党长期执政而出谋划策，为解决人民疾苦和提高群众福祉而集思广益，与时代共奋进、与国家共荣辱、与人民共呼吸，努力成为忠诚服务于党和人民事业、值得党和人民信赖的学问家，团结一致，艰苦奋斗，努力开创我院建设和发展新局面，为实现中华民族伟大复兴的中国梦，创造新的辉煌，谱写壮美华章!

在中国社会科学院2014年“三项纪律”建设专题工作会议上的讲话

王伟光

（2014年7月29日）

同志们：

这次暑期专题工作会议的主题，是加强我院政治纪律、组织纪律、财经纪律建设。围绕这个主题，这次会议分两个会来开。第一个会，安排的是理论学习，学习习近平总书记系列重要讲话、《习近平总书记系列重要讲话读本》、中央关于加强意识形态工作的相关文件，让大家掌握理论、吃透精神、统一思想、提高认识；第二个会，在学习的基础上，围绕加强“三项纪律”建设、党委集体领导下的所长负责制制度建设、创新工程制度建设等问题展开研讨，以进一步明确工作思路和举措，同时检查年初院工作会议精神的贯彻落实情况，交流工作经验，研究和部署下半年工作。

讲三点，一是近年来我院工作的基本经验和总体思路；二是必须明确的几个问题；三是下半年的主要工作。

（一）近年来我院工作的基本经验和总体思路

根据中央安排，2007年底我来院工作，至今已有六年半的时间。几年来，在党中央的正确领导下，在陈奎元同志带领下，我院面貌发生了较大变化，各项工作取得了较大进展。回顾起来，我认为，以下三条经验对做好我院工作至关重要。

1.坚持正确的政治方向和学术导向，解决好哲学社会科学为什么人这个根本问题

《毛泽东选集》第一卷开篇即指出，“革命党是群众的向导，在革命中未有革命党领错了路而革命不失败的。”同样，在建设社科院、繁荣发展哲学社会科学的全部活动中，党组能不能按照中央的要求，把住方向，引好路，具有极端的重要性。坚持正确的政治方向和学术导向是办院的根本原则，是办院的生命线和政治保证。全院上下在这个根本原则问题上，认识必须高度一致，绝不能有半点含糊。

为什么必须始终坚持坚定正确的政治方向和学术导向？这是由我院的性质、地位、任务、作用所决定的。我院是中国哲学社会科学研究的最高殿堂，更是党的重要理论阵地和意识形态重镇。必须始终把坚持坚定正确的政治方向、自觉在思想上、政治上、行动上与党中央保持高度一致摆在办院头等重要的位置上。我院的工作千条万条，把住方向是最重要的一条；我院的工作千头万绪，抓住了这一条，就抓住了根本、抓住了关键。这一条就像阳光、空气、水分和食物，任何人都离不开一样，一时一刻须臾不可忘记、不可忽视。一定要始终紧紧抓住这一条，不打马虎眼，不能松口，绝不松手。在所局主要领导干部的头脑中，一定要绷紧这根弦，凡是忽视这一条、忘记这一条，不把这一条当回事的，就不是合格的领导干部。选拔人，选拔领导干部，特别是主要领导干部，必须把思想政治标准放在首位，不符合这个标准，就是不合格。

为什么要在“正确的政治方向”后面再加一个“正确的学术导向”？在我院，学术研究是中心工作，坚持坚定正确的政治方向是通过学术活动体现出来的，坚持马克思主义的指导地位是通过学理研究体现出来的。也就是说，要把坚定正确的政治方向寓于学术之中，形成正确的学术导向。一定要把正确的政治方向和学术导向统一起来，寓政治于学术之中，寓马克思主义道理于学理之中，将把住方向贯穿于一切科研活动的导向之中。

头脑的清醒、行动的自觉，来自理论上的坚定和彻底。怎样才能坚持正确的政治方向和学术导向，在错综复杂的意识形态形势下坚持正确的、反对错误的，牢牢把握意识形态工作的主导权、话语权和管理权呢？办法只有一个，就是用马克思主义世界观方法论武装全院同志的头脑，提高全院人员特别是领导干部和学术骨干的理论素质，学会运用马克思主义立场观点方法研究问题、分析问题、回答问题，也就是说，提高运用马克思主义指导科研的能力。怎样才能做到这点呢？途径只有一个，就是针对新的实际，认真学习马克思主义。今天，学习马克思主义，一定要结合中国特色社会主义理论体系，结合习近平总书记系列重要讲话精神，结合中央重要文件，结合党和国家面临的新形势、新任务、新问题来学。

这几年，党组把举办所局主要领导干部理论读书班、处级干部（包括研究室主任、编辑部主任）理论读书班作为重要政治任务，一直抓住不放，效果是很明显的。今年大规模地举办处级干部（包括研究室主任、编辑部主任）理论读书班，反响很好，大家希望年年办，长期坚持下去。党组认为这个建议很好。人的思想理论素质的培养是潜移默化的，只要持之以恒地长抓下去，一定会收到更加显著的效果，一定会从根本上发挥作用。从举办第一期所局主要领导干部理论读书班学习马克思主义经典著作到今天，几年坚持下来，我相信同志们一定会有很大的收获。

坚定正确的政治方向和学术导向，来自理论的坚定和彻底，而理论是否坚定和彻底，关键看能不能始终站在人民的立场上，能不能始终对人民怀有深厚和真挚的感情。相信马克思主义、坚信马克思主义、发展马克思主义，用马克思主义指导科研，必须解决好哲学社会科学为什么人这个根本问题，即为什么人做学问的问题。为人民做学问，把个人学术活动与党、国家和人民的事业密切联系在一起，而不是为个人名利或为其他什么目的做学问。只有这样，政治方向和学术导向才能正确。我院群众路线教育实践活动一个最大的成果，就是在解决为什么人的问题上，全院达成了最大共识。我们之所以始终把解决好为什么人这个根本问题，作为群众路线教育实践活动的主题，作为我院思想政治工作的重点，用这一条来教育、引导我们的干部、科研人员、年轻人，就是为了解决好选择什么指导思想作为武器、选择什么样的政治方向和学术导向来建设社科院、繁荣发展哲学社会科学。

2.坚持科学的工作思路和举措，紧紧抓牢创新工程这一实践载体

毛泽东同志在与程思远先生谈话时曾讲过："我是靠总结经验吃饭的。""以前我们人民解放军打仗，在每个战役后，总来一次总结，吸取过去正反两方面的经验。发扬优点，克服缺点，然后轻装上阵，继续前进，从一个胜利走向另一个胜利，终于建立了中华人民共和国。"办好社科院，既有一个根本方向问题，在方向确定后，也有坚持科学的思路和正确的举措问题。几年来，在中央的领导下，党组与全院同志一起，在实践中推进创新，在创新中及时总结，将实践证明正确和成熟的做法上升为经验，作为指导新的实践的基本方针和工作思路。经过六年多的摸索，党组大体形成了我院工作的总体思路，可以概括为"五个三，一个一"，也可以简称为"五三一"。

"五个三"，具体来说，一是"三大定位"。即努力把我院建设成为马克思主义的坚强阵地，我国哲学社会科学研究的最高殿堂，党中央国务院重要的思想库和智囊团。这是中央对我院提出的最高目标要求，是我院的努力方向。"三大定位"不是平铺直叙、不分座次的，而是有重点、有顺序的。马克思主义坚强阵地是第一位的要求，是统领，马克思主义坚强阵地建设好了，实现其他两个目标，方向就没有问题。现在我院整体工作是朝着这个目标行进，全院同志尚需不懈努力。

二是"三大功能"。即我院具备的阵地功能、殿堂功能、智库功能。这把我院的作用、任务，要干什么事情说得很清楚了。有人说，"三大定位"和"三大功能"岂不是一回事？其实，它们还是有区别的。"三个定位"是目标要求，或者说是我们要达到的目标，目前，与这三个目标要求还有很大差距，还不能理直气壮地把这"三顶帽子"戴在自己的脑袋上。但发挥什么样的作用、完成什么样的任务、干什么样的事情，是无止境的。一定要把"三大功能"发挥好，逐步达到"三个定位"要求。

三是"三大战略"。即科研强院战略、人才强院战略、管理强院战略。这是我院强院之本、兴院之基。为了达到"三个定位"，发挥"三大功能"，必须实施"三大战略"。科研强院是中心，人才强院是关键，管理强院是保障。管理强院是党组根据我院的实际情况特别提出来的，具有我院特色。一个单位管理得好不好，是考察这个单位的绩效、单位领导班子政绩的重要标准。管理水平高不高，也是评价一个领导干部素质高低的重要标准。经过几年实践，抓管理体制机制改革，抓创新工程制度建设，抓严格管理，取得了很大成效。但我院还存在很多管理上的漏洞，比如科研管理、经费管理、进人管理、房产管理、古籍管理等，要一项一项理清楚，堵住管理漏洞。管理强院是抓好科研强院、人才强院的法宝，不要丢掉这个法宝，要紧紧抓住和用好这个法宝。这次发给大家的会议材料里，有一份关于哲学所和民族学与人类学所古籍管理工作的情况通报，通报中反映的情况暴露了这两家单位在古籍保护和管理方面存在的制度不严、责任不明、管理混乱的问题，两家单位领导班子负有不可推卸的责任。院里决定给予通报批评，对相关责任人作出从今年 8 月到明年年底退出创新工程的处理。大家回去后，一定要原原本本地传达这份通报。我院古籍储藏量占全国的十分之一，这是一笔十分宝贵的财富，同志们一定要看好自己的家当啊！

四是“三大风气”。即学风、作风、文风。解决好哲学社会科学为什么人的问题，就必须加强学风、作风、文风建设，这是要始终抓住不放的思想建设、道德建设、作风建设的基本任务，是全院人员树立社会主义核心价值观的实际抓手，是加强队伍建设的基本要求。今年实行道德论坛巡回演讲，震动很大，效果颇佳。抓好“三风”建设，有了良好的学风、作风、文风，我院就会形成良好的院风，形成具有社科院特色的研究氛围。

五是“三项纪律”。即政治纪律、组织纪律、财经纪律。这是我院思想政治建设的基本内容，是我院实现“三个定位”要求，发挥“三大功能”，转变“三大风气”，实施“三大战略”的纪律保证，是我院反腐倡廉建设的工作重心。加强政治纪律、组织纪律、财经纪律建设，是一项长期的政治任务，要从现在抓起，年年抓，抓好了，领导班子才会真正强起来，队伍才会真正强起来，我院才会真正强起来。

“一个一”，就是哲学社会科学创新工程。这是“五个三”工作思路落地的实践载体。我多次讲过，创新工程是机遇工程、爬坡工程、改革工程、发展工程、人才工程和希望工程。通过实施创新工程，广大科研人员和工作人员的积极性和创造性被激发出来了，被调动起来了，给全院发展带来了巨大机遇，使我院的面貌焕然一新。长久地抓下去，我院必大有希望，大有前途。创新工程，制度创新和建设是根本。党组提出了六大制度创新，即报偿制度、准入制度、退出制度、配置制度、评价制度和资助制度创新。这里，要抓好两点：一要不断在实践中创新完善这些制度，把这些制度固定化、配套化，最大限度地解放和发展科研生产力。二要让全院领导干部、科研人员、工作人员学习制度，执行制度。如果人人熟悉制度，人人遵守制度，全院上下按制度办事，执行制度不搞例外、不搞特殊化，创新工程才真可谓创新工程，创新工程才能不走样，不会变成新的“大锅饭”、大平台。我反复给创新办讲，创新工程不能搞例外，不能搞特殊；没有制度，不严格执行制度，创新工程是维持不下去的。明年处级干部（包括研究室主任、编辑部主任）培训班要集中进行“三项纪律”教育和“六项制度”学习，直属机关党委要做好准备。

搞好创新工程，最重要的是全院同志一定要把认识提高到习近平总书记系列重要讲话精神和中央要求上来，把思想统一到党组关于实施哲学社会科学创新工程的决策和部署上来，把行动落实到执行党组制定的一系列创新制度上，以制度创新为关键，把创新工程稳步地、健康地、科学地推向深入。一定要紧紧抓住创新工程不放松，抓出制度来，抓出作风来，抓出人才来，抓出成果来。这是我院的希望之所在，未来之所在，发展前景之所在。

3. 坚持把科研人员和全院群众的工作和生活需要放在重要位置，办实事，办好事，办让大家满意的事

毛泽东同志在 1934 年写作的《关心群众生活，注意工作方法》一文中指出：“要得到群众的拥护吗？要群众拿出他们的全力放到战线上去吗？那末，就得和群众在一起，就得去发动群众的积极性，就得关心群众的痛痒，就得真心实意地为群众谋利益，解决群众的生产和生活的问题，盐的问题，米的问题，房子的问题，衣的问题，生小孩子的问题，解决群众的一切问题。”如果把这段话换成今天党组要跟大家说的就是：你们想要得到群众的拥护吗？你们想要群众把全力放在科研工作上吗？那么，就得和群众在一起，就得关心群众的痛痒，关心他们的一切问题。党中央把我们党组一班人安排到社科院，党组把在座各位安排在主要领导岗位上，就是让大家团结科研人员和全院群众，做好科研人员和全院群众工作，让科研人员和全院群众全心全意地和党一条心，在党的领导下，团结在党的周围，繁荣发展哲学社会科学。要做到这点，必须时刻注意工作方法，密切联系群众，解决好科研人员和全院群众的切身利益问题，努力满足科研人员和全院群众工作和生活上的迫切需求。如果说这几年全院群众对党组是拥护的、满意的，一个主要原因是党组为群众办了实事。

这几年，党组集中解决科研人员和全院群众的生活待遇问题、科研条件问题以及工作和生活的基本需求问题，有人把这些称为“票子”“房子”“孩子”三大问题。票子是一个待遇问题，要让我们的科研人员和工作人员过上体面的日子，不为生活所累，不为一点小钱去报虚假小票，不让大家斯文扫地。要努力解决好大家的住房问题、办公用房问题、科研经费和科研设施设备问题，做到居者有其屋，有良好的科研办公条件。解决好孩子上学这样一些群众心中的大事，让大家无后顾之忧。在这些方面，党组是下了功夫的，相关部门一直千方百计努力争取。全院人员的待遇有了较大提升，住房问题有了很大改观，科研经费基本得到满足，科研用房、办公用房有很大改善，科研设施设备配置明显改进，孩子上学问题基本解决，全院基本建设、硬件建设面貌一新，这些都是有目共睹的。

据统计，我院财政预算拨款从 2008 年的 63046.78 万元增长到 2014 年的 172982.05 万元，增长 174.37%，年均增长率为 29.06%。其中，创新工程专项经费从 2011 年的 1 亿元增长到 2014 年的 6 亿元。院本级创收从 2007 年的每年 500 余万元增长到 1 亿元。2008 年以来，我院向国管局申请职工住宅共71套，共9022平方米；共办理申请限价商品住房手续446人次，共有138人申请到北京市限价商品住房，面积11730平方米；出售三河燕郊低价商品房800套左右。清理现有房产资源100余套，分三批解决大家的住房问题，已完成第一批住房分配，全院利用现有房产资源使94户享受或改善了住房。至今全院已享受住房和改善住房达1000多户。2008年以来，国家批复我院新建立项8项，基本建设共投入119416万元，新建成面积52576平方米，在建30376平方米。建设起一个全新的研究生院。对老旧住宅小区进行综合整治，向国管局申请老旧住宅小区综合整治立项11个，居住2518户，建筑面积191216平方米，申请综合整治经费3.6亿元；向国管局申请平房住宅综合整治立项10处，居住285户，建筑面积5625平方米，申请综合整治经费约1500万元；老旧小区和平房住宅申请综合整治立项合计建筑面积约20万平方米，居住2803户，申请综合整治经费约4.07亿元。国管局已批准我院太阳宫、车公庄、昌运宫、干面胡同、劲松等五个住宅小区综合整治立项申请，涉及住户1561户，建筑面积12.3万平方米。太阳宫住宅小区综合整治方案通过国管局审核批准，下一步进入招标施工程序，审核批准综合整治面积4.7万平方米，住户511户，概算投资6674万元。2008年以来，办公用房改造及基础设施改造主要有14项，面积95872平方米，投入资金33606.42万元，改造了院部大院、历史片院、法学所院、国际片院、民族所院和北戴河党校校区、密云党校校区。租用办公用房共5处，面积22952平方米，投入资金14630.25万元。科研设施设备，包括仪器投入共计16373万元，其中修缮购置投入13505万元，创新工程专项投入1334.82万元，考古仪器投入1245万元，考古所田野考察基本实现了车辆设备设施的标准配置。

当然，由于客观条件和政策的限制，有些问题的解决不像大家预期的那样快、那样顺畅，已经初步解决的问题也还有不如意的地方，希望在座的同志和全院同志能够理解。希望书记们、所长们、局长们、主任们，一定要把科研人员和工作人员的冷暖放在心上，不能只顾自己，不顾他人，不能只顾自己小圈子里的人和事，不顾多数，不管大局。在群众路线教育实践活动中，群众批评极个别书记和所长，“两耳不闻所内事，一心只为个人计”。如果只关心自己的利益，只关心自己那一亩三分地，只关心自己小圈子，不关心群众的利益，不关心群众的冷暖，是难以赢得群众尊重的，是难以有号召力和说服力的，就不可能在群众中树立起威信，更不可能把一个单位领导好。

三条基本经验、“五三一”工作思路是党组按照中央的要求，总结我院长期发展的历史经验，总结全院科研人员和工作人员的新鲜实践而形成的。实践证明，它们符合哲学社会科学发展规律，符合社科院办院规律，符合哲学社会科学人才成长规律，是管用可行的，是全院宝贵的精神财富。我相信，只要按照三条基本经验、“五三一”工作思路扎扎实实地、有板有眼地、一步一个脚印地推进创新工程，就能保证方向不走偏、道路不走歪，就能取得更大的成绩。

（二）必须明确的几个问题

再讲五个问题，希望同志们进一步统一思想，以求共识。

1. 中国社会科学院不是“自由撰稿人”的松散联盟，而是党领导的宣传思想的重要战线、学术理论的重要机构、意识形态的重要阵地

“三个定位”要求对我院的重要性、地位、性质、任务和作用都做了非常明确的规定，这不仅明确了我院的学术性，而且明确了我院的政治性，即我院是党领导的、以马克思主义为指导的、为人民做学问的、有正确的政治方向和学术导向的、有坚定理想信念的、坚守党的纪律的、为中国特色社会主义服务的坚强阵地、学术机构和意识形态重镇。我院不是“自由撰稿人”的松散联盟，想来就来，想走就走，想说什么就说什么，想写什么就写什么，想干什么就干什么，毫无政治性、组织性和纪律性。

所谓“自由撰稿人”，就是不受任何政党领导、不受任何组织纪律限制、不受任何道德规范约束的“自由文人”或“文化个体户”。在现实生活中，根本不存在没有任何政治立场和思想倾向的所谓“自由撰稿人”。在反动统治下的旧中国，虽然有的先进知识分子自称或被称为“自由撰稿人”，但他们实际上是追求远大理想，为人民事业而奋斗的战士，鲁迅先生就是其中的杰出代表。在党领导的中国特色社会主义条件下，企图摆脱党的领导，离开政治大方向，离开为人民做学问，做不受任何约束的“自由撰稿人”，无论怎样标榜，充其量也都不过是自觉不自觉地为追逐个人名利，或为他人所利用以达到某种政治目的的工具，极端者甚至会走上反党反社会主义的道路。我院学者绝不能为了个人名利或其他什么政治目的而从事理论学术研究，而要为党和人民做学问，为国家发展和民族振兴服务。我院的研究人员不仅仅是普通学者，而且是党的思想理论文化工作者，更是党的思想文化战线上的战士，绝不能把自己降低到一个“自由撰稿人”的地位上，“自拉自唱”“自说自话”“自娱自乐”，如社会大 V、网络公知那样。党和国家不需要这样的学者，也不能白白供养这样的学者，这一点全院同志必须明白。我院的一切研究都要服从党和人民的需要，为党中央的决策服务，为繁荣发展中国特色的哲学社会科学服务，为中国特色社会主义事业服务。对于错误言论要敢于发声批判、展开斗争，为推进中国特色社会主义事业，为早日实现中华民族伟大复兴的中国梦提供精神动力和智力支持。

2. 衡量哲学社会科学研究和我院工作做得怎样，关键是看能否拿得出经得起实践和历史检验的科研成果，这是最高标准，也是最终标准

衡量一个单位或一项事业搞得好不好，是有客观标准的。从哲学上来讲，衡量一个社会是否进步，要看生产力，生产力是衡量社会进步与否的根本标准。衡量人的认识是否正确，要看实践，实践是检验认识是否正确的唯一标准。衡量部队建设怎么样，要看战斗力，战斗力强不强、能不能打胜仗是军队建设的根本标准。衡量哲学社会科学研究怎么样，我院工作做得怎么样，关键是看能否拿得出经得起实践和历史检验的科研成果，这是最高标准。我院创新工程已经实施三年多了，能不能拿得出过硬的科研成果，也是检验创新工程效果的最终标准。

科研是我院的中心工作。我院整体工作搞得好不好，最重要的要看科研工作做得怎么样；科研工作做得怎么样，最重要的要看科研成果怎么样；科研成果怎么样，最重要的要看是不是精品，也就是说是不是高质量的研究成果。质量包括政治质量和学术质量两个方面，二者相辅相成，缺一不可。其中，政治质量是灵魂、根本的，学术质量是基础、主要的。《中国社会科学报》创办时，总编辑问我办好报纸的最高标准是什么？我说没有什么最高标准，只有底线要求，就是不能出政治硬伤，在这个政治质量要求基础上，学术质量越高越好，永无止境。

科研工作搞得好不好，关键看成果质量。抓成果质量，要处理好四方面的关系。一是要处理好政治方向与学术内容的关系。作为党领导的哲学社会科学研究机构，我院必须坚持正确的政治方向，这是出精品成果的前提和保证。在我国当代学术领域，许多大师名家，正是以正确的政治方向为指引，进而找到了指导研究工作的科学世界观方法论钥匙，取得了辉煌的学术成就，从而在学术史上留下了不朽的篇章。同时，还应坚决贯彻“百花齐放、百家争鸣”的方针，为科研人员提供充分的创造空间和学术自由。德国柏林大学创始人洪堡提倡学术自由，要求大学的研究应遵从科学的内在要求，在自由的条件下进行。蔡元培先生 20 世纪二三十年代之交在北京大学实行“循思想自由原则，取兼容并包主义”，提出“兼容并包”原则，至今还为人们大书特书。学术自由是学者从事学术活动的基本条件。贯彻“双百”方针，为哲学社会科学界的思想创造和理论创新营造良好环境，科研人员可以畅所欲言，各展其长，为党和国家发展建言献策。当然，学术自由必须以正确的政治方向为准绳，以党纪国法和道德规范为约束，只有这样才能保证学术研究不走偏。

二是要处理好科研质量与成果数量的关系。马克思主义辩证法讲三大规律，其中质量互变规律告诉我们，质和量是对立统一的，互为因果、互相联系，又有区别。量是质的前提，如果没有一定量的保证则质无从谈起，质是建立在一定量的积累之上的。质又是量的生命，没有质的粗制滥造的成果，即使再多，也没有生命力，也没有任何学术价值，甚至会造成负面影响。科研工作的效果要通过成果质量体现出来，这就要求必须质量为先。但是，强调质量第一，并不意味着对数量不作要求。我们这么大一个国家级研究机构，必须做到科研成果的质与量的统一。如果说科研成果质量高，但是一年只搞出一篇或几篇论文，那无论如何也是说不过去的。对科研人员个人来说也是如此，几年甚至十年、二十年写不出一篇论文，那就更说不过去了。我们要的是质与量相统一的科研成果。如果科研成果只有数量而没有质量，那么也反映不出我院作为国家队的水平，那就不仅会受到学界同行的质疑，也会受到社会公众的质疑。在创新工程评价体系中，既有质的要求，也有量的要求，在数量方面有一个最低的要求。去年，对进入创新岗位科研人员做出每年必须至少在核心学术期刊上发表一篇论文或出版一部专著的规定，这已经是最低要求了。即使这样，在去年实行时，有的单位提出很多研究人员没有准备，达不到这个要求，党组经过讨论，去年让了一步，今年必须坚持这一条件。

三是要处理好研究过程与最终成果的关系。科学研究是一个过程，包括调查研究、搜集和整理资料、座谈交流、学术讨论、学术评价等诸多环节。在这一系列环节中，有诸多的人力投入、智力投入，甚至包括一系列的行政管理投入、后勤保障投入，但这个过程有没有效果，要看最终能不能产出科研成果，如果只有过程却没有成果，那么这个过程是徒劳无功的。当然，没有过程，也就不会有最终成果。我院推进创新工程，建立了报偿制度。智力报偿包括过程报偿和目标报偿，过程报偿是支付给一切参与科研过程人员的智力成本支出，当然主要是科研工作，也包括科辅、管理、后勤岗位的劳动支出，这部分报偿基本上是按层级分配的。目标报偿在完成年底绩效考核后发放。同时又设立了创新报偿，鼓励没有进入创新岗位但参与创新工程某些工作的同志努力工作。今后要把报偿制度的重点放在后期资助目标报偿上。

我院创新工程已经搞了三年半了，用高质量的科研成果来回答创新工程搞得怎么样、回答各项工作成效怎么样的时候已经到了。实施创新工程的最终目的是出科研成果，最终结果也看科研成果。现在，一定要集中力量把有质有量、党和人民满意、经得起检验的科研成果搞出来、搞上去。

四是要处理好研究一线与科研保障的关系。也就是要处理好科研工作与其他工作的关系。我院是以科研为主的单位，但是如果没有科辅工作，没有图书资料、信息网络、科研和行政管理、采编翻译和后勤服务等方面的工作，科研工作也难以做好。一切科辅工作，都是为了同一个目的——出科研成果。科辅工作搞得怎么样，标准就是为科研服务得怎么样。要按照这样的标准来检验这些工作。

“潮平两岸阔，风正一帆悬”。现在正是发展哲学社会科学的大好时机，我院要抓住创新工程这个机遇，在哲学社会科学基础研究方面，要拿出千锤百炼的、代表国家队水平的、经得起实践和历史检验的科研成果来；在重大理论问题研究方面，要拿出重量级的成果来；在现实对策研究方面，要拿出对党和国家决策有重大参考价值的研究成果来。

3.让科研工作上新台阶，总的方法是加强创新工程制度建设，抓住两头，管好中间，打好学科建设这个基础

发展生产力，把经济建设搞上去，是社会主义初级阶段的根本任务。集中力量抓科研，不断推动科研工作上新台阶，出成果、出人才，是我院的中心任务。怎么抓呢？

第一，加强创新工程制度建设，让制度完善起来、配起套来、固定下来，发挥作用。

党组从谋划创新工程，到先行试点，重点突破，再到全面实施创新工程，始终把制度建设作为关键环节。创新工程的关键是制度创新。制度创新有两个重要环节，第一个环节是人事制度改革，根本问题是形成人员“准入”和“退出”机制，也就是要解决能干的人怎么办和不能干的人怎么办的问题，真正建立条件准入、严格退出、能进能出、能上能下、竞争淘汰的用人机制。有的研究所在年中时就让有的人退出创新岗位了，因为这些人达不到创新工程相关制度的要求。对于这样的研究所，对于这些研究所的党委书记、所长，应当表扬。第二个环节是报偿资助制度的改革，根本问题是形成合理的多劳多得、少劳少得、不劳不得的竞争激励机制，最大限度地调动科研人员和工作人员的积极性。围绕这两个重要环节，经过三年多的实践，我们形成了六大制度，即准入制度、退出制度、配置制度、评价制度、报偿制度和资助制度。实践证明，这六大制度是体制机制制度创新的最新成果，符合客观规律，能够调动全院同志的积极性。今年，经过实践，又新出台了一些制度文件，废止了一些制度文件，修订了一些制度文件，编成2014年度《创新工程文件汇编》发给大家，希望大家认真研读，认真贯彻落实。制度建设是全院的一项基础工作，要坚持不懈地抓下去，一丝不苟地、不能走样地坚持下去。

为了鼓励多出创新成果，今年对报偿制度进行了重大改革，加大了后期资助力度。总的思路是报偿逐步向后期资助目标报偿转移和看齐。在严格考核评价的基础上，加大后期资助目标报偿力度。为什么叫后期资助目标报偿？就是把重点放在后期资助上，放在目标报偿上，放在对最终科研成果的资助上。后期资助，也就是一个年度下来，对科研人员的最终科研成果加以后期激励。多干多给，少干少给，不干不给，以科研成果为最终检验标准，这是一项很重要的措施。在前期敲锣打鼓，过程搞得很热闹，最后不出成果，那奖励什么？目标报偿，就是看科研成果是不是达到了预期目标，如果达到了预期目标，就按照后期资助的办法兑现目标报偿，也就是用最终科研成果来衡量科研人员的绩效。实施后期资助目标报偿制度，就是通过管理将报偿制度的重心后移，引导学者真正重视成果产出，重视成果质量，让真正潜心研究、能够推出高质量研究成果的学者得到褒扬。

第二，抓好科研选题规划和成果评价发布这两头，管好创新工程实施这个中间环节。

一头是抓好科研规划。老百姓有一句老话，“吃不穷，喝不穷，计划不到一辈子受穷”。清代的陈澹然说：“不谋万世者，不足谋一时；不谋全局者，不足谋一域。”所谓计划、谋划，也就是搞好规划。具体来说，就是要搞好科研年度计划和长期规划。首先，务必把党和人民关注的重大理论和现实问题作为主攻方向。要通过年度及中长期科研规划和选题策划，紧紧围绕坚持和发展中国特色社会主义这个主题主线，把党和人民关注的重大理论和现实问题作为研究重点，推出高水平的研究成果。其次，务必把满足哲学社会科学学科建设、学术发展和人才建设的实际需要作为科研规划的重点方向。具体来说，要完善学科布局、培育和支持新兴交叉学科，促进学科全面协调发展；在若干学科前沿领域实现重点突破；发展和完善学科研究支撑体系；建设一支高水平的学术研究队伍，造就一批具有世界影响力的学术大家和研究团队。

长期以来，我院科研工作存在一个明显的问题，就是一些学者自己想研究什么就研究什么，研究带有很明显的随意性、局部性、碎片性、重复性、短期性和个体性，主要表现为两个方面：一是研究缺乏针对性的问题比较突出。在紧密联系党和国家关注的重大理论和现实问题方面，紧密联系我国和我院哲学社会科学发展实际需要方面，做得很不够。学者申报什么，科研局就受理什么，整理出来就成为院发布的科研指南，实际上只起一个汇总的作用，整体规划缺乏现实性、针对性、系统性、全面性、战略性、连续性和长期性。二是研究存在重复性的问题比较突出。由于缺乏整体规划，课题设置重复、研究内容重复、经费投入重复、人力资源配置重复、成果产出重复，甚至研究室设置、学科设置也是重复的，等等。

党组要求必须解决科研针对性缺乏和重复性严重的问题。科研局要做好科研规划的顶层设计。科研局是党组科研管理工作的参谋部、作战部。科研局要像参谋部那样，发挥党组领导科研工作的参谋助手作用，在掌握全院科研工作情况、了解哲学社会科学概况和学术动态的基础上，对我院科研的方向、任务、学科的调整和设置进行深入细致的分析，提出科学合理的建议，组织制定好年度及中长期科研规划，增大科研选题的策划力度，增强选题的前瞻性、战略性、全局性和主动性，抓好年度科研指南和国情调研指南。要建立健全并严格执行以重大理论和现实问题为科研主攻方向的激励机制。院对三类研究所的选题方向都做了严格的制度规定，必须坚决执行。要通过制定年度科研指南和国情调研指南，引导研究人员将重大理论和现实问题作为主攻方向，提高服务党和国家工作大局的能力。要围绕重大基础理论和学科前沿问题，院直接抓一批重大课题，发挥学部和院重大问题综合研究中心的作用，开展跨学科、跨研究所乃至跨院研究，开展重大科研攻关，推出代表我院学术水平的研究成果，引领中国哲学社会科学发展方向。

要逐步建立三类科研规划体系。第一类是“指令性计划”，由院直接拟定并考核的重大课题、交办课题，通过招投标方式或领导交办方式进行。第二类是“指导性计划”，院发布科研和国情调研指南，由各研究单位按指南规定的领域，在广泛调研征求意见的基础上，形成创新项目，以研究单位为主，加以推进。第三类是“自主选择性计划”，为学术自由、个人研究兴趣留出一定空间，但也要纳入并服从总体规划。学者个人研究、项目一旦被批准，要按要求完成。纳入学者资助体系的大多是这些项目。要将“指令性计划”“指导性计划”和“自主选择性计划”三者有机结合起来，除少数必须由院直接抓的项目外，坚持简政放权，将多数科研项目交由研究单位负责，再划出少数项目由学者自主选择。院加强指导、督查、评价、考核和监管。

另一头是抓好年度创新工程的科研成果评价和重大科研成果的社会发布。院制定了严格的创新评价标准、办法，形成了一套评价制度和体系，抓好年底检查、评价、考核、奖励，在这个基础上抓好科研成果发布。去年底今年初，以我院名义举行了 4 场科研成果发布会，发布了 16 项具有创新性的重要思想理论观点的科研成果。这是我院实施创新工程以来所取得科研成果的集中展示。要总结首批成果发布会的经验教训，完善科研成果发表、发布机制，加强与有关部门以及媒体合作，定期发布重大科研成果和重要学术信息，提高我院学术影响力和社会影响力。

抓好中间环节是指通过创新工程这个实践载体把两头串联起来。就是要全面实施创新工程，按照制度创新、体制创新、管理创新的要求，深化科研管理体制机制改革，抓好过程管理，严格日常管理，形成全院上下共同奋进的工作局面。

第三，加强学科建设，是实施科研强院战略的重要措施，也是抓好科研工作的重要基础。

经过多年的发展，我院的学科数量和学科布局都有了很大改善，研究机构设置基本覆盖了哲学社会科学的主要学科领域。根据学科建设现状，我院目前学科建设的方针是坚持统筹布局，保持学科平衡，实行基础研究和应用研究并重并举。基础研究和应用研究二者不可偏废，不能将其割裂开来，更不能对立起来。然而客观现实是，由于应用研究容易出成果，在职称评定、待遇收入方面占据先机，搞应用研究的人多了，愿意做基础研究的人少了。近年来，我院科研人员发表的论文数量不少，但真正具有原创性的重大成果却屈指可数。基础研究是推动人类文明进步的内在动力，也是应用研究取得突破的重要基础和前提。那些能够为解决经济社会发展的重大问题提供认知新途径的科学研究，是基础研究应该努力的方向。只有更多的科研人员致力于原创性、原理性的重大发现，我院才能成为真正的最高殿堂，才能为应用研究和对策研究提供强大厚重的学理支撑。

目前我院学科建设主要存在以下问题：一是有些传统学科的优势地位正逐渐丧失，人才队伍力量薄弱；二是应用学科中一些国家经济社会发展急需的学科力量不足，针对性不强，不能适应我国经济社会发展的需要；三是在学科管理方式、规章制度建设方面，存在着“不适应”和“跟不上”的问题。

怎样加强学科建设呢？一是巩固和加强基础学科优势地位。我院的学科历来以基础雄厚见长，基础学科代表着我院学术殿堂的高度，也是我院值得骄傲之处。我们不仅要保持住基础学科的优势，还要不断发展壮大其优势。二是充分体现应用学科建设的智库定位。针对中央关注的重大问题和今后一个时期经济社会发展的重点领域和重大问题，调整或新设一些急需的学科。三是大力培育和扶持新兴学科。新兴学科是学科发展的增长点，也是创新学科体系的一个重要方面，在学科布局上应给予必要的位置。四是探索和推进交叉学科发展。通过自然科学和社会科学交叉融合，产生新的学科领域。五是创新促进学科发展的体制机制。总结经验，探索规律，制定配套的制度和措施，创造有利于出成果、出人才的学科发展的新体制新机制。

4. 加大人才引进培养力度，大胆引进人才、大力培养人才，将我院建设成为哲学社会科学高端人才的聚集高地

“盖有非常之功，必待非常之人。”人才是科学研究最关键的因素。哲学社会科学事业繁荣发展呼唤优秀人才。被誉为清华“终身校长”的梅贻琦先生有一句名言：“所谓大学者，非谓有大楼之谓也，有大师之谓也。”归根结底，一个学术机构的地位，最终取决于人才的因素。诞生于抗战时期的“国立西南联合大学”，生存环境恶劣，办学条件简陋，学生宿舍全是土墙茅草顶结构，教室、办公室、实验室为土墙铁皮顶结构，仅食堂和图书馆为砖木结构，却汇集了一批著名专家、学者、教授，他们都是各个学科、专业的泰斗和顶级专家，同时还孕育了大批人才。“中央研究院”1949 年首届院士中，有联大师生 27 人。中国科学院历届院士中共有联大师生 154 人，其中学生 80 人；中国工程院历届院士中有 12 名联大学生，其中有杨振宁、李政道 2 人获得诺贝尔物理学奖；赵九章、邓稼先等 8 人获得“两弹一星”功勋奖；黄昆、刘东生、叶笃正、吴征镒 4 位国家最高科学技术奖获得者；还有不少人后来成为党和国家领导人。

正是从这个意义上讲，中国社会科学院搞得好不好，既不取决于有多少座大楼，也不完全取决于经费和设备的投入——当然这些是必要的——而是取决于有没有人才，有没有高端人才，有没有青年才俊，有没有学术大师。对于我院来说，人才越多越好，他们的本事越大越好。

第一，大力加强以研究人才为主的人才队伍建设，培养一支又红又专、德才兼备的人才队伍。

人才资源是第一资源，人才对事业的兴旺往往起着关键性的作用。先有梅兰芳后有梅派，先有程砚秋后有程派，先有尚小云后有尚派，先有荀慧生后有荀派。一个人才的出现，能够带活一个领域，兴起一个行业；一个人才的离开，可能会导致一个领域的沉寂，造成一个行业的没落。繁荣发展哲学社会科学事业需要各方面人才。我院需求的人才主要是四类。第一类是研究人才，这是核心人才。第二类是管理人才，这是不可缺少的人才。第三类是科辅人才，包括图书资料、采编出版、信息数据、新闻宣传人才等。第四类是服务人才，包括炊事员、驾驶员、服务员等。有的同志一听“科辅”“服务”就认为是辅助的、次要的、打下手的、伺候人的，这么理解是不对的。如果说科研人才是作战部队，那么科辅、后勤人才就是保障部队。不能说作战部队重要，保障部队就不重要。自古就有“兵马未动，粮草先行”的说法。从一定意义上说，保障是否及时和充足关系到整个战争的成败，保障是否强大，代表着国家的国力是否强大。对于科研事业，道理相同，没有科研辅助、后勤服务等保障工作，科研工作照样做不好。在 1978 年 3 月召开的全国科学大会上，复出不久的邓小平同志向科学家们诚恳地表白：“我愿意当大家的后勤部长。”当时与会的许多科技工作者热泪盈眶，倍感振奋。在他的号召、带动下，一个科学的春天到来了。四类人才好比马之四蹄、车之四轮，缺一不可。加强人才队伍建设，虽然要以培养研究人才为主，但只有讲加强以研究人才为主体的四支人才队伍建设，才是我院完整的人才队伍概念。

我院对人才的要求是又红又专。“红”是指具有坚定的政治信仰、深厚的理论功底、远大的理想追求和高尚的道德情怀，使自己的研究工作与时代相互激荡，同党和人民保持一致，对人民怀有深厚感情，与人民的利益相联系，为人民谋福祉，为人民搞科研，为了伟大的目标而奉献一生，矢志不渝。机关党委组织过两次道德论坛，论坛上列举的案例涉及的几乎都是房产问题。有些科研人员和工作人员无理抢占公房据为己有，或把公房出租将租金据为己有，做出斯文扫地的丑事。这样不道德的“人才”，不是我院所需要的。“专”是指业务上要拔尖，为学术领域中某一学科或多个学科的杰出代表，学术水平高超、造诣精深、成果丰硕，要有比一般学者更为广博丰富的知识，形成系统深刻而独到的见解、理论、学说。人才队伍建设应该坚持以德为先，德才兼备。也就是说，我院要培养的大师，应当既是学问之师，又是品行之师。“学高为师，德高为范。”当然，对管理人才、科辅人才、服务人才的要求也是又红又专、德才兼备，只是“专”的要求与科研人员不同。

第二，要坚持引进人才和培养人才两条腿走路，立足自主培养，同时引进适当数量的拔尖人才，以弥补我院人才队伍的不足。

一条腿是引进人才。从世界范围看，加强引进人才，促进人才流动，是科研学术单位人才队伍建设的重要途径。我院也不例外。从历史上看，我院大量成批地引进大师级人才主要有两次。第一次是新中国成立后，在中国科学院设立作为我院前身的哲学社会科学部，把全国哲学社会科学领域的许多高端人才引进来了。比如郭沫若、范文澜、陈垣、金岳霖、郑振铎、侯外庐、夏鼐、吕叔湘、丁声树、孙冶方、许涤新、何其芳、俞平伯、贺麟、钱钟书、张友渔、宦乡等，可谓星光璀璨。第二次是 1977 年我院正式建院的时候，也从全国各地引进了大量优秀人才，他们当中的很多人后来成为享誉中外的学术大家。

在引进人才问题上，有人存在“武大郎开店”的思想，即“不容大个儿”，比自己高的都不要，或存在《水浒传》里“白衣秀士”王伦的狭隘心理和排斥态度，凡是强于自己的一概排斥、压制、剪除。这都是典型的“小心眼”“小气量”，缺乏大局观念，办不成大事。一是怕引进比自己强的人把自己压住，把老人压住。当然，从现实情况来看，也怕引进优秀人才占用本单位的高研指标。二是担心引进领导干部和管理人才，把自己人的位置占了，存在消极情绪。我院可谓人才济济，会写字的人不少，但真正懂管理、会管理的人才还是缺乏的。引进人才一定要有开阔的胸襟，破除武大郎开店或王伦自当老大的思维模式。

大家要明白，只有坚持竞争激励，引进强手，才能为人才成长创造良好的环境，才能为人才发挥作用、施展才华提供更加广阔的天地。引进人才对改变我院的人才和队伍结构是非常必要的。我们引进人才的重点，一是大师级的学术带头人，二是有培养前途的后备人才，三是有管理经验的管理人才。

引进人才要严格把关，提高门槛。引进的人不行，再怎么培养也成不了大师，也培养不出好的人才。有这样一则寓言：龙门太高，鲤鱼们纷纷请求龙王降低门槛，然后都轻松跳过了，但后来发现，跳过龙门的鲤鱼还是鲤鱼，并没有真正变成龙。列宁曾经常引用《克雷洛夫寓言》中的一句话：鹰有时飞得比鸡低，但鸡永远不能飞得比鹰高。这两则寓言告诉我们一个道理，就是标准很要紧，凡事有高标准才有高质量。因此，人才引进工作必须从严进行，不能降格以求。要把好质量关，选择有培养价值的科研、管理人才。

另一条腿是培养人才。要在现有人员中发现人才、使用人才、培养人才。要按照人才成长规律改进人才培养机制，努力造就一批国内甚至世界一流水平的领军人才和高水平创新团队，“顺木之天，以致其性”，避免急功近利、拔苗助长。要促进人才资源合理有序流动。要在全院积极营造鼓励大胆研究、勇于创新、包容创新的良好氛围，既要重视成功，也要宽容失败，完善好人才评价指挥棒作用。要注重培养青年人才。拥有一大批创新型青年人才，是我院创新活力之所在，也是繁荣发展哲学社会科学希望之所在。当前我院的科研及管理人才，五十年代出生的是主干力量，六十年代出生的也逐渐成为骨干力量，七十年代出生的已经崭露头角。当然，一些四十年代、三十年代甚至二十年代出生的老同志还在发挥作用。要大胆引进、大胆使用、大胆培养六七十年代出生的人才，把八十年代和九十年代出生的人才纳入视野。我院的中老年科研骨干不仅要做研究的开拓者，更要做提携后学的领路人。希望大家肩负起培养青年人才的责任，甘为人梯，言传身教，慧眼识才，不断发现、培养、举荐人才，为拔尖青年人才脱颖而出铺路搭桥，甘当人梯。

第三，采取必要措施，加大领导干部和复合型管理人才的培养力度。

一是选拔一批有发展后劲的所局级正职后备人选加以培养。针对他们马克思主义理论功底不够扎实，长期党内生活磨炼不够严格，担任领导干部具备的基本素质不够完备的问题，缺什么补什么，不能条件不具备就仓促推上马，欲速则不达。要让他们知道怎么当书记，怎么当所长，怎么当局长，怎么管理好一个所、一个局。党组下决心培养一批年轻有为的，讲政治、明方向、守纪律、懂科研、善团结的党委书记、所长和局长。我院绝大多数党委书记、所长和局长是合格的，党组是信任的，但要把思路和眼光放在年轻人身上。二是加大干部交流和交叉任职的力度。比如党委书记、行政副所长一般不从本单位产生，加大管理干部交流力度，今年党委书记、行政副所长的选配，就是按照这样的规矩进行的，效果不错。第一批交流了 21 个处级干部，效果也是好的。三是实行领导干部和研究室主任任期制。虽然目前还在试点，大家是拥护的。有些小道理，从局部、短期看是合理的，但从大局、长期看是不合理的。希望同志们从大局、长远、根本出发，打破一潭死水，支持人才制度的改革创新。

5.坚持、加强和改进党对哲学社会科学的领导，坚持把思想政治领导放在第一位，落实好“一项制度、两个建设、三项纪律”的我院党建工作基本要求

党的领导是在中国特色社会主义条件下，繁荣发展哲学社会科学的基本政治前提和根本政治保证。对于我院来说，坚持、加强和改进党的领导具有极端重要性和不可动摇性。

第一，坚持、加强和改进党的领导，具体到我院，就是加强党对哲学社会科学的领导，对思想政治工作和学术研究的领导，坚持党要管党、管干部、管意识形态、管大政方针。

一定要把坚持党的领导作为领导干部的第一政治责任。党的领导首先体现为党组和各级党组织要坚持坚定正确的政治方向和学术导向，坚决贯彻执行党中央和上级党组织的决定，在思想上、政治上、行动上与以习近平同志为总书记的党中央保持高度一致，一切服从党中央的要求和决定，使中央的决策部署在我院得到不折不扣的切实贯彻落实。其次是坚定不移地、一丝不苟地贯彻执行党的决议，善于把中央的要求和精神变成本单位自觉的行动、具体的举措，努力办好院，治好所。再次，领导干部要树立党的观念，树立个人服从组织、少数服从多数、下级服从上级、全党服从中央的组织观念和纪律观念。

毛泽东同志说，党的领导第一位的就是思想政治领导。加强党的领导，最重要的就是加强思想政治领导，加强对意识形态的领导。当前，党在意识形态领域面临着长期的、复杂的斗争和较量。只有坚持党的坚强领导，才能牢牢占领党的意识形态阵地，避免犯无可挽回的历史性错误。在座的书记们、所长们，你们既是哲学社会科学工作者，又是党的思想文化战线上的战士，意识形态领域的骨干，绝不是“自由撰稿人”“松散联盟”的召集人，而是党的意识形态阵地的领导干部，是党在思想文化战线上、在哲学社会科学研究上的组织者和管理者，不能把自己降低为一般学者，更不能降低为“自由撰稿人”，应该始终站在党的立场上把研究所治理好。

第二，坚持、加强和改进党的领导，关键要落实好党委集体领导下的所长负责制。

党委集体领导下的所长负责制把党对哲学社会科学的领导同发挥专家学者治所管所的作用充分结合起来，是我院的一项根本性的领导体制。只有坚持党委集体领导下的所长负责制，才能体现中国社会科学院是党所领导的国家级学术机构和党的意识形态部门的政治性质，才能保证始终坚持正确的政治方向和学术导向。一定要把这个制度执行好、完善好、巩固好，充分发挥作用，不能动摇，不能变通。

党委集体领导下的所长负责制在贯彻落实的过程中还存在一些值得注意的问题。一是个别单位党委集体领导作用发挥不够。存在对党委集体领导下的所长负责制认识不高、职责不清晰、执行不到位；党委会、所长办公会、所务会、所务扩大会议等议事制度不健全、不规范，规则不明确，参会人员交叉重叠，议事范围不确定，党委会与所务会职能混淆，甚至以所务会代替党委会，造成管理上的混乱；召开党委会、所长办公会、所务会或有会议记录和纪要，但内容粗略，不能完整反映“三重一大”事项的酝酿过程、责任主体和决策结果等问题。当然，也有极个别单位没有纪要，甚至没有记录。二是个别领导班子民主集中制落实不到位。存在“过度集中”和“过度民主”两种倾向：如重大决策缺乏沟通协商，没有事先征求班子成员和党员群众的意见；所务公开制度不完善，公开程序不规范，公开内容不明确，公开时间不及时，群众应有的知情权、参与权和监督权得不到落实。今年上半年进行的加强组织纪律建设调研显示，有42.5%的人认为，“不按民主集中制原则办事，个人决定重大事项”；怕担责任，为了避免麻烦，事事讲求“民主”，把一些分管职责范围内的琐事小事当作“三大一重”事项处理，造成“每每开会”却议而不决的低效率局面，一旦出了问题又不敢担责任。三是个别领导存在作风霸道、“一言堂”问题。个别领导缺乏正确的权力观，接受组织和群众监督的意识不强，个人独断专行，工作方式简单粗暴，不虚心听取各方面意见，习惯于独往独来、包办代替；个别主要领导的权力过于集中，一些重大决策不经党委集体研究决策，课题立项结项、职称评定等重大科研活动党委不能参与，党委把握政治方向、保证公平公正等作用没有得到充分发挥，难以形成有效的监督制约；个别领导无视组织原则和程序，擅自决定重大事项，把自己凌驾于组织和群众之上，听不进不同意见；个别领导不讲组织原则，不注意保密，随意泄露会议内容，有意见当面不提，背后乱说；个别领导私底下拉帮结派，拉选票，左右民意，极个别领导甚至对持不同意见者进行打击报复；个别领导不敢坚持组织原则，对一些错误做法不敢提出批评意见等。

加强党委集体领导下的所长负责制制度建设是一项基本性、根本性的工作。我院有两个条例，一个是党委工作条例，一个是所长工作条例，它们从制度上对党委会和所长办公会、书记和所长的职责作了明确的划分，是管用的文件，必须认真学习，切实执行。

加强党委集体领导下的所长负责制，一要解决好认识问题。对我院坚持党的领导是不能质疑的。有人问，研究所究竟是所长说了算还是书记说了算？谁是老大，谁是一把手，这种提法本身就是模糊的、错误的。不能争论书记和所长谁老大、谁说了算，正确的说法是党委集体领导说了算，而不是个人说了算。不能把党委当成配角，把党委书记当成跑龙套的，当成可有可无的职务，当成安排人的位置。书记是集体领导的班长，所长是党委集体领导下的所长负责制的责任人，两人都要服从党委的集体领导。个别同志党的领导观念淡薄，缺乏严格的党内生活锻炼，表现为不懂党的集体领导，不尊重党委，不尊重书记，也不会实施党委的集体领导；在关键时刻对错误言行不敢发声，不敢亮剑，不善于做党的工作。要明确党委的核心领导地位和作用，明确党委领导是方向领导、政治领导，是科学决策的保证，不是代替一切“包打天下”，也不是脱离群众的官僚主义指挥。二要解决好民主集中制问题。既充分发扬民主，又正确实行集中。善于听取各方面的意见，集中大家的智慧，科学决策、民主决策。凡是研究所的重大问题，都要在党委会议上公开讨论，集体决策，切忌个人说了算，杜绝“家长制”和“一言堂”；班子成员应摆正位置，积极建言献策，坚持用好批评与自我批评这个武器，把看法摆在桌面，把意见说在台面，把问题解决在当面，相互提醒、相互监督、相互帮助，保持既严肃又和谐的工作关系，维护班子团结，增强班子活力。三要解决好制定党委议事制度和规则问题。要把党委管什么事、所务会和所长办公会管什么事规划好、分清楚。凡是党委管的，如干部等大事，一定要提交党委会。要建立领导文件传阅制度。办公厅要对文件传阅制度进行专项检查。要有会议制度、会议议题、会议记录、会议纪要，有讨论，有落实。不能以所长办公会代替党委会，也不能以党委会代替所长办公会，不能开一揽子会。四要解决好党委书记和所长的团结问题。凡是书记和所长搞不好团结的，单位工作也做不好。个别书记和所长口和心不和，甚至连口都不和，或者“表面一团火，脚下使绊子”，互相拆台，甚至公开吵架，闹得一个所兵分两路，人分两派，谈何凝聚力、向心力、战斗力？党委书记和所长既要明确分工，又要密切合作，分工不分家。书记是研究所党的工作的主要负责人，所长是研究所科研和所务工作的主要负责人。所长要支持书记的工作，坚持并服从党委集体领导。五要充分发挥所长的作用。书记要支持所长工作，充分发挥所长在科研工作和所务工作中的积极性。在党委集体领导下，所长要对一个所的科研工作和所务工作负责，副所长要对自己分管的工作负责。所长要按照党的路线方针政策来具体实施领导，充分发挥在科研工作上的组织管理、学术引导、学术把关等重要作用。要把副所长的积极性调动起来，把研究室主任的积极性调动起来，把每一个科研人员和工作人员的积极性调动起来。六要提高党委书记的素质和能力。党委书记要善于当好班长，善于坚持民主集中制，善于调动一班人的积极性。习近平总书记指出：“一个高明的领导，讲究领导艺术，知关节，得要领，把握规律，掌握节奏，举重若轻”，“一把手领导艺术的重要体现是有容人之气度、纳谏之雅量，充分发挥党内民主”，“善于把‘多种声音’协调为‘一首乐曲’”。党组将集中精力选好党委书记。

第三，坚持、加强和改进党的领导，一定要抓好党委领导班子建设和党支部建设。

坚持、加强和改进党的领导，必须加强党的建设。在我院抓党的建设，具体来说，要抓“两个建设”，一个是党委建设，一个是党支部建设。

“火车跑得快，全靠车头带”。研究单位建设得如何，关键在党委领导班子。抓好党委领导班子建设，有三个环节：第一个环节，也是最重要的环节，是要下大气力提高领导班子成员的理论水平。着力抓好领导班子的理论学习，通过学习，切实做到熟练运用马克思主义立场观点方法，准确把握科研方向和学术导向，正确地指导科研工作。第二个环节，要提高领导班子成员的思想道德素质。增强领导班子成员的使命感、责任感，率先垂范，模范带头，彻底地、全心全意地，而不是三心二意地完成党交给的各项工作任务，认认真真带好队伍，认认真真履行职责，认认真真抓好管理，绝不能敷衍了事。第三个环节，要提高班子成员的领导素质和管理能力。班子成员要掌握高超的领导艺术，切实做到管理有办法，执行有力度，工作有思路。善于和科研人员、工作人员打交道、交朋友，为他们排忧解难，调动他们的积极性。只要班子成员具备了上述三个方面的素养和能力，研究所的工作、社科院的工作就会所向披靡，无往而不胜。

另一个建设是加强党支部建设。研究室党支部是我院党的建设的基础，“基础不牢，地动山摇”。党支部建设重在落实，要紧密结合科研工作和业务工作来进行。一要抓好领导落实。党委要高度重视党支部建设，定期听取党支部工作汇报，抓好党员队伍建设。建立党委书记和党支部直接联系机制，党委书记定期与支部书记谈话，了解情况，帮助解决党支部建设中的困难和问题。党委成员要以普通党员身份参加组织生活，深入支部，分工联系若干支部。二要抓好组织落实。把党支部健全起来，把党支部建在研究室上，具备条件的研究室要及时成立党支部。把支部工作和研究室工作有机结合起来，充分发挥党支部在研究室建设和科研工作中的政治保证作用和思想导向作用。选好配齐党支部书记，符合条件的研究室主任应兼任支部书记。条件尚不成熟的，可以由研究室主任以外的党员担任。加强对支部书记的培训，提高支部书记的素质。重视发展党员，特别是在科研骨干和青年科研人员中发展党员，不能长期不发展党员。三要抓好工作落实。党支部要定期开展活动，突出思想性、政治性、先进性，使活动制度化、规范化、常态化、长效化。建立学习型党支部，支部书记要带头加强学习，有针对性地做好思想政治工作，开展积极的思想交流，加强党员党性教育。四要抓好制度落实。建立健全“三会一课”制度，定期召开支部党员大会、支委会、党小组会，按时上好党课。严格支部的组织生活，使组织生活正常化、制度化、长效化。

第四，坚持、加强和改进党的领导，必须加强“三项纪律”建设。

毛泽东同志早就说过，路线是“王道”，纪律是“霸道”，两者都不可少。在清除林彪反党集团的斗争中，毛泽东同志曾多次在高级干部中领唱“三大纪律八项注意”。遵守党的纪律，这是中国革命成功的重要条件。“加强纪律性，革命无不胜”。习近平同志指出：“我们党是靠革命理想和铁的纪律组织起来的马克思主义政党，纪律严明是党的光荣传统和独特优势。党面临的形势越复杂、肩负的任务越艰巨，就越要加强纪律建设，越要维护党的团结统一，确保全党统一意志、统一行动、步调一致前进。”“党要管党，从严治党”从来都不是一句口号，而应该落实为刚性的政治纪律、组织纪律和财经纪律。否则，没有纪律性，规模再大也只是乌合之众；缺少组织性，人数再多也不过是散兵游勇。要把“三项纪律”建设作为我院的一项基础性建设长期抓下去。

当前我院在执行政治纪律、组织纪律和财经纪律方面总体上是好的，但也还存在一些值得警惕的问题，必须集中力量加以解决。

在政治纪律方面，主要存在贯彻落实中央和党组决策部署主动性不够强、贯彻不够有力，落实不够到位，对意识形态斗争重视不够，对错误的东西不敢针锋相对地斗争的问题。如个别领导传达中央和院有关精神“三言两语”，甚至根本不传达，对有关政策和改革措施解读不到位，部署不到位，执行不到位；个别领导对违反政治纪律的行为不敢处理，担心被别有用心的人借机炒作，落下被敌对势力攻击的“把柄”；个别领导缺乏实干精神，以会议落实会议，以文件落实文件，不善于从实际出发抓落实；个别领导面对改革过程中的棘手问题麻木不仁，缺少解决的办法和勇气，或者奉行“好人主义”，不愿直面矛盾和问题，习惯于把问题“上交”，不想干事、不愿干事乃至不干事个别领导存在有令不行、有禁不止，搞小圈子、不搞五湖四海等问题。

在组织纪律方面，一是党的观念淡薄。个别同志缺乏阵地意识，忘记自己的党员身份，坚守党的主张不坚定，履行党员义务不积极，执行党的决议不认真；不注重党性修养和自身学习，忽视了世界观改造。二是组织观念淡薄。个别同志组织观念、程序观念淡化，按组织要求办事、服从组织命令不坚决，该请假的不请假，该请示的不请示，该报告的不报告。三是组织纪律松懈。个别单位长期以来一直存在自由散漫的风气，成为一个没有凝聚力的散摊子；个别人以自我为中心，以自己或小集体利益为重，时常算计自己得失，对组织的意见置若罔闻；个别人没把工作放在首位，返所日迟到早退，甚至长期不来单位，参加所里工作也仅凭个人利益和爱好选择，个别人甚至只要组织照顾，不要组织服从，把所谓的“学术自由”常挂嘴边；四是组织生活松散。个别单位两三年没开过全体党员会议；个别领导长期不参加组织生活，对党员的思想政治建设方面疏于管理、疏于教育，不了解广大党员的思想状况。

在财经纪律方面，在全院开展“小金库”检查和“三项经费”检查过程中，发现有的单位未按照院里要求认真开展自查自纠，对存在问题“零报告”，对有关财经纪律和经费管理制度执行不力，违规违纪行为依然存在。

从我院的实际来看，以上情况虽然是个别的，但问题是严重的。加强“三项纪律”建设，要特别重视加强党的组织纪律建设，强化“四种意识”：一是强化党员意识。习近平同志强调：党纪问题归根到底是党性问题。共产党员一旦不注重党性修养，理想信念动摇，纪律就会松弛，行为就会失范。从一定意义上说，违规违纪、贪污腐败的过程就是党员干部党性动摇、纪律松弛的过程。必须严格遵守党的纪律，坚定党性原则、坚定理想信念、坚定政治立场，毫无例外地把自己置于党的组织之下。“要强化党的意识，牢记自己的第一身份是共产党员，第一职责是为党工作，做到忠诚于组织，任何时候都与党同心同德。”二是强化服从意识。我院各级党组织和全体党员必须坚决做到“四个服从”，自觉维护中央权威；坚决贯彻中央和党组的决策部署，决不允许有令不行、有禁不止，阳奉阴违、敷衍塞责；坚决无条件地执行党的纪律，维护组织纪律的权威性，决不能选择性地执行，不能把纪律作为一个软约束或是束之高阁的一纸空文。三是强化责任意识。每个党员干部都要增强遵守组织纪律的自觉性，把遵守党的纪律作为自己的政治责任、终身责任，自觉在约束中工作、在监督下干事。四是强化底线意识。党的纪律是铁的纪律，是不可触碰的高压线。要增强执行组织纪律的严肃性，自觉摒弃从众、侥幸、麻痹心理，心存敬畏、守住底线，不越雷池半步。党组提出了党委书记原则上实行坐班制，行政副所长坚持坐班制，所长或业务副所长要把主要精力放在分管工作上的纪律要求，大家一定遵守。

（三）下半年的主要工作

现在已经进入第三季度了，时间过半，任务和工作还很多，希望大家学会弹钢琴，统筹兼顾，协调各方，全力以赴推进工作。关于下半年的工作，除了正常工作之外，重点要做到“七个抓好”。

一是抓好马克思主义理论学习，特别是习近平总书记系列重要讲话精神的学习。党组带头学，各单位党委中心组认真学，组织好所在单位干部职工学。直属机关党委要建立马克思主义理论学习的长效机制，建立健全党委中心组学习制度、主要领导干部学习制度、处级干部学习制度和全员培训制度。

二是抓好创新工程工作。重点把创新工程制度，主要是六项制度配套化、固定化，让全院人员熟悉制度，学会按制度办事。后期资助目标报偿制度是新提出来的，要尽快制定、试行并加以完善。现在正逐步出台科研单位、管理单位、采编单位绩效考核办法，出台科研人员、管理人员、采编人员后期资助目标报偿管理办法，已经搞了试点，这次会上向同志们广泛征求意见，请大家认真研究。下半年还要出台图资、网络、教学、企业等单位绩效考核办法，出台图资人员、网络人员、教学人员、服务人员的后期资助目标报偿管理办法，争取年底前配套齐备，试行“空运转”，明年全面推开。要做好年底评价考核的总结工作。要重点抓好出科研成果的问题。

三是抓好“三项纪律”建设。“三项纪律”建设是一项长期任务，要制定出具体的实施方案来，一步一步抓好。由英伟同志直接抓、直接管，要抓出成效。下半年，审计署将进驻我院，创新工程经费和津补贴检查、科研经费检查、期刊经费检查要提前进行自查。横向课题的虚假报销问题，审计署已经开始关注了，大家一定要注意。“三项检查”工作要早动手、早布置、早检查。

对于违反财经纪律、不守规矩的单位实行一票否决，取消其进入创新工程的资格。今年要彻底解决违反财经纪律问题。

四是抓好今年各项工作任务的完成。时间已经过半，各项工作任务要抓紧往前推进，不要拖到年底算总账。请大家认真对照，查一查2014年"三会"决定事项和2014年工作要点、改革创新工作要点及院督办工作例会确定任务落实情况，党组七个文件落实情况和党的群众路线教育实践活动整改落实方案相关任务落实情况，等等。各单位负责同志要对完成情况了然于心，没有完成的，要分析原因，抓紧督办，不要再拖了。

五是抓好报刊出版馆网库和中国社会科学评价中心建设。下半年要召开报刊出版馆网库和评价中心名优建设工作经验交流会，相关部门要做好组织筹备工作。抓好"七名"建设，抓好学术期刊"五统一"工作。加强"七名"建设，重要的是加强"七名"单位学术编辑队伍建设，目的是抢占学术制高点。

六是抓好领导班子建设、干部交流和研究室主任聘期制。院党组下决心采取管用措施，加强院属单位领导班子建设工作。各单位领导班子也要高度重视自身建设问题，重视研究室主任、处级干部队伍建设。下半年在试点基础上进一步推进干部交流和研究室主任聘期制工作。

七是抓好明年工作的总体思路和规划。院里要考虑院里的，各单位要考虑各单位的，要把明年的工作特别是创新工程推进方案和科研规划制定好，早谋划，早部署、早准备。

在财经纪律培训班上的总结讲话

张 江

（2014年5月14日）

同志们：

按照院党组的要求和"三项纪律"建设的具体安排，为加强财经纪律建设，进一步规范经费管理，更好地保障创新工程的顺利推进，院里组织了这次财经纪律培训班。在同志们的积极参与和努力下，取得了预期效果，为期三天的培训班圆满结束。

（一）培训班得到了同志们的认可和肯定，并给予了高度评价

大家一致认为，这次培训班办得及时，特点鲜明、内容具体、收效显著，大家深刻感受到院党组高度重视财经纪律建设工作的决心之大，措施之实，是前所未有的。一是规格高，规模大，形式新。把研究所主要负责同志（有的是书记、有的是所长）、分管财务的所领导和主管会计，集中在一起培训的形式在我院尚属首次。这有利于加强各级人员对财经纪律、政策法

规、规章制度的再学习、再认识，较好避免了以往培训后财务人员汇报过程中“打折”的问题，促进了沟通交流，便于研究所更好地开展财务工作，为研究所共同探讨解决工作中遇到的财经纪律问题提供了机会。二是内容丰富，信息量大，贴近科研，切合实际。张英伟组长的动员报告讲得很实、很具体、很全面，具有很强的指导意义。李捷局长的报告针对性强，尤其是对科研资金的解读让大家重新认识了科研经费的概念范畴，对具体案例的分析使大家引以为戒。六个职能局领导的讲课内容具体实用，对于指导实际工作很有帮助，有利于研究所领导更好地把握专项经费的管理和使用，做到心中有数，有助于长期处在一线工作的财务人员以宏观视野进一步做好财务具体工作。三是培训班紧跟形势，必要及时，达到预期效果。加强财经纪律建设作为“三项纪律”建设的重要内容，符合国家目前反腐倡廉的大形势，符合我院创新工程经费使用廉洁、合规、高效的既定目标，有助于研究所下一步“三项经费”自查自纠工作的顺利开展和有效推进。

（二）通过培训，对如何遵守财经纪律达成了共识

大家普遍认识到，严肃财经纪律是我国走向法制化的必然。财务工作是研究所各项工作的“出口”，财经纪律能否执行好直接关系到创新工程的生死存亡。严肃财经纪律，有利于具体工作人员把握好国家和我院财经纪律方面的方针政策；有利于各单位针对国家和我院的政策法规，制定符合研究所特点的管理办法；有利于创新工程目标的实现，保障经费使用守规守纪；有利于党风廉政建设。

加强财经纪律建设，一要注重学习。从源头上让科研人员理解规定，规范支出，减轻所领导和财务人员的压力，便于开展科研工作。二要敢于担当。研究所的“一支笔”，要高度重视财会工作，要有责任心，熟悉财经制度，尽心尽力把好经费审核关，并对财务人员给予必要的尊重和支持。科研人员要有全员意识，服从意识，尽管制度有不完善之处，但仍要认真执行各项规章制度。主管会计要有服务意识，及时学习熟悉掌握各项财经规章制度，做好宣传动员，释疑解惑，规范引导等工作。三要常抓不懈。财经纪律培训和学习应是一项警钟长鸣和常抓不懈的常态化工作，是提升我院创新工程经费管理水平的重要推力。“三项经费”检查对于研究所查找问题、完善制度十分有帮助，院职能部门应经常开展检查，为研究所提供指导、帮助。

（三）对我院遵守财经纪律、加强经费管理，做好财务工作再强调几点要求

1. 自觉遵守财经纪律是广大党员干部义不容辞的责任

我们党一直以来就非常重视财经纪律的建设，几代领导人都从关系到党的兴衰存亡的高度强调财经纪律的重要性。当前，习近平总书记结合新形势，就加强财经纪律建设等发表了一系列重要讲话，告诫大家不要把纪律当“稻草人”，要有敬畏之心。财经纪律是党和国家事业兴旺发达的重要保障，是“高压线”，我们要时刻绷紧这根弦，要以“零容忍”的态度对待违

反财经纪律的行为。

财经纪律是党和国家的方针政策在财经工作中的具体体现，是财政和经济工作中必须遵守的行为准则，也是我院创新工程的要求。创新工程管理体系中一个重要的举措，就是严肃财经纪律，规范经费管理，强调预算、突出真实，通过“开前门，堵后门”，挤出经费报销中的虚假成分，为财政资金的安全高效使用提供制度保障。如果因为我们疏于管理，降低标准，前门开了，后门又没有堵上，依然我行我素，我们将无法面对支持我院实施创新工程的中央领导同志和上级有关部门，也无法面对我院的全体职工。近年来，我院各单位在遵守财经纪律，加强经费管理方面取得了一定的成效，尤其是创新工程实施以来，管理理念和管理方式正在发生可喜的转变，但还是有不尽如人意之处，在经费使用方面的一些问题屡查屡犯，错误不断，关键就在于认识模糊，没有意识到自觉执行财经纪律是我们的责任与义务。不少同志觉得我院是清水衙门，资金量不大，犯不了大错，报点“小票”，发点“小钱”无关紧要，不以为然。要知道针眼大的窟窿，斗大的风，小错不改，必酿大错。随着我院创新工程的推进，资金量逐年增加，再固守老观念、按照老方式管理资金，继续保留着随意支出的惯性，违规违纪就离我们不远了。同志们，一定要通过这次培训班， 充分认识维护和遵守财经纪律的重要性和迫切性，认真贯彻落实好习近平总书记重要批示和讲话精神，勇于担当执行财经纪律的责任，增强遵守财经纪律的自觉性和主动性。我们在座的是掌握经费开支大权的领导干部和直接管理经费的财会人员，一定要有大局意识、责任意识，各司其职，形成合力，共同为我院营造一个良好的经费运行环境而努力。

2. 自觉遵守财经纪律是我院事业顺利发展的重要保证

规范管理要有制度作保障，自觉遵守财经纪律是我院事业顺利发展的重要保证。实施创新工程以来，我院出台了一系列的经费管理制度，有效地保障了创新工程试点，发挥了积极作用。但是，由于这些制度是为创新工程量身定制的，在一定程度上改变了我院的一些传统做法，限制了一些支出内容，提高了一些报销门槛，同志们感到了一些不适应，属于正常现象，需要有个过程，但这个过程不能太长，否则会影响我们其他工作的推进。在实际工作中，我们在对制度没有完全理解掌握的时候，先不要要求制度一出台就满足各方面的需求，一个好的制度一定是在实践中逐渐完善的，我们可以吃透精神先执行，在执行中不断地总结经验，用积极的态度提出意见和建议，共同完善我院的各项规章制度，使制度执行更加刚性。

各单位在日常管理中，要按照院里的统一部署，认真执行创新工程的各项制度，做到令行禁止，在这方面，我们强调各单位的责任主体，所局级领导在组织领导上要发挥统揽作用，在制度建设上要发挥指导作用。要支持财会人员的工作，给他们提供学习提高的机会，鼓励他们照章办事，按照规定办理各项业务。财会人员要提高政策水平和业务能力，树立服务科研的意识，依法办事，规范核算，为单位的财务管理出主意想办法，发挥领导的参谋助手作用。

3.做好“三项经费”检查是当前执行财经纪律的重要举措

目前，一项重要任务就是组织好三项经费包括创新工程专项经费、期刊专项经费和规范津补贴的“回头看”检查。各单位一定要按要求认真组织好自查工作，按照王伟光院长关于“结合今年抓三项纪律教育，继续抓紧、抓好，早布置、早起动，完成预定目标，同时形成规范性、制度性、长效性的管理办法。自查都为零的问题，今年要解决，再自查为零，查出严重问题的要追究领导责任”的批示，特别要注意防止走过场、零报告的现象，在检查的同时做好整改。通过检查，从体制机制层面解决重点、难点问题，达到减少违规违纪问题发生、确保各单位经费使用安全的目的。检查中对以前全院普遍性存在的问题要及时解决，属于操作层面、短时间内能够解决的，要迅速加以解决；属于体制机制或历史遗留性问题的，要重点研究对策。

各单位领导要以身作则，带头发扬艰苦奋斗、勤俭节约的精神，反对铺张浪费和花钱大手大脚，带头抵制享乐主义、奢靡之风。按照中央要求，严格执行差旅费、会议经费、“三公”经费等一系列管理制度，严格落实各项节约措施，坚决杜绝公款浪费、科研经费虚假报销等违规违纪现象。

4.严格预算执行，勤俭节约，圆满完成年度工作任务

我院 2014 年的预算已经院务会批准，各单位在抓财经纪律的同时，也要统筹安排好单位的年度预算。今年，除创新工程经费增加较多外，其他各专项增长有限，基本支出维持了去年水平，因此，各单位要优先保障基本支出，确保人员经费和日常运行等维持性开支需要，要严格执行国家的有关政策及规定，不得擅自扩大开支范围和提高开支标准。各专项业务经费要细化到项目，并严格按预算批准的用途使用，不得自行改变项目内容和资金使用范围，资金的支付要与项目执行挂钩，要加强对项目资金使用情况的监督。

各单位要认真贯彻中央八项规定和过紧日子的精神，落实国务院领导关于把有限的资金用到刀刃上的要求，严格执行厉行勤俭节约、反对铺张浪费的一系列政策规定，大力控制行政成本。按照财政部要求，建立健全公务支出管理制度，认真抓好因公出国（境）、差旅、会议、培训、公务用车、公务接待、办公用房、政府采购、经费管理等各项规章制度的执行与落实，将“三公”经费控制在年初预算批复的规模内。要严格控制节会、庆典、论坛、展会、运动会、赛会等活动，加强预算约束，健全厉行节约的长效机制。

要继续按照《财政部关于进一步做好预算执行工作的指导意见》的要求，认真抓好预算执行工作，提高预算执行的质量和效率。各专项经费的主管部门（科研局、国际合作局、信息化管理办公室、院图书馆）应及时关注和分析各单位的预算执行情况，加强预算执行的监督管理，及时发现问题和解决问题，努力实现当年预算收支基本平衡，真正提高资金的使用效益。

同志们，加强财经纪律建设，自觉遵守财经纪律，自觉执行财务制度和规定，是加强干部作风建设、促进干部廉洁从业的基础，我们要以如履薄冰的态度对待财经纪律。我们的领导

干部和重点岗位人员掌管的钱物越多，科研人员的项目预算越大，越要高度意识到花钱是一种责任，是一种考验，任何时候都要过好“金钱”关，要有“慎独”精神，要时刻警示自己，经得起组织监督、制度监督、群众监督、舆论监督。全院同志一定要按照院党组的要求，认真执行各项规定，严格管理，要以高度负责的事业心和责任感，认真执行国家各项法规和财会制度，确保我院创新工程的持续健康发展。

关于加强智库建设和提高执行力问题

李 扬

（2014年7月29日）

同志们：

刚才，王伟光同志在主题报告中对我院近年来的工作进行了全面总结，对我院今后工作特别是下半年的工作进行了全面部署，其中，谈到了我院的智库建设问题。

自创新工程开展以来，智库建设就始终是我院的一项重要内容。这几年，党组安排我抓全院的智库建设工作。在2011年我院暑期专题工作会议上，我曾就我院智库建设和数据库建设讲过一次，当时主要是针对落实《中共中央关于深化文化体制改革的决定》作了一些安排。

党的十八大以来，院党组坚决贯彻落实习近平总书记关于加强我国智库建设的重要批示精神，我们颁布实施了关于加强党和国家重要思想库建设的若干意见，改革了创新体制机制，在为党和政府决策服务方面取得了新的成绩。但是，毋庸置疑，与中央要求相比，与党组的期望相比，我院的智库建设还存在不小差距。

根据此次会前王伟光同志和院党组的指示，结合近年来抓智库建设的感受，下面我就我院智库建设问题做些补充说明，与大家交流。

（一）我们智库建设的形势

最近几年，我国兴起了一股智库建设的热潮。全国高校、党校和政府部门纷纷成立各种实体、半实体或非实体的研究院所，大多冠以智库之名。社会上，各种民间、半民间包括由国外基金会或企业资助的各种研究机构，也如雨后春笋般涌现出来。为了指导智库建设，国家还明确了具体部门在负责落实，据我所知，指导智库建设的意见正在拟定。然而，在我看来，在当下的中国，社会各界对建立智库的必要性固然都有所认识，但对怎样建立智库、怎样发挥智库作用还没有经验，对怎样贯彻落实习近平总书记关于建立高质量智库的重大决策，还需要深入讨论，更需深入实践。

（二）智库应该具有的几个特点

有领导同志说，当前我国最接近智库的研究机构就是中国社会科学院，但是，一方面，与全球著名智库相比，我们在执行智库功能方面还不是很理想；另一方面，我们践行智库功能的一些做法和渠道，在现行的全球智库评价体系中并未被包括在内。我曾经在一个讨论智库发展问题的国际会议上总结过，其他国家智库发挥作用的主渠道是公开的各种类型的研究报告，而在我院，除此之外，我们至少还有另外若干渠道，包括报送内部报告，专家学者参加各种各样的决策咨询会议，参与重大决策的制定和重要文件的起草，直接向总书记、总理及其他党和国家领导人汇报对相关问题的看法，以及为中央政治局集体学习服务，等等。这些重要的智库功能，在现有的国际评价指标体系中都是没有的。

我认为，现代智库应具备独立性、科学性、建设性、人力资本密集、影响力等五大要素。

所谓独立性，指的是智库既非政府的政策研究室，更不是它们的宣传部门。它们秉承为社会主义市场经济发展、为人民服务的根本宗旨，致力于提供专业化的知识、信息和多种选择可能，帮助政策制定者和公众做出准确的判断和决策。唯其独立，它们才能客观地做出经得起实践检验和历史考验的研究和判断。

所谓科学性，指的是智库的研究以深厚的学术积淀为基础，以科学的理论和现代方法为依凭，掌握翔实可靠的数据和资料，用简洁易懂的方式说话。唯其科学，智库才能获得公信力。

所谓建设性，指的是智库的研究不能满足于发现问题，也不能以批判现实、发牢骚为能事，而应着眼于提出解决问题的方案。在这个过程中，智库将深厚的学术积淀与缜密的政策设计密切联系起来。要做到这一点，显然需要智库的研究人员不仅是精通学术的行家里手，还应是深谙世情、国情的优秀实践者，同时还应具备熟悉各类操作方案的精明的管理者素质。

所谓人力资本密集，指的是智库的研究人员皆为各相关领域的顶尖人物。我们看到，世界排名在前的著名智库，均不以人数众多取胜，多数机构仅拥有几十名研究人员，但是，其中汇聚的是各领域高手，就经济领域而言，其中不乏获诺贝尔奖奖金的大牌经济学家。美联储主席伯南克卸任之后受聘于全球第一智库布鲁金斯学会，又一次向我们展示了国际一流智库的用人之道。

所谓影响力，至少包含四方面内容，一是决策影响力，即能够影响决策者，影响大政方针；二是社会影响力，即能够引领舆论和社会潮流；三是学术影响力，即对理论界和理论研究产生导向性影响；四是国际影响力，即能够掌握国际话语权。

毫无疑问，智库的根本追求是产生影响力。但是，其影响力是建立在独立性、科学性、建设性和人力资本密集基础之上的。失却了这些，智库的影响力就是无源之水、无本之木。我以为，今后，我们应当按照这样五个标准，进一步整合我院的智库功能。

（三）我院智库建设存在的问题

在推进智库建设的过程中，我们也发现了一些问题。主要的问题就是刚才王伟光同志在报告中所说的，我院的研究项目存在较为严重的重复性，即，同一个课题，多个研究所同时做或一个研究所反复做的现象比比皆是。关于这个问题，我已经在各种会议上说过多遍，但多年下来依然故我。我以为，如何解决持续研究又不至于进行简单的低水平重复劳动这个矛盾，是我院加强智库建设必须认真考虑的重大问题。

举例来说，住房问题始终存在，而且在不同阶段有不同阶段的问题，确实需要我们深入、系统、反复进行研究，但是，如果陷入低水平重复，这些研究便有浪费资源之嫌。如何处理此类问题？我曾同一些所长们交换过意见。我们都同意，如果一些问题，特别是那些学科指向不十分明确，或者说跨学科色彩很重，而且，这些问题重要到需要反反复复、持续不断地去做跟踪研究的话，那么，对这种问题的研究就不适合用课题方式，而应当用一种相对稳定的研究机构来支撑。这就是智库存在的必要性，这也就是智库区别于一般研究机构的主要方面。

在落实院党组决策的过程中，我们重点将经济学部作为一个案例，做了一些探索性工作。现在，经济学部基本上形成了月度、季度和年度的报告系列，就是对发生在中国乃至世界层面的经济活动，每个月都有简单的跟踪，每个季度都有一个小结，每个年度都有较深入的探讨。我们对原来经济学部各研究所相对分散的年度报告进行了整合，以《经济蓝皮书》为总称，分成春、夏、秋、冬四个部分。春季报告重在对上年的回顾和若干理论问题探讨；夏季报告重在从供给侧即从实体层面展开探讨；秋季报告重在总结当年和来年预测；冬季报告则重在对过去改革举措的评估。目前，系列报告已在社会上引起了很好的反响。在推出上述系列报告之后，我们还推出了主要针对热点、难点问题的、类似 working paper 的研究报告系列。

我们原来设想，通过学部层面上的学术资源的整合，我们的智库功能大致上就能够实现了。在这种格局下，研究所可以专注于“学术殿堂”的建设。但是，最近一段时间的实践告诉我们，情况还是很复杂的，仅仅如此还不够。现在，中共中央、国务院及其部门要求提供意见和建议的渠道越来越多。作为国家设立的专业性研究机构，我们也尽可能满足上级部门的要求。我想，适应这种“中国特色”，我院智库的架构是否应当包括两层。

第一个层面是院，主要通过学部来实施。对类似住房、国企改革这种综合、系统、跨学科的大问题，我们要从院的层面，组织相关研究单位的力量，进行集中、系统、持续的分析。既然研究的是相对固定的问题，那就应分出阶段性和重点，相应地，在这些问题方面，就需要有系统的积累。我院过去研究的一个很大问题就是没有积累，几年之后，出现新情况了，有关部门在征询意见了，再从头做。这种状况必须克服。积累就意味着要有数据库。当前，在院的层面上，经济学部已经开始整合，并取得初步成效。下一步，我们将要对国际学部、社会政法学部进行整合，以期在学部层面加强相关研究所之间的协调配合，在一些重大课题上开展联合攻关。

第二个层面是各个研究所，特别是各社会科学类的研究所。各个研究所需要提供一些具有各自学科领域特点的研究成果，为履行我院智库功能服务。我们原来曾经设想，院里将智库功能整合起来并保持相对独立之后，研究所就可集中精力搞学术研究，钻象牙之塔，现在看来做不到。对此，各研究所的所长们应当有所考虑，我们需要在各研究所的层面，就智库和学术研究的资源进行统分结合的整合。

（四）切实提高执行力

在我院履行智库功能过程中，执行力不够的问题，凸显出来。执行力不够的问题，不仅反映在对政治性文件、管理性文件的贯彻执行领域，而且还反映在科研工作的执行力上。

执行力不够主要有三个表现。

第一，也是最严重的表现，就是对上级布置的任务，对中央和党组有关精神，不传达、不贯彻。也就是说，在贯彻落实中央和院党组精神方面，不少单位依然存在“肠梗阻”现象。对中国社会科学院各个单位而言，组织、完成好上级布置的任务，是一项基本的要求。几个月前，中央深改办交给我们一项对改革项目特别是经济与生态文明建设的改革项目进行独立第三方评估的任务。这个任务非常大，非常重要，且将绵延到今后几年。然而，在布置任务的时候，竟有人回应说，我们很忙，没时间做！对此，我们至少可以提这样的问题：对于中国社会科学院而言当下即今后若干年内，还有比全面深化改革更大的事情吗？不研究改革问题，那你到底在忙些什么呢？在此我们需要再次强调，围绕党中央、国务院的中心工作调度我们的研究资源，直至直接调整我们的科研组织架构，是我们义不容辞的义务。

第二个表现，就是交办的任务完成得质量不高。我们十分不安地看到，一些研究项目并不是特别复杂，做起来也费不了太多的功夫，可是，拿出来的东西，却让人不忍卒读。我们一定要清楚地认识到，中国社会科学院是专业从事社会科学研究的，我们为此设有专门的研究所、研究室、研究中心，拿不出像样的东西来，就是失职。如果总是如此，你这个研究所、你这个学科、你这个研究室还怎么发展？长此以往，我们就将失去国家队的资格。

第三个表现，就是跟不上形势的变化。党的十八大以来，国际国内的形势都发生了很大的变化，这导致我们的研究领域发生了变化，而那些未变化的领域，其研究重点也发生了变化。但是，我们的一些人却跟不上，还拿着一些老项目在做，还在拿老话语在说。长此以往，我们就会被研究界边缘化了。

执行力不够这一问题，大家必须重视起来。现在，我院的经济条件得到了很大改善，在一定意义上说，我们的平均条件已不输于某些知名高校了。但是，作为笼聚了国内外众多人才的国内顶尖研究机构，我们拿出来的成果比以前怎样？创新工程搞了好几年了，仍然还有一些人在整天抱怨院里制定的规章制度过于严苛，这是很不正常的！

我以为，执行力不够，主要有三个原因。第一，没有责任感。作为中国社会科学院的研究人员，必须把党中央国务院关心的事情当作自己首先要关心的事情，当作自己首先要研究的课题，这是你的责任，是义不容辞的责任。更何况，目前党中央国务院关心的话题，也都是理论界学术研究上的前沿问题。对这些问题，只要用心发掘研究，就一定能做出一些原创性成果来。第二，没有制度，不讲工作规程，更多的是有制度不执行。文件发下去以后，领导该看不看，该传达不传达，用得上的时候一问三不知。无论领导一个研究所、一个研究室还是一个课题，遵守工作制度和工作规程应该是一种常识，可是，在我们这里，一些人就是连这样的常识都没有。第三，没有正确的工作态度。客观地说，我院的工作环境既能培养学术大家，也能娇惯懒家，有一些人就安于混日子。这种状况必须改变。

总之，希望大家会后认真学习习近平总书记系列重要讲话和王伟光同志的主题报告，把我院各方面工作提高到一个新的水平。创新工程搞了三年多了，我院的各方面条件，包括办公环境、科研条件都得到了极大的改善，我们的收入水平也提升了许多，是拿出代表社科院水平的高质量研究成果的时候了。大家要扪心自问、平心而论，国家投入了这么多钱，如果拿不出经得起实践和历史检验的成果来，我们有何颜面去见“江东父老”？搞创新工程，根本之点就是要拿出创新成果；要想出创新成果，切实提高科研执行力是重要一环。

在2014年度全院科研管理工作会议上的讲话

李培林

（2014年12月16日）

同志们：

今年科研局先后召开了学会工作和期刊工作的全院会议，这次是科研管理工作会议。我希望今后我们能够在院的层面把涉及科研工作的会议整合，少开会多办事，因为上面千条线，下面一根针，很多工作到所里就是一个人在负责。但我院创新工作到了关键时期，开这个会还是非常必要。这次会议的中心议题，就是认真学习党的十八大和十八届三中、四中全会精神，认真贯彻习近平同志系列讲话精神，扎实落实创新工程的科研工作部署，总结近两年特别是今年的科研管理工作，部署安排2015年改革创新任务。根据会议日程，这两天会陆续安排科研局的负责同志讲工作、讲政策、讲问题，希望大家利用好这两天时间，静下心来，多思考、多学习、多交流。回到单位后，做好汇报、传达和贯彻落实工作。

下面我就进一步做好科研管理工作谈几点意见。

(一)进一步学习贯彻暑期工作会议精神,提高认识,把思想统一到党组深入推进创新工程的认识上来

从 2011 年我院实施创新工程试点开始,我们就反复讲要统一思想,提高认识。现在已经过了三年,但形势发展得很快。中央最近下发关于建设中国特色社会主义新型智库文件,要求发挥中国社会科学院作为世界知名高端智库的作用,要在全国建设 50 – 100 个新型智库。院党组已经在筹划先行试点,在我院集中优势兵力,打造十几个新型智库。这是在创新工程的基础上进一步加大对重大经济社会问题研究力度的重要举措。

我们国家的各项工作是以经济建设为中心,现在经济形势发生深刻变化。刚刚结束的中央经济工作会议提出,认识新常态,适应新常态,引领新常态,是当前和今后一个时期我国经济发展的大逻辑,并从 9 个方面全面系统地阐述了经济新常态的特征。

具体到我们院的工作,那就是要以科研工作为中心。我们创新工程搞了很多新的制度规定,要加强政治纪律、组织纪律和财经纪律,科研成果要计量考核,要加强报、刊、出版、馆、网、库和社科评价“七名”建设,要严格学会、中心等方面的管理,要进一步实施“走出去”战略,等等。所有这些工作,都要以科研工作为中心。失去了科研,就失去了我院的灵魂。

现在很多科研人员和科研管理人员,对创新工程在各方面的严格规定还不是很适应,一定要认识到,这就是我院的新常态,必须适应这种新常态。

为了进一步体现我院创新工程取得的成就,根据院党组的部署,从去年开始,我院实行了年度重大科研成果发布制度,今年的评审工作已经结束,最近要陆续发布这些成果。大家可以看一看,认真思考一下,这些成果是否代表了我院创新工程的成就,这些成就与中央和人民对社科院的期待还有多大距离,我们今后的科研工作还要付出怎样的巨大努力。

(二)把握科研管理工作规律,提高执行力,发挥好院党组科研管理工作指挥部、参谋部、作战部的作用

2012 年 10 月全院科研管理工作会议上,王伟光院长首次提出科研局应起到院党组科研管理工作“指挥部、参谋部和作战部”的要求。这是一个非常高的要求,说心里话,我作为主管科研工作的副院长,感到责任重大,忐忑不安。我希望我们所有科研管理工作人员,都应当感到忐忑不安,都应当恪尽职守。

两年多来,在院党组的领导下,科研局在规范调整课题体系、强化院对所科研工作指导(研究领域指南指导)、建立学者资助体系、完善出版资助体系、实现学术期刊五统一、内设机构优化等方面取得了显著成绩。特别是今年以来,科研局的领导班子顺利完成新老交接,新班子很快进入角色,认真落实中央和有关部委交办的任务,取得了一批有重要影响的成果;完成《院“十三五”发展规划纲要》(征求意见稿)和 2015 年研究领域指南编制工作;国家社科基

金年度项目立项数量创我院新纪录，立项率在全国名列前茅（获得立项资助 85 项，资助总额约 2000 万元，全国平均立项率为 13.6%，我院平均立项率为 28.2%）；加强和改进国情调研工作，制定《国情调研经费使用管理办法》和《国情调研重大项目招标投标管理办法》；举办期刊编辑人员培训班和院主管的全国性学术社团负责人培训班；开展相关工作调研，高质量完成《期刊编辑人员工作和思想状况调研报告》《中国社会科学院院省、院部、院校科研合作情况分析报告》《中国社会科学院主管的全国性学术社团调研报告》和《中国社会科学院非实体研究中心调研报告》；顺利推进科研局和创新办的机构与人员合并；等等。

我们要遵循科研发展规律，适应我院科研工作部署的新变化，积极进行科研管理体制的改革和探索。

一是要适应科研管理从课题制向项目制的转变，完善项目制的管理制度。我院目前已经取消了院级的大部分课题，科研采取总额拨付的办法，把大部分科研组织的资源配置权和管理权下放到研究院所，研究院所普遍实行创新工程项目组的方式组织科研。过去在课题制下，我们有一套长期实行的严格管理办法。现在实行项目制，但什么是科研项目，项目怎样来管理，还是一个新问题。有的国家社科基金项目、院里的重大项目，资金涉及几千万元、几百万元，却没有立项书，没有中期检查和结项要求，这是不行的。院里已经委托科研局拿出一个项目管理的办法，各院所也要研究探索创新工程项目的管理办法。从目前来看，我院创新工程的各院所项目，还没有不合格的，完成得怎样也没有一个分级评审的办法。

二是适应科研成果从定性考核向定量考核的转变，完善科研成果统计制度。院里目前已经制定了科研成果的积分办法，这个办法在实践过程中还要不断完善。这个办法是否科学，关键还是要看它是否有利于调动广大科研人员的积极性；是否有利于赏勤罚懒；是否有利于出成果、出人才。院里已经建立成果统计的电子平台，各院所科研处是科研成果统计真实性、准确性的责任单位，要负责核定科研人员自报的科研成果，并及时反映发现的问题。每个科研人员的成果积分从明年开始要与个人的目标报偿后期资助直接挂钩，这是一项政策性很强的工作，科研管理要对这项工作高度重视。

三是要适应加强对重大理论和实践问题研究的战略要求，完善年度重大科研成果的总结制度。过去我们各院所科研处也有年终总结制度，但说实话那种一般性的工作总结，很少有人当回事。今后的年度科研总结，要仿照院重大科研成果发布制度，重点总结本院所的重大科研成果。国家对创新工程投入那么多，大家的收入和智力创新报偿也有了很大提高，这都是来自财政税收，是人民的血汗钱，我们要对得起国家和人民。各院所的成果要拿出来晒一晒、比一比，不要老是拿“十年磨一剑”当借口。当然，科研成果也需要总结和宣传，科研处要把这项工作当作为科研服务的大事来抓。

近几年我们对科研管理体制机制进行了重大改革创新，院级科研管理工作进一步突出宏观规划、规章制订、项目审核、绩效评价、监督执行的职能。科研处要结合本单位的科研实际，在项目管理、资源配置、评价考核等方面认真思考，既要严格执行院的管理规定，又要根据本单位实际，积极向院里、所里提出建设性意见；既要当好研究所领导的参谋，又要成为基层科研管理工作的作战部。要担当得起指挥部、参谋部、作战部的盛名。

（三）厘清工作思路，谋划科研布局，科学制定我院科研事业发展规划

2015 年是“十二五”规划的收官之年，也是国家制定“十三五”规划的规划之年。各院所科研部门，从现在开始，就要启动本单位“十三五”科研发展规划工作。规划工作的重点是研究制定“十三五”科研发展规划、年度研究领域指南和学科发展规划。科研局负责全院的规划工作，各院所科研处负责本单位的规划工作。

这次规划，一定要做到“把握大局、跟上时代、科学真实、有效可行”，在前瞻性、指导性、操作性上下功夫，拿出一个真正能为科研工作服务的路线图和时间表。要切忌把规划变成纸上画画、墙上挂挂，到头来全不算话。

科研工作“十三五”发展规划是总纲，是顶层设计；年度研究领域指南和学科发展规划是专项规划，是“十三五”发展规划的细化和分解，各有侧重，相互衔接。要坚持三条基本经验、“五个三、一个一”的工作思路，始终把党和国家关注的重大理论和现实问题、哲学社会科学重大基础理论和学科前沿问题的研究导向贯穿其中。

第一，制定发布我院“十三五”发展规划。目前，《中国社会科学院“十三五”发展规划纲要》的征求意见稿已经完成，下一步的工作就是要修改完善，并适时发布。同时，各研究所要根据院发布的“十三五”规划，制订本单位的五年发展规划和实施方案。

第二，探索建立年度科研计划的研究制定工作新机制。今年的研究领域指南编制工作在去年的基础上又作了进一步改革，2015 年的研究领域指南更加注重重大理论和现实问题研究导向，更加注重学科布局与结构平衡，更加注重跨领域综合性研究导向，更加注重选题的创新性和延续性，力争从导向上解决重复研究和缺乏针对性的问题。要总结今年的工作经验，按照“统一规划，分级实施，指令性与指导性、自选相结合”原则，逐步把我院年度科研计划的研究制定工作机制固化下来。

第三，研究制定学科发展规划。学科建设是我院实施“科研强院”战略的基础性工作，是研究所“强本固基”的基本建设。到 2014 年底我院前期实施的重点学科资助计划已经全部期满，因此，有必要在 2015 年对全院的学科发展作一次专项评估。在此基础上，研究制定我院学科发展规划。要开展学科现状调研工作，重点要摸清我院各学科的设置布局、发展水平以及学科骨干的基本情况，了解研究所学科设置和调整需求，总结学科建设经验，认真研究对未来哲学社会科学发展具有重要意义的新兴学科、交叉学科和若干“绝学”的发展规律，提出进一步加强重点学科、新兴学科、交叉学科、濒危学科、“绝学”建设的建议，为构建我院学科

创新体系奠定坚实的基础。

（四）加强科研管理干部队伍建设，切实提高队伍的业务水平、工作能力和工作作风

我院是科研单位，科研管理工作的水平在一定程度上影响到科学研究的水平。在座各位来自各研究单位科研处，是我院科研管理干部队伍的主力军，承担着科研管理工作上传下达、组织落实的繁重任务，可以说是“上面千条线，下面一根针”。你们的工作水平和能力，会直接影响到我院科研管理工作的水平，影响到我院的科研水平。但就目前的管理队伍状况看，还存在一些与我院实施创新工程要求不相适应的地方。比如，有的科研处，人员更替比较频繁，工作接不上，对科研管理的规章制度不熟悉；有的人员结构老化，兼职人员较多，科研疏于管理；有的甚至不懂科研管理，也不注重调查研究，缺乏为科研服务和献身精神。凡此种种，虽然是个别现象，但反映了我院科研管理水平与科研快速发展的形势还有差距，与创新工程的新要求有差距。因此，打造一支敢于担当、业务精湛、勇于创新、甘于服务、能接地气的科研管理队伍，是我院深入推进实施创新工程的迫切需要，也是我院科研管理队伍建设工作的一项长期任务。我在这里提几点要求。

一是要注重学习。新一届中央领导集体执政以来，在各个领域采取了一系列新举措，提出了一系列新思路，我国的经济社会发展和国际环境也发生了一系列深刻变化，这些对我院的科研工作，都提出新的更高的要求。如果科研管理干部对这些都弄不明白，怎么担当指挥部、参谋部、作战部的责任？另外，创新工程制定了一系列的制度，现在还没有完全固定下来，还经常有一些变化，科研管理人员要把这些规定和制度的要点、关键点吃准、吃透。如果所领导对这些弄不清，科研管理部门也弄不清，就会贻误整个单位的科研工作。这次会议印发的文件汇编，建议你们放在办公桌上，遇到问题要多翻翻文件，不要想当然办事。

二是要注重调研。科研管理人员既是科研的管理者，也是科研的服务者和参与者，甚至可以说，我们首先是科研的服务天使。这就需要首先懂得科研，把握科研规律，为科研人员排忧解难。懂得科研规律并不容易，我在研究所先后当了 20 年的管科研的副所长、党委书记和所长，还不敢说自己真正懂了。因为科研也在变化，在快速发展，所以要注重调研。我主持院科研工作以来，科研局已就期刊、中心、学会、国内对外合作等工作写出调研报告，但比较难的就是写出学科片的科研发展报告。2015 年要成为科研管理人员的调研年，各研究单位要争取拿出一些有特色的专题调研报告。明年可能的话可以在这些科研调研报告的基础上开个座谈会，深入地研究一下科研管理工作。

三是要专心管理和服务。科研管理本身是一门大学问，科研人员和科研管理人员不是不能够岗位交流，但搞科研管理的要专心管理。现在一些科研管理人员也都有了硕士、博士文凭，有的还有职称，但既然从事科研管理，就要专心，不要也忙于课题，把管理变成副业。管理和

服务是分不开的，要把管理寓于服务之中。有专业知识不懂管理不行，有管理才能没有专业知识作管理支撑也不行。创新工程实施以来，管理岗位和科研岗位的待遇差距缩小了，而且相比公务员同级待遇也有优势，这为我们建设一支敢于担当、业务精湛、勇于创新、甘于服务、能接地气的科研管理骨干队伍提供了有利条件。

四是要注重工作作风。要树立服务科研的责任意识和严谨的工作态度。我院的主体人员是科研人员，科研管理部门要成为具有高度服务意识、接地气的榜样，既不能把服务看作低人一等，也不能把管理变成衙门。当然，科研人员要尊重科研管理人员，也不能盛气凌人，自视高人一等。我们的科研工作正处于发展的关键时期，工作不过细是不行的，类似于填写报表、统计数据、抽查、自查等非常具体的工作，我们一定要有严谨细致的工作态度才能做好。

同志们，明年是我院实施“十二五”发展规划的最后一年，也是布局“十三五”规划的关键之年。希望大家在这个新的起点上，深入推进创新工程，扎实工作，努力把我院的科研管理工作推向一个新水平！

恪尽职守　积极作为
扎扎实实做好党风廉政建设工作

——在中国社会科学院2014年度工作会议暨反腐倡廉建设工作会议上的讲话

张英伟

（2014年1月15日）

今天党组召开院工作会议暨反腐倡廉建设工作会议，王伟光同志对 2014 年全院工作做出部署，立意精深，主题鲜明，思路清晰、论述深刻，特别强调要高度重视和切实加强党风廉政建设，为全面实施创新工程、繁荣和发展哲学社会科学事业保驾护航。王伟光同志的重要讲话，充分体现了党的十八届三中全会、中央纪委三次全会精神和习近平总书记重要讲话精神，是对今年工作的总动员、总部署，我们要认真学习领会，全面贯彻落实。我到中国社会科学院工作已有 3 个多月，时间虽然很短，但感受颇深，受益匪浅，收获良多。借此机会，我谈四点想法。

（一）感受

长久以来，在我的印象中，中国社会科学院是一个神圣、庄严的地方，群贤荟萃，名家辈出，硕果累累，影响深远，令人崇敬和向往。来院工作后，通过与专家学者和干部职工的接触，学习研读近两年的重要科研成果，到有关单位和院所走访调研，同院领导、中层干部和工作人员谈心交流，参与有关工作和活动等，进一步加深了这种印象。我深深感到：近年来，中国社会科学院抓住机遇，乘势而上，着力凸显马克思主义坚强阵地、最高学术殿堂、党和国家思想库智囊团“三大定位”，切实强化科研强院、人才强院和管理强院“三大战略”，持续推进科研和管理体制机制改革，学术研究实力不断提升，在国内外影响声望不断增强。院领导班子团结奋斗，开拓进取，干部学者精神振奋，心齐劲足，各项工作取得了长足发展和历史性进步。我也深深感到：伴随着中国社会科学院的全面发展，党风廉政建设也取得了新的进展和成效。我觉得，主要表现在以下五个方面。

第一，在政治导向力的保障上取得了新进步。通过把住“八大关口”，妥善处理敏感人员和敏感事态，既坚守政治纪律的底线、红线，又把握适度有节的策略、方法，处理好维护政治纪律与理论创新、学术自由的关系，研究无禁区、宣传有纪律、行为守法律，确保哲学社会科学研究的正确方向。

第二，在科研生产力的释放上取得了新进步。服务构建哲学社会科学创新体系这个大局，围绕实施创新工程这个中心，弘扬优良学风、促进廉洁自律、规范管理决策，扫除束缚发展的学风文风作风之弊，清理疲软涣散游离的行为之垢，为科研生产力的释放提供了有力支撑。

第三，在改革担当力的体现上取得了新进步。在实施创新工程时，纪检监察机关自觉担当促进改革发展和监督检查职责，参与创新方案的顶层设计和总体规划，强化制度廉洁性评估和改革合规性检审，将政治纪律、优良学风、廉洁自律、管理决策的要求纳入科研管理和创新工程评价考核体系，促使廉洁性要求与创新性规范同步落实，推动各项改革平稳有序进行。

第四，在创新驱动力的激发上取得了新进步。无论是协同构建“两个体系”，确立反腐倡廉“六项工作格局”，还是实施“预防腐败三大行动”，院所两级纪检监察组织坚持立足科研单位实际，创造性地开展工作，“以创新思维和创新方式为科研和发展保驾护航”。

第五，在智库影响力的扩大上取得了新进步。以中国廉政研究中心为平台，以《反腐倡廉蓝皮书》《要报》为载体，依靠专家学科优势和资源，持续举办廉政论坛，推出一批有分量的研究成果，为中央和中央纪委反腐倡廉决策提供帮助。

饮水思源，抚今追昔，我深切地体会到：全院党风廉政建设之所以能够取得这样的发展和进步，是中央纪委正确领导、信任支持的结果，是院党组高度重视、精心指导的结果，是院属各单位和广大干部学者积极参与、关心帮助的结果。作为一个新的“社科人”、作为纪检监察战线的一名“新兵”，我能在这样良好的基础和氛围下工作，能和这样一些素质高、修养好、责任感强的同志们同舟共济、并肩做事，既深感自豪和荣幸，又倍感责任和压力。

（二）认识

我一直在考虑，我院的反腐倡廉建设有哪些特征？与党政机关及其他事业单位、科研机构有什么异同？通过调研和思考，我觉得，我院的反腐倡廉建设工作主要有以下四个鲜明特性。

第一，既有普遍性，又有特殊性。中国社会科学院不是“象牙塔”和“真空地带”，反腐倡廉建设要遵循防控权力运行失范的共同规律，参照反腐败斗争的一般经验，将中央的“规定动作”落实到位。但也要看到，本院干部学者知识水平普遍较高，道德自律意识普遍较强，而掌握的可寻租权力资源相对较为有限，我们既要坚决完成“规定动作”，又要结合院情实际抓好“自选动作”，有纪必执、有违必查、有风必纠。

第二，既有稳定性，又有变化性。我院违反政治纪律、贪污受贿等案件和学术不端行为总体保持低发态势，说明既定工作思路成效明显。但也出现了一些经济违规违纪案件，创新工程经费使用不规范的现象时有发生，制度缝隙和管理漏洞仍然存在，这提示我们必须保持查办违纪违法问题的高压态势，形成震慑。形势在变化，任务在更新，要求我们主动应变，适应新情况，解决新问题，把治院强院各项工作与防范惩治腐败同步研究部署、同步推进实施，避免制度真空，堵塞管理漏洞，保障改革发展健康顺利进行。

第三，既有实践性，又有理论性。组织专家学者针对党风廉政建设的热点、难点问题开展应用研究，为中央反腐决策提供智力支持，是我们的责任所在。我们要将宣传解读我国反腐成效、吸引学者关注党风廉政建设、提升纪检监察干部素质等价值诉求融入廉政研究之中，善于将党风廉政建设的理念思路、方法路径等对策成果应用到实际工作中，实现“理论指导实践、实践检验理论”的良性互动。

第四，既有现实性，又有长期性。党风廉政建设不可能一蹴而就，毕其功于一役。我们既要立足现实，有切实管用、适应当下的行动，把具体的、短期的工作抓紧抓实抓好，又要有谋划未来的视野，未雨绸缪，从宏观、战略、前瞻的高度做好顶层设计和总体规划。对政治纪律、财经纪律、组织纪律等方面的风险点，既要经常抓、反复抓，立足眼前，抓早抓小，防微杜渐；又要深入抓、长期抓，着眼长远，增强制度建设的系统性、规范管理的预见性和改革创新的可持续性。

（三）思考

中国社会科学院的纪检监察工作点多面广线长，面临的挑战和考验还很多，解决的矛盾和问题也不少。如何贯彻落实中央精神、紧贴院情实际、勇于开拓创新，积极探索加强和改进中国社会科学院党风廉政建设的新思路、新途径和新办法，也是近期我一直思考的问题。从历史和现实、认识和实践相结合的角度，我觉得，党风廉政建设工作应着力把握这样四个重点。

第一，把方向，正风气。哲学社会科学事业要实现科学发展、创新发展，必须坚持正确的政治方向、学术导向，营造风清气正的良好氛围。我们要把政治纪律建设、组织纪律建设和学风作风建设作为“第一要务”，抓紧抓牢，严肃政治纪律，严明组织纪律，强化学风作风养成，对干部学者身上暴露出来的问题早发现、早提醒、早纠正、早查处，对苗头性问题及时约谈、函询，加强诫勉谈话和教育警示，尽可能少出问题、不出问题，防止小问题演变成大问题，为科研改革发展保驾护航。

第二，强管理，重规范。实践证明，把规范性、规则性贯穿到科研管理的全过程和各领域，让干部学者对规则程序心存敬畏而非心存侥幸，是治院兴院之基，也是反腐倡廉之需。我们要针对专家学者讲道理、明是非的特点，把人性管理和刚性规范有机结合，建立勤廉敬业的行为准则和职业操守。要加强体制机制创新和制度建设，努力提升科研、人事、财务、基建、后勤等管理工作的水平，把纪律建设和组织建设结合起来，以有效管用的制度体系和严明的组织纪律性为社会科学事业创新发展排雷清障。

第三，促创新，保稳定。在创新中保持稳定，在稳定中推动创新，这是各项工作持续发展、齐头并进的基础。我们既要为创新工程做好廉洁性评估与合规性检审，加大执纪检查力度，注意制度配套和工作衔接，确保程序规范和步骤严谨，避免我们的创新举措、创新过程存在“硬伤”，又要积极化解矛盾、防止利益冲突，加强廉政风险防控机制建设，切实发挥行政监察、民主监督、审计监督、巡视监督、舆论监督和群众监督的作用，为创新工程营造阳光公开、稳定有序、持续发展的软环境。

第四，抓研究，夯基础。研究服务实践，实践引领研究。我们要继续围绕中央和中央纪委反腐倡廉建设的重要决策部署，创新思想观念，改进方式方法，密切联系实际，深化基础理论研究和应用对策研究，加强学科化建设和人才队伍建设，提升专业研究能力和对外传播能力，强化廉政研究组织实施方式、运作机制创新和制度保障，为行使学术话语权和彰显反腐倡廉智库功能奠定更加深厚的基础。

（四）希望

我觉得，在推进党风廉政建设工作中需正确处理好如下五对关系。

第一，科研工作和廉政建设“两手抓，两手硬”。科研工作和廉政建设如鸟之两翼、舟之双桨，相辅相成、不可偏废，只有齐挥并重才能高飞远航。既加强科研管理、学术创新等主业，又把好政治纪律、财经纪律等关口，两手都要抓好，两手都要真正硬，是坚持正确办院方向，确保社会科学事业健康有序发展的重要前提。各单位党政“一把手”要守土有责、守土负责、守土尽责，处理好政治与学术、纪律与自由的关系，努力营造既严明政治纪律又鼓励科研创新、既进行严格管理又让人心情舒畅的良好氛围。纪检监察组织要聚焦中心任务，坚守责任担当，既不越位也不缺位，既不错位又有作为，在治院治所中发挥重要作用。

第二，惩治腐败和预防违纪“两兼顾，两保障”。做大做强纪检监察工作的主业，以治标的实效赢得治本的时间，以“惩”的手段达到“治”的目的，是指导当前反腐倡廉建设的科学决策和行动指南。惩治和预防并不是相互割裂的，治标和治本也不是截然分开的。要坚持以零容忍态度惩治腐败，把坚决遏制腐败蔓延势头作为重要任务，既惩治已然，加大信访办案工作力度，加大惩戒问责力度，及时查处有关问题，对违纪违法和学术不端等行为保持“零容忍”；

又防患未然，发挥查办案件的治本功能，倒溯深查管理漏洞，建立健全机制制度，点名道姓通报曝光，切实加强警示教育，形成不想腐的道德防线、不易腐的制度屏障和不敢腐的惩治高压。

第三，改革创新和执纪监督“两不误，两促进”。改革创新既要开风气之先，也要有一定之规。这就如同“好马配好鞍，好车配好闸”，执纪监督并非要断改革后路、拖创新后腿，而恰恰是要增发展后劲、解后顾之忧。要贴近实际执好纪、问好责、把好关，强化纪律意识、规则意识、治理意识，把创新性要求与合规性原则“无缝衔接”到科研管理的各个环节。我们要主动跟进，“全天候”抓、全过程抓，把执纪监督变成常态，让创新工程在阳光下运行，在公开中监督，发现问题及时处置，查明隐患立即治理，在改革攻坚克难时做好合规性检审和廉洁性评估，在创新遇阻受挫时及时提供相关政策咨询，释疑解惑。

第四，主体责任和监督责任“双落实，双加强”。严格落实党风廉政建设责任制，党委负主体责任，纪委负监督责任，必须“两个主体”同进退，“两个责任”共担当，分工不分家，种好各自的“责任田”。要增强权力制约和监督效果，切实保证纪委监督权的相对独立性和权威性。要健全责任分解、检查监督、倒查追究的完整链条，不论是党委还是纪委，坚持有责必问，有过必究。各级领导班子要把党风廉政建设列入重要议程，与年度工作同部署、同落实、同检查；主要负责同志要树立不抓党风廉政建设就是严重失职的意识，抓领导、领导抓，抓重点、重点抓，抓具体、具体抓，做到重要工作亲自部署、重大问题亲自过问、重点环节亲自协调、重要案件亲自督办；领导班子其他成员履行“一岗双责”，抓好职责范围内的工作。纪委切实要履行协助党委加强党风建设和组织协调反腐倡廉工作的职责，加强对同级党委特别是班子成员的监督；要把党风廉政建设责任制向处室主任一级延伸，纳入研究室建设任务和室主任岗位职责，形成横到边、纵到底、事到人的责任落实格局。

第五，派驻机构和内设力量“双增效，双受益”。中央纪委派驻机构和各单位内设力量都是纪律检查的重要组织资源，应当不分彼此，肝胆相照，荣辱与共，用铁的纪律团结起来，打造成为靠得住、用得上、过得硬的铁军。“一家人不说两家话”，院所两级纪检监察组织要加强信息沟通、情况报送和调研交流，共同研究监督执纪工作中的新情况新问题，分享经验，破解难题。全院纪检监察工作要“下沉一级”，从组织保障和制度建设上改进和完善内部协调机制，加强巡视督导和检查考核，既使派驻机构信息灵通，又使内设力量底气十足，形成群防群控的整体合力。要加强专兼职纪检监察干部教育培训和业务规范，提高信访办案等履职能力，使党风廉政建设更“接地气”，既为院党组分忧，也为所局党委解难，更好地履行监督管理、指导服务的职能。

同志们，中央、中央纪委对我们的要求很高，党组对我们寄予厚望。我们一定要勤于学习，恪尽职守，努力把各项工作做好，不负重托，不辱使命，为深入推进党风廉政建设做出新贡献！

坚持和发展唯物史观

——在第二届马克思主义史学理论论坛上的讲话

高 翔

（2014年7月26日）

各位专家、各位学者，同志们、朋友们：

在新中国即将迎来65周年华诞，全党全国上下全面学习、贯彻习近平总书记系列重要讲话精神，共筑中华民族伟大复兴中国梦的重要时刻，我们在这里隆重召开中国社会科学院马克思主义史学理论论坛第二届学术研讨会，共商中国马克思主义史学理论建设发展大计，共话当代中国马克思主义史学面临的机遇与挑战。我代表中国社会科学院党组，向会议的召开表示热烈的祝贺！向前来参会的京内外学者表示热烈的欢迎！

我希望这一论坛坚持办下去，办出影响，不但成为国内马克思主义史学理论家的盛会，而且逐渐发展成为世界马克思主义史学家的盛会。

历史是时代的回响。在人类历史进步的长河中，史学应该位于激流深处推波助澜，而不是站在岸边冷眼旁观，更不能逆流而动。史学的真正使命是探索社会变迁的内在逻辑与规律，为文明的提升提供借鉴与参考。真正的史学家从来都将认识人类的命运作为自己全部学术活动的出发点，力图通过对社会关系、社会形态的反思，通过对人和自然关系的反思，总结出具有普遍意义的历史结论，所谓“究天人之际，通古今之变，成一家之言”。就这一点来说，论坛组委会将会议的主题设置为“中国特色社会主义与马克思主义史学理论建设”，可谓回应了时代重大关切，体现了史学研究和史学工作者应有的品格。

结合这次会议主题，下面我就如何坚持和发展唯物史观谈三点意见，供大家参考。

第一，唯物史观是当代中国史学的旗帜和灵魂，在史学研究领域，坚持以唯物史观为指导就是坚持马克思主义。

马克思主义开辟了人类认识世界、认识社会的新纪元。作为科学的世界观，马克思主义既是工人阶级的根本利益和意志的理论表达，又是人类认识世界和改造世界所取得的最优秀思想成果，揭示了自然界、人类社会和思维发展的客观规律，实现了人类思想史上划时代的根本变革，开创了现代意义上的社会科学。

唯物史观是马克思主义哲学的重要组成部分，也是马克思主义三大理论体系中最成熟的部分。恩格斯曾经指出：“正像达尔文发现有机界的发展规律一样，马克思发现了人类历史的发展规律”。他强调：“即使只是在一个单独的历史事例上发展唯物主义的观点，也是一项要求多年冷静钻研的科学工作，因为很明显，在这里只说空话是无济于事的，只有靠大量的、批判地审查过的、充分地掌握了的历史资料，才能解决这样的任务。”尽管自马克思主义诞生以来，人类社会已经发生了翻天覆地的变化，但唯物史观对现实社会的解释力和指导力并没有下降，其最富有生命力、最有影响力的特征并没有改变。

五四运动以来的中国史学，是与马克思主义紧密相连的。自马克思主义传入中国，中国革命的面貌就焕然一新，中国学术的面貌也为之一新。马克思主义特有的科学性与实践性的统一，为史学研究者提供了认识历史的科学方法，为史学研究者分清什么是与历史进步潮流相一致的先进思想,什么是与历史发展趋势相背离的落后因素指明了方向。没有马克思主义的指导，史学研究将长期漂浮在脱离社会实践的头脑中，停留在空疏词句的表层上，无法进入社会历史的深处。正是在马克思主义的指导下，我国哲学社会科学工作者对历史文化的整理与研究取得了长足进步，产生了以郭沫若为代表的一大批马克思主义史学大家，取得了一大批足以传诸久远的优秀科研成果，形成了以马克思主义为指导的具有鲜明民族特色的历史学学科基础理论体系。像20世纪五六十年代的“五朵金花”研究，就是新中国成立初期史学界运用唯物史观考察中国历史的重要尝试，不但使一批千百年来被忽略、被遗忘的历史领域得到了应有的重视，而且推动史学界建立起以唯物史观为指导的学科基础理论体系。而以侯外庐为代表的马克思主义史学家们，开辟了将思想史与社会史相结合的研究新途，用唯物史观的方法分析、研究中国思想史，开创了思想史研究的新境界，其卓越成就，至今仍是一座难以逾越的学术高峰。

五四运动以来，特别是新中国成立以来，马克思主义史学取得的一批又一批优秀成果，为新时期人们更加全面、深刻地认识中国历史和文化，为我国优秀文化服务中国特色社会主义事业，为中国史学走向世界，与以美国为代表的西方主流学术展开平等而有尊严的对话与交流，奠定了坚实的学理基础。坚持唯物史观的指导，继承和弘扬中华民族优秀史学传统，是当代中国史学最鲜明的学术特征，是中国史学前进的基础和出发点。

第二，坚持用五种社会形态理论考察人类历史。

坚持用唯物史观指导历史研究，不是一句空洞的口号，而是有其深刻而具体的科学内涵。这就是必须坚持从生产力和生产关系、经济基础和上层建筑相互作用的角度考察人类历史变迁，坚持人类社会经历了原始社会、奴隶社会、封建社会、资本主义社会和社会主义社会五种社会形态，也就是必须坚持马克思主义的社会形态理论。

五种社会形态理论在马克思主义关于人类社会演变的理论体系中，居于无可置疑的核心地位。离开了社会形态学说，历史唯物主义就只剩下一些所谓的基本原理，而不具有完整而丰富的科学内涵。

社会形态理论对马克思主义史学的产生和发展具有独特而深远的历史价值，坚持用社会形态的视域考察人类历史是马克思主义史学和其他史学流派的本质区别。坚持用社会形态理论研究历史问题，就必然坚持要把生产资料的所有制作为判断社会形态的根本标准，坚持人民也只有人民才是历史的创造者，坚持阶级斗争是阶级社会发展的动力。当前，学术观念、学术方法、学术词汇、学术流派不断翻新，马克思主义史学家不但要坚持用唯物史观研究历史，而且要弘扬马克思主义的批判精神，旗帜鲜明地同形形色色的反马克思主义思潮做斗争，维护马克思主义在意识形态领域的指导地位。

近些年，五种社会形态理论颇受一些人的诟病，有两种错误的观点需要我们警惕。一是认为五种社会形态理论不是马克思和恩格斯提出来的，而是斯大林强加给马克思、恩格斯的；二是认为世界上没有哪个民族完整地经历过这五种社会形态，因此，五种社会形态理论是伪命题。这两种错误观点，看似有理，实际上都缺乏起码的学理基础。

在马克思主义发展史上，斯大林确实是五种社会形态学说的较早概括者。1938 年，由联共（布）中央特设委员会编，联共（布）中央审定的《联共（布）党史简明教程》指出："历史上有五种基本类型的生产关系：原始公社制的、奴隶占有制的、封建制的、资本主义的、社会主义的。"五种社会形态说虽由苏共较早概括，但绝不能证明它不符合马克思和恩格斯关于人类社会历史发展的基本认识，刚好相反，它是对这一认识的科学总结。早在 19 世纪 40 年代，马克思和恩格斯就在《德意志意识形态》这一重要著作中深入探索了人类经历过的几种所有制形式：部落所有制、公社所有制、封建的或等级的所有制、现代的所有制，并分析了社会形态演变的基本原因："社会结构和国家总是从一定的个人的生活过程中产生的。但是，这里所说的个人不是他们自己或别人想象中的那种个人，而是现实中的个人，也就是说，这些个人是从事活动的，进行物质生产的，因而是在一定的物质的、不受他们任意支配的界限、前提和条件下活动着的。"《德意志意识形态》可以说是马克思和恩格斯深入研究社会形态变迁问题的早期著作，在历史唯物主义形成和发展史上具有重要的标志性意义。1859 年，马克思在《政治经济学批判序言》中进一步指出："大体说来，亚细亚的、古希腊罗马的、封建的和现代资产阶级的生产方式可以看作是经济的社会形态演进的几个时代。资产阶级的生产关系是社会生产过程的最后一个对抗形式。"20 年后，经典作家关于人类社会形态的演变显然具有了更加成熟而且体系化的认识。完成于 1884 年的《家庭、私有制和国家的起源》，主要研究的是人类从原始社会向阶级、国家时代过渡的问题。这部在历史科学中具有划时代意义的伟大著作，对社会形态演变进行了卓有成效的探讨。在《野蛮时代和文明时代》一章中，恩格斯明确指出："奴隶制是古希腊罗马时代世界所固有的第一个剥削形式；继之而来的是中世纪的农奴制和近代的雇佣劳动制。这就是文明时代的三大时期所特有的三大奴役形式。"这实际上就是说：人类已经经历了原始社会、奴隶社会、封建社会和资本主义社会四个阶段。

在该文中，恩格斯还指出：资本主义（近代雇佣劳动制）绝非人类最后一种社会形态。他指出："阶级不可避免地要消灭，正如它们从前不可避免地产生一样。随着阶级的消失，国家也不可避免地要消失。在生产者自由平等的联合体的基础上按新方式来组织生产的社会，将把全部国家机器放到它应该去的地方，即放到古物陈列馆去，同纺车和青铜斧陈列在一起。”在文章的结尾，恩格斯引用摩尔根的预言，指出：“管理上的民主，社会中的博爱，权利的平等，教育的普及，将揭开社会的下一个更高的阶段，经验、理智和科学正在不断向这个阶段努力。这将是古代氏族的自由、平等和博爱的复活，但却是在更高级形式上的复活。”

因此，恩格斯尽管没有明确提出五种社会形态说，但《家庭、私有制和国家的起源》已经包含着非常清楚而且准确的五种社会形态（包括其前后递进关系）的内容，这就是：人类社会将经历原始社会（古代氏族社会，恩格斯 1888 年在《共产党宣言》英文版注释中称之为“原始共产主义社会”）、奴隶制、农奴制、近代雇佣劳动制和按新方式来组织生产的社会，即社会主义五个阶段。那种将五种社会形态的理论完全归结于斯大林，甚至将这种理论和历史唯物主义刻意区别的做法显然是不妥当的。

针对第二种观点，即五种社会形态理论是伪命题，我指出三个基本事实。

1. 五种社会形态理论是马克思和恩格斯对世界历史一般规律的概括，这一概括必然高于单个民族的历史逻辑，不能简单地用局部历史现象否定总体历史规律；

2. 在世界历史范围看，五种社会形态都已经出现，其先后顺序与马克思恩格斯的判断完全一致；

3. 到目前为止，世界上所有民族的社会形态，无论是其形式还是本质，都没有超出这五种社会形态的范围，都属于其中某一种社会形态。

上述三个基本事实，充分证明五种社会形态理论反映了人类社会演变的一般规律。坚持用五种社会形态理论考察人类历史，是坚持唯物史观的必然要求和应有之义。

第三，坚持马克思主义与时俱进的理论品格，不断从理论和实践的双重探索中，丰富和发展唯物史观。

学术是时代的良心。历史研究如果不能上升到哲学高度，不能从人类历史的全局确定学术活动的目标与方向，就将一文不值。具体到马克思主义史学发展，那就是要从历史和时代、理论和实践的双重探索中，不断发掘新资料，发现新问题，不断进行新的理论概括，丰富唯物史观的内涵，开辟马克思主义史学的新境界。

首先，要全面、深入地研究资本主义兴起后的世界历史，形成新观点，得出新结论。在资本主义产生之前，无论是奴隶社会还是封建社会，其影响范围都不具有全球性和延展性，不容易对世界历史产生剧烈的根本性的影响；而在资本主义社会到来后，随着资本主义的扩张和殖民，世界开始了真正的一体化进程，正如《共产党宣言》所说：“资产阶级，由于开拓了世界市场，使一切国家的生产和消费都成为世界性的了。”“资产阶级，由于一切生产工具的迅速改进，由于交通的极其便利，把一切民族甚至最野蛮的民族都卷到文明中来了。”资本主义打断了世界上绝大部分民族的正常历史发展进程。随之而来，人类社会形态的演变就具有了新的特征。正是在这个过程中，“断裂”和“跨越”成了世界历史的常态。绝大多数民族自身的历史进程被中断了，成为西方资本主义的殖民地或附属国，也有部分民族，直接跨越到了社会主义阶段。从对资本主义兴起后的世界历史——全球一体化历史进程的研究中，从对十月革命以来世界社会主义发展历程的反思与总结中，我们不但能深化对唯物史观特别是社会形态理论的认识，而且有可能用新的研究成果，丰富和发展马克思主义社会形态学说。

其次，要高度重视当代科学技术引发的社会形态变化。科学技术是第一生产力。当今科技的发展，特别是信息化社会的发展，网络时代的到来，不仅深刻改变了人们的生活方式、社会心态，而且改变了社会的组织机构和文化形态。正如恩格斯所言："随着自然科学领域中每一个划时代的发现，唯物主义也必然要改变自己的形式。"科技发展所带来的人类社会的变化，不但证明了唯物史观的生命力和解释力，而且为丰富社会形态理论提供了更加鲜活的时代素材。

最后，要从中国特色社会主义的伟大实践中汲取理论创新的智慧和源泉。新中国 65 年的伟大实践，不但创造了人类社会进步的历史奇迹、现代化的历史奇迹，而且为丰富和发展唯物史观提供了极其生动的历史案例。我们必须认真总结 65 年来的宝贵经验，准确判断中国特色社会主义在人类社会形态演变中的历史方位，必须明确：中国特色社会主义，最根本的原则是科学社会主义，发展的前途、方向和出路，只能是共产主义；中国特色社会主义，立足中国历史和国情，又具有鲜明的民族特色；中国特色社会主义，是中国共产党人对马克思主义的伟大贡献，其中不少发明、创造、经验和做法，丰富和发展了马克思主义。马克思主义历史学家，必须保持高度的时代敏感性，从人民群众创造历史的伟大实践中，汲取理论创新的智慧和源泉，为马克思主义社会形态理论注入新的时代内涵。

各位专家、各位学者，习近平同志在多个场合强调要推动全党学习和掌握唯物史观，认为只有坚持唯物史观，我们才能不断把对中国特色社会主义规律的认识提高到新的水平。哲学社会科学界尤其是史学界，要认真学习习近平同志有关讲话精神，研究好、运用好唯物史观，为开辟马克思主义历史学的新境界做出自己的贡献！

二　中国社会科学院2014年度工作会议文件

中国社会科学院2013年工作总结

2013年是我院哲学社会科学创新工程全面推开的一年。在党中央正确领导下，在院党组和各级领导班子带领下，全院同志高举中国特色社会主义伟大旗帜，以马克思列宁主义、毛泽东思想和中国特色社会主义理论体系为指导，贯彻落实党的十八大和十八届二中、三中全会精神，贯彻落实习近平总书记系列重要讲话精神，深入开展党的群众路线教育实践活动，全面推进哲学社会科学创新工程，努力构建哲学社会科学创新体系。经过全院同志共同努力，各项工作取得了新的进展。

（一）认真学习贯彻落实党的十八大和十八届二中、三中全会精神与习近平总书记系列重要讲话精神

党组把全面贯彻落实中央精神作为首要政治任务，带领全院在学习理解上深化，在宣传阐释上深化，在贯彻落实上深化，在务实、求实、落实上下功夫，在学以致用、学用结合、学用相长上下功夫。举办所局级领导干部学习贯彻习近平总书记系列重要讲话精神培训班、所局级主要领导干部专题读书班，党组成员为每期培训班做动员讲话和辅导报告。从院属单位抽调15位专家学者组成宣讲团，深入全院开展宣讲，兴起学习宣传热潮。围绕十八届三中全会和习近平总书记系列重要讲话提出的一系列新思想、新观点、新论断，组织专家学者深入研究，推出一批高质量的研究成果。把深入学习贯彻落实党的十八大和十八届二中、三中全会精神同深刻学习领会习近平总书记系列重要讲话精神，以及实现中华民族伟大复兴中国梦的宣传教育结合起来，引导全院增强民族自豪感和自信心，增强为国家富强、民族振兴、人民幸福贡献力量的责任感和使命感，增强中国特色社会主义道路自信、理论自信、制度自信。

（二）加强马克思主义阵地建设，牢牢掌握意识形态工作领导权、管理权、话语权

1. 抓好理论武装工作，深入推进思想理论建设。党组带头深入学习领会中央精神和决定，并认真组织好全院的理论学习，充分发挥院党组学习中心组和党委学习中心组在理论武装中的

作用。在中央国家机关部门党组中心组学习经验交流会上，介绍我院加强和改进党组中心组学习的经验和做法。认真研究应对意识形态领域中的重大问题，坚持正确的政治方向和学术导向，教育引导全院进一步增强政治敏锐性和政治鉴别力，自觉抵制各种错误思潮的影响。旗帜鲜明地批判错误思潮和错误观点，推出重要理论成果，产生良好社会影响，受到中央领导同志和有关部门的高度重视。管好院属论坛、报纸、刊物、出版社、网站等理论、学术和舆论阵地，牢牢把握意识形态工作的领导权、管理权、话语权。

2. 积极阐释宣传中国特色社会主义理论体系及党和国家大政方针。围绕坚持和发展中国特色社会主义，实现中华民族伟大复兴的中国梦，全面深化改革开放，推动科学发展，抓好意识形态工作，掌握领导权管理权话语权等方面内容，党组成员带头在中央媒体发表理论文章，在思想理论界引起较大反响。专家学者应邀赴国内外宣讲十八届三中全会精神。中国特色社会主义理论体系研究中心在中央“三报一刊”发表29篇宣传理论文章。

3. 加强马克思主义理论研究和学科建设。落实我院承担的中央马克思主义理论研究和建设工程任务。如期完成宣传思想文化系统调研、加强意识形态工作调研等重要课题，得到有关方面好评。实施《中国社会科学院马克思主义理论学科建设与理论研究工作实施方案(2009～2014)》。深化马克思主义基础理论专题研究，出版马克思主义经典作家专题摘编18本，出版2013年度《马克思主义专题研究文丛》、2013年度《中国社会科学院马克思主义研究文集》。组织相关学科马克思主义论坛。以马克思主义理论研究机构为依托，形成覆盖全院的马克思主义理论学科群，构建起马克思主义理论一到三级学科的立体格局。启动马克思主义理论骨干人才培养基地建设，实施“马克思主义理论骨干人才计划”，建立研究生院马克思主义教育系，招生工作有序推进。

4. 积极构建当代中国哲学社会科学话语体系。在前期准备的基础上，组织召开“哲学社会科学话语体系建设座谈会”。采取切实措施，抓紧建立工作协调机制，做好各参与单位的组织协调工作，在哲学社会科学话语体系创新方面有所作为，走在前列。

（三）深入开展党的群众路线教育实践活动

自活动开展以来，院党组高度重视，紧密结合我院实际，紧紧围绕着力解决哲学社会科学研究“为什么人”的问题、学风文风工作作风问题、实现中央“三个定位”目标要求问题，根据“照镜子、正衣冠、洗洗澡、治治病”总要求，聚焦查找和解决“四风”问题，顺利完成了学习教育、听取意见，查摆问题、开展批评，整改落实、建章立制三个环节的各项任务，取得重要的认识成果、实践成果和制度成果，达到预期目的。院党组在完成各项任务的同时，在每个环节及时给予全院指导。成立6个督导组，加强对全院教育实践活动的督查指导。采取多种形式开展思想动员，思想自觉和行动自觉得到增强。开门查摆问题，共整理出7大项28条意见建议，深刻对照检查。认真开好专题民主生活会，严肃开展批评与自我批评。坚持边查边改，狠抓整改落实，确立43项整改任务，制定整改方案，统筹推进、督促落实。把制度建设作为工作重点，建立健全新的制度、修订完善已有制度、废止不适用的制度，形成科学合理、系统完善、相互配套的制度体系。加强理论研究，提供学理支撑。全院56个所局级单位、360多个基层党组织、3000多名党员干部参加了教育实践活动。

（四）全面推进哲学社会科学创新工程试点工作

1. 创新工程布局初步完成。加强与党和国家有关部门沟通与联系，获取大力支持。以召开创新工程工作会议为标志，创新工程总体布局基本完成。院属43家研究单位、16家职能部门和直属单位已分批进入创新工程。全院进岗人数2143人，在研创新项目305个，进入创新试点的学术期刊25家。

2. 创新实践稳步推进。创新单位加强科研规划，落实科研项目，调动岗位人员积极性，规范资金使用，推出一批重要创新研究成果，我院学术影响力、政策影响力、社会影响力、国际影响力进一步提升。

3. 制度清理修订工作基本完成。制度文件从108项压缩到40余项，根据实践需要新出台15项制度规定，制度框架基本确立，规范化科学化水平进一步提升，为下一阶段创新工程实践提供了重要的合规保障。组织职能部门直属单位600余名干部职工参加创新工程业务知识考试。

4. 考核评价体系初步建立。我院对既有的评价办法进行了较大幅度改革，提出了针对创新单位、创新岗位分级分类评价考核的新的指标体系，建立了以科研成果质量考核为核心的研究单位科研绩效评价办法。积极推进创新工程综合管理系统平台建设，将创新工程全流程管理纳入系统平台，使其成为我院决策、管理、研究及相关工作的便利工具和有效手段。

（五）实施科研强院战略，推出一批有影响的科研创新成果

1. 深入研究全局性、前瞻性、战略性重大问题。实行新的课题指南制度，突出对党和国家关注的重大问题研究的导向功能。为促进重大理论现实问题研究，对研究单位分类提出研究任务，规定研究项目和研究经费比例。围绕贯彻落实十八大和十八届三中全会精神，制定研究项目指南，设立120个研究项目。2013年院创新工程重大研究项目共立项8项；院交办委托课题共立项40项，其中8个课题已按计划结项。2013年共结项112项，其中院重大课题29项，院重点课题83项。围绕钓鱼岛问题组织撰写系列文章，社会反响强烈，舆论效果明显，有力地配合了国家的外交工作。

2. 加强信息报送。据不完全统计，通过《要报》等渠道，向中央有关部门报送信息1500余篇，获中央领导同志批示和上级部门采用500余篇，其中中央领导同志批示85篇。报送信息的数量、质量和批示采用率均有大幅增加。网络信息报送6000余篇，采用576篇，获得批示38篇。编发《世界社会主义研究动态》126期，获中央领导和部委领导同志批示55期，平均批复率达

45%。

3. 围绕重大理论和现实问题组织学术活动。围绕重大理论和社会热点问题召开一系列学术研讨会、报告会。我院举办的纪念毛泽东同志诞辰120周年学术座谈会、纪念《开罗宣言》发表70周年学术研讨会、“中国周边海洋争端及美国因素”学术研讨会、2013新型城市化·广州论坛等学术会议，在社会上产生广泛影响。

4. 完善科研管理体制。对课题资助体系进行重大改革，完善五大资助体系，实行研究经费总额拨付制度，加大后期资助力度。完善学术出版资助制度，增强导向性，深入研究党和国家关注的重大理论和现实问题，深入研究哲学社会科学基本理论、基本问题，关注新兴学科、交叉学科、濒危学科、边缘学科和“绝学”的研究，严格评审，实行末位淘汰制，发挥专门评审委员会的作用。完善科研成果后期资助制度，印发《中国社会科学院科研成果后期资助实施办法（试行）》，就后期资助项目、内容、标准、条件、申报、受理、经费进行明确规定。以我院名义举行4场科研成果发布会，发布了16项反映具有创新性的重要思想理论观点的科研成果。全面实施“学部委员资助计划”“长城学者资助计划”“基础研究学者资助计划”和“青年学者资助计划”，增补长城学者，启动“基础研究学者资助计划”“青年学者资助计划”立项工作，进一步加大对人文学科与基础研究的资助力度。建立健全图书质量管理机制，加强图书出版质量检查工作，提高图书出版质量。

5. 加强国情调研工作。2013年国情调研立项120项，其中重大项目6项，重点项目64项。申报获批国家社科基金年度项目79项。在总结国情调研经验的基础上，以满足党和国家现实需求、满足我院学科发展需求、满足相关部门和相关地区对策谋划需求为目标，制定《关于加强和改进国情调研工作的若干意见》，为做好国情调研工作指明方向。

6. 积极推进学部工作。充分发挥学部的学术咨询和学术指导功能。成立中国社会科学院学部委员宁波工作站。出版《学部委员专题文集》文稿45部。与中央媒体合作，加大学部委员和荣誉学部委员宣传力度。修订《中国社会科学院创新工程学部委员创新岗位实施细则》，起草《中国社会科学院关于学部活动组织管理工作的规定》，健全学部委员增选工作制度。

7. 国史研究和地方志工作取得新进展。《中华人民共和国史编年》完成统稿工作，中华人民共和国专门史研究项目有序推进。完成第五届中国地方志指导小组换届工作，如期迁入国家方志馆新址，全面推进全国第二轮修志和重要志书编撰工作。

8. 全面加强院地科研合作。今年，我院与西藏正式签订协议，建立合作机制，开展合作研究。迄今，已先后与13个省、市、自治区签署战略合作协议，在地方重大问题研究、人才培养、科研资源共享等方面给予帮助和支持，为地方经济社会文化建设建言献策。

（六）实施人才强院战略，人才队伍建设呈现新面貌

1. 加强领导班子和干部队伍建设。制定《关于加强院属单位领导班子建设的若干规定》，

对领导干部行为准则提出具体要求。修订《五六级管理岗位领导人员选拔聘任办法》，改进干部竞争性选拔工作。出台《管理岗位人员交流办法》，促进管理干部交流培养，鼓励管理干部多岗位锻炼。制定《研究室主任聘任管理办法》，加强研究室主任聘期管理。研究制定《挂职干部管理办法》和《关于提高挂职干部生活补贴的说明》，规范对挂职干部人员的选派、管理与考核，保障挂职干部的权益。制定《企业领导人员管理办法》，规范院属企业领导人员选拔任用和考核评价。调整任免了40个单位77名所局级干部。

2．构建创新工程人才建设体系。落实国家“千人计划”人文社会科学项目，引进亚洲最先进社会心理实验室（新加坡）赵志裕教授，加快建设“社会行为与社会心理实验室”。组织开展国家“百千万人才工程”、文化名家暨“四个一批”人才人选的选拔推荐工作，14人通过国家“万人计划”哲学社会科学领军人才评审，1人入选国家“万人计划”首批青年拔尖人才人选，8人入选“百千万人才工程”国家级人选并被授予“有突出贡献的中青年专家”荣誉称号，20人入选“百千万人才工程”国家级人选评审专家，37人获得政府特殊津贴。圆满完成8名“西部之光”“新疆特培”等访问学者考核工作，新接收6名“西部之光”访问学者来院开展研修。积极构建点面结合、上下贯通、分类推进、养用结合、竞相发展的创新工程人才建设体系，统筹推进学术大家、领军人才、骨干人才、优秀青年人才等四类人才队伍发展。

3．加快人事人才体制机制改革。完善和制定创新工程有关制度和办法，推动创新工程人事制度进一步规范、定型。严格执行事业单位人员公开招聘制度，确保招聘公开公平公正。完善人才引进制度，加大对成熟型人才的引进力度，全年共引进136人。积极推进职称评审制度改革，调整评审时间，推行以评聘合一为主体、资格评审为辅助的职称评聘双轨运行机制。完善统一培训制度，扎实开展人才教育培训，认真完成中央干部调训任务。组织实施院优秀管理干部出国研修计划。选派中青年干部到艰苦地区、复杂环境培养锻炼。

4．推进事业单位改革和机构编制调整。确定46家院属单位（含代管单位）的分类意向，为下一步深入推进事业单位分类改革奠定良好基础。根据信息化体制机制改革要求，将中国社会科学网合并到中国社会科学杂志社；调整计算机网络中心职能，组建院信息化管理办公室，将调查与数据信息中心与院图书馆整合；健全中国经营出版传媒集团的管理体制机制；成立新的创新工程综合协调办公室；调整科研局等单位内设机构，将郭沫若纪念馆从历史所内部分立管理。开展聘用制改革及岗位设置管理专项检查，进一步规范全员聘用制管理。建立新进人员绿卡制度，严格应届毕业生首个聘期的管理。

5．提升研究生院和博士后工作水平。创新研究生培养模式，全方位提高研究生培养质量，建院35周年来累计培养博士、硕士11205名，逐步完善“按所设系、分片教学、集中办院、统一管理”的研究生教育办学模式，尝试针对学科特点对博士生进入复试分数标准进行分段调整，使录取分数线的划定更趋科学合理。进行专业学位教学改革，启动专业学位学科建设工程。加强博士后管理制度建设，建立以质量为导向的博士后人才培养机制。加强与人力资源和社会保障部合作，举办全国性博士后学术论坛，开展“中国博士后社会保障制度专题调研”，推出第二批《中国社会科学博士后文库》，出版博士后优秀成果43部。

（七）实施“走出去”战略，国际知名度和学术影响力日益扩大

1. 参与学术外交、学术外宣。建设国家学术外宣基地。与国务院新闻办合作在乌兹别克斯坦世界经济与外交大学设立“中国馆”，成为开展外宣工作的重要平台。出色完成国家有关部门委托的学术外交、学术外宣任务。选派学者在文化多样性、社会治理、国际经贸、气候变化以及人权、涉疆、涉藏等诸多领域，承担国家有关部门委派的对外工作任务，在“二轨交流”、公共外交领域发挥了独特作用。承办非洲国家经济与社会发展总统顾问研讨班。承担国外政党培训课程讲授任务。

2. 加强重要互访交流。院领导分别率团出访墨西哥、秘鲁、西班牙、巴西等10多个国家，与高端科研、高教组织及知名智库启动机制性交流，搭建了开展人文学术交流合作的重要平台。接待联合国秘书长潘基文、约旦国王阿卜杜拉二世、希腊总理安东尼斯·萨马拉斯等政要及国外重要合作机构代表团来访。积极开展与台、港、澳交流，发挥学术纽带作用。全年审批出访项目1100余批，邀请来访和横向来访近2000人次。派遣长期出访研修43人次。新签、续签16个对外交流合作协议和备忘录。我院国际知名度和影响力进一步提升。

3. 举办国际学术会议。以“中国社会科学论坛”为平台，举办国际会议33次。推出“论坛”系列会议文集，积累和传播会议成果，打造持续影响力。举办其他国际会议140余次。举办第二届“周边与发展中国家青年学者国际研修班”。

4. 密切和深化智库交流。举办“智库：面对变化中的世界”国际研讨会。加强与国外智库的合作和对话，选派优秀学者到国外高端智库开展长期调研访问，与国外智库共同举办第二届“中土对话”“中美非三边对话会”。

5. 加大对外学术翻译出版资助。继续资助《中国与世界经济》《中国经济学人》《中国考古学》《国际思想评论》《第欧根尼》《中国财政与经济研究》等6份外文学术期刊，资助《城市与环境研究》《欧亚学刊》《世界政治经济学研究》《中国经济学精粹》《文学评论选刊》5种新外文期刊试刊。资助学术著作翻译出版25种。

6. 扎实推进国际合作研究项目。实施与俄罗斯、法国、英国等国家的国际合作研究项目。“中国的全球化及其对世界经济与政治的影响”等8个项目进展顺利。相关项目研究成果在国际知名学术出版社出版。与法国科研中心联合创建“中法后西方社会学与田野研究实验室”，成为我院与海外合作建立的第一个联合实验室。

（八）加强报刊出版馆网库名优工程建设，抢占哲学社会科学学术传播制高点

1.《中国社会科学报》影响力日益彰显。《中国社会科学报》资讯内容更加丰富，时效性

不断增强，大量原创内容被主流媒体转载；英文版试刊稳步推进；建立起覆盖全国各主要城市的记者站网络和北美记者站。

2. 学术名刊建设进展显著。学术期刊“五统一”工作全面推进，学术期刊方阵整体形象日益明显，国家新闻出版广电总局对我院积极探索学术期刊出版发行新模式给予充分肯定。我院学术期刊整体亮相首届期刊博览会，并荣获优秀组织奖、创新设计优秀奖。在国家社科基金资助学术期刊2013年度考核中，《中国社会科学》和《数量经济技术经济研究》被评为“优秀”。

3. 学术出版影响力和效益日益提升。推出了一批具有相当知名度和权威性的学术出版物，打造了一批具有我院特色的高端学术图书和特色图书品牌。完成出版社转企改制工作，探索出版社集团化发展思路，组建中国经营出版传媒集团，推动我院学术出版产业做大做强。加强皮书出版发布管理，规范出版标准，提高学术质量，建立严格的出版责任机制。社科出版社在多项评比中名列前茅。《商代史》等3种图书获得第三届中国出版政府奖，位列获奖出版社之首。社科文献出版社在积极推动文化体制机制创新，打造一流的专业学术出版机构方面做出了突出成绩。其他三家院属出版社在精品出版和品牌建设方面取得了可喜成绩。

4. 图书分馆和专业书库建设顺利推进。改革管理体制机制，转变职能，完成图书馆机构、人员、财务与资产的整合，加强统一领导和统一管理。基本完成“总馆—分馆—所馆（专业书库、资料室）”的图书馆统一体系建设，设立若干专业特色分馆和专业书库。落实纸本图书“零增长”计划，扩大数字资源建设比重，提高资源采购质量。加快古籍整理保护暨数字化工程普查登记，做好数字化前期准备工作。深入开展图书馆学、情报学和文献计量与科学评价研究工作，实施“人文社会科学评价研究与服务”创新项目，成立中国社会科学评价中心。

5. 网络信息化建设形成新格局。制定《信息化体制机制改革方案》，按照“八统一”原则对网络中心、中国社科网、图书馆、数据库的机构设置进行重组，形成了社科网新的发展格局。以“国内最大、世界一流的哲学社会科学领域专业门户网站”为目标，以“高水平的马克思主义理论宣传网、国家级社会科学学术研究网”为定位，不断推进中国社科网建设。建立完整的采编流程和绩效考核系统，改版上线运行，开通英文网，初步实现从“转载为主”到“原创为主”、从“大而泛”到“专而精”的转变。几十个院所网站在各自学科领域享有较高的权威性和知名度。

6. 数据库和实验室建设取得新进展。哲学社会科学海量数据库和综合集成实验室平台建设加快推进，初步搭建一批包括国际研究、国情调研、博士后文献、科研成果等数据子库框架，国家哲学社会科学学术期刊数据库正式上线运行，用两年时间建成国家级、公益性、开放型的海量数据库。在全院19个科研单位建成27个专项实验室，推出一批成果，建立社会调查平台。启动古籍善本全文数据库建设。

（九）加强行政财务基建后勤保障能力建设，改善办院条件工作有了突破性进展

1. 行政管理规范化水平进一步提高。改进机关工作作风，院机关职能部门服务科研一线、

服务全院的能力和水平进一步提高，执行力切实增强。制定《中国社会科学院领导班子议事规则和会议制度》，提高“三会”制度化、规范化、科学化水平。全年召开党组会议27次，院务会议23次，院长办公会议15次，研究决定事项247项。加强督查督办工作，提高执行力；推进全院档案统一管理，提高规范化水平；规范和细化文秘工作流程；加强信访和维稳工作，等等。

2. 加强财务和资产管理。加强预算科学化、精细化管理，预算编制质量不断提高，预算持续快速增长，预算执行进度逐步加快。继续实行会计委派和会计代理，23个院属单位实行试点。对9个新纳入网银系统的账户实时监控，保证财政资金安全，提高使用效率。研究生院老校区、玉泉营建材市场、社科博源宾馆、密云绿化基地、北戴河培训中心等单位的资产管理水平都有较大提高，取得较好效益。加大节能工作力度，提高节能意识。完善资产平台系统，加强资产动态管理，严控资产增加与处置。建设文物管理平台，加强文物管理。严格规范政府采购行为。完善组织机构，开展综合整治，落实人防责任。

3. 重大基本建设工程总体进展顺利。科研与学术交流大楼项目拆迁工作取得新进展；史学片翻改建项目成功立项；东坝职工住宅项目正在办理前期相关手续；中心档案馆及科研附属用房翻改建项目已实现局部主体结构封顶。研究生院单身宿舍二期建设项目已开工建设。国际研究学部各研究所办公楼保护性修缮项目和国家方志馆装修改造项目办公区装修已竣工验收并交付使用。完成科研大楼电梯改造、国际片院落环境整治、中国社会科学出版社西楼改造、通州博士后公寓修缮、通州单身宿舍改造等房修工程。

4. 继续改善科研、办公和生活条件。完成院属单位办公用房的调整、分配工作。完成人口所、金融所、政治学所、城环所搬迁。办理经济片办公楼装修立项手续。加强物业管理，提高住宅小区服务质量和水平。密云绿化基地和北戴河培训中心翻改建项目顺利开工建设，实现主体工程竣工。坚持社会化改革方向，推进后勤服务规范化、标准化和制度化建设。积极探索后勤服务工作的新思路、新举措，改进服务方式、方法，取得显著成绩。

5. 想方设法解决职工切身利益问题。做好全院职工住房保障工作，做好全院单身宿舍、人才周转房、博士后公寓等保障性住房的分配和管理工作，严格按照规定分配使用，办理新进人员单身宿舍和引进人才、博士后用房入住手续。向我院住房不达标学部委员、荣誉学部委员配售经适房。做好职工申购北京市限价房工作。

（十）全面加强党的建设，党风及学风、作风、文风明显好转

1. 加强理想信念教育。引导党员干部树立共产主义理想信念，模范践行社会主义核心价值观，形成竞相攀登学术和道德双高峰的良好局面。举办机关干部报告会，邀请航天英雄杨利伟、刘洋来我院作“学习航天精神，共筑中国梦想”主题报告。加强典型引导，把加强思想道德建设融入我院发展的全过程。组织开展2012年度院“文明窗口”评选工作，大力宣传先进，

弘扬正气。组织开展机关作风评议活动。

2. 加强组织建设。完成部分研究所（直属单位）党委和纪委换届工作。加强党委领导班子考核工作。划拨党支部建设经费，支持开展活动。成立发展党员管理工作协调小组，建立党员发展信息员制度，加强党员信息库建设。开展入党积极分子培训教育工作。

3. 加强反腐倡廉建设。贯彻落实院党风廉政建设责任制，完善院反腐败领导体制和工作机制，调整充实院党风廉政建设领导小组成员。把学风作风改进情况纳入党风廉政建设监督检查内容。加强反腐倡廉宣传教育和干部管理，开展“一书一片”从政道德教育，继续开展“法规纪律应知应记”廉政教育，抓好重要时间节点提醒教育，严格执行领导干部廉洁自律各项规定。监督保障创新工程改革举措落实，贴身监督重点领域，发挥审计监督职能，完成对全院“三项经费”使用情况的全面检查。保持信访核查力度，发挥信访监督效力。

4. 做好离退休干部及工会、青年、妇女和统战工作。加强离退休干部思想政治建设和党支部建设，进一步落实和提高老同志生活待遇，完善老年科研管理，加强老有所乐平台建设，促进离退休人员文化养老健康发展，离退休干部满意度不断提高。以加强联系和服务党内外群众为根本，深入开展工会、青年、妇女和统战工作。

在充分肯定2013年成绩的同时，必须清醒地看到，我院工作与中央要求相比还有较大距离，与新形势新任务的要求相比还存在许多不适应。主要是：为党中央国务院科学决策服务的能力还有待提高；对我国思想理论领域和经济社会发展过程中出现的一些新情况新问题，把握不够准确、反映不够及时；创新工程体制机制有待完善，重大创新成果不够突出；拔尖人才培养效果不太明显，创新型人才还比较缺乏；领导联系群众长效机制尚待健全；落实中央“八项规定”勤俭办一切事业，还需更加坚决，更加自觉；在学科建设、课题研究、国情调研和科研手段现代化等方面还存在重复投入和效益不高的问题；改善办院条件、解决职工切身利益还有不少实际困难需要克服，等等。对于存在的不足和问题，我们将以改革的精神和创新的思路加以解决。

中国社会科学院2014年工作要点

2014年工作的指导思想是：高举中国特色社会主义伟大旗帜，以马克思列宁主义、毛泽东思想和中国特色社会主义理论体系为指导，贯彻落实党的十八大和十八届二中、三中全会精神与习近平总书记系列重要讲话精神，以及全国宣传思想工作会议精神，巩固扩大党的群众路线教育实践活动成果，深入实施科研强院、人才强院、管理强院战略，全面推进哲学社会科学创新工程，推出更多创新成果和优秀人才，在实现中央“三个定位”要求方面迈出更加坚实步伐，为进一步繁荣发展哲学社会科学，坚持和发展中国特色社会主义作出新的贡献。

（一）加强党组自身建设，打造让党和人民放心、让全院同志满意的过硬的领导班子

1. 加强思想政治建设，始终坚持正确的政治方向和办院方向。坚持党组中心组学习制度，带头认真学习马克思列宁主义、毛泽东思想和中国特色社会主义理论体系，提高运用马克思主义立场观点方法指导工作的能力和水平。认真学习贯彻习近平总书记系列重要讲话精神，学习贯彻党的理论路线方针政策，始终坚持正确的政治方向和学术导向。带头宣讲中央精神和撰写、发表理论文章。

2. 加强民主集中制建设，落实院领导班子议事规则和会议制度。健全党组会议、院务会议、院长办公会议和民主生活会制度，提高决策的科学化水平。珍惜和维护班子团结，用好批评和自我批评的武器，自觉提高党性修养。坚守岗位，恪尽职守，从严治院，从严管理，坚决贯彻执行"三会"决议。

3. 模范遵守中央"八项规定"及我院实施意见，改进学风文风工作作风。弘扬理论联系实际的优良作风，深入实际，调查研究。带头写短文、讲短话、开短会。严格控制会议规格、规模，精简文件简报，简化院领导活动新闻报道。

4. 坚持密切联系群众，虚心听取群众意见。建立联系群众的机制，经常深入院属单位，深入科研和管理一线，深入群众，广泛听取意见，及时改进工作。

5. 厉行节约，勤俭办一切事业。发扬艰苦奋斗精神，坚决反对铺张浪费。落实《党政机关厉行节约反对浪费条例》和《党政机关国内公务接待管理规定》，制定我院实施细则。严格控制"三公"经费支出，严格执行出访规定。

（二）加强党的意识形态工作，建设马克思主义坚强阵地

1. 强化和落实意识形态工作的领导责任。落实意识形态工作"一把手"责任制。把意识形态工作列入各单位党委议事日程，定期研究部署意识形态工作并向院党组提交报告。加强对院属单位领导班子和主要负责人履行政治责任情况的督促检查。

2. 扎实推进马克思主义理论研究和建设工程。加强组织协调，认真完成我院承担的马克思主义理论研究和建设工程任务。实施好我院马克思主义理论学科建设与理论研究方案2014年度工作计划。实施马克思主义文学理论研究和文学批评工程。加强马克思主义研究学部、马克思主义研究院、中国特色社会主义理论体系研究中心、世界社会主义研究中心和研究生院马克思主义理论骨干培养基地建设。加强马克思主义理论类别学科和研究室建设，启动编写相应的基本原理和基础理论研究著作。积极撰写研究、阐释中国特色社会主义理论体系、中国特色社会主义道路与中国梦、习近平总书记重要讲话精神的著作、论文和大众化读本，着力推进马克思主义中国化、时代化、大众化。站在人民群众的立场上，回答和解决与人民群众根本利益密切相关的重大理论和现实问题。

3．开展积极的舆论斗争，批驳各种错误思潮和观点。加强对各种社会思潮和舆情动态的信息收集和分析研判，组织好对西方所谓的“宪政民主”“普世价值”“公民社会”“新闻自由”、新自由主义、历史虚无主义、民主社会主义等错误观点和思潮的研究和批驳。建立马克思主义网络评论队伍，加强对网络舆论的跟踪和研判，及时批驳错误思潮、观点和谣言，营造正面舆论氛围。

4．加强院属媒体建设和管理，使之成为弘扬主旋律、凝聚正能量的重要宣传载体。加强出版物审读制度建设，提升审读水平，提高政治水平和学术质量。强化媒体从业人员马克思主义新闻观教育，建立从业人员思想政治教育和业务培训的管理、考核、奖惩机制。加强对本单位人员开设微博、博客、播客等情况的了解，规范网上行为。

5．建设又红又专的马克思主义理论工作和党的意识形态工作队伍。运用“四个一批”人才工程等平台，培养马克思主义理论研究的高层次人才。加强研究人员同地方实际工作部门、城乡基层的联系，增加中青年研究人员对世情、国情的了解，提高理论研究的针对性、实效性。实施“马克思主义理论骨干人才计划”，办好研究生院马克思主义教育系，培养大批善于理论联系实际的马克思主义理论骨干人才。组织中国特色社会主义理论体系研究写作组，完成在中央重要媒体发表理论宣传文章任务。

（三）加强党和国家重要思想库建设，提高我院战略决策影响力

1．明确目标定位，突出中国特色和中国社会科学院特点。突出中国特色，坚持马克思主义指导地位，始终站在党和人民立场上做学问。突出中国社会科学院特点，依托我院学科门类齐全、高端人才荟萃、综合研究实力强等优势，围绕重大经济问题、社会发展问题和国际问题，开展全局性、战略性、前瞻性、系统性、综合性研究，为中央决策提供高质量的智力服务。

2．深化基础理论和基本问题研究。加强马克思主义基本原理、原著的解读和研究，中国特色社会主义理论体系、道路、制度研究，改革开放和经济建设、政治建设、文化建设、社会建设、生态文明建设以及党的建设研究，社会主义核心价值体系研究，世界社会主义、全球资本主义现状和发展趋势研究，国际问题、国际形势和世界发展趋势研究，哲学社会科学各学科基本理论、基本问题研究，推出具有时代思想高度、代表国家学术水准的精品成果。

3．着力加强思想库型人才队伍建设。按照专职、非专职、博士后、与研究所共建四个层次，组成不同方向思想库研究团队。建立面向国内国际各研究领域的优秀专家人才数据库，选聘一批专兼职研究人员。建立常态化访问学者制度，吸引院内外、国内外优秀学者从事短期学术研究。建立国际型人才培养机制，选派专家学者到国外重点学术机构、知名智库和国际组织开展学术交流，支持和推荐专家学者到重要国际学术组织担任职务、参加学术活动。

4．探索建立符合思想库发展规律的科研体制机制和科研组织形式。加强财经战略研究院、社会发展战略研究院、亚太与全球战略研究院建设，以出原创性学术思想、战略思想和决策思

想为目标，探索新型研究单位管理体制机制。打破研究所和学科界限，建立能够直接承载思想库职能的研究组织。鼓励院属研究所成立跨专业的综合研究室。坚持开门办院、开门办所，充分发挥各类学术社团和非实体研究中心作用，加强协调，整合资源，调动社会科学界的力量，服务于我院思想库建设。

5. 加强信息报送工作。加强信息与情报研究院建设，发挥《要报》《专供信息》等信息上报主渠道作用。坚持应用对策选题与重大战略思想选题并重，加强信息选题的组织与策划，定期发布信息报送选题指南。建立信息工作联络机制，及时把握上级部门的信息需求特点和具体报送要求。建立和完善信息报送应急反应机制和配套措施，完成好上级部门的紧急约稿。制定加强应用对策研究工作和信息报送工作的规划和办法，鼓励科研人员撰写高质量信息稿件。建立编辑、翻译、研究一体的业务工作机制，培养政治坚定、业务精湛、责任心强的信息研究和编报队伍。

（四）改革创新科研管理及激励机制，开展对重大理论和现实问题的研究

1. 积极推进学科建设。坚持基础学科与应用学科并重、基础理论研究与应用对策研究并举，构建符合学术发展规律、展现国际学术前沿、适应国家经济社会发展需要的学科体系。推进社会科学与自然科学融合发展，提高科研方法和科研手段现代化水平。制定学科发展规划，推进全院学科结构调整，加强特殊学科建设。适时启动反映当代中国哲学社会科学发展水平的学术文化工程，抢占学术研究的制高点。撰写 2014 年《学科年度新进展综述》，出版 2010 ~ 2012 年《学科前沿研究报告》。

2. 深入研究重大理论和现实问题。围绕党的十八大、十八届三中全会和习近平总书记系列重要讲话提出的重大问题，设立若干重点研究方向，确立一批重大研究项目，组织优势科研力量，进行跨学科集体攻关，推出一批系统性、有影响力的研究成果。完成党组成员协调的 5 个重大项目，院直接组织的 11 项重大招标项目，各研究单位根据研究领域指南通知和补充通知精神，编制、实施 2014 年创新工程研究项目。完成中央及党组、有关部委交办委托课题，积极组织申报国家社科基金课题，管理好已立项的社科基金项目。

3. 加强学部建设，发挥学部委员作用。发挥学部科研咨询职能，定期研究分析各学科发展动态，提出重大研究选题和建议，组织好跨学部的学术活动；加强学部主席团工作，探索学部办公室工作机制；加强和改进院党组对学部和学部委员工作的领导，完善学部委员遴选制度，做好学部委员增选工作；继续做好学部委员宣传推介工作。

4. 完善科研管理体制和组织形式。推进科研管理体制改革，建立健全并严格执行以重大理论和现实问题为科研主攻方向的激励机制。构建全院跨学科跨单位综合研究、科研单位集体研究与院外合作研究相结合的科研组织格局。充分发挥院重大问题综合研究中心作用，强化其组织协调功能。依托学部、战略研究院，形成主管院领导牵头、重大问题综合研究中心和学部

工作局协调配合的工作格局，走出一条科研组织创新之路。加强学术社团和非实体研究中心建设，实现规范化管理，支持学术社团和研究中心发挥更大作用。加强科研局自身建设，使科研局真正发挥党组领导科研工作的参谋助手作用。

5. 加强和改进国情调研。认真实施《关于加强和改进国情调研工作的若干意见》，开展适时的国情调研，引导科研人员深入了解国情。推动国情调研与重大现实问题攻关紧密结合，基础研究与应用对策研究紧密结合，国内外思潮研判与舆情社情研究紧密结合。完善国情调研基地建设，做好调研基地项目立项工作。启动国情调研信息成果数据平台建设。

6. 做好科研成果发布和转化工作。完善科研成果发表、发布机制，定期发布重大科研成果和重要学术信息，提高我院学术影响力和社会影响力。利用我院品牌优势和软实力，规范和深化院地、院企、院校合作，加快科研成果的转化、开发和普及。

7. 搞好国史研究和地方志工作。完成《国史编年》（1960 ~ 1963 年卷）及《中华人民共和国史稿》通俗读本的出版任务。召开国史学术年会和陈云年会，办好当代中国史研究国际高级论坛。做好改革开放专题史相关项目的立项论证工作。贯彻落实《地方志工作条例》，召开第五次全国地方志工作会议。完成中国地方志学会的换届工作，稳步推进国家方志馆的布展工作。

（五）大力推动哲学社会科学话语体系建设，牢牢掌握国际话语权

1. 抓好话语体系建设工作。构建坚持以马克思主义为指导的，让中国人民和世界人民听得懂、能信服，富有亲和力、吸引力、感召力的，中国特色、中国风格、中国气派的哲学社会科学话语体系。以中国特色学术语言妥善回应世界关切，增进国际社会对我国基本国情、根本制度、价值观念、发展道路、内外政策的了解和认识，展现我国文明、民主、开放、进步的形象，增强国际话语权。定期召开研讨会，办好《哲学社会科学话语体系建设研究动态》，积极发挥我院作为建设哲学社会科学话语体系协调会议召集单位的作用。

2. 坚持以当代中国马克思主义为指导。深化党的理论创新成果的学理阐释，揭示当代中国马克思主义的学术价值，打造符合学术特点的表达方式、表述语言，将其转化到哲学社会科学各学科领域的话语体系之中。充分发挥马克思主义理论研究和建设工程在创新哲学社会科学话语体系方面的示范和引领作用。

3. 植根中国特色社会主义生动实践。把中国梦作为核心思想、关键话语，体现到各个学科研究领域，既用中国梦为话语体系赋予深刻的时代内涵，又通过各个学科的概念、范畴为中国梦提供有力的学理支撑。抓住坚持和发展中国特色社会主义的重大问题，在理论与实践、认知与行动的紧密互动中，不断创新学术话语体系。

4. 汲取中华优秀传统文化精华。植根中华文化沃土，从中汲取丰厚养分，在充分彰显民族特色中构建中国话语体系。着眼现实需要，进一步梳理、萃取传统文化的精华，赋予其与时

代发展相适应、与主流价值相一致的科学内涵，使之在新的时代条件下发扬光大，转化为话语优势。

5. 正确对待西方话语体系。结合我国国情，以开放包容、兼收并蓄的态度，对西方学术的基本概念、范畴，赋予其更加科学的含义和解释，借鉴其有益成分，去粗存精、去伪存真，经过科学的扬弃后，使之具有中国特色，为我所用。

（六）全面实施哲学社会科学创新工程，推出一批优秀成果和优秀人才

1. 实施准入和退出制度。深入总结创新工程试点三年来的基本经验，坚持标准，注重规范，完善制度，严格管理，全面实施创新工程。完善准入制度和退出制度，严格执行准入和退出条件。完善聘用制和岗位管理办法，制定我院《创新工程人员退出办法》。推动职能部门和直属单位建立奖勤罚懒、优胜劣汰、严进严出、能上能下的激励约束机制。

2. 完善经费配置制度。实行年度经费总额拨付，完成经费管理并轨。合理控制前期经费投入，加大对优秀科研成果的后期资助力度，提高经费使用效率。严格财经纪律，加强创新工程经费使用和支出管理，加大“三项经费”审计检查力度，严肃查处经费使用中的违规、违纪、违法行为。

3. 改进报偿制度。制定绩效工资实施意见，规范收入分配秩序。开展报偿发放和规范津补贴检查，规范创新工程人员经费管理，不断健全人员分配激励与约束机制。适时调整智力报偿结构，增加目标报偿在报偿中的比例。积极研究和启动“报偿发放与科研成果质量和工作绩效挂钩”的改革试点，拉开目标报偿档次，防止新的“平均主义大锅饭”。

4. 完善科研成果评价制度。坚持以质量为导向，完善哲学社会科学学术评价体系和评价标准，引入独立第三方参与科研成果评价，提高评价的科学性、客观性和公正性。办好中国社会科学评价中心，通过制定科学的学术标准，实行公正的学术评价，实现对社会科学发展的正确引领，占领学术评价和学术标准的制高点。

5. 完善学者资助和成果出版资助体系。全面实施“学部委员创新岗位”“长城学者资助计划”“基础研究学者资助计划”“青年学者资助计划”，加大对基础研究学者和青年学者的扶持力度。建立成果出版后期资助制度，鼓励学者潜心钻研，推出高质量成果。

6. 提高创新工程管理水平。尊重哲学社会科学科研规律和人才成长规律，鼓励学术争鸣和学术创新，营造有利于出成果、出人才的科研环境。改进创新工程管理方式，强化协调服务，做好创新项目动态跟踪，推动各项任务落实。抓好创新工程督办检查工作，推进创新单位的评价考核工作。优化创新工程综合管理平台，建立创新单位分类协调服务机制。

7. 实施“走出去”战略，增强国际影响力和话语权。推进国家学术外宣基地建设，积极开展学术外交、学术外宣项目和活动。接待国外政要、政府代表团及国际组织、高端智库代表团来访。配合国家对外工作大局需要，派出我院代表团出席高端双边、多边论坛研讨活动，安

排我院学者参与各领域的国际对话。办好中国社会科学论坛，提升论坛举办效果和影响力。加强与台港澳地区的学术联系。推进国际合作研究项目，深化对外学术交流。实施周边与发展中国家青年学者培训项目，适当扩展培训参与范围，完善研修课程设置。加强与海外智库交流，举办高端国际智库会议。加强与重要国际组织合作。开展国外应急调研项目。实施对外学术翻译出版资助计划，向外推出学术精品。多渠道派遣我院科研人员长期出访研修，提高从事国际学术交流的能力。开展管理干部和专业人员出国（境）培训。提高国际交流合作管理水平，加强制度建设，建设国际交流合作管理与成果信息化平台。

（七）全面推进报刊出版馆网库名优工程建设，占领哲学社会科学学术传播制高点

1. 坚持党管媒体原则，牢牢把握报刊出版馆网库的领导权、管理权和话语权。用马克思主义主流意识形态指导理论学术传播，占领理论学术传播阵地。弘扬主旋律，传播正能量，突出理论学术特色，增强社会责任感，提高社会公信力，增强理论和学术感染力、影响力和传播力。坚持政治家和学问家办报、办刊、办出版社、办馆网库的原则，自觉服务党和国家决策，服务中国特色社会主义事业。

2. 加强理论学术传播信息化建设，实现报刊出版馆网库的数字化。加快推进数字化社科院建设，建好一馆（数字化图书馆）、一网（社科网）、一库（数据库）、一室（综合集成实验室）、一平台（全院统一的综合管理平台）。办好《中国社会科学报》，积极创办英文版，加强海外记者站建设。落实期刊建设“五统一”要求，打造以《中国社会科学》为龙头的精品学术期刊群。办好院属出版社，围绕服务科研和科研人员，提高学术出版能力，实现经济效益与社会效益的统一。提升皮书学术质量。加强对“中国社会科学年鉴”和学术集刊的开发与管理。发挥集团管委会作用，办好中经出版传媒集团。完善“总馆—分馆—所馆（资料室）”三级管理体制，建立科学合理的运行机制，建成经济分馆和历史专业书库。加强数字资源建设，实行纸质图书藏书零增长，优化馆藏布局。完成典籍清理保护，编辑馆藏典籍总目录，启动善本典籍数字化工作。办好以“中国社会科学网”为龙头的学术网络集群，打造世界知名哲学社会科学门户网站。推进科研手段的信息化，建立国内最大、世界一流的哲学社会科学海量专业数据库，加速推进《国家哲学社会科学学术期刊数据库》《科研成果库》等子库建设。

3. 强化管理，严把报刊出版馆网库建设的质量关。把住政治关，坚持“二为”方向和“双百”方针，坚持科学性与意识形态性的统一、党性和人民性的统一。把住学术关，提高报刊出版馆网库的学术门槛，通过抓优秀栏目和重点图书选题，打造理论学术精品，不断提升我院理论学术影响力。把住文字关，严格遵守体例规范，抓好编辑校对印制工作，严格质量管理，避免低级错误。增强质量意识，建立健全规矩、程序和规定，实现科学化管理。

4. 积极探索，实现报刊出版馆网库建设创新。把报刊出版馆网库作为我院科研成果的展

示平台，抓好重大科研选题和科研成果的产出，选好精品科研成果。创造有利于报刊出版馆网库人才顺利成长、队伍迅速壮大的良好环境和体制机制。加强理论教育和业务培训，建设一支高素质、专业化的报刊出版馆网库人才队伍。适当引进高层次人才，盘活现有人才，实现人才资源效益的最大化。按照“八统一”要求，推进信息化管理体制机制改革，理顺关系，细化职能，加强制度建设、项目管理和经费管理。推进信息系统等级保护工作，完成在用信息系统的定级备案工作。

5. 加强领导，全面提升报刊出版馆网库建设水平。提高认识，统一思想，明确责任，真抓实干，充分利用现代信息技术手段，着力提高我院理论学术传播和信息化应用及服务能力。将名优工程建设作为“班子工程”和“一把手工程”，做到有规划、有方案、有实际措施、有专人负责推进、有定期检查督办。增强信息安全和保密责任意识，构建分级授权的信息安全和保密管理体系，形成各单位一把手负总责、专人管理与全员参与的信息安全和保密管理体制。

（八）加强院属单位领导班子建设，建设一支高素质的干部人才队伍

1. 提高领导干部政治素质和理论水平。采取多种方式，加强对所局级领导干部的马克思主义教育，不断提升其理论水平、思想政治素质、学风作风素养。加强党委中心组学习，进一步完善中心组学习的督促检查机制，发挥好党员领导干部带动作用。举办所局级和处级领导干部学习贯彻习近平总书记系列重要讲话精神培训班、所局主要领导干部马克思主义经典著作读书班。院学习贯彻党的十八届三中全会精神宣讲团深入院属各单位宣讲。举办青年学习马克思主义经典著作读书班、科研骨干马克思主义理论培训班，继续办好所局领导干部学习报告会、机关干部学习报告会。

2. 严把领导干部选拔任用政治关。把政治表现、意识形态工作情况等，作为考察领导干部的重要内容。改进干部考察工作，贯彻落实中央新修订的《党政领导干部选拔任用工作条例》，实施《中国社会科学院关于加强院属单位领导班子建设的若干规定》，加强干部经常性考察，实现平时考核、年度考核和换届考察、任职考察有机结合，增强领导干部考察的科学性、准确性和全面性。

3. 坚持党性原则基础上的团结。严格按照《所党委工作条例》和《所长工作条例》要求，建立健全党委会、所（局）务会、所（局）长办公会等会议制度，集体研究决定重大事项。加强对院属单位领导班子贯彻执行民主集中制情况的经常分析和考核评估，检查班子日常运转和决策执行情况。坚持严格党内生活，坚持“三会一课”等组织生活制度。开好年度院属单位领导班子民主生活会，开展严肃认真的批评和自我批评。坚决反对党内生活随意化、庸俗化倾向，坚决反对党内生活中的自由主义、好人主义。

4. 完善干部管理机制。进一步规范干部职务任期管理，开展所长、研究室主任、编辑部主任任期制试点工作。完善领导干部选任机制，扩大所长遴选范围，试行研究所所长全国公开

招聘。扩大研究单位和职能部门、直属单位之间干部交流范围，切实推进院属单位行政后勤岗位特别是关键岗位干部的交流。加强所局后备干部队伍建设，探索建立干部信息台账，重点掌握一批能担当重任的中青年干部。定期对院属单位干部队伍状况进行调查摸底，建立所局后备干部人才储备库，对后备干部队伍实施动态调整。改进干部挂职工作，选派更多干部学者到各级党政部门、企事业单位、城乡基层挂职。

5. 严格领导干部管理。督促所局级领导干部履行好职责，把更多时间和精力用到加强对本单位管理工作上。严格执行所局领导干部离京请销假制度和因公出国管理制度，尽量压缩外出时间。严格限制领导干部接受提供报酬的实质性社会兼职。严格执行经费管理各项规定，坚持科学管理、民主理财、集体决策的原则。严格控制领导干部用车、办公用房、差旅费管理。

6. 提升干部教育培训质量。加强干部教育培训工作，实施《2014 年干部统一培训规划》。做好干部调训和自主选学工作。办好院党校干部进修班和新入院人员培训班。做好第四批全国干部学习培训教材编写工作，牵头编写《全面建成小康社会与中国梦》，参与编写《坚持和发展中国特色社会主义》和《社会主义文化强国建设》。

7. 加强人才队伍建设。落实中长期人才发展规划纲要，推进实施马克思主义理论人才造就工程、学术名家推介工程、领军人才引进工程、青年英才培养工程和支撑与管理人才保障工程。推进事业单位分类改革工作，对院属单位分类管理。落实国家重大人才工程，做好“千人计划”、“万人计划”、百千万人才工程国家级人选等的人选申报、评审推荐工作。加大科研拔尖人才引进力度，重点引进国内外知名学者和高层次人才，引进优秀管理人才。尝试在全球范围内招聘 5 名左右拔尖人才，制定引进高层次人才的支持激励政策。加强人才工作统筹协调，制定人才建设体系分工方案。

8. 做好研究生教育和博士后培养工作。办好研究生院，整合优质资源，协同推进，提高学生培养质量。强化良乡校园软硬件建设,促进研究生院全面发展。加强博士后人才队伍建设，继续举办系列学科博士后论坛，选派优秀博士后到国（境）外从事博士后研究及开展学术交流活动。

（九）实施管理强院战略，提高服务科研能力和保障水平

1. 创新行政管理体制。推进院综合管理平台系统建设，加强整体规划设计，逐步完成资源整合和信息共享，提高办公自动化水平。建立以业绩考核为重点的岗位工作量化考核指标体系。进一步办好“三会”和全院性重要会议，不断改进会风，提高会议质量和效率。利用现代信息技术手段，完善视频会议系统，实现重要会议主会场转播的院内全覆盖。加强院写作班子建设，充实调整力量，建立基本队伍稳定和多渠道组织力量相结合的工作机制，提高文稿起草质量。规范和细化文秘工作流程，形成日常办文与归档资料一体化工作机制。完善新闻宣传和科研成果发布体制机制，加强与主流媒体、新媒体合作，办好创新工程重大科研成果发布会，

不断扩大我院学术和社会影响力。完成《中国社会科学院画册》及其英文版的编辑印制。办好“中国社会科学院院史展”，形成可移动、组合式的展出模式。全面落实科研档案、专题档案、音像档案、档案数字化及档案馆硬件配置五大建设，实现档案管理规范化、科学化。加强信访和维稳工作，建立信访和维稳工作联络员体制，完善突出问题和突发事件应对机制。改进网络信息应急处置工作机制，制定《中国社会科学院工作人员互联网上行为管理办法》和应急处置预案。做好保密工作，加强保密法规和保密纪律教育，消除失泄密隐患，杜绝失泄密事件发生。加强院部大院东西大门安全保卫工作，规范院部停车秩序，在即将建成的中心档案馆及科研附属楼安装门禁系统。继续做好计划生育、献血、爱国卫生等工作。

2．优化财务管理工作。积极争取财政资金，落实年度经费指标，加强预决算管理，保障我院科研事业发展和创新工程的需要。深化财务管理体制机制改革，进一步发挥结算中心的作用，强化会计委派和会计代理工作。开展财务内部审计工作，推进财务检查监督工作经常化、制度化。稳步推行公务卡使用，进一步规范院机关报销规定。加强对院机关各项经费的使用管理，规范报销流程，严把支出关。强化财务管理科学化、规范化建设。加强会计人员业务培训和知识学习，提高财务人员综合素质。完善图书经费总代理的改革和信息化经费使用的改革，强化信息化工程服务外包。

3．推进重大工程项目。推进科研与学术交流大楼项目，争取完成项目拆迁工作。推进东坝职工住宅项目，争取完成土地划拨等前期手续。启动史学片综合翻改建项目。完成中心档案馆及科研附属用房翻改建项目，力争10月底前竣工并具备使用条件。启动科研办公大楼和科研用房改造项目，抓好经济片办公楼改造及环境整治项目。加快研究生院二期工程建设和校园绿化，完成院单身职工宿舍二期工程施工，启动第二学生食堂及教学科研附属用房、院党校专业楼项目。完成密云绿化基地和北戴河培训中心翻改建项目。积极推进燕郊中国学者之家建设。启动中国考古基地、海南考古基地建设。

4．加强国有资产管理工作。完善办公用房、职工住房、单身宿舍管理，建立房产动态管理系统，实现各类用房规范化、科学化管理。抓好全院办公用房调整工作，继续改善科研和办公条件。加强国有资产管理，确保国有资产保值增值。办好人文公司、中经出版传媒集团等国有企业，建立现代企业制度，提高经济效益和创收能力。进一步做好人防工程维护管理，按时完成人防工程维护改造计划。推进节能减排工作，完善节能管理制度，提高节能工作水平，建设资源节约型机关。

5．做好后勤服务工作。推进后勤社会化改革，做好物业、交通、会议、餐饮、医疗、文印、综管等各项服务工作。办好院部机关食堂，扩大营业面积，增加服务项目。加强对全院后勤服务工作的协调指导，举办全院后勤服务工作专项培训班。

6．关心职工切实利益。坚持以人为本，积极为职工排忧解难，不断改善全院人员工作和生活条件，消除后顾之忧。做好职工申请北京市政策性住房相关工作，采取有效措施，开辟各种渠道，逐步解决全院职工特别是青年科研人员住房困难问题。进一步规范职工子女入学各项工作，建立子女入学长效机制。

（十）以改革创新精神加强党的建设和反腐倡廉工作，全面提高党建科学化水平

1. 巩固党的群众路线教育实践活动成果，继续改进学风文风工作作风。围绕反对形式主义、官僚主义、享乐主义和奢靡之风，以贯彻中央“八项规定”为突破口，落实党组七个制度性整改文件，深入开展专项整治行动，狠抓专项整改落实。加强学风建设，落实加强科研人员学风文风作风建设若干规定，倡导理论联系实际的优良学风，引导科研人员深入群众、深入实践，为人民做学问，为人民服好务。深入开展“书记所长抓学风”专项行动。加强学术自律，严格执行课题研究、成果申报、科研评价、学术交流等规章制度。发挥院学术道德委员会作用，加大对学术不端行为的查处力度。加强文风建设，反对假、空、旧、长的不良文风，提倡和树立务实求理、言之有物的“短、精、新”的文风，写短文，讲短话。加强机关作风建设，落实“马上就办、努力办好”要求，严格责任制，实行首问负责制，提高机关工作的质量和效率。做好请示报告和沟通协调工作，重要事项及时请示汇报，不得滞留、瞒报和擅自做主。严格考勤纪律，强化工作任务考核。完善院直机关单位年度“文明窗口”评比活动，做好职能部门作风测评工作，向全院公布评比和测评结果。

2. 加强党的建设，推进抓基层、打基础工作。加强和改进党性教育工作，丰富教育内容，改进方式方法，增强党性教育的计划性、参与性、互动性、生动性，推进全院党性教育平台建设。加强党的组织建设，落实基层党委、纪委换届和增补委员的选举工作。加强中经出版传媒集团党的建设，建立中经出版传媒集团机关党委。建立完善党委委员联系党支部制度，开展“党委书记谈党建”和“党委书记讲党课”活动。加强基层党支部建设，开展以党性教育为主要内容的主题党日活动。加强党支部书记培训，推动基层党组织干部培训工作制度化、常态化。做好党员发展和管理工作，严把发展党员质量关，重视做好在科研人员中发展党员工作。建立党员发展信息员制度，健全发展党员管理工作协调机制。

3. 加强思想政治工作，提高哲学社会科学工作者的思想境界和道德修养。加强思想道德建设，大力培育和模范践行社会主义核心价值观，深入持久地开展勇攀学术、道德双高峰的活动。联系各单位日常工作与学术实践状况，继续办好道德论坛。大力弘扬雷锋精神，实现学雷锋活动常态化、持久化。广泛开展志愿者服务活动，建立我院志愿者协会。加强和改进思想政治工作，做好知识分子工作，统一思想，凝聚人心，化解矛盾，为创新工程提供思想政治保障。

4. 加强反腐倡廉建设，打造风清气正科研环境。深入开展政治纪律教育，加强对遵守政治纪律情况的监督检查，及时严肃查处政治违纪问题。继续开展“法规纪律应知应记”教育，开展廉政文化创建活动。提高创新工程综合监督实效，建立健全制度执行监督和问责机制，把

维护政治纪律、学风作风建设、干部廉洁自律等要求融入创新工程制度中。加强对创新工程研究经费的审计监督,建立审计联席会议制度。加大信访举报核查力度,做好信访举报受理工作。建立健全查办案件组织协调机制,重点查办违反政治纪律、组织人事纪律、廉洁自律规定、财经纪律及不良学风作风等问题。发挥反腐倡廉智库功能,继续开展反腐倡廉建设国情调研,举办第八届廉政研究论坛。加强院属单位纪检监察组织建设,健全研究所纪委定期向院纪检监察机关报告工作、述职、约谈汇报等制度。

5. 高度重视和切实做好老干部工作。加强离退休干部思想政治建设和党支部建设,确保离退休人员队伍和思想稳定。落实好离退休干部政治待遇和生活待遇,加大对“老、空、困、卧”群体的帮扶力度。完善老有所为、老有所乐平台,丰富离退休人员生活。健全和完善老年科研基金管理制度,提升老年科研成果质量。加强离退休干部工作队伍建设,提高老同志满意度。

6. 加强和改进新形势下统一战线和群众工作。加强统一战线工作,建立与地方和基层的“联学共建”合作机制。充实完善和动态更新我院统战人物数据库。加强和改进院工会工作,举办工会干部培训班,开展形式多样的文体活动。做好送温暖和“央务阳光”助学工作。切实做好青年工作,建立社科青年QQ群、微信群等新媒体交流平台。加强和改进妇女工作,组织女干部、女学者开展专题国情考察活动。

第二编

组织机构

ZUZHIJIGOU

一　中国社会科学院机构设置

中国社会科学院领导及其分工

（2014.1～2014.12）

院党组书记、副书记、成员

党组书记　王伟光

党组成员　李　捷　张　江　李　扬　李培林　张英伟　蔡　昉　高　翔　荆惠民

院长、副院长

院　　长　王伟光　主持全院全面工作，主持党组会议、院务会议、院长办公会议，负责干部工作。兼任第五届中国地方志指导小组组长。

副 院 长　李　捷　（2014.01～2014.04）负责中央马克思主义理论与建设工程有关任务、院马克思主义理论研究与学科建设工程实施、马克思主义学科博士培养基地的导师遴选和教学及研究生院马克思主义理论课的教学工作、国情调研、中央交办的重大理论研究和宣传工作；主持当代中国研究所全面工作；分管马克思主义研究院、中国特色社会主义理论体系研究中心、世界社会主义研究中心；协调亚太与全球战略研究院的综合研究；联系台湾研究所。

张　江　（2014.01～2014.04）负责行政后勤工作、马克思主义学科博士培养基地工作、科研成果后期资助工作、文学学科建设、文学理论和文艺批评工作；分管办公厅、财务基建计划局、院基建工作办公室、研究生院、服务中心、中国人文科学发展公司；协调社会发展战略研究院的综合研究；主持督办例会。

（2014.04～2014.08）负责行政后勤工作、马克思主义学科博士培养基地工作、科研成果后期资助工作、文学学科建设、文学理论和文艺批评工作；分管办公厅、财务基建计划局、院基建工作办公室、研究生院、服务中心、中国人文科学发展公司、马克思主义教学工作；主持马克思主义学院学术委员会工作；协调社会发展战略研究院的综合研究；负责联系台湾研究所、和平发展研究所；主持督办例会。

(2014.08~) 负责行政后勤工作、马克思主义学科博士培养基地工作、科研成果后期资助工作、文学学科建设、文学理论和文艺批评工作；分管办公厅、财务基建计划局、院基建工作办公室、研究生院、服务中心、中国人文科学发展公司、马克思主义教学工作；主持马克思主义学院学术委员会工作；协调社会发展战略研究院的综合研究；主持督办例会。

李 扬 (2014.01~2014.08) 负责对外学术合作、报刊出版社改制、智库建设、博士后工作；分管国际合作局、中国社会科学出版社、社会科学文献出版社；协调财经战略研究院的综合研究。

(2014.08~) 负责对外学术合作、报刊出版社改制、智库建设、博士后工作；分管国际合作局、社会科学文献出版社；协调财经战略研究院的综合研究。

李培林 负责科研、期刊改革、国内合作、科研成果后期资助工作；分管科研局/学部工作局；协调院重大问题综合研究中心；联系地方社科院；联系中国地方志指导小组办公室。

蔡 昉 (2014.08~) 负责协调亚太与全球战略研究院、社会发展战略研究院的综合研究，分管离退休干部工作局、中国社会科学出版社和国情调研工作，联系台湾研究所、和平发展研究所。

中央纪委驻院纪检组

纪检组长 张英伟 (2014.01~2014.04) 负责全院党风廉政建设和纪检、监察、审计工作；分管监察局、直属机关纪委；联系科学工程审计局。

(2014.04~2014.07) 负责全院党风廉政建设和纪检、监察、审计工作；分管监察局、直属机关纪委；联系科学工程审计局。联系马克思主义研究院、中国特色社会主义理论体系研究中心、世界社会主义研究中心（正式划归信息情报研究院前）、中国无神论学会；分管马克思主义理论研究和理论学科建设工程工作，主持马克思主义理论学科建设和理论研究学术委员会工作。

(2014.07~) 负责全院党风廉政建设和纪检、监察、审计工作；分管监察局、直属机关纪委；联系科学工程审计局。

秘书长

秘书长	高翔	协助分管办公厅、服务中心；负责报刊出版馆网库建设、图书资料和信息化建设；分管中国社会科学杂志社（中国社会科学报、中国社会科学网）、图书馆、网络中心（调查与数据信息中心）。
院长助理	郝时远	
副秘书长	谭家林　晋保平	

特约顾问

特约顾问　刘国光

中国社会科学院职能部门

办公厅

主　　任　施鹤安
副 主 任　王卫东　胥锦成

科研局/学部工作局/创新办

局　　长　马　援
副 局 长　张国春　陈文学

人事教育局

局　　长　张冠梓
副 局 长　高京斋　刘晖春

国际合作局

局　　长　王　镭
副 局 长　周云帆　王宣敬　胡乐明（挂任）

财务基建计划局

局　　长　段小燕
副 局 长　曲永义　何敬中

离退休干部工作局

局　　长　刘　红
副 局 长　崔向阳

直属机关党委

常务副书记　崔建民
副　书　记　王晓霞　孙伟平

监察局

书　　记　王晓霞
局　　长　胡乐生（中央纪委驻中国社会科学院纪检组副组长）

直属机关纪委

书　　记　王晓霞
副 书 记　公茂虹

基建工作办公室

主　　任　谭家林（兼）
副 主 任　罗京辉（兼）　何敬中（兼）

信息化管理办公室

主　　任　杨沛超
副 主 任　匡卫群　罗文东

中国社会科学院科研机构

（党委委员按姓氏笔画排列）

文学哲学学部

文学研究所

党委书记　刘跃进
所　　长　陆建德
副 所 长　刘跃进　杨　槐　高建平
党委委员　刘跃进　安德明　杨　槐
　　　　　陆建德　高建平

民族文学研究所

党委书记　朝　克
所　　长　朝戈金
副 所 长　汤晓青
党委委员　尹虎彬　汤晓青　朝　克
　　　　　朝戈金

外国文学研究所

党委书记　党圣元
所　　长　陈众议
副 所 长　党圣元　吴晓都
党委委员　叶　隽　吴晓都　陈众议
　　　　　党圣元　董晓阳

语言研究所

党委书记　蔡文兰
党委副书记　张伯江
所　　长　刘丹青
副 所 长　蔡文兰　张伯江
党委委员　李爱军　张伯江　曹广顺
　　　　　蔡文兰　谭景春

哲学研究所

党委书记　王立民
所　　长　谢地坤
副 所 长　王立民　崔唯航
党委委员　王立民　余　涌　张志强
　　　　　单继刚　崔唯航　谢地坤

世界宗教研究所

党委书记　曹中建
所　　长　卓新平
副 所 长　曹中建　郑筱筠
党委委员　卓新平　金　泽　曹中建
　　　　　魏道儒

历史学部

考古研究所

党委书记　刘　政
所　　长　王　巍

副所长 刘 政 白云翔 陈星灿
党委委员 王 巍 白云翔 刘 政
刘建国 李 港 陈星灿
施劲松

历史研究所

党委书记 闫 坤
所 长 卜宪群
副所长 闫 坤 王震中 杨 珍
党委委员 卜宪群 王震中 闫 坤
杨 珍 杨艳秋

近代史研究所

党委书记 周溯源
所 长 王建朗
副所长 周溯源 汪朝光 金以林
党委委员 王建朗 周溯源 汪朝光
徐秀丽

世界历史研究所

党委书记 赵文洪
所 长 张顺洪
副所长 赵文洪 饶望京
党委委员 张顺洪 孟庆龙 赵文洪
饶望京 姜 南

中国边疆研究所

党委书记 李国强
主 任 邢广程
副主任 李国强 李大路
党委委员 邢广程 许建英 孙宏年
李大路 李国强

台湾研究所

党委书记 周志怀
所 长 周志怀
副所长 朱卫东 张冠华
党委委员 田贺民 朱卫东 肖 磊
余克礼 张冠华 祝恒花
彭维学 谢 郁

经济学部

经济研究所

党委书记 裴长洪
所 长 裴长洪
副所长 张 平 杨春学 朱恒鹏
党委委员 朱恒鹏 刘兰兮 张 凡
张 平 杨元宏 杨春学
裴长洪

工业经济研究所

党委书记 史 丹
所 长 黄群慧
副所长 史 丹 黄速建 李维民
党委委员 史 丹 李海舰 李维民
樊建勋 黄速建 黄群慧

农村发展研究所

党委书记 潘晨光
所 长 李 周
副所长 潘晨光 杜志雄 王 岚
党委委员 王 岚 杜志雄 李 周
苑 鹏 潘晨光

财经战略研究院

党委书记　高培勇
所　　长　高培勇
副 所 长　陈冬红　林　旗　夏杰长
党委委员　王迎新　林　旗　杨志勇
　　　　　高培勇

金融研究所

党委书记　何德旭
所　　长　王国刚
副 所 长　何德旭　殷剑峰　胡　滨
党委委员　王国刚　刘戈平　何德旭
　　　　　殷剑峰　郭金龙

数量经济与技术经济研究所

党委书记　李富强
所　　长　李　平
副 所 长　李富强　齐建国　李雪松
党委委员　齐建国　李　平　李雪松
　　　　　李富强　张京利

人口与劳动经济研究所

党委书记　钱　伟
所　　长　张车伟
副 所 长　钱　伟　汪正鸣
党委委员　王跃生　张车伟　郑真真
　　　　　徐　进　钱　伟　蔡　昉

城市发展与环境研究所

党委书记　赵燕平
所　　长　潘家华
副 所 长　赵燕平　魏后凯
党委委员　刘志彦　李景国　赵燕平
　　　　　潘家华　魏后凯

社会政法学部

法学研究所

联合党委书记　陈　甦
所　　长　李　林
副 所 长　陈　甦　穆林霞　莫纪宏
党委委员　李　林　陈泽宪　陈　甦
　　　　　柳华文　穆林霞

国际法研究所

联合党委书记　陈　甦
所　　长　陈泽宪
党委委员　李　林　陈泽宪　陈　甦
　　　　　柳华文　穆林霞

（注：法学研究所、国际法研究所为联合党委）

政治学研究所

党委书记　赵岳红
所　　长　房　宁
副 所 长　赵岳红　杨海蛟
党委委员　杨海蛟　周少来　房　宁
　　　　　赵岳红

民族学与人类学研究所

党委书记　方　勇
所　　长　王延中
副 所 长　方　勇　尹虎彬
党委委员　王延中　方　勇　刘　泓

社会学研究所

党委书记 孙壮志
党委副书记 张 翼
所 长 陈光金
副所长 孙壮志 张 翼 赵克斌
党委委员 王 颖 孙壮志 陈光金
赵克斌 张 翼

社会发展战略研究院

临时党委书记 王苏粤
院 长 李汉林
副院长 王苏粤

新闻与传播研究所

党委书记 赵天晓
所 长 唐绪军
副所长 赵天晓
党委委员 赵天晓 黄双润 唐绪军

国际研究学部

世界经济与政治研究所

党委书记 陈国平
所 长 张宇燕
副所长 陈国平 王德迅 姚枝仲
党委委员 王德迅 孙 杰 何 帆
宋 泓 张宇燕 陈国平
苑郑高

俄罗斯东欧中亚研究所

党委书记 李进峰
所 长 李永全
副所长 李进峰 孙 力
党委委员 朱晓中 李进峰

欧洲研究所

党委书记 罗京辉
所 长 黄 平
副所长 罗京辉 江时学 程卫东
党委委员 江时学 罗京辉 黄 平
程卫东

西亚非洲研究所

党委书记 王 正
所 长 杨 光
副所长 王 正 张宏明
党委委员 王 正 王林聪 杨 光
张宏明 潘 仓

拉丁美洲研究所

党委书记 王立峰
所 长 吴白乙
副所长 王立峰
党委委员 王立峰 刘维广 吴白乙

亚太与全球战略研究院

党委书记 王灵桂
党委副书记 韩 锋
院 长 李向阳
副院长 王灵桂 韩 锋 李 文
党委委员 王灵桂 朴键一 李 文
赵江林 韩 锋

美国研究所

党委书记 孙海泉

所　　长　郑秉文
副 所 长　孙海泉　倪　峰　刘　尊
党委委员　刘　尊　孙海泉　郑秉文
　　　　　倪　峰　姬　虹

日本研究所

党委书记　高　洪
所　　长　李　薇
副 所 长　高　洪　杨伯江　王晓峰
党委委员　王晓峰　吕耀东　李　薇
　　　　　张季风　高　洪

和平发展研究所

党委书记　杨　红
常务副所长　廖峥嵘

马克思主义研究学部

马克思主义研究院

党委书记　邓纯东
院　　长　邓纯东
副 院 长　樊建新　贾朝宁
党委委员　邓纯东　徐文华　樊建新

当代中国研究所

党组书记　荆惠民（兼）
所　　长　荆惠民（兼）
副 所 长　张星星　武　力

信息情报研究院

党委书记　姜　辉
院　　长　张树华
副 院 长　姜　辉　孙建廷
党委委员　朴光海　孙建廷　姜　辉

中国社会科学院直属单位

中国社会科学院研究生院

党委书记　张政文
院　　长　黄晓勇
副 院 长　张政文　文学国　王　兵
　　　　　马跃华　俞燕民　张政文
党委委员　王彩霞　文学国　张政文
　　　　　黄晓勇

中国社会科学院图书馆（调查与数据信息中心）

党委书记　庄前生
党委副书记　李春华
常务副馆长　何　涛
副 馆 长　庄前生　李春华　周世禄
　　　　　蒋　颖
党委委员　庄前生　刘振喜　李春华
　　　　　黄长著

中国社会科学评价中心

主　　任　高　翔（兼）
副 主 任　荆林波　吴　敏　姜庆国

中国社会科学出版社

社　　长　赵剑英
总 编 辑　赵剑英
副总编辑　曹宏举

社会科学文献出版社

社　　长　谢寿光
总 编 辑　杨　群
副 社 长　胡鹏光

中国社会科学杂志社

总 编 辑　高　翔（兼）
副总编辑　王利民　余新华　李红岩
　　　　　孙　辉　李新烽

服务中心

主　　任　刘福庆
副 主 任　冯　林　蔡　林

郭沫若纪念馆

馆　　长　崔民选
副 馆 长　赵笑洁

中国社会科学院直属公司

中国人文科学发展公司

总 经 理　李传章

中国经营出版传媒集团

管理委员会主任　李　扬
管理委员会副主任　高　翔
总　　裁　金　碚

中国社会科学院代管单位

中国地方志指导小组办公室

党组书记　赵　芮
秘 书 长　赵　芮
副秘书长　冀祥德
主　　任　赵　芮
副 主 任　冀祥德　刘玉宏　邱新立

二　中国社会科学院学部

主　席　团

主　　席　王伟光

成　　员　王伟光　李　扬　李培林　蔡　昉　郝时远
江蓝生　刘庆柱　张蕴岭　程恩富　卓新平

文学哲学学部

主　　任　江蓝生
副 主 任　李景源

历史学部

主　　任　刘庆柱

经济学部

主　　任　李　扬
副 主 任　刘树成　吕　政

社会政法学部

主　　任　郝时远
副 主 任　景天魁

国际研究学部

主　　任　张蕴岭
副 主 任　周　弘

马克思主义研究学部

主　　任　程恩富

三　中国社会科学院第九届院级专业技术资格评审委员会

（按姓氏笔画排列）

研究系列正高级专业技术资格评审委员会

文学哲学学部文学研究系列正高级评审委员会

主　　任　张　江

委　　员　文日焕　尹虎彬　刘丹青　刘跃进　张伯江
　　　　　张政文　陆建德　陈众议　周启超　孟蓬生
　　　　　党圣元　高建平　朝　克　朝戈金　蒋　寅
　　　　　程光炜

文学哲学学部哲学研究系列正高级评审委员会

副主任　李景源

委　　员　甘绍平　卢国龙　任定成　李　河　张志刚
　　　　　卓新平　金　泽　谢地坤　魏道儒

历史学部研究系列正高级评审委员会

主　　任　高　翔

副主任　王　巍

委　　员　卜宪群　王奇生　王建朗　王震中　白云翔
　　　　　邢广程　杜金鹏　李国强　汪朝光　宋镇豪
　　　　　张顺洪　陈星灿　赵文洪　郝春文　俞金尧
　　　　　崔志海

经济学部研究系列正高级评审委员会

主　　任　李　扬

副 主 任　蔡　昉

委　　员　王国刚　龙登高　史　丹　李　平　李　周
李万甫　李雪松　杨春学　何德旭　张　平
张车伟　金　碚　夏杰长　高培勇　黄群慧
裴长洪　潘家华　潘晨光　魏后凯

社会政法学部研究系列正高级评审委员会

主　　任　李培林

副 主 任　郝时远

委　　员　卜　卫　王延中　方　勇　孙宪忠　李　林
李汉林　杨宜音　杨海蛟　何星亮　张　翼
张桂琳　陈　甦　陈光金　陈泽宪　房　宁
胡建森　唐绪军　渠敬东

国际研究学部研究系列正高级评审委员会

副 主 任　张蕴岭

委　　员　丁一凡　朱晓中　江时学　李　薇　李永全
李向阳　杨　光　吴白乙　余永定　宋　泓
张宇燕　张宏明　季志业　周　弘　郑　羽
郑秉文　赵江林　倪　峰　高　洪　黄　平

马克思主义研究学部研究系列正高级评审委员会

主　　任　荆惠民

副 主 任　程恩富

委　　员　丰子义　尹韵公　曲永义　辛向阳　张树华
郑有贵　胡乐明　柳建辉　姜　辉　黄晓勇
樊建新

当代中国研究系列正高级评审委员会

主　　任　荆惠民
副 主 任　朱　玲
委　　员　王灵桂　吕薇洲　孙伟平　李　文　杨胜群
　　　　　张星星　陈新明　武　力　金以林　金民卿

出版编辑系列正高级专业技术资格评审委员会

主　　任　蔡　昉
副 主 任　赵剑英
出版组组长　谢寿光
出版组委员　王　浩　李富强　杨　群　张世贤　张　永
　　　　　　周　丽　曹宏举　冀祥德
期刊组组长　王利民
期刊组委员　王　诚　邓纯东　冯　时　刘世哲　刘作翔
　　　　　　汤晓青　孙　杰　李金华　余新华　郑筱筠
　　　　　　徐秀丽　彭　卫　程　巍

翻译系列正高级专业技术资格评审委员会

主　　任　李　扬
委　　员　王柯平　朴键一　吕大年　孙　力　孙　歌
　　　　　李永平　肖俊明　张季风　袁东振

图书资料系列正高级专业技术资格评审委员会

主　　任　高　翔
委　　员　王砚峰　邓子滨　朱乃诚　闫　坤　张　静
　　　　　陈　力　孟庆龙　赵嘉朱　蒋　颖　曾建勋
　　　　　蔡曙光

四 中国社会科学院院属各单位学术委员会及专业技术资格评审委员会

文学哲学学部

文学研究所

（一）学术委员会

主　　任　高建平
副 主 任　陆建德
委　　员　高建平　陆建德　吕　微
蒋　寅　杨　义　包明德
刘跃进　赵　园　刘扬忠
胡　明　黎湘萍　安德明
白　烨

（二）专业技术资格评审委员会

主　　任　陆建德
委　　员　陆建德　刘跃进　高建平
蒋　寅　赵稀方　黎湘萍
赵京华　孙　歌　安德明
王达敏　郑永晓　程光炜
叶　隽

民族文学研究所

（一）学术委员会

主　　任　朝戈金
委　　员　朝戈金　尹虎彬　汤晓青
斯钦孟和　巴莫曲布嫫
阿地里·居玛吐尔地　刘亚虎
丹　曲　吴晓东

（二）专业技术资格评审委员会

主　　任　朝戈金
委　　员　阿地里·居玛吐尔地
巴莫曲布嫫　朝戈金　斯钦巴图
汤晓青　尹虎彬　党圣元
陈泳超　文日焕

外国文学研究所

（一）学术委员会

主　　任　陈众议
委　　员　陈众议　党圣元　董晓阳
余中先　陈敏华　刘文飞
史忠义　黄　梅　李永平
周启超　吴晓都　傅　浩
穆宏燕

（二）专业技术资格评审委员会

主　　任　陈众议
委　　员　陈众议　党圣元　吴晓都
刘文飞　余中先　李永平

陈敏华 周启超 程 巍
傅 浩 穆宏燕 程朝翔
夏忠宪

语言研究所

（一）学术委员会

主　　任 沈家煊
副 主 任 曹广顺 刘丹青
委　　员 蔡文兰 曹广顺 傅爱平
顾曰国 江蓝生 李爱军
刘丹青 麦 耘 沈家煊
谭景春 张伯江

（二）专业技术资格评审委员会

主　　任 刘丹青
委　　员 蔡文兰 方 梅 顾曰国
郭 锐 李爱军 李 蓝
李运富 刘丹青 孟蓬生
沈家煊 谭景春 吴福祥
张伯江

哲学研究所

（一）学术委员会

主　　任 谢地坤
副 主 任 余 涌 孙伟平
委　　员 甘绍平 李存山 李景源
孙 晶 王柯平 魏小萍
叶秀山 赵汀阳 周晓亮
朱葆伟 邹崇理 余 涌
孙伟平 谢地坤

（二）专业技术资格评审委员会

主　　任 谢地坤
委　　员 李景源 谢地坤 孙伟平
王柯平 甘绍平 杜国平
李 河 张志强 李俊文
尚 杰 鉴传今 丰子义
任定成

世界宗教研究所

（一）学术委员会

主　　任 卓新平
副 主 任 郑筱筠
委　　员 金 泽 魏道儒 王 卡
卢国龙 何劲松 邱永辉
曾传辉 陈进国 唐晓峰
张志刚 杨桂萍

（二）专业技术资格评审委员会

主　　任 卓新平
副 主 任 郑筱筠 金 泽
委　　员 魏道儒 王 卡 卢国龙
邱永辉 何劲松 尕藏加
王美秀 曾传辉 杨桂萍
张志刚

历史学部

考古研究所

（一）学术委员会

主　　任　王　巍
副 主 任　陈星灿
委　　员　王　巍　陈星灿　白云翔　刘庆柱　傅宪国　许　宏　朱岩石　杜金鹏　王仁湘　袁　靖　施劲松　冯　时　朱乃诚　赵　辉　宋镇豪

（二）专业技术资格评审委员会

主　　任　王　巍
副 主 任　白云翔　陈星灿
委　　员　王　巍　白云翔　陈星灿　杜金鹏　傅宪国　许　宏　朱岩石　赵志军　施劲松　冯　时　刘国祥　王震中　齐东方

历史研究所

（一）学术委员会

主　　任　卜宪群
副 主 任　宋镇豪
委　　员　高　翔　闫　坤　卜宪群　王震中　杨　珍　彭　卫　宋镇豪　杨振红　雷　闻　刘　晓　张兆裕　王启发　李锦绣　孙　晓　阿　风

（二）专业技术资格评审委员会

主　　任　卜宪群
副 主 任　王震中
委　　员　高　翔　闫　坤　卜宪群　王震中　杨　珍　彭　卫　宋镇豪　楼　劲　刘　晓　李锦绣　孙　晓　杨艳秋　郝春文

近代史研究所

（一）学术委员会

主　　任　王建朗
委　　员　于化民　王奇生　王建朗　左玉河　李长莉　李学通　李细珠　汪朝光　金以林　周溯源　郑大发　徐秀丽　黄道炫　崔志海　章百家

（二）专业技术资格评审委员会

主　　任　王建朗
委　　员　于化民　王奇生　王建朗　左玉河　李长莉　李细珠　汪朝光　金以林　周溯源　郑大发　徐秀丽　黄兴涛　崔志海

世界历史研究所

（一）学术委员会

主　　任　张顺洪

副 主 任　赵文洪　张宏毅

委　　员　张顺洪　赵文洪　于　沛
　　　　　周荣耀　廖学盛　张宏毅
　　　　　何顺果　黄立茀　吴必康
　　　　　郭　方　徐建新　刘　军
　　　　　毕健康　张　丽　俞金尧

（二）专业技术资格评审委员会

主　　任　张顺洪

副 主 任　赵文洪

委　　员　张顺洪　赵文洪　杨共乐
　　　　　梁占军　俞金尧　易建平
　　　　　景德祥　毕健康　王晓菊
　　　　　刘　军　孟庆龙　刘　健
　　　　　张经纬

中国边疆研究所

（一）学术委员会

主　　任　邢广程

副 主 任　李国强

委　　员　邢广程　李国强　李大龙
　　　　　许建英　孙宏年　阿拉腾奥其尔
　　　　　毕奥南　吴楚克　金以林

（二）专业技术资格评审委员会

主　　任　邢广程

副 主 任　李国强

委　　员　邢广程　李国强　金以林
　　　　　吴楚克　李　方　许建英
　　　　　李大龙　孙宏年　毕奥南

台湾研究所

（一）学术委员会

主　　任　周志怀

委　　员　周志怀　朱卫东　张冠华
　　　　　彭维学

（二）专业技术资格评审委员会

主　　任　周志怀

委　　员　周志怀　朱卫东　张冠华
　　　　　肖　磊　彭维学

经 济 学 部

经济研究所

（一）学术委员会

主　　任　裴长洪

副 主 任　朱　玲　张　平

委　　员　裴长洪　吴太昌　刘树成
　　　　　朱　玲　王振中　张　平
　　　　　胡家勇　杨春学　刘兰兮
　　　　　王　诚　徐建青　魏　众
　　　　　张晓晶　刘霞辉　朱恒鹏

（二）专业技术资格评审委员会

主　　任　裴长洪

委　　员　裴长洪　朱　玲　张　平

刘兰兮　杨春学　胡家勇
魏　众　张晓晶　刘霞辉
朱恒鹏　赵学军　龙登高
陈彦斌

工业经济研究所

（一）学术委员会

主　　任　黄群慧
副主任　史　丹
委　　员　黄群慧　史　丹　黄速建
吕　政　金　碚　张其仔
李海舰　李　平　陈　耀
沈志渔　杜莹芬　吕　铁
罗仲伟　陈佳贵　刘世锦

（二）专业技术资格评审委员会

主　　任　黄群慧
副主任　史　丹
委　　员　黄群慧　史　丹　黄速建
金　碚　吕　政　吕　铁
李海舰　张其仔　杜莹芬
杨丹辉　余　菁　魏后凯
施建军

农村发展研究所

（一）学术委员会

主　　任　李　周
委　　员　李　周　张晓山　潘晨光
杜志雄　朱　钢　党国英
苑　鹏　吴国宝　刘建进
刘玉满　张　军　张元红
陈劲松　孙若梅　任常青

（二）专业技术资格评审委员会

主　　任　李　周
委　　员　李　周　潘晨光　杜志雄
朱　钢　吴国宝　苑　鹏
张元红　任常青　李　静
于法稳　谭秋成　黄季焜
林万龙

财经战略研究院

（一）学术委员会

主　　任　高培勇
副主任　夏杰长
委　　员　高培勇　夏杰长　杨志勇
倪鹏飞　张　斌　汪德华
依绍华　张群群　赵　瑾
钟春平　戴学锋　郭克莎
张晓晶

（二）专业技术资格评审委员会

主　　任　高培勇
委　　员　高培勇　夏杰长　杨志勇
揣振宇　倪鹏飞　王诚庆
张群群　赵　瑾　钟春平
夏先良　王晓东　李万甫
来有为

金融研究所

（一）学术委员会

主　　任　何德旭

委　　员　王国刚　殷剑峰　胡　滨
　　　　　郭金龙　李　扬　张晓晶

（二）专业技术资格评审委员会

主　　任　王国刚
委　　员　殷剑峰　胡　滨　杨　涛
　　　　　董裕平　彭兴韵　张晓晶
　　　　　李　扬　张　杰

数量经济与技术经济研究所

（一）学术委员会

主　　任　李　平
副 主 任　何德旭　汪向东
委　　员　汪同三　何德旭　齐建国
　　　　　李雪松　郑玉歆　李　军
　　　　　李　平　张　晓　樊明太
　　　　　赵京兴　汪向东　张昕竹
　　　　　李金华　张　涛　王宏伟

（二）专业技术资格评审委员会

主　　任　李　平
副 主 任　李富强
委　　员　李　平　李富强　齐建国
　　　　　李雪松　李　军　李金华
　　　　　樊明太　王宏伟　张　涛
　　　　　王奋宇　文兼武　李志军
　　　　　葛新权

人口与劳动经济研究所

（一）学术委员会

主　　任　蔡　昉
副 主 任　张车伟　郑真真
委　　员　蔡　昉　张车伟　田雪原
　　　　　王跃生　郑真真　张　翼
　　　　　都　阳　张展新　王广州
　　　　　王美艳　高文书

（二）专业技术资格评审委员会

主　　任　蔡　昉
副 主 任　张车伟
委　　员　蔡　昉　张车伟　郑真真
　　　　　王跃生　张展新　都　阳
　　　　　王广州　王美艳　李雪松
　　　　　胡　滨　辛　贤

城市发展与环境研究所

（一）学术委员会

主　　任　潘家华
副 主 任　魏后凯
委　　员　潘家华　魏后凯　宋迎昌
　　　　　刘治彦　庄贵阳　陈　迎
　　　　　陈洪波　李恩平　单菁菁
　　　　　张车伟　倪鹏飞

（二）专业技术资格评审委员会

主　　任　潘家华
委　　员　潘家华　魏后凯　宋迎昌
　　　　　刘治彦　李国庆　陈　迎
　　　　　庄贵阳　梁本凡　张车伟
　　　　　李　周　高国力

社会政法学部

法学研究所、国际法研究所

（一）学术委员会

主　　任　李　林
委　　员　陈　甦　陈泽宪　常纪文　冯　军　李　林　李明德　梁慧星　刘仁文　刘作翔　莫纪宏　沈　涓　孙宪忠　王敏远　熊秋红　徐立志　赵建文　张广兴　周汉华　邹海林

（二）专业技术资格评审委员会

主　　任　陈　甦
委　　员　陈　甦　李　林　陈泽宪　冯　军　刘作翔　莫纪宏　周汉华　田　禾　熊秋红　孙宪忠　李明德　薛宁兰　邹海林　沈　涓　朱晓青　叶　林　卓泽渊

政治学研究所

（一）学术委员会

主　　任　房　宁
副 主 任　杨海蛟
委　　员　房　宁　杨海蛟　史卫民　陈红太　周少来　张明澍　贠　杰　赵秀玲　李良栋

（二）专业技术资格评审委员会

主　　任　房　宁
副 主 任　杨海蛟
委　　员　房　宁　杨海蛟　史卫民　陈红太　赵秀玲　周庆智　张树华　王浦劬　韩冬雪

民族学与人类学研究所

（一）学术委员会

主　　任　何星亮
副 主 任　尹虎彬
委　　员　王延中　方　勇　尹虎彬　色　音　刘正寅　刘世哲　刘　泓　李云兵　何星亮　陈建樾　呼　和　曾少聪　管彦波

（二）专业技术资格评审委员会

主　　任　王延中
委　　员　王延中　方　勇　色　音　何星亮　刘正寅　管彦波　刘世哲　李云兵　刘　泓　张继焦　丁　宏　郑　堆　高丙中

社会学研究所

（一）学术委员会

主　　任　李培林
委　　员　陈光金　李春玲　景天魁　罗红光　王春光　王晓毅

王　颖　吴小英　夏传玲
杨宜音　张　翼

（二）专业技术资格评审委员会

主　　任　李培林
副 主 任　陈光金
委　　员　李春玲　郗　阳　景天魁
罗红光　王春光　王晓毅
王　颖　夏传玲　谢立中
杨宜音　张　翼

社会发展战略研究院

（一）学术委员会

主　　任　李汉林
委　　员　刘白驹　沈　红　葛道顺
渠敬东　李路路　夏传玲

（二）专业技术资格评审委员会

主　　任　李汉林
委　　员　渠敬东　刘白驹　沈　红
黄群慧　王　颖　夏传玲
郭于华　李路路

新闻与传播研究所

（一）学术委员会

主　　任　唐绪军
副 主 任　宋小卫
委　　员　唐绪军　宋小卫　卜　卫
王怡红　时统宇　刘晓红
姜　飞　崔保国　陈卫星

（二）专业技术资格评审委员会

主　　任　唐绪军
副 主 任　宋小卫
委　　员　唐绪军　宋小卫　卜　卫
时统宇　钱莲生　王怡红
姜　飞　渠敬东　段　鹏

国际研究学部

世界经济与政治研究所

（一）学术委员会

主　　任　张宇燕
副 主 任　姚枝仲　孙　杰
委　　员　丁一凡　王德迅　孙　杰
李东燕　何新华　余永定
宋　泓　张宇燕　张　明
张　斌　姚枝仲　贺力平
袁正清　高海红　鲁　桐

（二）专业技术资格评审委员会

主　　任　张宇燕
委　　员　孙　杰　李　文　李东燕
何　帆　余永定　宋　泓
张宇燕　张　斌　姚枝仲
贺力平　袁正清　高海红
鲁　桐

俄罗斯东欧中亚研究所

（一）学术委员会

主　　任　李永全
副 主 任　朱晓中
委　　员　孙　力　张盛发　常　玢
　　　　　郑　羽　薛福岐　程亦军
　　　　　庞大鹏　冯玉军　吴大辉
　　　　　吴宏伟　冯育民

（二）专业技术资格评审委员会

主　　任　李永全
委　　员　郑　羽　孙　力　朱晓中
　　　　　常　玢　张盛发　程亦军
　　　　　吴宏伟　李中海　柳丰华
　　　　　陈玉荣　陈新明　冯玉军

欧洲研究所

（一）学术委员会

主　　任　黄　平
副 主 任　江时学
委　　员　黄　平　江时学　裘元伦
　　　　　周　弘　程卫东　田德文
　　　　　吴　弦　沈雁南　陈　新
　　　　　张　浚

（二）专业技术资格评审委员会

主　　任　黄　平
副 主 任　江时学
委　　员　黄　平　江时学　周　弘
　　　　　程卫东　张　敏　孔田平
　　　　　田德文　冯仲平　崔洪建

西亚非洲研究所

（一）学术委员会

主　　任　杨　光
副 主 任　张宏明
委　　员　杨　光　张宏明　王　正
　　　　　王林聪　贺文萍　李智彪
　　　　　唐志超　姚桂梅　安春英
　　　　　李安山　李绍先

（二）专业技术资格评审委员会

主　　任　杨　光
副 主 任　张宏明
委　　员　杨　光　张宏明　王　正
　　　　　贺文萍　李智彪　姚桂梅
　　　　　王林聪　安春英　李新烽
　　　　　牛新春　薛庆国

拉丁美洲研究所

（一）学术委员会

主　　任　吴白乙
委　　员　柴　瑜　袁东振　刘维广
　　　　　张　凡　杨志敏　岳云霞
　　　　　房连泉　姚枝仲　贺双荣
　　　　　董经胜

（二）专业技术资格评审委员会

主　　任　吴白乙
委　　员　郑秉文　柴　瑜　贺双荣
　　　　　袁东振　张　凡　刘维广
　　　　　姚枝仲　王义桅

亚太与全球战略研究院

（一）学术委员会

主　　任　李向阳

委　　员　李向阳　王玉主　朴键一　许利平　孙士海　李　文　张　洁　张蕴岭　周方银　赵江林　韩　锋

（二）专业技术资格评审委员会

主　　任　李向阳

委　　员　赵江林　朴键一　朴光姬　李　文　李向阳　周小兵　韩　锋　吴白乙　张燕生　雷　达　时殷弘　张蕴岭

美国研究所

（一）学术委员会

主　　任　郑秉文

委　　员　郑秉文　倪　峰　王荣军　王　欢　王孜弘　袁　征　姬　虹　樊吉社　赵　梅　黄　平　贺力平

（二）专业技术资格评审委员会

主　　任　郑秉文

委　　员　黄　平　赵　梅　潘小松　倪　峰　王孜弘　姬　红　袁　征　樊吉社　王荣军　郑秉文　达　巍　高祖贵

日本研究所

（一）学术委员会

主　　任　李　薇

副 主 任　高　洪

委　　员　李　薇　高　洪　王　伟　崔世广　张季风　吕耀东　杨伯江　徐　梅　吴怀中　江瑞平　王新生

（二）专业技术资格评审委员会

主　　任　李　薇

委　　员　高　洪　张季风　崔世广　王　伟　杨伯江　吕耀东　徐　梅　尚会鹏　赵晋平　黄大慧

马克思主义研究学部

马克思主义研究院

（一）学术委员会

主　　任　程恩富

委　　员　程恩富　邓纯东　樊建新　张祖英　侯惠勤　李崇富　何秉孟　夏春涛　赵智奎　胡乐明　罗文东　刘淑春　冯颜利

（二）专业技术资格评审委员会

主　　任　邓纯东

委　　员　邓纯东　樊建新　胡乐明　辛向阳　程恩富　吕薇洲

金民卿　冯颜利　韦莉莉
姜　辉　武　力

当代中国研究所

（一）学术委员会

主　　任　李　捷
副 主 任　张星星
委　　员　李　捷　张星星　丁　明
王灵桂　刘国新　宋月红
李　文　李　格　李正华
欧阳雪梅　武　力　罗燕明
郑有贵　黄　庆
顾　　问　朱佳木　程中原　田居俭
陈东林

（二）专业技术资格评审委员会

主　　任　李　捷
委　　员　李　捷　王灵桂　王瑞芳
宋月红　张星星　李　文
李正华　杨胜群　欧阳雪梅
武　力　郑有贵　柳建辉
黄　庆

中国社会科学院直属单位

中国社会科学院图书馆（调查与数据信息中心）

学术委员会

主　　任　庄前生
副 主 任　蒋　颖
委　　员　庄前生　蒋　颖　杨沛超
李春华　张树华　何陪忠
姜晓辉　黄长著　肖俊明
赵嘉朱　梁俊兰　刘　霓
刘振喜　杨雁斌　刘金利

中国社会科学出版社

（一）学术委员会

主　　任　赵剑英
委　　员　赵剑英　曹宏举　王　浩
郭沂纹　陈　彪　卢小生
郭晓鸿　王　茵　黄　平
刘跃进　张政文

（二）专业技术资格评审委员会

主　　任　赵剑英
委　　员　赵剑英　曹宏举　王　浩
陈　彪　冯春凤　郭沂纹
任　明　卢小生　路育松
陈众议　仰海峰

中国社会科学杂志社

学术委员会

主　　任　高　翔
委　　员　高　翔　王利民　余新华
何秉孟　柯锦华　王兆胜
姚玉民

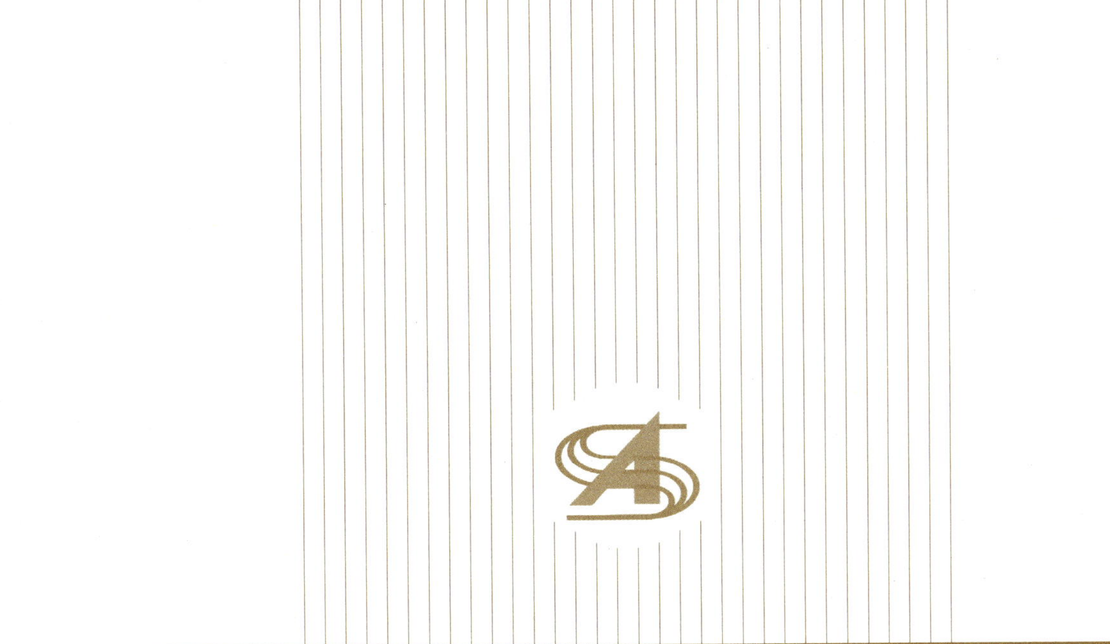

第三编

工作概况和学术活动

GONGZUOGAIKUANG
HEXUESHUHUODONG

一　研究机构工作

文学哲学学部

文学研究所

（一）人员、机构等基本情况

1. 人员

截至 2014 年年底，文学研究所共有在职人员 123 人。其中，正高级职称人员 36 人，副高级职称人员 35 人，中级职称人员 32 人；高、中级职称人员占全体在职人员总数的 84%。

2. 机构

文学研究所设有：古代文学研究室、近代文学研究室、现代文学研究室、当代文学研究室、文艺理论研究室、民间文学研究室、比较文学研究室、台港澳文学与文化研究室、古典文献研究室、数字信息研究室、《文学评论》编辑部、《文学遗产》编辑部、《中国文学年鉴》编辑部、图书馆、办公室、科研处、人事处。

3. 科研中心

文学研究所所属科研中心有：世界华文文学研究中心、中国民俗文化研究中心、比较文学研究中心、马克思主义文艺与文化批评研究中心。

（二）科研工作

1. 科研成果统计

2014 年，文学研究所共完成专著 35 种，1010 万字；论文 484 篇，581 万字；研究报告 4 篇，109.4 万字；译著 9 种，452.7 万字；论文集 21 种，799.3 万字；古籍整理 8 种，686.8 万字；普及读物 5 种，133.4 万字；学术资料 7 种，514 万字；工具书 1 种，58 万字。

2. 科研课题

（1）新立项课题。2014 年，文学研究所共有新立项课题 5 项。其中，国家社会科学基金课题 4 项："中华古今骈文通史"（谭家健主持），"晚唐齐梁诗风研究"（张一南主持），"三家《诗》辑佚史研究"（马昕主持），"陶渊明作品互文性研究"（范子烨主持）；院国情调研课题 1 项："红色文化与当代文化创新——围绕保定地区的调研"（刘跃进主持）。

（2）结项课题。2014 年，文学研究所共有结项课题 3 项。其中，国家社会科学基金后期资助课题 1 项："民间文学的自由叙事"（户晓辉主持）；院国情调研课题 1 项："红色文化与当代文化创新——围绕保定地区的调研"（刘跃进主持）；院重点课题 1 项："中国文情报告（2013 ~ 2014）"（白烨主持）。

（3）延续在研课题。2014 年，文学研究所共有延续在研课题 40 项。其中，国家社会科学基金课题 22 项："莲池派与晚清民国政治"（王达敏主持），"清代文人官年与实年丛考研究"（张剑主持），"中唐古文与儒学转型研究"（刘宁主持），"日常生活理论与当代审美意识形态研究"（金惠敏主持），"中国文学人类学理论与方法研究"（叶舒宪主持），"重回文学的历史现场：社会调查、文本细读与现当代文学中的农村视野"（何吉贤主持），"外交事件和中国现代文学民族话语的发生研究（1919 ~ 1932）"（冷川主持），"中国文学近代化转型史论"（王飚主持），"汉魏六朝集部文献集成研究"（刘跃进主持），"秦汉文学史"（刘跃进主持），"托·斯·艾略特戏剧创作研究"（陆建德主持），"家乡民俗学的理论与实践研究"（安德明主持），"宋代文学地图数字分析平台研究"（刘京臣主持），"《五经正义》文学思想研究"（王秀臣主持），"法国吉美博物馆所藏伯希和档案整理与研究"（王楠主持），"民营戏剧文学创作现状之研究"（刘平主持），"唐宋诗词中的生态审美与中国文化精神"（王莹主持）；"鲁迅仙台医学笔记研究"（董炳月主持），"中华古今骈文通史"（谭家健主持），"晚唐齐梁诗风研究"（张一南主持），"三家《诗》辑佚史研究"（马昕主持），"陶渊明作品互文性研究"（范子烨主持）；国家社会科学基金后期资助课题 1 项："《红楼梦》一百二十回抄本初探"（夏薇主持）；院重点课题 2 项："现代日本与西域文化"（董炳月主持），"中华思想通史（现代文艺卷）"（程凯主持）；所重点课题 15 项："中国文学体系的近代化转型"（王飚主持），"左翼文学与文学史叙述"（萨支山主持），"文学与认同——蒙元西游、北游文学与蒙元王朝认同建构研究"（王筱芸主持），"《艳史》《隋史遗文》《隋唐演义》——明清易代之际对隋唐历史的文学解读"（石雷主持），"论戴震与纪昀"（杨子彦主持），"'解严'后台湾纪录片的美学发展与社会议题"（李晨主持），"童话形态学研究"（杨鹏主持），"中国民营话剧研究"（刘平主持），"毛泽东《在延安文艺座谈会上的讲话》文艺思想研究"（丁国旗主持），"北平指南：张恨水的城市体验与书写"（杨早主持），"《说文》段注经学研究成果辑评"（郜同麟主持），"温克尔曼的希腊艺术图景"（高艳萍主持），"中国古代金银首饰"（扬之水主持），"文学史微观察"（李洁非主持），"访谈录：文学研究所的历史记忆"（黎湘萍主持）。

3. 获奖优秀科研成果

2014 年，文学研究所获中国文联第九届文艺评论奖一等奖 1 项：陶庆梅的专著《当代小剧场 30 年（1982 ~ 2012）》；获中国戏剧家协会第五届中国戏剧奖（理论评论奖）提名奖 1 项：

陶子的论文《驴得水将荒诞融入写实》；获中国当代文学研究会第十四届中国当代文学研究优秀成果奖1项：李洁非的专著《典型年度》；获中国社会科学出版社年度优秀图书奖1项：蒋寅的专著《清代诗学史》；获社会科学文献出版社2013年度优秀专著奖1项：吴光兴的专著《八世纪诗风——探索唐诗史上"沈宋的世纪"（705～805）》；获辽海出版社优秀古籍图书一等奖1项：蒋寅的专著《权德舆诗文集编年校注》；获中国出版协会古籍出版工作委员会全国古籍优秀成果二等奖1项：张剑的古籍整理《翁心存诗文集》；获文化部艺术司、《人民日报》文艺部"当代舞台艺术观察与思考"征文优秀文章1项：刘平的论文《"小人物"的光彩》；获《文学报》第三届"新批评优秀论文奖"1项：李建军的论文《为顾彬先生辩诬》。

4.创新工程的实施和科研管理新举措

2014年，文学研究所继续加强马克思主义基本理论的研究，坚持学习马克思主义的基本理论，用马克思主义理论的立场、观点、方法去分析、研究当代文艺思潮与文艺现状，开展文艺研究和理论评论。在当代国内外文艺思潮中，坚持与发展马克思主义文艺理论，深入开展马克思主义文艺基本原理和重大理论问题的研究，深入创新马克思主义文艺理论中国化最新理论成果，不断丰富和发展中国特色社会主义理论体系。

2014年，文学研究所共有创新工程项目16项："先唐文学文献整理与研究"（刘跃进主持），"唐宋元明文学文献整理与研究"（郑永晓主持），"清代近代文学文献整理与研究"（王达敏主持），"先唐文学经典研究与当代解读"（范子烨主持），"唐宋文学转型及其经典化进程"（吴光兴主持），"元明清戏曲小说与文学思想研究"（李玫主持），"马克思主义文学文化理论建设与文学批评工程"（高建平主持），"当代西方美学、艺术与文化理论"（金惠敏主持），"年度文集报告"（李洁非主持），"五四与左翼文学研究"（赵京华主持），"文化空间互动研究"（赵稀方主持），"新文学的多元经验研究"（董炳月主持），"基础史料编纂与研究"（刘福春主持），"民间视角与经验研究"（安德明主持），"文学经验与价值研究"（黎湘萍主持），"中国经验的历史渊源与现代形态"（孙歌主持）。

2014年是文学研究所全部进入创新工程的第一年，全体科研人员始终保持优良学风和严谨治学态度，立足国情，立足当代，以研究重大现实问题为主攻方向，关注与研究全局性、前瞻性、战略性重大问题，为党和国家工作大局服务，为社会主义文化繁荣发展服务，为推进马克思主义中国化、时代化、大众化，推进中国文学研究创新体系建设，作出了自己的积极努力。

（三）学术交流活动

1.学术活动

2014年，文学研究所主办和承办的学术会议有：

（1）2014年9月27日，由文学研究所主办的"三千年文学遗产 六十载学界情缘——《文学遗产》创刊60周年纪念大会"在北京举行。会议的主题是"纪念《文学遗产》杂志创刊60周年"，研讨的主要问题有“回顾《文学遗产》的历史贡献”“总结《文学遗产》的办刊特点”“追忆与《文学遗产》的学术情缘”“展示《文学遗产》的繁荣未来”。

(2) 2014 年 11 月 22 日，由中国社会科学院与人民日报社联合主办、文学研究所承办的“学习贯彻习近平总书记文艺座谈会重要讲话精神、开展积极健康文艺批评”研讨会暨《人民日报》《文学观象》专栏作者座谈会在北京举行。会议的主题是“学习贯彻习总书记在文艺工作座谈会上的讲话精神，用积极健康的文艺批评引领文艺发展”。

(3) 2014 年 11 月 23 日，由中国社会科学院马克思主义理论学科建设与理论研究工作领导小组主办、文学研究所承办的中国社会科学院第一届“马克思主义文艺理论论坛”暨“马克思主义文艺理论与中国文学发展”研讨会在北京举行。会议的主题是“推进我国马克思主义文艺理论与文学批评的学术研究，加强马克思主义文艺思想在我国文艺工作中的重要影响与指导作用”。会议研讨的主要问题有“马克思主义文艺理论的核心价值”“马克思主义文艺理论的‘中国化’成就”“马克思主义文艺理论与中国特色社会主义文艺理论话语体系建构”“马克思主义文学批评的当代发展”。

文学研究所“现当代文学与文化论坛”讲座：

(1) 2014 年 1 月 7 日，文学研究所邀请北京大学中文系副教授姜涛在该所作题为“‘政治外乡人’的写作：穆旦在 1945 ~ 1948”的报告。

(2) 2014 年 3 月 7 日，文学研究所邀请中央民族大学人文学院博士冷霜在该所作题为“建国前后废名思想的转变——以《一个中国人民读了新民主主义论后欢喜的话》为中心的讨论”的报告。

(3) 2014 年 3 月 27 日，文学研究所邀请日本大学教授佐佐木健一在该所作题为“风之诗学”的报告。

(4) 2014 年 4 月 29 日，文学研究所邀请内蒙古大学内蒙古近现代史研究所博士田宓在该所作题为“‘蒙古青年’的身份建构与‘内蒙古自治运动’的兴起”的报告。

(5) 2014 年 5 月 27 日，文学研究所邀请韩国圣公会大学教授白元淡在该所作题为“愿望什么样的社会？——管窥中国梦”的报告。

(6) 2014 年 11 月 22 日，文学研究所邀请日本东京艺术大学教授佐藤道信、东京国立近代美术馆工艺馆主任研究员木田卓也在该所分别作题为“近代的超克——东亚美术史是否能够成立？”和“工艺家所梦想的亚洲：在‘东洋’和‘日本’的夹缝中”的报告。

2. 国际学术交流与合作

2014 年，文学研究所共派遣出访 38 批 47 人次，接待来访 18 批 37 人次（其中，中国社会科学院邀请来访 3 批 4 人次）。与文学研究所开展学术交流的国家有：美国、加拿大、俄罗斯、法国、英国、德国、意大利、波兰、斯洛伐克、斯洛文尼亚、澳大利亚、印度、日本、韩国、新加坡等。

（1）2014 年 5 月 20 日，国际美学协会前主席、斯洛文尼亚科学院研究员阿列西·艾尔雅维奇在文学研究所作题为“审美先锋运动中的美学的革命”的报告。

（2）2014 年 9 月 16 日，日本安田女子大学教授内田诚一在文学研究所作题为“我的唐诗研究与实地考察”的报告。

（3）2014 年 9 月 30 日，新加坡南洋理工大学教授衣若芬在文学研究所作题为“明代中韩诗赋外交与文学角力”的报告。

（4）2014 年 11 月 25 日，德国卡塞尔大学教授史蒂凡·马耶夏克在文学研究所作题为“什么是审美判断，及它们的所指？”的报告。

3. 与香港、澳门特别行政区和台湾开展的学术交流

2014 年 5 月 6 ~ 7 日，文学研究所举办“学术论坛”讲座，邀请台湾“中研院”文哲所研究员李奭学作题为“雅努斯的面孔：传教士与中国社会文化的现代转型”的报告。

（四）学术社团、期刊

1. 社团

（1）中国文学批评研究会，会长张江。

2014 年 11 月 22 日，“中国文学批评研究会”成立大会在北京举行。该研究会是一个由从事文学理论和批评的专业研究人员、高校教师、作家和批评家组成的专业学术团体。

（2）中国中外文艺理论学会，会长高建平。

2014 年 8 月 15 ~ 18 日，中国中外文艺理论学会、中国社会科学院文学研究所、国际美学协会、河南大学文学院在河南省开封市联合主办中国社会科学论坛（2014·文学）：中国中外文艺理论学会第十一届年会暨“面向时代的文学理论与批评”国际学术研讨会。会议的主题是“传承与创新：文学理论、文学批评与时代、社会和当代生活的关系”，研讨的主要问题有“学科理论范式的建设问题”“西方话语与中国话语建构问题”“马克思主义文论建设问题”“全球化和本土化问题”。中外专家学者 500 多人参加了会议。

2014 年 8 月，“中国社会科学论坛（2014·文学）：中国中外文艺理论学会第十一届年会暨‘面向时代的文学理论与批评’国际学术研讨会”在河南省开封市举行。

（3）中华文学史料学学会，会长刘跃进。

2014 年 8 月 8 ~ 9 日，中华文学史料学学会古代文学史料研究分会在山东省蓬莱市主办“中华文学史料学学会古代文学史料研究分会2014年年会暨第四届出土文献与中国文学研究学术研讨会”。会议的主题是“文学史料学、出土文献与中国文学”，研讨的主要问题有“出土文献与中国文学研究”“有关文学史料的刊刻、整理、考证等研究”“有关具体作品文学性以及其他相关研究”。中外专家学者90多人参加了会议。

（4）中国近代文学学会，会长关爱和。

2014年11月29～30日，中国近代文学学会在天津市主办“中国近代文学学会第十七届年会”。会议的主题是“中国近代文学学会的换届选举”，研讨的主要问题有“各类文体的相关研究”“文献整理考索”“对‘近代性’等命题的理论思考”。关爱和当选为中国近代文学学会新一任会长。与会专家学者110人。

（5）中国现代文学研究会，会长丁帆。

（6）中国鲁迅研究会，会长杨义。

2014年10月24～26日，中国鲁迅研究会、福建师范大学文学院在福建省福州市联合主办“中国鲁迅研究会2014年理事会”。会议的主题是“学会分支机构的设立问题”，研讨的主要问题有“鲁迅与20世纪中国”“鲁迅在当下中国语境的意义”“鲁迅文学中的世界性因素”“鲁迅研究的实证及方法论问题”。与会专家学者50人。

（7）中国当代文学研究会，会长白烨。

2014年11月1～2日，中国当代文学研究会在湖北省武汉市主办“中国当代文学研究会第18届学术年会”。会议的主题是“文学新变与文化自信”，研讨的主要问题有“变动社会中的文学关系”“莫言的文学创作”“新媒体文学与文化产业”“文学批评及评奖机制”。

2.期刊

（1）《文学评论》（双月刊），主编陆建德。

2014年，《文学评论》共出版6期，共计240万字。该刊全年刊载的有代表性的文章有：詹福瑞的《试论经典与政治权力之关系》，曾繁仁的《“气本论生态—生命美学”的发现及其重要意义——宗白华美学思想试释》，徐岱的《审美正义与伦理美学》，周宪的《艺术现代建构的文化逻辑》，姚文放的《话语转向：文学理论的历史主义归趋》，张江的《强制阐释论》，程光炜的《〈心灵史〉的历史地理图》，王晓平的《海外汉学界对莫言获诺贝尔奖的反应综述》，丁帆的《动荡年代里知识分子的“文化休克”》，王彬彬的《阿城小说的修辞艺术》，汪晖的《两岸历史中的失踪者——〈台共党人的悲歌〉与台湾的历史记忆》，白烨的《一部小说的噩运及其他——〈刘志丹〉从小说到大案的相关谜题》，李怡的《作为方法的民国》，严家炎的《中国现代文学的起点问题》，吕周聚的《民族创伤体验与祛蛮写作》，解志熙的《“默存”仍自有风骨——钱钟书在上海沦陷时期的旧体诗考释》，张中良的《中国现代文学的民族国家问题》，傅谨的《有关早期话剧的几个问题》，蒋寅的《出入于诗学与史学之间——才学识兼备的诗歌评论家赵翼》，张丽军的《“新乡镇中国”的“当下现实主义”审美书写》。

(2)《文学遗产》(双月刊),主编刘跃进。

2014 年,《文学遗产》共出版 6 期,共计 173 万字。该刊全年刊载的有代表性的文章有:罗时进的《明清钓鱼岛诗歌及其相关文献考述》,关爱和的《甲午之诗与诗中甲午》,左鹏军的《甲午战争与近代诗风之创变》,徐公持的《汉代文学的知识化特征——以汉赋“博物”取向为中心的考察》,潘建国的《新见巴黎藏明刊〈新刻全像批评西游记〉考》,漆永祥的《乾嘉考据学家与桐城派关系考论》,徐大军的《元代平话文本的生成》,吴组缃的《蒲松龄的生平及思想》(遗作),陈尚君的《范摅〈云溪友议〉:唐诗民间传播的特殊记录》,彭国忠的《〈乐记〉:宋代词学批评的纲领》,商伟的《〈儒林外史〉叙述形态考论》,徐建伟的《刘歆援数术入六艺与其新天人关系的创建——以〈汉书·五行志〉所载汉儒灾异说为中心》,汪燕岗的《论清代圣谕宣讲与白话宣讲小说——以四川地区为考察中心》,郑永晓的《加快“数字化”向“数据化”转变——“大数据”、“云计算”理论与古典文学研究》,刘跃进的《古代文学研究的思想境界》,王德华的《特殊政治语境下的学术持守——陈鹤翔先生主编〈文学遗产〉十年有感》。

(五)会议综述

中国社会科学论坛(2014·文学)中国中外文艺理论学会第十一届年会暨“面向时代的文学理论与批评”国际学术研讨会

2014 年 8 月 15 ~ 18 日,由中国社会科学院文学研究所、中国中外文艺理论学会、国际美学协会、河南大学文学院共同主办的中国社会科学论坛(2014·文学)中国中外文艺理论学会第十一届年会暨“面向时代的文学理论与批评”国际学术研讨会在河南省开封市举行。来自中国社会科学院、中国艺术研究院、上海社会科学院等科研单位和北京大学、清华大学、复旦大学等数十所高校的 500 多位科研人员和高校教师参加会议。中国社会科学院副院长张江、河南大学校长娄源功、中国社会科学院文学研究所所长陆建德、中国中外文艺理论学会会长高建平、河南省委宣传部副部长李宏伟、国际美学学会前会长卡特、河南大学文学院院长李伟昉先后致辞。

张江在致辞中表示,学术研究一定要着眼于当下,针对现实问题讲话,理论研究与当下文艺实践及当代社会生活相结合的表述思路值得肯定,伟大的时代呼唤伟大的文学,伟大的文学需要刚健、有力、严肃的文学批评和深刻、准确、科学的文学理论。娄源功在致辞中表示,作为千年科举考试的终结地和河南现代高等教育的发祥地,河南大学植根中原文化沃土,秉持“明德,新民,止于至善”的校训,为河南及中华文明传承和经济社会发展作出了重要贡献。陆建德、高建平、卡特分别在开幕式上致辞。陆建德阐释了面向时代的意义,他说,我们面临的是中国话语将扮演重要角色的时代,他希望研究者建立起中国文论的话语权,继承传统、与时俱进,一步一个脚印往前走,为时代的转折作出重要贡献。高建平表示,2014 年是中国中外文艺理论学会成立 20 周年，希望更多的年轻学者参与学会，为学会的发展注入新的活力。

该届年会以“面向时代的文学理论与批评”为总议题，主要研讨文学理论、文学批评与时代、社会和当代生活的关系，从当代中国的文学现实出发研究文学理论，探讨外国文论、古代文论为中国当代文学理论发展和文学批评实践服务的方法与途径，纠正理论脱离实际、食洋不化、食古不化的现象，保证文学切实为社会主义服务，为人民服务。会议围绕“文学理论的源泉与品性”“文学批评的现状、方法与价值”“外国文论的引入与学术影响”“古代文论的当代价值与意义”“文学理论的机遇与挑战”“西方马克思主义文论与当代文化批评”“生态批评与文化关怀”等议题进行了论述与争鸣。此外，与会学者还就古代文论“现代转化”问题、西方文论“本土化”问题、文学理论的“语—图”问题、马克思主义文论的全球化和本土化问题以及生态批评与环境美学问题等进行了深入研讨。

（科　研）

三千年文学遗产　六十载学界情缘
——《文学遗产》创刊60周年纪念大会

2014 年 9 月 27 日，由中国社会科学院文学研究所主办的“三千年文学遗产　六十载学界情缘——《文学遗产》创刊 60 周年纪念大会”在北京举行。中国社会科学院副院长李培林到会讲话。中国社会科学院文学研究所党委书记、《文学遗产》主编刘跃进主持会议并致辞。中国社会科学院文学研究所所长陆建德、中央文史馆馆员程毅中、中国社会科学院荣誉学部委员刘世德、北京大学中文系教授费振刚、《文学遗产》原主编徐公持、北京大学中文系教授葛晓音、中国社会科学院文学研究所研究员刘扬忠、国家哲学社会科学规划办公室原副主任杨庆存、中国作家协会副主席廖奔、中华书局总编辑顾青、中国社会科学院文学研究所研究员刘宁先后发言。来自北京大学、清华大学、中国人民大学、北京师范大学、中国艺术研究院、中华书局、人民文学出版社等在京高校、科研机构、文化团体、出版单位的 100 多位专家学者参加了会议。

2014 年 9 月，“三千年文学遗产　六十载学界情缘——《文学遗产》创刊 60 周年纪念大会”在北京举行。

李培林在致辞中说：“《文学遗产》创办于 1954 年，是国内唯一的中国古典文学研究专业期刊，有着光荣的历史。……《文学遗产》坚决贯彻执行党的正确路线、方针、政策，坚持‘双百’方针和‘二为’方向，坚持时代性、科学性、建设性、包容性原则，坚持立足学术、心系国家、服务社会、关注现实的办刊思路，刊发了众多高质量研究成果，一直被中国古代文学研究界视为最权威、最有影响力的专业学术刊物。《文学遗产》在古典文学研究和弘扬中华民族优秀文化的事业中，作出了重要贡献。”李培林希望《文学遗产》“继续站在时代高度，以科学的观点和方法来研究古典文学，在专业化的学术研究中保持家国情怀和服务社会主义大局的意识，在中华民族文化伟大复兴的历史进程中，发挥更加重要的作用”。代表们在发言中回顾了《文学遗产》的历史贡献，总结了办刊风格特点，特别是当年与之结下的深厚渊源，共同祝愿《文学遗产》为未来中国学术的发展作出更大贡献。

《文学遗产》主编刘跃进作总结发言。他说，《文学遗产》60年的办刊实践证明，古代文学研究只有关注现实、关注民生、广泛增强社会影响力，切实为党和国家的文化发展战略提供强有力的学术支持，才能更好地实现自身价值。《文学遗产》将一如既往地坚持以学术为本位，坚守学术道德和良知，努力推动古代文学创造性转化、发展，更好地服务于国家，服务于人民。

（马　昕）

“中国文学批评研究会”成立大会

2014年11月22日，“中国文学批评研究会”成立大会在北京举行。中国社会科学院院长、党组书记王伟光，中宣部副部长黄坤明，中国文学批评研究会会长、中国社会科学院副院长、党组成员张江出席会议并讲话。中国社会科学院秘书长、党组成员高翔在会上宣读国家有关部门关于同意成立“中国文学批评研究会”的批复文件。中国文联副主席杨承志、中国作协副主席李敬泽到会宣读贺信。中国作协书记处书记阎晶明、福建省政协副主席南帆出席会议。来自中宣部、中国社会科学院、中国文联、中国作协、人民日报社等单位的领导，以及国内文学理论、文学批评界的著名学者及著名作家40余人参加了成立大会。

王伟光在讲话中说，文艺评论是文艺活动的有机组成部分，文艺批评理论是文艺理论不可或缺的重要内容，文学批评是一切时代文艺创作健康发展的重要条件。无论是革命战争年代，还是社会主义建设时期，我们党都始终高度重视文艺评论工作，将其作为领导文艺工作的有效方法和重要手段。改革开放以来，我国文艺事业得到进一步繁荣发展。但是，也必须承认，文艺创作包括文学创作中还存在一些不容忽视的突出问题。面对这些问题，需要我们开展积极健康的文艺评论和文学批评，运用历史的、人民的、艺术的、美学的观点评判和鉴赏作品，向作家和艺术家指出病症、揭示病源、开出“药方”；需要我们给读者和大众以正确的引导，使他们更好地把握优秀作品的精髓，养成积极向上的阅读和欣赏趣味，不断提高全社会的审美水平。这是成立中国文学批评研究会的宗旨所在，也是中国文学批评研究会工作的价值所在。

黄坤明指出，习近平总书记在文艺工作座谈会上的重要讲话，成为今后我国文艺工作和文艺事业发展的重要纲领性文件。中国文学批评研究会的成立，是贯彻落实文艺工作座谈会精神的一项实际举措，也为加强和改进文艺评论提供了一个重要的工作平台。它的成立必将对加强文学批评队伍建设、推动评论繁荣发展起到积极的促进作用。黄坤明对文艺评论工作提出四点意见：一要牢牢把握文学批评的正确方向。无论在任何复杂的话语场域和理论环境下，都要把马克思主义作为主心骨。二要大力推动基础理论研究。努力创造具有时代特征的当代文艺理论评论文体，积极构建中国特色社会主义文艺思想、美学和话语体系，形成新的理论格局和新的批评气象。三要坚持融入时代、融入实际。四要提倡有批评的批评。

张江表示，习近平总书记在文艺工作座谈会上的讲话中强调要高度重视和切实加强文艺评论工作，要用历史的、人民的、艺术的、美学的观点评判和鉴赏作品，倡导说真话，讲道理，营造开展文艺批评的良好氛围。以此为指导，中国文学批评研究会成立以后，今后一个时期的工作重点将放在以下三个方面：第一，借助现实生活，推动文学创作、文学消费健康发展。第二，立足文学实践，构建中国特色的文学批评理论体系。第三，重塑批评精神，营造风清气正的文学批评氛围。总而言之，成为一个学术思想的发源地，一个学术新风的发源地，这既是我们创办这个协会的初衷，也是我们努力追求的目标。中国文学批评研究会将为此付出努力。

“中国文学批评研究会”是一个由从事文学理论和批评的专业研究人员、高校教师、作家和批评家组成的专业学术团体。该研究会将围绕文学实践中出现的新问题、新现象、新趋势，组织召开专题学术会议，组织本领域精干力量，针对文学研究中的重大学术问题进行集体科研攻关，广泛联系海外从事文学批评与教学的专家学者，并从事与文学批评相关的学术咨询和普及工作。会上公布了中国文学批评研究会首届领导机构名单：张江任中国文学批评研究会会长；朱立元、程光炜、南帆、陈晓明、李敬泽任副会长；高建平任秘书长；张政文、白烨任副秘书长。

除中国文联、中国作协之外，中国文学批评研究会的成立还收到来自中国中外文艺理论学会、中国当代文学研究会、全国马列文艺论著研究会、中国外国文学学会、中国现代文学研究会、鲁迅文学研究会，以及中国人民大学文学院、北京大学中文系、清华大学文学院、北京师范大学文学院、上海交通大学等多个学界团体和高校相关院系的致贺。

（社　科）

“学习贯彻习近平总书记文艺座谈会重要讲话精神、开展积极健康文艺批评”研讨会暨《人民日报》《文学观象》专栏作者座谈会

2014 年 11 月 22 日，由中国社会科学院与人民日报社联合主办的“学习贯彻习近平总书记文艺座谈会重要讲话精神、开展积极健康文艺批评”研讨会暨《人民日报》《文学观象》专栏作者座谈会在北京召开。中国社会科学院院长、党组书记王伟光，《人民日报》总编辑李宝善，

中宣部副部长黄坤明出席会议并讲话。中国社会科学院副院长、党组成员张江主持会议。《人民日报》副总编辑陈俊宏、中国文联副主席杨承志、中国作协副主席李敬泽、福建省政协副主席南帆出席会议。来自中宣部、人民日报社、中国文联、中国作协等单位的有关领导，著名作家陆天明、周大新以及来自中国社会科学院、北京大学、清华大学、中国人民大学、复旦大学、北京师范大学、上海交通大学等科研院所和高校的学者、评论家40余人参加了座谈会。

王伟光在讲话中指出，当前，思想文化界和文学艺术界正在掀起深入学习贯彻习近平总书记在文艺工作座谈会上的讲话精神的热潮。沐浴着改革开放的春风，我国文学艺术事业进入繁荣发展的历史新时期。但是，也要清醒地认识到，在我国文学创作中也存在着有数量缺质量、有“高原”缺“高峰”的现象，存在着道德缺失、低俗盛行、欲望膨胀、依附市场、拜金主义、善恶不分、抄袭模仿、千篇一律以及机械化生产、快餐式消费等问题。

王伟光说，作为党中央直接领导的国家哲学社会科学研究机构，作为党在意识形态领域的重要阵地，中国社会科学院有责任、有义务针对当前文学创作和文学研究中的重大理论现实问题，组织专家学者进行深入研究、客观分析、科学回答，敢于和及时发出正确的声音，切实发挥解疑释惑、正本清源、引领潮流的作用，努力让文学创作真正回到人民中来，从对市场的依附中解脱出来。在《人民日报》创办《文学观象》专栏，是我国文学界特别是文学评论界的一件大事，是贯彻党的文艺工作方针的重要举措。在创办近一年的时间里，《文学观象》已刊出21辑，在文艺界和社会上引起强烈反响，得到中央领导同志和中央有关部门的充分肯定，受到广大读者的普遍欢迎，成为文学批评界的一个知名品牌。

李宝善表示，《文学观象》栏目办得很成功，影响很大，发挥了应有的作用。张江同志主持的系列对话，直面文学创作当中的深层问题，真正运用历史的、人民的、艺术的、美学的观点，针砭时弊，分析解剖了当下文学领域的重要现象和问题。对于今后的文艺批评工作，李宝善提出三点希望：第一，文艺批评就得要批评。当前我国文艺批评褒贬甄别功能弱化，缺乏战斗力、说服力，不利于文学创作。文艺批评应该有好说好，有坏说坏，该褒扬的褒扬，该批评的批评。第二，批评要更多地针对作品。衡量一个时代的文艺成就最重要的是看作品，多出作品是文艺工作的中心任务，文艺批评也是如此。第三，批评要尊重和遵循文艺规律。今天我们之所以出不了大作品、有“高原”缺“高峰”，一个重要原因就是文艺创作对艺术水准、艺术规律的遵循退化了。文艺评论有责任引导作家沉下心来，真正遵循文艺规律，按照文艺规律本身的要求去打磨精品力作，这样才能有助于出大作品。

黄坤明指出，健康的文艺批评对于整个文学艺术的创作、生长、传播和消费具有非常重要的促进作用。为了深入贯彻习近平总书记的讲话精神，进一步办好《文学观象》栏目，他提出四点建议：一要坚定方向。以鲜明的导向坚持马克思主义文艺观，充分体现大美、真美、中国之美，与时代性、人民性紧密结合。二要关注文艺思潮。要把关注文艺思潮和创新文艺理论进一步结合起来，要善于发现苗头性和思潮性问题，有针对性地加以引导、评论，促进创作导向更加健康、更加符合实际。三要凝聚优秀的作家、评论家，扩大队伍，进一步拓展平台和影响力，为整个评论战线和阵地创造经验。四要创新方式，提高质量，进一步开拓思路，探索风格和规律，在选题内容、风格语言、版式等各方面有所改进。

张江在会议总结时表示，与会领导对《文学观象》给予了充分肯定，提出了严格要求，让进一步办好《文学观象》有了更加明确的方向。今后，我们要在延续“立场鲜明、导向突出”特色的基础上，深入切入文学现象，团结更多优秀的文学批评家、理论家，进一步把这个栏目做大做强，为中国文艺事业的繁荣发展作出应有的贡献。

北京大学中文系教授陈晓明表示，复杂多变的文艺现象，给文学批评提供了新语境，也为马克思主义文艺理论发展提供了新场域。当代文学批评要与现实紧密结合，与时代发生互动，在与世界文艺理论平等对话的过程中，让马克思主义文艺理论在华夏文化语境中释放并发展。著名作家梁晓声在会上回忆起当年自己创作过程中，曾走入过分追求“深刻”而让作品充斥暴力、性等“负能量”的误区。“那时，一位素未谋面的同行在报纸上尖锐的批评，让我幡然醒悟：难道我们不描写暴力、性以及各种残忍，就写不出‘深刻’了么？如今想来，我要感谢批评家的直言。”梁晓声表示，健康的文学批评，能够让人们在面对不良文学现象的精神侵蚀时，寻得心灵共鸣，获得更好的指引；而优秀的文艺批评家，也需要更多倾听人民大众的声音。中国社会科学院文学研究所研究员高建平介绍了《文学观象》栏目的缘起和编辑过程，《人民日报》文艺部主任刘玉琴介绍了《文学观象》在社会各界所引起的反响情况。

《文学观象》栏目由中国社会科学院与《人民日报》自 2014 年 1 月起共同开设，中国社会科学院副院长张江主持，文学界知名学者、作家广泛参与。该栏目就当前我国文学发展中的重要现象、热点话题和焦点问题，以对话形式进行探讨和辨析，有的放矢地开展深入有力的文学批评与理论研究。

（社　科）

中国社会科学院第一届“马克思主义文艺理论论坛”暨“马克思主义文艺理论与中国文学发展”研讨会

2014 年 11 月 23 日，由中国社会科学院马克思主义理论学科建设与理论研究工作领导小组主办，中国社会科学院文学研究所承办的中国社会科学院第一届“马克思主义文艺理论论坛”暨“马克思主义文艺理论与中国文学发展”研讨会在北京召开。中国社会科学院副院长、党组成员、论坛主席张江出席会议并致辞。中国社会科学院文学研究所党委书记刘跃进、所长陆建德出席会议。中国社会科学院文学研究所副所长高建平主持会议开幕式，文学研究所研究员丁国旗主持全天会议讨论。来自中国社会科学院、北京大学、中国人民大学、南京大学、四川大学、中国艺术研究院等全国各地科研院所和高校的中青年马克思主义文艺理论家及文学批评家

30 余人参加了会议。

中国社会科学院副院长张江在致辞中指出，马克思主义文艺理论与文学批评在我国已有近百年历史，取得了不少成绩和收获，出现了许多有代表性的观点和有影响的理论家。进入 21 世纪以来，马克思主义文艺理论“中国化”成为理论界提出的新任务，马克思主义文艺理论研究也提出了一些有价值的研究成果。但从总体上看，这些年的马克思主义文艺理论研究并不太让人满意。当前我国马克思主义文艺理论与文学批评主要存在以下几个方面的问题：第一，研究后备力量严重不足。第二，新时期以后，当代西方各种新潮理论被大量引入，大批富有才华的年轻学者将学术兴趣与精力集中在外来的所谓新理论、新见解上，客观上冷落了马克思主义文艺研究。第三，量化的学术体制是造成我国马克思主义文艺理论研究与批评力量贫弱的原因之一，学术研究有数量无质量，重复研究多，学术创新少，称赞叫好多，反思批判少。第四，缺乏“问题意识”，丧失了马克思主义文艺学术研究本有的现实品性和批判精神。第五，重理论轻批评，丧失了马克思主义文艺批评的热情与勇气。第六，对马克思主义文艺理论原典著作学习不够，对马克思主义文艺理论经典作家的理论研究不够，对不同的马克思主义文艺理论流派辨析不够，对我国马克思主义文艺理论优秀成果也没有很好总结，缺乏理论自觉，更没有理论自信。以上所有问题的造成，与当下有些人对马克思主义文艺理论的理论价值与指导意义重视不够，甚至在思想深处从根本上否定马克思主义的理论指导密切相关。这才是目前我国马克思主义文艺理论与文学批评乱象丛生的真正原因。

张江强调，中国是个大国，这些年经济搞上去了，文艺文化建设、精神家园建设也应该迎头赶上。马克思主义作为我们从事社会主义各项建设的理论指南，尤其不能无所作为。党的十八大报告中提出“一定要坚持社会主义先进文化前进方向，树立高度的文化自觉与文化自信，向着建设社会主义文化强国宏伟目标阔步前进”的目标，是历史赋予我们的伟大使命，也是党交给文艺工作者义不容辞的光荣任务。

“中国社会科学院马克思主义文艺理论论坛”于 2014 年 7 月创办，旨在推进我国马克思主义文艺理论与文学批评的学术研究，加强马克思主义文艺思想在我国文艺工作中的重要影响与指导作用。

此次论坛围绕“马克思主义文艺理论的核心价值”“马克思主义文艺理论的‘中国化’成就”“马克思主义文艺理论与中国特色社会主义文艺理论话语体系建构”“马克思主义文学批评的当代发展”等议题进行了深入研讨。

（社　科）

民族文学研究所

（一）人员、机构等基本情况

1. 人员

截至 2014 年年底，民族文学研究所共有在职人员 43 人。其中，正高级职称人员 11 人，副高级职称人员 10 人，中级职称人员 14 人；高、中级职称人员占全所在职人员总数的 81%。

2. 机构

民族文学研究所设有：南方民族文学研究室、北方民族文学研究室、蒙古族文学研究室、藏族文学研究室、民族文学理论与当代文学批评研究室、中国少数民族文学资料中心、《民族文学研究》编辑部、图书资料室、办公室（含人事、科研管理、外事、财务）。

3. 科研中心

民族文学研究所所属科研中心有：《格萨（斯）尔》研究中心、口头传统研究中心、中国社会科学院少数民族文化与语言文字研究中心。

（二）科研工作

1. 科研成果统计

2014 年，民族文学研究所共完成专著 7 种，248 万字；论文 111 篇（包括外文期刊），94 万字；研究报告 10 篇，2.3 万字；学术资料 4 种，76 万字；古籍整理 1 种，102.2 万字；译著 1 种，32.9 万字；译文 2 篇，4 万字；学术普及读物 2 种，8.8 万字；论文集 1 种，16 万字。

2. 科研课题

（1）新立项课题。2014 年，民族文学研究所共有新立项课题 4 项。其中，国家社会科学基金课题 2 项："清代达斡尔族乌钦《莺莺传》与满文、汉文《西厢记》关系研究"（吴刚主持），"建构藏族文艺批评史的纲要与路径"（意娜主持）；所级国情调研基地课题 2 项："21 世纪的柯尔克孜族口头史诗传统与变迁——对阿合奇县及周边地区《玛纳斯》史诗传统的调查"（阿地里·居玛吐尔地主持），"巴林右旗蒙古族口头与非物质文化遗产现状调查"（斯钦巴图主持）。

（2）结项课题。2014 年，民族文学研究所有结项课题 1 项：国家社会科学基金一般课题"哈萨克族爱情叙事诗调查研究"（黄中祥主持）。

（3）延续在研课题。2014 年，民族文学研究所共有延续在研课题 8 项。其中，国家社会科学基金重大委托课题 4 项："中国少数民族语言与文化研究"（朝戈金主持），"《格萨（斯）尔》抢救、保护与研究"（朝戈金主持），"鄂温克族濒危语言文化抢救性研究"（朝克主持），"柯尔克孜百科全书《玛纳斯》综合研究”（阿地里·居玛吐尔地主持）；国家社科基金一般课题3项：“卡尔梅克民间故事及比较研究”（旦布尔加甫主持），“籍载与口传南方民族四大族源神话研究”（刘亚虎主持），“蒙古族佛经文学口头传统研究”（斯钦巴图主持）；国家社会科学基金青年课题1项：“晚清民国旗人书面文学现代演变研究：1840～1949”（刘大先主持）。

3. 创新工程的实施和科研管理新举措

（1）进入创新工程的时间

2011年9月29日，民族文学研究所成为院第一批进入创新工程的试点单位之一。2014年1月10日，该所签订2014年院创新工程协议书，开始新一年创新工程工作。

（2）2014年参加创新工程的人数

2014年，民族文学研究所进入创新工程岗位人数为34人（不含编制外聘用人员）。

（3）2014年创新工程项目名称及其首席管理、首席研究员

2014年，民族文学研究所创新工程项目的首席管理为所长朝戈金，创新工程项目共有6个，分别是：“中国少数民族口头传统音影图文档案库”（首席研究员为尹虎彬），“少数民族文学资料学建设”（首席研究员为王宪昭），“中国史诗学”（首席研究员为巴莫曲布嫫），“格萨（斯）尔的抢救、保护与研究”（首席研究员为斯钦孟和），“《民族文学研究》期刊建设”（总编辑为汤晓青），“少数民族作家文学与当代文学批评”（首席研究员为阿地里·居玛吐尔地）。

（4）2014年在创新工程方面实施的新机制、新举措

2014年的总体目标是继续推进2013年度原有的5个创新工程项目，“中国少数民族口头传统音影图文档案库”“中国史诗学”两个研究项目保持不变，将2013年度原有的3个项目“少数民族口头传统调查与资料搜集”“少数民族文学创作与批评前沿”和“蒙、藏、维、哈民族文学文献整理”分别调整为“少数民族文学资料学建设”“少数民族作家文学与当代文学批评”和“《格萨（斯）尔》的抢救、保护与研究”，另将“《民族文学研究》期刊建设”加入创新工程项目建设之中，以促进少数民族文学学科的整体发展。

在整体设计上，本着“统筹规划，分段实施，逐步优化，打造品牌”的发展策略，采取逐步推进，重点突破，近期、中期与长期目标相结合，不断增强少数民族文学资料和研究成果的丰富性、全面性、前瞻性、权威性和实用性，打造在国际上具有一定影响力的中国少数民族文学阵地。

进入创新工程后，《民族文学研究》的创新目标是以坚持正确的政治方向与思想方法、坚持马克思主义理论和思想方法为指导，贯彻党的各项方针和民族政策，以严格的学术标准，选择刊发有关中国各少数民族文学研究的专题论文、调查报告和文学资料。2014年，《民族文学研究》加强对现实重大理论问题的研究，深化理论探讨，创办了“马克思主义理论视野中的民族文学”栏目，刊发了具有马克思主义理论建设意义的民族文学研究论文。

“少数民族文学资料学建设”项目完成了5次田野作业，其中4次为口头资料搜集，1次为调查研究，完成了7个民族的口头传统资料搜集，其中包括该所资料库目前尚缺资料的6个

民族，如水族、毛南族、景颇族、德昂族、布朗族、基诺族等。每次搜集的工作量为摄像 20 小时，录音 20 小时，图片 500 张（其中一次的搜集为 100 张），调查报告 1 万字。调研的成果是图片 200 张，调查报告 1 篇计 3 万字。共计视频资料 80 小时，音频资料 80 小时，图片 1800 张，调查报告 7 万字。

“少数民族作家文学与当代文学批评”项目对我国少数民族代表性作家、重点文学作品、文论、文学流派进行了梳理和研究，对当代少数民族文学以及文学评论开展了调查和研究，并对当今少数民族文学的发展现状和趋势进行总结，写出了一批有质量的调研报告和论文。

“《格萨（斯）尔》的抢救、保护与研究”项目是该所的重点研究方向，汇集了老、中、青三代藏、蒙《格萨（斯）尔》史诗研究的知名学者。2014 年，该所课题组成员赴各地调研、搜集了《格萨（斯）尔》史诗的珍贵资料，出版了《艺人、文本和语境：文化批评视野下的格萨尔史诗传统》和《“格斯尔之乡”新格斯尔奇艺人——敖干巴特尔演唱的〈阿齐图·莫日根·格斯尔可汗〉史诗文本及研究》等具有较高学术水平的研究成果。

在开展创新工程工作中，该所秉承优良的学术传统和丰富的学术资源积淀，利用较好的学术发展平台，建立并进一步完善了创新工程的考核与财务制度。在与国际相关学术领域的沟通与交流中，不断完善原有的知识框架与理念，借鉴先进的学科经验，积极探索中国本土的民族文学研究方向及理论创新。

（三）学术交流活动

1. 学术活动

2014 年，民族文学研究所主办和承办的学术会议有：

（1）2014 年 9 月 18 ~ 19 日，中国社会科学院、全国博士后管理委员会和中国博士后科学基金会主办，中国社会科学院博士后管理委员会和民族文学研究所承办的“首届民族文学博士后论坛”在北京举行。会议的主题是“当代社会口头传统的再认识”。

（2）2014 年 11 月 12 ~ 13 日，中国社会科学院文学哲学学部主办，民族文学研究所和口头传统研究中心承办的第六期“IEL 国际史诗学与口头传统讲习班”在北京举行。讲习班的主题是“史诗传承的多样性与跨学科研究”。

（3）2014 年 11 月 14 ~ 15 日，中国社会科学院主办，民族文学研究所、国际史诗研究学会承办的“中国社会科学论坛（2014 年 · 文学）——现代社会中的史诗传统”在北京举行。会议研讨的主要问题有“欧亚史诗的多样性”“中国‘三大史诗’、苗族和维吾尔族的史诗传统在当下的存续状态”“作为一种古老的口头传统或文类样式，史诗如何面对被现代观念充斥的当下社会”“中外学界的应对策略”。

（4）2014 年 12 月 10 ~ 11 日，民族文学研究所“中国史诗学”重点学科项目组的“学人对话：史诗与我们”学术圆桌会议在北京举行。会议研讨的主要问题有“‘中国史诗学’学科建设历

2014 年 11 月,“中国社会科学论坛（2014· 文学）——现代社会中的史诗传统”在北京举行

程”“学科建设中的重要问题和理论前瞻”“资料搜集、田野研究与数字化建档”等。

2. 国际学术交流与合作

2014 年，民族文学研究所共派遣出访 21 批 27 人次，接待来访 6 批 25 人次（其中，中国社会科学院邀请来访 5 批 23 人次）。与民族文学研究所开展学术交流的国家有美国、日本、匈牙利、罗马尼亚、韩国、土耳其等。

（1）2014 年 3 月 14 日，民族文学研究所高荷红与图尔库大学教授帕卡·哈卡米斯在图尔库大学就口头传统与萨满研究方面问题进行学术交流。

（2）2014 年 6 月 27 日，民族文学研究所斯钦孟和、斯钦巴图等与匈牙利科学院人文研究中心教授霍帕尔、昔拉其在匈牙利科学院人文研究中心就蒙古学研究、《格斯尔》资料搜集等方面专题进行学术交流。

（3）2014 年 8 月，民族文学研究所研究员热依汗·卡德尔与韩国启明大学中国中心主任金钰畯、副主任李铁根、项目官员金东河等在启明大学举行工作座谈会，并就落籍韩国庆州的维吾尔后裔偰氏族人现状问题进行了学术交流。

（4）2014 年 10 月 3 日，民族文学研究所研究员黄中祥与罗马尼亚国家科学院民族与民俗研究所的学者在罗马尼亚国家科学院就哈萨克、鞑靼等突厥语族的传统文化及发展现状问题进行了学术交流。

（5）2014 年 11 月 3 日，民族文学研究所所长朝戈金等与美国民俗学会学者 Tim Lloyd 等在新墨西哥州会议中心就中美民俗学合作研究问题进行了学术交流。

（6）2014 年 11 月 14 日，民族文学研究所党委书记朝克研究员与日本蒙古学会成员在日本大阪外国语大学就蒙古学研究问题进行了学术交流。

（四）学术社团、期刊

1. 社团

（1）中国少数民族文学学会，会长朝戈金。

2014 年 10 月 17 ~ 19 日，中国少数民族文学学会在湖北省武汉市举行“中国少数民族文学学会 2014 年年会”。会议研讨的主要问题有“少数民族文学理论建设”“民族文学与非物质文化遗产”“民族文学与民族记忆”“中国少数民族作家文学研究”“中国多民族文学的跨民族、跨地域、跨文化研究”等。与会专家学者 150 余名。

（2）中国《江格尔》研究会，会长朝戈金。

2014 年 7 月 16 ~ 17 日，中国《江格尔》研究会在新疆维吾尔自治区和布克赛尔蒙古自治县举行“《江格尔》与世界史诗国际研讨会”。会议研讨的主要问题有“《江格尔》口头传统的保护”“《江格尔》史诗历史文化内涵”“国际《江格尔》研究发展趋势”“艺人研究”“对于《江格尔》研究的反思”“《江格尔》的诗歌艺术”“《江格尔》的地方传统以及《江格尔》资料信息”等。与会专家学者 30 余名。

（3）中国维吾尔历史文化研究会，会长吐鲁甫 · 巴拉提。

（4）中国蒙古文学学会，会长吴团英。

2. 期刊

《民族文学研究》（双月刊），主编汤晓青。

2014 年，《民族文学研究》共出版 6 期，共计 125 万字。该刊全年刊载的有代表性的文章有：刘大先的《文学共和：作为社会主义文学的少数民族文学》，徐志伟的《锻造社会主义文艺工作者——建国初期民间艺人思想改造运动述评》，杜国景的《国家区域政治与少数民族作家的断代历史》，欧阳可惺的《“杂语”的意义：文学发展史视角下的当代少数民族文学研究》，努尔买买提· 艾买尔的《寻找“晚开之花”的根———维吾尔现代小说形成的发生学考察》，朝戈金的《文学的民族性：五个阐释维度》，李翠芳的《少数民族文学创作“骏马奖”的生产机制与现实诉求》，胡谱忠的《跨媒介的文化生产———小说〈碧洛雪山〉及其改编电影的“少数民族叙事”》，徐新建的《生死两界“送魂歌”——〈亚鲁王〉研究的几个问题》，阿地里· 居玛吐尔地的《突厥语民族英雄史诗结构模式分析》等。

（五）会议综述

第六期“IEL国际史诗学与口头传统讲习班”

2014 年 11 月 12 ~ 13 日，由中国社会科学院文学哲学学部主办，中国社会科学院民族文学研究所及口头传统研究中心承办的第六期“IEL 国际史诗学与口头传统讲习班”在北京开班。讲习班包括开班式、主旨讲座、专业集训和结业式四部分。

2014 年 11 月，第六期“IEL 国际史诗学与口头传统研究讲习班”在北京举行。

其中，开班式由中国社会科学院民族文学研究所副所长尹虎彬主持；主旨讲座由中国社会科学院民族文学研究所研究员尹虎彬和阿地里·居玛吐尔地主持；六场专业集训分别由中国社会科学院民族文学研究所研究员巴莫曲布嫫、吴晓东、斯钦巴图、诺布旺丹、朝戈金和北京大学外国语学院教授陈岗龙主持；结业式由朝戈金主持。参加讲习班的学员近百名。

讲习班的主题是“史诗传承的多样性与跨学科研究”，意在深入探究不同文化语境中的口头传统，进一步推进多学科之间高水平的学术对话，在国际合作中搭建保护人类非物质文化遗产的对话平台。

讲习班的课程设置包括主旨讲座和专业集训两部分，主旨讲座包括芬兰土尔库大学教授帕卡·哈卡米斯的“劳里·杭柯在史诗研究中的创新”和中国社会科学院民族文学研究所所长朝戈金的“诗学谱系中的口头诗学”；专业集训包括中国社会科学院民族文学研究所博士后黄群的“‘古今之争’中的荷马问题——以维柯为中心”，美国俄亥俄州立大学教授马克·本德尔的“举证策略：彝族和苗族史诗中的民间物质文化和环境意象”，北京大学教授陈岗龙的“英雄与萨满——蒙古英雄史诗《锡林嘎拉珠巴图尔》研究”，姚慧博士后的“《格萨（斯）尔》史诗的音乐范式分析：以扎巴老人、琶杰和王永福的说唱样本为个案”，荷兰莱顿大学教授奥奈·恩格尔霍芬的“阐释旗鱼足迹：叙事拓扑和叙事物”以及中国社会科学院民族文学研究所研究员阿地里·居玛吐尔地的“中国《玛纳斯》学之回顾与展望”。

讲习班聚焦于“史诗传承的多样性与跨学科研究”，在跨文化的视野下探讨史诗传承的多面相和文化间性，进而反思国内外学界的跨学科研究策略。来自不同国度多个学术传统中的主讲人，带来的是史诗学、口头诗学、民俗学、叙述学、宗教文献学、民族音乐学、古典诗学及文化遗产研究等多重维度的思考和见解。其中，既有学术史的钩沉、方法论的创新，也有文本考释的理趣和田野个案的声音。

（姚　慧）

中国社会科学论坛（2014年·文学）——现代社会中的史诗传统

2014年11月14～15日，“中国社会科学论坛(2014年·文学)——现代社会中的史诗传统”在北京举行。会议由中国社会科学院主办，中国社会科学院民族文学研究所、国际史诗研究学会承办。开幕式由德国波恩大学教授卡尔·赖希尔主持，主旨报告由中国社会科学院民族文学研究所副所长尹虎彬主持，专题报告分别由吴晓东、巴莫曲布嫫、阿地里·居玛吐尔地、诺布旺丹主持，闭幕式由中国社会科学院民族文学研究所所长朝戈金主持。会议发言人邀请了来自8个国家的18位学者。

史诗是人类古老的口头叙事艺术。在当代社会中，有些史诗传统已面临濒危，另一些则仍具有活力，被社区和民众看作其传统文化中最具内涵和特征的部分。传统史诗在现代社会的式微、存续和发展，值得深入探究。

来自中国、美国、荷兰、芬兰、伊朗、德国、英国等国家的专家学者，探讨了欧亚史诗的多样性，包括中国“三大史诗”、苗族和维吾尔族的史诗传统在当下的存续状态。会议内容与重点问题可概括为以下三个方面。

其一，德国波恩大学教授卡尔·赖希尔，芬兰文学学会民俗档案馆馆长、赫尔辛基大学民俗学教授劳里·哈维拉提，俄罗斯—亚美尼亚斯拉夫大学教授阿扎特·叶吉阿扎良，加州大学洛杉矶分校教授彼得·考，美国俄亥俄州立大学教授马克·本德尔，新疆师范大学教授曼拜特·吐尔地分别通过不同国家的案例来共同关注古老史诗在当下的存续状况。

其二，中国社会科学院民族文学研究所所长朝戈金、北京大学教授陈岗龙、西北民族大学教授阿布都外力·克热木、中国社会科学院民族文学研究所研究员诺布旺丹、中国社会科学院民族文学研究所研究员斯钦巴图直接聚焦藏族史诗《格萨尔》、蒙古史诗、达斯坦等史诗本身，分别探讨史诗传统与宗教信仰、蒙古史诗的政治学、达斯坦的程式系统、《格萨尔》史诗文本范型的转换等问题。

其三，芬兰图尔库大学帕卡·哈卡米斯、荷兰莱顿大学亚洲研究学院奥奈·恩格尔霍芬、英国卡迪夫大学詹姆斯·赫加蒂、伊朗大不里士大学麦赫瑞·巴盖里、中国社会科学院阿地里·居玛吐尔地分别对芬兰民间传统中流行的技术乌托邦概念、荷兰摩鹿加流亡社区叙事认同的建立、南亚文献中关于天堂与地狱的史诗化叙事、波斯民族史诗中的“父弑息子”主题以及杰出的玛纳斯奇居素普·玛玛依进行了不同层面的分析与解读。

会议聚焦于作为一种古老的口头传统或文类样式，史诗如何面对被现代观念充斥的当下社会，如何在现代语境中维持自身的生命力与生存动力。通过与会学者的讨论，不同国家的学者达成共识，即史诗传统如何面向现代是国际史诗学界共同需要思考的重要议题，需要各国学者的共同努力与关注。

（姚　慧）

外国文学研究所

（一）人员、机构等基本情况

1. 人员

截至 2014 年年底，外国文学研究所共有在职人员 81 人。其中，正高级职称人员 19 人，副高级职称人员 26 人，中级职称人员 23 人；高、中级职称人员占全体在职人员总数的 84%。

2. 机构

外国文学研究所设有：英美文学研究室、俄罗斯文学研究室、东南欧拉美文学研究室、中北欧文学研究室、东方文学研究室、文学理论研究室、《世界文学》编辑部、《外国文学评论》

编辑部、科研处、办公室、网络数字资料室。

3.科研中心

外国文学研究所所属学术研究中心有：文学理论研究中心、马克思主义文艺思想研究中心。

（二）科研工作

1.科研成果统计

2014年，外国文学研究所共完成专著13种，490万字；论文86篇，86万字；译著11种，220万字；译文13篇，78万字；论文集26种，650万字。

2.科研课题

（1）新立项课题。2014年，外国文学研究所共有新立项课题3项。其中，国家社会科学基金一般课题2项："希伯来叙事与民族认同"（钟志清主持），"世界心胸与中国利用——东学西渐语境里的德国古典诗哲之启蒙路径及其中国资源"（叶隽主持）；国家社会科学基金后期资助课题1项："福柯的'异托邦'（异质空间）思想研究"（张锦主持）。

（2）结项课题。2014年，外国文学研究所共有结项课题4项。其中，国家社会科学基金后期资助课题1项："人在旅途：奈保尔研究"（石海军主持）；特殊学科课题1项："古希腊研究"（陈中梅主持）；荣誉学部委员资助计划课题2项："弗里契与苏联庸俗社会学"（吴元迈主持），"《基督教真谛》翻译与研究"（郭宏安主持）。

（3）延续在研课题。2014年，外国文学研究所共有延续在研课题13项。其中，研究室建设课题6项（分别由刘文飞、傅浩、周启超、李永平、陈中梅、穆宏燕主持）；重点学科研究课题3项："西方现代文学学科"（陈中梅、刘文飞、李永平、傅浩主持），"东方古典文学学科"（穆宏燕主持），"外国文学理论学科"（周启超主持）；国家社会科学基金重大课题1项："经典法国文学史翻译工程"（史忠义主持）；国家社会科学基金重点课题1项："现代斯拉夫文论：轴心学说及其世界影响"（周启超主持）；国家社会科学基金青年课题1项："十九世纪英国文人的词语焦虑与道德重构"（乔修峰主持）；国家社会科学基金一般课题1项："日本私小说批评史研究"（魏大海主持）。

3.创新工程的实施和科研管理新举措

（1）进入创新工程的时间：外国文学研究所2012年进入创新工程。

（2）参加创新工程的人数：2014年，外国文学研究所共有69人进入创新工程。

（3）创新工程项目的名称及其首席研究员姓名：2014年，外国文学研究所共有9个创新工程项目："马克思主义文艺理论与外国文学批评：文学史体现的资本语境与诗性资源"（首席研究员为叶隽），"跨国资本主义时代的外国文学与国家认同：1898～1930年的西方文学译介与'世界主义'的兴衰"（首席研究员为程巍），"跨国资本主义时代的东方遭遇：资本驱动与异文化互动"（首席研究员为穆宏燕），"外国文学学术史研究工程·经典作家学术史研究"（首席研究员为涂卫群)，“外国文学与批评：现状与发展趋势研究”（首席研究员为余中先)；“梵文学科”（首席研究员为黄宝生)，“外国文学重要思潮研究”（首席研究员为周启超)，“文学与大国兴衰：俄罗斯经验与教训”（首席研究员为吴晓都)，“跨国资本主义时代与现代性反思”（首席研究员为李永平)。

（4）在创新工程方面实施的新机制、新举措。

2014 年，外国文学研究所将“外国文学理论核心话语反思”项目调整为“外国文学重要思潮研究”；原“外国文学与批评：现状与发展趋势研究”项目扩展为“外国文学与批评：历史、现状与发展趋势研究”，并将原“古希腊文学学科”以子课题形式纳入此项目。

（三）学术交流活动

1. 学术活动

2014 年，外国文学研究所主办和承办的学术会议有：

（1）2014 年 2 月 18 日，外国文学研究所“外国文学理论核心话语反思”创新项目组在该所理论室举行 2014 年度第一次工作会议。会议传达了院所对 2014 年创新工程的最新要求，布置了项目组 2014 年度工作任务，同时策划《外国文论与比较诗学》学刊第二辑选题。

（2）2014 年 3 月 18 日，应外国文学研究所“马克思主义文艺理论与外国文学批评”创新项目组邀请，德国法兰克福大学东亚研究中心教授阿梅龙顺访外国文学研究所，并作题为“汉学与科学史——以德国法兰克福大学为例”的学术报告。

（3）2014 年 4 月 18 ～ 22 日，“当代外国文论及其跨文化旅行”学术研讨会暨第七届全国“外国文论与比较诗学研究会”年会在四川大学举行。

（4）2014 年 5 月 21 ～ 24 日，外国文学研究所“文学与大国兴衰：俄罗斯经验与教训”创新团队赴四川省成都市，与四川大学当代俄罗斯研究中心、外国语学院和文学院的师生进行了学术交流活动。活动的主题是“当代俄罗斯文学的研究与阅读现状”。

（5）2014 年 5 月 22 日，外国文学研究所“外国文学重要思潮”创新小组的中期成果《外国文论与比较诗学》研讨会在中国社会科学院社科会堂举行。

（6）2014 年 8 月 14 ～ 17 日，“学术创新的世界视野与区域发展”学术研讨会在辽宁省丹东市举行。研讨会由辽宁社会科学院《社会科学辑刊》主办，辽东学院和中国社会科学院外国文学研究所协办。

（7）2014 年 10 月 18 ～ 19 日，“文学史体现的资本语境与诗性资源”项目组与中国歌德学会、社会科学文献出版社共同主办的“东西交通与文化侨易”学术研讨会暨《侨易》集刊第一辑发布会在北京举行。会议研讨的主要问题有“东西交通与全球化视域中的‘侨易’”“超越东西与二元三维”“异文化视域中的侨易群体”“侨易个体与观念旅行”“作为方法的侨易观念”“资本语境中的衣食器物与思想文化”“文学空间与文化侨易”等。

（8）2014 年 11 月 4 日，由外国文学研究所“外国文学重要思潮研究”创新项目组及该所理论室联合主办的“外国文艺理论前沿 · 名家讲座”在该所举行。中国人民大学美学研究所所长张法教授作了题为“诗在中国文化中是什么？”的讲座。

（9）2014 年 11 月 18 日，外国文学研究所“外国文学学术史研究工程 · 经典作家作品学术史研究”项目组在该所召开了外国文学学术史研究方法研讨、研究进展及在研篇章交流会。

（10）2014 年 11 月 26 ~ 28 日，由外国文学研究所理论室主办的“理论创新与实践”工作研讨会暨外国文艺理论重点学科总结会在北京召开。

2. 国际学术交流与合作

2014 年，外国文学研究所共派遣出访 10 批 10 人次，邀请来访 3 批 26 人次。与外国文学研究所开展学术交流的国家有：美国、英国、俄罗斯、法国、以色列、瑞典等。

（1）2014 年 4 月 27 日，《世界文学》主编高兴应以色列尼散诗歌节组委会邀请，赴以色列参加第 15 届以色列尼散诗歌节。

（2）2014 年 7 月 13 ~ 20 日，外国文学研究所研究员钟志清应美国乔治城大学犹太文明研究项目的邀请，赴美国华盛顿乔治城大学参加学术会议。

（3）2014 年 7 月 22 ~ 28 日，外国文学研究所研究员周启超应第 15 届巴赫金学术国际研讨会组委会主席伊瑞娜 · 散朵米尔斯卡娅教授邀请，出席在斯德哥尔摩瑞典皇家艺术学院举行的第 15 届巴赫金学术国际研讨会。

（4）2014 年 9 月 4 ~ 7 日，外国文学研究所研究员刘文飞应俄罗斯莫斯科翻译学院的邀请，参加在莫斯科举办的“俄罗斯翻译家大会”。

（5）2014 年 9 月 5 ~ 7 日，外国文学研究所研究员周启超应莫斯科翻译学院邀请，出席莫斯科第 3 届国际翻译家大会，并在会上作了“当代俄罗斯文学在当代中国的接受（1992 ~ 2012）”的发言。

（6）2014 年 9 月 19 ~ 25 日，外国文学研究所研究员刘文飞应俄罗斯科学院俄罗斯文学研究所邀请，赴俄罗斯出席圆桌会议。会议围绕文学理论及文学批评研究问题进行了研讨和交流。

（7）2014 年 10 月 16 日，外国文学研究所“文学与大国兴衰之日耳曼现代性反思”创新工程项目组邀请德国柏林自由大学教授米歇尔 · 耶格尔作题为“歌德的现代性理解”的学术报告。

（8）2014 年 10 月 21 日，外国文学研究所俄罗斯室邀请俄罗斯国家艺术知识研究所高级研究员柳德米拉 · 萨拉斯金娜和俄罗斯国家人文大学高级人文研究所所长谢尔盖 · 谢列博良内对外国文学研究所进行访问。

（9）2014 年 10 月 10 ~ 20 日，外国文学研究所研究员刘晖应法国巴黎第七大学邀请，赴法国访学。

（10）2014 年 12 月 5 ~ 9 日，外国文学研究所研究员刘文飞应邀参加第三届圣彼得堡国际文化论坛。会议讨论了文学及其在世界文化中的作用和意义。

3.与香港、澳门特别行政区和台湾开展的学术交流

(1) 2014 年 5 月 11 日，外国文学研究所研究员党圣元应澳门文艺评论家协会、澳门大学文学院邀请，赴澳门参加了由澳门特区政府高教办主办、澳门文艺评论家协会承办的第十届澳门大学生写作比赛评审活动。

(2) 2014 年 9 月 16 日，外国文学研究所“马克思主义文艺理论与外国文学批评：文学史体现的资本语境与诗性资源”创新工程项目组邀请香港科技大学教授陈建华参加“侨易现象与现代中国的知识转型”小型研讨会。

（四）学术社团、期刊

1.社团

中国外国文学学会，会长陈众议。

2.期刊

(1)《外国文学评论》(季刊)，主编陈众议。

2014 年，《外国文学评论》共出版 4 期，共计 70 万字。该刊全年刊载的有代表性的文章有：于雷的《爱伦·坡与“南方性”》，徐畅的《“魔鬼的发明”？——从〈浮士德〉的纸币主题看人本主义批判》，乔修峰的《原富：罗斯金的词语系谱学》，梁展的《政治地理学、人种学与大同世界的构想》，郭方云的《烟囱、天堂和虫洞奇喻——〈比萨诗章〉的空间穿越及其相对论形变》。

(2)《世界文学》(双月刊)，主编高兴。

2014 年，《世界文学》共出版 6 期，共计 150 万字。该刊全年刊载的有代表性的文章有：阮玉思的《茫茫田野》，奥·斯拉夫尼科娃的《切列帕诺娃姐妹·巴西列夫斯》，亚·扎加耶夫斯基的《扎加耶夫斯基诗歌选》，来·潘科夫的《西方以东·马其顿》，奥·帕斯的《帕斯随笔两篇》，亚·扎加耶夫斯基的《亚·扎加耶夫斯基随笔选》，雨伞的《眼睛的钥匙——我读过的外国文学》，沈苇的《他人的人质——从加利利到耶路撒冷》。

(3)《外国文学动态》(双月刊)，主编苏玲。

2014 年，《外国文学动态》共出版 6 期，共计 62 万字。该刊全年刊载的有代表性的文章有：李征的《身体改造与政治乌托邦——金原瞳〈裂舌〉论》，张辛怡的《批评家之死——德语文学教皇赖希·拉尼茨基与一个时代的逝去》，聂华的《一个新德国人的跨文化写作——评 2014 年莱比锡文学奖得主斯塔尼西奇及其新作》，朱晓映的《2013 年澳大利亚迈尔斯·弗兰克林文学奖——一份全女性短名单》，吾文泉的《多文化语境下的“他者”视角：2013 年“普利策”文学奖评述》，杨靖的《〈西方以东：一个故事中是国家〉——米洛斯拉夫·潘科夫短片创作简评》，刘文霞的《俄裔作家：美国犹太文学的“新声代”》，闵雪飞的《内化为终极命运的写作——巴西女作家克拉丽丝·李斯佩克朵的生平与创作》。

（五）会议综述

“当代外国文论及其跨文化旅行”学术研讨会暨第七届全国“外国文论与比较诗学研究会”年会

2014年4月18～22日，外国文论与比较诗学研究会第七届年会在四川大学举行。年会的主题为“当代外国文论及其跨文化旅行”。会议由外国文论与比较诗学研究会和四川大学文学与新闻学院联合主办，由中国社会科学院文学理论研究中心协办。来自英国伦敦大学、北京大学、复旦大学、南京大学、四川大学、武汉大学、西南大学、新疆大学、深圳大学、渤海大学、北京师范大学、南京师范大学、首都师范大学、华南师范大学、湖南师范大学、安徽师范大学、江西师范大学、河北师范大学、四川师范大学、北京外国语大学、广州外语外贸大学，以及中国社会科学院文学研究所、外国文学研究所，北京大学出版社、《外国文学》《俄罗斯文艺》《中国人民大学学报》编辑部等四十余所高等院校、科研单位与出版机构的98位专家学者出席了研讨会。

年会开幕式由四川大学教授冯宪光主持。四川大学副校长宴世经教授，四川大学文学与新闻学院院长曹顺庆教授，中国社会科学院文学研究所副所长、中国中外文艺理论学会会长、国际美学协会主席高建平研究员，中国社会科学院外国文学研究所副所长、中国外国文学学会秘书长吴晓都研究员，外国文论与比较诗学研究会会长周启超研究员先后致辞。年会安排了12场大会报告72个发言，收到论文八十余篇。大会上作学术报告的学者形成“40后”“50后”“60后”“70后”“80后”的梯队结构与“多声部合唱”的格局。“40后”学人有冯宪光、刘象愚、赵毅衡、郭宏安。“50后”学人有曹顺庆、傅修延、高建平、张文初、江宁康、方维规、王晓路、夏忠宪，他们是仍在当代中国的外国文论与比较诗学研究领域一线勤奋耕耘的领军人物。“60后”“70后”已成长为主力军。“80后”也在年会上崭露头角。

在大会发言中，国际比较文学学会文学理论委员会前主席、伦敦大学教授Galin Tihanov介绍了巴赫金在英国的接受情况。高建平研究员提出理论的依附性问题，他认为脱离文学的文学理论是不成立的，应在中外之争中探寻文学理论研究的学术姿态。冯宪光教授论述《西方马克思主义文学理论的问题意识》。曹顺庆教授阐述“英语世界的中西比较诗学”。周启超研究员以现代斯拉夫文论“理论旅行”的4个案例阐述现代斯拉夫文论的跨文化旅行与辐射力，论说现代斯拉夫文论研究的价值和意义。夏忠宪教授论述“当代语境下巴赫金人文研究考察：问题与前景”。王晓路教授提出“当前文学理论研究的诸种问题”。吴晓都研究员就巴赫金在“文学性”和“形式与内容”的问题上与俄国形式文论的对话展开探讨。任昕将“诗性”视为海德格尔诗学的内在精神，以此解释海德格尔的诗学转向、对诗的推崇及其一系列诗学思想。董小英作了题为“书画同源——视觉艺术叙事的起源”的报告。徐德林对威廉斯“作为整体生活方式的文化”这一重要概念进行阐释。钱翰教授将罗兰·巴尔特的思想分为两个发展阶段，对其理论轨迹进行分析。马海良教授就伊格尔顿批评理论的文化主题进行了阐述。

研讨会闭幕式由四川大学教授傅其林主持。周启超研究员作了总结发言。他表示，应提倡将文学理论自觉定位为一门人文科学，一种话语实践，确立文学理论研究作为人文科学的品格和地位，提升文学理论研究的使命感与自信心。目前学界存在的一个主要问题，在于对国外文论信息的过分放大与简化；我们应正视理论生成的复杂性、理论发育的非线性、理论旅行的多形态性，针对当代中国文学理论研究的问题，积极而有效地介入到文学研究的实践中去。在闭幕式上，冯宪光教授回顾道，外国文论与比较诗学研究会自2010年成立，在全国性学会中属于年轻的学会，建会虽然只有四年的时间，但在文艺理论界、文学界已产生广泛影响。

年会期间召开的学会理事会一致推选任昕副研究员担任学会秘书长，并增补傅其林教授和黄玫教授为学会副秘书长。

（科研处）

中以文学国际研讨会：文学与民族认同

2014年7月8～9日，由中国社会科学院外国文学研究所和以色列本－古里安大学犹太、以色列文学与文化中心联合主办的“中以文学国际研讨会：文学与民族认同”在中国社会科学院举行。来自中国社会科学院、以色列本－古里安大学、以色列海法大学、中国人民大学、《人民文学》编辑部等多家单位的六十余名学者、作家出席了会议。

会议由大会发言、专题发言和圆桌会议三部分议程组成。在大会发言阶段，中国社会科学院外国文学研究所所长陈众议研究员总括了世界主义与民族认同的矛盾，以色列本－古里安大学教授伊戈尔·施瓦茨、中国人民大学教授孙郁从个案角度分别述及现代希伯来文学中的“民族媒介”和鲁迅民族观的几个问题，美国哈佛大学东亚系教授王德威应邀向大会提交了论文《大分裂时代的叙事：写于延安与金门以外》。

专题发言围绕着“传统与现代”“文化的交汇”“中国以色列民族与叙事”等议题展开。中华民族与希伯来民族均拥有古老的文化传统，同时又面临着近现代世界的种种冲突与挑战，文学从某种意义上则是对这种传统、冲突与挑战的一种特殊阐释。针对“传统与现代”议题，中国社会科学院外国文学研究所党委书记、副所长党圣元研究员谈及了中国传统文化中的精神审美。中国社会科学院外国文学研究所研究员涂卫群、以色列本－古里安大学博士阿米尔·班巴吉分别结合自己的研究成果发了言。

在不同历史时期，中华民族与希伯来民族均历经了与异族文化交汇的际遇，两大民族之间在历史发展进程中也表现出某种文化特征的趋同乃至契合，为当今学者留下诸多耐人寻味的话题。在“文化的交汇”专题讨论中，以色列本－古里安大学博士哈维娃·伊沙伊以中世纪希伯来语诗人埃尔·哈纳吉德（993 ~ 1056）为例，探讨了犹太民族与阿拉伯叙事的交汇。中国社会科学院外国文学研究所研究员叶隽从德诗东渐与国剧重建角度，探讨了从现代中国戏剧的德国源流看民族意识的诗性嬗变。中国社会科学院外国文学研究所研究员傅浩以陀螺骰子与麻将为例，讨论了犹太人与中国人对待知识的不同态度。中国社会科学院外国文学研究所研究员钟志清选取了希伯来圣经中的《哀歌》与中国诗人屈原的《哀郢》，从跨文化角度探讨两大民族的创伤传统。在“中国以色列民族与叙事”专题讨论中，以色列本－古里安大学教授伊扎克·本-莫代海讨论了犹太作家、批评家、思想家别尔季切夫斯基阐释的新希伯来民族。中国社会科学院外国文学研究所研究员程巍从“帝国”到“多民族—国家”视角出发，探讨了1912年中国的政治话语的转换。海法大学教授妮茨阿·本-多夫从火车这一具体意象入手，讨论了火车作为复兴希伯来语言与振兴犹太命运的象征。

在圆桌会议上，中国作家阎连科、徐则臣，诗人树才、傅浩，学者李永平、孙郁等与以色列最富有才华的“70后”作家兼诗人西蒙·阿达夫就诗歌小说创作中的诸多问题进行了对话与讨论。

（科研处）

语言研究所

（一）人员、机构等基本情况

1.人员

截至2014年年底，语言研究所共有在职人员81人。其中，正高级职称人员23人，副高级职称人员25人，中级职称人员21人；高、中级职称人员占全体在职人员总数的85%。

2.机构

语言研究所设有：句法语义研究室、历史语言学研究一室、历史语言学研究二室、汉语方言研究室、语音研究室、应用语言学研究室、当代语言学研究室、词典编辑室、《中国语文》编辑部、科研处、办公室（人事处）。

（二）科研工作

1. 科研成果统计

2014年，语言研究所共完成专著7种，267万字；论文（含研究报告、译文）93篇，112万字；软件4种，共456兆字节。

2. 科研课题

（1）新立项课题。2014年，语言研究所共有新立项课题15项。其中，国家社会科学基金重大课题 2 项："功能－类型学取向的汉语语义演变研究（吴福祥主持），"多卷本断代汉语语法史研究"（杨永龙主持）；国家社会科学基金重点课题 3 项："汉语语用标记形成机制的多视角研究"（方梅主持），"论元选择中的显著性和局部性研究"（胡建华主持），"历史语法视角下的青海甘沟话语法研究"（杨永龙主持）；所级课题 10 项："从'零句'和'流水句'看汉语互动交际的基本单位"（乐耀主持），"上古汉语第一人称代词的'形态'现象及相关思考"（姚振武主持），"古玺文字分域失当例的考察与分析"（肖晓晖主持），"明清汉语关系从句的类型学考察"（陈丹丹主持），"闽浙方言地名用字及其读音的层次研究"（徐睿渊主持），"基于儿童口语库的轻声韵律词构词类型研究"（华武主持），"晋语语音研究"（夏利萍主持），"TEI 文本编码标准在近汉语料中的标记应用"（张弘主持），"当代汉语新词、新义、新用的追踪、整理和研究（2014 年）"（郭小武主持），"新华字典资料整理"（王清利主持）。

（2）结项课题。2014 年，语言研究所共有结项课题 17 项。其中，国家社会科学基金重点课题 1 项："语言接触和语言演变：汉语同阿尔泰语语言接触的历时与共时研究"（祖生利、周磊主持）；国家社会科学基金一般课题 3 项："侗台语中接触引发的语法演变的变异"（吴福祥主持），"汉语与同语系语言的同源词根研究及同源字总谱"（郑张尚芳主持），"桂北平话语音历史层次及语言接触研究"（覃远雄主持）；国家社会科学基金青年课题 1 项："汉语篇章的韵律特征和音系表达研究"（贾媛主持）；国家社会科学基金后期资助课题 1 项："晋语语音的演变和层次"（沈明主持）；所级课题 11 项："当代汉语新词、新义、新用的追踪、整理和研究（2013 ～ 2014）"（李芸主持），"系统功能视角下的汉语语法（二期）"（杨国文主持），"福建连城四保话的古音痕迹及同音字汇"（李玉主持），"清代满语与汉语接触的文献学考察"（陈丹丹主持），"同素异序词分化的类型与模式"（肖晓晖主持），"河北方言复合人称代词指代关系探析"（刘靖主持），"现代汉语互文研究"（徐赳赳主持），"《当代语言学》核心术语英汉翻译对比研究"（张丽娟主持），"语文词典中医学条目的释义特点"（潘雪莲主持），"《现代汉语词典》（第六版）逆序电子版"（张弘主持），"《新华字典》资料整理"（王清利主持）。

（3）延续在研课题。2014 年，语言研究所共有延续在研课题 10 项。其中，国家社会科学基金重大课题 1 项："汉语语言接触史研究"（曹广顺主持）；国家社会科学基金一般课题 5 项："汉语使成表达的类型学研究"（项开喜主持），"主内定语和宾内定语的语义信息不对称研究"（张国宪主持），"基于句法语义互动关系的汉语形态句法研究"（张伯江主持），"上古汉语闭口韵与非闭口韵通转关系研究"（孟蓬生主持），"方言自动处理系统功能扩展研究"（李蓝主持）；国家社会科学基金青年课题 4 项："语义图视角下汉语不定代词、情态词和'工具－伴随'介词的多功能性研究"（张定主持），"普通话婴幼儿声调范畴的建立机制研究"（高军主持），"基于语料库的汉语应答性成分语义和话语功能研究"（侯瑞芬主持），"类型学视野的疑问和焦点互动关系研究"（祁峰主持）。

3．获奖优秀科研成果

2014 年，语言研究所的三种图书期刊获第三届中国出版政府奖：《现代汉语词典》第 6 版获第三届中国出版政府奖图书奖、第6版纪念版获印刷复制奖、第6版纪念版获装帧设计提名奖；《中国语文》获第三届中国出版政府奖期刊奖；《新华字典》双色本第11版获第三届中国出版政府奖图书奖提名奖；夏俐萍的论文《益阳方言"阿"的多功能用法探析——兼论由指称范畴引发的语义演变》获第二届中国语言学会罗常培语言学奖三等奖；贾媛的专著《普通话焦点的语音实现和音系分析》（英文）获2014年度中国社会科学院吕叔湘语言学奖二等奖。

4. 创新工程的实施和科研管理新举措

2014年，语言研究所参加创新工程的总人数为61人。首席管理为该所党委书记蔡文兰研究员。

2014年，语言研究所共有10个创新工程项目。其中，延续在研项目8项："语音与言语科学重点实验室"（首席研究员为李爱军），"汉语句法语义研究的理论与实践"（首席研究员为张伯江），"汉语语法史研究"（首席研究员为曹广顺），"上古汉语语法、训诂、音韵、文字及文献的综合研究"（首席研究员为孟蓬生），"中国重点方言区域示范性调查研究"（首席研究员为李蓝），"辞书编纂的理论与实践"（首席研究员为谭景春），"汉语语言资源数据库"（首席研究员为顾曰国），"汉语口语的跨方言调查与理论分析"（首席研究员为刘丹青）；新准入创新项目2项："基于语法化和语言接触的汉语句法、语义演变研究"（首席研究员为吴福祥），"《现代汉语大词典》二期工程及相关问题研究"（首席研究员为程荣）。

2014年，语言研究所在创新工程规章制度建设、创新工程管理方面采取了如下一些新举措。

（1）把创新工程规章制度建设作为一项重要工作来抓，注重提高管理效率，对该所创新工程暂行办法和管理表格进行了修订，完善并执行了季报和年报制度。

（2）进一步完善创新工程档案工作。该所创新办建立了完整的档案，对文件进行分类管理，报送院部的创新工程方案、创新岗位聘任书等文件材料都分别建立档案。

（3）完成院综合管理平台的布置落实工作。2014年，院里加强了对研究所的量化考核管理，推出了综合管理平台。语言研究所派人参加院里举办的学习班，并在全所大会上布置落实，做好全所科研人员填报工作。

（三）学术交流活动

1. 学术活动

学术会议

2014年，语言研究所主办、承办、合办的重要学术会议有：

（1）2014年1月18日，由语言研究所、北京语言大学、商务印书馆联合主办的"2014中青年语言学者沙龙"在北京商务印书馆礼堂举行。沙龙的主题是"双语双言问题与当代中国"。50名专家学者参加了沙龙。

（2）2014年7月18～21日，由语言研究所《当代语言学》编辑部主办，黑龙江大学俄罗斯语语言文学与文化研究中心、香港中文大学语言学及现代语言系承办的“第十五届中国当代语言学国际研讨会”在黑龙江省哈尔滨市召开。来自中国、俄罗斯、英国、加拿大、韩国等国的100余位专家学者参加了会议。

(3) 2014年7月27日，由语言研究所、北京语言大学、中国语言学书院、商务印书馆联合主办的“2014海内外中国语言学者联谊会——第五届学术论坛”在北京商务印书馆举行。论坛的主题是“语言教育与社会进步”。来自国内外的50余位语言学者参加了论坛。

(4) 2014年8月1～4日，由语言研究所和吉林大学共同主办，吉林大学文学院承办的“第十二届全国古代汉语学术研讨会”在吉林大学召开。

(5) 2014年8月22～23日，由《方言》编辑部和北京语言大学中国语言政策与标准研究所联合举办的“2014汉语方言类型研讨会”在北京召开。来自全国各地的40余名学者参加会议。会议的主题是“汉语方言的元音类型和演变”。

(6) 2014年8月25～26日，由语言研究所《中国语文》编辑部和中国人民大学文学院联合主办的“互动语言学与汉语研究学术讨论会”在中国人民大学召开。会议的主题是“互动语言学”。来自中国、美国、加拿大的30余位学者参加。

(7) 2014年9月26～29日，由语言研究所、全国汉语方言学会、陕西师范大学联合主办，陕西师范大学文学院承办的“第七届汉语方言语法国际学术研讨会”在陕西省西安市召开。来自中国、日本、法国的70余位学者参加了会议。

(8) 2014年10月13～14日，由语言研究所语音与言语科学重点实验室主办的“实验语音学前沿”小型研讨会在北京召开。来自国内外的45名专家学者参加了会议。

(9) 2014年10月27～30日，由语言研究所句法语义研究室、《中国语文》编辑部联合主办的“第十八次现代汉语语法学术讨论会”在澳门召开。

学术评奖活动

(1) 2014年9月5日，由语言研究所主管、中国语言学会主办的“中国语言学会罗常培语言学奖”第二届评奖工作结束。共评选出一等奖1名，二等奖2名，三等奖3名。

(2) 2014年12月11日，由语言研究所主办的“中国社会科学院吕叔湘语言学奖”2014年度评选工作结束。共评出一等奖1项，二等奖3项。

2014年12月，语言研究所举办“中国社会科学院吕叔湘语言学奖”2014年度评选活动。

研修班

2014年，语言研究所主办或合

办了 4 个学术研修班。

(1) 2014 年 7 ~ 8 月，由语言研究所、香港理工大学深圳研究院与英国兰开斯特大学联合主办的“多模态语料库语言学暑期培训班”在香港理工大学深圳研究院举办。

(2) 2014 年 7 月 14 日至 8 月 8 日，由语言研究所、中国语言学书院与首都师范大学文学院联合主办的“2014 年现代语言学核心课程研修班”在首都师范大学举办。

(3) 2014 年 8 月 1 ~ 21 日，由语言研究所、北京大学、复旦大学等单位联合主办、南开大学承办的“第十二届全国语言学暑期高级讲习班”在南开大学举办。

(4) 2014 年 8 月 18 ~ 24 日，由语言研究所、全国汉语方言学会与上海外国语大学联合主办的“首届汉语方言调查框架与莱比锡标注系统高级研修班”在上海外国语大学举办。

2. 国际学术交流与合作

(1) 出访

2014 年，语言研究所共审批办理因公出访手续 25 批次，实际出访 51 人次（另有 3 人次因故未能出访）。

出访目的以参加国际学术会议为主，其他还有学术访问、讲学和合作研究。出访国家包括美国、新加坡、英国、法国、匈牙利、日本、澳大利亚、韩国、柬埔寨、泰国等。

(2) 来访

2014年,语言研究所邀请和接待了来自匈牙利、美国、加拿大、韩国、瑞典的海外学者6批7人次。

(3) 开展国际合作研究情况

2014 年，语言研究所在研国际合作研究课题 1 项，即与匈牙利科学院语言学研究所合作项目“自然语言信息结构的接口研究：句法、语义、语用、话语和韵律”。

（四）学术社团、期刊

1. 社团

(1) 中国语言学会，会长沈家煊。

2014 年 9 月 13 ~ 15 日，由中国语言学会、语言研究所主办，北京语言大学承办的“中国语言学会第十七届学术年会”在北京召开。会议研讨的主要问题有“汉语方言研究”“少数民族语言研究”“现代汉语语法研究”“语言应用研究”“语言理论研究”等。

(2) 全国汉语方言学会，会长刘丹青。

2. 期刊

(1)《中国语文》(双月刊)，主编沈家煊。

2014 年，《中国语文》共出版 6 期，共计约 90 万字。该刊全年刊载的有代表性的文章有：程荣的《两岸三地汉字字形问题探讨》，乐耀的《论现代汉语的比拟型对待句》，王冬梅的《从“是”和“的”、“有”和“了”看肯定和叙述》，吴福祥的《结构重组与构式拷贝——语法结构复制的两种机制》，曹道根的《汉语含结果性成分小句中的信息重组机制》，刘探宙、张伯江的《现代汉语同位同指组合的性质》，赵长才的《语言接触背景下元明时期“后头”表时间的用法及其来源》，陈玉洁的《商水方言中指示词及指示词短语的功能》，王灿龙的《“有所 X”式与“无所 X”式及相关问题》，杨永龙的《从语序类型的角度重新审视“X+ 相似 / 似 / 也似”的来源》，刘丹青的《论语言库藏的物尽其用原则》，江蓝生的《连－介词表处所功能的来源及其非同质性》，徐烈炯的《“都”是全称量词吗？》，李亚非的《形式句法、象似性理论与汉语研究》，李宇明的《汉语的层级变化》等。

（2）《方言》（季刊），主编麦耘。

2014 年，《方言》共出版 4 期，共约 60 万字。该刊全年刊载的有代表性的文章有：陈玉洁、王健等的《莱比锡标注系统及其在汉语语法研究中的应用》，刘祥柏的《“要”为“若”解》，孙宜志的《江西赣方言流摄一等字的今读类型及其相关音变》，李如龙的《论方言特征词的特征——以闽方言为例》，敏春芳的《“经堂语”的格标记和从句标记》，杨永龙的《青海民和甘沟话的多功能格标记“哈”》，朱晓农的《声调类型学大要——对调型的研究》，房日亮的《山东日照方言的“或了”句和“的或了”句》，李蓝的《敦煌方言与唐五代西北方音》，覃远雄的《广西南北平话的差异》等。

（3）《当代语言学》（季刊），主编沈家煊、顾曰国。

2014 年，《当代语言学》共出版 4 期，共计约 60 万字。该刊全年刊载的有代表性的文章有：宁春岩的《生成语法中的 LF 缺失》，陆烁、潘海华的《汉语领属话题结构的允准条件》，袁毓林的《汉语名词物性结构的描写体系和运用案例》，蔡维天、钟叡逸的《模态性与主语有指性——普通话与客家话的对比分析》，贺川生、潘海华的《平均句中的分数名词短语及其指称》，黄良喜的《从汉语音系看优选论的修订》，张洪明的《韵律音系学与汉语韵律研究中的若干问题》，张杰的《汉语方言变调系统的能产性与其理论分析》，袁毓林的《汉语词义识解的乐观主义取向——一种平衡义程广泛和义面突出性的策略》，杨炎华的《“他的老师当得好”的重新审视》等。

（五）会议综述

第十二届全国古代汉语学术研讨会

2014 年 8 月 1 ～ 4 日，第十二届全国古代汉语学术研讨会在吉林大学召开。会议由中国社会科学院语言研究所和吉林大学共同主办，吉林大学文学院承办。

来自全国各高校和科研单位的 80 余名专家学者出席了研讨会。与会专家学者就语法、词汇训诂、语音文字研究等问题进行了讨论。会议共收到论文及论文摘要 91 篇，宣读论文 75 篇。

语法方面比较重要的论文是董志翘教授的《〈清华大学藏战国竹简（壹、贰）〉中的介词“于”

和“於”——兼谈清华简的真伪问题》和张玉金教授的《出土战国文献位移动词“入”研究》。音韵学方面比较重要的论文是孟蓬生研究员的《“咸”字音释》和李子君教授的《新发现的北宋本〈礼部韵略〉初刻、修版时间蠡测》。文字学方面比较重要的论文是何景成教授的《释金文词语“逆送”》。训诂学方面比较重要的论文是孙玉文教授的《古文训诂零札》和汪欣欣、邓景滨的《以语用习惯分析法解〈杜诗疑义〉》。

全国古代汉语学术研讨会每两年举行一次。第十三届与第十四届全国古代汉语学术研讨会将分别在河北师范大学和温州大学举行。

（孟蓬生）

中国语言学会第十七届学术年会

2014年9月13～15日，中国语言学会第十七届学术年会在北京语言大学举行。会议由中国语言学会主办，北京语言大学承办。来自中国、美国、日本、新加坡的近130位语言学者出席了会议。会议研讨的主要问题有“汉语方言研究”“少数民族语言研究”“现代汉语语法研究”“语言应用研究”“古汉语研究”“语言理论研究”等。

大会开幕式由北京语言大学教授赵金铭主持。北京语言大学校长崔希亮教授、中国语言学会前副会长陆俭明教授、中国语言学会会长沈家煊研究员先后致辞。

北京语言大学党委书记李宇明教授、清华大学中文系教授张美兰、北京师范大学教授王宁、暨南大学中文系教授邵敬敏、北京大学中文系教授王洪君、中国社会科学院语言研究所研究员沈家煊、河北大学文学院教授张安生、陕西师范大学文学院教授邢向东、北京语言大学语言科学院教授石锋等分别作了大会报告。

会议期间，中国语言学会召开了理事会，审批通过了64名新会员的入会申请，讨论了理事会换届工作，并就罗常培语言学奖评奖过程及结果、中国语言学会章程的修订、会员信息重新登记、上海交通大学申办中国语言学会第十八届学术年会等事宜交换了意见。

会议期间，与会会员就中国语言学会第九届理事会候选人进行了无记名投票。

闭幕式上，沈家煊会长宣布了第二届罗常培语言学奖评奖结果。罗常培语言学奖评审委员会委员、北京语言大学领导以及罗常培语言学奖发起人罗慎仪教授向获奖者代表颁奖。

年会期间，还举行了《清华语言学博士丛书》发布会。

（秘书处）

哲学研究所

（一）人员、机构等基本情况

1.人员

截至 2014 年年底，哲学研究所共有在职人员 127 人。其中，正高级职称人员 37 人，副高级职称人员 42 人，中级职称人员 21 人；高、中级职称人员占全体在职人员总数的 79%。

2.机构

哲学研究所设有：马克思主义哲学原理研究室、马克思主义哲学史研究室、马克思主义哲学中国化研究室、中国哲学研究室、西方哲学史研究室、现代外国哲学研究室、科学技术哲学研究室、伦理学研究室、逻辑学研究室、东方哲学研究室、哲学与文化研究室、美学研究室、《哲学研究》编辑部、《哲学动态》与《中国哲学年鉴》编辑部、《世界哲学》编辑部、图书资料室、办公室、科研处、人事处、老干部办公室。

3.科研中心

哲学研究所院属科研中心有：中国社会科学院文化研究中心、中国社会科学院社会发展研究中心、中国社会科学院东方文化研究中心、中国社会科学院应用伦理研究中心、中国社会科学院科学技术和社会研究中心、中国社会科学院世界文明比较研究中心。

（二）科研工作

1.科研成果统计

2014年，哲学研究所共完成专著26种，637.2万字；论文226篇，227.45万字；研究报告12种，25.5万字；论文集2种，58.5万字；译著9种，168.6万字；译文16篇，17.9万字；古籍整理5种，165万字；皮书2部，约70万字。

2.科研课题

（1）新立项课题。2014 年，哲学研究所共有新立项课题 13 项。其中，国家社会科学基金委托课题 1 项："大数据时代的哲学理论与社会发展"（谢地坤主持）；国家社会科学基金重大课题 2 项："《古象雄大藏经》汉译与研究"（李景源主持），"应用逻辑与逻辑应用研究"（杜国平主持）；国家社会科学基金重点课题 2 项："时间哲学研究"（尚杰主持），"生态学整体论——还原论争论及其解决路径研究"（肖显静主持）；国家社会科学基金一般课题 1 项："世界主义全球正义研究"（杨通进主持）；国家社会科学基金青年课题 1 项："两汉经学的演变逻辑研究"（任蜜林主持）；国家社会科学基金后期资助课题 1 项："中国近世道教送瘟仪式研究"（姜守诚主持）；院国情调研课题 1 项："我国综合教育改革情况研究——对山东潍坊的调研"（谢地坤、贾旭东主持）；马克思主义理论研究和建设工程课题4项："社会主义市场经济中所有制与分配制度改革的理论与实践"（魏小萍主持），"中国特色社会主义都市社会研究"（强乃社主持），"中国道路：马克思主义哲学中国化的理论自觉与实践自觉"（李俊文主持），"从政治哲学看国家治理能力与体系建设"（欧阳英主持）。

（2）结项课题。2014年，哲学研究所共有结项课题5项。其中，国家社会科学基金课题3项："汉晋道教与方术民俗——以出土资料为背景"（姜守诚主持），"影像或图像哲学研究"（尚杰主持），"德国哲学发展史——从德国哲学发生至今的历史"（谢地坤主持）；院重点课题2项："中国近世儒学民间化转向的理论与实践"（马晓英主持），"欧洲哲学的历史发展与中国哲学的机遇"（叶秀山主持）。

（3）延续在研课题。2014年，哲学研究所共有延续在研课题23项。其中，国家社会科学基金课题22项："注释、诠释与建构——四书学与宋明理学的发展"（陈静主持），"自由与希望：对康德实践哲学与美学的存在论阐释"（黄裕生主持），"科学知识社会学及其近期发展"（刘文旋主持），"一阶逻辑片段研究"（夏素敏主持），"马克思哲学：当代的挑战与回应"（鉴传今主持），"现象学视野中的科学—— 一种对自然主义的超越"（张昌盛主持），"欧洲哲学的历史发展与中国哲学的机遇研究"（叶秀山主持），"1868 ～ 1945年日本伦理学史"（龚颖主持），"柏拉图的知识论研究"（詹文杰主持），"自然语言信息处理的逻辑语义学研究"（邹崇理主持），"三论宗哲学研究"（成建华主持），"后社会建构论与存在论转向研究"（孟强主持），"中国近世儒学民间化转向的理论与实践研究"（马晓英主持），"世界文化多样性与构建和谐世界研究"（李河主持），"可能世界的名字"（刘新文主持），"梵本《月喜疏》与早期胜论思想研究"（何欢欢主持），"建国以来西方哲学中国化的重要问题及其影响"（谢地坤主持），"百年中国因明研究"（刘培育主持），"社会主义核心价值观研究"（孙伟平主持），"《道藏源流考》（再增订版）整理出版"（胡孚琛主持），"提高国民逻辑素质的理论与实践探索研究"（杜国平主持），"马克思辩证法的历史语境与当代视域"（李西祥主持）；院重大课题1项："社会伦理与社会发展"（余涌主持）。

3．创新工程的主要措施和工作安排

2014年，哲学研究所扩大创新工程的进岗比例，全部9个学科、《哲学研究》《哲学动态》《世界哲学》、图资室进入创新工程。经创新项目和管理岗位竞聘，共有101人进入创新工程，进岗比例为76%。专业人员中有86人进入创新工程，管理人员有15人进入创新工程。聘任首席管理1人（谢地坤），首席研究员17人，总编辑2人，长城学者2人。同时，核发了134人的智力报偿和创新报偿。根据创新工程岗位准入条件及报偿发放的有关规定，结合人员考勤情况，及时调整创新岗位及其报偿发放，坚持完善竞争激励机制和退出机制。

2014年，哲学研究所共设19个创新工程项目，分别是：（1）"马克思主义哲学中国化、时代化、大众化文本研究与历史研究"（首席研究员为李景源）；（2）"创建马克思主义哲学中国化新形态"（首席研究员为崔唯航）；（3）"《新大众哲学》"（首席研究员为孙伟平）；（4）"中国农民哲学村调查”（首席研究员为单继刚）；(5)“马克思主义哲学思想的源头活水——《马恩全集》历史考证版（MEGA2）研究和国外马克思主义哲学研究”（首席研究员为魏小萍）；(6)“马克思主义哲学中国化与西方哲学中国化的比较研究”（首席研究员为李俊文）；(7)“转型期道德建设的伦理学基础研究”（首席研究员为杨通进）；(8)“全球化视野下的东方哲学研究”（首席研究员为孙晶）；(9)“中国语境中的西方哲学基础理论研究”（首席研究员为叶秀山）；(10)“西方哲学经典著作翻译”（首席研究员为张慎）；(11)“学术交流‘走出去’战略启动和扩展”（首席研究员为尚杰）；(12)“跨文化视野下的美学与美育研究”（首席研究员为王柯平）；(13)“逻辑学当代发展的创新研究”（首席研究员为邹崇理）；(14)“中国哲学的近现代转型”（首席研究员为李存山）；(15)“儒释道三教关系研究”（首席研究员为张志强）；(16)“中国哲学史资料选辑新编”（负责人为陈静）；(17)“当代哲学背景下的科技哲学理论创新与实践”（首席研究员为段伟文）；(18)“文化发展的理论与实践”（首席研究员为张晓明）；(19)“文化产业政策与法律”（首席研究员为贾旭东）。

2014 年，哲学研究所在实施创新工程方面的新机制、新举措有：

(1) 加强中层干部队伍建设，保证创新工程顺利实施。根据院有关要求，该所对研究室主任进行了聘期考核和聘用调整工作。调整后，该所共有研究室主任、副主任 29 人。新调整的研究室主任大部分被聘为首席研究员，承担起创新项目的组织和研究工作，从而为顺利、持续、深入实施创新工程提供了保障。

(2) 在对全所近十年来队伍状况进行分析的基础上，利用创新工程的契机，积极引进成熟型人才，充实提高各学科研究力量。引进了具有发展潜力的优秀博士后出站人才 4 名，分别充实到马哲原理室、西哲室、伦理室、逻辑室。同时，选派 3 人出国访学各 1 年，扩展学术视野，提高学术水平。

(3) 严格执行到龄退休制度。2014 年，哲学研究所共有 8 名同志办理退休手续。同时通过缓退博士生导师和返聘学科带头人，继续发挥其作用，稳定科研队伍。

(4) 在严格自查自纠的基础上，加强财务制度建设，堵塞漏洞，使创新工程研究经费管理和使用进一步规范化。主要措施有：使用院预算系统，重新编制了 2014 年各创新项目的详细预算，为 2015 年预算编制工作打好基础；制定 2014 年财务报销制度，严格报销程序和凭证，确保经费报销完全符合国家和院所各项规定；严格控制现金使用，积极推行公务卡和银行转账支付；细化账务处理，严格使用控制类科目，对“小三票”“劳务费”支出进行实时监督，避免超比例虚假支出；完善财务档案管理制度，保证各类财务档案的完整性、真实性，清晰地反映各类经济业务发生始末。

（三）学术交流活动

1. 学术活动

2014 年，哲学研究所主办和承办的学术会议有：

（1）2014 年 6 月 19 日，由中国社会科学院、澳大利亚人文科学院主办，中国社会科学院国际合作局、哲学研究所承办的“中澳哲学会议：哲学与当代社会”在北京举行。会议研讨的主要问题有“哲学传统与哲学精神”“马克思主义哲学中国化与当代中国发展”“当代哲学比较研究”“哲学在当代的作用与命运”等。

（2）2014 年 9 月 20 ～ 21 日，哲学研究所和日本哲学会主办的“第四届中日哲学论坛”在北京外国语大学举行。会议研讨的主要问题有“中日哲学思维方式及其在现代社会中的应用”“中日传统思想及其在全球化时代的发展”“哲学如何解答现代亚洲和世界的问题——变化的社会及人类的生存条件”等。

（3）2014 年 9 月 26 日，中国社会科学院主办，哲学研究所和中国社会科学出版社、人民出版社联合承办的“《新大众哲学》首发式暨出版座谈会”在人民大会堂举行。会议的主题是“《新大众哲学》的精神内涵、主要特点、时代价值”。

（4）2014 年 9 月 27 ～ 28 日，哲学研究所和中共衢州市委、市政府共同主办的“南孔文化与社会主义核心价值观理论研讨会”在浙江省衢州市举行。会议的主题是“儒家文化在社会主义核心价值体系建设中的重要地位和作用”。

（5）2014 年 10 月 8 日，哲学研究所和德国柏林自由大学哲学系主办的“公共性与公共领域”国际学术研讨会暨《东西方哲学年鉴》首届编委会会议在北京大学举行。会议的主题是“公共性与公共领域”，研讨的问题有“公共领域与全球化”“公共领域中的现实问题”“公共领域的哲学基础问题”“东方文化中的公共领域问题”“公共领域与伦理”“公共领域与民主”“公共领域及其问题”等。

（6）2014 年 11 月 14 ～ 16 日，由中国社会科学院、全国博士后管理委员会、中国博士后科学基金会主办，中国社会科学院博士后管理委员会、哲学研究、文化研究中心、河南大学承办的“第三届中国博士后文化发展论坛”在河南省开封市举行。论坛的主题是“全面深化改革背景下的文化发展”，研讨的主要问题有“传统文化创造性转化与创新性发展”“核心价值观与文化软实力”“文化发展的法律环境与文化立法”“文化产业发展的新趋势”。

（7）2014 年 12 月 19 ～ 22 日，哲学研究所和越南社会科学翰林院哲学研究所主办的“中国—越南核心价值观”国际学术研讨会在广西大学举办。会议的主题是“经济全球化时代中国与越南核心价值观建设的理论与实践”，研讨的主要问题有“推进经济全球化时代社会主义国家社会核心价值观建设”“应对全球化进程中社会主义国家在思想道德文化领域面临的挑战及风险”“提升社会主义国家软实力、积极促进和谐世界的建设”。

2. 国际学术交流与合作

2014 年，哲学研究所共派遣出访 26 批 32 人次，接待来访 8 批 10 人次。与哲学研究所开展学术交流的国家有俄罗斯、美国、英国、加拿大、爱尔兰、法国、德国、意大利、捷克、澳大利亚、新西兰、韩国、朝鲜、日本等。

（1）2014 年 2 月 20 ～ 22 日，哲学研究所王柯平参加在葡萄牙莱里亚理工大学举办的第九届国际汉学论坛，并作了题为“中国仁政与现代转型”的主旨演讲。

（2）2014 年 2 月 23 ～ 25 日，哲学研究所王柯平赴西班牙马德里中国文化中心作了题为“重思和谐论与中国当今语境”的学术报告。

（3）2014 年 3 月 27 日，哲学研究所谢地坤会见意大利国家研究委员会文化遗产人文与社会科学学院院长卡多·波佐教授等一行，双方就中意两国哲学研究进行交流。

（4）2014 年 3 月 28 日至 4 月 4 日，哲学研究所李景源、孙伟平、胡文臻应邀赴澳大利亚、新西兰参加“生态伦理及森林农场循环经济”调研活动。

（5）2014 年 5 月 22 ～ 25 日，哲学研究所魏小萍、贺翠香、张羽佳赴捷克参加捷克科学院组织的“哲学社会科学”大会。

（6）2014 年 8 月 18 ～ 23 日，哲学研究所何欢欢参加在维也纳大学举办的第 17 届国际佛教学大会。

（7）2014 年 10 月 24 ～ 25 日，哲学研究所魏小萍、黄慧珍赴韩国参加第三届韩中马克思主义学术会议。

（四）学术社团、期刊

1.社团

（1）中国辩证唯物主义研究会，会长王伟光。

2014 年 8 月 14 ～ 16 日，中国辩证唯物主义研究会在广东省深圳市举行第二届马克思主义哲学中国化深圳论坛——“邓小平哲学思想与当代中国”理论研讨会。会议的主题是“邓小平哲学思想与当代中国”。

（2）中国马克思主义哲学史学会，会长梁树发。

2014 年 7 月 15 ～ 18 日，中国马克思主义哲学史学会在黑龙江省哈尔滨市举行“人·生态·发展——马克思主义哲学史的视域”理论研讨会暨中国马克思主义哲学史学会 2014 年年会。会议的主题是“人·生态·发展——马克思主义哲学史的视域”，研讨的主要问题有“马克思关于人的问题”“《1844 年经济学哲学手稿》的文献学问题及文本内容再阐释”“当代生态问题与马克思主义哲学自然观的再认识”“马克思主义当代前沿问题研究”等。与会专家学者 120 余人。

（3）中国哲学史学会，会长陈来。

2014 年 10 月 29 ～ 30 日，中国哲学史学会在安徽省合肥市举行中国哲学史学会 2014 年年会暨“中国哲学与中华文明的传承创新”学术研讨会。会议的主题是“中国哲学与中华文明的传承创新”，研讨的主要问题有“中国古代思想家的学说”“中国哲学史沿革”“中国现代哲学思潮、人物、专题”“哲学与当代中国社会的变迁”“社会主义核心价值观与传统文化”“中国现代哲学叙述与现实生活变革”等。与会专家学者 100 余人。

（4）中华全国外国哲学史学会，会长谢地坤。

2014 年 11 月 8 ~ 9 日，中华全国外国哲学史学会、中国现代外国哲学学会在陕西省西安市举办“中西哲学中的身体问题”学术研讨会。会议的主题是“中西哲学中的身体问题”，研讨的主要问题有“中西哲学身体观的差异”“中国哲学中身体问题研究的独特性”等。与会专家学者 100 余人。

（5）中国现代外国哲学学会，会长江怡。

2014 年 10 月 25 ~ 26 日，中国现代外国哲学学会中国现象学专业委员会在四川省成都市举行了第十九届中国现象学年会暨“现象学与古希腊哲学”学术研讨会。会议的主题是“现象学与古希腊哲学”，研讨的主要问题有“胡塞尔、海德格尔与柏拉图、亚里士多德哲学的关系”“现象学中的各关键古希腊概念”“现象学与科学、美学的关系”等。与会专家学者 60 余人。

（6）中国逻辑学会，会长邹崇理。

① 2014 年 10 月 25 ~ 26 日，中国逻辑学会在北京市举行了 2014 年全国现代逻辑学术探讨会。会议的主题是“现代逻辑领域的最新研究成果”，研讨的主要问题有“数理逻辑”“哲学逻辑与逻辑哲学”“现代逻辑史”等。与会专家学者 70 余人。

② 2014 年 11 月 7 ~ 8 日，中国逻辑学会在湖南省湘潭市举行了中国逻辑学会全国学术大会暨中国逻辑学会第九届理事会。会议的主题是“逻辑与创新”，研讨的主要问题有“逻辑前沿问题研究”“逻辑教育与批判性思维”“逻辑的社会功能”“应用逻辑与逻辑应用”“逻辑与哲学、语言学、计算机科学等交叉研究”等。与会专家学者 150 余人。

（7）中国伦理学会，会长万俊人。

① 2014 年 4 月 20 ~ 24 日，中国伦理学会与韩国伦理学会、韩国学中央研究院共同主办“第 22 次韩中伦理学”国际学术大会。会议的主题是“东西方思想与伦理教育”，研讨的主要问题有“东西方传统伦理文化的比较”“东西方伦理与公民道德养成”“道德教育的理论与实践”“道德教育的方法”“东西方思想与社会伦理”“东西方思想与应用伦理”等。与会专家学者 50 余人。

② 2014 年 10 月 25 ~ 26 日，中国伦理学会在山东省济南市举行了“信念伦理与社会主义核心价值观”学术研讨会。会议的主题是“信念伦理与社会主义核心价值观”，研讨的主要问题有“信念伦理与德性伦理的哲学阐释”“践行社会主义核心价值观的路径探寻”等。与会专家学者 70 余人。

（8）中华美学学会，会长汝信。

① 2014 年 9 月 6 ~ 7 日，中华美学学会在上海市举行了“美学与当代精神生活”学术研讨会。会议的主题是“美学与当代精神生活”，研讨的主要问题有“国内外当代美学或艺术哲学研究的趋势”“中国文艺理论与批评面临的危机与挑战”“当代文化理论与文化批评的热点问题”“城市文化与当代精神生活的反思”“中国艺术产业的现状与对策研究”等。与会专家学者 30 余人。

② 2014 年 11 月 2 ~ 4 日，中华美学学会在浙江省杭州市举行了“人生论美学与中国美学传统”全国高层论坛。会议的主题是“人生论美学与中国美学传统”，研讨的主要问题有“人生论美学的历史传统”“人生论美学的学理建设”“人生论美学的现实意义”等。与会专家学者 60 余人。

(9) 国际易学联合会，会长董光璧。

① 2014 年 8 月 29 ~ 30 日，国际易学联合会在辽宁省沈阳市举行了国际易学联合会成立十周年庆典暨“传统文化与现代文明”国际论坛。会议的主题是“传统文化与现代文明”，研讨的主要问题有“易学总论”“易学史新探”“易卦经传新解”“易学与科学”“易图谶纬研究”“易学与风水学”“易学与生态文明”“易学与医学”“易学与思维模式”等。与会专家学者 200 余人。

② 2014 年 11 月 1 ~ 2 日，国际易学联合会在江苏省苏州市举行“现代易学与世界和平发展”国际研讨会暨吴地鬼谷文化研究会成立大会。会议的主题是“现代易学与世界和平发展”，研讨的主要问题有“现代易学与国际和平发展战略”“风水文化与企业发展”“鬼谷文化与商战策略”“象数与术数现代化的研究”等。与会专家学者 50 余人。

2. 期刊

(1)《哲学研究》(月刊)，主编谢地坤。

2014 年，《哲学研究》共出版 12 期，共计 240 万字。该刊全年刊载的有代表性的文章有：王伟光的《学好用好马克思主义哲学，努力掌握看家本领——学习习近平同志系列重要讲话精神的体会》，谢地坤的《如何理解康德哲学——〈纯粹理性批判〉中一些概念的辨析》，赵敦华的《实用主义与中国文化精神》，陈来的《论儒家的实践智慧》，李存山的《中国哲学的特点与中华民族精神》，卜祥记、张玮玮的《马克思“社会公正”理论的当代意义》，唐正东的《马克思历史唯物主义消费观的生成路径及理论特质》，段忠桥的《何为分配正义？——与姚大志教授商榷》，陆杰荣、张丽的《时代精神的权力及其微观转化探释》，黄克剑的《庄子“不言之辩”考绎》，刘静芳的《如何在中国哲学中安顿“普遍性”》，杨深的《社会达尔文主义还是民族达尔文主义？——严译〈天演论〉与赫胥黎及斯宾塞进化论的关系》，赵汀阳的《时间的分叉——作为存在论问题的当代性》，李德顺的《如何认识法律的价值——有关价值思维方式的一个经典命题》，甘绍平的《一种超越责任原则的风险伦理》，罗骞的《论政治哲学的存在论基础及存在论性质》，王新生的《什么是政治哲学？》。

(2)《哲学动态》(月刊)，主编崔唯航。

2014 年，《哲学动态》共出版 12 期，共计 240 万字。该刊全年刊载的有代表性的文章有：王伟光的《对中国特色社会主义理论体系的丰富和发展》，李德顺的《从哲学高度关注全面深化改革》，赵敦华的《中国的西方哲学的任务和问题》，万俊人的《当代伦理学前沿检视》，冯平的《中国价值论研究范式的现状与转型》，陈先达的《论马克思主义哲学创新之路》，张文喜的《开启马克思政治哲学的新境域》，侯才的《马克思“新唯物主义”的真正诞生地和秘密——

纪念〈1844年经济学哲学手稿〉写作170周年》，郭齐勇、肖雄的《中国哲学主体性的具体建构——近年来中国哲学史前沿问题研究》，孔明安的《齐泽克与当代资本主义批判——兼论精神分析视野下的虚拟资本及其功能》，马寅卯的《索洛维约夫的思想在西方的传播与影响》，陈树林的《欧亚主义历史文化特殊性理论及其价值》，段伟文的《科技哲学的进路重整与时代观照》，宋荣的《命题、态度与心灵——当代心灵哲学中命题态度研究的最新进展》，王柯平的《美学新探的方法与视域》等。

(3)《世界哲学》(双月刊)，主编孙伟平。

2014年，《世界哲学》共出版6期，共计150万字。该刊全年刊载的有代表性的文章有：张庆熊的《"实质本体论"和"形式本体论"的宏大构想及其遗留问题——剖析胡塞尔在〈大观念〉中规划的"本质科学"》，詹文杰的《如何理解柏拉图的"知识"和"信念"？》，杨修志的《知觉知识的新进路：知识论的析取主义评析》，[法]M.福柯的《生命：经验与科学》，[法]G.德勒兹的《内在：一种生命》，白彤东的《恻隐之心的现代性本质——从尼采与孟子谈起》，[德]M.弗雷德的《一般的和特殊的形而上学的统一性：亚里士多德的形而上学概念》，叶锋的《大脑与规范性》，杨婉仪的《从认识与体验谈启蒙与反启蒙》，苏庆辉的《指示条件句的真值条件、相信条件与接受条件》，[美]A.塔尔斯基的《什么是逻辑概念？》，江怡的《当代西方分析哲学史研究现状分析》，牛文君的《真理与诠释：一种反方法的方法》，任丑的《身体伦理的基本问题——健康、疾病与伦理的关系》，[英]C.麦金的《我们能够解决心身问题吗？》，[日]井筒俊彦的《伊斯兰形而上学之思的基本结构》，[美]E.索萨的《德性知识论：品质与能力》，夏莹的《当代激进左派的哲学与政治——以德勒兹思想为例》，王华平的《概念论的合理性与限度》，[美]G.穆内瓦的《征服费耶阿本德的〈征服丰富性〉》，[俄]L.舍斯托夫的《哲学就是练习死亡》，刘子桢的《从自然接受到批判扬弃：论克尔凯郭尔生存辩证法与黑格尔辩证法的关系》，陈嘉映的《伦理学有什么用？》，[德]A.F.科赫的《黑格尔逻辑学中否定的自关联》，[英]W.B.盖里的《本质上有争议的概念》，蒉益民的《物理世界的因果封闭性、心灵因果性以及物理主义》，[美]A.麦金太尔的《宽容与冲突的善》。

(4)《中国哲学史》(季刊)，主编李存山。

2014年，《中国哲学史》共出版4期，共计约100万字。该刊全年刊载的有代表性的文章有：杨立华的《天理的内涵：朱子天理观的再思考》，张翔的《康有为经学思想调整刍议》，郑万耕的《岱老对〈周易〉学说的阐扬和吸取》，梁隽华的《论张岱年对唯物辩证法与中国哲学的互诠及其方法论意义》，林存光的《儒家思想的多重面向》，高海波的《刘宗周对阳明四句教的批评》，陈居渊的《清代的经筵讲论与学术的多变》，谢伟铭的《梁启超视域中的"新民"之义》，孙尚扬的《略论汤一介对文化问题的思考》，刘丰的《王素的三礼学与"郑王之争"》，许家星的《"字义"与"经疑"的一体》，陈明的《"威仪"与"文质"——王夫之〈尚书引义·顾命〉中的礼学思想》。

（五）会议综述

中澳哲学会议：哲学与当代社会

2014年6月19日，“中澳哲学会议：哲学与当代社会”在中国社会科学院举行。会议由中国社会科学院、澳大利亚人文科学院主办，中国社会科学院国际合作局、哲学研究所承办。会议的主题是“哲学与当代社会”。中国社会科学院副院长李扬与澳大利亚人文科学院院长莱斯利·约翰逊出席会议并签署了双边交流合作协议。会议由中国社会科学院哲学研究所所长谢地坤研究员主持。来自中国社会科学院、北京大学、清华大学的30余名青年学者和学生代表参加了会议。

2014年6月，“中澳哲学会议：哲学与当代社会”在北京举行。

中澳学者从“哲学传统与哲学精神”“马克思主义哲学中国化与当代中国发展”“当代哲学比较研究”“哲学在当代的作用与命运”等方面进行了研讨。

中国社会科学院哲学研究所研究员张志强作了题为“礼俗、政教与文明国家——当前中国哲学研究的新趋向及其思想关切”的发言。他通过分析近年来中国哲学史研究出现的三种新趋向（即经学研究的全面复兴、礼学研究成为经学研究的重镇、儒释道三教关系研究逐渐成为重新整合中国哲学史研究的新领域），认为这三种新趋向背后，实际上与当代中国所面临的三种时代问题相互呼应。

中国社会科学院哲学研究所研究员王柯平作了题为“效政与整合性转化”的发言。他认为，在全球化背景下的中国发展，包含了传统与现代的整合性转化。他认为传统文化中的仁政概念需要在全球化背景下，根据社会需要进行整合转化并重新构想和创新。

澳大利亚国立大学教授梅·约翰作了题为“中国传统哲学的新观点：以朱熹为例”的发言，他认为，要理解中国传统与现代哲学，必须要理解传统儒学。他通过讨论朱熹理学思想的重要观点，将理学思想与东亚佛教经典中的大乘起信论相联系，并讨论了二者的关系。

新南威尔士大学副教授赖蕴慧作了题为“比较知识论：知识、学习以及践行之知”的发言。他揭示了潜藏在中国哲学中的本质和知识相关的假设，旨在通过对中国哲学的这些思考，促进中西方文化的交流。

（科研处）

“邓小平哲学思想与当代中国”理论研讨会

2014年8月15～16日，为纪念邓小平同志诞辰110周年，深入研究邓小平哲学思想与当代中国全面深化改革和经济社会发展的重大理论和现实问题，推进中国特色社会主义事业发展与马克思主义哲学中国化，中国社会科学院哲学研究所与中国辩证唯物主义研究会、中共中央党校哲学教研部、中共深圳市委党校联合主办的“邓小平哲学思想与当代中国”理论研讨会在广东省深圳市举行。来自中国社会科学院、中共中央党校、国防大学、北京大学、中国人民大学、中国政法大学、北京师范大学等科研机构和高校的100余名知名专家学者出席研讨会。

中国社会科学院院长王伟光出席会议并作了题为“中国近代以来第三次伟大历史变革的发起者和领导者”的主题报告，高度评价了邓小平的重大历史贡献，将改革开放作为继资产阶级民主革命、新民主主义革命之后的第三次伟大历史变革，认为邓小平同志是中国特色社会主义道路的伟大开创者，是改革开放和中国特色社会主义事业的总设计师，是中国特色社会主义理论体系的伟大开拓者。

中国社会科学院哲学研究所党委书记王立民教授出席会议并主持大会主题发言。他强调，邓小平哲学的精髓在于解放思想、实事求是，坚持一切从实际出发，理论联系实际，在实践中检验和发展真理。

会议期间，中国辩证唯物主义研究会召开了第七届代表大会，完成了研究会换届工作。经表决，中共中央委员、中国社会科学院院长王伟光研究员当选为第七届中国辩证唯物主义研究会会长。

广东省委常委、深圳市委书记王荣及主要领导到会祝贺。

（科研处）

中国社会科学论坛之“公共性与公共领域”国际学术研讨会暨《东西方哲学年鉴》首届编委会会议

2014年10月8日，中国社会科学论坛之“公共性与公共领域”国际学术研讨会暨《东西方哲学年鉴》首届编委会会议在北京大学举行。研讨会由中国社会科学院哲学研究所、德国柏林自由大学哲学系主办，北京大学哲学系、清华大学人文学院、歌德学院北京分院协办。

研讨会围绕“公共性与公共领域”展开，共分为七个议题，分别是公共领域与全球化、公共领域中的现实问题、公共领域的哲学基础问题、东方文化中的公共领域问题、公共领域与伦理、公共领域与民主、公共领域及其问题。中方学者主要从中国传统文化和当代中国社会历史现实的视角回应上述问题。比如，中国社会科学院哲学研究所研究员李存山的论文《先秦儒家在公共领域对“忠信”的重视》，从中国传统哲学的背景出发，认为先秦儒家在公共领域特别重视“忠信”，就是强调执政者对臣民要忠诚或诚信，从而使“民信之”，如此才能实现治国目标。秦以后在“三纲”的语境下，“忠”的道德义务只被用于臣而不可用于君，以致“忠信”的特殊意义废而不讲，这正反映了儒家“德治”思想在君主制下所处的困境。在现代民主法治社会，执政者如何以身作则，从而提升其公信力或信任度，仍是必须重视而亟待解决的问题。北京大学教授韩水法认为，公共性亦可以从正义的角度来理解，而两者的重叠之处就在于社会善品，或者更准确地说，在于如何理解和界定社会善品。在这个意义上，正义理论关于善品的观点正是公共性的核心所在。

外方学者主要从西方文化背景和社会现实出发，阐述了对“公共性和公共领域”问题的认识。比如，德国吉森大学教授里贾纳·克莱德提交的论文《数字领域、公共平台与交往权力：对政治学商谈模型的辩护》针对当前人们对政治学中商谈模型的批判，指出商谈模型有助于平衡理想主义和现实主义、传统媒体和所谓数字化的公共领域、和平商谈和暴力反抗之间的张力，特别是阿伦特使用过的“交往暴力”概念揭示了未来参与公共领域和数字空间的可能性。荷兰阿姆斯特丹大学教授亚特·罗德紧密结合当前互联网现实和欧盟法律法规，探讨了在公共领域中隐私与自由、自决的关系，隐私在公共领域中的意义以及匿名性与言论自由、安全等之间可能出现的冲突。

（科研处）

“中国—越南核心价值观”国际学术研讨会

2014 年 12 月 19 ~ 22 日，由中国社会科学院哲学研究所和越南社会科学翰林院哲学所主办，广西大学政治学院、广西大学中国—东盟研究院承办的“中国—越南核心价值观”国际学术研讨会在广西壮族自治区南宁市举行。广西大学党委书记、中国—东盟研究院院长梁颖教授、中国社会科学院哲学研究所党委书记王立民教授、越南社会科学翰林院哲学所副所长阮才东教授分别在开幕式上致辞。会议由广西大学政治学院院长雷德鹏教授主持。来自相关领域的专家学者和期刊媒体的编辑记者 40 余人参加了会议。

2014 年 12 月，“中国－越南核心价值观”国际学术研讨会在广西壮族自治区南宁市举行。

来自中国社会科学院哲学研究所、越南社会科学翰林院哲学所、广西大学中国—东盟研究院越南所、上海社会科学院哲学所等单位的研究人员参加会议。会议围绕“经济全球化时代中国与越南核心价值观建设的理论与实践”进行了研讨。

王立民指出党的十八大以来，习近平总书记多次就培育和践行社会主义核心价值观作出重要论述，提出明确要求，为我们指明了前进的方向。人类社会发展的历史表明，对一个民族、一个国家来说，最持久、最深层的力量是全社会共同认可的核心价值观，强化核心价值观建设非常必要。中越双方，国情有相似之处，都是在生产力不发达的前提下走上社会主义道路的。在全球化的背景下，如何理解社会主义，如何建设社会主义，需要双方的哲学家们贡献更多的智慧，为建设各自具有民族特色的社会主义作出更大贡献。

广西大学党委书记梁颖指出，在经济全球化的进程中，同为社会主义国家的中国和越南的一批专家学者相聚在广西大学，围绕建设社会主义核心价值体系，加强社会主义国家“软实力”建设，积极应对思想道德文化领域面临的挑战及风险等问题开展深入探讨，不仅能为两国核心价值观建设提供借鉴，也将为全球化进程中人类共同关心的社会文化建设提供参考，将为推动中越两国核心价值观建设作出应有的贡献。

越南社会科学翰林院哲学所副所长阮才东认为，建设社会主义核心价值观非常有必要。建设社会主义就需要探讨建设社会主义的道路、模式，以及如何评价社会主义的价值标准，就必须有社会主义的核心价值观。如果没有社会主义建设模式，就无法建构社会主义。在全球化进程中，每个国家都应该有自己的核心价值观。

（科研处）

世界宗教研究所

（一）人员、机构等基本情况

1. 人员

截至2014年年底，世界宗教研究所共有在职人员79人。其中，正高级职称人员18人，副高级职称人员22人，中级职称人员24人；高、中级职称人员占全体在职人员总数的81%。

2. 机构

世界宗教研究所设有：马克思主义宗教观研究室、宗教学理论研究室、佛教研究室、伊斯兰教研究室、道教与中国民间宗教研究室、基督教研究室、当代宗教研究室、儒教研究室、宗教文化艺术研究室、《世界宗教研究》编辑部、《世界宗教文化》编辑部、资料室、办公室、科研处。

3. 科研中心

世界宗教研究所院属科研中心有：中国社会科学院基督教研究中心、中国社会科学院佛教研究中心、中国社会科学院道家与道教研究中心；所属科研中心有：儒教研究中心、巴哈伊教研究中心、反邪教研究中心。

（二）科研工作

1．科研成果统计

2014 年，世界宗教研究所共完成专著 13 种，共 434.6 万字；论文 78 篇，共 83.55 万字；研究报告 2 篇，共 4 万字；译著 1 种，共 20 万字；译文 1 篇，共 1.5 万字；一般文章 17 篇，共 6.99 万字；论文集 11 种，共 440 万字。

2．科研课题

（1）新立项课题。2014 年，世界宗教研究所共有新立项课题 10 项。其中，国家社会科学基金重点课题 3 项："宗教学理论探新"（金泽主持），"梵蒂冈和世界天主教最新发展及对我国的影响研究"（王美秀主持），"印度宗教与政治的关系研究"（邱永辉主持）；国家社会科学基金特别委托课题 1 项："周边国家宗教发展态势及其对我国社会稳定、文化安全的影响"（金泽主持）；国家社会科学基金一般课题 1 项："西夏草书研究"（孙颖新主持）；院国情调研基地课题 2 项："云南省德宏州陇川县基地"（郑筱筠主持），"孟中印缅经济走廊之南传佛教情势分析研究——以云南德宏为例"（郑筱筠主持）；委托课题 3 项："新疆宗教与丝绸之路（卓新平、曹中建主持），"新疆宗教现状调研"（卓新平、曹中建主持），"宗教对我国及周边国家关系的影响研究"（卓新平、金泽主持）。

（2）结项课题。2014 年，世界宗教研究所共有结项课题 6 项。其中，国家社会科学基金青年课题 2 项："理一分殊——当代宗教多元现象与理论研究"（李林主持），"安萨里《哲学家的矛盾》译介研究"（王希主持）；国家社会科学基金后期资助课题 1 项："清代佛教与政治文化"（周齐主持）；院重点课题 2 项："美国政教关系研究"（董江阳主持），"闽西罗祖教调查研究"（李志鸿主持）；西藏历史与现状综合研究课题 1 项："西藏政教合一制度及其对藏族社会的影响"（尕藏加主持）。

（3）延续在研课题。2014 年，世界宗教研究所共有延续在研课题 10 项。其中，国家社会科学基金重大课题 1 项："《剑桥基督教史》（九卷本）翻译"（卓新平主持）；国家社会科学基金重点课题 1 项："梵蒂冈原传信部所藏中国天主教会档案文献编目（1622 ~ 1939 年）"（刘国鹏主持）；国家社会科学基金一般课题 3 项："敦煌道教文献图录编"（王卡主持），"犹太教通史"（黄陵渝主持），"东北道教史"（汪桂平主持）；国家社会科学基金青年课题 2 项："闽西罗祖教调查研究"（李志鸿主持），"西方宗教心理学最新进展"（梁恒豪主持）；院重大课题 1 项："马克思主义宗教观基本理论研究"（曾传辉主持）；中共广州市委宣传部委托课题 1 项："太平天国启示录"（周伟驰主持）；创新工程——贯彻落实十八大精神重大研究项目 1 项："人文与社会学科基础研究子课题——《当前我国宗教状况与宗教政策研究》"（卓新平主持）。

3．创新工程的实施和科研管理新举措

2014 年，世界宗教研究所全部研究室及编辑部进入创新工程，全所参加创新工程总人数为 62 人。

2014年，世界宗教研究所的创新工程项目有9个："中国传统宗教思想与文化发展战略研究项目"（首席研究员为卢国龙），"当代宗教与文化发展战略研究项目"（首席研究员为邱永辉），"马克思主义宗教理论创新研究项目"（首席研究员为曾传辉），"宗教学理论创新研究项目"（首席研究员为赵广明），"世界区域性佛教发展趋势与问题研究项目"（首席研究员为魏道儒），"世界区域性基督教发展趋势与问题研究项目"（首席研究员为卓新平），"宗教艺术与文化发展研究项目"（首席研究员为何劲松），"中国道教与民间信仰研究项目"（首席研究员为金泽），"当代伊斯兰教和东南亚佛教热点问题研究"（首席研究员为郑筱筠）。其中，"当代伊斯兰教和东南亚佛教热点问题研究"项目下设"当代伊斯兰教热点问题研究""东南亚佛教热点问题研究"两大子项目。

根据《关于做好2014年度创新工程有关工作的通知》有关全院学术期刊全部进入创新工程的要求，该所的《世界宗教研究》《世界宗教文化》两编辑部同时进入创新工程。

2014年，根据中国社会科学院印发的《中国社会科学院创新工程研究领域指南》等系列文件要求，在马克思主义宗教观理论的指导下，世界宗教研究所制定和实施创新工程方案，积极构建新的学术管理平台和用人机制，推动体系创新和学科发展。

首先，在用人机制方面，围绕创新工程申报项目，积极聘用各类相关学者和人才，发挥人才优势，增强创新的力量。

其次，在管理层面，该所执行首席研究员对各项目负责、首席管理对全所创新工程负总责制，层层管理，落实到位，使全所创新工程得以有效地开展。

在创新项目研究方面，全所紧紧围绕创新工程项目，以研究室为单位，开展各项目研究。

（三）学术交流活动

1. 学术活动

2014年，世界宗教研究所主办的学术会议有：

（1）2014年5月24～25日，由世界宗教研究所主办的以"文本与意义"为主题的马克思主义宗教观研讨会(2014)在北京召开。会议研讨的主要问题有"马克思主义宗教观中国化""党的宗教政策的完善""宗教问题的统战与安全考量""邪教问题的教训"等。

（2）2014年6月27日，世界宗教研究所、中国宗教学会联合举办了"宗教工作与公共服务"学术研讨会。会议的主题是"宗教工作与公共服务",研讨的主要问题有"宗教工作及宗教政策""宗教管理部门如何引导宗教组织提供公共服务""宗教的社会组织活动""西方国家宗教政策及NGO组织在公共服务领域的角色""未来宗教工作在公共服务领域内的发展方向及趋势研究"等。

（3）2014年10月17～18日，由世界宗教研究所主办的"宗教社会学2014北京论坛"在北京召开。论坛的主题是"理论溯源",旨在对西方宗教社会学理论追根溯源,进行知识考古,厘清其内涵与流变。

（4）2014年10月24～25日，由中国社会科学院文学哲学学部、世界宗教研究所、中国宗教学会联合举办的“宗教文化与中华之道——第五届中国宗教学五十人高级论坛”在北京举行。会议研讨的主要问题有“宗教文化与中华文化的精神内涵之间的关系”“中国的传统宗教与外来宗教构建中华之道”等。

（5）2014 年 10 月 26 ～ 27 日，由世界宗教研究所、中国社会科学院宗教学会、中国社会科学院基督教研究中心联合举办的“第二届基督教中国化学术座谈会”在北京举行。会议研讨的主要问题有“基督教中国化的诸现象”“基督教文化与中国传统文化的关系”等。

（6）2014 年 11 月 1 ～ 2 日，世界宗教研究所、中国宗教学会共同主办了“第三届东南亚宗教研究高端论坛”。论坛的主题是“全球化时代背景下的东南亚宗教”。

（7）2014 年 11 月 14 日，世界宗教研究所在北京召开“伊斯兰教与国家安全战略”学术研讨会。会议研讨的主要问题有“中国边疆民族地区的安全形势”“宗教极端主义对中国国家安全的挑战”“中国与周边国家的安全合作”“伊斯兰国家反对宗教极端主义的经验与做法”“伊斯兰世界与中国的全球安全战略”等。

（8）2014 年 11 月 14 ～ 16 日，世界宗教研究所儒教研究中心与山东大学犹太教与跨宗教研究中心联合举办的“2014 儒教重建与道德教化”学术研讨会在北京举行。会议研讨的主要问题有“古代儒教的历史发展与特征”“儒教与其他宗教的比较”“海外华人的儒教实践经验”“中国近现代儒教”“儒教的信仰精神与制度形态”“儒教改革与儒教重建”等。

（9）2014 年 11 月 28 日至 12 月 1 日，由世界宗教研究所、中国宗教学会主办的“首届民间信仰研究高端论坛”在北京召开。会议的主题是“中国民间信仰的当代处境与发展前瞻”，研讨的主要问题有“民间信仰的管理”“少数民族地区民间信仰发展状况”“民间信仰与制度化宗教的互动”“民间信仰的反思与调整”“民间信仰的新发展”“东南地区和海外民间信仰发展现状”等。

（10）2014 年 12 月 19 日，“中国社会科学院世界宗教研究所成立五十周年座谈会”在北京举行。世界宗教研究所的所内学者还举办了“澄怀观道——中国社会科学院世界宗教研究所成立五十周年成果展暨书画作品展”。

（11）2014 年 12 月 19 ～ 21 日，世界宗教研究所第十届青年学者论坛暨第四届博士后论坛在北京召开。论坛的主题是“宗教学：传统视野与新范式建构”。

2．国际学术交流与合作

2014 年，世界宗教研究所共派遣出访 20 批 21 人次，出访的国家有美国、印度、德国、日本、马来西亚等。

（1）2014 年 4 月 2 日至 6 月 29 日，应德国艾尔兰根市弗里德里希－亚历山大大学精神科学研究国际学院教授朗宓榭邀请，世界宗教研究所教授周伟驰赴德参加该研究机构课题“命运、自由与预测，东亚和欧洲对未来的处理策略”的合作研究工作。

（2）2014 年 5 月 16 日，由世界宗教研究所主办，美国富勒心理学院协办的“中美宗教心理学双边研讨会”在北京召开。会议研讨的主要问题有“从心理学视角阐释中国传统宗教和文化”“在中国进行宗教心理研究可运用的研究方法”“对中国的宗教现象和教徒心理进行的实证研究”“中国宗教心理学的学科建设问题”等。

（3）2014 年 7 月 4 ～ 8 日，由国际儒学联合会、中国孔子基金会、马来西亚孔学研究会主办的国际儒学大会在马来西亚砂拉越古晋市举行。会议的主题是“儒学践行·日用常行——当代儒学文化的传播与践行”。世界宗教研究所所长卓新平参加会议，并提交论文《儒家文化与中国知识分子》。

（4）2014 年 11 月 1 ～ 4 日，世界宗教研究所所长卓新平参加在圣地亚哥加州大学举行的“当今中国的宗教：复兴、挑战、革新”国际学术研讨会。会议的主题是“当今中国宗教的发展和政治的关系”。

（5）2014 年 12 月 5 ～ 17 日，世界宗教研究所研究员王卡访问澳大利亚，参加由麦考瑞大学中文系举办的“先秦两汉出土文献与中国哲学国际研讨会”。

3. 与香港、澳门特别行政区和台湾开展的学术交流

（1）2014 年 4 月 25 日至 5 月 31 日，世界宗教研究所研究员叶涛赴台湾，进行台湾民间东岳信仰仪式调研工作。

（2）2014 年 10 月 9 ～ 11 日，为庆祝澳门回归 15 周年，2014 年“第二届国际文化艺术品交易会”在澳门特区举行。应《澳门国际文化艺术品交易会·宗教文化艺术日·宗教艺术高端论坛》组委会邀请，世界宗教研究所党委书记、副所长曹中建，研究员金泽参加会议并发表演讲。

（3）2014 年 12 月 12 ～ 14 日，“第十二届海峡两岸学术论坛——传统文化与道德教化”学术研讨会在北京举行。会议由世界宗教研究所与台湾中华宗教哲学研究社联合举办。来自中国社会科学院世界宗教研究所、北京大学、清华大学、中国人民大学、中央民族大学、四川大学、四川师范大学、安徽大学、台湾中华宗教哲学研究社的近 50 名专家学者参加会议。会议的主题是“传统文化与道德教化”。

（四）学术社团、期刊

1. 社团

中国宗教学会，会长卓新平。

2014 年 6 月 7 ～ 8 日，由中国宗教学会主办、西北大学承办的“宗教与丝绸之路”高层论坛暨 2014 年中国宗教学会年会在陕西省西安市举行。会议研讨的主要问题有“丝绸之路与宗教传播”“宗教对话与文明交往”“宗教理论与宗教发展现状”“宗教的功能与宗教学发展”“宗教哲学与宗教历史”等。

2. 期刊

（1）《世界宗教研究》（双月刊），主编卓新平。

2014年《世界宗教研究》共出6期，共计180万字。全年刊载的有代表性的文章有：林悟殊的《京藏摩尼经音译词语考察》，刘震的《〈赞法界颂〉源流考》，汪桂平的《明末道士马真一生平行实考》，王玉鹏的《牛津运动中书册派对安立甘教派身份认同的重构》，拜荣静的《西部穆斯林宗教纠纷的法治解决机制》，文学平的《马克思如何理解关于上帝存在的本体论证明》、段德智的《宗教殖民主义及其哲学基础》，叶宪允的《蒙元前期都城"哈剌和林"城的北少林寺考》，石沧金的《马来西亚海南籍华人的民间信仰考察》，张仕颖的《马丁·路德的神学突破》，孔含鑫、吴丹妮的《论多元文化视野下"羌"在边疆康区的文化主体性》，卓新平的《研究世界宗教促进人类和平——世界宗教研究所建所50周年感言》，班班多杰的《试论宗喀巴的判教观》，赵翠翠、李向平的《"仪式承包者"与民间信仰类型的建构——以陕西炎帝信仰及其精英关系为例》，郑筱筠、梁晓芬的《中国南传佛教教派发展的历史脉络探析》，张桥贵的《多元宗教和谐与冲突》，葛承雍的《景教天使与佛教飞天比较辨识研究》，麻天祥的《僧稠与北方禅法——兼论禅定分途》，沙宗平、王希的《简论苏赫拉瓦迪的照明哲学》，毛胜的《毛泽东思想活的灵魂与中国宗教学研究——纪念毛泽东批示组建宗教研究机构50周年》，林壮青的《近代"自我拯救"政治的困境与神学复活》，艾菊红的《身份的政治学——西双版纳傣族基督徒的身份研究》，金宜久的《重视对宗教极端主义问题的研究》，周燮藩的《当代伊斯兰教发展趋势的多维透视》，印顺的《南海佛教和南海战略》。

（2）《世界宗教文化》（双月刊），主编郑筱筠。

2014年，《世界宗教文化》共出版6期，共计140多万字。该刊全年刊载的有代表性的文章有：萧霁虹的《从碑刻看云南与妈祖信仰》，李金轲、马得汶的《基督教在中印领土争议东段地区珞巴族中的传播与影响》，郑筱筠的《当代南传佛教寺院经济现状及其管理探析》，刘义的《圣灵、治病及财富连20世纪五旬节—灵恩运动的全球扩张》，徐凤林的《俄罗斯东正教丧葬仪式的灵性关怀》，卓新平、龚学增、曾传辉、郑筱筠的《如何认识马克思主义宗教观》，肖伟光的《朱子鬼神观管窥连以生死、义命和理气为中心》，魏道儒的《从文明交流互鉴角度认识和理解佛教连学习〈习近平在联合国教科文组织总部的演讲〉》，王卡的《明代景教的道教化连新发现一篇道教碑文的解读》，吴莉琳的《托马斯·默顿论凝望与行动》，李璐的《西化与传统：从文化观的差异看钱穆对胡适禅宗研究的批评》，刘金光的《宗教参与五位一体建设的战略思考》，陈义和的《论民国时期的教制改革思想与政教关系的法律构建连以太虚的佛教教制改革思想为例》，马丽蓉的《中阿"共生观"：从理念到实践的成功建构》，李渤、雷丽平的《试析乌克兰天主教会的地位与影响》，木拉提·黑尼亚提的《哈萨克族宗教信仰的历史演变探析》，金泽的《略论信仰作为宗教学理论研究的逻辑起点》，傅有德的《理性与信仰之间：西方文化的源流与生命力》，白志红、钟小鑫的《无权者的权力"游戏"——缅甸华人民间信仰者的宗教建构及其身份认同》，孟慧英、苑杰的《文化遗产语境下的世界萨满文化》，曹兴的《汉族宗教发生学之二：颛项改革与汉族创世说空白对后世的影响》，色音的《日本神道教的历史与现状》，尕藏加的《宗教信仰与各民族和谐相处——以青海省贵德地区为例》。

（五）会议综述

“宗教与丝绸之路”高层论坛暨2014年宗教学会年会

2014 年 6 月，“宗教与丝绸之路”高层论坛暨 2014 年中国宗教学会年会在陕西省西安市举行。

2014 年 6 月 7 ~ 8 日，由中国宗教学会主办、西北大学承办的“宗教与丝绸之路”高层论坛暨 2014 年中国宗教学会年会在陕西省西安市举行。会议共收到论文 47 篇。来自各界的 80 多位专家学者参加会议。40 余位学者作会议报告。与会专家学者主要围绕“丝绸之路与宗教传播”“宗教对话与文明交往”“宗教理论与宗教发展现状”“宗教的功能与宗教学发展”“宗教哲学与宗教历史”等议题进行了深入研讨。

会上，“我国主要宗教的研究现状与发展趋势”“世界宗教研究理论前沿与学术热点”“宗教对话与交流的历史经验”成为学术探讨的主要内容。其中，佛教、道教、伊斯兰教研究和宗教对话是讨论重点。关于佛教研究的论文有 15 篇，主要集中在佛教研究趋势、佛教历史、佛教哲学、佛教社会功能、佛教文学和佛教艺术等领域。关于道教研究的论文有 5 篇，主要集中在道教研究趋势、道教哲学、道教流派和道教仪式等领域。关于伊斯兰教研究的论文有 6 篇，主要集中在伊斯兰教研究回顾与总结、伊斯兰文献与经学、伊斯兰教在中国的传播历史、伊斯兰教的思想观念等领域。关于基督宗教研究的论文有 2 篇，集中在对基督教研究的回顾总结和本土化经验的研究。此外，还有萨满教、摩尼教等其他宗教研究的论文。关于宗教对话与宗教交流的论文有 5 篇，集中探讨宗教交流对话的历史经验。关于宗教研究理论范式的论文有 2 篇，讨论了宗教理论研究的前沿问题。

“丝绸之路与宗教传播的历史经验和当代启示”是与会学者讨论的另一重点内容，相关的论文有 13 篇。中国社会科学院世界宗教研究所卓新平在论坛开幕式致辞中认为，宗教的传播和融合在丝绸之路历史中起过重要的作用，丝绸之路有着独特的宗教之魂，西安在中外宗教交流上起着关键作用。阐明宗教与丝绸之路的关系，总结丝路宗教对话的历史经验与世界文明前景的关系，有助于发掘宗教文化资源，推动国家“一带一路”建设战略构想的实施。西北大学方光华的《丝绸之路遗产及其现代价值》、西北大学李利安的《丝绸之路与人类文明交往》、敦煌研究院彭晓静的《丝绸之路：一条信仰之路及多民族文化融合之路》、西北大学黄民兴的《中亚和东南亚——亚洲丝绸之路上宗教文化交往的十字路口》、陕西省佛教协会韩金科的《从扶风到龟兹——汉代丝绸之路班氏家族历史业绩的千年传承》、中国社会科学院世界宗教研究所王志远的《法显之行与丝绸之路》等论文分别讨论了丝绸之路沿线的宗教历史与文化现象。国家宗教局政策法规司刘金光的《发挥宗教在“新丝绸之路经济带建设”大战略中的积极作用》、四川新泰克公司程世平的《开放的经济与文化宽容》、陕西省社会科学院宗教研究所李继武的《宗教传播对丝绸之路的拓展与巩固》、江苏省行政学院尤佳的《宗教对话的“嵌入”与“新丝绸之路”建设》等论文则立足现代社会，讨论当代宗教与对外交流的问题。

宗教在推动当代世界文明交往、协调国际关系中有着不可替代的作用，与会学者提供4篇论文，探讨当代宗教与世界文明的发展前景、宗教与中国文化发展战略问题。山东大学傅有德的《理性与信仰之间：西方文化的源流与生命力》、复旦大学徐以骅的《宗教与中国公共外交》、西北大学王永智的《西部青年知识群体宗教信仰现状及特殊性的调查与研究》、宗教文化出版社戴晨京的《数字出版：宗教文化传播的新载体》等论文都对此问题进行了探讨。

此次“宗教与丝绸之路”高层论坛，是宗教学界紧扣时代脉搏、配合国家发展战略、探讨社会当前热点问题的集中体现。与会专家学者一致认为，加强宗教理论和现实问题的研究，处理好我国当前面临的宗教问题，有利于维护我国国家安全，有利于国家全面开放尤其是向西开放战略的实施，有利于维护我国社会稳定，有利于“丝绸之路经济带”和“海上丝绸之路”建设大局。

（席会东　李海波）

第三届东南亚宗教研究高端论坛
——全球化时代背景下的东南亚宗教

2014年11月1～2日，中国社会科学院世界宗教研究所、中国宗教学会共同主办了“第三届东南亚宗教研究高端论坛——全球化时代背景下的东南亚宗教”。

论坛由中国社会科学院世界宗教研究所副所长郑筱筠研究员主持。来自中国社会科学院、清华大学、中国政法大学、上海外国语大学、上海市宗教研究中心、中山大学、云南大学、云南省社会科学院、华侨大学、暨南大学、云南民族大学、云南佛学院等高校和科研院所的30余位专家学者参加了论坛。

中国宗教学会副会长、中国社会科学院世界宗教研究所研究员金泽在论坛开幕式致辞中指出，2012年至今，世界宗教研究所已是第三次举办东南亚宗教论坛，通过这一系列的研讨，学术界对东南亚宗教相关问题的讨论越来越深入，继续坚持下去，学术上的功效会越来越显著。目前，东南亚地区在世界上的地位越来越重要，各个国家对东南亚的研究也越来越深入。我们国家有多个跨境民族和跨境宗教，与东南亚地区有着广泛的联系，因此，对东南亚宗教的研究具有非常重要的理论意义和现实意义。

论坛有六场发言，分别针对不同议题。在第一场主题发言中，云南省社会科学院原院长贺圣达研究员针对近年来缅甸的佛教徒与穆斯林的宗教冲突，探讨了引起冲突的原因、各方反响，以及冲突的未来走向。中山大学教授段立生就泰国的佛教艺术及鉴赏等问题进行了发言。中国社会科学院世界宗教研究所副所长郑筱筠研究员以“机遇与挑战：全球化时代的东南亚宗教与发展战略”为题，对论坛的主题“全球化时代背景下的东南亚宗教”进行了深入阐述。

在第二场主题发言中，华侨大学教授黄海德就海外华人道教的历史及现状进行了报告，谈及了东南亚华人道教的传播途径、历史及未来走向等问题。华侨大学教授王爱平围绕着印度尼西亚的孔教进行了发言，指出中国的儒家文化在印度尼西亚如何传播、发展以及如何宗教化、制度化、印尼化等问题。上海外国语大学中东研究所所长马丽蓉教授就伊斯兰极端主义的全球蔓延进行了汇报，介绍了伊斯兰教在东南亚的发展情况。

第三场发言中，中国政法大学教授曹兴以僧泰冲突研究为线索，对西亚非、南亚、东南亚三个地区的教缘冲突进行了比较。云南大学民族研究院教授白志红报告了缅甸作为“无权者”的华人如何通过宗教建构完成其身份认同和权力诉求等问题。中国社会科学院世界宗教研究所副研究员陈进国讨论了真空教在马来西亚的传播、分布及发展现状。中国社会科学出版社宋燕鹏在田野调研的基础上，从历史学角度对马来西亚汉传佛教寺院类型进行了考察。

在第四场发言中，中国社会科学院世界宗教研究所副研究员马景报告了东南亚伊斯兰教宣教团体及其开展活动情况。暨南大学华侨华人研究院教授石沧金在发言中讨论了藏传佛教在新马地区华人社会中的传播及影响。清华大学博士后张文学报告了全球化背景下，新加坡宗教和谐的机遇与挑战。云南民族大学副教授熊顺清通过对口述史的研究，介绍了南传佛教传入阿昌族的历史过程。云南佛学院副院长康南山则针对目前存在的一些问题，提出要正视和尊重中国南传佛教传统。

在第五场发言中，中国社会科学院世界宗教研究所研究员嘉木扬·凯朝等通过佛寺的特征对斯里兰卡佛教起源的相关问题进行了初步的探讨。云南大学副教授、中国社会科学院世界宗教研究所博士后周娅围绕全球化背景下的地缘文化与东南亚宗教关系进行了发言。云南大学民族研究院研究所所长马居里以芒市那目村的“摆”为例，通过人类学回访的方式研究了当代社会傣族“摆”的变迁情况。云南民族大学副教授曾黎介绍了中缅边境基督教传播情况，讨论了拉祜族社会的文化重构问题。

第六场发言中，衡阳师范学院副研究员、中国社会科学院世界宗教研究所博士后李栋材提出了全球化背景下我国宗教外交战略的几点思考。云南省社会科学院副研究员梁晓芬报告了云南与东南亚南传佛教文化交流的历史。

（王伟　杨莉）

“伊斯兰教与国家安全战略”学术研讨会

2014 年 11 月 14 日，中国社会科学院世界宗教研究所在北京主办了“伊斯兰教与国家安全战略”学术研讨会。会议围绕“中国边疆民族地区的安全形势”“宗教极端主义对中国国家安全的挑战”“中国与周边国家的安全合作”“伊斯兰国家反对宗教极端主义的经验与做法”“伊斯兰世界与中国的全球安全战略”等议题展开。来自中国社会科学院、中共中央统战部、国家宗教局、北京大学、中央民族大学、对外经贸大学、现代国际关系研究院、外交学院、中国民族报等多家单位的 40 余位专家学者参加了会议。

会议开幕式由中国社会科学院世界宗教研究所副所长郑筱筠主持。全国人大常委、世界宗教研究所所长卓新平，国家宗教事务局宗教研究中心主任张训谋，中国社会科学院荣誉学部委员吴云贵研究员分别在开幕式上致辞。卓新平在致辞中指出，近年来国际国内形势发生了较大变化，伊斯兰教与我国国家安全战略的关系日益受到重视，特别是对于如何处理民族宗教关系，更亟须找到一个切实可行的方案。这就需要抓住以下三个重点，即伊斯兰教的信仰特点是什么、伊斯兰教与周边国家和国际局势的关系是什么、伊斯兰教与相关少数民族的关系是什么。与此同时，必须做到三个坚持：坚持党的领导特别是党对民族宗教问题的领导；加强政府管理特别是对民族宗教问题的管理；尊重宗教信仰特别是对边疆民族地区信仰习俗的尊重。最后，探讨伊斯兰教与国家安全战略的关系是一个系统工程，需要冷静分析、集思广益，综合各方面意见，这正是这次会议的意义和目的所在。张训谋认为，周边国家特别是伊斯兰国家对宗教极端主义的主张、做法和经验是一个具有重大现实意义的问题。我们在借鉴其他国家的相关做法的同时，还应注意坚持从实际出发，能够找到一个针对中国实际情况的具有针对性和可操作性的可行方案。吴云贵认为，传统中国社会将宗教视为一种建设性、辅助性的社会力量，而 1991 年苏联解体之后，在全球范围内开始将宗教作为一种政治力量，甚至同国际社会的安全联系起来。近年来宗教极端主义对中国国家安全的威胁似乎更加严重，就此而言有三点需要注意：第一点，如何真正有效地防止和抵制外来宗教的渗透问题并没有得到解决，而解决这一问题的思路在于以主流的宗教思想来反对宗教极端主义。第二点，如何消除外来宗教思想以及伊斯兰教宗教思想对民众的消极影响，这是引导宗教与社会主义社会相适应的关键问题。第三点，如何理顺国民教育与宗教教育之间的关系，亟须改变国民教育不讲宗教、宗教教育只设宗教课的现状。

会议第一节主题为“中国边疆民族地区的安全形势”，第二节主题为“宗教极端主义与国家安全”，第三节题为“中国与周边国家安全合作”，第四节主题为“伊斯兰世界与我国全球安全战略”。

（李　林）

历史学部

考古研究所

（一）人员、机构等基本情况

1.人员

截至2014年年底，考古研究所共有在职人员149人。其中，正高级职称人员37人，副高级职称人员43人，中级职称人员45人；高、中级职称人员占全体在职人员总数的84%。

2.机构

考古研究所设有：史前考古研究室、夏商周考古研究室、汉唐考古研究室、边疆民族考古研究室、科技考古中心、文化遗产保护研究中心、考古编辑室（考古杂志社）、考古资料信息中心、办公室、科研处、人事处，另在西安设有研究室，洛阳和安阳设有工作站。

（二）科研工作

1.科研成果统计

2014年，考古研究所共完成中文专著6种，326.4万字；外文著作1种，25万字；论文125篇，141.4万字；译著2种，98.7万字；学术资料1种，70万字；论文集6种，345.9万字；年鉴1种，70万字。

2.科研课题

（1）新立项课题。2014年，考古研究所共有新立项课题8项。国家社会科学基金一般课题1项："河南淅川下王岗2008～2010年考古发掘研究报告"（高江涛主持）；国家社会科学基金青年课题1项："殷墟遗址的动物考古学研究"（李志鹏主持）；院国情考察项目1项："浙江文化遗产展示与利用之现状考察"（刘政主持）；国家科技支撑项目3项："中华文明形成过程中的资源、技术和生业研究"（赵志军主持），"中华文明起源过程中三大都邑性聚落综合研究"（陈星灿主持），"中华文明形成和早期发展的整体性研究"（王巍主持）；国家文物局文物保护领域科学和技术研究课题2项："襄阳地区两周时期青铜器多学科研究与保护"（常怀颖主持），"殷墟白陶的制作工艺与原料来源调查"（何毓灵主持）。

（2）结项课题。2014年，考古研究所共有结项课题3项。其中，院A类重大课题1项："新中国重大考古发现资料信息的抢救与整理"（巩文主持）；院重点课题1项："新疆拜城多冈墓地人群的种系、健康和饮食"（张君主持）；院B类重大课题1项："兴隆洼遗址的发掘与研究"

（刘国祥主持）。

（3）延续在研课题。2014 年，考古研究所共有延续在研课题 8 项。其中，国家社会科学基金课题 4 项："殷墟孝民屯"（王学荣主持），"汉长安城遗址骨签考古研究"（刘庆柱主持），"宜川龙王辿——旧石器时代晚期遗址发掘报告"（王小庆主持），"辽代祖陵陵园考古发掘报告"（董新林主持）；院 A 类重大课题 1 项："中亚古代冶金研究"（朱延平主持）；院重点课题 3 项："新疆巴州古墓葬研究——和静县察吾乎沟、轮台县群巴克及且末县加瓦艾日克墓地"（丛德新主持），"唐代都城园林研究——长安太液池"（龚国强主持），"辽代祖陵遗址考古发掘报告"（董新林主持）。

3. 创新工程的主要措施和工作安排

（1）进入创新工程时间

考古研究所 2011 年 9 月进入创新工程。

（2）2014 年本单位参加创新工程的人数

2014 年，考古研究所参加创新工程的人数为 122 人。

（3）2014 年本单位创新工程项目的名称及其首席管理、首席研究员姓名

2014 年，考古研究所共有创新工程项目 14 项："商周青铜器的陶范铸造工艺"（刘煜主持），"临淄齐故城冶铸遗址调查研究"（白云翔主持），"丰镐遗址冯村北制骨作坊制骨工艺与制骨手工业研究"（李志鹏主持），"龙山时代到商代中原地区生态环境及植物利用——利用木炭分析"（王树芝主持），"考古遗址古环境及人地关系综合研究"（齐乌云主持），"从汉魏洛阳城到隋唐洛阳城的空间转移：以历史时期自然环境演化为视角"（王辉主持），"物理勘探在考古中的应用研究"（钟建主持），"古 DNA 技术的应用和人骨的综合研究"（张君、王明辉主持），"考古所馆藏文物精品集成"（朱乃诚主持），"考古基地建设"（李港主持），"中国文化遗产科学体系创新研究"（杜金鹏主持），"考古遗产空间资源结构性维系及价值挖掘研究"（王学荣主持），"实验室考古创新研究"（李存信主持），"文物修复技术研究"（王浩天主持）。

2014 年，考古研究所根据实际工作情况单独申报了田野考古特殊创新项目，共计 41 项："栽培大豆的起源和早期耕作技术研究"（赵志军主持），"中国家鸡起源及东北地区史前居民获取肉食资源方式研究"（袁靖主持），"黄河中游地区旧石器时代向新石器时代过渡的考古学研究"（王小庆主持），"长江中游地区史前城址的发掘与研究"（黄卫东主持），"河南灵宝铸鼎原庙底沟遗址群综合研究"（李新伟主持），"官亭盆地考古调查与聚落群研究"（叶茂林主持），"新砦遗址钻探与研究"（赵春青主持），"黄淮下游地区史前聚落考古研究"（梁中合主持），"岛屿考古——辽宁大连广鹿岛洪子东遗址的发掘与研究"（贾笑冰主持），"华南地区史前考古学文化谱系研究"（傅宪国主持），"二里头遗址发掘和研究"（许宏主持），"陶寺遗址发掘与研究"（何驽主持），"殷墟手工业遗存的勘探与初步研究"（唐际根主持），"偃师商城遗址资料整理及报告编写"（谷飞主持），"丰镐遗址考古钻探与试掘"（徐良高主持），"汉长安城遗址考古发掘与

研究”（刘振东主持），“含元殿西北官署区遗址考古发掘与研究”（龚国强主持），“洛阳汉魏故城遗址考古发掘与研究”（钱国祥主持），“隋唐洛阳城的考古发掘与研究”（石自社主持），“河北邺城遗址考古发掘与研究”（朱岩石主持），“辽上京城考古发掘和研究”（董新林主持），“西安秦汉上林苑遗址的考古与研究”（刘瑞主持），“苏州木渎古城址的发掘和研究”（唐锦琼主持），“唐宋扬州城遗址考古发掘与研究”（汪勃主持），“北朝石窟寺调查与研究”（李裕群主持），“古文字研究”（冯时主持），“巴蜀符号的整理与研究”（严志斌主持），“中亚考古”（王巍主持），“北庭古城综合考古研究”（巫新华主持），“新疆博尔塔拉河流域青铜文化研究——新疆温泉阿敦乔鲁居址与墓葬”（丛德新主持），“丝绸之路古代文明”（陈凌主持），“海上丝绸之路的考古学研究”（姜波主持），“秦汉时期西南夷地区考古发掘与研究”（杨勇主持），“西藏阿里象泉河上游象雄时期墓地测绘与发掘”（仝涛主持），“蒙古族源考古研究”（刘国祥主持），“碳十四年代学研究和古人类食物状况研究”（张雪莲主持），“现代分析测试技术在考古学研究中的应用”（赵春燕主持），“古陶瓷产地和制作工艺研究”（王增林主持），“考古遥感与地理信息系统研究”（刘建国主持），“利用数字摄影及标准网格技术绘制新疆胡杨墩佛寺遗址壁画”（刘方主持），“重要遗址考古发掘资料整理和报告编写”（陈星灿、巩文主持）。

首席管理2人：王巍、刘政。

首席研究员（总编辑）27人：白云翔、陈星灿、刘庆柱、冯时、杜金鹏、袁靖、刘国祥、朱乃诚、朱岩石、朱延平、许宏、李裕群、何努、张雪莲、赵志军、施劲松、钱国祥、徐良高、唐际根、梁中合、傅宪国、王学荣、董新林、刘建国、龚国强、丛德新、安家瑶、李新伟（安家瑶退休后李新伟递补）。

（4）2014年本单位在创新工程方面实施的新机制、新举措

为科学、准确评价考古研究所科研人员在创新工程中的工作实绩，营造鼓励创新，积极进取的科研和学术环境，根据院创新工程的有关规定，结合自身实际，考古研究所初步建立科研岗位工作业绩量化考核工作办法，在2014年的考核中全员实施岗位职责量化考核的测评和业务人员业绩量化考核。

由于进入创新岗位人员的工作性质各不相同，该所尝试根据岗位的实际情况提出不同的考核标准。成果形式除了论文和专著外，还可以是田野发掘简报、实验报告、数据库、文物保护成果以及应国家有关部门的需求而提供的关于文化遗产保护的政策性咨询和建议等创新工程评审委员会认可的各种形式。鉴于人文科学的特性以及考古学研究涉及众多自然科学的学科和其他人文社会科学的学科，工作内容、成果形式复杂多样这一特殊性，在对成果进行考核评判时，审慎地制定成果量化标准。在符合“三个定位”的前提下，考核的核心标准为成果的创新性、学术价值及对考古学创新体系的贡献。

2014年，考古研究所制定了《考古研究所科研岗位工作业绩量化考核工作办法》与《中国社会科学院考古研究所创新岗位考核办法》结合使用，在全所科研岗位进行量化考核试行。

（三）学术交流活动

1.学术活动

2014年，考古研究所组织了各种类型的大中型学术会议10余次，并且多次与相关单位联合举办学术研讨会。

（1）2014年1月28日，由中国社会科学院考古研究所聚落考古中心主办的“2012年度中国聚落考古新进展”专家座谈会在北京举行。来自中国社会科学院考古研究所、中国社会科学院历史研究所、北京大学考古文博学院、北京大学城市与环境学院、中国国家博物馆、北京联合大学应用文理学院、南京大学历史系、四川省文物考古研究院、陕西省考古研究院、安徽省文物考古研究所、郑州市文物考古研究院等十多个单位的30余位专家学者参加了座谈会。参会学者们对聚落考古的概念、研究对象、工作方法和技术等进行了讨论。

（2）2014年8月，由中国社会科学院和上海市人民政府共同举办的“世界考古·上海论坛”在上海召开。论坛的主题是“古代文明的比较研究”。

（3）2014年8月22日，由中国社会科学院考古研究所和内蒙古文物考古研究所主办，赤峰市文化局、文物局协办，巴林左旗旗委、政府承办的“10～12世纪东亚都城和帝陵考古与中国契丹辽文化国际学术研讨会”在内蒙古自治区巴林左旗召开。来自中国、日本、韩国、俄罗斯、加拿大、蒙古国等国内外知名专家学者参加了会议。会议的主题是“围绕契丹辽代都城和帝陵考古发现进行契丹辽文化学术研讨”。

（4）2014年8月28日，由中国社会科学研究院考古研究所聚落研究中心，内蒙古自治区文物考古研究所，内蒙古自治区科左中旗旗委、旗政府联合举办的“哈民遗址现场学术研讨会”在内蒙古自治区通辽市举行。来自中国社会科学院、国家博物馆和辽宁省、陕西省、江苏省、河北省、黑龙江省、安徽省以及内蒙古自治区考古界的40位专家学者参加了会议。

（5）2014年10月15日，由中国社会科学院考古研究所与山西省襄汾县文物旅游局共同举办的“天文与考古暨陶寺观象台考古发现10周年纪念学术研讨会”在山西省襄汾县举办。来自中国社会科学院考古研究所、中国科学院自然科学史研究所、国家天文台、安徽省考古研究所、成都文物考古研究院、辽阳师专等单位的26位专家学者参加会议。

（6）2014年10月20日，由中国社会科学院考古研究所、河南省文物局和三门峡市人民政府联合主办的首届“中国公众考古——仰韶论坛”在河南省三门峡市召开。

（7）2014年11月9～10日，由考古杂志社、郑州大学历史学院、郑州大学历史文化遗产保护研究中心联合主办的“多维视域下的当代考古学”学术研讨会在郑州大学召开。来自中国社会科学院考古研究所、北京大学考古文博学院、国家文物局文物出版社、科学出版社文物考古分社、河南省文物考古研究院、河南省博物院、郑州市文物局、郑州市文物考古研究院、南开大学历史文化学院考古杂志社、《文物》编辑部、《考古与文物》编辑部、《江汉考古》编辑部、《东南文化》编辑部、《农业考古》编辑部、《中原文物》编辑部、《华夏考古》编辑部、《中国国家博物馆馆刊》编辑部、郑州大学历史学院、郑州大学历史文化遗产保护研究中心等10余家单位的50余位专家学者参加了会议。

(8) 2014年10月28～29日，由中国社会科学院考古研究所、中国殷商文化学会、河南省文物局和偃师市人民政府联合主办的“夏商都邑考古暨纪念偃师商城发现30周年国际学术研讨会”在河南省偃师市召开。来自中国、日本、美国的百余位专家学者参加了会议。会议研讨的主要问题有:“纪念著名的偃师商城遗址发现30周年”“夏商都邑考古”。

(9) 2014年12月4日,由中国社会科学院考古研究所主办的“2014年中国边疆考古论坛”在北京召开。论坛研讨的主要问题有“当前边疆考古的新发现”“边疆考古的研究对象、目的、方法及意义”“边疆考古面临的诸多挑战”等。

(10) 2014年12月21日，由中国社会科学院古代文明研究中心、安徽省文化厅、蚌埠市人民政府主办的“禹会村遗址与淮河流域文明研讨会”在安徽省蚌埠市召开。来自北京、天津、河南、山东、江苏、上海、浙江等地的60余位专家学者参加了会议。会议的主题是“禹会村遗址的重要发现和淮河文明”。

2.国际学术交流与合作

2014年，考古研究所共派遣出访46批82人次，接待来访13批80余人次。与考古研究所开展学术交流的国家有日本、韩国、美国、乌兹别克斯坦等。

出访

(1) 2014年1月11～19日，考古研究所陈星灿、赵志军等与印度太平洋史前史学会相关人员在柬埔寨就“印度太平洋史前史学会第20次年会”专题进行学术交流。

(2) 2014年1月21～24日，考古研究所陈星灿与韩国文物研究院学者在韩国就“中国史前墓葬演变”专题进行学术交流。

(3) 2014年3月13～16日，考古研究所王巍与日本明治大学日本古代学研究所学者在日本就“从中国看日本的飞鸟藤原时代”专题进行学术交流。

(4) 2014年3月17～21日，考古研究所朱岩石与日本明治大学大学院学者在日本就“高句丽国内城与北朝都城比较研究”专题进行学术交流。

(5) 2014年3月20～31日，考古研究所梁中合与意大利文化遗产与活动部相关人员在意大利就“早期中国——中华文明系列展Ⅰ”文物展览的文物点交、撤展工作进行学术交流。

(6) 2014年3月21～26日，考古研究所赵志军与澳大利亚昆士兰大学社会学学院学者在澳大利亚就“采集狩猎向农耕生产的过渡——以东胡林遗址为例”专题进行学术交流。

(7)2014年3月26日至4月1日,考古研究所李新伟与美国亚洲研究协会学者在美国就“彩陶中国的重新思考”专题进行学术交流。

(8) 2014年4月28日至5月2日，考古研究所许宏与韩国HANBIT文化财研究院学者在韩国就“中国古代城市考古”专题进行学术交流。

(9) 2014 年 5 月 13 ~ 20 日，考古研究所陈星灿与乌兹别克斯坦政府相关人员在乌兹别克斯坦就“我国文物考古和文化遗产保护研究方面的进展”专题进行学术交流。

(10) 2014 年 5 月 24 ~ 30 日，考古研究所丛德新和郭物与韩国学术院学者在韩国就“丝绸之路考古学研究”专题进行学术交流。

(11) 2014 年 6 月 5 ~ 16 日，考古研究所陈星灿、贾笑冰与蒙古国立大学学者在蒙古国就“第六届世界东亚考古学会大会”专题进行学术交流。

(12) 2014 年 6 月 7 ~ 14 日，考古研究所袁靖与韩国人与动物文化研究团体相关人员在韩国就“中国家养动物的起源问题”进行学术交流。

(13) 2014 年 7 月 1 ~ 11 日，考古研究所王巍、李新伟与墨西哥国立人类学与历史学研究所、洪都拉斯人类学与历史学研究所学者在墨西哥、洪都拉斯就“中美洲文明遗址考察”专题进行学术交流。

(14) 2014 年 7 月 1 日至 9 月 25 日，考古研究所许宏与日本金泽大学文学部学者在日本就“东亚早期文明相关学术问题”进行学术交流。

(15) 2014 年 9 月 1 日至 10 月 21 日，考古研究所朱岩石等与乌兹别克斯坦科学院考古研究所学者在乌兹别克斯坦就“明切佩古城遗址合作发掘与研究”专题进行学术交流。

(16) 2014 年 9 月 1 ~ 14 日，考古研究所袁靖与日本北海道大学综合博物馆相关人员在日本就“中国古代家鸡研究和东亚地区动物考古研究相关的问题”进行学术交流。

(17) 2014 年 9 月 18 ~ 25 日，考古研究所钱国祥、刘振东等与（韩国）中国古中世史学会相关人员在韩国就“我国古代都城考古研究的新成果”进行学术交流。

(18) 2014 年 9 月 23 ~ 30 日，考古研究所王巍、陈星灿等与乌兹别克斯坦科学院考古研究所学者在乌兹别克斯坦就“中乌合作开展考古发掘与研究工作”专题进行学术交流。

(19) 2014 年 11 月 19 日，考古研究所董新林与日本早稻田大学学者在日本就“东北亚视角的辽代陵寝制度考古学研究——以辽祖陵和庆陵为中心”专题进行学术交流。

(20) 2014 年 11 月 25 ~ 28 日，考古研究所唐际根与韩国庆州市政府相关人员在韩国就“殷墟文化遗产保护实践”专题进行学术交流。

(21) 2014 年 12 月 3 ~ 14 日，考古研究所王巍与澳大利亚悉尼大学、新西兰奥塔哥大学学者在澳大利亚和新西兰就“世界考古学发展趋势、世界文明起源、加强学术交流与合作等”专题进行学术交流。

(22) 2014 年 12 月 4 ~ 9 日，考古研究所白云翔与日本奈良大学文学部学者在日本就“中国古代铁器工业的考古学研究”专题进行学术交流。

(23) 2014 年 12 月 7 ~ 14 日，考古研究所丛德新与德国考古研究院学者在德国就“中国新疆阿顿乔鲁遗址的新收获”专题进行学术交流。

签署的合作协议

2014 年，考古研究所新签订的国际合作研究项目有 2 项，分别是："考古研究所与洪都拉斯人类学和历史研究所合作和互助协议项目""考古研究所与韩国首尔汉城百济博物馆相互交流协议项目"；取得阶段性成果的国际合作研究项目有 9 项，分别是："考古所研究与墨西哥国立人类学与历史学研究所学术交流协议项目""考古研究所与乌兹别克斯坦科学院考古研究所合作考古调查与发掘项目""考古研究所与俄罗斯科学院新西伯利亚分院考古研究所合作框架协议项目""考古研究所与日本奈良县立橿原考古学研究所友好交流协议项目""考古研究所与俄罗斯科学院考古研究所学术交流协议项目""考古研究所与加拿大西蒙弗雷泽大学环境学院合作协议项目""考古研究所与日本国立历史民俗博物馆学术交流协议项目""考古研究所与英国阿伯丁大学学术交流协议项目""考古研究所与加拿大不列颠哥伦比亚大学文学院合作研究、学术交流协议项目"。

3. 与香港、澳门特别行政区和台湾开展的学术交流

(1) 2014 年 1 月 19 ～ 25 日，考古研究所刘煜与台北"中研院"历史语言研究所学者在台湾就"近年来殷墟发现的铸铜作坊的新发现与研究"专题进行学术交流。

(2) 2014 年 3 月 5 ～ 7 日，考古研究所周振宇与香港中文大学中国考古艺术研究中心学者在香港就"地下的中国—凤翥龙翔考"文物展览的撤展工作进行学术交流。

(3) 2014 年 3 月 18 ～ 21 日，考古研究所王巍与香港中文大学学者在香港就"中国社会科学院与香港中文大学联合共建中国考古联合研究中心的成立典礼"专题进行学术交流。

(4) 2014 年 4 月 8 ～ 12 日，考古研究所朱岩石与香港城市大学中国文化中心学者在香港就"中国考古学研究新进展"专题进行学术交流。

(5) 2014 年 8 月 15 ～ 18 日，考古研究所刘瑞与香港历史博物馆学者在香港就"华南秦汉铜器研究"专题进行学术交流。

(6) 2014 年 9 月 4 ～ 13 日，考古研究所何利群与台湾觉风佛教艺术文化基金会相关人员在台湾就"东魏北齐时期的邺城佛教与造像艺术"专题进行学术交流。

(7) 2014 年 11 月 30 日至 12 月 7 日，考古研究所刘建国与澳门特别行政区政府文化局相关人员在澳门就"指导使用多旋翼飞行器拍摄遗址照片与多视角三维重建软件制作三维模型以及生成正射影像图、等值线图等工作"专题进行学术交流。

(四) 学术社团、期刊

1. 社团

中国考古学会，理事长王巍。

(1) 2014 年 4 月，国家文物局主管、中国考古学会和中国文物报社联合主办了"2014 年度全国十大考古新发现"评选工作。

（2）2014 年，中国考古学会 10 个专业委员会宣布成立，分别是旧石器考古专业委员会、夏商考古专业委员会、两周考古专业委员会、秦汉考古专业委员会、文化遗产保护考古专业委员会、动物考古专业委员会、植物考古专业委员会、人类骨骼考古专业委员会、公共考古专业指导委员会、新兴技术考古专业委员会。

（3）2014 年，中国考古学会讨论了开展中国田野考古质量评估活动和将于 2016 年在郑州举行的中国考古大会的相关事宜。

（4）2014 年，中国考古学会讨论了《中华人民共和国文物保护法（修订草案征求意见稿）》，并主要针对《中华人民共和国文物保护法（修订草案征求意见稿）》中第三章《考古管理》和第四章《可移动文物》的相关条款提出了修改意见。

2. 期刊

（1）《考古》（月刊），主编王巍。

2014 年，《考古》共出版 12 期，共约 180 万字。该刊全年刊载的有代表性的文章有：中国社会科学院考古研究所等的《江苏扬州市宋宝祐城西门外挡水坝遗址的发掘》《河南洛阳市汉魏故城 M175 西周墓发掘简报》《河南洛阳市汉魏故城发现北魏宫城四号建筑遗址》《河南洛阳市汉魏故城三座东周墓的发掘》《西安市大白杨村汉墓发掘简报》《西安市唐长安城大明宫兴安门遗址》，北京市文物研究所的《北京石景山区刘娘府元墓发掘简报》，河北省文物研究所等的《河北曲阳县涧磁岭定窑遗址 A 区发掘简报》，山西省考古研究所的《山西襄汾县大崮堆山石器制造厂遗址 1988 ～ 1989 年的发掘》，辽宁省文物考古研究所的《辽宁抚顺市刘尔屯汉魏墓群的发掘》，南京博物院等的《江苏扬州市曹庄隋炀帝墓》，浙江省文物考古研究所等的《浙江安吉县上马第 49 号墩汉墓》，安徽省文物考古研究所的《安徽广德县南塘汉代土墩墓发掘简报》，福建博物院的《福建闽侯县碗窑山宋代窑址的发掘》，山东省文物考古研究所的《山东日照市海曲 2 号墩式封土墓》，湖北省文物考古研究所等的《湖北随州市文峰塔东周墓地》，广西文物保护与考古研究所等的《广西永福县窑田岭Ⅲ区宋代窑址 2010 年发掘简报》，重庆市文化遗产研究院等的《重庆璧山县棺山坡东汉崖墓群》，云南省文物考古研究所等的《云南滇池盆地 2010 年聚落考古调查简报》，西藏自治区文物保护研究所等的《西藏加查县达拉岗布寺曲康萨玛大殿遗址发掘简报》，陕西省考古研究院等的《西安市汉长安城北渭桥遗址》，甘肃省文物考古研究所等的《甘肃张掖市西城驿遗址》，新疆文物考古研究所的《乌鲁木齐市鱼儿沟遗址与阿拉沟墓地》，洛阳市文物考古研究院等的《河南新安县函谷关遗址 2012 ～ 2014 年考古调查与发掘》，常德博物馆的《湖南常德市南坪汉代土墩墓群的发掘》，成都文物考古研究所等的《成都市天回镇老官山汉墓》，秦始皇帝陵博物院的《西安市秦始皇陵》，山西大学历史文化学院考古系的《山西原平市辛章遗址 2012 年发掘简报》，吉林大学边疆考古研究中心等的《内蒙古克什克腾旗喜鹊沟遗址发掘简报》，郑州大学历史学院考古系等的《河南荥阳市官庄遗址西周遗存发掘简报》，以及刘毅等的《杭州市半山镇水晶山一号宋墓》、王炬等的《河南孟津县刘家井村西晋墓的发掘》等。

（2）《考古学报》（季刊），主编刘庆柱。

2014 年，《考古学报》共出版 4 期，共约 79 万字。该刊全年刊载的有代表性的文章有：中国社会科学院考古研究所等的《西藏阿里地区噶尔县故如甲木墓地 2012 年发掘简报》，河南省文物局南水北调文物保护办公室等的《河南淅川马川墓地汉代积石积炭墓的发掘》，南京博物院考古研究所等的《江苏泗洪顺山集新石器时代遗址发掘简报》，天津博物馆等的《天津蓟县青池遗址发掘简报》，吉林大学边疆考古研究中心等的《河北邯郸学庄遗址发掘简报》。

（五）会议综述

“东亚古代都城暨邺城考古·历史”国际研讨会

2014 年 8 月 6 日，由中国社会科学院考古研究所、河北省文物局、邯郸市人民政府主办，临漳县人民政府、邺城考古队、邯郸市文物局承办的“东亚古代都城暨邺城考古·历史”国际研讨会在河北省临漳县召开。

来自美国、日本、韩国、德国和中国文博机构、高等院校的专家学者，邯郸市及周边地区文物保护、研究机构代表，媒体记者共计 130 余人出席会议。开幕式上，中国社会科学院考古研究所副所长陈星灿，河北省文物局局长张立方，邯郸市政府副市长侯华梅，临漳县委书记李明朝，国家文物局专家组成员、中国社会科学院考古研究所研究员徐光冀，日本东北学院大学教授佐川正敏分别致辞。

开幕式后，与会代表进行了分组发言，展开了学术讨论。讨论以邺城考古研究为主，涵盖魏晋南北朝时期中国及东亚地区都城、陵墓考古学、历史学等研究内容。与会代表实地参观考察了邺城三台遗址公园、邺城博物馆和邺城考古队近年发掘文物特展。

该研讨会是邺城考古和邺城文化研究领域的一次重要会议，对邺城考古、中国古代都城考古和邺城文化考古的进一步发展，对邺城遗址保护的进一步推进都将产生积极的作用。

（巩　文）

2014 中国临洮·马家窑文化国际论坛暨马家窑遗址发现九十周年大会

2014 年 9 月 26 日，由中国社会科学院考古研究所、甘肃省文物考古研究所和甘肃省临洮县人民政府主办的“2014 中国临洮·马家窑文化国际论坛暨马家窑遗址发现九十周年大会”在甘肃省临洮县召开。来自中国社会科学院考古研究所、甘肃文物考古研究所、北京大学、美国印第安纳大学等单位的 30 余位学者参加了论坛。会议特别邀请了“马家窑文化发现者”安特生创办的瑞典远东博物馆现任馆长艾娃出席并发言。

中国社会科学院学部委员、考古研究所所长、中国考古学会理事长王巍，瑞典远东博物馆馆长艾娃·马代尔，甘肃省文物局局长马玉萍，甘肃省文物考古研究所所长王辉以及来自海内外相关学术机构的专家、学者，新闻媒体记者等出席了开幕式。

与会学者围绕黄河上游地区史前文化时空框架及与周边地区的互动、马家窑文化在华夏文明中的地位和作用、马家窑文化保护利用与临洮的可持续发展等议题展开深入研讨。

通过研讨，更加丰富了马家窑文化内涵，提炼了马家窑文化精髓，使马家窑文化研究工作达到了一个新的高度，对今后在更高层次上开发马家窑文化资源，进一步提升马家窑文化在全国乃至全世界的知名度和影响力，将会产生深远的影响。

（巩　文）

汉代陵墓考古与汉文化国际学术研讨会

2014 年 10 月 11 ～ 13 日，由中国社会科学院考古研究所、徐州市人民政府、南京博物院和中国考古学会秦汉考古专业委员会共同主办，徐州市文广新局和徐州博物馆承办的“汉代陵墓考古与汉文化国际学术研讨会”在江苏省徐州市召开。

来自德国、韩国、日本等国家，我国香港特别行政区和有关省（区、市）考古文博机构、相关高等院校的专家学者共 130 余人参加了研讨会。《中国文化报》《中国社会科学报》《中国文物报》以及徐州电视台《徐州日报》等新闻媒体记者到会采访报道。

会议共收到学术论文近百篇，内容包括各地区汉墓发现及研究、汉代城市聚落考古研究、汉代物质精神文化及文化交流研究等诸多方面。研讨会以“汉代陵墓考古与汉文化”为主题，以一场全体讨论会和九场分组讨论会相结合的形式展开。研讨会上介绍了全国近两年来汉代考古方面的主要发现，以及国内外专家学者最新的学术研究成果。

会议期间，还召开了“中国考古学会秦汉考古专业委员会”成立大会，审议通过了专业委员会《章程》，并就秦汉考古专业委员会今后的工作进行了讨论。

（巩　文）

纪念二里头遗址发现55周年学术研讨会

2014 年 10 月 25 ～ 26 日，为深化二里头遗址和文化的发掘和研究工作，促进多学科合作的深度和广度，探索二里头遗址发掘和研究的新思路、新方法，由中国社会科学院考古研究所主办的“纪念二里头遗址发现 55 周年学术研讨会”在中国社会科学院考古研究所学术报告厅举行。来自中国社会科学院考古研究所、北京大学、吉林大学、中国科学院大学、首都师范大学、香港中文大学、台湾南华大学、台南艺术大学等高校，国家博物馆、河南省文物局、河南省文物考古研究院、陕西省考古研究院、江西省文物考古研究所、浙江省文物考古研究所、四川省文物考古研究院、洛阳市文物研究院等考古文博机构，日本东京大学、日本岩手大学、日本金泽大学、美国斯坦福大学等国外高校以及新华社、《人民日报》、中国考古网等媒体的110余位代表参加了研讨会。中国社会科学院学部委员、考古研究所所长、中国考古学会理事长王巍致欢迎词。

与会专家学者共提交论文50余篇，大会进行了10项主题发言，议题涉及中国早期国家形成过程与机制、夏商都邑布局与内涵、早期铜玉礼器等制品的生产和消费、早期都邑的多学科整合研究、青铜文化间的交流互动以及夏商考古研究史等多个方面。

会议还举行了考古报告《二里头（1999～2006)》的首发式。

（巩　文）

“早期城址：聚落与社会——区域政体的形成”学术研讨会

2014年10月31日至11月1日，由中国社会科学院考古研究所主办、山东省文物考古研究所承办的“早期城址：聚落与社会——区域政体的形成”学术研讨会在山东省举行。来自中国社会科学院考古研究所、中国文化遗产研究院、国家博物馆、上海博物馆、南京博物院、山东省文物考古研究所、陕西省考古研究院、河南省文物考古研究院、河北省文物研究所、浙江省文物考古研究所、安徽省文物考古研究所等单位以及北京大学、香港中文大学、山东大学、吉林大学、南京大学、首都师范大学、中国科技大学、郑州大学、南京师范大学等高校的专家学者，山东省考古工作者以及中国考古网、中国文物报记者等近百人参加了会议。

中国考古学会理事长、中国社会科学院学部委员、考古研究所所长王巍，北京大学文博学院教授李伯谦、赵辉，山东省文物局局长谢治秀，山东省文物考古研究所研究员张学海出席了开幕式。王巍回顾了山东地区史前考古发展的历史，认为山东城子崖遗址与河南仰韶遗址的发现共同构成了中国考古的发端，城子崖两段城墙是中国最早发现的史前城址，为探讨史前文化提供了难得的资料；山东地区展开的聚落考古研究、区域性考古调查、多学科综合研究等走在了全国的前列。

山东省文物考古研究所张学海研究员作主题报告“城子崖文化小区文明探源的几个问题”。张学海研究员是参加城子崖发掘的第一代人，他介绍了当年参加发掘的收获，并提出研究建议。

会议分两个小组对不同地区早期城址所反映的区域整体的形成过程和特点进行讨论和比较研究。会议期间，与会代表考察了山东章丘城子崖遗址考古工地、龙山文化博物馆、山东省博物馆，同时召开中华文明探源工程专家组、监理组工作会议。研讨会对探讨早期聚落与社会——区域整体的形成、社会复杂化的过程、中华文明的起源与发展有重要意义。

（巩　文）

历史研究所

（一）人员（未含郭沫若纪念馆）、机构等基本情况

1.人员

截至2014年年底，历史研究所共有在职人员127人。其中，正高级职称人员37人，副高级职称人员39人，中级职称人员34人；高、中级职称人员占全体在职人员总数的87%。

2.机构

历史研究所设有：先秦史研究室、秦汉魏晋南北朝史研究室、隋唐宋辽金元史研究室、明史研究室、清史研究室、思想史研究室、中外关系史研究室、社会史研究室、文化史研究室、马克思主义史学理论与史学史研究室、历史地理研究室、《中国史研究》编辑部、图书馆、郭沫若纪念馆、办公室、科研处、人事处。

3.科研中心

历史研究所有4个院级非实体研究中心：中国社会科学院甲骨文殷商史研究中心、中国社会科学院简帛研究中心、中国社会科学院敦煌学研究中心、中国社会科学院徽学研究中心；1个所级非实体研究中心：中国社会科学院历史研究所内陆欧亚学研究中心。

（二）科研工作

1. 科研成果

2014年，历史研究所共完成专著23种，1155.2万字；论文集、集刊15种，680.5万字；学术资料1种，39万字；古籍整理9种，156册；科普著作、教材等3种，81.4万字；译著3种，114.1万字；论文252篇，389.66万字；研究报告2篇，2.5万字；研究综述43篇，40.35万字；译文11篇，16.44万字。

2. 科研课题

（1）新立项课题。2014年，历史研究所共有新立项课题21项。其中，国家社会科学基金重大课题4项：“中国古文书学研究”（黄正建主持），“‘地图学史’翻译工程”（卜宪群主持），“‘宋会要’的复原、校勘与研究”（陈智超主持），“山东博物馆珍藏甲骨文的整理与研究”（宋镇豪主持）；国家社会科学基金重点课题2项：“元代江南镇戍体系研究”（刘晓主持），“新视域中的唐代社会经济研究”（牛来颖主持）；国家社会科学基金青年课题1项：“蒙元时期的海上‘丝绸之路’研究”（李鸣飞主持）；所重点课题8项：“齐长城研究”（任会斌主持），“西学东渐下的中国传统学术变迁”（汪润主持），“魏晋南北朝北方地区水上交通研究”（张兴照主持），“日本杏雨书屋藏敦煌文书（汉文非佛经部分）校录整理”（陈丽萍主持），“《辽

史·百官志》考索”（林鹄主持），“马克思主义史学历史人物评价研究（1949～2009）”（高希中主持），“元儒王恽诗文事迹考”（蔡春娟主持），“契丹小篆整理”（康鹏主持）；国家社会科学基金后期资助课题3项：“中国上古的帝系构造”（吴锐主持），“汉代赦免制度研究”（邬文玲主持），“《清朝续文献通考·经籍考》研究”（李立民主持）；老年科研基金课题3项：“道观史料集成”（胡一雅主持），“中古国家丧葬礼制中的‘公’与‘私’”（吴丽娱主持），“尹湾汉简所见汉代的文吏”（马怡主持）。

（2）结项课题。2014年，历史研究所共有结项课题4项。其中，国家社会科学基金青年课题1项：“长沙走马楼三国吴简簿书的整理与研究”（凌文超主持）；院重大课题1项：“甲骨文合集三编”（宋镇豪主持）；院重点课题2项：“北魏开国史研究”（楼劲主持），“儒释道三教关系与中古思想史：以《弘明集》《广弘明集》为核心”（张文修主持）。

（3）延续在研课题。2014年，历史研究所共有延续在研课题，即国家社会科学基金课题13项：“甲骨文合集三编”（宋镇豪主持），“黑水城出土元代财政经济文书研究”（张国旺主持），“中国土司制度史料编纂整理与研究”（李世愉主持），“魏晋南北朝谥法制度研究”（戴卫红主持），“北族政权研究再思考——以辽朝前期历史为例”（林鹄主持），“明清沿海地图研究”（孙靖国主持），“因俗而治：辽代五京体制研究”（康鹏主持），“长沙走马楼三国吴简簿书整理与研究”（凌文超主持），“海岱早期文明的演进及其与中原的互动研究”（王震中主持），“中国礼学思想发展史研究”（王启发主持），“明代服饰研究”（赵连赏主持），“战国长城研究”（任会斌主持），“明代科举体制下的经学与地域研究”（陈时龙主持）。

3.获奖优秀科研成果

2014年，历史研究所获由湖南大学岳麓书院、凤凰网、凤凰卫视联合主办的“致敬国学——2014首届全球华人国学奖”之“国学优秀成果奖”1项：宋镇豪主编的《商代史》（10卷本）。

4.创新工程工作情况

2014年，历史研究所创新岗位总额达107个。其中，首席岗位22个，占高级职称人员总数的27.2%；执行岗58个，占创新岗总数的54.2%；助理岗27个，占创新岗总数的25.2%。这些岗位占现职在编职工134人的79.9%，各岗设置符合院规定的比率。

2014年，历史研究所共有创新项目20项，项目名称及首席管理、首席研究员如下：

“管理体制机制的改革创新”（首席研究员为闫坤、卜宪群），“唯物史观的传播与中国马克思主义史学理论的构建”（首席研究员为林甘泉），“中国早期区域文明与夏商周政治文化”（首席研究员为王震中），“专制主义中央集权官僚制的形成及其在汉魏六朝的发展”（首席研究员为杨振红），“《天圣令》及唐宋法律与社会研究”（首席研究员为黄正建），“中国古代的社会转型与文化融合”（首席研究员为陈高华），“明代官私文书：国家与社会的互动”（首席研究员为万明），“清前期政治与文化变迁研究”（首席研究员为杨珍），“儒学演变与社会变迁”（首席研究员为张海燕），“历代史论与思想史”（首席研究员为王启发），“古代内陆欧亚史研究”（首席研究员为李锦绣)，“中国古代区域军政与民族问题研究”（首席研究员为刘晓)，“历史所藏甲骨墨拓珍本的整理与研究”（首席研究员为宋镇豪)，“传统文献与出土文献研究性整理的新探索”（首席研究员为陈祖武)，“隋唐西北边疆汉文史料的研究和再整理”（首席研究员为吴玉贵)，“日本、越南、韩朝汉文正史丛编”（首席研究员为孙晓)，“中国古代史学科前沿的追踪与分析”（首席研究员为楼劲)，“《中国古代历史研究评论》《中国史研究》”（首席编辑为彭卫)，“《中国史研究动态》”（总编辑为刘洪波)，“图书馆特藏文献目录提要”（首席研究员为袁立泽)。

（三）学术交流活动

1. 学术活动

2014 年，历史研究所主办和承办的学术会议有：

(1) 2014 年 4 月 24 日，由历史研究所、韩国成均馆大学东亚学术院联合主办的“第四届中韩学术论坛”在韩国首尔成均馆大学举行。会议的主题是“东亚古文献的流通和文物交流”。

(2) 2014 年 5 月 24 日，由日本东方学会与历史研究所共同主办的“第六届日中学者中国古代史论坛”在日本东京举行。论坛的主题是“现阶段中国史的时代划分——结合历史学、思想史、文学”。

(3) 2014 年 6 月 10 日，历史研究所召开“建国以来的中国古代史研究暨历史研究所成立 60 周年座谈会”。来自中国社会科学院、在京部分高校的专家学者、媒体记者，以及与历史研究所签订共建协议的代表、历史研究所全体在职人员和部分离退休人员共计 240 余人参加了座谈会。

(4) 2014 年 8 月 20 ~ 22 日，由历史研究所、广西师范大学、广西壮族自治区忻城县人民政府共同举办的“第四届中国土司制度与土司文化国际学术研讨会”在广西壮族自治区柳州市召开。

(5) 2014 年 10 月 11 日，由历史研究所、湖北省社会科学院联合主办，中共襄阳市委宣传部、襄阳市社会科学联合会协办的“中国襄阳·汉水文化论坛”在北京召开。

(6) 2014 年 10 月 27 ~ 28 日，由中国社会科学院学部主席团主办，中国社会科学院历史研究所、香港理工大学中国文化学系、北京师范大学古籍与传统文化研究院联合承办，浙江工商大学、杭州西湖国学馆协办的“中国社会科学论坛 2014·历史学——第五届中国古文献与传统文化国际学术研讨会”在浙江省杭州市举行。

(7) 2014 年 10 月 30 ~ 31 日，由中国社会科学院历史学部主办，历史研究所承办的“2014 年中国社会科学院国学研究论坛：中国古文书学国际学术研讨会”在中国社会科学院学术报告厅召开。

2. 国际学术交流与合作

(1) 2014 年 1 月 2 日，历史研究所与韩国成均馆大学东亚研究所联合举办的研究生课程研修班举行开班仪式，14 名东亚研究院在读硕士、博士研究生参加。

（2）2014 年 3 月 3 日，日本大谷大学真宗综合研究所福岛重、今西智久根据所级交流协议来历史研究所访问。

（3）2014 年 5 月 13 日，历史研究所中外关系史研究室主任李锦绣研究员应邀赴乌兹别克斯坦参加“中东的科学和思想历史遗产：其作用及对现代文明的影响”国际学术讨论会。

（4）2014 年 5 月 22 日，历史研究所中外关系史研究室主任李锦绣研究员应邀参加日本东方学会主办的第 59 回国际东方学者国际会议。

（5）2014 年 5 月 23 日，历史研究所科研处和中国思想史研究室联合举办学术报告会，邀请美国达慕思大学讲座教授艾兰作题为“《赤鸠之集汤之屋》：战国时期关于伊尹‘神灵附体’和房屋建造的故事”的报告。

（6）2014 年 5 月 28 日，历史研究所所长卜宪群接待意大利那不勒斯东方大学教授白蒂来所访问。

（7）2014 年 6 月 29 日，历史研究所隋唐宋辽金元史研究室研究员刘晓应邀赴以色列参加“流动与转型：蒙古帝国研究的新方向学术研讨会”。

（8）2014 年 7 月 6 日，韩国庆北大学人文学系副教授郑在薰通过院交流协议来历史研究所访问。

（9）2014 年 7 月 8 日，历史研究所所长卜宪群会见来历史研究所研修的墨西哥特罗斯加拉大学江依帆。

（10）2014 年 8 月 20 日，历史研究所社会史研究室副研究员邱源媛应邀赴韩国成均馆大学校东亚研究院参加“寻找 21 世纪东亚书写范式国际研讨会”。

（11）2014 年 8 月 27 日，历史研究所思想史研究室副研究员江向东应邀赴瑞士苏黎世大学东方学院汉学系参加“《公孙龙子》再读——哲学与语文学角度的综合探讨国际学术研讨会”。

（12）2014 年 10 月 17 ～ 24 日，历史研究所所长卜宪群带队赴韩国庆北大学进行学术访问。

（13）2014 年 10 月 20 日，波兰科学院克拉科夫考古研究所研究员哈琳娜根据院协议来华访问，并就“古代欧亚草原民族研究与历史研究”专题与历史研究所有关学者进行学术交流。

（14）2014 年 11 月 1 日，历史研究所社会史研究室副研究员邱源媛根据院中青年学者专业外语进修计划赴美国哈佛大学东亚系进修英语。

（15）2014 年 11 月 2 日，历史研究所所长卜宪群随院代表团赴韩国首尔参加由中国社会科学院与韩国经济・人文社会研究会共同主办的“2014 中韩人文交流政策论坛”。

（16）2014 年 11 月 3 日，历史研究所副所长王震中赴维也纳大学参加由中华炎黄文化研究会、北京外国语大学和奥地利维也纳大学共同举办的“21 世纪中华文化世界论坛第八届国际学术研讨会”。

（17）2014 年 11 月 11 日，历史研究所先秦史研究室副主任宫长为研究员应邀参加由澳大利亚拉筹伯大学举办的“《山海经》世界地理说与中国传统文化国际学术研讨会”。

（18）2014 年 11 月 17 日，历史研究所科研处副处长朱昌荣、魏晋南北朝隋唐史研究室副主任雷闻、思想史研究室王启发根据所级交流协议赴日本大谷大学、大东文化大学进行学术访问。

（19）2014 年 11 月 20 日，历史研究所所长卜宪群等根据院级协议赴意大利那波里大学进行学术访问。

（20）2014 年 11 月 27 日，中国古文书研究班举办第四十次研究会活动，邀请韩国学中央研究院藏书阁馆长崔真德等介绍韩国古文书和古文献收藏情况。

（21）2014 年 12 月 3 日，历史研究所副所长王震中随院历史学部代表团赴澳大利亚悉尼大学、新西兰奥塔哥大学进行学术访问。

（22）2014 年 12 月 25 日，历史研究所所长卜宪群会见吉尔吉斯共和国驻华大使馆参赞朱萨耶夫·古邦，双方就加强学术交流专题交换意见。

（23）2014 年 12 月 30 日，历史研究所魏晋南北朝隋唐史研究室召开座谈会，邀请日本御茶水女子大学教授古濑奈津子介绍日本学界“中国中古史研究的新进展”。

（24）2014 年 12 月 30 日，历史研究所科研处和文化史研究室联合召开座谈会，邀请日本早稻田大学古籍研究所所长河野贵美子教授介绍该所古籍收藏和研究情况。

3. 与香港、澳门特别行政区和台湾开展的学术交流

（1）2014 年 5 月 16 日，历史研究所先秦史研究室副研究员孙亚冰应邀参加台湾政治大学主办的“近现代出土文献研究视野与方法国际学术研讨会”。

（2）2014 年 6 月 25 日，历史研究所中外关系史研究室主任李锦绣研究员应邀参加台湾中国文化大学举办的“第十一届唐代文化国际学术研讨会”。

（3）2014 年 11 月 30 日，香港中文大学历史系主任蒲慕州教授应邀来历史研究所访问。

（4）2014 年 12 月 2 日，历史研究所科研处和社会史研究室联合举办学术报告会，邀请香港中文大学历史学部主任蒲慕州作题为“鬼的跨文化比较研究”的报告。

（四）学术社团、期刊

1. 社团

（1）中国先秦史学会，会长宋镇豪。

2014 年 4 月 19 ~ 20 日，由中国先秦史学会、中华炎黄文化研究会、中华黄帝故里建设促进会、郑州市人民政府主办，新郑市人民政府、河南省黄帝故里文化研究会承办第九届黄帝文化国际论坛在河南省新郑市举行。

（2）中国殷商文化学会，会长王震中。

2014 年 8 月 10 ~ 12 日，由中国殷商文化学会、山东省大舜文化研究会、山东省烟台市福山区政府联合举办“王懿荣甲骨学国际学术研讨会”在山东省烟台市召开。会议的主题是“古文字学、甲骨学、先秦史、夏商周考古等领域的课题和新研究成果”。

(3) 中国秦汉史研究会，会长卜宪群。

2014 年 8 月 15 ~ 19 日，由中国秦汉史研究会主办，四川省文物考古研究院承办，宜宾市博物院、渠县文体广新局协办的“中国秦汉史研究会第十四届年会暨国际学术研讨会”在四川省成都市召开。

(4) 中国魏晋南北朝史学会，会长楼劲。

(5) 中国明史学会，会长商传。

2014 年 6 月 4 ~ 6 日，由中国明史学会和甘肃省临夏回族自治州文联联合举办的“王竑文化学术研讨会”在甘肃省临夏市举行。会议研讨的主要问题有“王竑家世履历”“王竑与明中叶政局”“王竑与漕运救荒”“王竑与明代防务”“王竑文化与明代河州历史文化”等。

(6) 中国中外关系史学会，会长丘进。

2014 年 10 月 11 ~ 12 日，由中国中外关系史学会、郑州大学历史学院联合主办的“全球视野下的中外关系史”学术研讨会在郑州大学召开。会议研讨的主要问题有“信息化时代的中外关系史研究”“历史上的边疆与海域”“中国与周边国家的交往与互动”“丝绸之路与中外文化交流”等。

2. 期刊

(1)《中国史研究》(季刊)，主编彭卫。

2014 年，《中国史研究》共出版 4 期，共计 120 万字。该刊全年刊载的有代表性的文章有：石洋的《两汉三国时期“佣”群体的历史演变——以民间雇佣为中心》，刘浦江的《元明革命的民族主义想象》，薛梦潇的《东汉郡守“行春”考》，桓占伟的《从宗教神性到政治理性——殷周时期义观念生成的历史考察》，陈侃理的《刘向、刘歆的灾异论》，侯旭东的《丞相、皇帝与郡国计吏：两汉上计制度变迁探微》，刘凯的《从“南耕”到“东耕”：“宗周旧制”与“汉家故事”窥管——以周唐间天子 / 皇帝耤田方位变化为视角》，李华瑞的《略论宋夏时期的中西陆路交通》，刘晓东的《明代官方语境中的“倭寇”与“日本”——以〈明实录〉中的相关语汇为中心》，陈高华的《元成宗与佛教》等。

(2)《中国史研究动态》(双月刊)，主编刘洪波。

2014 年，《中国史研究动态》共出版 6 期，共计 100 万字。

(五) 会议综述

第六届日中学者中国古代史论坛

2014 年 5 月 24 日，由日本东方学会与中国社会科学院历史研究所共同主办的“第六届日中学者中国古代史论坛”在日本东京举行。论坛的主题是“现阶段中国史的时代划分——结合历史学、思想史、文学”。来自中国、日本的专家学者共计 70 余人参加了论坛。

论坛分全体大会和第一分会场、第二分会场三个部分进行。全体大会由日本驹泽大学准教授石井仁主持。日本东方学会东京支部长、中国山东大学教授池田知久作了主旨发言。池田知久指出，从 20 世纪 50 年代开始，日本学界就曾经针对中国古代史的分期问题展开讨论，而今时隔六十余载，在新的世纪、新的时代背景下，日中学者重新讨论中国古代史的分期问题，必将碰撞出更多新的理论探索与思考。

中国社会科学院历史研究所所长助理楼劲研究员作了题为“‘法律儒家化’与魏晋以来的‘制定法运动’”的演讲。日本中央大学教授妹尾达彦针对现阶段历史学时代划分的必要性、时代划分的基准进行了论述，并以 4 ～ 7 世纪游牧民族的迁移带给欧亚大陆的冲击为例，作了题为“人类史与东亚史的时期划分”的演讲。中国澳门大学教授汤开建作了题为“明韶州同知刘承范《利玛传》的发现、内容及其价值”的演讲。

演讲分为两个分会场，第一分会场由驹泽大学准教授石井仁主持。中国社会科学院历史研究所副研究员宋艳萍、编审刘洪波的演讲题目分别是“论‘尧母门’对西汉中后期政治格局以及政治史观的影响”“阴阳五行观念与魏晋南北朝时期禳灾、减灾”。中国东北师范大学教授王彦辉的演讲题目是“秦汉聚落形态研究——兼议宫崎市定的‘中国都市国家论’”。中山大学教授王承文的演讲题目是“汉晋道教‘静室’与斋戒制度的渊源考释”。首都师范大学教授刘屹的演讲题目是“道教‘灵宝’传统的历史嬗变”。陕西师范大学教授黄寿成的演讲题目是“西魏政权建立之初的宇文泰集团”。日本早稻田大学教授渡边义浩、二松学舍大学教授牧角悦子的演讲题目分别是“‘古典中国’的形成与展开”与“中国文学史当中的近代”。

第二分会场由国际日本文化研究中心教授伊东贵之和中国社会科学院历史研究所所长助理楼劲研究员主持。中国社会科学院历史研究所研究员阿风、汪学群的演讲题目分别是“崇士重商：宋代以来徽州人的四民观——以隆庆刊《珰溪金氏族谱》为中心”与“试论明代思想的历史阶段特色”。南京师范大学教授李天石的演讲题目是“从身份制度看中国中古社会的变迁”。厦门大学教授陈支平的演讲题目是“唐宋变革与明清实践——以朱子学、理学为例”。北京师范大学教授韩格平的演讲题目是“元人诗序中的元人诗学观”。日本明治大学教授气贺泽保规、东京大学教授小岛毅的演讲题目分别是“内藤湖南的时代划分论”与“从思想史看宋代的近世论”。

中国社会科学院历史研究所与日本东方学会自 2009 年在北京举办了首届中日学者中国古代史论坛开始，为中日学者开启了一个能够持续进行学术交流的窗口，每年由中国社会科学院历史研究所与日本东方学会商榷，确定一个共同关注的主题。在两国的相关研究机构和学者的大力支持和踊跃参与下，中日学者中国古代史论坛已经在中日两国成为具有较大影响的学术品牌。

（博明妹）

魏晋南北朝史的新探索国际学术研讨会暨中国魏晋南北朝史学会第十一届年会

2014年10月13～14日，由中国魏晋南北朝史学会主办、中国社会科学院历史研究所魏晋隋唐史研究室承办的“魏晋南北朝史的新探索国际学术研讨会暨中国魏晋南北朝史学会第十一届年会”在北京召开。共有来自中国（包括香港、台湾地区）、日本、美国等国家的110余位学者参加了会议。会议共收到论文110篇。参会学者利用传统文献、简牍与墓志、造像记等出土资料，采用传统考据及其与实地田野调查相结合等方法，对“魏晋南北朝时期的制度与社会”“魏晋南北朝时期社会思潮与社会变迁”“魏晋南北朝时期的民族与国家”“魏晋南北朝史研究的新资料、新视野、新方法”等议题进行了新的探索。

会议收到论文最多的主题，当属魏晋晋南北朝的政治史和政治制度研究，共有23篇论文讨论相关问题。汉魏之际的政治史研究一直是传统研究的热点话题，此次会议论文亦有涉及。孔祥军的《汉魏禅代史事考实》、凌文超的《释“玺出襄阳”》分别考察了汉末三国之际，曹丕和刘备集团在称帝过程中的政治运作。而关于十六国北朝政治制度和政治史的研究方兴未艾，占21篇。楼劲的《关于北魏开国时期的文明程度》通过对南、北国史系统相关记载的细致辨析，从天兴荦铬、天文观象、度量衡制等方面证明北魏皇始、天兴以来在文明程度和运用相关知识、技术的能力上，均在十六国时期的基础上达到了较高水平，对学界的传统认识提出了不同的看法。黄寿成的《前秦政权败亡原因新探》、杨懿的《说“燕”：慕容氏的立国法统与族群聚合》、陈金凤的《“黄帝”文化与北魏政治》将政治史与思想、文化、社会等结合，对前秦灭亡、前燕的建国和北魏的政治进程进行了探讨。美国学者艾安迪的《北魏朝廷的政治裂变：500～528年》一文探讨了宣武帝一朝北魏政治制度和朝廷发生的变化。许多青年学者在前人用力颇深的官制和兵制研究基础之上继续耕耘，如贾小军的《西晋十六国时期河西县令长史迹钩沉》、刘东升的《北魏南北尚书制度考》、刘军的《论北朝官品序列中的“五品”界线》、薛海波的《武川镇豪帅在西魏北周府兵体系地位考论》、熊伟的《魏周府兵军号阶官化的政治过程与意义》等探讨了西晋十六国时期的河西县令长史、北魏的官制官品、北周的府兵制度等内容。这些论文在有些问题上或对前人的研究进行商榷，或对相关问题的研究有所推进。如刘凯的《北魏羽真考》一文，为学界讨论甚多的“羽真”问题提供了另一种说法。

民族融合是魏晋南北朝时期的重要问题，有关学者们论述了十六国北朝时期各民族融合与国家认同，如马艳辉的《十六国北朝时期的“中国”观》、段锐超的《北朝民族格局的演化与民族认同客观条件的成熟》、程有为的《简论魏晋南北朝时期的中原社会》等。

门阀士族的形成、发展及其衰落是中古时期特有的历史现象。因此南朝的士庶关系、汉魏士族的形成原因、寒门学人群体的兴起，仍是此次会议上学者关注的焦点，如日本学者川合安的《南朝的士庶区别》、王永平的《刘宋时期门第寒微学人群体之兴起及其原因考论》、范兆飞的《胙土命氏：汉魏士族形成新解》探讨的便是相关问题。

张晓东的《六朝的军事、漕运与新兴城市》以巴陵城为中心考察了六朝的新兴城市。姚潇鸫的《北齐凉风堂考述》、滑裕的《北魏常爽学馆及相关问题》、杨龙的《北齐之文林馆考论》均是从具体建筑物入手考论当时的政治、学术的变化。高荣的《魏晋时期河西人口蠡测》、刘春香的《魏晋南北朝时期的军事医学》、夏炎的《环境史视野下"飞蝗避境"的史实建构》、陈爽的《从"家牒"到"谱籍"——汉魏南北朝时期谱牒编纂由私入官的历史转变》、王仁磊的《魏晋南北朝墓志家谱初探》涉及这一时期人口、医学、环境、谱牒等社会生活的方方面面，显示出社会史研究的多样化。梁满仓报告了游胜华根据文献记载的木牛流马法复原制作的木牛，在大会现场引起了讨论。

毕云的《东晋末年的皇权复兴与〈春秋谷梁传集解〉》、会田大辅的《〈帝王略论〉的正统观》、张文亭的《葛氏九世的政治命运与〈抱朴子外篇〉的政治立场》考察了魏晋南北朝时期的文献及其与政治文化的关系等相关问题。李凭则对《史记》与《魏书》进行了对比，认为《魏书》为拓跋通史，通过"黄帝"与华夏通史《史记》融为一体。美国学者南恺时的《六朝时期儒学的主要趋势》、张丽君的《魏晋时期儒学的生存及其在道德重构中的作用》讨论了这一时期儒学发展的主要趋势以及儒学对于政治、社会价值观的影响。吕宗力的《谶纬与〈齐民要术〉》探讨了《齐民要术》中所见谶纬影响。王东洋的《谣谶与五胡乱华》从两晋时期五胡乱华之预言、谣谶与五胡首领建国称帝、谣谶与五胡政权之兼并等入手，探讨了谣谶与五胡乱华的关系，深化了对魏晋南北朝政治史和民族史的认识。严耀中的《魏晋玄学对北宋前期理学之影响》认为魏晋南北朝玄学的发展趋势是和儒学合流，使自然与名教"将无同"之先例，在两者之间形成一种体用关系，这个意向被宋初的学者们所继承和发展。杨英的《晋初〈新礼〉的撰作和礼典、律典分流》认为晋初写定的《新礼》是具有法律约束力的建制性礼典，它与主要内容为刑律的《泰始律》别立，在中国古代的法律体系编撰上首次实现了礼典、律典的分流。而高二旺的《论晋代法赙和丧仪中体现的丧制等级》具体从法赙和丧仪探讨了晋代的丧礼特点。

佛教传播、发展及其与政治结构、社会制度、中古生活之间的关系也是与会学者关注的问题，共有王欣的《汉唐时期的西域佛教及其东传路径》、孙瑜的《北魏宗室崇佛现象研究——以孝文、宣武、孝明三朝的宗室成员为例》、冯金忠的《接受史视阈下鸠摩罗什形象嬗变的历史考察》、北村一仁的《北魏、东魏时期的端氏县酒氏的佛教造像事业》、周胤的《北魏洛京的建立与释教信仰生活的新启》等 8 篇文章讨论。

碑刻、造像、壁画等资料作为中古史研究的重要资料，也成为此次会议的主要议题之一。如殷宪先生的《西京博物馆北朝墓志可资补史、正史举例》列举了西京博物馆所藏的景明五年（504）《拓跋忠墓志》、永平二年（523）《临洮王杨氏墓志》、东魏武定三年（545）《穆子琳墓志》、永熙三年（534）《长孙遐妻王尼墓志》、永安二年（529）《王老生墓志》、魏天平四年（537）《朱显墓志》中关于官制、家族资料等可补正史，受到与会学者的重视。倪润安的《北魏平城墓葬中的河西因素》通过墓葬形制、图像、随葬器物等具体地观察和讨论了河西文化在北魏文化构建和文明传承中所起的重要作用。邵正坤的《北朝由女性组成的佛教义邑试探——以造像记为中心》、王志高的《南京甘家巷西"梁鄱阳王萧恢墓神道石刻"墓主身份辨正》、王银田的《王遇墓志再考》、朱智武的《酒泉丁家闸五号墓"社树图"辨析》、陈俏巧的《从石刻资料看北魏皇室的信仰》均是以碑刻、造像或墓葬壁画资料为基础探讨具体问题。

会议中有4篇文章探讨长沙吴简的具体问题，伊藤敏雄的《长沙吴简中的"叩头死罪白"文书木牍》、沈刚的《吴简中的"生口"补论》、邓玮光的《对中仓黄龙三年十月旦簿的复原尝试》、徐畅的《走马楼吴简竹木牍的刊布情况及相关研究述略》涉及吴简中"生口"、旦簿的复原研究、长沙吴简的分类与研究情况综述等问题，而中日学者在会议上对"叩头死罪白"这种类型特别的简牍进行了讨论。韩树峰的《论汉魏时期户籍文书的著录内容》探讨了从简牍时代到纸张时代户籍文书著录内容的变化。李天石的《从出土文献看六朝时期西北地方法的特点》从新疆出土的佉卢文资料探讨了六朝时期西北地区鄯善、河西、高昌诸政权法制建设的特点及户籍法、奴隶身份法等问题。戴卫红的《魏晋南北朝时期亭制的变化》以出土文献和传世文献相结合讨论了魏晋南北朝时期亭制发生的变化。

实地考察与考古发掘相结合也为魏晋南北朝史的研究注入了新活力，李书吉的《汉唐间的伊吾及伊吾路》、松下宪一的《白道——北朝隋唐时期的草原之道》、刘溢海的《北魏畿上塞围寻踪》、刘志尧的《左云及邻近北魏陵墓野外观察探究》等正是这些学者身体力行，走出书屋进行实地考察的成果。

（戴卫红　滑裕）

中国社会科学论坛2014·历史学
——第五届中国古文献与传统文化国际学术研讨会

2014年10月27～28日，为进一步沟通和交流国内外学界在中国古文献与传统文化研究方面的最新成果、前沿动态和发展趋势，由中国社会科学院学部主席团主办，中国社会科学院历史研究所、香港理工大学中国文化学系、北京师范大学古籍与传统文化研究院联合承办，浙江工商大学、杭州西湖国学馆协办的"中国社会科学论坛2014·历史学——第五届中国古文献与传统文化国际学术研讨会"在浙江省杭州市举行。来自中国社会科学院历史研究所、香港理工大学、北京师范大学、南开大学、台湾大学、香港浸会大学、日本早稻田大学等海内外十余所科研单位和高校的50余位学者参加了研讨会。与会者围绕"域外所藏汉文文献（以日本、越南、韩国为主）的整理与研究""文物图像与历史研究"等问题进行了交流。

（1）域外汉籍整理与研究。天津师范大学王晓平的论文《日本汉文古写本整理与研究的回顾与展望》对中日学者在日本汉文古写本整理与研究上的成绩和不足进行回顾，并展望了构建日本汉文古写本与汉字写本文献学的发展前景。浙江工商大学王宝平的《日本藏黎庶昌与宫岛诚一郎笔谈记录》一文介绍了日本早稻田大学图书馆藏《栗香斋笔话》和国会图书馆藏《养浩堂私记》中关于宫岛诚一郎与黎庶昌的笔谈记录情况。早稻田大学吉原浩人的《新出真福寺大须文库藏〈心性罪福因缘集〉院政期古写本考》一文，将近年来名古屋市真福寺新发现的宋代智觉禅师《心性罪福因缘集》院政时期手抄本片断与同时期其他手抄本进行比较，探讨了该手抄本的书志学价值、撰述国别等问题。日本南山大学蔡毅的《赖山阳〈日本外史〉中国流布考》一文对赖山阳《日本外史》这一中日文化交流史上的“逆输入”现象进行考察。中国社会科学院历史研究所的陈爽在《〈世说新语〉敬胤注的历史文献学研究》一文中，对20世纪在日本发现的南宋汪藻《世说新语叙录》中保存的敬胤注所引史籍佚文逐条辑录、对比和考辨。南开大学的刘岳兵在《魏源的〈圣武记〉在近代日本》一文中认为，魏源《圣武记》为考察近代日本知识建构中的中国因素提供了样本。四川大学周斌的《唐朝偃师人马宇生平与著作及出使新罗考》一文考证了李翱所撰《秘书少监史馆修撰马墓志》的墓主为偃师人马宇，并对其出使新罗的事迹及所著见闻录《新罗纪行》进行考察。

（2）文物图像与历史研究。中国社会科学院历史研究所马怡的论文《一个汉代郡吏和他的书囊——读尹湾汉墓简牍〈君兄缯方缇中物疏〉》，通过对尹湾汉墓出土木牍《君兄缯方缇中物疏》的分析、考证，推断该牍是随葬书囊清单，墓主身份是郡吏。中国社会科学院历史研究所宋艳萍的论文《“周公辅成王”与汉代政治——从汉画像石“周公辅成王”图像谈起》，利用“周公辅成王”的汉画像石材料，对“周公辅成王”的政治模式在汉代的形成与演变等问题进行考察。浙江工商大学江静的论文《宋元禅僧墨迹在日本的流传与影响》，对宋元禅僧墨迹在日本得以保存的原因加以分析。中国社会科学院历史研究所沈冬梅的论文《〈撵茶图〉与宋代文人茶集》，以刘松年《撵茶图》为例，对宋代文人茶集的情况进行考察。中国社会科学院历史研究所刘中玉的论文《知白守黑:〈中山出游图〉的视觉性考察》，通过对宋末元初遗民画家龚开代表作《中山出游图》的图像学分析，揭示了其具有先锋精神的笔墨实践之于当时艺术创作和文化振兴的意义。中国社会科学院历史研究所刘明杉的论文《明仇英〈清明上河图〉里的生活》，结合明代的商业背景，对现藏辽宁省博物馆的仇英《清明上河图》进行解读。

（3）版本校勘与研究。台湾大学夏长朴的论文《台北国图所藏〈四库全书总目〉稿本残卷的编纂时间与文献价值》，在比较台北馆藏《四库全书总目》稿本残卷与上海等内地多家图书馆藏本的基础上，对残卷的编纂时间与文献学价值进行考察。北京师范大学周少川的论文《〈经世大典〉辑佚考述》，对《经世大典》的辑佚和研究成果进行述评，并对今后的整理与研究提出见解。天津图书馆李国庆的论文《〈方洲先生文集〉雕版刻工研究》，对明万历本《方洲先生文集》卷末附载的伙食价银、刊刻字数、刻工姓名等信息进行考察。香港浸会大学郭嘉辉的论文《略论〈大明太祖皇帝御制集〉及其史料价值》，从文献源流、辑录范围等方面对《御制集》的史料价值进行说明。北京师范大学邓瑞全的论文《张之翰〈西岩集〉的校勘整理》，对《西岩集》的四库本与国家图书馆藏翰林院抄本的关系进行考察。日本同志社大学李长波的论文《家藏明刊本〈象山先生文集〉校勘综述》，通过对勘《象山先生文集》家藏本与明成化本、正德本等主要版本，对家藏本的版本系统与校勘价值进行说明。北京师范大学毛瑞方的论文《〈北堂书目〉与亚里士多德》，对《北堂书目》所收亚里士多德著述的特点及相关译介、整理与研究情况进行梳理。北京师范大学王媛的论文《〈学海类编〉文献问题讨论》，对《学海类编》与陶越藏书及《明世学山》《古今说海》等丛书的关系进行梳理。

（4）古文献与历史研究。香港理工大学朱鸿林的论文《〈明儒学案·王龙溪学案〉校读》，以万历本《龙溪王先生全集》和《王畿集》对勘《明儒学案·王龙溪学案》，探讨了黄宗羲的编纂思想及其对理解王畿思想的影响等问题。香港理工大学庄兴亮的论文《黄宗羲对聂豹政治形象的构建——以〈明儒学案·贞襄聂双江先生豹传〉文本为探讨中心》，从《明儒学案》聂豹传入手，分析黄宗羲与时人关于聂豹形象认知之异同及原因。中国社会科学院历史研究所解扬的论文《丘濬撰王竑“神道”〈碑铭〉与〈碑记〉析读》，对北京大学图书馆藏万历本《神道碑铭》与《(嘉靖）河州志》所收《王公神道碑记》进行比勘和研究。

北京师范大学张荣强的论文《中国古代的虚岁与周岁》，从制度层面和民俗层面对历代是否存在周岁计年的情况进行概梳。中国社会科学院历史研究所庄小霞的论文《“失期当斩”再探——兼论秦律与三代法律传统的渊源》，综合传世文献与出土简牍的相关记载，索考《史记·陈涉世家》所载“失期当斩”律条的历史渊源。中国社会科学院历史研究所安子毓的论文《古籍勘误三则》，分别对《管子》之“四时”、《淮南子》之“天文训”、《史记》之“秦始皇本纪”中相关讹误进行校释。中国社会科学院历史研究所李鸣飞的论文《元代散官表考证——兼论元代散官的升迁方式》，利用传记史料分析元代散官以逐级升迁为主、以逐阶升迁为辅的升迁方式。中国社会科学院历史研究所吴雪飞的论文《包山楚简司法术语中的“搏”》，对包山楚简中司法术语“搏”之本义进行考辨。中国社会科学院历史研究所张宪博的论文《试论东林学派及复社对清初国家治理的影响——以清初几位理学名臣为个案》，以汤斌、魏裔介、李光地等人为例，探讨东林学派及复社对清初国家治理的影响。中国社会科学院历史研究所陈时龙的论文《万斯同的史笔——读天一阁藏〈明史稿〉之〈隐逸传〉》，对万斯同《明史稿》隐士逸民传与焦竑《献征录》、何乔远《名山藏》等史料的关系进行梳理。台湾元智大学何威萱的论文《方东树〈跋南雷文定〉浅析》，通过解析《跋南雷文定》管窥方东树的思想内涵及其学术意义。中国社会科学院历史研究所梁仁志的论文《徽商与清代学术发展关系简论——以家谱文献为基础的考察》，利用家谱文献，从多角度梳理徽商对清代学术发展的影响。

（5）古文献与文学史、思想史研究。北京师范大学张文澍的《文统千年燧火传——略论古文家之张养浩》一文从古文信念、儒家情怀等几个方面对元代古文家张养浩进行简论。北京师范大学史杰鹏的《从词源学的角度谈谈“河海不择细流”及相关词义》一文，从文字学、训诂学、词源学角度，对“择”是否应读为“释”的问题进行论析。北京师范大学李鸣的《〈唐诗选〉及其关系书研究述评》一文，从注释、伪书考辨、版本等方面对《唐诗选》的研究情况进行述评。中国社会科学院历史研究所郑任钊的《〈公羊传〉的解经路线》一文，对《公羊传》通过转换《春秋》文本性质的解经路线进行论析。北京师范大学华喆的《君视疾时士东首于南牖、北墉下辨》一文，分析了包咸、郑玄关于《论语·乡党第十》中“疾，君视之”的解说及其思想。中国社会科学院历史研究所刘永霞的论文《〈易传〉的三点思想精义》，对《易传》“认识秩序”“由象取义”与“进退合时”的思想进行了梳理。

（刘中玉）

近代史研究所

（一）人员、机构等基本情况

1.人员

截至2014年年底，近代史研究所共有在职人员119人。其中，正高级职称人员26人，副高级职称人员37人，中级职称人员37人；高、中级职称人员占全体在职人员总数的84%。

2.机构

近代史研究所设有：政治史研究室、经济史研究室、思想史研究室、社会史研究室、马克思主义史学理论与文化史研究室、中外关系史研究室、革命史研究室、民国史研究室、台湾史研究室、《近代史资料》编译室、《近代史研究》编辑部、《抗日战争研究》编辑部、Journal of Modern Chinese History（《中国近代史》）编辑部、图书馆、中国近代史档案馆、信息化建设办公室、科研处、人事处（内设离退休人员管理办公室）、办公室。

（二）科研工作

1. 科研成果统计

2014年，近代史研究所共完成专著18种，568.5万字；论文127篇，209.5万字；论文集8种，484.5万字；学术资料7种，302.2万字；学术普及读物1种，17万字；译著4种，72万字。

2. 科研课题

（1）新立项课题。2014年，近代史研究所共有新立项课题2项。其中，国家社会科学基金课题1项：“近代日本政府的中国留日学生政策”（徐志民主持）；院国情考察课题1项：“涞源县历史文化资源调查”（杜继东主持）。

（2）结项课题。2014年，近代史研究所共有结项课题14项。其中，国家社会科学基金课题2项：“晚清中法政治关系研究（1840～1911）”（葛夫平主持），“战后国共对美政策演变（1945～1949）”（吕迅主持）；院重点课题3项：“国共两党法制比较研究”（胡永恒主持），“荣禄与晚清政局研究（1894～1903）”（马忠文主持），“‘琉球处分’与出兵台湾”（李理主持）；院国情考察课题1项：“涞源县历史文化资源调查”（杜继东主持）；院青年科研启动基金课题4项：“民国初期知识分子自杀现象研究”（沈巍主持），“革命与司法：国民革命中的司法党化”（李在全主持），“外资企业与中国早期现代化：近代开滦煤矿的外溢性影响研究”（云妍主持），“九一八事变后中国的国际舆论宣传研究”（李珊主持）；所重点课题4项：“华北抗日根据地公粮征收中的政府与农民”（周祖文主持），“中国近代货币供给及其经济效应（1873～1936）”（蒋清宏主持），“民主革命先驱何天炯研究”（李长莉主持），“清末民初新式司法机构的筹设”（李在全主持）。

（3）延续在研课题。2014年，近代史研究所共有延续在研课题32项。其中，国家社会科学基金课题16项：“中国古代政治文化中的民主性因素及其现代价值研究”（耿云志主持），“近代中国社会结构研究”（姜涛主持），“20世纪香港经济与社会文化”（刘蜀永主持），“清代满汉关系史”（刘小萌主持），“资产阶级与中国近代社会”（虞和平主持），“20世纪中国近代史研究的走向”（张海鹏主持），“近代国家与农民关系研究”（郑起东主持），“传统农村社会文化的近代变迁”（李长莉主持），“中华民国外交史（1911～1949）”（王建朗主持），“国民党党史馆藏中共党史资料的收集整理与研究”（金以林主持），“台湾中共地下党研究（1946～1957）”（杜继东主持），“近代中国准条约问题研究”（侯中军主持），“域外资源与晚清语言运动：以圣经中译本为中心”（赵晓阳主持），“18～19世纪学术家族之研究”（罗检秋主持），“中科院近代史研究所与马克思主义史学发展（1949～1966）”（赵庆云主持），“中国近代‘国学’构想的建立：章太炎与明治日本”（彭春凌主持）；院A类重大课题3项：“中华民国外交史”（王建朗主持），“中国近代思想通史”（耿云志主持），“英藏赫德档案的整理与研究”（王建朗主持）；所重点课题13项：“中国近代公民教育研究”（毕苑主持），“晚清妇女‘守节’与‘失节’现象研究”（刘佳主持），“咸同时期之榷关与财政”（任智勇主持），“传教士与中国近代‘三农’”（赵晓阳主持），“中国近代思想史上的学衡派”（宋广波主持），“康党与戊戌时期的学术、政治纷争”（贾小叶主持），“奇崛与寻常：章乃器传论”（李玉刚主持），“苏联司法制度之变迁（1917～1960）”（唐仕春主持），“水安三的中国观察”（闻黎明主持），“抗战时期名人报刊题词的搜辑与研究”（卞修跃主持），“1945年至1950年中国大陆文化在台湾传播研究”（褚静涛主持），“近代同乡群体与同乡观念”（唐仕春主持），“台湾政治转型研究”（1986～2000）（汪小平主持）。

4.创新工程的主要措施和工作安排

（1）近代史研究所进入创新工程的时间：2013年。

（2）2014年，近代史研究所参加创新工程的人数为99人。

（3）2014年，近代史研究所的创新工程项目有42项：“海外近代中国珍稀文献搜集整理工程（第二期）”（首席管理为王建朗），“中国近代史研究信息传播平台建设”（首席研究员为汪朝光），“清末十年新政改革研究”（首席研究员为崔志海），“辛亥革命前后的满汉关系”（首席研究员为刘小萌），“中国现代化史”（首席研究员为马勇），“社会文化史新兴学科与近代社会文化研究”（首席研究员为李长莉），“1840 ～ 1950：中国近代国家观念演变与社会变迁互动”（首席研究员为雷颐），“新文化运动研究”（首席研究员为耿云志），“抗战建国与民族复兴：20 世纪 30 ～ 40 年代中国思想界研究”（首席研究员为郑大华），“民国时期中共党史资料的收集整理与研究”（首席研究员为金以林），“中共建国方略的形成与实践研究”（首席研究员为于化民），“近代中国与世界：1949 年前后中国的对外关系研究”（首席研究员为栾景河），“中国政府光复台湾史料汇编”（首席研究员为张海鹏），“台湾历史与现状研究”（首席研究员为李细珠），“口述历史理论研究与口述访谈”（首席研究员为左玉河），“近代影像史料整理与研究”（首席研究员为李学通），“传教·边疆·战争：晚清中法关系再研究”（首席研究员为葛夫平），“基督宗教与近代中国经济——以基督新教传教士和机构为重点”（首席研究员为赵晓阳），“清末民初思想研究（1900 ～ 1915 年）”（首席研究员为邹小站），“社会震荡中的学术家族——家族文化视野中清末民初的学术传承与创新”（首席研究员为罗检秋），“抗战时期中共的发展与壮大”（首席研究员为黄道炫），“抗战时期名人报刊题词的搜辑与研究”（研究员卞修跃主持），“1945 年至 1950 年中国大陆文化在台湾”（研究员褚静涛主持），“近代同乡群体与同乡观念”（副研究员唐仕春主持），“台湾政治转型研究（1986 ～ 2000）”（助理研究员汪小平主持），“馆藏线装书、报刊目录数据库建设”（首席责任人为段梅），“晚清政治史学科”（首席责任人为崔志海），“中国近代经济史学科”（首席责任人为赵晓阳），“中国近代社会史学科”（首席责任人为李长利），“中国近代思想史学科”（首席责任人为郑大发），“马克思主义史学理论、近代文化史学科”（首席责任人为左玉河），“近代中外关系史学科”（首席责任人为张俊义），“民国史学科”（首席责任人为罗敏），“中国革命史学科”（首席责任人为于化民），“近代史料学学科”（首席责任人为李学通），“台湾史学科”（首席责任人为李细珠），“科研组织管理建设”（首席责任人为杜继东），“史学片后勤服务建设”（首席责任人为寇伟），“党务人事离退休工作规程”（首席责任人为黄春生），“信息化建设的规范化管理”（首席责任人为黄春生），“《近代史研究》”（首席责任人为徐秀丽），“《抗日战争研究》”（首席责任人为高士华）。

（4）创新工程工作的新机制、新举措

2014 年，在实施创新任务过程中，近代史研究所的创新项目研究、学科建设、学术交流、文献资料建设、人才培养以及党建、行政管理等方面稳步推进，取得了突破性进展。

①人才培养。近代史研究所按照《中国社会科学院哲学社会科学创新工程人事管理办法》，制定岗位聘用方案，在充分调动各序列、各层级岗位人员积极性的思想主导下，建立新的人员层级划分体系及相应的收入分配制度，最大限度地激发科研人员的创新热情。实施计划时，实行灵活的用人机制，用好现有人才，不断吸收所需人才，适当聘用急需人才，从院外引进合作研究人才，形成由科研领军人物、青年英才、国际合作人才、科研辅助人才、管理人才、科研助手等不同层次、不同职能的人才组成的、充满活力的创新人才群体结构。同时根据创新任务的需要，在把好政治关和业务关的条件下，在国内外公开选聘人才，并对编制外人员实行合同

制聘用及管理。严格考核制度，科研人员在创新任务结束后未能续聘的，或因考核不合格中途退出创新岗位的，回归原岗位，不再享受创新岗位待遇。

②学科建设目标及实施计划。近代史研究所有晚清史、中华民国史、近代经济史、近代思想史、近代文化史、近代社会史、近代中外关系史、马克思主义史学理论、革命史、台湾史、近代史料学等11个学科，这些学科各有特色，各有优长，基本都处在国内相关领域研究的前沿，代表了国内近代史研究的最高水准，在国际上也有相当的影响。学科布局完整，发展比较均衡，人员年龄、学历、层次的结构构成合理。根据创新工程的要求，近代史研究所特别强调创新过程中的三结合，即将中期规划与年度安排相结合、原则性要求与可操作性方案相结合、创新体制机制新要求与传统体制中的合理有效部分相结合，力争在“十二五”期间，结合已有优势与专长，着眼于长远目标，兼顾近期发展，对学科建设的方向和重点进行适度调整：稳定发展晚清史、经济史、思想史等既有学科；鼓励扶持台湾史、近代社会文化史、口述史、影像史等新兴学科和交叉学科；重点发展未来若干年最具学术增长点的中华民国史、中日关系史等学科。

③科研方法和手段的创新。近代史研究所的创新工程强调高标准、严要求，不仅要出成果、出人才，而且还要实现在科研组织、研究手段、研究方法和学术观点的创新。在具体实施方面，着力于学科建设的“面、线、点”相结合，突出史学特色，充分发挥近代史研究所在图书资料、网络信息化建设方面的优势，建设开放性的近代史档案馆，有针对性地加强海内外近代档案、文献、图片、影像史料的搜集和整理，大力进行馆藏文献的电子文档扫描制作工作，满足研究人员的远程浏览需要，与海内外各档案图书收藏机构发展广泛深入的协作关系，将近代史研究所打造成为海内外一流的近代中国档案、文献、图书、影像史料的收藏和研究中心，并在此基础上，在创新方向中选择重点，优先设计创新课题，展开研究，既统筹兼顾，又着力抓重点，始终引领中国近代史研究的发展趋向。

④发挥思想库智囊团功能。近代史研究所实施创新工程后，着力研究马克思主义对近代中国的影响和中国共产党人把马克思主义应用于中国革命的实际并将其中国化的历程，研究中华民族由屈辱到抗争到独立进而迈向伟大复兴的进程，总结中国近代历史发展的基本规律，为党和国家的重要决策提供借鉴，总结近代中国历史发展中的基本经验，为各地各部门的现实工作提供咨询建议，回答人民群众关心的、现实政治及社会发展中与近代中国历史相关的热点难点问题，把近代史研究所建设成为党和国家的思想库、智囊团，建设成为马克思主义的坚强阵地和爱国主义教育与宣传的重要阵地。

（三）学术交流活动

1. 学术活动

2014年，近代史研究所主办和承办的学术会议有：

（1）2014年7月16～20日，由近代史研究所政治史研究室、西北民族大学历史文化学院联合主办的“第六届晚清史研究”国际学术研讨会在甘肃省兰州市举行。来自中国社会科学院、清华大学、复旦大学、中国人民大学、暨南大学、华中师范大学等国内高校和科研机构及美国、法国、韩国、日本等国的 80 余位专家学者参加了会议。会议的主题是“清末新政 · 边疆新政与清末民族关系”。

(2) 2014 年 8 月 24 ～ 25 日，由东北师范大学历史文化学院、东北师范大学东亚文明研究中心、中国社会科学院《中国边疆史地研究》编辑部、近代史研究所《抗日战争研究》编辑部联合主办，中国社会科学出版社协办的第二届“东亚秩序与近代中国”国际学术研讨会在东北师范大学召开。来自中国、日本、韩国、越南的 27 位专家学者参加了会议。

(3)2014 年 8 月 26 日，由近代史研究所史学理论与文化史研究室、河南大学历史文化学院、《史学月刊》编辑部联合举办的“中国近代研究热点问题与理论前沿”学术研讨会在河南省开封市举行。来自近代史研究所、南开大学、北京师范大学、首都师范大学、河南大学等 10 余所高校、科研单位的 70 余位学者了参加了会议。会议研讨的主要问题有“中国近代史研究范式”“革命与改良”“革命与现代化”“重写近代史”“历史虚无主义”“新文化史”“新革命史”等。

(4) 2014 年 9 月 17 ～ 18 日，“甲午战争与东亚历史进程 · 纪念甲午战争 120 周年国际学术研讨会”在山东省威海市举行。会议由中国社会科学院和山东省人民政府联合主办，中国史学会、中国社会科学院近代史研究所、山东省社会科学界联合会、威海市人民政府承办。来自世界各地的 150 余位学者参加了会议。会议的主题是“甲午战争及其相关问题”。

(5) 2014 年 9 月 22 ～ 24 日，中国社会科学论坛“跨国视野下的近代中国与世界”学术研讨会在广东省潮州市韩山师范学院召开。论坛由中国社会科学院近代史研究所、首都师范大学文明区划研究中心和韩山师范学院潮学研究院共同主办。来自全国各地的 60 余位学者参加了会议。会议的主题是“跨国视野下的近代中国与世界”。

(6) 2014 年 10 月 10 日，由近代史研究所、复旦大学历史系、北京师范大学历史学院联合主办的“网络时代中国近代史资料的搜集、整理、利用、研究”视频学术研讨会召开。

(7)2014 年 11 月 7 ～ 9 日，由中国社会史学会主办、江西师范大学历史文化与旅游学院承办、中国社会科学院近代史研究所社会史研究室等单位协办的第十五届中国社会史学会年会暨“中国历史上的生命、生计与生态”学术研讨会在江西省南昌市召开。150 余位专家学者参加了会议。

(8) 2014 年 11 月 7 ～ 10 日，由陕西师范大学、中国社会科学院近代史研究所《抗日战争研究》编辑部、中国现代史学会共同主办的“抗日战争与大后方建设”学术讨论会在陕西师范大学举办。来自全国 30 余所高等院校、科研单位的 60 余位专家学者参加了会议。会议的主题是“抗日战争与大后方建设中的政治、经济、文化等”。

(9) 2014 年 11 月 17 日，第四届全国口述历史学术研讨会在广东省中山市召开。来自中国社会科学院近代史研究所、中华口述历史研究会以及全国各地的约 50 位专家学者参加了会议。

（10）2014 年 11 月 22 ～ 23 日，“战争与外交：第五届近代中外关系史”国际学术讨论会在北京举行。会议由中国社会科学院近代史研究所中外关系史研究室、北京大学历史系联合主办。来自中国、日本、韩国、丹麦等国家的近 70 位专家学者参加了会议。会议的主题是“战争与外交”。

（11）2014 年 11 月 24 ～ 25 日，由近代史研究所、福建师范大学中国基督教研究中心联合主办的“全球化视野下的近代中国与世界基督教”国际学术研讨会在福建省福州市举行。会议的主题是“全球化视野下的近代中国与世界基督教”。

（12）2014 年 12 月 6 日，由中国社会科学院主办，中国社会科学院近代史研究所、南京师范大学承办，《抗日战争研究》编辑部、南京师范大学抗日战争研究中心协办的“战争、秩序与和平：两次世界大战的反思”学术研讨会在江苏省南京市召开。会议研讨的主要问题有“两次世界大战与中国的国际地位”“军事建设”“战时经济”“中日关系”“战争罪责”“战后赔偿”“战后世界秩序”等。

（13）2014 年 12 月 19 ～ 20 日，由财团法人中正文教基金会、中国社会科学院近代史研究所民国史研究室、台湾政治大学人文中心蒋介石与现代中国的形塑研究团队、台湾中国近代史学会主办的“日记中的蒋介石”两岸学术研讨会在台湾金门举行。会议的主题是“日记中的蒋介石”。

2．国际学术交流与合作

2014 年，近代史研究所共派遣出访 21 批 34 人次，接待来访 20 批 37 人次。与近代史研究所开展学术交流的国家有英国、美国、澳大利亚、新西兰、俄罗斯、波兰、日本、韩国等。

（1）2014 年 2 月 19 日，韩国国史编纂委员会编史研究官金光载博士来中国社会科学院近代史研究所访问，与近代史研究所科研处处长杜继东就双方合作事宜进行交谈。

（2）2014 年 3 月 5 ～ 17 日，中国社会科学院近代史研究所所长王建朗一行赴新西兰的奥克兰、惠灵顿、基督城、皇后城、箭镇、达尼丁等地调研，为“新西兰华侨华人史研究”项目搜集资料。

（3）2014 年 3 月 11 ～ 25 日，新加坡国立大学教授黄贤强应邀到中国社会科学院近代史研究所进行学术访问，并作题为“外来华人在中国：跨域知识精英的关系网络”的学术报告。

（4）2014 年 4 月 1 日，香港亚太研究中心教授郑海麟在近代史研究所作题为“海上丝绸之路的历史经验与战略思考”的学术报告；新西兰奥克兰大学访问学者潘邦正教授应近代史研究所革命史研究室的邀请，作了题为“蒋经国晚年政治改革”的学术报告。

（5）2014 年 4 月 22 日，日本立教大学教授粟屋宪太郎和日本横滨国立大学教授村田忠禧应邀来近代史研究所，并分别作了题为“日本的东京审判研究”“钓鱼岛问题与中日关系”的学术报告。

（6）2014 年 6 月 24 日，美国路易维尔大学美术系副教授赖德霖应邀来近代史研究所，并作了题为“形式、空间与文本：中国近代建筑史研究”的学术报告。

（7）2014 年 7 月 4 ～ 5 日，近代史研究所副所长汪朝光应韩国高丽大学“历史影像融合研究小组”邀请赴韩国参加“影像和记录，编写新历史”国际学术会议。

（8）2014 年 7 月 15 日，美国历史学家、加州大学圣地亚哥分校教授周锡瑞应邀来近代史研究所，并对其新著《叶家》作了介绍。

（9）2014 年 8 月 28 日至 9 月 10 日，根据中国社会科学院与波兰科学院互访协议，波兰科学院教授施乐文夫妇到近代史研究所进行学术访问。

（10）2014 年 9 月 2 日，奥地利维也纳大学副校长、汉学系教授魏格林应邀来近代史研究所，并作了题为“日本、德国对二战反省的比较”的学术报告。

（11）2014 年 9 月 24 日至 10 月 2 日，近代史研究所副所长金以林赴美检查哥伦比亚大学与近代史研究所合作制作顾维钧档案工作进展和工作质量，并讨论新的合作计划。

（12）2014 年 11 月 11 ～ 12 日，近代史研究所党委书记周溯源等应韩国国史编纂委员会邀请赴韩国首尔参加第四届东亚史料编纂机关联席会议。会议的主题是“探索共享东亚历史资料的合作方案”。

（13）2014 年 12 月 8 ～ 11 日，近代史研究所所长王建朗应日本山口大学邀请，赴日本参加东亚近代史料建设研讨会。

3. 与香港、澳门特别行政区和台湾开展的学术交流

（1）2014 年 1 月 1 日至 2 月 28 日，近代史研究所科研处副处长杨婉蓉等赴台湾“中央大学”历史研究所进行学术访问。

（2）2014 年 3 月 1 日至 4 月 30 日，根据近代史研究所与台湾“中央大学”历史研究所的交流协议，近代史研究所研究员贺渊等赴台湾“中央大学”历史研究所进行学术访问。

（3）2014 年 6 月 25 日至 7 月 9 日，根据近代史研究所与台湾政治大学签订的交流协议，台湾政治大学历史系教授彭明辉来近代史研究所进行学术交流。

（4）2014 年 7 月 1 日至 8 月 31 日，根据近代史研究所与台湾“中央大学”历史研究所签订的交流协议，近代史研究所副研究员程朝云等赴台湾“中央大学”历史研究所进行学术访问。

（5）2014 年 8 月 18 日至 10 月 17 日，根据近代史研究所与台湾政治大学签订的交流协议，近代史研究所研究员刘俐娜赴台湾政治大学进行学术交流。

（6）2014 年 9 月 10 日至 10 月 26 日，根据近代史研究所与台湾“中央大学”历史研究所的交流协议，近代史研究所副研究员李在全赴台湾“中央大学”进行学术访问。

（7）2014 年 10 月 11 ～ 12 日，近代史研究所编审李学通、刘萍应台湾政治大学邀请赴台湾参加“影像与史料：影像中的近代中国”学术研讨会。

（8）2014 年 11 月 1 日至 12 月 31 日，根据近代史研究所与台湾“中央大学”签订的交流协议，近代史研究所副研究员杜丽红、张静赴台湾进行学术交流。

(9) 2014 年 12 月 15 ~ 20 日，近代史研究所副所长金以林赴台湾政治大学商议“民国史档案数位化工程”计划，并参访国民党党史馆及孙中山纪念图书馆等学术机构。

(10) 2014 年 12 月 18 ~ 22 日，近代史研究所民国史研究室主任罗敏应台湾政治大学人文中心邀请，赴台湾参加“日记中的蒋介石”学术研讨会。

(11) 2014 年 12 月 22 ~ 26 日，近代史研究所副所长汪朝光应台湾“中研院”近史所邀请，赴台湾与“中研院”近史所讨论两所学术合作及图书资料搜集运用事宜。

(四) 学术社团、期刊

1. 社团

(1) 中国现代文化学会，会长耿云志。

2014 年 9 月 19 日，由中国现代文化学会与山东省社会科学院联合主办的“齐鲁文化与现代中国”学术研讨会在山东省济南市举行。来自中国社会科学院近代史研究所、中国人民大学、首都师范大学、山东省齐鲁文化研究院等学术机构的 30 余人参加了会议。会议研讨的主要问题有“齐鲁文化近代转型的机遇与困境”“汉代齐鲁文化的特殊地位对现代学术的借鉴意义”“儒家伦理的现代意义”“如何看待民族传统文化资源与现代西方文化资源的关系”“儒家管理思想的现代价值”“齐鲁文化与当代中国的核心价值观”“胡适的齐鲁文化观与儒学观”“齐鲁企业文化的特点与意义”等。

(2) 中国中俄关系史研究会，会长李静杰。

(3) 中国孙中山研究会，会长张海鹏。

2014 年 11 月 15 ~ 16 日，由近代史研究所、中国孙中山研究会、广东省中山市委市政府主办，孙中山故居纪念馆承办的“中国国民党一大暨第一次国共合作成立 90 周年”学术研讨会在广东省中山市举行。来自中国、韩国、日本、美国的 40 余位学者参加会议。会议的主题是“国民党一大和第一次国共合作的历史及其深远影响”。

(4) 中国抗日战争史学会，会长步平。

① 2014 年 7 月 8 日，中国抗日战争史学会与中共北京市委宣传部、中国人民抗日战争纪念馆在中国人民抗日战争纪念馆共同主办“学习贯彻习近平总书记纪念全民族抗战爆发 77 周年讲话精神”座谈会。参加 7 月 7 日纪念活动的抗战老战士家属、抗战史专家学者 50 余人参加了会议。

② 2014 年 9 月 4 日，由中共北京市委宣传部、中国人民抗日战争纪念馆主办，中国抗日战争史学会与北京中国抗日战争史研究会协办的“学习贯彻习近平总书记纪念中国人民抗日战争暨世界反法西斯战争胜利 69 周年讲话精神”座谈会在中国人民抗日战争纪念馆举行。

(5) 中国史学会，会长张海鹏。

2014 年 11 月 8 日，2014 年中国史学会单位会员座谈会在华中师范大学召开。会议由中国史学会主办，华中师范大学中国近代史研究所承办，中国史学会会长张海鹏，中国史学会副会长郑师渠、马敏以及来自全国各地的史学会单位会员负责人参加会议。

(6) 中国社会科学院台湾史研究中心，理事长朱佳木，主任张海鹏。

(7) 近代史研究所“社会史研究中心”，理事长虞和平，主任李长莉。

(8) 近代史研究所中国近代思想研究中心，理事长耿云志，主任郑大华。

2014 年 10 月 18 日，由中国社会科学院中国近代思想研究中心、西北大学联合主办，西北大学历史学院、中国社会科学院近代史研究所思想史研究室共同承办的第五届中国近代思想史国际学术研讨会在陕西省西安市开幕。会议的主题是“近代中国民族复兴思想与实践”。来自海内外的近 70 位专家学者出席会议。

2．期刊

(1)《近代史研究》(双月刊)，主编徐秀丽。

2014 年，《近代史研究》刊载的有代表性的文章有：郑大华等的《中国近代民族复兴思潮》(笔谈)，桑兵的《接收清朝与组建民国（上）（下）》，罗志田的《近代中国“道”的转化》，金以林的《蒋介石与政学系》，杨天宏的《清帝逊位与“五族共和”——关于中华民国主权承续的“合法性”问题》，邱涛、郑匡民的《庚子肃王府之战》，刘浦江的《太平天国史观的历史语境解构——兼论国民党与洪杨、曾胡之间的复杂纠葛》，刘志琴的《从本土资源建树社会文化史理论》，马忠文的《王照的“自首”问题》，黄道炫的《抗战初期中共武装在华北的进入和发展——兼谈抗战初期的中共财政》，李在全的《亲历清末官制改革：一位刑官的观察与因应》，贾小叶的《论清人对台湾地位认知之变迁（1661 ~ 1875）——以官方为中心》，吴敏超的《马寅初被捕前后：一个经济学家的政治选择》，张俊峰的《清至民国山西水利社会中的公私水交易——以新发现的水契和水碑为中心》。

(2)《抗日战争研究》(季刊)，主编高士华。

2014 年，《抗日战争研究》刊载的有代表性的文章有：鹿锡俊的《蒋介石对苏德战争的预测及因应——蒋介石抗日外交个案研究之四》，王奇生的《抗战时期国军的若干特质与面相——国军高层内部的自我审视与剖析》，黄自进的《拥抱国际主流社会：蒋介石的对日外交战略》，张传宇的《沦陷时期广州日本居留民研究》，吴福钢的《1946 年：德国人的控诉》，周祖文的《“不怕拿、就怕乱”：冀中公粮征收的统一累进税取径》，姜涛的《中共抗日根据地的民兵、自卫队——以太行根据地为例》，蔡炯昊的《抗战期间的晚明历史记忆与政治现实——以《甲申三百年祭》及其改编作品为中心》，张俊义的《1941 年太平洋战争爆发前国民政府对美日妥协之因应》，廖敏淑的《〈中日修好条规〉与甲午战争——以修约交涉为中心》，权赫秀的《〈马关条约〉第一款有关朝鲜问题内容的形成过程研究》等。

(3) *Journal of Modern Chinese History*（《中国近代史》）(半年刊)，主编汪朝光、徐秀丽。

2014 年，《中国近代史》(*Journal of Modern Chinese History*) 刊载的有代表性的文章

有：LI Yi's Echoes of Tradition：Liang Qichao'sReflections on the Italian Risorgimento and the Construction of Chinese Nationalism（李毅的《传统的回响：梁启超对意大利建国的反思与中国民族主义的构建》），James J. HUDSON's Confronting Modernization：Rethinking Changsha's Rce Riot of 1910（詹姆斯·赫德森的《对抗现代化：1910年长沙米骚乱的重新思考》），HE Wenping's the Street Corps of Changsha around 1920（何文平的《1920年代前后的长沙街团》），HE Yuan's The San-Min Doctrine and the Early Legislation of the Nanjing government（贺渊的《三民主义与南京政府初期的立法》），LI Zaiquan's The Development of Party Rule in the Judiciary：Personnel Changes and Political Transformation of the Nanjing Government's Judicial Center，1927～1937（李在全的《司法党化：南京政府中央司法机构的人事变动和政治转变》），ZHENG Chenglin and YAN Peng's A Synopsis of the Symposium on "Civil Organizations and the State in Modern China"（郑成林、严鹏的《"近代中国的民间组织与国家"研讨会综述》），QIU Jie and WANG Yi'na's Grassroots Authority in Rural Guangdong during Late Qing and Early Republican Times（邱杰、王一娜的《清末民初广东乡村的底层政权》），GUAN Xiaohong's Continuity and Transformation：The Institutions of the Beijing Government，1912～1928（关晓红的《延续与转型：北洋政府的政治体制，1912～1928年》），ZHAO Qingyun's the Master Narratives on Modern China：Their Origins，Evolutions and Reconstruction —— A Review of LI Huaiyin's Reinventing Modern China：Imagination and Authenticity in Chinese Historical Writing(赵庆云的《近代中国的大叙事：源起、演化和重构——李怀印〈重写近代中国：近代中国历史书写的想象和真实〉书评》，ZHAO Xiaoyang's Rejuvenation after Encounters between Different Artistic Forms：A Synopsis of Studies of Indigenization of Christian Art in China（赵晓阳的《不同艺术风格碰撞后的再生：基督教艺术在中国本土化的研究综述》）。

（五）会议综述

甲午战争与东亚历史进程·纪念甲午战争120周年国际学术研讨会

2014年9月17～18日，"甲午战争与东亚历史进程·纪念甲午战争120周年国际学术研讨会"在山东省威海市举行。会议由中国社会科学院和山东省人民政府联合主办，中国史学会、中国社会科学院近代史研究所、山东省社会科学界联合会、威海市人民政府承办。来自世界各地的150余位学者参加了会议。会议共收到论文110篇。会议对甲午战争及其相关问题进行了深入研讨。

开幕式后，4位专家作大会主题报告。在中日胜败比较研究中，中国史学会会长张海鹏研究员指出，中日社会发展阶段不同，是评估战争胜败的基础性因素。当时的中国处于封建社会末期，面对进入资本主义阶段的日本的挑战，完全处于下风。香港亚太研究中心研究员郑海麟围绕《马关条约》与台湾的“法律地位”作了深入探讨。台湾“中研院”近代史研究所所长黄克武在报告中说，中国内在分崩离析，国力不如人，只知消极抵御之“海防”而不知积极规划之“海权”，是战败的根本原因。韩国新罗大学教授裴京汉认为，今天回首甲午，应关注如何汲取教训，防止战争。中国人民解放军海军原副司令丁一平从战术和实力的角度，用形象的动态演示，揭示了中国海军甲午战争失败的原因。

在分组讨论中，与会专家对“甲午战争的历史背景和起因”“甲午战争前后的国际关系”“马关条约谈判”“东亚海权问题”“中日海军战略”“历史人物研究”“甲午战争对中日关系及东亚格局的影响”“与甲午战争史相关的其他议题”等进行了深入研讨。

湖南师范大学教授李育民的论文《甲午及马关新约与条约关系的变化》从国际秩序转变的角度分析甲午战争对中国近代外交格局及国际地位的巨大影响。中国社会科学院近代史研究所副研究员侯中军的论文《甲午战前中日外交话语权之争》梳理了甲午战前中国和日本在争取欧美支持及国际舆论的外交活动中，中国的宗主权话语体系完败于日本的国际法话语体系的过程。辽宁大学历史学院教授权赫秀在论文《〈马关条约〉第一款的形成过程》中指出，《马关条约》第一款的形成过程一直缺乏专门研究。他的论文从甲午战争期间朝鲜被迫成为日本的“攻守同盟”、清政府战争目标的变化以及中日议和谈判过程中有关朝鲜问题的处理等过程的考察，探讨了朝鲜问题何以成为中日《马关条约》第一款内容的具体过程。

中国社会科学院近代史研究所研究员李长莉的论文《甲午战争前一个日本文人的“蔑华”体验——小室信介与〈第一游清记〉》从一个日本知识分子的对华观感出发，说明日本知识阶层从“崇华”到“蔑华”转变的因由。中国社会科学院近代史研究所副研究员褚静涛在论文《钓鱼岛与甲午战争》中指出，甲午战争期间，日本窃取钓鱼岛，未告知中国政府和中国人民。由于日本征服、窃取钓鱼岛并未得到中国政府和中国人民的认可，日本仅仅获得了钓鱼岛的占领权，钓鱼岛的主权并未发生法律转移，仍然是中国的领土。虽然《开罗宣言》没有明列钓鱼岛，但因其为中国固有领土，因此自然在归还之列。

中国社会科学院近代史研究所研究员李细珠在论文《清末中日琉球案尚为悬案考》中指出，琉球问题是清末中日关系中的重要问题。由清方档案可见，在日本于1879年将琉球“废藩置县”之后，甚至在1895年因甲午战争而签订《马关条约》之后，清政府对琉球遭风难民救济抚恤的政策都没有改变，而且仍是一如既往地称为“琉球国”，这是清政府根本没有承认琉球被日本吞并的明证。琉球案是清末中日双方反复交涉而最终并没有解决的历史悬案。

台湾“中研院”近史所研究员张力的论文《从几件史料补述甲午战史》用典藏于台北档案机构的早期政府档案，对民国以后涉及甲午海军的议题作了补述。

中国甲午战争博物院研究馆戚俊杰研究员的《日本挑起甲午战争的前因后果》一文指出，继16世纪丰臣秀吉提出“大日本”构想之后直至德川幕府末年，日本乃“神国”的观念及其派生的“统治宇内”思想已普遍存在。确立“脱亚入欧”政策后，大力推行弱肉强食，制定了对外扩张的战略规划和分期实施的阶段目标。为实施大陆政策，日本周密计划，统筹安排，举国行动，文武并进，一步步完成其目标。战后，由于甲午战争的高额回报，日本实现了一战暴富的梦想，也达到了“失之俄美取偿于东亚”的目的。自此，日本开始成为远东乃至亚太地区的主要战争策源地。

中国社会科学院近代史研究所郑大华研究员《甲午战争与“中华民族复兴”之思想的萌发》一文指出，清末民初“中华民族复兴”思想的孕育或萌发的起点是1894年甲午战争。甲午战后，孙中山提出“振兴中华”；梁启超经过戊戌变法后提出了“少年中国”说；国粹派如章太炎等人，在甲午战后亦对古学如何复兴进行了反思。

北京大学臧运祜教授《1930～40年代中国学界的甲午战争史研究》系统全面地梳理了20世纪30～40年代中国学界对甲午战争的研究。

（柴怡赟）

中国社会科学论坛“跨国视野下的近代中国与世界”学术研讨会

2014年9月22～24日，中国社会科学论坛“跨国视野下的近代中国与世界”学术研讨会在广东省潮州市韩山师范学院召开。会议由韩山师范学院潮学研究院、中国社会科学院近代史研究所和首都师范大学文明区划研究中心共同主办。来自境内外的60余位专家学者围绕“跨国史研究的理论和方法”“中西交流与思想史研究”“世界经济体系与近代中国”“海外华侨与中国研究”等专题进行了讨论。会议主要围绕以下几个方面问题进行了研讨。

一是跨国史研究理论和方法。随着中国与世界的接触日趋频繁，学界致力于从多学科、多视角来研究近代中国与世界。中山大学教授刘志伟认为，当前研究常用的离散族群、文化认同等理论都是基于国家视角，华侨华人研究需回归到“人的历史”，考察人群通过何种机制建立起他们的世界。首都师范大学教授夏继果探讨了当前海洋史研究的新转向，即把海洋视为一个流动的网络，关注网络运行的机制及人在其中所发挥的作用。

二是中西交流与思想史研究。近代中西交流方面，中国社会科学院研究员赵晓阳介绍了20世纪初，农业传教士们推介美国农业现代化经验，这是中国传统农业转型的又一源头。首都师范大学岳秀坤探讨1919年后英国政府对布尔什维主义在中国流行的可能性的分析及应对措施。首都师范大学教授林精华报告了俄联邦汉学界对当代中国政治进程和经济改革的认知。首都师范大学教授梁占军以《战争论》的汉译为主线，探寻近代中西文化互动的规律。复旦大学章可考察阿米蒂奇与思想史研究的“国际转向”。中山大学陈喆探讨了汉语在19世纪语言形态演化理论中的角色。在中西方学术交流方面，中国社会科学院副研究员赵庆云考察了井上清1960年来华访学的始末。韩山师范学院林晓照通过民初文人画的论争，展现中西不同学术体系在近代中国融合的状况。首都师范大学副教授姚百慧以台湾档案为基础，考察了中法建交与台法交涉问题。

三是世界经济体系与近代中国。在运用跨国史视野进行社会经济史研究方面，中国社会科学院近代史研究所教授虞和平肯定了跨国视野对研究海外华商与华商组织的意义，指出海外华商研究在地域上有待开拓，组织关系研究有待深入，比较研究的空白尚需填补。中国社会科学院副研究员吴敏超以印尼黄氏家族为例，讨论抗战危局中个人和企业面临的选择与困境。部分研究者提出重新审视近代中国的经济史问题。中国社会科学院副研究员杜丽红研究了清末东北移民的经济动因。广西师范大学教授徐毅对19世纪中叶中国矿业生产进行了估值研究。中国社会科学院蒋清宏对美国学者罗斯基构建的“第二列白银通货存量”提出异议。韩山师范学院熊燕军、陈雍指出，近代潮汕地区移民规模的研究中文献数据的使用存在问题。

四是海外华侨与中国研究。在华侨华人、移民和离散族群研究方面，与会学者分享了新的案例。韩山师范学院教授黄挺借助印尼华人所写的《拟生日讲话》，讨论20世纪潮汕移民的身份表达与家国认同。韩山师范学院研究员黄晓坚报告了赴马来西亚美里市的田野考察情况，展现了华人社会历史和现状。中国华侨华人历史研究所胡修雷采用观察法与个案分析，对21世纪移民的认同理念进行梳理。嘉应学院副研究员钟晋兰考察了丰顺县留隍镇侨乡传统妇女的生活状况。香港中文大学王惠以汕头澄海后沟村为个案，讨论侨乡社会如何塑造自身的历史与文化问题。

学者们在跨国视野下，从中国看世界的同时，也从世界看中国，对经济、政治、军事、社会、思想、文化乃至民俗等领域的议题进行了全新阐释与深入讨论。其中既有跨国视野的总体研究方法的探讨，如从国家的历史到人的历史的转变，也有新议题的出现，如海洋史研究的全球史转向、海外华人社会口述研究等。

（柴怡赟）

第五届中国近代思想史国际学术研讨会

2014年10月18～19日，由中国社会科学院中国近代思想研究中心、西北大学联合主办，西北大学历史学院、中国社会科学院近代史研究所思想史研究室共同承办的“第五届中国近代思想史国际学术研讨会”在陕西省西安市举行。来自海内外的近70位专家学者出席会议。与会学者围绕“近代中国民族复兴思想与实践”的主题，就“民族复兴思想的内涵及其演变”“历史事件、历史人物与民族复兴”“近代中国社会思潮、公共话语与民族复兴”等议题进行了深入研讨。

（1）民族复兴思想的内涵及其演变

中国社会科学院学部委员耿云志认为，近代民族复兴主要是民族精神的复兴，我们要复兴的民族精神首先是自强不息的精神，不依赖别人，而是自己奋发向上。民族复兴的第二个意义是进行自我改革、创建一种能够吸收消化别人长处的良好的制度机制，以便能够激发人民的创造力。中国社会科学院近代史研究所郑大华提出，实现中华民族伟大复兴的中国梦是近代以来中国人民矢志不渝的愿望和追求，但民族复兴有一个从思想的萌发到发展再到成为社会思潮的历史发展过程。清末民初，是民族复兴思想孕育或萌发阶段，从孙中山的“振兴中华”口号，到梁启超的“少年中国”说，再到国粹派的“古学复兴”主张，实际上都包含民族复兴的思想内容。“五四”时期，是民族复兴思想的发展阶段，李大钊提出了“新中华民族主义”和“中华民族之复活”的思想，孙中山提出了“要恢复民族的固有地位，便要首先恢复民族的精神”的思想，梁漱溟、梁启超等“东方文化派”提出了复兴东方文化的思想，王光祈在《少年中国运动》一书的序言中，提出了“中华民族复兴运动”的思想。民族复兴成为一种具有广泛影响力的社会思潮则是在“九·一八”事变之后，日益严重的民族危机的刺激，大大激发了人们的民族认同感和民族责任感。中国人民大学历史学院黄兴涛考察了民国各主要政党与“中华民族复兴”思潮的关系，指出这一时代思潮的发生和演化，与各政党诉求之间的彼此互动，存在长期密切的关联，打上了民国政党话语政治的深深印记。不过，民国时期的“中华民族复兴”论，同时又是超越“政党”的，特别是在抗战时期，它凝聚着亿万国人渴望打败日本侵略者，实现民族独立、解放和富强的奋斗意志与生存信念。从某种程度上说，“中华民族复兴”论的广泛流播，乃是那个时代的国人需要自尊、自信、自强的民族心理和精神祈望的集中体现。鲁东大学俞祖华认为，民族复兴是近代以来各派、各界的最大公约数，但各派、各界对民族复兴的话语表达有着不同形式，呈现为政治话语、学术话语与公共话语等重要形态，三类话语交响共鸣，共同汇合成了民族复兴的时代最强音。

（2）历史事件、历史人物与民族复兴

近代中国人不屈不挠，为实现中华民族的伟大复兴进行了不懈的奋斗和实践，给我们提供了经验和启示。湖北大学何晓明认为，19 世纪末的中日甲午之战和 20 世纪三四十年代的抗日战争虽然一败一胜，结局相反，但都是中华民族思考复兴、图谋复兴并终于实现复兴过程的重要节点。甲午战败后，中华民族复兴思潮的主流方向是通过日本学习西方，实现国家的制度性变革。而抗日战争对于中华民族伟大复兴的意义，不仅表现为在军事上粉碎了日本占领中国、灭亡中国的狂妄企图，更表现在极大地提升了中国的国际影响、国际地位。山东省委党校孙占元指出，甲午战争给中华民族造成了沉重的民族灾难，同时中华民族在御辱图存的奋争中觉醒。以康有为为代表的资产阶级维新派把救亡与变法联系起来；以孙中山为代表的资产阶级革命派在“振兴中华”的旗号下，发动革命运动；以北方农民为主体的义和团运动也为延缓中国被列强瓜分发挥了积极作用。这三种爱国救亡力量在近代中国民族复兴的历程中产生了重要影响。近代以来的志士仁人不仅向中国的先哲学习，也勇敢地挣脱传统思想的束缚，吸纳世界各国的先进文化，力求民族复兴之路。中山大学孙宏云通过聚焦孙中山1924年讲演的《民族主义》来理解孙中山民族主义的历史价值和现实意义，指出该讲演具有超越时代局限的理论价值。浙江大学高力克认为，晚年梁启超对国家主义的反思和对中国天下主义传统的阐扬，以及他寄予中华“世界国家”之文明理想的新天下主义，是我们今天弥足珍贵的思想遗产。

(3) 近代中国社会思潮、公共话语与民族复兴

民族主义是近代中国最主要的社会思潮之一，它与民族复兴既有内在关联，又有所不同。湖南大学陈先初论述了近代中国民族主义的生成及其内涵，他认为近代民族主义并不是狭隘的种族主义，而是包含诸如国家独立、民族平等、人民主权等在内的一系列近代价值观念的集成，是民族性和现代性二者结合而成的社会政治思潮。西北大学方光华探讨了文化保守主义者、自由主义者、马克思主义者对“自由”思想的论述，将“自由”放置于文化保守主义、自由主义、马克思主义的话语空间内审视，并阐释了中国传统思想是否有“自由”、传统“自由”思想的性质以及传统“自由”思想的现代价值。

(柴怡赟)

世界历史研究所

(一) 人员、机构等基本情况

1. 人员

截至2014年年底，世界历史研究所共有在职人员80人。其中，正高级职称人员18人，副高级职称人员20人，中级职称人员25人；中、高级职称人员占全体在职人员总数的79%。

2. 机构

世界历史研究所设有：唯物史观与外国史学理论研究室/《史学理论研究》编辑部、世界古代中世纪史研究室、西欧北美史研究室、俄罗斯东欧史研究室、亚非拉美史研究室、世界史跨学科研究室、《世界历史》编辑部、图书资料室/世界历史数字化研究部、科研组织处、行政综合办公室。

3. 科研中心

世界历史研究所院属研究中心有：中国社会科学院加拿大研究中心、中国社会科学院史学理论研究中心；所属研究中心有：日本历史与文化研究中心。

(二) 科研工作

1. 科研成果统计

2014年，世界历史研究所共完成专著6种，196.7万字；论文61篇，81.83万字；研究报

告1篇，0.3万字；译著3种，95.3万字；译文5篇，18.86万字；学术普及读物1种，32万字；论文集2种，104.7万字；文章60篇，56.39万字。

2.科研课题

（1）新立项课题。2014年，世界历史研究所共有新立项课题11项。其中，国家社会科学基金课题1项："1930年代美国大平原的土地沙化及其治理研究"（高国荣主持）；国家社会科学基金后期资助课题2项："苏联城市住房史（1917～1937)"（张丹主持），"法国旧制度末期的税收、特权和政治"（黄艳红主持）；院国情考察课题2项："国际视野下的我国民族区域自治与国家认同：问卷调研与对策选择"（赵文洪主持），"现代化进程中传统文化、现代文化的基本状况——对甘肃文县的调研"（赵文洪主持）；所青年启动课题3项："19世纪末美国改革的逻辑：社会控制理论的视角"（邓超主持），"施密特政府的德国政策研究"（王超主持），"英国1351年劳工法令颁布、执行及其影响"（王超华主持）；所交办课题3项："中国世界史研究网英文网的设计制作及整体网站扩容建设 "（郭远英主持），"世界历史所科研资料2009～2010"（朱剑利主持），"传统文化与现代管理"（孔银花主持）。

（2）结项课题。2014年，世界历史研究所共有结项课题13项。其中，国家社会科学基金青年课题1项："亚述赋役制度研究"（国洪更主持）；院重大课题2项："13～18世纪英国公地制度研究——兼与俄国、波兰村社制度比较"（赵文洪主持），"美国现代化过程中重大社会问题和社会对策（1865～1980)"（金海主持）；院重点课题2项："西方全球史学研究"（董欣洁主持），"南非种族隔离制度变迁与资本主义经济发展（1860～1994)"（刘兰主持）；所级课题8项："'五五年体制'下的日本选举政治研究——以越山会为例"（张跃斌主持），"加拿大劳工史（1800～2000)"（刘军主持），"大国安全与地区发展的博弈——美国对拉美政策研究（1945～1969年)"（杜娟主持），"16世纪英国的印刷媒介与社会变迁"（张炜主持），"战后英国英属黑非洲政策研究"（杭聪主持），"中国世界史研究网英文网的设计制作及整体网站扩容建设 "（郭远英主持），"世界历史所科研资料（2009～2010)"（朱剑利主持），"传统文化与现代管理"（孔银花主持）。

（3）延续在研课题。2014年，世界历史研究所共有延续在研课题37项。其中，国家社会科学基金重大课题2项；国家社会科学基金一般课题7项；国家社会科学基金青年课题3项；国家社会科学基金后期资助课题2项；院重点课题1项；院委托交办课题2项；院国情调研重大课题（子项目）1项；所重点课题6项；所一般课题13项。

3.创新工程的实施和科研管理新举措

2014年，世界历史研究所共有65人进入创新工程，其中首席管理为2人，首席研究员为12人，长城学者1人。

2014年，世界历史研究所共有3个创新工程项目："巴勒斯坦民族国家构建的进程与困境研究"（负责人为姚惠娜），"原敬政治思想研究"（负责人为陈伟），"近代日本两党制的构想与挫折研究”（负责人为文春美）。

世界历史研究所着力实施哲学社会科学创新工程，把现有人才的培养与引进优秀人才结合起来，努力培养政治素质好、业务水平高、服务意识强、外文基础夯实并在国内外世界历史学界具有影响力的复合型领军人才；努力优化学科布局，造就若干学术领军人才；培养一大批理论素养高、史学功底扎实、外文基础好的学科带头人和科研骨干。

（三）学术交流活动

1. 学术活动

2014 年，世界历史研究所主办和承办的主要学术会议有：

(1) 2014 年 4 月 1 日，世界历史研究所主办的第五届“马克思主义与世界史研究论坛”在北京举行。会议研讨的主要问题有“唯物史观的研究方法”“关于‘西方马克思主义’史学的历史观”“北美新工会运动”“马克思主义理论与两河流域经济史研究”“变动世界中的世界史编撰”“非洲历史道路的马克思主义观点”“关于唯物史观的具体研究方法”。

(2) 2014 年 5 月 16 ~ 18 日，世界历史研究所和浙江大学历史系世界史所联合主办的“第十八届全国史学理论研讨会”在浙江省杭州市举行。会议的主题是“世纪之交的史学理论研究”。

(3) 2014 年 5 月 24 日，世界历史研究所主办的“第四届全国社会科学院世界历史研究联席研讨会”在北京举行。会议的主题是“我国周边国家历史演变研究”。

(4)2014 年 6 月 5 日，世界历史研究所主办的“中国社科院特殊学科拉美史学科建设研讨会”在北京举行，会议的主题是“国内拉美史学科建设的现状、学科研究动态、前沿问题研究等相关学术问题”。

(5) 2014 年 7 月 26 日，中国社会科学院、中国人民解放军军事科学院主办，中国社会科学院世界历史研究所、中国社会科学院欧洲研究所、中国人民解放军军事科学院军事历史和百科研究部联合承办的“一战和二战历史回顾：教训和启示”国际学术研讨会在北京举行。会议研讨的主要问题有“两次世界大战爆发的原因和背景”“两次世界大战的历史记忆与历史叙述”“两次世界大战与世界格局演变”“两次世界大战的启示与世界和平发展”。

(6) 2014 年 8 月 29 ~ 31 日，世界历史研究所、英国莱斯特大学城市史中心、杭州师范大学主办，杭州师范大学城市学研究所、《世界历史》编辑部承办，杭州国际城市学研究中心、浙江省城市治理研究中心协办的“第三届中国世界城市史论坛”国际学术研讨会在浙江省杭州市举行。会议研讨的主要问题有“城市化语境下的城市与乡村”“城市化和城市史理论”“帝国城市与殖民城市”“乡村市镇”“郊区蔓延与扩张”“城市贫困”“住房与环境”。

(7) 2014 年 9 月 27 日，世界历史研究所主办、北京大学非洲研究中心协办的“中国在非企业本土化与中国对非战略—— 从世界历史的角度进行考察”学术研讨会在北京举行。会议的主题是“中国在非企业本土化与中国对非战略”。

(8) 2014 年 10 月 11 ～ 12 日，《世界历史》编辑部、黑龙江大学历史文化旅游学院主办，黑龙江省社会科学界联合会《学术交流》编辑部协办的“第三届世界史研究前沿论坛”在黑龙江省哈尔滨市举行。会议的主题是“20 世纪东北亚国际关系与美国的对外政策”。

(9) 2014 年 10 月 25 日，世界历史研究所主办的“回顾与展望暨世界历史研究所成立五十周年座谈会”在北京召开。会议的主题是“世界历史研究所 50 年发展历程”。

2. 国际学术交流与合作

2014 年，世界历史研究所共派遣出访 56 批 34 人次，接待来访 24 批 35 人次（其中，中国社会科学院邀请来访2批3人次）。与世界历史研究所开展学术交流的国家有美国、俄罗斯、捷克、匈牙利、法国、英国、德国、荷兰、韩国、日本、波兰、保加利亚、塞尔维亚、墨西哥等。

(1) 2014 年 4 月 15 日，世界历史研究所俄罗斯东欧研究室主任王晓菊和全室科研人员与俄罗斯西伯利亚联邦大学世界史教研室主任弗·格·达秋生教授在北京就“20 世纪初的中俄关系史”题目进行学术交流。

(2) 2014 年 5 月 30 日，世界历史研究所党委书记赵文洪和拉美史学科成员与亚非拉史研究室、世界古代中世纪研究室及西欧北美研究室部分科研人员，与美国加州大学圣迭戈分校伊比利亚和拉丁美洲研究中心主任大卫·马雷斯教授在北京就“拉美的政治与社会发展：挑战与评价”题目进行学术交流。

(3) 2014 年 6 月 20 日，世界历史研究所所长张顺洪等与日本大阪大学大学院、韩国梨花女子大学教授秋田茂、赵志衡、金绪炯在北京就“日本学者在全球史研究中克服欧洲中心论影响的努力”题目以及双方未来合作举办国际会议事宜进行了交流。

(4) 2014 年 6 月 24 日，世界历史研究所俄罗斯东欧史研究室王晓菊和俄罗斯东欧史研究室课题组成员、俄罗斯东欧中亚研究所的同行与匈牙利科学院历史所教授王俊逸在北京就“历史记忆与东欧国家转型——匈牙利个案分析”题目进行学术交流。

(5) 2014 年 7 月 8 日，世界历史研究所古代中世纪史研究室刘健和全室科研人员与美国新泽西大学教授刘欣如在北京就“追随佛陀的妇女——俺婆罗女及其女伴”题目进行学术交流。

(6) 2014 年 7 月 9 日，世界历史研究所俄罗斯东欧研究室王晓菊和全室科研人员与波兰雅隆盖大学国际关系和政治研究学院副教授彼得·拜拉在北京就“苏联解体后波兰的对外政策与波俄关系”题目进行学术交流。

(7) 2014 年 7 月 9 日，世界历史研究所亚非拉研究室毕健康和全室科研人员与美国哥伦比亚大学历史系教授、哥伦比亚大学东亚研究所韩国中心主任查尔斯·K. 阿姆斯特朗在北京就“朝鲜与韩国在第三世界影响力的竞争（20 世纪 60 ～ 80 年代）”题目进行学术研讨。

(8) 2014 年 7 月 23 日，世界历史研究所跨学科研究室张文涛、史学理论研究室黄艳红等与法国巴黎一大教授欧·尼古拉·奥芬斯塔特在北京就“法国和第一次世界大战”题目进行学术交流。

(9) 2014 年 7 月 24 日，世界历史研究所俄罗斯东欧研究室王晓菊和全室科研人员与塞尔维亚贝尔格莱德大学哲学院历史系教授柳博德拉格·迪米奇在北京就“塞尔维亚的史学”题目进行学术交流。

（10）2014 年 7 月 25 日，世界历史研究所亚非拉研究室主任毕健康和全室科研人员与墨西哥学院教授布兰卡·托里斯在北京就“1990 年以来墨西哥和美国的关系”题目进行学术交流。

（11）2014 年 7 月 25 日，世界历史研究所亚非拉研究室主任毕健康和全室科研人员与韩国首尔国立大学教授朴泰均在北京就“韩半岛从停战体制到和平体制”题目进行学术交流。

（12）2014 年 7 月 25 日，世界历史研究所俄罗斯东欧研究室王晓菊和全室科研人员与波兰比亚韦斯托克大学历史系教授亚当·多布隆斯基在北京就“东欧国家社会变革与社会稳定”专题进行学术交流。

（13）2014 年 7 月 27 日，世界历史研究所西欧北美研究室高国荣和全室科研人员与英国谢菲尔德大学教授罗伯特·杰弗里·穆尔在北京就“纪念之延续：不列颠与两次世界大战”题目进行学术交流。

（14）2014 年 7 月 27 日，世界历史研究所亚非拉研究室主任毕健康和全室科研人员与日本东京女子大学教授黑泽文贵、日本都留文科大学教授伊香俊哉、日本资深自由撰稿人小泽和夫教授在北京就“世界大战与 20 世纪的变革”题目进行学术交流。

（15）2014 年 7 月 28 日，世界历史研究所俄罗斯东欧研究室王晓菊和全室科研人员与俄罗斯军事历史协会教授米哈伊尔·米亚赫科夫、俄罗斯科学院通史所教授亚历山大·弗拉德列诺维奇·舒宾在北京就“俄罗斯（苏联）社会变革与社会稳定”题目进行学术交流。

（16）2014 年 7 月 28 日，世界历史研究所史学理论研究室研究员景德祥和西欧北美研究室、史学理论研究室全体科研人员与德国弗赖堡大学教授约恩·莱昂哈德在北京就“德国人与一战的关系（1919 ~ 2014）”题目进行学术交流。

（17）2014 年 7 月 29 日，世界历史研究所亚非拉研究室主任毕健康和全室科研人员与荷兰皇家科学院战争文献研究所教授凯佩、马来西亚理科大学教授谢文庆在北京就“1920 年代大众文化和印度尼西亚社会”和“马来西亚后现代史学撰述”题目进行学术研讨。

（18）2014 年 9 月 27 日，世界历史研究所俄罗斯东欧研究室王晓菊和全室科研人员与保加利亚科学院历史所教授季涅娃等在北京就“20 世纪末、21 世纪初的保加利亚转型：原因与阐释”“在东欧转型背景下保加利亚 1989 年后改革的初期阶段”题目进行学术研讨。

（19）2014 年 10 月 14 日，世界历史研究所西欧北美研究室高国荣和全室科研人员与德国波鸿大学教授斯特凡·贝格尔在北京就“作为历史的过去：欧洲民族历史的呈现（从 18 世纪至今）”题目进行学术研讨。

（20）2014 年 10 月 24 日，世界历史研究所唯物史观与外国史学理论研究室吴英和全室科研人员与德国埃森文化研究所前所长吕森教授、日本山梨大学历史系教授佐藤正幸、德国图宾根大学历史系主任米塔克教授在北京就“历史学基本概念问题”进行座谈。

（21）2014 年 10 月 28 日，世界历史研究所唯物史观与外国史学理论研究室吴英和全室科研人员与法国巴黎第一大学 20 世纪社会史研究中心教授弗兰克·乔尔日在北京就“从工会史到多元社会运动研究：20 世纪法国社会史研究的嬗变”题目进行学术研讨。

2014 年，世界历史研究所新签订的国际合作研究项目有 1 项，是世界历史研究所与保加利亚科学院历史所签订的合作协议，2014 年 6 月立项，项目名称是“20 世纪末、21 世纪初的保加利亚转型：原因与阐释——中国和保加利亚的观点”。

（四）学术社团、期刊

1. 社团

（1）中国国际文化书院，院长张顺洪。

① 2014 年 5 月 6 日，中国国际文化书院主办的“文艺复兴座谈会”在北京举行。

② 2014 年 10 月 18 日，中国国际文化书院和世界历史研究所主办的“学问人生——纪念陈翰笙逝世十周年学术座谈会”在北京举行。会议研讨的主要问题有“翰老的胸怀与担当”“翰老的学术重要性”“翰老做学问的方法”“翰老的品格与精神”“翰老对年轻人的关爱”“翰老与国际文化书院”等。

（2）中国世界古代中世纪史研究会，会长侯建新。

2014 年 9 月 20 ~ 22 日，中国世界古代中世纪史研究会世界古代史专业委员会主办，四川大学历史文化学院承办的“2014 年中国世界古代史研究会年会暨纪念卢剑波先生诞辰 110 周年学术研讨会”在四川省成都市举行。会议研讨的主要问题有“世界青铜时代的物质文化与精神文明”“近现代欧洲对古代世界的再发现”“中国大学世界古代史的教材与教学”等。与会学者 120 余人。

（3）中国非洲史研究会，会长李安山。

2014 年 4 月 19 ~ 20 日，中国非洲史研究会与浙江师范大学非洲研究院共同主办的“中国非洲史研究会 2014 年会暨非洲与外部世界关系的历史变化研讨会”在浙江师范大学举行。会议研讨的主要问题有“非洲发展与世界格局”“非洲与西方的关系”“非洲与新兴经济体的关系”“中国与非洲的关系”等。与会专家学者 120 余人。

（4）中国世界近代现代史研究会，会长闫照祥。

① 2014 年 7 月 29 ~ 30 日，中国世界近代现代史研究会世界现代史专业委员会与首都师范大学历史学院联合主办的“第一次世界大战爆发一百周年”学术讨论会在北京举行。会议的主题是“一战的起源、进程及影响”。与会专家学者 90 余人。

② 2014 年 9 月 19 ~ 21 日，中国世界近代现代史研究会世界现代史专业委员会主办的“20 世纪以来的战争、和平与世界发展”学术研讨会在西北师范大学举行。会议研讨的主要问题有“20 世纪以来的战争与和平”“两次大战和冷战期间的国际关系”“中东问题的历史与现状”“高

校世界历史教学与改革”等。与会专家学者 60 余人。

③ 2014 年 9 月 27 ~ 28 日，中国世界近代现代史研究会世界现代史专业委员会主办、武汉大学历史学院和国家领土主权与海洋权益协调创新中心共同承办的“南海争端与东南亚国际关系”学术研讨会在湖北省武汉市举行。会议研讨的主要问题有“南海争端的多学科研究”“有关东南亚国际关系的历史与现状研究”等。与会专家学者 50 余人。

④ 2014 年 11 月 22 ~ 24 日，中国世界近代现代史研究会世界近代史专业委员会主办、陕西师范大学历史学院承办的中国世界近代现代史研究会世界近代史专业委员会学术年会在陕西省西安市举行。会议研讨的主要问题有“战争与和平”“医疗社会史”等。与会专家学者 130 余人。

（5）中国朝鲜史研究会，会长金成镐。

2014 年 10 月 25 ~ 26 日，中国朝鲜史研究会主办、上海外国语大学东方语学院承办的“中国朝鲜史研究会 2014 年学术年会”在上海市举行。会议的主题是“朝鲜半岛历史与文化变迁与中国”。与会专家学者 70 余人。

（6）中国中日关系史学会，会长武寅。

① 2014 年 6 月 13 ~ 15 日，中国中日关系史学会主办、日本日中关系学会协办的“中日关系的危机管控——2014 年中日关系研讨会”在江苏省扬州市举行。会议的主题是“中日两国如何管控危机”。与会专家学者 30 余人。

② 2014 年 9 月 27 日，中国中日关系史学会和北京师范大学联合主办的“战后日本对华政策高端论坛”在北京举行。会议的主题是“战后日本对华政策的历史与政治分析”。与会专家学者 30 余人。

（7）中国苏联东欧史研究会，会长姚海。

2014 年 8 月 8 ~ 10 日，中国苏联东欧史研究会和黑龙江大学《俄罗斯学刊》联合主办的“中国苏联东欧史研究会 2014 年年会”在黑龙江省哈尔滨市举行。会议的主题是“俄罗斯、东欧、中亚：历史与现实”。与会专家学者 100 余人。

（8）中国法国史研究会，会长端木美。

① 2014 年 9 月 9 ~ 13 日，中国法国史研究会主办、华东师范大学、浙江大学、巴黎第一大学和法国人文科学之家共同协办的“全球史中的纪念活动：第十一届中法历史文化研讨班”在上海市举行。研讨班研讨的主要问题有“1814 ~ 1914 年一个世纪中法之间的孔子研究”“历史、记忆与纪念活动”“从一战到二战瑞士的人道主义与避难所作用”“瑞士 1918 年总罢工”“在沉默、传说与重构中的记忆”“维尔森吉托里克斯：纪念失败的英雄”“1964 年法国与中国：互相承认的时刻”等。与会专家学者 60 余人。

② 2014 年 11 月 25 ~ 27 日，中国法国史研究会主办、湖南师范大学协办的“中国法国史研究会理事会”在湖南师范大学举行。会议研讨的主要问题有“研究会下一届会长、副会长等

理事会换届、会员大会召开”“研究会的未来工作计划”等。与会专家学者20余人。

（9）中国第二次世界大战史研究会，会长胡德坤。

2014年12月13～14日，中国第二次世界大战史研究会主办，武汉大学中国边界与海洋研究院、历史学院、国家领土主权与海洋权益协同创新中心（武汉大学牵头）联合承办的“纪念二战全面爆发75周年学术研讨会”在武汉大学举行。会议研讨的主要问题有“二战全面爆发原因再探讨”“中国抗战在二战中的贡献与中华民族的复兴”“二战军事战略战术及其对当代的启示”“战时国际关系与中国外交”“二战与战后国际关系”“二战与战后遗留问题”等。与会专家学者70余人。

（10）中国日本史学会，会长汤重南。

① 2014年8月8～11日，中华日本学会、中国日本史学会、中日关系史学会、全国日本经济学会共同主办的“甲午战争以来的中日关系”学术研讨会在辽宁省大连市举行。会议研讨的主要问题有“甲午战争的起因、过程”“甲午战争对近代中国、日本、东亚的影响”“甲午战争对当代中日关系的影响”等。与会专家学者200余人。

② 2014年9月18日，在“九一八事变”爆发83周年之际，中国日本史学会日本侵华史专业委员会在江苏省盐城市举办了“日本侵华暴行与中日关系学术研讨会暨中国日本史学会日本侵华史专业委员会第二届年会”。会议由中国日本史学会日本侵华史专业委员会主办，盐城新四军纪念馆承办，侵华日军南京大屠杀史研究会、侵华日军南京大屠杀遇难同胞纪念馆、北京外国语大学日语系、上海交通大学国际与公共事务学院协办。会议研讨的主要问题有“日本侵华思想的形成与演变”“日本军国主义扩张与侵华战争”“日本侵华战争犯罪”“日本侵华战争时期的中日关系”“日本侵华战争遗留问题”“日本侵华战争责任问题”“战后中日两国的历史认知”等。与会专家学者50余人。

（11）中国拉丁美洲史研究会，会长王晓德。

① 2014年9月6～7日，中国拉丁美洲史研究会和南开大学拉丁美洲研究中心联合主办的“拉丁美洲现代化进程中的改革与治理”国际学术讨论会暨纪念拉美史研究室成立50周年在南开大学举行。会议的主题是“拉丁美洲现代化进程中的改革与治理”，研讨的主要问题有“拉美现代进程中的经济改革与治理”“政治改革与治理”“社会改革与治理”等。与会专家学者40余人。

② 2014年11月15～16日，中国拉丁美洲史研究会和山东师范大学历史与社会发展学院联合主办的中国拉丁美洲史研究会第18届年会暨“拉丁美洲与外部世界”学术讨论会在山东师范大学举行。会议的主题是“拉丁美洲与外部世界”，研讨的主要问题有“拉丁美洲与中国关系”“拉丁美洲与美国关系”“拉丁美洲与欧洲关系”“拉丁美洲与世界其他地区关系”“拉丁美洲一体化”等。与会专家学者70余人。

（12）中国美国史研究会，会长王旭。

2014年3月22～23日，中国美国史研究会主办、暨南大学承办的“中国美国史研究会第十五届年会暨学术讨论会”在广东省广州市举行。会议的主题是“移民与美国、美国历史研究和教学问题”。与会专家学者160余人。

（13）中国英国史研究会，会长钱乘旦。

2014年10月18～20日，中国英国史研究会主办的“中国英国史研究会第十届理事会第二次会议”在浙江省丽水市举行。会议研讨的主要问题有“总结2012年年会以来学会工作”“第二届全国英国史优秀硕士、博士论文评选”“讨论和决定2015年工作计划”等。

（14）中国德国史研究会，会长邢来顺。

2014年11月7～10日，中国德国史研究会主办、湖南师范大学历史文化学院承办、北京师范大学历史学院和湖南大学岳麓书院协办的“德国史学术前沿与中国德国史学科建设”学术研讨会在湖南师范大学举办。会议研讨的主要问题有“第一次世界大战史研究”“中世纪德国史研究”“史学理论及德国经济研究”“德国政治及外交关系研究”“德国文化及其他”等。与会专家学者70余人。

2．期刊

（1）《世界历史》（双月刊），主编张顺洪。

2014年，《世界历史》共出版6期，共计140万字。该刊全年刊载的有代表性的文章有：王晓德的《全球视野下的新外交史学在美国的兴起》，高芳英的《美国医疗体制改革历程探析》，徐蓝的《第一次世界大战与欧美和平运动的发展》，舒运国的《泛非主义与非洲一体化》，胡玉娟的《被保护人与罗马早期社会的等级冲突》，陈晓律的《现代化进程中的民族问题》，倪世光的《“封建制度”概念在西方的生成与演变》，汤晓燕的《“三色徽之争”与大革命中的女性》，唐利国的《日本武士道论视野中的中国儒学》，孙锦泉的《论文艺复兴时期意大利史学的实证倾向》，马丁的《“一个多民族的非民族国家”——近现代瑞士国家的生存、建立与发展》，康凯的《“476年西罗马帝国灭亡”观念的形成》，崔修竹的《美日返还琉球群岛和大东群岛施政权谈判中的钓鱼岛问题》，张炜的《英格兰宗教改革时期的新教改革者与传播媒介》，顾銮斋的《英国中古前期的税收习惯》。

（2）《史学理论研究》（季刊），主编赵文洪。

2014年，《史学理论研究》共出版4期，共计100万字。该刊全年刊载的有代表性的文章有：胡逢祥的《唯物史观与民国时期的马克思主义史学》，李友东的《东西方文明比较中的两种不同视角》，甄修钰、张新丽的《马克思恩格斯的古代史素养及方法论贡献》，余新忠的《浅议生态史研究中的文化维度——基于疾病与健康议题的思考》，晁天义的《重新认识国家起源与血缘、地缘因素的关系》，曹小文、曹守亮的《唯物史观与中国当代社会史研究的新趋向》，侯树栋的《对西欧中古早期国家问题的一些认识》，李玉君的《恩格斯民族习惯法理论及其在中国史研究中的应用》，左玉河的《中国口述史研究现状与口述历史学科建设》，何平的《跨文化研究的理论和方法》，晏绍祥的《博通中西、影响深远——林志纯先生与中国的世界古代史研究》。

（五）会议综述

第十八届全国史学理论研讨会

2014 年 5 月 16 ~ 18 日，“第十八届全国史学理论研讨会”在浙江大学举行。会议由中国社会科学院世界历史研究所和浙江大学历史系世界史所联合主办。共有来自全国各地的 80 余位学者参加会议。会议的主题是“世纪之交的史学理论研究”，研讨的主要问题有“20 世纪马克思主义史学理论与史学史研究的成就与问题”“20 世纪西方史学理论与史学史研究的成就与问题”“新世纪以来在史学理论与方法问题上的新探索”等。会议共收到 50 余篇论文。大会采用主旨发言和分组发言讨论两种形式进行。复旦大学张广智，中国社会科学院世界历史研究所刘军、吴英，上海师范大学裔昭印，浙江大学刘进宝，天津师范大学李学智做了大会发言。分组研讨分为中国史和世界史两组。

在讨论 20 世纪马克思主义史学理论与史学史研究的成就与问题时，吴英认为，马克思主义史学在中国的发展大体可分为三个阶段：第一阶段从李大钊系统介绍唯物史观到 1949 年中华人民共和国成立，是唯物史观在中国史学领域地位逐步提高的阶段；第二阶段从 1949 年到 20 世纪 80 年代末 90 年代初，是唯物史观在中国史学领域指导地位确立并得以延续的阶段；第三阶段从 20 世纪 90 年代初到现在，是唯物史观对历史学的指导地位遭到质疑并逐步被边缘化的阶段。吴英指出，要重塑唯物史观的指导地位必须对唯物史观进行正本清源和与时俱进的研究。会上，全球史研究成为学者研讨的重点。全球史方法是通过考察世界上不同国家、地区之间的相互关联性，编撰新的世界史。自 20 世纪后半叶兴起以来，全球史方法成为当今史学界最受瞩目的历史研究方法之一。首都师范大学刘文明介绍了美国全球史研究开创时期的麦克尼尔、霍奇森、斯塔夫里阿诺斯、沃伦斯坦等学者的观点，以此说明全球史研究的不同路径。中国社会科学院世界历史研究所董欣洁在梳理西方全球史的特点及其存在问题的基础上提出编撰世界史的两点主张：一是在把握世界历史纵向发展与横向发展的关系问题上，考虑建立“生产”和“交往”双主线及那些构成或依附于主线的具体的、不同层面的、不同领域的细节线索的多支线的“世界史编撰线索体系”；二是在中国史与世界史的关系问题上，考虑充分发挥中国在世界史编撰中的时间坐标效应，从而有利于开展中外文明史的比较研究，展现人类文明发展过程的多中心本质。

（吴　英）

“一战和二战历史回顾：教训和启示”国际学术研讨会

2014 年 7 月 26 日，为纪念第一次世界大战爆发 100 周年和第二次世界大战爆发 75 周年，“一战和二战历史回顾：教训和启示”国际学术研讨会在北京召开。会议在国务院新闻办公室的大力支持下，由中国社会科学院、中国人民解放军军事科学院主办，中国社会科学院世界历史研究所、中国社会科学院欧洲研究所、中国人民解放军军事科学院军事历史和百科研究部承办。出席会议的代表有来自俄罗斯、法国、英国、美国、德国、波兰、匈牙利、保加利亚、塞尔维亚、捷克、荷兰、墨西哥、马来西亚、韩国、日本、印度、尼日利亚等10多个国家的20多位外国学者，以及中国社会科学院、中国人民解放军军事科学院、北京大学、国防大学、中国人民大学、北京师范大学、武汉大学、同济大学、首都师范大学等科研院所和高校的200余名专家学者。国务院新闻办公室副主任崔玉英、中国社会科学院副院长李培林和中国人民解放军军事科学院副院长何雷出席会议并致辞。

2014年7月，“一战和二战历史回顾：教训和 启示”国际学术研讨会在北京举行。

中国社会科学院副院长李培林在致辞中指出，从世界历史发展的角度看，两次世界大战留给我们的教训和启示是深刻的。我们要认识到，帝国主义国家殖民扩张和相互争霸所造成的长期不公正、不合理的国际秩序是两次世界大战爆发的深层原因。军事集团的形成和对峙是世界大战爆发的重要前提；频繁的地区性危机和局部战争是世界大战的危险信号；对国际形势与自身实力的误判会造成极其严重的后果；放任狂热的极端民族主义蔓延只会加速战争的到来。第二次世界大战爆发的一条深刻的教训，就是20世纪30年代一些西方大国，对法西斯侵略扩张行为采取了绥靖政策，刺激了法西斯主义者的扩张胃口，加速了第二次世界大战的爆发，最终祸及世界各国人民。

历史是最好的教科书。我们不能忘记历史，我们必须尊重历史，任何歪曲和篡改历史的做法，都是不可接受的。第二次世界大战的胜利是世界人民反抗法西斯的伟大胜利。反法西斯战争胜利的成果是战后国际秩序和当前世界和平发展的基础，任何试图动摇、改变甚至否定反法西斯战争胜利成果的企图，都是不能容忍的，都应该受到国际社会的谴责。

与会专家学者围绕“两次世界大战爆发的原因和背景”“两次世界大战的历史记忆与历史叙述”“两次世界大战与世界格局演变”“两次世界大战的启示与世界和平发展”等主题进行了讨论。与会专家认为，两次世界大战是20世纪的重大历史事件，给世界人民带来了深重灾难，给人类文明造成了空前浩劫，也对世界格局的发展变化产生了深远影响，回顾和总结两次世界大战的经验教训，对于发展好世界各国特别是各大国之间的关系、维护世界和平、促进人类共同进步具有重要的借鉴意义。

（郭远英）

第三届世界史研究前沿论坛

2014 年 10 月 11 ～ 12 日，由中国社会科学院《世界历史》编辑部和黑龙江大学历史文化旅游学院主办、黑龙江省社会科学界联合会《学术交流》编辑部协办的“第三届世界史研究前沿论坛”在黑龙江省哈尔滨市举行。来自中国社会科学院、北京大学、浙江大学、南开大学、中国人民大学、华东师范大学、吉林大学、外交学院、福建师范大学、黑龙江大学、黑龙江省社会科学院等 20 多家全国高等院校和科研院所的 50 余名专家学者参加会议。会议围绕“20 世纪东北亚国际关系与美国的对外政策”这个主题进行了交流。

大会开幕式由黑龙江大学历史文化旅游学院院长段光达教授主持。黑龙江大学副校长丁立群教授、《世界历史》副主编徐再荣研究员等分别在开幕式上致辞。

吉林大学校长助理兼公共外交学院院长、教育部历史学科教指委委员刘德斌教授作了题为“甲午以来：东亚国家的身份认同与国际关系”的主旨发言。北京大学历史学系教授王立新就“心理战”与“冷战”的关系问题提出自己的观点。福建师范大学历史学院教授王晓德从“文化视角”对“欧洲反美主义”进行了分析。上海师范大学人文学院教授刘子奎所作的关于 20 世纪五六十年代之交美国核试验问题的报告和上海大学文学院教授张勇安所作的关于美国、北约与国际禁毒问题的报告分别从宏观上论述了美国的全球政策及其对欧政策。

以日本和朝鲜为中心的东北亚地区多边国际关系问题是与会代表广泛讨论的学术问题之一。南开大学历史学院教授李凡围绕“领土问题”对“日本与周边国家关系”问题阐述了自己的观点。外交学院外交学系教授陈奉林从历史与现实两个角度指出中国在朝鲜半岛有着传统的安全战略利益。黑龙江大学历史文化旅游学院副教授马德义对“20 世纪初夏威夷朝鲜人移民活动之行止因由”进行了深入细致的剖析。华东师范大学冷战国际史研究中心教授邓峰选取“1976 年板门店事件”为例研究了该时期美国与朝鲜半岛之间的关系演变。

关于双边关系问题的研究也是会议研讨的主要内容之一。哈尔滨工程大学人文学院教授程早霞对“肯尼迪时期的美蒙关系”进行了探讨。浙江大学文学院教授张杨分析了亚洲基金会与美国在香港的文化冷战。

《世界历史》副主编徐再荣研究员在闭幕式上作了总结发言。

（李　冉）

世界历史研究回顾与展望
暨世界历史研究所成立50周年座谈会

2014 年 10 月 25 日，世界历史研究回顾与展望暨世界历史研究所成立 50 周年座谈会在北京召开。中国社会科学院院长、党组书记王伟光出席座谈会并作重要讲话，中国社会科学院原副院长武寅出席会议并讲话。

中国社会科学院历史学部主任刘庆柱出席会议并致辞，中国社会科学院世界历史研究所所长张顺洪介绍了世界历史研究所的历史与现状，党委书记赵文洪主持开幕式。中国社会科学院相关所局领导到会祝贺。

2014 年 10 月，世界历史研究回顾与展望暨世界历史研究所成立 50 周年座谈会在北京举行。

来自中国社会科学院、北京大学、中国人民大学、北京师范大学、武汉大学、浙江大学、南京大学、南开大学、山东大学、复旦大学、首都师范大学、天津师范大学等研究机构和高校的专家学者以及世界历史研究所在职和离退休职工共 160 余人参加了座谈会，庆祝中国社会科学院世界历史研究所成立 50 周年，同时对中国的世界史研究进行回顾与展望。

王伟光指出，中国社会科学院世界历史研究所是根据毛泽东同志 1963 年关于加强外国问题研究的重要批示，于 1964 年 5 月经中华人民共和国国务院批准正式成立的。五十年来，在中央领导的亲切关怀下，在院党组的坚强领导下，在几辈专家学者的共同努力下，世界历史研究所始终坚持正确的政治方向和学术导向，坚持以马克思主义唯物史观为指导，继承和发扬我国史学“经世致用”的优良传统，大力推进世界历史研究工作，加强对外学术交流，积极回应重大理论和现实问题，努力实现中央对我院提出的“三个定位”要求。目前，世界史已成为一级学科，世界历史研究所已发展成为一个对世界主要国家和地区的历史进行综合性研究的国家级专门学术机构，拥有 10 个二级学科，17 个受托管理的学会、书院、研究中心等学术团体，1 个藏有 11 万余册近 30 种语言书籍的国内重要的世界史图书馆，2 种在国内具有重要学术影响的学术期刊（《世界历史》和《史学理论研究》），新创办的英文期刊 *World History Studies*（《世界史研究》）将于 2014 年 12 月正式出版。

作为 20 世纪 80 年代进入世界历史研究所的研究人员，武寅回顾了世界历史研究所走过的历程。她指出，50 年前世界历史研究所的诞生，是党和国家高瞻远瞩的重要决策，也是中国社会科学院学科布局和科研建设的一件大事，它标志着中国社会科学院乃至我国的历史研究事业又向前迈进了一大步。世界历史研究所的发展史如同我国科学技术的发展史一样，经历了曲折与艰辛。改革开放以后，开始一步一个新台阶，走上了发展的快车道。她希望世界历史研究所要进一步认清形势，明确任务，抓住机遇，进一步调动全所科研人员的积极性，解放科研生产力，把出大师级人才、精品级成果作为全所努力的目标，为巩固和加强世界历史研究所在国内世界史学界的地位，并逐步扩大世界历史研究所在国际学术界的影响作出应有的贡献。

全国著名高校的专家学者纷纷发言，对中国社会科学院世界历史研究所未来发展寄予厚望，对世界史研究发展方向进行了探寻，对我国世界历史学的发展提出了宝贵意见和建议。

（饶望京）

中国边疆研究所

（一）人员、机构等基本情况

1.人员

截至2014年年底，中国边疆研究所共有在职人员33人。其中，正高级职称人员10人，副高级职称人员8人，中级职称人员9人；高、中级职称人员占全体在职人员总数的82%。

2.机构

中国边疆研究所设有：东北与北部边疆研究室、新疆研究室、海疆研究室、西南边疆研究室、马克思主义边疆与疆域理论研究室、《中国边疆史地研究》编辑部、办公室。

3.科研中心

中国边疆研究所设有：中国边疆历史与社会研究云南工作站、东北工作站、新疆工作站、广西工作站和内蒙古工作站；西藏自治区日喀则和海南省三沙市所级国情调研基地。

（二）科研工作

1. 科研成果统计

2014年，中国边疆研究所共完成专著7种，216万字；论文72篇，86.4万字。

2. 科研课题

（1）新立项课题。2014年，中国边疆研究所共有新立项课题12项。其中，国家社会科学基金重大课题1项："丝绸之路经济带建设与中国边疆稳定和发展研究"（邢广程主持）；院国情调研重大课题1项："边疆民族地区经济社会文化发展、反对民族分裂的形势与对策调研"（邢广程、李国强主持）；国情调研课题4项："三沙市海上执法体系建设"（李国强主持），"三沙市——国情调研基地"（李国强主持），"'治国必治边，治边先稳藏'重要战略思想在西藏贯彻落实情况调研——以日喀则为例"（孙宏年主持），"日喀则——国情调研基地"（孙宏年主持）；院及有关部门委托课题6项："新疆分裂与反分裂斗争的历史经验与现实问题及对策"（邢广程主持），"我们党治疆方略的经验总结及新形势下面临的新情况新问题"（李国强主持），"如何做好涉疆外宣工作"（许建英主持），"国家治理体系现代化视域下的边疆发展战略研究"（于逢春主持），"新疆的社会稳定和长治久安问题"（邢广程主持），"壮大新疆南疆兵团力量"（邢广程主持）。

(2) 结项课题。2014 年，中国边疆研究所共有结项课题 4 项。其中，国家社会科学基金课题 2 项："民国时期中央政府对边疆地区之统合研究"（冯建勇主持），"清朝藩部体系与中国疆域形成研究"（吕文利主持）；有关部门与地方委托课题 2 项："中国突厥语民族的历史与现状"（厉声主持），"2013 年度北疆史地研究前沿动态调研报告"（阿拉腾奥其尔主持）。

(3) 延续在研课题。2014 年，中国边疆研究所共有延续在研课题 10 项。其中，国家社会科学基金期刊资助课题 1 项："《中国边疆史地研究》"（李大龙主持）；国家社会科学基金青年课题 2 项："清初辽金元三史满蒙翻译研究"（乌兰巴根主持），"清末新政时期中央政府对边疆地区的治理与统合研究"（高月主持）；有关部门与地方委托课题 7 项："区域政治与经济对南中国海环境合作影响与对策研究"（李国强主持），"辽代以前蒙古草原与东北地区族群关系史"（范恩实主持），"内蒙古在俄罗斯远东开发战略中的区位合作优势"（初冬梅主持），"内蒙古对苏俄贸易史（1949 ～ 2013）"（邢广程主持），"土尔扈特部落史"（阿拉腾奥其尔主持），"民国时期治疆大吏研究"（许建英主持），"英、美新疆政治史研究"（许建英主持）。

3．创新工程的实施和科研管理新举措

(1) 中国边疆研究所于 2013 年进入院创新工程。

(2) 2014 年，中国边疆研究所参加创新工程的人数为 27 人。

(3) 2014 年，中国边疆研究所创新工程项目的名称及首席研究员如下："中国边疆学学科构建"（首席研究员为于逢春），"中国南海历史性权利研究"（首席研究员为李国强），"当代中国边疆重点问题研究"（首席研究员为李方），"新疆长治久安理论与实践研究"（首席研究员为许建英），"当代中国边疆治理与西南边疆稳定研究"（首席研究员为孙宏年），"东北及北部边疆与周边关系研究"（首席研究员为毕奥南）。

(4) 在创新工程方面实施的新机制、新举措。

2014 年是中国边疆研究所进入院创新工程的第二年。一年中，中国边疆研究所围绕创新工程开展了以下工作。

一是坚持基础研究与对策研究并重并举的原则，以党、国家、人民关注的重大理论和现实问题作为科研主攻方向，设置了"中国边疆学学科构建""中国南海历史性权利研究""当代中国边疆重点问题研究""新疆长治久安理论与实践研究""当代中国边疆治理与西南边疆稳定研究""东北及北部边疆与周边关系研究"共 6 个创新工程项目。

二是严格执行创新工程准入条件，开展创新岗位竞聘工作。竞聘上岗是创新工程的重要内容，中国边疆研究所领导班子对此高度重视，严格按照流程开展竞聘工作，优中选优，从源头保障创新工程的顺利实施。

三是对全所创新任务和各创新项目进展情况进行中期检查，督导首席研究员保质保量完成年度任务。

（三）学术交流活动

1．学术活动

2014年，中国边疆研究所主办和承办的学术会议有：

（1）2014年5月14～15日，中国边疆研究所与黑龙江省社会科学院共同主办的“渤海国史问题学术研讨会”在黑龙江省牡丹江市举行。

（2）2014年6月25～26日，中国边疆研究所主办，吉林省社会科学院、通化师范学院承办的“纪念‘高句丽王城、王陵及贵族墓葬’列入‘世界遗产名录’10周年暨好太王碑建立1600周年学术研讨会”在吉林省通化市召开。

（3）2014年8月2～3日，中国边疆研究所主办、内蒙古社会科学院承办的“第二届中国边疆学论坛——‘丝绸之路经济带’、‘海上丝绸之路’与我国边疆的稳定与发展”研讨会在内蒙古自治区锡林浩特市召开。

（4）2014年8月11～12日，中国边疆研究所与四川师范大学、四川大学中国西部边疆安全与发展协同创新中心共同主办的“民国时期的边疆与社会研究（1911～1949）”学术研讨会在四川省成都市举行。

（5）2014年8月20日，中国边疆研究所与中国社会科学院历史学部共同主办的“新时期边疆地区加强与创新社会治理”学术研讨会在西藏自治区拉萨市举行。

（6）2014年8月24～25日，《中国边疆史地研究》编辑部与东北师范大学历史文化学院、东北师范大学东亚文明研究中心联合主办的第二届“东亚秩序与近代中国”国际学术研讨会在吉林省长春市举行。

（7）2014年10月19～22日，中国边疆研究所与韩国东北亚历史财团历史研究室共同主办的“纪念好太王碑建碑1600周年国际学术会议”在吉林省集安市举行。

（8）2014年11月2日，中国边疆研究所与华东师范大学俄罗斯研究中心、周边中心和上海市国际关系学会共同主办的“第二届中国边疆研究青年学者论坛”在上海市举行。

（9）2014年11月29～30日，中国边疆研究所与云南大学、新加坡国立大学东亚研究所和云南省保山市人民政府联合举办的“中国社会科学论坛·西南论坛（2014）：中国沿边开发开放与周边区域合作”国际学术研讨会在云南省腾冲市举行。

2014年，中国边疆研究所举办“中国边疆学讲坛”共5期。

（1）2014年3月19日，中国边疆研究所举办第一期“中国边疆学讲坛”。中国社会科学院院长助理、学部主席团秘书长郝时远作题为“全面正确贯彻落实党的民族政策”的报告。

（2）2014年4月2日，中国边疆研究所举办第二期“中国边疆学讲坛”。黑龙江省社会科学院副院长刘爽研究员作题为“深入实施‘五大规划’发展战略，推进对俄经贸合作转型升级”的报告。

（3）2014 年 9 月 17 日，中国边疆研究所举办第三期“中国边疆学讲坛”。中国社会科学院美国研究所研究员周琪作题为“美国对华战略与我国边疆的安全与稳定”的报告。

（4）2014 年 11 月 5 日，中国边疆研究所举办第四期“中国边疆学讲坛”。新疆兵团党校副校长王小平教授作题为“新时期兵团在新疆的特殊作用”的报告。

2014 年 11 月，“中国社会科学论坛·西南论坛 (2014): 中国沿边开发开放与周边区域合作”国际学术研讨会在云南省腾冲市举行。

（5）2014 年 12 月 2 日，中国边疆研究所举办第五期“中国边疆学讲坛”。台北中国边政协会秘书长刘学铫作题为“中国边疆问题”的报告。

2．国际学术交流与合作

2014 年，中国边疆研究所共派遣出访 13 批 22 人次，接待来访 9 批 30 人次。与中国边疆研究所开展学术交流的国家有韩国、日本、蒙古国、乌兹别克斯坦、土耳其、俄罗斯、英国、德国、波兰、美国等。

（1）2014 年 1 月 21 日，中国边疆研究所所长邢广程、副所长李大路接待蒙古国科学院历史研究所所长一行。

（2）2014 年 2 月 24 ～ 28 日，中国边疆研究所邢广程赴土耳其进行学术交流。

（3）2014 年 3 月 4 ～ 7 日，中国边疆研究所李大路、奥其尔赴蒙古国科学院历史研究所进行学术访问。

（4）2014 年 3 月 12 日，中国边疆研究所党委书记李国强与来访的韩国海洋水产开发院的学者进行学术交流。

（5)2014 年 5 月 27 日至 6 月 2 日,中国边疆研究所邢广程、毕奥南等赴英国进行学术访问。

（6）2014 年 6 月 7 ～ 10 日，中国边疆研究所李国强等赴韩国，与东北亚历史财团商洽共同召开国际学术会议等事宜。

（7）2014 年 6 月 10 日，波兰东方研究中心副主任亚当艾伯哈特率代表团来中国边疆研究所进行学术访问。

（8）2014 年 10 月 18 日，中国边疆研究所邢广程与美国国家安全委员会（白宫）中亚事务办公室主任 Justin Reynolds 座谈。

（9）2014 年 10 月 20 ～ 25 日，中国边疆研究所邢广程应邀赴俄罗斯参加第 11 届瓦尔代国际俱乐部年会。

(10)2014年11月4～9日，中国边疆研究所邢广程、许建英、李大龙赴美国进行学术交流。

(11) 2014年12月11日，中国边疆研究所邢广程、阿拉腾奥其尔接待乌兹别克斯坦区域安全问题研究中心研究员。

3. 与香港、澳门特别行政区和台湾开展的学术交流

(1) 2014年2月18～22日，中国边疆研究所李国强应邀赴台湾参加“海峡两岸南海问题学术研讨会”。

(2) 2014年4月25日至5月2日，中国边疆研究所邢广程应邀赴台湾参加“如何圆一个少数民族的中国梦研讨会”。

(3) 2014年11月20～22日，中国边疆研究所许建英应邀赴澳门大学作学术报告。

（四）学术期刊

《中国边疆史地研究》(季刊)，主编李大龙。

2014年，《中国边疆史地研究》共出版4期，共计112万字。该刊全年刊载的有代表性的文章有：阿拉腾奥其尔的《从“罗刹”到“俄罗斯”——清初中俄两国的早期接触》，李云泉的《话语、视角与方法：近年来明清朝贡体制研究的几个问题》，李元晖、李大龙的《是“藩属体系”还是“朝贡体系”？——以唐王朝为例》，程尼娜的《汉至唐时期肃慎、挹娄、勿吉、靺鞨及其朝贡活动研究》，孙宏年的《传承与嬗变：从黎峻使团来华看晚清的中越关系——兼议清代东亚“国际秩序”的虚实》，柳岳武的《嘉庆至同治时期的中廓宗属关系》，李鸿宾的《唐朝北部疆域的变迁——兼论疆域问题的本质与属性》，吕昭义、刘名望的《民国标界第一桩——民国元年察隅巡边标界史实考》，范恩实的《渤海“首领”新考》，金永明的《钓鱼岛主权若干国际法问题研究》，周平的《全球化时代的疆域与边疆》，曾勇的《国外有关南海问题解决方案述评》，孙炜冉、苗威的《粟特人在渤海国的政治影响力探析》，崔明德的《中国古代中原王朝处理民族关系的方式》，彭建英的《试论6～8世纪突厥与铁勒的族际互动与民族认同》，孙昊的《说“舍利”——兼论契丹、靺鞨、突厥的政治文化互动》，王军敏的《中国在南海的历史性权利》等。

（五）会议综述

纪念好太王碑建碑1600周年国际学术会议

“国冈上广开土境平安好太王碑”是高句丽19代王碑刻，位于吉林省集安市，碑文涉及高句丽建国传说及好太王功绩，对于研究高句丽的历史具有重要价值，历来为中外学术界所重视。2014年恰逢好太王碑建碑1600周年，2014年10月19～22日，由中国社会科学院中国边疆研究所和韩国东北亚历史财团主办、通化师范学院协办的“纪念好太王碑建碑1600周年国际学术会议”在吉林省集安市召开。来自中国、韩国、朝鲜、日本的学者共44人参加会议。会议共收到论文30篇。中国社会科学院原副院长武寅与韩国东北亚历史财团理事长金学俊出席开幕式并先后致辞。中国社会科学院中国边疆研究所党委书记李国强主持开幕式并在闭幕上作总结发言。

2014年10月，“纪念好太王碑建碑1600周年国际学术会议”在吉林省集安市举行。

与会专家学者围绕“好太王碑”研究、有关高句丽的石刻史料研究、有关高句丽史上的好太王时代研究、有关高句丽的考古研究等议题展开讨论交流。从好太王碑与集安高句丽碑关系、好太王碑文争议性记事、从好太王碑看高句丽的历史地位、好太王碑的“始祖传说”模式、好太王碑文所载北方经略记事、好太王军事战略、碑文“新来韩秽”、近年来中国大陆所见好太王碑研究资料、日本藏好太王碑拓本等方面展开专题报告。

此次学术会议进一步加强了中、韩、朝、日四国学者间的学术交流，有助于深化高句丽乃至东北亚历史问题的理论研究。

（科研处）

“中国社会科学论坛·西南论坛（2014）：中国沿边开发开放与周边区域合作”国际学术研讨会

2014年11月29～30日，由中国社会科学院中国边疆研究所、云南大学、新加坡国立大学东亚研究所和云南省保山市人民政府联合主办的“中国社会科学论坛·西南论坛（2014）：中国沿边开发开放与周边区域合作”国际学术研讨会在云南省保山市腾冲县召开。中国社会科学院副院长、党组成员李培林，中共云南省委常委、统战部部长黄毅参加开幕式并讲话。来自中国、新加坡、俄罗斯、越南、德国、日本、英国的120余位专家学者参加会议。会议共收到论文40篇。有60余位学者作了会议发言。

会议的主要议题有“‘一带一路’：战略与政策”“周边外交与区域合作：理论与实践”“沿边开发开放：作用和路径”。研讨会收到的论文题材多元、视野开阔。就时代而言，上起古代，下至当今；就主题而言，几乎涵盖了“一带一路”建设中的所有领域，充分体现了学术前沿和深度的结合。

（科研处）

台湾研究所

（一）人员、机构等基本情况

1. 人员

截至 2014 年年底，台湾研究所共有在职人员 65 人。其中，正高级职称人员 14 人，副高级职称人员 17 人，中级职称人员 19 人；高、中级职称人员占全体在职人员总数的 77%。

2. 机构

台湾研究所设有：综合研究室、台湾政治研究室、台湾选举研究室、台湾经济研究室、台湾社会文化与人物研究室、台美关系研究室、资料室、《台湾研究》编辑部、科研合作处、办公室、政治处。

（二）科研工作

1. 科研成果统计

2014 年，台湾研究所共完成专著 3 种，140 万字；论文 60 篇，50 万字；研究报告 150 篇，75 万字；学术交流影视资料 12 种，1800 分钟。

2. 科研课题

（1）新立项课题。2014 年，台湾研究所共有新立项课题 14 项，为国家社会科学基金课题和外交部、国务院台办、国务院侨办、商务部、国家旅游局、中央统战部等中央有关部门委托课题。

（2）结项课题。2014 年，台湾研究所共有结项课题 13 项，为外交部、国务院台办、国务院侨办、商务部、国家旅游局、中央统战部等中央有关部门委托课题。

（三）学术交流活动

1. 学术活动

2014 年，台湾研究所主办、承办的学术会议及活动主要有：

（1）2014 年 6 月 18 ～ 24 日，应台湾“亚太和平研究基金会”邀请，中国社会科学院院长王伟光率团赴台湾访问。在台期间，王伟光先后会见了国民党荣誉主席连战、吴伯雄，亲民党主席宋楚瑜，并与花莲县长傅崐萁、澎湖县长王乾发等就两地经济社会发展等问题交换了意见。王伟光一行还专程会见了亚太和平研究基金会董事长赵春山，并就台湾“太阳花学运”后的两岸关系与有关学者交换了意见。

（2）2014 年 6 月 27 日，由台湾研究所主办，全国台湾研究会、两岸关系和平发展协同创新中心协办的首届“两岸智库学术论坛”在北京举办。来自两岸及港、澳地区的 30 多家涉台智库、近百名专家学者参加论坛。论坛研讨的主要问题有“两岸关系和平发展理论创新”“深化两岸关系和平发展的路径”“两岸政党互动模式探讨”“两岸经济文化交流与合作”等。

(3) 2014 年 7 月 22 ~ 23 日，由全国台湾研究会、中华全国台湾同胞联谊会、中国社会科学院台湾研究所共同举办的“第 23 届海峡两岸关系学术研讨会”在青海省西宁市举行。会议的主题是“全面增加政治互信、深化和平发展。”

(4) 2014 年 8 月 19 ~ 23 日，台湾研究所在四川省成都市举办“深化两岸经济合作路径研究”学术研讨会。会议研讨的主要问题有“两岸经济一体化的理念与路径选择”“新形势下台湾如何参与亚太经济整合”等。

(5) 2014 年 8 月 29 日，台湾研究所在陕西省西安市举办“‘九合一’选情形势与影响评估”研讨会。会议研讨的主要问题有“选情总体态势与主要因素”“‘六都’及重点县市选情走势”“选举结果对岛内政局和两岸关系的影响”等。

(6) 2014 年 9 月 10 ~ 15 日，台湾研究所在甘肃省兰州市举办“亚太地区新形势与台湾对外关系”座谈会。会议研讨的主要问题有“马英九当局南海政策走向及其影响”“东海局势演变与台日关系”“民进党与美国关系现状与走向”等。

(7) 2014 年 9 月 18 ~ 23 日，台湾研究所在四川省成都市举办“台湾社会公民运动与民意走向”座谈会。会议研讨的主要问题有“台湾社会公民运动的特点、影响及发展趋势”“近年来台湾社情民意特点、影响及走向”“两岸文化交流的现状、特点与趋势”等。

(8) 2014 年 10 月 11 ~ 15 日，台湾研究所在福建省武夷山市举办“‘九合一’选情评估”座谈会。会议的主题是“选情总体态势、结果预估及可能影响”。

2. 国际学术交流与合作

2014 年，台湾研究所共派遣出访 35 批 97 人次，接待来访 99 批 439 人次。与台湾研究所开展学术交流的国家有美国、英国、日本、德国、比利时、澳大利亚、韩国、新加坡等。

(1) 2014 年 2 月 27 日，台湾研究所所长周志怀在北京会见了新加坡驻华大使罗家良一行，双方就“习连会”“张王会”等热点议题交换了意见。

2014 年 2 月，中国社会科学院台湾研究所所长周志怀在北京会见了新加坡驻华大使罗家良。

(2) 2014 年 3 月 18 日，美国波士顿学院政治学教授、哈佛大学费正清东亚研究中心研究员容安澜来台湾研究所，就两岸关系议题发表演讲。

(3) 2014 年 3 月 19 日，美国南加州大学教授张文基、华夏政略研究会负责人王中平、美国台北论坛负责人史学颖、洛杉矶中文电台政论节目主持人范允富、全美台湾同乡会原会长梁义大、中评社驻洛杉矶分社主任宋楷文一行6人来台湾研究所访问。台湾研究所副所长张冠华主持座谈会。双方就“中美关系及台湾问题”、中国周边关系等问题交换了看法。

（4）2014年3月26日，日本东京外国语大学副教授小笠原欣幸、日本拓殖大学海外事情研究所客座研究员兼日台交流协会台北办事处高野华慧来台湾研究所访问并发表演讲。台湾研究所副所长张冠华主持座谈会。双方就“两岸服贸协议”等问题进行了探讨。

（5）2014年4月15日，以雷超伦为团长的美国大华府地区侨胞访问团一行18人来台湾研究所访问。台湾研究所副所长谢郁主持座谈会。双方就“中美关系及台湾问题”交换了看法。

（6）2014年5月6日，美国纽约统促会会长马粤、全美中国统促会联合会共同主席马粤一行15人来台湾研究所访问。台湾研究所副所长朱卫东主持座谈会。双方就当前“中美关系及台湾问题”交换了看法。

（7）2014年5月22日，德国驻华使馆文化参赞寇文刚来台湾研究所访问。台湾研究所副所长张冠华主持座谈会。双方就岛内政局及两岸关系交换了看法。

（8）2014年7月4日，韩国驻华使馆政务处书记官李贞釬来台湾研究所访问。台湾研究所政治研究室副主任冷波主持座谈会。双方就国台办主任张志军访台事宜交换了看法。

（9）2014年7月29日至8月2日，应日本两岸关系研究小组召集人、东京大学东洋文化研究所教授松田康博邀请，台湾研究所所长周志怀等赴日本进行学术访问。在日期间，周志怀先后参加了“两岸关系和平发展的内涵”“习近平时代的两岸关系发展”“大陆对台政策和两岸关系发展”报告会。

（10）2014年10月9日，大洋洲中国和平统一促进会会长邱维廉率领的澳洲统促会、瓦努阿图统促会联合访问团一行28人来台湾研究所访问。台湾研究所所长助理彭维学主持座谈会。双方就岛内及两岸形势进行了交谈。

（11）2014年10月27日，美国外交政策全国委员会访问团来台湾研究所进行学术交流。双方就“中国大陆的对台政策”“年底‘九合一’选举与2016年‘大选’”“民进党的大陆政策走向”“反服贸运动”“认同问题”“香港问题”等议题广泛交换了意见。台湾研究所副所长朱卫东、谢郁等参加了座谈。

4. 与香港、澳门特别行政区和台湾开展的学术交流

（1）2014年1月20日，台湾中国文化大学社会科学院院长邵宗海教授应邀来台湾研究所访问，并就岛内政局及两岸关系发表演讲。台湾研究所副所长朱卫东主持演讲会。

（2）2014年2月25日，台湾研究所所长周志怀会见来所访问的香港中国评论新闻社社长郭伟峰、常务副社长兼总编辑周建闽、常务副总编辑陈耀桂一行。双方就相互合作事宜交换了意见。

（3）2014年3月25日，台湾高雄市中小企业协会名誉理事长李重德来台湾研究所访问。

台湾研究所副所长张冠华主持座谈会。双方就两岸经贸合作议题进行了深入交谈。

(4) 2014 年 4 月 2 日，以苏起董事长为团长的台北论坛基金会“第一届两岸政策高阶精英讲习班”一行 15 人来台湾研究所访问。台湾研究所所长周志怀主持座谈会。双方就“岛内学生的‘反服贸’抗争及两岸关系走向”等问题进行了深入交流。台湾研究所副所长张冠华、谢郁等参加座谈。

(5) 2014 年 4 月 4 日，台湾政治大学国际关系研究中心美欧所所长汤绍成、研究员郑端耀、吴东野来台湾研究所访问。台湾研究所副所长张冠华主持座谈会。双方就两岸关系、欧美情势及台湾涉外空间等问题进行了交流。

(6) 2014 年 5 月 8 日，台湾铭传大学公共事务系教授杨开煌来台湾研究所访问。台湾研究所副所长朱卫东主持座谈会。双方就当前台湾局势及两岸关系发展进行了深入探讨。

(7) 2014 年 6 月 12 日，台湾“立法院 2014 年两岸事务幕僚参访团”来台湾研究所访问。台湾研究所副所长张冠华主持座谈会。双方就“大陆智慧城市规划建设与两岸合作契机”“大陆生态绿色城市发展”“城市品牌营销策略对台湾之启发”等议题进行了深入探讨。

(8) 2014 年 7 月 1 日，台湾政治大学国际关系研究中心政治所主任、研究员丁树范，美欧所所长、研究员汤绍成，中国政治所所长、研究员袁易一行来台湾研究所访问。台湾研究所副所长朱卫东主持座谈会。双方就当前台湾局势及对外关系状况交换了看法。台湾研究所副所长谢郁等参加座谈。

(9) 2014 年 7 月 1 日，台湾“中国文化大学”中山与中国大陆研究所教授蔡玮来台湾研究所访问。台湾研究所副所长谢郁主持座谈会。双方就“中美关系及台湾问题”交换了看法。

(10) 2014 年 7 月 9 日，台湾淡江大学国际事务副校长兼国际研究学院院长戴万钦一行来台湾研究所访问。台湾研究所副所长谢郁主持座谈会。双方就台湾局势及两岸关系发展进行了交谈。

(11)2014 年 7 月 22 日，台湾“高雄两岸和平发展促进会”学者一行 33 人来台湾研究所访问。台湾研究所副所长张冠华主持座谈会。双方就“‘反服贸风波’对两岸关系的影响”“南部民众对两岸关系发展的看法及建议”“2014 年‘九合一’选情”等议题交换了看法。

(12) 2014 年 8 月 18 日，台湾“立法院”助理工会理事长王忠智率领的参访团一行 18 人来台湾研究所访问。台湾研究所副所长朱卫东主持座谈会。双方就年底“九合一”选举及两岸关系议题进行了交谈。

(13) 2014 年 9 月 3 日，台湾政治大学国家发展研究所所长童振源率领的访问团一行 17 人来台湾研究所访问。台湾研究所副所长谢郁主持座谈会。双方就岛内政局及两岸文教等议题进行了交流。

(14) 2014 年 9 月 25 日，台北金融发展研究基金会董事长周吴添来台湾研究所访问。台湾研究所副所长张冠华主持座谈会。双方就两岸金融合作等议题进行了交流。

（15）2014 年 10 月 27 日，“中国文化大学”中山暨大陆研究所教授庞建国来台湾研究所访问。台湾研究所副所长张冠华主持座谈会。双方就当前台湾经济形势及两岸关系进行了交谈。

（16）2014 年 11 月 3～6 日，应两岸与澳台关系学会邀请，台湾研究所台湾涉外事务研究中心主任修春萍、社会文化与人物研究室主任许钟萍一行赴澳门参加第五届两岸关系澳门论坛。

（17）2014 年 11 月 12 日，台湾陆委会主委王郁琦利用来京参加 APEC 活动的机会，来台湾研究所访问并与大陆学者举行座谈。台湾研究所所长周志怀主持座谈会。双方就两岸关系现状与未来走向等问题深入交换了意见。

（18）2014 年 11 月 24 日，台湾研究所所长周志怀会见来访的台湾前“立委”朱高正。双方就台湾“九合一”选举及两岸关系发展进行了深入交谈。

（19）2014 年 11 月 24 日，台湾研究所所长周志怀会见来访的台湾工业总会副秘书长蔡宏民、台湾淡江大学大陆研究所所长张五岳、台湾工业研究创新中心主任杜紫宸一行。双方就岛内“九合一”选举及两岸关系未来发展进行了深入交流。台湾研究所副所长张冠华等参加座谈。

（20）2014 年 11 月 25 日，台湾研究所所长周志怀会见来访的台湾政治大学国际关系研究中心教授陈德昇。双方就岛内局势及两岸关系议题交换了看法。

（21）2014 年 12 月 6 日，应澳门大学校友会邀请，台湾研究所所长周志怀赴澳门参加“‘一国两制’之两岸关系发展新启示”研讨会，并发表题为“新时期大陆对台政策与两岸关系和平发展”的演讲。

（22）2014 年 12 月 11 日，国民党中评会主席、前海基会副董事长兼秘书长邱进益率领的中美文化经济协会北京参访团一行 9 人来台湾研究所访问。台湾研究所所长周志怀主持座谈会。双方就岛内“九合一”选举结果及其影响进行了深入交流。台湾研究所副所长朱卫东等参加座谈。

（四）期刊

（1）《台湾研究》（双月刊），主编刘佳雁。

2014 年，《台湾研究》共出版 6 期，共计 69 万字。该刊全年刊载的有代表性的文章有：周志怀的《2013 年两岸关系回顾与展望》，李贺、刘佳雁的《对民进党“对中政策扩大会议”的观察》，张冠华的《全球经济变局与两岸经济一体化》，刘国奋的《亚太新格局及其对两岸关系的影响之研究》，汪曙申的《2008 年以来民进党转型刍议——基于领导者和结构的视角》，王鸿志的《国民党与民进党实力对比的另类视角——基于政党软实力角度的分析》，任冬梅的《试论台湾学运的历史沿革与演变特点》等。

（2）《台湾周刊》，主编金奕。

2014 年，《台湾周刊》共出版 50 期，共计 180 万字。该刊全年刊载的有代表性的文章有：吕存诚的《2013 年两岸关系综述》，朱卫东的《2013 年两岸关系回顾与 2014 年展望》，朱磊的《2014 年是深化两岸经济合作的关键年》，张顺的《首次“张王会”受到各界高度关注和肯定》，陈泳江的《“习连会”助推两岸关系稳步向前》，胡本良的《“服贸协议”审查引发台政坛风暴》，潘飞的《浅析民进党修补与美关系的主要做法》，张华的《美国对台湾“反服贸运动”的主要看法及影响》，常超的《蔡英文高票当选民进党主席》，王鸿志的《对促进两岸政治关系发展的几点看法》，潘飞的《近期奥巴马政府对台政策评析》，陈咏江的《张志军访台受高度关注》，陈咏江的《台北市长选战不断升温》，张华的《美国“欢迎两岸和平”的原因探析》，金奕的《台湾年底县市长选举国、民两党优劣势分析》，陈桂清的《中共十八届四中全会决定涉台内容解读》，常超的《台湾“九合一”选举国民党遭受重创》，任冬梅的《“九合一”选举后台湾政局日趋动荡》，胡石青的《从陈德铭访台看两岸经贸关系及其发展前景》等。

（五）会议综述

首届“两岸智库学术论坛”

2014 年 6 月 27 日，由中国社会科学院台湾研究所主办，全国台湾研究会、两岸关系和平发展协同创新中心协办的首届“两岸智库学术论坛”在北京举办。国务院台湾事务办公室副主任李亚飞、海峡两岸关系协会副会长孙亚夫、中国社会科学院秘书长高翔、中华文化发展促进会副会长辛旗以及台湾二十一世纪基金会董事长高育仁、亚太和平研究基金会董事长赵春山等出席会议并发表致辞。来自两岸及港、澳地区的 30 多家涉台智库、近百名专家学者参加会议。中国社会科学院台湾研究所所长周志怀主持会议。

论坛以“两岸关系：理论创新与深化合作”为主题，围绕“两岸关系和平发展理论创新”“深化两岸关系和平发展的路径”“两岸政党互动模式探讨”“两岸经济文化交流与合作”等议题进行了深入探讨，在两岸关系的理论创新与深化合作方面取得较重要成果。

（尹茂祥）

第23届海峡两岸关系学术研讨会

2014 年 7 月 22 ~ 23 日，由中国社会科学院台湾研究所、全国台湾研究会、中华全国台湾同胞联谊会共同举办的“第 23 届海峡两岸关系学术研讨会”在青海省西宁市举行。来自两岸四地及国外近百名专家学者参加研讨会。中国社会科学院台湾研究所所长、全国台湾研究会执行副会长兼秘书长周志怀主持会议，并在开幕式上致辞、闭幕式上作总结发言。

会议围绕“全面增加政治互信、深化和平发展”等议题进行深入探讨，取得了一系列共识，对于进一步加强两岸交流、深化两岸合作具有重要意义。

（尹茂祥）

“‘九合一’选情形势与影响评估”研讨会

2014年8月29日，中国社会科学院台湾研究所在陕西省西安市举办“‘九合一’选情形势与影响评估”研讨会。台湾“国政研究基金会”执行长蔡政文、“内政组”召集人赵永茂、顾问许庆复，稻江科技暨管理学院校长施光训，高雄大学副校长陈文生等参加研讨会。中国社会科学院台湾研究所所长周志怀等参加会议。周志怀主持会议。

会议围绕“选情总体态势与主要因素”“‘六都’及重点县市选情走势”“选举结果对岛内政局和两岸关系的影响”等议题进行了深入探讨。

（尹茂祥）

“亚太地区新形势与台湾对外关系”座谈会

2014年9月10～15日，中国社会科学院台湾研究所在甘肃省兰州市举办“亚太地区新形势与台湾对外关系”座谈会。台湾淡江大学国际事务与战略研究所所长翁明贤、教授黄介正、林若雩，政治大学国际关系研究中心亚太所所长蔡增家，南华大学国际暨大陆事务学系教授孙国祥参加座谈会。中国社会科学院台湾研究所对外关系研究室主任修春萍等参加会议。中国社会科学院台湾研究所副所长张冠华、谢郁主持座谈会。

与会学者就“马英九当局南海政策走向及其影响”“东海局势演变与台日关系”“民进党与美国关系现状与走向”等议题进行了深入探讨。

（尹茂祥）

“台湾社会公民运动与民意走向”座谈会

2014年9月18～23日，中国社会科学院台湾研究所在四川省成都市举办“台湾社会公民运动与民意走向”座谈会。台湾政治大学国家发展研究所教授王振寰、中国统一联盟执行委员戚嘉林、淡江大学经济系副教授林金源、“中国文化大学”政治系专任助理教授石佳音、沈春池文教基金会秘书长陈春霖等参加座谈会。中国社会科学院台湾研究所副所长谢郁主持座谈会。

两岸学者围绕“台湾社会公民运动的特点、影响及发展趋势”“近年来台湾社情民意特点、影响及走向”“两岸文化交流的现状、特点与趋势”等议题进行了深入交流，并就新形势下如何加强两岸文化交流提出了具体建议。

（尹茂祥）

经济学部

经济研究所

（一）人员、机构等基本情况

1.人员

截至2014年年底，经济研究所共有在职人员124人。其中，正高级职称人员39人，副高级职称人员37人，中级职称人员22人；高、中级职称人员占全体在职人员总数的80%。

2.机构

经济研究所设有：政治经济学研究室、宏观经济学研究室、微观经济学（公共经济学）研究室、经济增长理论研究室、中国经济史研究室、中国现代经济史研究室、经济思想史（发展经济学）研究室、当代西方经济理论研究室、《经济研究》编辑部、《经济学动态》编辑部、《中国经济史研究》编辑部、《中国城市年鉴》编辑部、图书馆、办公室、科研处和人事处。

3.科研中心

经济研究所院属科研中心有：中国社会科学院上市公司研究中心、中国社会科学院欠发达经济研究中心、中国社会科学院全球契约研究中心、中国现代经济史研究中心、中国社会科学院民营经济研究中心；所属科研中心有：决策科学研究中心、经济转型与发展研究中心、公共政策研究中心。

（二）科研工作

1.科研成果统计

2014年，经济研究所共完成专著19种，624万字；论文145篇，174.06万字；研究报告14篇，45.8万字；学术资料2种，81.6万字；译著1部，8万字；一般文章9篇，3.5万字；论文集1种，53万字。

2.科研课题

（1）新立项课题。2014年，经济研究所共有新立课题49项。其中，国家社会科学基金课题10项："经济思想史的知识社会学研究"（杨春学主持），"中国近代工厂制度与劳资关系研究"（高超群主持），"以政府职能转变促进经济发展方式转换研究"（胡家勇主持），"中国经济增长的结构性减速、转型风险与国家生产系统效率提升路径"（袁富华主持），"医保付费机制创新与公立医院改革研究"（朱恒鹏主持），"经济转型期技术创新的制度影响因素研究"（吴延兵主持），“中国（上海）自由贸易实验区服务业负面清单管理模式研究”（谢谦主持），“人口年龄结构、人力资本与中国创新增长的关系研究”（张鹏主持），“清代的‘小差’税关研究”（丰若非主持），“社会制度转型背景下的清代华北地区粮价研究”（马国英主持）；国家自然社会科学基金课题1项：“人口结构变迁视角下的中国房产需求变动与房价走势”（刘学良主持）；院创新工程重大研究项目2项：“加强社会建设完善社会治理和健全社会保障体系研究——基于激励机制的视角”（朱恒鹏主持），“促进经济发展方式转变的创新和改革研究”（汪红驹主持）；院国情调研重大课题1项：“张掖绿洲与丝绸之路经济带研究”（魏明孔主持）；院级国情调研基地课题1项：“中部地区加快经济转型升级调研——郑州航空港对中原经济腾飞的引领作用研究”（彤新春主持）；研究所国情调研基地课题2项：“保定农村农业现代化情况典型调查数据”（隋福民主持），“无锡‘新市民’家庭经济情况典型调查数据库”（赵学军主持）；院交办委托课题9项：“新疆经济体制改革与经济发展问题研究”（裴长洪主持），“赣南苏区振兴发展模式与经验研究”（裴长洪主持），“宏观形势跟踪分析与对策研究”（张晓晶主持），“新型城镇化课题”（张平主持），“对外开放新体制与中国（上海）自由贸易实验区建设”（裴长洪主持），“改革对外投资管理体制”（裴长洪主持），“机关事业单位工资和社会保障制度改革”（魏众主持），“公办养老机构改革，民间资本参与养老服务业”（朱恒鹏主持），“转向适应市场经济运行的社保体系”（朱玲主持）；所创新工程项目1项：“中国经济新增长阶段的主要特征与结构调整研究”（张平主持）；所重点课题22项：“《资本论》当代价值研究”（胡家勇主持），“社会主义基本经济制度研究”（杨春学主持），“中国宏观调控理论研究”（常欣主持），“收入分配制度与公共政策研究”（魏众主持），“中国经济发展道路的历史探索”（魏明孔主持），“资本主义经济危机理论研究”（裴小革主持），“深化经济体制改革重要问题研究”（胡家勇主持），“推动经济持续健康发展”（张晓晶主持），“市场化与民生保障”（朱恒鹏主持），“中国宏观分配格局的制度分析”（魏众主持），“城镇居民对房价下跌的心态及应对行为研究——基于行为经济学实验的方法”（裴小革主持），“结构性减速阶段的中国经济研究”（刘霞辉主持），“中国经济史系列研究之三”（魏明孔主持），“2014年中国现代经济史学科前沿问题跟踪”（赵学军主持），“当前宏观经济热点问题研究”（裴长洪主持），“我国宏观经济结构调整研究”（杨元宏主持），“十二五期间我国劳动力市场变化研究”（周济主持），“经济走势跟踪”（王砚峰主持），“经济学学科发展跟踪研究”（周济主持），“经济所人才队伍建设研究”（张凡主持），“新时期企业社会责任研究”（杨元宏主持），“政治经济学研究报告”（胡家勇主持）。

（2）结项课题。2014年，经济研究所共有结项课题53项。其中，国家社会科学基金课题6项：“社会主义初级阶段基本经济制度研究”（裴长洪主持），“增长动力转换：机制、路径与效应研究”（常欣主持），“中国城市化模式、演进机制和可持续发展研究”（张自然主持），“中国经济理论发展史——以传统经济范畴为中心”（叶坦主持），“中国农村借贷与农村金融体系的发展研究（1949～2000）”（赵学军主持），“腐败治理与中介组织规范研究”（林跃勤主持）；

国家自然科学基金课题 2 项："劳动力市场表现、收入差距与贫困：对非正规就业的经验分析"（邓曲恒主持），"突破中小企业发展瓶颈和释放新能量"（刘小玄主持）；院重大课题 1 项："中国近代经济史（1937 ～ 1949）"（王洛林主持）；院重点课题 1 项："国家粮食安全战略制约下的农民自主发展研究"（安东建主持）；院国情调研重大课题 1 项："农民工城市化案例调查"（魏众主持）；院国情调研重大课题（乡镇）调研课题 7 项："大城市周边特色农业与农村经济组织发育——天津市蓟县出头岭镇经济发展调查"（杨新铭主持），"江苏省盐城市盐东镇调研"（罗仲伟主持），"山东蓬莱刘家沟镇调研"（叶坦主持），"湖南省吉首市河溪镇国情调研"（李仁贵主持），"湖北省麻城市福田河镇国情调研"（张自然主持），"广东省东莞市沙田镇经济与社会发展调研"（尚列主持），"以工促农转型发展生态之路——山东省 5 莲县松柏镇调研"（彤新春主持）；院级国情调研基地课题 1 项："中部地区加快经济转型升级调研——郑州航空港对中原经济区腾飞的引领作用研究"（彤新春主持）；所级国情调研基地课题 2 项："保定农村农业现代化情况典型调查数据"（隋福民主持），"无锡'新市民'家庭经济情况典型调查数据"（赵学军主持）；学部委员创新岗位项目 1 项："中国宏观经济波动跟踪研究与机理分析"（刘树成主持）；院交办委托课题 8 项："宏观形势跟踪分析与对策研究"（张晓晶主持），"赣南苏区振兴发展模式与经验研究"（裴长洪主持），"新型城镇化课题"（张平主持），"对外开放新体制与中国（上海）自由贸易实验区建设"（裴长洪主持），"改革对外投资管理体制"（裴长洪主持），"机关事业单位工资和社会保障制度改革"（魏众主持），"公办养老机构改革，民间资本参与养老服务业"（朱恒鹏主持），"转向适应市场经济运行的社保体系"（朱玲主持）；创新工程项目 1 项："中国宏观经济监测与政策研究"（张晓晶主持）；所重点课题 22 项："《资本论》当代价值研究"（胡家勇主持），"社会主义基本经济制度研究"（杨春学主持），"中国宏观调控理论研究"（常欣主持），"收入分配制度与公共政策研究"（魏众主持），"中国经济发展道路的历史探索"（魏明孔主持），"资本主义经济危机理论研究"（裴小革主持），"深化经济体制改革重要问题研究"（胡家勇主持），"推动经济持续健康发展"（张晓晶主持），"市场化与民生保障"（朱恒鹏主持），"中国宏观分配格局的制度分析"（魏众主持），"城镇居民对房价下跌的心态及应对行为研究——基于行为经济学实验的方法"（裴小革主持），"结构性减速阶段的中国经济研究"（刘霞辉主持），"中国经济史系列研究之三"（魏明孔主持），"2014 年中国现代经济史学科前沿问题跟踪"（赵学军主持），"当前宏观经济热点问题研究"（裴长洪主持），"我国宏观经济结构调整研究"（杨元宏主持），"十二五期间我国劳动力市场变化研究"（周济主持），"经济走势跟踪"（王砚峰主持），"经济学学科发展跟踪研究"（周济主持），"经济所人才队伍建设研究"（张凡主持），"新时期企业社会责任研究"（杨元宏主持），"政治经济学研究报告"（胡家勇主持）。

（3）延续在研课题。2014 年，经济研究共有延续课题 49 项。其中，国家社会科学基金课题 16 项："中国近代经济史（1937 ～ 1949）"（刘克祥主持），"19 世纪上半期的中国经济总量估值研究"（史志宏主持），"农村非农就业问题调查研究"（隋福民主持），"加快经济结构调整与促进经济自主协调发展研究”（张平主持），“快速增长过程中的风险累积与防范：转变发展方式研究的存量视角”（张晓晶主持），“中华人民共和国经济史（1958 ~ 1965）”（董志凯主持），“推进社会主义民主政治建设的经济学分析”（刘剑雄主持），“商业账簿整理与清代至民国时期社会经济史研究”（袁为鹏主持），“非合理性行业收入差距的成因与测度研究”（武鹏主持），“推动我国经济持续将康发展的基本要求、根本途径和政策选择研究”（张晓晶主持），“隋代经济史研究”（魏明孔主持），“中国城乡居民收入代际传递机制笔比较研究”（杨新铭主持），“阶梯定价理论（于文浩主持），“阶梯定价理论及其应用研究”（方燕主持），“《经济研究》期刊项目”（裴长洪主持），“《中国经济史研究》期刊项目”（刘兰兮主持）；国家自然科学基金课题2项：“微观视角下我国公共养老金制度的性别影响研究”（金成武主持），“寻找企业边界均衡点：规模与效率”（刘小玄主持）；国家软科学研究计划课题1项：“中国区域协调发展战略经济效应评价”（于文浩主持）；院重大课题1项：“1966 ~ 1976中华人民共和国经济档案资料研究”（刘国光、董志凯主持）；院国情调研重大课题2项：“张掖绿洲与丝绸之路经济带研究”（魏明孔主持），“中国乡镇调研”（刘树成、吴太昌主持）；院国情调研重大课题（乡镇）调研课题10项：“贫困山区的脱贫之路——贵州省威宁县麻乍乡调研”（程锦锥主持），“河南李店镇调研”（何伟主持），“黄骅市回族乡调研”（谢谦主持），“广东省佛山市顺德区容桂镇中小企业经营状况调研”（郭路主持），“江苏省常州市孟河镇社会经济调研”（王砚峰主持），“江苏省淮安市河下古镇旅游产业调查——辉煌、衰落与复兴”（姚宇主持），“辽宁省朝阳市金融机构在新型农村养老保险建设中的作用”（金成武主持），“北京丰台区花乡流动人口就业与生活变动状况调查”（张毅主持），“湖南浏阳市官渡镇调研”（林跃勤主持），“陕西省杨凌区杨村乡为例”（张海鹏主持）；院长城学者资助项目课题2项：“中国经济改革和发展的政治经济学分析”（胡家勇主持），“中国经济思想史学科创新研究”（叶坦主持）；院基础学者资助项目课题2项：“中国中央与地方财政分权研究（1949 ~ 1994）”（姜长青主持），“公司治理理论与实践”（剧锦文主持）；院交办委托课题1项：“新疆经济体制改革与经济发展问题研究”（裴长洪主持）；院马克思主义理论学科建设与理论研究课题1项：“完善社会主义市场经济体制研究”（胡家勇主持）；创新工程项目11项：“公有企业收益共享机制的国际比较”（朱玲主持），“我国初期工业化模式形成与路径探索：观念和实践”（徐建生主持），“再分配与公共福利的政治经济学”（赵志君主持），“经济危机相关理论及其历史作用研究”（裴小革主持），“中国传统经济再研究：以制度转型为视角”（魏明孔主持），“经济制度比较研究”（杨春学主持），“工业化、城镇化进程中农户经济的转型研究——以近百年来无锡、保定22村农户为案例”（赵学军主持），“公共经济学研究室学科建设”（朱恒鹏主持），“中国收入分配政策与制度研究设计”（魏众主持），“企业创新和市场结构：经济结构的最优化路径”（仲继垠主持），“中国经济增长数据库与应用研究”（刘霞辉主持）。

3. 创新工程的实施和科研管理新举措

2014年是经济研究所进入创新工程的第三年。为加强对创新项目研究的管理，探索方法，积累经验，经济研究所有针对性地制定和修改了多项管理规定。其中主要有：《经济研究所创新项目月度进展情况调查表》《经济研究所创新项目月度进展情况统计表》《经济研究所创新工程管理手册》《经济研究所公务出差审批表》《经济研究所学术会议审批表》《经济研究所财务管理规定》等。

（三）学术交流活动

2014 年，经济研究所主办和承办的学术会议主要有：

（1）2014 年 3 月 15 日，由经济研究所、温州市金融办、温州大学金融研究院等单位联合举办的首届“温州金融改革与发展”研讨会在温州大学召开。会议的主题是“金融体制改革的理论进展与实践经验”，研讨的主要问题有“深化中国金融体制改革的理论进展”“金融市场与企业融资的经验实证”“温州金融综合改革的实践探索”等。

（2）2014 年 4 月 27 ~ 28 日，由经济研究所主办、河南师范大学承办的“中国政治经济学第十六届年会”在河南师范大学召开。会议的主题是“完善社会主义市场经济体制”，研讨的主要问题有“政府与市场关系”“社会主义基本经济制度的完善和发展”“土地制度改革与新型城镇化”“现代市场体系建设”“收入分配制度改革”“国有企业改革”“中国经济发展问题”等。

（3）2014 年 6 月 21 日，由经济研究所、中国社会科学院城市与竞争力研究中心、重庆工商大学联合举办的“大国城市化前沿问题”学术研讨会在重庆召开。会议的主题是“中国城市化的结构效应与发展转型”，研讨的主要问题有“城市化的结构失衡与再平衡”“城市化进程中的住房”“就业及衍生问题”“新型城镇化的财政金融支持与土地流转”“区域协调与城市可持续发展”等。

（4）2014 年 6 月 28 ~ 29 日，由经济研究所、首都经济贸易大学、《经济研究》杂志社、《经济学动态》杂志社、中国经济实验研究院、美国《侨报》等单位联合主办的“经济增速换档期的体制改革与发展转型——第八届中国经济增长与周期论坛”在北京召开。会议的主题是“经济增速换挡与经济发展转型”。

（5）2014 年 7 月 9 ~ 10 日，由经济研究所、安徽大学经济学院和安徽大学政治经济学省级重点学科共同举办的“全国第八届马克思主义经济学发展与创新论坛”在安徽大学召开。会议的主题是“马克思主义发展创新与全面深化改革”，研讨的主要问题有“坚持马克思主义基本理论，发展和创新劳动价值论”“加快发展混合所有制经济，深化国有企业改革”“改革收入分配制度，促进共同富裕”“构建新型农业经营体系，改革农村土地制度”“推进财税改革，发挥财政支柱作用”等。

（6）2014 年 8 月 23 ~ 24 日，由《经济研究》编辑部、北京大学经济学院、北京大学光华管理学院、武汉大学高级研究中心联合主办的“第十四届中国青年经济学者论坛”在北京大学召开。会议的主题是“中国经济‘新常态’的理论与实践探讨”，研讨的主要问题有“我国宏观经济形势的新特点和新问题”“地方政府债务问题”“宏观管理政策”“新体制改革方向”“信贷约束与经济泡沫”“企业行为与宏观经济”等。

（7）2014年10月11～12日，由经济研究所主办，中国经济史学会、河南大学承办的“经济转型与社会经济持续发展国际学术研讨会暨中国经济史学会年会2014年”在河南省开封市召开。会议的主题是“经济转型与社会经济持续发展”。

（8）2014年12月9日，由经济研究所与南开大学共同主办的“习近平科学思想与理论”研讨会在南开大学召开。会议研讨的主要问题有“经济发展与民族复兴的战略构想”“全面深化改革”“执政党建设与群众路线”“国家治理体系与治理能力的现代化”“民族团结与社会稳定”“新型大国关系”“意识形态与宣传工作”“社会主义核心价值观”等。

2.国际学术交流与合作

2014年，经济研究所共派遣出访28批48人次，接待来访22批39人次（其中，中国社会科学院邀请来访3批13人次）。与经济研究所开展学术交流的国家有美国、伊朗、俄罗斯、韩国等。

（1）2014年4月15日，经济研究所经济增长理论研究室主任刘霞辉研究员等与俄罗斯科学院远东所副所长就“中国改革和经济增长之间的关系、政策变化对经济增长的影响”等问题进行了学术交流。

（2）2014年11月7日，经济研究所副所长杨春学研究员、经济增长理论研究室袁富华副研究员等与美国东西方中心组派、《洛杉矶时报》经济专栏评论员希尔齐克等美国新闻代表团成员就“中国经济整体运行情况”专题进行了学术交流。

（3）2014年11月19日，经济研究所发展经济学研究室主任魏众研究员与伊朗知识经济委员会主任、东阿塞拜疆省副省长、伊朗驻华使馆参赞等就“经济研究所学术研究的基本情况、未来可能的合作领域”等问题进行了座谈。

（四）学术期刊

（1）《经济研究》（月刊），主编裴长洪。

2014年，《经济研究》刊载的有代表性的文章有：裴长洪的《全球经济治理、公共品与中国扩大开放》，王国静、田国强的《金融冲击和中国经济波动》，吕冰洋、毛捷的《高投资、低消费的财政基础》，罗长远、张军的《附加值贸易：基于中国的实证分析》，王诚、李鑫的《中国特色社会主义经济理论的产生和发展——市场取向改革以来学术界相关理论探索》，都阳、蔡昉、屈小博、程杰的《延续中国奇迹：从户籍制度改革中收获红利》。

（2）《经济学动态》（月刊），主编杨春学。

2014年，《经济学动态》刊载的有代表性的文章有：黄泰岩的《中国经济的第三次动力转型》，裴长洪的《中国开放型经济新体制的基本目标和主要特征》，宋小川的《美联储货币政策百年历程》，罗长琳、邹恒甫的《预算软约束问题再讨论》，汪红驹的《防止中美两种“新常态”

经济周期错配深度恶化》，刘伟、蔡志洲的《宏观经济决策与宏观进度统计：为何需求疲软增长稳健》，杨春学、张琦的《如何看待〈21 世纪资本论〉对经济学的贡献》。

(3)《中国经济史研究》(季刊)，主编魏明孔。

2014 年，《中国经济史研究》刊载的有代表性的文章有：王建革的《明代嘉湖地区的桑基生态与小农性格的发展》，林刚、纪辛的《穆藕初、农本局与手工纺织业——略论农户经济与本土现代化》，李根蟠的《官田民田并立　公权私权叠压——简论秦汉以后封建土地制度的形成及其特点》，胡英泽的《清代关中土地问题初探》，左海军的《民国时期天津银号资本与资力的再估计》，韩祥的《晚清财政规模估算问题初探》。

（五）会议综述

第八届中国经济增长与周期论坛

2014 年 6 月 28 ～ 29 日，由中国社会科学院经济研究所、首都经济贸易大学、《经济研究》杂志社、《经济学动态》杂志社共同主办的“第八届中国经济增长与周期论坛暨第四次中国城市生活质量指数发布会”在北京召开。200 余位来自国内外各高校、研究机构的专家学者与 40 多家媒体代表参加了论坛。论坛的主题是“经济增速换挡与经济发展转型”。

(1) 经济增速进入换挡期，必须防范下行风险

中国社会科学院经济研究所所长裴长洪研究员认为，与经济增长形势一样，我国的外贸也进入了增长换挡期，由于在就业、产品升级换代，特别是产业梯度转移、产能转移方面，一般都是出口部门先行，因此对外贸增速下降必须予以重视。

龚刚认为，经济出现下行波动是正常的，因为经济本身同时存在两种机制，即稳定机制和不稳定机制。这两种机制相互作用使经济波动，并可能造成经济危机。若危机并非来自需求冲击，则通常来自金融体系的崩溃或金融危机。

汪红驹认为，经济增速换挡已经进入“新常态”，其特点表现为经济增长告别过去两位数高增长模式，进入次高增长阶段。

(2) 改变宏观调控方式，稳定经济增长

专家们认为，存在经济周期性波动的情况下，应当改变传统的宏观调控方式，以保持经济的稳定增长。刘树成认为，必须改变传统的宏观调控思维方式，由“守住下线”转变为“把握区间中线”。

袁富华指出，对于中国这样的发展中国家，经济增长转型应避开凯恩斯主义静态意义上的非此即彼，而应转向以动态效率角度理解投资效率。在缩减投资的情况下保持经济增长，消费和经济增长之间必须有个效率市场环节，通过这个环节形成生产率、收入、消费的良性循环，

在这种机制上，消费不是传统工业化时期的数量型消费，而是质上的变化，是动态意义上的消费。

裴长洪认为，要实现外贸增长目标，就要培育新的国际竞争力。首先易要充分重视进口贸易，不仅要考虑贸易平衡，而且要考虑供给面的改善，使生产要素供给和潜在增长率得到改善。

（3）深化经济体制改革，发挥市场经济的决定性作用与转变政府职能

专家们认为，在经济增速换挡期，要在短期内稳定经济增长和保持经济长期可持续增长，从根本上说，必须进一步推进经济体制改革，发挥市场经济的决定性作用，界定市场与政府在资源配置中的作用。作为十八大文件的起草人之一，张卓元解读了十八届三中全会《决定》的精神。他指出，《决定》第一次在党的文献中提出市场在资源配置中起决定性作用的论断，代替了已经沿用了 21 年的市场只能起基础性作用的提法。他同时强调，《决定》明确指出紧紧围绕市场在资源配置中起决定性作用来深化经济体制改革，并不涉及其他领域。张卓元认为，《决定》的亮点之一是提出混合所有制经济是基本经济制度的重要实现形式。

田国强认为，不仅要界定政府与市场的边界，还要界定政府与社会的治理边界。如果政府的角色定位不清楚，不但会导致经济的低效率，而且会导致社会公平正义的问题。

（经　研）

全国第八届马克思主义经济学发展与创新论坛

2014 年 7 月 9 ~ 10 日，由中国社会科学院经济研究所和《经济研究》编辑部、安徽大学经济学院和安徽大学政治经济学省级重点学科共同举办的“全国第八届马克思主义经济学发展与创新论坛”在安徽大学召开。来自全国高等院校、科研单位和政府部门近 200 名专家学者出席了会议。会议的主题是“马克思主义经济学发展创新与全面深化改革”。

（1）坚持马克思主义经济学基本理论，发展和创新劳动价值论

中国人民大学教授卫兴华认为，要正确认识中央关于市场决定资源配置的提法，市场经济的本质就是市场决定资源配置。这主要体现在三个方面：一是价格的形成和决定；二是生产什么、生产多少；三是消费什么。中国社会科学院学部委员刘树成认为，我们需要改革宏观调控方式，一方面改革宏观调控思维方式，由守住下限到把握中限，使宏观调控上下都有回旋余地。另一方面，改革宏观调控的工作方式，从应急式的项目应对到中长期的主动应对。

与会代表一致认为，应当响应中央号召，在新的历史条件下深化对劳动和劳动价值论的认识。中共中央党校教授张燕喜认为，深化认识的目的在于解决我国制度变迁过程中出现的重大理论和实践问题，例如社会主义与市场经济的结合问题、要素参与分配问题和劳资关系问题等。价值转形问题以及与其密切相关的平均利润率问题是理论界始终关注的课题。安徽大学博士陈旸提出，根据转形模型中的“平均利润率不变模型”，可以在转形问题的基础上研究平均利润率、

剩余价值率和资本有机构成之间的关系。我国 20 年来资本有机构成不断提高，但平均利润率并未出现明显下降，其中一个原因就是剩余价值率存在上升趋势，部分抵消了资本有机构成提高带来的利润率下降趋势。

(2) 加快发展混合所有制经济，深化国有企业改革

党的十八届三中全会提出要积极发展混合所有制经济，混合所有制经济成为下一步深化国有企业改革的突破口。清华大学教授蔡继明认为，在传统的劳动价值论中，价值是唯一由活劳动创造的，这成为非公有制经济进一步发展的理论障碍。按生产要素贡献分配理论则为混合所有制经济制度的确立奠定了理论基础。

安徽大学副教授魏峰以 2003 ～ 2011 年工业细分行业为样本，区分垄断和竞争性行业后认为，国有经济的技术效率在垄断行业中与非国有经济不分伯仲，在竞争性行业中与非国有经济仍有差距，但差距有缩小的趋势。

国务院发展研究中心研究员陈小洪认为，国有企业被指效率低，与其不够透明化和专业化有关。政府在某种程度上将国企当作政策工具，也限制了国有企业更好地整合资源。

(3) 改革收入分配制度，促进共同富裕

卫兴华认为，当前，中国出现了贫富两极分化，尽管中国的两极分化不同于资本主义国家“富者愈富、贫者愈贫”的绝对两极分化，而是相对两极分化，但有悖社会主义本质，不符合实现共同富裕的改革目标。

安徽大学副教授龙莹认为，目前中等收入群体比重下降，出现极化现象，收入分布呈现 M 型，而合理的收入分布应该是橄榄型的。在极化过程中，向上极化指数远远小于向下极化指数，即中等收入群体跨入高收入群体的比重小于落入低收入群体的比重，并呈上升趋势。

安徽大学副教授徐晓红认为，中国的收入差距不仅表现为行业收入差距、城乡收入差距，还表现为不同代人之间出现了收入差距代际传递趋势。

（经　研）

工业经济研究所

（一）人员、机构等基本情况

1. 人员

截至 2014 年年底，工业经济研究所共有在职人员 92 人。其中，正高级职称人员 24 人，副高级职称人员 22 人，中级职称人员 24 人；高、中级职称人员占全体在职人员总数的 76%。

2. 机构

工业经济研究所设有：工业发展研究室、工业运行研究室、产业组织研究室、投资与市场

研究室、能源经济研究室、资源与环境研究室、区域经济研究室、产业布局研究室、企业管理研究室、企业制度研究室、中小企业研究室、财务与会计研究室、《中国工业经济》编辑部、《经济管理》编辑部、*China Economist* 编辑部、办公室、科研处、集团联络处、信息网络室。

3.科研中心

工业经济研究所院属科研中心有：中国社会科学院管理科学与创新发展研究中心、中国社会科学院中国产业与企业竞争力研究中心、中国社会科学院中小企业研究中心、中国社会科学院西部发展研究中心、中国社会科学院食品药品产业发展与监管研究中心；所属科研中心有：能源经济研究中心、国家经济发展与经济风险研究中心、中国澳门产业发展研究中心、茶产业发展研究中心。

（二）科研工作

1.科研成果统计

2014 年，工业经济研究所共完成专著 26 种，897.2 万字；中文论文 147 篇，165.6 万字；外文论文 7 篇，8.5 万字；理论文章 19 篇，9.1 万字；研究报告 3 种，147.9 万字；译著 1 种，21.7 万字；皮书 3 种，102.6 万字；论文集 3 种，194.3 万字。

2.科研课题

（1）新立项课题。2014 年，工业经济研究所共有新立项课题 13 项。其中，国家自然科学基金面上课题 1 项：“竞争性国有企业的混合所有制改革研究”（黄速建主持）；国家自然科学基金应急课题 3 项：“‘十三五’时期我国经济社会发展若干重大问题的政策研究”（黄群慧主持），“建设国内统一市场的重点领域、体制障碍与政府治理研究”（刘戒骄主持），“全球价值链背景下我国制造业转型升级策略研究”（李晓华主持）；国家社会科学基金重点课题 2 项：“推进中国工业创新驱动发展研究”（吕铁主持），“产业升级与环境管制提升路径互动研究”（李钢主持）；国家社会科学基金一般课题 1 项：“中国对外贸易中的隐含资源环境要素流动问题研究”（郭朝先主持）；国家软科学课题 2 项：“地区间潜在比较优势产业的甄别与突破式产业创新研究”（张其仔主持），“科技创新支撑引领新型城镇化的对策研究”（徐希燕主持）；院级国情调研基地课题 2 项：“企业职工个人持股情况调研（宁波基地）”（黄速建主持），“‘两型综改区’对全国两型社会建设引领示范作用调研（湖南基地）”（沈志渔主持）；所级国情调研基地课题 2 项：“浙江省开化县可持续发展路径考察”（黄速建主持），“营口市老边区汽保工业园区发展调研”（刘戒骄主持）。

（2）结项课题。2014 年，工业经济研究所共有结项课题 33 项。其中，国家自然科学基金应急课题 1 项：“纾解中小企业融资困境策略研究”（罗仲伟主持）；国家社会科学基金重点课题 1 项：“中国劳动力素质升级对产业竞争力提升与产业升级的影响”（李钢主持）；国家社会科学基金青年课题 1 项：“经济全球化条件下的产业组织发展新趋势——基于全球生产网络框架的分析”（李晓华主持）；国情调研重大推荐课题1项：“外商投资产业转移现状、发展趋势及区域应对策略调研”（石碧华主持）；国情调研重点课题3项：“并购基金在中国的发展状况调查”（杜莹芬主持），“我国高耗能产业向低碳化转型升级的对策研究”（周维富主持），“创新型企业开放式创新模式考察”（王欣主持）；国情调研考察课题1项：“工业化与新型城镇化协调发展调研”（黄群慧主持）；所重点课题25项：“我国工业技术创新的地区差异分析”（孙承平主持），“中小企业信息化建设研究”（葛健主持），“伦理文化与中国国有企业治理”（黄如金主持），“企业无边界发展研究”（李海舰主持），“工业和服务业互动发展研究”（刘勇主持），“中小企业信息化新模式与公共政策研究——以移动电子商务为例”（罗仲伟主持），“我国钢铁工业向低碳化转型升级的对策研究”（周维富主持），“产业分析理论与方法研究”（陈晓东主持），“地区对于投资的补贴性竞争行为及其影响研究”（江飞涛主持），“环境损失核算的理论与方法研究”（张艳芳主持），“转变能源发展方式的政策研究”（白玫主持），“主要发达国家人才发展战略比较研究”（刘湘丽主持），“政策转变下的我国装备制造业竞争力研究”（王燕梅主持），“中国汽车品牌价值管理与品牌建设理论与实践”（杨世伟主持），“赛博空间与赛博战略的结构”（葛健主持），“先进制造业发展规律与促进政策研究”（李晓华主持），“我国战略性新兴产业的集群培育和发展模式研究”（周维富主持），“主要国家产业结构演变历程和特色研究”（邓洲主持），“我国光伏产业的战略地位、困境与对策研究”（朱彤主持），“中国新城新区大规模建设之‘谜’与健康发展研究”（叶振宇主持），“企业内部控制量化评价研究”（李春瑜主持），“中韩工业经济增长与能源消费关系比较研究”（胡文龙主持），“新型城镇化中的信息化建设研究”（葛健主持），“基于吸收能力的技术创新研究”（沈志渔主持），“国际产业发展新趋势对中国制造业发展的影响”（杨世伟主持）。

（3）延续在研课题。2014年，工业经济研究所共有延续在研课题18项。其中，国家自然科学资金青年课题2项：“能源和水资源消耗总量约束下的中国重化工业转型升级动态CGE模型与政策研究”（李鹏飞主持），“中国能源消费周期波动研究：基于多部门动态随机一般均衡模型”（吴利学主持）；国家自然科学基金面上课题1项：“中国产业政策理论反思、微观机制解析与实施效果评估：基于中国钢铁行业的研究”（江飞涛主持）；国家社会科学基金重大课题3项：“中西部地区承接产业转移的条件、模式与政策支持体系研究——兼示范区建设规划方案设计”（陈耀主持），“重点产业结构调整和振兴规划研究——基于中国产业政策反思和重构的视角”（李平主持），“深入推进国有经济战略性调整研究”（黄群慧主持）；国家社会科学基金重点课题1项：“产能过剩治理与投融资体制改革研究”（曹建海主持）；国家社会科学基金一般课题2项：“转型期中国企业人力资源管理变革——以知识型员工为例的研究”（周文斌主持），“物流成本及其对产业发展、价格水平影响研究”（刘勇主持）；国家社会科学基金青年课题5项：“商务模式与企业创新研究”（原磊主持），“国有企业跨国投资与政府监管问题研究”（刘建丽主持），“中国企业社会责任评价与推进机制研究”（肖红军主持），“生产要素成本上涨对我国产业转型升级影响研究”（叶振宇主持），“新兴产业自主技术标准的导入与培育”（邓洲主持）；国家软科学课题 3 项：“产业技术创新生态系统研究”（王钦主持），“制造业典型产业国际比较研究”（金碚主持），“颠覆性技术创新机制对产业发展影响研究”（李钢主持）；“马克思主义理论研究和建设工程”课题 1 项：“马克思主义价值创造理论在中国的新发展”（王欣主持）。

3. 获奖优秀科研成果

2014 年，工业经济研究所获得 2013 年中国社会科学院优秀对策信息组织奖。

（三）学术交流活动

1. 学术活动

2014 年 12 月 15 日，由工业经济研究所主办的“第三届中国工业发展论坛：经济新常态下的中国工业”在北京举行。来自中国社会科学院、国家发展和改革委员会、科技部、国务院研究室、国家统计局、国务院发展研究中心、北京大学、中国人民大学等有关单位和媒体代表共 100 余人参加了论坛。

2. 国际学术交流与合作

2014 年，工业经济研究所共派遣出访 18 批 28 人次，主要是参加国际会议或与国外科研机构进行学术交流、考察访问等。其中，考察访问 22 人次，参加国际会议 11 人次，进修培训 2 人次。来访 2 批 3 人次，横向交流 6 批 33 人次。

（四）学术社团、期刊

1. 社团

（1）中国工业经济学会，会长郑新立。

2014 年 10 月 10 ～ 11 日，由中国工业经济学会主办、湖南科技大学承办的“中国工业经济学会 2014 年年会暨产业转型升级与产能过剩治理”研讨会在湖南省长沙市举行。来自全国高校、科研院所与政府机构等 165 家单位的 318 名专家学者参加了会议。会议的主题是“产业转型升级与产能过剩治理”。

（2）中国企业管理研究会，会长陈佳贵。

2014 年 12 月 6 日，由中国企业管理研究会、厦门大学管理学院、蒋一苇企业改革与发展学术基金、中国社会科学院管理科学与创新发展研究中心联合主办，厦门大学管理学院承办的“全面深化改革与企业管理创新”学术研讨会暨中国企业管理研究会 2014 年年会在福建省厦门市召开。来自中国社会科学院、北京大学、清华大学、中国人民大学、复旦大学、厦门大学、中央财经大学、暨南大学等 100 余所高校及相关研究机构的 300 余名企业管理领域的专家学者出席了会议。会议的主题是“文化发展与管理创新”。

（3）中国区域经济学会，会长王洛林。

2014 年 10 月 25 日，由中国区域经济学会、浙江理工大学主办，浙江省高校人文社会科学重点研究基地（应用经济学）和浙江理工大学区域与城市经济研究所承办的“中国区域经济学会 2014 年年会暨全面深化改革背景下的中国区域发展”学术研讨会在浙江省杭州市召开。会议的主题是“全面深化改革背景下的中国区域发展”。

2. 期刊

（1）《中国工业经济》（月刊），主编金碚。

2014 年，《中国工业经济》共出版 12 期，共计 339 万字。该刊全年刊载的有代表性的文章有：李钢、刘吉超的《中国省际包容性财富指数的估算：1990 ～ 2010》，傅瑜、隋广军、赵子乐的《单寡头竞争性垄断：新型市场结构理论构建——基于互联网平台企业的考察》，陆伟刚、张昕竹的《双边市场中垄断认定问题与改进方法：以南北电信宽带垄断案为例》，刘小玄、张蕊的《可竞争市场上的进入壁垒——非经济垄断的理论和实证分析》，陈林、刘小玄的《自然垄断的测度模型及其应用——以中国重化工业为例》，中国社会科学院工业经济研究所课题组的《论新时期全面深化国有经济改革重大任务》，金碚的《工业的使命和价值——中国产业转型升级的理论逻辑》，徐礼伯、沈坤荣的《知识经济条件下企业边界的决定：内外社会资本匹配的视角》，胡国栋的《中国本土组织的家庭隐喻及网络治理机制——基于泛家族主义的视角》，李海舰、田跃新、李文杰的《互联网思维与传统企业再造》，王钦、赵剑波的《价值观引领与资源再组合：以海尔网络化战略变革为例》，唐要家、杨健的《销售电价隐性补贴及改革经济影响研究》。

（2）《经济管理》（月刊），主编金碚。

2014 年，《经济管理》共出版 12 期，共计 312 万字。该刊全年刊载的有代表性的文章有：黄群慧、霍景东的《全球制造业服务化水平及其影响因素》，江积海的《国外开放式创新研究的十年回顾及其展望》，孙大超、王伟、景红桥的《产权性质、产业差异化与企业商业信用供给》，李蕊、沈坤荣的《中国知识产权保护对企业创新的影响及其变动机制研究》，龙静、贾良定、孙佩的《技术创新驱动要素协同与能力构建——10 家高科技企业典型事件分析法的案例》，李申禹、黄蓉、晁钢令、张莹的《外向型企业拓展内需市场的“出口目的地效应”研究》，范如国、罗明的《中国能源效率演化中的异质性特征及反弹效应影响》，黄速建的《中国国有企业混合所有制改革研究》，王竹泉、翟士运、王贞洁的《商业信用能够帮助企业渡过金融危机吗？》，赵文军、陈勇的《1978 ～ 2012 年我国服务业增长来源——基于 30 个省市区服务业的非参数生产前沿分析》，杨震宁、范黎波、李东红的《是“腾笼换鸟”还是做“隐形冠军”——加工贸易企业转型升级路径多案例研究》，孙耀华、仲伟周的《中国省际碳排放强度收敛性研究——基于空间面板模型的视角》，赵炎、苑卉的《中国上市公司企业家激励约束机制与企业业绩关系再研究——国有控股与非国有控股公司的比较视角》。

（3）*China Economist*（《中国经济学人》）（英文、双月刊），主编金碚。

2014 年，*China Economist* 共出版 6 期，共计 72 万字。该刊全年刊载的有代表性的文章有：金碚的 China Should Rebalance Its Policy for Equality and Efficiency，蔡昉的 Understanding the Past, Present, and Future of China's Economic Development Based on A Unified Framework of Growth Theories，中国社会科学院经济学部的 Rethinking China's Macroeconomic Policy，朱玲的 Nutrition and Healthcare for Children from Rural Tibetan Households，李周的 Achievements and Challenges in China's Rural Development，高培勇的 Strategic Perspectives on China's New Round of Tax Reform，黄泰岩的 Driving Force for China's Third Economic Growth Transformation，陈雨露的 China's National Characteristics, Government-Market Relationship and the Development of Its Financial System，汪海波的 A Historical Overview of China's Upgrading of Its Industrial Structure。

(4)《中国经营报》(报纸，周刊)，主编李佩钰。

(5)《精品购物指南》(报纸，周双刊)，主编张书新。

(五) 会议综述

"中国工业经济学会2014年年会暨产业转型升级与产能过剩治理" 研讨会

2014 年 10 月 10 ~ 11 日，由中国工业经济学会主办、湖南科技大学承办的 "中国工业经济学会 2014 年年会暨产业转型升级与产能过剩治理" 研讨会在湖南省长沙市举行。来自全国高校、科研院所与政府机构等 165 家单位的 318 名专家学者参加了会议。会议的主题是 "产业转型升级与产能过剩治理"。上海国家会计学院院长、中国工业经济学会副会长夏大慰教授主持了开幕式。湖南科技大学校长刘德顺教授、中国社会科学院工业经济研究所党委书记史丹研究员分别致辞。

中国工业经济学会会长郑新立教授作了题为"以改革新突破释放发展新动力"的主题报告。他指出，当前经济面临较大下行压力，集中表现为消费需求不足、产能严重过剩、产业升级缓慢、资源环境难以承受、城乡差距拉大、区域发展不平衡等。必须从改革入手，利用体制改革的新突破释放发展新动力。

中国工业经济学会理事长吕政研究员作了题为 "制造业转型升级的方向" 的主题报告。他主要从工业增长下行与产能过剩、市场需求变化对工业增长的影响和产业升级的方向三个方面进行了系统论述。

中国工业经济学会副会长金培研究员作了题为"改革的动力源泉与思想共识"的主题报告。他指出，深化改革应该着眼于进一步释放活力，寻找经济发展的推动力量。在以往的中国经济体制改革中，第一级推动力发挥了巨大的作用，取得了巨大的成绩。在国有企业领域，趋利化、市场化、现代企业制度是推动力；在产业发展领域，差别政策、激励增长、扶优扶强是推动力。

当前应该寻找第二级推动力，把握好以下两个方面：一是改变政策取向，由“效率优先、兼顾公平”转为“以公平促进效率、以效率实现公平”；二是强化体制改革的“公共”性质，由自选自利性改革路径转变为公共决策性改革路径。

中国工业经济学会副会长田银华教授作了题为“经济新常态下的产能过剩、节能减排与创新发展”的主题报告。他认为，经济新常态不仅仅表现在经济增速放缓的数量特征上，更体现为经济转型的结构特征。治理产能过剩、推进节能减排是适应经济新常态的本质要求。

南开大学经济与社会发展研究院教授杜传忠、天津商业大学经济学院教授吕明元、北京邮电大学经济管理学院教授陈岩、哈尔滨商业大学财政与公共管理学院教授蔡德发等围绕“产能过剩与产业结构调整”的主题进行了探讨。

山东大学管理学院教授杨蕙馨、山东大学经济研究院教授王凤荣、山东大学经济学院副教授余东华、湖南科技大学商学院副教授江海潮等围绕“产能过剩与企业技术创新”的主题进行了研讨。

中国社会科学院工业经济研究所研究员李钢、北京科技大学东凌经济管理学院教授何维达、湖南科技大学商学院教授刘永清、福建师范大学经济学院教授黄茂兴等围绕“节能减排与治理产能过剩的长效机制”的主题进行了探讨。

（潘爱民　刘友金　向国成）

“中国区域经济学会2014年年会暨全面深化改革背景下的中国区域发展”学术研讨会

2014 年 10 月 25 日，由中国区域经济学会与浙江理工大学共同主办，浙江省高校人文社会科学重点研究基地（应用经济学）和浙江理工大学区域与城市经济研究所承办的“中国区域经济学会 2014 年年会暨全面深化改革背景下的中国区域发展”学术研讨会在浙江省杭州市召开。年会共收到论文 120 篇。来自全国各地的近 150 位专家学者参加了会议。

中国社会科学院工业经济研究所所长黄群慧研究员发表了题为“新时期全面深化国有经济改革的几个问题”的主题演讲。黄群慧认为，新时期国有经济面临经济全球化、工业化和市场化的新形势和新挑战，要实现国有经济与成熟市场经济体制全面融合面临着一些矛盾，这要求完成四项重大任务：一是与时俱进地根据国家使命调整国有经济功能和布局；二是推进混合所有制改革确立国有经济的主要实现形式；三是建立分类分层的新国有经济管理体制；四是推动国有企业完善现代企业制度以奠定国有经济高效运行的微观基础。通过这四项改革的重大任务和具体的改革措施的推进，最终形成以“新型国有企业”为主的国有经济，这些“新国企”将适应新形势的发展要求，日益与市场在资源配置中发挥决定性作用的成熟社会主义市场经济体制相融合。

中国区域经济学会理事长、中国社会科学院学部委员金碚研究员发表了题为“深化改革的动力与区域经济发展”的主题演讲。金碚认为，改革会产生经济发展的“推动力”，也必然有“后坐力”。当前，深化改革着眼于进一步释放经济发展活力，而这两个“动力”是区域经济发展的核心问题之一。在未来的新常态形势下，动力机制仍然是一个核心问题。

中国区域经济学会副理事长郝寿义教授发表了题为“全面深化改革与中国区域发展”的主题演讲。郝寿义介绍了改革与区域发展，尤其是第一、第二阶段的改革及实现国家重大区域发展战略需要关注的改革问题。关于第一阶段的改革，他具体阐述了“面上改革”与“点上改革”的主要内容。关于第二阶段的改革，他从顶层设计、协同改革、法律保障、组织创新角度概括为如下特点：一是明确改革方向；二是选好改革突破口；三是依法改革；四是明确改革主体与改革进度。最后郝寿义指出，实现国家重大区域发展战略需要关注三个改革问题：一是区域协同发展的机制问题；二是区域治理问题；三是实施国家重大发展战略的改革启动点问题。

浙江省政府研究室主任沈建明研究员发表了题为“浙江经济转型升级”的主题演讲。沈建明认为，新常态下，经济增长速度下降仅仅是新常态的表面现象。我们应看到众多的经济结构转变：一是产业结构变化，低附加值企业转型、升级、转移和消失；二是城乡结构变化，劳动力转移，农民转移到非农产业，进而推进城市化；三是需求结构变化。日常用品质量要求、产品数量要求和良好生态环境的需求提高。他进一步指出，未来区域竞争的重点和发展目标是使得工资逐渐变高，生态环境变好。

浙江理工大学区域与城市经济研究所所长陆根尧教授发表了题为“中国省域海洋经济发展及带动效应比较分析”的主题演讲。他认为，在经济发展新常态下，科学开发利用海洋资源、大力发展海洋经济具有重大战略意义。陆根尧教授通过对省域海洋经济规模、增速和结构、海洋科技创新能力、海洋经济对地区经济带动效应等比较分析，提出了五点结论与建议：一是中国省域海洋经济发展迅速，总量快速增大，但发展不平衡，近两年发展速度也有所放缓，需要采取切实有效措施，推动海洋经济科学、持续发展；二是海洋三大产业结构合理化和高度化取得重大进展，但需继续调整和优化二、三产业比例，加快三大产业内部结构优化和升级，促进海洋经济转型、升级发展；三是中国省域海洋科技创新能力差异较大、创新能力不强，与发达国家还有相当差距，必须强化海洋科技创新能力，推动海洋经济从资源驱动、资本驱动向创新型驱动发展；四是不同省域海洋经济带动效应差别很大，需引起各地高度重视，应把海洋经济作为一个新的经济增长点来培育和发展，并促进海陆统筹和联动发展；五是要坚持开发和保护相结合，促进海洋经济绿色发展。

国务院研究室综合司司长刘应杰研究员、中央民族大学发展规划处处长李曦辉教授、石家庄经济学院教授韩劲、中国社会科学院工业经济研究所研究员周民良、哈尔滨商业大学现代商品流通中心主任赵德海教授、四川省委党校区域经济部主任江世银教授等围绕“区域协调发展”

的主题进行了探讨。

陕西理工学院学科建设管理办公室主任蔡云辉教授、上海师范大学商学院副院长王周伟副教授、武汉大学中国中部发展研究院副教授王磊、浙江理工大学经济管理学院副教授陈晓华、上海师范大学商学院副教授刘江会、浙江理工大学经济管理学院副教授徐少君等围绕“城乡发展”的主题进行了深入探讨。

安徽省社会科学院城乡经济研究所副所长谢培秀研究员、石家庄经济学院教授牛建高、盐城师范学院教授郝宏佳等围绕“生态文明建设”的主题进行了探讨。

（陆根尧　智瑞芝　李太龙　丰霞）

“全面深化改革与企业管理创新”学术研讨会暨中国企业管理研究会2014年年会

2014 年 12 月 6 日，由中国企业管理研究会、厦门大学管理学院、蒋一苇企业改革与发展学术基金、中国社会科学院管理科学与创新发展研究中心联合主办，厦门大学管理学院承办的“全面深化改革与企业管理创新”学术研讨会暨中国企业管理研究会 2014 年年会在福建省厦门市召开。中国企业管理研究会副会长、中国社会科学院工业经济研究所所长黄群慧，中国企业管理研究会理事长、中国社会科学院工业经济研究所副所长黄速建以及来自北京大学、清华大学、中国人民大学、复旦大学、厦门大学、中央财经大学、暨南大学等 100 余所高校及相关研究机构的 300 余名企业管理领域的专家学者出席了会议。会议的主题是“文化发展与管理创新”，研讨的主要问题有“新时期全面深化国有企业改革的相关问题”“混合所有制改革与公司治理问题”“新一轮产业革命与企业管理升级”“民营企业持续成长与管理创新”“互联网经济与商业模式创新”“环境变迁与企业战略管理”等。

厦门大学党委副书记赖虹凯教授致欢迎词。黄速建在致辞中指出，当前中国正处于经济增长速度的患难期、结构调整的震动期、前期制定政策消化期这样“三期叠加”的一个特殊阶段，中国企业如何通过管理创新实现转型升级和自我突破是一个学术界、企业界都不得不面对的重大难题。

与会专家学者围绕“国企改革、企业成长与公共治理”“战略管理、商业模式创新与营销管理”“区域发展、产业革命与技术创新”“公司治理、组织行为与管理创新”四个议题进行了分组研讨。

中国企业管理研究会副会长、河北经贸大学校长纪良纲教授主持了会议闭幕式。闭幕式上，中国企业管理研究会公布了 2014 年年会优秀论文获奖名单，并对获奖者进行表彰。厦门大学管理学院党委书记沈维涛教授对会议进行总结发言。

（左和平）

农村发展研究所

（一）人员、机构等基本情况

1. 人员

截至 2014 年年底，农村发展研究所共有在职人员 81 人。其中，正高级职称人员 22 人，副高级职称人员 23 人，中级职称人员 19 人；高、中级职称人员占全体在职人员总数的 79%。

2. 机构

农村发展研究所设有：乡村治理研究室、组织与制度研究室、生态与环境经济研究室、农村产业经济研究室、贫困与福祉研究室、城乡关系研究室、市场与贸易研究室、《中国农村观察》和《中国农村经济》杂志社、信息网络室、办公室、科研处。

3. 科研中心

农村发展研究所院属科研中心有：中国社会科学院贫困问题研究中心、中国社会科学院生态环境经济研究中心；所属科研中心有：社会问题研究中心、合作经济研究中心，畜牧业经济研究中心。

（二）科研工作

1. 科研成果统计

2014 年，农村发展研究所共完成专著 16 种，400 万字；论文 175 篇，134.5 万字；一般文章 40 篇，10 万字。

2. 科研课题

（1）新立项课题。2014 年，农村发展研究所共有新立项课题 17 项。其中，国家社会科学基金青年课题 1 项："中国粮食价格波动与政府调控政策研究"（韩磊主持）；国家自然科学基金课题 1 项："城镇化背景下食品消费的演进路径研究"（胡冰川主持）；院国情调研重大课题 1 项："陕西洋县生态保护与农村经济协调发展模式调研"（王昌海主持）；院国情调研所基地课题 2 项："城市化过程中基层治理结构转型问题调查"（党国英主持），"浙江省湖州市家庭农场发展考察"（张军主持）；其他部门与地方委托课题 12 项："农村改革试验区试验项目评估研究"（张晓山主持），"国家级经济技术开发区土地节约集约利用研究"（谭秋成主持），"中国新型职业农民教育培养现状"（张晓山主持），"城市应对气候变化管理体系域减排机制研究"（谭秋成主持），"水库移民后期扶持生产开发项目管理研究"（吴国宝主持），"中国扶贫基金会利用彩票公益金支持小额信贷扶贫试点项目扶贫效果评估"（谭清香主持），"农民工市民化进程检测调查制度研究"（吴国宝主持），"2013 年度扶贫开发工作考核"（吴国宝主持），“农业部十三五农业农村经济发展规划编制前期研究”（李国祥主持），“青岛市城阳区农村社区发展对策研究”（崔红志主持），“贫困农村地区可持续发展项目独立外部监测研究”（吴国宝主持），“基于 SD-MOP 整合模型的北京城市湿地生态承载力研究”（王昌海主持）。

（2）结项课题。2014 年，农村发展研究所共有结项课题 8 项。其中，国家自然科学基金青年课题 1 项：“基于质量安全的中国食品追溯体系供给主体纵向协作机制研究”（韩杨主持）；国情调研所基地课题 2 项：“城市化过程中基层治理结构转型问题调查”（党国英主持），“浙江省湖州市家庭农场发展考察”（张军主持）；其他部门与地方委托课题 5 项：“扶贫开发工作考核指标修改完善”（吴国宝主持），“我国集体林产权制度配套改革效果评估与政策分析研究”（于法稳主持），“农业科技成果转化资金项目推荐评价指标研究数据分析”（郜亮亮主持），“珠三角地区农村土地有效集约利用机制探索——以佛山为例”（党国英主持），“关于市场环境变化对中日洋葱贸易影响的研究”（曹斌主持）。

（3）延续在研课题。2014 年，农村发展研究所共有延续在研课题 11 项。其中，国家社会科学基金课题 1 项：“我国非营利组织治理与规制问题研究”（卢宪英主持）；国家自然科学基金课题 1 项：“农地确权对农地流转市场影响的实证研究——兼论农地流转市场的交易成本及其变化”（郜亮亮主持）；院重大课题 2 项：“农地产权与村级组织：城市化的视角”（陆雷主持），“中国粮食流通体制改革研究”（李成贵主持）；院国情调研重大课题 1 项：“中国农村（村庄）国情调研”（张晓山、蔡昉主持）；院国情调研重点课题 1 项：“我国粮食生产状况调研”（李周主持）；其他部门与地方委托课题 5 项：“‘母亲创业循环金’外部监测机构执行情况研究”（杜晓山主持），“土地综合整治促进城乡统筹发展作用研究”（崔红志主持），“国家生态系统观测评估技术系统集成研究与示范（重点生态功能区生态补偿关键技术研究）”（谭秋成主持），“城镇化进程中的林地保护管理调研”（李周主持），“新时期农民阶级生活价值观研究”（廖永松主持）。

3. 获奖优秀科研成果

2014 年，农村发展研究所获第六届“中国农村发展研究奖”论文奖 1 项：党国英、胡冰川的论文《农村政治参与的行为逻辑》；获第六届“中国农村发展研究奖”专著提名奖 1 项：崔红志的专著《新型农村社会养老保险制度适应性的实证研究》。

4. 创新工程的实施和科研管理新举措

2014 年是农村发展研究所进入创新工程的第三年。2014 年，农村发展研究所进创新工程岗位人数共计 59 人，其中首席管理 2 人，学部委员资助计划 1 人，基础学者资助计划 1 人，创新项目研究岗位 36 人，编辑岗位 5 人，管理岗位 14 人。进入创新岗位的人数占在编在岗人数的 78%。

2014 年，农村发展研究所共有创新工程项目 7 个，分别是：“中国农产品安全战略研究”（首席研究员为张元红、杜志雄)，“中国农民福利研究”（首席研究员为吴国宝)，“社会转型背景下农村公共服务研究”（首席研究员为党国英)，“中国城乡关系研究”（首席研究员为朱钢)，“农业资源与农村生态保护研究”（首席研究员为孙若梅)，“农产品市场和农村要素市场研究”（首席研究员为李国祥)，“中国农村组织与制度研究”（首席研究员为苑鹏）；另设一个“中国农村经济形势分析实验室”（首席研究员为于法稳）；《中国农村经济》和《中国农村观察》两个学术期刊全部进入创新工程。

（三）学术交流活动

1.学术活动

2014 年，农村发展研究所举办的各类大中型学术会议有：

（1）2014 年 1 月 8 日，农村发展研究所邀请中央财经领导小组办公室副主任、中央农村工作领导小组副组长、办公室主任陈锡文作了关于“中国农村改革与发展问题”的报告。

（2）2014 年 3 月 31 日，农村发展研究所与波兰科学院联合举办小型学术讨论会。会议的主题是“城市化背景下的农村劳动力就业结构变迁及其影响”。

（3）2014 年 4 月 11 日，由农村发展研究所、社会科学文献出版社共同举办的《农村绿皮书：中国农村经济形势分析与预测（2013 ~ 2014)》发布暨研讨会在中国社会科学院举行。

（4）2014 年 4 月 16 ~ 17 日，由农村发展研究所主办，国家开发银行研究院、上海培明学术文化基金协办的“为了多数人的现代化”学术研讨会在中国社会科学院学术报告厅召开。

2014年4月，“为了多数人的现代化”学术研讨会在北京举行。

（5）2014 年 5 月 5 日，德国法兰克福金融与管理学院东西方文商研究中心主任何梦笔教授应邀来农村发展研究所进行学术交流，并作了题为“费孝通的乡土文化理论与现代意蕴”的演讲。

（6）2014 年 8 月 28 日至 9 月 2 日，由农村发展研究所、（欧洲）梅耶人类进步基金会主办，中国国外农业经济研究会承办的“食品短链与地方性可持续食品体系国际研讨会”在北京召开。

（7）2014 年 12 月 11 ~ 12 日，中国社会科学论坛（2014 年 · 经济学）“深化改革与促进中国经济长期增长和发展：农村发展的作用”在北京举行。论坛由中国社会科学院学部主席团主办，农村发展研究所和澳大利亚中国经济学研究会联合承办。

2．国际学术交流与合作

2014 年，农村发展研究所共派遣出访 20 批 31 人次，接待来访 31 批 81 人次（其中，中国社会科学院邀请来访 5 批 9 人次）。与农村发展研究所开展学术交流的国家有日本、韩国、波兰等。

（1）2014 年 1 月 29 日，韩国三星经济研究院院长朴永舜及其助理就“中国农村经济问题”与农村发展研究所所长李周、研究员孙若梅等座谈。

（2）2014 年 2 月 25 日，澳大利亚阿德莱德大学教授华安德等就“中国农村经济与中国农民工问题”与农村发展研究所所长李周、副所长杜志雄等座谈。

（3）2014 年 3 月 2 ～ 5 日，按照波兰科学院与中国社会科学院学术交流协议，应波兰科学院农业与农村发展研究所邀请，农村发展研究所所长李周、处长任常青、研究员冯兴元赴波兰参加“欧亚转型国家农业转型”国际会议。

（4）2014 年 3 月 6 ～ 12 日，应德国法兰克福财经管理大学邀请，农村发展研究所所长李周、处长任常青、研究员冯兴元赴德国就“生态农业、环境保护和农村金融”等问题进行学术访问。

（5）2014 年 3 月 28 日至 4 月 2 日，按照中国社会科学院与波兰科学院学术交流协议，波兰科学院农村与农业发展研究所教授克雷斯蒂娜・沙弗兰涅克等来农村发展研究所就农村社会学、青年与教育等问题进行学术访问。3 月 31 日，克雷斯蒂娜・沙弗兰涅克等参加农村发展研究所举办的“城市化进程中的农村劳动力就业结构变迁及其影响：中国与波兰”小型研讨会。

（6）2014 年 4 月 14 日，应国际马铃薯研究中心邀请，农村发展研究所副所长杜志雄参加该中心在北京主办的午餐会，并作题为“中国农业发展现状和展望”的报告。

（7）2014 年 4 月 29 日至 5 月 24 日，应农村发展研究所邀请，美国西密歇根大学地理系教授魏克恭来农村发展研究所就“中国畜牧业可持续发展中存在的问题及解决途径”问题进行学术访问。

（8）2014 年 5 月 28 日，经济合作与发展组织（OECD）经济部国别研究三部部门主管文森特・科恩、经济部中国组经济学家本・韦斯特莫一行到农村发展研究所访问，就“农村土地改革进展”“中国农田碎片化影响”“农业领域投资壁垒”“政府对农业支持的种类”等问题与农村发展研究所副所长杜志雄等座谈。

（9）2014 年 7 月 5 ～ 8 日，应澳大利亚莫纳什大学邀请，农村发展研究所副所长杜志雄赴澳大利亚墨尔本参加“澳大利亚中国经济学会第 26 届年会”。

（10）2014 年 7 月 9 ～ 13 日，应澳大利亚国立大学邀请，农村发展研究所副所长杜志雄赴澳大利亚堪培拉参加“2014 年中国要闻会议”。

（11）2014 年 8 月 4 日，日本农林中金综合研究所主事研究员若林刚志、研究员王雷轩，日本农林中央金库有限公司北京代表处代表伊藤豪到农村发展研究所访问，就“中国的农产品流通体制和农村金融问题”与农村发展研究所副所长杜志雄、研究员翁鸣等座谈。

（12）2014 年 8 月 20 ~ 25 日，根据中国社会科学院与波兰科学院学术交流协议，波兰科学院农村与农业发展研究所所长米罗斯瓦夫·德里加斯教授到农村发展研究所访问，与农村发展研究所副所长杜志雄、处长任常青、研究员冯兴元等就深化双方合作事宜座谈。

（13）2014 年 8 月 27 日至 9 月 3 日，由农村发展研究所和梅耶人类进步基金会主办、国外农业经济研究会承办的“食品短链与地方性可持续食品体系”国际研讨会在北京召开。

（14)2014 年 10 月 20 日，日本农林中金综合研究所所长古谷周三等来农村发展研究所访问，与农村发展研究所所长李周、研究员苑鹏等就“日本农协改革、中国农业合作社发展问题”进行了交流。

（15）2014 年 12 月 11 ~ 12 日，由中国社会科学院学部主席团主办，农村发展研究所和澳大利亚中国经济研究学会共同承办的“中国社会科学论坛（2014 年·经济学）——深化改革与促进中国经济长期增长和发展：农村发展的作用”在北京召开。来自海内外的专家学者 80 余人参加了论坛。

（16）2014 年 12 月 18 日，韩国农村经济研究院院长崔世均一行到农村发展研究所访问，与农村发展研究所所长李周等就双方合作事宜进行讨论，并举行了两机构谅解备忘录签字仪式。

（17）2014 年，农村发展研究所新签订了 6 项国际合作研究项目，分别是“关于构建高效蔬果农产品流通体系的中日对比研究”“中韩湿地保护政策及公众对湿地认知度对比研究”“中国社会转型的文化背景和过程”“关于市场环境变化对中日香菇菌包贸易影响”“中国社会科学院农村发展研究所与新西兰林肯大学所级合作框架协议”“中国社会科学院农村发展研究所与韩国农村经济研究院所级谅解备忘录”。

3．与香港、澳门特别行政区和台湾开展的学术交流

（1）2014 年 3 月 13 ~ 18 日，应台湾政治大学邀请，农村发展研究所研究员翁鸣赴台湾参加“两岸发展经验比较”学术会议。

（2）2014 年 4 月 10 日，农村发展研究所研究员李国祥参加中国社会科学院主办的台湾“中华经济研究院”访问团座谈会，并在会上介绍了“中国的三农问题及十八大以后的农业与农村发展形势”。

（3）2014 年 5 月 20 日，中国香港央巢资讯社旗下媒体——亚太资讯中文网，就“中国粮食安全问题”采访了农村发展研究所研究员李国祥。

（4）2014 年 5 月 28 日，应亚太资讯中文网邀请，农村发展研究所研究员李国祥参加了该媒体举办的“良种引进与跨国合作”交流会，介绍了我国种子引进的相关政策。

（5)2014 年 10 月 10 ~ 16 日，应台湾大学农业经济学系邀请，农村发展研究所研究员李国祥、翁鸣等赴台湾进行学术访问。

（6）2014 年 10 月 16 日至 11 月 14 日，应台湾政治大学邀请，农村发展研究所研究员翁鸣赴台湾进行学术交流。

（四）学术社团、期刊

1. 社团

(1) 中国国外农业经济研究会，会长杜志雄。

① 2014 年 3 月和 8 月，中国国外农业经济研究会先后召开两次会长办公会，讨论和决定年度工作计划和工作重点。

② 2014 年 5 月 7 日，中国国外农业经济研究会、中国人民大学农业与农村发展学院、北京市农业经济学会等共同组织召开“2014 美国农业法案学术研讨会”。

③ 2014 年 8 月 28 日至 9 月 2 日，中国国外农业经济研究会承办了由农村发展研究所和(欧洲) 梅耶人类进步基金会主办的“食品短链与地方性可持续食品体系国际研讨会”。

④ 2014 年 12 月 20 ~ 21 日，2014 年中国国外农业经济研究会年会暨学术研讨会在东北农业大学举行。年会的主题是“全球化视角下的中国农业发展新战略”。

(2) 中国城郊经济研究会，会长徐小青。

2014 年，中国城郊经济研究会按法定程序完成了重新调整和增补研究会第六届理事、常务理事、副会长、秘书长、副秘书长等人选工作，进一步明确和细化了各副会长、秘书长、副秘书长的分工和职责，制定了不定期举行会长办公会议等相关工作制度；调整启动了政策法规研究部，加快了城郊会学术委员会的组建工作，进一步规范和制定了中国城郊经济研究会学术委员会、办公室、秘书处、政策法规研究部、外联部、期刊部、培训部等部门的工作职责和任务；组织力量开展中国城郊经济学科建设，开展对不同类型、不同地区城郊经济研究和咨询，城郊会课题组相关同志继续参加了与国务院发展研究中心农村部合作的“农村土地制度流转问题”的调研。

① 2014 年 4 月 12 日，中国城郊经济研究会应邀出席了国家发改委城市和小城镇改革发展中心在河南省新郑市召开的“新郑市县域城镇化模式研讨会”。

② 2014 年 6 月 10 日，中国城郊经济研究会应邀出席北京城市发展研究院召开的“阿拉善盟新型城镇化发展战略研究报告”专家评审会。

③ 2014 年 10 月 21 日，中国城郊经济研究会与北京锡恩投资管理有限公司签署了“关于组建新型城镇化联盟的协议书”，同时启动中国城郊小城镇发展建设研究专业委员会，通过该委员会实现了对新型城镇化联盟的管理和指导。

④ 2014 年 12 月 14 日，中国城郊经济研究会 2014 年年会在北京举行。年会由中国城郊经济研究会、国务院发展研究中心农村部、北京市农村经济研究中心共同主办，北京市城郊经济研究中心承办。年会的主题是“2014 新型城镇化建设暨全国城郊年会”。来自中央财办、国研室、全国人大法工委、农业部、住建部、国务院发展研究中心、中国社会科学院等部委的领导和专家学者，以及全国各省、市、自治区农委、农办、政府发展研究中心的代表，中国城郊经济研

究会各团体理事、各会员代表等共计200余人出席了年会。

（3）中国西部开发促进会，会长赵霖。

（4）中国县镇经济交流促进会，会长权兆能。

（5）中国生态经济学会，会长黄浩涛。

① 2014年6月15～16日，由中国科学院支持，中国科学院地理科学与资源研究所主办，国家地球系统科学数据共享网、国家科技基础性工作专项重点项目——中国北方及其毗邻地区综合科学考察以及宁夏发改委、内蒙古阿拉善盟行署、新疆科技厅、中国科学院新疆分院、甘肃省张掖市委等丝绸之路沿线地方政府合作主办，中国生态经济学会区域生态经济专业委员会等单位联合承办，俄罗斯科学院西伯利亚分院、俄罗斯科学院远东分院、蒙古国科学院、哈萨克斯坦科学院、塔吉克斯坦科学院等共同协办的大型国际学术研讨会——丝绸之路经济带生态环境与可持续发展国际研讨会在中国科学院地理科学与资源研究所召开。来自丝绸之路经济带沿线17个国家和联合国机构、国内外著名科研院所、高校、重要政府部门的代表200余人参加了大会。

② 2014年6月28日，中国生态经济学会与江西省社会科学院在江西省南昌市联合主办“2014中国生态经济建设暨全国生态文明先行示范区建设论坛”，论坛由江西省社会科学院生态经济学重点学科、《鄱阳湖学刊》编辑部承办。来自全国各地大专院校、科研机构的100余位专家学者和江西省政府有关部门人员参加会议。

③ 2014年8月10日，中国生态经济学会生态经济教育专业委员会主办的“2014中国生态经济建设·狮子山论坛”在华中农业大学举行。论坛由华中农业大学经济管理学院、湖北省农村发展研究中心承办，黄冈市旅游局、罗田县人民政府和薄刀峰旅游投资有限公司协办。来自全国38所高等院校、科研机构和政府部门的136位专家学者参加会议。会议的主题是“加快生态文明制度建设，推进绿色经济发展”。

④ 2014年11月15日，中国生态经济学会第八届理事会二次会议在北京林业大学经济管理学院召开。中国生态经济学会常务副理事长李周、副理事长孙若梅及常务理事、理事等20余人参加了会议。

⑤ 2014年11月15～16日，中国生态经济学会成立30周年庆典暨2014年学术年会在北京林业大学举行。年会由北京林业大学经济管理学院承办。来自全国各地大专院校、科研机构以及政府部门的150余名代表参加了会议。

2.期刊

（1）《中国农村经济》（月刊），主编李周。

2014年，《中国农村经济》共出版12期，共计196万字。该刊全年刊载的有代表性的文章有：盛来运、付凌晖的《转型期农业发展对经济增长的影响》，赵文、程杰的《农业生产方式转变与农户经济激励效应》，尹志超、谢海芳、魏昭的《涉农贷款、货币政策和违约风险》，李强的《同伴效应对中国农村青少年体重的影响》，万广华、刘飞、章元的《资产视角下的贫困脆弱性分解：基于中国农户面板数据的经验分析》，朱晶、丁建军、晋乐的《南北半球季节互补性与中国粮食进口市场选择：以大豆为例》，刘晓鸥、邸元的《沃尔玛超级购物中心的市场扩张对食品零售连锁店利润的影响》，方志权的《农村集体经济组织产权制度改革若干问题》，邓衡山、王文烂的《合作社的本质规定与现实检视》，崔晓、张屹山的《中国农业环境效率与环境全要素生产率分析》，廖永松的《"小富即安"的农民：一个幸福经济学的视角》，李庆海、孙瑞博、李锐的《农村劳动力外出务工模式与留守儿童学习成绩》，黄祖辉、王建英、陈志钢的《非农就业、土地流转与土地细碎化对稻农技术效率的影响》，冯开文、原正军、王任、李军的《改革以来的中国农业经济学》。

(2)《中国农村观察》(双月刊)，主编李周。

2014年，《中国农村观察》共出版6期，共计98万字。该刊全年刊载的有代表性的文章有：贺雪峰的《论中国式城市化与现代化道路》，翟军亮、吴春梅、高韧的《农村公共服务决策优化：目标系统结构、作用机理与影响效应》，冯小的《农民专业合作社制度异化的乡土逻辑》，潘劲的《合作社与村两委的关系探究》，田北海、王彩云的《城乡老年人社会服务需求特征及其影响因素》，钟文晶、罗必良的《契约期限是怎么确定的？》，林刚的《中国工农——城乡关系的历史变化与当代问题》，黄砺、谭荣的《中国农地产权是有意的制度模糊吗？》，陈前恒、职嘉男的《村庄直接民主对农村居民幸福感的影响》。

（五）会议综述

《农村绿皮书：中国农村经济形势分析与预测（2013～2014）》发布暨研讨会

2014年4月11日，由中国社会科学院农村发展研究所、社会科学文献出版社共同举办的《农村绿皮书：中国农村经济形势分析与预测（2013～2014）》发布暨研讨会在中国社会科学院举行。中国社会科学院副院长李扬出席会议并致辞。中国社会科学院农村发展研究所所长李周主持会议。

2014年4月，"2014年《农村绿皮书》发布会暨中国农村经济形势分析与预测研讨会"在北京举行。

农村发展研究所副所长杜志雄作主旨发言，他代表《农村绿皮书》课题组对2013年农业农村经济运行的主要特征进行总结，并对2014年中国农村经济形势进行了分析和预测。

国务院研究室黄守宏副主任谈了他对农业农村形势的看法。他认为我国农业形势总体上是当前无虞，中长期堪忧。从现在的趋势看，农业增收没有大问题，但从中长期来看，农业发展受到越来越强的资源环境约束，过去十年农业发展的动力在慢慢减弱或者消失，同时社会对农产品的要求在不断提高，综合作用下农业发展将面临着前所未有的困难和挑战。

国家发改委农村经济司副司长方言也谈了她对当前农村经济形势的判断。她指出，当前农村改革正处于转型期，改革的重点是经营体制改革和土地制度改革，同时也是一个政策调整期。她认为，整个农村的发展是“当前就堪忧，长期看更危险”。关键性的技术、基础性的研究、突破性的品种，是制约农业生产发展的最关键环节。她认为下一步要加大基础性投入，加强对环境污染问题的治理，保证农产品安全和生产环境安全。

农业部监管司司长张红宇认为，实现农业农村经济的可持续发展，需要高度重视农业现代化，而且应该是实现与我国工业化水平、城镇化水平相适应的农业现代化。推进现代农业的发展，一靠政策支持，二靠体制改革。政策支持方面，一是构建符合市场经济的依靠目标价格为中心的现代农产品价格运行机制。二是新增农业补贴，要向新的经营主体倾斜，要从满足全社会对农产品的需求角度出发。三是要提供面向农民的，特别是新的经营主体的金融服务。四是激励金融部门为经营主体包括农户提供信贷。

在体制机制创新方面，需要进行四大改革。一是土地制度的深化。要在稳定农村土地集体所有制、稳定家庭经营基础性地位、稳定土地承包承包关系长久不变的基础之上，实现土地所有权、承包权和经营权的分离。二是搞好土地确权。要按照中央要求搞好土地承包经营权的确权登记颁证工作。三是推进经营权的流转，形成规模经营主体。四是规模经济要适度，不可搞行政命令、搞“大跃进”，一定要尊重农民的利益，千万不可非农化、非粮化。

农业部农村经济研究中心宋洪远主任谈了近年来农民收入结构的变化特点及其影响因素，以及下一步改革的重点。他指出，农民收入结构的变化，主要体现为三个特征：一个是工资性收入保持较快增长，二是家庭经营性收入增长放缓，三是财政性收入和转移性收入继续增长。导致工资性收入保持较快增长的影响因素，一是农民工的数量继续增加，二是工资水平保持较快增长。

对于今后的改革，他认为最重要的包括三个方面：一是财产权问题；二是产业结构的调整；三是农价改革。

（卢宪英）

“食品短链与地方性可持续食品体系”国际研讨会

2014年8月28日至9月2日，“食品短链与地方性可持续食品体系”国际研讨会在北京举行。研讨会由中国社会科学院农村发展研究所和（欧洲）梅耶人类进步基金会共同主办，由中国国外农业经济研究会承办。来自高校、研究机构、产业部门以及NGO组织的30余位国内外代表参加了研讨会。

研讨会的主题是“大城市郊区的小型农场如何适应城市居民食品需求及食品供求体制的变迁而生存发展，并进而在改进城市食品体系可持续性方面发挥积极作用”。发言和讨论围绕“中国农业发展的宏观背景”“食品短链与地方性可持续食品体系的一般思考”“社区支持农业”“发展生态农业的实践与思考”等专题展开。14 位代表进行了会议发言。

在讨论关于“粮食安全与食品安全形势及其相互影响”专题时，会上产生了两种明显不同的视角。一种视角认为，中国当前的客观现实是，一方面，粮食基本安全，但长期趋紧；另一方面，食品安全形势严峻，但预期看好。紧张的资源条件和环境形势使得基于小规模农场的食品短链模式不大可能成为主流模式。另一种视角则认为，粮食安全问题的主要原因不在于供给不足而在于更多其他原因；生态农业的生产力未必比常规农业低，重要的是恰当的生产技术的应用；引导健康消费理念可以减轻对食品数量的需求。

在讨论关于“食品短链的分析视角与角色定位”专题时，会议上没有产生大的分歧。没有人否认食品短链模式在健康、食品安全乃至于改进社会管理方面的积极意义。但是有代表提出了考察食品体系可持续性的一般性视角，即需要从经济、社会、环境等维度考察食品供应链所有环节的持续性问题，否则便会顾此失彼，难以自圆其说。会议上对社区支持农业的含义与发展逻辑展开了深入且颇有意义的对话。来自国内和国外的 4 位代表分别从不同的角度阐述了社区支持农业的理念、实践以及政策倡导问题。参会代表还对社区支持农业的含义、渊源、翻译、发展模式等展开了讨论。大家认为，虽然“社区支持农业”的中文译法不够恰当，但是已经约定俗成，不必拘泥，应当认同具体实践方式以及内涵理解的多样化。

（檀学文）

中国社会科学论坛（2014·经济学）“深化改革与促进中国经济长期增长和发展：农村发展的作用”

2014 年 12 月 11 ~ 12 日，中国社会科学论坛（2014 年·经济学）“深化改革与促进中国经济长期增长和发展：农村发展的作用”在北京举行。论坛由中国社会科学院学部主席团主办，中国社会科学院农村发展研究所和澳大利亚中国经济研究学会联合承办。中国社会科学院副院长、党组成员李扬出席论坛并作主旨演讲。中华全国工商业联合会副主席、著名经济学家林毅夫应邀出席会议并作主旨演讲。来自中国、澳大利亚、美国的 80 余位专家学者参加会议。会议围绕“宏观经济”“微观经济”“工资、土地、信贷与农民福祉”“产业经济”等话题展开讨论。中国社会科学院农村发展研究所所长李周主持会议。

会议围绕“我国全面深化改革和经济新常态中农业的作用”专题展开了讨论。李扬表示，中国的全面深化改革已经进入一个新阶段。农村改革是中国改革的关键环节。从农村发展的角度探讨深化改革，必然涉及土地问题。土地承包经营权、宅基地权、农村集体建设用地权的确权以及相关土地流转都需要有最根本的措施。改革开放以来，我国大量资源从劳动生产率低的产业向劳动生产率高的产业转移，这与工业化的进程基本对应。但是，中国制造业的生产率要远高于农业。我国有大量劳动力向服务业转移，但是中国服务业的生产率远低于制造业。

林毅夫指出，我国经济经历了稳定和快速的发展，从而创造了更多的资源，资本积累加快，国有企业的比较优势凸显出来，下一步我们要把原来的扭曲逐步消除掉，有可能在2020年，最慢在2022年，中国基本上就能够从一个低收入国家变成中收入国家，再变成高收入国家。中国高速增长将沿着这种方式不断深化改革，完全有可能维持在9.8%的中高速增长。

澳大利亚中国经济研究学会会长孙思忠表示，改革开放三十多年的时间里，中国经济保持高速发展。据发达国家工业化的经验，随经济发展，农业产出占总产出的比例会呈下降趋势。对比中国1980年到2013年的数据，也可以发现农业生产附加值占GDP的比重有所下降。但是农业部门，尤其是农业地区发展的作用不可低估。在依靠投资拉动经济增长不足的情况下，农业部门转移出的劳动力对中国经济发展起到的作用更是至关重要。

澳大利亚库克大学教授周章跃则对中国和澳大利亚的农业改革进行比较。他指出，中澳两国均在20世纪80年代初开始农业改革，两国的改革均提高了农业的效率和生产率。他认为，对比澳大利亚的经验，中国的农业改革需要确立更加明确、清晰的目标，这样有利于农业改革取得更大的成功。

（任常青）

财经战略研究院

（一）人员、机构等基本情况

1. 人员

截至2014年年底，财经战略研究院共有在职人员74人。其中，正高级职称人员17人，副高级职称人员17人，中级职称人员27人；高、中级职称人员占全体在职人员总数的82%。

2. 机构

财经战略研究院设有：财政研究室、税收研究室、财政审计研究室、成本与价格研究室、国际贸易与投资研究室、服务贸易与WTO研究室、流通产业研究室、互联网经济研究室、服务经济研究室、城市与房地产经济研究室、旅游与休闲研究室、综合经济战略研究部、《财贸经济》编辑部、China Finance and Economic Review编辑部、内刊编辑室、学术档案馆、院长办公室、行政办公室、科研组织处。

3. 科研中心

财经战略研究院院（中国社会科学院）属科研中心有：旅游研究中心、城市与竞争力研究中心、对外经贸国际金融研究中心、财政税收研究中心；所（财经战略研究院）属科研中心有：信用研究中心、服务经济与餐饮产业研究中心。

（二）科研工作

1. 科研成果统计

2014 年，财经战略研究院共完成专著 8 种，184.2 万字；论文 225 篇，225.3 万字；研究报告 58 篇，50.1 万字；译著 1 种，45 万字。

2. 科研课题

（1）新立项课题。2014 年，财经战略研究院共有新立项课题 27 项。其中，国家社会科学基金重大课题 3 项："扩大我国服务业对外开放的路径与战略研究"（夏杰长主持），"现代国家治理体系下我国税制体系重构研究"（高培勇主持），"公共经济学理论体系创新研究"（杨志勇主持）；国家社会科学基金一般课题 2 项："政府行为对服务业生产率的影响研究"（李勇坚主持），"全球分工新体系下的中国旅游业国际地位评估与提升研究"（金准主持）；国家社会科学基金青年课题 2 项："基于全球生产网络构建的我国民营跨国公司成长机制及实证研究"（张海波主持），"新型城镇化与房地产市场协调发展及政策研究"（杨慧主持）；院国情调研重大课题 1 项："增强我国服务业出口能力调研——以北京、上海、深圳等十大服务业出口基地为核心"（赵瑾主持）；所级国情调研基地课题 2 项："农产品产地流通成本问题研究"（依绍华主持），"新型城镇化与农业现代化协调发展研究——以湖南洞口县为例"（田侃主持）；所重点课题 9 项："马克思国际贸易理论研究"（冯雷主持），"战后西方税收理论发展及其对政策的影响——特殊流转税的理论演变与实践发展"（蒋震主持），"产业空间布局优化的要素重置效应研究— —基于大国雁阵模式的视角"（李超主持），"中国旅游业国际地位评估与提升"（宋瑞主持），"国内外现代物流理论研究进展"（李蕊主持），"现代服务经济思想史研究"（李勇坚主持），"以服务业推动包容性城镇化：实证分析与政策建议"（刘奕主持），"我国通货膨胀的动态特征研究"（汪川主持），"国家财政安全的理论基础研究"（于树一主持）；青年课题 8 项："公共部门权责发生制的应用：动因、趋势及难点"（冯静主持），"转移支付制度的国际比较"（付敏杰主持），"国债规模自然负债空间理论研究"（何代欣主持），"城镇化与住房市场研究"（姜雪梅主持），"十三五推进能源消费革命和节能减排的主要目标及对策措施研究"（刘佳骏主持），"零售业深度调整与扩大内需协同机制研究"（张昊主持），"中国企业在美国直接投资的特征与规律研究"（张宁主持），"健康服务是必需品还是奢侈品？"（张颖熙主持）。

（2）结项课题。2014 年，财经战略研究院共有结项课题 17 项。其中，国家社会科学基金重大课题 1 项："促进新能源产业发展的政策措施体系研究"（史丹主持）；国家社会科学基金课题一般课题1项："完善省以下财政体制、增强基层政府公共服务能力研究"（杨志勇主持）；院国情调研基地课题1项："宁夏内陆开放研究"（高培勇主持）；所重点课题6项："中国城市化可持续发展的制度缺陷与转型路径研究"（刘彦平主持），"预算管理理论演进研究"（张德勇主持），"流通理论发展研究——近年来流通理论最新成果考察"（依绍华主持），"服务经济思想史研究"（姚战琪主持），"马克思主义国际贸易理论研究"（夏先良主持），"战后西方税收理论发展及其对政策的影响——财产税的理论演变与实践发展"（滕祥志主持）；所青年课题6项："经济改革思潮与学术期刊的引领关系"（范建鏋主持），"中央政府决算审计与公共预算改革的实证研究"（赵早早主持），"后发大国战略性新兴产业发展雁型形态理论研究——基于中国光伏、风电产业发展的实证分析"（白旻主持），"可再生能源定价机制研究：国际比较与中国的选择"（冯永晟主持），"我国自然人移动现状及潜在利益研究"（陈昭主持），"互联网与产业融合研究"（黄浩主持）；所级国情调研基地课题2项："农产品产地流通成本问题研究"（依绍华主持），"新型城镇化与农业现代化协调发展研究——以湖南洞口县为例"（田侃主持）。

（3）延续在研课题。2014年，财经战略研究院共有延续在研课题6项。其中，国家社会科基金课题5项："'十二五'时期加快发展现代服务业的区域对策研究"（刘奕主持），"服务经济理论与中国服务业发展改革研究"（江小涓主持），"健全现代文化市场体系研究"（荆林波主持），"中国结构性减税的方向、效应与对策研究"（夏杰长主持），"政府行为与中国经济增长：比较经济发展视角的解读"（付敏杰主持）；国家自然科学基金青年课题1项："内生汇率传递下国际冲击对中国通货膨胀的动态影响"（汪川主持）。

3.获奖优秀科研成果

2014年，财经战略研究院获"2014年度中国社会科学院创新工程重大科研成果奖"1项：高培勇的专著《财税体制改革与国家治理现代化》。

4.创新工程的实施和科研管理新举措

2014年，财经战略研究院设置创新工程项目9个，涵盖该院的所有学科和研究室。具体创新项目如下："中国财税价格体制改革研究"（首席研究员为杨志勇），"国家治理现代化进程中的税制改革研究"（首席研究员为张斌），"中国服务业发展趋势与战略思路研究"（首席研究员为夏杰长），"城镇化、工业化与住房发展模式"（首席研究员为倪鹏飞），"共建'一带一路'的对外投资战略研究"（首席研究员为夏先良），"国际服务贸易：理论与中国的战略"（首席研究员为赵瑾），"物流业与经济发展'新常态'关系研究"（首席研究员为依绍华），"大陆、台湾经济一体化研究"（首席研究员为汪红驹），"利益格局与收入分配：决定因素及改革战略（制度创新）研究"（首席研究员为钟春平）。

该院合理设置创新岗位，保证创新项目顺利实施。根据项目目标计划，实行创新岗位梯级设置，共设置59个创新岗位。其中，首席管理2人，首席研究员11人（含获得学者资助计划的学部委员1人），业务主管（一档）1人。根据项目具体情况，设置执行研究员18人（含获得学者资助计划的基础学者 3 人），研究助理 13 人（含学者资助计划的青年学者 1 人），责任编辑 5 人、编辑助理 1 人，业务主管（二档）1 人、业务主办（一档）3 人、业务主办（二档）2 人、业务协办（二档）2 人。

2014 年，财经战略研究院实施创新岗位公开竞聘，严格创新岗位考核制度。以研究室为单位，根据各自情况，进行初选，然后再由各研究室推荐确定进入创新工程人选的基础上，组织召开财经战略研究院大会，按照公平、公开、公正、透明的原则，进行公开竞聘。通过竞聘进入创新岗位的为 52 人，加上首席管理 2 人，受院资助的学部委员和学者 5 人，2014 年，财经战略研究院实际进入创新岗位 59 人。经过考核，所有创新岗位基本完成了创新任务，全部考核合格。

（三）学术交流活动

1.学术活动

2014 年，财经战略研究院主办和承办的学术会议有：

（1）2014 年 1 月 8 日，财经战略研究院与中国社会科学院旅游研究中心在北京共同主办了《旅游绿皮书 2013/2014》成果发布会。

（2）2014 年 2 月 14 日，财经战略研究院举行《中国财政政策报告 2013/2014——将全面深化财税改革落到实处》成果发布会。

（3）2014 年 3 月 11 日，财经战略研究院举行“双周财经论坛”。论坛邀请北京联合大学旅游学院院长、教授、《旅游学刊》主编张凌云作题为“信息化与智慧旅游”的讲座。

（4）2014 年 3 月 20 日，中国成本研究会第六届理事会第二次常务理事会在北京举行。财经战略研究院院长高培勇主持会议并发表讲话。

（5）2014 年 4 月 8 日，财经战略研究院举行“双周财经论坛”。论坛邀请国家发展改革委员会城市和小城镇改革发展中心主任李铁作题为“新型城镇化道路研究”的报告。

（6）2014 年 5 月 15 日，受审计署委托，财经战略研究院举行“国家审计、国家治理与依法治国专题研讨会”。审计署党组成员兼财政审计司司长袁野、行政事业审计司司长徐吉元，南京审计学院党委书记王家新等 30 人参加研讨会。

（7）2014 年 6 月 3 日，财经战略研究院举行“双周财经论坛”。论坛邀请中央财经大学财经研究院院长、教授王雍君作题为“委托代理、共用池与预算改革核心命题”的讲座。

（8）2014 年 6 月 26 日，财经战略研究院举行“税制改革与地方税体系建设”课题专家咨询会。来自中国社会科学院财经战略研究院、国务院发展研究中心、财政部科研所、国家税务总局科研所、中国人民大学、中央财经大学、广东省地方税务局的专家学者参加了会议。

（9）2014 年 7 月 1 日，财经战略研究院举行“双周财经论坛”。论坛邀请中国人民海军军事学术研究所所长王效轩研究员作题为“国家海洋安全形势分析”的报告。

（10）2014 年 7 月 8 日，财经战略研究院、中国税务学会、中国国际税收研究会和中国人民大学联合举办的“新一轮税制改革研讨会”在北京举行。

（11）2014年8月12日，“财贸经济笔会2014：全面深化改革的学术探索”在贵州省贵阳市召开。会议由财经战略研究院和贵州财经大学联合主办，《财贸经济》编辑部、英文刊编辑部和贵州财经大学财政与税收学院共同承办。来自全国各大高校和科研机构的60余位专家学者参加了笔会。

（12）2014年10月26日，由财经战略研究院主办的“国家治理视野下的财政基础理论建设”研讨会在北京举行。来自全国各个高校和相关研究机构的学者约30人参加会议。

（13）2014年11月1日，中国社会科学院经济政策研究中心首次学术委员会会议在财经战略研究院学术报告厅举行。中国社会科学院院长王伟光主持会议。

（14）2014年11月4日，财经战略研究院举行“双周财经论坛”。论坛邀请北京军区空军副政治委员余爱水少将作题为“亚太安全形势新观察”的讲座。

（15）2014年11月27日，财经战略研究院举行《中国公共财政建设报告（全国版）2014》成果发布会。

（16）2014年12月5日，由财经战略研究院和社会科学文献出版社共同举办的《中国宏观经济运行报告（2014～2015)》发布会在北京举行。

（17）2014年12月12日，财经战略研究院举行“双周财经论坛”。论坛邀请北京大学光华管理学院副院长、教育部长江学者龚六堂教授作题为“政府债务与经济增长”的讲座。

（18）2014年12月28日，由财经战略研究院主办的“财经战略年会2014：经济发展新常态下的中国”在北京举行。会议研讨的主要问题有“创新驱动与经济增长”“结构优化与产业升级”“法治中国与深化改革”。

2.国际学术交流与合作

2014年，财经战略研究院共派遣出访15批21人次，接待来访10批22人次。与财经战略研究院开展学术交流的国家有美国、日本、韩国、澳大利亚等。

（1）2014年4月8日，财经战略研究院院长助理倪鹏飞研究员赴荷兰出席在鹿特丹举行的“全球城市竞争力项目会议”，并发表主题演讲。

（2）2014年5月15日，财经战略研究院旅游研究室副主任宋瑞副研究员赴澳大利亚，为中国社会科学院与澳大利亚社会科学院合作项目“旅游目的地环境保护中的社区参与：中澳案例比较”搜集资料。

（3）2014年5月25日，《财贸经济》编辑部副主任王朝阳赴韩国出席“首尔亚洲金融论坛2014”，并发表专题演讲。

（4）2014年9月6日，财经战略研究院旅游研究室副主任宋瑞副研究员赴美国参加在美国阿拉巴马莫比尔湾召开的世界休闲年会，并发表专题演讲。

（5）2014年9月19日，财经战略研究院科研处处长田侃跟随中国社会科学院学术访问团，赴罗马尼亚科学院、斯洛伐克科学院进行学术交流。

(6) 2014 年 10 月 6 日，财经战略研究院院长助理倪鹏飞研究员赴法国参加“城市化在中国”国际会议，并作专题报告。

(7) 2014 年 10 月 8 日，财经战略研究院财政研究室副研究员何代欣赴美国进修，就中国与美国地方政府债务规模问题进行比较研究。

(8) 2014 年 11 月 6 日，《财贸经济》编辑部副主任王朝阳副研究员赴韩国参加“中国论坛 2014”，并作专题演讲。

(9) 2014 年 11 月 19 日，财经战略研究院综合部副主任钟春平教授赴韩国参加在韩国首尔举行的“2014 年亚洲开发银行之亚洲智库发展论坛”，并作专题演讲。

(10) 2014 年 12 月 5 日，财经战略研究院副研究员李勇坚、刘奕等赴美国就实现新型城镇化的机理与路径问题进行调研。

(11) 2014 年 12 月 13 日，财经战略研究院院长助理倪鹏飞研究员等赴日本，就城市可持续发展、房地产周期等问题进行调研。

3.与香港、澳门特别行政区和台湾开展的学术交流

2014 年 4 月 2 日，财经战略研究院互联网经济研究室副研究员黄浩等赴香港，为“中国品牌‘走出去’国际战略”项目进行调研。

（四）学术社团、期刊

1.社团

(1) 中国成本研究会，会长张弘力。

2014 年 11 月 21 日，中国成本研究会在首都经济贸易大学举行“2014 年中国成本研究会年会暨发展与改革的成本度量学术研讨会”。来自国家研究机构、高等学校、中央企业和民营企业的 300 余人参加了研讨会。

(2) 中国市场学会，会长卢中原。

2014 年 7 月 18 日，由中国市场学会等单位联合主办、中国市场学会批发市场发展委员会等单位联合承办的“首届京津冀协同发展（北京）市场发展论坛”在北京召开。

2.期刊

(1)《财贸经济》(月刊)，主编高培勇。

2014 年，《财贸经济》共出版 12 期，共计 150 万字。该刊全年刊载的有代表性的文章有：邓力平、林峰的《中国财政支出对贸易平衡的动态冲击效应分析》，裴长洪、杨志远、刘洪愧的《负面清单管理模式对服务业全球价值链影响的分析》，雷根强、钱日帆的《土地财政对房地产开发投资与商品房销售价格的影响分析——来自中国地级市面板数据的经验证据》，吕健的《影子银行推动地方政府债务增长了吗》，文雁兵的《新官上任三把火：存在中国式政治经济周期吗》，安体富、葛静的《2014 关于房地产税立法的几个相关问题研究》，李文的《我国房地产税收入数量测算及其充当地方税主体税种的可行性分析》，王乔、王丽娟的《全国 70 个大中城市土地出让收入与价格的实证分析——基于土地财政的空间互动效应研究》，赵霄伟的《地方政府间环境规制竞争策略及其地区增长效应——来自地级市以上城市面板的经验数据》，祁毓、卢洪友、张宁川的《环境质量、健康人力资本与经济增长》，许宪春的《我国住户调查与国民经济核算统计指标之间的协调》，杨圣明的《马克思国际贸易理论的基本特征》。

(2) *China Finance and Economic Review*（《中国财政与经济研究》，英文季刊），主编高培勇。2014 年，*China Finance and Economic Review* 共出版 4 期，共计约 30 万字。

（五）会议综述

财贸经济笔会2014：全面深化改革的学术探索

2014 年 8 月，“财贸经济笔会 2014：全面深化改革的学术探索”在贵州省贵阳市举行。

2014 年 8 月 12 日，由中国社会科学院财经战略研究院和贵州财经大学联合主办，《财贸经济》编辑部、*China Finance and Economic Review* 编辑部、贵州财经大学财政与税收学院共同承办的“财贸经济笔会 2014：全面深化改革的学术探索”在贵州省贵阳市召开。来自全国各大高校和科研机构的 60 余位专家学者参加了笔会。

主题论坛由贵州财经大学党委副书记谌莉萍主持。中国社会科学院学部委员、财经战略研究院院长高培勇教授、贵州财经大学副校长张晓阳教授分别致辞。中国社会科学院经济研究所所长裴长洪研究员、中国社会科学院世界经济与政治研究所所长张宇燕研究员、中央财经大学精算研究院院长李晓林教授、中国社会科学院财经战略研究院院长高培勇教授先后在主题论坛上发言。

裴长洪作了题为“中国经济新常态与开放经济发展趋势”的发言。他强调，中国经济新常态包括四大特征：经济运行在合理区间；国家宏观调控经济有新的思路；经济活动力要求遵循经济规律、自然生态规律和社会发展规律三个客观规律；今后经济工作的重点是改革。关于中国开放经济发展，他认为未来趋势是从以“出口导向型”为主转向全方位对外开放新格局。

张宇燕对世界经济的发展现状、问题与发展趋势进行了阐述。他指出，世界经济也进入了新常态，具体表现在世界经济已经进入中低速通道。发达国家中，美国 2014 年第一季度增长率为–2.1%，第二季度为 4%，退出量化宽松政策（QE）成定局；欧洲经济问题比较大，主要国家的经济增长不乐观，欧洲版的 QE 或会推出，否则可能出现衰退状况；日本经济情况较为复杂，现阶段存在老龄化问题严重、劳动生产率差、结构改革难度大、财政状况差、债券违约风险大等问题。新兴经济体和发展中国家的经济总量今年将首次超越发达国家。

李晓林认为，现阶段经济学的研究更加规范，但是学者对经济学基本理论和内在经济规律的认识不够，在现实应用方面的研究较弱；可供研究的改革议题很多，在现实中有很大的研究需求；研究中的相关性问题存在分析不到位和脱离实际等问题。

高培勇以财税改革为例，分析了全面深化改革的新特点，指出了本次财税改革与以往改革相比的四点不同：本次改革是致力于匹配国家治理现代化的改革；本次改革立足于发挥财政在国家治理中的基础性和支柱性作用；本次改革是以建立现代财政制度为标识的改革；本次改革是在经济增长步入“新常态”背景下的改革。

“邓子基财经学术论文奖 2013”颁奖仪式由《财贸经济》编辑部副主任王朝阳主持。邓子基教育基金会理事长助理赵敏宣读了邓子基教授的贺信。邓子基教育基金会常务副理事长罗松源介绍了评奖过程并宣布评奖结果。张晓阳、高培勇、裴长洪、张宇燕、李晓林分别为获奖论文作者颁奖。

讨论分为两组，第一组以“财税体制改革与国家治理能力提升”为主题，由贵州财经大学财税学院副院长李汉文主持。第二组以“全面深化改革中的金融、贸易与产业”为主题，由贵州财经大学科研处处长罗天勇主持。编辑部工作交流环节由贵州财经大学财政与税务学院院长黄静教授主持。

（《财贸经济》编辑部）

财经战略年会2014：经济发展新常态下的中国

2014 年 12 月 28 日，“财经战略年会 2014 ：经济发展新常态下的中国”在北京召开。中国社会科学院院长、党组书记王伟光，国家审计署审计长刘家义出席会议，并共同为中国社会科学院财经战略研究院学术档案馆揭牌。中国社会科学院副院长、党组成员李扬主持开幕式。参加会议的还有国务院研究室党组成员杨书兵、国务院发展研究中心原副主任卢中原、中国国际经济交流中心常务副理事长郑新立、中国社会科学院学部委员张卓元等。会议由中国社会科学院财经战略研究院主办，中国新闻社经济部协办。

王伟光指出，财经战略研究院成立三年来，以高度的责任感和历史使命感，积极贯彻落实十八届三中、四中全会精神，认真学习习近平总书记系列重要讲话，按照党中央“三个定位”

2014 年 12 月，“财经战略年会 2014：经济发展新常态下的中国”在北京举行。

要求和院党组的部署，以“全局性、战略性、前瞻性”财经领域重大理论与现实问题研究为主攻方向，以建设“国家级学术型智库”为目标定位，围绕学术研究和智库建设两条工作主线，依规治院，勇于创新，取得了不少颇有影响的重要成果，学术和决策影响力不断提升。

对于财经战略研究院的未来发展，王伟光提出两点希望：一是要大力发扬理论联系实际的学风。二是加强与国内外智库的交流与联系。坚持“请进来”和“走出去”相结合，加强与国内国际知名智库之间的交流与合作，加强与党和国家决策部门之间的联系与沟通，不断开拓研究视野，不断提升学术影响力、决策影响力、社会影响力和国际影响力。

在总论坛“经济发展新常态下的中国”上，李扬就新常态和新常态下的金融改革作了主旨演讲。李扬指出，中央经济工作会议提出要“认识新常态，适应新常态，引领新常态”，“引领经济新常态”是中央经济工作会议第一次提出来。我们希望从原来数量型、外延型、粗放型的增长到注重提高质量、提高效益的新轨道上来，但是这一愿景并不必然自然地实现，必须加以引领，引领的最主要措施就是进行改革。

李扬指出，改革开放至今，我国金融改革成效卓著，金融体系完善。但面对新常态，金融体系还有诸多缺陷，这些缺陷可能会妨碍我们向新常态的愿景发展。下一步的金融改革就是要着力克服这些缺陷，让金融充分发挥在引导资源配置上的功能，让市场在资源配置中起决定性作用。这些缺陷包括金融市场运行基准不牢靠、长期资金供应不足、债务率和杠杆率高、普惠金融发展不好、金融监管体系不完善等。

中国社会科学院财经战略研究院院长高培勇主持总论坛。来自国务院发展研究中心、国家信息中心、中国社会科学院、清华大学、北京大学、浙江大学等单位的专家参加会议。会议围绕“创新驱动与经济增长”“结构优化与产业升级”“法治中国与深化改革”“财税改革 20 年”等专题进行了研讨。

（院长办）

金融研究所

（一）人员、机构等基本情况

1.人员

截至2014年年底，金融研究所共有在职人员47人。其中，正高级职称人员13人，副高级职称人员13人，中级职称人员18人，高、中级职称人员占全体在职人员总数的94%。

2.机构

金融研究所设有：货币理论与货币政策研究室、金融市场研究室、结构金融研究室、国际金融与国际经济研究室、保险与社会保障研究室、法与金融研究室、银行研究室、公司金融研究室、金融实验研究室、《金融评论》编辑部、综合办公室。

3.科研中心

金融研究所院属科研中心有：投融资研究中心、保险与经济发展研究中心、金融政策研究中心；所属科研中心有：房地产金融研究中心、财富管理研究中心、支付清算研究中心；金融研究所院属科研基地有：中小银行研究基地、金融法律与金融监管研究基地、融资租赁研究基地，产业金融研究基地。

（二）科研工作

1.科研成果统计

2014年，金融研究所共完成专著7种，共计289万字；论文150篇，共计90万字；研究报告8种（含皮书6种），共计245万字；译著3种，共计80万字；一般文章900余篇，共计180余万字，内部研究报告22种，共计132万字。

2.科研课题

（1）新立项课题。2014年，金融研究所共有新立项课题24项。其中，院创新工程重大招标项目1项："长寿风险管理与养老保障体系研究"（郭金龙主持）；院国情调研重大课题1项："关于建立监测和防范互联网金融风险机制调研"（王国刚主持）；国家社会科学基金课题1项："西方国家金融危机与制度弊端分析研究"（郑联盛主持）；院亚洲研究中心课题1项："政策性金融机构的改革与发展：日韩经验与启示"（尹振涛主持）；所国情调研基地课题2项："普惠金融实践与创新：对浙江新昌的跟踪调查"（曾刚主持），"山东乳山中小企业融资状况考察"（杨涛主持）；所重点课题1项："上市公司景气指数跟踪研究"（张跃文主持）；其他部门与地方委托课题16项：北京市科委课题"国内外科技型企业上市制度的比较及实践研究"（张跃文主持），北京市住房贷款担保中心课题"对北京市住房贷款担保中心运行情况评估"（尹中立主持），陕西省西咸新区金贸中心课题“西咸新区丝路经济带能源发展战略研究”（殷剑峰主持），新疆能源研究院课题“组建新疆能源开发政策性银行研究”（殷剑峰主持），浙江新昌农商行课题“农村金融与普惠金融研究”（曾刚主持），国家林业局课题“碳金融研究：基于碳权的森林生态效益价值市场化研究”（陈经伟主持），中国电力财务公司课题“电力金融发展国际借鉴”（黄国平主持），昆仑银行课题“产融结合背景下的昆仑银行发展战略研究”（杨涛主持），宁波市政府金融办课题“宁波发展互联网金融的风险防控问题研究”（杨涛主持），宁波市政府金融办课题“中国互联网金融理论与实践发展报告”（杨涛主持），哈尔滨银行课题“银行小额贷款行业标准研究”（曾刚主持），山东潍坊农商行课题“普惠金融发展问题研究”（胡滨主持），中国金融期货交易所课题“商业银行开展衍生品创新业务及其监管研究”（陈经伟主持），中国金融期货交易所课题“推出利率期货的宏观意义研究”（殷剑峰主持），中国银联课题“关于银行卡产业中平台型经济及定价机制的研究”（杨涛主持），中国银联课题“互联网对银行卡清算模式的冲击”（杨涛主持）；国际合作课题1项：日本野村综合研究所课题“供应链金融研究”（王国刚主持）。

（2）结项课题。2014年，金融研究所共有结项课题30项。其中，国家社会科学基金课题2项：“利率市场化改革与利率调控政策研究”（王国刚主持），“虚拟经济与实体经济协调发展研究”（殷剑峰主持）；院重点课题2项：“国际金融危机跟踪研究：主权债务视角”（董裕平主持），“中国货币法制史（铜钱卷）”（石俊志主持）；其他部门与地方委托课题26项：国家发改委课题“国外海洋强国建设海洋金融体系的比较研究”（杨涛主持），国务院南水北调办公室课题“南水北调发展规划前期工作研究”（殷剑峰主持），国家林业局课题“碳金融研究——从森林碳汇纳入国家碳排放交易体系的角度”（陈经伟主持），国家林业局课题“林业全面深化改革公共财政机制和政策研究”（王国刚主持），财政部课题“APEC财长会金融体系支持区域实体经济发展议题研究”（杨涛主持），中国人民银行课题“中国地区金融生态环境评价”（刘煜辉主持），中国人民银行课题“支付与清算市场监管体系的建立与完善”（杨涛主持），中国保监会课题“转型与发展：中国经济和中国保险业”（殷剑峰主持），中国证监会课题“海外人民币离岸市场发展对国内金融市场影响研究”（胡志浩主持），中国银监会课题“财务公司发展模式及中国电财服务公司‘两个一流’建设研究”（黄国平主持），国家开发银行课题“开发性金融社会化、国际化理论基础”（胡滨主持），北京市课题“北京科技金融创新发展问题与对策研究”（尹振涛主持），北京市课题“关于围绕长安街西延线发展轴打造石景山现代金融产业集聚区研究”（杨涛主持），北京市课题“北京经济技术开发区产业金融园区产业规划及发展战略研究”（杨涛主持），北京市课题“银行业金融机构支持新型城镇化建设问题研究”（胡滨主持），北京市课题“互联网金融发展研究”（曾刚主持），天津市课题“天津滨海新区综合配套改革试验区评估”（王国刚主持），上海市课题“上海商业医疗保险发展策略研究”（王国刚主持），上海市课题“国际贸易新协定跟踪研究”（何海峰主持），广东省课题“广州南站商务区产业发展研究”（程炼主持），广东省课题“运用金融手段提高广东财政运行效益研究”（王国刚主持），浙江省课题“农村金融租赁发展研究”（曾刚主持），浙江省课题“新技术革命下的转接清算组织创新与监管研究”（杨涛主持），福建省课题“中国新型城镇化及商业银行支持问题研究”（王国刚主持），福建省课题“影子银行体系及商业银行非信贷融资研究”（王国刚主持），福建省课题“泉州金融业发展五年规划”（杨涛主持）。

（3）延续在研课题。2014 年，金融研究所共有延续在研课题 8 项。其中，国家社会科学基金课题 4 项：“我国金融体系的系统性风险与金融监管改革研究”（胡滨主持），“量化宽松政策研究：理论、效应与中国选择”（何海峰主持），“金融危机后新兴经济体金融体系宏观审慎监管研究”（耿楠主持），“异质信念、卖空机制与企业定向增发行为研究”（徐枫主持）；国家自然科学课题 3 项：“社会网络：中国区域发展不平衡的政治经济学视角”（程炼主持），“企业集团视角下的上市公司多元化行为研究”（李广子主持），“影子银行体系的宏观经济效应研究：基于货币视角”（周莉萍主持）；其他部门与地方委托课题 1 项：国家开发银行课题“新型城镇化重大政策研究”（王国刚主持）。

3. 创新工程的主要措施和工作安排

2014 年 1 月，金融研究所进入院创新工程。金融研究所有 38 人进入创新工程岗位。

2014 年，金融研究所有创新工程项目 9 项，分别是：“基于动态随机一般均衡的中国宏观经济与货币政策分析”（首席研究员为彭兴韵），“保险理论创新与金融市场发展研究”（首席研究员为郭金龙），“全球化背景下的中国金融监管体制研究”（首席研究员为胡滨），“金融产品创新及其宏观效应研究”（首席研究员为殷剑峰），“小微企业融资：理论、实践与创新”（首席研究员为曾刚），“金融工程与金融实验”（首席研究员为刘煜辉），“现代支付清算体系研究：理论、政策与实践”（首席研究员为杨涛），“我国上市公司融资决策及其经济后果：投资者视角”（首席研究员为王力），“全球资本流动模式及驱动因素分析”（首席研究员为余维彬）。

2014 年，金融研究所为配合创新工程的实施，先后修订、完善了相关规章制度，包括《金融研究所导向性刊物目录》《金融研究所科研人员考核办法》《金融研究所考勤管理规定》《金融研究所财务管理规定》《金融研究所总额拨付研究经费使用细则》等。

（三）学术交流活动

1. 学术活动

2014 年，金融研究所主办和承办的重要的学术研讨会、论坛、讲座有：

（1）2014 年 1 月 3 日，金融研究所主办的第 304 期“金融论坛”在北京市举办。论坛的主题是“国际货币体系多元化与人民币汇率动态”。

(2) 2014年3月14日，金融研究所主办的第306期“金融论坛”在北京市举办。论坛的主题是“经济法制建设的经验分析”。

(3) 2014年3月28日，金融研究所主办的第307期“金融论坛”在北京市举办。论坛的主题是“从三次国际经济危机得到的经验教训”。

(4) 2014年4月11日，金融研究所主办的第308期“金融论坛”在北京市举办。论坛的主题是“异质信念、卖空限制与企业定向增发行为”。

(5) 2014年4月18日，金融研究所主办的第309期“金融论坛”在北京市举办。论坛的主题是“调整经济结构的政策选择”。

(6) 2014年4月26日，中国社会科学院主办、金融研究所承办的“《中国支付清算发展报告（2014)》发布暨支付清算理论与政策高层论坛”在北京举行。会议的主题是“发布金融研究所创新工程研究项目成果《中国支付清算发展报告（2014)》”“探讨当前支付清算领域热点问题”。

(7) 2014年5月23日，金融研究所主办的第312期“金融论坛”在北京市举办。论坛的主题是“系统性风险与宏观审慎管理框架”。

(8) 2014年6月13日，金融研究所和中国保险行业协会联合主办的“2014中国保险业发展年会”在北京市举行。会议的主题是“发布金融所研究成果《转型与发展：中国经济和中国保险业》”“探讨保险业发展的若干问题和挑战”。

(9) 2014年6月20日，金融研究所主办的第313期“金融论坛”在北京举办。论坛的主题是“法治中国建设的理论与实践”。

(10) 2014年6月27日，金融研究所主办的第314期“金融论坛”在北京市举办。论坛的主题是“过去五年房价走势及未来趋势预测”。

(11) 2014年7月4日，金融研究所主办的第315期“金融论坛”在北京市举办。论坛的主题是“金融创新与改革”。

(12) 2014年9月5日，金融研究所主办的第317期“金融论坛”在北京举办。论坛的主题是“金融创新与监管”。

(13) 2014年9月16日，金融研究所与北京市朝阳区政府联合主办的“2014北京CBD国际金融圆桌会议”在北京市举行。会议的主题是“金融如何支持经济转型升级”。

(14) 2014年9月19日，金融研究所主办的第318期“金融论坛”在北京市举办。论坛的主题是“建立金融监管负面清单的含义、效应与路径”。

(15) 2014年10月10日，金融研究所主办的第320期“金融论坛”在北京市举办。论坛的主题是“理论重构与金融改革”。

(16) 2014年10月11日，金融研究所和中国证券报社联合主办的“2014首届中国网贷论坛暨P2P网贷评价体系发布会”在北京市举行。会议的主题是“发布由金融所和中证金牛金融研究中心合作研究成果《中国 P2P 网贷发展与评价报告》”“探讨 P2P 网贷发展面临的风险、存在的问题和应对措施”。

（17）2014 年 10 月 17 日，金融研究所主办的第 321 期“金融论坛”在北京市举办。论坛的主题是“互联网金融辨析”。

（18）2014 年 10 月 31 日，金融研究所主办的第 322 期“金融论坛”在北京市举办。论坛的主题是“新时期全面深化国有经济改革重大任务”。

（19）2014 年 11 月 14 日，金融研究所主办的第 323 期“金融论坛”在北京市举办。论坛的主题是“当前和中长期经济走势分析及政策建议”。

（20）2014 年 11 月 22 日，金融研究所和首都经济贸易大学联合主办的“第二届金融风险高层论坛暨《中国金融风险报告》蓝皮书发布会”在北京市举行。会议的主题是“发布《中国金融风险报告》”“探讨管理金融风险的理论价值和现实意义”。

（21）2014 年 12 月 12 日，金融研究所主办的第 326 期“金融论坛”在北京市举办。论坛的主题是“国际发展融资机制研究”。

（22）2014 年 12 月 14 日，金融研究所和《第一财经日报》联合主办的“2014 第一财经金融峰会”在北京市举行。会议的主题是“共同探讨中国经济新常态，聚焦金融改革新作坐标，见证中国金融变局新开端”。

（23）2014 年 12 月 23 日，金融研究所和社会科学文献出版社联合主办的“《中国金融发展报告：2015》发布会暨 2015 年中国金融发展分析预测报告会”在北京市举行。会议的主题是“发布《中国金融发展报告：2015》和《中国上市公司治理评价报告：2014 ～ 2015》”“预测分析 2015 年中国金融发展趋势”。

（24）2014 年 12 月 26 日，中国社会科学院与宁波市政府主办、金融研究所与宁波市政府金融办承办的“2014 中国互联网金融高层论坛”在浙江省宁波市举行。会议的主题是“探讨当前我国互联网金融发展中的重大问题”。

（25）2014 年 12 月 26 日，金融研究所主办的第 327 期“金融论坛”在北京市举办。论坛的主题是“中国税制改革中的直接税”。

（26）2014 年 12 月 27 日，中国社科院、全国博士后管理委员会和中国博士后科学基金会共同主办，金融研究所和中国社科院博士后管理委员会、苏州大学共同承办的《第九届中国博士后经济学论坛》在江苏省苏州市举行。会议的主题是“经济新常态与中国金融改革”。

2. 国际学术交流与合作

2014 年，金融研究所共派遣出访 8 批 14 人次，接待来访 3 批 3 人次。与金融研究所开展学术交流的国家有美国、德国、日本、澳大利亚、瑞士、韩国、泰国、印度尼西亚、越南、马来西亚等。

（1）2014 年 1 月 7 日，金融研究所法与金融研究室研究员胡滨、副研究员尹振涛等与挪威大使馆经济参赞丽萨、一等秘书李娜等在北京就中国金融改革、地方政府债务、监管体系改革以及挪威金融监管框架等问题进行学术交流。

（2）2014 年 1 月 22 日，金融研究所国际金融与国际经济研究室主任程炼、银行研究室主任曾刚等与日本综合研究所研究员藤田哲雄等在北京就中国资产证券化的基本情况等问题进行学术交流。

（3）2014 年 2 月 14 日，中国社会科学院院金融政策研究中心主任、金融研究所结构金融研究室主任何海峰等与韩国友利投资与证券公司首席经济学家 An Ki-Tae 等在北京就“中国的土地、人口、影子银行、地方债、利率市场化、经济增长与运行”等问题进行了学术交流。

（4）2014 年 2 月 19 日，金融研究所国际金融与国际经济研究室主任程炼等与日本长崎县立大学教授小原笃次等在北京就“人民币国际化以及相关金融改革”等主题进行了学术交流。

（5）2014 年 3 月 21 日，金融研究所所长王国刚等与日本三菱东京日联银行总行市场企划部关户孝洋和市场营业部原久充等在北京就“日本经济的最新动向、安倍经济学实施一年来的成果与问题、日元汇率和利率未来走势”等问题进行了学术交流。

（6）2014 年 7 月 8 日，金融研究所副所长殷剑峰与韩国三星集团中国三星研究院院长朴起舜在北京就“中国金融市场的发展形势”等问题进行学术交流。

（7）2014 年 7 月 15 日，金融研究所副所长胡滨等与日本大和证券株式会社、三井住友资产管理株式会社、瑞穗信托银行株式会社等金融机构的 14 名代表在北京就“中国的宏观经济金融形势”专题进行了学术交流。

（8）2014 年 9 月 3 日，中国社会科学院学部委员、金融研究所所长王国刚等与美国财政部驻华代表 Michael Hirson 等在北京就“当前中国金融体制改革和债券市场发展”等相关问题进行了学术交流。

（9）2014 年 10 月 13 ~ 17 日，金融研究所副所长胡滨等应邀赴日本参加国际研讨会，并结合研究工作进行实地调研考察。

（10）2014 年 10 月 30 ~ 31 日，金融研究所法与金融研究室副研究员郑联盛应邀参加由澳大利亚墨尔本大学承办的“G20 新思维：国际金融监管协调”国际学术研讨会，并在会上作了题为“影子银行及国际监管协调：中国的案例”的报告。

（11）2014 年 11 月 17 日，金融研究所银行研究室副研究员李广子应邀参加在日本东京举行的“中日金融自由化改革：风险和机遇”国际学术研讨会，并在会上作了“利率市场化及其对中国银行业的影响”的学术报告。

（12）2014 年 12 月 22 ~ 26 日，金融研究所结构金融研究室副主任王增武等应邀访问日本的研究机构、银行、证券、信托等金融机构，并就“日本财富管理的情况”进行了调研。

3. 与香港、澳门特别行政区和台湾开展的学术交流

（1）2014 年 5 月 30 日，金融研究所所长助理、金融市场研究室主任杨涛与台湾金融研训院金融研究所副所长林士杰研究员和赖威仁研究员就互联网金融发展、大陆与台湾经贸合作等问题进行探讨。

(2) 2014 年 7 月 10 ~ 11 日，金融研究所结构金融研究室副主任、财富管理研究中心副主任王增武应邀参加由台湾金融研训院在台北市主办的"两岸关键议题研讨会"，并发表题为"关于影子银行的再认识"的报告。

（四）学术期刊

《金融评论》(双月刊)，主编王国刚。

2014 年，《金融评论》共出版 6 期，共计 90 万字。该刊全年刊载的有代表性的文章有：李扬、周莉萍的《信用创造》，聂辉华的《腐败对效率的影响：一个文献综述》，王国刚的《存贷款利率市场化改革的难点、路径选择和应对之策》，张中元的《银行监管、监管有效性与银行风险承担》，付敏杰的《财政政策周期特征研究：金融危机以来的争论与共识》，王永中的《美联储进入和退出量化宽松的节奏与效应》，鲁桐、党印的《中国中小上市公司治理与绩效关系研究》，蔡真、祁逸超的《地方政府债务可承受水平测度——基于期权思想的方法》，李宏瑾的《不良贷款、经济增长与制度》，董昀、李鑫的《互联网金融的发展：基于文献的探究》，邓路、王珊珊、刘瑞琪的《内部资本市场、资产注入与企业价值》，星焱的《宏观波动、市场冲击与银行业系统性风险》等。

（五）会议综述

《中国支付清算发展报告（2014）》发布暨支付清算理论与政策高层论坛

2014 年 4 月 26 日，"《中国支付清算发展报告(2014)》发布暨支付清算理论与政策高层论坛"在北京举行。论坛由中国社会科学院主办，中国社会科学院金融研究所承办。中国社会科学院金融研究所副所长殷剑峰主持论坛。中国社会科学院副院长、学部委员李扬致开幕词。参加论坛的专家、学者、业内人士和媒体记者共计 90 余人。

党的十八届三中全会决议指出，要"加强金融基础设施建设，保障金融市场安全高效运行和整体稳定"。与会专家学者一致认为，支付清算体系正是一个国家金融基础设施的核心部分。如同道路、桥梁作为经济运行的重要基础一样，不断完善升级的我国支付清算系统，将成为支撑金融现代化、国际化的"主动脉"。

专家们指出，一方面，在以信息技术为代表的新技术革命冲击下，当前第三方支付、移动支付等新型支付工具发展迅速，以支付渠道为依托的互联网金融创新不断涌现，这些令人眼花缭乱的工具和渠道创新，使得人们的消费、交易与生活方式发生了根本性变化，而且给传统经济金融模式带来冲击，并且挑战着现有监管模式与思路，带来风险与效率的权衡难题。有鉴于此，我们需要对包括批发性、零售性支付在内的整个支付清算体系的运行规律、建设重点、创新路径、监管原则等，有更加深入的、理性的研究和分析。另一方面，在中国金融走向全球化、人民币对外开放持续推进的背景下，支付清算机制建设已经成为核心的载体，以及决定这些改革能否成功的关键所在，同时深刻影响国家金融战略与信息安全。由此，健全的支付清算体系正是金融与实体经济连接的“桥梁”，对于一个国家来说，意味着竞争力与安全性；对于企业来说，意味着交易效率与业务空间；对于个人来说，意味着生活状态的优化与新的体验。

2008 年金融危机之后，支付清算体系的重要性越来越为各国所重视，但就国内外普遍实践来看，相关的理论研究还未纳入主流学科之中。其背后的原因是多方面的，然而这一研究领域的巨大前景是毋庸置疑的，并且由于涉及经济、金融、信息技术等跨学科的知识合并，支付清算研究将带来令人兴奋的研究探索。

（科研处）

第二届金融风险高层论坛暨《中国金融风险报告》蓝皮书发布会

2014 年 11 月 22 日，“第二届金融风险高层论坛暨《中国金融风险报告》蓝皮书发布会”在北京举行。论坛由中国社会科学院金融研究所和首都经济贸易大学共同主办。中国社会科学院金融研究所党委书记何德旭和首都经济贸易大学校长王稼琼分别致辞。参加论坛的专家学者、高校师生和媒体记者共计 80 余人。

有学者提出，看待金融风险要有辩证思维。有学者指出，金融安全的核心问题是数据安全，而新金融风险安全观要从实体经济论到资本经济理论转变，推动创新金融安全体制机制改革。有学者从信贷规模与信贷效率角度分析了我国商业银行 20 年间风险状况的演化历史。有学者则强调了银行自身利弊，并从准入审查、资本规定和流动性管理三个角度提出相应对策。有学者提出，金融风险来源于金融国际化、金融市场化、网络化三个方面，特别强调了互联网金融中网络支付带来的金融风险。有学者从实务界的角度详细描述了银行所面临的地产下行、地方政府债务和产能过剩企业信贷的三重风险。有学者介绍了商业银行如何随经济周期的变化适时调整自身的资本缓冲和风险水平，并通过大量的实证检验论证了其发现。

（科研处）

2014第一财经金融峰会

2014 年 12 月 14 日，“2014 第一财经金融峰会”在北京举行。峰会由中国社会科学院金融研究所和《第一财经日报》联合主办。中国社会科学院金融研究所所长王国刚和《第一财经日报》总编辑秦朔分别致辞。参加峰会的专家学者、业内人士和媒体记者近百人。

该峰会的主题是“共同探讨中国经济新常态，聚焦金融改革新坐标，见证中国金融变局新开端”。中国社会科学院金融研究所所长王国刚在主办方致辞中表示，在新常态下，金融要回归服务实体经济，中国的债权应回归直接经济。

中国银监会副主席阎庆民表示，新常态的特征，即“中高速、优结构、新动力、多挑战”。他指出，经济新常态催生金融新常态，要正确理解和适应金融新常态，金融业对内要提升资产质量，对外提升服务质量；认真防范风险，有序释放风险，为金融业各项改革的深入推进提供稳定环境和安全保障。

在谈到资产管理模式与创新问题时，中国保监会副主席陈文辉认为，未来要从思想观念、政策制度、体制机制、管理模式和产品五个方面加快改革创新，拓展资产管理市场广阔的空间。

全国政协委员、中国工商银行原行长杨凯生对时下热议的贷存比调整发表了自己的见解。他认为，简单放开贷存比的指标，并不能解决企业融资难的问题，出路只能是加快金融改革。

中国社会科学院副院长李扬则对新常态背景下社会融资成本高的原因、影响和解决路径分享了他的研究。

（科研处）

数量经济与技术经济研究所

（一）人员、机构等基本情况

1. 人员

截至2014年年底，数量经济与技术经济研究所共有在职人员66人。其中，正高级职称人员22人，副高级职称人员18人，中级职称人员16人；高、中级职称人员占全体在职人员总数的85%。

2. 机构

数量经济与技术经济研究所设有：经济系统分析研究室、经济模型研究室、环境技术经济研究室、资源技术经济研究室、技术经济理论与方法研究室、数量经济理论与方法研究室、信息化与网络经济研究室、数量金融研究室、综合研究室、产业技术经济研究室、《数量经济技术经济研究》编辑部、网络信息中心、办公室、科研处。

3. 科研中心

数量经济与技术经济研究所院属科研中心有：中国社会科学院综合集成与预测研究中心、中国社会科学院信息化中心、中国社会科学院技术创新与战略管理研究中心、中国社会科学院项目评估与战略规划研究咨询中心、中国社会科学院产业规制与竞争研究中心、中国社会科学院环境与发展研究中心、中国社会科学院中国循环经济与环境评估预测研究中心。

（二）科研工作

1．科研成果统计

2014 年，数量经济与技术经济研究所共完成专著 22 种，657 万字；论文 96 篇，87 万字；研究报告集2种，51.5万字；论文集3种，155.1万字；皮书3种，99.8万字；译著1种，82万字。

2．科研课题

（1）新立项课题。2014 年，数量经济与技术经济研究所共有新立项课题 9 项。其中，国家自然科学基金项目 1 项："面向经济复杂性的行为建模与计算实验及应用研究"（王国成主持）；院国情调研重大课题 2 项："关于调整经济结构、化解产能过剩问题调研"（李平主持），"关于党建工作中重大理论和现实问题研究——西北农村基层组织严重弱化问题的实证研究"（林燕平主持）；院学部委员资助课题 1 项（汪同三主持）；院基础学者资助课题 2 项（蒋金荷、李群主持）；国家软科学项目 3 项："推动创新驱动战略与战略性新兴产业自主创新能力研究"（齐建国主持），"未来五年高技术产业发展趋势预测与技术经济评价"（李富强主持），"产业结构转换、技术创新与中国经济增长潜力提升"（蔡跃洲主持）。

（2）延续在研课题。2014 年，数量经济与技术经济研究所共有延续在研课题 9 项。其中，国家社会科学基金课题 6 项："中国潜在经济增长率计算及结构转换路径研究"（李京文主持），"垄断认定过程中的相关市场界定的方法比较与应用研究"（张昕竹主持），"宏观经济组合预测方法研究及其应用平台开发"（张涛主持），"跨区域碳减排的技术经济优化路径及政策研究"（张友国主持），"2013 ~ 2020 年我国潜在经济增长率研究"（娄峰主持），"国家安全视野下水资源管理制度体系研究"（王喜峰主持）；国家自然科学基金课题 2 项："利用非线性定价促进能源节约的基础理论和实证研究"（张昕竹主持），"中国战略性新兴产业的空间布局与发展路径"（李金华主持）；长城学者课题（2012 ~ 2016）1 项（曾力生主持）。

3．获奖优秀科研成果

2014 年，数量经济与技术经济研究所获得工业和信息化部《产业经济评论》颁发的"首届（2014）产业经济研究学术年会论文一等奖"1 项：郑世林的论文《项目体制——"中国之谜"的制度解释》。

4．创新工程的实施和科研管理新举措

2014 年，数量经济与技术经济研究所整体进入创新工程，共有 46 人进入创新岗位，首席管理为党委书记李富强、所长李平。2014 年，数量经济与技术经济研究所设立创新工程项目 9 项，分别为："能源安全与新能源技术经济研究"（首席研究员为李平），"循环经济发展评价的理论与方法创新研究"（首席研究员为齐建国），"经济预测与经济政策评价"（首席研究员为李雪松），"人口老龄化经济增长效应理论与实证研究"（首席研究员为李军），"宏观调控政策效应模拟与评价——基于宏微观一体化建模框架"（首席研究员为张涛），"促进生态文明建设的绿色发展战略与政策模拟研究"（首席研究员为张友国），"科技战略与科技政策研究和评价"（首席研究

员为王宏伟），“信息化测评体系创新研究和应用”（首席研究员为姜奇平），“我国国民金融配置行为及政策效应”（首席研究员为樊明太）。

（三）学术交流活动

1．学术活动

2014 年，数量经济与技术经济研究所主办和承办的主要学术会议有：

（1）2014 年 2 月 9 ~ 10 日，中国社会科学院经济学部、中国社会科学院科研局主办，数量经济与技术经济研究所承办的“2014 年经济形势座谈会”在北京召开。会议的主题是“中国经济形势分析”。

（2）2014 年 4 月 29 日，中国社会科学院经济学部主办，数量经济与技术经济研究所承办的“2014 年中国经济形势分析与预测春季座谈会”在北京召开。会议的主题是“中国经济形势分析”。

（3）2014 年 5 月 26 ~ 27 日，中国社会科学院国际合作局和爱丁堡皇家学会主办，中国社会科学院数量经济与技术经济研究所承办的“城镇化、可持续发展和公有部门改革研讨会”在北京召开。会议的主题是“城镇化与智慧城市、可持续发展、公共部门改革”。

（4）2014 年 6 月 16 ~ 17 日，数量经济与技术经济研究所与美国全球安全分析研究所、美国能源安全理事会共同主办的“中国社会科学论坛：全球能源安全智库论坛暨 2014 年会”在中国社会科学院学术报告厅举行。会议的主题是“能源安全与国际能源合作”。

（5）2014 年 10 月 10 日，中国社会科学院经济学部主办、数量经济与技术经济研究所承办的“2015 年中国经济形势分析与预测秋季座谈会”在北京召开。会议的主题是“中国经济形势分析与预测”。

（6）2014 年 10 月 17 ~ 19 日，中国数量经济学会主办，浙江财经大学、国信证券博士后科研工作站、清华大学深圳研究生院共同承办的“2014 年中国数量经济学会年会”在浙江省杭州市举行。会议的主题是“中国数量经济学的前沿动态和热点研究”。

（7）2014 年 11 月 15 ~ 16 日，中国社会科学院数量经济与技术经济研究所和华南师范大学主办，全国博弈论与实验经济学研究会、华南师范大学经济与管理学院承办的“海峡两岸经济学与政策模拟研究学术研讨会暨全国博弈论与实验经济学研究会 2014 学术年会”在华南师范大学举办。会议的主题是“前沿、交叉、本土、实效”。

（8）2014 年 12 月 6 ~ 7 日，由中国社会科学院数量经济与技术经济研究所、中国技术经济学会、清华大学经济管理学院、重庆大学经济与工商管理学院共同主办的“2014 中国技术经济论坛”在北京召开。会议的主题是“创新驱动与技术经济学发展”。

（9）2014 年 12 月 9 ~ 10 日，由中国社会科学院和德国莱布尼茨学会资助，数量经济与技术经济研究所承办的中德双边“后金融危机时代的可持续增长政策学术研讨会”在北京召开。会议的主题是“后金融危机时代的可持续增长”。

2. 国际学术交流与合作

2014 年，数量经济与技术经济研究所共派遣出访 20 批 23 人次，接待来访 30 余批 120 余人次（其中，经中国社会科学院审批邀请来访 5 批 12 人次）。与数量经济与技术经济研究所开展学术交流的国家有美国、加拿大、英国、法国、德国、意大利、俄罗斯、以色列、印度、土库曼斯坦、新加坡、日本、韩国等。

（四）学术社团、期刊

1. 社团

中国数量经济学会，理事长李平。

2014 年 10 月 17 ~ 19 日，中国数量经济学会 2014 年（浙江）年会在浙江财经大学举行。参会代表 523 人。会议收到论文 431 篇。会议研讨的主要问题有“数量经济理论与方法”“宏观经济增长与运行”“货币、银行”“资本市场、保险”“财政、税收”“投资、贸易”“区域经济、可持续发展”“企业、产业经济”“实验经济学及其他分支学科”等。

2. 期刊

《数量经济技术经济研究》（月刊），主编李平。

2014 年，《数量经济技术经济研究》共出版 12 期，共计 350 万字。该刊全年刊载的有代表性的文章有：郑伟、林山君、陈凯的《中国人口老龄化的特征趋势及对经济增长的潜在影响》，廖理、李梦然、王正位的《中国互联网金融的地域歧视研究》，程名望、史清华等的《农户收入水平、结构及其影响因素——基于全国农村固定观察点微观数据的实证分析》，刘生龙的《中国跨省人口迁移的影响因素分析》，陈景华的《中国 OFDI 来源的区域差异分解与影响因素——基于 2003 ~ 2011 年省际面板数据的实证研究》，方匡南、章贵军、张惠颖的《基于 Lasso-logistic 模型的个人信用风险预警方法》，张志辉的《中国城市土地利用效率研究》，乔晶、胡兵的《中国对外直接投资：过度抑或不足》，尹力博、韩立岩的《中国输入型通货膨胀特征研究：程度、来源及渠道》，彭宜钟、童健、吴敏的《究竟是什么推动了我国经济增长方式转变？》，娄峰的《碳税征收对我国宏观经济及碳减排影响的模拟研究》，罗翔、朱平芳、项歌德的《城乡一体化框架下的中国城市化发展路径研究》，朱承亮的《中国地区经济差距的演变轨迹与来源分解》，李雪松、张巍巍的《有序选择因子结构模型的 MCMC 估计及应用》等。

（五）会议综述

城镇化、可持续发展和公有部门改革研讨会

2014 年 5 月 26 ~ 27 日，由中国社会科学院国际合作局和爱丁堡皇家学会主办、中国社会科学院数量经济与技术经济研究所承办的“城镇化、可持续发展和公有部门改革研讨会”在

北京召开。来自中国社会科学院和爱丁堡皇家学会的 40 余名代表出席了研讨会。研讨会是中国社会科学院和爱丁堡皇家学会两个机构签署交流协议之后举办的第一次学术交流活动。中国社会科学院院长王伟光会见了参会代表。中国社会科学院副院长李扬出席会议开幕式，并与爱丁堡皇家学会会长阿布斯特纳爵士分别致开幕词。中国社会科学院国际合作局局长王镭主持开幕式。研讨会包括"城镇化与智慧城市""可持续发展""公共部门改革"三个主题单元，分别由中国社会科学院数量经济与技术经济研究所所长李平、爱丁堡皇家学会秘书长亚历山大等主持。中国社会科学院城市发展与环境研究所副所长魏后凯、社会学研究所副所长张翼、工业经济研究所研究员余菁等在研讨会上作了专题发言。

（韩胜军）

中国社会科学论坛：全球能源安全智库论坛暨2014年会

2014 年 6 月 16 日，中国社会科学院数量经济与技术经济研究所与美国能源安全理事会、美国全球安全研究所共同举办的"中国社会科学论坛：全球能源安全智库论坛暨 2014 年会"在北京召开。国家能源局总工程师杨昆、美国前国家安全事务顾问罗伯特・麦克法兰、能源宪章秘书长乌尔班・鲁斯奈克、以色列驻华大使马腾・维尔奈、土库曼斯坦驻华大使奇娜尔・鲁斯塔莫娃等到会讲话。来自国际能源署、美国、欧洲、以色列、日本、印度、阿塞拜疆、新加坡、韩国等机构国家和地区的专家学者与一些国家驻华使馆官员参加会议并演讲。

中国社会科学院副院长李培林参加会议并致开幕词。中国社会科学院数量经济与技术经济研究所所长李平作了专题发言。与会的中外专家共同强调了国际能源合作的重要性，认为能源安全是关系世界各国人民福祉的重大课题，只有共同安全，才是真正的安全。全球能源安全智库论坛是由中国社会科学院数量经济与技术经济研究所与美国全球安全分析研究所共同发起的年度性国际论坛。论坛旨在推动全球智库在能源安全方面的研究与学术交流，传播可持续发展的理念，促进全球能源安全合作与政策协调等。

（刘　强）

2014年中国数量经济学会年会

2014 年 10 月 17 ～ 19 日，中国数量经济学会主办，浙江财经大学、国信证券博士后科研工作站、清华大学深圳研究生院共同承办的"2014 年中国数量经济学会年会"在浙江省杭州市举行。会议邀请了国内外知名学者发表主旨演讲，就数量经济学的理论、方法、经典模型、量化投资理论与实践以及实验经济学等问题进行专题讲授。年会分为 12 个小组讨论，来自全国各地的近 500 位学者和研究生提交论文 400 余篇。会上展开了深入的学科交流和学术探讨，分享了优秀的科研成果，反映了当前中国数量经济学的前沿动态和热点研究，主要体现在如下方面：一是数量经济学理论及方法前沿研究；二是宏观经济增长前沿研究；三是金融及资本市场前沿研究；四是实验经济学及其他分支学科前沿研究。

（陈星星）

2014中国技术经济论坛

2014 年 12 月 6 ～ 7 日，中国社会科学院数量经济与技术经济研究所、中国技术经济学会、清华大学经济管理学院、重庆大学经济与工商管理学院共同主办的“2014 中国技术经济论坛”在北京召开。论坛的主题是“创新驱动与技术经济学发展”。来自全国各地的 80 余位代表出席论坛。中国社会科学院数量经济与技术经济研究所所长李平致开幕词。

会议邀请了国家科技部评估中心副主任毛建军、中国国际工程咨询公司研究中心主任李开孟、神华集团科技发展部副总经理徐会军、清华大学经管学院教授雷家骕、中国社会科学院数量经济与技术经济研究所副所长齐建国到会并分别就科技项目评估、项目审批、洁净煤开发利用技术经济分析、创新驱动发展战略的几个方面、经济新常态与科技投入作主旨发言。会议设三个分会场，交流的主题分别为：创新驱动发展、项目评价等方法研究、大数据与技术经济研究新趋势。

在讨论创新驱动发展问题时，专家们阐述了创新驱动发展的提出背景、内容、特点和发展历程；提出实施创新驱动发展战略受到创新产出能力、国家创新体系、科技成果的评价机制、科研经费管理方式等因素的制约，认为创新驱动发展的改革首先需要顶层设计，其次继续把提升自主创新能力放在核心位置，提高创新效率。

在讨论“项目评价等方法研究”问题时，专家们讨论了科技项目评估中遇到的问题与难点，以及解决问题所用的方法。难点问题主要是立项的目标与实际操作之间的差距问题，项目评估中遇到新的问题、项目成果转化等问题。

在讨论“大数据与技术经济研究新趋势”问题时，中国社会科学院数量经济与技术经济研究所姜奇平作了题为“互联网的三个技术经济魔术”的报告，他认为，互联网的出现和发展对经济的影响造成了与以往经济理论的悖论，希望技术经济界能够对此进行有效回应。

齐建国在总结发言中提出了技术经济学科未来研究的重要领域和方向：第一，技术经济学科自身建设研究；第二，学术研究如何与实践更加结合；第三，经济改革对项目评价的影响，企业发展的技术经济范式变革等；第四，我国创新驱动发展战略的顶层设计问题。

（刘建翠）

人口与劳动经济研究所

（一）人员、机构等基本情况

1. 人员

截至2014年年底，人口与劳动经济研究所共有在职人员50人。其中，正高级职称人员11人，副高级职称人员16人，中级职称人员15人；高、中级职称人员占全体在职人员总数的84%。

2. 机构

人口与劳动经济研究所设有：人口统计与分析研究室、人口与社会发展研究室、劳动与就业研究室、社会保障研究室、人口资源环境经济研究室、劳动关系研究室、人力资源研究室、《中国人口科学》编辑部、《中国人口年鉴》编辑部、办公室。

3. 科研中心

人口与劳动经济研究所院属科研中心有：中国社会科学院人力资源研究中心、中国社会科学院劳动与社会保障研究中心、中国社会科学院老年与家庭科学研究中心；所属科研中心有迁移研究中心。

（二）科研工作

1. 科研成果统计

2014年，人口与劳动经济研究所共完成专著4种，79.9万字；论文91篇，115万字；论文集1种，34.6万字；工具书1种，100万字。

2. 科研课题

（1）新立项课题。2014年，人口与劳动经济研究所共有新立项课题7项。其中，国家社会科学基金课题3项："户籍制度改革的成本与收益研究"（屈小博主持），"城市第一代独生子女家庭亲子财富流转研究"（伍海霞主持），"未来劳动力供求总量及结构变化趋势研究"（向晶主持）；国情调研重大课题1项："财富占有与收入分配现状及调整政策调研"（张展新、王桥主持）；国情调研基地项目2项："海宁制造业企业微观调查"（都阳主持），"四川省成都市养老服务体系与政策"（王桥主持）；所重点课题1项："老年家庭养老负担——承载力指标体系研究"（封婷主持）。

（2）结项课题。2014年，人口与劳动经济研究所共有结项课题5项。其中，院重大课题1项："中国城乡家庭结构状态变动及其影响因素分析"（王跃生主持）；国情调研重大课题1项："财富占有与收入分配现状及调整政策调研"（张车伟、高文书主持）；所重点课题3项：劳动关系运作实践中几个应关注的问题"（周晓光主持），"我国国民收入分配格局与地区差距变动"

（蔡翼飞主持），“医疗费用和老龄化对经济增长的影响”（陈秋霖主持）。

（3）延续在研课题。2014年，人口与劳动经济研究所共有延续在研课题，即国家社会科学基金课题9项：“劳动报酬与劳动生产率增长的关系研究”（曲玥主持），“贫困地区通婚圈变动与男性婚配困难问题研究”（王磊主持），“农村劳动力流动与中国城乡居民收入差距”（高文书主持），“老龄化和城市化背景下的中国社会养老服务体系研究”（林宝主持），“社会性别视角下人口流动对我国人力资本发展的影响”（牛建林主持），“社会转型初期家庭结构和代际关系变动研究”（王跃生主持），“中国人口——经济分布匹配性与区域均衡发展的路径选择”（蔡翼飞主持），“非正规劳动力市场中最低工资的实施效果研究”（贾朋主持），“流动人口‘家庭化’至‘稳定化’的发展历程与影响因素研究”（杨舸主持）。

3. 获奖优秀科研成果

2014年，人口与劳动经济研究所获得第六届人口科学优秀成果奖论文一等奖3项：王跃生的论文《中国城乡家庭结构变动分析——基于2010年人口普查数据》，陆旸、蔡昉的论文《人口结构变化对潜在增长率的影响：中国和日本的比较》，杨舸、王广州的论文《户内人口匹配数据的误用与改进》；论文二等奖1项：都阳、陆旸的论文《中国的自然失业率水平及其含义》；论文三等奖4项：侯慧丽的论文《梯度城市化：不同社区类型下的流动人口居住模式和住房状况》，吴要武的论文《独生子女政策与老年人迁移》，王军、王广州的论文《中国育龄人群的生育意愿及其影响估计》，王磊的论文《农村人口地理通婚圈的变动及成因》；专著类一等奖1项：王广州等的专著《中国生育政策调整》。获得第六届中国农村发展研究奖提名奖1项：赵文的论文《中国农业全要素生产率的重新考察——对基础数据的修正和两种方法的比较》。获得国家发改委宏观经济研究院重大成果二等奖1项：蔡翼飞的论文《长江上游经济区发展战略研究》。

4. 创新工程的实施和科研管理新举措

2014年，人口与劳动经济研究所进入创新工程。该所首批入岗人数35人。设立创新项目6项：“中等收入阶段劳动力市场政策研究”（都阳主持），“中国快速人口老龄化的原因、后果及应对策略”（郑真真主持），“社会转型时期中国家庭人口变动、问题和对策”（王跃生主持），“人口管理创新与社会保障包容：地方经验考察和总体设计研究”（张展新主持），“‘单独二孩’生育政策及其影响研究”（王广州），“城乡劳动力流动、基本公共服务均等化与新型城市化”（高文书）。

（三）学术交流活动

1. 学术活动

2014年，人口与劳动经济研究所主办和承办的学术会议有：

（1）2014年3月25～26日，人口与劳动经济研究所、欧盟委员会和成都市社会科学院联合主办的“中欧经济调整中的劳动力市场制度国际研讨会”在四川省成都市召开。会议研讨的主要问题有“中欧经济转型与调整以及劳动力市场改革的总体情况”“中欧劳动力市场中的工资形成机制及人力资本积累问题”“中欧的最低工资制度及其影响评价”“中欧的失业保险制度设计及评价”“中欧的劳动力市场相关法规及其影响”“经济转型与调整中的劳动关系问题”。

（2）2014 年 4 月 9 日，人口与劳动经济研究所主办的《中国经济增长与发展新模式》新书发布会在北京举行。该书由社会科学文献出版社和澳大利亚国立大学 ANU 出版社共同出版。国内外学者运用现代经济增长理论的最新成果，考察了中国人口结构的变化、工业和农业的发展情况，中国的绿色增长前景等关乎中国经济发展的新问题，提出一些新思路。

（3）2014 年 4 月 14 ~ 15 日，中国社会科学院和美国社科研究理事会共同主办的“人口流动、社会发展与社会保障”国际研讨会在北京召开。会议的主题是“人口迁移流动及公共政策”，研讨的主要问题有“背景综述和总体框架”“工业化和职业流动”“健康”“教育”“养老金和社保”“地方市民权利及相关政策”等。

（4）2014 年 6 月 28 日，人口与劳动经济研究所《中国人口科学》杂志社与东北财经大学联合举办的“人口发展与产业结构调整”学术研讨会在辽宁省大连市召开。会议研讨的主要问题有“人力资本在产业结构调整中的作用及国际经验”“区域产业结构调整中存在的问题”“产业结构调整中的人口与就业问题”。

（5）2014 年 8 月 19 日，人口与劳动经济研究所、中国社会科学院老年科研中心和日本久留米大学经济学部合办的“第十九届社会经济国际研讨会”在吉林省长春市召开。会议研讨的主要问题有“探讨中日韩三国老龄化对策，健全和完善社会保障体系”“发展养老服务业、人口就业与经济增长关系等问题”“人口文化与资源环境等课题的研究”。

（6）2014 年 9 月 15 日，中国社会科学院人口与劳动经济研究所、中国社会科学院日本研究所与日本国立社会保障和人口问题研究所联合主办的“中日人口与社会保障研讨会”在北京召开。会议研讨的主要问题有“中国、日本和东亚地区的人口转变和家庭模式变化”“收入、家庭和家户的中日比较研究”“就业与社会保障”“老年人健康状况及人口老龄化的应对政策”。

（7）2014 年 11 月 7 ~ 8 日，人口与劳动经济研究所、湖北经济学院联合主办的“人口资源与环境经济学青年学者论坛”在湖北省武汉市召开。会议研讨的主要问题有“资本流动与产业问题研究”“流动人口与老龄问题”“人口结构与经济增长和可持续发展问题”。

（8）2014 年 11 月 13 ~ 14 日，中国社会科学院、北京大学国家发展研究院、美国加州大学伯克利分校老龄经济和人口研究中心、美国东西方中心联合举办的“中国社科论坛——人口老龄化挑战和政策应对国际研讨会”在北京召开。会议研讨的主要问题有“老龄化对经济发展的机遇和挑战”“代际转移变迁”等。

（9）2014 年 12 月 17 ~ 18 日，由中国社会科学院经济学部主办，人口与劳动经济研究所承办的“中国经济新常态——速度、结构与动力”国际学术研讨会在北京召开。会议研讨的主要问题有“对中国经济增长率的预测”“产业结构升级与就业结构变化”“经济增长的动力”。

2. 国际学术交流与合作

2014 年，人口与劳动经济研究所共派遣出访 27 批 27 人次，接待来访 28 批 55 人次（其中，中国社会科学院邀请来访 13 批 34 人次）。与人口与劳动经济研究所开展学术交流的国家有德国、日本、英国等。

（1）2014 年 1 月 21 ～ 25 日，人口与劳动经济研究所所长蔡昉应世界经济论坛邀请，赴瑞士参加 2014 年世界经济论坛。

（2）2014 年 3 月 25 ～ 26 日，人口与劳动经济研究所所长蔡昉应泛美开发银行邀请参加在阿根廷召开的“中国发展新模式对拉美及非洲的影响”研讨会，并作题为“中国经济发展模式转变与改革红利”的发言。

（3）2014 年 3 月 27 日至 4 月 5 日，人口与劳动经济研究所所长蔡昉参加在美国宾夕法尼亚州费城举办的亚洲研究协会年会。

（4）2014 年 10 月 9 ～ 11 日，人口与劳动经济研究所研究员郑真真应邀赴英国伦敦参加国际计生联的审计委员会会议。

（5）2014 年 12 月 1 ～ 6 日，人口与劳动经济研究所研究员王广州赴澳大利亚参加澳大利亚人口学年会。

（四）学术期刊

（1）《中国人口科学》（双月刊），主编蔡昉。

2014 年，《中国人口科学》共出版 6 期，共计 108 万字。该刊全年刊载的有代表性的文章有：胡晓义的《加快建成覆盖城乡居民的社会保障体系》，王桂新、黄祖宇的《中国城市人口增长来源构成及其对城市化的贡献：1991 ～ 2010》，王广州的《中国老年人亲子数量与结构计算机仿真分析》，王放、陈金永的《北京“大都会区”的界定与探讨》，杜两省、刘发跃的《人力资本存量难以解释西部地区低投资效率的原因分析》，穆怀中等的《收入非均等贫困指数及其社会秩序风险测度研究》，辜胜阻等的《中国农民工市民化的二维路径选择——以户籍改革为视角》，马小红等的《四类流动人口的比较研究》，王克强等的《户籍堤坝效应与东部城市就业吸引力研究》，郑真真的《生育意愿的测量与应用》，郭志刚、许琪的《独生属性与婚姻匹配研究——对“随机婚配”假定的检验》。

（2）《中国人口年鉴》（年刊），主编张车伟。

《中国人口年鉴》2014 卷秉承“收录广泛、资料浓缩、信息密集、内容权威”的一贯原则，全面、客观、翔实地反映中国人口及相关各项事业的发展情况，以及相关领域的研究状况。

（3）《劳动经济研究》（双月刊），主编蔡昉。

2014 年，《劳动经济研究》共出版 6 期，共计 144 万字。该刊全年刊载的有代表性的文章有：樊纲、郑鑫的《“农民工早退”与新型城镇化》，朱玲的《转向适应市场经济运行的社保体系》，蔡昉等的《中国就业政策的国际视角》，王小鲁的《收入、消费与中国经济结构再平衡》等。

（五）会议综述

“人口流动、社会发展与社会保障”国际研讨会

2014 年 4 月 14 ～ 15 日，“中国社会科学院－美国社科研究理事会共同关注系列”之“人口流动、社会发展与社会保障”国际研讨会在北京召开。会议由中国社会科学院和美国社科研究理事会共同主办，中国社会科学院人口与劳动经济研究所、中国社会科学院人口与劳动经济研究所迁移研究中心承办，来自中国、美国和英国的 20 余位专家学者出席了会议。研讨会由中国社会科学院国际合作局周云帆副局长、中国社会科学院人口与劳动经济研究所所长蔡昉研究员和美国社科研究理事会项目主任 Jennifer Holdaway 致欢迎词。

研讨会围绕人口流动的现状、权利演进、流动人口的健康和教育等问题进行了探讨。人口流动是各国都面临的重要人口现象，中美两国人口流动的趋势、阶段和影响因素存有可比之处，而美国在移民的社会融合和社会保障发展方面的经验，会对中国的政策和实践有所启示。在社会包容和权利演进方面，中国的经验研究发现，就业市场化提升了农民工社保参与率，城乡分隔的现状已经改善，而地方治理也对农村流动人口的公民权实现有重大影响，美国的研究者从接纳和融合的观点出发介绍了美国的政策和立法状况。流动人口的健康也是研究关注的重点，中国的实证研究发现，不同流入地流动人口健康状况和卫生服务使用的显著差异来自流入地制度和结构的差异，美国的研究显示，美国非法移民在医疗保险与医疗服务利用方面差异显著，与中国乡城流动人口的研究可以互相借鉴，另有学者提出，中国对流动人口健康的研究需要重塑分析框架，如从经济和政治地理视角出发关注城乡差距。社会保障特别是养老保险能够实现资源跨代际的分配，目前中国的农民工养老保险存在碎片化、覆盖面窄、给付水平低的问题，而通过美国经验，发展养老金、寿险、年金、抵押贷款的市场，将有助于保持低生育率和减弱生育的男孩偏好，适应社会经济发展的需要，然而中国出现跨代际教育流动性下降，阶层流动性降低的问题，需要引起重视。流动人口的教育是另一个值得关注的问题，对社会满意和社会流动机制有重要的作用，北、上、广三地作为代表的政策和效果比较研究探讨了地方政府在流动儿童教育方面的责任，而美国经验证实社区大学对于移民子女的教育具有良好的效果，对移民学生与本土学生差异的内在机制、不平等性和重要影响因素的研究也指出，中美进行比较研究很有必要。

人口流动带来的社会经济问题涉及面广，影响深远，相关研究需要整体性思路，通过不同国家、不同领域研究者沟通与合作，共同关注和推进。会议主题覆盖了人口流动的重要议题，

并且中美两国学者在深入研究本国问题的基础上，进行了跨国比较和借鉴，对未来的研究和合作有积极意义。

会议由中国社会科学院人口与劳动经济研究所研究员郑真真和美国社科研究理事会项目主任 Jennifer Holdaway 致闭幕词，他们总结了就人口流动方面共同关心的问题进行中美两国比较研究和进一步交流与合作的重要意义，并对成果发表与系列研讨会进行了展望。

（封　婷）

中日经济增长与劳动力市场研讨会

2014 年 8 月 20 日，“中日经济增长与劳动力市场研讨会”在中国社会科学院学术报告厅举行。研讨会由中国社会科学院、日本学术振兴会合作主办，中国社会科学院人口与劳动经济研究所、中国社会科学院劳动与社会保障研究中心、中国社会科学院人力资源研究中心联合承办。会议开幕式由中国社会科学院评价中心常务副主任荆林波主持，中国社会科学院国际合作局副局长周云帆和日本学术振兴会北京代表处所长和田修分别致开幕词，中国社会科学院副院长蔡昉出席研讨会并发表主题演讲。来自日本学术振兴会、日本东京大学、中国社会科学院、北京大学等单位的 60 余位学者参会，14 位学者先后发表演讲。

在中国经济进入新常态的背景下，会议旨在从劳动力市场的层面探讨如何认识并适应、引领新常态，如何在新常态下保持经济中高速增长，如何借鉴日本的相关经验教训。中日学者主要围绕着经济发展阶段判断与比较，刘易斯拐点之后的产业转移和结构变化等现象，工资变化、收入分配和技能变化，劳动力市场制度、劳动关系与经济发展等主题进行讨论。

会议对当前中国劳动力市场主要有三个判断：其一，由于长期低生育率造成的人口结构变化，中国劳动年龄人口已经绝对减少，就业总量开始下降；其二，由于中国经济的实际增长率没有明显偏离潜在增长率，因而并不存在显著的周期性失业，当前城镇失业率主要是自然失业率；其三，劳动力市场需求总体强劲，但结构性问题依然存在，非熟练工人工资持续上涨，以及地方政府为应对劳动力短缺逐年提高最低工资标准等一系列现象等表明中国已经跨越刘易斯转折区间。日本的情况表明，在人口结构转变和产业结构转型的 20 世纪 90 年代以来，高素质劳动力对其经济增长发挥了非常重要的作用。与会学者认为，全面彻底的户籍制度改革及其推动的更具竞争性的劳动力市场、进一步推动高等教育、提高劳动者技能、完善劳动法律制度等将可能为中国经济增长带来新的源泉，促进新常态下的经济中高速增长。

（熊　柴）

“中国经济新常态——速度、结构与动力”国际学术研讨会

2014 年 12 月 17 ～ 18 日，为了系统解读习近平总书记提出的“新常态”思想，转变经济调控思路和方式，探索新的经济增长动力，中国社会科学院经济学部主办，中国社会科学院人口与劳动经济研究所、中国社会科学院人力资源研究中心在北京承办了“中国经济新常态——速度、结构与动力”国际学术研讨会。中国社会科学院国际合作局局长王镭主持了会议。中国社会科学院副院长蔡昉在会上致辞。来自美国、英国、韩国等多个国家的 20 余名学者出席了会议。

与会的国内外专家围绕“中国经济新常态”所涉及的问题，结合国际社会经济增长理论研究和实践经验，从经济增长速度、经济结构和增加动力三个角度，全面分析了中国经济新常态的内涵，为准确判断中国经济的走势，深入开展相关的研究工作提供了重要的指导。会议共分三个单元，第一单元主题为“增长速度”，来自国内外的 3 位学者在总结各国经济增长经验的基础上分析了中国未来经济增长的空间。第二单元主题为“经济结构”，来自国内外的 7 位学者分别从劳动力市场、金融市场等多个角度分析了中国如何通过调整经济结构来转变经济增长模式。第三单元是“增长动力”，与会的国内外专家使用翔实的数据分析要素市场、全要素生产率及收入分配对中国经济的影响。

与会专家总结了中国经济“新常态”的三个主要特点：第一，较低的经济增长速度，但更具有可持续性和公平性；中国未来的经济结构将转向第三产业服务业，必然伴随着劳动生产率和经济增长速度下降。第二，灵活的经济结构，市场应发挥在资源配置中的决定性作用。第三，创新驱动型的经济增长动力，经济增长将会越来越取决于经济集中度（集聚）、经济规模（专业化）和要素配置效率（流动性）。与会专家认为，新常态条件下中国经济低速增长是结构性的而非周期性的，以需求为导向的宽松经济政策并不能扭转这一趋势；以政府为主导的经济发展方式将不可持续，中国政府应当对金融市场、劳动力市场、土地市场进行结构性的改革，如果不采取相应的改革，中国经济面临的低速冲击将更严重。应对新常态的关键是深化金融、资本、劳动力等市场的结构改革，充分发挥市场的决定性作用，实现由投入驱动向生产率驱动的经济发展方式转变。

会议分析了新常态的特点和原因，对全面、系统、深刻地认识新常态有重要意义。与会专家讨论了新常态下中国经济面临的风险，提出了政策改革的建议，如，营造更好的企业竞争环境、提高全要素生产率、转变经济增长方式等。

（李雅楠）

城市发展与环境研究所

（一）人员、机构等基本情况

1.人员

截至2014年年底，城市发展与环境研究所共有在职人员41人。其中，正高级职称人员12人，副高级职称人员9人，中级职称人员11人；高、中级职称人员占全体在职人员总数的78%。

2.机构

城市发展与环境研究所设有：城市经济研究室、城市规划研究室、城市与区域管理研究室、环境经济与管理研究室、土地经济与不动产研究室、可持续发展经济研究室、气候变化经济学研究室、《城市与环境研究》中英文期刊编辑部、办公室、科研处、人事处。

3.科研中心

城市发展与环境研究所院属科研中心有：中国社会科学院可持续发展研究中心。2014年5月，经中国社会科学院和内蒙古自治区批准在该中心之下成立了内蒙古气候政策研究院。所属科研中心有：城市政策与城市文化研究中心、人居环境研究中心；院重点实验室有：气候变化经济系统模拟重点实验室、城市信息集成与动态模拟重点实验室；城市发展与环境研究所还是中国社会科学院——中国气象局气候变化经济学模拟联合实验室和中国城市经济学会的挂靠管理单位。

（二）科研工作

1. 科研成果统计

2014年，城市发展与环境研究所共完成专著4种，138.8万字；论文107篇，120万字；研究报告或编著6种，196.9万字；其他文章或对策报告37篇，15万字。

2. 科研课题

(1) 新立项课题。2014年，城市发展与环境研究所共有新立项课题21项。其中，国家社会科学基金课题4项："推进城镇化的重点难点问题研究"（魏后凯主持），"农民工市民化的成本与收益研究"（单菁菁主持），"气候容量对城镇化发展影响实证研究"（朱守先主持），"空间分工、专业化与集聚经济"（苏红键主持）；国家自然科学基金课题1项："基于技术异质性与非期望产出的中国城市生产效率提升路径研究"（王业强主持）；院国情调研重大课题1项："打造'丝绸之路经济带'可再生资源走廊的战略前景——宁夏可再生能源产业发展现状、战略前景与实现路径调研"（潘家华主持）；所级国情调研基地课题2项："市民化背景下的北京城区核心街道综合治理调研"（李国庆主持），"典型城市碳排放总量控制政策案例调研”（朱守先主持）；所重点课题3项：“应对气候变化报告2014”（潘家华主持），“中国城市发展报告No.7”（潘家华主持），“中国房地产发展报告No.11”（魏后凯主持）；院交办课题2项：“长江中游城市群发展战略研究”（潘家华主持），“中国梦与浙江实践——生态组”（潘家华主持）；其他部门或地方委托课题重要的有8项：国家发展和改革委员会2014年度重大改革研究课题“加强生态文明建设的重大问题和制度机制研究”（潘家华主持），国家重点基础研究发展计划（973计划）“地球工程的综合影响评价和国际治理研究”（陈迎主持），2014年度国家软科学研究计划课题“科技创新驱动区域协调发展的措施研究”（魏后凯主持），国家发展和改革委员会委托课题“西部大开发‘十三五’规划发展思路研究”（魏后凯主持），中国清洁发展机制赠款基金课题“碳关税及隐形碳关税对我国出口贸易的影响及其国际治理模式研究”（王谋主持），内蒙古自治区发展和改革委员会委托课题“京津冀及周边地区大气污染联防联控内蒙古发展定位研究”（潘家华主持），贵州省发展和改革委员会委托课题“贵州省建立生态补偿机制研究”（潘家华主持），三亚市发展和改革委员会委托课题“三亚市国民经济和社会发展第十三个五年规划纲要编制”（单菁菁主持）等。

（2）结项课题。2014年，城市发展与环境研究所共有结项课题8项。其中，国家科技支撑课题1项：“城镇碳排放清单编制方法与决策支持系统研究、开发与示范”（庄贵阳主持）；院交办课题1项：“中国梦与浙江实践——生态组”（潘家华主持）；院国情调研重大课题1项：“打造‘丝绸之路经济带’可再生资源走廊的战略前景——宁夏可再生能源产业发展现状、战略前景与实现路径调研”（潘家华主持）；所级国情调研基地课题2项：“市民化背景下的北京城区核心街道综合治理调研”（李国庆主持），“典型城市碳排放总量控制政策案例调研”（朱守先主持）；所重点课题3项：“应对气候变化报告2014”（潘家华主持），“中国城市发展报告No.7”（潘家华主持），“中国房地产发展报告No.11”（魏后凯主持）。

（3）延续在研课题。2014年，城市发展与环境研究所共有延续在研课题7项。其中，国家社会科学基金课题4项：“城市生态文明的科学内涵与实践路径研究”（潘家华主持），“中国新能源产业化发展的影响因素及其作用机理研究”（李萌主持），“建立多元化保障性住房供应体系研究”（李恩平主持），“2020年后国际气候制度谈判政治博弈及我国谈判战略与主要问题立场研究”（王谋主持）；国家自然科学基金课题2项：“转移排放、碳关税对中美经济的影响及策略研究——基于CGE模型的实证分析”（潘家华主持），“气候变化适应治理机制：中国东西部地区案例比较研究”（郑艳主持）；国家发展和改革委员会委托课题1项：“中国低碳城镇化问题研究”（潘家华主持）。

3．获奖优秀科研成果

2014年，城市发展与环境研究所获“湖北省社科期刊第十四届优秀论文奖”一等奖1项：陈洪波、潘家华的论文《我国生态文明建设的理论与实践进展》；获第五届“优秀皮书奖”三等奖1项：潘家华、魏后凯、宋迎昌主编的《城市蓝皮书：中国城市发展报告No.6》；获第五届“优秀皮书报告奖”一等奖1项：魏后凯、盛广耀、苏红键的《推进农业转移人口市民化的总体战略》；获第五届“优秀皮书报告奖”三等奖1项：潘家华、庄贵阳等的《低碳城镇化：中国应对气候变化的战略选择》。

4.创新工程的实施和科研管理新举措

2014年，城市发展与环境研究所有34人进入创新岗位，首席管理为所长潘家华和党委书记赵燕平。2014年，该所共有7项创新工程项目，其中，院创新工程重大项目1项：“中国特色社会主义城镇化研究”（首席研究员为梁本凡）；研究所创新工程项目6项：“城镇化质量评估与提升路径研究”（首席研究员为魏后凯），“全球气候治理的国际政治经济分析”（首席研究员为陈迎），“城乡一体的住房支持体系研究”（首席研究员为李景国），“城市经济转型升级研究”（首席研究员为刘治彦），“城市低碳发展机制创新研究”（首席研究员为庄贵阳），“城乡一体化框架下的城市治理模式创新研究”（首席研究员为宋迎昌）。

2014年，城市发展与环境研究所在创新工程方面实施的新举措主要有：

（1）创新人才使用机制。该所积极利用创新工程契机，改革人才使用和培养机制。在创新岗位落实中，坚持公开透明、双向选择的原则，在发挥个人能动性的同时，加强团队建设，鼓励研究骨干勇挑重担，从而调动研究人员积极性，尽可能实现创新项目与人员的最佳匹配；重视学科带头人和研究室主任的领军作用，支持他们担任首席研究员，挑起创新项目团队的组织领导工作；对于优秀的青年科研人员，充分利用现有政策给予低职高聘的机会和待遇，鼓励他们承担重点研究任务。

（2）创新经费管理使用方式。按照院创新经费管理制度和要求，完善研究所财务管理办法，严格财务审批手续，严格各项经费的使用范围、程序和政策边界，保障了经费使用的真实、合理与合规。按照院经费总额拨付，该所自主安排使用的制度规范，立足自身发展情况，对中英文期刊建设、研究室建设、对外学术交流等亟须加强的工作给予适度倾斜，逐步解决限制该所发展的瓶颈性因素。

（3）继续加强科研平台建设。2014年，该所管理的可持续发展研究中心之下成立了内蒙古气候政策研究院，以内蒙古自治区为基地，开展气候政策战略相关研究；成立了北京市东城区东四街道基地（以社区治理为主要调研主题）和河南济源基地（以节能减排政策及效果为主要调研主题）；通过经费倾斜、人员安排等多种方式加强《城市与环境研究》中文刊、*Chinese Journal of Urban and Environmental Studies* 英文刊、中国城市经济学会、研究所网站等既有研究和宣传平台建设，继续加强和完善研究所的科研平台体系。

（三）学术交流活动

1．学术活动

2014年，城市发展与环境研究所主办和承办的学术会议主要有：

(1) 2014 年 3 月 25 日，由城市发展与环境研究所和英国智库查塔姆研究所（Chatham House）联合举办的“中欧可持续发展与能源安全”国际研讨会在北京召开。会议的主题是“加强中欧在气候变化领域合作与构建新型伙伴关系”。

(2) 2014 年 4 月 29 日，由城市发展与环境研究所和社会科学文献出版社共同主办的“2014 年中国房地产高峰论坛暨《房地产蓝皮书》发布会”在北京召开。会议的主题是“新型城镇化与房地产发展”。

(3) 2014 年 5 月 13 ～ 14 日，由城市发展与环境研究所主办、英国牛津大学和德国波兹坦可持续发展高等研究院共同协办的“地球工程的国际治理机制”国际研讨会在北京召开。会议的主题是“如何构建具有科学性、合理性、公平性的地球工程的国际治理机制”。

(4) 2014 年 6 月 5 日，由中国社会科学院与国际社科理事会联合主办，城市发展与环境研究所承办的“2013 世界社科报告发布会”在北京召开。会上向社会发布了《世界社科报告 2015》。会议研讨的主要问题有“气候变化”“环境治理”“国际可持续发展议程”。

(5) 2014 年 9 月 11 ～ 13 日，由中国社会科学院主办、城市发展与环境研究所与三峡大学共同承办的“中国社会科学论坛（2014 年 · 经济学）——新型城镇化：质量提升路径”在湖北省宜昌市召开。会议研讨的主要问题有年“中国特色新型城镇化”“区域一体化与产城融合”“绿色可持续城镇化”。

(6) 2014 年 9 月 17 日，由城市发展与环境研究所和社会科学文献出版社共同主办的“2014 年中国城市发展高峰论坛暨《城市蓝皮书 No.7》发布会”在北京举行。会议的主题是“中国大城市治理问题”。

(7) 2014 年 9 月 22 ～ 23 日，由中国社会科学院和台湾“中华经济研究院”共同主办、城市发展与环境研究所承办的“海峡两岸城市发展：比较、借鉴与合作”学术研讨会在湖北省恩施土家族苗族自治州召开。会议研讨的主要问题有“全球化背景下的城市发展与治理”“中国大陆新型城镇化建设”“台湾城市发展、经验及其未来动向”“长江中游城市群发展前景”“海峡两岸城市发展与合作”。

(8) 2014 年 11 月 5 日，由城市发展与环境研究所、中国气象局国家气候中心与社会科学文献出版社共同主办的“2014 年气候变化绿皮书发布会暨气候治理与节能减排高峰论坛”在北京召开。会议的主题是“2020 年后国际气候制度与中国的气候治理、节能减排”。

(9) 2014 年 11 月 8 日，由城市发展与环境研究所、北京 CBD 青年英才创新实践基地共同主办的“青年学者论坛：京津冀一体化发展”在北京召开。会议的主题是“京津冀一体化”，研讨的主要问题有“京津冀城市群的市际关系”“京津冀协同发展的难点和重点”“京津冀城市群的经济网络建构”“京津冀区域的生态环境保护”“京津冀一体化发展的制度建设”。

(10) 2014 年 12 月 12 日，由城市发展与环境研究所主办的“城市发展与环境研究所成立 20 周年座谈会暨绿色智慧城市高层论坛”在北京召开。会议研讨的主要问题有“绿色智慧城市建设的重大理论问题”“绿色智慧城市融合发展、体系构建、推动模式及模拟方法论”。

2．国际学术交流与合作

2014 年，城市发展与环境研究所共派遣出访 33 批次 36 人次，接待来访 7 批次 73 人次。与城市发展与环境研究所开展学术交流的国家有：美国、秘鲁、澳大利亚、德国、法国、芬兰、比利时、丹麦、英国、瑞士、荷兰、日本、老挝、韩国、印度、南非、加拿大、菲律宾等。

出访

（1）2014 年 1 月 9 日，应联合国可持续发展目标开放工作组共同主席的邀请，城市发展与环境研究所所长潘家华在纽约联合国总部举行的第七次会议上，就“气候变化与可持续发展目标构建”专题作了主旨演讲。

（2）2014 年 1 月 21 ～ 24 日，城市发展与环境研究所所长潘家华赴瑞士达沃斯参加“达沃斯世界经济论坛”。

（3）2014 年 6 月 9 ～ 14 日，城市发展与环境研究所研究员陈迎等赴芬兰赫尔辛基参加“未来无限：变化中的气候与可持续的未来”国际研讨会。会议研讨的主要问题有“气候变化国际合作”“2015 年后可持续发展议程”。

（4）2014 年 6 月 16 ～ 20 日，城市发展与环境研究所副所长魏后凯等赴韩国参加“低碳绿色城市建设研讨会”。

（5）2014 年 7 月 7 ～ 8 日，城市发展与环境研究所所长潘家华应邀参加在纽约联合国总部举办的主题为“讲中国故事：新型城镇化之路”的系列活动，并作了题为“中国城镇化转型进程：包容、宜居、可持续”的演讲。

（6）2014 年 10 月 26 日至 11 月 1 日，城市发展与环境研究所所长潘家华接受中国气象局交办任务，赴丹麦出席政府间气候变化专门委员会第 40 次全会，参与国际气候政策与合作的讨论。

（7）2014 年 12 月 7 ～ 12 日，城市发展与环境研究所研究员庄贵阳、梁本凡等赴秘鲁利马参加联合国气候变化大会，参与国际应对气候变化研究交流。

来访

（1）2014 年 6 月 16 日，墨西哥国立自治大学教授 Lilia Rodriguez Tapia 一行访问城市发展与环境研究所，双方就“应对气候变化”“城市水资源管理”等主题进行了交流。

（2）2014 年 11 月 22 日至 12 月 8 日，澳大利亚富林德斯大学学者 Cassandra Star 来城市发展与环境研究所进行学术访问，双方就“2015 后国际可持续发展议程”“应对气候变化政策”等主题进行了交流。

国际合作研究项目

2014 年，城市发展与环境研究所立项国际合作研究项目有 2 项：与能源基金会合作开展的“碳排放峰值研究”（潘家华主持），与美国自然资源保护协会合作开展的“中国煤炭消费总量控制方案和政策研究”（潘家华主持）；延续在研的国际合作研究项目有 1 项：与世界资源研究所合作开展的“2015 年后发展议程研究”（陈迎主持）。

（四）会议综述

中国社会科学论坛（2014年·经济学）——新型城镇化：质量提升路径

2014 年 9 月 12 ～ 13 日，“中国社会科学论坛(2014 年·经济学)——新型城镇化：质量提升路径”在湖北省宜昌市举行。中国社会科学院副院长、党组成员蔡昉，湖北省委宣传部副部长喻立平，中共宜昌市委常委、副市长毛传强，三峡大学党委书记李建林出席会议并致辞。中国社会科学院城市发展与环境研究所所长潘家华主持会议。

2014 年 9 月，“中国社会科学论坛（2014 年 · 经济学）——新型城镇化：质量提升路径”在湖北省宜昌市举行。

论坛的主题为“新型城镇化：质量提升路径”。与会学者主要围绕“以人为本的城镇化”“绿色可持续发展的城镇化”“城乡融合和区域统筹的城镇化”“智慧高效的城镇化”“城镇化的国际经验比较”“中国新型城镇化的质量提升路径”六个专题进行了研讨。

蔡昉在致辞中说，党的十八大正式提出了新型城镇化的概念，标志着我国城镇化发展的全面转型。改革开放以来，中国的城镇化率以年均 1 个百分点的速度增长。城镇化的快速推进，一方面吸纳了大量的农村转移劳动力，提高了配置效率，促进了经济增长，带来了社会结构的深刻变革；另一方面也促进了城乡居民收入的全面提升。但与此同时，也出现了土地城镇化快于人口城镇化、城镇的空间分布和规模结构不合理、城镇管理服务水平不高、历史文化遗产保护不力、城乡建设缺乏特色等问题。这些问题都表明，中国的城镇化发展必须要进入一个以质量提升为主的新阶段，对此要在理论和实践层面进行深入的探讨。希望通过此次高层学术论坛，搭建学术交流平台，充分激发国内外专家学者的思想和智慧，以质量提升路径为此次中国社会科学论坛的中心议题，共同探讨新型城镇化发展之路。

蔡昉强调，未来中国的人力资本缺口会非常大，人口红利的消失、劳动力的短缺、资本回报率的下降等，都会导致未来潜在增长率的下降。而农民工的市民化，一方面会充分激发劳动力的转移潜力，扩大劳动力规模，另一方面也会大幅提高农民工的劳动参与率，并进而提高经济的潜在增长率。同时，继续加快农村劳动力从剩余状态转向生产率更高的部门，可以达到资源重新配置的效果。因此农民工的市民化，可以带来立竿见影的改革红利，以人为核心的城镇化，有望实现从供给方通过改革创造更高的潜在增长率。

应邀参加此次论坛的国内外知名专家学者发表了演讲。香港前民政事务局局长何志平在发言时说，质量提升的路径，是我们国家新型城镇化最关键的问题。质量的提升，不仅包含服务的提升，还包含住在城市里的人的质量的提升。倡导地区可持续发展国际理事会主席凡毕金在发言中说，城市化是全球趋势不可阻挡的大潮，寻找绿色的城市发展模式，构建健康、快乐的城市秩序，需要政府和群众采取集体行动，实现资源高效利用。

潘家华就全球城市可持续发展目标的国际制定进程作了发言。潘家华认为，明确中国可持续城镇化的任务和目标，不仅是中国可持续发展的客观要求，也是实现全球城市可持续发展目标的重要内容。为此，必须加快改变主要依靠要素成本优势驱动、大量投入资源和消耗环境的经济发展方式，走绿色、低碳、可持续的发展道路。

中国社会科学院学部委员田雪原、经济研究所所长裴长洪、美国研究所所长郑秉文以及三峡大学校长何伟军等作大会演讲。

论坛由中国社会科学院主办，中国社会科学院城市发展与环境研究所和三峡大学共同承办。百余名专家学者及新闻媒体记者出席论坛。

（郝伟静）

“海峡两岸城市发展：比较、借鉴与合作”学术研讨会

2014年9月22～23日，“海峡两岸城市发展：比较、借鉴与合作”学术研讨会在湖北省恩施土家族苗族自治州举行。中国社会科学院院长、党组书记王伟光，中国社会科学院副院长、党组成员李扬，台湾“中华经济研究院”院长吴中书，湖北省委宣传部部长尹汉宁，湖北省恩施土家族苗族自治州州委书记王海涛出席开幕式。李扬发表了题为“全球进入新常态”的主旨演讲。中国社会科学院台港澳办公室主任王镭主持开幕式。

2014年9月，“海峡两岸城市发展：比较、借鉴与合作”学术研讨会在湖北省恩施土家族苗族自治州举行。

会议的主题是“海峡两岸城市发展：比较、借鉴与合作”。与会学者主要围绕“全球化背

景下的城市发展与治理”“中国大陆新型城镇化建设”“台湾地区城市发展模式及其未来动向”“长江中游城市群发展前景”“海峡两岸城市发展合作前景”等议题进行了交流，对“海峡两岸未来城镇化与城市发展的基本思路、主要模式以及可能的合作平台”等专题进行了探讨。

王伟光在致辞中指出，中国大陆改革开放三十多年来，伴随着经济快速增长，城镇化的快速推进，一方面吸纳了大量农村劳动力转移就业，提高了城乡生产要素配置效率，推动了国民经济持续快速发展，带来了社会结构深刻变革，促进了城乡居民水平全面提升；另一方面也呈现出重速度、轻质量的特征，发展模式比较粗放，不可持续、不协调、缺乏包容性等问题突出。相比较而言，台湾地区在快速工业化的带动下，走出了一条高速度、高质量的城镇化道路，为大陆城市化提供了可以借鉴的经验。台湾地区城镇化的成功经验有三大鲜明的特点：第一，通过在农村发展非农业，就地利用农村自然资源，发展工业、商业、服务业的模式，使农村迅速向城镇化迈进，由此降低了农民和城镇居民之间的差距，逐步实现了城乡统筹和协调发展。第二，构建的城市规模体系合理，城市人口较为均衡地分散于各层级城市体系中，构筑了一个由全台政治、经济、文化中心，区域中心，地方中心，一般市镇，农村集镇组成的多层次城镇体系。第三，保持了城镇化与经济发展相协调，有效地缓解、消除了城乡对立和“城市病”，从而形成了快速经济发展与稳定社会发展共存的局面。

王伟光强调，海峡两岸血脉相连，在推进城镇化进程中有许多经验值得总结交流，有许多教训值得共同探讨。在大陆新型城镇化全面推进的背景下，台湾地区高速度、高质量的城镇化经验对大陆地区实现“以人为本、四化同步、优化布局、生态文明、文化传承”的“高质量的健康城镇化”具有重要的借鉴意义。此次会议将加深两岸在城镇化与城市发展方面的相互了解，并推动两岸在城镇化方面的学术交流，增进互信合作，共同建设美丽家园。

尹汉宁在致辞中指出，城镇化的进程应该是社会进步的进程，也是文明进步的进程。城镇化本身应该反映文明进步的成果，同时也应该体现文明进步的水平。湖北是一个有深厚历史文化底蕴的地方，生态环境、历史人文资源的保护，将被作为湖北在城镇化加速推进的过程当中需要从全局性和战略性考虑的问题。

李扬在主旨演讲中指出，党的十八届三中全会确定了在城乡一体化的架构下发展城镇化的新战略，计划通过几年的努力，基本消灭中国的城乡分割，取消城乡居民身份的分割。这一战略性的调整，使得城镇化被放在城乡一体化这样一个总背景下讨论，给我国城市化指明了新方向。新的城市化战略，要让农民成为城市化的受益者，要达到提高土地利用效率的目标。讨论城镇化，切忌就城镇化谈城镇化，切忌从“城里人”的角度谈城市化。

与会学者认为，当前，电子化政府以构建政府服务所谓的DNA核心理念为指导，以社会网络发展更贴近民众需求的创新服务为目标，从社会对象的角度进行思考，开展跨机关资源服务的水平整合以及垂直整合，借助网络实现一条龙的服务模式，将社会福利、服务系统输送到基层，从而实现在公共服务领域，高效便捷地为民服务。

中国社会科学院城市发展与环境研究所所长潘家华在总结中说，此次学术研讨表明，中国经济整体进入新常态，城镇化进程也进入一个新的常态，这意味着从旧常态下的城乡分割转型到新常态的城乡一体的发展，城镇化的驱动力从工业化外延扩张到转向第三产业即服务业的发展。台湾地区已经进入新常态，值得大陆借鉴的较为成功的经验是推进在新常态下从规模扩张向品质提升的城镇化。

会议由中国社会科学院和台湾“中华经济研究院”联合主办，中国社会科学院城市发展与环境研究所承办，湖北省恩施土家族苗族自治州人民政府协办，百余名来自大陆和台湾地区的专家学者及新闻媒体记者出席会议。

（郝伟静）

城市发展与环境研究所成立20周年座谈会暨绿色智慧城市高层论坛

2014 年 12 月 12 日，由中国社会科学院城市发展与环境研究所主办，中国社会科学院城市信息集成与动态模拟实验室承办的“城市发展与环境研究所成立 20 周年座谈会暨绿色智慧城市高层论坛”在北京举行。中国社会科学院院长王伟光出席会议并致辞，中国工程院原副院长杜祥琬、中国工程院院士李京文、中国社会科学院学部委员张卓元、吕政、杨圣明等出席会议并发表讲话。来自中国社会科学院、中国科学院、国务院发展研究中心、国家发改委、住建部、国土部、环保部、商务部、清华大学、人民日报社、新华社的著名专家学者共 60 余人出席研讨会。会议开幕式由中国社会科学院城市发展与环境研究所所长潘家华主持。

智慧城市建设是新型城镇化与城市现代化的重要抓手，但是，智慧城市建设不仅仅是城市信息基础设施等“硬件”建设，更重要的是应有“城市系统软件”、先进的城市管理理念与之相适应。在信息爆炸及大数据的背景下，如何运用新一代信息技术、智能技术，动态采集城市系统信息，并通过计算机技术，系统模拟城市运行机制与状态，对城市进行科学合理的调控，从而实现城市健康发展，是一项重大的理论与现实问题。论坛为智慧城市研究提供了一个开放的交流平台。

会议围绕绿色智慧城市建设的重大理论问题，尤其是绿色智慧城市融合发展、体系构建、推动模式及模拟方法论等问题进行了深入探讨。与会代表认为，绿色城市和智慧城市建设的根本目标是一致的，两者能够实现融合发展；智慧城市建设不是数字城市的简单扩展，不仅需要采用物联网、移动互联网、大数据分析等技术，更需要基于新技术拓展智慧城市在城市管理、公共服务、社会治理、规划设计等领域的应用；绿色智慧城市的理论构建需要经济学、社会学、地理学、信息科学、政策模拟等多学科协同，在实际建设中则需要形成包括政府、研究机构、企业、市民在内的多元主体共同参与的模式。

（丛晓男　刘治彦）

社会政法学部

法学研究所

（一）人员、机构等基本情况

1.人员

截至2014年年底，法学研究所共有在职人员103人。其中，正高级职称人员29人，副高级职称人员31人，中级职称人员27人；高、中级职称人员占全体在职人员总数的84%。

2.机构

法学研究所设有：法理学研究室、法制史研究室、宪法与行政法学研究室、刑法学研究室、诉讼法学研究室、民法学研究室、商法学研究室、经济法学研究室、知识产权法学研究室、传媒与信息法学研究室、社会法学研究室、法治国情调查研究室、《法学研究》编辑部、《环球法律评论》编辑部、院图书馆法学分馆、办公室、科研组织处、人事处（党委办公室）。

3.科研中心

法学研究所院属科研中心有：民主问题研究中心、人权研究中心、知识产权中心、台港澳法研究中心、文化法制研究中心；所属科研中心有：私法研究中心、公法研究中心、性别与法律研究中心、公益法研究中心、亚洲法研究中心、欧洲联盟法研究中心。

（二）科研工作

1.科研成果统计

2014年，法学研究所共完成专著30种，1200.1万字；论文122篇，219.6万字；“三报一刊”理论文章22篇，7.4万字；研究报告56篇，168.2万字；学术资料1种，45万字；古籍整理1种，159万字；译著1种，15万字；译文4篇，6.6万字；论文集9种，369万字。

2.科研课题

（1）新立项课题

2014年，法学研究所共有新立项课题42项。其中，国家社会科学基金课题6项：“社会法总论重大理论问题研究”（余少祥主持），“人权的普遍性与主体性问题研究”（黄金荣主持），“光绪三十二年《刑律草案》整理与研究”（孙家红主持），“‘公平、合理和无歧视’专利许可规则的构建与适用研究”（赵启杉主持），“《互联网信息服务法》立法研究及草案起草”（冯军主持），“《网络安全法》立法研究及草案起草”（周汉华主持）；院创新工程学者资助计划课题4项：长城学者项目“民法基础理论及相关立法研究”（孙宪忠主持），基础研究学者课题“法理与法治：中国语境”（胡水君主持），“社会法体系及其实施的完善”（谢增毅主持），“消费经济法研究”（席月民主持）；院国情调研所级基地课题2项：“用法治思维和法治方法化解纠纷”（陈甦主持），“浙江法院阳光司法指数”（田禾主持）；研究所课题9项：“十八届三中全会法治研究”（李林、莫纪宏主持），“法学学科新发展丛书”（陈甦主持），“法学研究动态信息系统建设”（陈甦主持），“法治中国建设的理论与实践”（李林主持），“法治与经济体制改革”（陈甦主持），“法治与行政社会体制改革”（莫纪宏主持），“法治与改革”（刘作翔主持），“公法视野下法治改革”（莫纪宏主持），“市场经济法治问题”（孙宪忠主持）；中国法学会重大委托课题1项：“全面推进依法治国，努力建设法治中国”（李林主持）；其他部门与地方委托课题20项：中宣部课题“见义勇为认定体系调研”（冯军、谢增毅主持），中宣部课题“当前干部群众关注的法治热点问题专项调研”（李林、陈甦主持），全国人大常委会法工委课题“中国社会救助的法律框架”（谢增毅主持），国务院办公厅课题“政府信息公开工作有关情况第三方评估”（田禾、吕艳滨主持），国务院办公厅课题“推进我国政务公开的分析研究”（周汉华主持），国家发展和改革委员会课题“‘十三五’基本建成法治政府主要任务研究”（李林、陈甦主持），国务院新闻办公室课题“司法体制对外话语体系研究”（陈甦主持），民政部课题“慈善募捐的法律制度构建研究”（栗燕杰主持），民政部课题“中国慈善事业立法框架研究”（薛宁兰主持），国务院法制办公室课题“农村集体产权制度改革的法律问题研究”（陈甦主持），国家能源局课题“能源行业监管与行政审批制度改革研究”（谢鸿飞主持），国家食品药品监督管理总局课题“政府信息公开范围界定及相关制度建设研究”（李洪雷主持），广东省依法治省工作领导小组办公室课题“近年来广东省人大常委会科学立法、民主立法的成果与经验”（李林、田禾主持），广东省依法治省工作领导小组办公室课题广东按法治框架解决基层矛盾的现状及其发展对策，（李林、田禾主持），四川省人大法制委员会、常委会法制工作委员会课题“四川立法的探索与创新”（李林、田禾主持），四川省人大法制委员会、常委会法制工作委员会课题“藏区少数民族法治问题”（李林、田禾主持），中共青海省委政法委员会课题“深化依法治省、推进法治青海建设专项调研”（李林主持），浙江省高级人民法院课题“浙江法院裁判文书质量、庭审规范化专项测评”（田禾主持），浙江省宁波市人民政府课题“宁波市政府信息公开实施状况调研”（田禾主持），北京市法学会课题“首都‘反恐’对策与法律问题研究”（张绍彦主持）。

（2）结项课题。2014年，法学研究所共有结项课题50项。其中，国家社会科学基金课题5项：“社会转型与近代中国刑法变革研究”（高汉成主持），“民法中的事实行为研究”（常鹏翱），“信赖意思原则研究”（冉昊主持），“《互联网信息服务法》立法研究及草案起草”（冯军主持），“《网络安全法》立法研究及草案起草”（周汉华主持）；院重大课题2项：“我国行政执法体制改革方向研究”（周汉华主持），“侵权责任法实施中的重大理论与实践问题”（于敏、谢鸿飞主持）；院学部委员创新岗位课题1项：“明代则例榜例辑考”（杨一凡主持）；院重点课题2项：“社会法体系与和谐社会构建”（常纪文主持），“不动产登记法律制度研究”（常鹏翱主持）；院交办委托课题1项："惩处行贿行为法律制度研究"（刘仁文主持）；院国情调研所级基地项目2项："用法治思维和法治方法化解纠纷（2014）"（陈甦主持），"浙江法院阳光司法指数（2014）"（田禾主持）；研究所课题9项："十八届三中全会法治研究"（李林、莫纪宏主持），"法学学科新发展丛书"（陈甦主持），"法学研究动态信息系统建设"（陈甦主持），"法治中国建设的理论与实践"（李林主持），"法治与经济体制改革"（陈甦），"法治与行政社会体制改革"（莫纪宏主持），"法治与改革"（刘作翔主持），"公法视野下法治改革"（莫纪宏主持），"市场经济法治问题"（孙宪忠主持）；中国法学会重大委托课题1项："全面推进依法治国，努力建设法治中国"（李林主持）；中国法学会部级法学研究课题1项："公共政策对婚姻行为与婚姻关系的影响研究"（薛宁兰主持），其他部门与地方委托课题26项：全国人大常委会法工委课题"中国社会救助的法律框架"（谢增毅主持），中宣部课题"见义勇为认定体系调研"（冯军、谢增毅主持），中宣部课题"当前干部群众关注的法治热点问题专项调研"（李林、陈甦主持），中央外宣办课题"我国互联网立法五年规划建设研究"（周汉华主持），国务院办公厅课题"推进我国政务公开的分析研究"（周汉华主持），国家发展和改革委员会课题"'十三五'基本建成法治政府主要任务研究"（李林、陈甦主持），国务院法制办公室课题"立法后评估研究"（陈欣新主持），国务院法制办公室课题"行政执法程序立法研究"（李洪雷主持），国务院新闻办公室课题"司法体制对外话语体系研究"（陈甦主持），工业和信息化部课题"规范行业准入管理研究"（翟国强主持），教育部课题"对他人行为之侵权责任"（窦海阳主持），国家安全部课题"境外依法保护中国公民合法权益问题研究"（王敏远主持），民政部课题"慈善募捐的法律制度构建研究"（栗燕杰主持），民政部课题"中国慈善事业立法框架研究"（薛宁兰主持），国家能源局课题"能源行业监管与行政审批制度改革研究"（谢鸿飞主持），国家广播电影电视总局课题"广播影视国际公约研究"（王小梅主持），国家广播电影电视总局课题"广播影视产品和服务进出口管理法律问题研究"（吴峻主持），国家知识产权局课题"质押融资监管问题研究"（李明德主持），国家林业局课题"农民林业权益维护法律问题"（孙宪忠主持），北京市人民政府课题"北京工作居住证的个案分析"（周汉华主持），北京市人民政府课题"行政复议审理范围和审查强度研究"（周汉华主持），北京市人民政府课题"2013年北京市旅游法规研究"（渠涛主持），广东省依法治省工作领导小组办公室课题"广东省法治政府建设的现状与经验"（田禾主持），广东省依法治省工作领导小组办公室课题"保障司法公正的广东经验"（田禾主持），中共青海省委政法委员会课题"深化依法治省、推进法治青海建设专项调研"（李林主持），云南省教育厅项目"边疆多民族地区基层法律实施的困境与对策研究"（刘作翔主持）。

（3）延续在研课题

2014年，法学研究所共有延续在研课题46项。其中，国家社会科学基金课题17项："我国医药卫生体制改革法律问题研究"（董文勇主持），"明清则例研究"（徐立志主持），"立体刑法学"（刘仁文主持），"中国现代法学与法学教育的创建与发展研究"（金英主持），"债权总则的建构：历史、功能与体系研究”（谢鸿飞主持），“斯拉夫法的历史发展及对社会主义法系形成的影响”（刘洪岩主持），“反垄断法法益立体保护研究”（金善明主持），“中国宪法实施的协调机制研究”（翟国强主持），“西法东渐的思想史逻辑研究”（支振锋主持），“世界刑事诉讼的四次革命”（冀祥德主持），“可持续发展与中国民法典立法的价值取向”（渠涛主持），“版权资本运营法律问题研究”（杨延超主持），“秦汉刑事证据文明研究”（张琮军主持）；“社会法总论重大理论问题研究”（余少祥主持），“人权的普遍性与主体性问题研究”（黄金荣主持），“光绪三十二年《刑律草案》整理与研究”（孙家红主持），“‘公平、合理和无歧视’专利许可规则的构建与适用研究”（赵启杉主持）；院重大课题 2 项：“中国律学（多卷本）”（吴建璠主持），“全球化时代的国家主权问题研究”（信春鹰主持）；院创新工程学者资助计划项目 4 项：长城学者项目“民法基础理论及相关立法研究”（孙宪忠），基础研究学者项目“法理与法治：中国语境”（胡水君）、“社会法体系及其实施的完善”（谢增毅）、“消费经济法研究”（席月民）；院重点课题 2 项：“中国社会法基本理论研究”（刘俊海、刘翠霄主持），“中国法律监督统一立法研究”（冀祥德主持）；院国情调研重大项目 1 项：“中国互联网安全的法律环境”（唐广良主持）；中国法学会部级法学研究课题 5 项：“刑事诉讼法修正案后司法解释研究”（王敏远主持），“叛逃罪的犯罪构成要件和量刑规范研究”（樊文主持），“法官在案件事实认定中的地位和作用”（季桥龙主持），“沈家本法律思想与清末法律改革成因得失研究”（孙家红主持），“数字产业中的版权保护制度选择”（刘洁主持）；司法部国家法治与法学理论研究课题 3 项：“劳教废止后的制度衔接研究”（刘仁文主持），“劳动合同法实施效果实证研究”（谢增毅主持），“《大清刑律》（草案）签注研究”（高汉成主持）；其他部门与地方委托课题 12 项：国务院办公厅课题“政府信息公开工作有关情况第三方评估”（田禾、吕艳滨主持），国务院法制办公室课题“农村集体产权制度改革的法律问题研究”（陈甦主持），国家食品药品监督管理总局课题“政府信息公开范围界定及相关制度建设研究”（李洪雷主持），国家科学技术名词审定委员会课题“法学名词规范化研究与发布”（李林主持），广东省依法治省工作领导小组办公室课题“近年来广东省人大常委会科学立法、民主立法的成果与经验”（李林、田禾主持），广东省依法治省工作领导小组办公室课题“广东按法治框架解决基层矛盾的现状及其发展对策”（李林、田禾主持），四川省人大法制委员会、常委会法制工作委员会课题“四川立法的探索与创新”（李林、田禾主持），四川省人大法制委员会、常委会法制工作委员会课题“藏区少数民族法治问题”（李林、田禾主持），浙江省高级人民法院课题“浙江法院阳光司法指数测评”（田禾主持），浙江省高级人民法院课题“浙江法院裁判文书质量、庭审规范化专项测评”（田禾主持），浙江省宁波市人民政府课题“宁波市政府信息公开实施状况调研”（田禾主持），北京市法学会课题“首都‘反恐’对策与法律问题研究”（张绍彦主持）。

3. 获奖优秀科研成果

2014 年，法学研究所获第三届中国出版政府奖期刊奖提名奖 1 项：《法学研究》杂志。

获中国法学会第三届“中国法学优秀成果奖”专著类二等奖1项：谢鸿飞的专著《法律与历史：体系化法史学与法律历史社会学》，专著类三等奖1项：董文勇的专著《医疗费用控制法律与政策》，论文类一等奖1项：刘作翔的论文《法理学的定位——关于法理学学科性质、特点、功能、名称等的思考》，论文类二等奖1项：余少祥的论文《法律语境中弱势群体概念构建分析》；获第五届钱端升法学研究成果奖三等奖1项：孙家红的专著《清代的死刑监候》，获第五届全国优秀皮书一等奖1项：李林、田禾主编的专著《法治蓝皮书：中国法治发展报告No.11（2013）》，获中国宪法学研究会第八届中青年宪法学者优秀科研成果奖论文类一等奖1项：翟国强的论文《中国宪法实施的双轨制》。

4.创新工程的实施和科研管理新举措

2014年1月14日，法学研究所正式进入2014年院创新工程。

2014年，法学研究所参加创新工程共79人，占全所在编人员比例77.5%。其中研究岗位47个，编辑岗位8个，图资岗位8个，管理岗位16个。共设立11个创新工程研究所项目，2个期刊创新项目，1个图书馆创新项目，分别是：“全面加强法治政府建设的战略研究”项目（首席研究员为周汉华），“财产权的法律保护研究”项目（首席研究员为谢鸿飞），“建设创新型国家的知识产权法律制度保障”项目（首席研究员为李明德），“社会稳定的刑事法治保障研究”项目（首席研究员为刘仁文），“文化发展与文化安全的法治机制研究”项目（首席研究员为陈欣新），“中国国家法治指数研究”项目（首席研究员为田禾），“法治中国建设与宪法完善”项目（首席研究员为莫纪宏），“中国传统法律文化与程序法治问题研究”项目（首席研究员为王敏远），“社会治理创新的程序法治保障研究”项目（首席研究员为熊秋红），“实现社会公平正义的社会法理论与实践问题研究”项目（首席研究员为薛宁兰），“深化经济体制改革与我国商事法律制度完善”项目（首席研究员为陈洁），《法学研究》期刊创新项目（总编辑为张广兴），《环球法律评论》期刊创新项目（总编辑为刘作翔），图书馆创新项目组（主任馆员为邓子滨）。另外还有长城学者1人：孙宪忠，基础研究学者3人：胡水君、席月民、谢增毅。管理岗位中，首席管理2人：党委书记陈甦，所长李林，业务主管3人，业务主办5人，业务协办6人。

2014年，法学研究所在创新工程实施过程中的新机制、新举措主要有：

（1）加强对创新工程实施的督促检查，扎实推进各项研究工作。为扎实推进创新工程全面实施，法学研究所进一步加强了对创新工程各项研究工作的督促和检查。在年初与各项目组签约时在协议书中明确规定了每个岗位的研究任务；全年数次召开工作会议，传达院所要求，要求各项目组汇报进展情况，互相交流借鉴，以此督促各项目组扎实推进研究工作；根据2013年填报情况和院创新工程综合管理系统的要求，对该所自行开发的“科研成果填报与统计系统”进行了较大规模的修改和完善，进一步便利科研人员及时、准确填报科研成果，并不定期公布填报情况。

（2）设立“创新论坛”，为各项目组交流研究进展、发布最新成果、互相借鉴经验提供平台。在过去已有各类讲座的基础上，2014 年法学研究所新设立了“创新论坛”，要求各创新项目组至少主讲一次，汇报研究进展，交流研究心得，或者交流各自实施过程中的成功经验、存在的困难或问题等。这一举措得到各项目组的大力支持，全年共举办创新论坛 18 场，取得了预期效果。

（3）加强对非实体研究中心的管理。为加强对非实体研究中心的管理，2014 年上半年法学研究所制定了《非实体研究中心管理办法实施细则》，对院《非实体研究中心管理办法》有关规定进行细化。下半年组织召开了研究中心工作会议和年度考核工作会议，有力促进了非实体研究中心各项工作的开展，保证了院年检工作的顺利进行。

（4）积极争取对法学研究所有利的考核指标体系。一是推荐增补核心期刊，2014 年 4 月，根据院通知推荐增补《北方法学》《法律适用》为核心期刊，为法学研究所研究人员符合院准入条件拓宽了道路。二是对院绩效考核和后期资助目标报偿管理办法提出修改意见。2014 年 2 月、9 月、10 月，法学研究所多次对院科研岗位绩效考核指标体系及其他序列的考核管理办法提出修改意见和建议，提交院有关部门参考。

（三）学术交流活动

1. 学术活动

2014 年，法学研究所主办和承办的学术会议有：

（1）2014 年 2 月 18 日，由中国社会科学院知识产权中心与日本知识产权研究所联合主办、中国国际贸易促进委员会专利商标事务所协办的“有关设立知识产权专门法院的研究讨论会”在北京举行。会议邀请日方专家对于日本知识产权高等法院设立过程中的诸多争议以及设立后的有关问题进行主题发言。

（2）2014 年 3 月 29 日，由中国社会科学院法学研究所社会法研究室主办的“第六届中国社会法论坛：慈善基本法立法研讨”在北京召开。会议研讨的主要问题有“中国慈善事业发展”“中国慈善立法”“慈善基本法学者建议稿”等。

（3）2014 年 4 月 26 日，由中国社会科学院法学研究所主办的“新刑事诉讼法实施状况实证研究成果发布会暨新刑事诉讼法实施状况研讨会”在法学研究所举行。来自全国人大法工委、中央政法委、最高人民法院、最高人民检察院、公安部、司法部、中华全国律师协会等实务部门，以及中国社会科学院法学研究所、北京大学、清华大学、中国人民大学等单位的 60 余位专家学者参加会议。会议研讨的主要问题有“审前程序与强制措施制度”“辩护制度”“证据制度”“审判程序与执行程序”“特别程序”“法律监督”等。

（4）2014 年 4 月 27 日，由中国社会科学院法学研究所主办的第二届“中国商事法的结构模式与制度创新论坛”在法学研究所召开。论坛的主题是“公司资本制度的现代化”。

（5）2014 年 5 月 15 日，由《环球法律评论》编辑部主办的“法学期刊发展与规范化建设”

研讨会在法学研究所举行。《环球法律评论》《法制与社会发展》《法学研究》《国际法研究》四个编辑部的同仁参加了会议，会议的主题是“我国法学期刊的发展与规范化建设”。

(6) 2014年6月11～12日，由中国社会科学院法学研究所和芬兰赫尔辛基大学法学院、拉普兰大学法学院、图尔库大学法学院、芬兰中国法与中国法律文化研究中心等共同主办的“第六届中芬比较法国际研讨会”在芬兰图尔库大学举行。研讨会还发布了第四届、第五届中芬比较法研讨会的成果——《人权保障与法治建设：中国与芬兰的比较》。

(7) 2014年6月21日，由中国社会科学院法学研究所主办的“中国不动产登记立法研讨会”在法学研究所举行。来自全国人大常委会法工委、国务院法制办、国土资源部的领导以及清华大学、北京大学、中国人民大学、法学研究所等单位的百余位专家学者参加了会议。会议的主题是“我国制定统一的不动产登记立法问题”。

(8) 2014年6月22日，由中国社会科学院法学研究所和《环球法律评论》编辑部共同主办的“法治与改革”学术研讨会在法学研究所召开。来自法学研究所、国际法研究所、中国人民大学、中共中央党校、首都经济贸易大学和中国法学会的50余位专家学者参加会议。会议研讨的主要问题有“法治与改革的法理”“司法体制改革”“法治与政治”“法治的历史与经验”等。

(9) 2014年6月28日，由中国社会科学院知识产权中心和中国知识产权培训中心联合举办的“科技创新与传统知识法律保护相关问题”研讨会在北京召开。会议研讨的主要问题有“当前传统知识”“民间文学艺术作品”“遗传资源的法律保护所面临的理论困境”“立法僵局以及实践中的困难”。

(10) 2014年7月20日，中国社会科学院法学研究所主办的“公法视野下的法制改革”学术研讨会在北京召开。会议研讨的主要问题有“全面深化改革与法律实施”“全面深化改革与公法学新课题”“全面深化改革与法治政府建设”“全面深化改革与司法体制改革”等。

(11) 2014年8月4～5日，由中国社会科学院法学研究所性别与法律研究中心主办的“性别平等与司法实践”高级研讨班在北京举行。研讨班研讨的主要问题有“司法实践的性别检视”“婚恋暴力引发刑事案件的审理”“《婚姻法》司法解释三的适用”“‘嫖宿幼女罪’的立法与司法问题”。

(12) 2014年8月30日，中国社会科学院知识产权中心主办的“著作权法修改暨体育赛事节目知识产权保护”学术研讨会在北京举行。会议研讨的主要问题有“著作权法相关条款修订”“体育赛事节目知识产权保护”。

(13) 2014年9月11日，中国社会科学院民主问题研究中心主办的“纪念宪法和人大制度60周年座谈会”在法学研究所举行。会议的主题是“回顾宪法和人大制度的历史，如何进一步健全和完善宪法和人大制度”。

(14) 2014年9月14～15日，由法学研究所私法研究中心主办、西南政法大学承办的“中日民商法研究会第13届（2014年）大会”在重庆市举行。会议研讨的主要问题有“中日民法、商法以及民商事法律实务”。

（15）2014 年 9 月 20 ～ 21 日，由法学研究所、西南政法大学特殊群体权利保护与犯罪预防研究中心、西南政法大学人权教育与研究中心联合主办的“剥夺自由的行政处罚制度改革研讨会”在重庆市召开。

（16）2014 年 9 月 26 ～ 27 日，由法学研究所和日本早稻田大学比较法研究所共同举办的“法治与法制改革——以司法、劳动和资本制度为题”中日比较法学术研讨会在早稻田大学举行。会议研讨的主要问题有“司法体制改革”“劳动争议处理”“资本制度改革”等。

（17）2014 年 11 月 8 ～ 9 日，由中国社会科学院主办、中国社会科学院法学研究所承办的“依法治国与法治中国”国际研讨会在中国社会科学院学术报告厅举行。来自芬兰、美国、英国、日本、俄罗斯、巴西等 12 个国家的 80 余名国际知名法学家、海外中国法学家以及国内知名专家学者出席了国际研讨会议。

（18）2014 年 11 月 8 日，法学研究所民法研究室主办的“民法总则立法研讨会”在法学研究所召开。会议研讨的主要问题有“民法典总则应当制定什么”“民法典总则应该怎样制定”。

（19）2014 年 11 月 22 日，由法学研究所举办的“死刑改革与国家治理”研讨会在法学研究所举行。会议研讨的主要问题有“死刑改革大势”“死刑的立法消减”“死刑的司法控制”“死刑的相关视角”等。

（20）2014 年 11 月 25 日，由法学研究所刑法研究室组织的“《刑法修正案（九）草案》和《反恐法草案》立法建议座谈会”在法学研究所举行。来自所内外的专家学者就两部法律草案进行了讨论。

（21）2014 年 11 月 29 ～ 30 日，由中国社会科学院知识产权中心和中国知识产权培训中心联合主办的“2014 年知识产权上地论坛——知识产权司法保护相关问题研讨会”在北京举行。论坛研讨的主要问题有“我国知识产权法院设立相关问题”“知识产权审判实务相关问题”。

（22）2014 年 12 月 6 日，由法学研究所主办、河南大学法学院承办的“第二届中国市场经济法治建设创新论坛”在河南省开封市举行。论坛研讨的主要问题有“经济法治创新与中国特色社会主义法治体系”“法治政府、经济体制改革与经济法”“经济法教学与法治人才培养机制的创新”。

（23）2014 年 12 月 20 日，由法学研究所社会法研究室、中国法学会婚姻法学研究会共同主办的“《反家庭暴力法（征求意见稿）》专家座谈会”在法学研究所举行。会议的主题是“研讨国务院法制办发布的《反家庭暴力法（征求意见稿）》”。

（24）2014 年 12 月 27 日，由法学研究所、国际法研究所共同主办的“社科法硕”十周年系列活动之“法治中国与法学教育研讨会”在法学研究所举行。会议研讨的主要问题有“法治中国建设与法学教育改革”“法律硕士培养与法学教育改革”“诊所法律教育与法学教育改革”“中国法硕与社科法硕”。

（25）2014 年 12 月 27 ～ 28 日，由法学研究所和国际法研究所共同主办的“第十二届刑事法前沿论坛暨剥夺自由罚改革”研讨会在北京举行。会议研讨的主要问题有“劳教废止后其他剥夺人身自由的行政处罚制度在实体法与程序法层面上的改革”“《刑法修正案（九）》草案颁布后死刑制度改革”“刑法教义学与罪刑法定原则”“刑罚与量刑制度的正当性与合理性”“刑事诉讼法的法治理念、证明标准、非法证据排除与冤案防止”等。

（26）2014 年 12 月 28 日，由中国社会科学院文化法制研究中心举办的“四中全会决定与文化法治改革发展”研讨会在法学研究所举行。会议研讨的主要问题有“四中全会之后文化立法的新情况、新动向”“四中全会决定关于文化法制建设的新精神、新要求”“四中全会决定与文化法制建设、法治改革的关系及展望”等。

2. 国际学术交流与合作

2014 年，法学研究所共派遣出访 55 人次，接待来访 108 人次，接待境外访问学者 2 人，全年正式的外事活动 25 场。与法学研究所开展学术交流的国家有韩国、丹麦、美国、英国、日本、芬兰、挪威、爱尔兰、墨西哥、巴西、俄罗斯、老挝、澳大利亚、瑞士、德国、尼泊尔、新西兰、罗马尼亚、越南等。其中，法学研究所受到外交部、中国人民对外友好协会、中国法学会等单位的委托，接待了美国、德国、澳大利亚、瑞士、老挝、尼泊尔等国有关代表团的顺访。

（1）2014 年 1 月 14 ～ 19 日，法学研究所社会法研究室主任薛宁兰研究员、科研处处长谢增毅副研究员访问赫尔辛基大学，参加“国际劳工核心标准的中国实施”国际研讨会。

（2）2014 年 1 月 14 ～ 17 日，法学研究所所长李林研究员、宪法与行政法研究室主任周汉华研究员等赴韩国参加在成均馆大学举办的“个人身份证信息之保护国际研讨会”。

（3）2014 年 2 月 17 日至 5 月 12 日，法学研究所人事处副处长、博士后流动站办公室主任孙秀升执行院优秀管理干部出国研修培训项目，赴爱尔兰都柏林大学进修。

（4）2014 年 3 月 5 ～ 7 日，法学研究所副所长莫纪宏研究员以世界宪法学协会执委会委员身份赴美国哈佛大学参加世界宪法学协会执委会会议。

（5）2014 年 4 月 23 ～ 29 日，法学研究所经济法研究室副主任刘洪岩研究员应俄罗斯科学院立法与比较法研究所邀请，赴俄罗斯参加第三届欧亚反腐败学术论坛。

（6）2014 年 5 月 14 ～ 20 日，法学研究所党委书记陈甦研究员、科研处处长谢增毅副研究员等应芬兰赫尔辛基大学、德国马克斯普朗克研究所邀请，赴芬兰赫尔辛基和德国汉堡参加“全球化时代下职工参与和集体协商——中国、北欧视角”学术会议。

（7）2014 年 6 月 1 日至 8 月 25 日，法学研究所刑法研究室樊文副研究员应德国马普外国刑法与国际刑法研究所邀请，赴德国进行以“死刑的实证研究”为主题的访问研究。

（8）2014 年 6 月 7 ～ 12 日，法学研究所知识产权法研究室主任李明德研究员、副主任管育鹰研究员等应芬兰汉肯经济学院邀请，赴芬兰进行学术交流，包括为汉肯经济学院举办的

2014 年暑期学校“中国知识产权周”作讲座、参加“中欧知识产权治理比较研究”研讨会等。

（9）2014 年 6 月 9 ~ 14 日，法学研究所所长李林研究员、田禾研究员等，赴芬兰赫尔辛基大学和图尔库大学参加第六届“中芬比较法国际研讨会”。

（10）2014 年 6 月 14 ~ 22 日，法学研究所副所长莫纪宏研究员、宪法与行政法研究室副主任翟国强副研究员等赴挪威奥斯陆大学参加由国际宪法学协会主办的第九届世界宪法大会。

（11）2014 年 6 月 23 日至 7 月 2 日，法学研究所《法学研究》编辑部副主编张广兴研究员、编辑部主任谢海定等，应德国康斯坦茨大学邀请，访问德国的学术机构和部分知名期刊，开展中德法学期刊交流。

（12）2014 年 7 月 31 日至 10 月 28 日，法学研究所宪法与行政法研究室研究员李洪雷应日本山口大学邀请进行学术访问。

（13）2014 年 8 月 20 ~ 24 日，法学研究所《环球法律评论》主编刘作翔研究员应韩国汉库克大学法学院邀请，代表中国法理学研究会参加第六届东亚法哲学大会。

（14）2014 年 8 月 31 日至 9 月 5 日，法学研究所民法研究室孙宪忠研究员应德国司法部邀请，赴德国参加中德法治国家对话第十四届研讨会。

（15）2014 年 9 月 14 ~ 24 日，法学研究所诉讼法研究室主任熊秋红研究员应美国驻华大使馆新闻文化处邀请，赴美国考察“美国刑事司法制度与非法证据排除规则”。

（16）2014 年 9 月 25 ~ 29 日，法学研究所党委书记陈甦研究员、科研处处长谢增毅副研究员等，应日本早稻田大学邀请，赴日参加法学研究所与早稻田大学比较法研究所共同举办的中日比较法研讨会。

（17）2014 年 10 月 5 日至 11 月 3 日，法学研究所知识产权法研究室副研究员周林赴德国明斯特大学，就中德版权法比较研究进行学术交流。

（18）2014 年 10 月 6 ~ 12 日，法学研究所副所长莫纪宏研究员、科研处处长谢增毅副研究员应墨西哥国立自治大学邀请，赴墨西哥参加“第一届中国和墨西哥研究国际研讨会”。

（19）2014 年 10 月 22 ~ 29 日，法学研究所传媒与信息法研究室主任陈欣新研究员受中国银监会邀请出访俄罗斯、法国，执行银行业监管有关事宜的谈判任务，为银监会提供法律咨询意见。

（20）2014 年 10 月 27 ~ 31 日，法学研究所所长助理周汉华研究员应韩国国家外交学院邀请，赴韩国参加 2014 东北亚和平与发展论坛。

（21）2014 年 11 月 15 ~ 19 日，法学研究所知识产权法研究室主任李明德研究员、副主任管育鹰研究员等应日本知识产权研究所邀请，赴日本东京、京都参加一系列学术交流活动。

（22）2014 年 11 月 18 ~ 21 日，法学研究所经济法研究室主任席月民副研究员参加外交部团组，赴越南河内参加亚欧基金会主办的第十四届亚欧非正式人权会议。

(23) 2014 年 11 月 19 ~ 23 日，法学研究所副所长莫纪宏研究员作为国际宪法学协会副主席，赴罗马尼亚布加勒斯特大学法学院参加国际宪法学协会会议。

(24) 2014 年 11 月 24 ~ 28 日，法学研究所副所长莫纪宏研究员作为国际宪法学协会副主席，赴巴西参加由国际宪法学协会主办，巴西国际协调、仲裁研究会承办的“国际调解里约2014”国际会议。

(25) 2014 年 12 月 2 ~ 5 日，法学研究所法理研究室副研究员黄金荣赴日本参加由日本所与日本东京财团联合举办的“中日青年学者对话”国际学术研讨会。

3. 与香港、澳门特别行政区和台湾开展的学术交流

(1) 2014 年 4 月 14 ~ 15 日，法学研究所副所长莫纪宏研究员赴香港参加“香港特区行政长官普选的研究”论坛。

(2) 2014 年 5 月 1 ~ 5 日，法学研究所诉讼法研究室主任熊秋红研究员赴台湾东海大学，参加第二届东亚刑事诉讼法制发展动向研讨会。

(3) 2014 年 5 月 18 ~ 24 日，法学研究所诉讼法研究室副主任徐卉研究员、祁建建副研究员受台湾政治大学国际关系研究中心邀请，赴台湾进行学术交流。

(4) 2014 年 6 月 9 ~ 11 日，法学研究所研究员周汉华应台湾“中研院”法律学研究所邀请，赴台北参加由“中研院”法律学研究所、卢森堡大学法学院、美国芝加哥大学法学院与路易斯维尔大学布兰代斯法学院共同举办的第九届行政法研讨论坛。

(5) 2014 年 6 月 19 ~ 23 日，法学研究所知识产权法研究室主任李明德研究员、副主任管育鹰研究员等赴台湾，参加中国社科院知识产权中心与台湾清华大学科技法律研究所共同举办的第八届海峡两岸知识产权论坛。

(6) 2014 年 8 月 17 ~ 23 日，法学研究所传媒与信息法室主任陈欣新研究员赴香港，参加由全国港澳研究会组织的以港澳社会与公共行政为主题的培训班。

(7) 2014 年 8 月 27 日至 9 月 2 日，法学研究所副所长莫纪宏研究员应外交部驻香港特别行政区特派员公署邀请，赴香港访问。

(8) 2014 年 9 月 26 ~ 28 日，法学研究所副所长莫纪宏研究员赴澳门，参加由中国法学会、澳门基本法推广协会、香港基本法澳门基本法研究会联合举办的“2014 年两岸四地法治发展青年论坛”。

(9) 2014 年 10 月 17 ~ 18 日，法学研究所副所长莫纪宏研究员赴香港参加“认识基本法”座谈会。

(10) 2014 年 11 月 28 日至 12 月 1 日，法学研究所民法研究室研究员渠涛应台湾大学财团法人民法研究基金会邀请，赴台湾参加第四届东亚民法学术大会。

(11) 2014 年 12 月 3 ~ 5 日，法学研究所所长李林研究员受香港特别行政区政府中央政策组邀请，赴香港参加座谈会，介绍十八届四中全会决定的精神和意义。

（12）2014 年 12 月 5 日至 2015 年 2 月 2 日，法学研究所宪法与行政法研究室副主任翟国强副研究员受中国法学会海峡两岸关系法学研究会资助，赴台湾“中研院”法律学研究所进行学术访问。

（13）2014 年 12 月 15 ~ 17 日，法学研究所副所长莫纪宏研究员应香港报业公会邀请，赴香港参加“依法治国——中国改革新局面”演讲会。

（14）2014 年 12 月 19 ~ 25 日，法学研究所所长李林研究员和国际法研究所所长陈泽宪研究员应台湾法曹协会邀请，随前司法部长、现中国法学会海峡两岸关系法学研究会会长张福森率领的代表团赴台湾进行学术交流和调研。

（四）学术社团、期刊

1. 社团

中国法律史学会，会长吴玉章。

2014 年 8 月 15 ~ 16 日，由中国法律史学会主办、西北政法大学承办、青海民族大学协办的“中国法律史学会 2014 年学术年会暨中国边疆法律治理的历史经验学术研讨会”在青海省西宁市召开。来自中国社会科学院、中国人民大学、南开大学、武汉大学、中国政法大学、华东政法大学、西南政法大学、西北政法大学、中南财经政法大学、沈阳师范大学以及西宁各高校等会员单位代表及学者共 200 余人参加会议。会议研讨的主要问题有“中国边疆法律治理的历史经验”“法史前沿及基础理论研究”。

2. 期刊

（1）《法学研究》（双月刊），主编陈甦。

2014 年，《法学研究》共出版 6 期，共计 215 万字。该刊全年刊载的有代表性的文章有：江国华的《转型中国的司法价值观》，陈海嵩的《国家环境保护义务的溯源与展开》，沈岿的《解困行政审批改革的新路径》，党国英、吴文媛的《土地规划管理改革：权利调整与法治构建》，陈小君的《我国农村土地法律制度变革的思路与框架》，彭诚信的《从法律原则到个案规范》，赵旭东的《资本制度变革下的资本法律责任》，李浩的《民事调解书的检察监督》，张明楷的《共同犯罪的认定方法》，左卫民的《死刑控制与最高人民法院的功能定位》。

（2）《环球法律评论》（双月刊），主编刘作翔。

2014 年，《环球法律评论》共出版 6 期，共计 170 万字。该刊全年刊载的有代表性的文章有：李洪雷的《论互联网的规制体制——在政府规制与自我规制之间》，鲁楠的《世界法治指数的缘起与流变》，崔文玉的《营业自由与公司资本制度的变革——以欧洲国家公司法中的营业自由为研究视角》，成协中的《美国规制决策中的同行评审》，崔建远的《机动车物权的变动辨析》，屠凯的《单一制国家特别行政区研究：以苏格兰、加泰罗尼亚和香港为例》，黄志雄的《论网络攻击在国际法上的归因》，张洪涛的《民法典学者建议稿信息结构及其参与者的社会网络》，白龙的《走出〈独立宣言〉——1787 年美国宪法与美利坚共和国的构建》，陈磊的《犯罪故意的古今流变——兼评方法论意义上故意与过失的界分》，苏新建的《程序正义对司法信任的影响——基于主观程序正义的实证研究》。

（五）会议综述

“法治与改革”学术研讨会

2014 年 6 月 22 日，由中国社会科学院法学研究所和《环球法律评论》编辑部共同主办的“法治与改革”学术研讨会在中国社会科学院法学研究所召开。来自中国社会科学院法学研究所和国际法研究所和中国人民大学、中共中央党校、中国法学会等单位的 50 余位专家学者参加了研讨会。

“法治与改革”是我国转型与发展的重要主题。如何以改革促进法治、以法治保障改革，就成为一个考验国家智慧，彰显国家治理体系与治理能力现代化的重要课题。党的十八届三中全会确立了“全面深化改革”的重大战略目标，提出了一系列重大改革措施，许多改革措施都涉及法治问题。这次会议的目的在于凝聚共识，从法理上探讨法治与改革的关系，以期为中国的法治国家建设和改革提供智力支持。

与会学者围绕“法治与改革的法理”“司法体制改革”“法治与政治”“法治的历史与经验”等主题进行了深入研讨和交流。在讨论关于法治与改革的关系时，有学者认为，政治学者和经济学者比较强调改革在先，改革在宪法法律之外进行，法治服从、服务于改革，法学界应强调法治领先、法治引领、法治促进。有学者认为，习近平总书记“凡属重大改革都要于法有据”的论述是对两者关系的准确定位，可行的办法是通过法律授权进行改革。有学者指出，无论二者关系如何，法治本身是不能改革的，“法治改革”表述不妥，应为“法制改革”或“法律改革”。在讨论关于法治中国建设问题时，学者们认为应当把握中国特色，完善法律体系，预防改革隐患，拓展研究方法。在讨论关于司法体制改革专题时，有学者认为要具有合法性、民主性和受制性，有学者认为，改革的措施要有利于提高司法机关的独立性和司法终局性、权威性，有学者指出，不能只进行技术性改革，还要重视改革的方法论。

（科研处）

民法总则立法研讨会

2014 年 11 月 8 日，中国社会科学院法学研究所民法研究室主办的“民法总则立法研讨会”在法学研究所召开。会议聚集了国内民法研究领域具有最高学术水准的学者，同时国家最高立法机关、最高司法机关的代表也应邀出席。来自全国各地多所高等院校、科研机构的民商法学者100余人参加了研讨会。

党的十八届四中全会决议提出要“加强市场法律制度建设，编纂民法典”，充分体现了党和国家对加强民事立法建设的决心和信心，也为民事立法下一步的发展提供了方向，回应了民法学界多年的呼吁。

研讨会上，中国法学会民法研究会副会长、中国社会科学院法学研究所研究员孙宪忠，中国法学会民法学会会长、中国人民大学常务副校长王利明教授分别发表了主旨演讲。孙宪忠研究员着重就民法典编纂的重要意义、制定民法典要重新认识民法典的社会功用、制定民法典需要解决的理论和实践问题以及当前制定民法典最迫切需要解决的总则编制问题等方面进行了论述。王利明教授认为，中国民法典应当成为21世纪最具有代表性的民法典，所以它应当是一部具有中国特色、中国风格，体现时代精神、时代特征的民法典。它应当体现科技高度发展的时代和互联网时代的特点以及信息社会和大数据时代的特点，反映经济全球化的趋势，反映当前社会资源、环境恶化的特点，反映奉献社会的特点。同时民法典还应当体现时代精神，体现人文关怀、对人格尊严的尊重和保护、对弱者的保护。

研讨会的报告与评议阶段分为四个单元，与会学者主要围绕“民法典总则应当制定什么”以及“民法典总则应该怎样制定”的核心问题，从指导思想、主体制度、体系化整合、立法技术与规则以及民法典编纂的路径等方面，对民法典编纂在学理和实践上存在的问题和如何解决进行了探讨。在自由讨论环节，与会人员回顾研讨会一天的主要内容，对民法典总则制定的具体机制发表了观点，并进行交流讨论。

（科研处）

中国社会科学论坛暨“依法治国与法治中国”国际研讨会

2014年11月8～9日，由中国社会科学院主办、中国社会科学院法学研究所承办的中国社会科学论坛暨“依法治国与法治中国”国际研讨会在中国社会科学院学术报告厅举行。来自美国、英国、芬兰、日本、俄罗斯等10余个国家的50余名国际知名法学家、海外中国法学家以及来自全国人大、最高人民法院、中国法学会、北京大学、中国人民大学等机构和高校以及中国社会科学院的共计80余名专家学者出席了会议。

会议是在刚刚闭幕的党的十八届四中全会通过《中共中央关于全面推进依法治国若干重大问题的决定》背景下召开的。与会者围绕着中国法治建设大业，集思广益，为中国特色社会主义法治建设建言献策，提出了许多对于全面推进依法治国具有参考价值的学术观点。

在研讨会上，与会中外学者围绕“法治与国家治理”“法治与宪法”“法治与司法体制改革”“法治与经济社会发展”等议题，对中国法治建设的语境、内涵、特点、路径展开了富有成效的交流，并就加强宪法实施、完善立法体制、建设法治政府、司法体制改革、国际条约的适用、反腐败立法、公益诉讼理论与实践等问题进行了广泛而深入的学术交流与讨论，增进了彼此的了解和互信。有学者认为，四中全会决定中“改革须于法有据”“立法先行”“人大主导立法”等表述体现了宪法与改革关系的新转型。有学者认为，依法治国首先要依宪治国，其中加强宪法实施是关键。与会专家学者普遍认为，依法治国应当贯彻到立法、执法、司法和守法的各个环节，许多专家从部门法角度对此进行了充分和有效的解读。与会外国专家学者从国际法与比较法的视角围绕中国法治建设的议题展开了深入交流研讨。例如，英国剑桥大学西蒙·迪克教授回顾了法治国家的历史发展，重点阐述了国家、法治与经济发展三者的关系，并对中等收入国家的法治建设提出了可行性对策与路径。

会议系中宣部委托中国社会科学院主办，属于中国社会科学论坛系列“2014 年法治国际论坛”，中国社会科学院院长王伟光出席开幕式，中国社会科学院副院长蔡昉致辞。与会中外专家提出了许多有参考价值的意见和建议，为中国特色社会主义法治理论研究和法治建设实践打开了思路，贡献了智慧。

（科研处）

“死刑改革与国家治理”研讨会

2014 年 11 月 22 日，中国社会科学院法学研究所主办的“死刑改革与国家治理”学术研讨会在中国社会科学院法学研究所召开。来自中国社会科学院法学研究所和国际法研究所、北京大学、清华大学、中国人民大学等教学和科研机构的专家学者，以及最高人民法院，最高人民检察院，部分地方法院、检察院，律师事务所等实务部门的人士共 90 余人参加了会议。

2011 年，党的十八届三中全会明确提出“逐步减少适用死刑罪名”。实践中，从最高法收回下放长达 27 年的死刑复核权，到《刑法修正案（八）》取消 13 个非暴力犯罪的死刑，再到《刑法修正案（九）草案》拟削减 9 个死刑罪名，这些都记录着我国在死刑改革进程上的脚步。但《刑法》依然保留 55 个死刑罪名的事实告知我们：死刑改革，仍然任重道远。因此，深入研讨死刑与国家治理之间的关系在当下中国仍然很有必要，此次研讨会呼应了这一趋势。

研讨会上，与会代表为刑法改革建言献策，其中既有不同观点的碰撞，也有达成一致的共识。在“死刑改革大势：中国与世界”单元，专家学者们运用广阔的理论视角，结合分析其他国家死刑发展的历程，深入检讨了我国的死刑存废问题。在“死刑的立法削减：罪名与刑罚”单元，学者们探讨了刑法中贪利犯罪的死刑配置是否合理，就死刑缓期执行和死刑立即执行的界限及适用标准进行了交流。在“死刑的司法控制：困境与标准”单元，学者们认为，法律条文的明确具体并不等于削弱了司法机关的功能，相反，司法机关更应因此发挥更大的能动作用。合理的定罪与量刑不仅有助于利用司法智慧处理纠纷、调解利益，更有助于实现社会的公平正义。在“死刑的相关视角：宪法与多维”单元，学者们同意，废除死刑之所以不能一蹴而就，是因为其背后有着复杂的原因。几位学者分别从宪法学、民意与死刑的关系、文化以及由文化影响的观念的力量等方面进行了分析。有学者认为，死刑主要不是刑法问题，而是政治问题。

国际上死刑存废的话题长盛不衰，废除死刑成为大势所趋；国内党的十八届三中全会提出“逐步减少和适用死刑”，国内外的趋势都证明了此次研讨会的及时性和有效性。会议论文和讨论内容涉及死刑改革的诸多方面，既有宏观又有微观，既有理论又有实践，对推进我国的死刑改革及相关司法体制改革均具有一定意义。

（科研处）

国际法研究所

（一）人员、机构等基本情况

1.人员

截至2014年年底，国际法研究所共有在职人员32人。其中，正高级职称人员7人，副高级职称人员10人，中级职称人员11人；高、中级职称人员占全体在职人员总数的88%。

2.机构

国际法研究所设有：国际公法研究室、国际私法研究室、国际经济法研究室、国际人权法研究室、科研与外事管理处、《国际法研究》编辑部、人事处、办公室和图书馆与法学研究所合署办公。

3.科研中心

国际法研究所所属科研中心有：国际刑法研究中心、海洋法与海洋事务研究中心、竞争法研究中心。

（二）科研工作

1. 科研成果统计

2014年，国际法研究所共完成专著5种，168.2万字；译著1种，48.8万字；论文集2种，68.8万字；教材2种，63.3万字；论文33篇，46.0万字；一般文章16篇，6.0万字；译文1篇，1万字；研究报告8篇，12.3万字；立法意见6份，6.7万字。

2.科研课题

（1）新立项课题。2014年，国际法研究所共有新立项课题13项。其中，国家社会科学基金课题1项：“国际条约在中国法律体系中的地位分析与制度设计研究”（戴瑞君主持）；院国情调研重大课题1项：“关于中国（上海）自由贸易试验区推进情况调研”（廖凡主持）；所级国情调研基地课题1项：“泸水县边境合作区建设与发展的法律问题”（黄晋主持）；院基础学者资助课题 1 项："《公民及政治权利公约》研究"（孙世彦主持），青年学者资助课题 1 项："联合国人权保护机制与中国"（戴瑞君主持）；外单位委托课题 8 项："外商投资安全审查制度研究"（黄晋主持），"P3 网络中心竞争影响分析"（黄晋主持），"国外法律顾问制度的比较研究"（廖凡主持），"我国妇女就业权利保护制度的构建"（郝鲁怡主持），"国际视野下的残疾人人权保障研究"（曲相霏主持），"《公民及政治权利国际公约》批约研究"（孙世彦主持），"人权公共外交研究"（柳华文主持），"人权问题对外话语体系建设研究"（柳华文主持）。

（2）结项课题。2014 年，国际法研究所共有结项课题 1 项，即所级国情调研基地课题 1 项："泸水县边境合作区建设与发展的法律问题"（黄晋主持）。

（3）延续在研课题。2014 年，国际法研究所共有延续在研课题 7 项。其中，国家社会科学基金课题 5 项："中国接受国际人权条约个人申诉机制的挑战与机遇"（赵建文主持），"社区公民参与机制及其法治保障研究"（刘小妹主持），"国际人权民事诉讼中的国家豁免"（李庆明主持），"海外利益法律保护的中国模式研究"（刘敬东主持），"国际条约在中国法律体系中的地位分析与制度设计研究"（戴瑞君主持）；院长城学者资助课题 1 项："中国《涉外民事关系法律适用法》及其实施"（沈涓主持）；外单位委托课题 1 项："香港与澳门出入境管理法律制度研究"（郝鲁怡主持）。

3. 获奖优秀科研成果

2014 年，国际法研究所获中国法学会第九届中国法学家论坛主题征文优秀奖 1 项：何晶晶的论文《构建中国低碳农业法思考：中西比较视角》。

4. 创新工程的主要措施和工作安排

2013 年，国际法研究所在全院首批进入创新工程。2014 年，该所共有 20 人进入创新工程，其中，14 人为研究人员，3 人为研究人员兼任编辑，3 人为管理人员。

首席管理为陈泽宪。创新项目有 5 个："我国参与联合国国家审议机制对策研究"（首席研究员为赵建文），"国际条约法律框架下中国权益保护之对策研究"（首席研究员为朱晓青），"变化中的国际经贸规则与中国经济安全研究"（首席研究员为黄东黎），"构建开放型经济新体制的国际法律问题研究"（首席研究员为廖凡），"《国际法研究》期刊创新"（总编辑为华文）。

2014 年，国际法研究所与法学研究所在两所创新工程联合领导小组领导下，共同实施创新工程。

（三）学术交流活动

1. 学术活动

（1）2014 年 11 月 1 日，由国际法研究所国际刑法研究中心主办的"追赃追逃与国际刑事司法协助"学术研讨会在北京举行。会议研讨的主要问题有"追逃追赃的法律根据""追赃追逃的实务现状与问题""追逃追赃的国际刑事司法协助"等。

（2）2014 年 11 月 15 ~ 16 日，由中国社会科学院主办、国际法研究所承办的中国社会科学论坛暨第十一届国际法论坛·“国际法的机遇与挑战：危机、秩序、法治”在北京举行。论坛研讨的主要问题有“文化权利”“移民保护”“海上共同开发区块选择”“大气保护”“环境公益诉讼”“人格权侵权”“国际私法与儿童权利”“商事仲裁涉外因素的确定”“人民币国际化”“央行常备贷款便利制度”“地方政府性债务危机”“自由贸易区海关措施”“国际贸易与劳工标准”等。

2．国际学术交流与合作

2014 年，国际法研究所共派遣出访 29 人次。与国际法研究所开展学术交流的国家有美国、英国、法国、加拿大、意大利、比利时、瑞士、希腊、芬兰、巴西、印度、越南、菲律宾等。

（1）2014 年 2 月 24 日，国际法研究所所长陈泽宪研究员在北京会见丹麦贸易和发展部部长莫恩斯·延森。陈泽宪所长向丹麦客人介绍了党的十八大以来中国社会主义法治建设的新发展和新趋势，并就客人对法治中国、法治政府、法治社会建设方面感兴趣的若干问题作了解答和阐述。

（2）2014 年 7 月 1 日，国际法研究所所长助理柳华文研究员在国际法研究所会见了来访的意大利国家研究委员会国际法研究所研究主任法比欧·马塞利教授。柳华文研究员向客人介绍了法学研究所和国际法研究所的组织结构、学术地位和研究情况。双方就中国社会科学院国际法研究所与意大利国家研究委员会国际法研究所在国际法研究领域的合作前景进行了探讨。

（3）2014 年 9 月 1 ~ 6 日，国际法研究所所长陈泽宪出访巴西，参加第 19 届国际刑法协会学术大会。

（4）2014 年 10 月 13 ~ 14 日，国际法研究所研究员柳华文出访瑞士，参加在世界经济论坛日内瓦总部举行的“联合反腐倡议”会议。

（5）2014 年 10 月 23 ~ 27 日，国际法研究所所长陈泽宪率国际法研究所代表团访问意大利，参加由意大利国家研究委员会等机构举办的“《欧盟基本权利宪章》的实施”国际研讨会和“中意社会权利的实施”国际研讨会，并访问意大利国家研究委员会国际法律问题研究所和罗马第一大学国际法研究所。

（四）学术期刊

《国际法研究》（双月刊），主编陈泽宪。

2014 年，《国际法研究》共出版 4 期，共计 82 万字。该刊全年刊载的有代表性的文章有：罗欢欣的《论琉球在国际法上的地位》，车丕照的《中国（上海）自由贸易试验区的“名”与“实”——相关概念的国际经济法学解读》，沈涓的《继承准据法确定中区别制与同一制的理性抉择——兼评〈涉外民事关系法律适用法〉第 31 条》，宋燕辉的《由〈南海各方行为宣言〉论“菲律宾诉中国案”仲裁法庭之管辖权问题》，贾宇的《试论历史性权利的构成要件》，韩秀丽的《论〈ICSID 公约〉仲裁裁决撤销程序的局限性》，刘伟民的《论防空识别区与国际法》，宋杰的《从〈联合国宪章〉第 2（4）条的解释来看人道干涉的法律依据——基于准备资料和嗣后实践的视角》，张小奕的《试论航行自由的历史演进》，甘勇的《涉外协议管辖：问题与完善》。

（五）会议综述

“追逃追赃与国际刑事司法协助”学术研讨会

2014 年 11 月 1 日，中国社会科学院国际法研究所国际刑法研究中心在北京举行“追逃追赃与国际刑事司法协助”学术研讨会。来自中国社会科学院国际法研究所、中国社会科学院法学研究所、北京大学、中国人民大学、中国政法大学、北京师范大学、北京外国语大学、中国青年政治学院、山东大学、最高人民检察院、公安部等高校、研究机构和实务部门的 60 余位专家学者参加了会议。

2014 年 11 月，“追逃追赃与国际刑事司法协助”学术研讨会在北京举行。

随着我国反腐败斗争的深入，腐败分子携款外逃的现象开始受到普遍关注。追逃追赃工作是党风廉政建设和反腐败斗争的重要内容，是遏制腐败蔓延的重要一环。党的十八大以来，以习近平同志为总书记的党中央就高度重视反腐败国际追逃追赃工作。中共中央政治局常委、中纪委书记王岐山更是在中纪委三次全会上强调“要加大国际追逃追赃力度”。此次研讨会正是为了响应党中央的号召，对国际追逃追赃中的疑难问题进行对策研究，为有关部门的立法与实务工作提供理论与实践上的参考。

研讨会开幕式由中国社会科学院国际法研究所国际刑法研究中心主任樊文副研究员主持，中国刑法学会常务副会长、国际刑法学协会中国分会副主席、中国社会科学院国际法研究所所长陈泽宪研究员致开幕词。陈泽宪指出，对国际追逃追赃问题的研究应当重视国际法与国内法的衔接问题，应当摆正国际条约与协定在本国法律体系中的地位与贯彻落实，以建构进行追逃追赃的有效法网。

在中国政法大学刑事司法学院教授于志刚、北京师范大学刑事科学研究院教授黄风、中国青年政治学院副院长林维教授等专家学者的主持下，与会人员就追逃追赃的法律根据、实务现状与问题，追逃追赃的国际刑事司法协助问题展开了讨论。中国社会科学院国际法研究所研究员朱晓青、法学研究所研究员黄芳、北京外国语大学法学院教授王文华等做了点评。与会专家学者各抒己见，为我国的国际追逃追赃工作建言献策，讨论达成了以下几点共识。

（1）追逃追赃的国际刑事司法协助，应在法治的框架内进行。中国人民大学法学院教授邵沙平指出，《联合国宪章》、国际刑法公约与联合国安理会决议对我国追逃追赃的刑事实务有着重大影响，我国应进一步采取措施，切实履行联合国反腐败公约和联合国安理会决议规定的义务，推进国际刑事司法协助与合作领域国际法治与国内法治的良性互动。北京大学法学院教授王世洲提出，我国应以《联合国反腐败公约》等国际法律文件以及国际人权法为法律依据，切实采取措施加强法治建设以支持追逃追赃，同时应注意证据这一关键问题。

（2）应确立追逃追赃的具体有效的刑事政策。山东大学法学院教授刘军主张，应在国家层面与个体层面确立追逃追赃的宽严相济的刑事政策，在刑事管辖权、定罪量刑以及其他方面根据具体情况作适当变通，确立引渡、遣返之外的第三条道路：劝返。

（3）我国目前的追逃追赃工作，如北京大学法学院讲师赵晨光所介绍的那样，在实体法、程序法、证据法方面确实存在不足。中国社会科学院国际法研究所副研究员郝鲁怡指出，尽管现阶段我国反腐败领域的国内及国际法治建设取得了长足的进步，但在国内反腐败机制构建的法治理念以及国际刑事司法协助法律制度建设方面也存在不少问题，有待于进一步完善。因此，有必要加强这方面的法治建设。北京师范大学刑事科学研究院教授黄风提出尽快修改《引渡法》的建议。中国社会科学院法学研究所研究员刘仁文提出，应注意国内法与国际法，特别是与《联合国反腐败公约》的衔接工作，适当地对国内法的部分内容进行修改或补充，以在制度设计上做到更为细致，建立严密、有效的反腐法网。中国人民大学法学院副教授魏晓娜提出，应完善违法所得没收程序。

（4）我国的追逃追赃工作不能故步自封，而是要积极吸收法治发达国家的有益经验，取长补短，为我所用，并在实践中不断总结经验。

（廖　凡）

中国社会科学论坛暨第十一届国际法论坛
“国际法的机遇与挑战：危机、秩序、法治”

2014年11月15～16日，由中国社会科学院主办、国际法研究所承办的中国社会科学论坛暨第十一届国际法论坛“国际法的机遇与挑战：危机、秩序、法治”在北京举行。

论坛是一次名副其实的国际论坛。来自联合国国际法委员会、美国、德国、加拿大、意大利、瑞典、芬兰、日本等国家和国际组织的知名专家学者，以及全国人大外事委员会、最高人民法

2014 年 11 月，中国社会科学论坛暨第十一届国际法论坛“国际法的机遇与挑战：危机、秩序、法治”在北京举行。

院、国务院法制办、外交部、环境保护部、中国社会科学院、北京大学、清华大学、中国人民大学、中国政法大学、对外经济贸易大学、北京师范大学、北京理工大学、外交学院、武汉大学、山东大学、中南财经政法大学、西南政法大学、复旦大学、吉林大学、厦门大学、上海财经大学、中国青年政治学院、铁道警官学院、天津工业大学、河北科技师范学院、台湾政治大学、台湾东海大学等国家机关、高等院校和研究机构的众多专家学者参加会议。中外同行从不同的视角对当前国际法面临的机遇与挑战各抒己见、深入交流。

论坛是一次“全景国际法”会议。论坛采用大会发言和专题发言相结合的方式，打破国际公法、国际私法、国际经济法分组讨论的传统模式，全程采取大会形式，更有利于各位与会代表对“大国际法”不同领域的热点问题和前沿动态的把握，增进了解，促进交流。会议围绕的主题是“国际法的机遇与挑战：危机、秩序、法治”，近 50 位主旨发言人对国际法面临的诸多重点、热点和难点问题进行了跨学科、多视角的深入研讨。研讨主题全面覆盖了国际法各个不同的分支学科，如对国际人权法上的文化权利、移民保护、环境权、公众参与决策权等问题的探讨；对国际海洋法上的中国南海法律地位、海上共同开发区块选择等问题的讨论；对国际环境法上的大气保护、环境公益诉讼问题的分析；对国际私法中的当事人意思自治原则、人格权侵权、遗产继承、国际私法与儿童权利、商事仲裁涉外因素的确定等问题的梳理；对国际金融法中的人民币国际化、电子货币、央行常备贷款便利制度、地方政府性债务危机等实践与前沿问题的剖析；对国际贸易法中的市场经济地位、自由贸易区海关措施等问题的论述；对国际投资法中的中非双边投资条约现状与前景的分析；对海商法中的港口国监控制度以及中国海商法整体面临的机遇与挑战问题的提炼，以及对国际贸易与劳工标准、国际援助与环境保护等问题的探讨，等等。

论坛是一次理论与实践紧密结合的学术会议。研讨既有对国际法基本理论及其发展的评述，也有对国际法最新实践的剖析；既有对创制新规则的展望，也有对实施既有法律的建议。在国际法基本理论方面，有对国际法的碎片化、一体化、非正式化等国际法发展进程中出现的新趋势、新挑战的宏观描述，也有对国际法主体、国际法基本原则等具体理论问题结合新实践的深入反思，还有对国际法的国内适用与大国崛起的关系等传统议题从全新视角进行的再思考。在国际法规则与机制的创制方面，有对重议海牙《民商事管辖权和外国判决的承认与执行公约》草案的具体建议，有对《京都议定书》替代规则的构想，有对国际法委员会编纂的“国际组织责任条款草案”的批判性思考，有对印度洋国际法律秩序的学术构建，有对建立国际环境法院之无必要性的论证，还有对网络空间国际法规则博弈的评判。在国际法的实施方面，有对中国落实联合国《儿童权利公约》的制度建议，有对武力攻击民航飞机及其责任等前沿问题的国际法分析，还有对中欧原材料贸易纠纷解决之道的具体建议。

中国社会科学院法学研究所、国际法研究所联合党委书记陈甦研究员主持论坛开幕式。国际法研究所所长陈泽宪研究员分别在论坛开幕式和闭幕式上致辞。他高度肯定了两天富有成效的研讨在国际法领域观察危机、分析危机和解决危机方面，以及在重构国际秩序和推进国际法治方面所取得的进展，体现了国际法学者及其研究成果在解决国际法面临的机遇与挑战方面的应有作用。

（廖　凡）

政治学研究所

（一）人员、机构等基本情况

1.人员

截至 2014 年年底，政治学研究所共有在职人员 42 人。其中，正高级职称人员 9 人，副高级职称人员 12 人，中级职称人员 15 人；高、中级职称人员占全体在职人员总数的 86%。

2.机构

政治学研究所设有：马克思主义政治学研究室、政治学理论研究室、政治制度研究室、行政学研究室、比较政治研究室、政治文化研究室、信息资料室、《政治学研究》编辑部、综合办公室。

3.科研中心

政治学研究所所属科研中心有：马克思主义政治学研究中心。

（二）科研工作

1.科研成果统计

2014 年，政治学研究所共完成专著 7 种，205.9 万字；论文 88 篇，98.6 万字；研究报告 2 种，72.2 万字；论文集 3 种，155.9 万字；皮书 2 种，81.2 万字；译著 2 种，67.4 万字；理论文章 14 篇，2.2 万字。

2.科研课题

（1）新立项课题。2014 年，政治学研究所共有立项课题 5 项。其中，院创新工程重大社会调查课题 1 项：“中国公民的人大代表选举参与问卷调查”（房宁、史卫民、周庆智主持）；所级国情调研基地课题 2 项：“寓协商于监督之中：乐清市‘人民听证’实践创新的基本经验”

（韩旭主持），“云南省开远市城乡统筹发展状况与政府职能研究”（贠杰主持）；马克思主义理论学科建设与研究工程课题 2 项：“中国干部治理体系研究”（田改伟主持），“马克思主义政治学基本范畴研究”（王炳权主持）。

（2）结项课题。2014 年，政治学研究所共有结项课题 10 项。其中，院重大课题 1 项：“科学发展观视野下的乡村治理研究”（赵秀玲主持）；院重点课题 1 项：“完善和创新——地方人大制度研究”（冯钺主持）；国情调研重点课题 1 项：“社会转型期腐败与反腐败的政治学研究”（张云鹏主持）；所级国情调研基地课题 2 项：“寓协商于监督之中：乐清市‘人民听证’实践创新的基本经验”（韩旭主持），“云南省开远市城乡统筹发展状况与政府职能研究”（贠杰主持）；院创新工程重大社会调查课题 1 项：“中国公民的人大代表选举参与问卷调查”（房宁、史卫民、周庆智主持）；院青年科研启动基金课题 1 项：“新世纪我国意识形态领域重要政治思潮研究”（王炳权主持）；交办委托课题 2 项：全国人大交办课题“香港立法会选举制度变革研究”（史卫民主持），“公职人员财产申报与公开制度”（房宁主持）；青年学者发展基金课题 1 项：“政治转型中的社会稳定与治理——以俄罗斯为视角”（徐海燕主持）。

（3）延续在研课题。2014 年，政治学研究所共有延续在研课题 7 项。其中，国家社会科学基金课题 4 项：“加强社会主义民主政治建设”（房宁主持），“马克思主义政治理论中国化”（杨海蛟主持），“我国县级政府公共产品供给体制机制研究”（周庆智主持），“新世纪以来我国政治思潮的演进及社会影响”（王炳权主持）；院重大课题 2 项：“中国政治思想史Ⅱ 12 卷”（白钢、史卫民主持），“马克思主义政治学理论研究”（王一程主持）；交办委托课题 1 项：国家名词委交办课题“政治学名词审定”（杨海蛟主持）。

3. 创新工程的实施

2014 年 1 月，政治学研究所整体进入创新工程，进入创新岗位 33 人，设立 6 个项目组，分别为：“国家治理与民主治理研究”项目组（首席研究员为张明澍），“地方政府治理与社会治理现代化研究”项目组（首席研究员为周庆智），“国外国家治理与民主建设比较研究”项目组（首席研究员为周少来），“基层社会治理与民主建设研究”项目组（首席研究员为赵秀玲），“行政管理体制改革与地方政府绩效评估研究”项目组（首席研究员为贠杰），“《政治学研究》学术期刊”创新项目（总编辑为杨海蛟）。

（三）学术交流活动

1. 学术活动

2014 年，政治学研究所主办和承办的学术会议有：

（1）2014 年 1 月 10 ～ 11 日，由政治学研究所主办的“中国风论坛”在北京举行。会议研讨的主要问题有“中国政治发展”“民主政治建设的实践和理论”“国际民主政治建设实践和历史、经验”等。

(2) 2014年3月15日，由政治学研究所“基层社会治理与民主建设研究”项目组与四川省社会科学院共同主办的“基础社会治理与民主建设”研讨会在四川省成都市举行。会议研讨的主要问题有“成都市基础民主治理的经验”“中国民主政治发展展望”等。

(3) 2014年5月30日，由南开大学周恩来政府管理学院、中国社会科学杂志社、中国社会科学院政治学研究所《政治学研究》编辑部共同主办的“新时期中国政治学的建设与发展”研讨会在天津举行。会议研讨的主要问题有“新时期中国政治学研究如何构建话语体系”“如何进行具有时代特征的政治学研究”等。

(4) 2014年6月12～13日，由政治学研究所主办的“两岸政治学发展学术研讨会”在北京举行。会议研讨的主要问题有“两岸政治学发展”“大陆的社会主义民主政治建设与国家治理”“台湾地区的民主转型”等。

(5) 2014年7月7日，由民政部基层政权和社区建设司、中国社会科学院政治学研究所、中国社会科学调查与数据信息中心、社会科学文献出版社共同举办的《政治参与蓝皮书：中国政治工作参与报告（2014)》发布会在北京举行。

(6) 2014年8月9～11日，由政治学研究所“行政管理体制改革与地方政府绩效评估研究”项目组主办的“2014年中国地方政府绩效信息数据库建设培训研讨会”在北京举行。

(7) 2014年9月21～22日，由政治学研究所主办，政治学理论研究室与政治文化研究室共同承办的“中国民主发展与政治文化研究”学术研讨会在北京举行。

(8) 2014年10月24～26日，由政治学研究所《政治学研究》编辑部、西北政法大学政治与公共管理学院共同主办的“国家治理与法治建设”学术研讨会在陕西省西安市举行。会议研讨的主要问题有“国家治理体系的理论与实践”“国家治理体系中的政党、民主与法治”“国家治理与法治建设的结构与面向”等。

(9) 2014年11月1～2日，由政治学研究所主办、政治学研究所“地方政府治理与社会治理现代化研究”项目组承办的“中国地方政府治理与社会治理”学术研讨会在北京举行。会议的主题是“地方政府治理与社会治理”。

(10) 2014年11月13～14日，由政治学研究所马克思主义政治学研究室、马克思主义政治学研究中心共同主办的首届“马克思主义政治学论坛”在北京举行。会议研讨的主要问题有“马克思主义政治学与国家治理现代化”“马克思主义政治学的研究方法”“马克思主义政治学研究面临的热点难点问题”等。

(11) 2014年11月13～14日，由政治学研究所、中国社会科学出版社共同主办，中国社会科学院政治学研究所“国家治理与民主治理研究”项目组承办的“国家治理理论与问题研讨会”在北京举行。会议研讨的主要问题有“国家治理体系与国家治理能力现代化的基本理论”“国家治理与反腐败”“国家治理与政府改革”“利益格局调整与收入分配改革”“社会治理与和谐社会建设”“中央地方关系研究”“城镇化与农村土地流转”“宗教与少数民族地区治理”“国家安全与对外关系”等。

2.国际学术交流与合作

2014 年，政治学研究所共派遣出访 3 批 4 人次，接待来访 39 批 108 人次（其中，中国社会科学院邀请来访 4 批 12 人次）。与政治学研究所开展学术交流的国家有美国、德国、英国、法国、加拿大、俄罗斯、印度、新加坡、日本、伊朗、越南、丹麦、乌兹别克斯坦、泰国、哈萨克斯坦、加纳、埃塞俄比亚、贝宁、芬兰、罗马尼亚、韩国、瑞士、伊朗等。

（1）2014 年 2 月 14 日，应中联部的邀请，政治学研究所行政学研究室主任贠杰为柬埔寨人民党高级干部考察团一行作了关于政府效能评估的专题介绍。

（2）2014 年 2 月 24 日，政治学研究所所长房宁在该所会见了德国戴姆勒柏林社会与技术研究中心中国事务负责人、高级经理 Christian Neuhaus 博士等，双方就中国社会变迁和青少年政治社会化问题进行交流。

（3）2014 年 2 月 24 日，政治学研究所所长房宁等在该所会见日本同志社大学政策学部学部长、大学院综合政策科学研究科科长今川晃教授一行，双方并签署了合作交流协议。

（4）2014 年 2 月 26 日，政治学研究所所长房宁等会见了美国驻香港总领馆二等秘书艾培知等，就“一国两制”“2017 年香港特首普选”等专题进行了交流。

（5）2014 年 2 月 27 日，政治学研究所所长房宁等会见了日本驻华使馆首席公使远藤和也等，就房宁的《“城市化率”是国外“民主化”的门槛》一文进行交流。

（6）2014 年 3 月 20 日，政治学研究所所长房宁等在该会见了德国驻华使馆政治处一等参赞寇文刚，就中共十八大以来社会主义价值观的发展形势进行了交流。

（7）2014 年 4 月 22 日，政治学研究所政治文化研究室主任张明澍、马克思主义政治学室主任田改伟在政治学研究所会见日本驻华使馆政治处参赞有马效典，就中国社会的民主意识、知识分子对社会舆论的影响力等问题进行了交流。

（8）2014 年 5 月 21 日，政治学研究所所长房宁在该所会见了以越共中央理论委员会秘书长阮曰通为团长的越共中央理论委员会代表团一行，就中国推进社会管理建设和国家治理体系和治理能力现代化的做法与经验等问题进行了交流。

（9）2014 年 6 月 26 日，应政治学研究所的邀请，印度德里大学教授、社会发展委员会委员莫汉蒂与北京大学国际关系学院讲师比诺德·高兴在政治学研究所分别作了题为“印度的民主及其挑战”和“印度大选及未来发展走向”的学术讲座。

（10）2014 年 7 月 7 ～ 18 日，由中华人民共和国文化部、中国社会科学院联合主办的“2014 年青年汉学家研修计划”第一批学员来华访问。根据中国社会科学院国际合作局的布置，政治学研究所承担哈萨克斯坦的叶尔纳和加纳的劳埃德的学术访问接待工作。

（11）2014 年 7 月 29 日，应中联部的邀请，政治学研究所行政学研究室主任贠杰为摩尔多瓦共产党干部代表团就“中共十八大后推进治理体系和治理能力现代化的举措”专题作了专题介绍。

（12）2014 年 9 月 25 日，应美国芝加哥大学政治学系邀请，政治学研究所陈承新以“美国社区治理评估”为主题赴美国芝加哥大学访学。

（13）2014 年 10 月 19 ~ 25 日，应政治学研究所的邀请，越南社会科学院中国研究所副所长阮春强研究员、阮庭廉研究员访问政治学研究所，双方就“中国共产党第十八次全国代表大会以来中国法治建设的成就”的主题进行了交流。

（14）2014 年 11 月 8 ~ 20 日，应美国克莱姆森大学中国研究中心邀请，政治学研究所所长房宁等赴美国调研美国国家和社会治理相关情况。

2. 与香港、澳门特别行政区和台湾开展的学术交流

（1）2014 年 4 月 22 ~ 26 日，应澳门特别行政区政府行政长官办公室的邀请，政治学研究所所长房宁赴澳门访问。

（2）2014 年 7 月 21 日，政治学研究所所长房宁、《政治学研究》编辑部主任王炳权等会见了全国政协委员、香港特别行政区政府中央政策组顾问邵善波。双方就“一国两制”在香港的实践等问题进行了交流。

（3）2014 年 8 月 18 日，台湾政治大学东亚研究所所长寇健文、台湾开南大学公共事务管理系主任张执中顺访政治学研究所，并作了题为“中国大陆的民主发展研究”的学术讲座。

（4）2014 年 9 月 3 ~ 9 日，应澳门特别行政区政府行政长官办公室的邀请，政治学研究所信息资料室副主任冯钺赴澳门进行访问。

（5）2014 年 9 月 9 ~ 16 日，应香港特别行政区政府中央政策组的邀请，政治学研究所所长房宁、《政治学研究》编辑部主任王炳权等赴香港访问。

（6）2014 年 11 月 24 日，政治学研究所行政管理研究室主任贠杰、《政治学研究》编辑部主任王炳权等与台湾大学政治学系参访团一行在政治学研究所就“中国当代青年的政治思潮”等问题进行学术交流。

（四）学术社团、期刊

1. 社团

（1）中国政治学会，会长李慎明。

① 2014 年 6 月 27 ~ 28 日，中国政治学会主办，江西省政治学会、赣南师范学院中国共产党革命精神与文化资源研究中心承办，江西农业大学、江西师范大学、赣南师范学院、江西警察学院、南昌航空大学协办的 2014 年中国政治学会、各省市政治学会秘书长联席会议暨“国家治理体系和治理能力现代化”学术研讨会在江西省赣州市举行。会议的主题是“国家治理体系和治理能力现代化”，研讨的主要问题有“国家治理体系和治理能力现代化的内涵和意义”“政

府自身治理”“基层社会治理”等。

② 2014年11月16～17日，中国政治学会主办，四川省社会科学院、四川省政治学会承办的中国政治学会第八次代表大会暨“国家政治安全与法治中国建设”学术研讨会在四川省成都市举行。会议的主题是“国家政治安全与法治中国建设”，研讨的主要问题有“意识形态视角下的政治安全”“多种视角下的国家政治安全”“改革和治理实践中的法治化问题”“国家政治安全的法治化要求”等。与会专家约200人。

（2）中国政策科学研究会，会长滕文生。

（3）中国红色文化研究会，会长刘润为。

2.期刊

（1）《政治学研究》（双月刊），主编房宁。

2014年，《政治学研究》共出版6期，共计120万字。该刊全年刊载的有代表性的文章有：张献生、吴茜的《试论中国社会主义协商民主制度》，宋玉波、陈仲的《改革开放以来增强政治认同的路径分析》，杨光斌、张贤明等的《“国家治理体系和治理能力现代化”笔谈》，朱志昊的《“白马之盟”与汉初政制——以政治正当性为线索》，何艳玲、李丹的《机构改革的限度及原因分析》，林尚立的《以人民为本位的社会主义国家建设理论：政治学对科学社会主义的发现》，马德普的《协商民主是选举民主的补充吗》，孙晓春的《先秦法家富强观念的现代反思》，田心铭的《论坚持和发展中国特色社会主义——学习习近平同志系列重要讲话精神》，郑慧的《论构建中国特色社会主义政治学话语体系》等。

（2）《今日中国论坛》（月刊），总编辑蔡华。

（五）会议综述

“两岸政治学发展”学术研讨会

2014年6月12～13日，由中国社会科学院政治学研究所主办的“两岸政治学发展”学术研讨会在北京举行。来自海峡两岸的近40位专家学者参加会议。会议围绕“两岸政治学发展”“大陆的社会主义民主政治建设与国家治理”“台湾地区的民主转型”等问题展开了广泛讨论。

（1）关于两岸政治学发展

中国社会科学院政治学研究所副所长、中国政治学会秘书长杨海蛟研究员谈到，1979年以来，中国大陆的政治学经历了四个发展阶段：恢复和重建阶段（1979～1985年）、快速发展阶段（1986～1989年）、全面深刻反思阶段（1989～1991年）、深入发展阶段（1992年至今）。台湾“中研院”政治所特聘研究员、台湾大学政治系朱云汉教授作了题为“突破与超越——迈向21世纪的中国政治学”的学术报告。他指出美国政治学有严重偏差与缺陷，迈向21世纪的中国政治学必须实现对美国政治学的超越和突破，回归经世济民的初衷，回应中国社会发展的需要以及 21 世纪人类发展的需要。

（2）关于大陆的社会主义民主政治建设与国家治理

关于大陆的社会主义民主政治建设与国家治理的讨论，主要集中在端正民主观念、总结民主建设经验、探索适合中国国情的社会主义民主建设道路等问题。

关于民主观念。与会学者指出，对于人民群众来说，民生才是第一位的，民主问题是在解决民生问题的过程中产生的，其发展应当服务、服从于民生。对于国家来说，治理能力才是第一位的，民主化应当有助于国家治理能力的提高。关于中国民主建设经验。有学者指出，基层民主自治是中国民主建设的亮点，过去 30 多年所取得的主要成就是制度化、法制化体系基本确立，地方实践创新异彩纷呈，公民民主意识、自治意识不断提升。关于适合中国国情的民主建设道路，这个主题主要涉及了三个问题：①关于多党竞争；②民主建设的关键；③民主建设的途径。

（3）关于台湾地区的民主转型

关于台湾地区的民主转型的讨论，主要涉及了台湾地区民主转型失败的原因分析和民主转型过程中的金权政治这两个问题。

关于台湾地区民主转型未能成功的原因，与会学者提出了以下几种观点：①收入分配差距拉大导致群众抗争；②极化政治与经济转型导致了群众的民主期待与主观感受之间的落差；③西方民主制度水土不服。

关于台湾地区民主转型中的金权政治问题。有学者指出，①台湾特色的金权政治是民主转型后适应争取选票的需要产生的，并且与“组织选举”直接相关。主要通过特殊利益的给予，获取选票。②金权政治起初是与国民党联系在一起的。③民进党在执政后，也与金权政治发生关系。④台湾的金权政治可能会发生转型，政商关系的重点转向获取竞选资金。

（科研处）

“国家治理与法治建设”学术研讨会

2014 年 10 月 24 ~ 26 日，由中国社会科学院政治学研究所《政治学研究》编辑部、西北政法大学政治与公共管理学院共同主办的“国家治理与法治建设”学术研讨会在陕西省西安市举行。50 余位专家学者参加了会议。会议围绕“国家治理体系的理论与实践”“国家治理体系中的政党、民主与法治”“国家治理与法治建设的结构与面向”等问题进行了研讨。

（1）国家治理体系现代化的理论与实践

与会学者从理论和实践两个层面对国家治理体系现代化的实质、核心及关键环节等进行了较为深入的探讨。有代表强调推进国家治理体系现代化和中国特色社会主义事业的必然关系，提出要把推进国家治理现代化同夺取中国特色社会主义新胜利、实现中国特色社会主义新发展有机地结合起来。国家治理体系现代化根本动力是全面深化改革。有与会代表分析了国家治理体系和国家治理能力的关系，论述了推进国家治理体系与治理能力现代化工作的重心和着力点，分析了国家治理体系现代化在中国特色社会主义现代化中的应然角色与规范地位。与会专家高度认同中共十八届四中全会公报中“党的领导是中国特色社会主义最本质的特征”“是社会主义法治最根本的保证”的重要观点，高度认同公报强调的“把党的领导贯彻到依法治国全过程和各方面，是我国社会主义法治建设的一条基本经验”的重要结论。

（2）国家治理体系中的政党、民主与法治

与会代表紧密结合中共十八届四中全会公报及习近平总书记十八届四中全会的讲话精神，充分认识到中国共产党在国家治理体系及法治建设中的领导地位及核心作用和中国特色社会主义政治民主在国家治理体系中的地位与作用，强调中国的国家治理体系和治理能力现代化的实现，必须坚持和贯彻党的领导、人民民主和依法治国三者的有机统一，必须同时贯彻和坚持民主与法治的发展方向。与会学者结合中国特色社会主义民主的实现路径问题，讨论了国家治理体系现代化视角下的民主问题。

（3）国家治理与法治建设的结构与面向

与会代表探讨了国家治理体系现代化的社会背景、国际视野等面向问题。有的学者结合对国家治理、治理体系、现代化三个核心概念的解释，阐述了中国国家治理必须要有“三个面向”的学术观点。面向转变中的中国，面向全球化的世界，面向国家的发展进程。有学者讨论了国家治理体系的合法性问题，即国家治理现代化主要是为了解决执政的适应性、发展的应然性、历史的使命性和社会的现实性等执政的合法性问题。有学者讨论了中国国家治理体系现代化的环境、压力、理由和逻辑等问题，并就三个结构性主题在国家治理体系现代化中的展开进行了具有一定前瞻性的理论论述。

（科研处）

马克思主义政治学论坛

2014 年 11 月 13 ～ 14 日，由中国社会科学院政治学研究所马克思主义政治学研究室、马克思主义政治学研究中心共同主办的首届“马克思主义政治学论坛”在北京举行。会议围绕“马克思主义政治学与国家治理现代化”“马克思主义政治学的研究方法”“马克思主义政治学研究面临的热点难点问题”等问题进行了讨论。

（1）关于马克思主义政治学与国家治理现代化

第一，关于国家治理现代化与依法治国。有学者主张把党的领导与依法治国这一议题置于国家治理现代化框架中思考。第二，关于国家治理现代化的实质问题。有学者认为，国家治理现代化的实质是调整与重塑公共权力与公民权利的关系结构。第三，关于国家治理现代化与反腐败问题。有学者强调，国家治理现代化过程中应该形成科学反腐思路，实施“反邪扶正”双管齐下策略。有学者介绍了近年来国外(境外)学者关于中国共产党研究的进展概况，探讨了国家治理现代化过程中，中国共产党的作用以及角色变化；探讨了协商民主之于国家治理现代的重要意义；梳理了近年来学术界关于中国特色社会主义协商民主的研究成果，并指出其还存在着基础理论研究有待加强、历史考察不够全面等问题；在梳理哈贝马斯国家建构理论的基础上，阐释了国家治理现代化过程中如何加强文化认同建构等问题。

(2) 关于马克思主义政治学研究方法

准确把握中西方民主逻辑的差异是从事马克思主义政治学研究的基本前提。马克思主义阶级分析法并未过时。与会学者强调，开展马克思主义政治学研究，必须实现理论分析与政策导向研究之间的适度分离，以保持理论上的清醒和政策上的灵活。有学者强调马克思主义政治学研究必须实现阶级性与科学性的统一、革命性与建设性的统一、理论与实践的统一，强调了实现“三个统一”可能面临的问题。

(3) 关于马克思主义政治学研究的热点难点问题

第一，关于当前社会主义意识形态安全面临挑战。第二，关于审慎对待“社会主义宪政”的提法。第三，关于科学认识“普世价值”问题。

(科研处)

中国政治学会第八次代表大会暨“国家政治安全与法治中国建设”学术研讨会

2014 年 11 月 16 ~ 17 日，由中国政治学会主办，四川省社会科学院、四川省政治学会承办，四川大学公共管理学院等单位协办的中国政治学会第八次代表大会暨“国家政治安全与法治中国建设”学术研讨会在四川省成都市召开。大会产生了中国政治学会新一届理事会，总结了第七届学会工作，展望了第八届学会工作。会议的主题是“国家政治安全与法治中国建设”，研讨的主要问题有“意识形态视角下的政治安全”“多种视角下的国家政治安全”“改革和治理实践中的法治化问题”“国家政治安全的法治化要求”等。

中国政治学会会长李慎明围绕中共十八届四中全会精神，以“意识形态工作与政治安全和依法治国等相关领域”为题作了大会主题发言，对《中共中央关于全面推进依法治国若干重大问题的决定》中的若干新思想、新观点、新论断、新提法和新部署作了系统阐释。

(1) 维护国家政治安全

①意识形态视角下的政治安全

学者们首先对政治安全的概念进行界定，概念界定需要从概念的主体、对象及核心要素等方面来把握。有学者认为，政治安全的主体是国家，维护和确保共产党的执政地位是政治安全的首要问题。有学者认为，国家政治安全的核心要素包括国家政权安全、意识形态安全、政治制度安全、政治秩序安全、执政安全等部分。互联网已经成为意识形态斗争的主要战场，需要调整思路变网络意识形态管理为网络意识形态治理。网络治理本质上是党的群众路线如何适应新时期新形势发展需要的问题。在法治中国的背景下，建构法治网络，使宪法规定的关于公民言论自由的权利得到保障；规范网络秩序，维护意识形态安全；真正发挥协商民主的作用，致力于全社会的充分沟通协调。

②多种视角下的国家政治安全

民族区域自治领域政治安全有三方面内涵：要整体理解民族区域自治制度；政治沟通有利于民族地区政治生活的一体化，构建和谐的政治关系；民族区域自治需要保证各族群众有序政治参与。所以，民族区域自治制度是以国家统一为前提，民族区域自治是中央领导下，以民族平等为前提，以民族团结统一为目的，由国家法律保障和规制的区域自治形态。正确理解和贯彻民族区域自治制度，是中国政治安全的制度保障。

有学者认为，应当树立囊括政治安全、国家安全在内的总体安全观，以政治安全为根本，同时要关注国家总体安全。中国未来面对的挑战日趋复杂化和多元化，必须依靠国家安全委员会这样能够整合外交、军事、情报等多种信息的决策机构和机制。

(2) 推进法治中国建设

全面推进依法治国的总目标是建设中国特色社会主义法治体系，建设社会主义法治国家。

①改革和治理实践中的法治化问题

有学者在法治中国建设的背景下，对中国信访制度进行了研究；有学者对城中村治理问题中的法治化进程进行了研究。

②国家政治安全的法治化要求

与会学者们一致认为，政治学界应高度重视对中共十八届四中全会精神的学习，把“国家政治安全和法治中国建设”作为长期课题深入研究，为全面推进国家治理体系和治理能力的现代化，坚持中国特色社会主义制度，提供更多的精神动力和智力支持。

（科研处）

民族学与人类学研究所

（一）人员、机构等基本情况

1．人员

民族学与人类学研究所共有在职人员151人。其中，正高级专业称职人员40人，副高级职称人员44人，中级职称人员44人；高、中级职称人员占全体在职人员总数的85%。

2. 机构

民族学与人类学研究所设有：民族理论研究室、民族历史研究室、民族经济研究室、民族社会研究室、民族文化研究室、资源环境与生态人类学研究室、影视人类学研究室、民族古文献研究室、南方民族语言研究室、北方民族语言研究室、语音学与计算语言学研究室（院重点实验室）、新疆历史与发展研究室、藏学研究室、世界民族研究室。另设图书馆、网络信息中心、《民族研究》编辑部、《民族语文》编辑部、《世界民族》编辑部，以及办公室、科研处、人事处（含离退休干部办公室）。

中国社会科学院研究生院民族学系设在该所，有民族学、中国史、中国少数民族语言文学等专业的博士和硕士研究生，该所还设有民族学博士后流动站。

3. 科研中心

民族学与人类学研究所院属研究中心有：中国少数民族语言研究中心、西夏文化研究中心、海外华人研究中心、中国蒙古学研究中心和藏族历史文化研究中心；所属研究中心有：羌学研究中心、加拿大研究中心。

（二）科研工作

1. 科研成果统计

2014 年，民族学与人类学研究所共完成论文 247 篇，205 万字；专著 31 种，646 万字；工具书、教材 3 种，63 万字；论文集 54 种，1400 万字。

2. 创新工程的主要措施和工作安排

根据院创新工程和新型智库建设的部署，立足于新的发展定位，民族学与人类学研究所成立了“民族理论与对策研究小组”，组织专家开展系列专题研究，围绕党和国家的重大决策，从不同层面、不同角度，深入研讨马克思主义民族理论和党的民族政策，开展民族热点和难点问题大讨论。撰写《要报》及相关文章 41 篇。围绕中央第二次新疆工作座谈会及中央民族工作会议等工作落实任务，组织撰写并报送 10 余篇内部研究报告，为党和国家重大决策提供决策咨询。

2014 年，该所国家社会科学基金重大委托项目“21 世纪初中国少数民族地区经济社会发展综合调查”共有 21 个子课题立项，课题组成员深入新疆、西藏、青海、宁夏、内蒙古、广西、云南、湖北等地区的自治县、民族乡进行调研，全面深入了解民族地区经济、社会、文化、民俗、宗教等方面的发展状况及所存在的问题，认真总结经验教训。在人员方面，所内、所外科研人员同时参与，加快“大调查”项目的进度，扩大该所的学术影响力。为确保创新工程研究项目的顺利进行和预期目标的实现，该所出台实施一系列加强研究项目管理与监督的措施和规定。组织召开创新研究项目和“大调查”项目中期检查汇报会，对项目进展过程中存在的问题提出有效建议，重点检查创新研究项目进展情况，使绝大多数创新研究项目进展顺利。

按照哲学社会科学创新工程的要求落实责任主体，积极推进科研体制机制创新，整合全所科研力量，从实际情况出发，在民族语言、民族历史等基础学科研究领域择优资助一批所级基础研究学者进入创新岗位，从基础学科的规律入手开展研究，取得一批优异成果。民族学研究所针对实际情况提出重大、重点选题的原则，旨在对我国现阶段的民族问题、五大文明建设、国家战略、边疆稳定、新型城镇化、边疆地区民族语言文化情况和国家安全等进行对策性研究。

在完善科研工作的同时，科研成果考核量化标准逐步完善，数据采集和分数统计更加科学准确，信息管理系统更为符合客观实际需要，为民族学与人类学研究所科研管理工作提供技术保障，进岗人员科研积极性明显提高。由此健全了成果量化考核规章制度建设，真正形成符合民族学与人类学研究所学科特点的成果考核体系。通过成果发布会、评论文章等方式，积极推介项目成果，充分发挥项目成果的社会效益和学术效益。

为加强与扶持民族地区发展，从基层视角了解中央的方针政策在地方上的落实情况，对地方先进经验进行总结和对出现的问题进行分析，为地方的决策提供科学依据，民族学与人类学研究所和宁夏社科院合作在银川市永宁县闽宁镇建立国情调研示范基地，并举行了挂牌揭幕仪式。

（三）学术交流活动

1．学术活动与交流

2014 年，民族学与人类学研究所共举办了 11 期“民族发展论坛”，邀请具有较高影响力的国内外专家到所访问交流。例如，邀请了中国社会科学院政治学研究所所长房宁作题为“党的十八届三中全会精神学习体会”的报告；蒙古国科学院院长、兼任联合国教科文组织游牧文明国际研究所（蒙古国）所长博·恩和图布信院士，作题为“丝绸之路文化交流：过去、现在及未来”的报告；北京科技大学冶金与材料史研究所教授李晓岑作题为“民族调查在考古学中的应用——以少数民族手工造纸为例”的报告；哈萨克斯坦科学院院士、著名中亚民族史专家布拉特·库麦科夫教授作题为“中古时期关于中国的穆斯林语文民族志文献与苏联及独联体国家的整理与研究”的报告；意大利米兰比可卡大学人文科学系文化人类学教授马力罗作题为“从民族志学者的视角：权威、授权和作者”的报告；香港中文大学中国考古艺术研究中心主任、历史系教授邓聪作题为“玉器的诞生，亚洲大陆史前认知革命与玉文化起源”的报告；新疆兵团党委党校副校长王小平教授作题为“新时期兵团在新疆的特殊作用”的报告等。

2．国际学术交流与合作

2014 年，民族学与人类学研究所共派遣出访 27 批 42 人次，其中 3 个创新项目出访，具体包括“城市民族问题调查研究”“中华民族多元一体格局进程中的汉民族研究”“民族志文献与中华民族的形成和发展研究”。

参加国际组织会议 3 次。由王延中所长等 3 人前往日本出席国际人类学民族学联合会中期会议；周少青副研究员于2014年3月23～24日参加在加拿大西北领地耶洛奈夫举办的可持续发展工作组正式会议；扎洛研究员应中央统战部办公厅邀请，于2014年3月9～15日赴瑞士日内瓦参加联合国人权理事会第25次会议，配合我国在此次会议上接受国别人权审查，开展涉藏外宣工作。

何星亮研究员作为国务院参事，于2014年12月15～21日随国务院参事室代表团前往台湾执行农业调研任务。民族学与人类学研究所与日本国立民族学博物馆是合作单位，2014年应日本国立民族学博物馆的邀请，王延中所长率团出席了于2014年11月21～25日在大阪举办的“中国文化的持续与变迁：全球化背景下的家庭、民族与国家”国际研讨会，双方加深了联系与合作。

在参加国际会议的同时，访学交流也为该所在国际学术领域增加了影响力。乌兰研究员应东京外国语大学亚非语言文化研究所邀请，于2014年1月6日至7月31日前往日本东京参与“东亚和东南亚之文化区域的形成：泰文化和其他文化区域”的研究项目，搭建了良好的合作基础。黄行研究员应鲍尔州立大学中镇研究中心的邀请，于2014年6月11日至7月7日到美国进行田野调研和学术交流。周泓研究员应美国波士顿大学邀请，于2014年8月20日至11月20日前往波士顿、圣路易斯等地调研。刘正爱副研究员应里昂高等师范学院社会学家罗兰教授邀请，于2014年10月15日至12月16日赴法国进行学术访问。

为纪念中蒙建交65周年，民族学与人类学研究所于2014年10月15日举办了高级别的“丝绸之路经济带”建设与中蒙全面战略伙伴关系——纪念建交65周年中蒙智库圆桌会议。

（四）学术社团、期刊

1. 社团

（1）中国民族研究团体联合会，会长王延中。

（2）中国民族理论学会，会长陈改户。

① 2014年7月12～14日，中国民族理论学会与北方民族大学联合举办2014年学术研讨会暨学会第三次优秀成果颁奖大会。会议的主题是“中国民族区域自治的理论与实践——纪念民族区域自治法颁布30周年”。

② 2014年8月13～15日，中国民族理论学会在燕山大学召开专题学术研讨会。会议研讨的主题有“关于中国民族政策的基本原则”“民族区域自治面临的主要理论和实践问题是什么”“民族认同和国家认同的关系如何理解和处理”。

（3）中国民族史学会，会长罗贤佑。

① 2014年7月10～11日，中国民族史学会在山东省烟台市与烟台大学联合举办了中国民族史学会第十七次学术研讨会。研讨会的主题是“中国历史上的族际互动与文化认同”。

② 2014年11月1日，中国民族史学会与中国民族研究团体联合会、中国社会科学院民族

学与人类学研究所在北京共同主办了“中国民族史研究回顾与展望暨杜荣坤先生学术思想研讨会”。

（4）中国民族学学会，会长郝时远。

2014 年 10 月 25 ~ 27 日，由中国民族学学会和内蒙古师范大学联合主办，内蒙古师范大学经济学院协办的中国民族学学会 2014 年学术年会暨“经济社会发展与民族文化变迁”学术研讨会在内蒙古自治区呼和浩特市召开。年会的主题是“经济社会发展与民族文化变迁”。

（5）中国突厥语研究会，会长黄行。

2014 年 7 月 26 ~ 28 日，中国突厥语研究会与中国民族语言学会、《民族语文》杂志社在内蒙古自治区霍林郭勒（霍林河）市联合召开“中国少数民族语言本体研究”学术研讨会。

（6）中国世界民族学会，会长郝时远。

2014 年 4 月 18 日，中国世界民族学会与国家民委民族问题研究中心在北京合作召开了“国族、公民与民族差异”学术研讨会。

（7）中国民族古文字研究会，会长揣振宇。

2014 年 11 月，中国民族古文字研究会与安徽出版集团时代新媒体出版社签订合作意向，启动出版“中国少数民族文字导论”（中英文）和“中国民族古文字活字典”视频系列项目。继续组织完成“中华字库”项目，并组织编写西夏文、女真文、契丹文的编码方案，并通过信息产业部向国际标准化组织提交了相关方案。

（8）中国民族语言学会，会长黄行。

① 2014 年 1 ~ 11 月，中国民族语言学会与中国少数民族语言研究中心在中国社会科学院民族学与人类学研究所共同举办“中国少数民族语言研究论坛”11 讲。

② 2014 年 7 月 26 ~ 30 日，中国民族语言学会与《民族语文》编辑部、民族学所南方语言室、北方语言室、内蒙古民族大学等单位联合举办“中国少数民族语言本体研究”学术研讨会。

③ 2014 年 9 月 26 日，中国民族语言学会和中国少数民族语言研究中心共同举办“研究员报告日”和“博士报告日”，集中报告民族语言研究的新材料、新方法和新观点。报告题目有：江荻的“汉语词汇长度的变化与中国人名结构的演进”，陈国庆的“孟高棉语音节结构讨论”，李云兵的“越城岭南麓苗瑶族群汉语方言使用的现状与语言活力”等。

④ 2014 年 11 月 28 ~ 29 日，中国民族语言学会与中央民族大学联合举办“中国民族语言学会第二届比较语言学研讨会”。

（9）中国西南民族研究学会，会长何耀华。

2014 年 11 月 5 ~ 7 日，由中国西南民族研究学会、广西壮族自治区民委联合主办，广西民族问题研究中心承办的“中国西南民族研究学会第 17 次会员代表大会暨学术研讨会”在广西壮族自治区南宁市召开。研讨会对壮学的发展进行了总结交流。

2.期刊

（1）《民族研究》，主编王延中。

2014 年，《民族研究》刊载的有代表性的文章有：郝时远的《坚定不移走中国特色解决民族问题的正确道路——学习中央民族工作会议精神的几点体会》，王延中、管彦波的《云南建设民族团结示范区与和谐民族关系的基本经验及启示》，常安的《西藏民主改革：现代政治秩序建构及法理解读》，郑大华的《论晚年孙中山"中华民族"观的演变及其影响》，[意] 马力罗著、吴晓黎编译的《时间与民族志：权威、授权与作者》。

（2）《世界民族》，主编王延中。

2014 年，《世界民族》刊载的有代表性的文章有：张三南的《马克思主义经典作家民族主义论述的再认识："困难对话论"评析（上、下）》，刘锦前的《当前中东政局新发展中的部落文化因素分析》，[法] 厄内斯特·勒南著、陈玉瑶译的《国族是什么？》，[加] 威尔金利卡著、周少青译的《多民族国家的多元文化公民》。

（3）《民族语文》，主编黄行。

2014 年，《民族语文》刊载的有代表性的文章有：吴安其的《东亚的语言与印欧语》，瞿霭堂、劲松的《中国藏缅语言中的代词化语言》，黄成龙的《类型学视野中的致使结构》。

（五）会议综述

民族志理论与范式专题学术研讨会

2014 年 4 月 20 日，为进一步促进新型民族志在中国学界的研究与实践，以及为了后现代实验民族志之后民族志如何前行指出努力的方向，中国社会科学院民族学与人类学研究所《民族研究》编辑部邀请国内相关研究领域的知名学者，在中国社会科学院民族学与人类学研究所召开了民族志理论与范式专题学术研讨会。研讨会在反思民族志发展历史的基础上，围绕民族志书写的理论与范式展开了一次集中讨论与对话，充分展示了中国学者在民族志理论反思与田野实践中的成就、贡献及存在的问题。参会学者分别来自北京大学、清华大学、中国人民大学、中央民族大学、中山大学、厦门大学、武汉大学、浙江大学、南京大学、四川大学、云南大学以及中国社会科学院社会学研究所、民族学与人类学研究所等国内知名高校和科研机构。会议提交论文 17 篇，有 16 位学者在会上报告了论文，围绕当代科学民族志、互经验文化志、线索民族志、主体民族志、常人民族志、村民日志、体性民族志等民族志理论类型，民族志理论相关问题，以及民族志方法论展开深入探讨与反思。

（科研处）

第七届中国民族研究西南论坛“族群流动、空间重构与社会变迁”学术研讨会

2014年5月24～25日，由中国社会科学院民族学与人类学研究所《民族研究》编辑部、西南民族大学与湖北民族学院共同主办，湖北民族学院民族研究院承办的第七届中国民族研究西南论坛“族群流动、空间重构与社会变迁”学术研讨会在湖北恩施召开。来自中国社会科学院民族学与人类学研究所、北京大学、浙江大学、四川大学、南开大学、厦门大学、兰州大学、云南大学、中央民族大学、贵州大学、青岛大学、中南民族大学、三峡大学、吉首大学、西南民族大学、贵州民族大学、台湾“中央研究院”、湖北民族学院、重庆文理学院、重庆三峡学院、长江师范学院、云南红河学院、云南省社会科学院、江西省社会科学院、重庆中国三峡博物馆等高校和科研院所的80余名专家学者莅临会议，提交论文66篇。研讨会由主旨发言和分组讨论两个部分组成。中国社会科学院民族学与人类学研究所所长王延中研究员的主旨发言，关注的是民族地区能不能在2020年建成小康社会的问题，通过缜密的实证研究，他的结论是人口流动所形成的新的空间文化布局，实际上是内生作用和外生引导相结合的过程，也是解决收入差距的最好方式之一，而全面建成小康社会，不是中国发展的终点，而是建设富强、民主、文明、和谐的社会主义现代化国家的阶段性任务。研讨会主要围绕族群流动与民族史、民族走廊与民族关系、旅游与文化产业发展、民间信仰与社会建设、民族志方法论及应用等议题展开讨论。

（科研处）

民族团结进步　边疆繁荣稳定　云南经验研讨会暨《民族团结云南经验》出席座谈会

2014年9月23日，由中国社会科学院，云南省委、省政府主办，中国社会科学院民族学与人类学研究所、云南省社会科学院承办的“民族团结进步　边疆繁荣稳定　云南经验研讨会暨《民族团结云南经验》出版座谈会”在北京召开。根据中国社会科学院与云南省委、省政府签署的省院合作协议，中国社会科学院与云南省相关部门于2013年年底成立了“民族团结进步边疆繁荣稳定云南经验研究”课题组，对云南省促进各民族共同团结奋斗、共同繁荣发展的历史经验，特别是云南省建设“民族团结进步边疆繁荣稳定示范区”的战略意义、部署及创新实践，进行了较为全面深入的调查研究和理论总结。

（科研处）

“丝绸之路经济带”建设与中蒙全面战略伙伴关系——纪念建交65周年中蒙智库圆桌会议

2014年10月15日，由中国社会科学院主办，中国社会科学院国际合作局、中国社会科学

院民族学与人类学研究所、中国社会科学院蒙古学研究中心承办的"丝绸之路经济带"建设与中蒙全面战略伙伴关系——纪念建交65周年中蒙智库圆桌会议在北京召开。中蒙两国政府代表、专家学者以及媒体记者60余人与会。研讨会上，来自中蒙两国的50余位学者提交了学术论文，近30位学者做了学术报告，内容涉及中蒙关系、蒙古语言、历史、宗教、文化、经济发展等多个领域。

（科研处）

社会学研究所

（一）人员、机构等基本情况

1. 人员

截至2014年年底，社会学研究所共有在职人员81人。其中，正高级职称人员15人，副高级职称人员28人，中级职称人员24人；高、中级职称人员占全体在职人员总数的83%。

2. 机构

社会学研究所设有：社会理论研究室、社会调查与方法研究室、家庭与性别研究室、组织与社区研究室、农村与产业社会学研究室、青少年与社会问题研究室、社会发展研究室、社会政策研究室、社会心理学研究室、社会人类学研究室、《社会学研究》编辑部、办公室、科研处。

3. 科研中心

社会学研究所院属科研中心有：社会政策研究中心、私营企业主群体研究中心、国情研究中心；所属科研中心有：社会调查中心、城市与社区发展研究中心、社会文化人类学中心、社会心理研究中心、农村环境与社会研究中心。

（二）科研工作

1. 科研成果统计

2014年，社会学研究所共完成专著10种，437万字；论文101篇，106万字；论文集4种，147万字；研究报告29篇，73万字。

2. 科研课题

（1）新立项课题。2014年，社会学研究所共有新立项课题8项。其中，国家社会科学基金青年课题4项："新工人的社区生活形态与劳资关系的地方性差异研究"（汪建华主持），"民国时期劳工社会学的学科建构与当代意义研究"（闻翔主持），"社会共识形成和作用机制研究"（高文珺主持），"文化符号消费和生产视角下的转型时期阶层分化的文化建构研究"（孟蕾主持）；国情调研课题4项，其中院级基地课题1项（罗红光主持），院级重点课题1项（王春光主持），所级基地课题 2 项（王春光、王颖主持）。

（2）结项课题。2014 年，社会学研究所共有结项课题 2 项。其中，国家社会科学基金青年课题 1 项："要素市场的政商关系研究"（吕鹏主持）；国家社会科学基金一般课题 1 项："物质主义的结构分析及民众物质主义现状调查研究"（李原主持）。

（3）延续在研课题。2014 年，社会学研究所共有延续在研课题 14 项。其中，国家社会科学基金一般课题 6 项："个人与社会关系视角下的公共风险规避与应对"（王俊秀主持），"中国社会中间阶层发展状况与趋势研究"（李春玲主持），"社会转型期家庭变迁理论研究"（吴小英主持），"社会转型期的职业分类研究"（田丰主持），"70 后、80 后、90 后文化代际文化差异与网络参与的关系研究"（赵联飞主持），"寻找和建构转型期中国的家庭政策体系"（马春华主持），国家社会科学基金青年课题 7 项："草原生态退化的社会机制与治理模式研究"（荀丽丽主持），"农村社会资本影响老年健康的机制研究"（王晶主持），"群体情绪、群体认同与行动倾向的关系研究"（陈满琪主持），"网络时代的社区参与和社区治理研究"（肖林主持），"人口变动对队列人口福利的影响及政策回应研究"（马妍主持），"梁漱溟与费孝通乡土重建思想比较研究"（张浩主持），"中等收入群体的发展趋势和消费模式研究"（朱迪主持）；国家社会科学基金重点课题 1 项："我国社会心态测量指标研究"（杨宜音主持）。

（三）学术交流活动

1．学术活动

2014 年，社会学研究所主办和承办的学术会议有：

（1）2014 年 5 月 10 日，社会学研究所、北京工业大学、陆学艺社会学发展基金会、社会科学文献出版社联合主办的"纪念陆学艺先生逝世周年学术座谈会"在北京举行。

（2）2014 年 7 月 11 ～ 12 日，中国社会学会主办、湖北省社会科学院、湖北省社会学会等单位联合承办的"中国社会学会 2014 年学术年会"在湖北省武汉市召开。年会的主题是"全面深化改革与社会治理现代化"。

（3）2014 年 8 月 2 日，社会学研究所主办，黑龙江社会科学院承办的"2014 年全国社会科学院系统社会学所所长会议"在黑龙江省哈尔滨市召开。

（4）2014 年 8 月 15 日，社会学研究所主办，华侨大学研究生院承办的"第九届中国社会学博士后论坛暨首届社会学青年论坛"在福建省厦门市召开。会议的主题是"新型城镇化与社会治理"。

（5）2014 年 8 月 16 日，中国社会学会社会政策研究专业委员会与中国社会科学院社会政策研究中心联合主办的"第十届社会政策国际论坛"在北京举行。会议的主题是"社会治理与社会政策"。

（6）2014 年 11 月 13 ～ 16 日，中国社会心理学会主办，南京大学社会学院、江苏省社会科学联合会承办的“中国社会心理学会第八届会员代表大会暨2014年学术年会”在江苏省南京市举行。会议的主题是“转型中国的社会心理”。

（7）2014年12月10日，社会学研究所主办的“社会人类学影视成果发布暨数码博物馆初期方案研讨会”在北京召开。

2．国际学术交流与合作

2014年，社会学研究所共派遣出访51批95人次，接待来访4批23人次（其中，接待中国社会科学院协议来访2批2人次）。与社会学研究所开展学术交流的国家有美国、法国、波兰、德国、澳大利亚、英国、西班牙、意大利、比利时、俄罗斯、日本、韩国、芬兰、巴西、巴基斯坦等。

（1）2014年2月1日，社会学研究所《社会学研究》编辑部副研究员杨典执行中国社会科学院创新工程智库交流平台项目赴比利时欧盟委员会进行学术访问。

（2）2014年3月10日，社会学研究所社会政策研究室副研究员房莉杰执行中国社会科学院与美国福特基金会协议个人长期进修资助项目赴英国伦敦政治经济学院进行学术访问。

（3）2014年3月12日，社会学研究所副所长张翼参加中联部团组赴巴西执行“金砖国家智库理事会第三次会议暨金砖国家第六次学术论坛”任务。

（4）2014年3月30日，社会学研究所家庭与性别研究室研究员吴小英等执行中国社会科学院创新工程国际交流项目赴日本访问。

（5）2014年4月22日，社会学研究所所长陈光金等赴美国参加社会学研究所与约翰霍普金斯大学社会学系在约翰霍普金斯大学联合召开的“中国社会科学论坛（2014社会学）”。

（6）2014年6月21日，社会学研究所所长陈光金等赴西班牙参加社会学研究所与西班牙国家研究委员会共同举办的“全球化时代中国和西班牙的社会不平等”学术研讨会。

（7）2014年6月28日，社会学研究所副所长张翼参加中国社会科学院团组，赴法国进行主题为“法国巴黎大区和艾克斯普罗旺斯地区城市化研究”的访问。

（8）2014年7月3日，社会学研究所所长陈光金、副所长张翼等赴日本横滨参加“第18届世界社会学大会”。

（9）2014年9月7日，社会学研究所馆员李乐参加中国社会科学院2014年度“大数据与社会科学研究创新”项目赴美国访问。

（10）2014年9月19日，社会学研究所副所长张翼等执行中国社会科学院与波兰科学院合作协议赴波兰科学院社会学所访问。

（11）2014年10月1日，社会学研究所副研究员刁鹏飞执行中国社会科学院与美国福特基金会协议个人长期进修资助项目赴美国斯坦福大学进行学术访问。

（12）2014年10月26日，社会学研究所社会政策研究室副研究员潘屹等执行中国社会科学院与澳大利亚合作项目赴澳大利亚访问。

(13) 2014 年 10 月 27 日，社会学研究所社会心理学研究室副研究员李原等执行中国社会科学院创新工程国际交流项目赴美国访问。

(14) 2014 年 12 月 2 日，社会学研究所《社会学研究》编辑部副研究员杨典参加由英国学术院举办的国际学术会议。

(15) 2014 年 12 月 2 日，社会学研究所社会政策研究室研究员王春光参加中国社会科学院“中日青年学者对话”国际会议代表团赴日本访问。

(16) 2014 年 12 月 7 日，社会学研究所农村与产业社会学研究室副研究员张倩参加由人道主义法国际研究所举办的短期培训项目赴意大利访问。

2014 年，社会学研究所新签订的国际合作研究项目有 1 项，是潘屹等获得的中国社会科学院与澳大利亚社会科学院 2014 年度合作研究项目资助，项目名称为“社会服务、机构设施和老年友善型社区”。

3．与香港、澳门特别行政区和台湾开展的学术交流

(1) 2014 年 3 月 20 日，社会学研究所研究员罗红光等执行中国社会科学院创新工程国际交流项目赴台湾访问。

(2) 2014 年 9 月 18 日，社会学研究所研究员王晓毅等执行中国社会科学院创新工程国际交流项目赴台湾访问。

(四) 学术社团、期刊

1．社团

(1) 中国社会学会，会长李强。

2014 年 7 月 11 ~ 12 日，中国社会学会 2014 年学术年会在武汉大学召开。年会的主题是“全面深化改革与社会治理现代化”。2014 年学术年会举办之前召开了中国社会学会第九届理事会，选举出新一届理事会成员。

(2) 中国社会心理学会，会长周晓虹。

2014 年 11 月 13 ~ 16 日，中国社会心理学会在南京召开“中国社会心理学会第八届会员代表大会暨 2014 年学术年会”，年会的主题是“转型中国的社会心理”，来自全国各地 400 余位社会心理学专家学者等参加会议。会议选举出新的学会理事会。

2．期刊

(1)《社会学研究》(双月刊)，主编李培林。

2014 年，《社会学研究》共出版 6 期，共计 147 万字。该刊全年刊载的有代表性的文章有：张丽萍、王广州的《“单独二孩”政策目标人群及相关问题分析》，周怡、胡安宁的《有信仰的资本——温州民营企业主慈善捐赠行为研究》，王俊秀的《社会心态：转型社会的社会心理研究》，李路路、朱斌的《家族涉入、企业规模与民营企业的绩效》，黎相宜、周敏的《跨国空间下消费的社会价值兑现——基于美国福州移民两栖消费的个案研究》，冯猛的《基层政府与地方产业选择——基于四东县的调查》，黄斌欢的《双重脱嵌与新生代农民工的阶级形成》，曹正汉、薛斌锋、周杰的《中国地方分权的政治约束——基于地铁项目审批制度的论证》，朱亚鹏、肖棣文的《政策企业家与社会政策创新》，余成普、袁栩、李鹏的《生命的礼物——器官捐赠中的身体让渡、分配与回馈》，王宁的《地方消费主义、城市舒适物与产业结构优化——从消费社会学视角看产业转型升级》，洪岩璧、赵延东的《从资本到惯习：中国城市家庭教育模式的阶层分化》，李骏的《组织规模与收入差异——1996 ~ 2006 年的中国城镇社会》，焦开山的《健康不平等影响因素研究》，向静林、张翔的《创新型公共物品生产与组织形式选择——以温州民间借贷服务中心为例》，何蓉的《中国历史上的“均”与社会正义观》，李林倬的《“身份地位投射”：对独立董事制度“形同质异”的考察》，赵锋的《嵌入在资本体制中的信用卡消费》，肖索未的《“严母慈祖”：儿童抚育中的代际合作与权力关系》等。

（2）《青年研究》（双月刊），主编张翼。

2014 年，《青年研究》共出版 6 期，共计 102 万字。该刊全年刊载的有代表性的文章有：聂伟、任克强、吕程的《工作转换与城市在职青年的收入》，汪建华、石文博的《争夺的地带：劳工团结、制度空间与代工厂企业工会转型》，郝彩虹的《身份区隔：生发于本土土壤的劳动管理策略——对某国有建筑企业地铁工地的个案研究》，吴猛、田丰的《“数字原生代”大学生的手机使用及手机依赖研究》，刘建娥的《青年农民工政治融入的影响因素及对策分析——基于 2084 份样本的问卷调查数据》，尕藏草的《互联网场域的族际交往》，赵勇的《党校培训与职务变迁关系研究——以中央党校中青班学员为例》，佘双好、冯茜等的《改革开放以来青年研究方法的发展——基于对 3290 篇文献的计量分析》，杨江华、程诚、边燕杰的《教育获得及其对职业生涯的影响（1956 ~ 2009）》，景军、王晨阳、张玉萍的《同性恋的出柜与家本位的纠结》，施芸卿、罗滁的《“90 后”大学生的数字化生存》，孟蕾、宋作标的《“90 后”大学生流行文化的中外较量》，朱迪、陈恩海的《“90 后”大学生手机消费的全球化倾向》，朱安新的《台湾地区“90 后”大学生异性交往观念——以婚前性行为接受度为分析重点》，郑建君的《青年群体政策参与认知、态度与行为关系研究》等。

（五）会议综述

中国社会学会2014年学术年会：全面深化改革与社会治理现代化

2014 年 7 月 11 ~ 12 日，由中国社会学会主办，湖北省社会科学院、湖北省社会学会、武汉大学、华中科技大学、华中师范大学、华中农业大学、中南财经政法大学、中南民族大学、武汉市社会科学院等单位联合承办，武汉大学社会学系协办的中国社会学会 2014 年学术年会在武汉大学召开。年会的主题是“全面深化改革与社会治理现代化”。

中国社会科学院副院长、党组成员、学部委员李培林，湖北省委常委、宣传部长尹汉宁，武汉大学党委书记韩进等出席开幕式并致辞，开幕式由湖北省社会科学院院长宋亚平主持。

李培林在致辞中指出，国家治理体系和治理能力现代化的提出，丰富了我国现代化的内涵。建设富强民主文明和谐的社会主义现代化，是分别从经济、政治、文化、社会和生态文明建设角度提出的，是对现代化目标状态的描述。而国家治理体系和治理能力现代化，则是从制度层面提出的现代化目标，从而丰富了我国现代化目标体系。

李培林强调，创新社会治理体制，是推进国家治理体系和治理能力现代化的一个重要组成部分。创新社会治理体制这一重要议题的提出，对中国社会学的研究和探索提出了新的任务，也为中国社会学的发展提供了新的机遇。

李培林希望社会学界的同仁发扬团结的好传统，更加关注重大现实问题、关注民生，注重青年学者的培养，努力使中国的社会学走向世界。

湖北省委常委、宣传部长尹汉宁介绍了湖北省在全面深化改革和推进湖北社会治理能力现代化建设方面的努力和成效，并欢迎中国社会学界的专家为湖北全面深化改革与社会治理现代化建言献策。

武汉大学党委书记韩进认为，这既是中国社会学会的盛会，也是对武汉大学社会学系和社会学学科发展的支持。

中国社会学会会长李强致开幕词。他指出，中国社会学会 2014 年学术年会，适逢中国社会学会换届，第九届理事会建立。中国社会学已经进入蓬勃发展时期，社会学学科发展与中国的社会学事业发展、中国的社会建设发展、中国的社会进步相互促进。如果说我国改革的前三十多年是经济学发展的黄金期，那么，未来的几十年将是我国社会学学科发展的黄金期。社会学的发展对于推进我国社会建设、构建和谐社会，对于推进我国的社会事业改革、推进我国的社会体制改革将起到积极的推动作用。论坛的主题“全面深化改革与社会治理现代化”，突出了“社会治理”的思想。我国社会建设论题，从“社会管理”到“社会治理”的重大变化，既体现了理论上的重大进步，也对于社会学学科发展有重大意义。“社会治理”体现了一种新的思路，体现了用多方参与的形式，尽可能动员多方的力量，来处理新形势下新问题的新思路。在推进社会建设、社会体制改革方面，社会治理更具有创新的意义。

国务院发展研究中心社会发展研究部研究员葛延风、华中科技大学社会学系教授雷洪、南开大学社会学系教授关信平、复旦大学社会学系教授刘欣和武汉大学社会学系教授林曾分别作了题为“立足制度建设，创新社会治理体制”“转型时期的制度困境——‘黑人口’现象的启示”“当前我国社会政策面临的挑战、机遇和走向分析”“中国公众的收入公平感：一种新制度主义的解释”“美国高等教育发达原因的社会学分析”的主题演讲。

除大会主题学术演讲外，年会还安排了“青年博士论坛”“教育中的社会问题研究”“经济社会学：理论评析与中国经验”“改革深化期的城市管理”“公共安全维护及医患纠纷的防控处置”“社会心态研究”“网络化条件下的中国经济社会变迁”“犯罪问题与刑释人员社会保障制度研究”“宗教社会学论坛”“第三届网络社会学与虚拟社会治理论坛”“新型城镇化背景下的社区发展与规划”“社会治理理论与中国实践”“社会变革中的闲暇时间研究”“第五届中国海洋社会学论坛：21 世纪海上丝绸之路建设和海洋生态文明”等共 53 个分论坛。

分论坛从多个领域、多个维度、多个视角深入讨论了全面深化改革与社会治理现代化的诸多方面，除一些传统论坛继续保持外，年会直接涉及社会治理主题的分论坛超过 20 个。

与历届年会主要由地方社会科学院牵头承办不同，此届年会是首次在高校举办，这更有利于充分调动高校社会学人参与的积极性，也有利于更好地嫁接高校与社会科学院系统社会学人的合作桥梁，在会议的组织机制和承办机制上具有巨大创新。

年会共收到论文 1230 余篇，并进行优秀论文评奖活动。来自全国 31 个省、市、自治区的 1500 多名代表参加了年会。

中国社会学会 2014 年学术年会举办之前召开了中国社会学会第九届理事会，选举了中国社会学会第九届理事会的理事和常务理事，选出了新一届会长、副会长、秘书长、学术委员会主任和副主任。

（学会秘书处）

第九届中国社会学博士后论坛

2014 年 8 月 15 ~ 17 日，由中国社会科学院、全国博士后管理委员会和中国博士后科学基金会主办，中国社会科学院博士后管理委员会、中国社会科学院社会学研究所和华侨大学承办，中共晋江市委宣传部协办的第九届中国社会学博士后论坛暨首届社会学青年论坛在福建省厦门市举行。论坛的主题是“新型城镇化与社会治理”。中国社会科学院副院长李培林研究员，华侨大学校长贾益民教授，中国社会科学院学部委员、社会学研究所研究员景天魁等出席了论坛。参加论坛的学者、博士后和青年学者共计 65 人。

中国社会科学院副院长李培林研究员向论坛致辞。李培林指出，加强博士后学术交流一直是中国社会科学院博士后工作的重点之一。中国社会学的博士后论坛，自 2005 年举办首届以来，每年举办一次，已经连续举办了八届，是中国社会科学院 16 个一级学科博士后流动站中比较有特色的博士后学术论坛。李培林认为，这次论坛的主题，新型城镇化与社会治理具有鲜明的时代特征。中国的城镇化是社会学恢复重建后的首要课题，中国城镇化的速度很快，2020 年城市化率将超过 60%。但它不同于拉美和印度那种存在巨大城乡差异，也不同于欧美那种城市人口规模较小的城市化，而是符合中国现实、城乡统筹发展的城镇化。李培林特别强调，在研究城镇化的时候，不是仅仅聚焦于城市治理，也要研究如何留得住乡愁。留得住乡愁，就是留得住历史记忆。同时，李培林还指出，即将召开的党的十八届四中全会，将讨论研究依法治国的重大问题，社会学界也应该注重研究“法治社会”的问题，探讨建设“法治社会”需要怎样创新社会治理体制。

中国社会科学院博士后管理委员会委员、国际合作局局长王镭介绍了中国社会科学领域博士后制度的建立和发展历程。王镭指出，此届论坛涵盖了社会学领域的难点与热点问题，为推进城镇化进程与优化社会治理提供了一个研究讨论的平台。

论坛邀请中国社会科学院三位学者作主题演讲。中国社会科学院城市发展与环境研究所副所长魏后凯研究员就我国城镇化的进程与未来格局作了主题发言。魏后凯认为，中国的城镇化进程存在自身的特点，如城镇人口分布不均衡、区域差距大，存在市民化与城镇化之间的不平衡现象，并且城镇化速度在东部地区将逐步放缓，因而中西部地区将是未来加速城镇化建设的主战场。魏后凯为中国的新型城镇化提出了三点建议：建立均等的基本公共服务体系，推进科学合理的城镇化规模改革，规划高效、安全、均衡的空间结构。中国社会科学院监察局局长孙壮志研究员就最近发生的乌克兰危机及其背后的地缘政治博弈作主题发言，向与会学者介绍了大国博弈下的乌克兰在不同历史时期的国内政治与国际关系状况，因为特殊的地理位置，乌克兰成为俄罗斯与西方博弈的主战场。中国社会科学院学部委员景天魁研究员的演讲题目“新型城镇化的方法论问题”触及了新型城镇化的根本性的问题。景天魁认为，在社会学研究中，关于城镇化提出了很多概念，但是它们并不统一，并且存在意义多歧的现象。为了解决这一困境，景天魁指出，考虑新型城镇化是为了谁的利益以及谁来做主体，是我们理解新型城镇化的关键性问题。因而，强调农民的主体参与是新型城镇化的关键。并且，应该延伸城市基础设施和公共服务功能，让农民过上城里人的生活。

多位博士后学者围绕“新型城镇化建设”“社会治理与社会行动”“政府职能与公共服务”“社会流动与社会发展”四个主题进行了讨论。首先，中国社会科学院社会学研究所李春玲研究员主持了第一个主题论坛。沈阳师范大学副教授王庆明就城市治理转型与基层权力重组发言，王庆明指出，强化街道办的“赋权”模式与弱化街道办的“削权”模式之外的另一种出路，即通过变通重组的改革，在撤销街道办的基础上整合副区级的经济社会管理功能区作为新型派出机构。重庆社会科学院副院长陈劲以重庆市童家溪镇为个案，介绍了城郊小城镇社会治理的现状以及存在的问题。提出了通过上下联动实现统筹治理、理顺权责进行合作治理、巩固村居夯实基层治理、培育组织实施多元治理、以城促乡实行混合治理等社会治理取向。中国社会科学院社会学研究所副研究员刁鹏飞就两位发言人的研究进行点评。

南京信息工程大学的博士后曾维和探讨了中国社会治理的体制创新问题，提出了一种“链式”的主体结构与“扇状”的运行机制。其中，“链式”主体结构由党委、政府、社会组织和居民四大治理主体构成一种线性关系和制度安排，“扇状”运行机制则是前者治理功能的扩散，它包括内核层运行机制、保障层运行机制和任务层运行机制三大机制。曾维和认为，这种主体结构与运行机制，一定程度上代表了社会治理体制创新的中国模式。随后，中国社会科学院社会学研究所的博士后林红与何祎金分别发言。林红以自然之友“大气污染源信息全面公开推动项目”为个案，在理论层面探讨了制度开放性与社会行动自我制度化建构。社会行动在分析中被具象化和情境化，呈现出静态的制度和动态的行动之间契合的动态过程。何祎金从历史社会学的角度，介绍了清末户口调查的历史实践，认为这次调查代表了一种现代社会治理的早期探索，历史上清廷由封建帝国迈向现代国家，其户口调查的历史实践为我们理解国家与社会之间的关系提供了一条分析路径。华侨大学的王丽霞教授对三位发言人的报告分别点评。

在“政府职能与公共服务”的主题发言中，鲁东大学副教授陈为雷就Web2.0时代对我国慈善事业的影响进行了专题发言，认为新媒体成为慈善监督的重要方式，推动了慈善组织和慈善项目的透明化。中国社会科学院社会学研究所张文博以一起强拆事件为个案，分析了村庄共同体与行政社会制衡下的乡村社会治理问题，她认为，地方政府与村干部共谋下的权利运行，对乡村社会治理施加了一定影响，但是同时也激发了社会的反弹。河南农业大学副教授张奎力用社会资本理论，分析了赤脚医生时期的农村社区一环关系，认为这一时期形成的本土经验，对农村社区医患关系重塑具有很大启发。

浙江师范大学的副教授林晓珊、北京邮电大学副教授李全喜和中国社会科学院社会学研究所博士后李涛，分别就消费不平等、和谐社会建构视野下新生代农民工流动中的信息融合研究、中国乡村教育发展的社会学观察发言。李全喜认为，最大限度地增加信息源信息发出量、努力保障信息传输通道通畅和切实提高新生代农民工信息能力是加强农民工工作交流中信息融合的关键。李涛介绍了中国乡村教育的历史进程，提出在村落变迁与转型的背景下考察乡村教育的发展，以及统筹城乡教育的发展之路。

首届社会学青年论坛分为两个小节，中国社会科学院社会学研究所吴小英研究员主持论坛。华侨大学的黄晓瑞以江西萍乡为个案，介绍了新型城镇化进程中完善资源型转型城市的社会保障制度研究。中国社会科学院社会学研究所副研究员吕鹏探讨了互联网对中国大学生慈善渠道信任的影响及其限度，通过抽样数据得出的分析结果显示，中国大学生们对组织化程度较高的慈善渠道更为信任，而对组织化程度低的渠道缺乏信任感。华侨大学的赵慧介绍了“以人为本”的新型城镇化，提出将安全感、归属感、存在感和幸福感落在实处，才能实现真正的以人为本。中国社会科学院社会学研究所副研究员田丰就城镇化过程中同工不同酬问题进行了分析，指出城镇和农村户籍流动人口的收入差距在不同职业群体中并不是均匀分布的。

景天魁研究员在总结中指出，中国的社会学研究应该立足于本土现实，避免盲从和简单复制西方的社会学理论与方法，而应该做真正属于自己的社会学研究。同时，在进行社会学研究的过程中，需要加强对研究问题的把握和提炼，从而避免简单的重复以及进行没有深度和价值的研究。

（何祎金）

社会发展战略研究院

（一）人员、机构等基本情况

1. 人员

截至 2014 年年底，社会发展战略研究院共有在职人员 13 人。其中，正高级职称人员 4 人，副高级职称人员 3 人，中级职称人员 2 人；高、中级职称人员占全体在职人员总数的 69%。

2. 机构

社会发展战略研究院设有：发展战略与政策研究室、社会建设与管理研究室、组织与制度变迁研究室、社会责任与公共服务研究室、综合办公室、《社会发展研究》编辑部。

3. 科研中心

社会发展战略研究院院（中国社会科学院）属科研中心有：中国社会科学院社会景气研究中心。

（二）科研工作

1. 科研成果统计

2014 年，社会发展战略研究院共完成专著 9 种，240 余万字；论文 36 篇，48 万字；研究报告 23 篇，52 万字；译著 3 种，10 万字；教材 2 种，40 万字。

2. 科研课题

（1）新立项课题。2014 年，社会发展战略研究院共有新立项课题 9 项。其中，国家社会科学基金重点课题 1 项："发展过程中的社会景气与社会信心研究"（李汉林主持）；国家社会科学基金一般课题 1 项："社会空间视域下的政府信任研究"（邹艳辉主持）；所级创新工程课题 1 项："中国社会景气研究"（渠敬东主持）；院重大社会调查课题 1 项："中国社会发展状况调查（2014）"（李汉林主持）；院重大国情调研课题 1 项："我国（城乡）基层社会治理创新调研"（王苏粤、葛道顺主持）；所级国情调研课题 1 项："贫困山区的扶贫战略、教育与民族文化发展调研"（沈红主持）；交办委托课题 1 项："城乡一体化进程中我国县域治理机制研究"（艾云主持）；博士后基金面上资助课题 2 项："城市居民信任政府吗？——基于 SASD 三年数据的分析"（邹艳辉主持），"基于因子结构模型和 MCMC 算法的教育收入分布效应研究"（张巍巍主持）。

（2）结项课题。2014 年，社会发展战略研究院共有结项课题 7 项。其中，院重大社会调查课题 1 项："中国社会发展状况调查（2014）"（李汉林主持）；国家社会科学基金课题"中国发展道路研究"（李扬主持）子课题 1 项："中国社会发展经验研究"（李汉林主持）；国家社会科学基金青年课题 1 项："城市化进程中农村社区的秩序重建与组织再造研究"（吴莹主持）；

所级国情调研课题1项："贫困山区的扶贫战略、教育与民族文化发展调研"（沈红主持）；院创新工程信息化课题1项："社会发展战略研究院网站升级"（李汉林主持）；博士后特别资助课题1项：城镇化进程中乡村社区治理结构转型与重建研究（艾云主持）；博士后基金面上资助课题1项："县域城市化的动力机制与治理模式研究：以成都为例"（艾云主持）。

（3）延续在研课题。2014年，社会发展战略研究院共有延续在研课题5项。其中，国家社会科学基金课题2项："涂尔干的道德教育思想与职业伦理及公民道德的社会建设"（渠敬东主持），"城乡一体化进程中的县域治理机制研究"（艾云主持）；交办课题1项："马克思主义发展观与中国社会发展经验研究"（葛道顺主持）；博士后基金面上资助课题2项："当前环境群体性事件的内在机理及其应对模式的比较研究"（程启军主持），"制度与文化相关联的社会信用体系研究"（沈毅主持）。

3.创新工程的实施和科研管理新举措

（1）社会发展战略研究院2014年1月9日与中国社会科学院续约进入创新工程。

（2）2014年社会发展战略研究院进入创新岗位人员12人。

（3）2014年社会发展战略研究院创新工程项目有1项："中国社会景气研究"（首席研究员为渠敬东）。

（4）2014年社会发展战略研究院在创新工程方面实施的新机制、新举措。

①科研体制创新

社会发展战略研究院按照科研方向和总体布局的内在要求，以四个研究室为基础结构，优化资源配置，根据学科发展的规律和内在要求，将社会发展的理论、战略、模式和经验研究作为学科布局的基点，形成重点突破、优势互补的局面。完成了《学科年度新进展综述》的编写工作，进一步推动了研究室建设和学科发展。

社会发展战略研究院以创新工程研究为依托，克服编制少、经费有限、任务重的困难，通过开展横向课题合作、定期举办各类学术交流活动，搭建研究平台，实现"小学术群体、大学术社区"，更好地完成了各项创新工程科研任务，为带队伍、培养后备人才打下坚实基础。

②科研方法创新

社会发展战略研究院一方面强调从社会发展的重大理论和现实问题出发，展开有针对性的学术研究，另一方面则在结构分析、机制分析和历史分析等方法上进行尝试。筹备建设了"社会发展的模拟、测量与评估实验室"，以系统思维方式方法为指导，以数据采集和数据分析的综合性和纵贯性为特色，以现代调查系统、数据库网络、系统仿真等手段为技术支撑，定期、持续、系统地搜集我国社会发展方面的各种主客观数据，服务我国社会发展的重大理论与实践问题研究，促使研究成果尽快为政策建设提供理论视角和学术思路。

③科研评价体系创新

根据中国社会科学院关于创新工程科研评价管理的各项办法，社会发展战略研究院结合自身实际，制定并组织实施了系列科研评价管理规定，对项目进行严格的科学评价与跟踪管理，实行立项评价、中期评价和结项评价，评价结果与创新人员的评价紧密挂钩，实行评价奖励淘汰机制。

④行政管理体制创新

社会发展战略研究院严格按照《中国社科院创新工程人事管理办法》和《实施细则》《首席研究员聘用暂行办法》《管理人员创新岗位聘用办法》《聘用编外人员暂行规定》等制度设置创新岗位层级、数量与比例，并按照创新工程研究项目对每个创新岗位制定了岗位说明及量化考核标准，在选聘人才上严格把好政治关和业务关，切实履行创新任务管理职责。

社会发展战略研究院根据《中国社科院创新单位及创新岗位考核办法》《创新工程薪酬管理办法》《智力报偿创新报偿管理办法实施细则》等制度，对创新岗所有人员进行严格的过程考核、量化考核与目标管理。

⑤学科带头人和梯队建设

社会发展战略研究院结合自身特点，认真落实社科院《中长期人才发展规划纲要(2011 ~ 2020)》和《人才强院战略方案》，实施社科院针对各项人才制定的造就、推展、延揽、扶持、资助、提升和培养计划。

社会发展战略研究院注重青年学者的培养。在课题申请、资助项目申请等方面给予青年学者鼓励、支持和重点推荐。通过鼓励青年学者参加相关的高规格学术交流活动、交给青年学者更多的工作和科研任务、开展国情调研让青年学者了解国情增长才干，为他们搭建平台、鼓励他们挑重担、建立激励机制等培养学术骨干。目前社会发展战略研究院 40 岁以下的青年学者有 5 名，已全部成为学术骨干。

按照“人才强院”要求,社会发展战略研究院研究制定了学科带头人建设规划,并组织实施,取得了一定的成效。主要是通过组织形式多样的学术活动、开展“走转改”和国情调研等活动,提高科研人员与管理人员业务素质和政治觉悟；通过老专家的“传帮带”,引领新人迈上新台阶；通过结合他们的个人专长，分配合适的课题、工作考察培养他们；通过对新入院的科研人员参与坐班，让他们了解整体情况尽快进入角色等，这些措施使该院全体人员整体素质不断提高，工作效率和质量明显加强。

（三）学术交流活动

1. 学术交流

2014 年，社会发展战略研究院主办和承办的大型学术会议有：

(1) 2014 年 11 月 13 日，由中国社会科学院经济学部、中国社会科学院工业经济研究所、中国社会科学院社会发展战略研究院和社会科学文献出版社共同举办，中国社会科学院经济学部企业社会责任研究中心承办的“《企业社会责任蓝皮书 (2014)》暨‘中国企业 300 强社会责任发展指数（2014）’发布会”召开。

（2）2014 年 12 月 30 日，社会发展战略研究院主办的“《中国社会发展年度报告（2014）》新闻发布会”在北京举行。

2014 年，社会发展战略研究院还组织召开学术报告会、学术沙龙 10 余次，通过学术报告、学术研讨会增强了科研人员的科研能力，提升了社会发展战略研究院在国内社会发展领域的影响力。

2. 国际学术交流与合作

2014 年，社会发展战略研究院共派遣出访 4 批 6 人次；接待来访 4 批 9 人次。与社会发展战略研究院开展学术交流的国家有法国、美国、德国、韩国、比利时等。

（1）2014 年 3 月、6 月，社会发展战略研究院院长李汉林与德国艾伯特基金会驻北京办事处首席代表师文杰两次会面，交流探讨了 2014 年的合作事宜。

（2）2014 年 3 月 10 日，社会发展战略研究院院长李汉林会见顺访的德国卡塞尔大学国际高等教育研究中心主任乔治·克鲁埃肯（Georg Kruecken）。

（3）2014 年 4 月 14 日，社会发展战略研究院院长李汉林会见来访的比利时布鲁塞尔自由大学戴迪尔·维韦尔斯（Didier Viviers）校长及该校社会与政治科学学院院长琼·米歇尔·迪·沃尔（Jean-Michel DE WAELE）教授一行，双方就促进学术交流与合作教学签订了合作意向书。

（4）2014 年 5 月 11 ～ 15 日，社会发展战略研究院院长李汉林作为国际社会科学理事会执委会执委，代表中国社会科学院赴法国参加国际社科理事会执委会第 116 次会议及筹备会，并与参会专家进行学术交流。

（5）2014 年 11 月 16 ～ 23 日，社会发展战略研究院院长李汉林代表中国社会科学院赴德国参加由国际社会科学理事会主办的可持续发展研究委员会会议及可持续发展研究研讨会。

（6）2014 年 12 月 9 ～ 13 日，社会发展战略研究院党委书记王苏粤等赴韩国参加“分享责任世界行”暨中国 CSR 指南 3.0 相关企业调研活动。

（四）学术期刊

《社会发展研究》（季刊），主编李汉林。

2014 年，《社会发展研究》共出版 3 期，共计 83 万字。该刊全年刊载的有代表性的文章有：翟本瑞的《全球化的转型与挑战：金融社会学的考察》，李路路、朱斌的《中国经济改革和民营企业家竞争格局的演变》，田先红的《乡村基层治理中的权利与义务平衡——以鄂中南部村庄为个案》，刘白驹的《中国古代精神病人管理制度的发展》，杨清媚的《人类学与发展：一个两难的话语》，折晓叶、艾云的《城乡关系演变的研究路径——一种社会学研究思路和分析框架》，刘世定的《荀子对“得地兼人”的论述与国家规模理论》，张蒽的《企业社会责任：纷繁的动因和多样的结果》，魏钦恭、张彦、李汉林的《发展进程中的“双重印象”：中国城市居民的收入不公平感研究》，韩朝华、杨丽霞的《进入 21 世纪以来的国企改革和发展》，吴莹的《村委会“变形记”：农村回迁社区的基层组织建设研究》等。

（五）会议综述

《企业社会责任蓝皮书（2014）》暨“中国企业300强社会责任发展指数（2014）”发布会

2014 年 11 月 13 日，由中国社会科学院经济学部、中国社会科学院工业经济研究所、中国社会科学院社会发展战略研究院和社会科学文献出版社共同举办，中国社会科学院企业社会责任研究中心、正德至远社会责任机构承办的《企业社会责任蓝皮书（2014）》暨“中国企业 300 强社会责任发展指数（2014）”发布会在京举行，会议发布了由中国社会科学院企业社会责任研究中心连续第六年编著的《企业社会责任蓝皮书》。蓝皮书系统披露了国有企业 100 强、民营企业 100 强和外资企业 100 强，以及电力、医药、房地产、食品等 14 个重点行业的社会责任发展指数，同时汇编了“分享责任中国行”系列调研的阶段性成果，客观生动地呈现我国 300 强企业在 2013 ~ 2014 年度社会责任管理现状和社会 / 环境信息披露水平。同时，“中国企业 300 强社会责任发展指数（2014）微信平台——“责任云 CSRCloud”也正式对外发布，读者可通过微信实时查看企业社会责任发展指数各项表现。

发布会由中国社会科学院社会发展战略研究院党委书记王苏粤主持。中国社会科学院副院长、经济学部主任李扬致辞，中国社会科学院经济学部企业社会责任研究中心主任钟宏武作主题报告。国务院国资委研究局局长彭华岗、国务院国资委新闻中心副主任苏桂锋、工信部政策法规司处长郭秀明、国家食药监管总局新闻宣传司综合处处长严文君、社会科学文献出版社副社长胡鹏光、中国黄金集团公司副总经理刘丛生、中国华电集团公司总经理助理林正山、中国南方电网公司战略策划部副主任刘静萍、中国移动通信集团公司发展战略部副总经理肖雷、中国建筑股份有限公司企业文化部副主任陈莹、中国三星副总裁王幼燕、松下电器（中国）有限公司公共关系部 CSR 高级经理王爱强等嘉宾先后致辞发言，中国社会科学院工业经济研究所所长黄群慧进行总结发言。政府部门、专业机构、企业代表、新闻媒体等 150 余人出席这次会议。

（张　蒽）

《中国社会发展年度报告（2014）》新闻发布会

2014 年 12 月 30 日，中国社会科学院社会发展战略研究院在北京召开《中国社会发展年度报告（2014）》新闻发布会。发布会由社会发展战略研究院党委书记王苏粤主持，社会发展战略研究院院长李汉林、中国社会科学出版社社长赵剑英出席发布会并分别致辞。

2014 年，社会发展战略研究院在总结 2012 年、2013 年社会发展状况调查的基础上，继续组织开展了“社会态度与社会发展状况”的大型社会调查，依据科学抽样和统计分析方法，对全国总体的社会经济发展状况进行系统评估，并形成《中国社会发展年度报告（2014）》，包括《中国社会景气与社会信心研究报告》《社会包容状况》《国际比较：中国社会发展阶段分析》《中国城市居民生活质量研究报告》《中国城市居民工作环境研究报告》《政府社会责任研究报告》《公众对政府的信任研究报告》《社会治理绩效评估报告》《权益保护与基层参与研究报告》《中国城市居民社区参与研究报告》《民众的环境满意度研究报告》《中国城市均等化评估研究报告》等十二个分报告。

发布会上，社会发展战略研究院研究员葛道顺、社会发展战略研究院副研究员高勇、中国劳动关系学院副教授吴建平等先后对十二个分报告进行介绍。

首先是社会景气与社会信心。通过对 2014 年调查数据的分析，结合 2012 ～ 2013 年数据的比较发现，以 2012 年为基准，社会景气指数与社会信心指数均呈现不同程度的增长态势。2014 年社会景气指数为 100.84，对总体事项的信心指数为 100.78，个体事项的信心指数为 100.83。这一方面意味着，民众对社会发展现状的满意度不断提升，社会在总体上稳步前进；另一方面也显现出，民众对未来的发展趋势信心充足、预期良好。

在对 2012 ～ 2014 年调查结果分析比较的基础上，结合多次数田野调查，专家们认为，在经济发展进入“新常态”的宏观背景下，社会发展亦出现了明显的“拐点”，或者说，进入一个发展的新阶段，即从社会发展基本需求的低收入阶段提高到了社会发展更高层次需求的中等收入阶段。在这个社会发展的新阶段里，人们的诉求可能更多关注自身权益的保护，关注自己与周围社会群体生活质量的提高，强调社会公平正义的实现以及对公共事务参与表达出强烈的意愿。

第二是社会的包容状况。2014 年，中国城市总体社会包容指数为 64.6，与 2013 年、2012 年相比略有下降，但继续保持稳定态势。

第三是中国社会发展的国际比较。通过计算，2013 年中国的社会发展综合指数为 0.240，在 124 个国家中排名第 93 位。

第四是中国城市居民的社会质量。数据显示，2014 年中国城市居民生活满意度分值 62.83 分，城市居民对生活现状基本满意。2014 年城市居民的总体信心度分值为 82.14 分，城市居民对未来生活有较大的信心。城市居民对宏观社会层次生活状况满意度为 58.69 分。宏观社会层次生活状况的信心度为 82.15 分，微观个人层次生活状况的信心度为 83.03 分，微观个人层次的满意度为 66.94 分。

第五是城市居民的工作环境。数据表明，2014 年中国城市居民的工作环境指数为 63.07，总体满意度良好。

第六是城市基本公共服务的满意度。数据显示，2014 年，公众对各类基本公共服务比较满意，对于基本公共服务六个类别的满意度评价分布与2012年和2013年大致相当，对基础设施的满意度最高，平均得分为68.4分，对环境质量的满意度最低，平均得分57.5分。值得注意的是，虽然环境质量的得分仍是各项中最低，但相比于前两年有较大提升，说明公众比较认可政府这一年来在环境保护方面的努力。

在信心指数方面，2014年的数据表明，各类公共服务的得分均超过50分，即公众对各项服务的前景都持积极预期，认为其未来三年将会变得更好。相比而言，公众依然对基础设施的信心最高，信心指数达89.8分，对环境保护的信心最低，仅为72.1分。与2012～2013年相比，公众对公共安全和环境质量的信心有所增强。

第七是对政府的信任。2014年城市居民对政府的信任得分为69.58，持比较信任状态。其中，2014年对各职能政府的信任得分为66.14分，2014年对各级政府的信任得分为76.45分。与2013年相比，各方面均略有提高。

第八是政府的社会责任。2014年的调查发现，受访者对政府履行社会责任满意状况较好，满意指数得分60.8分，比2013年上升1.0分，公众感知的政府履行社会责任履行情况总体较好，51.7%的受访者表示满意(60～100分)。受访者对未来3年政府履行社会责任信心较足，信心指数得分82.7分，比2013年大幅上升10.0分，91.2%的受访者认为，政府履行社会责任情况未来3年将变好（67～100分)。

第九是社会治理状况。数据表明，2014年度社会治理绩效的平均得分为61.75分；社会治理的绩效是微观层面明显好于中观层面，中观层面又略好于宏观层面。

第十是权益保护与基层参与。数据显示，公众对于依法治国的信心有显著提升。与2013年相比，公众对于社会公平、公正状况持有乐观预期的比例从32.6%提升到46.9%，提高了14个百分点；对于法律对公民权利的保护状况持有乐观预期的比例从40.8%提升到52.6%，提高了近12个百分点。调查数据显示，超过一半的公众认为，政府的依法行政水平在未来将会有提高。

第十一是环境满意度。数据表明，2014年，我国的环境满意度总体得分为61.42分，与2013年相比（59.53分)，满意度提高了1.89分。

第十二是社区参与。2014年的调查发现，在社区参与方面存在的主要问题是，城市居民参与率普遍不高，发展不平衡，社区参与的程度不深，参与的形式不够丰富，目标层次较低。

来自人民网、新华网、北京电视台、《北京晚报》《北京日报》《中国社会科学报》、中国社会科学网、中国网（中文、英文)、《中国青年报》《北京晨报》、中国新闻社、北青网、北晚新视觉、中央人民广播电台、凤凰网、中证网、和讯网、中研网等40多家媒体参加发布会，并对《中国社会发展年度报告（2014)》的发布情况进行了深入报道。

（张晨曲）

新闻与传播研究所

（一）人员、机构等基本情况

1. 人员

截至 2014 年年底，新闻与传播研究所共有在职人员 45 人。其中，正高级职称人员 9 人，副高级职称人员 11 人，中级职称人员 16 人；高、中级职称人员占全体在职人员总数的 80%。

2. 机构

新闻与传播研究所设有：马克思主义新闻学研究室、传播学研究室、媒介研究室、网络学研究室、信息室、编辑室（含《中国新闻年鉴》编辑部和《新闻与传播研究》编辑部）、综合办公室。

3. 科研中心

新闻与传播研究所所属非实体研究中心有：媒介传播与青少年发展研究中心、中国传媒集团研究中心、传媒发展研究中心、世界传媒研究中心、传媒调查中心、广播影视研究中心。

（二）科研工作

1. 科研成果统计

2014 年，新闻与传播研究所共完成专著 3 种，62.1 万字；论文 67 篇，51.3 万字；研究报告 14 篇，23.9 万字；学术资料 2 种，48.5 万字；译著 1 种，54.3 万字；译文 4 篇，3.9 万字；理论文章 3 篇，0.8 万字；论文集 2 种，17.6 万字；研究报告集 2 种，64.9 万字；编辑出版学术期刊 12 期，144 万字；编辑出版年鉴 1 册，210 万字，刊发照片 180 幅。

2. 科研课题

（1）新立项课题。2014 年，新闻与传播研究所共有新立项课题 6 项。其中，国家社会科学基金特别委托课题 1 项："媒体社会责任报告制度研究"（宋小卫主持）；国家社会科学基金一般课题 1 项："我国社交媒体著作权保护研究"（朱鸿军主持）；院青年学者资助课题 1 项："三网融合趋势下的版权管理体系研究"（朱鸿军主持）；院重大信息化课题 1 项："互联网视听舆情智库"（唐绪军主持）；院重大社会调查课题 1 项："中国舆情指数调查"（唐绪军主持）；所级国情调研基地课题 1 项："现代化进程中的传播生态和地方文化建设的基本状况：对浙江缙云县的调研"（赵天晓、卜卫主持）。

（2）结项课题。2014 年，新闻与传播研究所共有结项课题 8 项。其中，国家社会科学基金青年课题 1 项："台湾政治转型与新闻传播制度变迁"（向芬主持）；院重大信息化课题 1 项："互联网视听舆情智库"（唐绪军主持）；院重大社会调查课题 1 项："中国舆情指数调查"（唐绪军主持）；院重大课题 1 项："媒介融合环境下的国际传播体系建构研究"（殷乐主持）；院重点课题 3 项："抵制电视节目低俗化研究"（时统宇主持），"传播学理论动态研究"（王怡红主持），"中国网络广告发展与文化传播安全研究"（王凤翔主持）；所级国情调研基地课题 1 项："现代化进程中的传播生态和地方文化建设的基本状况：对浙江缙云县的调研"（赵天晓、卜卫主持）。

（3）延续在研课题。2014 年，新闻与传播研究所共有延续在研课题 7 项。其中，国家社会科学基金重点课题 1 项："普世价值的传播与中国话语权研究"（张丹主持）；院马克思主义理论学科建设与理论研究课题 1 项："新形势下媒介国际传播与话语权竞争"（冷凇主持）；院与澳大利亚社会科学院合作研究课题 1 项："传媒与社区发展：中澳比较研究"（姜飞主持）；院青年科研启动基金课题 1 项："中国新闻评价标准研究"（钱莲生主持）；院亚洲研究课题 1 项："新媒介环境下印度传媒业的发展态势与媒介政策"（张放主持）；所重大课题 1 项："理论新闻传播学基础研究"（宋小卫主持）；全国科学技术名词审定委员会委托课题 1 项："新闻学与传播学名词审定"（唐绪军主持）。

3．获奖优秀科研成果

2014 年，新闻与传播研究所共获奖 8 项。其中，获"第五届优秀皮书类"一等奖 1 项：唐绪军主编的《中国新媒体发展报告（2013）》。

4．创新工程的实施和科研管理新举措

2013 年年初，新闻与传播研究所进入院创新工程。2014 年，该所进入创新岗位的人数为 36 人。该所创新工程以"变革中的新闻与传播：实践探索与理论构建"为总题目，先期设立 3 个分项目，项目一："转型期新闻传播发展趋势研究"（首席研究员为宋小卫）；项目二："中国特色传播与社会发展研究"（首席研究员为卜卫）；项目三："全球化时代跨文化传播的理论研究与实践应用"（首席研究员为姜飞）。2014 年又增设 4 个项目，分别是："国内外新闻与传播前沿问题跟踪研究"（首席研究员为殷乐），"我国新媒体发展现状与对策研究"（首席研究员为孟威），"新闻学与传播学学科基础建设"（首席研究员为王怡红），"我国新闻学与传播学一流核心期刊建设"（首席研究员为钱莲生）。

（三）学术交流活动

1．学术活动

2014 年，新闻与传播研究所主办和承办的学术会议有：

（1）2014 年 3 月 19 ～ 21 日，由新闻与传播研究所主办的《中国新闻年鉴》第 33 届年会在江苏省徐州市召开。会议研讨了中国新闻年鉴的编辑出版工作。

（2）2014 年 5 月 12 日，由新闻与传播研究所与北京第二外国语学院共建的"全球影视与文化软实力实验室"在北京第二外国语学院英语学院举办 2014 研究规划研讨沙龙。沙龙回顾了实验室在 2013 年所取得的研究成果，并讲解了 2014 年实验室的总体研究规划。

（3）2014 年 6 月 8 日，新闻学与传播学名词分委会在新闻与传播研究所会议室召开名词收词审定会议。会议内容主要有三方面：一是介绍了分委会收词审定阶段的工作流程；二是对 2014 年 3 月召开的名词网络会议进行了总结，肯定了网络会议创新形式和取得的成果；三是对名词总体框架建构目标与原则进行了阐述。

（4）2014 年 6 月 13 日，由新闻与传播研究所、山西省信访局、山西广播电视台联合主办的《民生大接访》研讨会在北京举行。会议主题是"《民生大接访》对改革信访工作制度的意义"。

（5）2014 年 6 月 25 日，由新闻与传播研究所、社会科学文献出版社联合主办的"《中国新媒体发展报告》（2014）发布暨新媒体发展研讨会"在北京举行。

（6）2014 年 7 月 19 日，由新闻与传播研究所主办的"《新闻与传播研究》创刊 20 周年暨《中国新闻传播学年鉴》创刊启动研讨会"在北京召开。

（7）2014 年 8 月 27 日，由新闻与传播研究所、中海软银投资管理有限公司联合主办，长安责任保险公司协办的"全媒体影响下的中国互联网金融发展与道德论坛"在北京召开。论坛的主题是"在全媒体背景下，互联网金融怎样通过行业自律及媒体有效监督，促进行业的良性发展"。

（8）2014 年 9 月 10 ~ 11 日，由新闻与传播研究所、挪威米切尔森研究所联合主办，中国社会科学院新闻与传播研究所世界传媒研究中心、首都师范大学科德学院承办的"中国与非洲：传媒、传播与公共外交"学术研讨会在北京举行。会议研讨的主要问题有"中国在非洲：外交政策、公共外交与'软实力'""中国媒体在非洲的传播战略""非洲媒体的反应与看法""中国与非洲：比较视野"。

（9）2014 年 9 月 22 ~ 23 日，由中国社会科学院学部主席团主办，新闻与传播研究所和瑞典隆德大学东南亚研究中心共同承办，丹麦哥本哈根大学北欧亚洲研究所和中国复旦大学北欧研究中心协办的"中国社会科学论坛——第五届中国—北欧妇女与性别国际研讨会"在北京举行，会议的主题是"性别与传播：信息传播技术的使用、再现、发声与赋权"。

（10）2014 年 9 月 24 ~ 25 日，由新闻与传播研究所、瑞典隆德大学联合主办的中瑞双边会议"信息技术与发展——中国与瑞典的视角"在北京举行。会议的主题是"信息技术与社会发展"。

（11）2014 年 10 月 27 日，由中国新闻文化促进会传播学分会、新闻与传播研究所联合主办的第十二届中国传播学大会在北京召开。会议的主题是"传播与变革：新媒体，现代化"。

（12）2014 年 11 月 10 日，新闻与传播研究所国情调研缙云基地在浙江省丽水市缙云县县委正式挂牌成立。

（13）2014 年，新闻与传播研究所共举办 5 次"品道午餐学术沙龙"。这五次沙龙的主题分别为"重振新闻业：以数据分析为依据的新闻决策""国际媒体与传播研究学会：简史与概述""新闻写作'立场'学说：一个洞察媒体如何塑造舆论过程的观点""作为公共服务的广播电视：挪威媒体系统个案分析”“传播学发展与研究的新趋势”。

2．国际学术交流与合作

2014 年，新闻与传播研究所共派遣出访 15 批 16 人次，接待来访 3 批 13 人次。与新闻与传播研究所开展学术交流的国家有莫桑比克、瑞士、加拿大、印度、美国等。

(1) 2014 年 2 月 17 ～ 21 日，新闻与传播研究所研究员姜飞赴莫桑比克马普托参加关于“中国和非洲媒体”的学术会议。

(2) 2014 年 5 月 4 ～ 9 日，新闻与传播研究所研究员姜飞赴瑞士卢加诺大学中国媒体观察中心进行学术交流。

(3) 2014 年 5 月 23 ～ 30 日，新闻与传播研究所副研究员杨斌艳赴加拿大参加国际调查联盟组织的国际调查与研究的年会。

(4) 2014 年 7 月 12 ～ 20 日，新闻与传播研究所研究员姜飞赴印度参加国际媒体与传播研究学会 2014 年年会。

(5) 2014 年 10 月 3 ～ 12 日，新闻与传播研究所研究员殷乐访问麻省理工大学媒体实验室，此次出访是所创新工程“国内外新闻与传播前沿问题跟踪研究”项目的组成部分，有助于掌握国际新闻传播发展、媒体创新的脉络与趋势动向。

(6) 2014 年 10 月 8 ～ 20 日，新闻与传播研究所研究员卜卫应邀访问丹麦哥本哈根大学北欧研究所，就西方性别理论的输出批判与地方知识生产等议题进行交流。

(7) 2014 年 10 月 24 ～ 31 日，丹麦哥本哈根大学传播学学者 Klaus Bruhn Jensen 来新闻与传播研究所访问，并在该所举办的第十二届传播学大会上作有关媒介融合的专题演讲。

(8) 2014 年 12 月 20 ～ 25 日，新闻与传播研究所党委书记、副所长赵天晓等赴瑞士卢加诺大学商谈 2015 年度合作举办媒体论坛的相关事宜。

3．与香港、澳门特别行政区和台湾开展的学术交流

(1) 2014 年 1 月 16 ～ 25 日，新闻与传播研究所副研究员刘瑞生受邀赴香港中文大学新闻与传播学院参加学术交流活动。

(2) 2014 年 3 月 18 ～ 21 日，新闻与传播研究所研究员卜卫赴香港参加“中国社科院学者访校计划暨讲座系列”，并举办主题为“认识世界与改造世界：探讨行动传播学研究的方法论与研究策略”的讲座。

(3) 2014 年 3 月 28 ～ 31 日，新闻与传播研究所研究员姜飞赴澳门大学参加跨文化对话学术研讨会。

(4) 2014 年 7 月 14 ～ 21 日，新闻与传播研究所副研究员朱鸿军赴台湾政治大学参加“2014 年大陆传播青年学者学术交流访问会”。

(5) 2014 年 8 月 15 日至 11 月 20 日，香港中文大学新闻与传播学院副教授邱林川来新闻与传播研究所进行学术访问。

（四）学术期刊

(1)《新闻与传播研究》(月刊)，主编唐绪军。

2014 年，《新闻与传播研究》共出刊 13 期，其中增刊 1 期，刊登学术论文 93 篇。

该刊始终坚持正确的政治方向和学术导向。2014 年，原有的“马克思主义新闻学”专栏得到了进一步加强。

加强选题策划。注重新闻传播热点问题的长时观察、学理探究和深度思考，重点策划了新媒体环境下媒介法治建设及个人信息保护、突发事件微博舆论实证研究、大型事件对国家形象建构的影响、对外传播如何讲好中国故事、媒介消费的影响因素及其作用机制等选题。

加强栏目建设。在不断夯实既有的“新闻学”“传播学”“新闻传播史”“新闻传播法制”“传媒经济”“新媒体”“媒介分析”“传媒文化”等栏目的基础上，还先后开设了“国外学术动态”“《新闻学与传播学名词》审定过程文存”两个新栏目。

坚持学术标准。以学术水准为办刊的第一要义，“认稿不认人”。进一步完善双向匿名评审制度。所刊论文注重科学性、创新性和前沿性，注重论文的学术规范，特别是实证研究，注重研究设计与实施，注重引证的规范性。该刊全年刊载的有代表性的文章有：姜红的《黄帝与孔子——晚清报刊“想象中国”的两种符号框架》，李红涛、黄顺铭的《“耻化”叙事与文化创伤的建构：〈人民日报〉南京大屠杀纪念文章（1949 ~ 2012）的内容分析》，刘海龙的《中国传播研究的史前史》，熊炎的《惩罚能抑制谣言传播吗？——以“转发超 500 次入刑”为例》，李滨的《“附会”与中国近代报刊思想的早期建构》，张明新、叶银娇的《传播新技术采纳的“间歇性中辍”现象研究：来自东西方社会的经验证据》，周裕琼、齐发鹏的《策略性框架与框架化机制：乌坎事件中抗争性话语的建构与传播》，张勇锋的《经验功能主义：还原、反思与重构——对中国语境中传播学经验功能主义的再认识》，卜卫的《“认识世界”与“改造世界”——探讨行动传播研究的概念、方法论与研究策略》，周葆华的《中国新闻从业者的社交媒体运用及其影响因素：一项针对上海青年新闻从业者的调查研究》。

评选优秀论文。继 2013 年编辑部首次成功举办优秀论文评选活动后，2014 年继续开展了 2013 年度《新闻与传播研究》优秀论文评选活动，以在全国新闻与传播学界倡导“认认真真做研究、扎扎实实写论文”的良好学风，为学界树立榜样。评选活动由编辑部提名，由主办单位中国社会科学院新闻与传播研究所学术委员会打分评定，评出优秀论文 10 篇。这一活动受到学界的广泛好评。国家社科基金规划办《情况通报》予以表扬。

开展学术研讨活动。2014 年，适逢《新闻与传播研究》创办 20 周年，编辑部以务实、高效、简朴为原则召开学术研讨会，总结办刊经验，听取院外专家学者的意见和建议。清华大学、中国人民大学、中国传媒大学、复旦大学、浙江大学等高校新闻传播学院主要负责人应邀参加。这是《新闻与传播研究》创刊以来召开的为数不多的一次针对期刊的学术研讨会。

学术影响力继续攀升。《新闻与传播研究》立足学科前沿，继续以“代表中国新闻传播学术研究的最高水平，引领中国新闻传播学术研究的发展方向”为办刊追求，得到了中国新闻传播学界和业界人士的充分肯定。在 2014 年 11 月 22 日中国社会科学院中国社会科学评价中心发布的《中国人文社会科学期刊评价报告（2014 年）》中，《新闻与传播研究》被评定为“中国人文社会科学（CECHSS）顶级期刊”。

(2)《中国新闻年鉴》(年刊)，主编钱莲生。

《中国新闻年鉴》2014 年卷是该刊连续编辑出版的第 33 卷，全面系统地记录了 2013 年中国新闻传播事业的发展变化情况。2014 年，《中国新闻年鉴》纳入了中国社会科学院新闻与传播研究所创新工程“我国新闻学与传播学一流核心期刊建设”项目。该卷年鉴创新编辑，从形式到内容都做了较大改革。形式上，封面按照“中国社会科学年鉴”品牌系列进行了重新设计。内容上，在保持原有栏目的基础上，对栏目进行了较大的调整和充实：第一，按板块编排，清晰呈现我国新闻传播事业发展的年度实绩。全书分为重要文献、事业发展、学术成果和参考资料四大板块。第二，设立“篇目辑览”子栏目，凸显年鉴资料功能和信息检索功能。该卷收录了相关文章篇目，作为正文的补充和延伸，以全面记录年度成果为归依。资料来源以国内新闻传播类核心期刊为主，适当兼顾报纸、传媒类蓝皮书和其他非核心期刊。全书四大板块涵盖 22 个栏目：“重要文献板块”包括“要文”“学习习近平‘8·19’讲话专辑”和“典章”三个栏目；“事业发展板块”包括“新闻传播事业发展综述”“中央主要新闻媒体、社团概况”“各地新闻事业概况”“港澳台新闻传播业概况”“新媒体”和“中国传媒集团”六个栏目；“学术成果板块”包括“新闻传播学术研究综述”“高峰论坛”“新论”“经验与思考”“新书”和“调查”六个栏目；“参考资料板块”包括“图片”“评奖与表彰”“人物”“机构”“统计”“纪事”和“附录”七个栏目。卷首“图片”栏目记录了党和国家领导人等对新闻界的亲切关怀以及重大报道、重要活动、事业发展、友好往来、重要会议等的精彩瞬间。全书约 210 万字。

（五）会议综述

《中国新媒体发展报告》（2014）发布会

2014 年 6 月 25 日，由中国社会科学院新闻与传播研究所主编的新媒体蓝皮书《中国新媒体发展报告》(2014) 在北京发布。中国社会科学院秘书长、党组成员高翔出席并讲话。高翔在致辞中指出，新媒体要融合资源创新应用，我们对新媒体的研究也要融合智慧创新思路。党和国家对新媒体的高度重视，正是我们研究者投身其中的强大动力。希望新媒体的研究者们抓住这一大好的研究机遇，多研究些真实问题、重大问题、关键问题，为我国新媒体健康有序发展提供更多更好的研究成果。

新媒体蓝皮书《中国新媒体发展报告》是国内首部全面关注中国新媒体发展状况的年度报告，此次发布的是第五卷。新媒体蓝皮书分为总报告、热点篇、调查篇、传播篇和产业篇五个部分，汇集了国内50多位新媒体前沿观察者的研究成果，呈现了当今中国新媒体发展的最新情况。

蓝皮书认为，2013年以来，中国新媒体发展进一步呈现移动化、融合化和社会化加速的态势。在这种态势下，中国新媒体出现了四个显著的变化：其一微传播成为主流传播方式，其二传统媒体和新兴媒体正在加速融合，其三新媒体的社会化属性增强，其四新媒体安全成为最重要的国家战略。因此，基于新媒体的微传播已经成为促进中国社会发展的新动力。

蓝皮书全面关注了移动新闻客户端、微信、大数据、4G应用、新媒体产业、网络谣言、互联网金融等热点现象，探讨了新媒体强国战略、媒体和经济产业升级、微传播和网络助政、新旧媒体传播格局等问题。蓝皮书以翔实的数据表明，移动互联网已经成为中国新媒体发展的新引擎，不仅催生了新型的娱乐、通信、媒体和消费文化，更加速了产业融合。因此，蓝皮书明确提出，由于新媒体的稳步发展和移动化趋势的加快，当前中国已经进入了“微时代”，微传播、微政务、微支付、微电影和微视频构成了2013年中国新媒体发展的“微时代”景观。

蓝皮书指出，2013年以来，中国多元媒体共生互融的态势更加明显，中国新闻媒体加速数字化、网络化、移动化、社交化和融合化发展，主流媒体新闻网站和商业新闻网站共生的新闻传播大格局已经形成，无论在覆盖人数、访问次数、页面浏览量、访问时长等方面都已经形成势均力敌的新格局。

发布会由中国社会科学院新闻与传播研究所党委书记、副所长赵天晓主持，《中国新媒体发展报告》主编、中国社会科学院新闻与传播研究所所长唐绪军作主题报告。发布会后举行了以“安全融合创新”为主题的新媒体发展研讨会。

（黄楚新）

《新闻与传播研究》创刊20周年暨《中国新闻传播学年鉴》创刊启动研讨会

2014年7月19日，中国社会科学院新闻与传播研究所主办的《新闻与传播研究》创刊20周年暨《中国新闻传播学年鉴》创刊启动研讨会在北京召开。来自全国知名高校和地方社科院的新闻与传播学院、研究所的负责人、专家学者共三十余人出席会议。会议由中国社会科学院新闻与传播研究所党委书记、副所长赵天晓主持。

中国社会科学院新闻与传播研究所所长、《新闻与传播研究》主编唐绪军介绍了《新闻与传播研究》过去二十年的发展历程、近期改革举措与未来发展打算，着重介绍了创办《中国新闻传播学年鉴》的栏目设置构想及组稿要求。《新闻与传播研究》正式创刊于1994年，其前身是《新闻研究资料》和《新闻学刊》，开始时为季刊，后改为双月刊。2013年全新改版后，刊期改为月刊，明确了办刊宗旨：“透视新闻，解析传播，专注研究”，规范了来稿体例及引文注释格式，组建起匿名审稿专家库，聘用一线有影响力的著名学者、离退休老专家以及一些优秀的中青年学者作为审稿专家。从 2013 年起评选年度优秀论文，为学界树立榜样；同时力推青年学者的优秀作品，培养一批青年学者。

唐绪军表示，《新闻与传播研究》2014 年的新举措包括新开两个专栏和特聘专家组稿。新开的两个专栏，一个是“国外学术动态”，从第五期开始，隔月一次，已刊出的两期包括《数字环境中的新闻传播、媒体与受众》以及《挑战与转型：传统媒体、受众与产业》；另一个是“《新闻学与传播学名词》审定过程文存”，从第七期开始，每月一次，刊登学科名词审定过程中专家学者们的思考和争鸣。特聘专家组稿。

唐绪军在介绍《中国新闻传播学年鉴》的编纂构想时说，创办《中国新闻传播学年鉴》是因应中国新闻学与传播学学科发展的需要、新闻学与传播学专业教学与研究的需要、中国新闻传播事业繁荣发展的需要以及中国社会科学院创新工程的需要。《中国新闻传播学年鉴》将是中国第一部新闻传播学年鉴，是中国新闻传播学学科独立并繁荣发展的重要明证，是中国和世界同行了解中国新闻传播学发展状况的窗口，可为后人留下翔实、权威、完整的历史资料。年鉴将推出一个新的学术品牌，占领中国新闻传播学学术高地，以这一学术高地进一步聚拢中国新闻传播学界各方力量，并且将与已有的《中国新闻年鉴》形成业界与学界互补的姐妹篇。该年鉴在内容设计上，将图文并茂，主体突出，内涵丰富。栏目设置的基本设想可概括为“一头一尾，三大板块”。一头即图片纪事和本刊特载，一尾即附录和索引，三大板块分别为成果篇、机构篇及综合篇。

会上，中国社会科学出版社副总编辑王浩介绍了“中国社会科学院学术年鉴工程”，中国社会科学出版社年鉴与文摘分社社长张昊鹏介绍了学术年鉴的编撰要求。

与会嘉宾高度评价了《新闻与传播研究》的学术成就，充分肯定了创办《中国新闻传播学年鉴》的必要性，并就进一步办好《新闻与传播研究》提出意见和建议，就《中国新闻传播学年鉴》栏目设置及编辑工作流程进行了研讨。

中国传媒大学副校长胡正荣、复旦大学新闻学院院长尹明华、河北省社会科学院新闻与传播研究所所长王泽华、华中科技大学新闻与信息传播学院院长张昆、天津师范大学新闻传播学院院长刘卫东、南京师范大学新闻与传播学院院长顾理平、中国政法大学新闻与传播学院院长陆小华、南京大学新闻传播学院执行院长杜骏飞、清华大学新闻传播学院副院长崔保国、浙江大学传媒与国际文化学院院长吴飞、中国人民大学新闻学院执行院长倪宁、重庆大学新闻学院院长董天策、河北大学新闻传播学院院长白贵、新华社新闻研究所所长助理朱国圣、安徽社会科学院新闻与传播研究所所长常松、四川社会科学院新闻研究所所长张立伟、华南理工大学新闻与传播学院院长苏宏元、北京市社会科学院传媒研究所所长郭万超等出席研讨会，并先后发言。

（钱莲生）

中国社会科学论坛——第五届中国—北欧妇女与性别国际研讨会

2014 年 9 月 22 ~ 23 日，由中国社会科学院学部主席团主办，新闻与传播研究所和瑞典隆德大学东南亚研究中心共同承办，丹麦哥本哈根大学北欧亚洲研究所和中国复旦大学北欧研究中心协办的“中国社会科学论坛——第五届中国—北欧妇女与性别国际研讨会”在北京举行。来自中国、瑞典、挪威、丹麦、芬兰、加拿大、澳大利亚、印度尼西亚、印度等国家的传播学和性别领域的 100 多位学者、研究生、媒体记者、民间妇女组织代表出席了会议。参会者围绕“性别与传播：信息传播技术的使用、再现、发声与赋权”的主题展开了对话和讨论。

中国—北欧妇女与性别国际研讨会是由北欧亚洲研究所（丹麦）、瑞典马尔默大学、中国复旦大学北欧研究中心在 2002 年共同发起的一个国际性系列学术研讨会，并由中国和北欧的大学商议协调，每隔三年轮流举办一次。北欧国家包括瑞典、丹麦、芬兰、挪威和冰岛等五国，与中国学者一起探讨中国和北欧的性别平等议题。这个系列会议的目的是促进北欧与中国学者在性别与妇女研究方面的交流与对话。会议语言在境外为英语，在国内为中、英双语。

此次会议为第五届国际研讨会，聚焦性别与传播，其主题为“性别与传播：信息传播技术的使用、再现、发声与赋权”。

中国社会科学院副院长蔡昉和中国妇女研究会副会长、国家新闻出版广电总局纪检组长李秋芳应邀出席了开幕式，并作了重要讲话。李秋芳说，我们国家的党和政府一直重视妇女研究，马克思主义妇女观成为中国妇女研究的指导思想。改革开放以后，中国妇女研究直面各种问题与挑战，在妇女史、妇女就业、妇女健康、妇女减贫等领域成就卓著。特别是 1995 年联合国第四次世界妇女大会以来，作为主办国，中国政府承诺并积极执行《北京行动纲领》。中国社会科学院副院长蔡昉研究员在开幕致辞中介绍说，今年是第五届中国—北欧妇女与性别国际研讨会，由我们中国社会科学院社会科学论坛做东，通过中国社会科学论坛这一学术平台，将汇集性别研究与传播研究的各方力量，特别是年轻人的力量，以交流研究成果和实践经验的形式，共同探讨在全球化、新媒体普及的背景下，传播如何作为促进性别平等的力量发挥其重要作用。蔡昉指出，作研究，我们强调“中国特色”，意在发掘那些来自中国基层的经验，建设基于中国实地经验的理论。

大会还邀请了众多国际知名学者作主旨发言。第一位主旨发言人是国际著名的社会科学家澳大利亚悉尼大学教授康奈尔，她作了“从南方到北方：思考性别、传播与全球权力”的演讲。第二位主旨发言人托巴尼教授，来自加拿大英属哥伦比亚大学性别、种族、性存在与社会正义研究所。其演讲题目是“性别、传播与反恐战争”。第三位主旨发言人是蔡一平，中国妇女报原记者、全国妇联妇女研究所国际部研究员，现为第三世界女权主义网络“新世纪妇女发展选择”执委会委员。她的演讲集中于性别、传播与发展。

（卜　卫）

第十二届中国传播学大会

2014年10月27日，第十二届中国传播学大会在北京召开。全国政协委员、中国新闻文化促进会会长李东东，中国社会科学院秘书长、党组成员高翔出席大会并致辞。

此次传播学大会以"传播与变革：新媒体，现代化"为主题，由中国新闻文化促进会传播学分会和中国社会科学院新闻与传播研究所联合举办。来自全国新闻传播研究机构、高校新闻传播院系以及媒体单位的近200人参加了会议。中国社会科学院新闻与传播研究所党委书记、副所长赵天晓主持了大会开幕式。

李东东会长在题为"学界业界携手共进在变革时代"的致辞中指出，此次大会的主题很好地把握住了认真学习贯彻党的十八届四中全会提出的全面推进依法治国的一系列新观点、新举措，以及当今剧烈社会变革中新闻传播实践领域的两大显著特征，即"新媒体"和"现代化"。传媒作为现代国家治理体系中的神经枢纽，在努力实现自身"现代化"的同时，也要想方设法助力国家治理体系和治理能力的"现代化"。李东东介绍了中国新闻文化促进会近年来所取得的成就，肯定了传播学分会成立8年来卓有成效的工作。她希望新闻传播的理论工作者能紧抓机遇，在这变革的时代，与业界携手共进，认认真真做出一批有中国特色、中国气派、中国风格、世界一流的理论研究成果，以卓越的研究成果托起新闻传播研究领域的"中国梦"。

高翔秘书长在题为"传播学应无愧于伟大的时代"的致辞中指出，刚刚闭幕的党的十八届四中全会，确立了一系列建设"法治中国"的重大战略方针和改革部署。如何让新媒体发挥出推进国家治理体系和治理能力现代化的正能量，是摆在新闻传播研究者面前的一项重大任务。他向与会者提出了四点建议：一要深入研究网络新兴媒体的传播特点和规律，在把握规律的基础上正确引导网络舆论；二要努力探索用好新媒体、管好新媒体的手段和方法，为国家治理体系和治理能力现代化贡献力量；三要重视传统媒体和新兴媒体的融合研究，为新闻业的发展提供学理支撑；四要加强传播学与其他社会科学学科的相互借鉴与融合，进一步形成和巩固传播学研究的学科地位。

大会之前，中国新闻文化促进会传播学分会举行了第三届第一次代表会议，改选了组织机构、修订了学会章程。

会上，新任中国新闻文化促进会传播学分会会长、中国社会科学院新闻与传播研究所所长唐绪军研究员，宣布了由该所学术委员会主持的"第二届（2013年度）全国新闻传播学优秀论文"遴选结果。《"解放"与"翻身"：政治话语的传播与观念的形成》等10篇学术论文和《叙述的陷阱——以复旦大学学生中毒案的两篇报道为例》等5篇业务论文当选。

新闻与传播研究所党委书记赵天晓指出，自1982年施拉姆的传播学理念引入中国以来已经32年，在这32年当中，传播学的理论和实践伴随着中国特色社会主义建设的步伐，在推动经济发展等方面起到了积极的作用。我们现在进入了一个新的时期，这个新的时期也使网络新媒体时代的传播学站到了一个新的发展起点上，传播学会和传播学科都面临着一个新的形势。此次传播学大会聚集了各位专家学者，齐聚一堂进行研讨，大家都对传播学的发展寄予厚望。

清华大学新闻与传播学院副院长崔保国教授、中国传媒大学电视与新闻学院教授沈浩、人民网舆情监测室秘书长祝华新，分别作了题为“传播学研究的新起点——以传媒研究为中心的传播学”“数据新闻：大数据时代的可视化传播与应用”和“网络舆论场的生态治理”的主题发言，对大数据时代的传播学发展及网络舆论引导等问题作了专题阐述。大会的特邀嘉宾、丹麦哥本哈根大学媒介、认知与传播系克劳斯·布鲁恩·延森教授作了题为“媒介融合：网络传播、大众传播和人际传播的三重维度”的专题演讲，并与参会者进行了互动交流。

除主会场外，此次大会还设置了 5 个分论坛，分别是“新媒体与传播”“传播与社会”“传播与文化”“第三届中国人际传播论坛”和“新闻传播思想史论坛”。每个分论坛均有来自全国各研究机构、高校新闻传播院系、媒体单位的 20 余位专家学者或在读博士生介绍了他们的理论观点和最新研究成果。

唐绪军所长在大会的总结发言中指出，此次大会具有四个特点。一是重整旗鼓，正逢其时。我们处在一个社会飞速变革的期间，传播学在各个领域进行着渗透，我们要思考，传播学从哪里来，到哪里去，在此基础上发展传播学。二是群贤毕至，少长咸集。大会既有老一辈的专家学者，也有在读博士生、硕士生，显示了我们中国传播学研究在可持续发展。三是百人论道，形散神聚。大会有将近 100 人发表了他们的观点，新媒体和现代化则是其中的两个关键词。新媒体是潜在我们生活中的重大变量，在信息传播领域是工具，在社会发展领域是动力，新媒体已经无孔不入地渗透方方面面，为传播学者提供了宽广的舞台。四是分享研究成果，携手共进。每个人的研究都是有局限的，我们可以改正不足，完善自己的研究。大家都有共同愿望，一起携手促进中国传播学发展，这对中国传播学会提出了更高的要求，我们将尽力搭建平台，共同促进传播学发展。

（张化冰）

国际研究学部

世界经济与政治研究所

（一）人员、机构等基本情况

1. 人员

截至2014年年底，世界经济与政治研究所共有在职人员111人。其中，正高级职称人员25人，副高级职称人员31人，中级职称人员32人；高、中级职称人员占全所在职人员总数的79%。

2. 机构

世界经济与政治研究所设有：全球宏观经济研究室、国际金融研究室、国际贸易研究室、国际投资研究室、经济发展研究室、国际政治理论研究室、国际战略研究室、国际政治经济学研究室、马克思主义世界政治经济理论研究室、全球治理研究室、世界能源研究室、《世界经济》编辑部、《世界经济与政治》编辑部、《国际经济评论》编辑部、《中国与世界经济》（英文）编辑部、《世界经济调研》编辑部、《世界经济年鉴》编辑部、党委办公室、所长办公室、科研处、人事处、办公室、杂志社、资料信息室。

3. 科研中心

世界经济与政治研究所所属非实体研究中心有：国际金融研究中心、全球并购研究中心、世界经济史研究中心、公司治理研究中心、发展研究中心和国际经济与战略研究中心；全国性学术团体有中国世界经济学会和新兴经济体研究会。

（二）科研工作

1. 科研成果统计

2014年，世界经济与政治研究所共完成中文专著12种，共387.8万字；外文专著3种，共50万字；工具书1种，共137.6万字；皮书2种，共82.4万字；论文集4种，共173.3万字；学术资料2种，共140.1万字；论文211篇，共21万字；研究报告78篇，共5.8万字。

2. 科研课题

（1）新立项课题。2014年，世界经济与政治研究所共有新立项课题16项。其中，国家社会科学基金课题3项："全球经济治理结构变化与我国应对战略研究"（张宇燕主持），"新安全观视野下新兴国家参与全球治理的制度性权力建构及其路径选择"（任琳主持），"苏联共产党基层党组织建设研究"（李燕主持）；国家自然科学基金课题3项："APEC地区贸易、投资和产业分工研究——基于全球价值链视角的分析”（宋泓主持），“贸易增加值核算体系的演进及影响：国际比较”（马涛主持），“全球价值链下 APEC 地区贸易投资与生产网络发展趋势”（东艳主持）；软科学课题 1 项：“国际投资规则新趋势及其对中国经济的影响”（田丰主持）；院创新重大课题 1 项：“南南合作、南北合作与全球经济治理研究”（李东燕主持）；院马克思主义理论研究与建设工程重点课题1项：“习近平文献（1989 ~ 2014年）的引文研究”（石新香主持）；院基础研究学者计划 1 项（欧阳向英主持）；所重点课题 6 项：“BIT、制度非中性与‘走出去’战略”（贾中正主持），“基于大宗商品计价的人民币国际化研究”（陆婷主持），“全球公域治理研究”（任琳主持），“中国对外直接投资与经济转型升级”（王碧珺主持），“美国对外援助的国内政治影响”（肖河主持），“基于全球价值链视角的人民币有效汇率”（杨盼盼主持）。

（2）结项课题。2014 年，世界经济与政治研究所共有结项课题 8 项。其中，国家社会科学基金课题 7 项：“未来十年世界经济格局演变趋势及我国发展战略调整研究”（张宇燕主持），“我国对外金融资产负债失衡与金融调整研究”（肖立晟主持），“金融危机后我国国际贸易摩擦治理路径的有效性研究”（李春顶主持），“苏联 1932 ~ 1933 年饥荒与当代乌俄两国关系研究”（李燕主持），“冷战后大国的核战略、防扩散战略的调整与核不扩散体制危机的解决思路”（邵峰主持），“二十国集团面临的全球治理重点问题研究”（高海红主持），“美国主权债务可持续性与中国外汇储备管理研究”（王永中主持）；马克思主义理论研究与建设工程课题 1 项：“马克思主义世界政治经济基础理论研究”（欧阳向英主持）。

（3）延续在研课题。2014 年，世界经济与政治研究所共有延续在研课题 14 项。其中，国家社会科学基金课题 5 项：“老龄化背景下的人力资本投资对中国长期经济增长的影响研究”（梁润主持），“低碳经济下金砖国家产业发展与经济增长模式研究”（马涛主持），“亚太区域一体化美国路线图与亚洲路线图的竞争性和相容性及中国对策研究”（东艳主持），“低碳城市建设的非技术创新系统研究”（蒋尉主持），“国际组织分析的社会学路径研究”（袁正清主持）；国家自然科学基金课题 1 项：“G20 主要经济体短期 GDP 和 CPI 走势预测”（何新华主持）；院创新重大课题 1 项：“新兴经济体与国际经济新秩序”（姚枝仲主持）；院马克思主义理论研究与建设工程重点课题 1 项：“诘难与辩驳：西方主流经济学家与马克思的思想交锋”（欧阳向英主持）；所重点课题 6 项：“中国的印度洋战略区安全构想”（主父笑飞主持），“泛太平洋战略经济伙伴关系协定与中国的对策”（张琳主持），“中国出口的专业化之路及其影响因素”（高凌云主持），“中国对外金融资产负债失衡与金融调整”（肖立晟主持），“后起国家走向制造强国的产业路径研究：中国产业可持续发展的一项国际比较”（李毅主持），“世界经济与国际政治学科研究综述（1978 ~ 2012）”（张宇燕主持）。

（4）终止课题。2014 年，世界经济与政治研究所终止课题，即国家社会科学基金课题 1 项：“日本的战略文化与中日战略互惠关系的建构”（卢国学主持）。

3. 获奖优秀科研成果

2014 年，世界经济与政治研究所获得中国社会科学院第五届“优秀皮书奖”二等奖 1 项：

王洛林、张宇燕主编的《2013 年世界经济形势分析与预测》；获得中国社会科学院第五届“优秀皮书奖”三等奖 1 项：李慎明、张宇燕主编的《2013 年全球政治与安全报告》；2014 年，世界经济与政治研究所获得院 2013 年度优秀对策信息组织奖。

4. 创新工程的主要举措和工作安排

2014 年，世界经济与政治研究所共设创新项目 10 个，创新岗位 83 个。其中，首席管理 2 个，首席研究员 10 个，学部委员 1 个，长城学者 1 个，基础研究学者 1 个。所长张宇燕、党委书记陈国平为首席管理，孙杰为长城学者，余永定为学部委员，欧阳向英为基础研究学者项目负责人。10 个创新工程项目分别是：“国际货币金融改革与中国的政策选择”（首席研究员为高海红），“国际视角下的中国贸易结构转型研究”（首席研究员为宋泓），“中国的对外投资战略”（首席研究员为姚枝仲），“世界经济预测与政策模拟”（首席研究员为张斌），“中国参与全球治理的战略环境与战略选择”（首席研究员为李东燕），“扩大中国学界世界经济与国际政治研究成果国际影响力的创新计划”（首席研究员为邵滨鸿），“公司治理国际比较研究”（首席研究员为鲁桐），“中国能源安全的国际地缘战略研究”（首席研究员为徐小杰），“包容型增长与结构转型——新兴经济体的政策选择”（首席研究员为涂勤，后变更为李毅），“全球政治与安全领域的热点问题与中国的战略选择”（首席研究员为邵峰）。

2014 年，该所创新工程的主要举措有：根据院设定的“当年未发表核心期刊论文或者专著（独著或者第一作者）的研究人员，不得申请进入下一年度创新岗位”的规定，该所通过对未进岗人员的学术情况进行分析，经所学术委员会的讨论，该所特别设立科研人员创新工程准入过渡期一年。基本标准是：2014 年，未达标人员的创新准入，必须作出以下承诺：2014 年，独立或者以第一作者发表两篇核心期刊论文或者专著，其中，一篇或者一部用于补偿 2014 年的准入，另一篇或者一部用于争取 2015 年的准入。如果 2014 年没有兑现这种承诺，未来三年（2015 ~ 2017 年），无资格申请创新工程岗位。

（三）学术交流活动

1. 学术活动

2014 年，世界经济与政治研究所主办和承办的重要学术会议有：

（1）2014 年 3 月 20 ~ 21 日，由中国社会科学院、英国学术院主办，世界经济与政治研究所承办的“国际经济政策与治理”国际学术研讨会在北京举行。会议的主题是“国际经济治理：中国与欧洲的视角”。

（2）2014 年 7 月 14 日，由世界经济与政治研究所全球治理研究室、加拿大国际治理创新中心共同举办的“主权债务重组与全球经济治理”国际学术研讨会在北京召开。

（3）2014 年 8 月 28 日，由世界经济与政治研究所、英国皇家国际事务研究所共同举办的“人民币国际化战略及资本账户开放之宏观经济含义”国际学术研讨会在北京召开。

(4) 2014年9月20日，由世界经济与政治研究所、辽宁大学国际关系学院主办，国际关系学院、中国国际文化交流中心协办的第五届国际政治经济学论坛暨“总体国家安全观：国际政治经济学视角”学术研讨会在辽宁省沈阳市举行。

(5) 2014年11月2日，由中国社会科学院学部主席团主办，世界经济与政治研究所、中国新兴经济体研究会、中国国际文化交流中心、广东工业大学、广东省新兴经济体研究会承办的“中国社会科学论坛（2014年·国际问题）：新兴经济体的长期增长”国际研讨会在广东省广州市举行。

(6) 2014年11月3日，由世界经济与政治研究所举办的“金砖国家智库第二届圆桌会议”在广东省广州市召开。

(7) 2014年11月10日，由中国社会科学院亚洲研究中心主办，世界经济与政治研究所承办的第四届“亚洲研究论坛”在北京召开。论坛的主题是“TPP与RCEP竞争性与互补性”。

(8) 2014年11月17日，由世界经济与政治研究所、日本明治大学共同举办的“中日金融自由化改革：风险和机遇”国际学术研讨会在日本东京召开。

(9) 2014年12月13～14日，由世界经济与政治研究所《世界经济》编辑部、日本产业经济研究所合作举办的“行业有效汇率及传导效应：中日比较”国际学术研讨会在北京召开。

(10) 2014年12月26日，由世界经济与政治研究所、社会科学文献出版社共同主办的“2015年《世界经济黄皮书》《国际形势黄皮书》暨世界经济与国际形势报告会”在北京举行。

2.国际学术交流与合作

2014年，世界经济与政治研究所共派遣出访127批176人次，接待来访236批600多人次。与世界经济与政治研究所开展学术交流的国家有：美国、加拿大、澳大利亚、比利时、英国、法国、德国、瑞典、挪威、哈萨克斯坦、格鲁吉亚、巴西、阿根廷、沙特、巴林等近50个国家。

(1) 2014年1月21～26日，应世界经济论坛邀请，中国社会科学院学部委员余永定研究员赴达沃斯参加世界经济论坛。

(2) 2014年2月12日，世界经济与政治研究所所长助理宋泓研究员应邀参加新西兰驻华大使为来访的新西兰外交贸易部副秘书长戴维·沃克举办的晚宴。

(3) 2014年2月26日至3月2日，应澳大利亚国库部邀请，世界经济与政治研究所所长张宇燕研究员等赴澳大利亚进行学术访问，就世界宏观经济的发展前景等问题与澳大利亚学者进行交流。

(4) 2014年3月9～13日，应商务部邀请，世界经济与政治研究所所长张宇燕研究员随商务部第五批中美经贸问题专家小组赴美国进行学术访问。

(5) 2014年3月20日，世界经济与政治研究所所长张宇燕研究员陪同中国社会科学院院长王伟光、副院长李扬会见英国学术院院长、伦敦政治经济学院教授尼古拉斯·斯特恩勋爵一行。双方就未来的合作事宜进行交流。

（6）2014 年 3 月 22 日，世界经济与政治研究所所长张宇燕研究员陪同中国社会科学院院长王伟光、副院长李扬与经合组织秘书长吉利亚签署合作协议。

（7）2014 年 3 月 23 ～ 27 日，世界经济与政治研究所所长助理姚枝仲研究员随中国人民对外友好协会团赴美国出席美国哈佛大学中美关系研讨会。

（8）2014 年 4 月 8 日，应中联部邀请，世界经济与政治研究所所长张宇燕研究员为朝鲜代表团（副部级）讲授“世界经济形势”。

（9）2014 年 4 月 10 日，世界经济与政治研究所党委书记陈国平、研究员李少军等会见俄罗斯科学院远东所副所长伏尔加科夫。双方就综合国力等问题进行交流。

（10）2014 年 4 月 25 日，世界经济与政治研究所研究员余永定应邀参加为丹麦女王玛格丽特二世陛下及亲王殿下在钓鱼台国宾馆举行的正式招待会。

（11）2014 年 4 月 30 日至 5 月 4 日，世界经济与政治研究所所长助理宋泓研究员应邀参加在奥地利召开的萨尔斯堡论坛。论坛的主题是“全球贸易构造新动态：WTO，G20 和区域贸易协议”。

（12）2014 年 6 月 2 ～ 10 日，世界经济与政治研究所副所长姚枝仲研究员、全球治理研究室主任李东燕研究员等执行德国阿登纳基金会资助中国社会科学院赴德考察团项目赴德国进行学术访问。

（13）2014 年 6 月 19 日，韩国前总统首席经济顾问，前韩国驻英国大使赵润济应邀来世界经济与政治研究所参加“第二届钱俊瑞—浦山讲座”，并发表题为“日韩经济转型”的演讲。

（14）2014 年 9 月 4 日，世界经济与政治研究所所长张宇燕研究员在人民大会堂参加由中国人民对外友好协会主办，美国卡特中心、美国国际数据集团、中美交流基金会和哈佛大学肯尼迪政府学院艾什中心协办的“构建中美新型大国关系研讨会”，并就“经贸投资一体化问题”发言。

（15）2014 年 9 月 4 日，世界经济与政治研究所所长张宇燕研究员在人民大会堂参加由中国人民对外友好协会举办的中美建交 35 周年招待会。

（16）2014 年 9 月 9 日，世界经济与政治研究所所长张宇燕研究员、所长助理宋泓研究员等会见“中国社会科学院经济发展问题国际青年学者研修班”学员一行 30 人，共同探讨中国以及中国与该地区国家在经济、社会发展等方面开展合作的课题。

（17）2014 年 11 月 5 日，世界经济与政治研究所所长张宇燕研究员、国际金融研究室主任高海红研究员等会见日本银行国际局局长长井滋人一行。双方就宏观经济和日本的货币政策等问题进行交流。

（18）2014 年 12 月 3 ～ 9 日，世界经济与政治研究所所长张宇燕一行赴美国访问世界大型企业联合会、美国商会、美国财政部、布鲁金斯学会等机构。访问内容主要是了解美国对 APEC 峰会和 G20 峰会的反应、看法与评论，进一步了解美国各方对未来 APEC 峰会特别是

G20峰会的建议与意见。

（19）2014年12月9日，世界经济与政治研究所全球宏观经济研究室主任张斌研究员会见英国外交部经济司司长、首席经济学家沙米克·达尔一行。双方就“中国宏观经济形势尤其是金融自由化在经济平衡中的作用”专题进行了交流。

（20）2014年，世界经济与政治研究所开展的国际合作研究项目有4项：①该所与俄罗斯科学院世界经济与国际关系研究所共同申请了“中国的全球化及其对世界经济与政治的影响”合作研究项目，课题由张宇燕主持；②该所经济发展研究室副主任毛日昇副研究员与其荷兰合作方共同申请了“在中国组织小规模高附加值的食品生产者：合作、信任与农村发展”联合科学专题研究项目；③该所国际投资研究室韩冰副研究员与欧盟合作研究项目“促进全球责任研究与社会和科学创新”；④该所经济发展研究室主任徐奇渊副研究员与英国学术院合作研究项目“资本项目管制背景下的人民币离岸市场的发展”。此外，2014年，世界经济与政治研究所赴海外长期进修5人。

3.与香港、澳门特别行政区和台湾开展的学术交流

（1）2014年2月20日，世界经济与政治研究所研究员余永定会见台湾工业技术研究院知识经济与竞争力研究中心主任杜紫宸一行。双方就未来的合作事宜进行交流。

（2）2014年3月5～8日，应两岸共同市场基金会的邀请，世界经济与政治研究所所长张宇燕研究员一行赴中国台湾进行学术访问，就人民币跨境使用等问题与台湾学者进行交流。

（3）2014年3月27日至4月3日，世界经济与政治研究所国际投资研究室主任张明副研究员一行赴中国澳门、新加坡访问，调研澳门和新加坡财富基金的运作状况。

（4）2014年4月8～10日，应亚太房地产协会邀请，世界经济与政治研究所研究员余永定赴香港参加2014年亚太房地产协会年度领袖论坛并作主旨发言。

（5）2014年4月14～21日，应台湾政治大学邀请，世界经济与政治研究所世界能源研究室主任徐小杰研究员赴台湾访问。访问的主题是“世界能源的中国展望”。

（6）2014年4月22日，世界经济与政治研究所所长助理宋泓研究员会见台湾工业技术研究院主任杜紫宸。双方商谈赴台湾参会事宜。

（7）2014年4月23日，世界经济与政治研究所所长张宇燕研究员等会见台湾交通大学教授叶银华。双方就两岸财经交流等问题进行会谈。

（8）2014年4月24～29日，应香港科技大学邀请，世界经济与政治研究所世界能源研究室主任徐小杰研究员在香港俱乐部和科技大学就“世界能源的中国展望”专题发表演讲，之后应邀参加由沙特阿拉伯国王石油研究中心举办的中国能源经济研讨会。

（9）2014年5月14～17日，应台湾工业技术研究院邀请，世界经济与政治研究所所长助理宋泓研究员参加该研究院与德国基尔世界经济研究所举办的题为“以创新变革和创业精神迈向知识型经济发展”的“GES台北工作组会议”，并就大陆汽车行业的创新能力专题发表演讲。

（10）2014 年 7 月 11 日，世界经济与政治研究所世界能源研究室主任徐小杰研究员会见香港科技大学校长助理吴景深教授。双方就可持续能源问题进行交流。

（11）2014 年 9 月 2 ～ 5 日，应台湾工业技术研究院邀请，世界经济与政治研究所所长助理宋泓研究员赴台湾参加主题为“厚植共同利益，促进协调发展”的“第四届两岸产业合作论坛暨两岸产业研究咨询小组会议”，并以“中国大陆对外投资的现状与发展趋势以及对两岸产业合作带来的影响”为题发表演讲。

（12）2014 年 9 月 11 日，世界经济与政治研究所全球宏观经济研究室相关人员接待香港金融管理局高级研究员张文朗、余向荣来该所演讲。张文朗、余向荣演讲的题目分别是“投资货币与融资货币：人民币国际化注定会呈现一边倒的现象吗？”“货币国际化中网络效应的理论和实证，以及对人民币国际化的启示”。

（13）2014 年 9 月 25 日，世界经济与政治研究所所长助理宋泓研究员会见台湾工业技术研究院博士陈丽芬和研究员李佩萦。双方就中国大陆鼓励企业“走出去”的政策与具体措施等问题进行交流。

（14）2014 年 10 月 23 日，世界经济与政治研究所国际金融研究室主任高海红研究员等会见汇丰银行（中国）有限公司北京总部对外事务总监王海宏一行。双方围绕人民币国际化、前海金融改革及其与香港的合作等议题进行交流。

（15）2014 年 11 月 2 ～ 5 日，世界经济与政治研究所国际金融室副主任刘东民副研究员等赴香港访问香港金管局，与相关人员进行交流，探讨“人民币国际化对香港及大陆经济金融情况带来的影响”问题。

（16）2014 年 11 月 25 ～ 26 日，世界经济与政治研究所世界能源研究室主任徐小杰研究员应邀赴澳门参加第三届国际清洁能源论坛，对联合国副秘书长吴红波的联合国可持续发展倡议进行专家解读，并就可持续能源指数进行说明。

（17）2014 年 12 月 29 日，世界经济与政治研究所国际金融研究室主任刘东民副研究员等会见香港证监会副行政总裁赵灼华一行。双方就国际金融问题进行交流。

（四）学术社团、期刊

1. 社团

（1）中国世界经济学会，会长张宇燕。

① 2014 年 4 月 19 ～ 20 日，由中国世界经济学会主办，南开大学跨国公司研究中心、南开大学台湾经济研究所、南开大学国际经济研究所承办的“第六届两岸经贸论坛”在天津南开大学举行。论坛的主题是“深化两岸经济合作实践与理论创新”。

② 2014 年 8 月 28 日，由中国世界经济学会转轨经济专业委员会、辽宁大学转型国家经济政治研究中心、复旦大学新兴市场经济研究中心、《国际经济评论》编辑部联合举办的“转型

国家经济：发展与比较”学术研讨会在上海复旦大学举行。会议研讨的主要问题有“转型国家经济发展模式的比较”“转型国家外部环境的变化与经济发展”“转型国家经济开放与合作”“丝绸之路经济带与我国对外开放”。

③ 2014 年 9 月 26 ～ 28 日，由中国世界经济学会中青年委员会和辽宁大学国际关系学院共同主办的“中国世界经济学会中青年委员会 / 辽宁大学 2014 年博士生论坛”在辽宁省丹东市举行。

④ 2014 年 10 月 24 ～ 26 日，由中国世界经济学会主办，浙江大学经济学院、浙江大学区域经济开放与发展研究中心承办的“浦山世界经济学优秀论文奖（2014）颁奖典礼暨中国世界经济学会 2014 年学术年会”在浙江大学举行。年会的主题是“世界经济变革与中国开放型经济发展”。

（2）新兴经济体研究会，会长张宇燕。

① 2014 年 6 月 15 日，由新兴经济体研究会主办、云南师范大学承办的“中国新兴经济体研究会中青年论坛成立大会暨新兴经济体学术论坛”在云南省昆明市举行。会议研讨的主要问题有“APEC 峰会”“国际与区域经济”“金砖国家与区域经济合作”“全球经济治理”等。

② 2014 年 6 月 28 日，由新兴经济体研究会与湖南省商业经济学会、湖南商学院大国经济研究中心联合主办的“国际区域合作的新趋势”研讨会在湖南省长沙市举行。

③ 2014 年 10 月 31 日至 11 月 1 日，由中国新兴经济体研究会、中国国际文化交流中心、广东工业大学、广东国际商会和广东省人民对外友好协会联合主办的“中国新兴经济体研究会 2014 年年会暨 2014 新兴经济体合作与发展论坛”在广东省广州市举行。会议的主题是“新兴经济体的长期增长前景与 21 世纪海上丝绸之路建设”。

④ 2014 年 12 月 25 ～ 26 日，由新兴经济体研究会与天津师范大学联合主办的“中国新兴经济体研究会中青年论坛学术研讨会”在天津举行。会议的主题是“新兴经济体与国际政治经济发展新趋势”。

2. 期刊

（1）《世界经济》（月刊），主编张宇燕。

2014 年，《世界经济》共出版 12 期，共计 242 万字。该刊全年刊载的有代表性的文章有：陆旸、蔡昉的《人口结构变化对潜在增长率的影响：中国和日本的比较》，陈勇兵、陈小鸿、曹亮、李兵的《中国进口需求弹性的估算》，文东伟、冼国明的《中国制造业产业集聚的程度及其演变趋势：1998 ～ 2009 年》，王孝松、谢申祥、翟光宇的《利益集团与美国“汇率监督法案”投票结果分析》，赵春明、李宏兵的《出口开放、高等教育扩展与学历工资差距》，张杰、郑文平、陈志远、王雨剑的《进口是否引致了出口：中国出口奇迹的微观解读》，陈斌开、陈琳、谭安邦的《理解中国消费不足：基于文献的评述》，张勋、徐建国的《中国资本回报率的再测算》，范小云、陈雷、王道平的《人民币国际化与国际货币体系的稳定》，白重恩、张琼的《中国的资本回报率及其影响因素分析》，项后军、吴全奇的《垂直专业化视角下的中国出口依市定价问题研究》等。

（2）《世界经济与政治》（月刊），主编张宇燕。

2014 年，《世界经济与政治》共出版 12 期，共计 216 万字。该刊全年刊载的有代表性的文章有：庞珣的《国际关系研究的定量方法：定义、规则与操作》，刘丰的《分化对手联盟：战略、机制与案例》，李彬的《中美对“核威慑”理解的差异》，李安山的《中非关系研究中国际话语的演变》，李巍、朱艺泓的《货币盟友与人民币的国际化——解释中国央行的货币互换外交》，张文木的《丝绸之路与中国西域安全——兼论中亚地区力量崛起的历史条件、规律及其因应战略》，李辉、唐世平、金洪的《帝国的光环：美国金融危机的历史制度解释》，阮宗泽的《美国“亚太再平衡”战略前景论析》，何银的《规范竞争与互补——以建设和平为例》，刘中民的《伊斯兰的国际体系观——传统理念、当代体现及现实困境》，蔡翠红的《国际关系中的大数据变革及其挑战》，苏长和的《和平共处五项原则与中国国际法理论体系的思索》，周琪的《冷战后美国南海政策的演变及其根源》，牛军的《“联盟与战争”：冷战时代的中国战略决策及其后果》，门洪华的《地区秩序建构的逻辑》，孙德刚的《论新时期中国在中东的柔性军事存在》，任晓的《论中国的世界主义——对外关系思想和制度研究之二》，徐以骅的《全球化时代的宗教与中国公共外交》，盛斌、果婷的《亚太区域经济一体化博弈的战略选择》，李少军的《论国际安全关系》，李向阳的《论海上丝绸之路的多元化合作机制》，邢广程的《理解中国现代丝绸之路战略——中国与世界深度互动的新型链接范式》等。

（3）*China & World Economy*（《中国与世界经济》）（英文双月刊），主编余永定。

2014 年，*China & World Economy*（《中国与世界经济》）共出版 6 期，共计 6 万字。该刊全年刊载的有代表性的文章有：Global and Euro Imbalances：China and Germany/Guonan Ma, Robert N. McCauley（马国南、罗伯特· 麦考利的《全球与欧元地区的失衡问题：中国与德国》），China’s Urban Employment and Urbanization Rate：A Re-estimation/Xiaolu Wang, Guanghua Wan（王小鲁、万广华的《对中国城镇就业与城市化率的再评估》），Economic Causes and Cures of Social Instability in China/John Knight（约翰 · 奈特的《中国社会不稳定的经济原因及治理措施》），Poverty Reduction and Effects of Pro-poor Policies in Rural China/ Shi Li（李实的《中国乡村消除贫困行动与资助穷人政策的效果》），China’s Exchange Rate and Financial Repression：The Conflicted Emergence of the RMB as an International Currency/Ronald McKinnon, Gunther Schnabl（罗纳德 · 麦金龙、冈瑟 · 施纳布尔的《中国的汇率与金融抑制：人民币作为国际货币的冲突性问题》），Dynamic Transition of Exchange Rate Regime in China/Naoyuki Yoshino, Sahoko Kaji, Tamon Asonuma（吉野直行、嘉治佐保子、山口稻次郎的《中国汇率机制的动态演变》），Does Property Rights Reform Improve the Efficiency of China’s State-owned Banks？ / Qian Wang, Xiaochu Feng（王倩、冯小初的《产权改革是否提高了中国国有银行的效率？》），

Interest Rate Pass-through in a Dual-track System：Evidence from China/Xuejun Jin, Frank M. Song, Yizhong Wang, Yi Zhong（金雪军、宋敏、王义中、钟意的《双轨制下的利率传导：来自中国的证据》），China's Role in Global Climate Change Mitigation/Ross Garnaut（罗斯·加诺特的《中国在减缓全球气候变化中的角色》），Role of Green Governance in Achieving Sustainable Urbanization in China/Marianne Fay, Jin zhao Wang, Gailius Draugelis, Uwe Deichmann（玛丽安·法伊、王金照、伽利斯·塔格斯、乌维·戴希曼的《绿色治理在中国实现可持续城市化中的作用》），Exporting National Champions：China's Outward Foreign Direct Investment Finance in Comparative Perspective/ Kevin P. Gallagher, Amos Irwin（凯文·加拉格尔、阿莫斯·欧文的《出口国之冠：对中国海外直接投资进行融资的比较视野》），Do China's Outward Direct Investors Prefer Countries with High Political Risk？ An International and Empirical Comparison/Jiann jong Guo, Guo chen Wang, Chien hung Tung（郭建中、王国臣、董建宏的《中国海外直接投资者喜欢具有高政治风险的国家吗？国际实证比较》）等。

（4）《国际经济评论》（双月刊），主编张宇燕。

2014年，《国际经济评论》共出版6期，共计114万字。该刊全年刊载的有代表性的文章有：宋泓的《未来10～15年中国拥有自主发展的新机遇》，李晓、张虎、丁一兵的《从"安倍经济学"的前景看中国经济面临的挑战与机遇》，东艳的《全球贸易规则的发展趋势与中国的机遇》，王碧珺的《中国参与全球投资治理的机遇与挑战》，杨盼盼、徐奇渊的《新兴经济体与发达经济体趋势脱钩：中国将发挥关键作用并受益》，国家风险评级课题组的《2013年中国海外投资国家风险评级报告（CROIC-IWEP）》，张蕴岭的《中国发展战略机遇期的国际环境》，高程的《中国崛起背景下的周边格局变化与战略调整》，王跃生、马相东的《全球经济"双循环"与"新南南合作"》，刘东民、何帆的《中美金融合作：进展、特征、挑战与策略》，杨光的《中国与海湾国家的战略性经贸互利关系》，万泰雷、李松梁、黄鑫的《国际金融监管合作及中国参与路径》，张建立、李薇的《构建东亚共同体的关键在于成功形塑东亚身份认同》，梁勇、东艳的《中国应对中美双边投资协定谈判》，郝时远的《大国成长与民族问题：中国及其国际比较》，张蕴岭的《中国周边的新形势与思考》，何平、钟红的《人民币国际化的经济发展效应及其存在的问题》，余永定的《中国企业融资成本为何高企？》，管涛、陈之平的《美联储退出量化宽松货币政策与金融稳定》，程伟的《冷静聚焦普京新政下的俄罗斯经济颓势》，姚枝仲的《什么是真正的中等收入陷阱？》，徐康宁、韩会朝的《美国政党分野、州际差异如何影响美国对华贸易政策？》，韩冰的《准入前国民待遇与负面清单模式：中美BIT对中国外资管理体制的影响》等。

（5）《世界经济年鉴》2014年卷（年刊），主编陈国平。

《世界经济年鉴》2014年卷共120万字。该刊以中国社会科学院创新工程为契机，在内容上着重于世界经济学研究，在栏目设置上按照院里的规划进行了重大调整，主要体现在：①收集经济政策，重点突出年度国内外经济政策权威性；②把握年度世界经济学科热点，约请学术权威撰写学科综述；③归纳总结国内外知名期刊的热点问题观点，撰写热点问题综述；④收集国内外知名期刊世界经济学科的论文摘要，以便读者迅速掌握世界经济学科的最新研究进展；⑤收集国内外出版的有关世界经济学科的新书栏目，完成统计数据收集与整理。

（五）会议综述

第五届国际政治经济学论坛暨“总体国家安全观：国际政治经济学视角”研讨会

2014 年 9 月 20 日，由中国社会科学院世界经济与政治研究所、辽宁大学国际关系学院主办，国际关系学院和中国国际文化交流中心协办的第五届国际政治经济学论坛暨“总体国家安全观：国际政治经济学视角”研讨会在辽宁省沈阳市召开。来自全国 30 多所高校、科研机构的专家学者 100 多人参加了会议。辽宁大学国际关系学院院长刘洪钟教授主持开幕式，辽宁大学校长黄泰岩教授、中国社会科学院世界经济与政治研究所所长张宇燕研究员、国际关系学院党委书记刘慧教授、中国国际文化交流中心副秘书长王学军、中共中央宣传部出版局副局长刘建生为论坛致开幕词。

论坛分设四项议题，分别是：国别与区域安全研究、总体国家安全观的理论探讨与现实构建、中国总体安全面临的挑战、中国总体安全构建的途径。辽宁大学教授程伟、北京大学教授王正毅、吉林大学教授李晓、中国社会科学院美国研究所研究员周琪分别为论坛作主题演讲。

与会学者充分肯定了坚持总体国家安全观、走中国特色国家安全道路的必要性，从多维度分析了中国面临的国内外、各领域的安全形势及风险因素，阐述了安全问题与事件演变背后的政治经济逻辑。其他与会学者还就总体国家安全观的思想渊源、世界其他大国的安全战略与安全观、周边安全和热点地区安全局势的新演变、发展与安全的辩证关系进行了总结和论述。会议讨论比较充分的还是集中在与金融发展、金融制裁、货币权力变迁、自由贸易协定谈判、国际能源格局演变、国际经济治理体系改革等议题相关的安全与和平问题上。除了这些国际政治经济学传统的研究领域外，与会代表也高度关注太空安全、网络空间安全、文化安全等领域的问题。

（科研处）

中国新兴经济体研究会2014年年会暨2014新兴经济体合作与发展论坛

2014 年 10 月 31 日至 11 月 1 日，由中国新兴经济体研究会、中国国际文化交流中心、广东工业大学、广东省国际商会和广东省人民对外友好协会联合主办，广东丝纺集团、天泽能源集团、中国致公党广东省委经济委员会协办，广东省新兴经济体研究会、广东外语外贸大学国际经济贸易研究中心、广东财经大学国民经济研究中心等单位承办的“中国新兴经济体研究会 2014 年年会暨 2014 新兴经济体合作与发展论坛”在广东省广州市举行。论坛同时得到博鳌亚洲论坛研究院和东南非洲共同市场的战略支持。来自俄罗斯、印度、南非、智利、墨西哥等 13 个国家的官员、学者以及来自中国社会科学院、博鳌亚洲论坛、广东省友协、广东国际商会等 60 多个研究机构和高校的与会者约 230 人参加了会议。

该论坛的主题是“新兴经济体的长期增长前景与 21 世纪海上丝绸之路建设”，下设 5 个会议专题论坛。

（1）新兴经济体：增长与挑战。与会学者重点关注新兴经济体发展模式、全球化背景下新兴经济体面临的挑战及未来选择、新兴经济体吸引 FDI 及对外直接投资因素、全球生产价值链视角的中国全球化参与程度演变分析、中国经济对拉美经济的传导影响、金砖五国收入分配的最新变化及动因、新形势下商签金砖投资协定的必要性及中国策略等。

（2）新兴经济体：合作与竞争。与会学者重点关注贸易规则区域化背景下国际服务贸易规则谈判的策略选择、贸易结构转型经验、金砖五国农产品出口增长及竞争力实证分析、创意产品贸易国际竞争力的比较研究、技术进步路径选择与问题、创新竞争力比较研究、金融风险评估与增长机制重塑、全球附加值贸易金砖国家的金融中介服务业地位、国际美元信用本位制衡下的人民币国际化战略、新兴经济体合作机制等。

（3）丝绸之路建设与全球治理。与会学者重点关注海上新丝路架构、特点及影响因素、对中国“一带一路”战略的理解、新兴经济体与 21 世纪海上丝绸之路战略的拓展、经济新常态下海上丝绸之路的功能定位、共建“丝绸之路经济带”带给新疆发展的机遇挑战、“一带一路”与中国新型区域合作模式的构建、21 世纪海上丝绸之路建设中的广州角色和政策方向、“新丝绸之路”背景下深化经贸合作发展研究、全球多边治理制度设计、国际网络空间治理与金砖国家合作、中等强国与新兴经济体的群体性崛起、大国无战争时代大国权力竞争的“先发优势”等。

（4）新兴经济体产业发展与技术创新。与会学者重点关注企业技术获取型对外直接投资风险量化与评估，金融发展对出口增长二元边际的影响研究，中国通货膨胀的制度分析，上海自贸区建设的背景，动因与路径：基于国际政治经济学视角的分析，国外内陆自由贸易园区发展经验探析，广东金融发展对产业转型升级的实证分析，广东外贸包容性增长的新路径等。

（5）新兴经济体共赢性发展（外文论坛）。与会学者认为，新兴经济体经过了多年的快速发展，黄金发展期仍然存在。增长速度不是问题的全部，有质量的增长，汇集普通民众创造力和让广大民众分享发展成果的发展才是应该追求的目标。

（科研处）

“中国社会科学论坛（2014·国际问题）：新兴经济体的长期增长”国际研讨会

2014年11月2日，由中国社会科学院学部主席团主办，中国社会科学院世界经济与政治研究所、中国新兴经济体研究会、中国国际文化交流中心、广东工业大学和广东省新兴经济体研究会等单位承办的“中国社会科学论坛（2014·国际问题）：新兴经济体的长期增长”在广东省广州市举行。来自俄罗斯科学院、中国社会科学院、俄罗斯圣彼得堡大学、复旦大学、东北财经大学、广东国际战略研究院、中国社会科学杂志社等机构的专家学者约90人出席了论坛。

会议围绕“中国经济发展和全球关注的重大问题”“中外文明的交流与互动”“新兴经济体的合作与竞争”等主题进行了研讨。来自俄罗斯科学院、中国社会科学院、南非中国研究所、中国国际研究所的专家学者发表了演讲。中国社会科学院欧洲研究所副所长江时学指出，新兴经济体在开展相互合作的时候，切忌夜郎自大，新兴经济体的合作最关注的应该是怎么强化和参与全球治理和制定规则。俄罗斯圣彼得堡国际关系学院副院长 Natalia Kovalevskaia 认为，软力量是政府和非政府之间进行协作和协调时所提升的一种语言和文化所产生的力量，我们应该在国际关系当中尽量彰显自身的语言和文化带来的软力量。广东省新兴经济体研究会会长蔡春林教授提到，中国倡导的新丝绸之路建设对新形势下国际合作模式具有重要的探索和示范价值，是新兴经济体国家合作与发展的重要战略平台，新兴经济体国家应整合现有区域合作机制，引导国际资金投入新丝绸之路建设。

专题讨论则围绕新兴经济体的增长与挑战、新兴经济体的合作与竞争两个主题展开。来自不同国家和机构的有识之士对当前经济新形势展开讨论与研究，大家形成了一定共识：新兴经济体在全球经济中所占的份额日益扩大但经济增长速度趋缓，引发外界对其增长可持续性的担忧。但是，增长速度不是问题的全部，新兴经济体的经济增长是一场没有终点的长跑，既要有一定的速度，但更重要的是看后劲。因此，新兴经济体国家要重视创新和可持续性发展，同时积极参与全球规则的制定。新兴经济体之间应该寻求合作共赢，从合作中寻求更大的发展空间，更要展示全新的竞争力。

中外学者还就人民币国际化、新兴经济体发展中创新与制度的作用比较、中国与俄罗斯的合作与发展、中国与周边国家的合作与市场开放等问题进行了探讨。此次论坛以新兴经济体的长期增长作为主题，高度切合现阶段国际经济发展的趋势，是一次对新兴经济体未来发展趋势的前瞻性思考和研判。

（科研处）

第四届亚洲研究论坛“TPP与RCEP：竞争性与互补性”国际研讨会

2014年11月10日，由中国社会科学院亚洲研究中心主办，世界经济与政治研究所承办的第四届“亚洲研究论坛”在北京举行。论坛的主题是“TPP 与 RCEP ：竞争性与互补性”。来自韩国、日本、缅甸、新加坡、新西兰、越南、孟加拉国、马来西亚、印度等国的外方学者以及来自中国社会科学院、南开大学、对外经贸大学、国家发改委、商务部政策研究室等单位的专家学者参加了论坛。中国社会科学院副院长、党组成员李扬出席会议并致辞。

与会专家学者围绕“跨太平洋伙伴关系协定（TPP）的谈判难点、影响及前景展望”“区域全面性经济伙伴协定（RCEP）的进展、影响及发展路径”“TPP 与 RCEP：竞争性与互补性”以及“亚太区域一体化路径选择”四个专题进行了深入的研讨。

TPP 谈判的难度及前景如何？新西兰奥克兰大学教授罗伯特·斯考利认为，TPP 涉及一系列高标准贸易投资的规则，如市场准入、原产地规则、知识产权保护、国有企业标准等。这些高标准存在一定程度的“边界过渡”，TPP 模式有可能会超越亚太地区一体化的可接受边界。

关于 RCEP 的发展，印度尼赫鲁大学教授达尔认为，RCEP 对待市场一体化应有一个循序渐进的过程，经济合作是 RCEP 的支柱，应该具有包容性，这有助于缩小发展鸿沟。世界经济与政治研究所副研究员李春顶认为，RCEP 有可能会比 TPP 更早缔结，或许能够实现 2015 年按时完成谈判；通过 CGE 模型的测算，中国加入 RCEP 受益的比例更高。中国 APEC 研究院院长、南开大学研究生院副院长盛斌对 RCEP 谈判按时完成持怀疑态度，他认为 RCEP 目前谈判进程的评估比较慢，比想象的要慢。服务贸易、产品贸易、监管性的问题，投资、竞争政策、知识产权等方面还没有完全达成一致意见。

日本政策研究大学高级研究员川崎研一通过计量模型测算得出，TPP 和 RCEP 的经济效应存在一定的相互抵消，但 TPP 和 RCEP 最终带来的影响都是积极的，两者总的经济效应是增加收入。韩国学者认为，在规则设定、市场开放上，RCEP 需要更大的突破。

与会学者一致认为，地区的贸易投资协定安排，有助于扩大市场规模，促进分工和专业化，最终目的是要提高人们的福利水平，促进经济的长期增长。高水平、跨国界的学术研讨帮助与会者拓宽研究视野、发掘研究潜力，促进了不同智库、学术机构间的合作与沟通，为各国政府部门和政策制定者提供了宝贵的建议和导向，对未来的地区一体化合作发展起了非常重要的推动作用。

（科研处）

俄罗斯东欧中亚研究所

（一）人员、机构等基本情况

1.人员

截至2014年年底，俄罗斯东欧中亚研究所共有在职人员87人。其中，正高级职称人员21人，副高级职称人员 26 人，中级职称人员 23 人；高、中级职称人员占全体在职人员总数的 80%。

2. 机构

俄罗斯东欧中亚研究所设有：俄罗斯政治社会文化研究室、俄罗斯经济研究室、俄罗斯外交研究室、中亚研究室、战略研究室、乌克兰研究室、中东欧研究室、苏联研究室、《俄罗斯中亚东欧研究》编辑部、《俄罗斯东欧中亚市场》编辑部、院图书馆国际研究分馆、科研处、办公室。

（二）科研工作

1. 科研成果统计

2014 年，俄罗斯东欧中亚研究所共完成了专著 9 种，共 352 万字；论文 147 篇，共 123 万字；研究报告 95 篇，共 28.5 万字；一般文章 127 篇，共 63.5 万字；译著 1 种，共 43.1 万字。

2. 科研课题

（1）新立项课题。2014 年，俄罗斯东欧中亚研究所共有新立项课题 40 项。其中，国家社会科学基金青年课题 1 项："战后苏美对战败国日本的条约安排、执行及历史影响：1945 ~ 1956"（赵玉明主持）；院重点课题 2 项："俄罗斯发展报告（2014 年）"（李永全主持），"中亚国家发展报告（2014 年）"（孙力主持）；院《列国志》修订课题 20 项："俄罗斯"（潘德礼主持），"乌克兰"（何卫主持），"哈萨克斯坦"（赵尝庆主持），"乌兹别克斯坦"（孙壮志主持），"塔吉克斯坦"（刘启云主持），"拉脱维亚"（梁强主持），"阿塞拜疆"（孙壮志主持），"保加利亚"（李丽娜主持），"罗马尼亚"（徐刚主持），"捷克"（姜琍主持），"斯洛伐克"（姜琍主持），"匈牙利"（李丹琳主持），"白俄罗斯"（农雪梅主持），"摩尔多瓦"（顾志红主持），"格鲁吉亚"（苏畅主持），"土库曼斯坦"（常玢主持），"上海合作组织"（肖斌主持），"独联体"（刘丹主持），"集体安全条约组织"（牛义臣主持），"欧亚经济联盟"（王晨星主持）；院委托课题 1 项："中亚安全与新疆"（李永全主持）；院国情调研课题 1 项："黑龙江省沿边社会经济发展调研"（李永全主持）；院创新工程基础研究学者资助计划 1 项："民族国家建设过程中的国家认同问题——原苏联国家的比较研究"（张弘主持）；院创新工程青年学者资助计划 1 项："经济增长条件下的金融转型——中国与俄罗斯的比较"；所级创新工程课题 4 项："中俄边境地区合作研究——以口岸调查为视角"（姜毅主持），"转型与重建：当代俄罗斯历史研究"（吴伟主持），"苏联解体最新史料暨述评"（吴恩远主持），"俄罗斯精英社会研究"（李雅君主持）；所创新工程后期资助课题 7 项："上海合作组织发展报告（2014 年）"（李进峰主持），"中亚国家发展报告（2014 年）"（孙力主持），"苏联历史几个争论焦点的真相"（吴恩远主持），"中东欧转轨二十年"（朱晓中主持），"区域经济发展：俄罗斯的探索与实践"（高际香主持），"吉尔吉斯斯坦独立后的政治经济发展"（张宁主持），"金融转型——俄罗斯与中东欧国家的逻辑与现实"（王志远）；委托课题 2 项：亚专项目"上海合作组织成员国基础设施互联互通战略研究”（李永全主持），新疆和田地区行署委托课题“新疆和田地区民族宗教管理先行先试研究”（李进峰主持）。

（2）结项课题。2014 年，俄罗斯东欧中亚研究所共有结项课题 10 项。其中：国家课题 1 项：“中俄关系历史档案文件集（1625 ~ 1965）”（李静杰主持）；国家社会科学基金课题 1 项：“上海合作组织的农业合作与我西部粮食安全研究”（张宁主持）；院重点课题 2 项：“俄罗斯发展报告(2014)”(李永全主持),“中亚国家发展报告(2014 年)”(孙力主持)；所重点课题 6 项：“上海合作组织发展报告（2014 年）”（李进峰主持），“苏联历史几个争论焦点的真相”（吴恩远主持),“中东欧转轨二十年”(朱晓中主持),“区域经济发展：俄罗斯的探索与实践”(高际香主持),“吉尔吉斯斯坦独立后的政治经济发展”（张宁主持），“金融转型——俄罗斯与中东欧国家的逻辑与现实”（王志远主持）。

（3）延续在研课题。2014 年，俄罗斯东欧中亚研究所共有延续在研课题 16 项。其中：国家社会科学基金课题 3 项：“中俄关系通史（六卷本）”（李静杰主持），“低碳经济时代中美发展清洁能源的合作与冲突及我国对策研究”（徐洪峰主持），“战后苏美对战败国日本的条约安排、执行及历史影响：1945 ~ 1956”（赵玉明主持）；国家专项课题 1 项：“20 世纪俄罗斯历史档案文集”（李静杰主持），所级创新工程课题 9 项：“普京新时期俄罗斯的政治稳定与国家治理”（潘德礼主持），“俄罗斯经济现代化：进程、问题、前景”（程亦军），“全球背景下的中俄关系（2012 ~ 2018）”（郑羽主持），“中亚国家政治和社会稳定及其发展趋势”（吴宏伟主持），“转型前的俄罗斯：改革与剧变（1985 ~ 1991 年）”（张盛发主持），“中东欧与欧洲的分与合——当代东西欧关系研究”（朱晓中主持），“俄罗斯主导下的独联体一体化”（薛福岐主持），“中乌战略伙伴关系研究”（何卫主持）；“苏联执政党最后十年”（李永全主持）；所重点课题 3 项：“当代俄罗斯黑海战略研究态势”（刘丹主持），“外高加索三国对外政策与实践”（吕萍主持），“隔阂与偏见：俄罗斯犹太民族问题研究”（于卓超主持）。

（三）学术交流活动

（1）出访情况

2014 年，俄罗斯东欧中亚研究所学者与外国专家学者及驻华使节共进行了 40 多场学术交流和访谈活动，交流主题广泛，涉及中俄关系与合作、中亚地区形势、中国与中亚国家在各领域的合作、上海合作组织、阿富汗形势、中国与欧盟关系等问题，外方学者分别来自瑞典、乌兹别克斯坦、韩国、日本、吉尔吉斯斯坦、新加坡、英国、蒙古国、俄罗斯、罗马尼亚、塔吉克斯坦、美国、波兰、保加利亚、匈牙利等国家。

2014 年，俄罗斯东欧中亚研究所出访 23 批 35 人次。

① 2014 年 2 月 1 ~ 8 日，俄罗斯东欧中亚研究所所长李永全应邀赴俄罗斯参加学术会议。

② 2014 年 5 月 29 日至 6 月 3 日，俄罗斯东欧中亚研究所所长李永全应邀赴俄罗斯参加“中

亚形势国际会议”和“中俄关系”著作发行仪式。

③ 2014 年 6 月 24 日至 7 月 2 日，俄罗斯东欧中亚研究所所长李永全等参加中国国际问题研究基金会《外国友人看中国》文集项目组出访外高加索三国。

④ 2014 年 6 月 16 ～ 22 日，俄罗斯东欧中亚研究所党委书记李进峰等赴俄罗斯参加俄罗斯科学院远东研究所举行的国际会议。

⑤ 2014 年 7 月 15 ～ 30 日，俄罗斯东欧中亚研究所朱晓中应国务院欧亚社会发展研究中心欧亚社会发展所邀请，赴克罗地亚、罗马尼亚和土耳其进行学术访问和交流。

（2）来访情况

2014 年，俄罗斯东欧中亚研究所共与 3 个境外研究机构签署合作协议，建立了科研学术合作关系，同时与 1 个外方单位续签合作协议。

① 2014 年 1 月 22 日，俄罗斯东欧中亚研究所党委书记李进峰与阿塞拜疆总统战略研究中心主任法尔哈德·马梅多夫会谈，并签署《合作备忘录》。

② 2014 年 2 月 21 日，俄罗斯东欧中亚研究所党委书记李进峰与哈萨克斯坦科学教育部东方学研究所签署《中国社会科学院俄罗斯东欧中亚研究所与哈萨克斯坦共和国教育科学部 Р.Б. 苏列伊梅诺夫东方学研究所合作备忘录》。

③ 2014 年 10 月 24 日，俄罗斯东欧中亚研究所所长李永全与哈萨克斯坦创新经济研究所签署《学术合作备忘录》。

（3）国际会议

2014 年，俄罗斯东欧中亚研究所共召开了 5 次国际会议。

① 2014 年 2 月 25 日，由中国社会科学院国际合作局和塔吉克斯坦驻华使馆主办、俄罗斯东欧中亚研究所承办的“庆祝中塔首次高层会晤 20 周年——中塔关系：历史、现状和前景”会议在北京召开。会议研讨的主要问题有“中塔关系”“中塔在政治、经济和人文领域中的合作”“中塔关系的未来发展前景”等。

② 2014 年 5 月 6 日，俄罗斯东欧中亚研究所与阿塞拜疆驻华使馆共同举办“中国与阿塞拜疆：历史、现状与未来——纪念阿塞拜疆人民领袖阿利耶夫诞辰 90 年研讨会”，同时举办了“阿利耶夫图片展”。

③ 2014 年 5 月 8 日，俄罗斯东欧中亚研究所与乌兹别克斯坦世界经济与外交大学共同举办“中国与乌兹别克斯坦：历史、现状与未来”研讨会。

④ 2014 年 6 月 19 日，俄罗斯东欧中亚研究所与哈萨克斯坦驻华使馆共同举办“哈萨克斯坦 2050 战略及中哈关系”研讨会。

⑤ 2014 年 10 月 23 ～ 24 日，举办“中国社会科学论坛·中亚论坛”。来自哈萨克斯坦、吉尔吉斯斯坦、乌兹别克斯坦、塔吉克斯坦的学者和国内相关专家学者参加了会议。会议研讨的主要问题有“中国与中亚国家关系”“中亚安全形势”“上海合作组织”“丝绸之路经济带”等。

（四）学术社团、期刊

1.社团

中国俄罗斯东欧中亚学会，会长李静杰。

① 2014 年 9 月 21 ~ 22 日，由中国俄罗斯东欧中亚学会与中俄人文合作协同创新中心、黑龙江大学俄语学院、黑龙江大学俄罗斯研究院联合举办的首届当代俄罗斯学“俄罗斯与中国：文明对话”国际学术会议在黑龙江省哈尔滨市召开。来自中国社会科学院俄罗斯东欧中亚研究所、国务院发展研究中心欧亚社会发展研究所、清华大学欧亚战略研究中心、新华社世界问题研究中心、现代国际关系研究院俄罗斯东欧中亚研究所、军事科学院世界军事研究部、华东师范大学国际关系与地区发展研究院俄罗斯研究中心、辽宁大学转型国家经济政治研究中心等单位的 50 余位学者参加了会议。会议研讨的主要问题有“俄罗斯学的发展”“中俄关系发展的机遇”等。

② 2014 年 12 月 10 日，中国俄罗斯东欧中亚学会与俄罗斯东欧中亚研究所在北京联合举办“俄罗斯东欧中亚与世界高层论坛”。来自全国各地的 165 名代表参加了会议。

2.期刊

（1）《俄罗斯东欧中亚研究》（双月刊），主编李永全。

2014 年，《俄罗斯东欧中亚研究》刊载的有代表性的文章有：许华的《政治领袖与当代俄罗斯国家形象》，孟祥娟的《俄罗斯著作专有权理论及对我国的启示》，冯玉军等的《2013 年俄罗斯战略形势评估》，朱晓中的《中东欧国家转型和资本主义类型》，戴艳梅的《苏联时期反恐机制研究》，姜振军、齐冰的《俄罗斯国家信息安全面临的威胁及其保障措施分析》，许桂敏的《俄罗斯劳动改造立法及其对我国的启示》，张弘的《独联体经济一体化中的认同困境》，姜琍的《民族心理与民族联邦制国家的解体——以捷克斯洛伐克联邦为例》，耿玉娟的《独联体国家检察制度比较研究》，姜昱子的《俄罗斯国家与非政府组织间的法律互动》，刘聪颖的《俄罗斯民族意识：历史与现状》，强晓云的《人文合作与“丝绸之路经济带”建设——以俄罗斯、中亚为案例的研究》，吴宏伟、张昊的《部落传统与哈萨克斯坦当代社会》，刘洪岩的《多元文化体制下的俄罗斯法律文化的发展问题》，刘华芹的《深化上海合作组织区域经济合作的构想》，高际香的《俄罗斯城市化与城市发展》，富景筠的《俄白哈关税同盟的历史演进、动因及前景——基于区域内贸易特点的视角》，李春波的《新时期我国对俄贸易出口商品结构优化研究》，李振福、马书孟、汤晓雯、李贺的《大北极交通运输网络演进趋势研究》，陈小沁的《俄罗斯能源政策及相关热点问题评析》，杨雷的《中俄大客机产业合作的现状及发展趋势》，高晓慧的《中俄贸易额在各自国家对外贸易中的贡献分析》，童伟、庄岩的《俄罗斯政府公开的发展与演变——基于预算公开的角度》，郭力的《俄罗斯东部开发中生产要素贡献率测度分析》，郭连成的《俄罗斯东部开发新战略与中俄区域经济合作的进展评析》，赵国、宋晓光的《中俄科技合作的系统动力学研究》，曲文轶、娄春杰的《俄罗斯中产阶级在经济增长中的作用》，于小琴的《试析俄远东的投资吸引力及中资特点》，黄登学的《普京新任期俄罗斯外交战略析论》，陈新明的《俄罗斯与欧盟国家的现代化伙伴关系》，李静杰的《中俄战略协作和中美俄“三角关系”》，匡增军的《俄罗斯与邻国的大陆架外部界限问题及其应对》，郭金月的《俄罗斯与美国的亚太“再平衡”战略》，张盛发的《俄罗斯和德国在历史反思问题上的分歧与争论》，沈莉华的《1932 ~ 1933年乌克兰饥荒评析》。

（2）《欧亚经济》（双月刊），主编高晓慧。

2014 年，《欧亚经济》刊载的有代表性的文章有：李建民的《俄、哈、乌、吉、塔五国公共投资市场准入法律体系比较研究》，徐坡岭、陈旭的《中东欧国家 2008 年资本骤停的原因及对中国的启示》，陆南泉等的《俄罗斯经济是否患有“荷兰病”》，王志远的《农村土地流转：中国与俄罗斯的差异与共性》，王海运等的《“丝绸之路经济带”构想的背景、潜在挑战和未来走势》，朱晓中的《近年来俄罗斯与中东欧国家的能源合作》，徐刚的《西巴尔干国家社会福利制度转型评析》，鲍宏铮的《欧盟的财政压力与乌克兰“入盟”前景》，程亦军的《后危机时期的俄罗斯经济形势》，孙鹤鸣的《俄罗斯天然气工业在国民经济中的作用与前景》，王忠福、冯艳红的《俄罗斯转型以来科技进步的经济增长效应》，欧阳向英的《俄罗斯创新战略的目标和效果》，于娟的《俄罗斯国家创新战略中的金融支持》，高道明、王桦、田志宏的《俄罗斯加入 WTO 的农业承诺及其影响》，熊建军的《俄罗斯知识产权文化与法律保护》，徐向梅的《俄罗斯天然气领域状况及各大公司的市场竞争》，张俊勇、张玉梅的《俄罗斯国家铁路人力资源管理的转型及启示》，郭晓琼的《中俄经贸合作的新进展及提升路径》，张聪明的《外汇储备：中俄两国的共性与差异》，朱红根的《乌克兰会计制度转型》，汤中超的《乌克兰能源独立的战略构想与实施》，张宁的《哈萨克斯坦的粮食安全现状》，刘文翠、杨锦平的《中国对哈萨克斯坦直接投资现状与问题解析》，赵常庆的《评中国与中亚国家的经济关系》，张永明、闫海龙、甘昶春的《构建亚欧高速铁路对中国新疆跨越式发展的实践意义》，凌胜利、李粲的《中东欧三国加入欧元区进程及其前景展望》，孙辰文的《拉脱维亚加入欧元区及其面临的挑战》，毕洪业的《俄白联盟的困境及前景》，王四海、孙秀文的《俄越油气合作问题探析》。

（五）会议综述

中国与乌兹别克斯坦社会治理经验比较国际研讨会

2014 年 7 月 9 日，由中国社会科学院与乌兹别克斯坦驻华使馆主办、中国社会科学院俄罗斯东欧中亚研究所承办的“中国与乌兹别克斯坦社会治理经验比较国际研讨会”在北京举行。中国社会科学院党组成员、秘书长高翔，乌兹别克斯坦总统国家管理学院院长阿布杜瓦希多夫，乌兹别克斯坦驻华大使库尔班诺夫，以及来自中乌有关机构的专家学者 50 多人参加会议。

高翔在致辞中说，乌兹别克斯坦独立23年来，在卡里莫夫总统的正确领导下克服重重困难，在政治、经济、社会、文化等各个领域都取得了显著的成就。当今，乌兹别克斯坦是中亚，也是全球经济增长速度最快的国家之一。中乌两国的友好交往源远流长。中国是最早承认乌兹别克斯坦独立的国家之一。两国建交以来，政治互信不断加强，高层互访日益密切，在重大国际与地区问题上保持着积极沟通和协调，共同捍卫地区稳定与和平、维护两国人民的根本利益。在经济领域，两国双边贸易额快速增长，经济合作水平不断提升。2013年，中国国家主席习近平提出了建设“丝绸之路经济带”的构想，复兴丝绸之路将为中乌两国深化互利合作、实现共同繁荣提供更多新的机遇。

高翔指出，推进和完善社会建设与治理是实现国家发展和人民福祉的重要保障，也是中乌应当加强相互了解、互学互鉴的重要领域。乌兹别克斯坦人民创造性地把现代民主政治原则与本国民族特点和实际相结合，赋予“玛哈拉”这种基层民间组织以新的功能和活力。“玛哈拉”在乌兹别克斯坦的社会治理中发挥着重要作用，也是乌兹别克斯坦建设具有本国特色民主政治的重要探索。希望通过此次研讨会，全面深入地了解“玛哈拉”，学习借鉴其成功经验。同时希望中乌学者增进友谊与合作，共同为促进两国战略伙伴关系的发展作出新的更大贡献。

乌兹别克斯坦总统国家管理学院院长阿布杜瓦希多夫表示，乌兹别克斯坦一直努力探索适合自身国情的发展道路，“玛哈拉”是乌兹别克斯坦在社会治理方面形成的独到经验。在这个体系中，人们相互帮助，完成社会的自我管理，有利于实现国家稳定。乌兹别克斯坦政府非常重视发挥“玛哈拉”在社会治理中的重要作用。目前，国家授权赋予了“玛哈拉”30多项职能，包括发放社会补助、调解家庭纠纷等。未来，国家还将制定相关法律，授予“玛哈拉”更多的权力，推进社会治理的创新。

乌兹别克斯坦通过“玛哈拉”实现社会治理创新的经验，受到中国学者关注。与会专家表示，加强基层管理，实现基层管理现代化，是每个处在转型期的发展中国家面临的重要任务。中国改革开放30多年来，社会经济状况、社会心理和社会需求都发生很大变化，在社会治理创新方面，迫切需要借鉴其他国家的有益经验。乌兹别克斯坦独立23年来，坚持推进政治和法治领域的改革，注重保护弱势群体利益，使社会由乱到治。全球金融危机爆发后，乌政府采取的一系列反危机措施也卓有成效。如今，当世界许多发展中国家经济增速开始放缓，乌兹别克斯坦仍然保持着8%以上的经济增速，这种发展的“奇迹”对中国具有启发意义。

（冯育民）

第二届“中国—中东欧论坛”

2014年10月16～17日，由中国社会科学院主办、俄罗斯东欧中亚研究所承办的第二届“中国—中东欧论坛”在北京举行。来自中国和中东欧国家的专家学者、部分中东欧国家的驻华使节共80余人参加了论坛。与会人员就“欧盟东扩10周年”“中东欧转型25周年”“近年来中国与中东欧国家关系”等专题进行了讨论。

来自中东欧国家的三位学者主要讨论了中欧四国(即维谢格拉德集团四国)入盟后的问题。匈牙利著名政治学家、考文纽斯大学教授阿格·阿提拉认为，虽然与西欧国家还存在差距，但入盟后的中欧国家无论在政治、经济以及国际地位上都有显著的提升。今后，危机对于中东欧国家来说或许是一个常态。斯洛伐克科学院政治学所研究员尤拉依·马鲁夏克认为，维谢格拉德集团的成立和发展不仅为这些国家顺利加入欧盟加分，在地区事务以及帮助巴尔干国家入盟问题上也起到了积极的作用。斯洛伐克科学院政治学所研究员弗拉基米尔·戈涅茨以捷克和斯洛伐克为例，探讨了“中欧重建”和“回归欧洲”问题。

在中方学者的讨论中，既有对整个区域进行的论证，也有对巴尔干所作的分析，还有对波兰进行的国别探讨以及从能源视角的分析，更有对乌克兰危机产生影响的剖析。国务院发展研究中心欧亚社会发展研究所研究员周东耀专门讨论了乌克兰危机对中东欧经济复苏的影响。他认为，尽管中东欧国家在西方和俄罗斯的制裁与反制裁中两面受夹，但中东欧国家经济的发展趋向最终还将取决于欧盟的总体发展，以及西方和俄罗斯之间在乌克兰等问题上的博弈结果。

在中东欧国家转型议题上，存在地区和国别两个层面。在地区层面，国内外学者们主要就转型的理论、宏观特征、经济转型、政治转型以及民族问题进行了讨论。其中，斯洛伐克前总理、泛欧大学教授扬·恰尔诺古尔斯基对中东欧国家转型25周年的经验与教训进行了总体分析。在国别案例的讨论中，基本每个中东欧国家的学者都有涉猎，多从各国的特殊性来切入，特别是捷克和斯洛伐克的转型受到了与会者较大的关注。

与会者对中国与中东欧国家的关系发展和未来极为关注，大家都看好当前的合作态势及其发展前景。中共中央对外联络部六局局长赵磊以丝绸之路经济带建设为背景，讨论了中国与中东欧合作及党际交往发挥的作用。罗马尼亚科学院世界经济研究所研究员尤利娅·莫妮卡·奥尔勒—辛卡伊认为，中国与中东欧关系能否稳定发展不仅取决于双方，而且还深受中国与欧盟、西欧大国关系的制约。

（冯育民）

欧洲研究所

（一）人员、机构等基本情况

1.人员

截至2014年年底，欧洲研究所共有在职人员51人。其中，正高级职称人员13人，副高级职称人员11人，中级职称人员16人；高、中级职称人员占全体在职人员总数的78%。

2. 机构

欧洲研究所设有：经济研究室、欧盟法研究室、社会文化研究室、欧洲政治研究室、科技政策研究室、中东欧研究室、国际关系研究室、《欧洲研究》编辑部、图资信息室、办公室。

3. 科研中心

中国欧洲学会秘书处挂靠在欧洲研究所。

（二）科研工作

1. 科研成果统计

2014 年，欧洲研究所共完成专著 5 种，共 159.1 万字；译著 2 种，共 49 万字；论文集 7 种，共 274.6 万字；论文 75 篇，共 64.27 万字。

2. 科研课题

（1）新立项课题。2014 年，欧洲研究所共有新立项课题 5 项。其中，国家社会科学基金课题 2 项："中东欧国家在丝绸之路经济带战略构想中的地位与风险评估"（刘作奎主持），"城市化进程中欧洲国家的社会住房政策研究"（李罡主持）；国情调研课题 1 项："中国西部地区'丝绸之路经济带'建设情况调研"（罗京辉主持）；国情调研基地课题 1 项："从郑州国际物流园区建设看中欧关系的务实发展"（周弘主持）；所重点课题 1 项："欧洲发展蓝皮书(2014～2015)"(周弘主持)。

（2）结项课题。2014 年，欧洲研究所共有结项课题 1 项，即创新工程项目 1 项："欧洲转型与世界格局"（周弘主持）。

3. 创新工程的主要措施和工作安排

（1）欧洲研究所进入创新工程的时间为 2014 年。

（2）2014 年，欧洲研究所参加创新工程的人数为 34 人。

（3）2014 年，欧洲研究所创新工程项目的名称及其首席管理、首席研究员如下：项目名称为"欧洲转型与世界格局"，首席管理为罗京辉、黄平；首席研究员为江时学、周弘、张敏、孔田平、陈新、田德文、李靖堃。

（三）学术交流活动

1. 学术活动

2014 年，欧洲研究所主办和承办的主要学术活动有：

（1）2014 年 8 月 29 日，欧洲研究所举办"中欧大使论坛暨 2013～2014 年欧洲蓝皮书发布会"。20 多位欧洲国家驻华使节和 50 多位国内欧洲问题专家学者出席了活动。

（2）2014 年 9 月 11～12 日，由中国社会科学院主办，中国外交部中国和中东欧国家关系基金协办，欧洲研究所承办的"中国社会科学论坛：中国和中东欧国家关系国际论坛"在北京举行。

(3) 2014 年 10 月 21 日,"欧洲所大使论坛"邀请西班牙驻华大使曼努埃尔·巴伦西亚就"当前西班牙形势和中国与西班牙关系前景展望"问题发表演讲。

(4) 2014 年 10 月 27 日，匈牙利外交与对外经济部部长彼得·西雅尔多（Peter Szijjarto）在中国社会科学院作了题为"欧盟面临的挑战"的主题演讲。来自国内外政界、学界的代表 100 余人参加了演讲会。

(5) 2014 年 11 月 27 ~ 28 日，"2014 中欧文化高峰论坛：迈向后 2015 的可持续世界"在北京举行。论坛的主题是"迈向后 2015 的可持续发展世界"。

(6) 2014 年 12 月 17 日，"欧洲所大使论坛"邀请法国新任驻华大使顾山发表了"建交五十周年之际的中法关系"的主题演讲。

2. 国际与地区学术交流与合作

2014 年，欧洲研究所共派遣出访 48 人次，接待来访 49 人次。与欧洲研究所开展学术交流的国家有英国、德国、美国、法国等。

(1) 2014 年 1 月 7 日，匈牙利战略政策规划部代表团一行来访， Adam Szesztay 博士等与欧洲研究所科研人员进行座谈。座谈的主题是"中欧关系的现状及发展趋势"。

(2) 2014 年 1 月 8 日，比利时布鲁塞尔自由大学 ULB 院长 Jean-Michel de Walele 与欧洲研究所领导进行座谈，就欧洲研究所与自由大学双边合作事宜进行交流。

(3) 2014 年 2 月 13 日，匈牙利总理欧尔班在中国社会科学院发表演讲。

(4) 2014 年 2 月 27 日,匈牙利驻华使馆科技一秘郝淡雅与欧洲研究所科研人员进行座谈。座谈的主要内容为"匈牙利总理欧尔班访华成果""中匈经贸关系发展""中匈科技""文化合作""乌克兰事件对匈牙利的影响""匈牙利春季大选"等。

(5) 2014 年 3 月 17 日，欧洲学院经济系教授 Stefano Micossi，在欧洲研究所就"金融危机之后的欧元区"专题进行演讲。

(6) 2014 年 3 月 27 日，牛津大学教授 Timothy Garton Ash，在欧洲研究所就"欧洲外交政策"专题进行讲座。

(7) 2014 年 4 月 8 日，奥地利前欧盟委员会委员、阿尔巴赫欧洲论坛主席 Franz Fischler 博士，在欧洲研究所就"欧洲经济与欧洲社会模式的未来"专题进行讲座。

(8) 2014 年 4 月 9 日，罗马尼亚国务秘书 Radu Podgorean、大使 Doru Costea 等就"黑海地区和东南欧的挑战与机会：罗马尼亚视角"专题与欧洲研究所科研人员座谈。

(9) 2014 年 4 月 10 日，意大利都灵世界事务研究所副主席 Giovanni Andornino 等来欧洲研究所访问。双方签署合作备忘录。

(10) 2014 年 4 月 23 日,德国阿登纳基金会政治对话和分析部门负责人 Dr. Stefan Friedrich 来欧洲研究所参加主题为"中德对话"的小型研讨会。

(11) 2014 年 4 月 24 日，前任欧盟委员会社会和就业事务委员 Anna Diamantopoulou 来欧洲研究所访问，并就“欧洲一体化与国家主权”专题进行讲座。

（12）2014 年 5 月 13 日，罗马尼亚科学院教授 Emilian M. Dobrescu 等与欧洲研究所科研人员座谈。座谈的主题为“欧洲经济一体化进程、面临的问题和挑战、欧债危机对欧洲经济一体化的影响”。

（13）2014 年 5 月 20 日，罗马尼亚科学院院士兼所长 Lucian Albu 来欧洲研究所访问，并与该所科研人员座谈。座谈的主题为“欧盟联合新趋势：中国融入全球经济体系”。

（14）2014 年 6 月 9 日，波兰投资信息局局长 Majman 等来欧洲研究所访问，并与该所科研人员就“中国与中东欧合作”问题进行座谈。

（15）2014 年 6 月 11 日，英国使馆政务处二等秘书雷石等来欧洲研究所访问，并与该所科研人员就“英国使馆与社科院未来的合作”问题进行座谈。

（16）2014 年 6 月 13 日，西班牙使馆曼努艾尔· 巴伦西亚大使来欧洲研究所访问，并就“加强欧洲所与西班牙驻华使馆之间的合作”等问题与该所科研人员座谈。

（17）2014 年 6 月 20 日，瑞士未来领袖论坛基金会执行主席 Toni Schonenberger 等来欧洲研究所座谈，与该所人员交流对当前经济政治领域一些热点问题的看法。

（18）2014 年 6 月 24 日，新加坡驻华使馆二秘蔡赐祺来欧洲研究所访问，并与该所科研人员座谈。座谈的主题是“李克强总理访欧后的中欧关系”。

（19）2014 年 7 月 4 日，比利时布鲁塞尔欧洲研究所研究员 Duncan Freeman 来欧洲研究所就“中欧关系”问题进行讲座。

（20）2014 年 7 月 9 日，巴黎天主教大学中国研究中心主任、巴黎《中国世界》杂志主编、巴黎汉学家 Emmanuel Lincot来欧洲研究所就“中欧关系”问题进行座谈。

（21）2014 年 7 月 17 日，美国驻华使馆政治、经济处一秘包亚力、二秘戴妮娜来欧洲研究所，与该所科研人员就“李克强总理访欧”事宜进行座谈。

（22）2014 年 8 月 12 日，比利时鲁文大学教授 Ching Lin Pang 来欧洲研究所座谈。座谈的主题是“中国—欧洲—巴西关系”。

（23）2014 年 8 月 21 日，卢森堡外交和欧洲事务部秘书长等来欧洲研究所访问，并与该所科研人员进行座谈。座谈的主题是“当前国际形势及中欧关系”。

（24）2014 年 9 月 16 日，美国当代欧美战略家和战争历史学家爱德华· 鲁特瓦克来欧洲研究所讲座。讲座的主题是“历史视野中的大国战略”。

（25）2014 年 9 月 24 日，德国柏林自由大学国际关系学者托马斯 · 里瑟、坦妮亚 · 博策来欧洲研究所讲座。讲座的主题是“欧盟与金砖国家”。

（26）2014 年 10 月 21 日，西班牙使馆大使巴伦西亚来欧洲研究所讲座。讲座的主题是“西班牙当前政治经济形势与中国与西班牙关系”。

（27）2014 年 10 月 29 日，斯洛文尼亚使馆大使 Marija Adanja、斯洛文尼亚卢布尔雅那大学副校长 Maja Makovec Brencic 等来欧洲研究所访问。

(28) 2014 年 11 月 17 日，欧盟驻华代表团经济与金融处处长梅兰德来欧洲研究所访问，目的是加深了解，促进双方合作。

(29) 2014 年 12 月 23 日，俄罗斯使馆政治处参赞葛金诺、二秘罗高寿来欧洲研究所访问。双方探讨了“中国和中东欧关系现状前景”“中欧合作的领域和潜力”等问题。

（四）学术社团、期刊

1. 社团

中国欧洲学会，会长周弘。

2014 年 9 月，中国欧洲学会秘书长陈新参加中国社会科学院科研局举办的社团负责人培训班。

中国欧洲学会与台湾欧盟研究中心继续开展图书交流，收到台湾提供的图书 2 本，向台湾提供图书 10 本。

中国欧洲学会协助复旦大学欧洲问题研究中心共同举办“第四届海峡两岸欧洲研究研讨会”。

(1) 中国欧洲学会经济研究分会暨欧盟研究分会

2014 年 9 月 13 ～ 14 日，“中国欧洲学会经济研究分会暨欧盟研究分会 2014 年年会”在四川大学举行。来自中国社会科学院、北京大学、中国人民大学、复旦大学、武汉大学、同济大学、华东理工大学、上海社会科学院欧洲研究中心等 20 多所高校和科研院所的 60 多位代表参加会议。会议的主题是“欧盟东扩十年后的欧盟转型以及中欧关系”。

(2) 中国欧洲学会欧洲政治研究分会

2014 年 7 月 28 日，中国欧洲学会欧洲政治研究分会与中国人民大学欧洲研究中心联合在北京举行“纪念中国人民大学欧洲问题研究中心成立 20 周年大会暨新时期中国—欧盟关系国际学术研讨会”。

2014 年 11 月 1 ～ 2 日，中国欧洲学会欧洲政治研究分会、中国社会科学院欧洲研究所创新工程项目“欧洲社会模式调整及其影响”和“欧洲一体化演进进程中的制度变革及其外部影响”课题组与山东大学欧洲研究中心在山东省济南市召开“欧洲社会转型与政治制度变革”学术研讨会暨中国欧洲学会欧洲政治研究分会年会。会议研讨的主要问题有“欧洲民主和政党政治”“欧洲安全与气候政治”“欧洲社会转型”“马克思主义视角下的欧洲文明”等。

(3) 中国欧洲学会欧洲法律分会

2014 年，中国欧洲学会欧洲法律分会编辑出版了该会 2012 年年会论文集《中欧投资与贸易相关法律问题及欧盟法研究》。

2014 年 11 月 21 日，中国欧洲学会欧洲法律分会召开了分会常务理事会，对 2014 年分会的工作进行了总结，并就2015年的工作进行了布署。

2014年11月22日，中国欧洲学会欧洲法律分会在华东政法大学召开了分会年会暨以“中欧投资谈判相关法律问题”为主题的学术研讨会。

（4）中国欧洲学会欧洲一体化史分会

2014年11月9日，中国欧洲学会欧洲一体化史分会副秘书长刘作奎与来访的莱顿大学历史学让莫内讲座教授Richard Griffiths举行座谈。双方就欧洲一体化史研究网站合作开发问题达成合作意向。

（5）中国欧洲学会德国研究分会

2014年6月20～21日，中国欧洲学会德国研究分会第15届年会在山东省青岛市举行，并同时举行了青岛市德国研究会成立大会。会议由青岛市政府及青岛市德国研究会资助并承办。

（6）中国欧洲学会法国研究分会

2014年1月27日，中国欧洲学会法国研究分会与中国国际问题研究院、法国戴高乐基金会合作，在北京举办“中法建交50周年回顾与展望”国际研讨会。法国国民议会议员、前经济财政和工业部长盖马尔（Hervé Gaymard），以及法国戴高乐基金会秘书长福瑟（Marc Fosseux）等先后在开幕式上致辞。

2014年5月14日，中国欧洲学会法国研究分会邀请外交部欧洲司司长、副会长刘海星就“中欧、中法关系形势”问题发表演讲。

2014年10月13日，中国欧洲学会法国研究分会同武汉大学法国研究中心、法语国家研究中心在武汉大学共同举办了“中国、法国和非洲三方合作”论坛。

2014年12月17日，在欧洲研究所和中国欧洲学会法国研究分会的共同邀请下，新任法国驻华大使顾山（Maurice Gourdault-Montagne）到欧洲研究所就“建交50周年之际的中法关系”问题发表演讲。

（7）中国欧洲学会英国研究分会

2014年9月24～26日，中国欧洲学会英国研究分会第八届年会暨“英国形势发展”学术研讨会在长沙理工大学召开。年会由中国欧洲学会英国研究分会、上海外国语大学英国研究中心、北京外国语大学英国研究中心、中国英国史研究会共同主办，长沙市政府、长沙理工大学、湖南省社会科学院国际政治研究所承办。

2014年9月30日至10月6日，中国欧洲学会英国研究分会秘书长江时学研究员、副秘书长李靖堃研究员以及北京外国语大学英国研究中心和上海外国语大学英国研究中心的研究人员赴英国访问，就“中英关系”和“英国未来的欧盟政策”等问题与英国的相关智库以及政府官员进行座谈。

2014年10月24日，由北京外国语大学英国研究中心、南京大学英国与英联邦研究中心、中国欧洲学会英国研究分会主办的“文明、增长、创新：中英关系论坛”在北京外国语大学召开。中国欧洲学会英国研究分会会长、中国原驻英大使马振岗作了题为“新形势呼唤中英关系探索新思维”的主题报告。

（8）中国欧洲学会意大利研究分会

2014年11月21日，中国欧洲学会意大利研究分会举行2014年年会暨中意关系学术研讨会。会议进行了意大利研究分会新一届理事会选举，并围绕中意关系问题进行研讨。

（9）中国欧洲学会中东欧研究分会

2014年3月10～12日，受维谢格拉德基金资助，中国欧洲学会中东欧研究分会理事孔田平、刘作奎在斯洛伐克布拉迪斯拉发经济大学参加题为“中国和维谢格拉德经贸合作：现状与发展”的国际学术研讨会。

2014年4月17日，中国欧洲学会中东欧研究分会的孔田平、陈新、刘作奎等与来访的中东欧国家记者团在中国公共外交协会进行座谈。会谈的主要内容有“中国和中东欧政治关系”“中国中东欧经贸关系”“中国经济形势”等。

2014年5月9～11日，中国欧洲学会中东欧研究分会在北京组织召开了“第四届中国和中东欧国家关系政策论坛”。

2014年6月9日，中国欧洲学会中东欧研究分会的陈新、孔田平、刘作奎等会见了波兰投资和信息局局长马伊曼，并就中国与中东欧合作问题进行了交流。

2014年9月1～3日，中国欧洲学会中东欧研究分会的孔田平、刘作奎赴斯洛文尼亚参加“第二届中国中东欧高级别智库论坛”。

2014年9月11～12日，中国欧洲学会中东欧研究分会参与组织了“中国社会科学论坛：中国和中东欧国家关系国际论坛”。

2014年10月23日，中国欧洲学会中东欧研究分会接待斯洛文尼亚卢布尔雅那大学访华团。双方进行了交流和座谈，并达成了智库合作意向。

2014年10月27日，中国欧洲学会中东欧研究分会参与匈牙利外交与经济部长彼得·西雅尔多来中国社会科学院演讲的筹备与组织工作，并向匈牙利外长提问了有关中东欧方面的问题。

2．期刊

《欧洲研究》（双月刊），主编黄平。

2014年，《欧洲研究》共出版6期，共计140万字。该刊全年刊载的有代表性的文章有：黄平等的《乌克兰危机对欧洲的影响》，唐世平的《“安全困境”和族群冲突——迈向一个动态和整合的族群冲突理论》，郑春荣的《德国外交政策的新动向》，丁纯、李君扬的《试析欧债危机中德国经济社会的表现——兼议德国模式的作用及其前景》，余南平的《后金融危机时期欧美经济复苏差异比较——以金融结构为视角》。

（五）会议综述

“中法建交50周年回顾与展望”国际研讨会

2014 年 1 月 27 日，由中国欧洲学会法国研究分会与中国国际问题研究所、法国戴高乐基金会联合主办的“中法建交 50 周年回顾与展望”国际研讨会在北京举办。法国研究分会会长、中国国际问题研究所所长曲星，法国国民议会议员、前经济财政和工业部长盖马尔以及法国戴高乐基金会秘书长福瑟等先后在开幕式上致辞。

外交部副部长程国平以“中法全面战略伙伴关系发展历程”为题发表演讲。他指出，50 年前，毛泽东主席和戴高乐将军作出中法建交的重要决定，对世界格局产生了深远影响。半个世纪以来，中法关系的发展也经历过曲折，但经过双方共同努力，两国关系已成为拥有不同社会制度、不同发展道路的国家之间合作的典范，并希望双方不断加强政治互信，使中法关系继续走在中欧关系前列。

前法国驻华大使、谢阁兰基金会会长毛磊，法国研究分会会长、中国国际问题研究所所长曲星，以及法国伯纳德控制设备集团副总裁伯涛、商务部欧洲司副司长马社和法国欧瑞泽投资集团大中华区总裁陈永岚等分别就中法两国政治关系、经济合作等议题发表演讲。

参加研讨会的人员共计 200 余人，其中包括来自法国政界、企业界、学界的戴高乐基金会代表团成员 120 余人、中国学界的学者 60 余人，法国企业在华合作伙伴代表 40 余人。法国研究分会秘书长王立强全程主持了研讨会。

（科研处）

“中国社会科学论坛：中国和中东欧国家关系”国际论坛

2014 年 9 月 11 ~ 12 日，由中国社会科学院主办，中国外交部中国和中东欧国家关系基金会协办，中国社会科学院欧洲研究所承办的“中国社会科学论坛：中国和中东欧国家关系国际论坛”在北京召开。中国社会科学院欧洲研究所所长黄平致开幕词。商务部国际贸易经济合作研究院党委书记、副院长任洪斌和捷克国际问题研究所高级研究员福斯特分别代表中外双方发表了主旨演讲。

匈牙利、波兰、罗马尼亚、克罗地亚、斯洛文尼亚、斯洛伐克、波黑等国驻华大使以及捷克大使馆代表参加了会议，并就中国与中东欧国家关系、中国与有关国家的合作情况等专题作了主题演讲。来自欧盟驻华代表团、德国大使馆、俄罗斯大使馆、立陶宛大使馆的代表也参加了会议，并与中东欧国家大使、国内外智库学者就相关话题进行了交流和讨论。波兰信息与外国投资局局长马伊曼出席会议，就中波经贸关系以及中国中东欧经贸关系作了发言。中国外交部、商务部等部门也派代表参加了会议。

论坛特别邀请了匈牙利国际事务研究所、捷克国际关系研究所、波兰国际事务研究所、波兰罗兹大学、斯洛伐克跨大西洋委员会等中东欧国家智库机构的学者出席论坛。来自北京大学、外交学院、北京外国语大学、中国国际问题研究院、上海国际问题研究院、中国国际广播电台、上海对外经贸大学以及匈牙利安托尔知识中心等国内外高校、科研单位的学者专家、媒体机构代表也参加了论坛。国内外学者、专家在会上就中国与中东欧国家，特别是中国与维谢格拉德集团之间的政治、经贸、人文交流等方面进行了深入探讨，认为双边关系总体看来发展势头良好，前景乐观，同时也分析了当前双边关系发展中存在的障碍以及贸易不平衡等实际问题。

（科研处）

“欧洲所大使论坛——当前西班牙形势和中国与西班牙关系前景展望”演讲会

2014 年 10 月 21 日，应中国社会科学院西班牙研究中心和欧洲研究所的邀请，西班牙驻华大使曼努埃尔・巴伦西亚在中国社会科学院欧洲研究所作了题为“当前西班牙形势和中国与西班牙关系前景展望”的演讲。这次演讲正值西班牙首相拉霍伊刚刚圆满完成首次正式访华之际，这对于加强中国与西班牙关系和增进双边了解具有重要意义。

演讲会正式开始之际，巴伦西亚大使首先指出，非常荣幸能够有机会在中国社会科学院这样具有国际影响力和国内决策影响力的国家级学术殿堂和世界知名智库作专题演讲，这必将有助于推动中国与西班牙学术机构和智库之间进一步的合作与交往。

在谈到当前西班牙经济形势时，巴伦西亚大使认为应持乐观又谨慎的态度。从一些国际机构的最新的经济预测数据看，当前西班牙经济似乎已经走出危机，出现复苏和增长迹象，多数分析家认为西班牙经济复苏程度快于预期，增长强劲程度也高于预期，预计 2015 年西班牙是欧元区国家经济增长最为强劲的国家，甚至好于德国，在欧盟国家中仅次于英国，排名第二。巴伦西亚大使认为，应对西班牙经济发展中面临的风险和挑战给予足够的重视。这是因为，一是西班牙依然面临严峻的高失业问题。西班牙房地产泡沫破裂造成的影响至今仍未消除，建筑业不景气和服务业疲软是造成失业问题长期僵化的主要原因。与此同时，西班牙应对危机的举措也取得了一定的成效，新增就业岗位形势好于危机之前，增幅达到了 15%，出现了自危机以来新的就业岗位的净增长。二是国际形势尤其是欧洲形势面临不确定因素，欧洲增长依然乏力，复苏缓慢。西班牙作为欧盟成员国，欧洲变化不定的经济前景，必将对西班牙经济复苏产生不利影响。

巴伦西亚大使认为，加强经贸合作是中国与西班牙双边关系中的重要部分。中国在世界经济中的分量持续上升，以及 2014 年 9 月 24 ～ 27 日西班牙首相拉霍伊首次正式访华，将有利于中国与西班牙两国双边关系的全面提升。访华期间，中国与西班牙签署了一揽子经济、科技合作协议。这不仅体现了两国政府具有进一步加深经贸合作的意愿，也表明经受了国际金融危机和欧债危机的考验，中国与西班牙在各领域的关系变得紧密和务实，双边政治互信日益增强。

在谈到如何加深和发展中国与西班牙双边关系和两国在国际上的合作时，巴伦西亚大使认为，中国与西班牙在地理上相距遥远，但这种地域上的距离并不是阻碍两国关系深入发展的障碍，但是，中国与西班牙相互认知上还明显存在不足，应通过多方合作和宣传，加深双边之间的了解和沟通。一些人认为西班牙遭受危机冲击的原因之一是西班牙技术和创新能力较弱，其实，人们对西班牙在世界上的技术领先地位还认识不足，西班牙在航空材料、新能源材料和技术、汽车制造业、银行业等方面拥有世界领先的企业和机构。由于西班牙地处地中海世界，与拉美国家具有特殊关系，西班牙愿意为中国与地中海国家和中国与拉美国家加强合作发挥积极作用。

演讲会内容生动、分析视角独特，为中国社会科学院西班牙研究中心和欧洲研究所与西班牙驻华使馆之间未来开展各种合作奠定了良好基础，开创了新的局面。

（科研处）

2014中欧文化高峰论坛：迈向后2015的可持续世界

2014 年 11 月 27 ~ 28 日，由中国世界政治研究会、欧盟发展与合作总司、中国社会科学院欧洲研究所等单位联合举办的“2014 中欧文化高峰论坛：迈向后 2015 的可持续世界”在北京举行。

欧盟委员会国际合作与发展委员内文·米米察表示，中国在很多领域都提前实现了联合国千年发展的目标，对全世界的可持续发展做出了贡献。内文·米米察提醒说，目前全球仍有 12 亿人口仍然处于极度贫困中，还有 8 亿人仍然忍受饥饿，7 亿多人还没有安全的饮用水，这些都是各方需要携手面对的挑战。

中国社会科学院院长王伟光在论坛上致辞，他指出，中欧高峰论坛从创办以来，已经为中欧之间的人文交流、平等对话作出了自己独有的贡献。他表示，迈向后 2015 年可持续的世界这一主题无论是对中国还是欧洲，都有很强的现实意义和针对性。

王伟光表示，学无止境、思无尽头，跨文化交流的意义，其实就是要取人之长、补己之短，一方面继承和发扬自己的优秀传统和思想文化资源，另一方面是通过超越傲慢的交流，实现真正的平等和互惠。

论坛上，意大利前总理莱塔、欧洲国际跨文化研究院院长阿兰李比雄、中国社会科学院副院长蔡昉以及来自北京、兰州等地的官员共聚一堂，围绕着经济、社会、环境的可持续性、中欧新型城镇化道路、清洁能源等问题进行了交流。

论坛还首度在中欧文化高峰论坛这一平台上为中欧的地方政府与企业搭建了对话平台，围绕着“中欧新型城镇化道路的借鉴与比较”“中欧环保与生态技术合作”等主题开展了中欧市长圆桌对话等活动。

论坛期间，国务院副总理刘延东在中南海紫光阁会见了出席该论坛的欧盟委员会国际合作与发展委员内文·米米察等中欧主要与会者。中国社会科学院原院长、全国政协原副主席陈奎元等出席了闭幕式。

（科研处）

西亚非洲研究所

（一）人员、机构等基本情况

1.人员

截至2014年年底，西亚非洲研究所共有在职人员55人。其中，正高级职称人员12人，副高级职称人员17人，中级职称人员11人；高、中级职称人员占全体在职人员总数的73%。

2.机构

西亚非洲研究所设有：中东研究室、非洲研究室、国际关系研究室、社会文化研究室、《西亚非洲》编辑室、信息室、办公室、科研处、人事处。

3.科研中心

西亚非洲研究所院属科研中心有：海湾研究中心；所属科研中心有：南非研究中心。

（二）科研工作

1.科研成果统计

2014年，西亚非洲研究所共完成专著4种，约131.6万字；论文48篇；外文期刊论文10篇，研究报告43篇。

2.科研课题

2014年，西亚非洲研究所共有创新工程项目8个：“中国对中东战略和大国与中东关系研究”“中东热点问题与我国应对之策研究”“中东国家与中国经贸及能源关系研究”“中国对非关系的国际战略研究”“中国对非洲投资战略研究”“中国与西亚非洲国家关系的国际舆情研究”“中国在非洲的‘软实力’研究”和“《西亚非洲》学术期刊”。全所80%的人员进入创新工程。此外，西亚非洲研究所还承担了马克思主义理论研究与建设工程项目“马克思主义与西亚非洲国家的发展道路研究”、中东发展报告项目和非洲发展报告项目。

2014年，西亚非洲研究所共完成结项课题10项。其中，交办课题5项：“话语权建设：早期中国对非外交的经验与启示”（贺文萍主持），“中国局势及我国对策”（杨光主持）等；外交部招标的“中非联合研究交流计划”课题2项：“授之以渔：中资企业在非洲技术转移问题调研”

（杨光主持），“日本在非洲影响力评估”（张永蓬主持）；所级课题3项：“中非利用外资比较研究”（朴英姬主持），“列国志·毛里求斯、科摩罗和塞舌尔”（赵儒林主持），“西亚非洲大事记”（王超主持）。

3.获奖优秀科研成果

2014年，西亚非洲研究所获院优秀科研成果奖专著类二等奖1项：张宏明的专著《非洲近代思想经纬》；入选院2014年创新工程重大科研成果1项：张宏明的研究报告《中国在非洲的国际处境及其演化趋势》。

（三）学术交流活动

出访

2014年，西亚非洲研究所共派遣出访24批33人次。出访的国家包括美国、英国、日本、荷兰、意大利、瑞士、德国、澳大利亚、黎巴嫩、以色列、埃及、摩洛哥、阿尔及利亚、南非、马达加斯加、毛里求斯、肯尼亚、埃塞俄比亚等。

（1）2014年5月，西亚非洲研究所研究员李智彪赴苏丹参加主题为“减贫共同行动”的“第三届中国与非洲人民论坛”会议并做题为“中国的经济转型对非洲减贫的机遇”的大会发言。

（2）2014年11月，西亚非洲研究所所长杨光赴澳大利亚参加“亚太论坛”并就亚太国家的能源关系发表演讲。

（3）2014年12月，西亚非洲研究所唐志超等赴日本参加亚洲中东学会联合会第10次会议。

来访

2014年，西亚非洲研究所共接待驻华使馆官员及国外学者来访约26批82人次。其中包括来自加拿大、德国、英国、欧盟、俄罗斯、土耳其、南非、尼日尔、伊朗、约旦、突尼斯、以色列、韩国等国的学者到西亚非洲研究所进行学术交流。

（1）2014年4月，“中非新闻交流中心”非洲记者团到西亚非洲研究所就中非关系问题与该所学者进行交流。

（2）2014年6月，约旦前首相马贾利到西亚非洲研究所就中东地区形势与该所学者进行座谈。

（3）2014年9月，以土耳其前外长、战略研究中心名誉主席亚夏尔·亚克什为团长的土耳其智库专家团一行到西亚非洲研究所进行学术交流，就中东热点问题、土耳其新政府的内外政策、中土关系与丝绸之路经济带建设等议题与该所学者进行了深入交流。

（4）2014年9月，英国中东学会前会长尼布罗克和牛津大学中东研究中心主任埃利斯到西亚非所访问，就中东局势和当前热点问题与该所学者举行座谈。

（5）2014年12月，由外交部邀请的来自约旦、埃及、黎巴嫩、科威特阿拉伯四国专家学者团一行到西亚非所就加强中阿智库交流、中东地区形势及热点问题与该所学者进行座谈。

学术会议

(1) 2014 年 6 月，西亚非洲研究所与国际合作局联合举办“中东安全形势现状与前景”国际学术研讨会，会议规模 40 人，以俄罗斯东方研究所所长纳乌姆金为团长的俄罗斯专家学者 5 人出席会议。

(2)2014 年 10 月,西亚非洲研究所与院国际合作局联合举办中国社会科学论坛(2014 年·国际问题）国际研讨会。论坛的主题是“迈向新的十年：中阿合作论坛框架下的中阿关系”。会议由中国社会科学院海湾研究中心协办。突尼斯驻华大使、叙利亚驻华公使、前伊拉克驻联合国大使、黎巴嫩贝鲁特“冲突论坛”主席等国外代表应邀参会。

(3) 2014 年 12 月，西亚非洲研究所与院国际合作局联合举办“第三届中国与土耳其关系国际学术研讨会”。会议规模 40 人、会议的主题是“中国与土耳其的‘百年愿景’与战略合作”。土耳其战略研究中心 6 位专家学者与会。

（四）学术社团、期刊

1.社团

中国中东学会，会长杨光。

(1)2014 年 5 月 30 日,中东问题高层研讨会在浙江省绍兴市举办。研讨会由中国中东学会、上海社科院西亚北非研究中心、中共绍兴市委党校、上海市世界史学会共同举办。会议研讨的主要问题有“中东热点问题发展态势”“乌克兰危机对中东的影响”“中东宗教极端主义对中国的影响”。

(2) 2014 年 6 月 21 日，“以色列研究暨中东热点问题高层论坛”在河南大学举行，论坛由中国中东学会、河南大学历史文化学院、河南大学犹太研究所、河南大学国际问题研究所共同举办。论坛的主题是“以色列研究”和“中东热点问题”。

(3) 2014 年 11 月 8 ～ 9 日，“中国中东学会 2014 年年会暨中东研究所成立五十周年学术研讨会”在西北大学举行。会议由中国中东学会与西北大学中东研究所联合举办。会议研讨的主要问题有“中东政治与社会转型”“中东伊斯兰主义运动”“中东变局与中国外交”和“阿富汗问题与中东宗教、社会变迁”。

2.期刊

《西亚非洲》(双月刊)，主编杨光。

2014 年,《西亚非洲》全年共出版 6 期,共计 160 万字。该刊全年刊载的有代表性的文章有：张宏明的《如何辩证地看待中国在非洲的国际处境——兼论中国何以在大国在非洲新一轮竞争中赢得“战略主动”》，朱伟东的《南非〈投资促进与保护法案〉评析》，王凤的《阿富汗总统大选及其政治发展态势研判》，贺文萍的《多样非洲：2013 年非洲政治、安全与经济发展》，唐志超的《中东新秩序的构建与中国作用》，陈沫的《从苏丹和沙特阿拉伯研究案例透析中国石油企业的国际化经营》，安春英的《中国在非企业社会责任案例研究——以赞中经贸合作区为例》，刘中伟的《冷战结束以来德国对非战略的演变与新走势》和《美国与非洲关系：军事的纬度》，徐国庆的《俄罗斯对非洲政策探析》，王建的《中东地缘政治格局变化与中阿经贸发展长远战略》，李文刚的《伊斯兰教与肯尼亚政治变迁》，姜英梅的《伊斯兰金融全球化发展及其在中国的发展前景》，王金岩的《利比亚战后政治重建诸问题探究》，姚桂梅的《非洲经济发展的理论与反思：阿明的依附论》，朴英姬的《跨国公司和非洲国家的利益博弈：冲突与合作》，陆瑾的《试析鲁哈尼"重振经济"的路径和制约——兼议哈梅内伊的"抵抗型经济政策"》，姜明新的《土耳其经济政策从自由主义到国家主义的演变》，仝菲的《阿联酋经济发展战略浅析》。

（五）会议综述

"中东安全形势现状与前景"国际学术研讨会

2014年6月4日，"中东安全形势现状与前景"国际学术研讨会在北京召开。会议由中国社会科学院国际合作局、西亚非洲研究所联合举办。来自中国社会科学院西亚非洲研究所、俄罗斯科学院东方研究所、中国国际问题研究所、中国外交部、现代国际关系研究院的40多位专家学者参加了会议。

中国社会科学院西亚非洲研究所所长杨光研究员主持开幕式并致开幕词。中国外交部原副部长杨福昌大使、俄罗斯东方研究所所长纳乌姆金先生分别在开幕式上讲话。杨光指出，我国和俄罗斯讨论这样一个问题非常及时。杨福昌对中东安全问题发表了自己的看法。俄罗斯代表团团长作了主旨发言，他认为中俄两国遇到了一个共同的关于安全的难题，中俄应一起采取共同行动。

中俄学者就中东热点问题进行讨论。俄罗斯科学院库兹涅佐夫就政治转型条件下的马格里布国家安全问题发表了自己的观点。他认为，美国为了保持在中东的主导地位调整了对伊朗的政策，伊朗核问题是美长期关注的一个利益问题。俄罗斯科学东方研究所萨拉比耶夫就叙利亚冲突对黎巴嫩局势的影响作了主题发言。他认为，中俄两国在合作当中反对霸权主义是非常重要的一个内容。中国社会科学院西亚非洲研究所国际关系室副主任王凤研究员就阿富汗大选与美阿关系作了主题发言。她认为，尽管大选尚未结束，但美国退出阿富汗是大势所趋。中国外交部安惠侯大使就叙利亚危机问题发表了几点看法。他认为，叙利亚危机拖下去会成为常态化的趋势。此外俄罗斯科学院东方研究所波波夫及中国外交部大使王世杰也分别就"阿拉伯之春"中的伊斯兰教因素和巴以和平面临的困难及中国的政策等问题作了主题发言。与会学者就美伊关系、美军撤兵阿富汗问题进行了研讨。

围绕"大国与中东关系"这个主题，俄罗斯科学院东方研究所兹瓦格里斯卡娅女士就俄罗斯、美国在中东的政策发表了来自莫斯科方面的观点和看法。西亚非洲研究所王建副研究员就美在中东战略收缩和俄罗斯重返中东问题发表了自己的观点和意见。西亚非洲研究所余国庆副研究员就欧盟在中东变局中的政策选择问题做出了自己的分析。现代国际关系研究院副院长李绍先研究员就中国和俄罗斯在中东的合作问题提出了自己的建议和前瞻性的观点。西亚非洲研究所中东研究室主任唐志超研究员就乌克兰危机对中东地缘政治影响发表了自己的意见和看法。西亚非洲研究所殷罡研究员就中俄的地缘位置及其中东利益与中东政策作了比较。中俄专家分别就美国在中东的地位变化、俄罗斯对埃及关系、俄罗斯对巴以关系、美国从阿富汗社撤军后对中东的影响、马格里布地区的反恐治理、利比亚问题、欧盟对俄罗斯石油、天然气进口问题、叙利亚大选等诸多问题进行了研讨，提出了一些值得中俄学者深思的问题。

西亚非洲研究所杨光所长、俄罗斯代表团纳乌姆金所长分别作了会议总结发言。

（科研处）

中国社会科学论坛（2014年·国际问题）——“迈向新的十年：中阿合作论坛框架下的中阿关系”国际学术研讨会

2014 年 10 月 24 日，由中国社会科学院主办、中国社会科学院西亚非洲研究所承办、中国社会科学院海湾研究中心协办的中国社会科学论坛(2014 年· 国际问题)——“迈向新的十年：中阿合作论坛框架下的中阿关系”国际学术研讨会在北京举办。来自中国外交部、中共中央对外联络部、中国国际问题研究基金会、中国人民对外友好协会、中国现代关系研究院、上海国际问题研究院、新华社世界问题研究中心、西北大学、内蒙古民族大学、上海外国语大学、广东外语外贸大学、北京外国语大学、中国对外经贸大学等单位的 50 余名政府官员、专家学者出席了研讨会。突尼斯驻华大使、叙利亚驻华公使、前伊拉克驻联合国大使、黎巴嫩贝鲁特“冲突论坛”主席等代表应邀参会。西亚非洲研究所所长杨光研究员致欢迎辞。

与会者围绕以下 3 个议题进行了探讨。

（1）中阿合作论坛框架下的中阿关系发展

自 2004 年中阿合作论坛创立以来，中国与阿拉伯国家的合作不断加强，经贸关系深入发展。许多阿拉伯国家采取了“向东看”政策，中国也提出了“一带一路”的战略构想，向西开放，中阿双方的战略取向是一致的。2014 年 6 月 5 日，在中阿合作论坛第六届部长级会议开幕式上，习近平主席提出中阿双方应坚持共商、共建、共享原则，打造中阿利益共同体和命运共同体，并充分利用“一路一带”合作新机遇新起点，构建“1+2+3”的合作新格局，即以能源合作为主轴，以基础设施建设、贸易和投资便利化为两翼，以核能、航天卫星、新能源三大高新领域为新的突破口。与会者一致认为，由于中阿友谊源远流长且中阿双方利益相关，同时，中阿经济优势互补，发展潜力巨大，未来经济合作将由传统的资金、项目合作，升级到以基础设施建设、高科技领域的合作。更为重要的是，中阿双方均表示出加强友好合作的良好愿望，因此，在中阿合作论坛框架下，未来 10 年，中阿关系将迎来新的发展机遇期，合作前景广阔。

中国外交部原副部长杨福昌首先作了题为“中东形势变化下的中阿关系”的主旨发言。他认为，中国自 1956 年与埃及建交开中阿关系先河以来，相互尊重、相互支持、平等互利一直是中阿关系的主线。中国与阿拉伯国家政治上同属发展中国家，在经贸往来上又互有需要，且双方都具备一定的财力基础，未来合作前景光明。中共中央对外联络部西亚非洲局副局长张建卫提出，阿拉伯国家在经济社会发展过程中，要处理解决好改革、发展和稳定的关系；民主与民生的关系；内部团结与外部干涉的关系；维护伊斯兰形象和打击恐怖主义的关系；坚持本国特色与外来模式的关系以及传承民族文化与学习外来文化的关系六个方面的问题。外交部西亚北非局参赞肖军正认为，中东之乱主要是发展问题所致。同时，阿拉伯国家内部教派矛盾激化，政治伊斯兰势力增长也是中东动乱的重要原因。面对乱局，中东国家应该实行新的治理理念，采取包容性对话、支持内部政体有秩序地转型、鼓励更多的政治方式、坚持主权原则等方式，加强中东治理。

（2）阿拉伯国家治理与发展

与会者针对阿拉伯国家的治理与发展问题，从国家构建缺陷、中东变局、新兴全球秩序、中东新秩序以及阿拉伯国家与中国发展模式对比等多角度、多层面进行了深刻而具有建设性的探讨，对未来中国需要参与中东国家治理与发展达成基本共识。与会者普遍认为，原有的、形成于一战之后的中东格局和秩序正在崩溃和瓦解，新的中东格局有待形成，而新格局的形成可能将会是一个漫长的过程。地区内部的政府力量、军队力量、宗教力量以及不同的教派势力、部落势力和民族因素都会在其中发挥作用，再加上来自地区外部的各种力量，中东的动荡局面会持续较长时间。与会者针对未来中东治理面临的问题、治理领域、治理方式以及中国应以怎样的方式参与中东治理等方面，进行了探讨。与会者认为，阿拉伯国家普遍存在治理能力弱化问题，治理领域包括政治治理、国家治理、经济治理、社会治理和安全治理多个层面，中国应该审慎地、有选择地参与中东治理。

中国社会科学院西亚非洲研究所研究员王林聪从阿拉伯国家治理问题的表现入手，对阿拉伯国家治理能力问题的根源进行了剖析。他指出，阿拉伯国家治理能力的弱化是中东变局的内因，并从政府治理、国家与社会治理、国家与国家间治理 3 个层面，对如何判断国家治理能力的优劣提出了自己的思考。西北大学教授韩志斌从叙利亚复杂的民族与教派构成、法国在叙利亚实行分而治之的政策恶果、复兴党威权政治以及巴沙尔自由化改革的负面效应四个方面的国家构建缺陷以及国际体系变迁角度，深层次分析了叙利亚危机，并指出其前景难以预测。黎巴嫩贝鲁特“冲突论坛”主席克鲁克教授指出，中东面临新兴全球秩序的严峻考验，伊朗不再是中东问题的中心，伊斯兰国成为中东重点需要解决的问题。新华社世界研究中心顾正龙研究员认为，美国是中东麻烦的制造者，要为“伊斯兰国”的兴起承担责任。北京外国语大学教授薛庆国从“发展是硬道理”“思想解放”“中国特色社会主义”“忧患意识”“正确处理发展、改革和稳定的关系”“摸石头过河”“民族与国家认同”和“努力营造良好的大环境”八个方面对比了中国与阿拉伯国家的发展历程，总结了中国经验，这些经验值得阿拉伯国家借鉴。博联社总裁马晓霖提出了中东新秩序构成的关键因素，即美国的参与；阿拉伯国家是新秩序的规划者；解决好伊朗人、土耳其人、以色列人、库尔德人和阿拉伯人彼此之间的敌对意识，共同应对伊斯兰国问题。中国在中东有利益存在，应承担起与之相符的国家责任，有所作为，但中国的力量无法超越美苏。上海外国语大学研究员孙德刚则提出了中国参与中东地区治理的国内、地区和全球三级机制，并且提出要稳定推进，有选择性地突出重点。

（3）中东局势与中阿关系

自中东变局发生以来，中东的地缘政治格局发生了巨大变化，传统权力中心被颠覆。随着中东政治强人的纷纷倒台，2014 年加沙冲突、叙利亚内战、伊拉克教派纷争加剧。同时，“伊斯兰国”的极端武装组织宣布建国，并在伊拉克攻城略地，中东局势进一步恶化。如何自主探索适合自身国情和特点的发展道路和国家治理模式，已经成为摆在阿拉伯国家面前的第一挑战。此外，由于美国全球战略重心的变化以及全球力量对比正发生由西向东的转移，美国的全球战略重心正由十年前的中东转向当今的亚洲。美国的战略收缩正在催生新的地缘政治关系和地区秩序，也影响着阿拉伯国家的对外关系。中东大变局、大乱局、大调整、大动荡也给中国带来了诸多挑战与机遇。在此形势下，中阿合作将面临哪些深层次的问题，影响中阿合作的关键因素有哪些，未来十年，中阿合作的特点和趋势是什么？与会者从中东地缘政治格局、中国中东外交环境和公共外交诸方面进行了深入探讨。

中国国际问题研究基金会中东问题研究中心主任、前中国驻阿联酋和约旦大使刘宝莱先生认为，中阿合作前景广阔。现代国际关系研究院研究员李绍先认为，中阿新时期的合作面临严峻挑战，阿拉伯国家要找到发展方案，必须找到伊斯兰教与现代化之间的契合点，首先是稳定，然后才是发展。西亚非洲研究所研究员王京烈认为，中阿合作将迎来双赢的局面。上海国际问题研究院李伟建研究员对新形势下中国与阿拉伯国家关系提出了自己的思考。

中国人民对外友好协会熊亮从发展中阿关系战略工具的角度，分析了公共外交在中阿关系中的作用和意义。西亚非洲研究所唐志超研究员指出了新形势下中阿合作的新趋势、新特点。殷罡详细分析解读了中阿合作的大环境。外经贸大学教授杨言洪分析了中东形势变化对中阿经贸关系的影响。内蒙古民族大学教授王泰从中东历史发展的角度指出，必须深刻理解中东政治转型的本质及其对发展道路探索的深远意义。

西亚非洲研究所所长杨光研究员作总结发言。他认为，中东问题是一个复杂的问题，会议对中东问题产生的内部原因进行了深入分析，对未来在中阿论坛框架下的中阿合作提出了真知灼见，内容丰富，观点多元，成果丰硕。研讨会一方面展示了中东问题的复杂性，另一方面也对认识和把握中东未来发展趋势，以及中阿关系面临的机遇和挑战进行了有益探索。

（科研处）

"2014年中东形势回顾与展望"学术研讨会

2014 年 12 月 2 日，中国社会科学院西亚非洲研究所"中东热点问题与中国应对之策研究"创新项目组、《西亚非洲》编辑部和国际关系研究室联合举办了"2014 年中东形势回顾与展望"学术研讨会。来自外交部、中国现代国际关系研究院、上海外国语大学、北京第二外国语学院、中国社会科学院世界宗教研究所、世界历史研究所、西亚非洲研究所及相关媒体的 50 余位专家学者参加了会议。

研讨会第一时段由西亚非洲研究所国际关系室副主任、"中东热点问题与中国应对之策研究"创新项目执行研究员王凤主持，与会专家围绕"2014 年中东形势特点与发展趋势""中东国家政治局势"等议题展开讨论。中国现代国际关系研究院研究员李绍先、外交部西亚非洲司门静处长和中国社会科学院西亚非洲所研究员刘月琴、副研究员陆瑾、博士王金岩分别就 2014 年中东形势评估、2014 年伊拉克政治安全形势、伊朗政治发展新变化及其前景、碎片化的利比亚局势及其影响等作了发言。

第二时段由西亚非洲所《西亚非洲》编辑部副主任詹世明副研究员主持，与会专家围绕"当前伊斯兰极端主义的新变化和新特点""伊斯兰极端主义对地区局势的影响"展开研讨。中国社科院世界宗教所周燮藩研究员、上海外国语大学中东所刘中民教授和张金平教授、中国社会科学院西亚非洲所研究员殷罡、"中东热点问题与中国应对之策研究"创新项目执行研究员王建等分别从认识伊斯兰极端主义、伊斯兰极端主义的思想根源、伊斯兰极端主义对我国安全环境影响与对策等方面展开了多视角分析。

与会专家还就 2015 年中东地区热点问题演变态势等进行了预测。

西亚非洲所《西亚非洲》编辑部主任安春英研究员出席了研讨会。"中东热点问题与中国应对之策研究"创新项目首席研究员、国际关系室主任王林聪作会议总结。

（科研处）

第三届中国与土耳其关系国际学术研讨会——百年愿景与战略合作

2014 年 12 月 19 日，由中国社会科学院国际合作局和中国社会科学院西亚非洲研究所联合主办的"第三届中国与土耳其关系国际学术研讨会——百年愿景与战略合作"在北京举办。来自中国外交部、中国现代关系研究院、《人民日报》、北京大学、陕西师范大学、辽宁大学的中方代表，与来自土耳其战略研究中心、海峡大学、巴恰夏赫尔大学、耶尔德勒姆·贝亚大学的专家学者，共有 50 余人出席了研讨会。

会议开幕式由中国社科院国际合作局副局长周云帆主持，中国社会科学院西亚非洲研究所所长杨光研究员代表会议主办方致欢迎词，并介绍了中国的两个百年发展愿景，他指出，"了解两个百年目标，对于读懂中国的外交是十分重要的，中国外交的战略任务，就是确保实现两个百年发展愿景”。

土耳其战略研究中心主席阿里·雷苏尔·乌苏尔在致辞中指出，中国是一个伟大的国家，“一带一路”构想是一个伟大的愿景，土方非常支持，愿意与中方合作，共同努力，为世界和平、繁荣和发展做出贡献。

与会者围绕以下 3 个议题进行了深入探讨。

（1）中土各自的百年发展愿景

土耳其战略研究中心主席阿里·雷苏尔·乌苏尔作了题为“土耳其 2023 战略愿景与土耳其的外交目标”的主旨发言。他指出，土耳其既是欧洲国家，又是中亚国家、巴尔干国家和外高加索国家，在国际政治舞台上占有重要地位。因其地缘政治，土耳其在过去 10 年中推行多面外交，接近西方又加强与东方的联系，希望成为东西方之间的协调人。

中国前驻土耳其大使姚匡乙在发言中指出，中土携手共建丝绸之路有着得天独厚的有利条件和现实可能性，一是两国是古代丝绸之路的历史传承者，有着古丝绸之路共同的历史基因。二是中土双方对构建丝绸之路有强烈的政治意愿。三是构建丝绸之路是中土两国实现各自国家战略目标和民族复兴的必然选择。四是构建“一带一路”，是中土关系现实发展的必然要求。

西亚非洲研究所国际关系室主任王林聪研究员阐述了对“新土耳其”及“2023 愿景”的看法。

西亚非洲研究所副研究员姜明新介绍了“埃尔多安与土耳其的百年梦想”，他认为埃尔多安是一位有影响力的政治家，他以加入欧盟为条件，实行更为开放、包容、务实的经济政策，改变“向西一边倒”的外交政策，实行全方位外交，大幅提升了土耳其的国际地位。

土耳其耶尔德勒姆·贝亚大学国际关系学系教授塞尔丘克·恰拉克奥卢作了题为“土耳其视野中的‘丝绸之路’和‘向东看’”的发言。

（2）关于新“丝绸之路”经济带建设

2013 年，习近平提出“丝绸之路经济带”和“21 世纪海上丝绸之路”的重大倡议。“一带一路”计划涉及分布在古代陆上和海上丝绸之路沿线的 60 多个亚、非、欧国家，其中不少国家有自己的丝路计划，如哈萨克的“新丝绸之路项目”、伊朗和印度等国的“新南方丝绸之路”计划、还有欧盟的“新丝绸之路计划”，联合国开发计划署的“丝绸之路合作项目”，土耳其领导人也提出“丝绸铁路”倡议，这些与中国的“一带一路”相互兼容。与会者围绕新“丝绸之路”经济带建设，展开了讨论。

西亚非洲研究所研究员殷罡作了题为“新冷战环境下土耳其外交机遇与挑战”的发言。他认为，世界已经进入了新冷战环境，土耳其作为世界中心国家，迎来了新的发展机遇和挑战，土耳其应该抓紧这一机遇期。

中国现代国际关系研究院副研究员田文林的发言题目是：“‘一带一路’战略及中东的独特地位”。他认为，“一带一路”构想是中国“正确义利观”的集中体现。在“一带一路”建设中，中东的独特地位体现在与中国地缘经济的互补性以及地缘政治方面。中国提倡的新国际观的基本理念，如亚洲安全观综合安全，互利安全、互惠共赢和各国共同参与等，对于中东国家摆脱动荡落后状态，实现民族复兴是难得的历史机遇。

（3）“百年愿景”与中土战略合作

中土两国的“百年愿景”分别为两国人民提出了宏伟的百年发展目标。未来，中土两国应广泛开展合作，就政策沟通、道路连通、贸易畅通、货币流通、民心相通形成共识，逐步形成战略性的、长期的、稳定的、全方位的、深层次的伙伴关系，构建中土合作发展的大框架。与会者从政治、外交、区域和平与安全、经贸合作、旅游合作、交通运输合作等多个角度，探讨了中土战略合作面临的问题、障碍、机遇和挑战。

西亚非洲研究所研究员唐志超作了题为“中土战略伙伴关系应进一步加强”的发言。他认为，近10年的中土关系，双方虽然加强彼此合作的意愿很强烈，但也存在政治互信不足、双方合作不够全面、深入，战略层面的合作不够等问题。同时，中土关系中，西方因素、地区动荡因素是主要障碍。他还针对中土关系未来发展提出了建议，即加强彼此理解、拓展双方合作的深度和广度、搭建合作平台、加强与第三方合作、尊重彼此的核心利益、在战略伙伴关系发展中排除外来干扰等。

研讨会就“土耳其的‘宝贵孤立’和中东政策”“中土合作与东突问题”“中土贸易逆差问题”等进行了互动和交流。

土耳其战略研究中心主席乌苏尔教授和中国社会科学院西亚非洲研究所所长杨光研究员分别作总结发言，他们对研讨会的成功举办和深入研讨给予充分肯定。杨光所长的总结是：（1）中国的“一带一路”建设与土耳其的当代丝路计划，具有非常大的合作潜力和合作空间，已成为中土双方未来合作的主要方向。（2）中东地区的不稳定环境为中土合作创造了机会；中土在中东具有共同的利益，双方应该共同建立地区的合作机制，寻求地区的稳定和繁荣。（3）贸易逆差的形成是由一国的比较优势及产业结构决定的，应该寻求本国在全球范围内的贸易平衡，而非与某一国家的贸易平衡。土耳其应利用欧盟大市场，引导中国企业到土耳其投资，发展工业制造业，形成工业制造业能力，只有这样，中土贸易逆差才能解决。（4）土耳其作为一个处在世界中心地位的国家，在外交政策的选择上，是与他国结盟，还是独立自主地开展全方位外交关系是值得重视的。（5）双方在研究中均受西方话语的影响，应该加强中土学者间的直接交流，避免受西方媒体的引导。

与会专家建议中土双方应推动学术合作机制的建立，诸如在中国建立土耳其研究中心，在土耳其建立中国研究中心等。专家普遍认为，学术研讨会探讨了在两国“百年愿景”的宏伟蓝图下，中土双方未来合作的领域、内容和层次，并对于未来如何加强合作，提出战略性、前瞻性建议，深化了双方对许多问题的认识，增强了中土合作的信心。

（科研处）

拉丁美洲研究所

（一）人员、机构等基本情况

1. 人员

截至 2014 年年底，拉丁美洲研究所共有在职人员 51 人。其中，正高级职称人员 10 人，副高级职称人员 13 人，中级职称 12 人；高、中级职称人员占全体在职人员总数的 69%。

2. 机构

拉丁美洲研究所设有：经济研究室、政治研究室、国际关系研究室、社会和文化研究室、马克思主义理论与拉美问题研究室、《拉丁美洲研究》编辑部、综合行政办公室。

3. 科研中心

拉丁美洲研究所院属研究中心有：中国社会科学院世界社会保障研究中心；所属研究中心有：墨西哥研究中心、中美洲和加勒比研究中心、古巴研究中心、巴西研究中心。

（二）科研工作

1. 科研成果统计

2014 年，拉丁美洲研究所共完成专著 4 种，194.8 万字；论文 124 篇，158.6 万字；研究报告 67 篇，66.59 万字；译著 3 种，92.1 万字；其他文章 56 篇，19.47 万字。

2. 科研课题

（1）新立项课题。2014 年，拉丁美洲研究所共有新立项课题 3 项。其中，院皮书课题 1 项：《拉丁美洲和加勒比发展报告 2013 ～ 2014》（吴白乙主持）；横向课题 2 项："委内瑞拉 2014 年经济形势分析与评估"（谢文泽主持），"委内瑞拉外债及财政收支状况评估"（谢文泽主持）。

（2）结项课题。2014 年，拉丁美洲研究所共有结项课题 2 项。其中，院皮书课题 1 项："《拉丁美洲和加勒比发展报告 2013 ～ 2014》"（吴白乙主持）；横向课题 1 项：国家海洋局海洋发展战略研究所委托课题"海洋新疆域的概念与内涵研究"（吴国平主持）。

（3）延续在研课题。2014 年，拉丁美洲研究所共有延续在研课题 6 项。其中，商务部委托课题 1 项："中哥官方联合可行性研究"（柴瑜主持）；国家开发银行规划局委托课题 1 项："拉美竞争政策研究"（柴瑜主持）；农业部委托课题 1 项："农业法制建设与政策调研"（柴瑜主持）；国家开发银行委托课题 1 项："乌拉圭国家经济社会综合领域规划合作咨询研究"（吴白乙主持）；科技部委托课题 1 项："气候变化与国家安全战略的关键技术研究：巴西、墨西哥等拉美国家应对气候变化的国内政策和立法、决策及国际策略深度分析"（贺双荣主持）；国家开发银行委托课题1项：“哥斯达黎加经济特区研究”（柴瑜主持）。

3. 创新工程的实施和科研管理新举措

（1）2014年1月1日，拉丁美洲研究所正式签约进入院创新工程。

（2）2014年，拉丁美洲研究所创新工程在编人员42人进入创新岗位（首席层级8人，业务主管（一档）1人，执行层级23人，助理层级10人）。在上述42个创新岗位中，首席研究员6人（其中1人是首席管理兼首席研究员），学部委员资助计划1人（占首席岗位）；执行研究员16人，研究助理5人；总编辑1人，责任编辑2人，编辑助理1人；执行馆员1人，馆员助理1人；业务主管（一档）1人，业务主办3人，业务协办3人。

（3）2014年，拉丁美洲研究所创新工程共设置6个项目和1项“学部委员资助项目”。分别是：“社会治理与中等收入陷阱”（首席研究员为郑秉文），“拉美投资贸易环境研究”（首席研究员为柴瑜），“中国战略机遇期中的拉美地位与作用”（首席研究员为吴白乙），“拉美政治变迁研究”（首席研究员为袁东振），“巴西崛起及其国际战略的选择研究”（首席研究员为吴国平），“中拉关系及对拉战略研究”（首席研究员为贺双荣）；学部委员资助项目由学部委员苏振兴主持。

（4）2014年，拉丁美洲研究所在科研体制和科研管理方面实施了一系列新举措和新机制。

根据创新工程建设发展需要，拉丁美洲研究所在管理机制方面进行创新，具体措施如下。

修订研究所规章制度汇编，其中涉及科研、外事、党务、人事、财务和后勤等方面的管理制度和规定51条。规章制度的建立和完善，保障了创新工程的实施，对科研人员起到了明显激励作用。

在制度上严格财务纪律，加强创新工程各类项目管理，建立健全完整的报账制度，对不符合规定的支出，坚决不予报销。

完善科研成果考核制度，在考核时间、考核成果统计等方面作出具体规定，完善考核指标体系，将核心期刊论文作为核心考核内容。

加强学科和研究室建设，妥善处理创新工程与研究室建设的关系，以项目促进人才培养，以研究室建设促进创新项目实施，力图使创新项目与研究室建设相互促进，形成二者的良性互动。

完善青年科研人员的培养机制，为加快青年科研人员的学术进步，建立了一对一的导师制度，促进新进所的青年科研人员尽早产出科研成果。

（5）创新工程的学术影响力进一步扩大。2014年，拉丁美洲研究所承担部委委托交办课题6项；举办了一系列大型学术讨论会，其中包括“第四届CAF—ILAS研讨会”“社科国际论坛：住房政策——拉丁美洲城市化的教训”“拉美所——美国美洲协会第五届中拉能源合作国际论坛”“面向未来的中墨关系国际研讨会”等会议近20次，进一步扩展了拉丁美洲研究所的学术影响力。

（6）创新工程的对外学术交流网络继续扩大。2014年，拉丁美洲研究所派团出访智利、阿根廷，参加第三次中拉高层学术论坛；与联合国拉丁美洲和加勒比经济委员会联合召开“中拉住房政策”研讨会，共同发布中拉国家住房政策比较的研究成果；开拓和建立对阿根廷学术研究机构的交流关系，与阿根廷国际关系理事会等机构签署交流协议。此外，拉丁美洲研究所通过接待来访和组织出访等多个机会，与德、美、日等多国学者建立了各种形式的学术关系，进一步融入国际拉美研究学者网络。

拉丁美洲研究所与国内高校、金融机构等建立了学术交流网络。先后和西南科技大学拉美研究院、浙江外国语学院拉丁美洲研究所、天津外国语大学等近 50 家大专院校的拉美研究机构建立长期合作关系。

（三）学术交流活动

1.学术交流活动

2014 年，拉丁美洲研究所主办和承办的主要学术会议有：

（1）2014 年 1 月 2 日，拉丁美洲研究所社会文化研究室主办的主题为“围绕最新出版的经典学术译著《论拉美的民主》讨论拉美民主的百年史和学术翻译规范”的读书会在北京市举行。

（2）2014 年 3 月 13 日，拉丁美洲研究所政治室和国际关系室在北京市联合主办“委内瑞拉当前局势与发展动向”研讨会。

（3）2014 年 3 月 20 日，拉丁美洲研究所邀请商务部美大司处长刘大江作主题为“中古经贸关系”的学术讲座。

（4）2014 年 3 月 24 日，拉丁美洲研究所课题组在北京市举行“哥斯达黎加经济特区建设的现实环境与战略意义研究”研讨会。

（5）2014 年 4 月 2 日，拉丁美洲研究所中美洲和加勒比研究中心主任李长华大使和执行主任袁东振研究员一行赴中国港湾工程有限责任公司就拉美地区投资环境、企业的社会责任、政治和文化因素对经贸合作的影响等问题进行调研。

（6）2014 年 4 月 24 日，拉丁美洲研究所综合理论室邀请张森根研究员作主题为“阅读多元视角下的拉美”的讲座。

（7）2014 年 4 月 28 日，拉丁美洲研究所和社会科学文献出版社在北京共同举办《拉丁美洲和加勒比发展报告（2013 ~ 2014）》（拉美黄皮书）发布会。

（8）2014 年 5 月 22 日，拉丁美洲研究所邀请外交部拉美司司长沈智良就外交部长王毅近期访问拉美四国及中拉关系发展前景等议题与学者座谈。

（9）2014 年 6 月 30 日，拉丁美洲研究所创新工程《中拉关系及对拉战略研究》项目组在北京举行《中拉关系史》初稿讨论会。

（10）2014 年 9 月 4 日，拉丁美洲研究所综合理论研究室与当代中国出版社在北京联合举办“《现代拉丁美洲》（第七版）中文版发布式暨拉美现代化与政治演进研讨会”。

（11）2014 年 9 月 25 日，拉丁美洲研究所中美洲和加勒比研究中心主办的题为“中拉整体合作背景下的中国和中美洲——加勒比地区关系”的研讨会在北京举行。

（12）2014 年 11 月 3 日，拉丁美洲研究所墨西哥研究中心与北京第二外国语学院西葡语系“教学科研实习基地”签约授牌仪式暨“中墨教学与科研座谈会”在北京举行。

（13）2014 年 11 月 6 日，拉丁美洲研究所巴西研究中心“巴西大选及内政外交政策走向”研讨会在北京举行。

（14）2014 年 12 月 4 ~ 5 日，拉丁美洲研究所“拉美社会治理和中等收入陷阱”创新项目组在北京市举行“拉美的住房保障政策：经验和教训”课题研讨会。

（15）2014 年 12 月 30 日，拉丁美洲研究所巴西研究中心邀请巴西中国职业经理人协会创始人及理事长岳海平作题为“巴西投资环境及中国企业投资巴西的机遇与挑战”的讲座。

2. 国际学术交流与合作

2014 年，拉丁美洲研究所共派遣出访 21 批 29 人次；接待来访 60 批 218 人次，与拉丁美洲研究所开展学术交流的国家有阿根廷、巴西、秘鲁、西班牙、玻利维亚、特立尼达和多巴哥、古巴、智利、阿根廷、德国、荷兰、美国、泰国、韩国等。

（1）2014 年 1 月 15 ~ 20 日，经济室副主任杨志敏应美国加州大学“复旦—加大当代中国研究中心”的邀请，赴美国加州大学圣迭戈分校参加题为“中国、墨西哥和美国：增长、贸易和投资及制造业前景”的国际研讨会。

（2）2014 年 2 月 27 日，拉丁美洲研究所国际关系室主任贺双荣、副主任谌园庭等会见日本前驻萨尔瓦多大使、日本国际协力机构研究所高级研究顾问细野博士等，双方就中日两国的拉丁美洲研究问题进行交流。

（3）2014 年 3 月 11 日，拉丁美洲研究所副所长吴白乙，参加泛美银行与中国人民银行 2016 ~ 2019 年地区发展战略会议。

（4）2014 年 4 月 5 ~ 13 日，拉丁美洲研究所研究员吴国平赴墨西哥国立自治大学参加中墨经济研讨会。

（5）2014 年 4 月 6 ~ 11 日，拉丁美洲研究所研究员宋晓平赴摩西哥参加拉美社会科学院“中拉关系”国际研讨会。

（6）2014 年 5 月 3 ~ 24 日，拉丁美洲研究所研究员吴国平赴美国、墨西哥就中拉关系问题进行交流。

（7）2014 年 5 月 18 日，拉丁美洲研究所社会和文化研究室主任房连泉、副主任郭存海等参加秘鲁“圣马丁德波莱斯大学女教授、拉美历史妇女研究中心主任萨拉的报告会。报告的题目是“拉丁美洲妇女”。

（8）2014 年 5 月 20 ~ 27 日，拉丁美洲研究所社会和文化研究室副研究员林华赴玻利维亚圣克鲁斯市参加“致力于美好生活的经济与社会”应对气候变化国际研讨会。

(9) 2014年5月25日～6月9日，拉丁美洲研究所研究员岳云霞赴古巴、秘鲁、玻利维亚进行调研。

(10) 2014年6月3日，拉丁美洲研究所国际关系研究室副研究员孙洪波会见美国迈阿密大学拉美研究中心教授艾瑞尔·卡路斯双方就中拉关系研究进行交流。

(11) 2014年6月5日，拉丁美洲研究所副所长吴白乙会见古巴共青盟第一书记尤尼亚斯琦·克雷斯波，双方就中古关系进行交流。

(12) 2014年6月16～23日，拉丁美洲研究所经济研究室研究员杨志敏赴特立尼达和多巴哥参加“中特、中加关系研讨会”。

(13) 2014年6月17日，拉丁美洲研究所古巴研究中心执行主任杨建民会见古巴记者联盟主席安东尼奥·莫尔托，双方就古巴政治经济形势与新闻业现状进行交流。

(14) 2014年7月10日，拉丁美洲研究所国际关系研究室主任贺双荣等会见巴西南大河联邦大学社会学教授、拉美研究所所长若泽·文森特·塔瓦雷斯·多斯桑托斯等。多斯桑托斯在拉丁美洲研究所作关于巴西社会问题的讲座。

(15) 2014年8月3～8日，拉丁美洲研究所国际关系研究室副研究员孙洪波赴德国海德堡大学参加题为“世界政治中的新兴大国与中国角色”的国际会议。

(16) 2014年8月14日，拉丁美洲研究所所长吴白乙会见智利驻华大使贺·乔治，双方就双边关系进行交流。

(17) 2014年9月4日，拉丁美洲研究所党委书记王立峰、所长吴白乙研究员、所长助理柴瑜研究员、中美洲和加勒比研究中心主任李长华大使、中心执行主任袁东振研究员会见哥斯达黎加外贸部长亚历山大·莫拉·德尔加多一行。双方就中哥双边贸易关系专题进行交流。

(18) 2014年10月23～26日，拉丁美洲研究所经济研究室副研究员杨志敏赴德国柏林自由大学参加“中拉合作：谁是行为主体？”国际会议并发言。

3.与香港、澳门特别行政区和台湾开展的学术交流

2014年5月11～13日，拉丁美洲研究所副所长吴白乙、国际关系研究室副研究员周志伟赴澳门科技大学参加“中葡国家关系—中国与巴西”国际研讨会。

(四) 学术社团、期刊

1.社团

中国拉丁美洲学会，会长李捷。

(1) 2014年3月20日,中国拉美学会古巴分会主办“中古经贸关系”座谈会在北京召开。

(2) 2014年3月13日，中国拉美学会墨西哥分会、墨西哥国立自治大学、北外墨西哥研究中心、拉美所经济研究室联合主办的“墨西哥在中国直接投资研讨会”在北京举行。

(3) 2014年4月8日，中国拉美学会墨西哥分会主办的“中国—墨西哥社会科学研究研讨会”在北京举行。

(4) 2014年5月21日，加拿大不列颠哥伦比亚大学政治学教授詹姆斯·罗克林访问中国拉美学会中美洲和加勒比分会，并与相关学者在北京举行会谈。

(5) 2014年7月10日，中国拉美学会巴西分会邀请巴西南大河联邦大学社会学教授、拉美研究所所长若泽·文森特·塔瓦雷斯·多斯桑托斯及其助理在北京作“关于巴西社会问题”的讲座。

2.期刊

《拉丁美洲研究》(双月刊)，主编郑秉文/吴白乙。

2014年,《拉丁美洲研究》共出版6期,共计96万字。该刊全年刊载的有代表性的文章有：吴国平、武小琦的《巴西城市化进程及其启示》，周志伟的《中巴关系“伙伴论”与“竞争论”——巴西的分析视角》,李仁方的《中国与巴西贸易结构新解：中国的视角》,袁东振的《拉美国家执政党的合法性困境与执政难题》，王鹏的《美国对拉美政策的缘起及启示》，赵玉明的《苏联对拉美地区事务的介入与经验教训》，张凡的《巴西外交的“发展”维度》，苏振兴的《巴西经济转型：成就与局限》，江时学的《拉美国家的经济治理刍议》，郑联盛、张晶的《阿根廷债务技术性违约的根源与影响》，张磊的《论拉美国家对卡尔沃主义的继承与发展》，谢文泽的《拉美地区粮食增产前景及中拉农业合作重点》，田志、吴志峰的《中国在拉美地区的自由贸易区布局及合作战略》，冉继军的《中国在拉丁美洲的软实力建设》，岳云霞、吴陈锐的《中智自贸协定贸易效应评介——基于引力模型的事后分析》。

(五) 会议综述

“拉丁美洲住房保障和供应体系：中拉学者的视角”国际研讨会暨《住房政策：拉丁美洲城市化的教训》发布式

2014年4月27日，中国社会科学院拉丁美洲研究所在北京召开“拉丁美洲住房保障和供应体系：中拉学者的视角”国际研讨会暨《住房政策：拉丁美洲城市化的教训》发布式。参加研讨会的有来自联合国拉丁美洲和加勒比经济委员会和拉丁美洲开发银行以及拉丁美洲驻华使馆的代表，来自美国、墨西哥、智利等国从事城市开发和住房政策研究的学者，来自中国行政机构的官员、大学和科研机构的学者以及来自媒体的记者共100多人参加会议。住建部政策研究中心主任秦虹应邀参会并在开幕式上讲话。联合国拉美经委会可持续发展和人居处主任里卡多·霍尔丹在开幕式上发言。中国社会科学院拉丁美洲研究所副所长王立峰主持会议。《住房政策：拉丁美洲城市化的教训》主编郑秉文作了主旨演讲。

此次国际研讨会由中国社会科学院主办，中国社会科学院拉丁美洲研究所和联合国拉美经委会联合承办，该会也是拉丁美洲研究所创新工程年度科研成果《住房政策：拉丁美洲城市化的教训》的发布式。

该书深入分析一个世纪以来拉美地区住房政策的嬗变与得失，解剖拉美国家住房供应体系的基本框架和结构性缺陷，给积极探索和总结归纳住房建设的一般性规律问题，特别是对构建有中国特色和符合中国国情的住房保障和供应体系带来了诸多有益的启示。

拉丁美洲住房政策失败和住房体系扭曲的教训为当前中国的住房政策，特别是公共住房政策提供了前车之鉴。与拉美 20 世纪 50 ～ 80 年代这 30 年相比，无论在经济发展水平上，还是在城市化水平上，或是在住房自有率与公租房保有率上，中国未来新型城镇化的 30 年都具有较高的相似性。专家建议，当前建设保障性住房是一个历史难得的机遇。公租房要保有一定的比例，不应变相变卖为商品房，否则必将丧失未来几十年的最后一次机会。

（郭存海）

中国社会科学论坛（2014年·国际问题）
——“从非正规性到发展：中国和拉丁美洲的城市化、创业和竞争力”

2014 年 4 月 28 日，由中国社会科学院拉丁美洲研究所和 CAF- 拉丁美洲开发银行主办的中国社会科学论坛（2014 年·国际问题）——“从非正规性到发展：中国和拉丁美洲的城市化、创业和竞争力”国际研讨会在北京召开。

会议开幕式由中国社会科学院拉丁美洲研究所所长郑秉文主持。中国社会科学院副院长、中国拉美学会会长李捷，中国第九届、第十届人大常委会副委员长、中拉友好协会会长成思危，中国银行首席经济学家、中国拉美学会副会长曹远征以及 OECD 发展中心主任马里奥·佩西尼出席开幕式并致辞。CAF- 拉丁美洲开发银行执行主席恩里克·加西亚作了“面向新型的中拉伙伴关系”主题演讲。拉美和加勒比地区国家驻华使节，来自国内外的专家学者、企业家和新闻媒体记者等 200 余人参加了会议。

研讨会分三个单元。第一单元的主题是“拉丁美洲的创业：从基本生存型到生产变革型”。CAF- 拉丁美洲开发银行公共政策效应测评协调人丹尼尔·奥特加，国务院发展研究中心党组成员、办公厅主任隆国强，哥伦比亚安第斯大学教授希梅娜·培尼亚以及中国社会科学院工业经济研究所企业管理研究室主任王钦等就提高创业质量、支持生产率变革型的创业，以及创业转型等问题展开了讨论。

第二单元围绕“拉丁美洲与中国的城镇化和住房政策”这一主题展开。墨西哥国立自治大学教授贝亚特里斯·加西亚·涅托、中国社科院财经战略研究院副研究员汪德华以及美国宾夕法尼亚大学讲师爱德华多·罗哈斯等学者从中国和拉美对比的视角，围绕快速城市化背景和经济可持续发展要求下的住房政策，以及拉美国家在城镇化和住房供应体系建设方面丰富的经验教训等内容分别发言。

第三单元以“拉美经济前景：服务于发展的物流业和竞争力”为主题。OECD 发展中心美洲办公室经济学家塞巴斯蒂安·涅托—帕拉、中国进出口银行国际部总经理助理舒畅、联合国拉美经委会国际贸易和一体化部主任奥斯瓦尔多·罗萨莱斯、CAF-拉丁美洲开发银行战略事务部主任赫尔曼·里奥斯以及中国社会科学院拉美所研究员吴国平，就拉美国家产业结构多元化和改善物流方面的经验及实践、如何设计克服制约拉美经济社会发展的瓶颈及结构性限制因素的政策和战略等问题进行了讨论。

外交部部长助理张昆生系统全面地回顾了中拉关系的发展，并对未来发展作了展望。

（王　飞）

“面向未来的中墨关系”国际研讨会

2014 年 11 月 12 ～ 13 日，由中国社会科学院、墨西哥国立自治大学、墨西哥学院主办，中国社会科学院国际合作局和拉丁美洲研究所承办的“面向未来的中墨关系”国际研讨会在北京举行。

2013 年 5 月，中国社会科学院院长王伟光出访墨西哥，代表中国社会科学院与墨西哥国立自治大学、墨西哥学院分别签署了双边交流协议。2013 年 6 月，在两国元首见证下，王伟光与何塞·纳罗·罗布莱斯校长共同签署了《中国社会科学院与墨西哥国立自治大学合作框架协议》。该协议作为中国国家领导人对墨国事访问期间达成的重要学术成果，被载入《中墨联合声明》。王伟光院长在访墨期间建议：由中国社会科学院牵头，联合墨西哥国立自治大学和墨西哥学院，共同创办“中墨学术高层论坛”，并由三个学术机构在中墨两国轮流承办。王伟光的倡议得到墨方的积极回应，在三个学术机构的共同努力下，“面向未来的中墨关系”国际研讨会成功举行。此次研讨会具有广泛的代表性。参加研讨会的正式代表有来自中国外交部、中联部、墨西哥驻华使馆、墨西哥商会和墨西哥国立自治大学法学系、法学所、经济系、经济所、亚洲研究中心、北美洲研究中心、文学所、外语教学中心、孔子学院；墨西哥学院亚非研究中心、国际研究中心、经济研究中心、人口、城市和环境研究中心；中国社会科学院国际合作局、拉美所、城环所、法学所、经济所、世经政所和国家发展和改革委员会宏观经济研究院、商务部研究院、国务院发展研究中心、中国国际问题研究院、中国现代国际关系研究院、北京大学、中国人民大学、对外经济贸易大学、南开大学、北京外国语大学和墨西哥国立自治大学墨西哥研究中心、北京第二外国语学院、西南科技大学、金川集团等单位的专家、学者和企业管理人员以及国内新闻媒体等各界人士近 200 人。

研讨会以“面向未来的中墨关系”为主题，分开幕式、中墨政治互信、中墨经济合作、中墨社会人文发展、闭幕式和会议总结等五个单元。

（谌园庭）

亚太与全球战略研究院

（一）人员、机构等基本情况

1.人员

截至2014年年底，亚太与全球战略研究院共有在职人员57人。其中，正高级职称人员9人，副高级职称人员16人，中级职称人员26人；高、中级职称人员占全体在职人员总数的89%。

2.机构

亚太与全球战略研究院设有：亚太政治研究室、国际经济关系研究室、亚太安全与外交研究室、亚太社会文化研究室、区域合作研究室、中国周边与全球战略研究室、大国关系研究室、新兴经济体研究室、全球治理研究室、周边环境监测实验室、《当代亚太》编辑部、《南亚研究》编辑部、英文期刊编辑部（筹建中）、网络与资料室、科研处、行政办公室。

3.科研中心

亚太与全球战略研究院牵头成立或挂靠的全国性社团组织有：中国亚洲太平洋学会、中国南亚学会；亚太与全球战略研究院管理或代管的研究中心有：南亚文化研究中心、澳大利亚—新西兰—南太平洋研究中心、亚太经济合作组织与东亚研究中心、地区安全研究中心、东北亚研究中心、东南亚研究中心。

（二）科研工作

1.科研成果统计

2014年，亚太与全球战略研究院共完成专著12种，281.4万字；论文98篇，97.5万字；研究报告82篇，24.6万字；教材1种，48.0万字；译著4种，110.7万字；译文1篇，1.3万字；学术普及读物12篇，6.5万字。

2.科研课题

（1）新立项课题。2014年，亚太与全球战略研究院共有新立项课题2项。其中，国家社会科学基金重点课题1项：“跨太平洋伙伴关系协定（TPP）与国际经济秩序的发展方向研究”（李向阳主持）；国家社会科学基金一般课题1项：“21世纪‘海上丝绸之路’建设的周边政治环境研究”（周方冶主持）。

（2）结项课题。2014年，亚太与全球战略研究院共有结项课题1项，即院信息化课题：“亚太与全球战略研究院英文网站”（韩锋主持）。

（3）延续在研课题。2014年，亚太与全球战略研究院共有延续在研课题1项，即院马克思主义理论学科建设与理论研究课题：“马克思主义关于工业化理论及其在亚洲的实践”（赵江林主持）。

3.创新工程的实施和科研管理新举措

2014 年 1 月，亚太与全球战略研究院再次签约创新工程，参加创新工程的总人数为 45 人，创新工程项目的名称及其首席研究员姓名如下："美国再平衡战略研究"（首席研究员为李向阳），"一带一路战略与新兴经济体发展研究"（首席研究员为赵江林），"区域合作与大国关系研究"（首席研究员为王玉主），"亚太政治与政局"（首席研究员为李文），"周边命运共同体与周边战略研究"（首席研究员为许利平），"周边外交与安全研究"（首席研究员为朴键一），"周边地区网络研究"（首席研究员为韩锋），"科研行政管理项目"（首席研究员为朴光姬）。

（三）学术交流活动

1.学术活动

2014 年，亚太与全球战略研究院主办和承办的学术会议有：

（1）2014 年 5 月 24 日，由亚太与全球战略研究院承办的第六届中日韩国际学术研讨会"中日韩关系现状和东亚合作前景"在北京举行。

（2）2014 年 5 月 27 ~ 28 日，中国社会科学论坛（2014 年）——"中国与邻国：推进共同繁荣与发展"国际学术研讨会在北京举行。会议由中国社会科学院主办、院国际合作局和亚太与全球战略研究院承办。来自亚太各国近 20 余名学者参加会议。会议研讨的主要问题有"经济合作""非传统安全问题"。

（3）2014 年 5 月 30 日，由亚太与全球战略研究院、蒙古国科学院国际问题研究所、俄罗斯科学院东方研究所共同主办的中国社会科学论坛（2014 年·国际研究）——第五届中蒙俄论坛"中蒙俄与东北亚合作"国际学术研讨会在北京举行。来自中蒙俄三国的 20 余名学者参加会议。

（4）2014 年 6 月 23 日，由亚太与全球战略研究院与印尼驻华使馆联合举办的"深化中国—印尼全面战略伙伴关系专题研讨会"在北京举行。

（5）2014 年 7 月 29 日，亚太与全球战略研究院与韩国外交部共同主办的"韩国政府'东北亚和平合作构想'"中韩联合研讨会在北京举办。

（6）2014 年 9 月 17 日，亚太与全球战略研究院与韩国庆南大学远东问题研究所在北京联合召开"新时期的东北亚合作学术研讨会"。

（7）2014 年 11 月 21 日，亚太与全球战略研究院与广西大学承办的第三届"10+3"互联互通伙伴关系国际研讨会在广西壮族自治区南宁市召开。

（8）2014 年 12 月 11 日，亚太与全球战略研究院东北亚研究中心与韩国新亚细亚研究所合作举办的第一届中韩战略对话——"东亚局势现状和中韩战略合作前景"研讨会在北京举行。

（9）2014 年 12 月 15 日，亚太与全球战略研究院在北京举办了"东盟经济一体化与东亚峰会"国际研讨会。

2. 国际学术交流与合作

2014 年，亚太与全球战略研究院共派遣出访 65 批 81 人次，接待来访 102 批 180 人次。与亚太与全球战略研究院开展学术交流的国家有：日本、韩国、美国、新加坡、印度尼西亚、泰国、越南、老挝、柬埔寨、马来西亚、印度、巴基斯坦、新西兰、澳大利亚、俄罗斯、德国等。

（1）2014 年 1 月 20 日，蒙古国科学院院长到中国社会科学院访问，并访问亚太与全球战略研究院。

（2）2014 年 3 月 8 日，中国社会科学院副院长李捷会见来中国社会科学院访问的新加坡驻华大使。亚太与全球战略研究院副院长韩锋参加会见活动。

（3）2014 年 4 月 21 日，中国社会科学院副院长李培林会见来中国社会科学院访问的韩国首尔大学亚洲中心主任。亚太与全球战略研究院院长李向阳参加会见活动。

（4）2014 年 8 月 19 日，巴基斯坦驻华大使来中国社会科学院访问。中国社会科学院院长王伟光会见外宾，亚太与全球战略研究院副院长韩锋参加会见活动。

（四）学术社团、期刊

1. 社团

（1）中国亚洲太平洋学会，会长张蕴岭。

2014 年 11 月 18 日，由中国亚洲太平洋学会主办、广西大学承办的“2014 年中国亚洲太平洋学会年会”在广西大学开幕。来自全国各高校和研究机构的近百名专家学者参加了年会。年会的主题是“中国与亚太：构建新型关系”。

（2）中国南亚学会，会长孙士海。

2014 年 12 月 5 ~ 6 日，中国南亚学会 2014 年年会暨四川大学南亚研究所成立 50 周年学术会议在四川省成都市召开。年会由中国南亚学会、四川大学南亚研究所联合主办。来自全国各地南亚研究学界的 160 多名专家学者参加了年会。会议研讨的主要问题有“印度海上战略”“阿富汗局势”“地区局势与中印关系”“南亚社会文化”等。

2. 期刊

（1）《当代亚太》（双月刊），主编李向阳。

2014 年，《当代亚太》共出版 6 期，共计 96 万字。该刊全年刊载的有代表性的文章有：徐进的《未来中国东亚安全政策的“四轮”架构设想》，王传剑的《南海问题与中美关系》，陈琪、管传靖的《中国周边外交的政策调整与新理念》，左希迎的《美国战略收缩与亚太秩序的未来》，杨原的《大国权力竞争方式的两种演化路径——基于春秋体系和二战后体系的比较研究》，王浩的《中美新型大国关系构建：理论透视与历史比较》，李巍的《人民币崛起的国际制度基础》，冯维江的《丝绸之路经济带战略的国际政治经济学分析》。

（2）《南亚研究》（季刊），主编李向阳。

2014 年，《南亚研究》共出版 4 期，共计 64 万字。该刊全年刊载的有代表性的文章有：卢光盛、李晨阳、金珍的《中国对缅甸的投资与援助：基于调查问卷结果的分析》，齐鹏飞的《关于中缅边界谈判中的"麦克马洪线"问题之再认识》，柳思思的《"一带一路"：跨境次区域合作理论研究的新进路》，邵育群的《美国"新丝绸之路"计划评估》，朱翠萍的《印度洋安全局势与中印面临的"合作困境"》，金新的《巴阿地区伊斯兰极端主义的症结所在：一种系统效应的视角》，隋新民的《中印边境互动：一种博弈视角的分析》，邓红英的《印度学界对中印边界谈判的看法与主张》。

（五）会议综述

"中国与邻国：推进共同繁荣与发展"国际研讨会

2014 年 5 月 27 ~ 28 日，由中国社会科学院主办的"中国与邻国：推动共同繁荣发展"国际学术研讨会在北京举行。来自中国、俄罗斯、蒙古国、韩国、日本、菲律宾、马来西亚、新加坡、印度尼西亚、越南、老挝、柬埔寨、缅甸、孟加拉国、斯里兰卡、印度、尼泊尔、巴基斯坦、阿富汗、吉尔吉斯斯坦、塔吉克斯坦、哈萨克斯坦、乌兹别克斯坦等 23 个国家的 60 多位专家学者参加研讨会。中国社会科学院院长王伟光、柬埔寨合作与和平研究所主席西里武亲王、全国人大外事委员会主任委员傅莹等分别作主旨发言。会议开幕式由中国社会科学院副院长李扬主持。

王伟光在主旨发言中表示，这是中国社会科学院举办的首次中国与周边国家的智库论坛，意在探讨新形势下中国与邻国的关系。王伟光指出，理解中国与邻国的关系，有必要认识到当今世界正处于深刻变化之中，人类社会面临许多新的重大挑战，有必要认识到亚洲正在成为当今世界的发展中心，维护亚洲的和平与稳定符合各方的利益。中国的周边外交具有立体、多元、跨越时空的视角，服从和服务于实现"两个一百年"的奋斗目标，其基本方针仍然是坚持睦邻友好，特别突出亲、诚、惠、容的理念。中国在全球重大问题，特别是地区事务中的影响力越来越大，肩负的责任也越来越重。周边国家既有对中国崛起的期待，希望能继续从中国的发展中获益，同时也有很深的疑虑，担心一个强大的中国是否会侵害邻国的利益。中国不相信"国强必霸"的逻辑，中国政府倡导共同、综合、合作、可持续的新亚洲安全观，中国将永远与亚洲各国一道，荣辱相依，休戚与共，共同开创亚洲发展新未来。

面对变化中的世界和亚洲，智库的发展和智库之间的合作，将起到越来越重要的作用。王伟光指出，中国的智库发展和哲学社会科学研究面临历史性的机遇，中国社会科学院将着力推进哲学社会科学创新工程，更好地回答中国 = 与周边邻国寻求共同繁荣、共同发展的新问题。

此次国际研讨会分为四个议程。第一议程探讨了共同繁荣与发展的远景及政策。第二议程则深入分析了互利共赢的经济合作问题，包括丝绸之路经济带、海上丝绸之路、互联互通建设与自由贸易区、投资与金融合作等四大议题。第三议程讨论了区域传统与非传统安全合作。第四议程讨论了人文交流和建立智库交流合作。

（科研处）

中国社会科学论坛（2014年·国际研究）——第五届中蒙俄论坛“中蒙俄与东北亚合作”国际学术研讨会

2014 年 5 月 30 日，由中国社会科学院亚太与全球战略研究院、蒙古国科学院国际问题研究所、俄罗斯科学院东方研究所共同主办的中国社会科学论坛（2014 年 · 国际研究）——第五届中蒙俄论坛“中蒙俄与东北亚合作”国际学术研讨会在北京举行。来自中国、蒙古国、俄罗斯等国研究机构的 40 余名专家学者参加了会议。会议就中蒙俄三国合作以及东北亚地区等相关问题进行了讨论。

中国社会科学院亚太与全球战略研究院院长李向阳在开幕式致辞中说，东北亚地区是中蒙俄三国利益的一个重要交汇点。在这里，不仅有蒙古国的主要贸易和投资伙伴，而且还有可能是蒙古国未来走向海洋的出路。伴随着蒙对外开放水平的不断提升，拓展与东北亚地区国家的合作无疑是必不可少的。对俄罗斯来说，受乌克兰事件的影响，俄罗斯的东向战略或亚洲战略将进入新的阶段，东北亚地区注定要成为其东向战略的重要基点。

李向阳强调，2013 年习近平主席提出了“一路一带”的倡议，不仅陆地“丝绸之路经济带”能够把中蒙俄有机地联系起来，而且“海上丝绸之路”也可能成为三方合作的新机遇。如何推进在更高水平、更大范围内的合作，尤其是在东北亚地区的合作是三国智库的共同任务。因此，中蒙俄三国学者汇聚在一起探讨在东北亚地区的合作可谓恰逢其时。

研讨会上，中国社会科学院亚太与全球战略研究院研究员朴键一的论文《东北亚合作的中蒙俄协调问题：智库的作用》、蒙古国科学院国际问题研究所所长旭日呼的论文《东北亚地区能源安全与蒙俄中合作关系》、俄罗斯科学院东方研究所所长沃龙佐夫的论文《东北亚合作成就、不足和前景》从不同角度深刻阐述了中蒙俄三国乃至在东北亚地区合作的现状、存在问题及发展前景等问题，受到与会者的高度评价。

中国前驻蒙古国大使黄家骙表示，中蒙俄三国有共同的利益诉求，邻近地区资源禀赋相近，三国间不存在悬而未决的重大问题，三国间的经贸合作呈多元化发展趋势，积极推动三国的务实合作，建立中蒙俄自由贸易区，逐步吸引韩国、朝鲜等国参与合作，推进东北亚区域合作联动，从而达到共赢的目标。在东北亚安全机制短期内难以形成的情况下，加强三国务实合作，推动次区域合作，符合三国的根本利益，具有长远的现实意义。

（科研处）

美国研究所

（一）人员、机构等基本情况

1. 人员

截至 2014 年年底，美国研究所共有在职人员 59 人。其中，正高级职称人员 12 人，副高级职称人员 15 人，中级职称人员 22 人；高、中级职称人员占全体在职人员总数的 37%。

2. 机构

美国研究所设有：美国外交研究室、美国政治研究室、美国经济研究室、美国社会与文化研究室、美国战略研究室、办公室。

3. 科研中心

美国研究所院属科研中心有：中国社会科学院世界政治研究中心、中国社会科学院世界社保研究中心；所属科研中心有：军备控制与防扩散研究中心、台港澳研究中心。

4. 人事调整

2014 年 3 月 6 日，经院务会议研究决定，任命郑秉文为美国研究所所长；免去黄平美国研究所所长职务。

（二）科研工作

1. 科研成果统计

2014 年，美国研究所共完成专著 10 种，318.4 万字；论文 116 篇，132.4 万字；内部报告 83 篇，94 万字。

2. 科研课题

（1）新立项课题。2014 年，美国研究所共有新立项课题 3 项："中国失业保险改革及其国际比较——写在《失业保险条例》修改之前"（郑秉文主持），"国际多边机制下的中美互动"（袁征主持），"'鹰式接触'到'战略忍耐'：21 世纪以来美国对朝鲜的政策演变及战略评估"（李枏主持）。

（2）结项课题。2014 年，美国研究所有结项课题 1 项，即院重点课题："从'鹰式接触'到'战略忍耐'：21 世纪以来美国对朝鲜政策的战略研究"（李枏主持）。

（3）延续在研课题。2014 年，美国研究所共有延续在研课题 2 项。其中，国家社会科学基金一般课题 1 项："美国亚太政策的基本目标及可能采取的政策手段研究"（周琪主持）；国家社会科学基金青年课题 1 项："美国国会涉华关键议员行为研究"（刁大明主持）。

3. 获奖优秀科研成果

2014 年，美国研究所获得中国社会科学院优秀对策信息组织奖。汪晓风的论文《社交媒体在美国对华外交中的运用》获得2014年第十二届上海市哲学社会科学优秀成果奖论文类一等奖。

4.创新工程的实施和科研组织管理新举措

2014年，美国研究所根据中国社会科学院有关文件的精神和《关于做好2014年度创新工程有关工作的通知》，将全所进岗比例扩大至80%，创新岗位增至48个（含2名首席管理），其中新增岗位12个，2014年上岗人员总数为48人。新增创新项目2个："美国实力变化的社会文化因素"创新项目（首席研究员为姬虹），"《美国研究》杂志"创新项目（总编辑为赵梅）。

2014年，美国研究所以创新工程为中心，积极贯彻院党组、院领导有关指示精神和创新工程战略部署，具体举措如下：

（1）促进科研管理改革，带动全所进入创新工程状态。

（2）坚持制度创新，建立激励机制。

（3）加强科研队伍建设，大力培养青年科研人才。

（4）建立以美国研究所为主导的美国研究平台。

（5）强化财务报销审批制度，严格管理科研经费支出。

（三）学术交流活动

1.学术会议

2014年，美国研究所组织召开的各类学术会议有：

（1）2014年1月6～7日，由美国研究所、美国哈佛大学肯尼迪政府学院联合举办的"中美智库对话——构建新型大国关系"国际学术研讨会在北京举行。

（2）2014年8月6日，由美国研究所、中华美国学会、社会科学文献出版社举办的"当前美国内政外交政策走向与中美关系前景"学术研讨会暨《美国蓝皮书（2014）》发布会在中国社会科学院举行。会议研讨的主要问题有"美国政治经济形势""美国外交政策走向""中美关系现状与展望"等。

（3）2014年8月26～27日，第二届美国研究全国青年论坛暨"中美合作与地区安全"学术研讨会在中国社会科学院美国研究所召开。论坛的主题是"中美合作与地区安全"，研讨的主要问题有"美国实力地位变化与影响中美合作的国内因素""中美关系与亚太地区安全""中美关系中的第三方因素"等。

（4）2014年10月16～20日，由美国研究所、约翰霍普金斯大学中国问题研究所和美中关系委员会共同主办的"构建中美新型大国关系"研讨会在美国华盛顿举行。

（5）2014年10月24～25日，"美国与东北亚局势"学术研讨会暨中华美国学会2014年年会在北京举行。会议研讨的主要问题有"中美关系""美国与东北亚局势""美国外交政策新变化"等。

（6）2014 年 11 月 21 日，美国研究所“美国全球战略的逻辑”创新项目组举办了“美国对台军售的现状及趋势研讨会”。

2.国际学术交流与合作

2014 年，美国研究所共派遣出访 37 批 51 人次，接待来访 89 批 104 人次，与美国研究所开展学术交流的国家有美国、加拿大、瑞士、德国、俄罗斯、希腊、日本、韩国、新加坡、印度、泰国等。

（1）2014 年 2 月 25 ~ 29 日，美国研究所副研究员李枏应斯坦福大学索仁斯坦亚太研究中心邀请，赴美国参加“朝鲜半岛问题和中朝关系”学术讨论会。

（2）2014 年 3 月 25 ~ 29 日，美国研究所外交室主任袁征研究员应美国布鲁金斯学会和国际问题研究所邀请，赴美国华盛顿参加“中美青年领袖对话会”。

（3）2014 年 4 月 2 ~ 5 日，美国研究所副所长倪峰研究员应韩国高等教育财团和北京大学国际关系学院布鲁金斯研究所邀请，赴韩国参加“东北亚与美国三边关系会议”。

（4）2014 年 4 月 8 ~ 11 日，美国研究所所长黄平研究员应联合国发展研究所邀请，赴瑞士参加第 52 次联合国社会发展研究所董事会议。

（5）2014 年 5 月 26 ~ 31 日，美国研究所战略室主任樊吉社研究员应卡内基国际和平基金会邀请，赴美国参加“第 10 次中美安全危机管理”研讨会。

（6）2014 年 5 月 27 日至 6 月 4 日，美国研究所研究员赵梅随全国政协代表团赴美国、加拿大进行访问。

（7）2014 年 5 月 27 日，美国研究所副研究员赵行姝赴美国参加“夏威夷安全研究中心”的“综合危机管理”课程培训。

（8）2014 年 6 月 8 ~ 12 日，美国研究所战略室主任樊吉社研究员赴美国参加由美国海军研究生院和中国军控与裁军协会协同战略与国际研究中心太平洋论坛主办的中美战略对话第 8 次年度会议。

（9）2014 年 7 月 3 ~ 7 日，美国研究所副研究员苏华应邀赴希腊参加“第九届欧洲竞争与监管暑期学校会议：竞争政策与监管分析的新发展”。

（10）2014 年 8 月 8 ~ 16 日，美国研究所政治室主任周琪研究员应泰国外交部东亚司第四处邀请，率“美国全球战略的基本逻辑”创新项目组赴泰国调研。

（11）2014 年 10 月 26 ~ 28 日，美国研究所战略室主任樊吉社研究员赴韩国参加英国国际战略研究所与韩国外交与国家安全研究所联合主办的地区核态势、核安全与核燃料循环技术研讨会。

（12）2014 年 10 月 26 日至 11 月 2 日，美国研究所政治室主任周琪研究员随国务院新闻办代表团出访美国、加拿大。

（13）2014 年 11 月 3 ~ 17 日，应霍普金斯大学高级国际研究院外交政策研究所和哥伦比亚大学东亚研究中心邀请，美国研究所政治室主任周琪研究员赴华盛顿进行学术访问。

（14）2014 年 11 月 4 ～ 10 日，美国研究所所长郑秉文研究员率团赴美国访问美国布鲁金斯学会等机构并就中美政策变化及其对中美关系的影响专题进行学术研讨。

（15）2014 年 12 月 1 日，美国研究所副研究员沈鹏赴美国进行学术交流。

3. 与香港、澳门特别行政区和台湾开展的学术交流

（1）2014 年 3 月 10 ～ 14 日、4 月 23 ～ 26 日，美国研究所所长、院台港澳研究中心主任黄平应澳门特别行政区政府行政长官办公室邀请，两次赴澳门进行社会调研。

（2）2014 年 3 月 10 ～ 25 日，美国研究所副研究员周婧应澳门特别行政区政府行政长官办公室邀请赴澳门进行社会调研。

（3）2014 年 4 月 22 日至 5 月 6 日，美国研究所副研究员魏南枝等应澳门特别行政区政府行政长官办公室邀请，赴澳门进行关于社会和政治生态方面的调研工作。

（4）2014 年 6 月 3 ～ 13 日，美国研究所副研究员周婧、魏南枝等应澳门特别行政区政府行政长官办公室邀请赴澳门进行关于社会和政治生态方面的调研工作。

（5）2014 年 9 月 2 ～ 8 日，院台港澳研究中心张起应澳门特别行政区政府行政长官办公室邀请，赴澳门进行调研。

（6）2014 年 10 月 27 ～ 29 日，美国研究所所长郑秉文研究员应《亚洲资产管理》杂志邀请，赴台湾参加第十届台湾圆桌会议。

（7）2014 年 12 月 2 ～ 4 日，美国研究所研究员赵梅应澳门大学社会科学院邀请，赴澳门参加“全球视野下近代澳门与美国关系”学术研讨会。

（四）学术社团、期刊

1. 社团

中华美国学会，会长黄平。

2. 期刊

《美国研究》（双月刊），主编黄平。

2014 年，《美国研究》共出版 6 期，共计 90 万字。

（五）会议综述

中国社会科学论坛：“中美智库对话——构建中美新型大国关系”学术研讨会

2014 年 1 月 6 ～ 7 日，由中国社会科学院美国研究所和美国哈佛大学肯尼迪政府学院联合举办的中国社会科学论坛“中美智库对话——构建中美新型大国关系”学术研讨会在北京举行。

自中国主动开启中美新型大国关系以来，中美关系的未来发展走向就得到中美两国学者的高度关注，尤其是在两国知名学者之间。面对中美之间面临的不稳定因素以及挑战，如美国“亚洲再平衡”战略，南海与东海的领土争端，地区经济一体化，全球经济和金融体制改革，等等，两国学者都迫切希望加强彼此交流沟通，设立一种长期、定期的沟通机制。美国哈佛大学肯尼迪学院作为哈佛大学最优秀的学院，长期致力于培养美国以及世界很多国家的公务员，大批美国政治精英在此受到培训，从而成为美国重要的公职人员培训基地和政府问题研究机构，并承担了大量的政府研究课题，对美国社会发展和政府决策产生了巨大的影响。此次研讨会是中美智库间的一次重要对话。中美双方多名学者积极参与讨论，引起学术界、政策分析界、政府相关部门以及媒体广泛关注，成为新年伊始中美之间最重要的学术交流活动之一。

会议开幕式由黄平所长主持，中共中央对外联络部副部长于洪君和中国社会科学院副院长李扬分别发表演讲，阐述中美双边关系的重要性以及稳定中美关系的必要性和可能性。中美双方与会的学者就中美双边关系中的重要议题展开了积极而富有成果的对话。

（科研处）

“当前美国内外政策走向与中美关系前景”学术研讨会暨《美国蓝皮书（2014）》发布会

2014 年 8 月 6 日，“当前美国内政外交政策走向与中美关系前景”学术研讨会暨《美国蓝皮书（2014)》发布会在中国社会科学院学术报告厅举行。

中国社会科学院副院长李扬，全国人大常委会委员、人大外事委员会主任委员傅莹出席会议并分别作主题发言。美国驻华使馆公使代办李凯安致辞。发布会由中国社会科学院美国研究所所长郑秉文主持。

现代国际关系研究院原副院长崔立如研究员，中国社会科学院世界经济与政治研究所所长张宇燕，中国人民大学国际关系学院教授、国务院参事时殷弘，社会科学文献出版社皮书研究院执行院长蔡继辉，中国社会科学院欧洲研究所所长黄平做主题演讲。50 余名学者和新闻媒体记者参加了会议。

与会专家学者就“美国政治经济形势”“美国外交政策走向”“中美关系现状与展望”等议题展开了研讨。来自中国现代国际关系研究院、中国国际问题研究院、清华大学、中国人民大学、北京师范大学、中国社会科学院美国研究所、社会科学文献出版社等单位的多位专家学者在会上做了发言。

（科研处）

“美国与东北亚局势”学术研讨会暨中华美国学会2014年年会

2014年10月24～25日，“美国与东北亚局势”学术研讨会暨中华美国学会2014年年会在北京举行。全国人大常委会委员、中国社会科学院副院长蔡昉，中共中央党史研究室原副主任、十一届全国人大法律委员会委员章百家，全国政协委员、中国社会科学院国际研究学部主任张蕴岭以及来自全国各地的专家学者约百人参加会议。中华美国学会会长、中国社会科学院欧洲研究所所长黄平主持会议。中国社会科学院副院长蔡昉致辞。会议围绕“当前的国际局势与国际问题和美国问题研究”“世界秩序与中美两国的实力地位”“美国对外政策与当前中美关系”“东北亚局势与美国因素”等问题进行了研讨。

10月25日，在中华美国学会副会长兼秘书长、中国社会科学院美国研究所副所长倪峰主持下，中华美国学会副会长、上海问题研究院学术委员主任杨洁勉与中华美国学会副会长、上海社会科学院历史研究所所长黄仁伟分别做了主旨发言。中华美国学会副会长，中国社会科学院美国研究所原副所长胡国成做了学术评论。倪峰主持召开了中华美国学会年度工作会暨LOGO设计方案投票。《美国研究》编辑部主任赵梅研究员主持了中华美国学会主办期刊《美国研究》的编辑座谈会。中国社会科学院美国研究所所长郑秉文做会议总结发言。

（科研处）

日本研究所

（一）人员、机构等基本情况

1.人员

截至2014年年底，日本研究所共有在职人员48人。其中，正高级职称人员10人，副高级职称人员13人，中级职称人员14人；高、中级职称人员占全体在职人员总数的77%。

2.机构

日本研究所设有：日本政治研究室、日本外交研究室、日本经济研究室、日本社会研究室、日本文化研究室、《日本学刊》编辑部、网资室、办公室。

3.科研中心

日本研究所所属科研中心有：日本政治研究中心、中日经济研究中心、日本社会文化研究中心、中日关系研究中心。

（二）科研工作

1.科研成果统计

2014 年，日本研究所共完成专著 1 种，207.9 万字；论文集 2 种，79.5 万字；译著 2 种，75.5 万字；论文 31 篇，26 万字；论文集 1 种，90 万字。

2.科研课题

（1）新立项课题。2014 年，日本研究所共有新立项课题，即所重点课题 9 项："所学科建设"（李薇主持），"政治研究室学科建设"（吴怀中主持），"外交研究室学科建设"（吕耀东主持），"经济研究室学科建设"（徐梅主持），"社会研究室学科建设"（胡澎主持），"文化研究室学科建设"（张建立主持），"科研成果评审、检查、成果评估项目"（李薇主持），"科研成果后期资助"（李薇主持），"热点、焦点调研经费、信息平台建设"（李薇主持）。

（2）结项课题。2014 年，日本研究所共有结项课题，即所重点课题 9 项："所学科建设"（李薇主持），"政治研究室学科建设"（吴怀中主持），"外交研究室学科建设"（吕耀东主持），"经济研究室学科建设"（徐梅主持），"社会研究室学科建设"（胡澎主持），"文化研究室学科建设"（张建立主持），"科研成果评审、检查、成果评估项目"（李薇主持），"科研成果后期资助"（李薇主持），"热点、焦点调研经费、信息平台建设"（李薇主持）。

（3）延续在研课题。2014 年，日本研究所共有延续在研课题 1 项，即国情调研重大（推荐）课题："转变经济发展方式的试验田——中日曹妃甸生态工业园区跟踪调研"（李薇、张季风主持）。

3.创新工程的实施和科研管理新举措

2014 年，日本研究所参加创新工程的人数为 38 人；创新工程项目的名称是："日本的国家战略研究"；日本研究所创新工程首席管理：李薇、高洪；创新工程项目有 6 项："日本海洋战略研究"（首席研究员为吕耀东），"日本国家能源战略研究"（首席研究员为张季风），"日本的文化软实力战略研究"（首席研究员为崔世广），"日本老龄化社会应对战略研究"（首席研究员为王伟），"中国对日战略研究"（首席研究员为杨伯江），"日本国家安全战略研究"（首席研究员为吴怀中）。

自创新工程开展以来，日本研究所充分发掘和利用现有人才资源，努力提高研究人员的整体素质和水平，积极扶植青年科研骨干的成长，力争将该所打造成高素质的科研团队。

（三）学术交流活动

1.学术活动

2014 年，日本研究所主办和承办的学术会议有：

（1）2014 年 3 月 31 日，日本研究所主办的"王洛林学术报告会"在北京举行。会议研讨的主要问题是"乌克兰局势分析"。

(2) 2014年3月31日，由日本研究所和中华日本学会主办的"《日本蓝皮书（2014）》发布会暨日本形势研讨会"在北京召开。

(3) 2014年5月8日，日本研究所《日本学刊》编辑部主办的"期刊编辑和网刊建设交流研讨会"在北京召开。

(4) 2014年5月20日，由全国日本经济学会、中国社会科学院日本研究所、社会科学文献出版社共同举办的"《日本经济蓝皮书（2014）》新闻发布会暨日本经济形势研讨会"在北京举行。

(5) 2014年7月3日，日本研究所承办了"吉林省档案馆日本侵华档案学术研讨会"。会议研讨的主要问题有"吉林省档案馆馆藏日本侵华档案的史料价值、学术价值和现实政治意义""慰安妇""经济侵略和战俘"。

(6) 2014年8月9日，由日本研究所、中华日本学会、中国日本史学会、全国日本经济学会和大连大学共同主办的"甲午战争以来的中日关系"学术研讨会在辽宁省大连市召开。

2.国际学术交流与合作

2014年，日本研究所共派遣出访28批50人次，接待来访98批215人次。与日本研究所开展学术交流的国家有日本、韩国、美国等。

(1) 2014年1月14日，日本研究所在北京主办了美国学者"傅高义演讲会"。

(2) 2014年4月8日，日本研究所在北京主办了日本银行原副总裁"山口广秀学术报告会"，会议的主题是"日本的金融经济形势及经济改革"。

(3) 2014年5月15日，日本研究所与韩国首尔大学在北京共同主办了"中日韩关系"国际学术研讨会。

(4) 2015年7月1日，日本研究所在北京主办了"真家阳一学术报告会"，会议的主题是"近期的中日经济关系"。

(5) 2014年8月24日，日本研究所在北京主办了"中国社科论坛——日本战略走向与中日关系定位"国际学术研讨会。

(6) 2014年9月3日，日本研究所与吉林省档案馆在北京共同主办了"吉林省档案馆日本侵华档案"国际学术研讨会。

(7) 2014年11月29～30日，日本研究所与东京财团、浙江海洋学院在浙江省舟山市共同主办了"第三届中日东海论坛"。

（四）学术社团、期刊

1.社团

(1) 中华日本学会，会长武寅。

① 2014年1月8日，由中国社会科学院日本研究所、中华日本学会主办，《日本学刊》编

辑部承办的第五届《日本学刊》优秀论文隅谷奖揭晓。

②2014年8月9～10日，为纪念中日甲午战争120周年，中华日本学会联合中国日本史学会、全国日本经济学会及大连大学在辽宁省大连市共同召开了“甲午战争以来的中日关系”学术研讨会。会议研讨的主要问题有“甲午战争的背景、过程与性质”“甲午战争对近代中国、日本和东亚的影响”“甲午战争对当代中日关系的影响”“东亚合作中的中日经济关系”“消费税率提高后的日本经济”“转型中的日本能源战略”等。

③2014年，中华日本学会和日本研究所共同组织编写了《日本蓝皮书》，对2013年日本的政治形势、安全政策、对外关系、经济社会诸领域作了回顾分析，特别是围绕安倍内阁加速推进日本“全面正常化”和钓鱼岛主权争端激化背景下的中日关系等问题进行了研讨，并对2014年日本政治、外交、安全防务和经济社会发展趋势作了展望。

（2）全国日本经济学会，会长李培林。

①2014年4月，全国日本经济学会与商务部对外经贸研究院在北京共同举办“政冷经凉背景下的中日经贸合作学术研讨会”。

②2014年12月6日，全国日本经济学会与日本研究所联合主办“日本海外能源开发与投资”学术研讨会。会议研讨的主要问题有“日本能源海外开发战略”“地区能源合作”“中日能源合作与竞争”。

2.期刊

《日本学刊》（双月刊），主编李薇。

2014年，《日本学刊》共出版6期，共计102万字。该刊全年刊载的有代表性的文章有：武寅的《论民间交往在中日关系史上的地位》，刘江永的《甲午战争以来东亚战略格局演变及启示——兼论120年来的中日关系及未来》，吕耀东的《论日本政治右倾化的民族主义特质》，王新生的《日本对华关系正常化决策过程再探讨》，张蕴岭的《中国周边地区局势和中日关系》，朱锋的《国际战略格局的演变与中日关系》等。

（五）会议综述

“吉林省档案馆藏日本侵华档案”学术研讨会

2014年7月3日，由中国社会科学院主办，中国社会科学院日本研究所、吉林省档案馆联合承办的“吉林省档案馆藏日本侵华档案”学术研讨会在北京举行。

研讨会由中国社会科学院日本研究所所长李薇主持。中国社会科学院副院长李培林、中国人权基金会理事长黄孟复、吉林省档案馆副馆长穆占一分别在研讨会上致辞。来自北京、上海、天津、长春等地的50多名专家学者出席会议。

李培林在致辞中指出，在中国人民抗日战争暨世界反法西斯战争胜利69周年纪念日之际，举办吉林省档案馆馆藏日本侵华档案学术研讨会，具有重要的意义。第二次世界大战后，远东国际军事法庭和中国审判日本战犯军事法庭，早已对日本军国主义的侵略暴行作出了历史定论。但近年来，日本一再掀起否认侵略历史、试图改动战后和平宪法的歪风。特别是安倍第二次上台后在历史问题上大放厥词，不断散布右倾化言论，提出“侵略定义未定论”，并不顾国际社会反对，肆意参拜供奉着甲级战犯的靖国神社。

研讨会上，近20位国内知名学者专家，就吉林省档案馆馆藏日本侵华档案的史料价值、学术价值和现实政治意义，“慰安妇”、经济侵略和战俘等方面问题，进行了学术研讨和交流。

研讨会在研讨交流吉林省档案馆藏日本侵华档案的史料价值、学术价值和现实政治意义方面取得了圆满效果，为进一步推动日本侵华史研究发挥了重要的学术引领作用。

（科研处）

“甲午战争以来的中日关系”学术研讨会

2014年8月9～10日，为纪念中日甲午战争120周年，中华日本学会、中国日本史学会、全国日本经济学会和大连大学在辽宁省大连市联合召开“甲午战争以来的中日关系”学术研讨会。

中国社会科学院副院长李培林，大连市人民政府副市长朱程清，大连大学党委书记王志强，中国社会科学院原副院长、中华日本学会会长武寅，天津社会科学院院长、中国日本史学会会长张健先后在开幕式上讲话。

李培林在讲话中指出，甲午战争是发生在中国近代史上的重大历史事件，它不仅是一场军事仗，也是一场影响深远的政治仗。遥想那场已经远去120年的战争，回顾中日关系在两个甲子中经历的风风雨雨，对冷静思考当前国际安全战略热点问题十分必要。他希望能够厘清甲午战争以来的中日关系的历史脉络，并将其放在国际战略的大棋局上来解读，放在地缘政治的博弈场上来分析。铭记历史，不是为了强化仇恨的记忆，而是为了还历史本来面目，进而辨明是非，防止悲剧重演。为创造中日21世纪和平相处的新的历史，中日两国学者要像老一辈那样，既怀有发展两国关系的坚定信念，同时运用智慧与学识为克服、超越外交难题做出应有的贡献。

清华大学当代国际关系研究院副院长刘江永，中国日本史学会原会长汤重南，外交学院副院长、全国日本经济学会副会长江瑞平分别作了《甲午战争与钓鱼岛劫难》《从战争与和平的视角简论甲午战争以来的中日关系》《东亚合作与中日关系——期待良性互动》的长篇发言。

与会学者围绕甲午战争的背景、过程与性质，甲午战争对近代中国、日本和东亚的影响，甲午战争对当代中日关系的影响，以及东亚合作中的中日经济关系、消费税率提高后的日本经济、转型中的日本能源战略等议题进行了研讨。

此次会议也是中华日本学会、中国日本史学会、全国日本经济学会的联合年会，由中国社会科学院日本研究所、大连大学人文学部承办，外交学院东亚研究所协办。来自全国各日本研究机构、相关政府部门的专家、学者代表，日本驻华机构代表以及新华社、中新社、中央电视台、中国网等主流媒体记者等 260 余人出席了会议。

（林　昶）

第三届“中日东海论坛”国际会议

2014 年 11 月 29 ~ 30 日，第三届“中日东海论坛”国际会议在浙江省舟山市举行。“中日东海论坛”由中国社会科学院日本研究所、东京财团、浙江海洋学院联合举办。来自中国国家海洋局、军事科学院、中国国际战略研究基金会、中国社会科学院、上海社会科学院、清华大学、中国海洋大学、浙江海洋学院，以及日本东京财团、佳能全球战略研究所、筑波大学、神户大学等大学和研究机构的 30 余名中外学者受邀参加了会议。

按照中日双方协商，“中日东海论坛”围绕东海问题，设立了历史问题、安全战略、国际法理与资源环境四个分论坛进行讨论。参会学者在前两届“中日东海论坛”会议讨论的基础上，结合当前的中日关系形势，以及双方共同关注的问题，进行了坦率的意见交流。在开幕式上，中国社会科学院日本研究所所长李薇、日本东京财团理事长秋山昌广、浙江海洋学院院长吴常文先后发言，对论坛的召开表示肯定，指出在当前中日关系处于“特别时期”的当口，研究机构与学者层面展开高级别、坦率的意见交换具有特别的意义。

中日学者围绕钓鱼岛主权归属的历史起源，特别是历史文献是否能证明中方首先发现和有效控制钓鱼岛问题展开了激烈的辩论。以清华大学教授刘江永。以中国海洋大学教授修斌为代表的中方学者驳斥了石井望等日方学者的观点，指出中方拥有充分的历史证据证明，钓鱼岛是中国固有的领土，中国在明清时代就首先发现和确认了对钓鱼岛的控制权。中日学者围绕钓鱼岛与东海的中日危机管控、相互信任措施重建，以及非传统安全领域可能展开的合作进行了讨论，中日学者认为，当前中日建立危机管控，避免冲突局面是首要的目标，政治领导人决策需要为两国关系缓和作出铺垫。中方特别指出，在历史问题方面日方不应再采取挑衅举动，否则将破坏双方在安全保障方面作出的努力；在国际法理分科会上，中日专家学者围绕国际法与《联合国海洋法》关于东海岛屿和专属经济区等问题的规定，展开了具体到条文字句的争论，中方学者特别指出，日方在钓鱼岛问题上所谓的“两个不承认”，特别是不承认主权争议存在的态度，是不符合事实和国际法法理的。在资源环境分科会上，中日学者围绕东海渔业、油气资源开发、综合资源平台建设等问题，探讨了可能的合作前景。

（卢　昊）

2014年中国社科院日本研究所年度学术研讨会

2014 年 12 月 12 日，中国社会科学院日本研究所在北京召开“中日关系与中国对日战略”年度学术研讨会。来自国内日本问题主要研究机构及高校的 40 多名专家学者与会，针对日本内政外交局势以及各相关政策、中日关系等问题进行了深入系统的研讨。

安倍第二任期以来，日本在国家安全战略方面做出较大调整：建立和改组了国家安全决策的组织架构；强化日美同盟，谋求合作范围的扩大与合作方式的提升；以积极和平主义理念和海洋法治理念为基本理念，积极打造“亚太民主安全网”，将双边同盟机制向三边或国际多边拓展；加强军事力量建设，放宽军事发展束缚，致力于解禁集体自卫权并修改相关安保法制。日本对华表现出强烈的戒备与竞争心理，以零和思维和战略竞争心态应对中国崛起，谋求向“政经分离”路线回归的趋势凸显。

与会学者认为，2014 年 11 月中日达成“四点原则共识”后，安倍挑战中国的频率似乎有所下降，双方就争端管控达成一定共识。但今后一个时期日本对外战略中，涉华部分有几个动向值得关注：(1) 安倍自上任以来，注重并加大了对国际话语权塑造能力的建设，试图在确保海上安全等问题上确立话语权；(2) 日本提升台湾因素对中日关系的影响力，这一点在今后几年将表现得更加明显；(3) 2015 年是反法西斯战争胜利 70 周年，历史问题如何影响中日关系、日本行政当局如何看待历史责任非常值得关注。

在 2013 年年底安倍参拜靖国神社冲击下，2014 年中日关系形成了三大焦点问题：一是围绕历史问题的争论持续发酵；二是围绕钓鱼岛的争夺没有降温；三是安全论战升温。2015 年日本外交的安全政策的调整将涉及日美新防卫合作方针的调整，以及安倍内阁要出台新的“安保法制”，包括修正自卫队法。针对这些动向，中国应主动作出长远规划，始终掌握战略主动，对中日关系坚持稳中求进，保持沟通管道，推动关系发展，在合作加强危机管控的同时，绝不放松军事斗争的准备。

（杨伯江）

和平发展研究所

（一）人员、机构等基本情况

1. 人员

2014 年，和平发展研究所共有在职人员 4 人。

2. 机构

和平发展研究所设有：发展政治室、经济室、安全室、人物室、信息资料室、综合办公室。

（二）科研工作

1. 科研成果统计

2014 年，和平发展研究所共完成论文 20 篇，11 万字；专题报告 10 篇，8.5 万字；一般文章 6 篇，1.8 万字。

2.科研课题

新立项课题。2014 年，和平发展研究所共有新立项课题 1 项："奥巴马政府内外政策调整与中美关系"（廖峥嵘主持）。该课题分美国国内政策、美国全球性战略、地区性政策、中美关系等子题。

3.科研组织管理新举措

2014 年，和平发展研究所根据体制机制创新要求，组建专职、兼职研究团队，探索自研和社研相结合的研究道路，建立健全内部财务、人事、行政后勤体系。

（三）学术交流活动

（1）2014 年 1 月 6 日，应邀参加中国国际经济关系学会 2013 年年会暨"一带一路"学术研讨会。会议的主题是"丝绸之路经济带及海上丝绸之路国际关系"。

（2）2014 年 3 月 13 ～ 14 日，和平发展研究所与北大国际战略研究院、阿富汗战略研究所联合举办中国—阿富汗多边对话国际会议。来自中国、阿富汗、美国、北约驻阿代表处等相关国家和组织的代表参加了会议。会议研讨的主要问题有"美计划撤退期阿富汗局势""阿未来大选形势""地区安全形势"等。

（3）2014 年，应邀参加清华大学公共管理学院美国研究中心举办的"中美双边对话会"活动。会议嘉宾包括清华大学公共管理学院教授楚树龙、前美国驻华大使芮效俭等，参会嘉宾就中美双边热点问题进行了广泛的讨论。

（4）2014 年 10 月 18 日，应邀参加清华大学当代国际关系研究院举办的"中美新型大国关系"研讨会。会议的主题是"当前中美关系有关问题"。

（5）2014 年，应邀参加国务院发展研究中心与中国经济导报社主办的"中国经济论坛"活动。

（四）会议综述

"中国—阿富汗多边对话：阿富汗的政治形势及其国际影响"国际会议

2014 年 3 月 13 ～ 14 日，由中国社会科学院和平发展研究所、北京大学国际战略研究院、阿富汗战略研究所联合主办的"中国—阿富汗多边对话：阿富汗的政治形势及其国际影响"国际会议在北京大学举行。阿富汗国家安全委员会分析评估办公室主任阿卜杜勒·拉乌夫，阿富汗战略研究院院长达乌德·莫拉蒂恩，北京大学国际战略研究院院长王缉思、副院长袁明，中国社会科学院和平发展研究所常务副所长廖峥嵘等来自中国、阿富汗、美国、俄罗斯的 20 多位专家学者参加会议。会议就阿富汗局势与诸多相关议题进行了讨论。

会议共分六个议题进行圆桌对话。在第一部分"阿富汗的政治面貌：即将到来的大选及其结果"的讨论中，阿富汗国家安全委员会分析评估办公室主任阿卜杜勒·拉乌夫和喀布尔日报主编桑哈·索海尔介绍了 2014 年 4 月即将举行的阿富汗新一届总统和地方选举的相关细节，并发表了各自的看法。北京大学国际关系学院副教授钱雪梅和中国现代国际关系研究院南亚东南亚及大洋洲研究所所长胡仕胜作了评论。与会专家一致认为，此次大选意义重大，相较于 2009 年的选举会有一定进步，但是同样困难重重。只有完成了权力的和平交接，阿富汗战后重建进程才能上一个台阶，未来才能更加积极地重返国际社会。

在第二部分“中阿关系：双方的态度与政策、现在与未来的合作”的讨论中，阿富汗战略研究所研究员理查德·吉亚赛和胡仕胜作主题发言，中国国际问题研究所副研究员蓝建学进行评论，前美国驻阿富汗大使罗纳德·纽曼、前俄罗斯驻阿富汗大使米哈伊尔·科纳洛夫斯基以及中国社会科学院和平发展研究所常务副所长廖峥嵘分别就“中国和巴基斯坦的关系对阿富汗局势的影响”“共同反恐的战略目标和阿富汗重建的政体性质方向”等问题进行了讨论。

在第三部分“美国在阿富汗的角色：双边安全协议、2014 年以后的美阿关系”的讨论中，主题发言人为拉乌夫和纽曼大使。与会学者认为，美国面临的任务时间紧迫，但是问题的复杂也需要在采取行动之前保持审慎。北京大学外国语学院副教授吴冰冰和科纳洛夫斯基大使做了主旨评论。吴冰冰主要对比了伊拉克与阿富汗的局势，并对经济问题做了探讨；科纳洛夫斯基大使则表达了对新政府压力的担忧。袁明教授、拉乌夫等也表达了对于阿富汗和国际社会充分协商的期待和新政府上台之后局势复杂性的忧虑。

与会专家在第四议题“阿富汗重建：安全与经济发展”中也发表了相关看法。阿富汗战略研究院院长达乌德·莫拉蒂恩和研究员吉亚赛作了主题发言，他们肯定了阿富汗各方面资源的丰富，也提到了阿富汗在发展中主要面临的相关问题。主题讨论首先由索海尔主编开始，大家的关注重点更多放在了国际社会相关国家对于阿富汗发展的支援力度和方式问题上，重点探讨了中国、美国和印度等对阿富汗发展的影响。

第五议题与“亚洲心脏”和平进程有关，科纳洛夫斯基大使与蓝建学作主题发言。作为会上唯一来自国际组织的代表，加拉雷重点阐述了北约在阿富汗问题上的愿景和利益，分析了国际组织在援助阿富汗问题上遭遇的主要困难。

最后一个议题是展望阿富汗的未来，讨论阿富汗的需求和国际社会应该如何予以支持。廖峥嵘、莫拉蒂恩分别从内外两个角度剖析了这个问题。阿富汗学者认为，在新政府诞生并稳定下来之前，暂时很难看出阿富汗有任何清晰的战略目标，而国际社会应该脚踏实地地采取一些力所能及的措施帮助阿富汗尽快参与到地区与国际事务中来。

王缉思在总结时强调，各国都有自己的发展脉络与路径，阿富汗本国人民的乐观精神非常可贵，中国在阿富汗经济问题上可以有更多的施展空间，但是阿富汗的政治局势却和世界战略与大国政治密不可分，所以各国的行动都受到相当的掣肘与限制，他对此抱谨慎态度。希望这样的多方对话更多举行，增进各方了解，并能对现实问题的分析和实践有更好助益。

（综合室）

马克思主义研究学部

马克思主义研究院

（一）人员、机构等基本情况

1. 人员

截至2014年年底，马克思主义研究院共有在职人员132人。其中，正高级职称人员26人，副高级职称人员33人，中级职称人员59人；高、中级职称人员占全体在职人员总数的89%。

2. 机构

马克思主义研究院设有：马克思主义原理研究部（下设马克思主义基本原理研究室、马克思恩格斯思想研究室、列宁斯大林思想研究室、思想政治教育研究室）、马克思主义中国化研究部（下设毛泽东思想研究室、中国特色社会主义理论体系研究室、党建党史研究室、马克思主义无神论研究室）、马克思主义发展研究部（下设马克思主义发展史研究室、经济与社会建设研究室、政治与国际战略研究室、文化与意识形态建设研究室）、国际共产主义运动研究部（下设国际共产主义运动史研究室、当代世界社会主义研究室、当代世界资本主义研究室）、国外马克思主义研究部（下设国外左翼思想研究室、国外共产党理论研究室、西方马克思主义研究室）、期刊网络中心（下设《马克思主义研究》编辑部、《国际思想评论》编辑部、《马克思主义文摘》编辑部、《马克思主义理论研究与学科建设年鉴》编辑部、网络室）、办公室、科研处、人事处。

3. 科研中心

马克思主义研究院院（中国社会科学院）属科研中心有：中国社会科学院马克思主义经济社会发展研究中心，中国社会科学院科学与无神论研究中心、中国社会科学院国家文化安全与意识形态建设研究中心。

（二）科研工作

1. 科研成果统计

2014年，马克思主义研究院共完成专著25种，593万字；论文314篇，291万字；译文5篇，6.14万字；译著2种，61.1万字；普及读物1种，18万字；年鉴1种，121.8万字；论文集8种，288.6万字；理论文章61篇，19.6万字；教材1种，39.6万字。

2．科研课题

（1）新立项课题。2014 年，马克思主义研究院共有新立项课题 10 项。其中，国家社会科学基金课题 5 项："马克思的辩证法与黑格尔的辩证法之比较"（唐芳芳主持），"马克思主义无神论中国化研究"（习五一主持），"习近平总书记关于中国道路系列重要论述研究"（吴波主持），"中国道路与世界社会主义研究"（夏春涛主持），"当代中国马克思主义发展与创新的规律和机制研究"（谭扬芳主持）；院国情调研重大课题 1 项："党的作风建设常态机制研究"（邓纯东、陈志刚主持）；国情调研所基地课题 4 项："马克思主义研究院国情调研山东临沂兰山区基地"（余斌主持），"新型社会组织健康发展状况调研系列之一——新型社会组织参与社会治理的情况调研"（余斌主持），"马克思主义研究院国情调研安徽绩溪基地"（张小平主持），"文化事业与文化产业如何协调发展"（张小平主持）。

（2）结项课题。2014 年，马克思主义研究院共有结项课题 7 项。其中，国家社会科学基金课题 3 项："毛泽东群众观及其当代意义"（戴立兴主持），"独联体国家共产党的理论与实践研究"（刘淑春主持），"中国农村集体经济道路研究"（彭海红主持）；院重点课题 1 项："马克思主义辩证法的当代探索"（陈慧平主持）；所国情调研基地课题 2 项："新型社会组织健康发展状况调研系列之一——新型社会组织参与社会治理的情况调研"（余斌主持），"文化事业与文化产业如何协调发展"（张小平主持）；院青年科研启动基金课题 1 项："西方马克思主义社会发展理论研究"（谭扬芳主持）。

（3）延续在研课题。2014 年，马克思主义研究院共有延续在研课题 29 项，即院青年科研启动基金课题 29 项："近年来国外马克思主义若干重大前沿问题研究"（郑一明主持），"国外马克思主义重要公正思想研究"（冯颜利主持），"全球化背景下民族国家的定位及其走向"（张晓敏主持），"改革开放以来我国新闻政策研究"（郭志法主持），"劳动者权益保护的政治经济学分析"（胡乐明主持），"马克思主义服务思想研究"（汪世锦主持），"当代国外剩余价值理论和剥削问题研究"（韩冬筠主持），"中俄学者关于斯大林模式的评析"（杨朴伟主持），"第三批判中的先天综合判断"（王晓红主持），"马克思早期作品中共产主义思想研究"（朱亦一主持），"美国金融危机下中国投资转移与产业转移研究"（余斌主持），"土地流转新形势下土地对农业的约束研究"（崔云主持），"当代资本主义职工持股制度的发展研究"（牛政科主持），"从历史渊源上看社会民主主义的本质"（沈阳主持），"论美国的对华战略对台海关系的影响"（汪海鹰主持），"马克思主义文化范畴与中国传统文化观的比较研究"（任丽梅主持），"城市基层民主发展研究——对湖北省，北京市的调查与分析"（刘志昌主持），"马克思、列宁的方法论与经验主义比较研究"（唐芳芳主持），"分享制的国际比较"（王珍主持），"老挝人民革命党对社会主义发展阶段认识的深化"（刘玥主持），"金融危机爆发以来法国共产党的新动态"（遇荟主持），"马克思主义无神论与大学教育"（黄艳红主持），"环境政治中的政府职能与民众意识教育”（梁海峰主持），“改革开放条件下国民素质现代化研究”（于晓雷主持），“建国初期人民法庭研究”（孟庆友主持），“媒体政治经济学研究”（刘子旭主持），“后危机时代浙商经济再发展的探析——政治经济学视角的观察与思考”（王艳阳主持），“西方自由主义政治经济学货币学说的历史反思”（刘道一主持），“科学无神论与当代文化建设”（杨俊峰主持）。

3. 创新工程的实施和科研管理新举措

2014 年，马克思主义研究院进入创新岗位人员 103 人，占在编在岗人员的比例为 80%。

2014 年，马克思主义研究院共有创新工程项目 20 个："整体视野中的马克思主义基本原理研究"（首席研究员为程恩富），"社会主义国家主流意识形态建设与我国意识形态安全研究"（负责人为辛向阳），"马克思主义中国化思想通史研究"（首席研究员为金民卿），"社会主义核心价值体系引领社会思潮研究"（首席研究员为赵智奎），"马克思主义历史发展与社会主义文明建设研究"（首席研究员为杨斌），"国外马克思主义研究的若干前沿问题"（首席研究员为冯颜利），"国外对中国特色社会主义的研究及其启示"（负责人为郑一明），"金融危机背景下资本主义的变化与马克思主义时代化"（首席研究员为吕薇洲），"经济危机与经济周期的马克思主义研究"（首席研究员为胡乐明），"马克思主义本土化的国际经验与启示"（首席研究员为潘金娥），"中国特色社会主义基本理论、基本路线、基本纲领、基本经验、基本要求研究"（首席研究员为辛向阳），"现代资本主义再认识与国家资本主义批判研究"（首席研究员为余斌），"坚持改革的社会主义方向研究"（首席研究员为龚云），"十八大后习近平同志党的建设思想创新研究"（首席研究员为陈志刚），"贯彻落实习近平总书记'8·19'重要讲话精神的对策研究"（首席研究员为李春华），"马克思主义（中国特色社会主义理论）发展史研究"（首席研究员为桁林）；院重大招标项目"资本主义经济金融化与世界金融危机研究"（首席研究员为栾文莲）；院信息化项目"马克思主义研究院创新工程信息平台建设"（首席研究员为樊建新）；期刊项目"《马克思主义研究》"（总编辑为翟胜明）；期刊项目"《国际思想评论》"（总编辑为程恩富）。

2014 年，马克思主义研究院在创新工程方面实施的新机制、新举措有以下几点。

（1）科研项目向重大理论和现实问题倾斜。根据中国社会科学院对马克思主义研究院的以现实应用研究为主的最新功能定位，马克主义研究院在进入创新工程以后，全院的研究项目基本都以党、国家、人民关注的重大理论和现实问题为科研主攻方向。2014 年新立项的 5 个研究项目，全部是重大理论和现实问题研究项目。

（2）加大马克思主义及其中国化成果的宣传力度。为加大马克思主义及其中国化成果宣传力度，巩固和扩大马克思主义坚强阵地，从 2014 年开始，马克思主义研究院设立了 12 个国内论坛和 4 个国际论坛，大大提升了马克思主义及其中国化成果的影响力。其中，2014 年首次走出国门主办国际会议，成功举办了首届中俄发展论坛和首届中国道路欧洲论坛，学术外宣工作取了得良好效果。

（三）学术交流活动

1. 学术活动

2014 年，马克思主义研究院主办和承办的主要学术会议有：

（1）2014 年 1 月 13 日，马克思主义研究院主办的“第二届全国马克思主义基本原理学科学术年会”在北京召开。会议的主题是“深化马克思主义整体性研究”。

（2）2014 年 3 月 4 日，马克思主义研究院和中国人民大学马克思主义学院联合主办的“社会透视——马克思主义视角”第 4 次青年学术沙龙在北京举行。会议的主题是“凝聚改革共识：坚持社会主义改革方向”。

（3）2014 年 5 月 20 日，马克思主义研究院、浙江出版联合集团和广西师范大学出版社集团有限公司联合主办的“学习习近平系列重要讲话学术论坛（2014）——马克思主义视野下的国家治理暨《之江新语》研讨会”在北京举行。会议的主题是“马克思主义视野下的国家治理”。

（4）2014 年 5 月 29 日，马克思主义研究院与深圳大学联合成立的“当代中国思想文化研究所”揭牌仪式暨“提高文化软实力，建设文化强国”学术研讨会在广东省深圳市举行。会议的主题是“提高文化软实力，建设文化强国”。

（5）2014 年 6 月 7 ~ 8 日，马克思主义研究院和四川大学联合主办的“2014 年全国思想政治教育学术研讨会”在四川省成都市举行。会议的主题是“思想政治教育与培育和践行社会主义核心价值观”。

（6）2014 年 6 月 9 日，马克思主义研究院和社会学研究所联合主办的“社会透视——马克思主义视角”青年学术沙龙第 5 次活动在北京举行。会议的主题是“完善社会治理：坚持公平正义的价值取向”。

（7）2014 年 6 月 28 日，中国社会科学院马克思主义研究院、马克思主义研究学部、华南师范大学、广州大学、广西师范大学出版社集团有限公司联合主办的“历史唯物主义与中国道路——全国马克思主义青年学者论坛（2014）”在广东省广州市举行。会议的主题是“历史唯物主义与中国道路”。

（8）2014 年 7 月 5 日，马克思主义研究院与中共中央编译局政党研究中心联合主办的“国际共产主义运动：变动世界中的国外激进左翼”学术研讨会在河北省保定市举行。会议的主题是“国际共产主义运动：变动世界中的国外激进左翼”。

（9）2014 年 7 月 11 日，中国社会科学院马克思主义研究学部、当代中国研究所和中华人民共和国国史学会联合主办的“纪念邓小平同志诞辰 110 周年学术座谈会”在北京举行。会议的主题是“纪念邓小平同志诞辰 110 周年”。

（10）2014 年 8 月 5 ~ 7 日，马克思主义研究院与中共焦作市委联合主办的“中国特色社会主义道路、理论体系、制度论坛——学习贯彻习近平总书记系列重要讲话精神”在河南省焦作市举行。会议的主题是“中国特色社会主义道路、理论体系、制度——学习贯彻习近平总书记系列重要讲话精神”。

（11）2014年9月4日，马克思主义研究院与日本社会主义协会联合主办的“第三届中日社会主义学者论坛”在北京举行。会议的主题是“中国力量及其国际影响”。

（12）2014年9月13～14日，马克思主义研究院、燕山大学和广西师范大学出版社集团有限公司联合主办的“国外马克思主义研究学术年会”在河北省秦皇岛市举行。会议的主题是“新时期的国外马克思主义研究”。

（13）2014年9月28日至10月2日，马克思主义研究院与俄罗斯科学院经济研究所、莫斯科大学经济系、俄罗斯制度创新中心、圣彼得堡国立农业大学联合主办的“首届中俄发展论坛”在俄罗斯圣彼得堡市、莫斯科市举行。会议的主题是“全球化背景下中俄共同面临的新挑战”。

（14）2014年10月9～11日，马克思主义研究院、河北工程大学、广西师范大学出版社集团有限公司联合主办的“全国第一届中国特色社会主义发展论坛（2014）——全面深化改革与完善中国特色社会主义制度研讨会”在河北省邯郸市举行。会议的主题是“全面深化改革与完善中国特色社会主义制度”。

（15）2014年10月11～12日，中国社会科学院、全国博士后管理委员会、中国博士后科学基金会共同主办，中国社会科学院博士后管理委员会、中国社会科学院马克思主义研究院、全国青少年井冈山革命传统教育基地管理中心联合承办的第二届“全国马克思主义理论博士后论坛”在井冈山举行。会议的主题是“中国特色社会主义与中华民族伟大复兴的中国梦”。

（16）2014年10月15日，中国社会科学院马克思主义研究学部与《马克思主义研究》编辑部联合主办的“阶级、阶级斗争和阶级分析方法”理论座谈会在北京举行。会议的主题是“如何正确理解我国当前的阶级和阶级斗争问题”。

（17）2014年10月18日，马克思主义研究院、北京理工大学珠海学院、珠海市社会科学界联合会联合主办的第五届“马克思主义中国化学术论坛”在广东省珠海市举行。会议的主题是“深入学习邓小平理论，在新的历史起点上全面深化改革”。

（18）2014年10月19～27日，马克思主义研究院和德国德中协会、意大利共产党人党联合主办的“首届中国道路欧洲论坛”在德国柏林、意大利罗马举行。会议的主题是“中国道路：内涵、经验、未来走向”。

（19）2014年11月15日，马克思主义研究院主办的首届“执政党建设理论与实践论坛”在广西壮族自治区桂林市举行。会议的主题是“习近平总书记党建思想与当代中国党建实践”。

（20）2014年11月23日，中国社会科学院马克思主义理论学科建设与理论研究工程领导小组办公室、中国社会科学院马克思主义研究学部、经济社会发展研究中心共同主办的“第三届全国马克思主义经济学论坛暨北京马克思主义经济学青年论坛第四次研讨会”在北京举行。会议的主题是“当前国内外经济理论热点和政策”。

(21) 2014年11月26～27日，中国社会科学院马克思主义研究院、越南社会科学翰林院、老挝国家社会科学院联合主办的“第二届社会主义国际论坛”在老挝万象举行。会议的主题是“在社会主义条件下建设团结共识社会”。

(22) 2014年11月29～30日，中国社会科学院马克思主义研究学部、马克思主义研究院、云南农业大学、广西师范大学出版社集团有限公司联合主办的“第七届全国马克思主义院长论坛”在云南省昆明市举行。会议的主题是“马克思主义与中国全面深化改革”。

(23) 2014年12月4日，中国社会科学院马克思主义理论学科建设与理论研究工程领导小组主办、中国社会科学院马克思主义研究院承办的“中国社会科学院第二届科学社会主义论坛”在北京举行。会议的主题是“习近平总书记系列重要讲话与中国特色社会主义”。

2. 国际学术交流与合作

2014年，马克思主义研究院完成对外合作交流活动23批次，其中出访7批次31人次，接待来访16批次。组织了8次国外学者报告会，另外举办“中国社会科学论坛”1次，主办其他国际研讨会2次。

(1) 2014年3月5日，马克思主义研究院邓纯东与来访的越南工贸部代表团在北京座谈，介绍中国社会主义市场经济改革的经验。

(2) 2014年4月17日，马克思主义研究院冯颜利与意大利共产党人党政治局委员弗兰西斯科在北京就“欧洲共产党的现况、欧债危机与中国道路”等问题进行交流。

(3) 2014年6月5日，马克思主义研究院邓纯东与日本共产党中央委员会副委员长、国际部长绪方靖夫在北京就中日有关问题进行学术交流。

(4) 2014年9月28日至10月2日，马克思主义研究院邓纯东率代表团赴俄罗斯，与俄罗斯科学院经济研究所、莫斯科大学经济系、俄罗斯制度创新中心、圣彼得堡国立农业大学在圣彼得堡市、莫斯科市联合主办“首届中俄发展论坛”。会议的主题是“全球化背景下中俄共同面临的新挑战”。

(5) 2014年10月19～27日，马克思主义研究院邓纯东率代表团赴德国、意大利，与德国德中协会、意大利共产党人党在德国柏林、意大利罗马联合主办“中国社科论坛——首届中国道路欧洲论坛”。会议的主题是“中国道路：内涵、经验、未来走向”。

(6) 2014年11月26～27日，马克思主义研究院樊建新率代表团赴老挝，与越南社会科学翰林院、老挝国家社会科学院在万象联合主办“第二届社会主义国际论坛”。会议的主题是“在社会主义条件下建设团结共识社会”。

(四) 学术社团、期刊

1. 社团

(1) 中国历史唯物主义学会，会长侯惠勤。

2014 年 7 月 26 ~ 27 日，中国历史唯物主义学会在北京举行“全国历史唯物主义与全面深化改革理论研讨会暨中国历史唯物主义学会第七届会员代表大会”。会议的主题是“历史唯物主义与全面深化改革”，研讨的主要问题有“马克思主义基本原理与前沿问题”“党的建设与群众路线”“社会和谐发展与核心价值观”。与会专家学者 150 人。会议期间，学会选举产生了第七届理事会，侯惠勤当选新一任会长。

（2）中华外国经济学说研究会，会长程恩富。

2014 年 11 月 15 ~ 16 日，中华外国经济学说研究会在江苏省南京市举行了“中华外国经济学说研究会第 22 次学术研讨会”。会议的主题是“外国经济学说与国内外经济发展新常态”。研讨的主要问题有“国外主流与非主流的经济学理论”“政策及经济学说史研究的新进展”“当前世界经济和亚太经济新变化”“当前中国经济新常态及其理论和政策”。与会专家学者 160 人。

（3）中国经济规律研究会，会长程恩富。

2014 年 5 月 10 ~ 11 日，中国经济规律研究会在河南省郑州市举行了“中国经济规律研究会第 24 届年会”。会议的主题是“经济体制改革与区域经济发展”，研讨的主要问题有“经济体制改革与经济增长”“区域经济发展”“城镇化与城乡一体化”。与会专家学者 160 人。

（4）中国无神论学会，理事长朱晓明。

2014 年 12 月 13 ~ 14 日，中国无神论学会在广东省珠海市举行了“中国无神论学会 2014 年学术年会”。会议的主题是“科学无神论的基本理论与当前任务”，研讨的主要问题有“科学无神论与社会主义核心价值体系”“科学无神论与宗教研究”“无神论的历史、发展、理论及学科建设”“科学无神论的研究、宣传、教育”。与会专家学者 50 人。

2．期刊

（1）《马克思主义研究》（月刊），主编程恩富。

2014 年，《马克思主义研究》共出版 12 期，共计约 320 万字。该刊全年刊载的有代表性的文章有：王伟光的《坚持和发展毛泽东思想　坚定不移推进中国特色社会主义》，李崇富的《论从科学社会主义视角把握马克思主义的“整体性”》，侯惠勤的《意识形态话语权初探》，陶德麟的《从文化建设的视角看社会主义核心价值观的培育和践行》，马绍孟的《坚持群众路线与贯彻民主集中制》，田心铭的《马克思主义宗教研究必须坚持无神论立场》，项启源的《科学理解和积极发展混合所有制经济》，梁树发的《中国特色社会主义事业总体布局演变的逻辑与意义》，梅荣政的《论学习历史唯物主义的现实意义》，骆郁廷的《论社会主义的核心价值观》，邓纯东的《努力构建以马克思主义为指导的哲学社会科学话语体系》，陈金龙的《关于道路自信、理论自信、制度自信的思考》，袁银传的《当代资本主义核心价值观评析》，冯留建的《马克思主义国家理论与中国国家治理现代化》等。

（2）《国际思想评论》（英文季刊），主编程恩富、[美]大卫·斯维卡特、[法]托尼·安德烈阿尼。

2014 年,《国际思想评论》共出版 4 期,共计约 48 万字。该刊全年刊载的有代表性的文章有:[德]威廉·恩道尔、[王珍的《中国崛起与世界秩序:采访威廉·恩道尔》,[英]杰米·摩根、温迪·奥尔森的《强迫劳动与非自由劳动:一个分析》,[加拿大]亨利·海勒的《作为历史著作的马克思的〈资本论〉》,[美]大卫·佩纳的《可持续社会主义的六个基本要素:从构建生产力到对抗资产阶级自由化》,[意大利]布鲁诺·贾萨的《论生产合作社与社会主义》,[英]托尼·麦肯纳的《驳后马克思主义:后马克思主义是如何消解以阶级为基础的历史决定论及其革命实践的可能性》,[美]丹尼尔·罗比州的《叙利亚、中东北非地区和国际金融资本主义》,[希腊]米哈利斯·斯邦德拉凯斯的《"希腊左翼联盟现象"的非凡呈现》,何萍的《罗莎·卢森堡的革命民主主义的辩证法:一种方法论的解读》,[澳大利亚]安迪·布伦登的《诸多形式的激进主体》,[古巴]塔利亚·冯的《政治哲学与政治学:基于南方的视角》,[日]渡边雅男的《"历史的未来"与中产阶级:与弗朗西斯·福山讨论》,张新宁的《资本主义经济和生态的双重危机:评 2013 年纽约左翼论坛》。

(3)《马克思主义文摘》(月刊),主编程恩富。

2014 年,《马克思主义文摘》共出版 12 期,共计约 180 万字。该刊全年刊载的有代表性的文章有:习近平的《永远高举毛泽东思想的旗帜》,刘奇葆的《培育和践行社会主义核心价值观》,王伟光的《坚持人民民主专政,并不输理》,李捷的《毛泽东在开创中国特色社会主义道路中的历史性贡献》,程恩富的《习近平的十大经济战略思想》,李崇富的《从科学社会主义视角把握马克思主义的"整体性"》,侯惠勤的《中国特色社会主义道路是开创性"修出来"的》,邓纯东的《划清中国特色社会主义政治理论同西方政治理论的界限》,陈先达的《阶级分析方法仍然适用于今天吗?》,汝信的《两条道路 两种前景》,韩庆祥的《中国共产党面临八个"新的伟大斗争"》,张宇的《私有化是地地道道的邪路,决不能走》,[美]迈克尔·巴尔的《为什么中国需要软实力》,[日]姜克实的《日本人如何看待甲午战争》。

(4)《科学与无神论》(双月刊),主编杜继文。

2014 年,《科学与无神论》共出版 6 期,共计约 75 万字。该刊全年刊载的有代表性的文章有:朱晓明的《加强党员干部无神论的宣传教育》,杜继文的《毛泽东关于"加强宗教问题的研究"的战略意义》,崔海亮的《基督教文化对当代中国大学生的影响和对策》,段启明的《宗教工作的基本经验是一笔宝贵的财富》,戴继诚的《宣传科学无神论 维护意识形态安全》,加润国的《思想政治教育要高度重视宗教问题》,习五一的《科学无神论是抵御境外宗教渗透的思想武器》,张新鹰的《宗教信仰自由权利的边际问题——从"招远事件"说起》,周赟、李申的《论任继愈的科学无神论思想》,严韶华、张全峰的《加强马克思主义宗教观教育维护新疆社会稳定大局》,顾华详的《依法打击宗教极端的法治路径探讨》,赵宗宝的《地方高校大学生信仰状况及对策研究》,科学无神论研究中心的《弘扬科学无神论精神 培育社会主义核心价值观》,陈卫华的《重建马克思主义的理论自信——学习心得》,贠培基的《宗教道德基本特征回顾》,韩琪的《西方无神论思想发展的启示》，张祝平的《我国邪教治理方式的历史变迁和当下建构》。

（五）会议综述

历史唯物主义与中国道路
——全国马克思主义青年学者论坛（2014）

2014 年 6 月，“历史唯物主义与中国道路——全国马克思主义青年学者论坛（2014）”在广东省广州市举行。

2014 年 6 月 28 日，由中国社会科学院马克思主义研究院、马克思主义研究学部，华南师范大学，广州大学，广西师范大学出版社集团有限公司共同主办的“历史唯物主义与中国道路——全国马克思主义青年学者论坛（2014）”在华南师范大学举行。中国社会科学院马克思主义研究院院长、党委书记邓纯东，副院长樊建新，华南师范大学党委书记胡社军、副书记黄晓波，广东省委宣传部理论处处长丁晋清，广州大学副校长徐俊忠出席会议。丁晋清、黄晓波分别致辞，邓纯东作主题报告。论坛的主题是“历史唯物主义与中国道路”。来自中国社会科学院、中国人民大学、武汉大学、北京师范大学、南京大学等 50 多所高校及党校和研究机构的 80 多位马克思主义青年学者，中国社会科学杂志社、哲学研究杂志社、《人民日报》、《光明日报》、《中国社会科学报》等媒体的代表参加了论坛。樊建新主持了开幕式。

中国社会科学院院长、党组书记王伟光在为论坛准备的书面讲话中指出，历史唯物主义是马克思主义关于社会历史发展问题的哲学总说明，是共产党人认识社会问题、解决社会问题、推进社会进步的思想武器。“为什么人”的问题是唯物史观的核心问题，也是推动哲学社会科学事业繁荣发展的根本性、方向性、原则性问题。习近平总书记强调要牢固树立以人民为中心的工作导向，为广大哲学社会科学工作者从事学术研究指明了正确的努力方向：一是要始终坚持为人民服务的学术立场；二是要始终坚持党性和人民性相统一的原则；三是要始终坚持哲学社会科学的社会主义属性；四是要始终坚持弘扬理论联系实际的优良学风；五是要始终坚持推进哲学社会科学的创新。王伟光表示，习近平总书记系列重要讲话从党和国家事业发展的各个领域展开，贯通改革发展稳定、内政外交国防、治党治国治军等各个方面，内涵丰富、思想深刻、论述精辟，形成了一个既系统完整又开放包容的科学体系。这不仅进一步升华了我们党对共产党执政规律、社会主义建设规律、人类社会发展规律的认识，也是对中国特色社会主义理论体系的进一步丰富、发展和创新，是推进马克思主义中国化、时代化、大众化的重要文献。

邓纯东在主题报告中说，历史唯物主义是中国道路的理论基础，要用历史唯物主义的立场、观点、方法来分析中国道路前进中面临的困难和问题，找出、找准生产关系和上层建筑中不适应生产力发展的方面和环节，通过深化改革予以化解，推动改革开放沿着社会主义方向不断前进。历史唯物主义和中国道路直接关系到社会主义意识形态建设，希望通过对历史唯物主义、中国道路的研究学习和宣传教育，不断巩固马克思主义在意识形态领域的指导地位，巩固全党全国人民团结奋斗的共同思想基础。

与会专家学者围绕会议主题，就中国道路和历史唯物主义的关系、中国道路和中国梦的关系、中国道路和社会主义核心价值体系的关系、中国道路的内涵和价值、中国道路的历史和未来、如何增强道路自信等问题，展开了交流和讨论。

（杨　静）

首届“中俄发展论坛”

2014 年 9 月 28 日至 10 月 2 日，中国社会科学院马克思主义研究院与俄罗斯科学院经济研究所、莫斯科大学经济系、俄罗斯制度创新中心、圣彼得堡国立农业大学等联合举办了首届“中俄发展论坛”。论坛分别在圣彼得堡、莫斯科两地共举行两次学术研讨会。在中国社会科学院马克思主义研究院院长、党委书记邓纯东带领下，马克思主义研究院携同河北省社会科学院、广西师范大学、上海师范大学、东北师范大学、吉林大学、广西财经学院、广东工业大学等国内多家单位的 30 余名马克思主义学者赴俄罗斯参加会议。会议的主题是“全球化背景下中俄共同面临的新挑战”。与会人员围绕这一主题，就“中国特色社会主义理论和道路”“中国发展的成就与经验”“中俄共同的发展战略指向”等议题进行了讨论。

2013 年 8 月，习近平总书记在全国宣传思想工作会议上指出：“要精心做好对外宣传工作，创新对外宣传方式，着力打好融通中外的新概念新范畴新表述，讲好中国故事，传播好中国声音。”强调要开展好学术外宣、学术外交，以学术活动为载体，向国际社会宣传中国道路的伟大成就与成功原因。正是为了贯彻落实习总书记的要求，中国社会科学院马克思主义研究院决定以学术交流为平台，以重大的现实问题为指引，将中国特色社会主义道路与国际学术思潮的新概念、新范畴、新表述结合起来，以传播中国声音、叙述中国故事为目的，解说中国道路，展示中国成就，分析中国成功的原因，同国外知名学术机构合作，在国外（境外）举办系列国际学术合作研讨和论坛。此次在俄罗斯的重要城市圣彼得堡和首都莫斯科举办的两场重要学术研讨会就是中国社会科学院马克思主义研究院系列学术拓展的组成部分。

在圣彼得堡和莫斯科举办的会议主题分别为“中俄面对全球新挑战”和“中俄发展道

路与问题”。两个会议主题承前启后，相辅相成。中俄两国学者对当前的世界格局给予了特别的关注，比较了中国和俄罗斯在世界格局中的地位和作用，提出打破以西方为首的世界治理方式，建立新的公平有效的世界管理模式的必要性。俄罗斯学者对中国道路所取得的伟大成就表示盛赞，并对当前中国在各方面实施的综合改革表现出浓厚的兴趣，希望借鉴利用。中国学者则从马克思主义立场出发，阐发了在全球化进程呈现出新内容和新挑战的背景下中国在意识形态建设、政治改革、经济改革、文明传承与文化建设等领域的理论成果与重要举措。此外，与会学者就“国家意识形态在一国发展中的重要作用”“世界意识形态博弈”“中国的价值取向与道路选择”“后金融危机时代中国模式的机遇和挑战”“中俄在应对不稳定的欧洲弧线中的作用”“中俄改革比较”“俄罗斯保守主义”“俄罗斯睦邻发展空间”“外部动荡对俄罗斯的影响”等议题进行了深入探讨和广泛交流。两国与会学者一致认为，中俄两国学术界为共同的发展战略进行研讨交流，有利于解决两国共同面对的来自国际复杂局势的各种问题、挑战，有利于中俄两国共同美好的明天与双方的友好关系，有利于增进两国人民友谊。

中俄两国学者的学术交流受到了俄罗斯各界的广泛关注。俄罗斯多家媒体对会议进行了报道，俄罗斯联邦共产党除了专门派记者到现场进行采访、访谈之外，还在其所属的“红色路线”网站分别就两场会议进行了报道。

（康晏如）

第二届社会主义国际论坛

2014 年 11 月 26 ～ 27 日，由中国社会科学院马克思主义研究院、越南社会科学翰林院、老挝国家社会科学院联合主办，老挝国家社会科学院承办的“第二届社会主义国际论坛”在老挝万象召开。来自中国、越南、老挝、古巴等国的百余位专家学者、政府官员及外交使节，围绕“在社会主义条件下建设团结共识社会”的主题进行了讨论与交流。

老挝人民革命党中央委员、老挝国家社会科学院院长扎伦·叶宝河博士在论坛开幕式上指出，“建设团结共识社会”是老挝人民革命党第九次全国代表大会的重要决议之一，坚持正确的国家发展路线、确保社会平等正义、维护人民的合法权益、倡导互尊互信的社会风气是老挝党和国家构建团结共识社会必须高度重视的问题；老挝有句成语——“独木不成林”，社会主义国家内部及社会主义各国间的团结共识是推进社会主义革命与建设的决定性因素，只有高度重视团结共识社会的建构，才能在经济全球化和深化社会主义市场经济改革的时代，巩固和发展社会主义的伟大事业。老挝国家社会科学院副院长坎潘·本纳迪博士在开幕式致辞中指出，建设社会主义团结共识社会，应建立统一的国家民族意志，力行依法治国，发展全国统一战线，实施全面合理的社会政策，消除两极分化，解决贫困问题和发扬社会主义国际团结精神。越南社会科学翰林院副院长、越南代表团团长范文德副教授和中国社会科学院马克思主义研究院副院长、中国代表团团长樊建新研究员也先后在开幕式上致辞。

论坛为期两天，30 余位学者及官员围绕三个分议题——“构建团结共识社会的一般理论”“各国构建团结共识社会的实践”“各国构建团结共识社会的方向与措施”作了大会发言，并就一些关键问题进行了讨论。

在论坛的闭幕辞中，中国社会科学院马克思主义研究院副院长樊建新作了总结发言。他认为，论坛有“八点共识”：①团结共识是社会主义的重要价值，它在社会主义革命、建设和改革过程中必不可少；②团结共识既是一个价值目标，也是一个动态实践过程，要辩证地看待团结共识的构建过程，不能回避矛盾和问题；③在阶级社会构建团结共识，不能忽视一定程度上存在的阶级斗争；④要处理好思想价值多样性与马克思主义一元主导的关系；⑤党的团结是社会团结的火车头，必须要有一个团结坚强的领导核心；⑥团结共识需要意识形态的支撑，更需要制度和政策的支撑；⑦构建团结共识社会须处理好市场经济与社会主义的关系；⑧除加强自身团结共识建设外，社会主义各国应加强彼此间的团结互助。

越南社会科学翰林院副院长范文德宣布，2015 年第三届社会主义国际论坛将由越南社会科学翰林院承办，拟邀中国、越南、老挝、古巴、朝鲜五国的学者与官员在越南共议“社会主义国家执政党建设”这一主题。

（潘金娥）

第七届全国马克思主义院长论坛

2014 年 11 月 29 ~ 30 日，由中国社会科学院马克思主义研究学部、中国社会科学院马克思主义研究院、云南农业大学、广西师范大学出版集团有限公司共同主办，云南农业大学马克思主义学院和中国社会科学院马克思主义研究院国外部承办的“第七届全国马克思主义院长论坛”在云南省昆明市举行。中国社会科学院马克思主义研究院党委书记、院长邓纯东，中国社会科学院马克思主义研究学部主任程恩富，云南农业大学党委书记张海翔，《人民日报》理论部主编彭国华以及来自全国 70 多家研究和教学机构的学者近 120 人参加了论坛。

2014 年 11 月，“第七届全国马克思主义院长论坛”在云南省昆明市举行。

与会专家学者围绕“马克思主义与中国全面深化改革”这一主题，紧扣学习贯彻习近平总书记系列重要讲话精神和党的十八届三中、四中全会精神，就“马克思主义理论和现实问题研究”“中国特色社会主义道路、理论体系和制度研究”“中国梦和社会主义核心价值观研究”“党史党建与思想政治教育研究”“依法治国与社会治理研究”等问题进行了研讨。

邓纯东在论述当前马克思主义研究的目的和任务时强调，一是马克思主义研究要在促进马克思主义及其中国化的理论在武装全党、教育人民中发挥积极作用。要把马克思主义及其中国化的理论成果武装全党教育人民这一要求真正落实好，需要我们理直气壮地承担起研究和传播马克思主义及其中国化理论成果的责任。二是马克思主义研究应服从和服务于推动马克思主义及其中国化宣传普及的目的。当前，社会上存在各种错误的言论和非马克思主义、反马克思主义甚至诋毁马克思主义的现象，马克思主义学者要及时加以揭露和批判，与其作坚决的斗争，以防止发生“颠覆性”错误。三是努力推动马克思主义理论创新和发展。党的十八届三中全会提出全面深化改革、四中全会提出了依法治国战略，体现了马克思主义在中国特色社会主义实践中的运用。马克思主义理论工作者一定要在对重大社会问题的应答和理论分析中，促进马克思主义的丰富和发展。

程恩富在演讲中认为，社会主义市场经济优越于资本主义市场经济，社会主义制度能够弥补和克服“市场失灵”的弊端；社会主义公有制有利于克服市场经济在生产目的上唯利是图的弊端；社会主义按劳分配和共同富裕制度有利于克服市场经济分配不公的弊端；社会主义国家调控规律有利于克服市场经济配置资源的自发性和盲目性弊端；社会主义价值观有利于克服市场经济拜金主义、利己主义的弊端。

（方　文）

当代中国研究所

（一）人员、机构等基本情况

1．人员

截至2014年年底，当代中国研究所共有在职人员84人。其中，正高级职称人员7人，副高级职称人员16人，中级职称人员14人；高、中级职称人员占全体在职人员总数的44%。

2．机构

当代中国研究所设有：办公室、科研办公室、第一研究室（政治史研究室）、第二研究室（经济史研究室）、第三研究室（文化史研究室）、第四研究室（社会史研究室）、第五研究室（外交史及港澳台史研究室）、第六研究室（理论研究室）。其中，办公室下辖秘书档案处、人事保卫处、财务处、行政管理处和老干部工作处等5个处级单位，负责管理服务中心。科研办公室下辖学术处、宣传教育处、图书资料室、信息中心和《当代中国史研究》编辑部等 5 个处级单位。

3. 科研中心

当代中国研究所所属科研中心有：陈云与当代中国研究中心、当代中国政治与行政制度史研究中心、当代中国文化建设与发展史研究中心、“一国两制”史研究中心、新中国历史经验研究中心。

（二）科研工作

1. 科研成果统计

2014 年，当代中国研究所共完成专著 8 种，389.1 万字；论文 206 篇，174.6 万字；研究报告 5 篇，3.7 万字；学术资料 4 种，366 万字；译著 1 种，10 万字；论文集 2 种，92 万字；影视 2 种，800 分钟。

2. 科研课题

(1)新立项课题。2014 年,当代中国研究所共有新立项课题 1 项,即国家社会科学基金课题：“新中国治水史”（王瑞芳主持）。

(2）结项课题。2014 年，当代中国研究所共有结项课题 5 项。其中，国家社会科学基金课题 2 项:“新中国成立 60 年基本经验研究”（朱佳木主持），“‘大跃进’时期的农田水利建设”（王瑞芳主持）；院青年科研启动基金课题 3 项:“新中国成立以来调控五次物价波动的考察”(王蕾主持),“1966 ～ 1976 中国社会史研究述评”（徐轶杰主持),“国史题材电视纪录片发展现状”(潘娜主持)。

(3）延续在研课题。2014 年，当代中国研究所共有延续在研课题 6 项。其中，国家社会科学基金课题 3 项：“中国产业结构演变中的大国因素（1949 ～ 2010)”（武力主持），“中国当代社会史的理论与方法研究”(李文主持),“中国社会主义道路的探索和毛泽东思想的发展”(田居俭主持）；院重大课题 1 项：“无产阶级专政的历史经验研究”（朱佳木主持）；其他部门与地方委托课题 2 项：北京市课题“当代中国国家安全的理论与实践——1949 ～ 2004 年国家安全战略分析”（刘国新主持)，北京市课题“新中国成立以来北京的科技发展”（张蒙主持)。

3. 创新工程的实施和科研管理新举措

(1）进入创新工程的时间：2013 年 1 月 1 日，当代中国研究所进入创新工程。

(2）2014 年参加创新工程的人数：2014 年，当代中国研究所聘至创新岗位人员的总数为 68 人（编制内）；聘用编制外人员 4 人。

(3）2014 年当代中国研究所创新工程项目的名称及其首席研究员姓名：

首席管理：王灵桂；创新项目“中华人民共和国史编年”（首席研究员为武力）；创新项

目“中华人民共和国政治史研究”（首席研究员为李正华）；创新项目“中华人民共和国经济史研究”（首席研究员为郑有贵）；创新项目“中华人民共和国文化史研究”（首席研究员为欧阳雪梅）；创新项目“中华人民共和国社会史研究”（首席研究员为李文）；创新项目“中华人民共和国外交史研究”（首席研究员为黄庆）；创新项目“中华人民共和国史研究的理论与方法”（首席研究员为宋月红）；创新项目“中华人民共和国史宣传与传播”（首席研究员为张星星）；创新项目“‘文化大革命’资料收集”（首席研究员为杨文利）；创新项目“改革开放口述史”（首席研究员为姚力）。

（三）学术交流活动

1．学术活动

2014 年，当代中国研究所主办和承办的学术会议有：

（1）2014 年 5 月 19 ～ 20 日，当代中国研究所、中华人民共和国国史学会、中共浙江省委党史研究室、陈云纪念馆联合主办的“第八届陈云与当代中国”学术研讨会在浙江省杭州市举行。会议的主题是“陈云与党史国史的研究”。

（2）2014 年 6 月 26 ～ 27 日，当代中国研究所举办的“第三届当代中国史国际高级论坛”在北京举行。会议的主题是“中国道路与中国梦”。来自美国、俄罗斯、法国、塞尔维亚、澳大利亚、新西兰、越南的 12 位学者以及中共中央党校、军事科学院、中国人民大学、清华大学、中国社会科学院的专家学者共计 30 余人参加了论坛。

（3）2014 年 9 月 22 ～ 23 日，当代中国研究所与中华人民共和国国史学会联合主办的“第十四届国史学术年会”在北京举行。会议的主题是“中国特色社会主义：道路与制度”。

2014 年，当代中国研究所主办和承办的其他学术活动有：

（1）2014 年 1 月 22 日，当代中国研究所主办的“国史讲座第 93 讲”在北京举行。该讲座由中国社会科学院党组成员、副院长李扬研究员就“十八届三中全会精神”专题作辅导报告。

（2）2014 年 5 月 13 日，当代中国研究所、中华人民共和国国史学会在北京联合举办“纪念陈云同志诞辰 109 周年座谈会”。陈元、张全景、许永跃、有林、李洪峰、罗扬等参加会议并发言。

（3）2014 年 6 月 24 日，当代中国研究所与中国社会科学院马克思主义研究学部在北京联合举办“纪念邓小平同志诞辰 110 周年学术座谈会”。

（4）2014 年 9 月 3 日，当代中国研究所主办的“国史讲座第 94 讲”在北京举行。该讲座由国家工商行政管理总局局长张茅就“加强市场监管 完善社会主义市场经济体制”专题作报告。

2．国际学术交流与合作

2014 年，当代中国研究所共派遣出访 2 批 4 人次，接待来访 7 批 30 人次。与该所开展学术交流的国家和地区有美国、英国、俄罗斯、瑞典、法国、塞尔维亚、澳大利亚、新西兰、越南等。

出访

为完成当代中国研究所创新项目“文化大革命”资料收集工作，该所分别派出魏立帅、徐轶杰赴英国（2014 年 8 月 12 日至 10 月 3 日），王巧荣、潘娜赴美国（2014 年 10 月 10 日至 11 月 8 日）进行相关资料的收集工作。

来访

（1）自 2001 年起，当代中国研究所与俄罗斯科学院远东研究所就签订了双边学术交流协议。2014 年，该所继续接待根据协议来访的俄方学者，安排学者赴俄进行学术交流。3 月 28 日至 4 月 12 日，该所信息技术处主任彼科维尔·亚历山大·弗拉基米拉维奇就信息化和电子商务、中国的信息化发展问题及舆情管控问题开展学术访问。

（2）2014 年 6 月 24 日，当代中国研究所副所长张星星与美国波士顿大学教授傅士卓就“中国的政治体制改革”等问题进行座谈。

（3）2014 年 7 月 7 日，当代中国研究所副所长武力为参加文化部和中国社会科学院联合举办的“青年汉学家研修计划”来访的 10 位外国专家讲课，题目为“国史研究中的一些问题”。

（4）2014 年 7 月 9 日，当代中国研究所副所长武力与俄罗斯科学院远东所研究员叶尔绍夫就“中国的行政体制改革”专题进行座谈。

（5）2014 年 8 月 26 日，当代中国研究所副所长张星星会见来访的美国哈佛大学教授傅高义，就互相关心的问题进行了座谈。

（6）2014 年 10 月 30 日，当代中国研究所副所长张星星为中共中央对外联络部邀请的印度人民党干部考察团就“中国改革开放的历程和经验”专题作报告。

（7）2014 年 11 月 26 日，当代中国研究所副所长张星星与来访的澳大利亚皇家墨尔本大学教授陈杨国生就“中国的核政策与核战略”专题进行座谈。

3．与香港、澳门特别行政区和台湾开展的学术交流

（1）为完成当代中国研究所创新项目“文化大革命”资料收集工作，受台湾“中央大学”的邀请，2014 年 6 月 1 ～ 30 日，当代中国研究所张勉励、孙翠萍赴台湾进行相关资料的收集工作。

（2）2014 年 7 月 20 ～ 28 日，当代中国研究所叶张瑜应邀赴香港和澳门参加全国港澳研究会举办的以港澳政治法律研究为主题的培训班。

（3）2014 年 10 月 16 ～ 23 日，当代中国研究所当代中国出版社高歌赴台湾参加第十届海峡两岸图书交易会。

（4）2014 年 11 月 6 ～ 8 日，当代中国研究所孙翠萍赴澳门参加由全国港澳研究会与澳门基金会联合举办的“澳门回归十五周年专题研讨会”。

（四）学术社团、期刊

1．社团

中华人民共和国国史学会，会长陈奎元。

（1）2014年3月23日，中华人民共和国国史学会在北京举行“中华人民共和国国史学会三线建设研究分会成立大会”。中国社会科学院原副院长、当代中国研究所原所长、中华人民共和国国史学会常务副会长朱佳木出席会议并讲话。

（2）2014年4月28日，中国社会科学院原副院长、当代中国研究所原所长、中华人民共和国国史学会常务副会长朱佳木带领有关人员赴河北省易县狼牙山镇中心小学举行“第六届当代狼牙山镇教育奖助资金捐助”活动。

（3）2014年5月13日，中华人民共和国国史学会在北京举办“纪念陈云同志诞辰109周年座谈会”。中国社会科学院原副院长、当代中国研究所原所长、中华人民共和国国史学会常务副会长朱佳木主持会议，全国政协副主席陈元出席会议并讲话。

（4）2014年7月18～23日，中华人民共和国国史学会与中国地方志指导小组办公室联合主办的第五期“中华人民共和国史高级研修班”在北京举行。来自全国20个省、区、市和新疆生产建设兵团，以及部分高校和国家有关单位的史志学术骨干130余人参加研修班。

（5）2014年8月26日，中华人民共和国国史学会和中国社会科学杂志社在北京联合举办“纪念邓小平同志诞辰110周年暨学习习近平总书记在纪念大会上的重要讲话座谈会”。

（6）2014年9月16日，中华人民共和国国史学会在北京举办“依法治国与坚持党的领导——纪念新中国第一部宪法颁布60周年学术座谈会”。中国社会科学院原副院长、当代中国研究所原所长、中华人民共和国国史学会常务副会长朱佳木主持会议并作总结讲话。

（7）2014年9月25日，中华人民共和国国史学会在北京举办主题为“正确认识改革开放前后两个历史时期的关系——纪念新中国成立65周年座谈会”。中国社会科学院原副院长、当代中国研究所原所长、中华人民共和国国史学会常务副会长朱佳木主持会议并作总结讲话。

2．期刊

《当代中国史研究》（双月刊），主编张星星。

2014年，《当代中国史研究》共出版6期，共计150多万字。该刊第1期刊载“学习贯彻中共十八届三中全会精神笔谈”（6篇），第3～5期设置专栏，组织刊发了纪念邓小平诞辰110周年的专题研究文章（18篇）。“国家社科基金研究成果”栏目刊发国家社科基金项目阶段性成果（22篇）。该刊全年刊载的有代表性的文章有：李捷的《邓小平与改革开放的启航》，朱佳木的《重温和牢记邓小平对八九政治风波的反思》，张星星的《邓小平探索和开创中国特色精兵之路的历史贡献》，周新成的《邓小平关于改革思想的现实意义》，李文的《从“小康社会”到“中国梦”》，邬思源等的《20世纪50年代中期人民检察通讯员组织的普遍调整》，张帅的《海外“保钓运动”缘起研究》，胡鞍钢的《走中国特色农业现代化道路（1949～2012年）》，蒋积伟的《新中国救灾方针演变考析》，朱高林的《1949 ～ 1978 年中国居民生活水平的历史评价》，聂文婷的《第一颗原子弹成功试爆后的对外宣传与国际反响》，孙翠萍的《新中国成立初期推进统一进程中的金门》等。

（五）会议综述

第八届“陈云与当代中国”学术研讨会

2014 年 5 月 19 ～ 20 日，由中国社会科学院当代中国研究所、浙江省委党史研究室、陈云纪念馆、中华人民共和国国史学会联合举办的主题为“陈云与党史国史的研究”的第八届“陈云与当代中国”学术研讨会在浙江省杭州市举行。中央组织部原部长张全景，中共浙江省委常委、秘书长赵一德，中国社会科学院原副院长、当代中国研究所原所长、国史学会常务副会长朱佳木等出席开幕式并讲话。中央党史研究室原副主任、国史学会副会长张启华以及陈云的子女、亲属和来自全国各地的 40 多位专家学者出席了会议。会议开幕式由中共浙江省委党史研究室主任金延锋主持。

与会学者指出，党的十八大后，党中央高度重视、大力提倡认真学习和正确认识党史国史，深刻总结和善于借鉴历史经验，并把这些作为统一思想、凝聚力量、实现“两个 100 年”奋斗目标的重要措施。在这个大背景下，第八届“陈云与当代中国”研讨会把“陈云与党史国史的研究”作为会议主题，具有重要的现实意义。朱佳木说，陈云同毛泽东、邓小平等老一代革命家一样，非常重视和关心历史的研究、宣传、教育工作，并且在对待历史问题的认识、分析和历史经验的总结、借鉴方面，有许多独到、精辟的见解；在将历史唯物主义用于解决实际问题的方面，为我们树立了光辉典范，值得我们认真学习和深入研究，从中汲取智慧。

会议共收到论文 80 余篇，入选论文 55 篇。这些文章从不同方面阐释了陈云伟大的一生与党史国史的密切联系和伟大贡献。在闭幕式上，当代中国研究所副所长、国史学会秘书长张星星作了学术总结。

（国　实）

中国道路与中国梦
——第三届当代中国史国际高级论坛

2014 年 6 月 26 ～ 27 日，由中国社会科学院当代中国研究所主办的“中国道路与中国梦——第三届当代中国史国际高级论坛”在北京举行。受中国社会科学院党组成员、当代中国研究所所长荆惠民委托，当代中国研究所副所长张星星致开幕词。

与会专家指出，中国的历史和实践已经证明，中国特色社会主义道路，是实现中华民族伟大复兴中国梦的必由之路。这条道路是在改革开放30多年的伟大实践中开创的，是在中华人民共和国成立60多年的持续探索中走出来的，是在对近代以来170多年中华民族发展历程的深刻总结中走出来的，是在对中华民族5000多年悠久文明的传承中走出来的，具有深厚的历史渊源和广泛的现实基础。

2014年6月，“中国道路与中国梦——第三届当代中国史国际高级论坛”在北京举行。

与会专家强调，中国道路是中国人民在中国这片沃土中走出来的，但它不是孤立形成的，同时也学习和借鉴了人类文明发展的优秀成果。中国梦是中国人民的梦，但它无时无刻不影响到世界，与世界各国人民热爱和平、繁荣和幸福的美好梦想是相通的。中国的发展离不开世界，当今世界也需要中国的发展。中国道路、中国梦已将中国与世界进一步联系起来，也成为中外学者研究当代中国、当代中国史的重要课题。

来自中共中央党校、中国社会科学院、军事科学院、中国人民大学、中国科学院—清华大学国情研究中心，以及美国华盛顿大学、美国马里兰大学、俄罗斯科学院、法国加布里埃·佩里基金会、法国全球科学研究中心、新加坡国立大学、澳大利亚墨尔本理工大学、新西兰奥克兰大学、塞尔维亚现代史研究所、越南社会科学翰林院等国内外科研机构的专家学者，从政治、经济、外交、军事、文化、历史等多角度多层面，对“中国道路”与“中国梦”两大主题进行了深入研讨。

（国　实）

“学习习近平重要外交理念”研讨会

2014年7月5日，由中国社会科学院当代中国研究所主办、中国社会科学院当代中国研究所第五研究室和《当代中国史研究》编辑部承办的“学习习近平重要外交理念”研讨会在北京举行。来自中央文献研究室、中共中央党校、国防大学、中国国际战略学会、当代世界杂志社和中国社会科学院信息情报研究院、边疆史地研究中心、世界社会主义研究中心等机构的20位专家学者应邀参加会议。当代中国研究所副所长张星星主持会议。

与会学者围绕“中国梦的深刻内涵和世界意义”“中国国际战略与外交理念创新”“大国外

交战略与策略”“周边外交与利益共同体”“中国文明观和海洋安全观”等五个方面议题进行了讨论。与会学者一致认为，以习近平为总书记的党中央，不断适应国际形势的新变化，在外交理念、国际战略、总体外交布局、外交政策与策略等方面积极创新。习近平总书记重要外交理念内容丰富，思想深邃，学习好、领会好、把握好这些具有创新意义的重要外交理念，有助于我们提高战略思维能力，开阔研究眼界，拓宽研究思路，对于外交史和国际关系研究具有重要指导意义。

（国　实）

中国特色社会主义：道路与制度——第十四届国史学术年会

2014年9月22～23日，中国社会科学院当代中国研究所和中华人民共和国国史学会共同主办的“中国特色社会主义：道路与制度——第十四届国史学术年会”在北京举行。中国社会科学院党组成员、当代中国研究所所长荆惠民致开幕词。求是杂志社社长、国史学会副会长李捷，中国社会科学院原副院长、国史学会常务副会长朱佳木在会上分别作题为“邓小平与改革开放的启航”和“新中国65年的发展与抓住历史机遇”的讲话。中共中央党史研究室原副主任、国史学会顾问沙健孙，国防大学原副政委、国史学会顾问李殿仁，第二炮兵原副司令员、国史学会副会长张翔出席会议。

2014年9月，“中国特色社会主义：道路与制度——第十四届国史学术年会”在北京举行。

与会学者指出，习近平总书记指出，历史是最好的教科书。学习党史、国史，是坚持和发展中国特色社会主义、把党和国家各项事业继续推向前进的必修课。国史一头连着历史，一头连着现实。国史研究要紧紧围绕党对“什么是社会主义、怎样建设社会主义，建设什么样的党、怎样建设党，实现什么样的发展、怎样发展”等一系列历史课题的理论与实践探索，深刻总结社会主义革命、建设和改革的丰富历史经验，深刻揭示中国走社会主义道路的历史必然性、实行社会主义制度的优越性和建设社会主义的规律性。这是国史研究的重要职责和学术担当，是在研究历史和观照现实中坚定中国特色社会主义道路自信、理论自信和制度自信的重要认识源泉。从这个意义上说，在推进中国特色社会主义历史进程中，在为实现中华民族伟大复兴中国梦的奋斗中，国史研究大有可为，也一定能够大有作为。

当代中国研究所副所长、国史学会秘书长张星星主持开幕式并作会议总结。当代中国研究所副所长武力、王灵桂出席会议。来自全国各地高校和科研机构的近 60 名国史学会代表，围绕中国特色社会主义道路与制度的主题，从多角度进行了深入研讨。

（国　实）

信息情报研究院

（一）人员、机构等基本情况

1. 人员

截至 2014 年年底，信息情报研究院共有在职人员 37 人。其中，正高级职称人员 8 人，副高级职称人员 9 人，中级职称人员 12 人；高、中级职称人员占全体在职人员总数的 78%。

2. 机构

信息情报研究院设有：国内编研部、国际编研部、综合研究部、期刊编辑部、综合事务部。

3. 科研中心

信息情报研究院院（中国社会科学院）属科研中心有：国际中国学研究中心；所（信息情报研究院）属科研中心有：当代理论思潮研究中心。

（二）科研工作

1. 科研成果统计

2014 年，信息情报研究院共完成专著 1 种，47 万字；论文集 3 种，116 万字；论文 13 篇，14 万字；译文 15 篇，19 万字。

2. 科研课题

（1）新立项课题。2014 年，信息情报研究院有新立项课题 1 项，即国家社会科学基金重大课题“国际智库当代中国研究数据库与重要专题研究”（张树华主持）。

（2）结项课题。2014 年，信息情报研究院共有结项课题 2 项。其中，国家社会科学基金课题 1 项：“新科技革命和全球化条件下西方工人阶级新变化与社会主义运动”（姜辉主持）；国家社会科学基金后期资助课题 1 项：“冷战迷局与发展悖论——冷战后国际‘民主化’的经验与教训（2012 ~ 2014）”（张树华主持）。

3. 创新工程的实施和科研管理新举措

信息情报研究院是院首批进入创新工程的单位。2014 年，信息情报研究院参加创新工程的人数为 26 人，首席管理 2 名（党委书记姜辉、院长张树华），首席研究员 2 名，总编辑 3 名，业务主管 1 名。

2014 年，信息情报研究院创新工程的总目标是：努力把信息情报研究院建设成为中国社会科学院向党中央和国务院报送决策参考信息的重要平台，国内国际重要思想理论与战略决策的信息库，各领域重要科研成果应用于实践与决策的主渠道。

2014 年，信息情报研究院努力加强信息报送工作，不断深化情报分析与研究，着力建设四个平台，即应用对策研究与信息报送平台，重要思想理论研究与信息报送平台，国外中国学研究与信息报送平台，网络信息的收集、分析与报送平台。

（三）学术交流活动

2014 年，信息情报研究院主办的学术会议有：

（1）2014 年 3 月 4 日，由中国社会科学院世界社会主义研究中心和社会科学文献出版社共同举办的《世界社会主义跟踪研究报告（2013 ～ 2014）》发布暨“当今世界格局与我国安全发展战略”学术研讨会在北京举行。

（2）2014 年 4 月 17 日，由中国社会科学院政治学研究所和《国外社会科学》编辑部联合主办的“政治意识的话语建构”学术研讨会在北京举行。来自中共中央党校、北京大学、中国人民大学、中国政法大学和中国社会科学院的专家学者参加了会议。

（3）2014 年 7 月 8 ～ 9 日，由信息情报研究院和湖南师范大学共同主办的“国外治理理论与中国国家治理能力建设”学术研讨会在湖南师范大学召开。

（4）2014 年 10 月 13 ～ 14 日，由中国社会科学院世界社会主义研究中心和中联部当代世界研究中心联合举行的“第五届世界社会主义论坛：社会主义是人类必然归宿暨世界社会主义研究中心成立二十周年”国际学术研讨会在北京召开。

（5）2014 年 11 月 3 日，由韩国经济·人文社会研究会和中国社会科学院信息情报研究院共同主办的“韩中人文交流政策论坛”在韩国首尔举办。来自中韩两国高校和科研机构的 40 余名专家学者参加了会议。

（6）2014 年 11 月 21 ～ 23 日，由信息情报研究院主办、《国外社会科学》编辑部和苏州大学政治与公共管理学院共同承办的“国际软实力比较研究”学术研讨会在江苏省苏州市召开。会议研讨的主要问题有“软实力的理论发展与研究现状”“各国政府软实力建设比较研究”“国家形象的构建与传播”“中国软实力发展现状与对策”等。

（四）学术期刊

（1）《国外社会科学》（双月刊），主编张树华。

2014 年，《国外社会科学》共出版 6 期，共计 156 万字。该刊全年刊载的有代表性的文章有：俞吾金的《回到马克思的批判理论——当代西方马克思主义意识形态理论探微》，施从美的《政府服务合同外包：公共治理的创新路径——美国经验及其对中国的启示》，朱春晖的《马克思评资本主义分配的正义性》，高奇琦的《比较政治研究中的质性方法》，李世涛的《从全球化、现代性到全球现代性——阿里夫·德里克的“全球现代性”理论》，皮尔波洛·多纳蒂著、李中泽编译的《全球化时代的社会学研究》，戴安娜·斯通著、唐磊译的《政策分析机构的三大神话——回收箱、垃圾桶还是智库？》，保罗·哈特等著、肖军拥编译的《智库处在公共政策的新时代吗？》，马丁·蒂纳特著、杨莉译的《德国智库的发展与意义》，汤兆云等的《德国、美国、韩国和中国台湾老年年金制度的改革及启示》，谢志岿、曹景钧的《低制度化治理与非正式制度——对国家治理体系与能力现代化一个难题的考察》，李振的《中欧试验式治理模式比较》，宋伟的《亚太国家和地区廉政治理比较研究》，王凤才的《〈工具理性批判〉与〈理性之蚀〉关系考》，何秉孟的《重拾“第三条道路”？金融危机后美欧的政治思潮与经济选择》，王金宝的《当代西方左翼学者对资本主义全球化替代方案的探寻》，约翰·诺尔特著、肖春燕译的《环境伦理学中从“是”到“善”的转变》。

(2)《第欧根尼》(半年刊)，主编肖俊明。

2014年，《第欧根尼》共出版两期，共计32万字。该刊全年刊载的有代表性的文章有：卡罗勒·塔隆—于贡著、杜鹃译的《艺术对哲学特权的剥夺》，保利娜·冯·邦斯多夫著、肖俊明译的《审美与教化》，若斯·德米尔著、陆象淦译的《生物技术的崇高》，素巴格瓦迪·阿玛打耶军著、肖俊明译的《克服情感，征服命运：对于笛卡尔伦理学的反思》，布鲁诺·卡尔桑蒂著、马胜利译的《列维—斯特劳斯与马克思主义》，恩科洛·福埃著、陆象淦译的《非洲哲学的政治性——解放、后殖民主义、解释学和治理》，盖尔·普雷斯贝著、贺慧玲译的《肯尼亚跨民族与跨世代的“国家文化”构建》，阿达马·萨马塞库著、李红霞译的《从欧洲中心主义到多中心世界观：范式转换的主张》。

（五）会议综述

“国外治理理论与中国国家治理能力建设”学术研讨会

2014年7月8～9日，由中国社会科学院信息情报研究院和湖南师范大学共同主办的“国外治理理论与中国国家治理能力建设”学术研讨会在湖南师范大学召开。研讨会旨在响应党的十八届三中全会提出的推进国家治理体系和治理能力现代化的要求，探索国家治理的理论与实践，借鉴世界发达国家治理经验，为建设具有中国特色的“国家治理体系”提供学术参考与智力支持。来自全国社会科学界的30多位学者从政治学、比较政治学、行政管理学、社会学等多视角，对国内外国家治理理论和实践进行了深入探讨，并提出了相关对策建议。

(1) 国家治理研究的重要意义及要求

湖南哲学社会科学规划办负责人骆辉在开幕式讲话中指出，聚焦推进国家治理能力和治理体系现代化的重大主题，把握了推进中国特色社会主义建设更加成熟、更加定型的关键所在，直面了现阶段治国理政的重大现实问题和实际问题。全国哲学社会科学规划办规划处负责人周国梁提出要加强对完善和发展中国特色社会主义制度、推进国家治理体系和治理能力现代化的研究，密切联系世界和中国发展变革史，联系国家现代化总进程，深入研究提出这一总目标的历史背景、现实基础和重大意义，研究国家治理体系和治理能力现代化的内涵、外延、发展方向和价值理念；提出如何实现党、国家、社会治理各项事务的制度化、规范化、程序化，提高中国特色社会主义有效治理国家的能力。

(2)“国家治理”研究亟须解决的十大问题

对于首次出现在党的十八届三中全会公报中的“国家治理”这一概念，学术界在理论建构、对策研究等方面都负有义不容辞的责任。在研讨会开幕式上，中国社会科学院信息情报研究院院长张树华研究员提出，当前研究“国家治理”问题应首先明确以下十大问题：①治理与统治、管理、管制、领导的关系；②国家治理能力和体系的现代化是否有参照系，应确定何种标准、目标与方向；③推进国家治理能力的提高和体系现代化的建设与我国当下迫切需要解决的政治、社会、经济等问题的关系；④完善国家治理体系的核心与任务；⑤我国的国家治理是不是从零开始，与党的领导是怎样的关系；⑥国家与社会的关系；⑦国家治理主体的权利与义务的关系；⑧国家治理与社会治理的关系；⑨在新时期国际比较的视野下，中国政府机构的规模、功能、机构改革如何与国家治理现代化的要求相适应；⑩国家治理与法治的关系。

(3) 国家治理现代化的理论内涵

国家行政学院教授许耀桐在题为“国家治理现代化若干问题探讨”的发言中从四个方面对国家治理现代化的理论内涵进行了阐释和解读。第一，从理论的高度和层面认识国家治理，评估其重要性。国家治理体系和治理能力的现代化的核心和着眼点是“现代化”，这一概念的提出是中国共产党高度重视现代化、不断求解现代化的结果，也是中国共产党认识现代化的最新成果。第二，从实践层面把握、认识国家治理现代化问题。我们党的执政经历了三个发展阶段，分别是国家统治阶段、国家管理阶段和现在的国家治理阶段。第三，国家治理需要有国外视野，相互借鉴与学习。但现代化并不等同于西方化，也并非只有一条道路。不能割断与本国历史、世界社会主义历史的联系；要认清国情，要维护党的领导地位，坚持政府主导地位。第四，国家治理的内涵包括七大领域十种能力，分别是经济方面的市场治理能力、政治行政方面的政府治理能力、文化领域的文化和思想道德的治理能力、社会领域的社会治理及实现基层群众自治的能力、生态领域的生态治理能力、国防建设领域的军队治理能力、党的执政领域的执政党治理能力、运用国家制度管理各方面事务的能力和改革发展稳定、内政外交国防、治党治国治军的能力。

(4) 国外视角的研究

研讨会上，多名年轻学者立足中国，放眼全球，展示了从国外视角对国家治理理论和实践进行研究的成果。中国社会科学院政治学研究所副研究员樊鹏的报告《从中美比较看中国政府相对“适度合理”的政府规模》，以“相对规模”为指标，以美国这一超级大国为坐标，采用数据统计与数据分析的方法，对中美两国的相对规模进行了分析比较，揭示了近几十年来美国政府规模扩张的轨迹和特点，同时对中国政府的相对规模进行了合理估算。苏州大学教授张劲松对中国国家治理现代化的中国视角和西方逻辑进行了梳理和分析，认为中国的国家治理现代化根源始自清末，以国家治理权力结构向乡村蔓延的路线演进，最终走向国家全面控制社会。

（5）治理理论的研究

会上，不少学者从社会治理、税收、行政管理等多个角度展现了当代国家治理理论研究的多个学科视角。湖南师范大学公共管理学院教授陈成文从社会学角度对社会风险、社会个体与社会治理进行了分析，认为中国社会目前处于全球风险社会之中，因此要求在社会治理中必须提高“社会”的灵活主动性，强化社会的自我管理。苏州大学沈承诚对国家治理的难点与落脚点进行了分析，认为要特别关注传统性延存导致的现代性不足问题，以及后现代性不足导致的现代性全面主导问题。北京大学政府管理学院张长东，从税收角度对国家治理进行研究，通过对国内外财政社会学文献的梳理和对税收历史的归纳，探讨了税收对国家治理能力现代化的重要作用。中山大学博士李泉梳理了过去20年治理理论在中国语境发展的历史和理论演进的主要脉络，发现与早期治理理论相比，21世纪伊始学者们明确将这一理论与对当代中国公民社会的研究联系起来，并由此促进了该理论在政治学科各个子领域中朝向本土化经验研究的发展。桂林电子科技大学何平教授从构建我国全球治理体系的核心竞争力角度，指出了市场、组织、非政府力量的重要性，提出构建核心竞争力的核心在于提升军事的硬实力和外交的软实力。湖南师范大学公共管理学院教授彭正德则从化解人民内部矛盾角度，分析了国家治理能力的内涵，并指出，要正确化解人民内部矛盾必须运用正确的价值观凝聚人心；给予社会底层人民更多的关爱；努力维护社会公正；构建有效的利益转化机制；搞好党风廉政建设。

（6）治理实践与研究

还有学者采用案例分析法，力图促进国家治理实践的制度化和完善化。中国社会科学院政治学研究所陈承新的报告着力于社会治理，提出要厘清治理的边界，明晰治理主体的权责。香港城市大学博士李娜以广州养老实践为例，呈现了政府与第三部门的合作机制及成效，为国家治理的可行性提供了一个路径的选择。

最后，湖南师范大学期刊社社长、《湖南师范大学社会科学学报》主编吴家庆教授作了总结发言。

（祝伟伟）

“第五届世界社会主义论坛：社会主义是人类必然归宿暨世界社会主义研究中心成立二十周年”国际学术研讨会

2014年10月13～14日，由中国社会科学院世界社会主义研究中心和中联部当代世界研究中心联合举行的“第五届世界社会主义论坛：社会主义是人类必然归宿暨世界社会主义研究中心成立二十周年”国际学术研讨会在北京召开。中国社会科学院院长王伟光作大会致辞。中国社会科学院原副院长、世界社会主义研究中心主任李慎明作题为“国际金融危机孕育着社会主义的复兴”的报告。会议由中央编译局副局长王学东主持。

在为期两天的论坛讨论中，来自中国、美国、俄罗斯、英国、法国、德国、意大利、突尼斯、澳大利亚、朝鲜、老挝、印度、古巴、巴西、阿根廷等五大洲的15个国家和中组部、中央政策研究室、中国社会科学院、中联部、中央编译局、中央党校、新华社、清华大学、北京大学、中国人民大学、复旦大学等单位的150多位专家学者参加了会议。

原中顾委秘书长李力安、中组部原部长张全景、中央文献研究室原主任逄先知、中央政策研究室原副主任郑科扬、中央政策研究室原副主任卫建林、中国社会科学院原副院长刘国光、中国社会科学院原副院长李慎明、北京大学原副校长梁柱、英国共产党（马列）主席哈帕、英国共产党（马列）副主席如勒、俄罗斯国家杜马议员和俄共中央主席团成员科莫茨基、俄罗斯科学院哲学所首席研究员舍普琴科和布罗夫、美国共产党经济委员会委员哈拉比、德国罗莎·卢森堡基金会爱哈德科鲁姆、法国共产党经济委员会委员博卡拉、古巴世界经济研究中心世界经济部副主任维多利亚和全球金融部副主任格雷蒂斯、朝鲜社会科学院社会政治学研究所所长沈胜建和社会政治学研究所所长徐成日、老挝社会科学院代表团团长奥科等中外专家学者分别作大会发言。

会议围绕“社会主义是人类发展的必然”“金融资本垄断时代的阶级压迫和阶级剥夺”“世界左翼运动和思潮”等议题进行了深入研讨。与会学者认为，世界社会主义的发展进程，是人类为摆脱不平等不公正不合理的剥削制度、实现更好社会制度的探索进程，是无产阶级和人民大众为求得自身解放和全人类解放的奋斗进程。中国特色社会主义是世界社会主义的重要组成部分，两者紧密相联，互有影响。中国是社会主义国家，更应自觉为世界社会主义运动贡献力量。这至少要求我们在共产党正确领导下，树立当代资本主义与社会主义始终存在对抗性矛盾的战略意识；在国际关系中坚持马克思主义国家学说；坚持经济改革的社会主义方向；用科学社会主义思想武装人民群众。这是使广大人民群众成为社会主义运动实践主体的必经之路。

与会学者谈到，马克思恩格斯在科学社会主义奠基之作的《共产党宣言》中指出：“共产党人可以把自己的理论概括为一句话：消灭私有制。”这是对科学社会主义的理论精髓和历史使命的精辟概括，同时也隐含着对未来社会的科学设想。但是，马克思恩格斯没有经历过社会主义的实践，对于社会主义公有制确立后如何巩固和发展的问题，需要未来社会主义者通过实践来加以回答。社会主义公有制的确立，深刻地改变了人们在劳动生产中的相互关系，使企业管理人员和职工群众之间建立了平等的、互相合作的同志式的关系。但是，这种新型的人与人之间的关系，必须有与社会主义公有制相适应的管理制度作保证，否则有可能被损害和破坏，甚至严重的还有可能在一定范围内出现实际上的剥削和压迫的关系。

与会学者指出，金融危机后，国际形势和世界格局发生深刻变化。一是美国霸权从顶峰上跌落；二是欧盟各国严重衰退；三是发展中新兴市场国家异军突起；四是社会主义中国和平崛起。说明力量对比发生重大变化。现时力量对比仍是“西强东弱”“北强南弱”；但发展趋势则是“东升西降”“南升北降”。总的趋势是，资本主义逐步衰落，社会主义走向复兴。历史具有自身发展规律。资本主义必然灭亡和社会主义必然胜利是同样不可避免的。21 世纪将是社会主义在曲折中走向复兴的世纪：其一，最有把握的是共产党执政的现实社会主义国家，中国是社会主义的旗帜。其二，发展中国家出现社会主义浪潮，形成四个亮点即俄罗斯、印度、南美和南非。其三，发达国家的共产党和社会主义运动在总结经验的基础上有新的进展。

会议发行了社会科学文献出版社出版的《当今世界格局与我国安全发展战略》论文集。第五届论坛共收到来自与会各国专家学者的论文近 100 篇。

（王立强　曹苏红）

“国际软实力比较研究”学术研讨会

2014 年 11 月 21 ~ 23 日，由中国社会科学院信息情报研究院主办、《国外社会科学》编辑部和苏州大学政治与公共管理学院共同承办的“国际软实力比较研究”学术研讨会在江苏省苏州市召开。参加研讨会的有来自中国社会科学院、苏州大学、同济大学、武汉大学、天津师范大学、湖南师范大学、中共重庆市委党校等科研单位和高校的 20 多位学者。

与会专家对软实力概念的起源、内涵、理论体系进行了梳理和概括，指出当前学界对软实力概念的误读，并以俄罗斯、韩国等国家为例，对中国与其他国家软实力建设进行了比较研究。学者们一致认为，研究软实力应当跳出西方话语体系，理性、全面地理解约瑟夫·奈的软实力思想，而不应将其当成教科书，应当形成中国自己的软实力理论体系，同时借鉴其他国家的经验，在实践层面制定、完善我国的软实力战略。

（1）软实力理论框架及约瑟夫·奈软实力思想研究

与会专家首先对软实力理论，尤其是约瑟夫的软实力思想进行了全面而深入的梳理和分析，指出了其思想内涵和内在缺陷。中国社会科学院世界经济与政治研究所研究员邵峰作的题为“国家形象战略的逻辑模型及其对中国的启示”的发言，对国家形象战略进行了构建。他认为，国家形象战略由软实力、硬实力、国际影响力、国家地位等多个层面构成，国家形象是在国家间的互动中建立起来的，包括经济、政治、军事、科技的合作、竞争与斗争，以及外交、文化交流等，前者属于硬实力的范畴，后者属于软实力的范畴。中国社会科学院马克思主义研究院研究员冯颜利对国外软实力的研究行了述评，对约瑟夫·奈的软实力思想进行了总结，分析梳理了软实力的内涵、国家软实力的构成要素和评价，并指出，西方对中国软实力的评价主要关注政治内涵，其认识是不全面的。中国学者应当争取软实力研究的话语权，而且中国建设软实力应当像建设中国新型智库一样，一定要有自己的特色。中共重庆市委党校副教授蒋英州以“约瑟夫·奈‘软实力’思想及其国内研究评析”为题，对约瑟夫·奈的软实力思想进行了分析，总结了奈的软实力思想的内在缺陷。他认为，理性地认识约瑟夫·奈软实力思想的内涵、贡献和缺陷，对中国软实力建设与发展有着重要意义。

(2) 中国软实力建设的起源与发展

部分学者对中国软实力思想和建设进行了研究。苏州大学政治与公共管理学院教授张劲松对中国软实力建设的起源和历史发展进行了梳理，并总结出两个特点，一是借鉴科技文化，二是借鉴政治价值软实力，尤其是借鉴西方思想。他建议，中国的软实力建设应当学习东亚国家，尊重儒家思想和传统文化，采取开放的态度，走自己的道路。中国社会科学院俄罗斯中欧东亚研究所副研究员王晓泉认为，当前的软实力研究言必称约瑟夫·奈，这其实是西方话语霸权的体现，也是西方软实力的一种表现。事实上，中国的软实力建设有着自己的轨迹和经验。我们不仅应该研究约瑟夫·奈的思想，更应该对自己的历史经验进行总结。苏州大学政治与公共管理学院副教授沈诚承发表了题为“长效社会稳定、社会管理转型与软权力催化”的报告，从政府社会管理的角度，对软实力建设进行研究。武汉大学政治与公共管理学院刘杉副教授从国外中国学研究的角度对我国软实力建设提出了独特见解。他对欧美中国学研究进行了简单述评，建议我国政府对国外中国学研究加以引导，将西方中国学转变为中国（政府主导的）中国学，注重我国正面亲和力的培养，培养西方对中国的认识，尤其是培养对中国的友好态度，加强西方对中国当代政治等方面的正面印象。同济大学政治与国际关系学院教授仇华飞则从国际关系的角度对新中国成立以来中国外交软实力的发展及内涵变化进行了研究。他指出，从新中国成立初期的和平共处五项原则，到后来的韬光养晦、国际政治新秩序、和谐世界，再到当前的新型大国关系，这些外交理念都是我国外交软实力的内容，其变化发展体现了我国外交软实力的构建过程。

(3) 国外软实力建设的实证研究

部分与会专家从国别研究、比较研究等视角，对俄罗斯和韩国的软实力及国家形象建设进行了研究。中国社会科学院俄罗斯东欧中亚研究所副研究员许华作了题为“俄罗斯软实力：乌克兰危机中的国际传播”的报告，以乌克兰危机为研究基点，从媒体传播的视角对俄罗斯国家形象塑造策略进行研究。她指出，在信息时代，国家间的软实力竞争，突出表现为国际传播能力的比拼，在全球竞争中，胜利不仅需要强大的经济实力、军事实力，也需要强大的国际传播能力。中国社会科学院俄罗斯东欧中亚研究所副研究员王晓泉副研究员作了题为“中俄软实力比较研究”的发言，对中俄双方的文化、战略传承、安全与发展利益、战略理论等进行了比较研究，并指出俄罗斯在资源调动方面的优势，尤其是传播学意义上的优势，建议中国加强对软实力资源的调动，以完善和推动对外战略。中国社会科学院信息情报研究院研究员朴光海在题为“韩国的国家形象构建与传播”的发言中系统地分析了韩国如何通过国家形象战略，将韩国

1988 年以前在世界上的负面形象扭转为现在的正面形象，并总结出韩国国家形象战略的主要特点。他对我国国家形象战略提出了几点建议：政府统筹规划，给予制度和政策上的保障；保护和发展本国优秀传统文化；集中力量开发品牌产品；在文化出口战略区建立"文化据点"。中国社会科学院信息情报研究院院长张树华研究员对与会专家的发言进行了总结，指出国家形象战略的基础是软实力建设，在实践中应当弘扬中国文化，带有批判性和有选择性地进行政治价值观建设。

（阳　军）

二　院职能部门及党务部门工作

办　公　厅

2014 年，按照院党组统一部署，办公厅紧密围绕创新工程开展各项工作，履职尽责，不断提高服务水平，充分发挥枢纽作用，认真落实工作计划，圆满完成了各项任务。

（一）认真学习贯彻党中央、习总书记系列讲话和院党组会议精神

根据院党组部署，深入学习习近平总书记系列重要讲话、十八届三中全会、十八届四中全会、中央八项规定、群众路线教育实践活动等中央重要文件精神，学习领会院年度工作会议、暑期专题会议、创新工程文件等精神，认真落实院、厅 2014 年工作要点。建立由厅、处两级干部参加的厅中心组理论学习制度，定期学习。组织全厅人员及时传达中央和院重要文件精神，要求各处室组织开展多种形式的学习活动，努力提高干部队伍政治理论水平和业务工作能力。

深入贯彻中央八项规定，不断改进工作作风，把院党组要求落实到具体工作中。认真做好院属各单位八项规定按季度检查及汇总上报工作。会同院相关部门，起草下发了《关于认真贯彻〈党政机关厉行节约反对浪费条例〉和〈党政机关国内公务接待管理规定〉的通知》。印发《关于强调我院所局现职领导干部离京、出国（境）应提前报批备案的通知》，严肃了组织纪律，强化了领导干部在执行纪律方面的模范带头作用。及时做好与院属单位有关协调工作，畅通群众表达意愿诉求渠道，建立联系群众的机制，广泛听取各方意见建议，获得了院属各单位的广泛肯定。

（二）筹备会议活动高效规范，督办工作制度逐步完善

按照“准确、负责、高效、规范”的要求，做好院党组会议、院务会议、院长办公会议（“三会”）的组织筹办工作。

重要会议活动流程进一步规范，提前制定会议方案，明确任务分工，细化责任到人。印发《关于全院性会议时间安排的通知》，便于院属各单位领导干部合理安排工作。会议活动更加高效节俭，合并会议、压缩会期、精简会议文件简报、推进视频会议应用、创新会议通勤方式，严格厉行勤俭节约办会。2014 年，圆满完成院年度工作会议和反腐倡廉建设会议、

北戴河暑期专题会、报刊出版馆网库学术评价名优工程建设工作会、全院维稳工作会议。成功组织了刘奇葆同志出席的马克思主义学院开学典礼、刘延东同志接见全国第五次地方志工作会议部分代表、《新大众哲学》首发式、社会科学评价高峰论坛、中国文学批评研究会成立大会、创新工程业务知识考试活动等一系列大型会议活动。组织 9 次座谈会，征求全院同志对院党组在党的群众路线教育实践活动整改工作落实情况的意见建议。协调院领导出席大量院内外会议、活动等。

完善督办制度，研究制定《督查工作管理办法实施细则》。加大督办力度，督促院相关单位对各项任务进行责任分解，制定序时表，定期汇总任务完成情况，及时向院相关会议报告，适时向全院通报各项任务完成情况。创新督办方式，注重工作项目性质，减少同类工作重复出现，提高工作效率。紧紧围绕院重要会议精神的贯彻落实、院"三会"决定事项、院年度工作要点、改革创新工作要点、院领导重要批示件、院领导交办的其他任务，以及《院党的群众路线教育实践活动整改实施方案》《院关于改进机关工作作风的若干规定》中的工作任务，开展督办检查工作。

（三）文稿起草水平显著提高，公文运转流程高效规范

按照院里部署，认真完成各类文稿起草任务，继续改进文风。文稿起草做到了言之有物、思想深刻、观点鲜明、重点突出、表述准确。2014 年起草的文稿主要有四类：以党组或院名义上报中央的各类报告、汇报、意见和建议 13 篇；以院领导名义在中央媒体上发表的文章 13 篇；院领导在各种场合的重要讲话和致辞 14 篇；整理院领导讲话、文稿 200 余万字。

公文运转高效规范。从严要求文件办理各个环节，认真审核上报文件和向外报送的文件，严格把关文字和格式，对不规范的文件采取退文处理，努力推动各单位公文办理的规范化建设。与中办、国办、中宣部等有关部门保持密切联系，及时掌握文件办理、流转过程。贯彻落实中办对机要文件交换工作新要求，调整收发室工作布局，明确职责，细化要求，确保机要文件管理工作安全有序。

（四）档案管理规范化工作取得重要进展，保密管理机制进一步完善

完善全院档案统一管理工作取得重要进展，院所科研档案、重要人物档案、声像档案整理归档工作全面展开。印发《关于印发我院科研档案、重要人物档案、声像档案管理暂行规定的通知》，明确了科研档案、重要人物档案、声像档案建档工作管理思路。确定院属各单位档案工作负责人，以及 2014 年立项的科研项目兼职档案员、重要人物档案兼职档案员。制定了 2013 年前科研档案、声像档案整理计划，并陆续开始档案整理工作。

保密、宣传工作初步形成职能部门齐抓共管格局，保密检查工作进一步深入，保密管理机制进一步完善，保密管理水平进一步提高。印发了《中国社会科学院涉密课题管理规定》，规范涉密课题管理工作。深入检查院属各单位涉密科研项目，强化保密观念，落实保密责任。印

发《中国社会科学院保密工作年度考核暂行办法》，明确保密考核的内容、标准、时间、程序及方法。开展中央文件、科研项目、网络安全等专项保密检查，有力促进了相关保密工作。加强保密教育，要求院属各单位开展保密党课活动，把《保守国家秘密法实施条例》纳入党委中心组学习内容。严格落实机要文件管理规定，完善机要文件收发、流转、清退、归档和销毁管理机制。加大信息服务力度，组织完成涉密会议文件资料服务和保密保障工作。

（五）联络接待、新闻宣传发挥积极作用，院年鉴编辑任务圆满完成

展厅和宣传片开始发挥对外宣传作用。中国社会科学院院史展布置完成，参观院史展纳入日常联络接待工作中，现已接待大批国家和地方党政机关与地方社科院人员、院属单位员工。《中国社会科学院》宣传片正式完成，在中国社会科学网和贵宾接待室中作为固定视频播放。

联络接待工作有序开展。截至 12 月中旬，接待国家和地方党政机关、社会团体和地方社科院来访人员 36 次。完成院领导、所局领导和专家出席地方党政机关、社科院重要活动的协调、联络、陪同工作。

建立网络信息应急处置工作机制。制定《中国社会科学院网上不良行为处理办法》《中国社会科学院网络舆情监控及应对机制》，承担网上舆情信息管理协调小组办公室职责。协调院内舆情信息监测部门，密切关注舆情动态，及时形成分析报告报送有关领导。

加强与中宣部、国新办和新闻媒体的联系合作，充分利用和发挥新闻媒体的作用，对全院重大工作部署、重要活动、重要科研成果及时予以报道。协调院专家学者接受新闻媒体采访，科学解读党和国家的各项方针政策，发挥哲学社会科学工作者服务社会、资政育人的作用和影响。抓住有利报道时机，积极宣传中国社会科学院“阵地、智库、殿堂”的正面形象。继续办好《中国社科院重要活动影像资料》。

转变作风，院年鉴编辑部人员到基层开展调研和组稿工作。加强管理，严格遵守组稿、编辑、校对、审稿各环节的工作流程，继续坚持编务会制度。在院年鉴编辑中，充实了全院和院属各单位实施创新工程的总体概况和相关内容，体现了全院形势发展的新特点。圆满完成《院年鉴》2013 年卷的编辑工作、《中国社会科学院文献汇编》2006 年卷的编辑工作，出色完成中宣部舆情局交办的《中国社会科学院 2013 年概况》的供稿任务。

（六）全力做好安全保卫、消防、信访维稳等工作

圆满完成 2014 年节假日及日常夜间值班工作，假日值班期间，组织对院属各单位在岗值班情况进行了抽检。编辑《双周要报》，编发《本周所局领导干部外出情况预告》，统计登录所局领导干部国内离京审批备案表，所局领导干部国内离京、因私出国（境）返回工作岗位或取消、变更行程报告单等，编辑完成《中国社会科学院近期主要工作信息》和《社科院大事记》。认真完成中办网络、中宣部宣传信息网、国办政府专网网络维护，三套保密网络新机房规划建设，中央政要通信专网日常维护和联系等工作。

制定《院部大院治安消防工作突发情况处置预案》，对预案设定的情况多次组织演练，提高保卫人员的防范能力。顺利完成整治消检、电检发现的问题及隐患。抓好保安管理，严格要求。认真做好院工作会议、暑期专题会议、中央领导同志来院考察、重要外宾来院访问以及重要学术会议、重大活动的安全警卫工作。全年共承担100人以上各类重大会议活动50余场次，较好地完成了现场安全警卫任务。

院部环境治理取得预期效果。严格落实各项防范措施，确保院部环境安全。加强院部安全检查及巡逻巡查，保证及时发现和消除隐患。加强院部临时人员出入证件办理工作。改进和完善会客登记制度，提高传达接待人员的业务素质和服务水平。强化东西大门守卫任务，严防危险违禁物品流入内部。加强院部车辆出入及停放管理工作。督促院属单位切实落实平安单位建设责任和安全管理规章制度，加强自查，堵塞安全管理漏洞，切实做到“看好自己的门，管好自己的人”。通过对院部环境治理工作常抓不懈，院内从事商务活动人数较往年减少了80%以上，闲杂人员及投送私人快递、邮件的车辆明显减少。

狠抓防火安全，强化落实火灾防控措施。深入开展防火安全检查，严格落实隐患整改措施。全面清理消防通道、楼梯过道障碍物，彻底清除楼顶平台易燃物品。深入开展打基础、除隐患、创平安专项行动。营造防火安全宣传氛围，深化落实《全民消防宣传教育纲要》，多形式、多渠道开展消防宣传、消防培训和灭火演练，提高广大职工、义务消防队员的消防安全常识和防火自救能力。

认真做好来信来访办理工作。对来信来访反映的问题，及时向有关部门反馈或送交有关部门处理。开展贯彻落实《信访条例》执法检查，对近年来开展信访工作情况进行检查，总结经验，查找问题，明确今后努力目标，检查结果向国家信访局作书面报告。协助专门机关，共同做好维稳工作。搜集整理近年来违法违纪案件涉事人员的处理情况材料，为建立有关人员备忘录做前期准备。

（七）做好干部选拔任用工作，逐步优化干部队伍结构

2014年，办公厅干部选拔任用工作坚持正确的用人导向，坚持德才兼备标准，逐步优化全厅干部队伍结构，有效促进了全厅各项工作的开展。2014年，办公厅干部调整累计达12人次。

目前，全厅在职干部共计52人，其中，厅主任1人、厅副主任3人、副局级干部1人、正处级17人、副处级16人、正科级7人、副科级4人、科员级1人、专业技术职务人员1人、未定职1人。

2014年，办公厅认真组织学习新修订的《党政领导干部选拔任用工作条例》，深刻领会《条例》精神实质，用《条例》统一思想、规范工作、解决问题。在组织开展干部选拔任用工作中，坚持贯彻执行党的干部路线方针政策，遵守干部选拔任用工作的各项要求，把握新时期好干部的新标准，认真执行干部选拔任用工作基本流程，在人选把关、遵循程序、执行纪律等方面严

定标准条件、严密选拔程序、严格审核把关、严肃工作纪律，推动了干部选拔任用工作进一步科学化、制度化、规范化。

（八）认真完成院、厅管理岗位绩效考核办法起草、计生、献血等其他综合服务工作

初步探索管理岗位绩效量化考核工作。起草制定了《中国社会科学院创新工程职能部门和部分直属单位绩效考评办法》和《绩效考评评分说明》。为科学合理地对进入创新工程的院职能部门和部分直属单位年度工作综合情况进行考核，提供了考评依据。起草《办公厅绩效评价量化考核办法》《办公厅绩效评价量化考核办法实施细则》《中国社会科学院创新工程管理岗位绩效考评办法》《办公厅创新工程管理岗位绩效考评指标体系》，在厅内开展绩效量化考核试点工作。

实施创新工程，顺利完成 80% 的人员进入创新工程。计生工作稳妥开展，完成各项任务。组织协调相关单位，完成全院综合科技统计工作。开展全院团体无偿献血工作，超额完成献血任务。完成科研大楼和图书馆安装“中国社会科学院”标识工作，新建行政楼办公用房分配工作，厅内外网改进工作。积极开展厅工会、厅党总支、“三项纪律”系列活动。

科研局/学部工作局/创新办

2014 年，科研局 / 学部工作局 / 创新办认真学习贯彻党的十八大，十八届三中、四中全会以及习近平同志系列重要讲话精神，认真贯彻落实院工作会议、北戴河暑期会议精神，不断深化科研管理体制机制改革，全面推进落实创新工程相关工作，积极服务学部建设，较好完成了各项工作任务。

（一）不断完善创新工程体制机制、强化综合协调职责，切实提高工作执行力

组织推进 2014 年度创新单位和岗位试点相关工作，会同相关职能部门完成研究单位、职能部门和直属单位创新试点的资格审查、方案审核、单位签约及试点推进工作，协调配合相关部门开展“三项纪律”检查等多项专项检查，确保创新工程沿着正确的政治方向和学术导向稳步推进。

不断巩固创新工程制度框架和文件体系，将院党组关于党的群众路线教育实践活动制度安排纳入创新工程文件体系，编印新版《中国社会科学院哲学社会科学创新工程文件汇编》。探索建立科研、采编、管理等岗位序列的后期资助目标报偿制度，形成创新工程效应长效发挥。完善创新工程业务知识考试制度，不断加强干部职工对创新工程制度文件的学习、理解和运用能力，提高创新工程制度执行力。协调组织开展以绩效考核为重点的创新工程考核评价，调整

完善研究单位绩效指标，研究建立创新岗位科研绩效考核评价指标体系，协商确定核心期刊、奖项等考核评价标准，协调推动采编、管理等其他单位和岗位的绩效考核评价体系建设，不断加强创新工程实施效果评估。组织实施创新岗位绩效考核试点打分，检验创新工程绩效考核制度的可行性。优化调整创新工程综合管理系统，推进综合管理平台二期建设，进一步提升创新工程管理科学化、信息化水平。

（二）围绕党和国家重大关切，高质量完成中央交办委托研究任务

充分发挥中国社会科学院多学科综合研究的优势，推动加强研究国家经济社会发展中具有前瞻性、战略性、综合性的重大理论和现实问题，圆满完成了中央交办的系列任务。落实国新办指示，组织研究习近平总书记访欧期间宣示的重要外交理念，梳理相关研究成果，制定《关于组织研究宣传习近平主席访欧期间宣示的重要外交理念的工作计划》。落实中央外宣办指示，制定宣传报道习近平总书记在亚信峰会上重要讲话的工作方案。受中央全面深化改革领导小组专项小组委托，协助组织落实十八届三中全会经济体制和生态文明体制改革第三方评估工作，协调相关学部研究所专家，完成《中国社会科学院经济体制和生态文明体制改革第三方评估报告》上报中央，获得中央领导高度重视。落实中办、中宣部指示，报送中国社会科学院关于落实推进“中国道路、中国话语”研究报告。根据国家安全委员会办公室要求，完成调研并上报《关于对拟订国家安全战略的几点建议》。根据中央新疆工作协调小组要求，撰写《落实中央新疆工作会议精神，发挥新疆问题研究国家智库作用工作方案》，报送中宣部，并组织联系相关研究所，落实多项研究课题。根据科技部要求，成立专家组，撰写并报送《〈国家中长期科学和技术发展规划纲要（2006～2020年）〉中期评估咨询报告》。根据中央领导同志就设立国家哲学社会科学奖进行调研的批示，参与中宣部牵头的相关领域调研，完成专题调研报告。

（三）认真落实党组确定的重大理论和现实问题研究项目，积极发挥智库功能和作用

依托相关学部和院重大问题综合研究中心，积极组织展开对重大理论和现实问题、热点和难点问题进行跨所、跨学科的综合研究，应对国家与社会的重大战略决策需求，推出一批高质量研究成果。积极组织落实院党组确定的跨所、跨学科研究项目：对国家关键领域改革的总体思路、总体设计提出建议，形成并上报《关键领域改革总体方案》，为中央提供决策参考；对我国总体改革以及30余项分领域改革的形势与进展作出评估，形成“2014年以来改革形势总体评估”，全面、准确、及时地分析了2014年以来改革形势，指出当前改革面临的问题并提出建议；稳步推进贯彻落实十八届三中全会决定院直管研究课题，“单独二孩”政策和“渐进式延迟退休”等多项研究成果受到中央和有关部委关注，最终成果《全面深化改革二十论》正式出版后受到广泛好评。协助组织落实、顺利推进有关院党组确定的创新工程重大研究任务：组织“中国特色新型城镇化研究”项目团队赴湖北等多省展开调研，完成调研报告；“重大国际

关系和国际问题研究”下属相关子课题全部得到落实；“经济发展新阶段宏观调控体制机制研究”项目定期发布月度、季度和年度分析报告，不定期向中办、国办、中财办和有关部委提供大量经济预测分析与对策研究、宏观经济监测报告；“文学学科建设和当代文学批评”项目主要成果“文学观象”在《人民日报》连载多期，取得较大社会影响；“新媒体管理与舆论导向问题研究”课题组发表《中国新媒体发展报告》，向中宣部上报《新条件下舆论引导和舆论监督调研报告》。

（四）顶层设计、科学谋划，编制中国社会科学院“十三五”发展规划纲要和2015年创新工程研究领域指南

按照国家“十三五”规划编制和中央繁荣发展哲学社会科学战略部署，结合中国社会科学院哲学社会科学创新工程实际，编制院“十三五”规划纲要，绘构未来五年发展新蓝图。编制工作采取“先自上而下，顶层设计；再自下而上，修订完善”的方式，广泛收集资料，多次召开专题会，集中讨论修改，最终确立以“五三一”为核心的规划纲要框架，进一步明确了“努力把中国社会科学院建成哲学社会科学领域的‘国家强院’和居于高端水平的‘世界名院’”的发展目标。按照国家发改委要求，报送《中国社会科学院创新工程纳入国家十三五规划〈基本思路〉重点内容的建议》《中国社会科学院创新工程纳入国家“十三五”规划的重大项目、重大工程和重大政策的建议》。

按照院党组和暑期工作会议部署，编制《2015年度研究领域指南》。编制工作通过“两上两下”的方式广泛征求院领导、学部委员、全国两会代表委员、各研究单位意见。多次组织召开专题会，反复研究、修改调整，经院务会议审议通过后印发全院。《指南》注重重大理论现实问题研究导向、注重学科布局与结构平衡、注重跨领域综合性研究导向、注重选题的创新性和延续性，共提炼形成了“指令性计划选题”16项，“指导性计划选题”6大门类42个学科领域242个建议选题或研究方向，自选选题19项，强化了对科研工作的引领，提高了全院科研工作的计划性。

（五）依托中国社会科学院综合研究优势，组织申报和承担国家社科基金项目取得新突破

2014年，中国社会科学院国家社会科学基金项目立项数量稳步增长，立项数量创中国社会科学院新纪录，立项率在全国名列前茅。全年获立项资助146项。其中包括“习近平总书记关于中国道路系列重要论述研究”“推进城镇化的重点难点问题研究”“丝绸之路经济带建设与中国边疆稳定和发展研究”“周边国家宗教发展态势及其对我国社会稳定、文化安全的影响”“全球经济治理结构变化与我国应对战略研究”等20项重大项目，共获得资助经费5122万元。加强国家社会科学基金项目过程管理、跟踪管理、全程管理。做好项目选题推荐工作、中期检查及评估工作，督促项目进度，办好结项手续。2014年，结项项目89项，其中65项为良好以上等级，优良率73%。做好成果转化工作，组织撰写《社科基金成果要报》，其中有12篇受到党和国家有关领导批示。推荐全院11名学者担任国家哲学社会科学研究专家咨询委员会委

员（全国共30名），精心组织中国社会科学院专家参加国家社会科学基金项目评审工作，有效发挥了中国社会科学院学者在国家哲学社会科学研究和评审咨询中的引领示范作用。

（六）加强和改进国情调研工作，完善国情调研管理制度

制定《关于加强和改进国情调研工作的若干意见》，根据新形势、新任务要求，调整国情调研项目体系，引导全院学者深入基层、深入群众，切实改进学风、文风和作风。召开全院国情调研工作会议，总结成绩和经验，对下一步国情调研工作作出部署。做好国情调研立项工作，围绕党和国家关注的重大理论和实践问题，以及基本国情长期跟踪调查的需要，全年共立项国情调研项目80项，其中包括国情调研重大项目17项，院级国情调研基地项目6项，按系统组织考察项目11项，所级基地项目44项，交办项目2项。加强国情调研基地建设。做好7个院级基地日常管理工作，设立首批44个研究所基地，形成院所两级国情调研基地格局。调整“国情调研丛书”编委会，《光伏太阳能产业发展调研》等6个项目成果列入“国情调研丛书”出版。资助相关部门，开展两会代表委员考察、扶贫调研、青年学者考察等专项调研的资助工作。与院图书馆合作，推进国情调研数据平台的设计和建设。制定并印发了《中国社会科学院国情调研经费使用管理办法》《中国社会科学院创新工程国情调研重大项目招标投标管理办法》等文件，进一步完善国情调研管理制度。

（七）坚持基础理论研究与应用对策研究并举，全面组织实施学者资助计划

根据总额拨付制度新体制，密切关注基础理论研究和应用对策研究新变化，跟踪学科发展新动向，组织研究所编撰《学科年度新进展综述》，评估各学科发展状况，及时跟踪国内外学科最新发展动态，准确把握学科前沿，引领学科发展方向。按照基础学科和应用学科“并举并重、平衡发展”的原则，研究制订成果后期资助管理相关办法，激励多出高水平研究成果，推出了《新大众哲学》《马克思主义哲学形态史》《二里头1999～2006》《旅顺博物馆所藏甲骨》《中国民法典草案建议稿附理由》等一系列体现学科发展水平的标志性成果。协调落实社科名词审定、《国家历史地图集》编纂、《中国大百科全书》第三版编纂出版工作。

加强学科建设，完善优秀学者资助体系，鼓励潜心研究，营造有利于出精品成果、出优秀人才的良好科研环境，全面实施、整体推进学部委员（荣誉学部委员）、长城学者、基础研究学者和青年学者等四类学者资助计划，注重学术积累，培养学术大家。印发《关于中国社会科学院学部委员（荣誉学部委员）、长城学者、基础研究学者和青年学者资助计划2015年申报工作的通知》，经过研究所推荐、院评审等程序，组织完成2015年院“学者资助计划”申报立项工作。共有18位学部委员（荣誉学部委员）、4位基础研究学者、3位青年学者入选学者资助计划。做好学者资助计划跟踪管理和结项鉴定工作。完成24位学部委员（荣誉学部委员）、16位长城学者、21位基础研究学者和8位青年学者资助计划受资助人年度考核工作。调查研究学部委员（荣誉学部委员）资助计划制度改进办法。

（八）加强图书出版质量管理，完善创新工程学术出版资助管理机制

牢固树立学术出版的大局意识、责任意识和阵地意识，坚持为人民和社会主义服务的出版方向，严把学术出版质量关口。2014 年向院属出版社审核下发各类出版图书书号 4000 余个，调阅三审档案 3500 余种，审核出存在问题的图书 80 余部。进一步加强创新工程资助图书出版质量的管理和检查，出台《关于对不合格图书出版单位予以处罚的意见》；按照《中国社会科学院图书质量管理办法》，每季度按不低于 40% 的比例抽查创新工程资助图书，组织资深专家对图书的政治方向、学术水平和学术规范进行检查。

完善创新工程学术出版资助管理制度，研究制定《中国社会科学院创新工程大型学术出版后期资助项目管理办法》《中国社会科学院皮书管理办法》和《中国社会科学院关于对获得部委级以上奖励的科研成果的作者和出版单位追加奖励的规定》。补充修订《中国社会科学院创新工程学术出版资助管理办法》。完成创新工程学术出版资助文库项目（226 项）、出版社大型学术出版后期资助项目（11 项）、皮书项目（42 项）、中国社会科学博士后文库项目（50 项）、学部委员专题文集资助项目（17 项）、“走出去”项目（54 项）、追加项目（19 项）的评审和资助工作，累计资助经费 5980 余万元。

（九）完善学术期刊和年鉴管理机制，稳步提高期刊质量和学术影响力

推进创新工程期刊试点工作，全院 70 家期刊整体进入创新工程，实现了“五统一”管理，全院期刊学术质量和影响力稳步提升，在全国学术界保持了领先地位。加强期刊经费管理，在国家社会科学基金资助基础上，对全院期刊实行分类全额资助，显著改善办刊条件。开展院属学术期刊认定及清理工作，为今后规范管理奠定良好基础。做好报刊日常管理工作，协助创办《中国社会科学评价》《中国文学批评》两种刊物，为全院 40 多家期刊办理了重要事项变更、经费追加等手续。加强和改进期刊审读工作，制定并实施《中国社会科学院学术期刊审读办法》，每季度召开期刊审读会议，编印《期刊审读意见通报》，督促院属期刊提高办刊质量。举办全院期刊编辑人员培训班，提高编辑人员的政治素质和业务能力。开展期刊管理工作调研，形成“期刊编辑人员工作和思想状况”“期刊及网站稿费、审稿费、编辑费发放问题”等调研报告。起草并印发《关于加强学术期刊“名优”建设的若干意见》《关于加强院属学术期刊微博、微信公众号管理的意见》，优化院属期刊的发展环境，支持院属期刊发展互联网业务。做好学术年鉴和学术集刊管理工作，整合学科年度综述、学科前沿报告和学科年鉴，全年资助出版年鉴 16 部、学术集刊 8 本。

（十）改进学术社团和非实体研究中心管理，实现社团和中心良性发展

开展中国社会科学院主管的全国性学术社团、非实体研究中心基本情况调研，撰写调研报告，提出加强和改进学术社团管理的意见。举办 2014 年院主管的全国性学术社团负责人培训班，系统讲解国家和中国社会科学院关于学术社团管理工作的最新政策，交流工作经验。探索新的

社团资助方式，制定并印发《中国社会科学院社团专项经费管理办法（试行）》。组织全院学术社团参加民政部2014年度检查，组织相关社团参加全国性社会组织评估工作，办理中国社会科学院主管的全国性学术社团和非实体研究中心的筹备成立、变更等事宜。加强社团、中心档案资料建设，组织编撰《中国社会科学院主管的全国性学术社团简介》《中国社会科学院非实体研究中心简介》。

（十一）开展院级科研合作，探索互利双赢合作新机制

统筹协调和组织开展院际科研合作项目，与上海、广东、浙江、湖北、黑龙江、西藏等省、自治区、直辖市开展大型项目合作研究，顺利完成“中国梦与浙江实践”等4项重大课题。协调合办中俄经济高层智库论坛、后发赶超论坛、长白山国际生态论坛、中国—东盟智库战略对话论坛、广州论坛等学术会议。

努力推动合作共建机构建设，协调推进筹建上海研究院，与内蒙古自治区政府合作成立中国社会科学院可持续发展研究中心内蒙古气候政策研究院，与南开大学协同建立中国特色社会主义经济建设协同创新中心，建立中国社会科学院学部委员贵州工作站、厦门工作站。与新华社继续保持深度合作，组织推选全院41名专家受聘为新华社第三届特约观察员。与厦门市人民政府签订战略合作框架协议。接受上海市委宣传部和湖北省社科联委托，组织专家复评“上海市第十届邓小平理论研究和宣传优秀成果、第十二届哲学社会科学优秀成果”和“第九届湖北省社会科学优秀成果”。

对院属各单位科研合作情况展开全面调研，撰写《中国社会科学院科研合作情况分析报告》，对全院科研合作基本情况、主要成绩及存在问题进行全面梳理和分析，提出改进和完善的相关意见和建议。

（十二）围绕重大理论和现实问题积极组织开展学术研讨活动，宣传推介重大科研成果

根据中央的要求，组织纪念邓小平同志诞辰110周年系列活动，分学部召开学术研讨会，组织撰写系列纪念文章，召开纪念大会；协助中宣部、中共中央文献研究室等单位召开全国研讨会。根据中央纪念全面抗战爆发77周年工作总体部署，组织协调召开“吉林省档案馆藏日本侵华档案学术研讨会”。围绕相关学科的重大理论和社会热点问题组织召开各类学术研讨会、报告会，举办“马克思主义哲学中国化论坛”“全国史学理论研讨会”“经济形势座谈会”。支持各学部、各所和专业学会开展学术研讨，审核备案142项全院大型（50人以上规模）学术活动计划。

组织召开2014年院创新工程重大科研成果系列发布会。在人文基础研究领域、意识形态与学术话语权建设、全面深化改革及重大经济问题研究、法制建设和依法治国研究、社会发

展和人口政策研究、国际战略和对外关系研究等方面，从全院学者数千项成果中遴选39项重大科研成果进行发布。中央电视台、《光明日报》《经济日报》、凤凰网等媒体进行了深入报道，产生了广泛社会反响。

（十三）组织、协调“三风”和“三项纪律”建设工作，积极推动学术诚信和学术自律

作为“三风”建设责任单位和督查单位，认真履行工作职责，协调其他责任单位共同推进全院科研学风、文风、作风建设。组织开展各研究所研究项目“863”占比情况检查工作；督促全院学术期刊严格遵守政治纪律和宣传出版纪律，确保全院三类研究所主办的学术期刊刊发关注重大理论和现实问题的论文达到规定的比例；加强图书期刊审读检查，每季度组织召开院图书和期刊专家审读会议。协助推进“三项纪律”建设工作，定期参加深入推进“三项纪律”建设工作协调会，落实有关工作职责，严格实行政治责任一票否决制，保证正确的政治方向和学术导向。根据院培育和践行社会主义核心价值观工作协调小组要求，起草《中国社会科学院科研人员培育和践行社会主义核心价值观实施方案》，提出在科研人员中组织开展以学术诚信建设为重点的各种道德实践活动。作为联席会议成员参与科技部科研诚信建设联席会议，推进落实“科研诚信十不准”和“科研不端行为调查处理工作职责分工的意见”。组织院职能部门相关人员和研究生院师生代表参加2014年首都高校科学道德和学风建设宣讲教育报告会。协调落实中国科协全民科学素质纲要建设工作。作为院学术道德委员会办公室，受理相关学术不端行为举报，并督促有关部门妥善处理。

（十四）加强学部和工作机制建设，提升学部及学部委员社会影响力

在院学部主席团的领导下，协助各学部围绕学部功能定位，积极发挥学部的学术指导、学术咨询和科研协调作用。严格按照学部章程，组织学部委员增选工作，经过研究单位推荐和学部委员提名、评审委员会评选、学部委员大会投票，增选4名学者为学部委员。组织召开学部工作会议，总结四年来的学部工作成果和经验，进一步研究完善学部工作机制，部署2015年学部工作。协助相关学部开展重大理论和现实问题研究，组织集体协作攻关，着力为党和国家的理论创新和重大决策提供强有力的智力支持。组织学部委员深入我国改革开放和现代化建设的伟大实践，赴厦门开展学术调研活动，为地方经济社会发展建言献策。积极组织学部委员参与院创新工程、重大学术活动和重大科研成果咨询评审工作，推动学术研究和学科发展。立足学术前沿，协助各学部开展多层次、跨学科的学术研讨活动，进一步扩大了中国社会科学院和学部的学术影响力。实施哲学社会科学“走出去”战略，积极开展学部对外学术交流与合作，提升中国哲学社会科学的国际话语权和学术影响力。组织编辑出版学部论文集、学部集刊、年鉴等学术出版物，充分展现了中国社会科学院学部委员的学术功底和杰出成就，进一步扩大学部学术影响。

（十五）加强协调统筹，大力推进全国哲学社会科学话语体系建设

按照中央的部署和要求，在局内成立全国哲学社会科学话语体系协调办公室，联络协调九部委推进哲学社会科学话语体系建设工作，积极探索有效工作机制。在全院组织召开全国哲学社会科学话语体系建设协调会议成员单位第一次工作会议，制定《全国哲学社会科学话语体系建设协调会议制度工作方案》，经中共中央宣传部批准，印发各协调会议成员单位，协调并筹措经费支持相关研究题目和研讨活动。协调联合国家行政学院、光明日报社与武汉大学共同召开"中国实践与中国话语"理论研讨会，来自全国 100 余位专家与会。与中共中央党校共同主办"全国哲学社会科学话语体系建设理论研讨会"，从全国征文投稿中遴选出 32 篇学术论文，其中 8 位论文作者代表作了大会发言。协调中国外文局组织召开"对外话语体系建设研究协调机制座谈会"。协调中央编译局组织召开"《习近平关于实现中华民族伟大复兴的中国梦论述摘编》多语种外语翻译出版座谈会暨'对外话语体系建设中的中央文献翻译'研讨会"。全年编辑刊发《哲学社会科学话语体系建设研究动态》32 期约 10 万字，研讨交流话语体系建设最新研究成果，有力地推动了全国哲学社会科学话语体系建设工作。

（十六）加强科研局机构建设和作风建设，初步完成机构合并和工作机制改革

新一届局领导班子组建后积极开展工作，大力推进工作机制和作风建设。按照院党组要求，顺利推进科研局和创新办的机构合并与人员调整工作。建立健全局长办公会议、局务工作例会、专题会议等内部会议制度和议事规则，编制《中国社会科学院科研管理工作概览》，规范各项科研管理工作流程。建立局双周学习制度，加强理论学习和业务工作培训。完成局党总支、团支部换届工作，进一步加强党团组织建设。研究制定《科研局公文处理工作管理办法》。编辑印发《科研工作动态》《中国社会科学院 2013 年度科研工作概要》，交流全院科研工作重要信息。加强局信息化建设，推进创新工程综合管理平台相关模块建设工作。严格按照院有关规定和要求，组织局内五六级干部调整公开竞聘，完成相关干部职务调整、干部交流工作。认真落实考勤制度，强化工作纪律。规范文件流转，提高办文效率，全年共印发各类文件材料 165 份。按年度科研专项业务经费预算核拨科研专项业务经费，协助办理创新工程科研管理相关经费审批，落实项目拨款计划。做好局内日常经费管理、工青妇宣传、局内外网站运维、网络安全、防火、治安和综合统计等工作。

人事教育局

2014 年，人事教育局认真学习贯彻落实党的十八届三中、四中全会精神，按照中央及中国社会科学院关于人事人才工作的指示要求，紧密联系全院人事人才工作实际，深入推进全院人事制度改革。在实际工作中，不断改革创新工作思维方式方法，不断建立健全人事人才工作

体制机制，较好地完成了各项改革创新任务。

（一）深入学习贯彻中央精神

人事教育局坚持把学习贯彻习近平总书记系列重要讲话作为重大政治任务，坚持领导带头，把握精神实质，丰富学习形式，进一步强化了广大党员干部的政治意识和大局观念，深化了对涉及党和国家事业一系列重大理论、实践问题和工作部署的认识，为贯彻和落实中央及院党组的重大决策部署，完成人事教育局 2014 年度改革创新任务提供有力理论指导和思想政治保证。

1. 根据院党组的部署，多次召开全局大会，对党的十八大和十八届三中、四中全会精神进行了及时传达，对贯彻落实会议精神作出具体部署。

2. 为贯彻落实习近平总书记对人才工作重要批示精神，和中央人才工作协调小组第 40 次会议精神，按照中共中央组织部印发的《中央人才工作协调小组关于认真学习贯彻习近平总书记对人才工作重要批示精神的通知》要求，制定印发了《关于认真学习贯彻习近平总书记对人才工作重要批示精神的通知》，要求院属各单位党组织把学习贯彻重要批示作为重要政治任务，切实组织好学习贯彻工作。

3. 组织举办"才思讲坛"，就热点问题进行专题学习。一是邀请中组部干部一局巡视员、副局长孔圣根作贯彻《党政领导干部选拔任用工作条例》专题辅导报告。二是邀请人力资源和社会保障部事业单位人事管理司司长魏卓就国务院最新颁布实施的《事业单位人事管理条例》作专题辅导报告。三是邀请原副院长、党组副书记李慎明围绕人民民主专政等相关理论热点问题，介绍当前我国意识形态领域的形势，面临的机遇、挑战，加强意识形态工作的有关对策等。

（二）稳慎推进事业单位人事制度改革

1. 推动机构编制和岗位设置管理。一是研究事业单位分类工作。结合全院实际，对事业单位分类政策进行了深入学习研究，并就全院研究单位分类问题形成了相关意见建议。二是加强岗位设置管理。根据各单位机构编制调整情况，对全院岗位实施动态管理，向国家申请一揽子的岗位设置方案，探索设立特设岗位。

2. 规范聘用制及岗位管理。一是全面实行人员聘用制度。根据国家事业单位改革方向，通过前期工作及聘用合同的签订，基本实现了身份管理向岗位管理的转变。对新入院人员统一签订聘用合同；对出国（境）逾期不归人员的清理，进一步提高岗位聘用规范性。二是探索人员退出机制。研究制定《中国社会科学院人员退出办法》，探索建立人员能进能出，岗位能上能下的管理体制机制。三是开展事业单位机构人员编制核查工作。对院属单位部门及其人员进行核查，真实、准确、完整、及时填报了机构人员编制信息，基本实现了机构清、编制清、领导职数清、实有人员清。

3. 进一步规范人才引进工作。一是根据事业单位人事条例精神和院党组指示，研究出台了《中国社会科学院关于加强和规范管理岗位人员引进工作的若干意见》和《关于加强和规范企业人员管理的若干意见》，基本实现了各级、各类人才引进的制度覆盖。二是为进一步提升人才引进工作的科学化、规范化水平，提高管理工作效率，我们还依托中华英才网，设计了人才引进公开招聘平台。三是根据院党组部署，研究制定《中国社会科学院领军人才引进方案》，加大领军人才引进力度。

4. 优化机构编制配置。一是优化编制资源使用，完成了对四个新型战略研究院、服务中心、拉美所等十家单位编制的调整；对中国边疆史地研究中心进行更名，并面向社会发布公告；在院原非实体文献计量与科学评价研究中心的基础上，成立了中国社会科学评价中心。二是将创新办并入科研局（学部工作局），调整后的科研局（学部工作局）对内增挂“创新工程综合协调办公室”牌子。三是将世界社会主义中心仍作为非实体研究中心，由科研局进行指导和管理，由信息情报研究院代管。

（三）深入推进全院人事制度改革与创新

1. 全面推进研究室主任聘任改革。为进一步加强研究室建设，打造一支高素质研究室主任队伍根据院党组部署，研究出台了《研究室主任聘任管理办法》，并制订了实施方案，对聘期管理、聘任程序、聘期目标及考核标准等做出了具体要求。

2. 开展干部经常性考察。研究制定《关于开展干部经常性考察的工作方案》。在实际工作中，根据干部经常性考察结果，适时向院党组提出优化领导班子结构、提高领导干部队伍素质、加强后备干部队伍建设等方面的意见和建议。对考察中发现的优秀干部，向院党组推荐使用；对不能履行职责和工作业绩较差的干部，通过建议辞职或对其免职、降职等方式，促其退出领导岗位。

3. 建立干部信息台账制度。根据院党组指示，研究制定了《关于建立干部信息台账制度的工作方案》，对领导干部在工作中的德、能、勤、绩、廉情况，实施动态管理和全程记实，归纳、汇集形成干部信息台账，为加强所局领导班子和干部队伍建设积累素材，也为开展干部监督工作寻求有效抓手。

4. 积极推进干部交流。研究制定了《管理岗位人员交流办法》，对各层级、各类别的干部交流工作进行了统一规范。研究制定了《五六级管理岗位干部交流工作方案》。根据方案，进行了全院历史上首次大规模的管理干部交流工作。此次交流涉及全院 20 个单位的 21 名干部。

5. 开展干部实践锻炼。院党组颁布《关于加强干部实践锻炼的工作方案》，就选派对象、方式、程序、组织管理等作出了规定。根据方案，中国社会科学院与甘肃省委组织部建立了合作关系，由所局领导干部带队组成首批干部实践锻炼团，到甘肃省酒泉市基层乡镇进行为期一年的实践锻炼。11 月，举办了中国社会科学院与甘肃省委省政府干部双向挂职启动仪式暨 2014 年度干部实践锻炼动员大会。

（四）完善职称评审制度，提高专家服务水平

1. 积极推进专业技术职务评聘制度改革。一是起草《中国社会科学院出版编辑系列高级专

业技术职务任职资格申报标准》。二是研究制定了《中国社会科学院专业技术职务任职资格评审工作管理办法》。三是研究起草《中国社会科学院专业技术职务评聘工作方案》，为全院专业技术资格评审和专业岗位分级聘用工作的推进做好相关准备。

2. 组建新一届职称评审机构，完成职称评审工作。组建新一届专业技术资格评审委员会，其中，所级评委 464 人、院级评委 182 人，并报人社部备案。根据职称评审工作安排，院属相关单位按照要求，评定副高级及以下专业技术职务或资格 186 人，向院级评审会推荐 86 人。组织召开研究、出版编辑和图资系列院级评委会评审会议 10 次，评审通过了 86 人的专业技术职务或资格（正高 72 人、副高 9 人、中初级 5 人）。并经院务会议审议批准，开展院属各单位职称备案工作，办理 288 人备案手续（正高 74 人、副高 82 人、中初级 132 人）。

3. 积极做好专家推荐工作。根据人社部工作部署，哲学所李景源和财经战略研究院分别荣获“全国杰出专业技术人才”和“专业技术人才先进集体”称号。推荐了 39 位享受国务院特殊津贴专家人选，推荐了 10 位“百千万人才工程”国家级人选，推荐了 22 位青年拔尖人才人选，推荐了 4 位新闻出版行业第四批领军人才人选。

4. 参与完成学部委员增选工作。根据院党组和学部工作要求，积极参与学部委员增选工作，为学部委员增选工作顺利开展提供有力支持和有效保障。

5. 积极培养哲学社会科学骨干人才。一是落实“西部之光”人才培养工作。接收 2014～2015 年度 4 位访问学者。组织开展 2013～2014 年度 6 位访问学者的中期考察、培养管理、考核总结工作。二是组织开展了 2014 年择优资助申报工作。

（五）继续做好津补贴检查和薪酬工作

1. 规范津补贴及报偿发放工作。一是对全院工作人员目标报偿发放条件进行审核，并落实目标报偿的具体发放工作。二是会同相关单位和部门对各单位上报的 2014 年度创新工程申报材料内容进行审核，并落实智力报偿、创新报偿的具体发放工作。三是按照院“三项纪律”建设工作协调小组的统一安排，由监察局、财计局、人事局组成“四项经费”检查组，第七次对院属单位的津补贴及报偿发放工作进行检查。

2. 完善院属企业薪酬管理。为加强国有资产监督管理，提高企业经营效益，研究起草了《中国社会科学院院属企业薪酬管理办法》。

（六）加强教育培训和出国留学管理工作

1. 积极做好干部调训和选学工作。一是推荐 36 人分别参加中央党校等中央各类干部院校的相关班次学习培训。二是组织 18 人参加哲学社会科学教学科研骨干调训。三是组织推荐全院 28 个单位的 30 名所局级干部参加 2014 年干部选学。四是组织学员参加中国干部网络学院学习。

2. 做好干部统一培训。根据各职能部门及图书馆等有关单位上报的培训计划，研究制定全院2014年干部教育培训年度计划，指导和协调院干部培训工作。审核24个培训班，共培训3756人次。

3. 做好出国留学工作。一是组织实施高级研究学者及访问学者（含博士后）项目、中美富布赖特项目、人社部赴法国巴黎政治学院攻读硕士学位项目、立陶宛政府奖学金项目、拉脱维亚政府奖学金项目、哈佛大学博士后项目、中德（CSC-DAAD）博士后奖学金项目等7个项目的遴选推荐工作。共推荐18人，录取8人。二是遴选我院优秀管理干部出国研修。三是受理教育部留学回国人员科研启动基金申请及资助拨款。

4. 组织编写《新入院人员手册》。我们紧密联系全院工作实际，编写了《新入院人员手册》第四版。该手册涉及科研、人事、国际交流与合作、出版、财务、安保等方面内容。

5. 举办新入院人员培训班。为使新入院人员尽快了解院情、所情，遵守各项纪律，树立良好的作风、学风和文风，加强中国社科院工作人员精神风貌和素质品格的锤炼，我们举办了新入院人员培训班。来自院属49个单位的137名新入院人员参加了培训。

6. 举办新任所局领导培训班。为深入学习党的十八大、十八届三中全会和习近平总书记系列重要讲话精神，进一步提升新任所局领导干部的领导水平和管理能力，我们举办了新任所局领导培训班，来自院属47个单位的108位新任所局领导干部参加了培训。

7. 研究制定《中国社会科学院培训费管理办法》。为规范我院干部教育培训工作，提高培训效率和质量，加强培训费管理，节约培训费开支，研究制定了《中国社会科学院培训费管理办法》。

8. 研究制定《关于中国社会科学院保密教育培训实施意见》。按照院干部教育培训工作领导小组、院保密委员会、院党校、院属各单位等四个层级统筹全院保密教育培训工作。

（七）积极做好博士后工作

一是办好《中国社会科学博士后文库》。二是做好博士后国际交流计划相关工作。三是做好博士后进站、出站、设站工作。四是组织开展中国博士后科学基金申报工作。五是举办博士后学术论坛。六是与院内外其他单位合作开展博士后相关工作。七是做好博士后联谊、交流及后勤保障工作。

（八）开展人才工作专题调研和人才理论研究

一是围绕习近平总书记关于人才工作系列重要论述，开展专题研究。二是受人社部专技司委托，承担“国外人才评价制度研究”课题。三是受中组部人才局委托，与马研院共同组织“中国特色社会主义人才理论基本问题研究”。四是按照中组部、人社部、国家统计局等联合印发的《关于开展2013年度全国人才资源统计的通知》工作分工，继续委托财经院院长助理倪鹏飞研究员牵头组织有关课题组，承担人才国际竞争力指数统计任务。五是根据中组部有关精神，围绕“新形势下如何提高干部能力素质”等问题开展理论研究。六是组织开展“七名工程”人才资源状况专题调研，努力为院党组加强名优工程人才队伍建设提供决策参考。七是在中国社会科学网、《中国人才》杂志等媒体公开发布人才学博士后招收公告，并与中国人民大学、首都经济贸易大学、中国社会科学院研究生院等高校学生就业部门沟通，吸引优质生源申报进站从事人才学研究。

（九）做好各项日常工作

1. 做好中管干部的工作。2014 年，配合中组部做好对中央管理干部各项工作的落实工作。办理中管干部个人有关事项报告表填报情况的相关事宜，并向中组部上报中管干部个人事项报告表等。

2. 做好薪酬和社会保障工作。一是做好工资管理工作。完成对考核合格员工正常晋升薪级工资和职务变动人员、调入人员、新入院毕业生和军转干部等工资的审核、审批、备案工作，完成对院属各单位 2013 年度考核优秀人员奖励金额的审核、审批，并落实发放。二是完成对院属 43 家事业单位 2013 年度津贴补贴发放情况的审核、汇总工作。三是妥善做好干部医疗工作。四是落实发放全院特殊困难职工补助。五是做好干部退休、缓退审批备案工作。

3. 做好博士后文稿编辑工作。一是撰写全院 2013 年度《博士后工作年报》。二是编辑刊印第 33 至 35 共三期《博士后交流》杂志。三是编辑刊印第 11 期和第 12 期《博士后工作简报》。

4. 做好人社部专业技术人才知识更新工程高级研修项目。一是组织申报项目选题。全院申报的“现代物流经济”“全国税务系统干部金融财会（税务专题）”“食品安全治理创新”等 3 个高级研修班列入国家 2014 年专业技术人才知识更新工程高级研修项目计划。二是组织项目实施。与院研究生院和财经院协商制订培训方案，联合举办“食品安全治理创新高级研修班”和“现代物流经济高级研修班”。

5. 落实公共管理硕士研究生培养。一是与研究生院联合举办公共管理硕士 MPA 班。二是组织干部参加人社部 2014 年双证 MPA 招生考试。

6. 做好指纹考勤工作。汇总统计了全院参加指纹考勤单位 2014 年度 1 ～ 11 月的指纹考勤情况；核算了 2014 年度 1 ～ 3 季度指纹考勤全勤情况并向财务基建计划局提交了获得全勤奖励人员名单及奖励金额。

（十）积极完成上级交办的各项工作任务

一是根据中组部有关要求，落实第四批全国干部学习培训教材编写工作。组织相关专家，先后召开了 14 次编写工作会议，对第四批全国干部学习培训教材初稿进行反复修改。汇编《习近平同志系列重要讲话汇编》和《中国梦理论文章选编》。

二是根据中央人才工作协调小组办公室、中宣部要求，先后对《“千人计划”“万人计划”评审工作巡察办法》《关于做好 2014 年文化名家暨“四个一批”人才、“万人计划”哲学社会科学领军人才推荐选拔工作的通知（征求意见稿）》提出修改意见。

三是根据中组部、中宣部、人社部要求，提供全院人才工程项目经费和工作经费有关情况；核查青年拔尖人才经费使用情况；提供全院14位文化名家暨“四个一批”人才自主选题项目相关情况，做好项目管理和经费监管工作；对全院专业人才工作进行总结，提交《实施人才强院战略，建设一流的专业人才队伍》报告，作为第五届全国杰出专业技术人才表彰暨专业技术人才工作会议交流材料。

四是就《2013年工作情况报告（征求意见稿）》和《2014年工作要点（征求意见稿）》，向中央人才工作协调小组反馈修改意见；按照中央人才工作协调小组办公室通知要求，报送《中央人才工作协调小组2014年工作要点任务分工进展情况表》。

五是根据中央有关精神，开展严格规范领导干部参加社会化培训的工作，并将清理整顿情况形成汇报，报送至中组部。

六是按照中组部人才局要求，围绕哲学社会科学人才队伍建设和中国智库发展主题，配合《中国人才》杂志采写新闻报道《社科人才：国家“软实力”建设的承担者》和《中国智库迎来发展新契机》，扩大全院哲学社会科学人才队伍和智库建设的影响力。

七是按照中宣部干部局要求，结合平时有关调研，对《事业单位领导人员管理暂行规定》初稿的有关选拔任用方式、选拔任用条件、考核评价、教育培训、退出安排、退休问题以及岗位管理等问题反馈了修改意见。

八是根据人社部有关要求，报送《2013年机关、事业单位人才资源统计报表》《2013年机关、事业单位工作人员工资福利统计报表》《2013年公有经济企业经营管理人才、专业技术人才统计报表》《2014年事业单位职工人数测算表》和《2014年事业单位职工工资总额计划测算表》。

（十一）加强人事干部自身建设

1. 加强人事局自身制度化建设。编印《中国社会科学院人事人才文件制度选编》，从而更为有效地指导人事干部开展工作。编印《人事教育局内部建设规章制度文件汇编》，进一步规范办事流程，使各项工作有章可循。

2. 加强人事教育局内网建设。全局全年各处累计上传信息达1100余条，网站访问量突破5万人次，累计总浏览量超过16万人次。完成人事教育局网站改版扩容工作。

3. 创建中国社科人才网。按照年初工作部署，制定《中国社会科学人才网规划方案》，与中国社会科学网共同设计中国社科人才网，作为中国社会科学网的子网，为人才工作创新发展提供舆论平台和智力支持。

4. 配合院办公厅负责的图书馆一楼大厅“中国社会科学院院史展”布展工作。协调局内各处室提供反映人事人才体制机制改革和干部人才队伍建设的有关资料。

5. 进一步加强我院考勤管理。人事教育局重新修订了《中国社会科学院职能部门和有关直属单位考勤工作管理办法》，并经院务会议审议通过，在全院范围内印发。

国际合作局

2014年，国际合作局坚持服务科研、服务大局的工作方针，发挥社科院学术资源和对外交流网络优势，打造国际合作高端平台，提升中国学术国际影响力，推进外事管理体制机制改革，实施“走出去”战略取得新进展。全年共审批出访项目1126批，1833人次；邀请来访项目224批，1043人次；横向来访169批，570人次；使馆约见162批，300人次。办理护照383份，签证1133份，港澳通行证129本。派遣长期出访研修项目48人次。新签、续签18个对外交流合作协议和备忘录。

（一）认真组织和安排社科院重大对外交流活动

1. 社科院重要代表团成功出访，推动对外交流合作迈上新台阶。王伟光院长率代表团出访瑞士、伊朗，出席2014年冬季达沃斯论坛“中国现状与发展前景”大型专场研讨会，做主旨发言。出访伊朗期间，与伊三家高端智库达成重要合作意向，建立起机构合作机制。副院长张江、李扬、李培林、中纪委驻院纪检组组长张英伟率团出访德国、英国、俄罗斯、法国、秘鲁、荷兰、西班牙、葡萄牙、以色列、希腊、比利时、匈牙利等国家，推动了中国社会科学院与各国高端科研机构、高教组织及知名智库等的交流合作。

2. 国外领导人及重要人士来访，中国社会科学院国际知名度和影响力进一步提升。2月12日，匈牙利总理欧尔班访问中国社会科学院并发表演讲。2014年，中国社会科学院还接待了印度副总统安萨里、红十字国际委员会主席彼得·莫雷尔、世界经济论坛主席施瓦布、欧盟委员会国际合作与发展委员内文·米米察、经济合作与发展组织秘书长古利亚、伊朗确定国家利益委员会战略研究中心主任韦拉亚提、匈牙利外交和对外经济部部长西雅尔多、荷兰教育文化和科学大臣杰特·布斯马克、意大利环境国土和海洋部部长姜卢卡·加雷蒂等来院访问和交流。

3. 接待中国社会科学院国外重要合作伙伴机构代表团来访，进一步夯实合作基础。2014年，蒙古国科学院、韩国经济人文社会研究理事会、韩国对外经济政策研究院、俄罗斯科学院、乌克兰国家科学院、塔吉克斯坦科学院、匈牙利科学院、德国马普学会、英国爱丁堡皇家学会、英国经济与社会研究理事会、英国艺术与人文研究理事会、荷兰皇家科学院、芬兰科学院、瑞士科学院、瑞典高等研究院、美国社会科学研究理事会、澳大利亚人文科学院等机构领导人率领的代表团访问中国社会科学院，表达了拓展交流的意愿，形成了一系列新的合作意向。

4. 拓展高层次、多渠道交流网络。2014年，中国社会科学院新签、续签协议、备忘录18个，其中包括：中国社会科学院与匈牙利科学院科学合作协议，中国社会科学院与荷兰教育文化和科学部科学合作与交流谅解备忘录，中国社会科学院与荷兰科学研究组织交流合作谅解备忘录，中国社会科学院与瑞典高等研究院/瑞典人文社科基金会谅解备忘录，中国社会科学院与芬兰教育文化部谅解备忘录，中国社会科学院与法国波尔多政治学院合作协议，中国社会科学院与德国马普学会科学合作与交流谅解备忘录，中国社会科学院与意大利那不勒斯东方大学学术交流协议，中国社会科学院与澳大利亚人文科学院学术交流合作协议，中国社会科学院和澳大利亚社会科学院谅解备忘录（2015 年合作研究项目），中国社会科学院与泛美开发银行谅解备忘录，中国社会科学院和加拿大蒙特利尔大学学术交流与合作协议，中国社会科学院与伊朗确定国家利益委员会战略研究中心学术交流合作备忘录，中国社会科学院与俄罗斯人文科学基金会 2014 年联合招标合作研究项目议定书。

（二）创新工程重点对外交流项目亮点纷呈，“走出去”呈现可喜态势

1.“中国社会科学论坛”（以下简称“论坛”）及系列国际研讨会向世界传播中国学术、发出中国声音。2014 年，中国社会科学院研究所及所属单位踊跃申报和承办“论坛”，全年在“论坛”平台下，共举办国际研讨会 31 个，涉及经济、社会、法律、历史、文学、国际关系等各个领域。其中，社会学所、马研院、中国社会科学杂志社分别在美国、德国、加拿大成功举办了“论坛”研讨会。“论坛”紧扣时代发展脉搏，聚焦国内外关注热点，为开展高层次学术对话交流提供了重要平台，国际知名度和品牌效应进一步增强。

2014 年，全院立项举办国际会议 120 余个。国际合作局在院级对外合作机制下重点支持举办了一系列专题国际研讨会，包括“依法治国与法治中国”国际学术研讨会、“面向未来的中墨关系”研讨会、“2014 中欧文化高峰论坛：迈向后 2015 的可持续发展世界”“中国社科院与澳大利亚昆士兰大学亚太论坛”“丝绸之路经济带建设与中蒙全面战略伙伴关系——纪念建交 65 周年中蒙智库圆桌会议”“乌兹别克斯坦社会发展经验与前景研讨会”等。这些专题国际会议层次高、研讨深入，增进了中外相互沟通与理解，得到与会者的高度评价。

2.“周边及发展中国家青年学者培训”项目收效显著。2014 年 8 月，国际合作局与研究生院合作，成功举办第三届“周边及发展中国家青年学者培训”项目。研修班继续以经济发展为主题，来自伊朗、越南、泰国、老挝、乌兹别克斯坦和古巴等 17 个国家 29 位青年学者参加了培训班。培训班增强了中国社会科学院学术研究的国际影响力。

3. 智库交流进一步密切和深化。2014 年 5 月，中国社会科学院在北京举办“中国与邻国：推动共同繁荣发展”国际学术研讨会。王伟光院长、柬埔寨合作与和平研究所主席西里武亲王、全国人大常委会外事委员会主任委员傅莹等分别做主旨发言。来自亚洲地区和俄罗斯共 23 个国家知名智库及社科研究机构的 60 名代表参加会议。会议取得圆满成功，在亚洲智库界引起积极反响。

6 月，应中国社会科学院邀请，伊朗确定国家利益委员会战略研究中心主任韦拉亚提一行访华。国务委员杨洁篪在中南海会见韦拉亚提。王伟光院长与韦拉亚提签署双方合作备忘录，为双方今后合作奠定了基础。

2014 年，中国社会科学院继续推进创新工程“与国际知名智库交流平台项目”，选派 8 位

学者赴国外智库开展调研访问。除欧美智库外，派出目标机构扩展到日本、新加坡等周边国家。

4 . 加强与重要国际组织合作关系。2014 年，中国社会科学院接待了世界经济论坛执行主席施瓦布教授、经合组织秘书长安吉尔 · 古利亚、红十字国际委员会主席彼得 · 莫雷尔、红十字会与红新月会国际联合会秘书长哈吉 · 阿马杜 · 阿西、亚洲社科联秘书长约翰 · 比顿等来访，巩固和提升了中国社会科学院与重要国际组织交流合作关系。

5. 国际合作研究项目扎实推进。2014 年，中国社会科学院与俄罗斯、荷兰、芬兰、法国、英国、意大利、匈牙利、意大利、保加利亚、澳大利亚等国家，启动或继续实施国际合作研究项目。研究内容进一步深化，研究领域进一步拓展，中选课题数量进一步增多。2014 年启动的项目包括："2014 ~ 2020 年中国潜在经济增长率预测分析"（数量经济与技术经济研究所承担），"中澳碳交易的市场体制、政策建议及区域合作研究"（城市发展与环境研究所承担），"中国梦与俄国梦比较研究"（社会学研究所承担），"上海合作组织框架下的中俄合作"（俄罗斯东欧中亚研究所承担）等。

6. 开展国外专项调研项目。近代史研究所申报的"新西兰华侨华人史研究"项目立项，课题组赴新西兰开展实地调研，为全面研究新西兰华侨华人的移民史、奋斗史、发展史收集重要史料。APEC 领导人会议在北京成功举办后，国际合作局支持世界经济与政治研究所派团赴美国调研，就 APEC 北京会议达成的共识开展深入交流。支持俄罗斯东欧中亚研究所派出学者代表团以"丝绸之路经济带建设与独联体地缘政治环境"为主题赴白俄罗斯等欧亚国家访问，为切实推进丝绸之路经济带建设提供政策建议。

7. 对外学术翻译出版资助形式多样、力度加大。2014 年，全年开展了两轮对外学术翻译出版资助工作。《中国与世界经济》《中国经济学人》《中国考古学》《国际思想评论》《第欧根尼》《中国财政与经济研究》《城市与环境研究》《欧亚学刊》《世界政治经济学研究》《中国经济学精粹》《文学评论选刊》等 13 种外文期刊得到资助，总额计 290 余万元。学术著作翻译出版资助 53 部，总额计 610 余万元。

8. 出国（境）培训项目取得圆满成功。国家外专局批准中国社会科学院申报的 2014 年度出国（境）培训计划，并给予培训资助。9 月，以"大数据与社会科学研究创新"为主题，组织人员赴美国开展为期 21 天的培训，23 位专家、学者参加培训，取得良好效果。

9. 多渠道派遣科研人员长期出访研修。利用中国社会科学院与哈佛—燕京学社、韩国高等教育财团等国外合作伙伴机构交流渠道，派遣学者长期出访开展学术专题研究。继续组织开展中青年骨干学者出国进修专业外语项目，筛选派出 15 名中青年学者出国进修专业外语，提高他们从事国际学术交流的能力。

（三）服务国家对外工作大局，承担"学术外交""学术外宣"工作任务。

1. 配合国家总体外交方略，开展人文学术交流。2014 年 2 月 12 日，在国务院总理李克强和匈牙利总理欧尔班见证下，院长王伟光与匈牙利科学院院长巴林卡斯·约瑟夫在人民大会堂共同签署两院新的科学合作协议，为中匈关系发展搭建人文交流渠道。2014 年 7 月，习近平主席访问韩国时，中韩共同发布了《2014 年中韩人文交流共同委员会交流合作项目名录》（共列 19 个项目）。由中国社会科学院信息情报研究院与韩国经济人文社会研究会共同举办的中韩人文交流政策论坛列入名录。12 月 3 日，该论坛在韩国首尔成功举办，落实了中韩人文交流国家级项目，也标志着中国社会科学院与韩国经济人文社会研究会的交流合作达到新的水平。

2. 成功组织对外舆论宣传专题国际研讨会。按照国家外宣工作方案，承办了一系列专题国际研讨会，包括“一战和二战历史回顾：教训和启示”国际学术研讨会、“吉林省档案馆馆藏日本侵华档案”国际学术研讨会、“甲午战争与东亚历史进程”国际学术研讨会、“依法治国与法治中国”国际研讨会等，取得很好的外宣工作成效。

3. 认真开展海外汉学家交流项目。2014 年 7 月和 9 月，中国社会科学院与文化部联合在京主办两期青年汉学家研修班，来自美国、俄罗斯、法国、德国、日本、韩国、哈萨克斯坦、印度、巴西、埃塞俄比亚、加纳、新西兰等 39 个国家的 55 人参加培训，其中 35 人分赴我院 9 个对口研究所进行专题研修。10 月 27 日至 11 月 1 日，由文化部、中国社会科学院共同主办的 2014“汉学与当代中国”座谈会在北京和山东两地举行，共邀请 17 个国家的 20 位知名汉学家和 14 位著名中方专家代表参加会议。研修班和座谈会项目，增进了中外思想文化交流，对培养、壮大国际知华友华力量起到推动作用。

4. 积极对外推介全院人文社科研究成果。2014 年，中国社会科学院向西班牙马德里中国文化中心、法国波尔多政治学院等赠送中国人文社科学术图书以及电子出版物，其中以中国社会科学院院属出版社的出版物为主，为两国社会各界特别是学术界了解中国历史文化和当代中国社会经济发展提供最新的第一手参考资料，获得当地读者欢迎，也得到驻外使馆的高度肯定。

（四）积极开展与台、港、澳交流，发挥学术纽带作用，服务国家和平统一大业

1. 对台港澳地区学术交流活跃。2014 年，全院对台港澳的学术交流活跃，出、来访交流总量 215 批，453 人次。其中，出访台湾 92 批，184 人次；出访香港 53 批，90 人次；出访澳门 51 批，86 人次。台湾来访 13 批，86 人次；港澳来访 6 批，7 人次。

2. 以学术为抓手，扩展和深化对台交流。发挥中国社会科学院的学术优势，与台研究、高教机构联合召开 9 场高水准学术研讨会，交流内容涉及社会、经济、政治、民族、历史、宗教、文化等多个领域。“中国国民党一大暨第一次国共合作成立 90 周年学术研讨会”和“海峡两岸经济学与政策模拟研究学术研讨会”纳入国台办年度对台交流重点项目中。继续推进与台湾“中华经济研究院”、台湾“中研院”、台湾大学等学术机构和高校的合作。

3. 贯彻“一国两制”方针，积极开拓渠道，加强与港澳学术交流。张江副院长赴香港访问

发表学术演讲，并代表中国社会科学院与香港中文大学签署“中国社会科学院与香港中文大学共建中国考古联合研究基地合作协议”，为双方合作搭建了新平台。李扬副院长赴香港参加“两岸三地人文社会科学论坛”常务理事会议，就论坛设立和举办机制达成共识。组织法学所专家赴港就“一国两制”“认识《基本法》”“十八届四中全会决定的精神及意义”等主题举办讲座，受到香港各界人士好评。

（五）推进体制机制改革，提高国际交流合作管理水平

1. 制定在对外交流合作中加强外事管理的规定。为进一步规范和完善外事管理，确保对外交流合作健康发展，制定并印发《中国社会科学院在对外交流合作中加强外事管理的规定》。《规定》进一步明确院属各单位和人员从事各类对外交流合作项目和活动应遵循的基本原则和管理要求，进一步明确了各类对外学术交流项目和活动的审批管理程序。

2. 制定《中国社会科学院职能部门和直属单位主要负责人因公临时出国（境）管理规定》。为落实中央有关文件要求，制定并印发《中国社会科学院职能部门和直属单位主要负责人因公临时出国（境）管理规定》，明确有关出国（境）目的、期限以及申报、审批程序要求，进一步规范了全院职能部门和直属单位主要负责人因公出国（境）管理。

3. 制定并实施《中国社会科学院因公临时出国经费管理办法》。2013 年 12 月，财政部、外交部印发了《因公临时出国经费管理办法》。结合全院的实际情况，国际合作局和财计局拟定中国社会科学院《因公临时出国经费管理办法》，经院务会议审议通过印发院属单位执行。

4. 建设国际交流合作管理与成果信息化平台。根据外事管理工作规范化、制度化的要求，国际合作局加大了信息化工作力度，在保证现有系统正常运行的基础上，完成了“国际合作局对外交流合作成果信息数据库”系统的设计开发。增设办公系统服务器，调整各服务器任务布局，优化办公系统运行环境，使外事审批管理系统运行的安全性、可靠性得到进一步提升。

5. 编写和印发《对外学术交流规定汇编》和《院级国际合作交流项目指南》。梳理和汇编外事管理各项规章制度，为全院外事干部开展管理工作提供参考，提高管理工作的规范性和效率。印发《院级国际交流合作项目指南》，为各研究所和广大研究人员提供更为全面、翔实的对外交流项目信息，促进国际合作资源得到更加充分的利用。

6. 认真审核创新工程经费用于对外学术交流的项目计划。2014 年，31 个研究所提出了创新工程经费用于对外学术交流的专项申请。国际合作局依据《关于创新工程经费用于对外学术交流的管理规定》，认真审核，经科研局、财计局会签后，回复各申请单位，确保全院 2014 年创新工程人均总额拨付经费用于出访交流工作规范、有序进行。

7. 如期完成院创新工程 2013 年度科研成果审核工作。根据院创新工程工作部署，国际合作局成立外文科研成果审核小组，对各研究单位报送的 2013 年度外文科研成果进行审核认定。全院报送的 177 项外文成果中，142 项通过审核认定，通过率为 80%。

（六）加强队伍建设，打造有凝聚力、战斗力的工作团队

1. 认真落实党的群众路线教育实践活动整改措施。着力规范领导班子工作机制，落实民主决策制度，坚持重大问题集体讨论、集体决策，发扬民主，自觉接受群众监督。认真落实《中国社会科学院关于改进机关工作作风的若干规定》，通过加强学习和制度建设，提高外事管理能力和服务水平。

2. 发挥党支部战斗堡垒和党员先锋模范作用。局党总支高度重视发挥战斗堡垒和党员先锋模范作用，认真制订党总支和党支部年度工作计划，对开展的各项工作任务明确责任主体，并定期进行汇报检查。根据院机关党委的工作安排，组织全局党员干部开展各项学习和实践活动。

3. 顺利开展公开竞聘选拔五六级管理岗位人员和干部岗位交流工作。为了加强国际合作局干部队伍建设，对部分处室干部进行竞聘选拔和岗位调整。同时，按照《中国社会科学院管理岗位人员交流办法（试行）》和《中国社会科学院五六级管理岗位干部交流工作方案》，有序开展干部交流，激发了干部人员的工作积极性。

4. 组织实施外事干部培训和国情调研项目。6 月，为进一步提高全院外事管理干部综合素质和外事管理工作水平，举办全院“推进‘三项纪律’建设，加强外事管理工作”培训班。中央纪委驻院纪检组组长、院党组成员张英伟，院副秘书长谭家林等出席并做报告。7 月和 12 月，组织实施了院外事管理干部赴内蒙古、吉林和赴湖北、福建两期国情考察。开展培训和国情调研，促进外事干部提升了思想认识水平、增强了业务和管理能力。

5. 修订完善国际合作局保密工作规定。制定《国际合作局 2014 年保密工作要点》，把加强保密纪律建设作为推进政治纪律建设的重要内容。通过细化保密工作措施、定期开展局内保密专项检查、加强全局工作人员保密意识教育等，建立起安全保密工作长效机制。

财务基建计划局

2014 年，财务基建计划局在院党组、院领导的带领下，深入学习贯彻党的十八大和十八届二中、三中、四中全会以及习近平总书记系列重要讲话精神，认真落实“八项规定”和“三项纪律”，巩固和扩大党的群众路线教育实践活动成果，切实转变工作作风。全局按照“管理强院”的要求，为全院的科研基础设施条件改善尽心尽力，较好地保障了全院经费、资产、办公用房等方面的需求，圆满完成了院领导交办的各项任务。

（一）积极争取财政支持，不断加强财务管理工作

1. 积极争取财政资金支持，有力保障科研业务发展

（1）2014 年，财政部核定中国社会科学院科学事业费 169332 万元，核定住房改革支出 5540 万元。全院经费预算的快速增长，有力地保障了全院各单位的经费需求和基础建设需要，

为全院科研事业发展提供了坚实的基础。

（2）进一步细化创新工程经费预算，落实创新工程各项开支。经过反复测算创新工程支出项目、标准、智力报偿和创新报偿，财政部安排全院创新工程专项经费 6 亿元，比上年增加了 1 亿元。

2. 进一步完善财务监管制度，确保财政资金安全

（1）稳步扩大会计委派和会计代理范围。2014 年新增 1 个代理企业。自 2009 年启动会计代理制以来，全院已经有 24 个单位实行了会计委派或会计代理制。会计委派和会计代理范围的逐步扩大，相关制度的不断完善，强化了经费收支管理，规范了院属各单位的财务核算，有效维护了财经纪律。

（2）充分发挥结算中心的监管作用，提高资金使用效益。2014 年有 3 个账户新纳入网银系统。截至 2014 年年底，全院应纳入结算中心账户数为 215 个，实际已纳入账户数为 199 个。结算中心通过网银系统，对这 199 个银行账户进行实时监控，及时纠正不符合规定的资金使用情况。

（3）进一步完善财务制度，加强财经纪律建设。一是制定了《关于对我院经费管理和使用情况进行检查的实施方案》，在全院范围开展了对以前年度"三项经费"的整改落实情况的检查，对 2014 年创新工程经费的管理使用、"两个报偿"和津补贴发放、期刊经费的使用情况的检查，同时要求院属各单位对 2012 年以来横向课题经费管理使用情况进行自查自纠。二是制定了《学术期刊"许可使用权"转让收益使用管理暂行办法》，以规范期刊发行收入的使用。三是为大力推进我院"三项纪律"建设，财务基建计划局与院监察局共同举办了财经纪律培训班，院属各单位分管财务的所局级领导及主管会计 110 余人参加了培训。四是编写《财经纪律应知应会手册》，印发院属各单位每位职工，帮助他们更好地贯彻落实财务制度。

3. 严格预决算编制，加强预算执行管理

（1）规范创新工程预算申报，严格预算审核。为做好创新工程预算执行，解决预算编制与执行脱节的"两张皮"现象，今年首次要求院属各单位将创新工程项目预算纳入项目预算编制审核系统进行申报，有效解决了前两年各单位创新工程预算申报格式不一、内容不规范、标准混乱的问题。在全院创新工程 1023 个项目预算中，对 549 个项目预算进行了调整，调整比例达 53.66%。

（2）建立工作责任制，做好预算执行管理。根据财政部关于加强预算执行管理的有关规定，财务基建计划局制订了详细的预算执行计划。包括提前安排预算资金、与有关职能部门沟通调整预算指标下达安排、提前下达预算指标预通知、及时办理请款计划等。从年初就开始跟进执行进度，检查指导执行工作。通过与重点单位沟通，与科研局、国际合作局等有关职能部门配合采取必要措施，基本保证了预算的正常执行。

（3）严格数据审核，做好预决算编制。编制好全院的年度预算和决算是做好经费保障和财务管理的重要工作。特别是决算编制工作，财务基建计划局耐心开展业务指导，严格审核各单位报表，不断改进对各项指标的分析方法，从而使全院汇总部门决算能够准确反映会计核算、财务管理、经费使用效益和科研发展成果，并连续第十年获得财政部的评比表彰。

（4）加强学习，提高业务水平。按照国管局的统一安排，举办了全院2014年会计人员继续教育培训班，110余人参加了培训，提高了全院财会人员的工作能力和业务水平。

4.严格审核机关各项收支，牢固树立服务至上的意识

院机关财务本着“保证重点、统筹兼顾，统一计划、严格手续，勤俭节约、合理开支”的经费使用原则安排各项经费支出。

（1）2014年，院机关累计收入3.54亿元，其中财政拨款收入3.15亿元。累计支出3.21亿元，与2013年同期支出水平相当。

（2）按照国管局要求，重新核定在职职工390人的住房公积金。为院机关在职职工70人次办理了住房公积金支取、销户、调入调出等手续。

（3）在院机关范围内全面推行使用公务卡结算制度，积极宣传相关政策，有效减少现金支出。

（4）编制完成了院机关事业经费2013年部门决算及2015年部门预算工作；中央政府采购2013年部门决算报表；根据中央国家机关工会联合会要求，编制完成院机关工会2013年的决算及2014年的预算工作；编制完成院工会2013年部门决算及2014年预算工作。

（二）科学规划布局，完善房地产管理

1.科学规划，全力保障办公用房

（1）制订科研楼各职能部门及研究单位办公科研用房调整方案。根据院领导指示，结合2014年科研楼装修进程，对科研楼内部分单位办公用房进行调整，该项工作涉及院领导以及近30个职能局、研究院所，共调整办公用房近400间，基本解决了职能部门用房困难问题。

（2）制订新建档案楼办公用房调配方案。根据楼体结构、各单位现用房面积和办公用房使用标准，综合考虑各单位实际需求，制订了院领导、院档案室、办公厅、国际合作局、直属机关党委搬入新建档案楼的办公用房调配方案。

（3）顺利完成相关科研单位搬迁工作。一是顺利完成了科研楼东段及中段搬迁的工作。二是协助办理财经战略研究院、社会发展战略研究院等搬迁相关手续。

（4）做好科研办公用房的小修抢修工作。一是对院属各单位申报的办公用房维修请示，严格按照程序组织施工。全年共报批并向院物业等下达小修任务19项，支出维修经费173万元。二是对法学研究所办公区进行防雷改造。

（5）做好办公用房服务保障工作。一是出具房产证明手续，协助院属经营性单位、期刊杂志等办理工商注册登记、年检等。二是对经济片、民族所办公区物业进行调整，协调院物业接管两个办公区的物业管理以及相关物业费核算等工作。

2. 高度重视，做好职工住房保障服务工作

（1）制定印发《中国社会科学院职工住宅配售办法》及工作计划。2014年，完成了两批职工住宅配售工作。第一批配售，荣誉学部委员、学部委员共32人参加，3人购房；第二批配售，共有78名正局级领导和二级研究员参加配售，12人购房。

（2）积极争取房源，解决干部住房困难。2014年，通过与北京市垂杨柳医院改扩建项目征收办沟通，取得两套85平方米拆迁补偿限价房，用于解决2名援藏3年以上干部住房困难问题。

（3）做好2014年度院职工申请住房补贴审核预发放工作。审核通过差额补贴6人、级差补贴28人，审核新增无房按月补贴28人，总计金额266万元。

（4）积极做好全院单身宿舍、人才房和博士后公寓管理工作。共办理应届毕业生入住51人，安排访问学者入住6人，对8套单身宿舍进行了整治，清退逾期入住人员12人。

（5）加强职工住房档案管理。按照国管局统一要求，建设完成了职工房改资金信息系统，新建职工住房信息档案32份。办理央产房上市、遗产过户手续92户。建立非中国社科院职工且住本院产权房档案36户，处理超标住房29户，收取超标款88.7万元。

（6）做好住房困难职工来访工作。2014年，共接待职工来访260余人次，来信16封。对反映的问题，能够帮助解决的，积极为其提供帮助，暂时无法解决的，依据政策耐心做好解释工作。对职工来信，基本做到件件有办理、有回音，对部分老同志反映的问题，多次上门走访，解释政策和实际情况。

3. 加强物业管理，提高住宅小区服务质量和水平

（1）完善全院房改资金业务信息。通过房改资金业务系统核对更新住房信息数万条，为今后向国管局申请住房维修资金用于小区设备更新、楼房维修创造了条件。

（2）积极协调，提高物业服务质量和水平。一是加大力度，对物业服务情况进行检查了解，严格监管拨付物业费使用情况。二是对太阳宫住宅区17号、18号、19号楼3部电梯进行更换。

（3）做好物业费等的审核支付工作。审核办公区和职工住宅区物业管理费1450万元，办理供暖报销手续212人。报销职工住宅供暖费约605万元，商品房供暖费333.4万元，办公用房供暖费861万元。为80户职工住宅上市办理了供暖、物业费结清手续。

（三）强化国有资产管理，提高资产使用效益

1. 加强资产动态管理，充分发挥国有资产使用效益

（1）对全院各单位的主要办公设备存量情况进行统计，加强资产审核管理，在保障各单位办公需求的同时，避免重复购置资产，充分发挥国有资产使用效益。全年办理院直机关资产入账审核手续219笔，价值总额93.8万元。为18个单位进行了资产处置手续，处置资产1亿元，完成资产调拨手续，调拨资产30万元。

（2）为更好地实现全院资产动态管理，新增了资产统计与产权登记模块及资产折旧电子信

息系统。

（3）依据财政部新修订的《事业单位财务规则》规定，组织完成了全院千元以下固定资产调减的工作。全院共有 42 个单位完成千元以下固定资产调减工作，共计调减资产 358 万元。

（4）依据《事业单位国有资产管理暂行办法》，完成全院事业单位国有资产产权登记工作。

2. 完善文物管理平台，加强文物管理

2014 年，对“文物图书资料档案管理系统”进行了升级，在中国社科院的系统中添加与国家文物局信息采集软件的数据接口，实现了对国家文物局可移动文物普查中的部分数据的查询功能，新增批量审核、批量退回功能。修改了古籍图书、可移动文物及不可移动文物选项下的有关内容。

3. 严格执行制度，规范政府采购行为

（1）根据财政部的统一部署，建立全院政府采购信息系统，并分别对院直机关及院属研究所有关人员进行了培训。在使用过程中，不断完善该系统各项功能。

（2）认真筹备，按照《政府采购法》和《招标投标法》的有关规定，做好全院 5 个老旧小区综合整治设计招标工作。完成史学部科研业务用房翻扩建项目编制《项目建议书》的邀标工作及太阳宫住宅小区改造施工及监理的资格入围预审工作。

（3）协助评价中心完成中国人文社会科学引文数据库人文社科类来源期刊、中国人文社会科学引文数据库中国党建类来源期刊及办公设备、家具等项目的采购工作。

（4）审核并上报财政部全院非审批项目采购计划及月度、季度批量采购计划，全年审核非审批项目 1017 项，已在财政部备案 922 项，共计 900 万元。审核上报各季度政府采购执行情况及半年度政府采购信息统计报表。

（5）转发《关于 2014 年度中央国家机关通用耗材定点采购有关事宜的通知》等文件，并敦促各单位严格执行。

4. 组织培训，不断提升业务水平

组织开展固定资产管理培训班，院属各单位资产管理员近 60 人参加了培训。培训促进了资产管理员们对资产管理平台功能的进一步了解。

（四）维护我院权益，优化企业管理

1. 依法维护资产权益，实现国有资产保值增值

（1）对全院 11 处房产租赁合同项目的日常运转进行监管，完成全年租金收缴任务。

（2）办理三处房屋的续签合同，租金标准分别提高了 40%、3.5 倍、67.8%。

2. 建立健全企业管理制度，发挥企业监管作用

（1）制定《中国社会科学院企业绩效考核暂行办法》，完善对企业的监管制度。通过加强企业绩效考核，促进企业持续健康发展，不断提升企业竞争力。

（2）向财政部、国资委、国管局汇总报送院属国有企业各类财务资产报表及企业经济运行状况的分析报告。

（3）按照《关于开展中央级事业单位级所办企业国有资产产权登记与发证工作的通知》要求，做好院属企业的初审、汇总、申报等工作。

（五）加强综合整治，规范人防管理

1. 深入开展地下空间综合整治，加强安全管理

（1）按照中央国家机关人防办的要求，继续对违规使用的地下空间进行清退。全院共有地下空间 60 处，用于出租经营需要清退的地下空间 13 处，已清退违规地下空间 5 处。

（2）重大政治活动期间开展联合检查、专项检查和抽查，定期对地下空间进行日常安全巡视检查，发现问题及时解决。对不合格单位督促其限期整改，充分保证了地下空间的使用安全。

（3）地下空间防汛是关系到国家财产和生命安全的一项重要工作，根据中央国家机关人防办关于做好防汛工作的通知精神，对《中国社会科学院地下空间防汛应急预案》进行完善和补充，督促地下空间使用单位制定本年度防汛应急预案，准备防汛物资，落实防汛队伍，保证地下空间安全度过汛期。

2. 落实人防工作责任制，加强地下空间资料管理

（1）与中央国家机关人防办签订《2014 年中央国家机关人民防空工作责任书》，并与院地下空间管理和使用单位续签《中国社会科学院地下空间使用管理委托书》以及《责任书》，督促其履行监管责任，确保地下空间的使用安全。

（2）对全院地下空间有关资料、普通地下室的相关数据进行实地核对，整理中央国家机关人防办对院人防工程的普查资料。做好地下空间资料的保密工作。

（六）加强干部队伍管理，推进内部机制建设

1. 深入开展党风廉政建设，落实中央八项规定精神

（1）巩固扩大党的群众路线教育实践活动成果。财务基建计划局党员领导干部，通过“回头看”进一步查找工作中的不足，克服“四风”方面存在的问题。在实际工作中，进一步学习贯彻习近平总书记系列重要讲话，不断转变工作作风。

（2）以落实中央八项规定精神为抓手，强化党风廉政建设。全局在深入贯彻落实中央八项规定精神，严格遵守“三项纪律”的同时，做好局务公开和民主监督，根据院年度工作会议确定的反腐倡廉建设工作职责，抓好反腐倡廉建设主要任务的落实。

2. 加强干部队伍建设，创造和谐工作氛围

（1）全局通过整合现有人力资源，合理设置创新岗位，较好地发挥和调动了职工的积极性，解决了人手少、任务多的困难。全局职工严格执行《财计局实施创新工程管理规定》，通过创新工程奖勤罚懒、优胜劣汰、严进严出的激励约束机制，工作效率也得到了进一步提高。

(2) 充分发挥工青妇组织作用，创造和谐工作氛围。一是组织团员青年开展团组织活动，开展学雷锋活动和参观《甲申三百年祭》主题展览活动。二是组织女职工与建国门街道赵家楼社区开展“庆三八共筑共建”活动。三是积极组织全局职工参加院工会组织的第六届职工羽毛球团体赛、中央国家机关组织的西山徒步活动以及全院第六届职工跳绳比赛。

3. 努力提高工作效率，强化协调保障职能

(1) 充分发挥协调督办作用，做好局内工作完成情况的汇总上报，为院领导科学决策提供依据。局各业务处室相互配合，一是做好“院三会决定事项”办理情况及“局创新工作要点”季度完成情况等的报送。二是按时完成《财计局 2014 年工作总结》《财计局 2015 年工作要点》《财计局 2013 年工作概况》，完成《财计局周工作完成情况》48 期、《财计局周工作要点》48 期、《双周要报》24 期的草拟报送工作。

(2) 规范公文流转程序，对来文和局内工作文件做到及时登记、扫描、传阅和归档，保证整体工作务实高效运转。

(3) 配合院办公厅保密办、信管办，做好全局文秘档案、计算机、网络信息等保密管理工作。一是按照院保密办的要求开展保密检查，撰写检查报告。二是定期对网络安全进行检查，加强对局内外网站内容进行维护。三是加强全局职工保密意识培养。

(4) 出勤率是申请进入创新岗人员资格审核的一项硬指标，也是确保完成全局工作任务的一个硬要求。局领导、局办公室对在职职工和聘用人员指纹考勤十分关注，做到发现问题及时与人事教育局和局内同志沟通，确保职工出勤率达到创新工程的指标要求。

(5) 抓好安全措施和规章制度的落实。一是遇重大事件及节假日提前安排领导干部值班计划。二是认真做好办公区域内的安全检查和节假日事故防范等工作。

(6) 强化后勤服务意识，全力保障各项工作正常运转。一是做好办公设备的政府采购、固定资产登记、资产处置、办公耗材管理、车辆调度、报刊订阅、电脑和复印机的维护及管理等工作。二是与院通信部沟通办理院科研大楼各单位开通 IP 长途电话业务及信息费、话费的收缴等有关事宜。

离退休干部工作局

2014 年，离退休干部工作局围绕中心，强化服务理念，以老同志满意作为衡量工作的标准，把握老同志的特点和需求，创新工作思路，搭建各种服务平台，让离退休专家学者有乐有为，安享幸福晚年。

（一）按照院“三项纪律”建设工作的要求，进一步加强离退休干部思想政治建设和党支部建设

结合时事政治和社会热点问题及院中心工作，举办了离退休人员学习十八届三中、四中

全会精神，“两会”精神和院“三项纪律”建设情况专题报告会，先后邀请副院长李捷、李培林、中央纪委驻院纪检组组长张英伟、财经战略研究院院长高培勇，分别做有关“两会”精神、十八届四中全会精神、财税体制改革、全院“三项纪律”建设情况的报告会。组织部分老干部代表参加中组部老干部局举办的 3 场中央和国家机关老同志专题报告会。

调研了解老同志遵守政治纪律情况，撰写了《中国社会科学院离退休干部政治思想建设情况报告》。召开部分离退休干部党支部书记关于加强离退休人员政治纪律建设座谈会。严把各项工作的政治纪律关口，在离退休人员老年科研基金立项、结项、出版资助、成果评奖中，坚持正确的政治方向和学术导向，违背政治纪律的项目实行“一票否决”。在组织的“社科讲堂”、学术研讨会和座谈会，以及各老年协会、离退休干部活动站组织的活动中，强调政治纪律，引导老同志弘扬正能量。加强制度建设，将离退休干部遵守政治纪律情况纳入离退休干部工作目标管理考核指标体系中。

举办了离退休干部党支部书记培训班，学习习近平总书记系列重要讲话精神，发挥离退休干部党支部在加强离退休人员政治纪律建设中的重要作用，实施离退休干部党支部联系老党员、老同志制度。推荐俄罗斯东欧中亚研究所离退休干部党支部在中央国家机关离退休干部基层党组织建设经验交流会上做交流发言。召开近两年卸任的离退休干部党支部书记“七一”座谈会。

组织全院老同志参加“庆祝中华人民共和国成立 65 周年”知识竞赛活动，离退休干部工作局和 6 个院属单位获组织奖，8 位老同志获优秀奖。与万年青学苑联合召开“新媒体传播与网络化发展”研讨会，倡导老同志运用新媒体网络提高老年生活质量，传递正能量。完成了推荐全国离退休干部先进个人和全院离退休干部先进个人评选组织工作，近代史研究所蔡美彪获全国离退休干部先进个人光荣称号，哲学研究所田时纲等 10 人获院离退休干部先进个人光荣称号。

（二）关心离退休干部生活，做好特困老同志的帮扶工作

在元旦、春节和国庆节期间，走访慰问了离休干部和空巢、生活困难、患重大疾病的老同志共 363 人；全年发放长征基金补助 10047 人次，总额 3647.42 万元；发放“两困补助”323 人，总额 105.82 万元，其中从院长基金补助 35 人，总额 59.9 万元；发放高龄补助 871 人次，总额 132.14 万元；发放离休干部护理费 440 人，总额 349.86 万元；老红军补助 6 人，1.44 万元；老同志门诊量 8620 人次，宿舍区巡诊量 368 人次，为部分研究所老同志外出活动提供保健服务。提供老同志生活待遇政策咨询服务，考察京郊部分养老机构，协助做好部分老同志生活方面的历史遗留问题的解决、解释等工作。

（三）加强老年科研管理服务工作，充分发挥离退休专家学者的积极作用

完善老年科研基金管理制度，制定《中国社会科学院离退休人员科研项目管理实施细则》《中国社会科学院离退休人员学术出版资助和后期资助实施细则》和《中国社会科学院离退

休人员优秀科研成果奖励实施细则》。组织召开了2014年度老年科研基金立项发布会，科研项目立项40项，通过率78%；出版资助申请59项，通过立项55项，通过率93%。进行了2015年科研项目、出版资助、第六届离退休人员优秀科研成果奖申报组织工作。

每月星期六下午，与首都图书馆联合举办“社科讲堂”，分别邀请9位资深离退休专家学者做讲座，受到社会听众的欢迎和好评。

老专家协会组织321位专家参与写作、历时五年，编辑出版了近500万字的《中国哲学社会科学发展历程回忆》（8卷本），召开了新书出版发布座谈会。

（四）加强规范化管理，改善老有所乐平台条件，老年活动丰富多彩

召开老年协会工作交流会，组织312位老同志春季赴广西、夏季赴乳山、秋季赴甘肃健康休养。举办了庆祝新中国成立65周年暨老年节联欢会和第26届老年运动会。举办离退休人员书法、绘画培训班和首届老年象棋培训班、离退休人员迎新年联欢会。组织老年协会会员到园博园采风，举办元宵节诗会。组织老同志参加“诚和敬杯”新天地·阳光之星离退休干部书画摄影年赛（2014），原院领导丁伟志获“特别展示”奖，外国文学研究所高莽获“五星级阳光之星”奖，其他15位老同志参赛作品获纪念奖，离退休干部工作局被评为“优秀组织”奖。投入资金改建门球场，为秋枫摄影协会、老年交谊舞协会分别配置有关设备，为建外、安贞、东总布等活动站配备服务设施等。制定完善了《院老年人体育协会会员管理办法》《组织外出活动安全预案》《会费管理办法》《运动会组织办法》等规章制度，加强服务管理力度，促进老年协会活动开展规范化、制度化。

老教授合唱团参加了中央国家机关工委举办的国庆65周年合唱歌会，荣获“最佳精神风貌奖”。秋枫摄影协会举办了“梦的聚焦，美的收获”摄影展览。老年门球队参加了东城区“三八杯”“会员杯”、北京市“会员杯”“地坛杯”、双人赛比赛，并取得好成绩。各宿舍区离退休干部活动站分别组织了纪念新中国成立65周年座谈会、红歌会、中秋茶话会、观看教育片、专题讲座、乒乓球及棋类比赛等形式多样的活动。

（五）加强领导和管理，以自身建设促工作水平的提高

召开全院离退休干部工作会议，加强对离退休干部工作的领导，调动各方工作积极性，齐抓共管，共同做好离退休干部工作。举办老干部工作人员培训班，了解我国人口老龄化的现状和应对措施，学习掌握离退休干部工作的业务政策，交流做好离退休干部工作的经验和体会，明确今后工作的目标要求。修订《中国社会科学院离退休干部工作目标管理考核办法》和评价指标体系。

完成中组部老干部局老年问题研究课题调研组在全院召开的专家学者座谈会和离退休干部代表座谈会的组织工作。受中组部老干部局委托，进行“我看党的建设”调研，先后对5位副部级离退休干部进行访谈，组织召开了局处级离退休干部和科级以下老同志及社会老人

座谈会，了解离退休人员对党的十八大以来深入推进反腐败斗争的看法和意见建议，完成调研报告。开展了赴江西省和黑龙江省进行国情考察活动，吸收10位所里的老干部工作人员参加，使所里的工作人员也有机会走出去，开阔视野，学习借鉴地方老干部工作部门的经验和做法。

加强老干部局自身建设。以院领导的“四个一样”“四个一流”为要求，以“三用”“四能”为标准，加强学习，增强服务意识，提高服务水平。完成处级干部交流任职工作。遵守财经纪律，落实中央八项规定精神，厉行节约，合规支出；严格考勤纪律，关心同志，和睦相处，打造有战斗力的和谐团队，保证了院离退休干部工作的顺利开展。

直属机关党委

2014年，在中央国家机关工委和院党组的坚强领导下，直属机关党委高举中国特色社会主义伟大旗帜，以马克思列宁主义、毛泽东思想和中国特色社会主义理论体系为指导，贯彻落实党的十八大和十八届三中、四中全会精神，贯彻落实习近平总书记系列重要讲话精神，坚持围绕中心、服务大局，以改革创新精神全面推进全院党的建设，取得明显成效。

（一）深入学习贯彻党的十八届三中、四中全会精神和习近平总书记系列重要讲话精神，引导全院干部职工坚持正确的政治方向和学术导向

1. 兴起学习党的十八届三中、四中全会精神热潮。院党组高度重视全面贯彻落实中央精神，按照院党组部署，直属机关党委协助制定院党组中心组2014年理论学习计划，多次向中央国家机关工委报送院党组中心组学习情况报告，认真做好院党组中心组学习的总结、报送和宣传工作。组织成立院学习贯彻党的十八届三中全会精神宣讲团，深入全院各单位宣讲。召开学习贯彻党的十八届四中全会专题辅导报告、学习贯彻党的十八届四中全会暨习近平总书记关于意识形态工作重要批示精神座谈会，学习贯彻党的十八届四中全会精神，召开落实习近平总书记从严治党要求党委书记座谈会等，将中央精神贯彻到全院各级领导干部和各项工作中去。中央国家机关工委在《信息交流》上介绍

举办4期所局级领导干部学习习近平总书记系列重要讲话精神培训班。

了中国社会科学院党组中心组及全院学习贯彻党的十八届四中全会精神的经验和做法。

2. 以学习习近平总书记系列重要讲话精神为主线，对所局干部和处室干部进行集中培训。举办所局主要领导干部马克思主义经典著作读书班。举办4期所局级、10期处室级领导干部学习习近平总书记系列重要讲话精神培训班，对全院200多名所局级、1000多名处室级领导干部进行了培训。如此大规模、长时间、全覆盖的领导干部培训，在中国社科院历史上还是第一次。举办青年马克思主义经典著作读书班、开展学习习近平总书记系列重要讲话精神成果展示活动，推动学习向纵深发展。

3. 组织全院干部职工深入学习马克思主义基本理论和中国特色社会主义理论体系，着力加强和巩固马克思主义在意识形态领域的指导地位。通过召开研讨会、座谈会、报告会等开展中国特色社会主义理论体系教育活动，坚定广大干部职工的道路自信、理论自信、制度自信。组织学习《十八大以来重要文献选编（上）》等理论读本，举办《新大众哲学》品谈会等。组织向中央组织部推荐参选第二届全国党员教育培训教材展示活动书目，《新大众哲学》（七卷本）、《简明中国历史读本》获精品教材奖。

（二）不断加强作风建设，巩固和扩大党的群众路线教育实践活动成果

为深化党的群众路线教育实践活动成果，制定《中国社会科学院进一步深化党的群众路线教育实践活动实施方案》，对增强思想自觉和行动自觉，严格党内生活制度，完善党员干部直接联系群众制度，推进政治纪律、组织纪律、财经纪律建设，深化教育实践活动整改落实等提出明确要求。深入总结院群众路线教育实践活动建设成果，向中央党的群众路线教育实践活动小组报送《中国社会科学院党的群众路线教育实践活动自查工作情况报告》等多篇整改落实报告。举办全院“党的纪律是团结统一和战斗力的重要保证”等系列报告会，组织观看《焦裕禄》《郭明义》《黄克功案件》《天上的菊美》等观影活动，通过开展多种形式的活动，增强干部职工改进学风、文风、工作作风的自觉意识。制定《中国社会科学院中国经营出版传媒集团管理委员会关于重大及敏感性报道的管理意见》，对《中国经营报》相关违规报道情况进行调查，引导《中国经营报》健康发展。

（三）不断加强道德建设，大力践行和培育社会主义核心价值观

1. 积极开展培育和践行社会主义核心价值观活动。院党组高度重视，成立了由4名党组成员参加的工作协调小组，直属机关党委作为院培育和践行社会主义核心价值观活动领导小组办公室，狠抓落实。制定《中国社会科学院培育和践行社会主义核心价值观工作方案》等相关制度。分层次推进领导干部、科研人员、离退休人员和在校学生践行核心价值观工作，紧紧围绕四个重点群体的特点，精心设计开展活动。组织开展中国社会科学院核心价值理念表述语征集活动，在全院37个单位中征集52组中国社会科学院核心价值理念表述语；举办“‘两弹一星’

的辉煌成就和伟大精神”等核心价值观专题报告会等，引导全院干部职工树立正确的价值观；向中宣部推荐汝信、张海鹏、刘国光等中国社会科学院践行社会主义核心价值观优秀专家代表，通过抓学习、抓活动、抓机制、抓践行，不断将全院培育和践行社会主义核心价值观活动引向深入。

2. 举办道德建设论坛。举办主题为“诚与信：社会主义核心价值观的塑造”的道德论坛，并在全院 56 家单位开展道德论坛巡讲活动，引导全院干部职工进一步坚定理想信念、提升道德素质。

3. 深化精神文明创建。2014 年，研究生院、社会科学文献出版社被中央国家机关工委授予“创建文明机关，争当人民满意公务员”先进集体。当代中国研究所、社会学研究所被评为“首都文明单位”，精神文明创建工作取得突破性进展。

4. 加强典型引路评选表彰。继续在全院开展机关作风评议，并将评议结果在全院进行通报；评选出 5 个院直机关“文明窗口”单位，在院工作会议上进行表彰奖励，2014 年院一个“文明窗口”单位获得了中央国家机关“五一”劳动奖章。通过加强典型引路，弘扬严守纪律、正风正气、勤奋工作、甘于奉献的优良作风。

（四）抓党委领导班子建设和研究室党支部建设，进一步增强基层党组织的战斗力、凝聚力

1. 坚持和完善党委领导下的所长负责制，着力加强研究所党委领导班子建设。开展研究所和直属代管单位党委工作情况调研、贯彻落实党委领导下所长负责制专题调研，了解各单位“两个条例”执行情况、党委会召开情况、中心组学习情况和党委到期换届情况，并形成调研报告，有关调研情况在所局级干部会议上进行了通报；指导各单位领导班子开好民主生活会，严把民主生活会质量关；积极推进全院第三届直属机关党委和直属机关纪委换届工作，筹备召开直属机关党委全委会议、常委会议和书记办公会议，继续做好研究所（直属代管单位）党委和纪委换届工作；加强对党委会记录、会议纪要，党委中心组学习情况的检查，切实加强各单位党委领导班子建设。

2. 围绕加强基层党支部建设开展大量深入细致的工作。举办第 29 期入党积极分子培训班、2014 年新任党支部书记培训班，形成成果汇编；制定《关于中国社会科学院落实〈关于完善党员干部直接联系群众制度的意见〉的方案》《中国社会科学院贯彻落实〈2014 ~ 2018 年全国党员教育培训工作规划〉的方案》；先后开展两次慰问党员活动，共计发放慰问金 98600 元；做好党内统计、党费管理等日常工作；划拨党支部建设经费共计 149.578 万元。

（五）围绕中心、服务大局，大力推动统战、工会、妇女组织和青年工作

1. 认真贯彻中央关于新时期统战工作的基本要求，努力做好统战工作。认真落实党的统

一战线政策。组织全院党外知识分子以多种形式学习习近平总书记系列重要讲话精神，加强政治引导，增进思想共识。编印《统战学习活页》。召开院全国人大代表和全国政协委员座谈会，编印《2014 年中国社会科学院全国人大代表和全国政协委员议案、建议和提案集》。协助民主党派基层组织加强自身建设，为民主党派基层组织开展各种适合自身特点的活动提供便利。大力开展国情调研，组织中国社科院全国人大代表和政协委员赴西藏开展“西藏民族宗教问题现状和趋势”调研活动，组织党外专家学者赴陕西开展“西部地区扶贫开发与丝绸之路经济带建设”调研活动。继续做好侨务工作，协助院侨联组织新春茶话会。做好党外人才的培养选拔工作，推荐 1 位同志参加北京市高层次党外代表人士挂职锻炼。民族文学研究所南方民族文学研究室获得国务院第六次全国民族团结进步表彰大会模范集体。

2. 院工会积极开展丰富多彩的文体活动。组织开展院第六届跳绳比赛、羽毛球比赛、门球比赛，第十二届“社科杯”乒乓球团体比赛等；组织全院 500 余名职工参加中央国家机关越野活动，获得唯一一个“最佳组织奖”称号；积极参与中央国家机关工委组织的文体比赛，多个项目取得骄人成绩；开展慰问困难职工活动，发放困难职工慰问金共计 40 万元。

3. 切实做好青年工作。扎实做好职工子女入学工作，与东城区教委首次确立合作框架，与朝阳、西城和海淀重新确定合作思路与框架，确保职工子女入学各项工作顺利进行；组织青年学者赴遵义开展国情考察活动，推动青年学者科研工作；共同举办“中德未来之桥”青年领导者交流营活动、“中俄青年友好交流年人文社科青年学者论坛”等活动，推动青年学术外交和学术外宣。全院有 1 家单位获得“中央国家机关青年文明号”称号，2 家单位获得“中央国家机关五四红旗团委（团支部）”称号，1 名青年获得“中央国家机关青年五四奖章”，2 名团干部获得“中央国家机关优秀共青团干部”称号，3 名青年获得“中央国家机关优秀共青团员”称号。

4. 积极开展适合妇女特点的活动。举办学术论坛，加强妇女理论研究；组织中国社科院女学者开展国情考察。

（六）不断加强党务干部队伍自身建设，努力培养一支立场坚定、业务精湛、作风过硬的党务干部队伍

通过集中培训、国情考察、召开研讨会等形式，帮助党务干部提高政治素质和业务能力。先后赴天津、河南、上海、无锡等地开展“新形势下的党建现状和创新情况调研”，通过组织专题座谈、访谈、发放问卷等，进行深入调查；完成全国党建研究会科研院所专委会课题“科研院所基层党组织生活研究”，并获得全国党建研究会科研院所专委会 2014 年度调研课题优秀成果二等奖；承担课题“以法治思维、法治方式强化中国工会维权能力研究”；完成中央国家机关工委交办课题“青年干部成长机制研究”；形成 70 万字调研报告《共筑基层教育中国梦》；出版青少年蓝皮书《中国未成年人互联网运用报告 2013 ～ 2014》等，通过加强党建研究，提

高党的建设科学化水平。

（七）做好直属机关党委创新工程工作

2014 年 12 月，直属机关党委按照《中国社会科学院职能部门和部分单位创新工程实施方案（试行）》的文件要求，顺利完成了竞聘工作。按照院创新办审批结果，2014 年度机关党委共有 18 位同志进入创新工程，其中常务副书记崔建民同志为首席管理。进入创新工程的半年来，直属机关党委按照本单位创新工程方案的具体目标任务，各处室认真落实创新工程的各项工作任务，以改革创新精神加强和改进自身的思想、组织、作风、制度和反腐倡廉建设，努力提高自身党建科学化水平。

监察局 直属机关纪委

2014 年以来，监察局、直属机关纪委认真学习贯彻中央纪委精神和院党组要求，紧紧围绕院党组“五三一”发展思路，以落实“两个责任”为龙头，以严明“三项纪律”、改进“三大风气”为重点，深入开展党风廉政建设和反腐败工作，为深化哲学社会科学改革创新提供有力保障。

（一）狠抓“三项纪律”，持续发挥保障改革创新作用

1. 建立协调机制。把严明政治纪律、组织纪律、财经纪律三项纪律建设，作为党风廉政建设的工作重心。院党组专门成立深入推进“三项纪律”建设协调小组，监察局、直属机关纪委作为协调小组成员单位和办公室，协助党组制订“三项纪律”实施方案，认真履行组织协调、监督检查、督办问责等职责。

2. 组织专题调研。牵头成立 3 个调研组，到 10 个单位进行政治纪律建设调研，召开加强政治纪律建设专题座谈会；到 7 个单位进行组织纪律建设调研，在 279 名干部学者中开展“组织纪律建设问卷调查”；走访 8 个单位了解“三项经费”整改情况，向党组报送《关于党的十七大以来我院政治纪律建设情况的专题报告》《关于院属单位组织纪律建设情况的调研报告》《2014 年度经费管理使用状况报告》等 5 份调研报告，为“三项纪律”建设提供了决策支撑。

3. 加强纪律教育。举办加强组织纪律建设专题学习研讨班，会同财计局举办财经纪律培训班，协助直属机关党委集中开展“三项纪律”建设学习教育月活动。以“三项纪律”为主题开展“法规纪律应知应记”系列教育，编印《财经纪律应知应会手册》，定期组织向全院干部职工编发“三项纪律”建设手机报。组织新入院人员进行“学术道德宣誓”，与郭沫若纪念馆共同举办“反腐倡廉话甲申”主题展览，鼓励学者攀登学术、道德双高峰。把人文关

怀和纪律要求结合起来，在中秋、国庆等重要节点向全院局级以上干部发送廉政短信，重申禁止用公款购买、赠送年货节礼等纪律要求，对两个单位违反中央八项规定精神的问题进行通报批评，不正之风得到有效遏制。

2014 年 3 月，中国社会科学院举办“加强组织纪律建设专题学习研讨班”。

4. 开展检查巡查。将“三项纪律”要求内化于科研管理、干部人事、合作交流、行政党务、期刊出版等管理制度中，加强对纪律执行情况的监督检查。12 月 4 日，院党组审议通过了修订的《关于进一步加强政治纪律建设的决定》，进一步明确了各级各部门维护政治纪律的主体责任，严格对重点领域和敏感环节的政治把关。会同直属机关党委、人事局、财计局对 4 个院属单位开展“三项纪律”专项巡查，重点查找执行“三项纪律”存在的突出问题。将“三项纪律”执行情况作为院属单位2014 年创新工程综合考评和2015 年准入审核的重要指标，对违反“三项纪律”的单位和个人，在年度考核、评先选优、创新工程准入中实行“一票否决”。

（二）落实“三转”要求，不断强化监督执纪问责

1. 严肃查办信访案件。开通专门举报电话，设置举报电子信箱，明确举报线索拟立案、初步核实、谈话函询、暂存、了结的处置标准及程序，把线索处置纳入规范化轨道。定期召开信访案件分析例会，研究推动重点信访案件核查工作。2014 年，院纪检监察机关共受理群众信访举报 60 件，比 2013 年增加 25%。出台《关于对党员领导干部进行诫勉谈话和函询的办法》，就信访反映的苗头性、倾向性问题，与 9 名院属单位正职领导干部进行沟通谈话或诫勉谈话，防止小问题变成大错误，对 1 名领导干部进行立案调查，维护了纪律的严肃性和权威性。

2. 扩大监督范围。坚持执行“三谈两述一报告”制度，与 19 名新任局级干部进行集体廉政谈话，修订《新任局处级干部廉政谈话办法》，将廉政谈话的范围由局级干部拓展至处级干部。全院处级以上干部述职述纪，报告个人有关事项。聚焦主责主业，加大监督执纪问责力度，强化对“三重一大”事项、领导干部廉洁自律和重点领域权力运行的监督，严肃查处违纪违法问题，为全院改革创新发展提供了纪律保证。院纪检监察机关主要领导“一对一”约谈 23 个院属单位纪委负责人，督促院属单位纪委落实监督责任。制定出台《关于加强招标监督的实施意见》，建立第三方审计和特约监督员制度，对 22 个项目招标进行监督，及时纠正项目招标中存在的问题。发挥审计监督作用，制定《领导干部经济责任审计规定》，完成对 3

个单位的财务收支审计、对 1 名局级领导干部的经济责任审计以及 2 项专项审计。

（三）深化廉政研究，为党和国家工作提供智力支撑

监察局、直属机关纪委依托中国廉政研究中心，围绕党的十八大以来中央反腐倡廉建设重大理论和实践问题，组织力量深入开展廉政研究。

1. 开展习近平党风廉政思想研究。组织编辑《习近平论党风廉政建设和反腐败斗争学习研究材料汇编》和《习近平党风廉政建设和反腐败斗争重要论述摘编》。

2. 加强与国外的学术交流与合作。中央纪委驻院纪检组组长、中国廉政研究中心理事长张英伟带队访问欧盟和比利时、匈牙利、希腊三国，就反腐败机构运行与改革、反腐败法律体系建设与评估机制、追赃追逃国际合作等问题进行交流，向中央纪委、中央国家机关纪工委、外交部和院党组报送《欧盟委员会和比利时、匈牙利、希腊反腐败情况与启示》的考察报告。

3. 开展党风廉政建设问卷调查。组织专家学者赴 9 个省区市的 29 个区县以及环保部、最高检察院、中国科学院、新华社开展惩防体系建设特色经验国情调研和绩效测评，多篇研究成果得到中央和中央纪委领导同志批示。习近平总书记在十八届中央纪委三次全会讲话中，使用了廉政研究中心的有关数据。

（四）深化创新工程，实现跨越发展

1. 部署创新工程。成立院纪检监察机关实施创新工程领导小组，领导院纪检监察机关创新工程的全面工作，研究决定创新工程的重大事项和重大问题，督促检查创新任务的实施情况。结合实际制定了《监察局、直属机关纪委创新工程方案》，明确了总体发展目标和工作规划、2014 年全年创新任务、创新岗位设置、岗位竞聘与考核、组织领导等内容。

2. 召开竞聘大会。按照《监察局、直属机关纪委创新工程方案》要求，1 月 17 日召开院监察局、直属机关纪委 2014 年度创新岗位竞聘会，15 名符合准入条件的参聘人员在竞聘会上进行陈述。参会的全体同志对参聘人员逐一进行了民主测评。综合竞聘情况和和民主测评结果，确定了拟聘 15 名人选及对应的创新岗位，并在全体人员范围内进行公示。公示后，孙壮志、王晓霞以首席管理身份与拟聘人依次签约。

3. 实施创新工作要点。按照院统一要求，监察局、直属机关纪委制定了《2014 年改革创新工作要点》，并在工作中坚决实施：一是切实维护政治纪律。二是营造风清气正的科研环境。三是狠抓创新工程制度完善与执行。四是提高综合监督实效。五是加大信访核查和案件查办工作力度。六是发挥服务反腐倡廉建设全局的智库功能。七是加强纪检监察队伍的自身建设。

4. 实施年度综合考评。12 月 22 日组织进行了进入创新工程后的评价考核工作。2014 年，除对全体工作人员完成年度工作和创新任务进行考核外，院监察局、直属机关纪委结合创新工程评价考核要求，对各室日常工作、交办任务的完成情况及室主任的管理责任进行了综合测评。

基建工作办公室

2014年，基建工作办公室主要围绕院党组指示和院“三会”精神，以年初制定的创新工程任务为抓手，全体同志共同努力，不仅完成了年初制定的创新工程任务目标，还完成和启动了工作要点以外院领导临时追加的任务，收到了预期的效果。

（一）完成基本建设任务

2014年，基建工作办公室的基本建设任务共有5大项：一是贡院东街拆迁；二是东坝职工住宅建设用地规划手续；三是史学片改造；四是协助研究生院扩建研究生宿舍项目前期手续办理工作；五是中心档案馆及科研附属用房建设。前四项工作均有新进展，最后一项工作圆满完成。

1.贡院东街项目为最终完成拆迁工作准备了条件。2013年，拆迁安置房用完后，拆迁工作再次陷入停顿。为了能一鼓作气完成剩余拆迁任务，2014年全年都在为再次启动拆迁做准备。在安置房方面，从年初的沟通联络信函，再到北京市和东城区多部门间的沟通协调，费尽周折，最终又获得了东城区120套豆各庄保障房的支持。

2.东坝职工住宅项目取得了明显进展。对已过期的审批结果办理了延期手续；完成了国管局建设立项，确立了项目建设的主体资格；与东坝乡进行了地块看护交接，并在地块上建立围挡，派专人看护，解决了地块占用的纠纷问题，获得北京市政府的支持，同意办理土地划拨手续。

3.史学部科研技术业务用房翻扩建项目进展顺利。该项目初步规划在拆除原有5500平方米破旧低矮建筑的基础上，原址扩建30000平方米。

4.协助研究生院扩建研究生宿舍项目的前期手续办理工作取得进展。该项目拟在基建工作办公室2012年为研究生院争取的75亩后勤用地上建设，按办校规模4000人规划。

5.中心档案馆及科研附属用房翻改建项目建设顺利完工。该项目有三大难点：一是项目施工空间狭小，紧邻高大建筑，基坑开挖较深，技术难度大；二是入住单位多，需求五花八门，且不能一次性提供；三是工期紧，外部环境要求高。除楼体施工装饰外，还涉及楼顶花园施工、楼外道路铺设、周围环境改造、电力增容供电。2014年，该项目已完工，完成了电力供电、环境改造、道路施工和楼顶花园结构施工，现已具备进驻使用条件，进入竣工验收阶段。

（二）房修任务按部就班，常态推进，完成良好

全年共推进房修任务8项。其中，原定创新工程任务3项，院领导临时交办任务5项。

1.承担创新工程任务

（1）科研大楼维修工程。该项目牵扯30多家单位，需要协调的事项繁杂；装修面积4万

多平方米，需分段施工，组织实施难度大；工地紧邻办公区，并要求做到文明施工、降噪施工。2014 年，该项目已完成东段装修。

（2）经济学片办公楼改造及外环境整治项目。这个项目先由基建工作办公室操作（后交财计局）。2014 年，已按院领导要求完成了改造方案设计，等待财计局与国管局协商落实资金后，再推进后续工作。

（3）基建电力增容。2014 年上半年在财政部完成立项，12 月已完成招标工作。

2. 承担院领导临时交办的房修任务

一是根据院领导要求，基建工作办公室介入国家方志馆地下室装修工作，两次与中国地方志指导小组办公室领导碰头、协商，实地考察，了解需求。二是考古研究所琉璃河工作站围墙整修工程，8 月上旬已完成。三是中冶大厦房屋改造工作，10 月底已完成。四是国际片开设东侧门工作，10 月底已完成。五是法学研究所维修工程，12 月中旬已完成。

（三）行政后勤党务人事等工作扎实有效开展

在人员少、任务重的情况下，综合处较好地完成了全年行政后勤保障任务。一是基本完成了拆迁资金调账、拆迁前期初步审计和追加拆迁概算所需资料的准备。二是对基建工作办公室涉及的司法事项进行了内外协调。三是完成公文运转、党务、人事、财务、政府采购、资产管理、保密、消防安全、档案、网络信息维护、工会、妇女工作、计划生育等日常工作。四是举办了基建业务培训班，讲解了工程采购流程、工程监督、法律风险防范、工程管理关键点防控等内容，取得较好的培训效果。五是完成了 2014 年度工作考核，制订了 2015 年创新工程方案。

（四）加强队伍建设，注重干部培养，提升干部队伍素质

一是鼓励干部尤其是青年干部学习、充电。二是为人才培训创造条件。目前已经有 1 名公共管理硕士毕业，1 名在读，1 名参加了院党校学习，1 名参加了中央国家机关党校短期培训，还有的同志参加专业技术职称考试。三是支持干部交流。2014 年有 2 名同志自愿交流到别的所局，1 名同志由人事局推荐到基建工作办公室。

（五）围绕密切联系群众教育，抓实作风建设

围绕 2013 年底制定的“密切联系群众教育活动”整改措施，采取“四个”动作，狠抓“四风”建设。一是减少会议次数，缩短会议时间。全年共召开各类会议 27 次，比 2013 年度减少 30%。二是厉行节俭，反对浪费。严格执行院有关要求，降低了工作经费开支。三是依靠信息技术，简化办事程序。进一步加强了基建项目管理信息系统的培训和应用，改版了内网页面，扩充了信息量，提升了交互作用，以此推动无纸化办公，加快信息和指令的传递速度，提高办事效率。四是加强与员工及业务交往单位的联系。员工层面，以党组织为依托，加强谈心沟通，了解思想动态，化解思想矛盾。业务交往单位方面，事前加强意见征询，事中加强协作沟通，事后加

强反馈走访，将项目在共识的基础上推进完成。

（六）在实际行动中践行反腐倡廉

采取多项措施，强化基建业务廉政建设：一是以史为镜，深化教育。以纪念甲申三百年祭活动为契机，开展反腐倡廉党日教育，以史为镜反观当下，提升对反腐败工作的认识。二是细化基建项目环节管理，严控基建腐败滋生地带。三是畅通言论渠道，发挥基建办内部人员自我监管作用。四是落实项目跟踪审计，加强廉政管理。五是提升基建程序意识，严格按规矩办事。

信息化管理办公室

2014 年，信息化管理办公室重点抓住建章立制，加强信息化预算管理、项目管理、经费管理、网络信息安全管理以及人员培训等工作，通过组织、协调和督办信息化工作及名优工程建设，切实担负起全院信息化建设的管理与监督职责。

（一）加强制度建设，规范工作程序

2014 年，经院务会议批准，信息化管理办公室向全院印发了《中国社会科学院重大信息化项目管理办法》《中国社会科学院创新工程重大社会调查项目管理办法》《中国社会科学院院属单位信息化工作经费管理办法》和《中国社会科学院信息化管理办公室管理工作细则》，年初还向院重大信息化建设责任单位印发了《关于规范信息化建设重点项目管理程序的通知》。通过订立制度，进一步使信息化建设做到有章可循，工作程序更加规范。

（二）加强项目管理，严格项目评审，通过推动信息化重大项目建设促进信息化全面发展

2014 年，信息化管理办公室完成了“海量数据库建设工程（一期）”“中国社科网子网站迁移”“域外汉籍电子文库”“中国社会状况综合调查”“创新工程综合管理平台（二期）”等 23 个院重大信息化项目立项的专家评审，并报院务会议批准立项；有 6 个信息化项目完成结项。年内对执行期的信息化项目做年度或阶段检查 38 个（次）。受院党组委托，信息化管理办公室代表中国社会科学院与华为公司签订了信息化战略合作框架协议。

（三）做好2014年全院信息化建设预算方案，抓好经费划拨，督促经费执行

2014 年，纳入信息化管理办公室管理的信息化经费额度总计 4900 万元（其中，信息化专项经费 4400 万元、创新工程经费 500 万元）。截至 2014 年年底，共划拨院属各单位信息化日常经费 2907.35 万元；划拨院属相关单位重大信息化项目经费 2075.57 万元；划拨经费总计 4982.92 万元。在经费划拨后，协助财计局督促院属单位抓紧经费的执行，对执行不力

单位进行了约谈。

（四）加强信息安全管理，做好安全保障工作

2014 年，信息化管理办公室完成了全院所有在用信息系统的梳理工作，明确了系统对应的保护等级，完成了 35 个信息系统定级备案工作。根据中央网信办的要求，与院保密办共同组织了院内网络安全年度检查，同时协助上级有关部门完成院内信息安全事件的协查和处置工作；组织完成了院内漏洞算法应用风险检查、商用密码检查、重要时期网络及网站信息安全部署等工作。

（五）加强培训与研讨，提高人员素质，为名优工程建设提供有力支持

与创新办共同组织了“2014 年科研信息化及创新工程评价考核工作培训班”及“大数据与社会科学研究研讨会”；作为协办单位，协助组织并参加了“第十届两岸三院信息技术与应用交流研讨会”。

（六）组织好“名优”协调会，做好督办落实工作

协助召开“名优建设工程协调会”并建立督办机制。截至 2014 年年底，信息化管理办公室共召开 23 次协调会议，下发 23 期会议纪要。对协调会议研究确定的 190 项工作纳入督办内容，编发 3 期名优工程季报。还受主管院领导委托，就名优建设工程有关事项召开多次专题协调会议。

（七）充分发挥管理职能，协助院领导协调全院信息化建设

信息化管理办公室向院秘书长报送有关信息化及名优建设工程中有关问题的请示、建议及意见，做好院领导助手；着手“十三五”科研信息化发展规划的设计；参加院“七名”会议的筹备工作，负责院领导讲话稿及名优工程制度建设发言的准备及展板的设计；根据院领导指示，就“七名”会议精神传达和贯彻落实情况进行调研并向院党组汇报；协调建设单位解决中国社会科学网互动社区证书登录问题及网站迁移的二级域名问题、协调研究所网站向新平台迁移工作；按要求向创新办报送了《中国社会科学院信息化工程人员考核评价指标》；为院属单位各期刊编辑部配发了 139 套“黑马”校对软件并进行了安装使用培训；协助财计局进一步推进软件正版化工作，组织技术部门为院属各单位安装正版 Office 软件 763 套；参与“院报刊出版馆网库和评价中心人才资源状况”专项调研；根据院领导要求做好一号楼的防火安全工作的指导与检查。

（八）积极参与中央和国家有关部门组织的信息化研讨会等活动

2014 年，信息化管理办公室受院委托，派人出席中央网信办召开的信息化形势分析专家高层研讨会、国务院办公厅召开的国务院网站英文版专家讨论会和国家互联网信息办公室在广西南宁召开的中国—东盟网络空间论坛。12 月初，根据中央网信办要求，报送了全院网络安

全和信息化工作情况及明年初步工作设想；同时组织院内学者就“十三五”时期我国网络安全与信息化发展状况向中央网信办报送了评估报告。

（九）创新工程的主要措施和工作安排

2014年，信息化管理办公室有12人进入创新工程岗位，主任杨沛超为首席管理。实施创新工程的主要举措和工作安排是：站在“建成数字化中国社会科学院”的战略高度，进一步有效落实全院信息化建设的中长期发展目标，大力推进信息化建设体制机制改革，抓好制度建设，加强项目监管，积极推进名优建设工程，建立健全有效的信息安全机制，密切跟踪国内外科研信息化发展动向，组织科研信息化前沿课题的交流研讨，抓好信息化人才培训，努力实现中国社会科学院“三个定位”要求，为“三大强院战略”提供信息化保障。

（十）加强领导班子建设，切实转变思想作风和工作作风，抓好政治理论及业务学习，提高全体职工的政治理论水平及业务素质

2014年，信息化管理办公室全面完成党风廉政建设分解任务，认真抓好领导班子中心组的政治学习，认真开好班子民主生活会，认真坚持主任办公例会制度，对“三重一大”坚持民主决策；在加强班子建设的同时，抓好干部队伍建设。认真组织全体职工深入学习习近平总书记系列重要讲话和十八届四中全会精神，认真学习院年度工作会议暨反腐倡廉建设工作会议、北戴河会议及“七名”会议上院领导的重要讲话及会议精神；积极组织三项纪律教育活动，切实巩固党的群众路线教育实践活动成果；组织开展以“培育和践行社会主义核心价值观”为主题的党日活动；组织参观“甲申三百年祭”70周年反腐倡廉话甲申展览及首届国家网络安全周网络安全公众体验展览。

三　院直属单位工作

中国社会科学院研究生院

（一）人员、机构等基本情况

1.人员

截至 2014 年年底，研究生院共有在职人员 133 人。其中，正高级职称人员 13 人、副高级职称人员 18 人、中级职称人员 37 人；高、中级职称人员占全体在职人员总数的 51%。

截至 2014 年年底，研究生院共有在校生 2982 人。其中，中国内地博士研究生 1254 人、硕士研究生 1728 人；在籍港澳台学生 60 人，其中，博士研究生 56 人、硕士研究生 4 人；外国留学生 36 人，其中，博士研究生 31 人、硕士研究生 5 人。另有继续教育课程班在校生 2229 人，其中，博士研究生 537 人、硕士研究生 1601 人、短期培训班 91 人（2013 年 9 月开班，2014 年 6 月结业）。

2.机构

研究生院设有院办公室、校友会办公室、党委办公室 / 人事处、教务处、网络中心、招生与就业处、研究生工作处、财务处、学位办公室、外事处、总务处、保卫处、基建处、图书馆、学报编辑部、马克思主义理论与基础课教学部、外语教研室、政府政策系与公共管理系、综合协调办公室、工商管理硕士（MBA）教育中心、公共管理硕士（MPA）教育中心、社会工作硕士（MSW）教育中心、税务硕士（MT）教育中心、金融硕士（MF）教育中心、文物与博物馆硕士（MCHM）教育中心、法律硕士教育中心、马克思主义学院、继续教育学院、国际文化教育中心、研苑物业服务中心、东盟学院、深圳研究院。

（二）研究生招生与教学管理工作

1.招生录取工作

2014 年，研究生院硕士研究生的报名人数为 1686 人，录取总数为 738 人。其中，学术型硕士生 180 人、专业学位硕士生 558 人（其中，公共管理硕士 70 名、工商管理硕士 151 名、金融硕士 64 名、税务硕士 43 名、社会工作硕士 45 名、文物与博物馆硕士 39 名、法律硕士 146 名)。博士研究生的报名人数为 2882 人，录取人数为 435 人。硕士、博士录取总数为 1173 人，再创历史新高。

2. 教学与教学管理工作

2014 年，研究生院共开设课程 62 门，其中包括 19 门公共课、9 门学部专业基础课、34 门选修课。本学期研究生院共组织开设了 35 门课程，其中包括：10 门公共课，5 门学部专业基础课、20 门选修课。审核各系及专业学位教育中心开设课程 694 门，通过学生问卷调查、院领导听课、学术秘书听课、学生座谈会等方式，对研究生院内开设的公共课、专业基础课和选修课进行了教学质量评估。共评估了 85 门课程、274 名教师，评选出了 2013 ~ 2014 学年教学突出贡献奖和优秀教学奖，共有 4 名教师获得教学突出贡献奖、3 名教师获得优秀教学奖。

2014 年，研究生院内开设的 48 门课程评聘了 67 名课程助理。组织召开了“课程助理培训会”，明确课程助理岗位职责，组织课程助理学习多媒体讲台操作，保证为授课教师做好服务。督促教学研究部学术秘书做好学部专业基础课开设，审核各学部秘书上报学部专业基础课教学计划，督促学术秘书对其负责的学部专业基础课听课 3 次以上，填写学术秘书听课记录表。

2014 年，研究生院还整理编印《学术讲座荟萃》87—94 辑，并在校园网上登载，供教师和学生学习、交流。《中国社会科学院研究生重点教材工程》自 2005 年启动以来，一直是研究生院重点工作之一。2005 ~ 2010 年立项的 95 部教材中，已经提交给出版社 61 本，正式出版 44 本。

2014 级新生入学后，按照科协文件提出的“全覆盖、制度化、重实效”等精神的要求，根据中国社会科学院科研局相关部署，研究生院于 9 月 5 日举办新生科学道德和学风建设宣讲大会。

3. 学位授予与学科专业设置工作

经 2014 年 6 月研究生院学位评定委员会第十届一次会议审议决定，授予 281 人博士学位(其中同等学力博士 1 人)，授予 932 人硕士学位（其中，科学学位硕士 189 人、专业学位硕士 681 人、同等学力硕士 62 人)。至此，研究生院共授予博士学位 4154 人、硕士学位 8264 人。

在学科建设方面，研究生院设置 6 个学科门类，15 个博士学位一级学科、17 个硕士学位一级学科，103 个博士学位二级学科（含 13 个自主设置的博士学位二级学科)、109 个硕士学位二级学科（含 13 个自主设置的硕士学位二级学科)，有北京市重点学科建设 5 个。

4. 优秀博士学位论文评选工作

2014 年，研究生院评选表彰了 8 篇“2014 年研究生院优秀博士学位论文”的作者、导师及相关教学系。截至 2014 年年底，研究生院有 4 篇博士学位论文获北京市优秀博士学位论文，10 篇获全国优秀博士学位论文。

5. 博士后管理工作

研究生院博士后流动站于 2013 年 10 月建立，同时成立了研究生院博士后工作领导小组和博士后管理办公室，与科研办公室合署办公。流动站制定了《研究生院博士后工作管理办法》《研究生院博士后进站程序》《研究生院博士后出站程序》和《关于"延期在站博士后"相关管理规定的通知》等相关管理制度及管理细则。2014 年招收博士后研究人员共计 6 人，其中，国家资助博士后 3 人、项目博士后 3 人。

（三）研究生教育管理工作

1. 日常教育及社团管理工作

2014 年，研究生院进一步抓好研究生党、团组织建设，建立健全研究生管理制度，加强对研究生会工作的领导，开展团员评优等丰富多彩的主题活动。（1）在院党委的领导下，加强对党的政策、理论的学习，组织各支部委员集中听取上级机关的各种报告，定期组织培训。在党员发展问题上，严格遵守《中国共产党发展党员工作细则》规定的党员发展程序，并增加面试评分考核。（2）完善网络舆情管理工作体系，举办《依法治国》主题征文活动，筹办"笃学讲堂""学术讲座""校友论坛"等系列讲座，将"笃学讲堂"各讲集结成册，出版发行。（3）加大研究生社会实践资助活动扶持力度、拓展实践领域，扩大覆盖范围，在操作中严格按照管理办法选择性审批立项、分等次资助调研，成功资助了 110 项社会实践。（4）组织推荐博士生挂职，东城区成功挂职 18 人、北京市成功挂职 15 人，进一步规范"推优"程序，推送优秀团员、团干部，修订了《优秀研究生评审细则》及《优秀研究生干部评审细则》，加强审核监督，以评促建、评建结合，并推选出 71 名中国社会科学院研究生院"北京市优秀毕业生"。（5）按照"大力扶持理论学习型社团、热情鼓励学术科技型社团、积极倡导志愿服务型社团、正确引导兴趣爱好型社团"的原则，加大协调指导、宏观管理和监督考评。研究生院设有求实学会、辩论社、青年志愿者协会等 19 个社团。（6）组织 2014 年度研究生会的换届选举工作，支持研究生会开展"新生杯"系列体育赛事、校园歌手大赛、元旦联欢晚会、毕业生送别晚会等活动。（7）做好《社科学子》《研思文从》的编辑工作。（8）加强奖（助）学金评选。评选新生奖学金获奖研究生共计 223 人，其中，博士研究生 132 人、硕士研究生 91 人，发放奖学金总额 204.8 万元；设立"陈佳贵经济管理学术菁英奖学金"，并评选研究生 5 人，发放奖学金总额 5 万元；评定特困补助研究生 84 人，发放补助金 16.7 万元。

2. 研究生就业指导工作

2014 届毕业生人数为 1019 人，截至 2014 年 12 月 31 日的就业率为 83.3%。主要措施有：（1）与院外专业培训机构合作，免费为毕业生开办了为期一周的"公务员考试辅导培训班"。（2）组织开展了针对 2014 届毕业生的就业指导系列活动，共举办就业指导讲座 5 场，毕业政策宣讲会 2 场。（3）组织开展了"毕业生就业进展情况摸底调查""毕业生就业全过程电话跟踪指导"等多项就业指导活动，为毕业生提供就业政策、就业知识、就业技巧等方面的指导咨询 2000 多人次。（4）在校园内先后组织了北京市育英学校、石家庄铁道大学、大公国际资信评估有限公司等10余场用人单位与毕业生的供需见面会，并主动与京外省市取得联系，集体推荐毕业生参加挂职及选调生活动。（5）通过网络、电话、宣传材料等形式收集招聘信息2000多条，提供给毕业生。

（四）继续教育及专业硕士学位教育工作

1.继续教育工作

2014年，研究生院继续教育学院共招生801人，其中，在职硕士课程班590人、在职博士课程班211人；结业767人；在校生2229人，其中，硕士1601人、博士537人、短期学员91人。

2014年，研究生院不断寻求新的课程发展模式，在不改变原有项目的基础上，将项目专业打造成独立、前沿、新颖化的小模块课程，面向市场开发新的客户需求，并不断完善培训管理制度，不断加强培训流程的学习与执行力，不断吸收对培训有益的良好思想，积极采纳并持续改进。

2.专业硕士学位教育工作

（1）公共管理硕士（MPA）教育工作。2014年，MPA教育中心共计录取169人，其中全日制共69人，毕业104人，签约率为85.4%。MPA中心在团队建设、教学管理、国际交流、党政干部培训以及招生宣传等方面均开展了积极探索。①加强团队建设，提升工作效率。实行以目标管理为基础的绩效考核制度、内训制度，大幅提升工作效率。②多项并举提高教学质量和调动学生自主学习积极性。成立了“课程质量提升小组”，实行“课程责任制”，加强实用导向，引导教师就提升学生能力进行教学探索；成立“调动学生积极性”工作小组，通过“加强入学教育”“课间8分钟”“读书沙龙”“制订学习计划”等四项措施调动学生学习积极性。③香港访学，开启了学术交流的新篇章。11月，MPA中心师生赴香港与香港浸会大学进行了访问交流。④党政干部培训不断探索新的模式。6月，MPA中心通过人力资源和社会保障部外包的“食品安全”培训项目探索出非常好的培训模式：课前破冰、课间演讲、课堂互动、课后短片总结等。⑤招生、品牌建设多种尝试取得新成绩。在招生和宣传推广活动方面，各部门通力合作，制作了招生宣传短片、课程片花、招生易拉宝、各类宣传页等宣传品，增加外出招生宣讲次数，首次推出了招生说明会，并在人民网上进行招生访谈。

（2）工商管理硕士（MBA）教育工作。2014年，MBA教育中心获得“2014最具特色MBA院校”“2014最具社会影响力MBA院校”两项奖项。2014年，MBA教育中心招生147名，毕业149名，就业率为96.64%。MBA中心在教学管理上积极优化课程体系和学位制度，双导师制完成“导师组”模式改革，师资队伍进一步优化整合；积极推动案例研发和案例教学，组织企业访学、诊断、案例大赛系列活动，探索MBA整合性实践课程；建立了8个实习基地；

顺利完成 MBA 分会的换届选举工作，组织学生参加了创业大赛、GMC 挑战赛、企业竞争模拟大赛、商业模拟大赛、沙盘模拟大赛、爱心捐赠等多项活动；成功组织了第二批 MBA 学生赴美访学活动，筹备了 2015 年 MBA 赴美、赴欧洲访学方案，接待安排南澳大学学生团来访，向台湾暨南大学和荷兰蒂尔堡大学派遣了多名交换生；成功主办“分享责任——中国企业社会责任公益讲堂”，完成全球领导力项目的开班，与多家培训机构签订战略合作协议。MBA 校友会成立了创业投资俱乐部和公益慈善小组。

（3）社会工作硕士（MSW）教育工作。2014 年，MSW 教育中心共招生 45 人，其中推荐免试生 4 人，共有 39 名学生通过论文答辩顺利毕业，全部就业。在学科建设方面，导师人数由 34 名增至 38 名；实习基地增至 30 家，签署协议并正式挂牌的 20 余家；邀请国内外著名专家和社工机构负责人开展 10 余场社工学术与实务讲座。国际学术交流方面，中心 10 名师生赴芬兰参加“中芬社会工作博士联合培养计划”项目短期研讨会。

（4）金融硕士（MF）教育工作。2014 年，金融硕士（MF）教育中心共录取学生 63 名，录取 5 名推免生，毕业生 54 名，其中 7 名毕业生毕业论文被评为优秀论文，就业率达到 100%。金融中心 2014 年新聘 4 名理论导师，17 名实践导师，新增《金融理论与实践热点专题》《数理经济学方法及应用》两门课程，正式出版金融硕士系列教材之一《金融机构常用金融应用文写作》。

（5）税务硕士（MT）教育工作。2014 年，税务硕士（MT）教育中心招生 40 名，毕业生 40 名，毕业率 97.5%。2014 年，税务硕士教育中心组织学生进行课程实习 4 次，并认真开展实习总结，进行公务员考试模拟面试。税务中心与北京市注册税务师协会合作举办 8 期业务专题培训班和 2 期所长培训班，组织全国税务系统干部金融财会（税务专题）高级研修班，并出版两本学科建设税务硕士重点教材《中国税务操作实务》和《税收筹划理论与实务》。

（6）文物与博物馆硕士（MCHM）教育工作。2014 年，文物与博物馆专业共招生 39 名，其中推荐免试生 4 名，毕业生 41 名，其中 6 人考取博士生，就业率 92.7%。聘任恭王府管理中心主任孙旭光、故宫博物院副院长宋纪蓉为“特邀教授”。2014 年，文博中心积极与国家博物馆和国家图书馆等开展深入交流，并实行战略合作。

（7）法律硕士教育中心教育工作。2014 年，法硕中心共招生 196 人，其中全日制法律硕士研究生 146 人，在职法律硕士研究生 50 人，毕业生 256 人，就业率为 92.86%，在校生人数为 512 人。2014 年，法硕中心增补了 7 名新任导师和 5 名法律诊所教师，并组织新任教师试讲评审会 2 次，共有 6 人参加了试讲；继续推进“社科法硕”品牌建设，成功举办了 10 期“社科法律人”高级学术论坛暨“社科法硕”高级学术沙龙，出版了《聆听法治——在最高学术殿堂》（第 3 卷），定向发行了 12 期《中国法硕》报，并对中国法硕网进行了网站及其数据的整体迁移；成功策划和组织了社科法硕十周年系列活动。

（五）科研工作

1.科研成果统计

2014 年，研究生院共完成专著 2 部，共 39.9 万字；论文 28 篇，共 27 万字；研究报告 5 种，共 17.1 万字；论文集 1 种，共 57 万字；译文 1 篇，共 8 万字；一般学术文章 6 篇，共 1.64 万字。

2.科研课题

（1）新立项课题。2014 年，研究生院共有新立项课题 3 项。其中，院国情调研重大课题 1 项："干部选拔任用机制与党政人才培养研究"（黄晓勇主持）；所级调研基地项目 2 项："四川省雅安市荥经县天凤乡基地项目——乡村治理体系与治理能力建设研究：对四川省雅安市荥经县天凤乡追踪调研"（董礼胜主持），"广西柳州汽车城人力资源调研基地项目——柳州汽车城人力资源调查"（赵芮主持）。

（2）结项课题。2014 年，研究生院共有结项课题 17 项。其中，院重点课题 1 项："民间组织与公共治理模式转型"（蔡礼强、潘晨光主持）；西藏历史与现状综合课题 1 项："藏族牧民定居的经济社会绩效调查——以四川藏区为例"（文艳林主持）；研究生院重点课题 2 项："世界能源发展报告（2014）"（黄晓勇主持），"中国医药卫生体制改革报告（2014 ～ 2015）"（文学国主持）；研究生院专题研究及个人自选项目 13 项："中国节能管理的市场机制与政策体系研究"（黄晓勇主持），"论二战后德国美学与国家文化政策的相向关系"（张政文主持），"治理与新公共管理之比较"（董礼胜主持），"论经典在塑造与培养人类精神世界中的作用"（吕静主持），"我国 C2C 电子商务平台纠纷处理机制有效性及其改进研究"（李为人主持），"对江户时代经济思想的考察——以山片蟠桃和二宫尊德的思想比较为主"（李晓东主持），"正确处理人民内部矛盾，促进社会主义和谐社会建设"（赵凡主持），"以用户需求为导向，构建文献采访工作的机制"（蔡曙光主持），"秦汉时期民族观的嬗变"（袁宝龙主持），"欧美能源法律制度研究"（周兴君主持），"扩权强县与县域官员团体协作的治理机制——合约理论的视角"（宋翔主持），"国际化背景下我国创新型研究生培养质量保障体系探析"（常淑贞主持），"《论语》第一章正解"（栾贵川主持）。

（3）延续在研课题。2014 年，研究生院共有延续在研课题 18 项。其中，国家社会科学基金课题 3 项："抓住和用好本世纪第二个十年我国发展重要战略机遇期的若干重大问题研究——面向未来的我国大国经济发展战略"（刘迎秋主持），"私募股权基金监管制度研究"（文学国主持），"我国民间组织与公共服务供给的实证研究"（蔡礼强主持）；研究生院专题研究课题 15 项："《论语》中的朋友之道"（栾贵川主持），"以科技创新能力增强综合国力和实现大国崛起的经验对比与路径"（赵卫星主持），"科技创新与大国兴衰"（赵卫星主持），"土地供给约束、住房供给与城市房地产价格泡沫"（徐浩庆主持），"乡镇竞争性选举对我国治理的影响及其效果研究"（董礼胜主持），"中美研究生思想教育的比较研究"（吕静主持），"马克思

《1844 年经济学哲学手稿》中的美学思想研究”（吕静主持），“方以智与道家经典《庄子》”（周勤勤主持），“方以智人生观解析”（周勤勤主持），“政府、企业和社会视角下的企业社会责任：一个历时的比较分析”（何辉主持），“俄罗斯对巴尔干政策的历史、现状与未来”（李提主持），“专业学位教育大发展视野下的图书馆角色定位”（袁宝龙主持），“人文和社会科学研究生数字学术素质研究”（周军兰主持），“数字环境下学术图书馆文献资源的建设与利用——以我院图书馆为例”（蔡曙光主持），“北京市老年人家庭护理缺口及政策影响研究”（赵芮主持）。

（六）国际学术交流与合作

2014 年，研究生院教职工出访 13 批 23 人次。出访目的国有美国、芬兰、德国等。其中 7 批出访是师生共同组团的海外研修学习项目，涉及 MBA、MPA、文博中心、社工中心和国际文化教育中心。此外，研究生院在国家留学基金委建设国家高水平大学项目中，在提交的 18 名候选人中，有 15 名学生利用国家奖学金项目，分别前往荷兰、日本、挪威、丹麦、美国、英国、澳大利亚、比利时、新西兰和爱尔兰留学。2014 年援外培训项目共邀请到来自非洲、北美洲、南美洲 16 个国家的 27 名官员和学者来华参加研修活动。全年国际化人才项目共培训各类人员总计 509 人，BFT 等考试参考人员共计 391 人，各类项目及活动涉及培训人员总计 900 人。国际短训项目工作共培训美国两所大学学生总计 47 人。

2014 年，研究生院援外培训项目数量及研修主题有所增加，其中中国发展道路理论与实践培训项目已邀请到 53 个发展中国家的 276 名官员和学者来华参加研修。“非洲国家经济与社会发展总统顾问研讨班”是研究生院再次承办的部长级官员研讨项目，并首次承办西语国家社会保障及社会福利官员研修班。

（七）研究生院图书馆概况

研究生院图书馆建筑面积 10700 平方米，馆藏总量约为 37.6 万册，其中，中文图书 28 万册、外文图书 5 万多册、中外文过刊近 5 万册，形成了以人文和社会科学文献为主体，兼有自然科学技术文献等多种类型、多种载体的综合性馆藏体系。

2014 年，中外文新书入藏总量为 16657 册，其中，中文图书 14665 册、外文图书 682 册。全年订购中文期刊 1139 种，外文期刊 171 种，报纸 92 种，加工入库期刊合订本 2076 册。全年共接收机构或个人的赠书 4862 册。全年共接待读者 157946 人次，借还书总量为 153629 册次。

2014 年，笃学讲堂共举办各类学术讲座 16 场，图书馆电子资源和服务讲座 13 次，配合研究生院其他部门组织各类典礼和相关活动 21 场。笃学讲堂周末影院累计播放电影 20 场。图书馆共发布最新电子资源 53 个，维护在线数据库信息 141 个，并获得 2014 年北京市高校 CALIS 年度推广应用一等奖。共举办各类培训和讲座 13 期，包括：4 期《BALIS 馆际互借应用》讲座、5 期《BALIS/CALIS 融合系统的应用》讲座，EPS、读秀百链以及 NoteExpress 文献管理软件等数据库和软件系统使用讲座4期。全院新生入学教育和马克思主义学院新生图书馆服务介绍2次。

“全国博硕士学位论文仓储库建设项目”是研究生院 2014 年度财政专项拨款的建设项目。该项目自 5 月 29 日正式开工，至 11 月 4 日竣工，最终目标是实现全国博硕士学位论文的可查询、可管理、可使用和长期保存。项目完成后，约 23 万篇全国人文和社会科学博硕士学位论文能够得到有效管理和使用，同时也成为图书馆文献资源的重要组成部分，进一步完善了图书馆的文献资源体系。

（八）学术期刊

《中国社会科学院研究生院学报》（双月刊），主编文学国。

2014 年，《中国社会科学院研究生院学报》刊发的有代表性的文章有：叶秀山的《欧洲哲学史上的时空关系》，石英、尚芹的《论互联网企业滥用市场支配地位之认定》，梁木生、柯林霞的《盗版字典事件：政府部门对版权间接侵权责任的承担——以湖北盗版〈新华字典〉事件为研究样本》，黄晓勇、赵凡的《不同地区义务教育均等化发展比较研究——基于江苏、湖南、西藏部分地区的考察》，董礼胜、李玉耘的《治理与新公共管理之比较》，蔡昉的《关于经济体制改革方法论的思考——学习习近平同志系列讲话精神的体会》，王伟光的《坚信马克思主义、学习马克思主义、发展马克思主义》，方克立的《青年张岱年的哲学睿识》，夏杰长、姚战琪、齐飞的《中国服务贸易竞争力的理论与实证研究》，宁立志、李晓秋的《基于二重维度的解读：加拿大规制专利权滥用的实践及其启示》，江时学的《中英关系的回顾与展望》，陶文昭的《马克思恩格斯时代思想札记》，刘强、李平的《大范围严重雾霾现象的成因分析与对策建议》，夏静的《孟子气论在文学批评史上的意义》，余菁等的《国家安全审查制度与竞争中立原则》，胡启忠、秦正发的《“虚构保险标的”型保险诈骗罪适用边界论》，陈泉生、马波的《论政府环境保护责任实现的法治保障》，闵家胤的《进化的多元论》，陈俊的《完善法律体系是推进法治中国建设的基础环节》。

（九）创新工程工作

2013 年 7 月，研究生院进入创新工程。2014 年，研究生院共有 103 人通过竞聘至创新岗位，其中首席管理为黄晓勇，首席教授为董礼胜、吕静、张波。研究生院共实施了“研究生教学培养与学生管理创新项目”“中国发展道路理论的实践与传播——国际人才教育与实践型人才培养的创新”“行政支持与后勤保障系统创新”“财务与基本建设创新”四个创新项目。

（十）会议综述

马克思主义理论专业博士生开学典礼

2014 年 3 月 28 日，中国社会科学院马克思主义理论专业博士生开学典礼在中国社会科学院研究生院举行。中共中央政治局委员、中央书记处书记、中宣部部长刘奇葆出席典礼并发表重要讲话。

刘奇葆指出，中国社会科学院是马克思主义的坚强阵地和中国哲学社会科学的最高殿堂，肩负培养人才和科学研究的重要任务。学生要珍惜时间，抓住机遇，搞好学习；研究生院要加强教师队伍建设，改革教学方式，制定科学的教学计划，认真落实教学安排，把学生培养好、教育好。他还指示，中宣部、国家发改委、教育部、财政部等相关部门全力支持，加强督促指导，总结成功经验，更好地推进马克思主义理论骨干人才队伍建设。

自 2014 年起，中国社会科学院研究生院每年招收 100 名马克思理论专业博士是中央加强马克思主义理论人才队伍建设的重要举措，是具有示范意义的开拓之举。通过严格规范的考试考查，在马克思主义哲学、马克思主义基本理论等 15 个专业录取的 100 名博士生于 3 月 26 日报到入学。

开学典礼由中国社会科学院院长、党组书记王伟光主持。中宣部副部长雒树刚、王晓晖出席典礼，中宣部、国家发改委、教育部、财政部、审计署等相关部门负责同志出席典礼。

（周兴君）

温济泽同志新闻与教育思想研讨会

2014 年 4 月 18 日是中国社会科学院原党组成员、中国社会科学院研究生院原院长、中国人民广电事业主要创始人之一温济泽同志的百年诞辰。为纪念温济泽同志为新闻和教育事业所做出的卓著贡献，并传承和发扬温济泽同志的新闻与教育思想，研究生院在温老诞辰 100 周年之际与中国国际广播电台、中国传媒大学联合举办了“温济泽同志新闻与教育思想研讨会”，并出版纪念文集、举办小型温济泽生平展览。

研究生院院长黄晓勇在研讨会致辞中指出，温济泽同志是研究生院名副其实的创始者与奠基人，他对共产主义崇高理想和革命信念的执著，鞭策着一代又一代研究生院广大师生不懈奋斗。

研究生院党委书记张政文在总结中强调，温济泽的一生是光辉的一生、奋斗的一生、奉献的一生，他始终坚持为党和国家的事业辛勤工作，是一名真正的“忠诚的共产主义战士”，他的教育和新闻思想以及他的艰苦奋斗、无私奉献的精神是我辈永远学习的榜样。研究生院全体师生将在温老教育思想的指导和鼓舞下，把我国高等人文社科人才培养事业不断推向前进。

（周兴君）

2014非洲国家经济与社会发展总统顾问研讨班

2014 年 6 月 6 日，由商务部主办、中国社会科学院研究生院承办的“非洲国家经济与社会发展总统顾问研讨班”开班。来自7个非洲国家的12名学员参加了为期10天的研讨班。研究生院院长黄晓勇教授在讲话中指出，研究生院自2009年以来成功举办了9期援外项目，在研修班学习和考察过程中，各国官员对中国的发展有了更深入、更直观、更全面的了解，取得了较好的效果。研究生院将结合以往经验，认真组织、协调和实施，凭借强大的师资队伍、完善的学科建设、丰富的教学内容、真切的实地考察、周到的服务安排让非洲朋友在本届研讨班学有所思、学有所获。

罗伯特·南苏代表研讨班全体非洲官员高度评价了研讨班的组织工作、中国社会科学院专家教授精彩授课和宁夏考察参观之行。他认为，中国和非洲国家在经济发展、国际合作方面的合作空间仍然非常大，特别是在建立更加公平合理的国际政治秩序方面，双方有着积极的共识和明确的努力方向，前景也将更加美好。

（周兴君）

西语国家社会保障及社会福利官员研修班

2014年7月14日至8月2日，由商务部主办、中国社会科学院研究生院承办的援外培训项目“西语国家社会保障及社会福利官员研修班”在研究生院举行。共有来自西语国家的15名官员参加了培训。

中国社会科学院原副院长高全立在开班致辞中指出，中国与西语国家同属发展中国家，共同的利益和相似的进程使双方形成了一致的发展诉求，也促使双方在社会保障与福利领域的合作更加紧密。研究生院副院长王兵讲话指出，本期研修班围绕社会保障及社会福利这一主题授课和实地考察，中国学者将中国发展过程中总结的经验、遇到的问题和牢记的教训毫无保留地介绍给各位西语国家的朋友，在深入的考察、座谈和交流活动中实现了发展经验的共享、理论认识的深化、治理理念的升华。

来自多米尼加的埃里萨多·安东尼奥·梅地纳·卡尔加诺先生在结业典礼致辞中表示，通过此次交流与研究，各国官员深入地学习了中国在社会保障及社会福利事业建设中的理论和实践经验，对中国经济社会发展的历程有了全新的认识。

（周兴君）

中国社会科学院经济发展问题国际青年学者研修班

2014年8月25日至9月19日，中国社会科学院研究生院举办中国社会科学院创新项目、第三期“中国社会科学院经济发展问题国际青年学者研修班”。来自中国周边和拉美地区17个国家的28位学员参加研修班。研修班共设置了10次讲座和讨论，由来自中国社会科学院经济和国际问题研究的专家讲述有关中国宏观经济调控、产业经济、农业经济以及对外贸易等方面的研究成果。

中国社会科学院副院长李扬在开班仪式致辞中勉励学员们深入地了解中国社会科学院相关领域的研究成果和学术理论，切身地体会中国的传统文化，为今后推动各自所在国家同中国的合作与发展多做贡献。

黄晓勇院长在开班仪式讲话中指出，中国与周边国家是门挨门、门对门的邻居，好邻里除了用真诚相互理解、相互包容继续保持和睦、和谐、合作关系之外，没有其他选择。希望同学们能够将所学所想切实投入到发展本国经济、促进同中国双边贸易的实践中去，为互利共赢的双边关系注入活力。

来自古巴西恩富戈斯环境研究中心的玛贝尔、英国驻柬埔寨大使馆的孔陈以及乌克兰国家科学院的奥莱娜分别代表学员发言。他们表示，通过此次交流与研究，对于中国经济的发展有了更加直观与深入的了解，对于经济运行的规律以及发展中所存在的问题有了更加透彻的理解。

（周兴君）

2014级新生科学道德和学风建设宣讲大会

2014 年 9 月 5 日，中国社会科学院研究生院 2014 级新生科学道德和学风建设宣讲大会在行政楼举行。首先，研究生院科学道德和学风建设小组组长文学国教授介绍了科学道德和学风建设小组的工作情况，并阐述了宣讲大会的重要意义。

刘庆柱教授作了题为“当前科研的要务：加强科学道德与学风建设”的主题报告。刘庆柱教授结合几十年来考古研究工作中的真实事例，强调了科学研究中“求真、笃诚、务实、奉献”的重要性，并叮嘱新同学们在科研与学术中要“知之为知之，不知为不知”，“不可能什么都懂，但不能不懂装懂”。

世界宗教系 2014 级博士研究生于琛同学代表 2014 级新生发言。最后，黄晓勇教授在总结发言中强调科学道德和学风建设既是大学的立学之本，又是每一个科研工作者和学者的立人之本。他希望同学们坚定理想信念，强化自身修养，在今后的学习和工作中秉承良好的学术精神与科学道德，以高水平、高质量的学术及研究成果回报社会，以构建中国的理论、中国的学术为己任，肩负起时代赋予我们的特殊使命。

（周兴君）

《中国的能源安全》新书发布会暨能源安全热点问题研讨会

2014 年 10 月 31 日，由中国社会科学院研究生院主办的《中国的能源安全》新书发布会暨中国能源安全热点问题研讨会在北京举行。该书由研究生院院长黄晓勇主编，国际能源安全研究中心组织撰写，深入探索了世界能源发展动向，并尝试解答中国如何安全、稳定，并以可接受的价格获得有效的能源供应。来自《人民日报》、新华社、中央电视台、《中国能源报》、《中国电力报》、新浪网等 10 家媒体的记者也参加了会议。

黄晓勇在会上表示，作为最大的能源生产国和消费国，中国的油气来源已形成多方位、多渠道的格局，其中包括海上 LNG、中缅管道，还包括土库曼斯坦和俄罗斯的天然气等进口渠道，实现了能源供给多元化。但是，我国能源安全仍面临不少“内忧外患”，《中国的能源安全》提出，我国必须重新审视当前能源安全的实质，摆脱能源安全等于加大供应的传统理念，树立供求双方科学协调的理念，将能源的高效利用作为实现能源安全的重要环节，实现能源生产、利用与环境保护并重。

（周兴君）

中国社会科学院图书馆（调查与数据信息中心）

（一）人员、机构等基本情况

1. 人员

截至 2014 年年底，中国社会科学院图书馆（调查与数据信息中心，简称“院图书馆”）共有在职人员 87 人。其中，正高级职称人员 5 人、副高级职称人员 24 人、中级职称人员 36 人；高、中级职称人员占全体在职人员总数的 75%。

2. 机构

院图书馆设有采编部、典藏部、期刊部、古籍特藏部、参考咨询部、国际书刊交流部、文献计量学研究室、数据网络部、内网部、网络安全部、办公室、科研业务处、人事处（党办）。

3. 科研中心

院图书馆下设一个非实体研究中心：中国社会科学院互联网发展研究中心。

（二）院图书馆工作

为落实中央对中国社会科学院“三个定位”要求、更好地建设国家级高端综合智库的目标，图书馆发挥着科研信息资源搜集、整理、保存和传递的作用，承担着文献资源建设、信息服务和网络系统运维三大职能，在全院创新工程和国家级高端智库建设中占据重要地位。2014 年，院图书馆积极贯彻落实院党组关于“数字社科院”建设的一系列决定和部署，紧密围绕科研中心工作和全院创新工程，开展各项业务工作并取得了较大进展。

1. 根据院党组关于图书馆三级管理体制机制改革的要求，继续推进管理创新和制度创新

（1）加强全院古籍工作规范化管理。2014 年 4 月，院务会议审议通过了院图书馆组织起草的《中国社会科学院古籍管理规定》并印发全院。该规定对古籍书库的管理、古籍阅览、古

籍修复、古籍复制出版、古籍数字化、责任追究等方面都做了详细规定，保证了古籍工作有章可循，有据可依。10月，在北京召开的全国古籍保护工作会议上，院图书馆被文化部授予“全国古籍保护工作先进单位”称号。

（2）召开全院图书馆馆长联席会议。2014年6月，院图书馆组织召开馆长联席会议，对2013年度图书采购和经费管理进行总结，并就采购经费超支、图书到馆率等问题与人文公司交换意见，探讨进一步完善总代理制的思路、措施。

（3）推进历史专业书库建设工作。院图书馆与历史研究所共同建设历史专业书库。2014年，历史专业书库完善规章制度，制定了历史专业书库《读者须知》；协调采购，减少重复购书；安装使用Aleph500图书馆自动化系统终端和院图书馆“读者卡”系统；全部数据转入全院书目数据库中，启动部分图书回溯编目工作；在为历史研究所科研人员提供全面服务的同时，推动其向全院科研人员开放借阅等。

2. 全力推进“社科云”建设规划，海量数据库建设取得突破性进展

（1）推进“社科云”建设规划。2014年初，院图书馆制定了《关于构建哲学社会科学海量数据库的三年规划》，用以指导全院未来三年信息化建设工作，最终实现院党组提出的“一馆、一网、一库、两平台”的建设目标，通过科学规划、精心布局、突出重点、循序推进，把海量数据库打造成学术辐射发力点、重大决策支撑点、科研服务闪光点和社会效益增长点，逐步建成代表国家水平和具有哲学社会科学特色的国际一流海量数据库与综合集成实验室平台。11月，图书馆完成了《中国社会科学院海量数据库建设工程（一期）项目》方案，对全院未来的信息化建设思路提出了新的诠释，由过去的“烟囱式”建设向“云平台”统一的方式转变。该方案对云平台、“社科云”海量数据库平台和安全保障、网络带宽等基础设施提出了明确的建设目标和内容。

（2）国家哲学社会科学学术期刊数据库（“简称国家期刊库”）取得突破性进展。院图书馆作为该库的承建单位，不断扩展该库的签约期刊数量和论文数据加工上线量。该库经过2014年的二次改版升级后，现已成为世界上最大的开放获取期刊数据库。2014年，国家期刊库上线期刊达611种，含核心期刊454种，上线论文达260万篇。改版后的国家期刊库功能日臻完善，不仅提供多种导航和检索方式，实现期刊浏览、论文检索、在线阅读、全文下载、检索结果统计分析、期刊评价、作者简介与评价等服务功能，还完善了收藏、订阅、分享等个性化功能，推出了“同步上线”“最新期刊”功能，实现部分电子刊与纸质期刊的同步发行，用户可以及时查阅最新论文。

截至2014年10月31日，国家期刊库注册人数为37009人，比2013年年底注册的9000多人增长了3倍多；日最高点击量88万次，日均点击量增加到近30万次。在有下载限制的情况下，累计下载量近80万篇。国家图书馆、美国国会图书馆、密歇根大学等多家国内外机构都已将该库作为推荐资源。

（3）积极推进科研成果库建设。科研成果库是建院几十年来科研成果汇聚的数据库，也是海量数据库的重要组成部分之一。院图书馆已完成该库前期调研和2014年数据收集审核任务。2014年，共采集院属各单位数据8093条、全院人员有效信息4765条，整理机构信息65条。此外，努力做好院内学术活动的音视频拍摄剪辑工作，2014年共计拍摄72次学术论坛讲座，视频总时长为166.2小时，拍摄照片4628张，为建设音视频数据库积累资料。

（4）认真做好古籍善本数据库前期准备工作。院图书馆正在组织院内古籍收藏单位编纂《中国社会科学院古籍总目备要》。现已完成全院12家古籍收藏单位、880万字《中国社会科学院古籍总目备要》（初稿），其中2家单位已完成再次回库开卷检查核对任务。古籍工程购买的4台古籍专业高清扫描仪已全部安装调试完毕。通过古籍扫描检测，首次获得400PPI与600PPI两种规格扫描成像所占存储空间数据，为全面开展古籍数字化购买存储设备数量和数字化方案实施提供翔实数据依据。

（5）深化社会调查项目服务。2014年，院图书馆在积极开展“中国公民的人大代表选举参与问卷调查”“2014年中国大学生就业、生活及价值观研究调查”等院内调查项目的同时，努力拓展与院外单位的调查合作项目，如“城市环境信息公开与公众参与民意调查”“海淀区卫生系统满意度调查”“曙光街道网格化社会服务管理测评调查”“忻州旅游211工程顶层战略研究”项目社会调查子项目等，合作领域涉及环境、卫生、旅游等多个方面，为开展市场化转型奠定了良好的开端。

院图书馆已具备全国2870个区、市、县2010年的基本数据资料，596个调查点村居的数据和地图资料，以及91万多条居民住宅信息。这些数据资料可为定性调查研究活动（如国情调研）、专题调研提供固定观测点和实践基地，也为调查数据库提供了基础资料。

3.推进图书馆数字化转型升级，朝着“国家哲学社会科学数字图书馆”的目标前进

（1）制订《图书馆战略转型三年规划（2014～2016）》，深入推进图书馆数字化转型。《规划》提出图书馆转型升级的战略目标为：建设中国最大的哲学社会科学数据库（即国家哲学社会科学数字图书馆）和中国社会科学精品文献图书馆，构建中国一流的哲学社会科学文献信息服务体系，打造中国首创的经济社会运转预测体系，逐步把中国社会科学院图书馆建设成为中国哲学社会科学“知识储存的总库”“成果展示的总汇”和“学术辐射的中心”。

（2）进一步完善图书采购总代理制，调整图书采购方针、完善专家选书制度。图书采购总代理制是全院图书采购制度的一项变革，院图书馆与人文公司就实际工作中遇到的总代理制有关工作，进行积极沟通协调，及时解决遇到的各种问题。院图书馆与文学研究所、语言研究所等单位的科研人员进行座谈，在调研基础上进一步修订《中国社会科学院图书馆采购方针及其实施细则》，以用户科研需求为第一要则，在保障科研大楼内各个研究所的文献资源基础上，重视交叉学科、新兴学科基础性文献建设。院图书馆积极向国内外出版社、各图书经销商联系收集书目信息，还完善专家选书制度，保证采选图书的优化选择，实现了藏书发展的特色化。

2014 年完成中文图书采访 13401 种，港台、外文图书采访 4912 种，新方志采访 4327 种、4659 册；中文图书验收 10811 册，港台图书 1782 册，外文图书 4374 册；收集、加工学位论文 45947 篇。

2014 年完成中文图书编目 10548 册、港台图书编目 1461 册、外文图书编目 5622 册；中文图书数据校对修改 10126 册、港台图书数据校对 1461 册、外文图书数据校对 5622 册，馆藏数据修改 1492 册。对新闻与传播研究所移交的藏书进行查重，完成部分图书的数据变更、加工入库工作，涉及中文图书 7205 册、外文图书 654 册。完成世界历史研究所新购进的各语种图书 356 册的编目工作。

(3)认真实施“三线典藏计划”,完成典藏布局调整。为贯彻院领导提出的纸本文献“零增长”的要求，在保证读者正常借阅的前提下，院图书馆实施“三线典藏计划”，对馆藏布局进行全面调整。该项工作自 2013 年 7 月启动，2014 年 9 月结束。工作期间，对馆藏的百万册图书进行认真过滤筛查，调整馆藏地址，变更数据信息，完成 838 架图书的倒架、调架和顺架工作，从一线书库转移图书 10 万余册，从二线书库转移图书 4.37 万册，排序码放三线图书 4.866 万册，入库新书 1.31 万册，清理剔除复本图书 4.5 万册，使馆藏布局趋于合理，为贯彻“零增长”奠定了坚实的基础。

(4) 加大数字资源的引进和试用，为海量数据库提供源源不断的支持。2014 年，院图书馆续订中文数据库 17 个、外文数据库 41 个，新引进中外文数据库 31 个，含《中国基本古籍库》《大成老旧刊全文数据库》《T&F 人文社科期刊数据库》《解密后的数字化美国国家安全档案数据库（DNSA)》等重要数据库，开通试用中经网统计数据库、台湾学术在线（TAO）数据库、中国边疆史地研究资料库、道琼斯 Factiva 数据库、Springer 电子期刊、ORBIS—全球企业数据库等数据库。

2014 年，院图书馆还将 SSCI 和 AHCI 的数据回溯年限扩展为 2004 年至 2014 年；完成了超星系统 140 万种图书和 2050 万篇期刊数据的恢复工作，正式对外发布；新定制开发的在线访问系统不仅全面覆盖原系统包含的全部学术资源，且在数据更新、检索功能、用户体验和运维管理等方面都有大幅提升；完成《新方志全文数据库》镜像版的安装，供读者在电子阅览室使用。该库目前已有 3.8 万条数据。

(5) 统一资源发现与服务系统上线运行。经过对全部电子资源数据库的信息整理、系统测试与调整、用户界面调整，2014 年 3 月底，院图书馆引进的 PRIMO 资源发现与服务系统正式上线。该系统提供统一资源发现服务、资源导航服务、链接解析服务、内容聚合与个性化服务以及后台统计分析等功能，共汇集院内外文献资料数据 6 亿余条，整合系统预先配置的知识库及院图书馆订购的数据库 137 个，定期进行数据内容更新工作。

(6) 开展 RFID 项目计划前期调研工作。院图书馆原计划实施 RFID 项目计划，对院图书馆中文书库及外文书库开展 RFID 系统建设并进行读者卡管理系统升级。已完成 RFID 项目计划前期调研工作。

4. 服务科研，服务读者，提高服务水平和服务质量

（1）为到馆读者提供周到、热情的服务。2014 年，院图书馆为读者提供了馆藏书目检索、数据库检索、文献借阅、馆际互借、文献传递、文献复制、证件办理等服务。

全馆阅览流通部门全年接待到馆读者 22300 人次，提供中外文图书借还 59606 册，为读者查找闭架图书 1240 余册；提供咨询服务 1493 人次；代查代检 68 人次，提供期刊论文 50 篇，书目 294 条；专题检索服务 25 件，提供书目 137 条、期刊论文 1257 篇、报纸文章 20 篇、政府公开信息 4 篇、整理收集资料 850 页，提供资料汇编 13860 字，摘编 1 份；做好 CASHL 文献传递工作，从合作馆申请 1200 多篇（册）文献，为院外用户传递 500 多篇（册）文献。

（2）扩大送书上门服务对象，拓展服务内容。院图书馆启动送书上门服务，不断扩展服务对象，2014 年为院领导和所局级领导、学部委员、荣誉学部委员约 300 余人提供新书预约、文献荐购、图书代借代还、服务宣传、证件代办等工作。

（3）坚持馆员走出去，到所服务得到好评。院图书馆继续在全院范围内开展到所服务，不定期走访各研究所，面向科研人员及创新工程项目组和重点研究室等研究团队，开展灵活多样的资源和服务推介，如馆藏资源介绍、数据库使用培训、图书代检代查代寻找、文献传递与馆际互借、上门办证等内容。

（4）开展了院级课题文献跟踪试点服务。2014 年，院图书馆启动院级课题的文献跟踪服务工作，如为国家社科基金重大招标项目“历代土司资料汇编”检索和整理文献资料，联系相关数据公司开通《大清五部会典》数据库试用，还为该项目负责人承担的另一课题“中国灾害通史”查找“清朝旱灾”相关论著。

（5）积极利用群发邮件形式，进行资源推介。院图书馆不仅通过院邮件系统向科研人员群发按月编制的《院图书馆新书目录》，供科研人员进行挑选，而且利用邮件系统群发培训和活动通知，推送《信息检索》《文献管理与信息分析》等网络公开课，进一步为全院科研人员增强信息素养、提升信息技能和拓展信息资源获取渠道提供平台。

（6）推进馆际合作联盟建设。院图书馆与北京大学 CASHL 管理中心举行座谈，商讨院图书馆作为用户馆加入 CASHL 馆际互借成员馆等问题，调研完成“馆际互借文献传递合作方案”，进一步加大对科研工作的文献保障力度；继续推进与上海图书馆馆际合作，双方签署了合作协议。2014 年，院图书馆获得 CASHL（中国高校人文社会科学文献中心）最佳伙伴奖。

5. 为全院网络建设提供技术支撑和安全保障

（1）推进院综合管理平台建设工作。按照院党组加快推进院综合管理平台建设的要求，先后组织了多次综合管理平台建设讨论会，对综合管理平台总体规划框架方案、基础设计建设构架等问题进行多次讨论，制定《院综合管理平台工作思路》等文件；与华为公司、中科软公司进行了讨论、交流；做好院创新工程综合管理系统（一期）项目验收工作；组织召开院创新工程综合管理系统（二期）启动立项程序协调会，完成了设计方案和招标工作。

（2）做好网络扩容、线路改造和老旧设备更换工作。进行全院宽带扩容工作，将院网络出口带宽扩容升级到电信 600M、联通 400M，大幅提升了用户访问互联网速度，同时将部分学科片与院部的互联链路也进行了扩容升级。完成了东段综合布线改造及老旧设备更换工作、档案楼综合布线工作，启动了中段综合布线工程招标工作。

（3）做好机房管理与维护工作。做好一、二、三号机房的管理与维护工作，为解决一、二号机房平台因设备老化而宕机等问题，提出“采用虚拟化技术对两套网站平台进行备份”的建设方案。

（4）为社科网提供技术支持和安全保障。参加社科网子网迁移专项讨论会，组织相关厂商就子网迁移流程进行了讨论，为进行迁移的亚太与全球战略研究院和日本研究所创建了站点和 U-Key。与社科网就在国家期刊库添加社科网二级域名、社科网数据下载频道全面改版、社科网移动应用使用、国家期刊库视频栏目合作等方面进行深入讨论，并进行了域名添加、频道改版等具体工作。

（5）保证邮件系统、上网认证系统畅通稳定。2014 年，院图书馆做好全院 8354 个注册邮箱的管理工作，完成个人用户邮箱扩容工作，个人邮箱容量由原来的 1G 扩容至 2G。邮件方面日常巡检 235 次，安全检查 45 次，解决故障 7 次，系统升级 10 次，新建邮箱账号 294 个，重置密码 186 个，开通手机邮件推送服务 20 个，院群发邮件 59 封，VIP 账号监控解决问题 61 次，电话技术支持 642 次，上门服务 43 次。加强了对邮件收发情况及源 IP 分布情况的监控，采取措施，防止院外对院内邮箱攻击探测。全院上网认证系统共注册 12514 人，平均在线人数 2300 人左右。

（6）提供技术支撑，保障网络安全平稳运行。院图书馆还管理院属单位 81 个网站、互联链路 22 条，网络布线节点 1 万余个，网络设备 200 余台等运维和管理工作。

（7）开展网站、网络重保工作。2014 年，院图书馆在节假日、敏感日等特殊时期开展了 6 次重保工作。成立应急小组，制定应急流程，对院三套网站平台开展重点保障工作，对平台所有设备及系统进行 24 小时监控，确保全院 81 个网站对外发布正常。

（8）实现远程访问系统升级。全院远程访问系统经过反复调试和优化，实现了系统升级，进一步方便了科研人员对院内海量资源的远程获取。升级后远程访问系统运行状态正常，安全性、兼容性、稳定性均得到明显提升，在线人数以及访问量均有极大提高。该系统服务对象不断扩大，已覆盖全院 53 家单位 7800 人。

6. 推进人文社会科学评价研究与服务平台建设

（1）开展人文社会科学评价研究与服务平台建设。评价中心业务相对独立前，原文献计量学研究室（中国社会科学评价中心）继续对 733 种来源期刊进行分学科普查，获取著录规范、编辑规范、审稿规范等方面的形式指标数据，为学术期刊评价积累数据库信息；培训一支熟练的数据加工队伍，开展 2012 年度引文数据库的字段规范与数据清洗工作；设计出《2012 年度期刊引证报告》的指标体系、报告大纲与内容体例；设计出“全国学术期刊评价体系问卷”，并在全院、全国范围内发放，统一回收与统计专家反馈意见，积累评价专家个人信息和评价结论信息，建设定性评价数据库；出版了《中国人文社会科学核心期刊要览（2013 年版）》，完成《中国出版社学术影响力引证报告》和《中国社会科学院学术期刊学术影响力统计分析报告》，完成国家社科规划办委托的《2013 年国家社科基金论文统计分析报告》。

完成《中国学术期刊评价体系方案（草案）》；与中国社会科学杂志社共同完成爱思唯尔数据库中关于我国人文社会科学影响力的检索报告；向院名优建设工程协调会提交《中国学术期刊评价体系方案》和“全国社会科学评价论坛”安排方案。

（2）启动“文献信息研究与知识定制服务”项目。院图书馆文献计量学研究室大部分人员及业务转入新成立的中国社会科学评价中心后，院图书馆及时调整工作思路，探索新的研究重点，成立了文献信息研究室（知识定制部），进行知识定制相关文献资料搜集和研究分析工作。

策划“中国社科云视台”方案。研究各大网络电视台和视频网站的现状和运营模式，深入分析了网络电视的受众需求，形成“中国社科云视台”的运营模式、盈利渠道和细节性的节目策划方案。

继续推进国家社科基金论文计量研究。补充采集和处理 2014 年主流数据库上载的 2013 年国家社科基金论文数据以及文摘等影响力指标数据约 3 万条，同时通过文献调研，对项目成果评价、学科情报分析等相关领域的研究动态进行跟踪。

（三）科研工作

1.科研成果统计

2014 年，院图书馆共完成专著 1 部，25 万字；论文 4 篇，4.2 万字；研究报告 2 部，74.7 万字；工具书 1 种，111.5 万字；一般文章 4 篇，0.87 万字。

2.科研课题

（1）新立项课题。2014 年，院图书馆共有新立项课题 2 项。其中，院国情考察课题 1 项：“大数据时代的知识订制服务”（李春华主持）；研究所国情调研基地课题 1 项：“城市历史文化资源管理现状调研——以山东武城为例”（王玉巧主持）。

（2）结项课题。2014 年，院图书馆共有结项课题 3 项。其中，院 B 类课题 1 项：“中国人文社科计量指标的统计与分析”（尹国其主持）；院重点课题 1 项：“我国社会科学基金产出论文及影响力分析报告（1999 ~ 2009 年）”（周霞主持）；院青年科研启动基金课题 1 项：“美国革命时期效忠派的组成与动机”（孙洁琼主持）。

（3）延续在研课题。2014 年，院图书馆共有延续在研课题 10 项。其中，国家社会科学基金青年课题 2 项：“人文社会科学成果评价体系设计与实证分析”（任全娥主持），“我国科学院系统图书馆数字资源利用状况与发展趋势研究”（苏金燕主持）；院长委托课题 1 项:“汉英新词语词典”（黄长著主持）；院重大课题 1 项:“世界语言大辞典”（黄长著主持）；院青年科研启动基金课题 1 项:“中国古代方志舆图研究”（高文娟主持）；所重点课题 5 项：“‘走出去’战略与我院学者国际论文统计分析”（刘振喜主持），“院图书馆国际资源交换平台构建与应用模式研究”（多家喻、杨齐主持），“图书馆危机管理研究”（魏进主持），“院图书馆岗位设置及考核办法研究”（赵慧主持），“论图书馆行政管理规章制度的建设”（王清君主持）。

3. 获奖优秀科研成果

2014 年，院图书馆获得中国社会科学情报学会 2014 年学术年会优秀论文二等奖 1 项：曹晓宁的论文《移动式增强现实技术在新一代图书馆服务中的应用》；获得中国图书馆学会 2014 年年会论文评比一等奖 1 项：甘大明、王一杰的论文《文献国际交换的发展现状及对策研究》。

4. 创新工程的实施和科研管理新举措

（1）2014 年，院图书馆整体进入创新工程。

（2）2014 年，院图书馆共有 88 人参加创新岗位。

（3）2014 年，院图书馆创新工程项目的名称及其首席研究员（主任馆员）姓名：

2014 年，院图书馆党委书记、副馆长庄前生被聘为创新工程首席管理。院图书馆对创新项目进行了适当调整，确立了“9+1”创新工程项目设计，即 9 个创新项目和 1 项全院网络运维服务工作，分别是:“图书馆管理创新”（主任馆员为刘振喜），“图书馆服务创新”（主任馆员为王玉巧），“中国社会科学院近代中文报刊（1894 ～ 1949）普查登记与整理保护”（主任馆员为张杰），“中国社会科学院近代平装书（1840 ～ 1949）普查登记与整理保护”（主任馆员为蒋颖），“中国社会科学院近代外文图书（1549 ～ 1949）普查登记与整理保护”（主任馆员为黄长著），“馆藏中国社会科学院发展历程音像资料数字化”（主任馆员为王爱群），“文献信息研究与知识定制服务”（首席研究员为李春华），“中国社会科学院古籍整理保护暨数字化”，“社科云”——海量数据库建设；网络系统运维、管理与平台建设。

（4）2014 年院图书馆在创新工程方面的新机制、新举措。

“近代中文报刊普查登记与整理保护项目”按照 2014 年度目标要求，从中文过刊库中提取出 1949 年以前出版的中文期刊 8301 册单独存放，进行初步保护；利用 ALEPH 系统，将中文文献书目数据库中 1949 年以前的中文期刊编目数据导出，与提取的近代中文报刊逐一核对，确保提取的近代中文期刊没有遗漏；完成 8301 册近代中文期刊的普查登记及数据校验（对照期刊实物）。完成《中国社会科学院图书馆近代中文报刊 1894 ～ 1949 普查登记档案手册》。

“近代平装书普查登记与整理保护项目”继续挑选 1949 年以前出版的中文图书，从中文普通图书书库中挑选出 2700 册单独存放，进行初步保护；逐一填写普查登记表 5112 条，普查登记表校对 4690 条，编目 7013 册，馆藏信息修改 2901 册。

“近代外文图书普查登记与整理保护项目”挑选图书 9036 册，登记、变更数据并入藏古旧外文图书库 11860 册，完善数据 3116 条 4868 处，在 ALEPH 系统中修改数据 2391 条 4139 处，考证附件内容 235 项。

“中国社会科学成果国际传播项目”规范工作流程，努力推广中国哲学社会科学学术成果。完成国务院新闻办委托的“中国之窗”和“中国馆”项目，采购中文图书近 2000 册（1/2 以上为我院学者著作），发往国外 13 家单位。完成院交办工作，承办国际合作局为西班牙中国文化中心赠书选目工作，为法国波尔多大学中国馆建设提供备选书目并制作书目。与宾夕法尼亚大学和匹兹堡大学建立了书刊交换关系，与俄勒冈大学达成了交换书刊意向，与美国罗格斯大学、伯克利大学、瑞士苏黎世大学、瑞典隆德大学、蒙古国科学院、德国基金会等开展交流交换。接收德国基金会赠德文书 277 册，全年共接收国外赠外文书 523 册、报刊 300 册。

（四）学术交流活动

1. 学术活动

2014 年，院图书馆主办和承办的学术会议有：

（1）2014 年 7 月 30 日至 8 月 1 日，院图书馆在北京举办了馆藏文献数据库建设暨构建知识定制总部战略培训班。在会议上作了题为“构建中国知识生成总部”“基于个性化服务的馆藏文献数据库建设”等专题报告，还介绍了海量数据库建设的子项目科研成果数据库建设情况。

（2）2014 年 12 月 13 日，由中国社会科学院调查与数据信息中心、中国社会科学情报学会主办的首届“大数据与知识定制”论坛在北京举行。会议的主题是“大数据环境下如何开展知识定制服务”。

2. 国际学术交流与合作

2014 年，院图书馆共派遣出访 5 批（4 个院级项目、1 个所级项目）10 人次。

（1）2014 年 9 月 7 ～ 27 日，院图书馆选派期刊部主任张杰、办公室主任王清君参加“大数据与社会科学研究创新”项目培训，在美国旧金山市加州大学旧金山分校进行大数据及行业应用的专项培训。

（2）2014 年 10 月 20 ～ 24 日，院图书馆副馆长周世禄一行赴韩国大邱庆北大学图书馆举办“第四届中国社会科学图书展览”。书展共展出近几年中国社会科学的最新研究成果 620 册，涵盖经济、历史、地理、文化、教育、哲学、宗教、政治、法律、文学等领域的最新出版成果，受到韩国当地学者的欢迎。

（3）2014 年 11 月 2 ～ 5 日，学部委员黄长著随院代表团赴韩国参加 2014 年中韩人文交流政策论坛。

3. 对外学术交流其他成果

（1）配合国务院新闻办公室，推进“中国之窗”建设。院图书馆作为国务院新闻办“中国之窗”的成员馆之一，2014 年度向国外 13 家合作馆赠书 2000 册。

（2）发挥学术传播平台作用，积极筹建“中国馆”。2014 年，院图书馆继续执行乌兹别克斯坦世界经济与外交学院“中国馆”协议，将对方所需书目发送给对方选择，收到对方反馈意见后将采购并邮寄赠书。根据国际合作局的有关要求，完成了“中国馆”建设所需图书中文书目 2000 种、外文书目 500 余种的书目整理和书目制作工作。

（3）开展国际书刊交换工作，加强对外学术交流活动。院图书馆完成与国外 41 家书刊交流合作单位的书刊交换任务，所赠期刊以中国社会科学院主办和出版的为主，对外发送期刊 3000 余册。2014 年，院图书馆重点与宾夕法尼亚大学、匹兹堡大学、美国俄勒冈大学、美国罗格斯大学、伯克利大学、瑞士苏黎世大学、瑞典隆德大学、蒙古国科学院、德国基金会等开展邮件往来，举办赠书仪式、座谈以及图书的交换仪式。

（4）其他赠书工作。院图书馆根据国际合作局要求，承办为西班牙中国文化中心赠书选目工作，选定院内 5 家出版社的 800 余册图书并制作书目。

（五）学术社团

中国社会科学情报学会，理事长黄长著。

2014 年 10 月 22 ~ 23 日，中国社会科学情报学会与中国社会科学院调查与数据信息中心联合在北京举办首届“大数据与知识定制论坛”。会议的主题是“大数据环境下如何开展知识定制服务”。

（六）会议综述

全院古籍普查登记工作总结表彰大会

2014 年 1 月 14 日，中国社会科学院在北京举行全院古籍普查登记工作总结表彰大会。中国社会科学院院长、党组书记王伟光出席会议并讲话。中国社会科学院秘书长、党组成员高翔主持会议。

通过普查登记工作，中国社会科学院首次摸清全院共有古籍 97407 种，其中，通过版本鉴定，发现了一批新的善本。这是建院 30 多年来，第一次准确掌握全院古籍种数、册数与分布，古籍破损数量和程度以及古籍的文化价值与文物价值。至此，中国社会科学院作为我国古籍重镇，首次有了准确而翔实的数据支持。

王伟光在讲话中说，古籍是人类的重要文化遗产，我院收藏的古籍无论从数量上还是从种类上，都在全国占有重要地位。这些古籍是前辈学者几十年留给我们的宝贵财富，是几代专家学者心血的积累，是我院学术传统的体现，是研究实力的体现，是出成果、出人才的重要保障。由于历史原因，建院 30 多年来，院藏古籍始终处于家底不清的状态。借助于国家古籍保护工程的启动，借助于我院哲学社会科学创新工程的大好机遇，我院古籍普查登记工作顺利展开。

王伟光指出，我院古籍普查登记工作的完成，是2009年我院启动古籍保护工作以来，特别是2011年我院实施创新工程以来取得的重要的阶段性胜利。这次古籍普查登记的完成比原来预定计划提前了半年，这与院图书馆领导班子高度重视、组织协调是分不开的，也是与各古籍收藏单位的领导认真对待、积极配合分不开的，更是与广大图书馆工作人员的尽职尽责、奋力拼搏分不开的。

王伟光对全院下一阶段的古籍工作提出了具体要求。

王伟光、高翔分别为获得“2013年全院古籍普查工作模范带头奖”和“2013年全院古籍普查工作先进单位奖”的单位颁奖。

此次表彰中，全院共有5个单位的图书馆（资料室）获得“2013年全院古籍普查工作模范带头奖”；有9个单位的图书馆（资料室）获得“2013年全院古籍普查工作先进单位奖”；14个古籍收藏单位领导班子被授予“2013年全院古籍普查工作优秀组织奖”；院图书馆在全院古籍普查登记工作中做出成绩，受到通报表扬。

院图书馆党委书记庄前生在会上作了全院古籍普查登记工作总结汇报。

中国社会科学院有关职能局、14个古籍收藏单位负责同志以及这些单位图书馆（资料室）负责人参加了会议。

（刘振喜）

中国社会科学院图书馆三线典藏工作总结表彰大会

2014年9月30日，中国社会科学院图书馆三线典藏工作总结表彰大会召开。中国社会科学院秘书长、党组成员高翔出席会议并讲话。中国社会科学院图书馆（调查与数据信息中心）党委书记、副馆长庄前生，常务副馆长何涛，党委副书记、副馆长李春华，副馆长周世禄、蒋颖等出席会议。

三线典藏工作是1995年组建院图书馆以来进行的第一次大规模布局调整和图书清理工作。为了缓解院图书馆长期存在的藏书空间紧张状况，落实院领导关于图书馆纸本图书“零增长”的指示，院图书馆自2013年7月起开始实施三线典藏计划。一年来，在院领导的支持下，在院图书馆党委和领导班子高度重视下，三线典藏计划重点完成三项工作：一是重新规划三线书库，基本形成三线典藏布局；二是院图书馆多部门通力合作，在不影响读者正常借阅的前提下，对80多万册图书认真筛查盘点，总计搬移25万册以上图书，使馆藏布局趋于合理，读者的借阅条件得到明显改善；三是由院内十几个研究所图书馆合并组成院图书馆，近20年来，第一次实现了对全部复本书的大规模清理和剔除，共清理剔除复本图书约4.5万册，有效缓解了库容紧张状况。在实施三线典藏计划过程中，涌现出了一批表现突出的部门和个人，其感人事迹展示了院图书馆队伍团结协作，勇挑重担，埋头苦干，无私奉献的良好精神风貌。

高翔在讲话中首先代表院长王伟光和院党组向院图书馆党委和图书馆全体人员表示祝贺。

高翔强调指出，大数据时代的到来使整个世界范围内哲学社会科学以及自然科学、社会管理、国家治理都面临一场新的巨大变革。我们的生活方式、研究方式、交往方式、治理方式、思考方式都要发生一场深刻的革命。正是在这一大背景下，中国社会科学院党组决定要建立数字社科院。建立数字社科院的主战场就是院图书馆，主力军就是馆党委和图书馆的全体同志。我们要努力把中国社会科学院图书馆打造成数字社科院的核心。

高翔指出，院党组从哲学社会科学的战略高度决定推进院图书馆进行新的转型，体现了院党组对图书馆领导班子高度信任、高度重视，认为图书馆有能力担负起这个历史性的使命。将来的院图书馆不再是传统的纸质图书馆，而是数字中心，要变成数字化的、人机互动、交互式的阅览室和活动中心。今后科研人员可以在家里登录院图书馆，下载参阅各种资料，搞个人研究。搞研讨可以到院图书馆里来。要努力把图书馆变成哲学社会科学数字资源和情报中心，哲学社会科学前沿发展趋势的研究和发布中心，哲学社会科学高层次学术活动中心。这是一场深刻的革命，这个革命不但是技术革命，而且是心理革命，学习方式、研究方式的革命。院图书馆的所有同志都要研究这场巨大的革命，图书馆要引领中国哲学社会科学图书馆的变革趋势。

院图书馆要对转型给予高度重视，要制定出好的规划和方案。要引进一批高层次、懂学术的技术人才。图书馆现有的同志都要加强信息化学习。在座的有很多年轻同志，必须适应这场变革。

高翔要求，图书馆的同志们要继续发扬特别能吃苦、特别能战斗、特别能奉献的精神，发扬任劳任怨、顾全大局的精神，发扬开拓创新的精神，打好信息化、大数据、云平台、数字图书馆、数字社科院这场新的硬仗。这是关系到中国社会科学院图书馆乃至中国社会科学院前途命运的关键一仗。

院图书馆前面两仗打得很好，一是信息化整合体制机制改革，图书馆打得好。第二个，就是三线典藏，特别是我们古籍整理，打得很漂亮。第三仗就是我们建设数字化社科院。希望同志们把三线典藏搞好了以后，在馆党委的领导下，按照院党组总的战略部署，继续做好图书馆的转型工作。

院图书馆常务副馆长何涛宣读了《关于对三线典藏计划实施中做出突出贡献的部门和个人进行表彰的决定》。典藏流通部获得 2014 年图书馆三线典藏工作先进单位奖。采访编目部获得 2014 年图书馆三线典藏工作团结协作奖。1 名同志获得 2014 年图书馆三线典藏工作突出贡献奖。5 名同志获得 2014 年图书馆三线典藏工作精神文明奖。1 名同志获得 2014 年古籍整理保护工作突出贡献奖。

院图书馆党委书记庄前生指出，高翔秘书长对图书馆下一步工作，特别是图书馆转型工作做了重要指示，展示了未来图书馆的发展趋势。全体同志要认真贯彻院党组的决策和部署，充分认识转型的重要意义及我们的责任和使命，一定把图书馆转型工作做好。

会议由院图书馆党委副书记、副馆长李春华主持，院图书馆全体人员参加了会议。

（魏　进）

中国社会科学院2014年度报刊出版馆网库和学术评价名优建设工程工作会议

2014年12月12日，中国社会科学院2014年度报刊出版馆网库和学术评价名优建设工程工作会议在北京召开。

中国社会科学院院长、党组书记王伟光出席会议并作主题报告。中国社会科学院副院长、党组成员李扬，中国社会科学院副院长、党组成员李培林，中央纪委驻院纪检组组长、党组成员张英伟，中国社会科学院副院长、党组成员蔡昉，中国社会科学院秘书长、党组成员高翔，中国社会科学院党组成员荆惠民出席会议。李扬主持第一次全体大会。高翔主持第二次全体大会并作总结讲话。

会议期间，中国社会科学院科研局局长马援、信息化管理办公室主任杨沛超，中国社会科学出版社社长兼总编辑赵剑英，社会科学文献出版社社长助理梁艳玲，中国社会科学院图书馆党委书记庄前生，中国社会科学杂志社副总编辑李红岩，中国社会科学评价中心常务副主任荆林波分别就期刊审读、信息化管理、学术出版、期刊运营、数据库建设、新媒体发展、学术评价等主题发了言。

中国社会科学院副秘书长及院属各单位主要负责人出席会议，院内46个分会场进行视频直播。

（刘振喜）

首届“大数据与知识定制论坛”

2014年12月13日，由中国社会科学院调查与数据信息中心、中国社会科学情报学会主办的首届大数据与知识定制论坛在北京举行。中国社会科学院图书馆党委书记庄前生致欢迎辞。中国社会科学院学部委员、中国社会科学情报学会理事长黄长著研究员致辞，中国社会科学院调查与数据信息中心党委副书记、中国社会科学院互联网研究中心主任李春华研究员主持会议。

论坛期间，来自北京、上海、南京各大科研机构和高校的专家，围绕大数据环境下如何开展知识定制服务进行研讨，介绍了他们对大数据技术应用的研究成果。

中国科学院自动化研究所复杂系统智能控制与管理国家重点实验室主任王飞跃研究员从情报5.0和平行情报系统切入，谈了大数据与智能化情报工作的体会；教育部教育发展研究中心战略研究室主任高书国从教育战略规划的角度，提出他对“大数据与教育知识定制”的研究观点；清华大学教育研究院讲师张羽在演讲中论证了教育大数据与学习革命的深层次关系；中国社会科学网总编李红岩讲述了在大数据时代下，新媒体对学术传播方式的革命；国家图书馆立法决策服务部项目组组长谢德智展示了在需求牵引、技术驱动下，国家图书馆立法决策服务部的创新与发展历程；清华大学新经济与新产业研究中心研究室主任罗贞礼研究员从健康4.0体系切入，介绍了健康大数据时代的中国机会；华东师范大学国家教育宏观政策研究院教授闫光才提出大数据包含小数据的理念，认为大数据还没有在社会科学研究中得到充分的应用，但许多小研究的数据、即小数据集合起来也可以称为大数据；中国日报社技术负责人韩冰展示了在媒体转型的历史使命下，大数据在新兴媒体中的应用实践；中国文化产业规划设计网总监李开发博士从城市规划的角度，列举了大数据建设如何为智慧城市建设创造财富。

中国社会科学院学部委员、中国社会科学情报学会理事长黄长著研究员作总结讲话。

（刘　颖）

中国社会科学评价中心

（一）人员、机构等基本情况

1.人员

截至2014年年底，中国社会科学评价中心有工作人员33名，其中，编制内人员18名、聘用制人员15名。在编人员中，正高级职称人员4人，副高级职称人员3人，中级职称人员6人；高、中级职称人员占全体在编人员总数的72%。

2.机构

中国社会科学评价中心设有综合服务部（含人才交流培训中心）、机构评价项目部（含全球核心智库评价项目部）、期刊及成果评价项目部、评价数据项目部、中国社会科学评价报告编辑部。

（二）中国社会科学评价中心的宗旨

中国社会科学评价中心的宗旨是进一步推进哲学社会科学创新工程，构建中国社会科学权威评价体系，占领社会科学评价的研究制高点，引领我国哲学社会科学发展走向，搭建国际化学术交流平台，参与全球学术评价标准的制定，掌握学术评价话语权。

（三）主要学术活动

1.“中国人文社会科学期刊综合评价AMI指标体系”获中国社会科学院2014年度十大创新工程重大成果奖

中国社会科学评价中心经过潜心研究和创新探索，创新性地推出以AMI评价为核心的

“中国人文社会科学期刊综合评价指标体系”，“中国人文社会科学期刊综合评价指标体系(AMI)”由五级指标构成，其中，一级指标3个、二级指标12个、三级指标36个。综合评价指标体系的总分值为208分，其中，一级指标“吸引力”的分值为83.5分、“管理力”的分值为39.5分、“影响力”的分值为85分。这一开放性的评价指标体系及评价结果一经公布，立即受到国内外学术界的广泛关注和认可，并获得2014年度中国社会科学院创新工程十大重大成果奖。

2.发布《中国人文社会科学期刊评价报告2014年》

2014年11月，中国社会科学评价中心《中国人文社会科学期刊评价报告2014年》，根据中国人文社会科学期刊综合评价指标体系AMI对中国人文社会733种期刊进行评价，评出17个“顶级”期刊、40个“权威”期刊、430种“核心”期刊和246种“扩展期刊”。

3.启动全球核心智库评价项目，构建智库评价指标体系

2014年，中国社会科学评价中心完成与杂志社智库项目组的项目交接以及人员双向选择，并在院内外招聘项目专家，在吸引力、管理力、影响力三级指标基础上构建了全球核心智库评价指标体系，收录约2000家全球核心智库信息（成立时间、研究人员数量、研究领域等），建立智库信息数据库，开展国内外的问卷调查，并分析问卷调查结果。

4.召开首届全国人文社会科学评价高峰论坛

2014年11月22日，首届“全国人文社会科学评价高峰论坛”在人民大会堂召开。论坛上，发布了《中国人文社会科学期刊评价报告2014》，发布并检证中国社会科学评价中心成果。

5.完成中国人文社会科学引文数据库和论文摘转统计数据库

中国人文社会科学引文数据库（CHSSCD数据库）已经基本建成并投入使用。引文数据库加工模式的建立是引文数据加工的重要基础，其工作流程的设计围绕着保证质量、降低成本和人机互动的高效原则，系统合理地明确了各层级任务。同时，完成该数据库配套工程项目“数据加工规范和著录规范”。除引文数据库外，还建立了“中国人文社会科学论文摘转统计数据库”。

6.参与“创新工程综合管理系统”研发工作，构建全院人才评价体系

中国社会科学评价中心参与院科研局（创新办）的创新工程综合管理系统平台建设，将创新工程全流程管理纳入系统平台，使其成为全院决策、管理、研究及相关工作的信息化便利工具和有效手段。中国社会科学评价中心利用自身的优势，配合院人事教育局构建人才评价指标体系，为院人才引进等提供人才评估报告。

7.加强人才队伍建设，为哲学社会科学评价事业提供坚实的人才保障

中国社会科学评价中心通过引进应届博士毕业生、新聘用工作人员、聘用外部专家等方式，加强科研队伍建设，促进业务学习，了解学科发展、理论动态，吸取先进的理念，在内部形成良好的科研风气。

8.加强自身建设，坚持规范管理，严格按照制度办事，确保中国社会科学评价中心各项事业的可持续发展

中国社会科学评价中心加强管理，梳理规章制度，实现分层管理、层层负责、责任到位、责任到人。2015 年 10 月出台了《中国社会科学评价中心工作守则》等规章制度，强化在职称评审工作、岗位分级定级、人员聘用以及薪酬调整等工作的制度约束。深化人事代理服务工作，为院内外学者提供人事代理服务。

9.固内联外，扩大外宣，提升中国社会科学评价中心在国内外的影响力

积极推广评价中心研究成果，开辟国际交流的渠道，评价中心探索与中宣部、国家新闻出版广电总局等机构开展战略合作，与各省市社科院、高校、期刊编辑部等建立了机制性联系。与韩国、日本、德国、美国、英国等国家的国际学术交流稳步推进，提升了中国社会科学评价中心的国内外影响力，扩大了其学术辐射范围。

10.创办《中国社会科学评价》期刊

《中国社会科学评价》期刊刊号获主管部门批准。中国社会科学评价中心配合中国社会科学杂志社，创办《中国社会科学评价》期刊。

（四）会议综述

首届全国人文社会科学评价高峰论坛

2014 年 11 月 22 日，由中国社会科学院中国社会科学评价中心主办的首届全国人文社会科学评价高峰论坛在人民大会堂举行。中国社会科学院院长、党组书记、中国社会科学评价中心学术指导委员会主任王伟光出席论坛，求是杂志社社长李捷、中共中央党校副校长黄浩涛、中央编译局局长贾高建、全国哲学社会科学规划办公室主任余志远出席论坛并讲话。中国社会科学院副院长、党组成员、中国社会科学评价中心学术指导委员会副主任张江代表中国社会科学院讲话。论坛开幕式由中国社会科学院秘书长、党组成员、中国社会科学评价中心主任高翔主持。论坛的主题是“期刊・机构・人员——评价在人文社会科学发展中的导向作用”。全国 120 多名专家学者参加论坛。

张江在讲话中指出，党的十八大提出建设哲学社会科学创新体系的重大战略任务。构建具有鲜明中国特色的人文社会科学评价体系，是在新的历史起点上建设哲学社会科学创新体系的迫切要求，是形成中国特色、中国风格、中国气派的人文社会科学的题中应有之义。

张江认为，面对新形势新要求，加强和改进人文社会科学评价工作，已属当务之急。他指出，加强和改进人文社会科学评价工作，必须坚持正确的政治方向和评价导向。人文社会科学评价具有鲜明的意识形态属性，必须坚持以马克思列宁主义、毛泽东思想和中国特色社会主义理论体系为指导。人文社会科学评价工作者要强化意识形态自觉，强化法治意识。加强和改进人文社会科学评价工作，必须加强中国特色人文社会科学评价标准体系建设。要克服片面注重量化标准的倾向，将价值性与科学性统一起来，努力实现定量评价与定性评价的动态平衡，构建符合中国人文社会科学发展规律、有利于促进中国人文社会科学发展繁荣的评价标准体系。加强和改进人文社会科学评价工作，必须加强学术评价机制和人才队伍建设。学术评价本身是一项复杂而艰难的工作，没有一个科学的评价体制机制保证，学术评价就难以体现评价的价值，甚至可能走向反面。要不断健全评价机制，促进评价主体多样化、评价标准多样化、评价方法多样化。要努力建设一支由一流专家组成的评价专家队伍。

高翔在主持论坛时指出，学术评价事关学术发展的前途和方向。打造哲学社会科学的中国话语体系，归根到底要形成具有中国特色、中国风格、中国气派的哲学社会科学创新体系，推出能体现中国立场、中国精神、中国水平的研究成果。要实现这一目标，掌握学术标准的制定权是根本，掌握学术成果的评价权是关键。随着我国哲学社会科学事业的深入推进，构建符合学术发展规律、具有中国特色的学术评价体系已变得日益迫切和重要。中国社会科学院中国社会科学评价中心倡议发起首届中国人文社会科学评价高峰论坛，目的是邀请国内兄弟单位的负责同志和国内社会科学评价领域的专家学者，共同探索在新的形势下如何构建科学、公正的哲学社会科学评价体系，共同推动具有中国学术特色，中国风格，中国气派的哲学社会科学创新体系的形成。

高翔介绍，中国社会科学院作为中国哲学社会科学研究的国家队，在构建具有鲜明中国特色的哲学社会科学评价体系方面，负有义不容辞的责任和担当。2013 年年底成立中国社会科学评价中心，是中国社会科学院基于占领中国哲学社会科学评价研究的制高点，掌握哲学社会科学学术评价的话语权，引领中国哲学社会科学发展方向的战略思维作出的一项重大决策。作为一家新成立的研究机构，中国社会科学评价中心的成长还希望继续得到各位领导、各位专家的关心、指导和支持。

中国社会科学评价中心发布的《中国人文社会科学期刊综合评价指标体系》和《中国人文社会科学期刊评价报告》，这是中国社会科学评价中心成立以来取得的初步成果。《中国人文社会科学期刊综合评价指标体系》和兄弟单位已有的评价体系并不矛盾，是基于已有的指标体系，彼此之间不是竞争关系而是互相补充、互相配合、互相支撑的关系。此次发布的《中国人文社会科学期刊评价报告》将会继续完善。更加详细、完善的各学科子报告将在 2015 年发布。

高翔指出，学术评价不是简单地判断好坏，真正高层次的评价要帮助学界认识学术从何处来，到何处去。通过公正、客观、内行的评价，能够指出学术研究的成败得失以及今后的发展路向。学术评价也不能简单理解为打分，高层次的评价应该定量定性相结合，不但要回答“是”的问题，还要回答“为什么是”的问题。这需要艰苦的努力，需要大量辛勤、具有创新性的探索。希望同志们对如何构建科学的中国哲学社会科学综合评价指标体系提出自己的意见和建议，同时对现有的成果进行指导。

论坛举办期间，中国社会科学评价中心发布了《中国人文社会科学期刊评价报告》和《中国人文社会科学期刊综合评价指标体系》等研究成果。

论坛发布的《中国人文社会科学期刊评价报告》列出 17 种顶级期刊，40 种权威期刊，430 种核心期刊和 246 种扩展期刊。

（综合处）

中国社会科学出版社

2014 年，中国社会科学出版社坚持“稳中求进”的发展基调，深化改革，强化管理，着力于优化图书结构，提高图书质量和品牌影响力。在谋求内涵式发展道路上迈出了更加坚实的步伐。

（一）认真学习贯彻党的十八大，十八届三中、四中全会精神和习近平总书记系列重要讲话精神，切实加强“三项纪律”建设

1.加强学习，坚持正确出版方向

中国社会科学出版社领导班子始终将加强学习、提高干部职工的政治理论水平和政治把关能力、坚持正确的出版方向放在首位。社领导积极参加院所局级领导干部学习贯彻习近平总书记系列重要讲话精神培训班和院所局级主要领导干部马克思主义经典著作读书班，积极组织处级干部参加院举办的处级干部培训学习班，邀请专家做学习报告。及时传达学习党中央、中国社科院、国家新闻出版广电总局有关文件精神，要求编辑通过学习做到在政治把关上不糊涂、不含糊、不松懈。

2.加强“三项纪律”建设，制定整改措施

2014 年 4 月、9 月、11 月，中国社会科学出版社三次集中召开“三项纪律”建设会议，认真查找问题，制定整改措施。4 月，社长赵剑英代表社领导班子就加强政治把关和质量建设、加强组织纪律和制度建设、加强维稳工作作了三次讲话，整理成“认真学习贯彻中央和院党组精神，切实加强三项纪律贯彻落实”的三个系列材料，得到院长王伟光和中央纪委驻院纪检组组长张英伟的批示和肯定。制定《中国社会科学出版社干部职工组织纪律条例》《中国社会科学出版社会议制度》和《中国社会科学出版社会议纪律条例》，严格执行考勤制度。严格遵守中央八项规定，切实加强廉政建设。学习中央从严治党的新精神，按照习近平总书记“三严三实”和好干部的五条标准，把党的作风建设落到实处，要求党员干部在落小、落实、落细上下功夫，尽心尽职。

3.积极策划主题出版物，弘扬主旋律

中国社会科学出版社认真制定贯彻落实社会主义核心价值观实施方案，积极策划宣传和

贯彻社会主义核心价值观的主题图书。为纪念甲午战争120周年，推出《甲午战争的百年回顾——甲午战争120周年学术论文选编》和《甲午战争简史》两部著作，其中《甲午战争简史》由院里购买1万册赠送威海甲午战争纪念馆，获得很好的经济效益和社会效益。出版批驳历史虚无主义观点和思潮的《还历史的本原》（李慎明、李捷主编）。

（二）稳步推进“五化”战略

1.扎实推进专业化和精品化战略

（1）各出版中心继续在专业化的基础上推进精品化。社领导带头与院各研究所、全国高校和研究机构领导沟通联系，帮助各出版中心积极争取好的出版项目。各出版中心的专业选题和重点选题的比例有所提升。

（2）推动重大项目编辑出版。

①院长王伟光主编的《新大众哲学》（近70万字），在收稿后两个月内完成编辑出版工作。作为院创新工程重大成果在人民大会堂举办首发式，取得很好的社会反响。11月，又与湖北省委宣传部共同举办座谈会，推动湖北省各地区的宣传发行工作。截至年底，累计销售近2万册。

②中国社会科学院原院长李铁映的《论社会科学》书稿反复锤炼，编辑精心加工，正在顺利推进。

③“理解中国”丛书，已经出版3种。社会效益和经济效益初步显现，已出版的3种图书当年实现“走出去”，并且由国务院新闻办全部回购作为国家外宣产品。2种图书被列为院重大成果发布，并被评为中国社会科学出版社2014年度好书，其中副院长蔡昉的《破解中国经济发展之谜》获第一财经2014年度金融好书。

④“当代中国哲学社会科学学科发展报告”系列丛书出版19种，其中，60年学术史2种：《当代中国现代文学研究（1949～2009）》《当代中国近代史研究（1949～2009）》，法学学科新发展丛书17种。

⑤《剑桥古代史》《新编剑桥中世纪史》翻译工程到了收官阶段。大部分书稿进入审稿阶段，4卷书稿进入编辑阶段。国家社科规划办十分重视这个项目的进展情况，2014年进行了第二次中期检查，评价等级为“优秀”，并增加80万元滚动资金。

⑥副院长李扬主编的《社会发展经验》丛书（7种）作为中央交办的重大课题成果之一顺利出版，被国务院新闻办专家推荐为“走出去”产品。

⑦大型翻译项目《社会发展译丛》出版4种，《满铁调查》中文版（3000万字）出版1辑4册。

⑧《中国社会科学院学部委员文集》出版12种。

⑨《中国社会科学院马克思主义理论学科建设与理论研究系列丛书》出版《马克思主义经典作家专题摘编》7种，《马克思主义专题研究文丛》10种，《中国社会科学院马克思主义研究

文集》《马克思理论学科前沿研究报告》各 1 辑。

⑩“中国社会科学年鉴”首批 10 部学术年鉴顺利出版，在院部举办了出版发布会，中央电视台、《光明日报》等众多媒体进行报道，品牌效应初步显现。2014 年共签约 20 部，其中如历史学、教育学、考古学、新闻传播学、艺术学等大学科年鉴实现签约。

⑪ 21 世纪全国少数民族大调查项目《中国民族地区经济社会调查报告》（共 50 多部）已交稿 10 部。

⑫《简明世界历史读本》历时两年半出版，作为院创新工程重大成果发布，世界史学界予以高度评价。

此外，还出版了中国社会科学博士后文库 11 种、中国社会科学博士论文文库 4 种、社科学术文库 7 种。

（3）积极申报各种资助项目。推荐入选《国家哲学社会科学成果文库》8 项，“国家社科基金后期资助项目”34 项，这两个项目连续第三年名列第一。7 月 8 日，全国社科规划办组织召开后期资助项目指定出版单位座谈会，对中国社会科学出版社取得的优异成绩给予表扬。此外，增补国家新闻出版广电总局“十二五”规划 1 项，目前共 35 项，国家“十二五”少数民族语言文字出版规划 1 项，辞书 1 项——《中国历史地名大辞典》。增补国家出版基金项目 2 项。

积极申报院创新工程资助项目，全年共获得院创新工程资助项目 59 项。“当代中国学术史”系列列入院创新工程立项资助项目。

（4）策划新的重大项目。

①《世界文明系列》丛书。包括四个系列：《现代世界文明与中国》(8 卷)、《人类文明译丛》(约 40 种)、《世界文明大系》（修订版)、《世界文明史青少年读本》（15 卷）。丛书由中国社科院原副院长汝信任主编。

②读本系列。继出版《简明中国历史读本》《简明世界历史读本》之后，策划《简明中国文学史读本》《简明中国近代史读本》《简明中国哲学史读本》《简明中国传统文化读本》等，现在正积极组织专家撰写。

另外，还有《中华文明对外传播史》（6 卷）、《世界地图学史》（6 卷）、《中国古代城市基础资料汇编》、《殷墟甲骨文编》、《甲骨文图库资料库》等项目。

2.数字出版工作进展显著

高度重视数字出版工作，成绩显著：（1）经多方努力，申报并获批财政部文资办“文化产业发展专项资金”项目——“中国社会科学出版社数字化转型升级”，获支持资金 1200 万元。被国家新闻出版广电总局确定为“CNONIX 国家标准应用示范单位”，参与全行业国家标准的实施和推广。（2）推进两个数据库建设。一是“中国近代影像资料库”，完成 4 万幅老照片的收集、整理工作，实现了主题化标引标注，运营平台基本搭建完成。二是“中国社会科学文库”，试用客户 20 家图书馆，实现销售。(3) 完成大量图书的数字化整理和加工。完成对 1500 余种图书的排版文件和封面的完整性、有效性审核，并签字入库。(4) 与亚马逊、掌阅、当当网合作实现电子书的销售。累计实现数字阅读销售额 200 多万元。创建了围绕电子书宣传的“社科 e 书”微信平台。(5) 维护并升级 OA 系统，完成 ERP 系统建设并进入试运行阶段。

3. 国际化战略取得新进展

全年共签约合作图书 31 项，语种包括英文、韩文和日文。“理解中国”丛书与施普林格出版集团签约，并与博睿出版集团美国公司签订合作出版协议。积极申请“走出去”翻译资助。社科基金规划办的“中华外译”项目中标 5 项；国家新闻出版广电总局的“经典中国”项目中标 3 项，院创新工程“走出去”项目申报 31 项，中标 24 项。首次参加国务院新闻办“2014 年外宣产品”申报工作，全国仅 8 项，中国社会科学出版社《中国的民主道路》成功中标。“理解中国”系列丛书（英文版）也被列入 2014 年国家外宣产品回购项目。实施海外影响力推广工程。加强与国外出版机构、科研机构和图书馆的联系。接待国外出版社来访 13 次，承办“中国社会科学论坛（2014）——国际学术出版：资源与合作”，举办 2014 年青年汉学家研修班交流座谈会。参加在美国举办的亚洲研究年会，与多个北美大学出版社的亚洲研究编辑、东亚图书馆馆长建立联系；出访俄罗斯，与俄罗斯远东所、莫斯科国立大学出版社以及俄罗斯出版协会建立合作关系。参加法兰克福书展、伦敦书展和南非书展。联系引进版权 90 多项，共签订引进版权图书合同 45 项，续约 4 项。

4. 大众出版稳步推进

建立并实施选题论证会制度，加强对自主策划的大众类图书选题的把关。出版新书 101 种。自主策划图书销售情况好于 2013 年，平均销售量接近 3000 册，有 2 种图书销量超过 10000 册，5 种销量达到 5000 册。重视数字化出版，多部图书进入各种数字经营渠道，获得可观收益。

（三）工作业绩

1. 经济实力进一步增强，总体经济规模位列全国社科类图书出版单位第十

顺利完成全年的图书生产任务。全年共出版图书 1597 种，立项选题 2446 个，会签生效合同 1983 份，使用书号 1604 个，发稿字数 4.5 亿。

经济效益继续提升，可支配现金收入大幅提高。2014 年，中国社会科学出版社本着调整提高的思路，生产码洋与 2013 年相比有所回落，但企业总收入继续增加，人均劳动生产率和人均创利有所提高，经济效益进一步提升，整体实力和竞争力进一步增强。资产总额比 2013 年增加 43.4%，营运资金充裕，资金质量大幅提高，职工收入比 2013 年增加 10%。

2014 年 7 月 12 日发布的《2013 年新闻出版产业分析报告》显示：177 家社科类图书出版单位总体经济规模综合排名，中国社会科学出版社比 2012 年提高八位，名列第九，首次挺进前十。

2. 社会效益和品牌影响力进一步增强

一方面，过去三年，中国社会科学出版社通过调整绩效考核办法引导编辑多做专业选题和重点图书、优秀图书，提高了选题和产品的质量，在专业化和精品化上有了较大进步，图书结构得到进一步优化；另一方面，国际影响力显著增强。2014 年 8 月 28 日发布的“海外馆藏：2014 年中国图书世界影响力评价”报告显示：2013 年，中国社会科学出版社有 1078 种图书进入世界图书馆收藏系统，在中国大陆 516 家出版社中排名第一。

（四）深化改革，提高科学管理水平

大力推进机构改革。根据出版形势发展和工作实际要求，新设重大项目出版中心、年鉴与文摘分社、质检部，重新组建物流部、国际合作部、市场营销部等，加强管理，积极发挥新成立部门应担负的职能。

深化薪酬体系改革。形成了关于机构、岗位、薪酬、绩效改革的新方案，秉着提高收入、稳定收入和开辟（晋升）通道的指导思想，按照量的考核、质的考核和利润指标考核三个方面稳步推进。贯彻多劳多得、优劳优得的分配原则，实现企业员工从身份制向岗位制的转变，做到员工能力最大化、个人利益最大化和出版社利益最大化三者的统一。

（五）加强干部队伍和人才队伍建设

一是加强领导班子建设。通过公开竞聘聘用李丕光为副社长、郭沂纹为副总编辑，聘用陈彪为运营总监。进一步优化领导班子成员的分工负责制。

二是充实中层干部队伍。大胆提拔年轻干部，把一些素质不错、有发展潜力的同志选聘到干部岗位上，在使用中锻炼提高。推动中层干部进行轮岗。

三是全年共引进 27 人，总体人员略有增加。

四是组织新入社人员集中培训，与多所高校签订实习基地协议。

五是做好转企改制的“尾巴”工作，与院里协调解决“老人”退休金来源和管理方式问题。

（六）狠抓物流和营销工作

寻找新的库房，经过艰难的谈判，最后签订位于通州的面积达 10000 平方米的高台库房。经过两个月的辛勤努力，顺利完成库房搬迁工作。

积极做好图书产品和品牌的宣传工作。组织各种新书发布会 20 多次，对《新大众哲学》、年鉴系列等一些重点图书进行宣传。策划组织中国社会科学出版社好书评选等活动。

（七）热心公益，捐助贫困地区教育事业

情系贫困地区教育事业，捐赠陕西丹凤县社科希望小学 20 万元，用于修建塑胶操场，得

到丹凤县和院扶贫办的赞扬。

（八）会议综述

构建中国特色社会主义经济学话语体系建设暨《新中国经济学史纲》出版座谈会

2014年3月23日，由中国社会科学出版社主办的中国特色社会主义经济学话语体系建设暨《新中国经济学史纲》出版座谈会在北京举行。中国社会科学院副院长、经济学部主任李扬出席会议并讲话。《新中国经济学史纲》主编、中国社会科学院学部委员张卓元，中国社会科学院学部委员周叔莲、杨圣明，以及来自中国社会科学院、国家发改委、国家行政学院、中国人民大学、北京师范大学等单位的专家学者，围绕新中国经济学60多年的发展历程，就如何构建中国特色社会主义经济学话语体系等问题进行了深入探讨。中国社会科学出版社社长兼总编辑赵剑英出席会议并致辞。

李扬认为，建设中国特色社会主义经济学话语体系刚刚破题，包括政府与市场的关系等许多问题需要经济学者们去探索和解释。他认为，目前构建中国特色社会主义经济学话语体系应关注八个方面问题：市场经济与社会主义的结合问题、政府与市场的关系问题、人口问题、经济转型问题、对外开放和汇率问题、社会主义发展道路问题、发展中国家投资大于储蓄和进口大于出口的“双缺口”突破问题、互联网问题。

张卓元谈到，市场不是万能的，需要有“看得见的手”如政府的宏观调控等来纠正市场的缺陷，以保证经济的健康运行。在中国社会主义建设过程中，有的探索是成功的，有的探索是失败的，根本原因在于我们的探索是不是从中国的国情出发，切合中国的实际需要。

赵剑英表示，中国特色社会主义道路的重要基础是中国经济发展道路，如果我们没有把自身的经济话语体系梳理出来，中国特色社会主义的理论体系也是缺乏基础的。我们要跟国外讲制度优势、中国道路，理论成熟非常重要。经过改革开放的实践，我国经济发展取得了举世瞩目的成就，现在到了这一步，要把建设中国特色社会主义经济学话语体系提到日程上。

据介绍，《新中国经济学史纲》是首部对新中国成立60多年经济学研究成果进行系统梳理的著作，书中展现了新中国经济学家对社会主义经济理论的探索。该书于2013年修订出版，并获得中国出版界最高奖项——第三届“中国出版政府奖”。

与会专家表示，当前，构建中国特色社会主义经济学话语体系对于向世界介绍中国道路和中国经验，不仅十分必要且具有重要意义。中国特色社会主义经济学理论体系是新中国经济学60多年发展的主要成果，也是构建中国特色社会主义经济学话语体系的核心内容。其中，社会主义市场经济理论是一个不可或缺的重要组成部分。如何将传统中国的经济学理论与西方经济学理论融合起来，形成一个有机统一的理论体系，将是中国特色社会主义经济学话语体系建设的一个重要任务。

（朱华彬）

“文学研究的中国话语”研讨会

2014 年 5 月 10 日，由中国社会科学出版社主办的“文学研究的中国话语”学术研讨会在北京举行。中国社会科学院副院长张江出席会议并讲话，中国社会科学出版社社长兼总编辑赵剑英出席并致辞。会议由中国社会科学出版社副社长李丕光主持。来自全国哲学社会科学规划办、中国社会科学院、北京师范大学、中国人民大学、浙江工业大学、首都师范大学、海南师范大学等机构院校的知名学者从不同角度进行了学术探讨。

张江指出，文学研究的中国话语这个论题不仅具有学术性，而且具有国家性、民族性，对于我们国家，对于中国共产党都是非常重要的。他希望各位学者能够多角度思考，开阔眼界，跳出自己的学术立场、学术圈子乃至学术这个大范围，站在外面来看一看。用我们自己的经验、自己的积累来批评、辨别、认识自己。他希望学者能有大的视角、大的胸襟，这一点对学术界很重要。

赵剑英在致辞中指出，文学研究要充分体现文化自信，这种文化自信来源于深厚的中国传统文化、中国古典文学作品、中国文学理论等。现在文学研究相当丰富，但确实存在一些不可回避的问题：第一个是虚无主义，第二个是消费主义，还有一个以西解中，忽视中国文学自身特殊的文学生态环境，以及自身特殊的思维方式、范式等。在大众文化、消费主义席卷而来的时代，文学研究需要重新思考并回答一些理性问题：比如我们应该如何对待文学、文学与社会、文学与生活、文学与时代、文学与人的关系，文学的本体论、认识论、审美论和价值论等问题。

回顾百年中国文学研究史，中国的文学研究基本上是借用西方的一整套话语体系，长期处于文化表达、沟通和解读的“失语”状态。进入 21 世纪，随着中国国力的壮大，国际影响力也不断增强。中国的文学研究在新的发展阶段，亟须发出自己的声音。中国社会科学出版社出版的“当代中国文学研究”系列丛书，系《中国哲学社会科学学科发展报告》大型丛书的重要组成部分，是中国社会科学院创新工程学术出版资助项目，反映了当代中国文学研究者对中国文学研究的回顾与思考。

（朱华彬）

“中国社会科学年鉴”系列（首批10部）出版发布会暨学术年鉴座谈会

2014 年 7 月 9 日，由中国社会科学院科研局、中国社会科学出版社举办的“中国社会科学年鉴系列（首批 10 部）出版发布会暨学术年鉴座谈会”在北京举行。中国社会科学院副院长李扬、李培林出席会议并讲话。中国社会科学院科研局局长马援、中国社会科学出版社社长兼总编辑赵剑英出席会议并致辞。来自中国社会科学院有关职能局、各研究所负责人出席了会议。会议由中国社会科学出版社副总编辑王浩主持。

李扬在致辞中指出，中国社会科学院出版学术年鉴，是我们的职责所在，是党中央和国务院赋予我们的光荣职责。编纂好学术年鉴，事关中国的话语权。对于各研究机构来说，学术年鉴的编纂能够促进研究机构的学术研究。他提出四点要求，即：要强调学术年鉴的规范化，编纂的学术年鉴要有创造性和研究性；年鉴要尽快“走出去”；要加强年鉴的数字化建设；年鉴要在经营收益上有可持续性等。

李培林在致辞中指出，各研究所所长要把好学术关，不要把所有的东西都放进来，而要将学界普遍关心的、想知道的信息放进来，要把学术年鉴打造成一个精品系列，年鉴工程要在保证质量的前提下发展。

赵剑英在致辞中指出，年鉴工程是根据院里统一规划和布局开展实施的。中国社会科学出版社在学术年鉴出版过程中做了很多工作，不仅统一了封面设计，扩大了学术年鉴的影响力，还力争实现年鉴的标准化，并做了经营方面的探索。

（朱华彬）

中国社会科学论坛（2014）——国际学术出版：资源与合作

2014年8月25日，由中国社会科学院主办、中国社会科学出版社承办的“中国社会科学论坛（2014）——国际学术出版：资源与合作”在北京举行。中国社会科学院副院长张江出席论坛并讲话。中国社会科学出版社社长兼总编辑赵剑英致辞。中国社会科学院国际合作局局长王镭、全国哲学社会科学规划办公室副主任杨庆存、“中国图书对外推广计划”工作小组专家静瑞彬、北京外国语大学副校长孙有中、北京大学教授陈晓明、施普林格出版集团董事经理兼编辑总监潘万和、泰勒与弗朗西斯出版集团亚太区总裁柯百利、博睿学术出版社亚洲事务总监贾丽思分别发言。

张江在讲话中指出，作为中国哲学社会科学的最高学术机构和综合研究中心，中国社会科学院肩负繁荣中国学术事业的历史使命，要下力气打造中外学术交流的重要平台。中国社会科学院积极贯彻落实国家文化发展的各项路线方针政策，大力推进中华文化“走出去”。2011年，中国社会科学院正式启动哲学社会科学创新工程之初，就将学术外译纳入学术出版资助项目。截至2014年7月，此项目已资助院内学者的100多种专著、各研究所的10余种学术期刊的英文外译出版。中国社会科学院积极开展与国际学术机构的交流和合作，每年举办100多场国际学术论坛和研讨会，学术出版“走出去”工作也取得了可喜的成绩，在院属5家出版社中，中国社会科学出版社“走出去”成绩较为突出。中国社会科学出版社要抓住大好机遇，力争做中国社会科学国际学术出版领域的领头羊。希望国家对学术出版国际合作给予更多支持，也希望国外知名的学术机构加强与中国学界的交流。中国社会科学出版社要吸收和借鉴国外知名出版社的国际化运作经验，推动中国学术“走出去”。

赵剑英在致辞中总结了中国社会科学出版社近年来学术出版国际合作的成就和经验。他认为，社科出版社的优势在于一直坚持哲学社会科学专业出版，拥有一批国内顶级学者构成的作者队伍。社科出版社加强与国际大社、名社的合作，有助于中国学者原创的内容，特别是中国社科院优秀学者的最新成果，更快、更大程度地为国外学术界所了解。赵剑英重点介绍了正在大力推进的“理解中国”丛书，该丛书旨在系统地阐释中国道路、中国理论和中国制度的基本内涵，不但有《中国道路》《中国制度》《中国梦》等理论性的阐释，还有《中国社会巨变和治理》《破解中国经济发展之谜》《中国的社会保障》《中国的民族政策》等国内外读者十分关心的话题，有助于国外读者理性认识中国道路以及相关的制度政策。中国社会科学出版社正在加深和拓展与国外学术界和出版界的联系、聘请国际知名专家学者做审稿和选题推荐专家、吸引更多国际化人才和高端的双语翻译人才、谋划设立国外分社、深入开拓海外主流发行渠道等方面积极努力，不断提高出版社的国际化程度。

王镭认为，人文社会科学与世界接轨非常重要，中国社会科学院每年出版数千种学术著作，其中只有一小部分被翻译到国外，所以学术出版的国际合作大有可为，中国社会科学出版社与国外出版社合作是一种双赢。杨庆存指出，学术著作具有内容的高端性、形式的复杂性和读者群体的特殊性，学术出版不仅要求高、难度大、周期长，而且投入多、收益少、成本高。在全球一体化、文化多样化、出版数字化的时代，深入探讨学术著作国际合作出版的方法与路径，必将加快学术思想社会传播的速度与广度。

潘万和就数字时代的学术出版做了主题演讲，他介绍了数字化对学术出版带来的影响，以及施普林格出版集团在数字化方面所做的努力，他认为进行搜索引擎优化，使读者能够更加便捷地获取图书信息是非常重要的。柯百利对科技发展对出版业的影响也非常敏锐，他认为出版商要积极应对数字技术带来的挑战，并学会利用互联网进行营销。贾丽思则认为，加强质量控制、同行评审、出版速度，以树立良好的声誉，对于出版社是非常重要的。她还倡议不同国家的出版社加强交流，建立良好的合作关系。

论坛由中国社会科学出版社副总编辑曹宏举主持。参加论坛的还有剑桥大学出版社、新加坡世界科技出版公司、麦克米伦出版集团的业务代表，以及来自中国社会科学院、国家哲学社会科学规划办公室、“中国图书对外推广计划”工作小组、北京大学、北京外国语大学等单位的三十余位专家。

（朱华彬）

社会科学文献出版社

2014 年，社会科学文献出版社在院党组和主管院领导的正确领导下，全面贯彻落实党的十八大，十八届三中、四中全会精神，尤其是习近平总书记一系列重要讲话精神，巩固扩大群众路线教育实践活动成果，全面落实社科文献梦及行动方案，以沉稳、开放、积极的心态和高度的政治使命感与责任感坚守学术出版阵地，全面提升了出版社核心竞争力，实现了社会效益和经济效益的双丰收，为人文社会科学的繁荣与发展作出了积极贡献。

（一）2014年主要经营业绩

1.生产经营各项指标稳步前进

2014年，社会科学文献出版社保持了近年来平稳快速的发展态势，全年共出版图书1581种，其中，新书1344种、再版重印237种，分别比2013年增长14%、11%和37%。出版皮书277种；统一印制发行中国社会科学院学术期刊71种。全年新书出版字数5.59亿字，同比增长9.4%；造货码洋2.78亿元，增长7%，总印数492.5万册，增长1%。全年数字化加工图书3174种，文字处理量达12亿字。全年总收入2亿元，增长25%；实现利税4034万元，其中利润2003万元。数据库实现销售收入近600万元，同比增长72%。员工收入同步增长，发展成果惠及全社员工。

2.资产规模不断扩大

2014年，办公用房面积达到7286.02平方米，其中新增购买及租用办公用房470.28平方米。到年底，社会科学文献出版社总资产2.4亿元，实现了国有资产的稳步增值。

（二）评优获奖情况

《陈独秀全传》获第九届文津图书奖；社会科学文献出版社自主策划的全面深化改革研究书系（15册）入选2014年度国家出版基金主题出版资助项目；皮书数据库和列国志数据库分别荣获2014年北京市音像、电子、网络出版物奖励扶持专项资金奖励。8种图书入选《国家哲学社会科学成果文库》，20种图书入选国家社科基金后期资助项目，2个项目通过增补列入“十二五”国家出版规划。社会科学文献出版社有4种图书入选中央国家机关“强素质·作表率”读书活动2014年推荐书目。另外，《湘军》《焚书注》等5部著作在2013年度优秀古籍图书评奖活动中斩获大奖。社会科学文献出版社还获得深圳读书月年度致敬出版社；甲骨文品牌被《新京报》评为年度出版品牌。

（三）主要工作

1.启动学术资源建设工程，立体化布局出版社学术出版，着力践行学术出版梦

——一年来，社会科学文献出版社立足中国社会科学院，面向全国以至国际哲学社会科学领域的高校与科研院所，广结友善，精诚合作，携手打造学术共同体，构建学术发展平台，学术资源建设工程颇具成效。

——进一步宣传贯彻实施学术出版规范，在社内掀起“学规范、用规范”的氛围，并进一

步将学术出版规范制度化、流程化。

——2014 年，社会科学文献出版社加大了与院内创新工程的对接力度，承担大型学术出版项目（含延续性项目）15 项，一般资助项目 43 项，老年学者文库 28 项，博士后文库 7 项。2014 年共完成出版院创新工程 95 种（306 卷）。

——全力提升皮书研创水平。2014 年，社会科学文献出版社出版皮书 270 余种。其中，中国社会科学院研创出版的皮书品种近 80 种。社会科学文献出版社协助院科研局制定了《中国社会科学院皮书管理办法》、组建了第三届皮书学术评审委员会。

——新版《列国志》编撰出版工作进展顺利。在院领导及科研局的关心指导下，新版《列国志》编撰出版工作进展顺利。

——《中国史话》项目风生水起。2014 年，社会科学文献出版社专门成立了独立的史话编辑部，更好地推进了史话项目的专业化和规模化。

——双刊工作取得突破性进展。截至 2014 年年底，社会科学文献出版社全年共计印制发行中国社会科学院学术期刊 71 种（中文刊 67 种、英文刊 4 种），收入达 1400 多万元，较 2013 年增长 15%。出版 110 余种学术集刊。11 月 7 ～ 9 日，社会科学文献出版社在南京成功举办了“第三届人文社会科学集刊年会”。

——设立博士后工作站，为建设研究型出版社发力。2014 年，社会科学文献出版社博士后科研工作站招生及科研工作顺利开展。组建了社博士后科研工作站领导与管理机构，并与中国传媒大学和中国社会科学院社会学所建立了联合培养机制，正式招收 3 位符合条件的博士后人员进站；承担了国家社科基金重点项目“中国学术图书质量分析与学术出版能力建设”的课题研究。

2. 按需印刷推动传统生产模式转型

2014 年，社会科学文献出版社加大了按需印刷的推广力度，全年共有 458 种图书和非正式出版物采用了 POD 的生产方式，较 2013 年品种数增长了 1 倍。

3. 国际出版与海外传播渐入佳境

2014 年，有 9 项入选中华学术外译项目，5 项入选经典中国国际出版工程，27 项入选院创新工程，7 项入选中国图书对外推广计划，引进国外优秀学术图书 104 种。

4. 市场营销转型加速发展

2014 年，市场营销中心顺利完成销售任务，实现了纸质图书销售收入 6500 万元。2014 年成立馆配业务部，社会科学文献出版社被评为“馆配十佳出版社”，馆配市场占有率排名第八。社会科学文献出版社图书在深圳读书月“年度十大好书”等评选活动及《新京报》《经济观察报》《南方周末》等 30 余家全国重点媒体图书榜单中均榜上有名。

2014 年，社会科学文献出版社组织皮书系列新闻发布会 116 场、配合 27 场京外发布会的宣传、非会议宣传的皮书 5 种、重点图书新闻发布会 21 场、专项会议 6 场、活动和沙龙共 10 场。

同时，协助中国社会科学院共策划 7 场创新工程重大科研成果发布活动，并承担了所有的媒体宣传报道组织工作。

5.信息化建设及数字出版工作良性运行

——信息化建设方面，2014 年，社会科学文献出版社在行业内率先提出“智慧型出版社”建设目标，先后完成了 BI 系统、数据仓库、综合信息管理平台、新 OA 系统上线，在信息规范化、信息数据对接、信息对业务的实际支持、移动化办公等方面取得突出成果。

——在数字出版方面，2014 年 6 月，新版皮书数据库、列国志数据库正式上线。数字出版在资源整合和科研平台合作方面也取得了突破，推进宁夏大学阿拉伯研究基础资料库的合作项目，为打造哲学社会科学学术资源整合平台取得良好开局。

——数字产品营销方面，2014 年召开了首届数据库销售代理商大会，开展了 20 多场路演及高校推介活动，数据库试用用户突破 800 家，数据库销售收入创历史新高。

6.人力资源建设工作成绩显著

——2014 年，社会科学文献出版社共引进人才 78 人，其中硕士生以上人员占 65%，博士 12 人（含博士后 1 人），留学归国人员 6 人，社会科学文献出版社员工人数共计 351 人，较 2013 年增长 14%，男职工 120 人（34%），女职工 231 人（66%）；本科以上学历占 81%，全社平均年龄 35 岁。

——进一步落实人力资源建设工程，全面加强编辑队伍建设，推进高端人才选拔与培养。为造就一支有影响力和知名度的学者型名编辑队伍，打造研究型出版社，2014 年社会科学文献出版社开展了“名编辑工程”建设工作。

7.党建工作成效显著

——深入学习贯彻党的十八届四中全会精神。为深入学习十八届四中全会精神，社会科学文献出版社专门制定了相关实施意见，并在全社中层干部会和年度工作会中召开机关党委理论中心组扩大会议，专题学习党的十八届四中全会精神和《中共中央关于全面推进依法治国若干重大问题的决定》。结合实际工作，组织了法律工作者开展专题座谈会。

——“三项纪律”建设工作取得实效。认真制定了《社会科学文献出版社深入推进“三项纪律”建设工作实施方案》，细化工作任务和完成时间，在严明政治纪律、严格组织纪律和严守财经纪律方面进一步加强制度建设，先后制定了《关于进一步加强我社月初工作会议管理严肃会议纪律的通知》和《关于严格财经纪律强化我社资产财务制度的若干具体规定》等。

——开展庆祝建团 95 周年主题活动。根据院团委《关于开展五四运动 95 周年纪念活动的通知》精神及“我的中国梦”有关活动要求，社会科学文献出版社团总支于 2014 年 5 月 23 ~ 24 日到革命圣地西柏坡，开展以“我的中国梦——奋斗的青春最美丽”为主题的团日活动。为西柏坡中学捐赠百余本优质图书，并与西柏坡中学建立长效志愿服务机制。

中国社会科学杂志社

（一）人员、机构等基本情况

1. 人员

截至 2014 年年底，中国社会科学杂志社共有在职人员 55 人。其中，正高级职称人员 8 人、副高级职称人员 12 人、中级职称人员 20 人；高、中级职称人员约占全体在职人员总数的 73%。另有聘用制人员 244 人。

2. 机构

中国社会科学杂志社设有研究室、马克思主义部、哲学社会科学部、文学部、史学部、国际一部、国际二部、综合编辑部、《中国社会科学报》编辑中心、《中国社会科学报》新闻中心、中国社会科学网、总编室、网络舆情部、战略合作部、事业发展中心、办公室、人事处（党委）、财务资产部。

（二）报刊编辑工作

1.《中国社会科学报》（周一、三、五出报），总编辑高翔

2014 年，《中国社会科学报》，全年共出版 148 期，每周 40 个版，每月 96 万字。

2014 年是《中国社会科学报》创刊五周年，报纸以繁荣中国特色哲学社会科学为己任，圆满完成了全年的各项编辑出版任务。2014 年的主要亮点是充分发挥报网融合联动的叠加优势，在思潮激荡的舆论环境中敢于“亮剑”，以鲜明的马克思主义立场、观点、方法，打了一场漂亮的意识形态舆论战，撰写和组织撰写刊发了一批具有很大影响力的马克思主义优秀文章；同时，适应新媒体发展的形势，在美国创办了《中国社会科学报》英文数字报，在英国伦敦建立了欧洲记者站。

2014 年，意识形态领域出现一些新现象与新特点。《中国社会科学报》第一时间掌握舆情，第一时间组织刊发相关文章，发出正面声音。围绕是否坚持人民民主专政这一国体问题，《中国社会科学报》在第一时间撰写、组织撰写和转发了《“以阶级斗争为纲”的标签不能乱贴》《马克思主义国家学说没有过时》《毫不动摇坚持并与时俱进完善人民代表大会制度》《理直气壮地维护我们的国体》《邓小平：“没有人民民主专政，党的领导怎么实现啊？”》《人民民主专政是我们的“主要经验”》《坚持人民民主专政是正义的事业》《人民民主专政与改革开放相辅相成》《争鸣有底线，不能玩“帽子戏法”》等系列理论文章。

《中国社会科学报》始终以学术的方式关注现实，2014 年策划并完成一系列重大选题和报道。围绕党的十八届四中全会“依法治国”主题，推出特别报道，约请 20 位学者从马克思

主义、法学、政治学、廉政研究、中国特色社会主义理论体系等角度，解读全会所体现的中国特色社会主义法制体系的价值取向。新中国成立65周年之际，以“学术视域下的中国道路（1949～2014）”为主题，立足中国道路、中国经验，解析道路自信、制度自信、理论自信之根基。邓小平诞辰110周年之际，以“邓小平与改革开放”为主题组织了特别策划和系列报道，对理论界的一些认识误区进行了正本清源、纠偏导正。甲午战争120周年之际，推出了“甲午战争120周年祭”，从不同角度重温甲午战争历史，引导人们从中吸取经验教训，珍惜中华民族伟大复兴机遇。在首个“南京大屠杀死难者国家公祭日”到来之际，组织“公祭，以国家的名义”报道，回顾日本军国主义给世界带来的灾难，揭露日本法西斯暴行，提醒世人对日本右翼势力否认侵略战争的言行保持高度警惕。围绕“一带一路”国家新战略，推出“‘一带一路’构想：大战略、新开放”“古道新篇：从亚欧陆桥到丝绸之路经济带”等专题报道。

2.《中国社会科学》（月刊），主编高翔

2014年，《中国社会科学》共出版12期，约330万字，总发稿量125篇。其中，马克思主义文章19篇，经济学文章18篇，法学文章18篇，哲学文章16篇，社会学文章14篇，历史学文章14篇，文学文章14篇，公共管理学文章5篇，政治学文章5篇，国际关系文章2篇。

2014年，该刊刊载的有代表性的文章有：叶险明的《马克思超越“西方中心论”的历史和逻辑》，裴长洪的《中国公有制主体地位的量化估算及其发展趋势》，江必新、王红霞的《法治社会建设论纲》，林伯强、邹楚沅的《发展阶段变迁与中国环境政策选择》，王伟光的《中国近代以来第三次伟大历史变革的发起者和领导者》，肖瑛的《从“国家与社会”到“制度与生活”：中国社会变迁研究的视角转换》，赵骏的《全球治理视野下的国际法治与国内法治》，吴晓明的《马克思的现实观与中国道路》，高培勇的《论国家治理现代化框架下的财政基础理论建设》等。

3.《历史研究》（双月刊），主编李红岩

2014年，《历史研究》共出版6期，刊发稿件81篇约180万字，其中“专题研究”47篇、“笔谈”2组15篇、“史家与史学”2篇、“学术述评”3篇、“讨论与评议”2篇、“读史札记”12篇。

该刊2014年刊载的有代表性的文章有：“纪念《历史研究》创刊六十周年暨首届青年史学家论坛笔谈”，金冲及的《中央红军在贵州的若干重大问题》，刘源的《“五等爵”制与殷周贵族政治体系》；朱英的《二十世纪二十年代商会法的修订及其影响》，陈勇的《从五主到五族：“五胡”称谓探源》，徐锋华的《一九五〇年上海“二·六轰炸”及应对》，王义康的《唐代的化外与化内》，赵学功的《第二次台湾海峡危机与美国核威慑的失败》，翟强的《国际学术界对冷战时期美国宣传战的研究》，易建平的《关于国家定义的重新认识》等。

4.《中国社会科学文摘》（月刊），主编余新华

2014年，《中国社会科学文摘》共出版12期，共计275万字，总发稿1343篇。其中，一般文章899篇，论点摘要444篇。

该刊2014年刊载的有代表性的文摘有：李捷的《从五大坐标看毛泽东的历史地位和历史贡献》，黄盈盈、潘绥铭的《跨学科主张的陷阱与实现条件》，张卓元的《市场在资源配置中起决定性作用的重大意义》，裴长洪的《中国公有制主体地位的量化估算及其发展趋势》，赵义良的《马克思主义基本原理整体性研究的两个问题》，金冲及的《中央红军在贵州的若干重大问题》，郑杭生、邵占鹏的《中国社会治理体制改革的理论视野》，李龙的《国家治理现代化的法治体系建构》，李德元的《中国近代海疆观念形成与民族国家构建》，钟仕伦的《文学地理学的概念、学科与方法》，王利明的《论法律解释之必要性》，胡潇的《资本逻辑与文化逻辑的价值冲突》。

5.《中国社会科学内部文稿》（双月刊），主编孙麾

2014年，《中国社会科学内部文稿》共出版6期，总发稿92篇。其中，前沿报告2篇，理论探讨21篇，对策研究13篇，学术评论11篇，海外观察2篇，学者视野16篇，问题研究7篇，调研报告15篇，研究动向2篇，前沿问题3篇。

该刊全年刊载的有代表性的文章有：吴易风的《西方“重新发现”马克思述评》，汪行的《2012年国外马克思主义热点追踪和趋势研究》，张江的《本体阐释论》，曹海军的《新区域主义视野下京津冀协同治理的制度设计与制度创新》，冯峰的《美国官方话语的对外传播战略》，贾根良的《第三次工业革命与我国新型工业化主导产业的选择》，郝时远的《关于现阶段我国民族工作的若干思考》，中共中央组织部党建研究所课题组的《国外一些主要政党严明党纪问题研究》，刘祖云的《权力惯习与权力腐败——基于对36个权力腐败个案的研究》，胡泳的《互联网与“观念市场”》，潘亚玲的《美国政治文化转型与全球战略调整》，石军的《“开放、改革、管理”三驾马车拉动经济体制转型——中国经济体制转型原理的系统性研究》。

6.*Social Sciences in China*（《中国社会科学》英文版，季刊），主编高翔

2014年，*Social Sciences in China* 共发表论文46篇。其中，单篇论文24篇、专题论文22篇。2014年该刊刊载的有代表性的文章有：

Wang Weiguang：“Mao Zedong is the Great Founder, Explorer and Pioneer of Socialism with Chinese Characteristics”；Chen Binkai and Justin Yifu Lin：“Development Strategy, Urbanization and the Urban-Rural Income Gap in China”；Chang Kai：“The Collective Transformation of Labor Relations and Improvement of the Government's Labor Policy”；Special Issue：“Reconstructing the Genealogy of Confucianism：Xunzi's Thought and His Historical Image”等。

7.《国际社会科学杂志》（中文版），季刊，主编王利民

2014年，《国际社会科学杂志》（中文版）共出版4期，共计58.5万字。该刊全年刊载的有代表性的文章有：国际社会保障协会的《充满活力的社会保障：全球对卓越的承诺——关于发展和趋势的2013年全球报告》，畑农锐矢的《宏观经济变动与社会保障财政》，土肥祐子的《试论宋代的舶货》，杰弗里·塞勒斯的《超越韦伯式的国家—生活关系》，吉列尔莫·沃马尔德、丹尼尔·布列瓦的《制度变迁与智利市场社会的发展》，蒂埃里·巴尔迪尼的《理论的临界态》，迈克尔·奥罗克的《酷儿理论的袅袅余音》，蒂莫西·莫顿的《从现代性到人类纪：不对称时代的生态学与艺术》，伊夫·西通的《从理论到拼凑：无规训与阐释的典型姿态》，尼尔·拉姆齐的《"相互确保摧毁"理论：核威慑与帝国的死亡政治限度》等。

8. 中国社会科学网，总编辑李红岩

中国社会科学网自 2014 年元旦全新改版上线以来，向着院长王伟光所提出的"高水平的马克思主义理论宣传网、国家级社会科学学术研究网、特大型的国内外综合信息网"的任务目标，迈出了坚实步伐。

新版社科网共包含 12 个网，即：中国社会科学网主网；中国社会科学网（英文版）；中国社会科学网（法文版）；中国社会科学院官网（中文版）；中国社会科学院官网（英文版）；中国社会科学在线（中文版）；党建理论阵地网；国家哲学社会科学数据库；中国社会科学评价中心官网；中国廉政研究网；中国社会科学数据中心官网；中国社会科学网手机网。

社科网改版之初，即把平台性、互动性摆在重要位置，以期占领新兴媒体的制高点。网站建立了人文社区，注册会员稳步提升。官方微博平台覆盖新浪、腾讯和人民网三大平台。官方微信移动客户端名为"学术要闻"，可以扫描二维码下载，是国内首款专业学术客户端。社科网还独家制作了大量网络视频节目，每周播放。网络视频直播技术越来越成熟，多次圆满完成网络视频直播任务，并实现了异地网络视频直播。

在坚持正确政治方向的前提下保持高质量的学术性，一直在社科网的工作中占有极其重要的位置。在新版社科网的资讯、学科、综合和互动四大版块、70 个频道中，学术频道所占比例最大，基本涵盖了人文学科的一级学科。所有的学术频道，每天均得到更新。全天更新内容在 2000 条左右。

在学术内容的呈现方式上，除更新单篇论文外，网站重点抓专题制作。社科网推出的 2014 年两会、甲午 120 周年祭、学术视野中的邓小平与邓小平理论、第一次世界大战 100 周年、弘扬五四魂实现中国梦、《甲申三百年祭》70 周年、新型城镇化、单独两孩政策、飞天梦强国路、《资本论》的出场与入场、国家治理体系与治理能力现代化等专题效果都很好。

（三）科研工作

1. 科研成果统计

2014 年，中国社会科学杂志社共完成专著 2 种，50 万字；图书画册 1 种，25 万字；论文 19 篇，45.8 万字；理论文章 3 篇，0.6 万字。

2. 科研课题

（1）新立项课题。2014 年，中国社会科学杂志社共有新立项课题 3 项。其中，院国情考察课题 1 项："西藏学术发展状况调查"（李红岩主持）；院马克思主义理论学科建设与理论研究项目 1 项："学术报刊与马克思主义意识形态领导权"（李放主持）；"文化名家暨四个一批"人才工程项目 1 项："16 ～ 19 世纪中国社会变迁研究"（高翔主持）。

（2）结项课题。2014 年，中国社会科学杂志社共完成课题结项 14 项。其中，院国情考察课题 1 项："西藏学术发展状况调查"（李红岩主持）；院青年科研启动基金课题 7 项："中国古代英雄传奇故事类型研究"（李琳主持），"从赛义德的思想来源试析后马克思思潮的理论定位"（郑飞主持），"族群冲突的理性主义解释"（焦兵主持），"新时期先秦史的跨学科研究"（晁天义主持），"欧洲学术期刊数字化出版现状"（褚国飞主持），"《资本论》与历史唯物主义"（王海锋主持），"系统论视角下的民间外交——以中苏友好协会为例的研究"（张萍主持）；社重点集体课题 5 项："当代中国史学（1949 ～ 2014）"（李红岩主持），"中国学术的思想高度——基于马克思主义的视角"（孙麾主持），"新时期以来文学研究的理论与方法"（王兆胜主持），"改革开放以来中国法学研究的脉络与发展趋势——以《中国社会科学》刊载法学类文章为线索"（赵磊主持），"自媒体时代的新闻传播研究"（原正军主持）；交办委托课题 1 项："坚定党员干部中国特色社会主义道路、理论、制度自信研究"（高翔主持）。

（3）延续在研课题。2014 年，中国社会科学杂志社共有延续在研课题 11 项。其中，国家社科基金课题 2 项："历史唯物主义世界观的当代阐释"（王海锋主持），"近代外国在华直接投资与中外竞争研究"（梁华主持）；院青年科研启动基金课题 1 项："建构主义哲学与德国当代哲学思潮"（莫斌主持）；社重点集体课题 6 项："1949 年以来我国启蒙问题研究专题论文集"（柯锦华主持），"当代学术界思想状况与理论倾向——中国社会科学杂志社万名学者大调查"（王广主持），"中国利用外资问题学术史梳理"（梁华主持），"社会科学的传播方式和影响力研究"（张彦主持），"新兴大国合作及其对全球治理结构变革的影响"（林跃勤主持），"民国以来中国社会学的思想传统"（刘亚秋主持）；交办委托课题 2 项："上山下乡运动与知青共同体研究"（高翔主持），"如何巩固壮大主流思想舆论，增强主流媒体的传播力公信力影响力"（高翔主持）。

3. 创新工程的主要措施和工作安排

（1）进入创新工程的时间：2011 年 7 月 1 日。

（2）2014 年本单位参加创新工程的人数：2014 年，中国社会科学杂志社编制内 46 人进入创新工程（占编制内人员的 79.31%）；同时，杂志社创新工程岗位聘用编制外人员 156 人（占聘用制人员的 55.17%）。

（3）2014 年该单位创新工程项目名称及首席管理姓名：创新工程项目名称：《中国社会科学报》、《中国社会科学》、中国社会科学网；首席管理：王利民（2014 年 1—12 月）。

（4）2014 年该单位在创新工程方面实施的新机制、新举措主要有：

第一，推进以建立"大部制"为主线的机构改革，调整和优化部门设置，加强采编力量，完善采编流程。

中国社会科学杂志社办有“一报六刊一网”。从2011年初开始，该社启动了机构调整和改革。改革内容以建立专业化的“大部制”为主线，将各编辑室和编辑部，按照业务功能进行重新整合。调整后的采编业务部门划分为马克思主义部、哲学社会科学部、史学部、文学部、国际部一部、国际部二部、综合编辑部和编辑中心、新闻中心等9个“大部”。各大部下辖数个学科编辑室，承担“一报六刊”相关学科的建设及相应学科的组稿编辑任务等。新闻中心、编辑中心主要承担报纸资讯版的采写、编辑工作。职能管理部门和营销部门，如总编室、办公室、财务资产部、战略合作部、网络舆情部、创新工程办公室、事业发展中心等也按“大部制”的要求进行了相应调整。2013年6月，按照院党组统一部署，社科网划归杂志社，杂志社对相关机构设置进行调整，并设置望京办公区，主要负责中国社会科学网信息的更新及网站的维护，学科频道及子网建设，并对院属网站建设进行招标、指导、监督和考核。为适应社科网改版工作需要，扩大社科网的学术影响力，杂志社对相关业务工作及管理工作也进行了相应调整，保障了社科网改版工作的顺利进行。

第二，推行以编制内外一体化和量化考核、优胜劣汰为基础的用人机制改革，建立能上能下、能进能出的人才管理体制，调动采编人员的积极性和主动性。

完善编制内外一体化的用人机制。杂志社职工以聘用制人员为主。为稳定人才队伍，杂志社充分利用全院聘用制改革的契机，树立改革意识，通过编制内外一体化，逐步实现聘用制人员与编制内人员在职称评定、职务晋升、工资福利（包括住房公积金）等方面的同等对待，解决聘用制人员的后顾之忧。对贡献突出的聘用人员，直接签订无固定期限合同，待遇参照编制内同级别人员从优；对具有一定管理经验的聘用制人员，酌情提拔，使其在职级晋升上有前途、有出路；对业务骨干，实行破格聘用、低职高聘。

推行量化考核制度。为调动采编人员编发稿件的积极性，鼓励记者、编辑多写、多发优秀稿件，该社“一报六刊一网”均实行竞争上稿、竞争上网制度。并在全社业务人员中推行量化考核制度，根据每名编辑和记者的工作实际，制定科学合理的考核标准，每季度进行考核，量化分值低于75分的就退出创新工程。量化考核实行奖优罚劣、优胜劣汰，切实保证报、刊、网的学术质量和社会影响，建立职位能上能下、人员能进能出的人事管理体制。

加强人才队伍建设，加大采编人员队伍补充和培养工作的力度。该社通过多种方式和途径补充编辑人员，努力覆盖各学科门类；高度重视梯队建设，调整年龄结构和学历层次，保证学科编辑力量的可持续发展；不断提高编辑人员，特别是青年编辑人员的马克思主义理论水平和编辑业务能力。

第三，实施以报、刊、网编辑一体化、编辑工作无纸化为中心的编辑体制改革，提高工作效率，确保采编质量。

社科网划拨杂志社后，杂志社很快建立了报、刊、网联动的一体化工作机制。全社学术编辑以学科为单位，实行一体化管理，由杂志社统一调度，在学科带头人的业务指导下，既为期刊编稿，也为报纸编稿，还为网站编稿，形成了一支学科齐全、结构合理的编辑梯队。全社新闻记者，包括覆盖全国、遍及世界的 13 个记者站，既为报纸采访，又为网站报道；既采写文字资讯，又拍摄影像视频。杂志社的队伍，既能当编辑，也能干记者；既能写稿子，也能拍视频，一专多能，实现了从“码字匠”到“全媒体人”的转变。目前，“一报六刊一网”的投稿来稿、新闻采集、编审流程、编排校对、稿酬发放、绩效考核等都通过全媒体采编系统来完成。通过报、刊、网编辑一体化的机制，杂志社形成了以传统纸媒为依托的全媒体产业链。

杂志社在原有报刊一体化的基础上，推行报、刊、网编辑一体化的机制。一方面，充分利用“六刊”在学术界的广泛影响和深厚人脉资源，提升“一报一网”的学术品位和理论水平；一方面，利用“一报”周期快以及在传统传播领域的丰富学者优势，扩展“一刊一网”的学界地位；一方面，充分展现“一网”新媒体迅捷的传播能力和受众广泛的传播优势，大大提升“一报一刊”的学术影响和社会效益。最终形成办报、办刊、办网工作相互促进、相得益彰的良好局面。

进一步推进采编工作的规范化和制度化建设。继续修订和完善各项业务管理规范，尤其是加大对报纸采编规范和采编流程的检查和监督，实施对新入社业务人员的编辑资格培训和管理工作，培养高水平的年轻编辑队伍，用制度和人才确保报、刊、网的采编质量。

（四）学术交流活动

1. 学术会议

2014 年，中国社会科学杂志社主办的学术会议有：

（1）2014 年 1 月 10 日，中国社会科学杂志社主办的“问题与方法：中国哲学新视野”学术座谈会在北京召开。

（2）2014 年 4 月 27 日，由中国社会科学杂志社主办、江苏师范大学承办的“第三届中国语言学研究方法与方法论问题学术讨论会”在江苏省徐州市召开。

（3）2014 年 5 月 30 日，由中国社会科学杂志社、《政治学研究》编辑部和南开大学政府管理学院共同主办的“新时期中国政治学的建设与发展”研讨会在天津召开。

（4）2014 年 5 月 31 日，由中国社会科学杂志社和华东政法大学共同主办的“法治中国与司法改革”学术研讨会在上海召开。

（5）2014 年 6 月 11 ～ 12 日，由中国社会科学杂志社与德国波恩大学应用政治研究院共同主办的“第二届中德学术高层论坛”在德国召开。

（6）2014 年 7 月 8 日，由中国社会科学杂志社《历史研究》编辑部主办的“《历史研究》创刊 60 周年学术研讨会暨首届青年史学家论坛”在北京召开。

（7）2014 年 8 月 19 ～ 21 日，由中国社会科学杂志社与加拿大文化更新研究中心共同主办的“中国社会科学论坛（2014）——第三届世界华文学术名刊高层论坛”在加拿大温哥华召开。

（8）2014 年 9 月 12 ～ 14 日，由中国社会科学杂志社与中国文学批评研究会共同主办的首届“当代中国文论：反思与重建”高级学术研讨会在北京召开。

（9）2014 年 9 月 27 日，由中国社会科学杂志社和中山大学共同主办的“第八届中国社会科学前沿论坛”在广东省清远市召开。

（10）2014 年 10 月 10 ～ 11 日，由中国社会科学杂志社和华中科技大学共同主办的“第二届中国社会科学跨学科论坛”在湖北省武汉市召开。

（11）2014 年 10 月 11 ～ 12 日，由中国社会科学杂志社与华中师范大学共同主办的“第八届历史学前沿论坛”在湖北省武汉市召开。

（12）2014 年 10 月 25 ～ 26 日，由中国社会科学杂志社和浙江师范大学共同主办的“第十四届马克思哲学论坛”在浙江省金华市召开。

（13）2014 年 11 月 7 日，由中国社会科学杂志社和浙江省社会科学界联合会共同主办的“第三届全国人文社会科学期刊高层论坛”在浙江省金华市召开。

（14）2014 年 11 月 23 ～ 25 日，由中国社会科学杂志社、中国社会科学院拉丁美洲研究所、巴西圣保罗州立大学孔子学院、智利安德烈斯·贝略大学中国研究中心、阿根廷科尔多瓦国立大学社会与文化研究中心共同主办的“第三届中拉学术高层论坛”在智利圣地亚哥召开。

（15）2014 年 12 月 13 ～ 14 日，由中国社会科学杂志社和复旦大学哲学学院共同主办的“第四届中哲、西哲、马哲专家论坛”在上海召开。

2. 国际学术交流与合作

2014 年，中国社会科学杂志社共进行国际学术交流活动 7 次。与中国社会科学杂志社开展学术交流的国家有越南、老挝、德国、加拿大、美国、智利、阿根廷、巴西等。

（1）2014 年 5 月 22 ～ 31 日，许建康赴越南、老挝分别参加世界政治经济学会年会，访问老挝计划投资部国际经济研究所。

（2）2014 年 6 月 4 ～ 18 日，王利民等赴德组织并参加由中国社会科学杂志社和德国波恩应用政治研究院联合举办的“第二届中德学术高层论坛”。

（3）2014 年 8 月 19 ～ 28 日，余新华率团赴加拿大，组织并参加由中国社会科学杂志社与加拿大文化更新研究中心联合举办的“中国社会科学论坛（2014）——第三届世界华文学术名刊高层论坛”。来自中国、美国、加拿大等国家的华文学术名刊代表，围绕主题“学术期刊评价的全球视野”展开了深入地交流与讨论。会后顺访蒙特利尔麦吉尔大学东亚系、渥太华加拿大学术期刊协会、多伦多约克大学亚洲研究中心，了解加拿大学术研究、学术期刊出版状况，宣传杂志社学术期刊。

（4）2014 年 9 月 22 日，加拿大文化更新研究中心《文化中国》执行主编张志业来中国社会科学杂志社访问，王利民、余新华会见，双方就双边合作等问题进行了交流。

（5）2014 年 9 月 6 ～ 27 日，郑飞赴美参加中国社会科学院组织的“大数据与社会科学研究创新”培训班。

(6) 2014年11月22日至12月3日，李红岩率团一行四人赴智利、阿根廷参加由中国社会科学杂志社、中国社会科学院拉丁美洲研究所、巴西圣保罗州立大学孔子学院、智利安德烈斯·贝略大学中国研究中心、阿根廷科尔多瓦国立大学社会与文化研究中心联合主办的“第三届中拉学术高层论坛”，参加在联合国拉美经委会（智利）举行的“中国—拉美城市化过程中的住房保障政策比较研究”国际会暨研究成果西文版发布式，并顺访智利发展大学、智利瓦尔帕莱索大学、阿根廷国际关系理事会，在阿根廷特雷斯德费布雷罗国立大学召开“中阿经贸合作的新机遇与新挑战”学术讨论会并与拉普拉塔大学和马德普拉塔大学商谈合作事宜。

3. 与香港、澳门特别行政区和台湾开展的学术交流

(1) 2014年7月17～24日，李红岩、李文明、梁华赴台湾参加由中国期刊协会和台北市杂志商业同业公会共同举办的“第四届两岸期刊研讨会暨优秀期刊展”。

(2) 2014年9月16～18日，林跃勤赴澳门参加澳门大学社会科学及人文学院当代中国社会科学研究中心、澳门特别行政区行政公职局及澳门区域公共管理研究学会联合主办的“提升公共管治能力2014年学术研讨会”。

（五）会议综述

第二届中德学术高层论坛

2014年6月11～12日，由中国社会科学杂志社和德国波恩大学应用政治研究院联合主办的第二届中德学术高层论坛在波恩举行。围绕“国家、社会与市场”主题，国内外20余位专家学者展开了多学科的学术研讨和交流。

波恩大学应用政治研究院院长波多·洪姆巴赫在致欢迎词时表示，在21世纪全球化的今天，中德两国都面临巨大的挑战，两国必须探寻新的发展道路，才能确保经济发展及承担社会责任。第二届中德学术高层论坛的召开，为双方学术界提供了开放对话的平台，有助于深入探讨对两国都适行而有益的方案。

增强国家、市场与社会间互动

在致力于实现社会现代化的历史进程中，原有的国家与社会二元结构分析框架已难以有效解释全球化时代的社会发展。华东政法大学政治学与公共管理学院院长张明军认为，在地域广阔、人口众多的当代中国实现均衡发展是一个系统的战略工程，各种要素之间相互依赖、相互影响，共同形成了社会变迁的动力系统。现代社会发展不仅需要政府实行适度调控，还必须更加重视市场规律，同时，也不存在一个统一或唯一的民主模式。

协商民主和选举民主共同构成了现代民主政治的重要内容，都是中国特色社会主义民主政治发展的必要组成部分。对此，德国北莱茵—威斯特法伦州前州长于尔根·吕特格斯表示，协商民主和票决民主并没多少本质差别，在发挥政党功能、传播政治理念、实现党内统一等方面，二者是可以协调的。德国战略咨询通讯有限公司执行董事鲁道夫·沙平表示，在中共十八届三中全会的决定中，市场的角色被清晰地表述为“使市场在资源配置中起决定性作用”，这一提法令人振奋，为此，中国的现代化发展需要付出更多的努力。他认为，习近平主席提出的中国新改革战略，具有极大的理论突破，中国内部有很大的差异性，只有避免发展中的各种重大问题，才能实现更大的发展。

民主发展必须植根国情

在民主发展模式与推动经济转型关系的讨论中，浙江大学公共管理学院教授王诗宗认为，西方民主不是终极的制度形式，国情的差异决定了中国民主政治发展不能实行拿来主义，照搬西方模式将造成中国主体性的丧失，并遭遇诸多难以解决的现实困境。

德国联邦安全政策学院主席汉斯·迪特·霍伊曼认为，中德尽管有诸多差异，但是相互学习和彼此尊重非常重要。民主在现代社会的重要作用不容忽视，不过德国民主进程中的全民公决、政党间在国家发展重大议题决策中相互制约造成的民主低效，以及公民政治参与所显现出来的政治冷漠等问题，始终难以根本解决。苏州大学政治与公共管理学院院长金太军认为，伴随中国以增量利益生长为标的的经济体制改革不断深化，以存量利益均衡分配为旨归的改革正成为议论热点，并相应聚集到行政体制改革和现代治理体系建设上。

中小企业发展急需科技研发助力

德国中小企业在金融危机中的良好表现，成为与会者关注的焦点。波恩莱茵—奇格高等学校经济系主任克劳斯·戴默勒认为，这一方面得益于政府转变职能与各类金融机构及社会力量功能互补，解决了融资难题；另一方面则得益于市场体制推动了中小企业与客户需求相结合，实现与高校、科研机构共同开发产品市场，激发了产业发展的活力，从而成为德国经济发展中的“隐形冠军”。

对此，深圳大学社会科学学院教授姜安表示，以现代国际体系为研究背景，分析国家主权、社会主权和市场主权问题，梳理和考量民族国家市场主权的意义、影响及其相关对策，提出更科学的国家治理模式和发展体系，可为我们在金融危机背景下考察企业与市场关系提供更加广阔的研究视角。

正确发挥社会监督职能

会上，有关信息传播的重要作用引发了与会专家学者的讨论。暨南大学新闻与传播学院教授支庭荣提出，在中国语境中，针对社会化媒体时代舆论传播的特点以及社会管理面临的新挑战，需要从“舆论场”的概念出发，正确处理中国当下官方和民间“两个舆论场”的复杂互动。沙平则认为，当代西方的三权分立制度正在遭受媒介作为第四权力的侵蚀，这是非常危险的现象，直接影响政府与政党的政治信用高低。究其原因是资本增值收益原则在参与各类型的新闻表达，操纵了新闻自由的价值判断。洪姆巴赫认为，不能盲目肯定媒体的全部作用，特别是在网络崛起时代，媒体新闻传播的真实性严重下降。有关各类权力和权利的边界的讨论将有助于深化本届论坛主题的认识。

在论坛总结发言时，中国社会科学杂志社副总编辑孙麾强调，经过30多年的快速发展，我们看到中国的改革开放并不是先确定一个仿效西方样板的制度框架，而是大胆闯，摸着石头过河，在全面推进市场化的经济改革中逐步丰富社会主义民主的内容，这是我们的一个重要历史经验。中德两国都在积极探索国家、社会、市场的均衡发展和协调互动，应该是现代化模式的一个重要维度。

（李　放）

《历史研究》创刊60周年学术研讨会暨首届青年史学家论坛

2014年7月8日，“《历史研究》创刊60周年学术研讨会暨首届青年史学家论坛”在北京召开。中国社会科学院院长、党组书记王伟光出席会议并作重要讲话，中国社会科学院秘书长、党组成员、中国社会科学杂志社总编辑、《历史研究》编委会主任高翔研究员主持会议并致欢迎词。

高举唯物史观旗帜引领史学前进方向

王伟光代表中国社会科学院党组向《历史研究》编辑部和全国史学工作者表示热烈祝贺和诚挚问候。他说，《历史研究》是新中国成立后毛泽东同志亲自倡导创办的一份史学名刊，60年来，刊物坚持以唯物史观为指导，为传承中华文明、促进学术繁荣、推动社会进步作出了积极贡献。

王伟光指出，中华民族有着五千多年生生不息、薪火相传的悠久历史，有着三千年治史、学史、用史的优良传统。我们党一贯重视学习历史，在领导革命、建设和改革的过程中，注重从历史中总结经验、汲取智慧，在自觉把握历史潮流中开辟事业成功之路。以习近平同志为总书记的党中央，站在新的历史起点，高度重视对历史知识的汲取、对历史经验的借鉴、对历史智慧的掌握。

在重温了习总书记关于学习历史的重要论述后，王伟光强调，学习、研究历史，关键是掌握历史唯物主义的基本原理和方法论。历史唯物主义是坚持历史研究正确方向、发展创新历史科学的指南。历史工作者一定要认真学习历史唯物主义，不断提高运用历史唯物主义指导历史研究的水平，发展创新历史科学。

王伟光希望广大史学工作者认真学习党的十八大精神，认真学习习近平总书记系列重要讲话特别是与历史研究有关的讲话精神，坚持“百家争鸣”方针，通过历史学引领中国学术繁荣发展，大力弘扬中华优秀传统文化，不断扩大中华文明国际影响力，为我国的文化软实力建设作出贡献，在实现中国梦的伟大征程中谱写新的辉煌。

高翔代表《历史研究》编辑部和编委会向长期以来给予《历史研究》大力支持和帮助的广大史学工作者表示衷心感谢。高翔指出，《历史研究》是一份在特殊历史时期以特殊方式诞生的学术刊物，从一开始就被赋予引领当代中国史学前进方向的历史使命。《历史研究》60年的发展历程，带给我们宝贵教益，那就是：唯物史观是当代中国史学的旗帜和灵魂，探索历史规律是新中国史学的本质追求，经世致用是新中国史学一以贯之的优良传统。

高翔强调，在今后的工作中，《历史研究》要继续坚持以马克思主义为指导，将学术触角深入到中国特色社会主义伟大实践中去，深入到人民群众的火热生活中去，在理论与实践、历史与时代的双重变奏中，引领当代中国史学的发展方向，激励学者自觉承担起时代的责任，推动学者在国际学术舞台上更加自信、更具尊严，为人类文明的提升贡献中国史学的智慧。

探寻历史发展规律发挥史学致用功能

以《历史研究》创刊60周年为契机，更好地推动对历史知识的学习，将习近平总书记的相关重要论述转化为史学家自觉的科研指南，从历史发展规律的高度阐释中国道路与中国梦，是与会代表关注的焦点。

“习近平同志的一系列重要论述，将重视历史学习的问题提到新的高度。我们必须深入研究党史国史，认真学习党史国史，充分发挥党史国史以史鉴今、资政育人的作用。这也是时代赋予史学工作者的一项重要责任。”中共中央文献研究室原常务副主任、中国史学会原会长金冲及在代表老专家、老作者做大会发言时表示。

教育部社会科学司司长张东刚在讲话中表示，《历史研究》创刊以来在推动中国史学进步、助力历史教育方面作出重要贡献，堪称广大学者和历史爱好者的良师益友。历史是最好的教科书，《历史研究》是中国学术界的一座丰碑，是中国史学的领跑者。《历史研究》与新中国史学一路走来，以高度的理论自觉，投身于历史规律的探索和马克思主义史学体系的建构中。在今后的工作中，期望《历史研究》积极引导史学走出象牙塔，走进田间地头，更加深刻地融入到人民群众的生活中。

60年前，郭沫若在《历史研究》发刊词中，科学论述了历史与现实的内在联系，强调现实需要史学、史学必须适应现实的要求。有学者表示，60年过去了，中国社会和中国的历史科学与当时相比已不可同日而语，今天我们处在新的历史环境中，站在实现中华民族伟大复兴的新的历史起点上，重读郭老的文章依然具有重要的理论意义和现实意义。阐幽发隐，沟通历史—现实—未来的内在关系，使我们对马克思主义所揭示的历史规律性更加坚定自信，这必将进一步坚定中国特色社会主义道路自信、理论自信和制度自信，为实现中华民族伟大复兴的中国梦作出更多贡献。

历史学具有突出的社会功能，从治国安邦的历史借鉴，到个人人生修养的各个层面，历史都可以向人们提供丰富的知识、启示和智慧。“这是一个常识问题，也是一个理论问题，需要权威性的刊物反复论说，使之为广大的社会公众所认识，自觉地发挥历史学的社会功能。”有学者建议，“阐说历史学的社会功用，应是《历史研究》经常性的学术工作”。

站在历史与时代前沿力促史学创新

与会者结合自身研究实践，就如何立足学术前沿，依托《历史研究》这一高端学术平台，推动中国史学不断臻于新境，展开热烈讨论。

有学者指出，《历史研究》是同类刊物中的“排头兵”。“排头兵”的精神好、仪容好，大家都为之振奋，作为榜样。要做好“排头兵”，《历史研究》就要做到继承传统与推陈出新的辩证统一，尤其要在坚持明确的办刊宗旨，倡导实证研究和理论探讨相结合的学风，鼓励材料充实、观点鲜明的宏观研究，推进比较研究等方面下足功夫。

参加此次青年史学家论坛的学者既对人文社会科学有综合的涉猎，也有方法论的自觉，因此在理论联系实际推陈出新方面取得较多成果。他们的报告反映了当前中国历史学创新的基干，他们的研究形成了新的整体史研究潮流，很好地整合了特殊与普遍、具体与抽象、个别与一般，形成了新的研究旨趣。新一代历史学者汇成《历史研究》新的群英谱，他们的报告既体现在从史实、史观、史料到历史价值与意义的反思，也体现在从政治、经济、社会、思想文化等领域的拓展。

高翔在与青年史学家座谈时指出，当前中国学术界还存在一些不尽如人意的情况，比如人文社会科学的理论原创能力严重不足，史学书写方式出现文学化、洋化、文言化趋势，学科壁垒森严、碎片化倾向严重。高翔指出，缺乏整体思维、本质思维、理论建构的学术，不是真正意义上的学术。《历史研究》要为青年人提供更多对话交流的机会，要在推动青年学者进步方面多做工作，他鼓励大家积极开展理论创新，着力打破学科壁垒，积极倡导学科对话，倡导优良的学风和文风，创造出无愧于这个伟大时代的学术论著。高翔勉励广大青年史学家要敢为人先，开展有思想、有灵魂、有生命的学术研究。希望在大家的努力下，将论坛打造为中国青年史学家的学术共同体。

与会者认为，中国史学面临极为良好的发展机遇。近年来，《历史研究》站在历史和时代的制高点，旗帜鲜明地坚持以唯物史观为指导，贯彻“百家争鸣”方针，在推动学科基础理论和重大问题研究，促进马克思主义史学新发展，倡导跨学科研究方法，打破学科壁垒等方面取得长足进步，在学术界产生积极反响。相信在今后的工作中，《历史研究》能够百尺竿头更进一步，迎来更加美好的明天。

会议由中国社会科学杂志社《历史研究》编辑部主办，来自中国社会科学院的所局领导、《历史研究》老主编、中国社会科学院历史学部委员、现任编委会成员，在京专家、全国中青年作者代表，以及编辑部成员共 80 余人汇聚一堂，围绕“历史是最好的教科书”“当代史学的前沿问题与发展趋势”两个议题进行深入研讨。知名历史学者金冲及、田居俭、陈雪薇、瞿林东、耿云志、宋德金、王晓秋、陈祖武、刘庆柱、邓小南、班班多杰、郝春文、包伟民、廖名春、杨共乐、黄兴涛、张萍、刘后滨、钞晓鸿等出席会议。中国社会科学杂志社副总编辑、《历史研究》主编李红岩研究员向与会者介绍了中国社会科学杂志社报、刊、网工作的基本情况和发展规划。《历史研究》副主编路育松编审代表青年编辑做了大会发言。

（晁天义）

首届“当代中国文论：反思与重建”高级学术研讨会

2014年9月12～14日，由中国社会科学杂志社与中国文学批评研究会共同举办的首届“当代中国文论：反思与重建”高级学术研讨会在北京举行。中国社会科学院副院长、党组成员张江教授作主题发言，中国社会科学院秘书长、党组成员、中国社会科学杂志社总编辑高翔研究员致辞。来自中国社会科学院、北京大学、清华大学、复旦大学、南京大学、北京师范大学、四川大学、扬州大学、福建省社会科学院等科研院所和高校的30多位文学理论研究专家学者围绕会议主题展开了学术探讨与思想交流。

张江在主题发言中反思了当代西方文论的根本缺陷，深入阐释了由“强制阐释”到“本体阐释”的当代中国文论重建路径。他指出，改革开放以来，当代西方文论的各种流派、概念、体系等被全面、系统地引进到国内，为当代中国文论的发展提供了崭新视野和方法，对中国文艺理论的发展产生了重要影响。但同时，西方文论话语也强势支配了中国文学理论的研究格局和思维方式，使其在大量外来新奇概念和范畴的挤压下产生了诸多偏向和问题的焦虑。因而，如何重估和检省当代西方文论的局限，寻求当代中国文论话语重建的基点，应当成为当代中国文学理论建设的重大关切。

在张江看来，当前，“强制阐释”已经成为当代西方文论的致命症结。“强制阐释”是指普遍存在于当代西方文学批评和文学理论中的在主观预设理论前提下对文本进行脱离文学本位、违背逻辑和认知规律的文学阐释现象。其核心诉求为“文本服务于理论”，其话语特征主要表现为场外征用、主观预设、非逻辑证明、反序认识路径。在这一反思基础上，张江提出了以文本为核心、让文学理论回归文学实践的理论话语——“本体阐释”，并将其作为纠正西方文论固有痹症和重建当代中国文论话语体系的一个起点。本体阐释的基本思路是坚持以文本和文学为本体，核心阐释、本缘阐释、效应阐释及其相互补充互证，对文本的原生话语做出确当的阐释。

高翔在致辞中指出，任何一个伟大的民族，都有一个伟大的梦想。一个民族如果丧失独立思考能力，不能对重大理论和实践问题发表自己的看法，不能对事物的本质和规律提出自己的见解，没有独立的学术话语体系，那么这个民族的学术没有资格走向世界、开辟未来。当前，学术理论原创能力严重不足，已经成为制约学术繁荣发展的一大问题。我们必须站在历史和时代的制高点，站在世界和中国的交结点，站在当前与未来的交汇点，才能真正推动学术进步，促进理论繁荣。当代的中国社会是人类有史以来最复杂的社会，变化最快的社会，也是最应该涌现出思想大家和学术大家的时代。中国社会科学杂志社一直在思考并不断推动解决这一问题，也有义务推动各学科构建自己的话语体系。从文学来说，当代文学界需要批判意识，需要理论构建意识。我们倡导宏大叙事，倡导我们的学者在研究中发出振聋发聩的声音。惟其如此，我们的学术才会更有生命，更有张力，拥有更加灿烂而雄厚的未来。

复旦大学中文系教授朱立元赞同张江的说法。他表示，我们 30 多年来对西方文论的引介，总体上是健康的，主流是好的。但是其中有一个消极的影响不能低估，那就是当代西方文论本身也面临危机和各种转向，尤其是在后现代主义文化理论思潮的冲击下，文学研究和批评本身日益远离文学和文本，走向萎缩和衰退，这需要引起我们理论上的警惕，我们不能在外来冲击的转向中丧失自我主体性。

中国社会科学院文学研究所研究员高建平以张江提出的中国文论重建的支点问题为切入口，对如何建立文学研究的中国话语提出了自己的看法。他认为，我们重建中国当代文论的自信心还不足够，总是以时间上的代际差作为自己文论滞后的借口，因为落后所以要追赶，但追赶的结果却是粗糙的，是一种表面层次的模仿，而不是深层次的理论把握，因此而丢失了世界文学所必需的复述性与可沟通性特征。严谨的文学研究必须与哲学研究结合起来，如此才能有效解释当代中国的文学实践。

南京大学教授周宪针对当代中国文论存在的一些问题进行了概括，第一是理论界的焦虑，我们的文论引入很多，但是输出很少；第二是语境问题；第三是学者的研究背景问题；最后是文学理论的研究思潮问题。

中国社会科学院外国文学研究所所长陈众议运用“空气蛹”这个意象提出了文论重建中的两个问题：一是外国文学评论是否可能只是一个“空气蛹”？二是意识形态的敏感性问题，即我们是否被西方文论同化的问题，这个同化导致当前世界文学的世俗化倾向。

中国社会科学院外国文学研究所研究员周启超也对新中国成立以来外国文论引介路径与若干问题进行了反思，认为我们要用跨文化的世界视野应对全球化浪潮；我们要有所解构，有所建构，有所坚持。中国社会科学院民族文学研究所所长朝戈金通过对口头诗学的文论谱系的梳理，阐述了我们民族文论的重建路径。中国社会科学院文学研究所研究员陆建德等专家从文论、文本、文化等重要概念的词源考察出发，认为中国文学批评需要兼具包容性和本土意识。

北京师范大学文学院教授赵勇也认为，西方文论“从理论到理论”的模式，远离了文学文本，因此，要重建中国文论，不是简单地移植外来文学思想观念，也不是中国古代文论的简单转换，而是基于我们当下的文学实践经验，有主体性地与古代思想、外来观念进行建构性的互动。

扬州大学文学院教授姚文放表示，文学理论话语的演变与更新不外乎两条途径，一是“有循于旧名”；二是“有作于新名”。中国文学理论话语的建构必须找到一个中心和基点，由此出发去整合凝聚众多话语资源。

四川大学文学与新闻学院教授曹顺庆从当代中国文论的创新路径与话语重建方面进行了探讨，认为今天要重建中国文论，必须要修正一些所谓的“常识”成见，比如中国现当代文学史是否可以收录古体诗词，中国古代文论没有体系、不科学、没有思辨性，等等；中国文论的重建之路要以中国为主体，以我为主。

中国社会科学杂志社文学部主任王兆胜从中国文论传统中的生态文论视角出发，提出中国文学批评应该考虑到四个维度，即文的维度、物的维度、人的维度、天地之道；我们要有心灵参与的研究，倾听大地的声音，要对天地之道有敬畏之心。

（刘华初　王　广）

第八届中国社会科学前沿论坛

2014 年 9 月 27 日，由中国社会科学杂志社和中山大学共同主办的第八届中国社会科学前沿论坛在广东召开，主题为“社会转型与国家治理”。中国社会科学院院长、党组书记王伟光出席论坛并做主旨讲话。中国科学院院士、中山大学校长许宁生致开幕词。中国社会科学院秘书长、党组成员、中国社会科学杂志社总编辑高翔主持开幕式并致闭幕词。来自中国社会科学院、中山大学、四川大学、吉林大学、中国人民大学、南京大学、武汉大学、厦门大学、上海社会科学界联合会、安徽省社会科学院等近 50 所高校和科研机构的 70 余位代表出席会议。

完整把握推进国家治理现代化的科学内涵

王伟光指出，党的十八届三中全会将完善和发展中国特色社会主义制度，推进国家治理体系和治理能力现代化，确立为全面深化改革总目标。这是以习近平为总书记的新一届中央领导集体把握时代特征，秉承历史使命，梳理古今中外治政得失，统揽党和国家发展全局做出的重大决策，是对我们党治国理政思想的重大创新，是对中国特色社会主义理论宝库的重要贡献，是对马克思主义国家学说的丰富和发展。

王伟光强调，推进国家治理体系和治理能力现代化，是一项极为宏大的工程，是全面的系统的改革和改进，必须完整把握推进国家治理体系与治理能力现代化的丰富内涵。在方向道路制度抉择方面，必须毫不动摇地坚持中国特色社会主义的根本走向。在体制机制模式选择方面，必须始终不渝地坚持中国特色社会主义的体制机制。在价值观建设方面，必须坚持大力培育和弘扬社会主义核心价值观。

王伟光同时强调，推进国家治理体系和治理能力现代化，一定意义上是一场国家治理领域的革命。哲学社会科学界要深刻领会和切实落实十八届三中全会决定和习近平总书记系列重要讲话精神，将推进国家治理现代化作为学术研究的重要主攻方向，为全面深化改革、推进国家治理现代化作出更大贡献。首先，充分发挥学科集群优势，以中国特色的国家治理现代化为主题，形成一批有创新性和指导意义的重要学术成果。其次，以扎扎实实的研究提升学术解释力，进一步巩固道路自信、理论自信、制度自信。最后，深化社会主义核心价值观研究，为推进国家治理现代化提供价值依托和文化根底。

以强大的制度自信推进国家治理现代化时代进程

习近平总书记强调，全面深化改革的总目标是两句话组成的一个整体，即完善和发展中国特色社会主义制度、推进国家治理体系和治理能力现代化。我们的方向就是中国特色社会主义道路。

出席论坛的专家学者围绕这一重要论断进行了深入探讨。与会学者认为，以习近平为总书记的新一届中央领导集体开启国家治理现代化的时代命题，丰富和发展了马克思主义国家学说。马克思主义国家学说在当代不仅没有过时，而且依然是科学认识国家问题、深入研究国家治理的重要理论源泉。

多位学者表示，推进国家治理体系和治理能力现代化，首先必须把它放在中国特色社会主义制度的框架中理解，要以坚定的制度自信推进国家治理现代化，让中国特色社会主义制度更加成熟、更加定型。

中国人民大学副校长洪大用认为，目前一些以西方发达国家治理理念、实践和模式作为参照的分析具有一定借鉴价值，但不应该、实际上也不能够作为解决中国国家治理体系和治理能力现代化的路径和方向，不能简单地生搬硬套。“中国国家治理体系和治理能力现代化之路，注定是中国人自己走出来的。”

“中央首提推进国家治理体系和治理能力现代化，既是治国理政上高瞻远瞩的谋划，同时也是对改革实践需求的及时回应。”中山大学政治与公共事务管理学院院长肖滨说。黑龙江大学校长何颖也认为，这体现了中国共产党的执政理论创新，同时也体现了对当前中国改革核心问题的准确判断。

推进国家治理体系和治理能力现代化，离不开坚实有力的价值依托。在论坛分组讨论环节，多位学者提出，社会主义核心价值观是顺利推进中国国家治理体系和治理能力现代化的重要根基。安徽省社会科学院院长朱士群认为，价值认同危机是现代国家转型面临的重要危机。在这样的特殊历史阶段，培育和弘扬社会主义核心价值观，对于有效应对社会转型过程中的挑战和风险具有重要意义。

国家治理现代化研究要突出中国实践和中国智慧

大多数领域的改革，都是一个纷繁复杂、渐进调试的过程。出席本届论坛的学者认为，当前和未来一段时期内，国家治理体系和治理能力现代化将面对包括认识上、理论上和实践层面的各种挑战，哲学社会科学界须及时对一些重大问题做出准确、深刻的学术回应。

许宁生在致辞中表示，国家治理体系和治理能力现代化的学术研究要突出中国实践和中国智慧，这就需要研究者碰撞思想，提出新观点、新建议、新战略、新理论。这不仅是本届论坛主题“社会转型与国家治理”的题中应有之义，也是对当今中国哲学社会科学发展使命的提炼与概括。

洪大用提醒，学术界在讨论中国国家治理体系与治理能力问题时，需要特别关注一个具有中国特色的基本背景，那就是政府主导性的赶超型现代化进程与国家治理体系和治理能力的现代化进程交织重叠。“我们同样必须清醒地认识到这样两种进程交织的复杂性，不能简单地忽视一种进程来讨论另外一种进程。”洪大用说，在这两种进程的讨论中，学术研究的责任在于探讨一条科学路径，以化解张力、促进合力。

朱士群认为，目前国内学界就国家治理问题的科学内涵、重大意义、现实障碍、实现路径等方面进行了积极分析和探讨，但内容创新、实证分析以及多学科交叉融合还有待进一步提升和强化。他同时指出，“微治理”应受到学者的关注：“我们已经有了很好的顶层设计，而在微观层面上如何调动全社会以及广大人民群众参与治理的积极性，发挥人民群众的主体作用，还需要大量基层治理试验来破题。”

高翔在闭幕式致辞中表示，没有创新，学术就会死亡。目前中国学术的最大问题，在于思想贫乏、学派残缺，理论原创能力不足。唯有打破学科壁垒，增强学科之间的对话与交融，解放思想、开拓视野，破除对西方理论与学者的盲目崇拜和迷信，激发学术原创力，推动中国学术话语体系的形成，与国际学术展开平等而有尊严的对话与交流。创办中国社会科学前沿论坛的目的就在于此。

（高　莹）

服务中心

2014年，服务中心按照院年度工作会议的要求和《服务中心2014年工作要点》，紧紧围绕院中心工作，以管理为基础、以服务为核心、以保障为目标，强化服务意识、巩固改革成果、完善管理机制、建立健全规章制度，积极探索后勤服务工作的新思路、新举措，改进服务方式、方法，取得了显著成绩。为全院科研和创新工程提供了良好的后勤服务保障，完成了各项工作任务。

（一）人员、机构等基本情况

1.人员

截至2014年年底，服务中心共有在职职工110人。其中，专业技术人员3人、管理人员48人、工勤岗位37人。

2.机构

服务中心设有：办公室、党务人事处、业务管理处、综合管理处、行政管理处、服务监管处、物业管理中心、交通服务中心、服务保障中心（机关食堂、会议服务部、社科文印部、医务室）。

（二）2014年工作回顾

1.紧紧抓住“服务”这个工作主线，集中精力做好各项服务保障工作

（1）物业管理中心在宿舍小区管理方面完成了国管局对太阳宫、劲松九区、塔院、皂君庙、

建外、东厂、望京等八处老旧宿舍小区改造入户调查工作；收回劲松九区902地下室、经济片地下室和昌运宫1号楼地下室并移交院人防办；对部分宿舍小区进行环境、卫生、设施设备改造；落实院督办例会，十月底完成了接收中国地方志办公大楼物业管理工作。在设备设施维修管理方面，完成了电器日常维修工作；对部分办公区空调进行了保养、清洗；完成了配电室高压设备的预防性试验、清扫检修工作，并对院部和高层住宅及特殊场所的防雷设备进行检测工作等，保障了物业所管区域电力设备正常运转；圆满完成了国庆期间院部大楼和图书馆大楼临街日光照明灯、夜景照明灯和楼顶轮廓灯的保障任务；完成电梯维修保养，并及时抢修突发疑难重大的故障，保障了电梯设备的正常运行；配合房产处完成太阳宫三部新电梯的安装工程；完成了医务室电梯和中国地方志指导小组办公室两部电梯的接收管理工作；完成给排水设备维修，供暖设备维修；圆满完成2013至2014年度供暖工作，由于对供暖设备维修保养到位，实现了中心领导“今年11月1日如期供暖”的要求。在工程维修工作方面：完成了美国所办公房屋装修项目和防水维修工程、原研究生院（望京）食堂电路的维修改造和公寓楼的防水维修、近代史所地下室装修和热力管线的维修工程等。同时，完成宿舍区小修任务，投入维修费用约150万元。在节能减排工作方面：协助中国节能公司，完成了全局碳排放核查和能源审计工作。在品质管理工作方面，完成了办公区满意度调查工作，并对客户提出的问题进行逐一回复。

（2）交通服务中心始终按照“内强素质，外树行象”的要求，认真落实经费总承包改革方案。加强司勤人员培训，举办司机服务礼仪培训班，提高了服务水平；加强制度建设，建立健全公务用车使用管理制度，实行集中停放车辆制度，并坚持派车签到制，先后制定了《中国社会科学院公务用车油耗台账管理办法》和《中国社会科学院公务用车经费定额管理办法》，用制度管车、管人，严守安全底线；为堵塞漏洞，更换了车辆加油卡；对全国“两会”上会车辆进行检修；制作交通知识展板；邀请局领导、专家授课，开办全院交通法规大讲堂；完成了车辆更新工作；出动两台客车圆满完成院老专家老同志赴乳山健康休养交通服务任务。

（3）服务保障中心下属四个服务部门紧紧围绕中心工作，秉承“以人为本、服务为先”的后勤保障理念，按照“精细化服务、责任式服务”的要求，把全心全意为科研、为职工、为机关服务作为各项工作的最高准则，积极为广大干部职工解决实际问题和困难，做到遇事不推诿、不扯皮、不拖拉，赢得了广大干部职工的认可和赞誉。

机关食堂，认真落实院领导关于“办好院部机关食堂”的指示，强化服务意识，严格规范管理，加强成本核算，积极拓展服务范围和服务项目。推出了自己的盒饭品牌和配套服务及晚餐送水饺、下午4点出售各类加工食品等服务；参加了北京市示范食堂评比活动；接管了老干部和职工活动中心的管理和服务工作，制作了乒乓球围挡、装饰幕布，增加了换鞋柜、电视等设备；解决了在活动中心干部职工活动后的冲洗问题；制定了食堂后厨改造方案和档案楼食堂后厨设备设施购置计划；落实食品卫生安全责任制，克服困难，努力提高餐饮质量。全年共接待就餐人员52万人次。为院“两会”等重要会议用餐以及重大节日伙食改善提供了满意服务。

会议服务部严格按照做好会议服务工作的要求，强化服务意识，规范服务标准，提高服务技能，完善各项制度，在会议服务质量上下功夫，做到了会议服务安全无差错。

医务室制定并完善了《服务中心突发公共卫生事件预案》；落实院领导指示，完成了医务室改造升级方案；代表服务中心向陕西商洛扶贫地区捐赠 15300 元等值药品；落实《北京市医疗机构药品监督管理办法实施细则》，对本单位药品管理工作进行自查自评；为做好疾病的预防工作，按照北京市卫生局的有关要求，加强全院疫情监测，组织医务人员学习人感染 H7N9 禽流感诊疗方案和埃博拉出血热防控知识，对门诊发热病人做好分诊监测。较好地完成了各项医疗保健和疾病防控工作。

社科文印部以完成年度创收指标为目标，紧紧抓住文件印刷质量和安全保密工作这两个关键环节，严格质量管理，提高服务质量，圆满完成了院内各类文件的印刷服务保障任务。

（4）综合管理处加强管理，严格落实各项规章制度，落实安全责任制，通过加强职工培训，努力提高综合管理水平。制定了《立体车库消防管理制度》；完成了消防监控、植树、绿化美化、爱国卫生、院领导办公室保洁，以及城乡共建工作；完成了春秋季两次除四害灭鼠灭蟑工作；完成了研究生院首都花园式示范单位申报工作；举办两期安全责任意识为主题的培训班；组织院领导和所局领导参加植树活动。

（5）行政管理处落实院领导关于做好国际片大院后勤服务保障工作的指示，加强国际片大院的管理，提高服务质量。完成了对大院古树剪枝和大楼下水管道清理工作；妥善处理与友邻单位中国人民大学房屋争端问题；认真做好收发工作、户口管理和社会协调等工作；抓好安全管理工作，举办了消防安全实战演练和“119”消防知识讲座；积极配合院基建办完成国际片环境整治、绿化及配套工程、监控系统和烟感报警设备更换等工作；多次进行隐患排查整治行动，有效地保证了国际片安全无事故。

2.完善改革方案，巩固改革成果，努力完成改革工作任务

（1）落实院领导的指示，物业管理中心配合财计局完成了宿舍小区电梯更新改造工作和医务室电梯安装工作；为方便职工活动，完成了老干部和职工活动中心淋浴间的改造工作。

（2）根据中央国家机关公务用车制度改革领导小组的工作要求，交通服务中心完成了公务用车改革方案和司勤人员安置方案。

（3）落实院领导指示，服务保障中心完成了医务室改造升级工作方案；制定了机关食堂后厨改造和档案楼食堂后厨设备购置方案；完成了档案楼会议室家具配备方案。

（4）按照院统一部署，按计划顺利完成创新工程创新岗位绩效考核试运行工作。党务人事处做了大量的工作，制定了《服务中心创新工程创新岗位绩效考核（试运行）文件汇编》。

3.完成了各项管理工作

（1）抓好机关建设工作。认真抓好指纹考勤工作，按照《关于院职能部门及有关直属单位严格考勤制度的规定》，指定专人负责，党务人事处及时督促和反馈情况，解决存在的问题。尽管全局人员多、工作地点分散，考勤难度大，但在院考勤排名中仍不断提升，处于上等水平。

落实中央“八项规定”，切实改进会风，精简文件材料。全局提倡开短会、说短话，简办事。大量减少全局性大型会议，缩短会议时长；根据形势任务和实际需要控制发文数量，没有实际内容的、可发可不发的文件一律不发；充分利用办公自动化系统，实现文件网络传输和网上办理，尽量减少纸质文件，严格精简各种简报。

按照院办公厅的统一要求，加强公文管理和档案管理，达到了院里的要求。

认真落实督办工作制度。办公室及时向院办公厅督查处报告服务中心落实院“三会”决定事项情况和完成《2014 年院工作要点》服务局部分的情况。根据局长办公会要求和年度工作计划，经常督促局属各单位开展工作落实。

（2）狠抓安全工作落实。2014 年年初，中心与各单位主要负责人签订了安全责任书；全年召开了 5 次安全工作会议，组织了保密常识、消防、交通安全培训班。中心安全工作领导小组到所属单位检查，做到了有布置、有检查、有讲评，每次检查都有记录、有交代、有督促。把安全工作落到实处，确保全年安全无事故；落实院领导关于做好立体车库高温期间安全工作的指示，加强管理、采取措施，高温期间安全无事故。

（3）抓好财务和资产管理工作。在财务管理方面，与中心所属有经费收支单位签订《服务中心“三项经费”规范管理使用承诺书》；严格执行“一支笔”审批制度，在管钱、用钱、审批方面严守底线，不越红线，筑牢思想上的防线，为确保“三项经费”管理使用提供了制度保障。在资产管理方面，业务管理处在对 49 个所局单位的协调指导和工作调研的同时，完成了资产报废处置和购置工作。

（4）抓好服务监管工作。为配合创新岗位绩效考核试运行工作，服务监管处制定了《服务中心创新岗位绩效考核检查暂行办法》，完善了服务监管考核内容；开展了满意度调查和服务质量检查；召开了全院后勤服务满意度座谈会；在院网和机关食堂公示了投诉受理电话。有力推进了后勤服务规范化、制度化和标准化建设，为加强后勤管理工作和提高服务质量奠定了良好基础。

（5）抓好干部、职工队伍建设和人事管理工作。认真执行聘用制政策，做好干部竞聘晋级工作，完成了 5 名处级干部的竞聘晋级工作；作为试点单位修订完善了《服务中心工勤技能岗位进入创新工程方案》《服务中心工勤技能创新岗位考核办法》，得到了院领导的充分肯定；完成了《服务中心创新工程方案》《服务中心管理创新岗位考核评价若干规定》《服务中心创新工程管理岗位绩效考核细则》《服务中心创新工程专业技术、工勤岗位绩效考核细则》《服务中心创新工程创新岗位绩效考核（试运行）文件汇编》，进行了创新岗位绩效考核试运行工作。完成各类人员工资核定及统计工作。完成社会保险缴纳工作。

4.加强党务及工青妇工作

（1）制定了《服务中心机关党委2014年工作计划》和《服务中心机关党委中心组理论学习计划》。努力加强和改进服务中心的党建工作，定期组织中心组理论学习，开展了学习交流。

（2）中心机关党委组织党员干部学习、领会、贯彻习近平总书记系列重要讲话和十八届三中、四中全会精神，用十八大精神武装头脑、指导实践、谋划思路、推动工作，把十八大的新思想、新要求、新部署转化为做好工作的动力；按照院党组的要求，协调安排处级以上干部培训。

（3）巩固教育实践活动成果。一是对教育实践活动情况进行了总结；二是制定了整改方案；三是按照院第二督导组的要求，完成相关文件资料的上报工作；四是通过展板、局网站等形式，进行再教育；五是组织召开了领导班子民主生活会、通报会和教育实践活动总结大会。通过总结，对服务中心党员干部在思想和工作作风、工作效率、管理水平、服务态度、廉洁勤政、工作协调配合等方面起到了极大的推动作用。

（4）开展了主题党日活动，组织党员到解放军三军仪仗队参观学习，使员工们对社会主义核心价值观有了新的认识，更加激发了大家的爱国爱党的热情。

（5）推进“三项纪律”建设工作在服务中心深入开展。按照“思想上抓认识、组织上抓落实、措施上抓重点、方法上抓结合”的工作思路，成立“三项纪律”工作领导小组；学习了院领导在所局领导干部马克思主义经典著作读书班和暑期工作会议上的讲话；开展多项警示教育、廉政参观等学习教育活动；制定《服务中心加强“三项纪律”建设实施方案》《服务中心2014年度“三项纪律”建设工作和任务时间安排》；修订《服务中心财务管理规定》；与有经费收支的单位签订《服务中心“三项经费”规范管理使用承诺书》等，进一步增强了党员干部职工严明政治纪律、严格组织纪律、严守财经纪律的自觉性，有效地促进了服务中心党风廉政建设和反腐败工作。

（6）积极做好群众工作，组织开展文化体育活动。积极参加院里组织的体育比赛，并取得较好成绩。乒乓球比赛获得了男子团体冠、亚军，跳绳比赛获得第三名。服务中心工会关心职工生活，安排女职工专项体检；努力帮助困难职工，慰问病困职工12人次。共青团、妇工委也较好地完成了相应任务。

郭沫若纪念馆

（一）人员、机构等基本情况

1.人员

截至2014年年底，郭沫若纪念馆共有在职人员18人。其中，副高级职称人员2人、中级职称人员2人；高、中级职称人员占全体在职人员总数的22%。

2.机构

郭沫若纪念馆设有：研究室、文物与陈列工作室、公众教育与资讯中心、办公室。

（二）科研工作

1.科研成果统计

2014年,郭沫若纪念馆共完成专著1种,44万字；报告1种,40万字；论文集1种,15万字；论文8篇，9万字。

2.创新工程的主要措施和工作安排

2014年1月1日,郭沫若纪念馆进入创新工程。郭沫若纪念馆参加创新工程的人数为8人，创新工程项目1项:“郭沫若文献研究与文化传播的创新”（首席管理为崔民选）。

郭沫若纪念馆本着院长王伟光“研究立馆、人才立馆、管理立馆”的指示,通过编辑整理《郭沫若全集·翻译编》，编辑出版《郭沫若研究年鉴》，开展“郭沫若生平思想及阶段性创新成果展览展示”以及“郭沫若文物文献资料数字化建设”等方面的工作，努力构建面向新世纪文化体制下的郭沫若文献研究与文化传播创新工程建设，打造“郭沫若研究的资料中心、研究中心、宣传中心”。

（三）学术交流、展览宣传活动

1．专题展览、公众教育及宣传活动

2014年，郭沫若纪念馆举办的展览及文化活动有：

（1）2014年3月25日至4月25日，郭沫若纪念馆与泰州梅兰芳纪念馆在江苏省泰州市梅兰芳纪念馆联合举办“郭沫若与人民艺术”展。

(2)2014年4月2日至7月15日,为纪念《甲申三百年祭》发表70周年,配合党的反腐倡廉、改变作风的宣传及中国社会科学院“三项纪律”的宣传，郭沫若纪念馆与中国社会科学院监察局共同举办“《甲申三百年祭》发表70周年——反腐倡廉话甲申”主题展览。

（3）2014年清明节期间，郭沫若纪念馆与北京8家名人故居纪念馆共同举办走进“清明时节缅怀名人走进故居”系列文化活动。

（4）2014年5月18日，郭沫若纪念馆与北京8家名人故居纪念馆在北京猿人遗址博物馆联合举办“大家风范，中国精神——20世纪文化名人的人格和家风”主题展览，该展览随后在浙江、武汉、杭州及北京地区巡展，巡展活动持续到年底。

（5）2014年5月28日，郭沫若纪念馆与《中国作家》杂志社、中央人民广播电台在郭沫若纪念馆联合举办“2014端午诗会”。

2．学术讲座

2014年，郭沫若纪念馆与中国社会科学院考古研究所、北京市社会科学界联合会、北京考古学会联合举办考古公益讲座共8场。

(1) 2014 年 5 月 20 日，第 1 场公益讲座主讲人为中国社会科学院考古所研究员王仁湘，讲座的题目是“昨日盛宴：考古出土食物与相关遗存”。

(2) 2014 年 6 月 11 日，第 2 场公益讲座主讲人为中国社会科学院考古所研究员李健民，讲座的题目是“中国青铜器（上)”。

(3) 2014 年 7 月 9 日，第 3 场公益讲座主讲人为中国社会科学院考古所研究员李健民，讲座的题目是“中国青铜器（中)”。

(4) 2014 年 8 月 6 日，第 4 场公益讲座主讲人为中国社会科学院考古所研究员王吉怀，讲座的题目是“禹会诸侯——禹会遗址考古发掘揭示 4000 年前大禹治水中的一段传奇”。

(5) 2014 年 9 月 10 日，第 5 场公益讲座主讲人为中国社会科学院考古所研究员王吉怀，讲座的题目是“中国原始第一村——安徽蒙城尉迟寺遗址揭示五千年前宏大的原始村落”。

(6) 2014 年 10 月 8 日，第 6 场公益讲座主讲人为中国社会科学院考古所研究员李健民，讲座的题目是“中国青铜器（下)”。

(7) 2014 年 11 月 5 日，第 7 场公益讲座主讲人为中国社会科学院考古所研究员曹定云，讲座的题目是“曹操墓之辨伪”。

(8) 2014 年 12 月 10 日，第 8 场公益讲座主讲人为中国社会科学院考古所研究员朱乃诚，讲座的题目是“中华龙的起源于形成——考古学的一个实证研究”。

3. 国际学术交流与合作

2014 年，郭沫若纪念馆共派遣出访 2 批 5 人次，接待来访 8 批 20 人次。与郭沫若纪念馆开展学术交流、展览合作的国家有美国、奥地利、韩国、新西兰、蒙古国、土耳其、巴基斯坦、肯尼亚等。

2014 年 7 月，郭沫若纪念馆等北京八大名人故居纪念馆在土耳其伊斯坦布尔 DOGUS 大学举办“中华名人展”。

(1) 2014 年 7 月 10 ~ 18 日，应土耳其 DOGUS 大学邀请，郭沫若纪念馆馆长崔民选等赴土耳其参加宣传郭沫若等 8 大文化名人的“中华名人展”巡展及文化座谈等活动。7 月 11 日，代表团在土耳其伊斯坦布尔 DOGUS 大学外文学院举办了“中华名人展”，共展出 300 余幅的珍贵历史图片，展现了近代以来为中华民族的崛起做出突出贡献的 8 位文化名人的生平与成就。7 月 12 日，代表团邀请 DOGUS 大学外文学院汉语系学生开展了座谈活动。郭沫若纪念馆馆长崔民选在座谈会上向学生们介绍了展出的 8 位中华名人与中国近现代历史。

（2）2014 年 9 月 11 ～ 19 日，郭沫若纪念馆副研究员张勇、李斌应国际郭沫若研究会和维也纳大学东亚研究院汉学系邀请，赴维也纳大学参加第四届国际郭沫若研究会双年研讨会。会议的主题是"'医学·文学·身体'"。

（四）学术社团

中国郭沫若研究会，会长高翔。

（1）2014 年 6 月 28 日，中国郭沫若研究会在贵州省贵阳市召开"中国郭沫若研究会第六次会员代表大会"。

（2）2014 年 6 月 28 ～ 29 日，中国郭沫若研究会和贵阳学院文化传媒学院在贵州省贵阳市联合主办"走向世界的郭沫若与郭沫若研究"学术研讨会。

（五）会议综述

中国郭沫若研究会第六次会员代表大会

2014 年 6 月 28 日，中国郭沫若研究会在贵州省贵阳市召开"中国郭沫若研究会第六次会员代表大会"。会议审议并通过了蔡震代表第五届理事会所作的工作报告。通过无记名投票方式，选举王本朝等 56 人为第六届中国郭沫若研究会理事。理事会选举张中良等 19 人为常务理事，高翔为会长，蔡震为执行会长，艾克拜尔·吉米提、冯时、李怡、杨胜宽、邱禾、张越、周海波、崔民选、彭邦本、魏建为副会长，李斌为秘书长，增聘郭平英为名誉会长，谢保成、谭继和为顾问。

蔡震在工作报告中从"组织召开各种形式的学术研讨会""参与推动研究课题等其它学术活动""国际学术交流活动""编辑出版学术专辑""学术普及及其他文化活动""会员发展与会务工作"等五个方面总结了研究会五年以来的工作。中国郭沫若研究会在过去五年中，积极发展会员，开展学术研讨和郭沫若宣教活动；先后在济南、南充、乐山等地以郭沫若文献史料问题、《女神》出版 90 周年纪念、郭沫若与文化中国为议题组织召开国际学术研讨会；并与国际郭沫若研究会等学术组织合作，先后在美国、俄罗斯等地就郭沫若与远东文化等议题展开学术研讨；创办《郭沫若研究年鉴》，并已接连出版三辑，编辑出版《郭沫若与文化中国》等论文集；参与组织了郭沫若诞辰 120 周年系列活动，多次参与郭沫若的展览展陈活动。通过学会全体会员的不断努力和社会各界的大力支持，中国郭沫若研究会已经成为中国学术界较为活跃的学术团体之一。

新任会长高翔高度评价了第五届理事会的工作，并对第六届理事会提出了要求。他说，在中学与西学、传统与现代并存的当今社会，中国郭沫若研究会负有独特的历史使命，它既是学术组织，也是思想组织，要在弘扬文化遗产、在与西方的学术交流对话、在当前各种思潮的激荡斗争中发挥积极作用；要充分利用中国社会科学院的资源优势，充分利用各种社会力量，努力开拓创新，做大做强，取得更大的成就；要跟相关实体单位合作，组建国际性郭沫若研究数据库，创办新的郭沫若研究刊物，组织史学、文学、考古学等相关领域的高水平学者，召开高层次的学术论坛，写出有分量的文章。学术在于薪火相传，郭沫若研究包括马克思主义史学研究在某些领域有边缘化的趋势，中国郭沫若研究会一定要培养马克思主义的新生代研究队伍。

（李　斌）

“走向世界的郭沫若与郭沫若研究”学术研讨会

2014 年 6 月 28 ~ 29 日，由中国郭沫若研究会和贵阳学院文化传媒学院联合主办的“走向世界的郭沫若与郭沫若研究”学术研讨会在贵州省贵阳市召开。来自中国社会科学院、北京大学、四川省社会科学院、北京师范大学、四川大学、山东师范大学等 20 余所科研院校的 70 余位学者参加会议。会议围绕“郭沫若翻译研究”“郭沫若对国学的反思”“郭沫若的海外传播与研究”“郭沫若的诗歌戏剧创作”等议题进行了讨论。

中国社会科学院党组成员、秘书长高翔参加研讨会并在开幕式讲话中指出，要坚持用思想史与社会史相结合的方法，在 20 世纪中国的历史大变革中去研究郭沫若；要站在历史和时代的制高点，坚持历史的、科学的态度，完整准确地理解郭沫若，不能从个案到个案，不能从文本到文本，不能求全责备，要旗帜鲜明地反对历史虚无主义；要坚持和继承郭沫若的精神，以求真、务实和经世致用为宗旨，为人民做学问，做一个无愧于历史和时代的马克思主义学问家。

郭沫若专题研讨会呈现出三方面的特点。一是受到有关方面的高度重视，中国社会科学院秘书长高翔专程赴贵阳出席研讨会。二是文史学界就郭沫若研究开展了广泛深入的交流互动，由于郭沫若在文学创作和史学研究、考古发掘等领域都作出了重大贡献，历次郭沫若学术会议都注意邀请文学史家和历史学家共同参加研讨。不同学科背景的学者都注意到了跨学科对于研究郭沫若的重要性，因此有不少来自中国现当代文学专业的学者探讨郭沫若的史学贡献，也有不少来自史学界的学者讨论郭沫若的诗歌戏剧创作及文化心态，从而形成了有效的交流互动。三是无论探讨郭沫若的学术研究，还是探讨其文学创作，都注意到将其作品放回相关的时代背景和历史语境中去考察，从而知人论世，实事求是，力争对郭沫若作出客观公正的科学评价。

（李　斌）

四　院直属公司工作

中国人文科学发展公司

（一）人员、机构等基本情况

1. 人员

截至 2014 年年底，中国人文科学发展公司共有人员 36 人。其中，原在编在岗人员 19 人，机关聘用人员 17 人（不含所属企业聘用人员）；副处级以上干部 12 人，部门（企业）副经理以上干部 15 人。

2. 机构

中国人文科学发展公司设有办公室、财务部、进口图书部、中文图书部、电子资源部。公司所属密云绿化基地、北戴河培训中心、社科博源宾馆、双业科兴物业管理中心、社科光大、玉泉营建材市场、安信捷、北京人文科工、社会科学成果开发中心、中咨公司、哲社企业信息咨询有限公司等 11 个企事业单位。设总经理 1 人，副总经理 3 人，党总支书记 1 人，纪检组长 1 人，总经理助理 1 人。

3. 主要任务

公司按照院里提出的“着眼于打造中国社会科学院统一的管理服务、经营创收平台”要求，不断拓展业务范围。主要任务有三大块：一是全院图书采购总代理、信息化建设任务；二是院所属有关固定资产的经营任务；三是社会科学成果的转化、开发等任务。

公司还承担了院党组会议、院务会议和院长办公会议及后勤督办会议等部署的相关任务，如密云绿化基地、北戴河培训中心的有关项目建设任务等。

4. 财务状况

公司实行的是院财务会计代理制，院里对公司及所属企业派出会计，公司负责出纳人员管理。2010 年以来，公司经营状况逐步改善，财务管理更加规范，效益明显提升，向院里上缴经费数额逐年增长，公司资本积累逐年扩大。

（二）2014年完成的工作情况

1.图书采购代理制和信息化项目建设扎实推进，完成了各项目标任务

图书采购中心三个部门——中文图书部、电子资源部和外文图书部完成了全院中外文图书采购和期刊征订任务。对有关数据资源和外文资源积极采取措施，把好意识形态关，确保了中外文图书和数据资源采购的意识形态安全。

与院财计局、图书馆紧密配合，稳定图书采购代理制，组织召开了院图书代理制总结会议。在图书采购代理制中引入了对数据库的招标，对部分中文图书采购参照业内折扣比例办理，与信管办、图书馆、创新办等部门积极配合，信息化项目依托公司所属人文科工这个平台，重点推进了创新工程综合管理平台二期工程方案的制订和实施，完成了科研大楼东段布线、梓峰大厦新办公区网络设备完善、院网络管理服务保障及网络外包等各项工作，牵头启动了海量数据库一期工程的招标工作等。图书采购代理和信息化项目建设合规合法，降低了成本，取得了较好的经济效益。

2.以国有资产保值增值为重点，强化对经营性资产的管理，提高经济效益和创收能力

研究生院老校区由公司所属北京双业科兴物业中心管理，该中心稳定经营承租大户，提升单位面积承租额，使公司经济效益提升25%左右，成为公司经济效益和上缴经费目标任务的主力军。承担了全院信息化建设“七名会议”的服务保障工作。

社科博源宾馆在设施设备比较陈旧的条件下，立足内部改革，开足马力，经济效益也有较大提升，成为公司完成上缴经费目标任务的生力军。玉泉营建材市场、社科光大、安信捷等公司，与承租大户重新签订协议，强化自主经营，克服搬迁带来的经营困难，经济效益和创收能力也有所提升。

密云绿化基地和北戴河培训中心一边推进项目建设，一边经营，其经营额比2013年有所增长。

3.北戴河培训中心和密云绿化基地翻改建工程按时间要求圆满完成，承担了全院暑期工作会议及各类培训

北戴河培训中心于6月底完成了新建楼的装修、内配及外部环境的全面整治，进入正常营业状态，圆满完成院暑期工作会议等保障工作。密云绿化基地开工时间较晚，于6月下旬完成了装修和相关配套工程，7月中旬主体工程竣工，10月新建综合楼投入使用，11月底完成了院内硬化工作，具备了冬季接待的条件。承担了全院处级干部大规模的培训，全年共承担20多个班次、2000多人次的培训。同时外部资源利用较好，占到培训收入的三分之一。北戴河培训中心和密云绿化基地的翻改建工作，达到了院领导提出的“如期工程、优质工程、文明工程、廉洁工程、安全工程”五个一工程要求。

4.在经营战略方面做了一些调整，加大了对院外资源的利用

2014年以来，公司的经营战略进行了调整，提出了以完全依靠院内资源实施经营，转变为依靠院内资源和依靠院外资源相结合的做法，寻找公司新的经济增长点，加强了院地、院企合作，与院考古研究所等单位合作，依托中咨公司和社会科学成果开发中心等平台举办“书画、文物鉴赏高端人才培训班”等。

5. 加强领导班子建设，发挥中层经营管理干部和员工的积极性

公司总经理班子成员分工负责，民主集中制和“三重一大”等决策机制更加规范。调整了党总支，院直属机关党委新选调了党总支书记，院纪委批准了新的纪检组长，人事教育局代表院里在全院 21 名处级干部交流中安排了公司总经理助理、办公室主任等。公司领导班子和中层干部在公司经营和服务保障方面兢兢业业，在抓好经营工作的同时，结合党的群众路线实践教育活动制定的长效机制和整改方案，加强了财务监管和审计工作，特别是在基建工程和信息化项目建设等方面，发挥了公司基本建设小组和审计小组的管理和监督功能，确保了项目合规合法和安全。

（三）创新工程的实施和公司管理新举措

2014 年，中国人文科学发展公司在实施创新工程和提升管理水平等方面进一步明确公司定位，强化“管理服务、经营创收”的理念，扎实推进公司的改革创新工作，为全院创新工程工作提供各类服务保障。

1. 创新工程年度规划

（1）扎实推进图书采购代理制，承担全院信息化建设项目相关工作和建设任务，做好全院与创新工程有关的服务保障工作。

（2）加强对所属企业的管理，提高经营性资产利用率和经营效益，加强绩效考核，使国有资产保值增值，使经营创收稳定增长。

（3）发挥社科博源宾馆、密云绿化基地和北戴河培训中心等三个培训基地的服务作用，采取积极措施，拉长经营期限，提高服务质量，积极承担全院各类学习、培训活动的服务任务。

（4）转变经营理念和方式，发挥社会科学成果开发中心的职能，在充分利用院内资源的基础上，加大对院外资源利用，加强社科成果转化、对外培训等方面工作，寻找新的经济增长点。

（5）积极落实院“三会”和后勤督办会等交办的任务，加强协调，完成燕郊“中国学者之家”等项目的阶段性建设目标。

（6）加强公司领导班子建设，提高公司治理水平，发挥党总支和党支部的保障作用。

2. 改革创新工作要点

（1）继续推进图书采购代理制改革，与院图书馆积极配合，确保完成全年采购任务。

（2）加强图书采购信息化管理和技术手段建设，提升服务管理水平。

（3）转变机制，强化内部管理，拓展图书代理的新业务、新空间。

（4）积极承担院内各项信息化重点项目，合规合法，与信息办等部门配合，积极推进各项工作的改革。

（5）拓展院信息化工程服务外包的深度和广度，在利用院外资源方面实现突破。

（6）所属玉泉营建材市场公司采取措施稳定老客户，积极拓展外部市场。

（7）所属双业科兴物业管理中心不断提高服务水平和经营水平，为国有资产管理保值增值作出更大贡献，同时为老校区长远开发作好前期工作。

（8）所属安信捷用品销售中心进一步理顺各种关系，转变经营观念，完善有关资质，发挥在创新工程工作中应有的效能。

（9）所属社科博源宾馆继续协调好租户关系，完善各种资质，确保安全经营，加强内部人事和财务管理改革，争取经济与社会效益的双丰收。

（10）所属密云绿化基地在翻改建工程主体完工的基础上，加快装修和设备配置的进度，确保实现夏季正常营业，为承担各类培训任务作出贡献，提升社会效益和经济效益。

（11）所属北戴河培训中心在基本完成装修的基础上，加快设备配置，争取尽快经营。

（12）所属社会科学成果开发中心充分发挥公司对外拓展业务新平台的优势，加强院地、院企合作，利用中国社会科学院品牌优势，在公司经营战略的转移方面，走出一条新路。

（13）所属中咨公司加强内部机制转化，拓展激活各项经营业务。

（14）积极承办院交办的“中国考古博物馆基地”的立项工作。

（15）加大对外协调，按照院党组和现代企业制度的要求，认真实施公司中长期发展计划和各项长效机制。

（16）加强公司财务、审计管理制度与廉政建设，强化财务监管，确保经营管理工作安全、有效、廉洁。

中国经营出版传媒集团

2009年，中国经营出版传媒集团由中国社会科学院批准中国社会科学院工业经济研究所组建成立，下辖由中国社会科学院主管、中国社会科学院工业经济研究所主办的经济管理出版社、《中国经营报》社及中国经营报社主办的《精品购物指南》报社等三个独立法人实体。并批准中国社会科学院工业经济研究所设立“集团联络处”，负责处理中国经营出版传媒集团的日常办公事务。

2013年9月，中国社会科学院党组决定中国经营出版传媒集团划归中国社会科学院直接管理。中国社会科学院成立中国经营出版传媒集团管理委员会，由院领导（副院长）、院各相关职能厅局主要领导、工业经济研究所主要领导及经济管理出版社、《中国经营报》社和《精品购物指南》报社的主要领导组成，院领导（副院长）任主任。并成立了中国共产党中国社会科学院中国经营出版传媒集团机关党委，由院党组成员（副院长）任党委书记，办公室设在中国共产党中国社会科学院机关党委。

中国经营出版传媒集团为法人联合体，由经济管理出版社、《中国经营报》社和《精品购物指南》报社等法人实体单位组成。

附：

经济管理出版社

2014 年，经济管理出版社严格贯彻落实党的十八届四中全会精神以及习近平总书记重要讲话内容，努力探索出一条符合自身学术出版特色的发展道路。在具体出版工作中，推出一批立足中国特色社会主义经济改革，系统阐释中国特色社会主义道路、借鉴人类文明优秀成果，充分挖掘经济管理理论，突出经济管理实践的图书，完成了年度工作计划。

2014 年，经济管理出版社出版图书 634 种（经济类 456 种），其中新出图书 586 种（经济类 418 种），总印数 252 万册（其中经济类 178 万册），发行总码洋 6841 万元；发行图书 142 万册。获得国家出版基金项目 2 项，承担院创新工程项目 21 项（109 卷），55 种图书获得省部级奖项。

（一）坚持正确的出版方向，加强图书的选题和质量管理

2014 年，经济管理出版社在工作中坚持正确的出版导向，在政治上严格把关，深入学习和贯彻落实习近平总书记系列讲话精神，为实现“中国梦”，建设社会主义文化强国，以增强国家文化软实力为己任，坚持社会主义先进文化前进方向，坚持中国特色社会主义文化发展道路，坚持以人民为中心的工作导向；认真贯彻执行党和国家的各项出版方针、政策和规定，对图书的选题和内容严格把关；严格执行重大选题申报制度，对属于申报范围的选题，严格履行申报备案程序；努力打造优秀学术著作的出版平台，创造良好的社会效益和经济效益。

在出版工作中，出版社始终把社会效益放在所有工作的第一位，对图书的政治内容、思想内容、学术水平和文字质量严格把关，使图书质量得到有力保障。

（二）明确品牌定位，以实现院创新工程基本目标为工作方向，努力打造“经管出版”品牌，为学术出版搭建良好平台

随着文化体制改革的不断深入，面对越来越激烈的竞争形势，经济管理出版社进一步明确自己的定位和目标，即发挥学术专业出版的品牌优势，依托中国社会科学院经济学部和经济学科片的研究所，为深入贯彻落实科学发展观，实施科研强院、人才强院、管理强院战略，促进中国社会科学院的发展贡献力量，已经逐渐成为国内有品牌影响力的专业学术出版单位。

2014 年，经济管理出版社的出版工作在坚持面向中国社会科学院经济学部和相关研究所，

为院创新工程成果和经济类、管理类学术著作提供出版服务的同时，也为国家有关部委的专家、各大专院校的教师、地方社会科学院和科研机构的研究人员搭建一个高水平的学术著作出版平台。在出版大量高质量学术精品的同时，通过召开新书发布会、研讨会和进行媒体推介等多种形式将这些优秀成果向国内外宣传推广，取得了很好的社会反响。

（三）承担国家级重点项目出版，积极参与院创新工程，做好学术出版工作

2014年，经济管理出版社策划并申报的《全球产业演进与中国竞争优势》《国家治理体系现代化研究系列丛书》两个出版项目获得国家出版基金项目资助，《中国管理学术思想史》获得第四届中国管理科学学会管理科学奖（学术类）。

在积极参与院创新工程过程中，经济管理出版社陆续编辑出版了《中国社会科学博士后文库》（26种）、《中国经济新常态下的国有企业改革与创新》《中国企业品牌竞争力指数报告2012～2013》《中国国有企业改革与发展丛书》《国家品牌与国家文化软实力研究》《中小银行经济资本管理：理论与实践》《新型工业化道路与推进工业结构优化升级研究》《全球电信运营企业发展报告（2012～2013）》《能源经济经典译丛》《中国养老金发展报告2014》等院重点项目，同时也推出了其他优秀学术著作，如《中国管理学术思想史》《中国保险业社会责任白皮书》《大数据商业模式》《东方管理商业模式理论与应用》等。

（四）优化图书选题结构，精品化、系列化、成套化取得成果

2014年，经济管理出版社在已有精品套系的基础上，又推出了《经济学学科前沿研究报告》《管理学学科前沿研究报告》《中国管理模式案例丛书》《国际经济比较研究系列》《区域经济发展青年学者论丛》《产业经济学文库》《岭南学术文库》《中国企业社会责任文库》等系列丛书，为进一步打造学术品牌奠定了良好的基础，受到了学界的广泛好评。

经济管理出版社还从战略的高度出发，在进行深入分析研究和充分占有翔实的第一手资料的基础上推出一批权威研究报告。包括《中国工业发展报告》《中国区域经济学前沿》《中国产业发展报告》《中国创新型企业发展报告》《中国战略性大宗商品发展报告》《中国企业品牌竞争力指数报告》《中国投资报告》《中国企业社会责任报告》《北京世界旅游城市建设发展报告》等，这些报告每年连续出版，其中《中国工业发展报告》已连续出版18年，《中国创新型企业发展报告》已连续出版8年，形成了很好的品牌效应。

经济管理出版社还组织翻译出版了一批经济管理类经典读物，如《能源经济经典译丛》等。

（五）经营管理和队伍建设

为了进一步提高出版社的竞争力，打造国内一流的学术出版社，经济管理出版社从经营管理思路到人才队伍培养上都进行了创新，社会效益和经济效益明显上升，收到良好的效果。

在经营管理方面，经济管理出版社不断深化内部改革和创新，为适应出版行业激烈的竞争

环境，积极探索出版社改革创新和发展的新路径；通过内部人事和分配制度改革，建立了有效的激励约束机制，改善了经营管理，极大地调动了职工的工作积极性；坚持贯彻“学术为本，质量立社”的原则，严格规范学术出版体例，努力完善以质量为中心的出版流程管理。

在队伍建设方面，出版社通过组织各项专业培训打造了一支具备专业素质和工作经验的人才队伍，建立了良好的编辑、出版、营销人才的工作平台；依托院内学者组建一支以国内科研机构、大学的学术带头人为主的作者队伍和翻译队伍，建立了完整、高效的图书选题策划、编辑、出版、营销工作流程，提供了最优质的出版服务。

五　院代管单位工作

中国地方志指导小组办公室

（一）人员、机构等基本情况

1. 人员

截至 2014 年年底，中国地方志指导小组办公室共有在职人员 49 人。其中，参照公务员法管理人员 36 人，事业编制人员 5 人；正高级职称人员 4 人，副高级职称人员 5 人，中级职称人员 7 人；高、中级职称人员占全体在职人员总数的 33%。

2. 机构

中国地方志指导小组办公室为参照公务员法管理的事业单位，设有秘书处、联络处、年鉴处（《中国地方志年鉴》编辑部）、方志理论研究室、方志期刊指导处（《中国地方志》编辑部）、人事处，并挂国家方志馆牌子，管理方志出版社。

（二）组织召开的工作会议

1. 第五次全国地方志工作会议。2014 年 4 月 19 ～ 20 日，经国务院批准，第五次全国地方志工作会议在北京召开。中国地方志指导小组部分成员和各省（自治区、直辖市），新疆生产建设兵团，各副省级城市，解放军、武警部队分管或联系地方志工作的领导同志、地方志工作机构主要负责人，以及国务院有关部委局史志机构负责人，共 140 余人参加会议。

2. 甘青宁三省（区）地方志工作座谈会。2014 年 6 月 13 日，为贯彻落实第五次全国地方志工作会议精神，甘青宁三省（区）地方志工作座谈会在甘肃省兰州市召开。中国地方志指导小组组长王伟光出席会议并讲话。中国地方志指导小组常务副组长李培林主持会议。中国地方志指导小组办公室党组书记田嘉等参加会议。会上，三省（区）地方志工作机构负责人以及兰州、白银、酒泉、庆阳四市的地方志工作机构负责人分别汇报了贯彻落实第五次全国地方志工作会议精神的情况及下一步工作打算。王伟光在讲话中指出，推动地方志事业发展，关键在认识、关键在领导、关键在落实、关键在人才。王伟光要求：一要高度重视地方志工作，以有为谋有位；二要加强督办检查，依法推进地方志工作；三要健全机构、落实编制、加大投入，全面改善地方志工作条件；四要切实保证志书质量，加快修志进度；五要积极开展读志用志，做好服务工作；六要集中解决老大难问题，实实在在干几件事。会议还就如何推进经济欠发达地区、少数民族地区地方志工作进行了研究。

3. 西北五省区、兵团地方志工作协作会议。2014 年 8 月 29 ~ 31 日，根据中国地方志指导小组倡议，首届西北五省区、兵团地方志工作协作会议在陕西省西安市召开。中国地方志指导小组常务副组长李培林出席会议并讲话。中国地方志指导小组办公室党组书记田嘉等参加会议。陕西省、甘肃省、青海省、宁夏回族自治区、新疆维吾尔自治区、新疆生产建设兵团及部分市（州、地、区）、县地方志工作机构 24 家单位共 60 余名代表参加会议。会议的主题是“贯彻第五次全国地方志工作会议精神，提高西北五省区地方志科学化水平”。

（三）开展工作调研

2014 年，中国地方志指导小组及其办公室抓好习近平总书记系列重要讲话精神和李克强总理、刘延东副总理重要批示、重要讲话精神的学习宣传和贯彻落实，认真做好中国地方志指导小组五届一次会议、第五次全国地方志工作会议精神的宣讲、阐释和贯彻落实工作。王伟光、李培林带队到 10 个省开展了 11 次调研和座谈，深入基层了解工作实情，了解各地工作开展情况，研究地方志工作面临的主要问题，进而明确工作重点，提出系列工作要求。中国地方志指导小组办公室领导陪同调研。

2014 年 3 月 6 日，王伟光、李培林一行到北京市地方志编纂委员会办公室，对北京市地方志工作进行调研，与北京市地方志办公室领导班子、各处室负责人进行了座谈，听取了北京市地方志编纂委员会办公室主任王铁鹏的工作汇报，并考察了北京市方志馆。

2014 年 3 月 18 ~ 19 日，王伟光、李培林一行为筹备第五次全国地方志工作会议，了解各地地方志工作情况，到河北省调研地方志工作。在保定市、徐水县分别与河北省 11 个地市地方志工作机构负责人、10 个县级地方志工作机构负责人进行座谈。

2014 年 4 月 9 ~ 11 日，王伟光、李培林一行到江苏省盐城市、淮安市、宿迁市、徐州市调研地方志工作，了解各级地方志工作机构志鉴编纂、旧志整理、读志用志、机关建设等情况，分别召开了江苏省及各市地方志工作座谈会、县区地方志工作座谈会。

2014 年 4 月 22 日，王伟光等到浙江省地方志办公室考察。

2014 年 5 月 7 日，王伟光出席在赣州市召开的江西省地方志工作座谈会，听取了江西省地方志办公室、12 个设区市地方志办公室的工作汇报，并作讲话。

2014 年 6 月 29 日，王伟光到黑龙江省地方志办公室调研，出席黑龙江省地方志工作座谈会，听取了黑龙江省地方志工作情况介绍，参观了黑龙江省方志馆展览。

2014 年 7 月 28 日，王伟光、李培林一行到国家方志馆秦皇岛分馆考察。

2014 年 8 月 11 ~ 12 日，李培林等到河南省调研地方志工作，分别在郑州市和新乡市召开省志编修工作座谈会和市、县（市、区）志编修工作座谈会。

2014 年 8 月 15 日，王伟光、李培林一行到广东调研地方志工作，在深圳市召开了广东省地方志工作座谈会，听取广东省、广州市、深圳市、清远市地方志工作的情况汇报，与广东各地市地方志工作机构的主要负责人座谈，并考察了深圳市方志馆。

2014 年 9 月 17 日，王伟光、李培林一行赴山东省调研史志工作，并在威海市召开山东省史志工作座谈会，听取山东省史志办公室主任和 8 个市县的史志办主任的工作汇报并讲话。

2014 年 11 月 25 日，王伟光、李培林一行在厦门市调研福建省地方志工作，召开福建省地方志工作座谈会。

（四）向国务院报送《当前全国地方志工作和事业发展情况报告》

2014 年 11 月，中国地方志指导小组向国务院报送了《当前全国地方志工作和事业发展情况报告》，提出了将地方志工作纳入国家经济社会发展规划，在政府工作报告中明确提出地方志工作任务；妥善处理各地各级地方志工作机构的分类改革问题；加大对地方志工作的专项经费支持等建议。11 月底，国务院副总理刘延东专门作出批示，要求抓住地方志事业发展的好形势，切实采取有效措施，推动地方志事业迈上新台阶。对在调研中各地反映的问题和困难，要求有关部门积极支持并协商解决。

（五）组织开展学术交流和专项工作研讨

1.《中国方志发展报告》编纂研讨会。2014 年 5 月 21 日，《中国方志发展报告》编纂研讨会在北京召开。全国地方志系统代表 20 余人参加会议。会议就《〈中国方志发展报告〉项目实施方案》《〈中国方志发展报告〉框架设计（征求意见稿）》进行研讨。

2.《方志理论学习通典》编纂研讨会。2014 年 5 月 22 日，《方志理论学习通典》编纂研讨会在北京召开。来自全国各省级方志期刊编辑及方志专家和高校学者 20 余人参加会议。会议研讨了《方志理论学习通典》编纂实施方案及相关问题。

3.《方志学学科建设规划（2015 ~ 2020 年）》。2014 年 6 月至 7 月，中国地方志指导小组办公室就《方志学学科建设规划（2015 ~ 2020 年）》征求了部分地方志专家的意见。8 月，在北京召开专题研讨会议，讨论修改《方志学学科建设规划（2015 ~ 2020 年）》。会后，对《方志学学科建设规划（2015 ~ 2020 年）》做了进一步修改完善。

4.《地方综合年鉴编纂教程》。2014 年 8 月，《地方综合年鉴编纂教程》完成初稿。10 月 28 ~ 29 日，为保证初稿编写质量，《地方综合年鉴编纂教程》编写第三次会议在北京召开。

5. 2014 年新方志论坛。2014 年 10 月 14 ~ 15 日，2014 年新方志论坛在四川省成都市举行。论坛由中国地方志指导小组办公室主办，四川省地方志编纂委员会承办。来自全国方志界和科研院校的专家学者共 50 人参加会议。会议研讨的主要问题有“志书自然部类存在的问题及对策”“新方志对旧志记载地域文化的借鉴”“志书自然部类”“地域文化编纂经验介绍”等。

6. 与哈佛大学哈佛燕京图书馆合作善本中国地方志数字化项目。2014 年，中国地方志指导小组办公室继续开展与哈佛大学哈佛燕京图书馆合作善本中国地方志数字化项目。该项目共包括 763 种，7522 卷，主要为明清时期的善本地方志书，清代主要为乾隆中期以前。

（六）组织开展培训工作

1. 中华人民共和国史高级研修班。2014 年 7 月 18 日，由中华人民共和国国史学会与中国地方志指导小组办公室联合主办的第五期“中华人民共和国史高级研修班”在北京当代中国研究所举行。来自全国近 20 个省（自治区、直辖市）以及部分高校、科研院所和国家有关单位的史志学术骨干 120 余人参加了学习。

2. 全国地方志工作机构新任负责人培训班。2014 年 9 月 3 ～ 10 日，全国地方志工作机构新任负责人培训班在河北省秦皇岛市举办。培训班由中国地方志指导小组办公室主办，秦皇岛市地方志办公室承办。来自全国各地的省、市、县三级地方志工作机构新任负责人 100 余人参加培训。田嘉、冀祥德出席开班仪式。

3. 方志学进修班与方志史招生。2014 年，中国地方志指导小组办公室与暨南大学合作举办历史文献学专业（方志学方向）研究生课程进修班；与当代中国研究所和中国社会科学院研究生院合作，在国史系增设了“中国当代方志史”研究方向及“中国当代方志史”博士研究生招生方向。

（七）《全国地方志事业发展规划纲要（2015～2020年）》的拟订和报批工作

2014 年 1 月，国务院副总理刘延东就中国地方志指导小组向国务院报送的《关于批转〈全国地方志事业发展规划纲要（2015 ～ 2020 年）〉（送审稿）的请示》作出重要批示。批示指出，编制地方志事业发展规划纲要，有利于推动全国地方志工作，请地方志指导小组加强与发改委沟通，并按要求修改完善规划纲要，按程序报批，请国家发改委支持指导。根据批示精神，3 月，中国地方志指导小组办公室召开各处室、方志出版社负责人会议及部分省（自治区、直辖市）地方志工作机构负责人会议，听取意见和建议。4 月，《全国地方志事业发展规划纲要（2015 ～ 2020 年）》（以下简称规划纲要）稿以通讯方式征求了第五届指导小组成员的意见，后以草案形式提交第五次全国地方志工作会议审议。6 月，在北京组织召开规划纲要专题研讨会议，邀请 7 名省级地方志工作机构负责人、方志专家进行讨论修改，形成新的征求意见稿。7 月，为贯彻落实第五次全国地方志工作会议安排部署，中国地方志指导小组办公室派出 3 个专题调研组，分别由田嘉、李富强、邱新立带队，到辽宁、吉林、湖北、湖南、广西、重庆、四川七省（自治区、直辖市），征求七地三级地方志工作机构有关人员对规划纲要稿文本的意见，共收集有关修改意见与建议 235 条。8 月下旬，连续在北京召开两次专题研讨会议，邀请地方志专家、部分省级地方志工作机构负责人参会，进一步讨论修改规划纲要稿文本。9 月，根据王伟光、李培林的意见，对规划纲要稿文本做进一步修改，规划纲要稿以通讯形式再次报送指导小组成员征求意见。10月，规划纲要稿报送中国社会科学院，请示向国务院报送批转。11月，规划纲要稿经中国社会科学院报送国务院办公厅。

（八）《汶川特大地震抗震救灾志》出版前的准备工作

《汶川特大地震抗震救灾志》在2013年完成编纂后，于2014年2月正式向国务院应急办报送出版请示。10月，再次向国务院应急办报送公开出版请示。11月，国务院有关领导签批同意出版，国务院总理李克强专门作出重要批示，要求认真研究志书总结的汶川抗震救灾经验，不断完善近几年探索形成的“分级负责、相互协同”抗灾救灾应急机制，切实提高我国应对特大自然灾害的能力和水平。

（九）全国地方志系统统计工作

截至2014年12月，全国完成第二轮规划内省级志书378部、市级志书150部、县级志书1444部，分别占规划任务的14.6%、38%和49.2%。全国地方志系统组织编纂的地方综合年鉴达2311余种，新创刊省市县三级地方综合年鉴390多种。部门志、行业志累计出版22802部，乡镇村志、街道社区志累计出版4308部，地情书累计出版近万部，还出版了大量的山水志、名胜志、古镇志。旧志整理成果累计出版2456部。全国已建成省级网站27个、市级网站222个、县级网站772个，比2013年增加了150个。全国已建成国家方志馆1个、省级馆16个、市级馆83个、县级馆276个，新建省级方志馆2个、市县级方志馆49个。全国地方志系统共发表志鉴论文1000多篇，出版专著、教材、论文集40多部。

（十）全国第二轮修志试点工作

2014年，中国地方志指导小组办公室继续坚持试点先行、典型示范，推动第二轮修志试点工作。一是对天津市水务局、天津市经济技术开发区、浙江省宁波市鄞州区、浙江省温州市等地申报全国第二轮修志工作试点单位的修志机构进行了考察。二是参加试点单位浙江省象山县志书《象山县志》评稿会，帮助《天津市北辰区志（1979～2009)》继续修改篇目。三是关注试点单位工作动态，全面梳理23个试点单位工作情况，总结试点工作经验，形成总结报告。

（十一）《中国地方志》创名优工程建设工作

2014年，《中国地方志》编辑部在年初研究和优化期刊全年方志理论研究选题，拟定出2014年方志理论研究选题。同时加强第二轮志书编修、理论探讨、编纂论坛等和修志实践关系密切的重点栏目建设，加强了旧志研究、乡土文化等栏目的组稿、审稿工作，完善审稿、用稿、组稿以及编辑管理等方面的制度建设，提高审校质量。全年编辑出版《中国地方志》期刊12期及1期增刊。该刊被评为中国人文社会科学核心期刊。

借助《中国地方志》期刊网站，提高知名度和影响力。2014年，网站改版升级一次，增加志书佳篇赏析、志苑人物、方志利用、方志讲堂以及人物访谈、口述历史等栏目，加大了网站内容上传数量，在线投稿系统运行良好，提高了工作效率。

加强对各省期刊工作的指导。7 月 16 ～ 17 日，在内蒙古自治区呼和浩特市召开全国方志期刊工作座谈会。全年审读 29 种省级方志期刊，撰写审读信息 26 篇，编辑《方志期刊信息》3 期，建立起省级方志期刊通讯员队伍。

（十二）《中国方志通讯》编印工作

2014 年，《中国方志通讯》及时报道全国地方志工作的新进展、新成绩，做好全国地方志系统的交流平台，共编印 40 期，载录 30 个省（自治区、直辖市）、13 个部委局及相关史志部门稿件 430 多件，总字数约 80 万字。

（十三）中国地方志学会工作

1. 中国地方志学会城市区志专业委员会 2014 年学术年会。2014 年 10 月 29 ～ 30 日，中国地方志学会城市区志专业委员会 2014 年学术年会在江苏省扬州市广陵区召开。会议由中国地方志学会城市区志专业委员会主办，江苏省扬州市广陵区地方志办公室承办。年会的主题是研讨第二轮城市区志文化部类的编纂方法与编纂规律，内容包括论文交流和评议《天津市北辰区志（1979—2009）》文化部类稿。来自 22 个省（自治区、直辖市）的 100 余人参加会议。

2. 第四届中国地方志学术年会。2014 年 12 月 23 ～ 24 日，第四届中国地方志学术年会在浙江省杭州市召开。会议的主题为“弘扬方志文化，发掘历史智慧——中国历代方志整理与研究”。会议由中国地方志指导小组办公室和中国地方志学会主办，浙江省人民政府地方志办公室承办。来自全国地方志工作机构、高等院校、科研院所的专家学者 120 余人参加会议。

（十四）成果出版

1.《中国地方志论文论著索引（1913 ～ 2007）》。2014 年 6 月，由中国地方志指导小组办公室组织编纂的《中国地方志论文论著索引（1913 ～ 2007）》由方志出版社出版。该书大体分为论文索引和著作目录两部分，收录 1913 年至 2007 年国内期刊上刊载的有关地方志、年鉴编纂及研究的论文，领导讲话，工作文件，会议纪要与综述，书信，动态消息等，以及部分报纸上有关地方志的论文、消息，约 52000 余条，24.09 万字。

2.《清代方志序跋汇编·通志卷》。2014 年 9 月，《清代方志序跋汇编·通志卷》由上海古籍出版社出版。该书系“清代方志整理与研究”丛书项目的阶段性成果，由中国地方志指导小组办公室组织编纂，收录 46 种清代通志的序跋，49.2 万字。

3.《中国地方志年鉴（2013）》。2014 年 11 月，中国社会科学院主管，中国地方志指导小组办公室主办、《中国地方志年鉴》编辑部编纂的《中国地方志年鉴（2013）》出版。该年鉴设特载、特辑、大事记、中国地方志指导小组及其办公室工作、志书编纂与出版、旧志整理与出版、年鉴编纂与出版、地方志资源开发利用、信息化与方志馆建设、学会活动与期刊出版、理论研究、法规条例与政策指导、工作会议、专业培训与考察交流、机构队伍、人物、文献等类目，类目下设分目，分目下设条目，以条目为主体，记述2013年全国及各省（自治区、直辖市）、市（地、州、盟）、县（市、区、旗）三级地方志编纂委员会（办公室）、新疆生产建设兵团志办公室、武警部队政治部编研部、国务院有关部委局史志机构等地区、部门（行业）地方志工作的基本情况。

4.《第三届中国地方志学术年会两岸四地方志文献学术研讨会论文集》。2014年12月，由中国地方志指导小组办公室、中国地方志学会等组织编纂的《第三届中国地方志学术年会两岸四地方志文献学术研讨会论文集》由方志出版社出版，收录2013年10月第三届中国地方志学术年会暨两岸四地方志文献学术研讨会论文84篇，141.5万字。

（十五）会议综述

第五次全国地方志工作会议

2014年4月19～20日，经国务院批准，第五次全国地方志工作会议在北京召开。中国地方志指导小组部分成员和各省、自治区、直辖市，新疆生产建设兵团，各副省级城市，解放军、武警部队分管或联系地方志工作的领导同志、地方志工作机构主要负责人，以及国务院有关部委局史志机构负责人，共140多人参加会议。会议的主要任务是：进一步落实国务院《地方志工作条例》和中国地方志指导小组五届一次会议要求，总结第四次全国地方志工作会议五年来的工作，分析当前地方志事业发展形势，明确地方志事业奋斗目标和今后五年的工作任务，审议《全国地方志事业发展规划纲要(2014～2020)》(草案)，努力开拓全国地方志事业发展新局面。

会议得到党中央、国务院的高度重视。在会议召开之际，中共中央政治局常委、国务院总理李克强作出重要批示，中共中央政治局委员、国务院副总理刘延东与部分会议代表座谈，转达李克强总理对这次会议的关心，并发表重要讲话。李克强总理在批示中充分肯定地方志和地方志工作的重要作用，充分肯定地方志工作和事业取得的显著成绩，对全国广大地方志工作者提出殷切期望。刘延东副总理在高度评价和充分肯定地方志工作的同时，对继续做好地方志工作提出了进一步提高思想认识、进一步明确相关职责、进一步加强质量管理、进一步强化开发利用的总要求。

中共中央委员、中国社会科学院院长、中国地方志指导小组组长王伟光出席会议并作题为“发扬成绩，谋划长远，奋力书写地方志事业发展新篇章”的工作报告，全面系统总结了第四次全国地方志工作会议召开五年来修志工作、年鉴编纂、旧志整理、方志理论和方志学学科建设、设施设备信息化建设、地方志资源开发利用、工作机构与队伍建设、法治化建设等方面取得的成绩，总结了地方志工作积累的弥足珍贵的经验，指出了在前进道路上遇到的困难和问题。他强调，当前地方志事业发展面临着大好形势与机遇，习近平总书记系列重要讲话精神为地方志事业发展指明了前进方向，全面建成小康社会和全面深化改革的伟大实践为地方志事业发展构筑了广阔舞台，扎实推进社会主义文化强国建设的战略部署为地方志事业发展提供了有力支撑。他指出，到2020年，要建成由地方志编修体系、地方志质量保障体系、地方志资源开发利用体系、地方志理论研究体系、地方志学科建设体系、地方志工作领导体系、地方志人才队伍体系、地方志工作物力财力保障体系组成的，比较完善的地方志事业发展综合体系。

中共中央候补委员、中国社会科学院副院长、中国地方志指导小组常务副组长李培林向大会介绍了《全国地方志事业发展规划纲要（2014～2020）》（草案）起草过程、总体框架和主要内容，并在会议总结讲话中指出，第五次全国地方志工作会议具有丰富的内涵，学习贯彻会议精神，将会议精神转化为推动地方志事业发展的巨大力量，是下一步的重要任务。要牢固树立大局观念和服务意识，动员更广泛的社会力量参与地方志工作，不断增强质量意识和精品意识，进一步完善《全国地方志事业发展规划纲要（2014～2020）》（草案）；各地、各部门要汇报阐释好会议精神，学习宣传好会议精神，贯彻落实好会议精神。

国家档案局局长、中国地方志指导小组副组长杨冬权布置了全国地方志系统表彰先进工作。杨冬权和军事科学院副院长、中国地方志指导小组副组长何雷分别主持会议。

（方志办）

（十六）方志出版社工作

2014年，方志出版社根据第五次全国地方志工作会议提出的“推进方志出版社志书精品工程，建设全国地方志专业出版基地，努力打造一批优秀志书”的要求，以团结立社、制度治社、质量强社、效益兴社为目标，加强与全国地方志系统的联系，取得社会效益和经济效益的双丰收。全年出版图书378种，其中《广东省志》被列入国家新闻出版广电总局《“十二五”国家重点图书、音像、电子出版物出版规划》增补项目，《中国海关通志》《中国社会科学博士后文库》《法治中国论坛》等重点图书在全国产生积极影响，首次实现年盈利超千万元。

第四编

科研成果

KEYANCHENGGUO

2014年主要科研成果

文学哲学学部

文学研究所

《西方美学的现代历程》

高建平（研究员）

专著　350千字

安徽教育出版社　2014年10月

该书从当代的角度对西方美学从古典向现代转变过程中的几位关键人物的美学思想做了较为深入的剖析，说明其理论要点，并阐释一些重要理论之间的传承、激励和影响关系，从而勾勒出西方美学现代转变历程的线索。该书主要包括两个方面的内容：一是从今天的理论高度，对这些美学上的经典作家进行新的阐释；二是探讨这些经典作家的作品对今天的理论建设所具有的意义。这些美学家的思想，有一些已经在中国形成巨大影响，但这种影响有简单化和误读的倾向，需要通过研究来进一步澄清，有些美学家的思想对于发展中国美学有借鉴意义，但中国学术界过去还没有注意到。该书在西方美学研究领域提出了许多新观点，有些已经作为单篇论文发表，在学术界产生了一定的影响。

《消费他者——全球化与资本主义的文化图景》

金惠敏（研究员）

专著　221千字

商务印书馆　2014年5月

该书主要涉及文化研究与社会美学两个主题。其问题发生的语境是资本主义及其全球化。因此，在研究方法上，该书将文化研究和社会美学的问题置于资本主义和全球化的语境或视域进行考察。其重要论点有如下几点：

第一，“全球性”是超越或同时包含了现代性和后现代性的一个新的哲学概念；在此基础上，该书进一步提炼出一个“全球对话主义”的哲学。

第二，现代社会的形成，或者说，资本主义的发展，存在着一个抽象化和文化化的过程，符号化、图像化或审美化乃资本主义商品经济的内在维度和必然逻辑，该书以“美学资本主义”称之，这一点应当坚持；但另一方面也必须指出，仅有浪漫主义的“审美现代性”批判将是偏狭的，这种理论看不到在资本主义与文化或美学之间还有一种积极的建构关系。资本主义生产方式不只是与诗歌相敌对，而且其本身即蕴含着一种不是诗意但类似诗意的要素。

第三，后现代主义，或具体于德里达的解构论，并未完全丢弃现代性的认识论，它也从来不是一种虚无主义，而是一种激进的认识论，一种对文化的反思和批判，它以极端的形式——意义永远不可能被我们捕捉到，我们所能见到的只是意义的踪迹——提醒我们，在通往真理的途中，有层层的文化垃圾等待我们去清理。

第四，该书“财产作为再现”一章是对老子财产观的后结构主义阅读。文章先给出老子财产观的对立面，即认为财产即人格。这种理论在中国文化传统中有所表现，而在西方社会由于自由主义的推动而居于主流位置。老子将财产界定为分割、私有、圈定、排斥和占有，它是“有欲”，但更是“有名”，是“秀出”于无意识和日常生活，因而也就是在语言中的存在，是后结构主义的“再现”。在把老子财产观引入当代学术视野的同时，该章做的另一项工作是，强力推行老子后结构主义式命题“道可道，非常道”于其整个文本，是对老子研究的一种突破。

《文之舞——网络文学与互文性研究》

陈定家（研究员）

专著　411千字

社会科学文献出版社　2014年3月

该书从互文性视角研究网络文学，对网络时代的文学、超文本与互文性等相关论题做了详细的梳理，从全方位的新视角，不仅展现了当代文学研究的基本面，而且把网络文学时代的特点和传统文学的发展有机结合起来，详细解读了超文本正在悄然改写我们关于文学与审美的思维方式和价值标准的现状。

《门阀士族与文学总集》

刘跃进（研究员）

专著　600千字

世界图书出版西安有限公司　2014年6月

该书分上、中、下三编，包括导论一篇、正文十七章、附录三篇。该书对魏晋南北朝时期重要的文学选题进行了深入细致的系统研究。导论《从古诗十九首到南朝文学》，概括了从汉魏到南朝时期文学形态的演变过程。上编《士风与文风》分为士风宏观阐述和文学专题研究两大部分，对建安时代的风貌、魏晋风度、六朝门阀士族与佛教传播展开讨论，还原了历史本身的生动与丰富。中编《昭明文选研究》，包括《文选》编者集团及其文学旨趣与梁代中期的文学复古思潮、《文选》作品的个案研究、尤袤刻《文选》的版本问题，还有对《文选》旧注整理的思考。下编《玉台新咏研究》，分别从原貌考索、所收作品研究、成书年代新证、版本研究以及所收梁代作家事辑五个方面做了详细深入的考察。附编是关于其他文化现象与典籍的一些研究。

《文学与认同——蒙元西游、北游文学与蒙元王朝认同建构研究》

王筱芸（研究员）

专著　340千字

河北教育出版社　2014年12月

该书以元代西游、北游文学与蒙元王朝认同建构为研究对象，阐述了蒙金之交西游文学与大蒙古国成吉思汗时期的蒙古王朝认同建构，蒙元之交金莲川幕府群体士人文学的元王朝认同建构，以及元朝南方士人北游文学的王朝认同变迁与元朝认同建构。该书在对各个族群和士人的蒙元文学认同建构的分析中，完成了一次深刻的学术探索，对传统的汉化、华化研究模式之外的中华民族多元一体认同模式进行了深刻的探索和分析。

《中国古代金银首饰》

扬之水（研究员）

专著　350 千字

故宫出版社　2014 年 9 月

该书是一部关于中国古代金银首饰历史、文化、类型、题材、纹样、制作的综合性学术专著，共分三册，图片 3000 余幅。该书全面展现了中国古代金银首饰的发展脉络，并附有详尽的索引。

该书遵循“以物见史”的研究方式，集中关注在“物质文化史”中的最小单位，一器一物的发展演变史，从众多的小史里求精求细，不厌其多地例证，再慢慢丰富、发展这些细节，既全面呈现了中国古代金银首饰的完整风貌，也能在阅读中体味中华文化的璀璨与优美。

《宋代范浚及其宗族考论》

张剑（编审）

专著　264 千字

中国社会科学出版社　2014 年 4 月

该书分别从文献学、历史学、哲学、文学、史料学等方面，对宋代知名人物范浚文集的版本、范浚人物形象的嬗变、范浚的理学思想、范浚的诗歌、范浚和范端臣历年事迹、宋代范氏宗族的史料问题等进行了深入揭示，在人物个案研究和宗族研究方面具有一定范式意义。

该书正文七章，另有附录三种。前四章分别从文献学、历史学、哲学、文学四个方面进行了相对深入的研究。第五章是对宋代香溪范氏家族的两个中心人物范浚和范端臣历年事迹的考证。第六章对《兰溪县志》《香溪范氏宗谱》和民间传说中涉及宋代香溪范氏的资料进行了集中考辨和清理，认为清代《兰溪县志》取材《香溪范氏宗谱》，比明代《兰溪县志》增饰了不少并不可靠的史料；《香溪范氏宗谱》中宋元人的谱序和论赞多系伪作；有关宋代范氏的传说也多荒诞无稽，是典型的民间思维与想象；对于如何认识和使用地方志、族谱材料也进行了一定反思。第七章是对宋代香溪范氏盛衰过程的简单考察和总结。

《礼仪与兴象——〈礼记〉元文学理论形态研究》

王秀臣（编审）

专著　299 千字

社会科学文献出版社　2014 年 4 月

该书以礼乐文化作为研究背景，从《礼记》的政治、伦理、道德、宗教阐释中抽象出其文学倾向和理论主张，剖析“礼义”的文学思想，从《礼记》文本表述中找到具体例证，还原“礼”文本展现的文学原初理论形态，从而揭示礼学、经学和文学思想的内在联系。该书以礼学的重要范畴和上古礼仪活动的具体实例为研究对象，始终贯穿着中国传统文学思想源于经学，经学的演变决定了中国文学思想发展基本走向的观点。

《盛唐中唐诗对宋词影响研究》

刘京臣（副研究员）

专著 380千字

中国社会科学出版社 2014年2月

该书以王维、李白、杜甫、韩愈、白居易、刘禹锡等六大诗人为中心，全面考察盛唐、中唐诗歌对宋词的影响。作者依托信息技术，研发数据平台，对相关文献进行标注、统计与分类。同时，又以传统学术路径研读文献，在定量的基础上进行定性分析，深入探讨唐诗、宋词之间的影响接受关系，是信息技术辅助传统文学研究的新尝试。

《革命的张力——“大革命”前后新文学知识分子的历史处境与思想探求（1924～1930）》

程凯（副研究员）

专著 398千字

北京大学出版社 2014年3月

该书聚焦的对象是“五四”新文化运动所造就的新文化知识分子和新青年，他们面对20世纪20年代中后期“五四”立场的蜕化、社会革命的兴起、新的政党政治出现等一系列历史状况，遭遇到怎样的现实的、思想的困境与挑战。在此历史境遇下，在文学与政治的张力关系中，他们经历了怎样的思想转变、道路抉择以及发挥了什么样的现实作用。该书由此勾勒出“五四”新文化运动如何经过社会革命的洗礼而发展出左翼文化运动的历史形态。

“大革命”前后，“五四”一代文学家、新青年普遍经历了“从文学到政治”的冲击与转变。这一过程不能单向化认为他们被政治吞没、异化。毕竟，新文化运动展开的过程就是其变质与蜕变的过程，正是新文化自身的危机导致了新文化群体从弃绝现实政治转向萌发新的政治意识，创造新的政治实践。然而，“国民革命”蕴含的矛盾最终导致“大革命”失败，并逆向激发了思想文化领域内再一次革命性反思。这新一轮左翼思想革命表面诉诸对“五四”的颠覆却暗含对“五四”方式的继承与深化，即重新批判、定义各种文化、政治、社会、历史、价值观念，打造新的主体形态，来为新的政治实践奠定基础。

该书力图把这一时期的文化实践与政治实践放在一个相互交织、充满张力的框架中加以考察，两者有分有合，互为前提和限度，互相生发与制约，由此试图探求中国革命进程中文化与政治的辩证展开逻辑。

《文学史微观察》

李洁非（副研究员）

专著 187千字

生活·读书·所知三联书店 2014年8月

该书作者有感于现当代文学史的书写过分关注对作家作品给予何种评价上，而兴趣不在深细地考察文学史的各种情状。无论是早年以革命与否判断作家好坏，还是新时期以来从艺术成就方面鉴定作家优劣，都使得文学史成为一部“表彰册”，对于王国维所谓“一代之文学”挖掘得极少。因此，作者有意转换思路，撷取文学史上的几个重要关键词来展开史学描述，“一欲进入二十世纪以来文学特有问题，二欲微观和实证地进入”。

《天崩地解——黄宗羲传》

李洁非（副研究员）

专著　280 千字

作家出版社　2014 年 7 月

黄宗羲是明末清初的思想家、史学家、教育家，与顾炎武、王夫之并称为清初三大儒。他早年多磨难，父亲作为东林党人被魏忠贤等“阉党”迫害致死，青年时期逢明末离乱，身为复社成员又遭吴大铖迫害。明亡后他投身抗清活动，一度以“游侠”形象往来于各抗清组织。终于在抗清一次次失败、清朝统治日趋巩固之后，他开始以孔孟为楷模，一边著书立说，一边坐馆授徒，立倡文明救世，质疑帝制法权，从朝代更迭的历史教训中，生发出积极进步的民主思想，成为中国本土生长的思想启蒙先驱。

该书作者多年研究明末清初历史，将黄宗羲的身世、生平重要活动和学术思想融会在相关历史资料的梳理之中。在阐述其思想时，对照现实并提出自己的见解。

《现实的多重皱褶》

陈思（助理研究员）

专著　180 千字

作家出版社　2014 年 9 月

该书主要分为三编。上编是理论问题投影，中编为当下文学寻踪，下编是艺术场域探微。作者从当代作品创作的实践、理论、经验传统入手，选取高晓声、陈建功、毕飞宇、迟子建、于晓丹等作家的小说为研究对象，探讨了作家笔下的“干部形象”“底层社会”“权力叙事”和“文学史意味”等方面内容。

《中国龙的发明：16～20 世纪的龙政治与中国形象》

施爱东（研究员）

专著　200 千字

生活·读书·所知三联书店　2014 年 6 月

“龙的子孙”“龙的传人”等类似的说法究竟是怎么来的？中国何时和“龙”牵涉上的关系？在近四百年间，西方人又是如何看待我们“中国龙”的？这些看起来是常识但又说不清楚的问题，将会在该书中找到详尽的解答。

该书整体上探讨的是以“龙形象”为代表的中国，从古代到近代的政治观念与文化困境。龙是和中国古代帝王政治密不可分的形象，也是自 16 世纪传教士入华以来向海外不断演绎、变形的民族符号，最终成为国家象征。在“龙”前冠以“中国”二字，是近现代中西文化冲突下的产物。作者从这一冲突出发，直面不同时期西方视野中不同的龙形象问题。

《民间文学的自由叙事》

户晓辉（研究员）

专著　365 千字

社会科学文献出版社　2014 年 11 月

该书首次从实践民俗学的理论立场来考察民间文学的历史发展和现实运动，描述了民间文学从潜在的实践主体变成现实的实践主体、从自在的民间文学现象发展成自在自为的民间文学概念的逻辑进程，揭示出民间文学达成自由叙事的伦理条件。该书提供了全新的实践民俗学方法论，体现出21世纪民间文学研究的崭新风貌。

《光影时代：当代台湾纪录片史论》

李晨（副研究员）
专著　256千字
社会科学文献出版社　2014年5月

20世纪90年代以来，台湾社会日趋复杂多元，随着社会经济的快速发展、社会结构的巨大变化，社会矛盾也开始日益激化，出现了一批关注社会现实问题的纪录片。与此同时，一些纪录片工作者和研究者也开始将目光投向"历史题材"，通过影像记录表达对于历史问题的反思。进入21世纪以来，台湾纪录片的创作方式更加多元，许多纪录片工作者更将关注点转向自身内心世界，用实验影像的方式自我阐述，为台湾纪录片的美学发展开辟了新的天地。

该书试图通过对台湾纪录片发展史，特别是当代台湾纪录片发展过程的梳理，透析台湾社会历经数十年的转型过程，以及与之相伴的结构性问题。

《圣经比喻》

叶舒宪（研究员）
专著　200千字
陕西人民出版社　2014年4月

《圣经》是古今中外发行量最大的书。它的语言奥妙以比喻的运用最为突出，已经成为西方文学语言的重要源头。《圣经》从头到尾都是用比喻和象征的编码方式表达的，前后联结为一个繁复而完整的语码系统，不仅为《旧约》《新约》奠定了双重蕴涵的叙述模式，而且给后世的西方文化奠定了基本的想象构思和文学表达的原型基础。该书精选《圣经》中70多个著名的比喻，逐个加以精到的分析和深入浅出的阐释，使读者可以体悟到《圣经》中语言的奥妙之处，进而理解弥漫在全部经文之中的象征意象系统，为深入了解这部博大精深的古代圣典找到一些线索。

《鲁迅的科学思维——张梦阳论鲁迅》

张梦阳（研究员）
专著　284千字
漓江出版社　2014年7月

该书分为上、中、下三编。上编研究了鲁迅的科学思维，提出鲁迅的"立人"主张实质是立科学思维，阐析了鲁迅的思维艺术、思维特征，在文学史研究中的科学思维以及对中国人及中国历史的九大感悟，最后分析了鲁迅难以避免的历史局限。中编论述了中国鲁迅学走向科学思维的曲折历程。下编遴选了数篇试以科学思维研究鲁迅的论文。

《中国中外文艺理论研究（2013）》

钱中文（研究员）　高建平（研究员）
丁国旗（研究员）
文集　663千字
中国社会科学出版社　2014年8月

该书围绕"21世纪的文艺理论：国际视域与中国问题"展开研究，集中探讨了"文艺理论基础与前沿”“西方文论与中外文论比较与影响”“古代文论研究的新走向”“中西比较中的美学研究”“文化研究与新媒介”“创作实践中的理论介入”等学界普遍关心的重要理论问题，试图通过自身的研究与关注，在中外越来越多的理论交流与对话中，探讨文艺理论的老问题、新热点，以推进我国文艺理论的持续发展，为21世纪我国社会文化的发展繁荣做出贡献。

《香识》

扬之水（研究员）

文集　90千字

人民美术出版社　2014年2月

该书汇集了作者以“宋代香事”为主题的文章9篇，涉及香具、焚香方式、制香、香料来源以及中外交流等诸多方面。品香之余兼论香诗与香事，分“莲花香炉和宝子”“香合”“两宋香炉源流”“印香与印香炉”“宋人的沉香”“龙涎真品与龙涎香品”“琉璃瓶与蔷薇水”等，主题集中，彩图丰富。

《宋代花瓶》

扬之水（研究员）

文集　90千字

人民美术出版社　2014年2月

该书汇集了作者的与宋代文人精致生活有关的文章11篇，涉及宋代士大夫居室布置及书房的出现、文房清玩、古代文具、文人郊游所用行具、古代名帖等方面。全书共有彩色图片320幅。

《文学哲思录》

杨义（研究员）

文集　150千字

海天出版社　2014年10月

该书为作者多年来部分公开发表的文章的汇集，包括学术随笔、文学评论、人物评鉴、答记者问等，主要探讨的是哲学与文学的内在意义。作者站在哲学思维的高度，从发生学角度对先秦诸子、李白、鲁迅、毛泽东等不同时期文学巨匠的作品展开评析和深度阐释，“哲思”可以破除和穿越俗世中锱铢必较的缠绕，直抵宇宙人间之本真。

《文学赏心录》

杨义（研究员）

文集　150千字

海天出版社　2014年9月

该书是一本文化学术随笔集，作者笔下的“赏心”既是心对文的赏鉴，又是文对心的赏赐。文因赏鉴而出彩，心因赏赐而神旺。作者从历史氛围中走出来，把眼光投向远古的迷惘，又关注着眼下的变迁，对文学乃至人生的诸多方面，有着深广的感慨和感悟。不仅从中听到作者对于历史文化的叩问和解读，也感受到作者的思索和困惑。

《话题2013》

杨早（副研究员）　萨支山（副研究员）

编著　233千字

生活·读书·新知三联书店　2014年1月

该书为2013年总结的年度关键词是“观

弈”，既关心“中国儿童伤害”，也关心“打击谣言”这一舆论战场；既讲述“小县城的春节故事”，也描述“士”的传统是否能够传承。他们不顾“蒋公的面子”，无视知女“绿茶婊”，直面“青春袭人”的《小时代》。在“百年昆曲”的兴衰路上，揭示孔子学院的种种玄机……该书秉承多年来的独立个性、人文立场，对事件不判断是非，亦不提供所谓的真相，把这些事件嵌入历史的谱系，在其中进行思考、批判和预测。

《中国文情报告》（2013～2014）

白烨（研究员）主编

皮书 223千字

社会科学文献出版社 2014年5月

该书设长篇小说、中篇小说、短篇小说、纪实文学、散文、诗歌、戏剧、网络文学、理论批评共9个专题，附录中收录年度文学声音等内容，分门别类地对年度内的文学创作、文学现象、文学论争与文学事件等，进行全面的梳理与概述。对一些焦点性现象与倾向性问题的捕捉与评说，突出地显示了年度文学的客观走向、基本风貌及其发展演进中的主要特点与存在的主要问题。

《挣脱沉默之后》

周瓒（研究员）

论文集 193千字

北京大学出版社 2014年9月

该书收录了作者近些年所写的有关当代新诗的文字，内容包括如下几个方面：对女性诗歌的持续关注，诗歌文本细读和诗人论，对诗歌新现象的观察等。论题的选择大多源于作者的阅读喜好，而非生硬的学术构想。

《西方文论经典》（六卷）

高建平（研究员） 丁国旗（研究员）

文选 4380千字

安徽文艺出版社 2014年4月

该书是一套涵盖古代至当代的西方文论选本，吸收了我国西方文论引进方面的研究成果。六卷本分别是：第一卷《古代与中世纪》，第二卷《从文艺复兴到启蒙运动》，第三卷《从德国古典美学到自然主义》，第四卷《从唯美主义到意识流》，第五卷《从文艺心理研究到读者反应理论》，第六卷《后现代与文化研究》。每卷内容包括“选文正文”和“阅读识解”两部分。“选文”挑选业界有定评的译文，不少篇章还约请相关专家对译文进行修订或新译。“识解”则约请专业学者对原作者的生平及其所生活的时代加以简明扼要的介绍，并结合该作者的相关论述进行综合阐释。通过“选文正文”和“阅读识解”，读者无须检索相关历史背景，就能对历代西方文论家的学术地位、主要观点和突出贡献一目了然。

《原诗笺注》

蒋寅（研究员）笺注（（清）叶燮著）

专著 330千字

上海古籍出版社 2014年4月

该书包括本文校勘、语词注释、义理笺证、旨趣评述及作者相关传记评论等参考资料，征引古今著述200余种。如其“凡例”所称，其注释与解说，内容分为注、笺、评三部分，后缀附录供重要参考之用。“注”的部分，包括难字注音，以便诵读，又有一般术语与词语解释，名物、典制解说，用典或词语沿袭前人之出处说明，文字或简约，或详明，无不根据内容需要而加以繁简。该书为整理者多年来研究清代诗学的成果和心得。

《唐代文化与诗人之心》

张剑（编审）译（[日] 丸山茂著）

译著 226 千字

中华书局 2014 年 1 月

该书为日本学者丸山茂研究唐代文学的论著，分三部分：一是白居易《白氏文集》研究；二是唐代讽谕诗、张籍《伤歌行》等研究；三是唐代诗人生活环境的探讨。

《白色神话》

赵稀方（研究员）译（[英] 罗伯特·扬著]

译著 237 千字

北京大学出版社 2014 年 6 月

该书系统深入地探讨了“神圣三剑客”萨义德、斯皮瓦克和霍米巴巴的思想，并追溯到塞萨尔、法农等人，奠定了今天后殖民理论的基本框架。该书从当代法国女性主义哲学家埃莱娜·西苏对历史之作为“男性中心主义的书写”的批评,审查了西方思想（从经典马克思主义、西方新马克思主义到对西方中心主义的后殖民批评）的不同“历史”概念，考察了黑格尔、马克思、卢卡奇以及萨特力图建造对历史的更加合理的理论尝试，以及阿尔都塞和福柯建立“非历史主义”的历史理论的努力。该书认为，所有单一陈述历史的尝试都注定会失败。

《技术世界中的民间文化》

户晓辉（研究员）译（[德] 赫尔曼·鲍辛格著）

译著 201 千字

广西师范大学出版社 2014 年 5 月

该书研究的核心问题是民间文化与技术发展之间的辩证关系和根本规律。因此，采取的是系统的和结构的（共时性）方法，而不是局部的、历史的（历时性）研究。该书从现象学角度考察民众主体的视域融合，分别从空间、时间和社会的层面具体分析了民间文化与技术世界相互制约和彼此影响的本质联系，在大的概念框架下组织并容纳了各种看似具体的经验材料，展示了一幅复杂多变的现实图景。它不仅是对日常生活的发现和启蒙，更是对普通民众主体性和创造性的凸显和解放，也促成了民俗学从古代文化的理论研究转变为当代日常生活的实践研究。

民族文学研究所

《满通古斯语族语言研究史论》

朝克（研究员）

专著 679 千字

中国社会科学出版社 2014 年 1 月

该书是一部对中国境内的满语、锡伯语、鄂温克语、鄂伦春语、赫哲语、女真语六种语言及女真文、满文、锡伯文三种文字的研究成果与资料，包括该语族语言古今中外的历史文献与原始语言资料等进行全面系统科学分析的学术成果。该书分七个章节论述了有史以来用不同文字印刷、出版或发表的满通古斯语族语言研究成果与资料的学术思想、理论观点以及学术意义、价值、贡献及其存在的问题和不足等，进而梳理了该学科的发展历程，论证了其语言研究史。

《史诗〈玛纳斯〉演唱大师居素普·玛玛依》

阿地里·居玛吐尔地（研究员）　托汗依萨克（副教授）

专著　280 千字

吉尔吉斯斯坦 Print Express 出版社　2014 年 4 月

该书是关于我国《玛纳斯》史诗演唱大师居素普·玛玛依的权威性研究著作，是在 2002 年汉文版基础上修改补充之后完成的最新成果。该书客观系统地论述了居素普·玛玛依学习、演唱、传播、保存《玛纳斯》史诗的亲身经历，学唱史诗的过程，演唱特点与风格，社会、家庭环境对他的影响以及他在国内外的影响等，充分论证了以居素普·玛玛依为代表的我国《玛纳斯》史诗唱本的特色。作者采用大量第一手资料，运用民俗学、口头诗学和民族志诗学等学科理论，论述了长篇口头史诗传承、流传的规律性，对我国《玛纳斯》史诗活形态特征和史诗歌手进行了全面、立体、深层次的研究，对长期困扰我国乃至世界史诗学界的许多问题进行了大胆探讨。

《中国神话母题 W 编目》

王宪昭（研究员）

专著　2429 千字

中国社会科学出版社　2014 年 4 月

该书作为中国各民族神话母题研究的一部大型工具书，以搜集整理的中国各民族 12600 余篇神话为依据，将神话母题划分为“神与神性人物”“世界与自然物”“人与人类”“动物与植物”“自然现象与自然秩序”等 10 大母题类型的 33469 个母题，并通过直观的图表和电子文档的形式，分别在“中国民族文学网”“中国民俗学网”中发布，除建构出规范性的母题代码、母题描述外，还标注了特定母题的民族属性、关联性母题以及延伸性母题实例等信息，全面展现了中国民族神话母题的丰富性、系统性，以便于中国各民族神话文本的定量、定性分析和多视角比较研究，也可以作为神话学、宗教学、民俗学、民族学、人类文化学等多学科数字化建设的参考。

《“格斯尔之乡”新格斯尔奇艺人——敖干巴特尔演唱的〈阿齐图·莫日根·格斯尔可汗〉史诗文本及研究》

乌·纳钦（研究员）

专著　300 千字

民族出版社　2014 年 10 月

蒙古族地区《格斯尔》传统日益复兴，年轻艺人成长为新一代格斯尔奇歌手。那么，新艺人是在怎样的环境中产生？他们演唱的史诗是否符合传统规律？史诗文本有无价值？这些问题关系到如何正确认识和评估当下活态《格斯尔》史诗传统实际状况。该书作者带着这些问题，走进田野，采录新艺人史诗文本，并将其在转写注释的基础上，进行较为深入的分析，从艺人家乡、艺人经历、文本来源、序诗与母题、地方民俗元素、程式等层面上，以点带面地回答了上述问题。

《差异空间的叙事——文学地理视野下的〈尘埃落定〉》

丹珍草（杨霞）（副研究员）

专著　350千字

中国藏学出版社　2014年10月

以往藏族作家文学研究对空间问题涉猎较少，没有将空间作为一个“社会、文化、地域”的多维存在进行考察。该书以阿来长篇小说《尘埃落定》为个案，认为《尘埃落定》带有明显文明板块结合部特有的流动性和开放性，力图探求身处多元文化背景中阿来的空间化书写。在多元文化平行互动的比较视野中，该书从中国当代文学整体性和中国多民族文学关系的角度，以小说文本的空间因素研究为切入点，以空间理论、文学地理学等理论作为基本方法论，对阿来及其文学创作加以探讨，并从文学发生学、文学生态学的层面对阿来的《尘埃落定》予以观照，受到中国少数民族文学研究界的关注。

《“回到声音”的口头诗学：以口传史诗的文本研究为起点》

朝戈金（研究员）

论文　12千字

《西北民族研究》　2014年第2期

“口头诗学”（oral poetics）作为出现未久的批评方向，其专属的术语体系和理论方法，尚需作出系统的梳理。该文以口传史诗的文本研究为主线，重点讨论“文本”（text）与“声音”（voice）两个要素，认为口头文本是活态的，其核心是声音，对声音进行“文本化”后的文字，不过是通过这样那样的方式对声音文本的固化。而这种对口传形态的禁锢和定型，又在另一层面扩大了声音文本的传播范围，使其超越时空，并得以永久保存。该文在晚近口头传统研究和口头诗学的基础之上，从学术史的角度讨论口头诗学的演进、发展及其理论模型，在一定程度上厘清了口头诗学与文学界常说的“诗学”之间的关系，为口头诗学的进一步发展提供了可资借鉴的研究理路。

《中国古代文学中四方想象的成因》

吴晓东（副研究员）

论文　9千字

《文学遗产》　2014年第4期

中国古代文学中有不少关于四方想象的描述，这些想象性的描述具有一定的规律性。这种规律性的成因在于遵循太阳运行规律，误解《山海经·大荒经》对星象的想象以及叙事场景的描述。《大荒经》隐含了一个规律，即文本中有28座与28星宿对应的山峰，根据这一规律重建了《大荒经》的叙事场景。该文的独特方法即在重建场景的基础之上，揭示出《大荒经》的性质与叙事内容，从而推论出中国古代文学中关于四方想象的成因。

《满族萨满史诗“窝车库乌勒本”研究》

高荷红（副研究员）

论文　11.4千字

《民族艺术》　2014年第3期

该文依照米尼克·希珀对史诗文本的八个方面分析了“窝车库乌勒本”的主要文本《天宫大战》《乌布西奔妈妈》《恩切布库》及《西林安班玛发》，发现其潜隐的史诗性，结合其浓郁的萨满文化特性，将这一类文本界定为萨满史诗。米尼克·希珀史诗文本的分析模式，相对有效地解决了满族是否有史诗，若有，具体情况如何等学界尚无具体分析的问题。史诗在不同民族中保留下来的形态不同，对其辨析就需结合民族的历史文化，中国有些少数民族的民间文类尚未确定是否为史诗或具有史诗属性，这一案例对伊玛堪、摩苏昆等研究颇具借鉴价值。研究满族民间文学不可忽视萨满文化对其的深远影响，萨满史诗的提出恰是对此现象的认同和肯定。

《荷马的女神与柏拉图的女先知——从〈奥德赛〉中的基尔克看〈会饮〉中的第俄提玛》

贺方婴（副研究员）

论文　11 千字

《江汉论坛》 2014 年 3 月

该文以细致解读文本的方式，通过深入比较荷马史诗《奥德赛》与柏拉图对话作品《会饮》中的两个重要女性形象：基尔克与第俄提玛，分析两者在文本表现形式与内在结构上的异同，向读者呈现了柏拉图哲学对话的精致结构与深广的文化意涵，同时，也推进了我们对史诗传统下的西方文学发展脉络的理解，尤其是史诗情节如何内化于后世的哲学和文学文本之中。该文将文学文本与哲学文本进行平行比较，并论证了哲学对话人物与文学人物有着对应的隐喻关系。

《从语言转换到以演述为中心的方法：现代民俗学的学术史钩沉》

朱刚（助理研究员）

论文　9 千字

《民族文学研究》 2014 年第 12 期

作为当代民俗学中最重要的理论范式，“以演述为中心”的方法与“语言转向”之后哲学和语言学的理论发展存在深刻的学术史联系。从学理来看，“演述”的概念提出和发展，可以沿着海默斯批判乔姆斯基忽视“语言运用”的路径，从哲学和语言学两条理论脉络重新进行梳理，钩沉当代“以演述为中心”的民俗学范式产生的内在根据。“语言转向”所带来的方法论变革，使得语言与意识、语言与人对于世界和存在的内在关联被凸显出来。世界的意义来源于语言，成了语言言说的效果或产物，要认识世界以及认识他人必须要通过语言。因此，以“语言运用”(performance) 为核心探索民众生活世界的内容和意义,正是“语言转向”之后“以演述为中心”的民俗学方法对于以往民俗学理论范式的突破。

外国文学研究所

《外国文学学术史研究工程》系列专著、译著（32 卷）

陈众议（研究员）主持

专著　4800 千字　译著　5000 千字

译林出版社　2014 年 12 月

对经典作家的学术史研究，是外国文学研究领域中一项带有总结性的重大工程。改革开放以来，我国在外国文学的研究方面有了长足的进步，甚至出现过相当繁荣的局面。但是这种繁荣主要是由对外国小说和文论的翻译以及对作家评传式的介绍而形成的。外国的文学作品可以说基本上已经翻译过来，有些经典作家的作品已有多个译本，我国关于菲茨杰拉德研究的学术论文和学位论文就已达400余篇。然而在这种繁荣的表象之下，存在着许多大同小异的重复现象，包括各种各样的作家传记和文学史。而对于经典作家的地位在文学史上的变迁，世界各国对经典作家的研究和评论，则缺乏系统而深入的考察和梳理，因而难以认识到经典作家的真正价值。为此，极有必要开辟新的研究方向和道路，《外国文学学术史研究工程·经典作家系列》正是在这种形势下应运而生的。这个重要项目继承了外国文学研究所编撰三套丛书的传统，在研究的规模和水平、深度和广度上都堪称空前，有助于改变外国文学研究领域中混乱无序的局面，在学术领域具有重大意义。

据统计，我国现有的外国经典作家传记或评传类作品已多达数百种，其中不少作家被重复作传或重复介绍。人云亦云，以讹传讹的情况时有发生。而学术史梳理却还是个空白，更谈不上有学术史研究。因此，急需一套相对系统、扎实的经典作家作品学术史研究著作。而中国社会科学院外国文学研究所酝酿已久并申报的院重大项目“外国文学学术史研究工程”恰好顺应了这种需求。

《梵语佛经读本》

黄宝生（研究员）主编

专著 1200千字

中国社会科学出版社 2014年5月

该书选材于梵语佛经原著，包括《心经》《金刚经》《药师经》《神通游戏》《大事》《维摩诘经》《法华经》《十地经》《金光明经》《美难陀传》《撰集百缘经》和《本生鬘》等重要经典。《心经》《金刚经》和《药师经》选取全文，其他佛经从原著中选取一品或几品，选文基本涵盖佛经的各种文体，并兼顾选择在中国影响较深的佛典。体例仿照《梵语文学读本》，每篇读物的编排方式是：分段列出梵语原文，提供现代汉语今译，然后逐字逐句进行语法解析。该书第一次向国内读者提供了佛教混合梵语的语法解析，具有较高的学术价值。该书提供约1万字的梵汉词汇表，以现代汉语解释梵语词汇的词条，并兼顾如今仍通行的佛教惯用译词，为以后编订梵汉词典奠定坚实的基础。

《眼光的交织：在曹雪芹与马塞尔·普鲁斯特之间》

涂卫群（研究员）

专著 591千字

译林出版社 2014年10月

诞生于不同文化的两部百科全书式的小说《红楼梦》与《追寻逝去的时光》，构成两个完整世界，在它们之间潜在地存在着千丝万缕的联系。基于类比思维，作者穿梭往来于二者间，试图挖掘并展示它们的一些重要共同点，以期在两部杰作间建立互相映照、“你中有我，我中有你”、求同存异的多重关系，最终达到“同人于野”的大境界：在一个广阔背景上会通两部作品，让两位小说家的眼光交织。交织，不同于在不同文化间进行的相“对”的行为的关键之处在于，无论是对行、对视，还是对话，都往往涉及两个具有不同观点的主体，他们以把持住各自的独特性为重要原则。交织，则使发自不同个体的声音、视线投向同一个目标。同时，交织还暗含了第三者的到场，作者所重视的是往来和拉近，并扮演着促成和建立融洽交流的角色。具体而言，在差异中展现共同的文学精神。两部小说“异”在语言文化，“同”在文学精神。

《变创与渐常——侨易学的观念》

叶隽（研究员）

专著　442 千字

北京大学出版社　2014 年 1 月

该书在李石曾发明“侨学”概念的基础上，以《易经》丰富的思想内容，尤其是其发展变化的特点作为哲学方法论基础，力图创立“侨易学”学科。作者通过对学术史的梳理，挖掘出侨易学的丰富资源储备，确立了“侨易学”的学科界限和研究对象，提出“侨易学”的学科概念、核心内容、基本原则。在此基础上，作者也很注重对这一理论的应用，在个体的思想变化过程和宏观的文化形态历史演变中印证自己的理论，使宏大叙事与细节详观巧妙结合。

《重返伯明翰：英国文化研究的系谱学考察》

徐德林（研究员）

专著　414 千字

北京大学出版社　2014 年 1 月

该书以系谱学为视角，考察和论述以大众文化为主要研究对象、以揭示文化与权力之间关系为宗旨、以跨学科及反学科为特征的英国文化研究，其主线是伯明翰学派文化研究基于学理建构与社会诉求的耦合、全球性与本土性的互动而形成、发展及播散的过程。以霍加特、霍尔等先后求学或任职于伯明翰当代文化研究中心的学者为代表，伯明翰学派文化研究超越了在它之前的法兰克福学派大众文化批评，与它大致同期的美国大众文化批评，引发了人文社会科学的“文化转向”，造就了已然在全球受到高度关注的作为一种“后学科”的文化研究；伯明翰当代文化研究中心堪称文化研究中心的中心，伯明翰学派文化研究可谓文化研究的代表。“重返伯明翰”并非目的而是手段：证明文化研究的学科合法性、形塑文化研究学科史书写范式的手段，促成我们更加有效地在认识世界的同时改造世界的手段。

《〈歌德谈话录〉与歌德文艺美学》

贺骥（研究员）

专著　333 千字

中国社会科学出版社　2014 年 8 月

该书从六个方面展开“歌德文艺美学”论题。第一，该书评介了歌德的自发唯物主义和自发辩证法，阐明了他的自发唯物主义世界观是其现实主义美学的思想基础。第二，该书基于歌德调和的天性，将他定性为折中主义者，他认为艺术美就是形式美和内容美、感性形象和理性观念的有机统一体；该书还分析了歌德独立而自信的习性，正是这种习性驱使他在 18 世纪末、19 世纪初的德国文学场中率先发起了一场培养纯粹艺术的符号革命，捍卫了古典自主美学。第三，该书探讨了歌德的创作论，歌德认为艺术创造主要仰赖想象力，想象力是把自然真实提升为艺术真实的重要手段；他将天才视作卓越的创造力，并用魔性来解释天才。第四，该书分析了歌德的自然观，歌德从自然主义出发，并以具有普遍性和理想性的古希腊罗马文艺为楷模，创建了古典现实主义美学；他以经验理性主义的思维方式，确立了“在特殊中表现一般”的典型化创作方法。第五，该书介绍了歌德所作的艺术品内部研究，他将艺术品分成三个有机的结构性要素（素材、意蕴和形式），提出了特征说，他将特征定义为表现对象既有个性又有普遍性的意蕴，而对意蕴进行形式化的艺术处理之结果就是艺术美。第六，该书评介了歌德的世界文学概念，它指的是国际性的文学交往。该书的结论是：歌德的文艺美学是一种带有浪漫主义色彩的古典现实主义美学。

《现代性视域中的“没有个性的人”》

徐畅（研究员）

专著　255 千字

中国社会科学出版社　2014 年 8 月

奥地利作家罗伯特·穆齐尔的代表作《没有个性的人》以 19、20 世纪之交的奥匈帝国为背景，展现了一幅从具有启蒙理性特点的大市民社会向现代大众社会过渡阶段的时代精神全景图。小说主人公乌尔里希的“没有个性”的生存姿态，作为一种心理防御反应，体现了以社会内在分化和多元化为特点的现代化进程所导致的个体身份认同危机，而“反讽”则是其表现形式，它预示了几十年之后当世界进入后现代阶段时全体“地球居民”普遍乐于采取的一种自我身份确认方式，那就是在面对一切民族的、政治的、伦理的身份质询时，倾向于用一句骄傲的“什么都不是！”来回答“你是谁？”的提问，虽然他实际上可能什么都是。

《全球化与文学研究的民族意识》

陈众议（研究员）

论文　10 千字

《当代作家评论》 2014 年第 4 期

该文认为，学好外文的同时，千万不要忘记我们的母语——中文。语言是文化的载体。学好中文也是我们对母体文化的起码认同和尊重。我们是学习研究外国语言文学的，我们懂外语，因此我们的视野应该更加宽阔，因为我们可以对比，可以参照，从而知己知彼。我们有责任用自己的智慧和努力回报我们的文化。反思和批评也是为了让中华民族变得更好。归根结底，外国文学研究首先是为了强健出好的自己的文化母体。

《道与境》

党圣元（研究员）

论文　17 千字

《社会科学辑刊》 2014 年第 1 期

该文认为，基于“天人合一”观念基础上的中国文艺本体观，一直强调“艺与道通”“艺与道合”。这种“由人复天”或曰“天与人一”的创作理念，在本质上都主张造艺者在创艺活动之中及其所创造的艺品中实现自身生命价值与大宇宙生命之美及其形而上本体“道”的合一，亦即在审美活动过程中实现自身价值向大宇宙生命及其形而上本体“道”之回归。这在意境理论中体现得更为充分，更为细微，中国艺术创作讲求的“造境呈道”，综合性地体现了这种意义生成方式和感知方式。从思维方式及其历史渊源上来讲，“造境呈道”说与中国古代“立象见意”的表意方式密切相关，传统文化特定的“象喻”思维和言说方式深深地影响和决定了传统艺术以营构“意境”为文本存在形态之极致，“意境”是以天合天的自然审美化和生活审美化的中国文化艺术精神之产物，道与境通、造境呈道烛照下之“意境”营构的“象喻”言说，不是以精细的思维逻辑和理性观照取胜，而是追求一种更为浑融、更具生机的艺术认知方式。

《文学与市场，或文人与商人》

程巍（研究员）

论文　5 千字

《文学评论》 2014 年第 4 期

该文认为，如果说在我们这个“自媒体”时代，一个据说市场已彻底驯服文学的网络时代，还存在一种只追求“写点什么”而不考虑其他的“纯粹的文人”，那就是大量的网络匿名作者：他们另有职业，不靠文学创作谋生，而一种表达或者交流的欲望驱使他们几乎每天夜里都长久地伏案，在键盘上为陌生的网络读者免费贡献一些文字，并在激烈的竞争中磨砺自己的文学才能，以便在其读者中获得声望——这通常也只是一种匿名的声望，一种邻居与之擦肩而过也不识其人的孤独的声望，但对他来说，这就够了。这些作品在网络上流传，但很难说它们进入了“市场”。他们在文学上的优势和劣势，都在于他们离开了现实的文学市场：一个文人只有以真名实姓面对市场，面对掏腰包买他的作品的读者，才会有一种真正的压力和焦虑。

《荷尔德林：在诗与哲学之间》

李永平（研究员）

论文　15 千字

《外国文学评论》 2014 年第 4 期

该文认为，荷尔德林提出：诗是克服现代性自身分裂的唯一途径，诗高于哲学，是人类精神的最高表达形式。如果说黑格尔建构了一种现代性的哲学话语，那么荷尔德林则建构了一种现代性的诗学话语。

《一个核心话语的反思——苏联“社会主义现实主义”话语演变记》

周启超（研究员）

论文　10 千字

《文艺理论研究》 2014 年第 5 期

该文认为，“社会主义现实主义”是在苏联文学与中国文学的行进历程上已然刻下深深印痕的一个核心话语。清理这一核心话语的演变轨迹，有助于这一核心话语历史功能的反思。从话语实践的现实效果来看，“社会主义现实主义的开放体系”可谓“恪守中的开放”，也可谓“开放中的恪守”。

《纳瓦依：察合台语诗歌话语体系的奠定者》

穆宏燕（研究员）

论文　9 千字

《民族文学研究》 2014 年第 5 期

该文认为，纳瓦依是古代维吾尔族的伟大诗人。从古代波斯语诗学文献的相关记载中，我们可以分析出，在察合台语（现代维吾尔语和乌兹别克语的前身）成型之期，纳瓦依大力倡导并身体力行用母语察合台语进行书面文学创作，并制定了察合台语诗歌格律规范，彰显出察合台语作为文学书面语言的巨大潜能与美感，使察合台语诗歌脱离波斯语诗歌的话语体系，获得了自身的独立，为近现代维吾尔语诗歌的发展和繁荣奠定了坚实的基础。

《〈傲慢与偏见〉：书名的提示》

黄梅（研究员）

论文　4千字

《文学评论》 2014年第4期

该文认为，《傲慢与偏见》(1813年）是最受追捧的英国小说之一，问世两百年后仍拥有大批热忱读者，其书名甚至经由翻译进入了相隔万里且迥然相异的汉语语言。这部活泼的喜剧作品讲述了一段在“金钱世界里展开”的浪漫爱情故事：聪慧而自信的乡绅女儿伊丽莎白•班纳特因为认定对方自私高傲、任意伤害别人，断然回绝了“高富帅”青年达西自以为万无一失的求爱。拒婚的激烈冲突使两人都深受震动。此后他们在一连串偶遇和事变中开启了新的自我认识与相互认识的进程。欣赏小说精彩反讽开篇的读者常常未能注意语调平实并收笔于“感谢”的结尾。各种程度和色彩的“感谢”乃是维系生活共同体的根本纽带之一。小说不仅借魅力四射的反讽尖锐地讥刺世道，还适当地解构了嘲讽者高高在上的视角，甚至进而尝试构想金钱世界中人际关系的重修。题材局限于三四户乡村人家的奥斯丁婚恋故事，眼界和关怀其实不小。

《俄国书刊审查制与俄国文学中的“伊索式语言”》

刘文飞（研究员）

论文　20千字

《俄罗斯学刊》 2014年第5期

该文认为，俄国书刊审查制的历史几乎与俄国文学一样长久，俄国文学在与书刊审查制的冲突中体现出强大活力，也因此获得诸多颇具悖论色彩的特质。追溯俄国书刊审查制两个多世纪的历史，展示俄国书刊审查官在身份和心理、处境和作为等方面呈现出的复杂性。俄国书刊审查制作用于俄国文学的结果之一便是所谓“伊索式语言”的形成，具有鲜明题材和体裁特征并拥有丰富表现力的“伊索式语言”是俄国文学作用于现实的强大武器之一。俄国文学、俄国书刊审查制和“伊索式语言”构成一个文化三角形，象征着俄国政体、文学和语言这三者间的对峙与妥协、调和与互动。

《圣经与犹太民族国家的构建》

钟志清（研究员）

论文　18千字

《西亚非洲》 2014年第3期

该文认为，古代希伯来经典圣经在现代以色列民族国家的构建过程中起到了不可忽视的作用。在18世纪犹太启蒙运动中。以门德尔松为代表的欧洲犹太思想家把圣经经典从宗教引入世俗，并与振兴犹太民族文化传统的理念联系起来，在犹太人与巴勒斯坦土地之间建立一种联系。19世纪犹太复国主义运动兴起后，圣经逐渐被世俗化和政治化，教育家和犹太复国主义者运用圣经在土地与人、历史与现在之间建立一种合法性的联系。以色列建国初期，以本•古里安为首的政治领袖开始强调圣经在国家政治与国民教育中的重要性，圣经成为塑造新型民族身份和国家意识形态的工具。一度在民族国家创建过程中发挥着难以替代的作用。“六日战争”后，以色列占领了圣经中所描写的一些带有神圣色彩的地理区域，圣经的历史与世俗意义逐渐削减。新世纪以来，由以色列考古学家引发的关于圣经史实确定性问题的争议使圣经再度成为学界与公共对话中的一个焦点。

《威廉斯与庞德、艾略特的诗学恩怨》

傅浩（研究员）

论文　11 千字

《外国文学》　2014 年第 4 期

该文粗略考察了同为英美现代主义代表诗人的威廉斯与庞德、艾略特的诗学思想和实践的异同，认为庞德和艾略特奉欧洲传统为圭臬，以融入其中为旨趣，是向后看的，保守的；威廉斯则立足美国本地，力求创造适合美国习语的诗歌形式，是向前看的，创新的。无论在创作题材和表现方法上，他们都有本质的不同。

语言研究所

《宁波话元音的语音学研究》

胡方（副研究员）

专著　448 千字

中国社会科学出版社　2014 年 4 月

该书使用声学采样、发音生理、空气动力学实验等科学手段对宁波方言的元音产生进行了全面的语音学分析，不仅验证了元音产生过程中具有人类语言普遍性的舌运动机制，而且揭示了宁波方言特有的圆唇特征，探讨了汉语方言特有的舌尖元音的性质等具有理论意义的语音现象。同时，通过对发音运动的建模检视了元音产生过程中的生理与声学—感知之间的关系。

《出土文献与先秦两汉方言地理》

王志平（副研究员）　孟蓬生（研究员）

张洁（副研究员）

专著　338 千字

中国社会科学出版社　2014 年 12 月

该书全面探讨了出土文献与先秦两汉方言地理的研究对象、研究概况及本体理论，提出了出土文献与先秦两汉方言地理的研究方法与研究戒律；揭示了先秦两汉时期的文化交流与语言接触与文字混用情况，对于先秦两汉的通语与方言及其变迁做了广泛、深入的研究；通过对比研究，分析了不同地域的出土文献中所反映的方音系统及其差异以及方音的共时性与历时性；重点从声转、韵转、声韵并转等通转角度，系统分析了出土文献中所反映的方言音变。

《结构重组与构式拷贝——语法结构复制的两种机制》

吴福祥（研究员）

论文　22 千字

《中国语文》　2014 年第 2 期

该文基于中国境内语言（南方民族语言）

的材料，讨论语法结构复制的两种机制：语序重组和构式拷贝。“语序重组”或“结构重组”，是指一个语言（复制语）的使用者依照另一个语言（模式语）的句法和形态模式来重排或择定自己语言里意义单位的语序，比如南方很多民族语言的领属结构式按照汉语的模式由“核心语＋领属语”重排为“领属语＋核心语”。“构式拷贝”，是指一个语言的使用者依据另一个语言的模式，用自己语言的材料构建出与模式语对等的（形态/句法/话语）结构式。比如国内很多侗台、苗瑶语的使用者利用本族语言的材料复制了汉语“A-not-A”正反问句、“V 不 C”能性述补结构以及“V(-)V”动词重叠式。该文证明，至少就我们所接触到的中国南方民族语言的事实而言，“构式拷贝”无疑是语法复制的一个重要机制。

《现代汉语同位同指组合的性质》

刘探宙（副研究员） 张伯江（研究员）

论文 13 千字

《中国语文》 2014 年第 3 期

语法学界对汉语同位同指组合的性质认识不一，原因在于对“语义同指”和“句法同位”这两条原则的把握侧重不同。该文从讨论同位同指组合与偏正结构、主谓结构、并列结构的异同入手，通过实例辨析深入探讨对语义同指和形式同位的理解问题，揭示出汉语同位同指组合的实质是后项对前项的阐释关系。这种认识的得出是基于对汉语句法关系“说明性”的新的理解。汉语同位同指组合呈现明显的在线组合特征，与普通的名词性短语相比具有鲜明的特色，这种亦动亦静的特点正是汉语体词性句法成分之间“说明性”关系的集中体现。

《“有所 X”式与“无所 X”式及其相关问题》

王灿龙（研究员）

论文 17 千字

《中国语文》 2014 年第 4 期

现代汉语的“有所 X”式、“无所 X”式由古代汉语的“有所 V”式、“无所 V”式发展而来。早期的“有所 V”式中的“有所”是个跨层邻近序列，随着时间的推移，它逐渐趋向词汇化，正演变成一个对肯定表达进行弱化处理的专用词语。从句法上看，“有所”后接成分突破了动词的限制，可以接形容词，甚或名词。“无所 V”式中的“无所”虽没有发生像“有所”那样的变化，比如不能接形容词，但“无所”在动词的选择方面也有推进。“无所”有限的接名词的用法可能是受“有所”的影响，属于类推的结果，其理据不同于“有所”的同类用法。该文在对现代汉语共时平面的“有所 X”式、“无所 X”式使用状况详细考察的基础上，重点从历时角度对“有所 V”式和“无所 V”式的发展脉络及演变理据做了较系统的梳理与分析。研究表明，“有所 V”式和“无所 V”式发展演变的不同有其内在的语言动因。

《从语序类型的角度重新审视“X+ 相似/似/也似”的来源》

杨永龙（研究员）

论文 20 千字

《中国语文》 2014 年第 4 期

该文借鉴语序类型学成果重新审视

“X+ 相似 / 似 / 也似”的来源。认为“X+ 相似 / 似 / 也似”及相关动源后置词的产生和发展。既离不开汉语自身发展和结构制约。也受到语言接触的影响。对汉语造成影响的语言不限于蒙古语。既包括不同 OV 语言连续不断的直接影响。也包括佛经翻译中的间接影响。但后置词“似 / 也似”能够在元代以后繁荣起来。与蒙古语的影响和强化密不可分。对“影响”要有全面的理解。借用是影响。母语干扰也是影响。某一用法的强化、新功能的增加、用自源的要素表示新的范畴等。都可以通过语言接触而引发。

《敦煌方言与唐五代西北方音》

李蓝（研究员）

论文　18 千字

《方言》 2014 年第 4 期

该文先介绍敦煌方言音系，归纳敦煌方言的一些音韵特点，对比敦煌方言新派和老派的语音差别，最后根据罗常培先生研究唐五代西北方音的成果，结合其他现代西北汉语方言来讨论现代西北方言与唐五代西北方音的关系。该文认为，虽然现代敦煌方言并非唐五代时期敦煌方音的直接遗存，但仍可使用现代方言区域对比古代方音的方法，把现代敦煌方言纳入研究唐五代西北方音的范畴。

《“要”为“若”解》

刘祥柏（研究员）

论文　6 千字

《方言》 2014 年第 1 期

汉语表示假设义的“要”实际上就是“若”。这是语音的演变造成的，而不是词汇的更替。一方面，汉语史上直到明末清初的小说之前，“要”罕有见到表示假设的用例，相应的词语都是“若”来表示；另一方面，在许多南方方言和早期方言文献中，表示假设义的词也是“若”；只有北方话用“要”，早期北方官话文献中存在“若”字白读“绕”的音，这可以旁证“要”的读音，应该来自“若”字的一种白读音。

《湘语冷水江毛易镇方言声调系统——一个方言内部的两种“两域四上升调”格局》

麦耘（研究员）

论文　10 千字

《方言》 2014 年第 4 期

该文运用实验语音学的方法，描写了属于湘方言的湖南省冷水江市毛易镇方言的声调系统。该系统有几个特点：(1) 含有常态和假声两种发声声域；(2) 有四个上升调；(3) 方言内部不同发音人之间在声调发声类型的分布上还有格局上的差异，一个发音人的最高上升调在假声声域，其余声调在常态声域，另一个发音人则有两个上升调在假声声域。

《认同与拥有——陕西关中方言的亲属领属及社会关系领属的格式语义》

唐正大（副研究员）

论文　12 千字

《语言科学》 2014 年第 4 期

陕西关中方言亲属及社会关系领属结构的特点可以概括为：其基本格式或基本构成要素是“复数—并置”，即领者为人称代词复数形式，领者和属者之间直接并置，无“的”

等其他连接成分；其核心语义是“认同/依存”，而非典型的“领有”；随着血缘、亲疏、辈分高低的递减，可出现一些边缘化格式，例如带“的”“(的)个”的格式，相对于基本格式，这种格式的语义要素中，“认同/依存”减弱，“拥有/支配”增强；只能有“认同/依存”语义的领属结构在句法上的依存性强，而可有“拥有/支配”语义的领属结构在句法上的独立性有所增强。

《徽语祁门、婺源第一人称代词读音试释》

谢留文（研究员）

论文　6千字

《方言》 2014年第2期

该文根据其他徽语方言材料，论证徽语祁门方言第一人称代词“晓=sw：a42”和婺源方言第一人称代词“刷=so51”其实都是“是我”的合音形式。“是我”这种格式见于近代白话文献，目前在部分吴语方言中还在使用，徽语的这种用法反映了徽语和吴语之间的密切联系。

《当功能遇到认知：两种概念系统的貌合神离》

刘丹青（研究员）

论文　18千字

《国际中国语言学报》 2014年第1期

该文指出语言学文献常用的“凸显”和“背景”等术语在功能语法和认知语法中有很不一致甚至相反的解读，其根本原因在于功能语法和认知语法在学术范式和方法论上的深刻差异，即关注实际言语交际活动和语篇规律，还是关注语言活动背后的内在认知能力和规律。总体上，认知的凸显主要反映说话人的关注点，可以表述为话题性、可及性，它与句法关系等级大体一致，与名词短语可及性等级序列基本成正比，句法等级越高越凸显，但与重音模式基本相悖；而功能语法的凸显度，主要由交际功能和信息量决定，可以表述为焦点、聚焦等，它与焦点重音模式基本一致，越优先得到重音越凸显，但与句法等级基本相悖，一般是内嵌越深越凸显、越是从属成分越凸显。一些汉语结构中何为强调成分的争议也部分源自不同学派对凸显之类概念的不同解读。

《〈现代汉语词典〉第6版对“动作+人体器官”类动词的修订》

王楠（副研究员）

论文　12千字

《辞书研究》 2014年第4期

《现代汉语词典》第6版的修订范围和幅度都比较大，修订的内容也比较广泛全面。该文只就《现代汉语词典》第6版对“动作+人体器官”类动词在收词与释义方面的修订略做说明。应该说通过修订，词典中“动作+人体器官”类动词的收词、释义不仅体现了时代性，其平衡性、系统性、实用性和准确性也都有所提高。

《代词词尾“着”的来源》

祖生利（研究员）

论文　35千字

《历史语言学研究》 第八辑

商务印书馆 2014年11月

该文试图从汉语自身演变和语言接触的

角度，探讨现代汉语代词词尾“着”及“这么着”“那么着”“怎么着”说法的来源。认为代词词尾“着”产生于清代有内外两方面的原因：从汉语自身发展的角度看，它源于时体助词“着”，是“着”表示方式用法的进一步扩展的结果，即“这么、那么、怎么”替代了“V1 着 V2”结构中 V1 的位置；同时受到三音节样态指代词“般样”义后缀的类化，进而获得了称代用法。从语言接触的角度看，“这么着”“那么着”“怎么着”说法的出现和盛行同满语的影响有很大关系。跟元代的“那般者”一样，“这么着”“那么着”“怎么着”也主要用于称代，特别是构成假设、条件或原因复句的前一分句，以引起下文，这是受了满语“诺辞”je 及其相关说法和 uttu/tuttu oci、uttu/tuttu ofi、uttu/tuttu ome 等固定表达影响的结果。“那般者”与“这么着”“那么着”并无直接继承关系。而是不同历史时期阿尔泰语同汉语强烈接触所产生的若干个具有类型学共性的干扰特征之一。

《变与不变——汉语史中语言接触引发语法改变的一些问题》
曹广顺（研究员）
论文　20 千字
《历史语言学研究》　第八辑
商务印书馆　2014 年 11 月

中古译经和元白话记录了汉语史中两次最主要的语言接触。受到佛经原典梵文和蒙古语的影响，中古译经和元白话中出现了许多语法改变，从共时平面看它们都是语言接触引发的语法变化，从历时的角度考察，这些变化因为只在很短的时间、由有限的人群使用，大部分都消失了。中古译经和元白话的产生都与第二语言习得有关，第二语言习得是语言接触引发语言演变的机制之一，在此机制下，接触使语法系统出现什么样的变化、如何变化、变化的最终结果，都显示出与其他机制导致的变化不同的特色。对汉语史上语言接触与语法变化的研究，从另一个侧面提示我们与第二语言习得有关的语言接触在语言接触研究中的重要性。

哲学研究所

《新大众哲学》（七卷本）
王伟光（教授）主编
专著　768 千字
人民出版社、中国社会科学出版社　2014 年 9 月

该书是马克思主义哲学中国化、时代化、大众化的创新之作。该书在诸多方面实现了创新：(1) 鲜明的时代气息。该书力图准确判断和反映时代的新变化，吸收了科技创新和生产力发展以及人类思想发展的最新成果并进行新的哲学概括。(2)强烈的问题意识。该书关注中国特色社会主义建设伟大实践和改革开放历程中所取得的经验，着力探讨人民群众最为关切的时代课题和中华民族伟大复兴所必须解决的重大基础性课题，从哲学世界观和方法论的层面解答了当前人们普遍关注的一系列新问题。(3)坚定的思想立场。该书坚持马克思主义的立场，回应了各种流行的社会思潮并给予新的哲学评判，在批判吸收各种思想文化成果的基础上研究中国道路和中国经验，努力建构中国化的马克思主

义哲学的新大众形态。(4)通俗的表达方式。该书力戒纯粹的抽象思辨和教科书式的照本宣科，用大众喜闻乐见的语言阐述哲学道理，以家喻户晓的鲜活事例传达价值导向。(5)丰富的理论观点。书中创造性地提出了许多新的观点和论断，指出了人们在价值观、人生观等方面应当坚持的方向和原则。

《20世纪中国知名科学家学术成就概览·哲学卷》

汝信（研究员）主编　谢地坤（研究员）副主编

专著　866千字

科学出版社　2014年8月

该书以20世纪中国哲学研究领域知名学者个人传略的形式，记述了百余位哲学家的研究路径和学术生涯，从一个侧面展示了这一历史时期中国哲学研究的风貌和取得的成就，是中国哲学在20世纪所走过历程的一个缩影。书中的"20世纪中国哲学学科发展史"，全面叙述哲学各分支学科发展史。卷末还附有"20世纪中国哲学大事记"。

《穿透"我思"——对科耶夫欲望理论的存在论研究》

崔唯航（副研究员）

专著　258千字

中国社会科学出版社　2014年4月

该书从存在论视角对科耶夫哲学特别是其欲望理论予以探析。这一探析一方面立足于历史唯物主义的高度，另一方面着眼于哲学史的问题域线索。意识内在性问题构成了近代哲学的一个基本问题域。"我思"是这一问题域的理论前提和出发点。科耶夫认为，"我思"本身需要一种前提，即"我"的存在。"我"不仅是"向内"的意识，而且是"向外"的欲望。以向外的欲望穿透由向内的"我思"所构筑的意识内在性的迷雾，构成了科耶夫欲望理论的核心环节。

《生态哲学读本》

肖显静（教授）等

专著　235千字

金城出版社　2014年8月

该书从生态自然观、生态伦理观、生态文化观、生态科技观、生态生活观、生态生产观多个方面，勾勒出生态哲学的全面内涵，体现生态哲学的完整性。该书从大众的思想观念以及日常生活生产实践的角度来谈"生态哲学"，既与生态哲学理论发展现状相一致，也与大众的生产生活实际相关联，力图走在学术发展和人类实践的最前列。

《美学何为——现代中国马克思主义美学研究》

徐碧辉（研究员）

专著　418千字

中国社会科学出版社　2014年5月

该书既有对中国马克思主义美学产生发展过程的历史叙述，又把它和中国的现代化建设和现代性追求联系起来考察，把它作为中国现代性诉求的一个思想源流之一阐述。该书开拓了中国马克思主义美学研究的新领域，深入系统地总结了20世纪中国马克思主义美学的历程与思想的经验教训，全面叙述和分析了实践美学这一曾经影响整个20

世纪80年代的社会启蒙思潮并且至今仍有重大影响的学说。该书既是对历史的总结与回顾，也是对未来的展望。

《可接受的科学：当代科学基础的反思》

段伟文（研究员）

专著　300千字

中国科学技术出版社　2014年4月

该书提出了当代人类必须回应的一个重大问题：如果科学不再是一种必然的科学，我们可以接受什么样的科学？或者说，什么样的科学是可接受的科学？立足技术化科学观，可以看到科学是一种受到现实与历史条件制约的有限度的人类活动，这使得我们对科学的思考不再仅仅局限于辩护与批判、科学主义与相对主义的对立，而将哲学反思的视域拓展到真实的科学活动与科学实践层面，通过更具思想深度的审度，将人的境遇与选择置于科学观念的中心。

《托马斯·阿奎那伦理学思想研究》

刘素民（研究员）

专著　320千字

中国社会科学出版社　2014年4月

该书认为，伦理行为即出于理智认同与意志选择的人性行为。人性行为的内在原则是习性，外在原则是上帝，它以法律来体现。习性分为善习与恶习；善习即德性；恶的习性即恶习和罪恶。托马斯·阿奎那以理性为工具，采用思辨的方式与“在物共相”的立场建构起经院哲学最有代表性的实在论学说，表现为由知识论入手走向形而上学之“体”、再落实于伦理学之“用”的哲学进路，从而使知识、道德等在“人是上帝的肖像”的前提下得以有效定位。托马斯在神圣与世俗间寻求人的本体存有与人性超越价值的努力不仅铸就了他思想的深度，也决定了他的理论在西方哲学史上的不朽地位。

《从语言到心灵——种生活整体主义的研究》

蒉益民（副研究员）

专著　360千字

江苏人民出版社　2014年3月

该书以对专名的指称和意义问题的研究为基础，然后运用所得到的结果对意识的物理主义化问题进行了系统的研究。作者首先提出并论证了关于专名指称和意义的一种生活整体主义的理论。这里的生活是指物理世界、社群、个人相互交融所形成的有机体及其在历史中的演化和展开。整体主义至少包含两层意思：一是专名的语义内容／语义意味往往孕育和隐含在上述生活之流的各个组成部分中；二是在决定专名的指称和意义时，往往需要对构成生活形式的方方面面的因素作出一个实践理性指导下的整体考量。作者然后将其在语言哲学中的研究结果运用到心灵哲学中：对二维语义学以及心灵的渐逝型取消主义理论作出了自己的改进和发展，对现象概念策略、强表征主义策略等物理主义辩护策略进行了批评，对可想象性论证、二维语义学论证等反物理主义论证进行了分析和研究；在这些工作的基础上，最终论证并走向关于意识的一种生活整体主义特性二元理论。

《“知己”的学问》

叶秀山（研究员）

论文集　435 千字

中国社会科学出版社　2014 年 2 月

该书收录了作者多年来关于西方哲学研究方面的论文 24 篇。主要有《启蒙的精神与精神的启蒙》《哲学作为爱自由的学问》《哲学的“未来”观念》《“学问”的“自由”和“自由”的“学问”》《论“思潮”与“学术”》《欧洲哲学发展趋势与中国哲学的机遇》《德国古典哲学的基本观念及其发展路线》《论海德格尔如何推进康德之研究》等，反映了作者近些年来在西方哲学研究方面的新进展。

《马克思主义哲学在当今中国的指导意义》

李景源（研究员）

论文　4 千字

《求是》　2014 年第 8 期

该文认为，社会主义的命运始终与马克思主义哲学联系在一起，息息相关，密不可分。坚持和发展社会主义，就必须坚持和发展马克思主义哲学，同样，丰富和发展马克思主义哲学，也必须自觉地推进中国特色社会主义伟大实践。马克思主义哲学的产生，实现了思想史上的伟大变革，为人类认识和改造世界提供了科学的世界观和方法论。建设中国特色社会主义，实现中华民族伟大复兴中国梦的历史使命，要求广大党员干部认真学习马克思主义哲学，努力把马克思主义哲学作为自己的看家本领，掌握它的立场、观点和方法。

《如何理解康德哲学——〈纯粹理性批判〉中一些概念的辨析》

谢地坤（研究员）

论文　7.7 千字

《哲学研究》　2014 年第 8 期

该文认为，康德的《纯粹理性批判》一书非常艰涩、意义深远，国内已有五六个汉语译本，由于对一些概念缺少辨析，对一些关键术语的翻译很不统一，甚至引起争议。该文作者在翻译与校对中对此书中一些核心概念联系文本的前后文内容重新作了辨析与解释，在此基础上确定了它们的中译名。它们不仅是关涉对康德哲学理解的核心概念，也是西方哲学史界长期有争议的重要范畴的译名。该文认为，要在对外文原著文本理解和意义辨析的基础上研讨重要范畴的中译名；学术翻译包括哲学典籍的中译是一种创造性的艰难劳动，应给与充分重视与关注。

《高尔吉亚〈论不存在〉中的存在问题——兼谈修辞术与哲学之争》

何博超（助理研究员）

论文　7 千字

《哲学研究》　2014 年第 1 期

该文认为，西方形而上学史中长久的主题就是“存在 / 是”的问题。自巴门尼德开始，哲学就将之作为研究的根本任务。但与之伴随的还有一条关注“虚无或不存在”的路径。古希腊智者高尔吉亚是最早对其论述的人物之一，它催生了怀疑论哲学，但也提出了对“存在 / 是”的独特看法。作者批判地重审了高尔吉亚对不存在的论述，主张高尔吉亚并不是否认外物的存在，而是反对将存在作为普遍的本体来规定事物；他立足于感觉论，批驳了巴门尼德的存在中心倾向，虽然也有诡辩和不合理之处，但从另一个方面弥补了存在论或本体论哲学的缺漏和极端，同时还提出了另一种值得借鉴的古典“哲学”形态。作者认为，研究高尔吉亚的《论不存在》可以让我们更确切地把握哲学从起源开始就面临的问题和困难，进而还能理解“修辞术与哲学之争”这一重大的哲学史问题。

《论马克思主义哲学的符号化》

毕芙蓉（副研究员）

论文 7千字

《航空航天大学学报（社会科学版）》 2014年第4期

该文认为，马克思主义哲学符号化是马克思主义理论研究领域中出现的一个新的理论方向。这一理论方向肇始于马克思主义哲学的意识形态批判理论。意识形态批判作为一种思想意识批判，既潜在地支持了符号意义的呈现，也在符号意义凸显的影响下走向符号政治。西方马克思主义发端于意识形态批判，在其发展过程中，意识形态批判突破上层建筑领域，逐步向经济基础部分延伸，并颠倒了经济基础与上层建筑相互关系的逻辑，即经济基础的决定作用逐步让位于上层建筑的作用。意识形态批判泛化为符号批判，符号的政治性作用逐步确立，最终形成符号学马克思主义这一马克思主义哲学的新形态。

世界宗教研究所

《宗教与哲学》（第三辑）

金泽（研究员） 赵广明（研究员）主编

辑刊 406千字

社会科学文献出版社 2014年1月

该刊认为，宗教与哲学，关乎神圣与世俗。神圣与世俗，乃是对世界的不同言说，是生命的不同面相。何谓神圣？即俗而圣。神圣即生命的信仰，不是对生命之外什么东西的信仰，而是对生命本身的信仰。神圣信仰意味着对自然和生命本身的无限肯定、热爱、敬畏之情，生命的最高智慧和终极奥秘尽在其中。换言之，自然和生命本身就是神圣，每一个短暂易逝的生命，或者说，所有绵延不绝的生命，就是神圣。

《基督宗教研究》（第十六辑）

卓新平（研究员） 唐晓峰（副研究员）主编

辑刊 400千字

宗教文化出版社 2014年1月

该刊是基督宗教专业研究的学术著作。该书设有相应栏目，如年度推荐、专题研究、焦点论坛、理论探讨、历史回溯、对比研究、现状调研等，其内容涉及反映基督宗教研究最新成果或重要进展的特稿、思想研究、经典研究、中国基督宗教历史、基督宗教当代发展研究、基督宗教各大教派研究的学术成果以及相关学术动向和文物、文献发现的资讯等。

《民国时期伊斯兰教汉文译著研究》

马景（副研究员）

专著　600千字

社会科学文献出版社　2014年3月

该书对民国时期伊斯兰教汉文译著兴起的历史文化背景进行详细梳理，考察了汉文译著者及其代表作，并分析了这些作品所蕴含的思想，探讨了民国时期伊斯兰教汉文译著的出版事宜、特点、价值及相关思考。该书的出版不仅填补了学术界对民国时期伊斯兰教汉文译著研究的空白，而且能够推动民国伊斯兰教史、伊斯兰思想史、穆斯林人物志、伊斯兰教与其他宗教的关系史、社团史、报刊史、学术史等领域的研究。

《信仰的精神性进路——荣格的宗教心理观》

梁恒豪（助理研究员）

专著　215千字

社会科学文献出版社　2014年3月

该书主要介绍了荣格的生平和著作，总结了他的分析心理学体系和宗教观，在此基础上，分别从上帝的形象和对三位一体教义的心理分析两个方面探讨了他的基督教心理观及其内涵，同时评价了他的理论贡献及其局限性。最后，该书论述了荣格的信仰进路对“精神性”概念的阐释，荣格的“精神性”与心理治疗的关系，概括了荣格在宗教心理学领域的贡献，对宗教心理学未来发展趋向以及超越东西方文化差异的影响。

《王友三先生中国无神论史研究》

王志跃（副研究员，笔名苏南）

专著　220千字

江苏人民出版社　2014年3月

该书系统梳理了王友三的学术历程，将之放入中国无神论研究的体系与框架下进行研究，分析了王友三从中国无神论史研究到中国宗教研究的治学方法与研究内容，并且对中国无神论的若干理论问题进行了深入探讨。

《南亚宗教发展态势研究》

邱永辉（研究员）

专著　229千字

社会科学文献出版社　2014年12月

该书站在文化战略的高度，从历史和现实的角度，探究南亚宗教的发展趋势：一方面立足南亚宗教文化的历史传统，寻求当代变革的可能性；另一方面通过对南亚宗教发展态势的深入分析，以印度和巴基斯坦为镜，观照中国和世界的宗教问题。

《东北全真道研究》

汪桂平（副研究员）

专著　350千字

中国社会科学出版社　2014年4月

该书是一部全面系统研究以全真道为主的东北道教的专著。基本厘清了金元明清至民国时期东北全真道的概况。其中，对于金元时期全真道传入东北地区的考察，以及全真龙门派关东十四支传承谱系的考证，尤具开创性意义。

《明清鼓山曹洞宗文献研究》

纪华传（研究员）

专著　327千字

社会科学文献出版社　2014年4月

明清时期鼓山禅宗文献，以永觉元贤、为霖道霈为代表的鼓山法系，在明清佛教史上极具研究价值。由于鼓山涌泉寺从明清以来得到了很好的保护，未遭受严重破坏，从而保存了很多明末清初刊刻的曹洞宗文献及其他佛教文献，有的文献未被传世大藏经收录，本身即可归入善本之列，不少文献在国内外图书馆也未收藏，属于孤本。该书即是对刊刻于明清时期的鼓山佛经目录、经版和现存文献情况进行的调查和研究。

《中国基督教田野考察》

唐晓峰（副研究员）

专著　266 千字

社会科学文献出版社　2014 年 4 月

该书是对中国基督教进行概览式研究的专著。该书的写作基于作者在中国大陆地区十余个省区市进行的基督教现状调研工作。第一部分关注了基督教近几年在中国的发展状况及热点问题，并对基督教整体发展进行了评估及反省，对中国基督教教会组织的多元存在格局及张力进行了详尽解读；第二部分探讨了中国农村基督教的民间信仰化特征、中国基督教地域性差异特征及边疆少数民族的基督教信仰问题；第三部分属于个案研究，以云南省基督教的发展管窥基督教在中国的发展现状。附录部分关注了与该书主题相关但少有学者涉足的西藏基督宗教及中国东北的东正教现状。

《论语遇上圣经——中国文化与基督教的正面交会》

石衡潭（副研究员）

专著　330 千字

世界图书出版公司北京公司　2014 年 4 月

该书对《论语》与《圣经》这两大东西方的经典作了独特的对比与透视，提供了经典阅读的新形式，也提供了耶儒对话的新文本。

《宗教在文化战略中的地位和作用》

卢国龙（研究员）

专著　905 千字

中国社会科学出版社　2014 年 5 月

该书概括介绍了佛教、道教、基督教、伊斯兰教以及民间宗教在我国的发展历史，并根据国家颁布的数据，总结了改革开放以来这几大宗教的发展状况，包括宗教职业者和普通信教人数的统计与区域分布、信教者职业与文化程度的变化、信仰的状况、宗教仪式仪轨的变化、经济发达地区与经济相对落后地区宗教信仰表现出的不同特点以及民族地区宗教信仰的变化等。该书还深入探讨了在我国社会主义现代化条件下宗教在社会各个层面所起的作用，宗教在国家文化战略中的地位，以及如何在文化建设中发挥宗教的积极作用。

《渤海视野：宗教与文化战略》

卓新平（研究员）　刘国鹏（副研究员）

专著　252 千字

社会科学文献出版社　2014 年 6 月

该书是 2011 年中国宗教学会召开的“渤海视野：宗教与文化战略”学术研讨会论文集。此次学术活动所发表的《渤海倡议》，是中国宗教学术界继 2011 年“泰山共识”后就中国传统文化当中所包含的深刻而普遍的宗教性问题的进一步思考，是对五四运动以来中国传统文化的命运和处境的探讨。呼吁国人自觉纠偏百年来对于传统文化的过激反应和草率态度，倡导尊重传统与理性回归。

《宗教社会学》（第二辑）

金泽（研究员） 李华伟（助理研究员）

辑刊 395 千字

社会科学文献出版社 2014 年 7 月

该刊围绕“西方宗教社会学理论与中国宗教”这一问题，试图反思西方宗教社会学理论框架及其背后的知识论，分析其对中国宗教研究带来的影响，力求在理论反思与经验研究的基础上，呈现西方话语遮蔽下的中国宗教现实。

《清代藏传佛教研究》

尕藏加（研究员）译（[美]休斯顿·史密斯著）

专著 449 千字

中国社会科学出版社 2014 年 9 月

该书根据丰富的藏文和汉文资料，系统论述了清王朝统治时期中国的藏传佛教的发展、流布、演变，对清代藏传佛教的仪轨制度、政教合一制度、活佛转世制度、金瓶掣签制度、册封赏赐制度、度牒制度、僧团管理方式等都进行了较为细致的阐述，还原了各教派重要人物活动的历史舞台背景。

《人的宗教——世界七大宗教的历史与智慧》

梁恒豪（助理研究员）译（[美]休斯顿·史密斯著）

译著 200 千字

海南出版社 2014 年 10 月

该书介绍了世界七大宗教——印度教、佛教、儒家、道家、伊斯兰教、犹太教、基督教的传统，以及各种原初宗教智慧。作者在书中以说故事、讲历史与哲学思辨的方式，把世界宗教中蕴涵的生命智慧传达给读者。书中新增加了世界宗教艺术内容，以便充分展现出世界宗教的精神内涵。

《宗教与可持续社区研究》

卓新平（研究员） 邱永辉（研究员）主编

论文集 408 千字

社会科学文献出版社 2014 年 12 月

该书探讨的内容是宗教与可持续社区建设。该书展示的是宗教研究所发生的“范式的转变”，即更多注意宗教在现代社会的意义与作用。该书的成果大多来自 2013 年 10 月在澳门召开的“宗教与可持续社区”学术研讨会。这是一场理论和实践相结合的学术会议，也是一场跨学科的对话、跨宗教的交流对话、跨研究方法论的对话、跨认识论派别的对话，不同的宗教派别、不同的学科有关可持续社区建设和发展的观点都得到表述。该书特别关注巴哈伊教的社区建设经验。在各种宗教与可持续社区关系研究中，巴哈伊信仰的可持续社区理念值得特别关注，其在全世界所进行的社会实践所积累的经验，也值得总结和借鉴。

《东南亚宗教研究报告——东南亚宗教的复兴与变革》

郑筱筠（研究员）主编

论文集 439 千字

中国社会科学出版社 2014 年 11 月

宗教作为一种变量，极大地影响着东南亚国家的政治、经济、文化和社会发展进程。该书围绕东南亚宗教展开的专题性前沿学科研究，以东南亚宗教的复兴与变革为主线，围绕东南亚宗教的总体趋势，东南亚伊斯兰教、佛教、华人宗教的传承与变迁以及东南亚—中国南传佛教文化圈的互动关系等专题展开深入研究，汇集了国内外学术界权威专家和青年学者的最新研究成果，深度探讨了宗教在当代东南亚社会、政治、经济和文化变迁中的作用。

《宗教人类学》（第五辑）

金泽（研究员）　陈进国（副研究员）主编

辑刊　400 千字

社会科学文献出版社　2014 年 12 月

就中国研究而言，研究华夏边缘的宗教和华夏宗教的边缘有助于我们追问，何以“文化”为中国人的灵性需求，何以“文化”为中华文明的古典基因；而古丝绸之路上的苯教、道教、萨满教、佛教、伊斯兰教、基督教的当代处境，以及那些唤醒信仰记忆的节庆、仪礼，则是我们喜欢追寻的边缘声音。该刊关注的即是宗教人类学中的边缘研究。

《儒道研究》（第二辑）

卢国龙（研究员）主编

论文集　269 千字

社会科学文献出版社　2014 年 12 月

该书深入研究了儒家和道家的义理和发展史，探讨儒家和道家在历史上彼此影响的过程以及对于各自思想形态的影响，儒家、道家思想的现代演化，儒道思想对于现代文明的意义，以及儒教和道教的相关理论问题等。

《从于阗到敦煌——以图像的东传为中心》

陈粟裕（助理研究员）

专著　340 千字

方志出版社　2014 年 12 月

该书讨论了于阗绘画的风格样式，以及于阗艺术对敦煌唐宋时期洞窟的影响。通过一系列个案梳理，勾勒出 8 ~ 12 世纪于阗与敦煌间的交流与互动，在样式传播的同时，佛教典籍的传播还促成汉地民众把对于阗的想象绘成图像。两地间的交流并不是单向的，书中还讨论了于阗本地图像中的汉文化特质。该书对敦煌和于阗间图像关系的讨论，旨在加深学界对丝路南道佛教艺术的交流与互动的认识，明确于阗在佛教图像上的地位与意义。

历史学部

考古研究所

《中国考古学大辞典》

中国社会科学院考古研究所

王巍（研究员）总主编

工具书　1500 千字

上海辞书出版社　2014 年 6 月

该书为大型专科工具书，以其权威性、科学性、丰富性和实用性，填补了考古辞典类图书的空白。全书共一册，收录词条 5000 余个，分为概论、史前、夏商周、秦汉至元明清、遗址与文物保护、科技考古六大编，内容涉及考古学基本概念、理论与方法、考古遗迹、考古遗物、考古遗址与遗物保护、考古学史、文物法规法律、考古学文化、古城址、宫殿遗址、村落遗址、窖藏、墓葬、石窟寺、古建筑、青铜器、简牍、石刻等类别，插图600余幅。重要条目配设黑白线描图或彩色图版，包括著名器物的图片、遗址的复原图、器物的平剖面图、拓片等。全书附有中国考古学大事记、全国重点文物保护单位名录、第一批国家考古遗址公园名单和立项名录、全国各省区考古学会名录、全国考古发掘单位名录（不包括港澳台地区）等5个附录。

《二里头（1999～2006）》（全五册）

中国社会科学院考古研究所

专著　4200千字

文物出版社　2014年10月

自1959年二里头遗址发现以来，在30多个年份中共进行了60余次发掘，累计发掘面积达4万余平方米，取得了一系列重要成果。例如，发现了大面积的夯土建筑基址群、宫城和作坊区的围垣，以及纵横交错的道路遗迹；发掘了大型宫殿建筑基址数座，大型青铜冶铸作坊遗址1处，与制陶、制骨、制绿松石器作坊有关的遗迹若干处，与宗教祭祀有关的建筑遗迹若干处，以及中小型墓葬400余座，包括出土成组青铜礼器和玉器的墓葬。此外，还发现并发掘了大量中小型房址、窖穴、水井、灰坑等，出土大量陶器、石器、骨器、蚌器、铜器、玉器、漆器和铸铜陶范等。作为中国古代文明与早期国家形成时期的大型都邑遗存，二里头遗址的重要地位得到了学界的公认。

该书由田野考古资料和多学科分析研究两大部分组成。对具体遗存的介绍，按遗迹和地层单位发表遗物材料（包括文字、线图、图版和附表）。报告以多处较连续的层位关系，丰富的陶器资料，明确了二里头文化四期8段的分期方案和二里头文化与二里岗文化的年代关系，为同时期其他遗址的年代分期提供有益的参考。同时依统计信息的可靠程度，按口沿、足—底—柄、残片三种类别，分期分区公布了多处出土物较丰富的遗存单位的陶片统计结果。此次出版的五卷本田野考古报告，对1999年至2006年二里头遗址的田野考古成果进行了全面的展示，为研究二里头遗址的性质、年代及相关问题提供了重要的参考资料。

《隋唐洛阳城——1959～2001年考古发掘报告》（全四册）

中国社会科学院考古研究所

专著　3360千字

文物出版社　2014年11月

隋唐洛阳城始筑于隋炀帝大业元年，隋唐至北宋相继沿用，是当时世界上最大的都城之一，其都城规划和布局在中国古代都城建筑史上有重要地位，对后世和东亚城市建设产生了深远的影响。研究这一时期都城的形制布局、建筑特点等，是中国考古学研究的重大课题。中国社会科学院考古研究所对隋唐洛阳城进行了长达40多年的田野发掘和研究，对隋唐洛阳城的形制布局、历史沿革、建筑特点及文化内涵有了系统、丰富、翔实的了解。

该书是隋唐洛阳城遗址 1959 ~ 2001 年的考古发掘报告，编写以郭城、皇城、东城和宫城为主体框架，在章节划分上先整体后分层叙述。报告内容涵盖城址的城墙、城门、街道、里坊、宫殿、园林、水系等，内容丰富，资料系统。如既有郭城、皇城、东城和宫城的城门遗址，又包括宫城正殿明堂、九州池、上阳宫、白居易宅院等一批重要遗址。同时，出土遗物中有大量的建筑构件和生活用品，极大地丰富了研究都城建筑和城市生活的实物资料。这些遗址的发掘为隋唐洛阳城的复原研究提供了确切位置，起到了坐标点的作用。该书是隋唐洛阳城遗址综合性考古报告，对研究隋唐时期的都城制度、建筑艺术和都市生活等方面具有重要史料价值。

《扬州蜀岗古代城址考古勘探报告》

中国社会科学院考古研究所

专著　430 千字

科学出版社　2014 年 12 月

扬州城遗址分为蜀岗上和蜀岗下两大部分，蜀岗上的遗址范围内可能分布着不同时代的多种遗迹，对遗址进行全面勘探调查是制订考古发掘计划和开展保护规划工作的必备前提。由中国社科院考古研究所、南京博物院、扬州市文物考古研究所联合组成的扬州唐城考古工作队主持，扬州市文物管理委员会办公室委托洛阳市文物钻探管理办公室于 2011 年 10 ~ 12 月和 2013 年 3 ~ 4 月，先后在扬州蜀岗古代城址城圈内、城墙城壕开展了考古勘探调查工作，随后在对勘探出的各种迹象的性质进行初步分析的基础上，制订了详细的考古发掘计划并已按计划开始实施发掘工作，为扬州蜀岗古代城址城壕的整治、城壕城墙保护规划方案的编制、扬州城国家考古遗址公园的建设等工作提供了科学而准确的基础资料。

该书报告了扬州蜀岗古代城址 2011 年和 2013 年的勘探调查成果。总结了此次考古勘探中使用的分区、布孔、测量等工作方法和思路，详细介绍了主要的勘探结果，并对勘探结果进行了初步分析与蠡测，还概述了部分据勘探结果提供的线索而进行的相关考古发掘工作，对勘探结果进行了部分验证。

《拜城多岗墓地》

中国社会科学院考古研究所

专著　420 千字

文物出版社　2014 年 11 月

1999 年中国社科院考古研究所新疆队等单位发掘了拜城县多岗墓地 100 座墓葬，大部分为圆丘封堆竖穴墓，规模有大、中、小三类，随葬品以陶器为主。这个墓地的文化面貌和轮台群巴克墓地、拜城克孜尔墓地比较接近，应属同一个文化，绝大部分为公元前 1 千纪前半期的墓葬（公元前 900 ~前 500 年），排列有一定规律，可以进行分期研究，为塔里木盆地的考古学文化研究建立了一个相对可靠的参考。该报告前面部分按发掘单位全面介绍考古发掘所得，后面的研究分章作为独立的部分，形成既有客观详细的介绍，又有主观研究相结合的方式，图版全部采用彩版。多学科研究部分，主要突出体质人类学的研究，也包括食性及 DNA 的分析。

《山西沁县南泉北魏佛教摩崖石刻考》

李裕群（研究员）

论文　10千字

《文物》 2014年第1期

2009年7月。太原市文物考古研究所在山西沁县进行第三次文物普查时，在南泉乡发现了一处北魏时期的佛教摩崖石刻。同年9月，该书作者进行了详细的调查和记录。南泉摩崖石刻共有两铺礼佛图，雕刻在长2米、高0.6米的崖面上，造像保存基本完好。礼佛图构图独特，人物形象生动，是十分珍贵的佛教摩崖雕刻。对于研究北魏民间造像的特点、佛教的流传以及古代交通路线等均具有重要意义。

《祖槷考》

冯时（研究员）

论文　20千字

《考古》 2014年第8期

该文是对河南淅川和尚岭春秋墓葬所出青铜祖槷铭文的释读，考证此类器物的性质实为古人致日测影之槷表，并正其名曰“祖槷”，并研究了其时槷表的基本形制和相应的致日方法，纠正了学术界以往普遍将之视为镇墓兽座的错误观点。同时，在研究先秦时期的致日制度及相关器物的基础上，阐述了以器喻德的独特观念，建立了中国自新石器时代至秦汉时期圭表测影的固有传统。

中国古代天文学的进步取决于先民对于槷表的发明，而槷表作为古人观象授时的基本仪具，不仅是时空制度赖以建立的标准，同时更是一切人文制度取法的“圭臬”。因此，槷表的创制对于人类文明历史的形成和发展具有十分重要的意义。

《关于考古学文化研究的几个问题》

王巍（研究员）

论文　18千字

《考古》 2014年第12期

考古学文化是考古学的基本概念，也是考古学理论的重要组成部分。自20世纪80年代以来，国内大部分地区的考古学文化序列已经逐步建立起来，考古学的发展日新月异，各种新的理论与方法被日益广泛应用，使中国考古学呈现出前所未有的多姿多彩。

该文认为，在考古学日新月异发展的今天，对考古学文化如何在原有的基础上顺应学科发展，推进考古学文化研究，从理论到实践，都是有待探讨的问题。对考古学文化的研究。绝不仅限于对某一类器物的研究。还应包括对考古学文化所包含的各种遗存的研究，对该考古学文化谱系的研究，透过这些考古学文化遗存对当时人们的精神世界和社会结构及与其他集团的关系的研究。以及对导致考古学文化发展和变化的各种因素及其所发挥作用的研究。因此考古学文化仍是考古学研究的重要内容。

《西安市长安区冯村北西周时期制骨作坊》

中国社会科学院考古研究所丰镐队

论文　22千字

《考古》 2014年第11期

2009年，中国社科院考古研究所丰镐队对陕西西安市丰镐遗址进行考古调查时，在马王镇冯村北约200米的土壕取土区发现大量有加工痕迹的骨角料。2011年，丰镐队对丰镐遗址内马王镇冯村北的制骨作坊进行了钻探，发现灰坑69个，墓葬20座。2011年，丰镐队进行了抢救性发掘，2013年为进一步了解制骨作坊的范围、形制和内涵，再次发掘面积61平方米。灰坑出土遗物有陶片、骨料和骨器。根据地层和灰坑出土遗物进行了类型学分析，以及与其他遗址出土同类遗物的比较，作者推断制骨作坊的时代为西周晚期偏早阶段。遗址的发掘为研究丰镐遗址手工业作坊布局与聚落布局等提供了重要的资料。

《西安市唐长安城大明宫兴安门遗址》

中国社会科学院考古研究所西安唐城工作队

论文 15千字

《考古》 2014年第11期

兴安门是唐长安城大明宫南墙上“南五门”之一，位于大明宫南墙建福门西侧。为配合西安唐大明宫国家遗址公园的建设，2009年4~7月，中国社科院考古研究所西安唐城工作队对兴安门遗址进行了考古发掘。门址分早、晚两期，早期门址有三个门道。晚期门址有两个门道，晚期门址由东西墩台、门道。隔墙以及东西两侧的城墙和马道等组成。出土遗物有建筑材料和日用品等。

兴安门的发掘为唐代都城考古研究提供了新资料。这座城门所承载的历史信息，对于都城发展、演变等的研究，具有不可替代的学术价值，对唐长安城、大明宫的研究则更加重要。

《西藏阿里地区噶尔县故如甲木墓地2012年发掘报告》

中国社会科学院考古研究所

论文 24千字

《考古学报》 2014年第4期

2012年6～8月，中国社科院考古研究所与西藏自治区文物保护研究所联合对西藏阿里地区噶尔县门士乡故如甲木墓地进行了首次发掘。墓葬中发现有丝织品、金面具、铜器、铁器、木器及大量殉葬动物骨骼。丝织品是在西藏地区考古中首次发现，也是青藏高原发现的最早的丝绸实物。带有“王侯”铭文的鸟兽纹锦显示出该墓葬的社会等级以及该地区与南疆的文化联系。故如甲木墓地的发掘弥补了西藏西部考古工作的空白，加深了我们对于西藏西部“前吐蕃时期”文明的认识，同时也以其丰富的内涵启发我们重新审视这一长期被忽略的地区在西藏早期文明发展进程中的重要地位。

历史研究所

《中国历史上的腐败与反腐败》（上下）

卜宪群（研究员）主编

专著 790千字

鹭江出版社 2014年3月

该书是一部对中国古代历史上的腐败与反腐败问题进行全面研究的论著。与以往的反贪史和廉政制度史的相关论著不同，也与以往把腐败简单地归纳为剥削阶级的属性不同，该书将腐败与反腐败作为古代国家与社会发展过程中相伴随的一种政治现象，探讨其产生的根源、政府的对策，以及历代思想家对腐败与反腐败问题的深刻思考。全书各篇分别从时代特点、腐败表现形式、监察与法律制度、反腐败思想等几个方面对每个朝代的相关问题作了深入研究。因此，该书对于我们今天借鉴历史上的反腐败经验也有一定的积极意义。

《旅顺博物馆所藏甲骨》（全三册）

宋镇豪（研究员）等主

专著　320 千字

上海古籍出版社　2014 年 10 月

旅顺博物馆是中国大宗收藏殷墟甲骨文的单位之一，所藏达 2217 片，包括有字甲骨 2211 片、无字甲骨 3 片与伪刻 3 片，蚌笄头刻辞 1 枚。主要为“甲骨四堂”之一罗振玉（雪堂）的旧藏品，少量为日人岩间德也藏品，属于安阳殷墟早期出土品，绝大部分没有公布著录过。这批甲骨的来源、流传与入藏事略，尘封厚积着曲折沉沦的近代学术史印迹。甲骨文的时代一至五期皆有，发现新字及新字形 30 多个，大大充实了甲骨文字库。内容涉及殷商政治制度、王室结构、社会生活、经济生产、方国地理、军事战争、宗教祭祀、文化礼制等方方面面，具有很高的文物价值、史料价值和学术史研究价值。

该书分为甲骨图版、释文、检索表三部分。甲骨图版采用彩照、拓片、摹本三位一体的着录方式，彩照包括甲骨正面、反面以及有完整钻凿痕迹的甲骨侧面照片；拓片包括全部有字甲骨的正面及反面，摹本还摹录相关甲骨的缀合图形。在甲骨图版编次排序方面，贯彻“分期断代，按字体别其组类，再按内容次第排序”的原则。在甲骨组类及分期断代方面，妥善处理学术界存在的争议，既留意于传统“五期说”之间的传承关系，又尽可能吸收甲骨组类辨别学识，并且揭示在整理研究中的新见新获。甲骨释文兼包括馆藏号对照、着录情况、甲骨材质鉴定、甲骨辨伪、正文释定、同文例互补、释文说明、新字形简释及甲骨残片缀合等内容。检索表可方便检索馆藏号、着录号及汇总甲骨缀合近 60 组（其中自缀 11 组）等诸项信息。

《魏晋南北朝隋唐立法与法律体系：敕例、法典与唐法系源流》（上下）

楼劲（研究员）

专著　822 千字

中国社会科学出版社　2014 年 12 月

该书以敕例为中心来梳理魏晋南北朝隋唐的立法与法律体系，考证了此期法制发展在各转折点上的史实。其结论是：敕例的主导地位及其与法典的关系，是贯穿于我国帝制时代法制史的根本问题和基本线索。在魏晋至隋唐的法律儒家化进程中，由于全面贯彻礼、法关系准则的需要，尤其是由于其与北朝汉化、改制等历史进程的合拍，导致了一个不断强调法典重要性的历史运动，这就决定了唐代《律》《令》《格》《式》体系的形成。而法律儒家化及相关历史进程在唐代的终结，则决定了这一体系的瓦解，并朝类于秦汉律令体系的方向归复。

《域外长城——万历援朝抗倭义乌兵考实》

杨海英（研究员）

专著 370千字

上海人民出版社 2014年12月

该书展示的历史背景是明朝万历时代的东征抗日援朝战争。作为16世纪末、17世纪初全球最为先进的军队，朝鲜君臣信任及喜爱的南兵的核心成分，东征中最具战斗力、最有影响力的“浙兵”主干——出自浙江义乌的这些南兵将士，无论在军队组织形式、战略、战术乃至武器装备方面都拥有世界优势，他们对于日军具有丰富的作战经验（不少人都参加过戚继光领导的东南沿海抗倭作战）。该书通过剖析义乌兵这样一个具体到个人、深入到县乡乃至家族层面的特殊社会群体，从军事史角度，探讨明朝国家与社会的互动。明朝通过东征这个延续七年之久的国家行为，不仅维护了自己在亚州朝贡体系中的中心地位，而且对塑造未来二三百年的亚洲和平局面功不可没。

《高丽史》（全十册）

孙晓（研究员）主编

古籍整理 2600千字

西南师范大学出版社、人民出版社 2014年6月

该书共139卷，朝鲜李朝郑麟趾奉王命修撰此书（1451年成书），全书用汉文写成，体例悉仿中国正史，记载了朝鲜历史上高丽王氏王朝的事迹（918～1392年）。该书为了解高丽与宋、辽、金、蒙古、元朝的关系提供了丰富的史料，为了解各朝的政治、经济、农民战争的活动等提供了颇具价值的资料，经整理点校出版，亦为一项颇具意义的学术研究。

《唐代后妃史事考》

陈丽萍（副研究员）

专著 408千字

社会科学文献出版社 2014年10月

后妃制度是一项涵盖内容极广的国家制度，而唐代后妃制度在整个古代后妃制度中有着重要地位。该书首先将诸帝后妃、追封皇帝皇后、太子后妃与宫人作为完整的“内命妇群体”加以研究；其次从正史编修传统的角度，简析了历代正史《后妃传》书写模式的变化；再次对两唐书《后妃传》及其他史料中有关记载的错漏混淆进行辨析补充，同时对已知内命妇的个人史事、亲族、子女婚姻等内容进行全面考补，兼及对各项后妃制度的源流和运行规律详备考证。

《明四夷馆鞑靼馆及〈华夷译语〉鞑靼“来文”研究》

乌云高娃（副研究员）

专著 500千字

中国社会科学出版社 2014年11月

该书主要探讨了明四夷馆及鞑靼馆的设立、鞑靼馆的蒙古语教学、蒙古语译官在明朝与蒙古的边贸活动中所起到的作用等问题。通过搜集、整理在中国、日本、德国图书馆保存的《华夷译语》鞑靼“来文”，考察了《华夷译语》不同版本、不同抄本中鞑靼“来文”的异同、《华夷译语》鞑靼“来文”与明四夷馆的教学关系、《华夷译语》鞑靼“来文”翻译中存在的问题、《华夷译语》鞑靼“来文”的文书格式、洪武本《华夷译语》鞑靼“来

文”汉字音译规律，并对洪武本、永乐本《华夷译语》鞑靼“来文”进行校释，对蒙古文部分进行拉丁转写、还原为蒙古文。

《明代山东海防研究》

张金奎（副研究员）

专著　756千字

中国社会科学出版社　2014年10月

该书是一部专门研讨明代北方沿海海防状态的作品，研究时段从元朝末年开始，持续到清朝中期的康熙、雍正年间。

该书涉及军事史、中外关系史和社会史等三大领域，先后提出以朝鲜为顶点的倭寇海上三角贸易带、山东海防的下抛物线状发展路径等新观点，并将现代战略学理论运用到古代史研究中，提出战略现时、战役现时与战略预备状态存在交错式转化等理论观点，对明初海防战略的多次变化、明中叶的海防转型、万历援朝战争中山东海防部队的功能与贡献以及与海防建设相伴而来的枣强移民、四川移民、小云南移民等问题都进行了分析。

《明长城时代的开启——长城社会史视野下榆林长城修筑研究》（上下册）

赵现海（副研究员）

专著　565千字

兰州大学出版社　2014年6月

该书在对世界范围内，尤其16世纪以来长城形象变迁、研究脉络系统处理的基础上，充分利用了新发现的档案、地方志与相关史料，提出“长城区域社会史”研究模式，对榆林明长城辐射的河套、陕北社会，从军事、政治、经济、社会、文化等各层面，考察了明朝为何修筑榆林长城的历史问题。并从世界史的视野出发，将这一时期中国社会的历史变迁，与西欧、西亚的历史变迁相对比，认为这一时期中国文明呈现了收缩与内敛的特征，标志便是大规模修筑长城，从陆疆、海域两个层面撤退，从而与西欧“大航海时代”、西亚“伊斯兰扩张”，形成了截然不同的历史取向，可称为“明长城时代”。而榆林明长城开启了明中后期大规模修筑长城的潮流与风气，可视为“明长城时代”的开启事件。

《找寻京郊旗人社会——口述与文献双重视角下的城市边缘群体》

邱源媛（副研究员）

专著　280千字

北京出版集团公司、北京出版社　2014年10月

该书采用口述访谈、民间文献与官方史料等多重视角，通过全面展示与个案分析相结合的方式，把清代曾活跃于京畿，后因政治变动而被遗忘、湮没的大批旗人群体挖掘展示出来，同时与籍隶州县的民户相并考察，探讨了八旗制度、旗人身份等因素对该地区直到今天都依稀可见的深远影响，希望能从前人较少触及的视域，更为全面地了解京畿地区的人文、社会和历史演变的重要意义。

《无名组卜辞的整理与研究》

刘义峰（助理研究员）

专著　560千字

金盾出版社　2014年11月

该书是一部以无名组卜辞为主题的研究

专著，在很多方面实现了无名组卜辞整理研究的首次尝试。该书提出“甲骨组类学”的原创理论；强调组类研究的基础资料整理属性；将无名组卜辞细分为十一类并命名；首次对多达6000多版的无名组甲骨进行细分类，建立详细分类表；新缀合了多版无名组卜辞，建立了详细的无名组卜辞缀合表；确定各类的时代分布，揭示无名组卜辞内部长期沿袭的左右卜制度。

《田作畜牧——公元前2世纪至公元7世纪前期西域绿洲农业研究》

李艳玲（助理研究员）

专著　242千字

兰州大学出版社　2014年10月

该书利用汉文文献、已释读出的佉卢文等多种文字文献，结合考古资料与民族调查资料，对西域绿洲农业进行长时段、动态研究，考察了农业与自然、社会诸因素之间的互动关系，揭示了公元前2世纪至公元7世纪前期近八百年间西域绿洲农业总的发展趋势及其阶段性特征。

《金元散官制度研究》

李鸣飞（助理研究员）

专著　322千字

兰州大学出版社　2014年9月

散官制度是中国古代政治制度的重要内容，近年来受到学界越来越多的关注。作为北方民族统治王朝，金、元两代也沿用了散官制度，但制度性质发生了变化。该书发掘和清理了史传、文集、碑刻、笔记中零散的个案材料，对金元散官制度的整体框架和细节面貌进行了复原考订。以散官为线索考察金、元的铨选、升迁方式，指出从金到元，官制、铨选制度发生了重要变化。该书还订正了前人在史料标点、校勘、解释方面的不少疏误，对金、元铨选制度中向来缺乏准确解释的一些专名进行了合理说明。

近代史研究所

《张东荪年谱》

左玉河（研究员）

专著　335千字

群言出版社　2014年1月

该书主要叙述张东荪从1886年到1973年政治学术活动及思想发展演变情况。因张东荪一生以文字著述为主，故该书着力考察其著述情况并多节录其代表性文章内容，著作则以介绍撰作经过、内容提要及社会影响为主，以便把握张东荪思想及其发展演变的基本脉络。该书在编撰体例上力图有所创新，以时系事，大事编年与纪事本末两种体例并用，以客观呈现张东荪活动及思想真相。《张东荪年谱》是目前国内外学术界关于张东荪生平及思想方面较为翔实的资料工具书。

《重寻近代中国》

马勇（研究员）

专著　320千字

线装书局　2014年3月

该书客观地分析讲述了近代中国的发展。作者从现代化视角出发重塑中国近代史，从政治、经济、文化等多重现代化的角度重新解读了近代中国的方方面面，一方面重新评估外国资本在近代中国的功过是非，理清世界走进中国的路径及客观效果，另一方面剖析在现代化冲击之下，中国走向世界的艰难过程。

《晚清变局下的中央与地方关系》

马平安（研究员）

专著　375 千字

新世界出版社　2014 年 1 月

该书从军权、财权、外交权等角度，集中探讨了晚清变局下的中央与地方关系，揭示了清王朝灭亡的基本原因，说明中央与地方关系的平衡与协调，取决于中央政府是否有足够的权威与处理问题的意识和能力。在中国这样一个有着悠久集权传统与观念的、地大物博、幅员辽阔、人口众多的国度，如何根据自己的实际情况，既维护好中央权威，又尊重好地方利益，让中央与地方的关系保持一种上下相维、荣辱与共的共赢关系，这是我们总结历史、立足现实的一个重大课题。

《找寻真实的蒋介石：还原 13 个历史真相》

杨天石（研究员）

专著　410 千字

九州出版社　2014 年 6 月

该书主要内容分为抗战时期、国共谈判、战后中国、退守台湾等四部分。该书通过引述和研究蒋介石日记及其他相关资料，就相关历史时期蒋介石亲历的重要事件进行了深入详细的分析解说，提出了具有重要学术价值的观点和结论。该书内容包括：绥远抗战与蒋介石对日政策的转变、蒋介石与德国反纳粹地下活动、蒋介石收复新疆主权的努力、蒋介石为何拒绝在《延安协定》上签字、蒋介石提议胡适参选总统前后、蒋介石枪毙孔祥熙亲信及其反贪愿望、蒋介石与蒋经国的上海“打虎”、蒋介石与钓鱼岛的主权争议、陈洁如回忆录何以尘封近三十年、蒋介石谋划与苏联合作反攻大陆、蒋介石与宋美龄的晚年感情危机等。

《我是一个中国的美国人——李敦白口述史》

［美］李敦白口述　徐秀丽（编审）撰写

专著　230 千字

九州出版社　2014 年 6 月

该书是一部具有重要史料价值、编写严谨、规范的口述史著作，在无数真实可感的历史细节与碎片中折射出中国革命与建设的真实历史境况和纹理。李敦白 1921 年出生于美国中产阶级家庭，年轻时秘密加入美国共产党。二战结束时来到中国，开始了他投身中国革命和建设的动荡起伏的三十五年历程。他与宋庆龄、毛泽东、江青、周恩来、刘少奇、陈毅、王光美、任弼时、邓小平、王震、李先念、朱镕基等，都有私人交往；他与中国共产党密切合作，并亲眼目睹很多高层发生的事情。他在叙述中披露了领袖人物在生活与工作中的大量细节，弥足珍贵。他以“一个中国的美国人”的视角、罕有的诚实坦率，讲述了他在中国的非凡经历。

《吴耀宗卷》

赵晓阳（研究员）编

专著　257 千字

中国人民大学出版社　2014 年 6 月

该书是国家出版基金资助的百卷本《中国近代思想家文库》之一。吴耀宗以富有远见和现实性的基督教思想，与中国政治和社会的高度结合的理论和实践，成为中国基督教历史上影响最为深远的人物。该书包含了吴耀宗各个时期的基督教思想或社会思想，如唯爱主义、社会福音、基督教与社会主义、基督教与唯物主义、基督教与共产主义、基督教与中国社会现实、基督教与中国社会改造、基督教与中国文化、基督教的中国本土化、中国基督教学生运动、基督教与政治等广泛主题。

《儒学转型与文化新命——以康有为、章太炎为中心（1898～1927)》

彭春凌（助理研究员）

专著 455千字

北京大学出版社 2014年3月

新文化运动中的反孔批儒思潮是近百年学术界聚讼纷纭的问题之一。该书从戊戌以降儒教自身新生转进的历史视角观察新文化反孔批儒思潮的兴起与展开，重建了儒教传统的转型与新文化形成之间的历史关联。康有为、章太炎分别是近代孔教运动的领导者和批儒思潮的发动人。他们彼此间、他们与新文化人的思想对话揭示出反孔批儒的多层次历史动力。明治时期日本将儒学忠孝伦理纳入“国体论”，并从台湾开始侵占中国；受此触动，近代儒教形成了批判性的自我认知，新文化批儒有持续的跨文化背景。面临基督教的挑战，儒教正信与异端之争急剧裂变，内部的废淫、排异使新文化的反孔教拥有了来自传统的知识支撑。孔教曾经是帝制社会国家意识形态，它试图迎接近代国民思潮进行制度建设，但却在民初政治纷争中被新文化人视作奴隶的道德，而没有跨越其现代转型的最大屏障。随着20世纪20年代知识话语的代际转换，戊戌前后为人津津乐道的康有为孔教思想逐渐隐没。

《〈孔子家语〉公案探源》

刘巍（副研究员）

专著 288千字

社会科学文献出版社 2014年3月

《孔子家语》真伪问题，是中国学术史上一个著名公案。自魏晋以降即聚讼不已，近来由于相关出土文献的激荡，争论弥烈。该书作者考镜源流、旁征博引、推陈出新，着力从公案学的角度，对与王肃伪造《家语》说相关的公案群进行爬梳与剔抉；对此案产生的诸多取径，如误说误文流传讹变、疏证辨伪方法移植错置、文本内外关系牵强附会等进行认真的推究与归纳；就丁晏所谓王肃伪造众书之说对康有为的刘歆遍伪群经说之影响进行清晰的提示与论证；对此案所涉《家语》三序的可信性程度、孔安国身世等重要而又诸说纷纭的史事进行缜密的析说与考证。

《民国时期外交史料汇编》（全140册）

王建朗（研究员）编

资料集 8700千字

国家图书馆出版社 2014年12月

该书收录民国时期外交史料，分为档案和期刊两部分。档案部分主要收录民国间北京政府外交部档案，包括驻外各使馆星期报告、外交文牍、外交部收发电稿、外交部参事厅收电簿、外交部条约司译件以及外交部存底之重要外交文献等。其中，驻外各使馆星期报告是北洋军阀执政时期的外交情报集，全书670余份报告。外交文牍全面收录民国六至十六年北洋军阀统治时期关涉重大外交事件的第一手官方外交文件，共746件。外交部收发电稿中凡当时的中外大事，皆有触及。此外，还收录了民国初年外交部和段祺瑞执政府的中日交涉密档。期刊部分主要收录《外交公报》《国民外交杂志》《外交评论》《外交研究》《外交部参考资料》《国民外交月报》《外交部通讯》《国民外交》等20种期刊。

《走向统一：西南与中央关系研究（1931～1936）》

罗敏（研究员）

专著　250千字

社会科学文献出版社　2014年3月

1928年北伐胜利后，蒋介石在重建政治统治秩序的过程中，不断受到来自中央与地方各种力量的掣肘与挑战。走向统一的过程充满了惊心动魄的权谋和不可预测的变数。蒋介石所面对的最大离心力，是北伐后便与中央渐行渐远的两广地方实力派和以胡汉民、汪精卫为代表的粤籍政治人物。该书从国家政权建设角度，通过勾勒以蒋介石为首的南京国民政府如何应对和解决西南问题，揭示蒋介石作为政治领袖的成长与局限；同时兼顾地方的视角，通过还原胡汉民及其周围相关人群的活动轨迹，审视在中央集权重建过程中失势政治人物与地方政治势力的生存困境。

《国难中的学术与政治：中国经济学界的争鸣（1932～1937）》

吴敏超（副研究员）

专著　386千字

中国社会科学出版社　2014年3月

该书通过全面考察与比较《中国经济》月刊、《经济学季刊》和《中国经济情报》周刊三份富有影响力的经济期刊，探讨从"九·一八事变"至"七七事变"深重国难背景下中国经济学界争鸣、碰撞的宏大气象。三份期刊的办刊背景、关注重心、观点主张各有不同，展现了中国经济学界在马克思主义、西方自由资本主义和三民主义等各种思潮影响下，对于列强与中国经济关系、中国经济走何种发展道路等重大问题的歧见。经济学者的热烈探讨、建议与批评，对当时的政府经济决策及后来中国经济发展道路的选择产生了重大影响，其理论价值和现实意义至今仍不可磨灭。

《嘉庆十年——失败的俄国使团与失败的中国外交》

陈开科（研究员）

专著　493千字

社会科学文献出版社　2014年4月

嘉庆一朝（1796～1820）是清史"由盛转衰"的转折时期，也是19世纪中叶中俄关系"大风暴"的静伏期。嘉庆十年（1805年），俄国为了进一步扩展俄中贸易、恢复俄中外交关系，决定向中国派遣戈洛夫金使团。该书选取嘉庆十年俄罗斯戈洛夫金使团来华这一外交事件作为切入点，详细描述了早期中俄关系上这一转折性事件的来龙去脉，并在此基础上，以崭新的思路，将其放入中俄社会历史发展进程乃至世界历史发展进程中加以考察，从而深刻地揭示出隐藏在这一事件背后的历史内涵及意义。此次外交事件中，俄国失败了一个访华使团，中国却失败了整个对俄外交。尤其值得注意的是，此次外交事件宏观上确立了19世纪中俄关系格局的基调。

《甲午战争的历史教训与现实思考》

张海鹏（研究员）

论文　6千字

《求是》2014年第14期

2014年是甲午战争爆发120周年。甲午战争是中日两国不能忘记的历史事件。认真回顾与反思这场战争的历史教训，认识这场战争何以发生、何以成为那样令人不忍回首的结局，对于我们今天维护祖国领土完整与统一，更好地实现中华民族伟大复兴的中国梦，具有重要的现实意义。该文对爆发甲午战争的历史背景、中国在甲午战争中失败的原因进行了分析，对历史教训进行了认真思考。

《重读梁启超的〈立宪法议〉》

耿云志（研究员）

论文　6.4千字

《广东社会科学》2014年第1期

该文认为，实行立宪政体是近代中国先进分子一直追求的政治目标。梁启超是第一位明确提出宪政目标并筹谋一整套实施方案的人。他于1901年6月在《清议报》上发表《立宪法议》一文。文章指出，宪政就是实行有限权力的政治，人各有权，权各有限。但最重要的是，统治者的权力必受到限制。在中国要限制统治者的权力，就必须强调民权。民有权，才能保证宪法有效。梁氏并从五个方面具体规划了制定宪法和实施宪法的步骤。显然，梁氏追求一种既能吸收各立宪国之经验，又能切合国情，得多数国人的认同，从而可以行之有效的宪政。

世界历史研究所

《美国环境史学研究》

高国荣（副研究员）

专著　463千字

中国社会科学出版社　2014年6月

该书以1990年前后为界，系统梳理了环境史研究在美国的发展，着重探讨了环境史学在美国的兴起背景、20世纪90年代前后的发展动向及环境史学的学术价值与贡献。该书对环境史进行了富有特色的界定，展示了环境史在不同发展阶段的特色和趋势，对环境史研究的文化转向给予积极评价。

《近代日本的元老、宫中势力与内阁》

张艳茹（副研究员）

专著　254千字

中国社会科学出版社　2014年12月

元老和以内大臣为首的宫中势力是近代日本在政治运行过程中形成的超脱于宪法体制之外的特殊势力，他们位于天皇和宪法规定的各权力机关之间，能够影响宪法体制内的各权力机关。在各宪法体制内机关中受这些势力影响最大的是内阁，因此该书选择以元老、宫中势力与内阁关系为中心，探讨了这些势力的性质、存在原因及影响政治的方式、影响力大小的变化等。元老和以内大臣为首的宫中势力对内阁的影响，加剧了内阁的不独立性，反映了战前日本明治宪法体制下天皇制的特殊性，以及战前政治中缺乏有效的中央决策机制的特点。

《二战前日本农业问题与政党内阁的农业政策研究》

文春美（副研究员）

专著　183 千字

中国传媒大学出版社　2014 年 12 月

该书主要以“二战”前日本政党内阁（1918 ~ 1932 年）时期的农业政策为主要研究对象，阐述了“二战”前日本农业问题的产生背景，对大正民主主义时期政党内阁的农业政策及其产生的影响等进行了评估。该书认为，由于政党内阁时期没有重视解决农业危机，特别是没有对明治维新以来日益凸显的农村危机采取根本措施加以彻底解决，从而造成社会矛盾严重激化。同时，政党内阁在农业政策上的决策失误，激化了包括中小地主和佃农在内的广大农民对政党政治的深刻不满和不信任，农村右翼与军部的“革新势力”结成“反政党阵线”，最终导致政党内阁的下台。

《关于国家定义的重新认识》

易建平（研究员）

论文　25 千字

《历史研究》 2014 年第 2 期

该文认为，摩尔根—恩格斯国家两个标志的问题在于：“地区原则”无法对应史学与考古学等学科中的血缘关系材料，“公共权力的设立”则失之于笼统含混，需要进一步细化明确；韦伯定义无法应用于“现代”之前，并且韦伯关于国家的论证，本身存在着逻辑矛盾等错误；当代国际学术界在“国家”定义的讨论中，存在着判定“早期国家”与“成熟国家”亦即韦伯的“国家”标准不一致的情况。应当只以“武力合法使用权”掌控情况或程度的不同来进行区分，这样可以将韦伯定义的“国家”当作“完备国家”，而将之前的“国家”划分为“早期国家”与“成熟国家”两个发展阶段。

《英格兰宗教改革时期的新教改革者与传播媒介》

张炜（助理研究员）

论文　13 千字

《世界历史》 2014 年第 5 期

该文以英格兰宗教改革时期的新教改革者与传播媒介的互动关系为研究对象，依据第一手印刷书籍资料及相关权威著作，对这一时期新教印刷品在英格兰的生产传播机制进行了细致梳理，阐释了受国王支持的新教改革者、英语《圣经》的地下翻译印刷者以及国教会首脑分别利用印刷品宣传各自的政治宗教思想、施行新政的过程，并指出改革者正是借助了印刷品的空间延伸性和时效性，从而打破了教会倚重手抄本而长期维持的知识垄断。该文运用传播偏向论的理论方法，着力从印刷媒介在时空偏向方面的物理特性入手，并借用“知识垄断”的概念展开分析，深化了学界对英格兰宗教改革时期新教印刷品传播现象的认识。

《希罗多德波斯史及其对古希腊知识精英波斯观的塑造——〈历史〉卷三与〈贝希斯敦铭文〉比较研究》

吕厚量（助理研究员）

论文　20 千字

《历史研究》 2014 年第 1 期

该文对希罗多德《历史》卷三中记载大流士登基的内容与波斯帝国官方文献《贝希斯敦铭文》进行了比较研究，尝试了在古典史学研究中引入亚述学相关文献、考古发现和学术观点的跨学科方法。在分析过程中，该文试图结合口传史学与东方主义文化理论等新兴学术视角，对希罗多德史学的历史地位进行了重新思考。

《伊藤博文政党观的演变及政党实践的变迁》

陈伟（副研究员）

论文　16 千字

《史林》 2014 年第 5 期

该文研究对象是日本明治时期最有影响的政治家之一和近代日本立宪政治制度的主要奠基人——伊藤博文政党观的演变、政党实践的变迁及两者之间的关系。该文认为，伊藤博文作为藩阀政治家中开明势力的代表人物，经历与议会中的政党的妥协和多次对抗，依据其与政党之间的势力对比和变化了的形势，作出顺应时势的判断，实现了其政党观的转变。可以说，政党观的变化促使伊藤博文作出相应的决策，同时又进一步促进了其政党实践；另一方面，政党实践的发展又加速了其政党观的转变。

《制度、精神、心理——伊波利特·泰纳〈旧制度〉述评》

黄艳红（副研究员）

论文　14 千字

《法国研究》 2014 年第 2 期

伊波利特·泰纳是 19 世纪后期法国实证主义史学的著名代表。该文认为，《现代法国的渊源》是泰纳在普法战争和巴黎公社之后对法国命运反思的产物；其第一卷《旧制度》以广泛深入的描绘，揭示了大革命发生的政治、社会和思想基础。泰纳认为，绝对君主制的政治结构导致贵族脱离公共生活，并缔造出一个沙龙精英阶层；脱离实际、热衷抽象推理的经典精神在这个阶层找到了最合适的土壤；但这种作为精神娱乐的经典精神，无法认识民众心理和政治生活中占支配地位的非理性。基于泰纳对旧制度的王权和特权阶层的尖锐批判，我们不能将他简单地视为反革命者。

《中印边界冲突中的英国因素》

孟庆龙（研究员）

论文　23 千字

《清华大学学报（哲学社会科学版）》 2014 年第 6 期

该文认为，英国作为印度的前殖民国，直到 20 世纪 60 年代中期之前，在中印边界问题上一直有着特殊的地位和影响，特别是通过策划西姆拉会议，炮制“麦克马洪线”，为中印边界埋下了纷争的种子。冷战爆发后，面对世界格局和国际关系的新变化，特别是新中国的成立和国际地位的不断提高，为了最大限度维护其在亚洲的利益及在国际关系中的影响力，英国在中印关系恶化并发展为边界冲突的过程中，对印度提供了一些支持，但多有保留，同时与中国维持较为稳定、平和的关系，在 1962 年中印边界战争前后把握、拿捏得较有分寸，充分显示出这个老牌帝国在实力衰落过程中处理复杂、敏感外交和国际问题的“圆滑”和“老到”。

《新疾病史学：生态环境视野中的全球疾病史研究（上）——跨学科整体综合探索的理论思考》

王旭东（研究员）

论文　12 千字

《甘肃社会科学》　2014 年第 6 期

该文主要从元史学层面运用跨学科的文本比较、数字化信息检索统计和计量方法，对中外过往的疾病史研究状况进行了一定的分析和总结。该文认为，总体上看，两千多年来不论中国传统史学的正史还是西方专业史家的著述，绝大多数作品反映出，无视或轻视以至缺失主动对史上疾病问题深入探讨是历史学的普遍现象；20 世纪过半时间里对疾病史的研究，或因学科划分隔阻，形成了医学界强而史学界弱甚至几近于无的局面，在研究定位、方法和目的上也走的是截然不同的两条路径。该文认为，20 世纪 70 年代中期，美国史学家威廉•麦克尼尔提出"微寄生"和"宏寄生"概念，将裸眼见不到的致病微生物纳入史学研究范畴，以全球视野兼跨生态学和环境学领域探讨史上疾病与人类社会发展之关系，开创了疾病史研究的麦克尼尔范式。麦克尼尔的突破一改史学界长期忽视疾病史研究的状况，受其带动历史学意义的疾病史在西方成为全新的史学分支学科。中国史学界的疾病史研究也因之逐步发展、日渐兴起。

《古埃及国王的丧葬仪式》

郭子林（副研究员）

论文　20 千字

《世界宗教研究》　2014 年第 1 期

古埃及国王的丧葬仪式是围绕国王的丧葬展开的各种仪式活动的总称，是古埃及历史上重要的社会历史现象之一，具有悠久的历史。它将宗教与世俗两个方面成功地糅合起来，通过仪式场面和坟墓中的浮雕与铭文等，宣传国王、王室家族的身份和王权统治的神圣性，宣传和强化国王的多种权力，增强民族认同和凝聚社会力量，使国王的王权统治继续下去，是以国王为首的统治阶级用于宣传王权观念或意识形态的一种手段，其在埃及长期存续有着深刻的社会文化和经济根源。

《透视南非白人政府对劳动力市场的干预（1900 ~ 1945）》

刘兰（副研究员）

论文　10 千字

《史学理论研究》　2014 年第 2 期

该文尝试从经济学一般原理出发，剖析了南非白人政府在白人失业问题的解决中所起的作用。具体而言，从劳动力市场供求结构的角度看，南非白人失业问题的解决是建立在减少非洲人劳动力雇佣的基础之上。与此同时，从成本最小化原则出发，南非经济在 20 世纪 20 年代至 40 年代持续发展的基础是廉价非洲人劳动力的雇佣。

《东北亚安全制度中的同盟主义与多边主义：理论与历史》

许亮（助理研究员）

专著　210 千字

中国政法大学出版社　2014 年 9 月

该书的主要内容分为理论部分（前两章）和历史部分（后三章）。理论部分主要是用国际制度理论解析同盟主义与多边主义的内在逻辑，并建构起同盟安全与多边安全两种制度互动的理论模型。历史部分主要是选取美韩同盟和六方会谈机制作为研究对象，分别梳理了美韩同盟的历史变迁和东北亚多边主义从观念提出到六方会谈机制的形成过程。最后一章是考察美韩同盟与六方会谈分别在朝核危机管理中所起的作用及相互间的互动关系。

《11 ~ 17 世纪俄日两国的互相认识》

邢媛媛（助理研究员）

论文 12 千字

《安徽史学》 2014 年第 6 期

该文立足于广阔的历史时空、从地理和文化关系入手，考察俄国对日本从模糊、片段式的了解到逐渐准确、详细的认知过程；从历史地理学角度呈现俄日早期关系的发端。深入研究俄日早期的相互认识是探寻俄日关系历史的重要途径，更是把握两国关系前景和领土之争的关键。研究俄日关系史就应回到两国发生接触的源头。6 ~ 17 世纪。俄国主要通过东方阿拉伯国家、蒙元（中国）等第三方积累起对日本的早期认识。人文主义思潮涌现后，随着科学知识的普及和西方探险、游历活动的开展，俄国人对日认识不断更新和拓展。这些早期认识为俄日的正式建交提供了潜在助力。从 17 世纪开始，伴随俄国的远东疆土开发，绵延至今的日俄岛屿之争由此拉开历史序幕。

《罗马尼亚和保加利亚应对欧盟合作与核查机制比较研究》

鲍宏铮（助理研究员）

论文 11 千字

《俄罗斯学刊》 2014 年第 1 期

该文主要从宪法框架的角度，考察了 2007 年以来欧盟旨在推动司法改革和反腐败的“合作与核查机制”在保加利亚、罗马尼亚两国取得的不同效果，指出了强势和弱势“半总统制”是造成这些区别的关键。文章分析了在有欧盟这一强大外部约束条件下，保加利亚、罗马尼亚两国在这两个领域所能取得的最大成效。

中国边疆研究所

《靺鞨兴嬗史研究——以族群发展、演化为中心》

范恩实（副研究员）

专著 280 千字

黑龙江教育出版社 2014 年 2 月

该书通过广泛涉及传世文献史料、碑刻、考古发现、民族志材料，获得并运用了一部分前人未曾使用过的研究素材，从族群的视角系统探讨了靺鞨族发展、演化的历史。

《近代英国和中国新疆（1840 ~ 1911）》

许建英（研究员）

专著 360 千字

黑龙江教育出版社 2014 年 1 月

该书系统研究了从 1840 年到 1911 年期间英国和中国新疆的关系。在丰富中外关系史及中国边疆史地研究的同时，有益于西北边疆探察史、舆地学及中国新疆和其他有关国家关系史的研究。从现实角度来看，对近代英国和中国新疆关系研究也有意义。

《汉代中国边疆史》

李大龙（编审）

专著　270千字

黑龙江教育出版社　2014年1月

该书是研究汉代边疆历史的学术专著。书中以汉代边疆民族概况、疆域的形成、两汉王朝的治边政策等内容为视角，对两汉王朝的边疆治理作了系统的阐述。

《理解中国现代丝绸之路战略——中国与世界深度互动的新型链接范式》

邢广程（研究员）

论文　7千字

《世界经济与政治》　2014年第12期

该文认为，现代丝绸之路战略是中国“走出去”的战略之梯。同时也是国际社会走入中国的战略通道。中巴经济走廊和孟中印缅经济走廊则将陆海丝绸之路加以链接。从而成为泛欧亚大陆陆上和沿海洲际经济合作的连接线和通道。

《关于海疆史研究的几点认识》

李国强（研究员）

论文　5.8千字

《史学集刊》　2014年第1期

该文从四个方面阐释关于海疆的认识：关于中国海疆史的基本内涵问题；中国传统疆域观与海洋疆域的形成；关于历史性权利的历史性认识；关于海疆史研究中的历史研究与法理研究的关系问题。

台湾研究所

《积淀·跨越·创新：中国社会科学院台湾研究所成立卅周年纪念文集》

周志怀（研究员）　刘佳雁（研究员）

专著　628千字

九州出版社　2014年6月

自1984年9月正式成立，中国社会科学院台湾研究所已迈入第三十个年头。作为国家级对台智库和涉台综合性学术研究机构，台湾研究所始终坚持以中央对台大政方针为本，不断加强涉台“综合性、战略性、前沿性”问题的研究，成为独具特色并享誉海内外的涉台研究重镇。该文集所收录的论文发表时间跨度从1992年始延续到2014年，其中涉及了台湾问题与两岸关系的方方面面，既有对“和平统一、一国两制”大政方针的理论探讨，也有对两岸政治、经济关系重点、热点问题的学术探讨；既有对台湾政治现象、经济发展、对外关系的动态观察，也有对“台独”、中间选民、国际因素对台湾问题的影响等所进行的深入研究，这不仅反映了台湾研究所基础研究的深层积淀及研究触角的广泛性，也体现出台湾研究所牢记服务中央对台工作宗旨，在密切跟踪形势的基础上，已形成跨政治学、经济学、社会学、法学等多学科研究交叉的研究体系和鲜明特色。

《海权—路权关系与台湾问题》

汪曙申（副研究员）

专著　274 千字

社会科学文献出版社　2014 年 12 月

该书立足于地缘政治的论述框架，通过追溯历史及结合现实，依循现代国际体系的形成发展，探讨影响台湾问题的海权、路权关系因素，在分析台湾问题产生、演化和最终解决的地缘政治逻辑的基础上，从中美两国海路关系的变化调整角度来研究和探讨台湾问题的发展走向。该书认为，随着中国路权崛起及美国在战略上对华倚重的加深，美国的台海政策会越来越顾及中国的核心利益。21 世纪，中国同世界的关系发生了历史性变化，只要中国路权实现复兴，进而推动发展新型海权，台湾在海陆关系的历史变迁中将重新回归中国。

《2013 年两岸关系回顾与展望》

周志怀（研究员）

论文　3 千字

《台湾研究》　2014 年第 1 期

该文认为，2013 年是两岸关系继续巩固与深化，并取得新成果与新进展的一年。一是两岸政治互信进一步增强。二是两岸政治接触与对话的新模式应运而生。以 2013 年 10 月印尼 APEC 的“张王会”为标志，不再借助于白手套的、两岸事务主管部门间的制度化联系，互访、正式磋商与会谈将会随之浮上台面。三是台湾朝野两党对两岸政治对话的态度出现变化。四是“台独休克”现象值得关注，“台独”这一词语在绿营的话语体系中开始淡出。五是两岸民间政治对话迈出具有开创性意义的重要一步。六是两岸民间社会的互动与融合之路依然艰巨漫长。

进一步增进与深化两岸政治互信，仍是 2014 年两岸关系和平发展需要把握与努力的重点。与此同时，台湾政治格局的复杂多变，对两岸关系和平发展产生的影响也会进一步增强。

《全球经济变局与两岸经济一体化》

张冠华（研究员）

论文　9 千字

《台湾研究》　2014 年第 2 期

该文认为，2008 年后在两岸关系和平发展背景下，两岸经济关系结束过去长期“间接单向”的不正常格局，初步实现了正常化、制度化、机制化。但随即全球金融危机的发生，使世界经济产生一系列深刻变革，两岸各自经济也步入重要转型升级期。两岸关系呈现和平发展新局，使两岸经济关系的发展环境发生重大变化。两岸贸易投资布局与结构正在发生历史性转换，并几乎与两岸经济合作机制的建构同步展开；传统的两岸经济关系发展方式面临新瓶颈，两岸经济合作由快速推进逐步进入“深水区”，在全球经济再平衡和亚太区域经济合作进程加快形势下，两岸应加快推进经济一体化进程，积极共同参与亚太区域经济合作进程，以更好应对全球变局的冲击。

《亚太新格局及其对两岸关系的影响之研究》

刘国奋（研究员）

论文　8 千字

《台湾研究》　2014 年第 2 期

该文认为，自 2010 年美国提出“重返亚洲”（后改为“亚太再平衡”）战略以来，美国在亚太地区加紧展开各方面新的部署，美国的举措对该地区的政治、经济、军事等关系和地区格局影响重大。该文分析了美国推行“亚太再平衡”战略对亚太地区局势产生的影响，提出亚太地区正面临战争与和平、独赢与普赢、猜忌与互信的抉择。探讨了亚太新局对两岸关系的影响，认为两岸难以超然于亚太新格局，两岸政治、经济和军事等方面的关系更加复杂化，但在亚太地区新的矛盾冲突中，两岸可以从新的视角谋求共同出路。对于海峡两岸来说，在美国积极推动“亚太再平衡”战略的形势下，两岸对于美国在台海地区的角色定位问题应重新予以检视。

从两岸的长远利益和两岸统一的角度看，两岸共同的核心利益与美国的战略利益没有交集点，在亚太地区新形势下去除美国对两岸关系和平发展造成的各种消极影响是必要的。

《台湾与东盟经济关系发展新趋势、成因与前景分析》

王敏（助理研究员）

论文　8千字

《台湾研究》　2014年第2期

该文认为，近年来，台湾与东盟经济关系逐步呈现出一些新的现象与特点，主要表现为台湾对东盟投资额和双方贸易额快速增长，东盟在台湾对外经贸格局中的地位不断攀升以及双方经贸交流合作日益密切，其中台湾与新加坡率先签订“经济伙伴协议”，标志着台湾与东盟国家的经济关系迈入新的发展阶段。双方经济关系的快速发展是东盟经济的“引力”、大陆经济转型升级的“推力”、两岸关系和平发展和台湾当局政策“助力”这三股力量共同作用的结果。未来台湾与东盟经贸往来有望继续保持平稳发展态势，东盟对台湾经济重要性将持续上升，台湾也将东盟及主要国家列为对外商签 FTA 的重点对象，但可预见的是，双方经济关系将继续在“一个中国”框架内运行，且不会从根本上影响两岸经济关系发展大局。

《2008年以来民进党转型刍议——基于领导者和结构的视角》

汪曙申（副研究员）

论文　10千字

《台湾研究》　2014年第4期

该文认为，在政治学研究中，个体作为分析社会政治现象和行为的基础要素，它涉及到人的成长经历、观念意识、社会心理、政治行为等多个方面。从人的角度研究民进党，除聚焦不同世代和派系势力外，特别要重视党主席的角色及作用。同时也要看到，在岛内复杂的政治系统中，作为微观层次的个体虽有一定主观能动性，但放之大环境结构当中，其独立性是有限的，发挥作用亦是有条件的，始终受到所处历史时代趋势、社会经济政治形态、社情民意等结构性因素的规范和塑造。基此，该文认为，民进党的转型，一方面受到该党领导者的观念、能力的影响，另一方面受到两岸关系、岛内政党政治、民进党派系政治等结构性因素的制约。民进党自2008年下台后一直在为重新执政寻找转型之路，然经蔡英文、苏贞昌两任党主席，并未解决阻碍其发展的诸多重大难题。蔡英文下一步无论以何种策略推动民进党转型，都将继续受到三大结构的制约，结果可能走向一条妥协平衡之下的折中路线。

《两岸佛教交流：嬗变与思索》

杨磊（副研究员）

论文 11千字

《台湾研究》 2014年第5期

该文认为，台湾佛教是中国佛教的重要组成部分。自明清时期佛教随大陆移民传入台湾以来，两岸佛教一直保持着割舍不断的密切联系。特别是在两岸大交流、大发展的时代背景下，两岸佛教通过双向互动交流，层次日渐深入，范围日渐广泛，开启了两岸佛教交流的新高潮，创造了形式多样、内涵丰富的宗教交流模式。但同时也应看到，随着两岸交流的不断深入，两岸佛教的差异性也为两岸佛教间的交流带来了新的挑战。未来，随着两岸关系和平发展的深化，两岸佛教要摆脱信仰上、文化上、现实上的一些分歧，以更加开放的胸怀、求同存异的态度、自他不二的精神，从两岸佛教的现状出发，进行多方面、多层次、多形式的探讨与研究，促进两岸佛教朝着健康发展的道路前进 。

《试论台湾学运的历史沿革与演变特点》

任冬梅（助理研究员）

论文 9千字

《台湾研究》 2014年第6期

该文认为，台湾3月份爆发的“太阳花学运”首度攻占“立法院”“行政院”，创造了台湾“学运”新的“历史”。数十年间，台湾“学运”几经迭兴，深刻影响台湾社会的演进。从“学运”发生的时代背景与政治环境、“学运”的组织形式、动员与传播媒介、参与者的成分、“学运”与政党之间的关系、“学运”规模和产生的影响等方面进行分析，发现台湾“学运”从缺乏主体性到获得自觉，力量在不断壮大，出现了一些新的特点，而其对于两岸关系的影响也在不断扩大。

《国民党与民进党实力对比的另类视角——基于政党软实力角度的分析》

王鸿志（副研究员）

论文 8千字

《台湾研究》 2014年第6期

该文认为，“软实力”作为测量国家实力的标准提出后，不但在国际政治领域引起高度关注，也被引入包括政党研究在内的多个领域。衡量一个政党的实力，传统上包括由党员规模、组织体系、选民基础、执政版图等可明确测量的硬实力内容。“软实力”被引入之后，对政党实力的认识也更加全面。政党软实力的核心是政党的吸引力，这种吸引力源于政党形象、政党文化以及政党政策。该文尝试从这三个角度入手，考察台湾主要政党——国民党与民进党的政党软实力状况。

《论“台独”话语权对岛内政治生态的影响》

胡本良（助理研究员）

论文 9千字

《台湾研究》 2014年第6期

该文认为，“台独”分子炮制种种谬论而建构起了一套“台独”话语体系，并通过不断推广和强化这套理念，掌握了岛内的意识形态领导权，并对岛内的政治生态产生了重大影响。民进党虽然始终不放弃“台独”

主张，但随着“台独”话语权的强弱而不断调整两岸论述；国民党在“台独”话语权的压力下，也不得不进行“本土化”论述。“台独”话语权作为一种重要的权力形态，对公共权力的运行产生强力的制约作用，严重破坏了正常的民主秩序，成为两岸关系和平发展的巨大障碍。

经济学部

经济研究所

《中国经济增长报告（2013～2014）》

张平（研究员） 刘霞辉（研究员） 等

皮书 338千字

社会科学文献出版社 2014年7月

该报告共分为三部分：

第一部分为宏观报告，回顾了2013～2014年中国宏观经济的经验事实，即投资率和进出口贸易规模出现向顶部逼近的趋势，投资和贸易需求波动增大；实体经济通缩与房地产市场泡沫并存，产业间、区域间效率失衡问题突出；投资驱动增长、财富推动增长的阶段行将结束，经济步入结构调整的关键时期。2014年经济增长预期为7.4%，未来五年增长预期为6.4%～7.8%，稳速、高效是减速时期的新要求。

第二部分为宏观经济专题部分，探讨了新常态经济，经济增长、财富积累和收入分配，宏观脆弱积累下的调控政策，对外投资的现状和发展方向等。

第三部分为中国区域经济前景报告。报告通过对1990～2014年中国各省区市发展前景进行分析，得出了中国30个省区市1990～2014年间的发展前景指数和排名情况，以及一级指标经济增长、增长可持续性、政府运行效率和人民生活的发展前景指数和排名情况。

《应对封锁禁运——新中国历史一幕》

董志凯（研究员）

专著 348千字

社会科学文献出版社 2014年10月

中华人民共和国诞生之初，中国人民希望在难得的和平环境中，以独立自主的地位、平等互利的方式进入国际市场，却遭到了以美国为首的西方国家的军事封锁和经济封锁。朝鲜战争爆发之后，封锁力度大幅升级并全面实施。其措施之严厉、纠集国家之多、历时之长，在国际关系史上亦为罕见。在力量对比悬殊的险峻形势下，新中国采取了正确的政策和策略，对外贸易不仅没有被窒息，反而在封锁禁运中成长与发展：总额于1951年开始突破第二次世界大战前的历史最高水平并不断增加，进出口比改变了近代以来数十年长期入超的局面，商品结构向着有利于中国工业化的方向变化。另一方面，“封锁”加剧了世界各国之间，特别是资本主义国家内部的矛盾，导致全面“封锁”于1957年破产。此次“封锁”至20世纪70年代以失败告终。

该书运用了近年来披露的相关文献资料，特别是应对封锁禁运的背景材料，回溯了新中国被封锁禁运及应对的历程。研究的时段以 1949 ~ 1957 年为主，上溯至古近代中外经济关系，下延至 21 世纪初。研究的范围从外贸领域扩大到相关商品生产和国内市场流通领域。

《劳动市场中的性别分析：理论、方法与实证研究》

王震（副研究员）

专著　242 千字

经济管理出版社　2014 年 11 月

让女性平等获得发展成果，推动性别平等，已经成为国际社会的共识，也是落实中国男女平等基本国策的具体要求。该书首先从经济思想史的角度考察了经济学中性别差异理论的思想发展脉络，对当前主流经济学性别差异的理论和实证研究方法进行了梳理。以这些理论和方法为基础，在微观调查数据的基础上，该书以劳动市场中的几个主要环节为线索对农民工群体劳动市场表现的性别差异进行了分析。

在实证分析部分，该书首先从描述统计的角度对农民工群体的性别差异进行分析。其次，该书依次对不同性别农民工的职业获得、劳动供给和工资差异进行分析。该书最后一章则着重于社会保障设计中的性别影响。现代社会保障不仅是对劳动市场结果的矫正，而且贯穿在劳动市场过程中。该书以社会养老保险中的性别分析为例，系统介绍了养老保险项目中推进性别平等的政策设计，并在相关田野调查的基础上具体分析了农民工养老保险设计和新型农村养老保险设计中的性别影响。

《中国公有制主体地位的量化估算及其发展趋势》

裴长洪（研究员）

论文　30 千字

《中国社会科学》　2014 年第 1 期

该文以不同生产资料所有制的经营性资产价值量作为衡量主次地位的边界标准，估算第一产业公有制与非公有制的资产规模及其比重变化，并在前人估算的基础上，延伸估算第二和第三产业两种所有制的资产规模及其比重变化。结果发现，截至 2012 年，中国三次产业经营性总资产约为 487.53 万亿元。其中公有制经济的资产规模是 258.39 万亿元，占 53%；第二和第三产业非公有制经济占增加值和就业规模的比重分别为 67.59% 和 75.20%。这表明，公有制资产仍占主体，非公有制经济贡献占优，中国社会主义基本经济制度充满活力，从而为我国社会主义初级阶段的所有制改革和坚持“两个毫不动摇”的政策提供了理论依据。

《中国经济增长低效率冲击与减速治理》

袁富华（副研究员）　张平（研究员）等

论文　16 千字

《经济研究》　2014 年第 12 期

该文就中国经济增速放缓的条件下经济转型方向及其困难给出解释，核心是分析内生增长动力缺失所导致的低效率冲击以及现有制度缺陷对于效率改进的阻碍。该文认为：（1）政府主导的工业化阶段的结构性加速自身，蕴含了经济减速的必然，主要体现为资本积累速度下降、人口红利消失和“干中学”技术进步效应消减所带来的“三重冲击”，以及“三重冲击”对于高增长势头的严格限制。(2) 投资、劳动力投入、“干中学”的技术进步所驱动的高增长模式，也抑制了技术创新和人力资本积累，使得中国经济缺乏内生增长动力。(3) 造成上述问题的根源在于现阶段制度结构对于效率改进的阻碍和人力资本配置的扭曲，使得后续增长得不到生产效率提高的补偿。因此，传统赶超模式中的“纵向”干预体制必须得到改革，让有利于创新和生产效率改进的“横向”市场竞争机制和激励因素发挥作用。这就要求针对赶超体制中的扭曲进行市场化改革，通过减速治理加快“清洁”体制沉疴，改革“科教文卫”等事业单位、保护知识产权等，形成优化资源配置和激励创新的经济环境，实现以存量调整推动经济从高速转向高效的目标。

《奥地利学派经济学的不确定性认知观》

谢志刚（副研究员）

论文　11 千字

《学术研究》 2014 年第 12 期

该文首先考察了经济学理论之中对于不确定性问题的思想逻辑，重点剖析了以凯恩斯在其逻辑哲学著作《论概率》一书之中表达出对不确定性的深刻认识，并分析了该问题对于凯恩斯经济学理论的根本影响。凯恩斯的逻辑概率理论与其经济学之中表现出来的真正的不确定性思想实际上都表现出了认知上的“无知”含义，这构成了凯恩斯对于经济社会不确定性观察的哲学和方法论基础，即不确定性与预期密切相关，并且对未来知识的缺乏不能归纳为一个数学概率问题。基于这样的认识，凯恩斯把经济系统看作是一个拥有未来不确定性的过程，而不确定性正是凯恩斯革命之中所提出的边际消费倾向、预期的资本边际效率和流动性偏好三大心理因素发挥作用的基础。

在此基础上，该文总结了以主观主义方法论为基础、强调“知识论”的奥地利学派经济学的不确定性思想立场，研究从“不确定性”即“无知”的静态认知和“认知（行动）的不确定性”的动态两个方面对奥地利学派的不确定性观点进行了探究。

《推进城镇化建设中的农村土地流转：问题与出路》

刘剑雄（副研究员）

论文　15 千字

《中国社会科学院研究生院学报》 2014 年第 5 期

我国农村现行土地流转制度是一种国家高度垄断和政府全面管制的计划经济模式，远远落后于经济市场化发展程度。

该模式最大的问题在于农民在农村土地流程中“参与权”被剥夺，土地流转收益的兑付与农民市民化成本支付的期限错配。农民土地流转的收益是提前兑现的并且大部分为政府所占有，而土地流转以及农民市民化的成本是延期支付的。

在稳妥推进城镇化建设过程中，考虑农村土地流转机制设计，必须回归效率与公平结合的正确的土地管理理念，基于现有意识形态和国家治理现实约束条件，土地所有权实行国家所有的所有权垄断是现实的，但发展权不应国家垄断。在土地国有的前提下，政府对土地进行统一、科学的规划，在此之下，应允许多元主体参与土地发展。只有允许多元主体参与土地发展，才能真正实现土地利用效率的提升。要狭义的“涨价归公”回归“地尽其利、地利共享”的结合效率与公平的正确土地管理理念，“地尽其利”代表了人多地少现实国情约束下提升土地利用效率的目标追求，而“地利共享”则体现了土地利益的公平分享和代际分享。“地尽其利、地利共享”应该作为我国土地管理的长期理念，凡是不符合此理念的制度、政策均需改革。

工业经济研究所

《企业、政府与非营利组织的管理比较研究》

黄群慧（研究员） 张蒽（副研究员）

专著 300 千字

中国社会科学出版社 2014 年 11 月

该书是一部对企业、政府和非营利组织的管理进行系统比较研究的专著。在分析企业、政府与非营利组织这三类组织性质的基础上，该书进一步比较三类组织的治理机制和高层管理者的角色，比较研究了三类组织的战略管理、人力资源管理、营销管理、财务管理、文化管理等五个专业职能管理领域，从而分析了企业、政府和非营利组织在治理机制、管理者、战略管理、人力资源管理、财务管理、营销管理和文化管理等方面的异同，探讨三类组织之间管理移植的可行性，以期能够为丰富和推进比较管理学的研究有所贡献。

《全球产业演进与中国竞争优势》

金碚（研究员） 张其仔（研究员）等

专著 943 千字

经济管理出版社 2014 年 6 月

2008 年开始的国际金融危机标志着全球经济进入深度调整期，各国竞相争夺产业竞争新优势成为这一时期的突出特征，中国产业发展面临新挑战和新机遇。该书系统分析了危机后重要经济体产业竞争优势转型战略和全球产业分工模式的历史演变以及国际金融危机后出现的新变化，对中国比较优势的演化过程和在产业竞争优势转型过程中可能面临的问题与风险进行了全面揭示，对产业竞争优势转型的国际与国内经验进行了深度总结，并在此基础上提出了基于重要机遇期的中国产业发展战略。

《构建区域创新体系战略研究》

黄速建（研究员） 王钦（研究员） 刘建丽（副研究员）等

专著 389 千字

经济管理出版社 2014 年 4 月

该书在分析区域创新体系研究文献的基础上，对区域创新体系的概念、内涵、类型和政策含义进行了归纳和总结，对区域创新政策制定过程中有关区域创新体系边界的界定、区域创新系统的识别以及内部机制的构建等问题进行了详细探讨，明确了区域创新体系的本质内涵。从市场发育程度和科技资源禀赋两个维度出发，按照区域创新体系的驱动要素和创新资源配置方式对区域创新体系进行了有效分类，同时总结并分析了世界主要国家的区域创新体系建设经验。在理论和全景考察的基础上，该书还进行了案例式的实证研究，通过实地调查，修正并检验指标体系，提出区域性政策建议，并从国家层面提出了构建区域创新体系的政策建议。

《技术经济范式协同转变与战略性新兴产业发展》

吕铁（研究员）等

专著　300千字

中国社会科学出版社　2014年4月

该书围绕技术创新、新兴技术产业化、产业组织和政策安排等主题对我国战略性新兴产业发展问题进行了系统的理论研究和实证分析。其创新点和特色主要体现在以下三个方面：一是坚持现实问题与理论概念的衔接和对话，将对战略性新兴产业发展这一现实政策问题的分析很好地构建在主流的经济理论基础上，避免了目前该领域研究因从现象到现象的研究方法导致的缺乏一般性和自洽性的问题；二是研究内容新颖，例如该书中有关“第三次工业革命”“桌面工厂”“领先市场”等问题的理论分析，在国内该领域的研究中还不多见；三是研究方法恰当、规范，成果对于有关动态性和多变量共同作用的现象和问题更多地采用了案例研究的方法，而对于大样本问题的研究则采用了计量研究方法和模拟的研究方法。

《创新型企业研发支撑体系模式研究》

沈志渔（研究员）　肖红军（助理研究员）　赵剑波（助理研究员）　王欣（研究员）等

专著　200千字

经济管理出版社　2014年2月

该书首次系统梳理了创新型企业研发支撑体系的相关理论，创新性地提出了创新型企业研发支撑体系的结构模型，详细论述了创新型研发支撑体系的五大要素，即决策体系、资源配置体系、知识管理体系、组织体系、标准规范体系；在大量案例研究的基础上，将创新型企业研发支撑体系模式划分为内部持续模式、基础研发模式、网络合作模式和外部引入模式，提出创新型企业研发支撑体系模式选择的内在机理和一般范式，并专门研究了创新型跨国公司的全球研发支撑体系模式；从供给侧、需求侧、环境侧三个维度对我国创新型企业研发支撑体系建设的制度环境进行了系统分析和评估，并基于政府和企业两个视角提出了推进我国创新型企业研发支撑体系建设的相关政策和具体对策。

《新常态、工业化后期与工业增长新动力》

黄群慧（研究员）

论文　14千字

《中国工业经济》　2014年第10期

从工业增长速度变化、工业需求侧变化、工业产业结构和区域结构变化以及工业企业微观主体表现的分析，种种迹象表明中国工业经济正走向一个速度趋缓、结构趋优的“新常态”。这个过程也正是中国步入工业化后期的阶段，国际经验表明工业化后期阶段往往是曲折和极富挑战性的。对于我国而言，在众多挑战中，当前必须高度重视产能过剩、产业结构转型升级和“第三工业革命”三方面的问题。当前我国出现的工业“劣质产业论”是站不住的，而工业“地位下降论”还为时尚早。在我国步入工业化后期，尤其是“十三五”期间，推进工业发展对我国实现工业化和经济步入“新常态”具有十分重要的战略意义。面对工业发展的新挑战，我们要做的是增加工业经济增长的新动力。新时期工业增长的新动力来自于工业化的供给推动力和城市化的需求拉动力的结合，而全面深化改革则是“源动力”。

《电力贸易的制度成本与GMS电力合作中的中国选择》

史丹（研究员）　聂新伟（博士）

论文　20千字

《财贸经济》　2014年第8期

该文深入分析了电力贸易的“边境效应”，提出了影响电力合作的三个因素及其制度成本对电力合作类型的影响。在此基础上，对大湄公河次区域(Greater Mekong Sub-region,GMS)国家的电力合作情况进行研究。其基本结论是：GMS各国经济和电力工业发展水平的差异造成了电力合作以双边短期交易为主，而不依赖于区域性贸易安排，增加了区域电力贸易的制度成本，阻滞了区域电力市场集中交易体系建设的进程。从中国参与合作的情况来看，中国过于追求短期的个体合作收益，中方企业的急切进入以及与对象国企业之间巨大的量级差异，造成了相关国家“担忧和威胁”的心态，严重影响了合作的意愿。中国与次区域国家的电力合作难以深化且有被孤立的可能。为深化电力合作，实现区域电力市场建设的目标，该文提出以下建议：在次区域电力合作中，中国应成为积极的推动者和拉动者，继续加强国家间政治互信，深化电力市场化改革共识；根据区域电力贸易运营协议建议，加快区域合作协调机制的构建与完善，积极发挥第三方的平台作用，形成各方协同推进区域电力市场建设局面。

《稀有矿产资源的战略性评估——基于战略性新兴产业发展的视角》

李鹏飞（副研究员）　张艳芳（助理研究员）　渠慎宁（助理研究员）　杨丹辉（研究员）

论文　19千字

《中国工业经济》　2014年第7期

作为不可再生的资源，稀有矿产在战略性新兴产业中有着广泛而重要的用途。近年来，全球稀有矿产品供求关系趋紧，稀有矿产领域的国际竞争不断升级。在对6大类22种稀有矿产资源进行界定，分析其在战略性新兴产业中应用的基础上，该文采用三因素分析框架，从供应风险、环境影响、供应受限的经济影响三个维度，设计了9项指标，对稀有矿产资源的战略性做出定量评估。结果显示，铂族金属的战略性最高，铯的战略性最低。为进一步提高评估结果的可靠性，该文运用蒙特卡洛模拟进行不确定性分析。模拟结果表明。在考虑了分项指标估算结果的影响之后，该文对22种稀有矿产资源战略性的评估结果依然成立。鉴于稀有矿产资源在战略性新兴产业中日益增强的重要性，应尽快制定实施稀有矿产资源的国家战略，着力提升战略性新兴产业关键原材料保障能力，实现稀有矿产可持续开发利用，维护国家资源安全。

《相关制度距离会影响跨国公司在东道国的社会责任表现吗》
肖红军（助理研究员）
论文　18千字
《数量经济与技术经济研究》 2014年第4期

该文以在华跨国公司为研究对象，实证考察了制度距离与跨国公司在东道国的社会责任表现之间的关系。研究发现，经济制度距离与文化制度距离对跨国公司在东道国的社会责任表现具有消极影响，同时，当母国的法律制度质量明显优于东道国时，法律制度距离对跨国公司在东道国的社会责任表现具有积极影响；进入模式对法律制度距离和文化制度距离与跨国公司在东道国的社会责任表现之间关系具有负向调节作用；跨国公司在东道国的经营经验对法律制度距离与其在东道国的社会责任绩效之间关系具有负向调解作用。

《动态能力、技术范式转变与创新战略》
罗仲伟（研究员）　任国良（副教授）
焦　豪（副教授）　蔡宏波（讲师）
许扬帆（硕士）
论文　27千字
《管理世界》 2014年第8期

该文架构了一个基于动态能力、技术范式和创新战略行为之间半交互影响的理论框架，用以分析技术范式转变时期企业动态能力对其创新战略行为的支撑机制和作用机理。依托这一理论框架，该文针对微信的"整合"和"迭代"微创新战略进行了深度纵向案例研究。该文丰富和升华了动态能力的理论内涵，从技术范式的高度对互联网企业微创新战略的内在机理进行了开拓性分析，阐述了技术范式转变时期动态能力对创新战略的动力支撑机制，对于探索中小企业微创新战略及其实现机理具有学术价值和指导意义。

农村发展研究所

《农村全面小康社会建设的机制研究》
尹晓青（副研究员）　李周（研究员）　王欧（副研究员）
专著　258千字
中国社会科学出版社　2014年12月

该书以农村全面小康社会发展的度量为切入点，从两个层面展开评价研究：一是对农村全面小康社会建设总体成效的度量；二是采用瞄准人群的方法，对小康建设的成果分配和分享的度量，提出了农村全面小康社会建设的发展机制、政策和治理结构改进建议。该书对进一步完善农村发展理论和发展政策提供了理论素材。

《农民社会关系的现状及影响因素分析》
白描（助理研究员）　苑鹏（研究员）
论文　11千字
《中国农村观察》 2014年第1期

该文以农民的社会关系作为研究对象，在综合考虑个体基本特征、经济状况、健康、受教育程度、就业、性格以及心理等多层面因素的基础上，利用实地调查数据进行统计描述与实证分析。该文认为，现阶段，血缘和地缘关系是农民社会关系的重要基础；受教育程度、从事非农业、患病等均是影响农民社会关系的重要因素。该文的研究结论不仅有助于把握农民社会关系的现状，而且有助于识别影响农民社会关系的主要因素及其作用机制，为制定社会关系维度的福利政策提供理论解释。

《中国农业劳动力的供给、需求与剩余》

张兴华（副研究员）

论文 7千字

China Economist 2014年第3期

该文采用“工作日”法，从微观出发，重新考察了农业剩余劳动力状况。该文认为，目前中国农业剩余劳动力只有852万人，占农村劳动力总数的2.1%。这表明中国农业已基本无剩余劳动力，中国农业现代化、工业化及城镇化的有关思路需要重新审视。

《论农村地权制度改革的基础》

杨一介（副研究员）

论文 10千字

《首都师范大学学报（社会科学版）》 2014年第4期

该文立足于建立城乡统一的不动产法律规则的预期，分析农村地权体系中土地管制制度的偏差及其法律后果，分析农村经济组织和自治组织与农民地权的关系，提出建立高效、公正的地权争端解决机制的基本要求，进而指出农村地权制度改革的希望在于实现良法之治。该文探讨了土地立法修改中应当解决的重要问题，试图为农村地权制度改革提供理论基础。

《2020年中国粮食生产能力及其国家粮食安全保障程度分析》

李国祥（研究员）

论文 15千字

《中国农村经济》 2014年第5期

根据中国人口数量、城镇化率、城乡居民食物消费量变化等因素，该文估计到2020年中国居民粮食消费总量大约为6亿吨，其中口粮和饲料粮消费量分别大约为2亿吨和4亿吨。按照国内粮食总产量与中国居民口粮和饲料粮消费量保障系数1.2的要求估算，2020年中国粮食生产能力要达到7亿吨。从中国粮食安全保障政策及其资源条件看，2020年中国具备7亿吨的粮食生产能力，但是需要注意防范政策执行不到位等风险。

《论投票选举作为控制乡村代理人的一种方式》

谭秋成（研究员）

论文 15千字

《中国农村观察》 2014年第6期

该文认为，国家通过党的领导、行政命令和指挥以及财政转移支付来控制和支配村委会，村委会本质上是国家在农村基层的代理人。投票选举可视为国家挑选和控制农村基层代理人的一种方式，这一方式由于可以将乡村社区信任网络纳入国家行政控制体系、部分实现对村干部问责、减少基层干部之间专用性投资和裙带关系，因而能显著降低国家治理乡村的成本。目前村委会选举制度的效果因村级集体经济和上级政府对农村专项资金的控制而大打折扣，因此需要通过将村集体产权落实到个人，在乡镇一级成立村民议事会等改革措施来进一步完善和加强。

《粮食安全背景下基层水利人才队伍建设对策研究》

于法稳（研究员） 张海鹏（副研究员） 等

论文 10千字

《中国软科学》 2014年第6期

该文基于对黑龙江省、山东省18个县市的调研，分析了基层水利人才队伍的状况，剖析了其中存在的问题、矛盾及原因，并提出了加强基层水利人才队伍建设的对策建议。

《中国特色的农民合作社发展探析》

苑鹏（研究员）

论文 10千字

《东岳论坛》 2014年第7期

该文对近年来中国农民合作组织的发展新动向作了概括性总结，指出合作社成员身份走向生产者、经营者、投资者多元化，成员构成的异质性进一步增强；合作社纵向一体化带动合作社产权股份化、公司化经营趋势突出。合作社的外部发展环境日趋严峻，除了经济方面的市场竞争压力外，社会环境缺乏市民社会的组织与制度基础的状况没有改变，合作运动的推动者供给不足、合作文化贫乏，农民缺乏自觉精神的问题突出。该文认为，未来政府的扶持重点应放在大力改善合作社的社会环境方面，引导社会精英与农户向着利益共同体发展。

《发展现代农业要处理好六大关系》

张军（研究员）

论文 7千字

《学习与探索》 2014年第9期

农业经济学与发展经济学根据不同标准将农业划分为传统农业发展阶段、农业现代化发展阶段和现代农业发展阶段。在现代农业发展阶段的农业完成了从资源型产业向科学型产业的转换，成为“科学型产业”，其具体特征体现为突出产业融合基础上的农业产业体系建设，突出不同领域科技集成的融合运用，强调金融、保险和物流配送为主的现代服务业的保障作用。根据现代农业发展的基本特征，未来现代农业建设的重点应放在建立农业全产业链供应模式、重点培育具有全产业链供应能力的农业生产企业、实行科技产业联盟创新、大力发展金融、保险和现代物流配送等四个方面。同时必须处理好现代农业建设与城市化发展、生产关系与生产力相协调、政府与市场、提高农产品竞争力与自主创新、提高农业生产效率与可持续发展、改革开放与发展六大关系。

《中国农村生活环境公共服务供给效果及其影响因素》

罗万纯（副研究员）

论文 8千字

《中国农村经济》 2014年第11期

该文基于农户的视角对农村生活环境公共服务供给效果及影响因素进行了分析。该文认为，通过不断加大投入，农村生活环境不断得到改善，但还存在不少问题，主要表现为：农村饮用水水质有待改善，厕所无害化程度有待提高，清洁可再生能源的使用有待增加，生活垃圾和污水处理有待形成体系。农村生活环境公共服务供给效果主要受到农村居民环保意识和环保知识、家庭需求和“公共地悲剧”的影响。

《福祉测量理论与实践的新进展——“加速城镇化背景下福祉测量及其政策应用”国际论坛综述》

檀学文（副研究员） 吴国宝（研究员）

论文 12千字

《中国农村经济》 2014年第9期

该文系统总结了有关福祉测量的理论与实践的最新进展，包括福祉测量的理论基础及其演变、福祉测量的领域指标和指数、福祉测量的政策应用等，展示了英国、不丹、澳大利亚、OECD以及中国的福祉测量进展，并对“伊斯特林悖论”、社会联系的贡献、年龄与主观福祉关系等理论的相关讨论进行了总结。

金融研究所

《资本市场导论》（第二版）

王国刚（研究员）

专著 1104千字

社会科学文献出版社 2014年3月

该书在承接第一版风格的基础上，进一步增强了理论性、实务性和操作性的结合。以理论为指导，着力分析探讨理论的基本含义、内在机理和实现条件，同时，从实务角度出发，探讨这些理论在实践过程中的变化和操作层面的表现，努力做到“言之有物”，学而可用。

《金融大变革》

殷剑峰（研究员）

专著 149千字

社会科学文献出版社 2014年7月

该书认为，金融改革不仅涉及金融体制改革和金融体系结构的调整，而且与财政体制乃至整个经济政治体制的改革密切相关。抛开其他领域的改革来谈金融改革，即使不会误国，也会沦为空谈。更重要的是，当中国已经成为全球第二大经济体，并且深深融入一个正在发生巨大变化的全球体系的时候，仅谈中国的金融改革，而不论及全球货币金融秩序的再造，那也是“鼠目寸光”，无法给出改革需要的“顶层设计”。

《中国金融安全评论》

何德旭（研究员）等

专著 233千字

金城出版社 2014年10月

该书从纵贯面、横截面两个维度展开论述。在纵贯面，该书循近五年中国经济金融走过的跌宕之路，论析自金融危机爆发至今，中国金融安全演进之趋向；在横截面，该书观察金融安全宏观、中观、微观构面之综错，深入剖析若干重大事件与典型案例，探究中国金融安全之现状、问题与挑战。在此基础上，力图搭建足以描摹中国金融安全的完整概念框架，铺陈对中国金融相关问题鞭挞入里的阐析，以期敞亮中国金融安全研究的内部理论架构，洞见维护中国金融安全之完整图景。

《现代商业保险规范发展与金融稳定关系的综合研究》

郭金龙（研究员）等

专著　505 千字

经济管理出版社　2014 年 4 月

该书结合现代商业保险与金融稳定关系的国际经验分析、国际保险业发展趋势对金融稳定的影响分析、中国金融保险业发展以及中国金融保险监管的实践，研究现代商业保险与金融稳定的关系，分析我国保险业发展和金融结构演变的未来趋势，提出规范发展我国商业保险、促进金融稳定的政策。

《关于城镇化发展中的几个理论问题》

王国刚（研究员）

论文　8 千字

《经济学动态》　2014 年第 3 期

该文认为，以人口的户籍、居住地和从业等状态来界定城镇化在理论上是不周全的，在逻辑上是难以贯彻到底的。要弄清“城镇化”的真实含义，既需从城镇与农村的差别入手，也需考虑到人们各项需求的满足程度。该文指出，在城镇化建设中，一方面应注意改善“住、行、学”的供求短缺状况，提高城乡居民在这些方面消费需求的满足程度；另一方面，有效推进城乡一体化发展，为中国经济社会的可持续发展、经济结构调整和产业升级、实现全面小康奠定坚实的基础。

《美国量宽政策退出的市场不确定性效应》

易宪容（研究员）

论文　12 千字

《财贸经济》　2014 年第 5 期

该文系统分析了由于美国货币政策的国际性及现代金融市场的本质异化，使得美国 QE 的任何变化都会对全球市场造成巨大的影响与冲击。该文认为，这将给全球市场特别是新兴国家市场带来更多的不确定性。再加上美国 QE 退出的不确定性，更是增加了市场的不确定性。因此，美国 QE 的退出是 2014 年全球最大的市场风险。对此，中国政府要密切关注并选择好应对政策。

《保险业系统性风险文献综述》

郭金龙（研究员）等

论文　20 千字

《保险研究》　2014 年第 6 期

该文从保险业系统性风险问题的来源、系统性风险行为的识别、系统重要性机构的判定、系统重要性风险的计量和评估方法、国内系统重要性风险的研究等方面进行了综述，认为，今后该领域需要在系统重要性保险机构指标方面进行改进，应借鉴银行业系统重要机构研究的经验。

《不完全信息中的信贷经济周期与货币政策理论》

彭兴韵（研究员）等

论文　20 千字

《中国社会科学》　2014 年第 9 期

该文认为，在货币经济理论中，信贷是一个古老的研究课题，但在主流宏观经济学教科书中，很少有专门论述“信贷”的。然而，信贷市场摩擦，经其累积效应，总是一次又一次地引发经济周期波动乃至金融危机。忽略信贷市场作用的理论，难以对经济周期作出全面解释。该文系统地梳理和总结信贷经济周期与货币政策理论的新发展，有助于深化对经济周期的认识和理解，完善对货币经济学的研究。

《“贷款 + 保险”：国家助学贷款市场化机制研究》

胡滨（研究员）等

论文　11 千字

《保险研究》　2014 年第 8 期

国家助学贷款是促进教育公平、解决贫困学生就学问题的主要资助手段。该文对此进行了调研与分析。走访了银行、高校和保险机构等。采用国际比较的方法。对国家助学贷款发展状况、运作模式、运行效果和风险情况进行梳理。认为“贷款 + 保险”模式成为国家助学贷款可持续发展的市场化机制的一种有益探索。同时该模式面临诸多体制机制及操作困难。深化试点和改革是必由之路。

《中国互联网金融：模式、影响、本质与风险》

郑联盛（副研究员）

论文　14 千字

《国际经济评论》　2014 年第 9 期

该文认为，目前国内存在传统金融业务互联网化、互联网支付清算、互联网信用业务以及网络货币等四大业务模式。互联网金融目前在各自业务领域的影响整体较小，对银行部门影响短期有限，但长期可能较为深远；对金融体系整体的影响是综合性的，但目前极为有限。该文认为，互联网金融没有改变金融的本质，是传统金融通过互联网技术在理念、思维、流程及业务等方面的延伸、升级与创新。互联网金融风险具有两面性，目前不会引发系统性风险，主要风险环节在于强化了风险的内在关联性。互联网金融监管应兼具包容性和有效性，建立较为完善的互联网金融监管和发展框架。

《监管资本、经济资本及监管套利》

黄国平（研究员）

论文　28 千字

《经济学季刊》　2014 年第 3 期

该文认为，强化宏观审慎监管、维护金融稳定是金融监管题中的应有之义，也是金融危机以来金融监管改革的核心内容。巴塞尔协议Ⅲ正是本着微观审慎监管与宏观审慎监管有机结合的监管新思维，全面改革资本充足率监管制度，提升银行体系吸收损失的能力。然而，如果监管资本标准的提高超过微观金融主体所能承受的水平，可能会进一步激发和诱导金融机构从事监管套利的热情和动机。该文认为，对于中国而言，无论是监管技术和手段，金融机构内部风险管理水平，还是基础社会信用环境，与先进的国家和地区相比都还存在差距。因此，我国要加快推进巴塞尔协议第二版和第三版同步实施，引导银行业加快转变发展方式。

《金融监管负面清单：涵义、内容与建立路径》

全先银（副研究员）

论文　18 千字

《金融评论》　2014 年第 4 期

在全面深化改革，发挥“市场在资源配置中起决定性作用”的背景下，金融领域如何通过建立金融监管“负面清单”制度，以厘清市场与金融监管的边界，值得深入思考。该文在阐释金融监管负面清单含义的基础上，分析金融监管负面清单的内容以及建立负面清单的效应，并对中国建立负面清单管理制度的路径提出建议。

《国际股市一体化与传染的时变研究》

费兆奇（副研究员）

论文　15 千字

《世界经济》　2014 年第 9 期

该文研究了引起股市波动相互传递的两种机制：股市一体化和传染现象，并通过信息变量对一体化和传染模型的估计参数进行模拟，首次实现了对传染现象的连贯估计和动态研究。该文认为，实体经济中的贸易依存度通常对股市的国际一体化水平具有正向的解释和预测能力，一体化的变化和股市波动的变化对传染现象具有正向的解释能力；外界风险对美国股市的冲击主要是通过一体化的渠道，对中国股市的冲击主要是通过传染的渠道；而中国对资本账户进行严格管制并不能有效地防范外界金融风险通过传染的渠道对国内股票市场产生冲击。通过对样本中 15 个市场的比较分析后，该文对中国股票市场的国际化进程提出了相关的政策建议。

数量经济与技术经济研究所

《国家品牌与国家文化软实力研究》

刘瑞旗（教授）　李平（研究员）

专著　270 千字

经济管理出版社　2014 年 12 月

该书首先对国家品牌与国家文化软实力的概念进行了界定，分析了一国的文化个性与国家品牌战略，如文化的存在形式、全球化时代的文化个性、中国品牌战略及其问题，以及基于国家文化个性的软实力战略背景、理念、目标、方法和任务；其次论述了国家品牌与国家文化软实力的互动关系，并进行了国际比较；最后讨论了国家品牌与中国文化软实力发展面临的机遇和挑战，提出了相应的政策建议。

《技术经济学及其应用》

齐建国（研究员）　王宏伟（研究员）　蔡跃洲（研究员）

专著　890 千字

社会科学文献出版社　2014 年 12 月

该书运用新的技术经济理论与方法，针对高新技术对经济社会发展的影响进行了评估；适应当前经济社会发展的需要，将技术经济理论与方法应用于当前重大战略性课题，特别是“十二五”期间的典型重大技术经济课题；为国家的科技发展与经济决策提供了科学的技术经济理论与方法的支撑，并提出了政策建议。

《中国碳排放效率改善的途径及其影响》

张友国（研究员）

专著　350 千字

中国社会科学出版社　2014 年 5 月

该书从环境责任分配机制和经济发展方式的角度探讨了中国区域和产业层面碳排放效率的改善途径及由此产生的经济—环境影响。

该书将生态经济效率理论和相关的数量

经济学方法（包括投入产出分析、指数分解方法以及可计算一般均衡模型等）有机结合起来，对我国经济低碳化发展的途径、成本与效益进行了定量分析，并在五个研究方面有所突破：(1) 根据利益匹配原则提出了产业层面的环境责任核算方法和生态经济效率评价方法；(2) 应用上述方法对中国产业层面的环境责任和生态经济效率进行实证分析；(3) 从不同角度评价生态经济效率变化对我国碳排放的影响；(4) 评价碳排放强度和总量约束的宏观经济和环境影响；(5) 考察经济发展方式变化对碳排放强度的影响。

《应对金融危机的宏观政策：效应计量与退出机制》

李文军（研究员）

专著　275千字

社会科学文献出版社　2014年10月

2008年全球金融危机影响巨大而深远。为应对危机不利影响，中国采取了强力刺激政策。该书对此次积极财政政策和宽松货币政策的短期效应和长期影响进行了全面的审视和深入的数量分析。该书认为，我国应对金融危机的宏观经济政策和一揽子措施对率先摆脱全球金融危机的影响，确保2009年实现“保八”的增长目标，在2010年及其后使经济继续保持快速增长的势头发挥了重要作用，但同时也带来了通货膨胀压力增大、资产结构泡沫、投资与消费结构和三次产业结构恶化等负面效应。需要全面评判政策效应，完善刺激性政策调整退出机制。

《新中国历次重大科技规划与国家创新体系构建》

李平（研究员）　蔡跃洲（研究员）

论文　16千字

《求是学刊》 2014年第5期

该书认为，新中国成立以来历次重大科技规划与国家创新体系构建完善的历程表明，未来我国经济社会发展将比以往任何时候都更需要科技进步和技术创新的支撑。当前。我国应着眼于新的战略目标，通过系统谋划和顶层设计，完善国家创新体系。不断提高国家创新能力，为经济社会可持续发展提供支撑。

《有序选择因子结构模型的MCMC估计及应用》

李雪松（研究员）　张巍巍（助理研究员）

论文　22千字

《数量经济技术经济研究》 2014年第8期

为了评估中国分布类政策效应，根据中国微观数据的变量可得性，在Heckman等构建因子结构模型的基础上，将Heckman基准模型中的连续型测度方程调整为离散型有序选择模型，建立有序选择因子结构模型，并推导出MCMC估计方法。该文运用该方法，结合中国样本数据，对高等教育的分布类政策效应进行实证估计。有序选择因子结构模型及其MCMC估计方法，对于经济政策的分布类效应评估具有普遍的理论适应性和实际应用价值。

《碳税征收对我国宏观经济及碳减排影响的模拟研究》

娄峰（副研究员）

论文 38千字

《数量经济技术经济研究》 2014年第10期

该文通过构建动态可计算一般均衡(DCGE)模型，模拟分析了2007～2020年不同碳税水平、不同能源使用效率、不同碳税使用方式对二氧化碳减排强度、二氧化碳排放强度边际变化率、部门产出及其价格、经济发展、社会福利等变量的影响。该文认为，随着碳税税率的增加，单位碳税二氧化碳排放强度边际变化率呈现逐渐减小的变化趋势，相比较而言，能源使用效率越高，单位碳税的二氧化碳排放强度边际变化率越大；在能源消费环节征收碳税，同时降低居民所得税税率，并保持政府财政收入中性，可以实现在减少二氧化碳排放强度的同时使得社会福利水平有所增加，从而可以实现碳税的“双重红利”效应。

《碳强度约束的宏观效应和结构效应》

张友国（研究员） 郑玉歆（研究员）

论文 19千字

《中国工业经济》 2014年第6期

该文采用动态可计算一般均衡模型模拟了碳强度约束在中国宏观层面和产业层面的影响。该文认为，近期内中国需要加快降低碳强度才能实现既定的碳强度约束目标。碳强度约束将导致化石能源产品和碳密集型产品的价格有所上升，从而对中国的经济增长和国内需求特别是投资产生一定的负面影响，并导致全社会平均工资率、资本租金率和投资收益率略有下降。绝大多数部门的国内供给和总产出也会有所下降。不过，出口减少的主要是化石能源供应和碳密集型部门，许多劳动密集型和技术密集型部门的出口则可能增加，并使出口总量有所增加。绝大多数部门的进口也会下降，但一些碳密集型部门的进口有可能上升。与此同时，能源消耗和碳排放总量会大幅度下降，其中绝大部分由火力发电发热及其供应业贡献。该文认为，一方面可以通过开征碳税等政策保证碳强度约束目标得以实现；另一方面采取一些有效措施，如加快发展清洁能源、积极推广节能技术以及鼓励各部门特别是火力发电发热及其供应业改善能效，以强化碳强度约束的节能减碳效应，同时降低其对经济的负面影响。

《基于经济利益的区域能耗责任研究》

张友国（研究员）

论文 15千字

《中国人口资源与环境》 2014年第9期

我国区域间存在广泛而密切的经济关系。任何一个区域的能源消耗既满足了本地区的生产和生活需要，同时又支撑了其他地区的经济活动。科学、公平地核算区域能耗责任不仅有助于识别各区域对全国能耗的贡献，也有利于制定有效的跨区域能源政策。鉴于多区域投入产出(MRIO)模型是刻画各区域之间深刻的经济关联和各种经济利益的有力工具，该文基于MRIO模型建立了各种利益原则下的区域能耗责任核算框架，并将之用于分析中国的省际能源效率和能耗责任。结果表明，不同省份同一产业的能源效率差异显著。各省在不同原则下的能源效率和能耗责任也都具有显著差异。不过，不管采用哪种原则，传统能源密集型产业比重较大的省份（如宁夏、贵州、青海、山西和内蒙古）总是具有较低的能源效率，而一些沿海地区（如浙江、北京、广东、上海、江苏等）的能源效率总是较高。同时，经济规模较大的省份（如广东、江苏、山东）总是具有较大的能耗责任，而经济规模较小的省份（如海南、宁夏、青海）总是具有较小的能耗责任。

《中国地区经济差距的演变轨迹与来源分解》

朱承亮（助理研究员）

论文 28 千字

《数量经济技术经济研究》 2014 年第 6 期

该文运用基于 DDF 的 Malmquist-Luenberger 生产率指数对资源环境约束下中国 TFP 进行再估算，对地区经济差距的演变轨迹及来源进行扩展研究。该文认为，不考虑环境约束会高估 TFP 及其对经济增长的贡献；中国地区经济差距的演变轨迹已由“先减小后增加”转化为“先减小后增加再减小”，1990 年和 2003 年是两个拐点；尽管区域间经济差距对地区经济差距的贡献呈现“先升后降”的趋势，但仍是地区经济差距的主要来源；区域内经济差距对地区经济差距的贡献呈现“先降后升”的趋势，已成为地区经济差距的主要构成部分；要素投入是造成地区经济差距的主要原因，但其作用在减弱，而 TFP 在地区经济差距中的作用在增强。

《电信基础设施与中国经济增长》

郑世林（副研究员）

论文 20 千字

《经济研究》 2014 年第 5 期

该文利用 1990 ~ 2010 年省级面板数据实证考察了电信基础设施对经济增长的影响。为了克服电信基础设施可能存在的内生性问题，该文利用中国电信改革所引起的各省电信市场结构的外生变化作为工具变量。该文认为，在电信行业发展初期（1990 ~ 1999 年），移动电话和固定电话基础设施的发展共同促进了经济增长；进入 2000 年以后，虽然移动电话基础设施对经济增长仍然具有显著的正向影响，但是对经济增长的贡献在逐渐递减，而固定电话基础设施对经济增长已经呈现出负向影响，说明由于用户萎缩，固定电话基础设施已经出现闲置征兆。该研究对于重新思考我国电信基础设施的发展战略具有政策意义。

《中国战略性新兴产业的空间布局雏形分析》

李金华（研究员）

论文 12 千字

《中国地质大学学报》 2014 年第 3 期

该文认为，现阶段技术、人才、经济发展水平以及资源决定着战略性新兴产业的空间布局，大型国有企业和领军企业主导了战略性新兴产业的发展，经济发达地区战略性新兴产业分布差异较小，欠发达地区战略性新兴产业分布差异较大。该文认为，在这种背景下，应警惕重复建设和产业资源的过度投入；要鼓励民营资本的发展，防止国有企业的垄断；要实行优势互补策略，注重产业的适时转移，形成中国战略性新兴产业错层、非均衡发展的格局。

人口与劳动经济研究所

《破解中国经济发展之谜》

蔡昉（研究员）

专著　211 千字

中国社会科学出版社　2014 年 1 月

该书采用经济学的规范分析方法，以经济发展逻辑为主线，以通俗易懂的语言风格讲述中国经济奇迹，尝试用中国经验丰富经济发展理论，并根据经济发展中出现的新情况，对中国经济发展阶段以及面临的新挑战作出判断，提出通过改革从依靠人口红利向获得制度红利转变，保持经济持续增长，跨越中等收入阶段，并向高收入阶段过渡。

《中国流动人口：健康与教育》

郑真真（研究员）　张妍（助理研究员）

牛建林（副研究员）　林宝（副研究员）

专著　250 千字

社会科学文献出版社　2014 年 5 月

该书利用人口普查、人口抽样调查数据和北京、深圳、内蒙古等省（自治区、直辖市）的实地调查数据，从健康和教育两个视角研究了人口流动对农村人力资本的影响。该书通过大量实证数据揭示了不同时期流动人口的健康和教育状况及其面临的实际问题，阐释了人口流动与健康和教育之间的关系，并重点剖析了近年来公共政策的改变对改善流动人口健康和教育的作用。该书的研究成果对制定有助于流动人口人力资本提升的公共政策，促进劳动力的可持续发展和流动人口的社会融合，推进城乡一体化进程都具有理论价值和现实意义。

《中国城镇非正规就业问题研究》

吴要武（研究员）

专著　160 千字

中国社会科学出版社　2014 年 11 月

该书旨在解决两个问题。第一，弄清非正规就业者的基本状况：规模，特征，收入和社会福利等。第二，探讨劳动力市场非正规化的未来发展方向。该书认为，在经济发展和向市场转型的进程中，劳动力市场非正规化是不可避免的阶段。非正规就业会走过一个先上升后下降的“倒 U 型”路径。这两个阶段的劳动力资源配置都是有效率的。理论创新体现在两个方面，将非正规就业纳入到价格理论的框架下，非正规就业的本质是工资水平低下；以发展的视角看待非正规就业，必将随着发展阶段的提高而减少。其政策含义为，保持经济可持续增长是解决非正规就业的有效手段，以政策干预促进正规化反而带来负面效应。

《人口老龄化与城镇基本养老保险制度的可持续性》

林宝（副研究员）

专著　188 千字

中国社会科学出版社　2014 年 10 月

该书从人口老龄化与养老金模式的关系着手，在对中国人口老龄化长期趋势进行预测的基础上，分析了中国城镇职工基本养老保险制度的财务可持续性问题，测算了人口老龄化对城镇职工基本养老保险制度未来基金平衡和缴费率的影响。该书认为，无论是传统的现收现付制、基金积累制还是名义账户制均会受到人口老龄化的影响，只不过因为给付方式不同，使它们面临了不同的制约条件。从支付角度看，基金积累制和名义账户制的优势在于采用量入为出的待遇给付原则，可以避免传统现收现付制容易出现的承诺过于慷慨的情况，从而避免因不必要的过度负担而带来支付危机。该书对中国城镇基本养老保险的资金平衡测算结果表明，考虑未来一些参数（覆盖面、退休年龄）的变化，该制度是一个财务盈余的制度，按照目前的制度设计，进行一些合理的调整，就足以应对测算期内人口老龄化带来的影响，甚至还存在降低缴费率的可能性。该书还探讨了中国城镇职工基本养老保险制度的转轨成本、扩大覆盖面、工资替代率、指数化、合理缴费率、退休年龄改革等一系列重大问题，并就我国城镇职工基本养老保障制度的改革方向提出了政策建议。

《中国面对的收入差距现实与中等收入陷阱风险》

蔡昉（研究员）　王美艳（研究员）

论文　10 千字

《中国人民大学学报》 2014 年第 3 期

国际经验表明。经济发展停滞与收入分配恶化之间具有互为因果和互相强化的关系。可能导致一些曾经高速增长的国家落入中等收入陷阱。中国在中等偏上收入阶段遭遇经济增长减速。应该高度重视收入差距扩大的问题。综合官方发布以及研究者调查得出的数据来考察中国收入分配状况。可以发现。在初次分配环节中长期以来存在着导致收入差距过大的因素。而这种状况可以通过再分配环节进行调整。深化国民收入初次分配和再分配领域的改革。对于缩小收入差距和避免中等收入陷阱风险具有重要的政策意义。

How Aging and Intergeneration Disparity Influence Consumption Inequality in China（《代际差距、老龄化与不平等》）

张车伟（研究员）　向晶（助理研究员）

论文　13 千字

China & World Economy（《中国与世界经济》）2014 年第 3 期

该文利用城镇住户调查发现，同时期出生人口内部的不平等会随着年龄的增长而提高；但相同年龄下，晚期出生一代的不平等水平要远高于早期出生的人。2003 ～ 2009 年间我国居民消费不平等的扩大，59.23% 是由代际差距造成的。如果说代内收入差距是由市场或个人努力、禀赋条件等差异造成的；那么，代际差异则更多地是由非个人能力等外生因素造成。与调整代内差距相比，调整代际间差距损伤效率的程度要小。因此，缩小收入差距的政策今后应该更加关注代际差异的影响，尤其要对因出生年代不同所导致的收入差距加以调整。

《中国老年人口亲子数量与结构计算机仿真分析》

王广州（研究员）

论文　20 千字

《中国人口科学》 2014 年第 3 期

该文以 CFPS2010 调查原始数据和全国第六次人口普查汇总数据为基础，应用亲子结构计算机微观仿真模型，动态模拟、分析老年人口现有存活子女状况和变化趋势。该文认为，在低生育水平条件下，不同队列老年人口现存子女状况存在很大差异。无儿、无女和无子女老年人口迅速增加，儿女双全比例迅速减少。预计到2050年全国无子女老年人口比例将超过10%，人口规模将在5600万人以上。儿女双全老年人口比例将从2010年的60%左右下降到2050年的35%左右。多子女老年人口比例也将从2010年的56%左右下降到2050年的10%以下。

《中国老年人的健康行为与口腔健康》

郑真真（研究员） 周云（教授）

论文 10千字

《人口研究》 2014年第2期

老年人的口腔健康是老龄化社会中的重要健康问题。该文使用2011年“中国老年健康影响因素跟踪调查”数据，以老年人牙齿缺失数量代表口腔健康，应用多变量统计分析方法，揭示中国老年群体的口腔健康与社会经济、健康行为、健康状况三组因素之间的关系，并特别关注健康行为的作用。该文认为，老年人口腔健康问题较为严重，而失牙程度与人口特征和健康行为高度相关。对于男女两性和不同经济社会地位的老年人来说，年龄是失牙的最重要影响因素，良好的口腔卫生习惯和少吃糖则是预防失牙的重要保护因素。该文认为，改变卫生习惯和饮食习惯在促进口腔健康中的作用十分重要。

《城镇本地与迁移劳动力工资差异变化：“天花板”还是“黏地板”？》

屈小博（研究员）

论文 15千字

《财经研究》 2014年第6期

该文使用中国城市劳动力抽样调查2001年、2005年和2010年数据，采用重设权重再中心化影响函数，对城镇本地与迁移劳动力在不同分位数上的工资差距进行了分解。该文认为，第一，从纵向变化来看，在工资分布的不同分位数上，工资差距的构成效应呈现逐渐减弱的趋势，而由市场歧视造成的结构效应则呈现逐渐增强的趋势；第二，城镇本地与迁移劳动力的工资差距存在不对称现象，工资收入分布末端的工资差距较大，符合“黏地板效应”，并且工资差距来源中的结构效应显著大于构成效应；第三，“黏地板效应”与低收入迁移劳动力群体的一些特征相联系；第四，在收入分布的顶端，城镇本地与迁移劳动力的工资差距较小，原因是可观测特征（如受教育水平）的差别较小，并且结构效应也较小。

《中国城乡老年人居住的家庭类型研究》

王跃生（研究员）

论文 19千字

《中国人口科学》 2014年第1期

2010年中国65岁及以上老年人在直系家庭生活的比例第一次降至50%以下，这表明老年人与已婚子女同居共爨已不占多数，但城乡老年人居住家庭类型存在差异。老年人独居、与已婚子女共同生活是目前两种并存的方式，表现出“传统”和“现代”居制交织的特征。但无论城乡，老年人独居均表现出较强的增长势头。老年人口中，高龄、丧偶和无生活自理能力者与已婚子女同住所占比例相对较高，不过独居也较2000年之前明显提升。老年人居住家庭类型选择与养老保障方式有很大关系，并成为城乡老年人居住家庭类型差异的一个重要原因。随着人口老龄化水平的提高，城乡老年人在三代及以上直系家庭生活的比例呈下降趋势，其中农村老年群体对小家庭的提升作用明显。该文认为，老年人独居增多对社会养老服务建设和保障水平提出了更高要求，老年人与子孙的亲情沟通不能忽视。

《人口结构变化对潜在增长率的影响：中国和日本的比较》

陆旸（副研究员）　蔡昉（研究员）

论文　20 千字

《世界经济》 2014 年第 1 期

人口结构变化可以通过直接和间接效应影响一个国家的潜在增长率。人口红利消失将导致潜在增长率下降已经在文献中被证实。从第六次人口普查来看，中国正在经历人口结构的转变，这与 20 世纪 90 年代初的日本非常相似。该文分别对中国 1980 ~ 2030 年和日本 1960 ~ 2010 年的潜在增长率进行了估计，通过对比发现，与日本相似，由于人口结构变化，中国未来的潜在增长率将迅速降低。然而，日本在人口红利消失后仍然坚持采用经济刺激计划试图维持之前的经济增长速度，最终导致经济泡沫不断膨胀并破裂，对实体经济的破坏可能远不止是“失去的十年”。中国应该借鉴日本的教训，避免采用经济刺激方案，人为推高经济增长率。

《农业生产方式转变与农户经济激励效应》

赵文（助理研究员）　程杰（助理研究员）

论文　17 千字

《中国农村经济》 2014 年第 2 期

该文认为，2003 年以来中国农产品价格上涨可能反映的是食品短缺的理论问题。劳动力流出农业后，农业要素禀赋结构变化导致了生产方式变化。随着农户非自有生产要素（机械、化肥等）投入增长加快，产出弹性提高，生产贡献变大，其对农户自有生产要素的替代弹性远大于 1，因此在农业收益中的贡献份额上升；而农户自有生产要素（土地、劳动）的产出弹性和贡献份额下降。这导致农户在农产品价格上涨中分得的收益份额越来越小，农产品价格上涨对农户务农的经济激励不断降低，农业增产乏力，价格累年循环上涨。

《延续中国奇迹：从户籍制度改革中收获红利》

都阳（研究员）　蔡昉（研究员）　屈小博（副研究员）　程杰（助理研究员）

论文　13 千字

《经济研究》 2014 年第 8 期

由农村向城市的劳动力流动在促进了城镇化的同时，对经济发展也产生了深远的影响。该文综合利用多个具有全国代表性的数据库，实证分析了进一步促进劳动力流动对经济发展的影响。该文认为，劳动力流动有利于扩大劳动力市场规模和提高城市经济的全要素生产率，尽管对资本产出比和工作时间有负面影响，但劳动力流动带来的净收益非常可观。根据该文研究的回归结果，全面深化户籍制度改革将在未来几年内为中国的经济发展带来明显的收益。这也就意味着，在推进全面户籍制度改革中仅仅考量户籍制度改革所要付出的成本，而忽略其带来的巨大收益，可能会在实践中制约改革的进程。

《养老保障的劳动供给效应》

程杰（助理研究员）

论文　14 千字

《经济研究》 2014 年第 10 期

基于劳动参与模型和劳动供给模型。该文利用农村住户抽样调查数据探讨养老保障制度对劳动行为决策的影响。该文认为。养老保障制度存在明显的劳动供给效应。养老保险覆盖降低了劳动参与率和劳动供给时间。尤其对于农业劳动供给的影响更明显；养老保险待遇具有更强的收入效应。激励农村居民降低劳动供给。尽管养老保险待遇并不会大幅度降低农业劳动参与率。但农业劳动供给水平将会显著下降。不同类型养老保险制度的劳动供给效应存在差异。新农保制度更倾向于将农村居民留在农业农村。城镇职工养老保险和农民工综合保险倾向于激励他们转移到城镇从事非农就业。失地农民养老保险则鼓励他们直接退出劳动力市场。社会保障制度正在加速劳动力市场转变。需要构建与中国劳动力市场和经济发展相适应的社会保障体系。

《高校扩招对婚姻市场的影响：剩女？剩男？》

吴要武（研究员）

论文　30 千字

《经济学（季刊）》 2014 年第 10 期

该文评估了高校扩招对婚姻市场带来的影响。高校扩招不仅导致大学生和研究生入学人数迅速增加。其性别结构也发生了重要变化：接受高等教育推迟了进入婚姻市场。搜寻失败的概率提高；女性在高等教育群体中开始占主导地位。在传统的婚姻模式下。匹配困难和失败的风险进一步增大；劳动力市场降低了她们的婚姻收益。该文用人口普查数据分析了研究生的婚姻选择。用城镇住户调查数据分析了本科生的婚姻选择。发现高校扩招对婚姻市场的不利影响是显著的。

城市发展与环境研究所

《走中国特色的新型城镇化道路》

魏后凯（研究员）

专著　632 千字

社会科学文献出版社　2014 年 1 月

该书在多个省区市专题调研、实地考察、资料整理、数据收集的基础上，分析了改革开放以来中国城镇化的演变历程和基本特征，剖析了传统城镇化的弊端和存在的主要问题，从不同层面、不同领域、不同角度对中国特色的新型城镇化道路进行了理论创新，提出中国特色新型城镇化以人为本、集约智能、绿色低碳、城乡一体、“四化”同步的重要内容，多元、渐进、集约、和谐、可持续的重要特征，全面提高城镇化质量的发展要求，为中国特色新型城镇化的发展方向、战略思路、模式选择、长效机制和政策措施等实践推进提供了理论参考。

《房地产市场与其主要影响因素协调发展研究》

李景国（研究员）等

专著 288 千字

中国社会科学出版社 2014 年 11 月

房地产市场与其主要影响因素协调发展，是房地产市场稳定健康发展的基础。该书围绕这一主线进行了比较深入的研究，建立了房地产市场与其主要影响因素协调发展的理论框架，探索性地引入了协调度的概念，构建了关联协调度模型、耦合协调度模型、综合系统模型等量化分析方法，分别分析了房地产市场与经济发展、土地市场、居民收入、城镇化、金融支持、住房保障等因素的协调发展。在此基础上，进一步对房地产市场与这些影响因素的综合协调发展进行了研究，并针对中国住房市场建立了风险预警系统。

《气候变化的经济学属性与定位》

潘家华（研究员）

论文 10 千字

《江淮论坛》 2014 年第 6 期

该文分析考察了气候变化的经济学属性与定位问题，并从发展权益的角度，分析了在全球气候背景下，中国面临的挑战、机遇及政策选择。该文认为，气候变化问题具有经济学的复合属性，各种分析均具有经济学基础。中国作为一个发展中大国，城市化与工业化进程仍未完成，人民生活水平的提升仍需较大的排放空间，我们需要从发展权益的角度，根据我国低碳发展和生态文明建设的实际需要，不断加大减排力度，适应气候变化，保障全球气候安全，促进我国的人文发展。

该文从发展权益与生态文明建设关联角度出发，从社会、经济等多个层面，对节能减排的规模与节奏提出了理论和政策依据，不仅对国内生态文明建设具有指导意义，也在应对气候变化国际谈判与合作、后千年目标确定等方面提出了理论思路和合作依据。

《气候移民概念辨析及政策含义——兼论宁夏生态移民政策》

潘家华（研究员） 郑艳（副研究员）

论文 10 千字

《中国软科学》 2014 年第 1 期

该文首先从产生动因、迁移目的、政策依据、治理主体等方面深入分析了气候移民概念的内涵及特征。其次，该文以宁夏生态移民政策为例，通过概念辨析、驱动因素、资金机制及政策含义分析，指出宁夏的生态移民本质上是气候变化背景下生态环境承载力恶化所导致的气候移民问题，是一种政府主导的有计划的适应行动。该文建议在政策实践中明确气候移民概念，将气候移民纳入国家应对气候变化战略，为气候移民提供资金保障，对气候移民重点区域进行统筹规划，在国际气候谈判中推动相关补偿机制等。

《中国城镇化进程中两极化倾向与规模格局重构》

魏后凯（研究员）

论文 18 千字

《中国工业经济》 2014 年第 3 期

该文针对中国城镇化进程中特大城市规

模迅速膨胀、中小城市和小城镇相对萎缩的两极化倾向，通过系统数据的深入分析，从传统发展理念、资源配置偏向、市场极化效应、农民迁移意愿和政府调控失效等综合视角考察了两极化倾向形成机理，探讨了重构城镇化规模格局的科学基础和战略选择，提出了城镇规模结构优化的方向。在当今中国社会正由城乡二元结构转变为由城乡之间、城镇之间、城市内部三重二元结构相互叠加的多元结构下，中国的城市发展应实行差别化的人口规模调控政策，推动形成以世界级、国家级和区域级三级城市群为主体形态，大中小城市和小城镇合理分工、协调发展的多中心网络开发格局。

《城市化时间路径曲线的推导与应用——误解阐释与研究拓展》

李恩平（副研究员）

论文 18千字

《人口研究》 2014年第3期

该文完善了城市化时间路径方程的推导，归纳了城市化时间路径曲线的趋势特征，纠正和阐释了理论界对城市化参数关系的诸多误解。在不变URGD（城乡人口增长率差）设定下，城市化水平路径表现为一条右上倾斜的“S”型曲线，城市化水平速度路径表现为一条倒“U”型曲线，城市化水平加速度路径表现为一条斜“Z”型曲线。在不变URGD设定下，只要存在两个时点的城乡人口数据，城市化全部参数关系均已给定，不需要求助于城市化水平与时间变量的线性回归，城市化水平变化趋势也不存在饱和值约束问题。在可变URGD设定下，城市化曲线则表现出不同程度的变异，倒“U”型URGD设定下，城市化曲线的峰值更高并且明显左移；随城市化水平线性下降URGD设定下，城市化曲线则依赖初始URGD值而表现更复杂。

《基于城市电力消费间接排放的城市温室气体清单与省级温室气体清单对接方法研究》

庄贵阳（研究员） 白卫国（博士）

朱守先（助理研究员）

论文 8千字

《城市发展研究》 2014年第2期

国家和省级控制温室气体排放目标在城市层面落实，需要以城市温室气体核算为基础。由于城市间接排放较多，故其温室气体清单编制方法与省级清单编制方法有所不同。考虑到中国自上而下的垂直管理体系，需要城市清单与省级清单实现功能对接。该文构建了中国城市电力消费间接排放的拆分方法，把城市电力调入调出的间接排放拆分为省际和省内的电力消费间接排放，理论上便可以实现城市清单与省级清单的对接，并以江西省为例进行了实证研究，从而为城市温室气体排放清单编制及应用提供理论及方法支撑。

《大城市交通拥堵的缓解策略》

刘治彦（研究员）

论文 12千字

《城市问题》 2014年第12期

该文系统梳理了大城市交通拥堵的各种影响因素及其类型，提出了交通拥堵因素关系矩阵，提出治堵基本原则是：优化存量、调节增量；加大供给、减缓需求；政府规制、市场调节、社会配合。

该文分析了调节供需关系与优化空间布局等国内外治堵的主要措施、实施效果和难点问题，并结合我国经济社会发展趋势，提出了我国大城市交通拥堵治理的方案和政策建议：(1) 国土均衡开发；(2) 发展城市群；(3) 多中心空间形态；(4) 改善交通设计；(5) 提高道路供给效率、加强需求侧管理、完善城市空间布局多管齐下。该文还对实施中可能存在的风险进行了评价，提出了相关应对策略。

《联合国2015年后发展议程：进展与展望》

陈迎（研究员）

论文 8千字

《中国地质大学学报（社会科学版）》 2014年第5期

千年发展目标（MDG）2015年到期，联合国启动的2015年后发展议程的国际进程呈现多轨并进、广泛参与的特点，是当前国际社会关注的焦点。2015年9月召开的联合国峰会将通过2015年后发展议程，包括一套可持续发展目标（SDGs）。后续实施和落实可持续发展目标面临诸多挑战，需要考虑本土化、监测、评估、问责等问题。该文紧扣2015年后发展议程的国际热点，经过仔细梳理，比较全面系统地论述了国际进程的基本格局和关键问题，并就未来发展前景进行了展望。

《农民工市民化研究综述：回顾、评析与展望》

单菁菁（研究员）

论文 10千字

《城市发展研究》 2014年第1期

该文对农民工市民化的研究文献进行了梳理与总结，指出已有研究虽然取得丰富成果，但仍存在明显不足：一是在研究对象方面，已有研究主要关注进城农民工的市民化，对失地农民、就地转移农民等非进城农民工的市民化问题研究较少，对农民工随迁家属和子女等非劳动力迁移人口的市民化研究更是几近空白，缺乏对农民市民化的整体研究与思考。二是在农民工市民化的现状方面，已有研究大多为案例观察和定性分析，缺少系统的定量分析和比较研究，因而对农民工市民化的总体情况、内在规律、地区差异和发展前景等问题了解尚不够深入。三是在农民工市民化的路径方面，已有研究或是偏重于强调宏观结构的制度变迁，而忽略了变迁中农民工的能动性实践；或是偏重于强调农民工自身的资本积累和社会适应，而忽视了个体适应所需要的整体环境和宏观结构背景。因此，在发展路径选择和政策建议中常常出现微观与宏观、个体与整体、行动与结构之间的断裂。该文对农民工市民化的未来研究方向提出了意见和建议。

《理想类型视角下城镇化质量的提升路径》

盛广耀（副研究员）

论文 9千字

《城市问题》 2014年第11期

该文在探讨“理想类型”在城镇化质量研究中的学术价值的基础上，运用理想类型的研究方法对城镇化质量提升这一社会过程和行动进行了分析。该文认为，在城镇化质量的研究中，运用这一方法可以达到认识现实、剖析问题和指导行动的作用，有助于认识城镇化质量的本质特征和存在问题，分析城镇化质量的提升过程，指导城镇化质量提升的社会行动。该文提出城镇化质量提升的理想类型的建构理念，将城镇化质量的提升路径分为四种理想类型，即社会关系层面的民生共享型、城乡关系层面的城乡统筹型、建设方式层面的绿色集约型和空间布局层面的相对均衡型，以期为在不同路径指引下采取相应的社会行动提供指导。

《中国区域经济增长格局演变与国家增长极体系建设》

王业强（副研究员）

论文　10 千字

《当代经济科学》 2014 年第 1 期

该文通过对中国区域经济增长的空间结构变动历程与变动态势进行统计分析，将中国区域经济增长分为经济空间集聚的酝酿起步、快速推进、巩固强化和空间扩散四个阶段。在这四个阶段，中国区域经济增长格局呈现出四大板块的相对均衡增长、七大板块的交错增长、东部主导经济增长和工业增长向西推进等特点。该文认为，随着工业化和城市化的加速推进，未来中国区域经济将形成多中心网络状的空间增长格局。从国家层面来看，应积极推进以城市群为基础的三级国家增长极体系建设。

《碳关税命题辨析及其国际治理模式探讨》

王谋（副研究员）

论文　7 千字

《中国人口·资源与环境》 2014 年第 4 期

随着全球差异化减排政策的实施，部分发达国家刻意模糊气候公约下发达国家与发展中国家“共同但有区别责任原则”，欲通过征收碳关税，使发展中国家间接承担全球减排义务，此举无疑会对发展中国家正常发展形成阻碍。该文对碳关税的概念进行了界定，并对执行碳关税的理论基础进行了批驳，揭示了发达国家执行碳关税的实际意图，该文还提出了碳关税问题的国际治理模式。

《我国新型城镇化的社会主义属性与品质提升途径研究》

梁本凡（研究员）

论文　7 千字

《江淮论坛》 2014 年第 4 期

该文希望对中国特色社会主义城镇化的社会主义品质进行明确界定，同时提出该品质提升的独特途径。该文认为，中国特色社会主义城镇化的社会主义品质，不同于城镇化的资本主义品质，也不同于城镇化的一般品质。它具有较高的发展品位，体现社会主义属性，符合社会主义原则与标准；中国特色社会主义城镇化的社会主义品质由中国特色社会主义道路的品质所决定；社会生产力发展快慢、居民收入差距或共同富裕程度、社会公平与和谐发展程度、社会民主与法制建设水平等，是衡量中国特色社会主义城镇化社会主义品质高低的主要指标。

社会政法学部

法学研究所

《中国法治发展报告 No.12（2014）》

李林（研究员）　田禾（研究员）主编

皮书　406 千字

社会科学文献出版社　2014 年 2 月

该书回顾总结了 2013 年度中国法治发展的成效和存在的不足，对 2014 年中国法治发展形势进行了预测。该书从立法、人权保障、反腐败法治、犯罪形势、证券法律责任、知识产权法院设立、工业园区规范、公共卫生、慈善法治等角度分析了中国法治发展的有关问题。该书还推出了中国社会科学院法学研究所“中国国家法治指数研究”创新项目组撰写的 5 篇法治指数测评报告：《中国政府透明度指数报告（2013）》《中国司法透明度指数报告（2013）》《浙江法院阳光司法指数报告（2013）》《中国海事司法透明度指数报告（2013）》《中国检务透明度指数报告（2013）》。该书还推出了多篇法治国情调研报告，涉及群体性事件的规模、诱因及应对，广东人大监督的实践与创新，广东公众参与重大决策的实践，浙江余杭重建中国基层社会秩序的探索等。在地方法治板块专门开辟浙江法院篇，对浙江法院系统均衡办案、为温州市金融改革提供司法保障，涉村委会案件审理进行了调研分析。

《美国知识产权法》（第二版）

李明德（研究员）

专著　1190 千字

法律出版社　2014 年 4 月

该书全面系统地阐述了美国知识产权法律。其内容涉及专利法、商业秘密法、版权法、商标法、反不正当竞争法、形象权法、思想观念提供法，以及外观设计保护和计算机软件保护等。此外，该书还论述了美国知识产权保护中联邦法与州法的关系以及这种关系对知识产权保护的影响。该书此次第二版进行了大量修订，增加了有关思想观念提供法、半导体芯片保护法和计算机软件保护的章节，同时充实了有关专利法、商业秘密法、版权法、商标法和反不正当竞争法的内容。该书以案说法，运用的案例有 600 多个，包括来自美国联邦最高法院、各巡回上诉法院和地方法院的典型判例，主要为了说明法律规定的含义以及相关的法律在维护市场关系和推进社会经济发展中的作用。

《权利冲突：案例、理论与解决机制》

刘作翔（研究员）

专著　565 千字

社会科学文献出版社　2014 年 5 月

该书以“中国问题视角”及“解决问题”为指向，在现象、问题、理论各个方面，皆以发生在中国的具体事例、案例为分析对象，也兼及了国外的相关理论、学说和实践。该书对权利冲突这一问题进行了系统化研究，首先从现象学的视角展示和描绘出权利冲突在中国法治进程中的种种表现和存在样态，然后从理论上分析权利冲突现象存在的法理学层面的问题，以及这些问题在法治层面的意义所在，尤其涉及对现有权利理论的反思。该书的落脚点在于，从法治的各个环节寻找解决权利冲突的各种法制机制，并提出一些可供选择的法律原则或方案。

《中国物权法总论》（第三版）

孙宪忠（研究员）

专著　517 千字

法律出版社　2014 年 6 月

物权法作为构建社会基本秩序的法律，它的贯彻实施对于促进社会稳定与繁荣具有重大意义，但是该法的贯彻实施还需要法理和实践的跟进。近年来，中国民法的学术和实践都有很大进步。该书在强化物权法学中的民权思想和科学原理方面作出了进一步的努力。该书是一本物权法学原理性的著作，以对物权法学基础理论的探讨为主，而不是对《物权法》条文的释义。该书对每一个专题下的法理都进行了细致的展开，从物权、物权法基本范畴、物权变动的基本概念的科学性探讨开始，展现了物权从“定分止争”、保障交易安全到物权保护的系统性理论问题。该书包含许多案例，这些案例都是来源于实践的真实例子，读者可以从中体会到将法理应用于实践的乐趣。

《法治中国的宪法基础》

莫纪宏（研究员）

专著　259 千字

社会科学文献出版社　2014 年 9 月

该书基于我国现行宪法实施 32 年来取得的各项成就和经验，对习近平总书记系列讲话以及党的十八大报告和十八届三中全会通过的《中共中央关于全面深化改革若干重大问题的决定》提出的“全面推进法治中国建设”的具体内涵，从宪法学理论的角度进行了全面和系统的解读，特别是围绕法治中国建设与宪法实施保障之间的关系，比较系统地论述了法治中国与法治国家、依法治国与依宪治国、依法执政与依宪执政、法治思维与宪法思维等概念相互之间的价值关系和制度联系，全方位地论证了法治中国建设必须以宪法实施为基础，只有以宪法为统帅，才能准确地把握法治中国建设的大方向，只有从不断完善宪法实施的机制和程序入手，法治中国建设才能取得扎扎实实、稳步发展的积极效果。该书还对现行宪法实施 32 年来的基本状况进行了系统和深入的评价，指出在法治中国建设的过程中，宪法实施要抓住重点，特别是要加强对人权的司法保障制度建设以及不断完善我国人民代表大会制度的程序保障机制，全面提升宪法实施的水平，为法治中国建设奠定比较扎实的法律基础。

《中国法律制度》

李林（研究员）　莫纪宏（研究员）等

学术普及读物　355 千字

中国社会科学出版社　2014 年 10 月

该书旨在向国内外读者介绍中国现行法律制度的面貌，帮助读者了解中国法律制度的现状。该书系统而简明地概述了中国法律制度，阐明了改革开放以来中国法律体系的建构过程，指出现在我国已经初步建成完备的社会主义法律制度，并指出中国法律制度进一步完善所需要努力的方向。该书首先介绍了中国的立法制度，然后按法律部门分别介绍。各章对宪法及相关法、行政法、民商法、经济法、社会法、刑法、诉讼与非诉讼程序法等诸多法律部门都做了概要介绍，对中国特有的“一国两制”与特别行政区法律制度以及国际法与中国法律体系等进行了概述，并就中国法律体系的特色进行了总结。

《清代成案选编（甲编）》（影印本，50 册）

杨一凡（研究员）编

古籍整理　12500 千字

中国社会科学出版社　2014 年 11 月

成案是研究清代法制的珍贵资料。关于成案的性质，学界存在不同看法。此项大型古籍整理成果收录清代行政成案、经济管理成案、礼仪成案、司法成案、地方成案等代表性成案集 15 种，通行成案集 1 种。主要有：《定例成案合镌》《定例成案合镌续增》《历年通行成案》《南河成案选编》《成案汇编》《成案续编》《成案续编二刻》《成案续编补目》《新增成案所见集》《新增成案所见二集》《新增成案所见三集》《成案所见四集》《内务府庆典成案》《关税成案辑要》《湖南省例成案·吏律》《湖南省例成案·户律》《湖南省例成案·礼律》《松所盐务成案》《江苏成案》等。

该书的出版，有助于人们全面了解清代成案的面貌、性质和功能，有助于人们利用清代成案记载的各类法律和案例，进一步深入研究清代法律史。

《合同法学的新发展》

谢鸿飞（研究员）

专著　740 千字

中国社会科学出版社　2014 年 12 月

该书从解释论与立法论两个维度，全面展现了我国合同法学 2001 年以来的研究成果，涉及有关合同法研究的论文 600 余篇，体系书、教材与专著 60 余部。该书主体结构分为总则与分则两部分，以总则为主。总则部分涵盖合同法基本理论、合同成立、合同效力、合同履行与违约责任；分则部分涉及买卖合同、租赁合同、承揽合同、借款合同、融资租赁合同等。该书中提炼的通说、争论焦点与遗留问题，对我国合同法领域的学术研究、立法完善与司法实践具有参考价值。

《论公职人员亲属营利性行为的法律规制》

田禾（研究员）　吕艳滨（副研究员）

论文　18 千字

《马克思主义研究》　2014 年第 2 期

该文认为，公职人员亲属利用公职人员掌握的权力从事营利行为，谋取不当利益，损害了公共利益，使腐败行为隐蔽得更深，也使反腐败工作更加艰难。如何规范公职人员亲属的营利性行为，必将是未来中国反腐败工作的重点。该文对中国规范公职人员亲属营利活动的规定进行了梳理，根据问卷调查的结果分析了现行制度的漏洞，指出了当前社会各界对公职人员亲属营利性行为存在的认识误区。该文认为，应当完善有关法律体系，建立健全监管机制，公开相关信息，实行财产公开，严惩违法违规，加强教育，从多方面规范公职人员亲属的营利性行为。

《中国宪法实施的双轨制》

翟国强（副研究员）

论文　18 千字

《法学研究》 2014 年第 3 期

该文认为，与许多西方国家的宪法实施模式不同，宪法审查并非中国宪法实施的主要方式。中国司法机关不能根据宪法直接审查立法的合宪性，而全国人大常委会，也没有做出过宪法解释或宪法判断。这是中国宪法实施的真实状况，但不是中国宪法实施的全部。伴随着法治化进程，中国的宪法实施逐渐由单一依靠政治化实施，过渡到政治化实施与法律化实施同步推进、相互影响的双轨制格局。宪法的政治化实施体现为执政党主导的政治动员模式，而宪法的法律化实施则是以积极性实施为主、消极性实施为辅的多元实施机制。在比较法的意义上，政治化实施和法律化实施的双轨制，可以为描述中国宪法实施提供一个理论框架。

《规范性文件在〈行政诉讼法〉修改中的定位》

周汉华（研究员）

论文　15 千字

《法学》 2014 年第 8 期

行政诉讼中对于规范性文件如何进行处理，原告是否可以直接提起诉讼，人民法院是否可以进行审查，如何进行审查，一直以来都是我国现行《行政诉讼法》修改中的热点问题，各界有不同的主张。该文认为，规范性文件在诉讼程序中有两个不同面向：一是裁判者必须在众多的规范性文件中选择适用与本案最为关联的法律规范；它是司法过程的本质要求，无涉政体形态。二是规范性文件如果违反上位法，法律如果违反宪法，会产生对规范性文件合宪性、合法性的审查要求；由于政体差异，各国规范性文件合法性审查制度均不相同。如果不严格界定两个不同面向，不论是理论研究还是法律修改，都必然混淆两个不同性质的问题。在全面分析的基础上，该文对在我国《行政诉讼法》修改中规范性文件的定位提出了建议。

《自反性现代化的刑法意义——风险刑法研究的宏观知识路径探索》

焦旭鹏（博士）

论文　20 千字

《政治与法律》 2014 年第 4 期

该文认为，自反性现代化理论揭示了风险社会的发生机理。自反性现代化这一社会变迁进程置换了刑法的社会基础，使其发生了从工业社会向风险社会的转变；它改变了刑法的基本任务，使之不再是保护法益或维护规范的有效性，而是依循风险刑法的规范逻辑去抗制风险；它还重新定位了刑法的价值取向，使之不仅包括自由与秩序，而是在秩序价值的基础上追求自由与安全的平衡。深入阐释自反性现代化的刑法意义是发展风险刑法理论的必由之路，从宏观社会学到理论刑法学的知识路径是发展风险刑法理论的优先选择。

《依法治国与推进国家治理体系现代化》
李林（研究员）
论文 20千字
《法学研究》 2014年第5期

该文认为，依法治国与国家治理是相互作用、相辅相成的关系。依法治国是推进国家治理现代化的重要内容和主要途径，而推进国家治理体系和治理能力现代化，核心是要推进国家治理法治化。坚持和实行依法治国，可以从宪法、法治、立法、依法执政等多方面推进国家治理现代化和法治化。为此，应当根据推进国家治理现代化的改革总目标，强化法治权威和良法善治，加强人民代表大会制度建设，完善法律体系，加强宪法和法律实施，推行法治建设指标体系，在加快建设法治中国进程中推进国家治理现代化。

《商法机制中政府与市场的功能定位》
陈甦（研究员）
论文 23千字
《中国法学》 2014年第5期

该文认为，“使市场在资源配置中起决定性作用和更好发挥政府作用”这一改革理念的确立，决定了其体制发生由“限定市场、余外政府”模式向“限定政府、余外市场”模式的结构翻转，也决定了今后商法建构中处理政府与市场关系的原则、思路与重点。应当根据市场经济体制的运行需要、政府与市场的应有能力、商法宗旨及实现机制，确定商法机制中政府与市场的功能定位。政府在商法机制中应实现职能转型，识别功能上政府由监护转向服务，选择功能上政府由主导转向辅助，规制功能上政府由管制转向治理，调控功能上政府由直接转向间接。

《法学研究进路的分化与合作——基于社科法学与法教义学的考察》
谢海定（副编审）
论文 15千字
《法商研究》 2014年第5期

该文认为，近年来，中国法学研究日益呈现出两种研究进路之间的竞争，即社科法学与法教义学。该文回溯了社科法学与法教义学分立的形成过程，认为社科法学和法教义学在基本预设、对法学知识的科学性和自主性的认识、对法治实践及道路的理解和偏好等方面都存在差异。这两种进路之间的分立与竞争，能够通过促进中国法学知识生产的自我反思、整合而得到深化、进步，但它们之间的争辩在某些方面也令人生忧。该文认为，法学各种研究进路的分化，符合知识生产和认识发展的规律，它们相互之间只有呈现有效的沟通与合作，才能有益于中国法学的整体发展进步。在实践面前保持自我反思是各种法学知识生产者的责任。

国际法研究所

《国际经济法学的新发展》
黄东黎（研究员）主编
专著 453千字
中国社会科学出版社 2014年5月

该书认为，自21世纪以来，作为一门学科的国际经济法学无论是概况还是理论分支，都出现了诸多新问题和新发展，有必要进行梳理和总结。在国际经济法总论方面，该书全面介绍了该学科体系在21世纪的发展情况；在国际贸易法方面，以WTO法律体系为视角，介绍调整国际贸易中政府宏观贸易行为的公法性质的法律的新发展；在国际商事交易法方面，介绍调整国际贸易中私人具体商事行为的私法性质的法律，包括国际货物买卖法、国际货物运输法、国际货物运输保险法以及国际贸易支付等方面的新发展；在国际投资法方面，介绍国际投资的准入、运营、保护、待遇和争议解决在21世纪前十年的发展情况；在国际税法方面，介绍国际税收管辖权、国际双重征税及其消除、国际税收协定以及国际逃税与避税及其管制等四个方面的新发展。

《WTO中的贸易与环境问题》

刘敬东（研究员）

专著 325千字

社会科学文献出版社 2014年10月

该书认为，随着世界范围内环境保护浪潮的兴起，贸易与环境问题日益得到国际社会、各国政府及人民的关注，成为国际政治、经济领域的焦点问题之一。贸易与环境问题是经济发展与环境保护之间关系的一个重要方面。WTO体制下的贸易与环境关系问题的研究应以科学发展观为指导，依据现代生态科学所提供的自然科学为前提，立足生态学与环境经济学、贸易学、国际法学等学科的交叉渗透融合，通过对国际贸易中环境问题的系统分析，以及对有关国家国内环境保护法规政策等的研读，从国际法学等角度对GATT/WTO多边体制涉及的环境问题中的历史过程、基本特征、规则导向、司法实践等进行逻辑梳理和理论概括，重点揭示WTO体制下贸易与环境保护之间的关系、政策以及规则导向。在此基础上，探讨我国应当采取的立场，从整体系统观出发构建发展我国绿色贸易的战略对策。

《欧盟对外贸易法与中欧贸易》

蒋小红（副研究员）

专著 431千字

中国社会科学出版社 2014年4月

该书以欧盟对外贸易法为研究对象，以欧盟法律体系与WTO法律体系为背景，从自主性立法与契约性安排与实践两个方面，系统梳理欧盟对外贸易法的主要内容，分析欧盟对外贸易法中的主要规则，特别是重点分析适用于中国的有关规则，阐释其理论含义和实践运作。该书在全面介绍和解析欧盟对外贸易规则的基础上，分析了发展中欧经贸关系所存在的法律问题并提出了建议和对策。

《海商法学的新发展》

张文广（副研究员）

专著 310千字

中国社会科学出版社 2014年12月

该书以海商法学的新发展为主题，对21世纪以来中国海商法学的重要著作和文献进行回顾和总结，对理论界和学术界的重要观点和主张加以评析，并对某些具有代表性和普遍性的问题进行专题讨论。该书的主要内容包括：海商法学的基本理论、船舶物权法律制度的新发展、海上运输合同制度的新发展、海事法律制度的新发展和海上保险法律制度的新发展等。该书认为，21世纪以来，中国海商法研究取得了丰硕的成果，但也存在理论深度不够、方向分布不均、法律特色弱化、拿来主义现象严重等现象；未来的中国海商法研究应强化理论研究，重视中国实践，坚持双向交流。

《国际气候变化法框架下的中国低碳发展立法初探》

何晶晶（助理研究员）

专著 200千字

中国社会科学出版社 2014年12月

该书认为，国际气候变化法提供了我国低碳发展法所要遵循的立法原则和国内立法所要涉及的许多重要概念，而且一些低碳发展领域的国内立法本身就是国际气候变化法的延伸和本土化，如清洁发展机制立法和碳排放权交易立法。与欧美发达国家不同，中国缺少促进低碳发展所必需的良好的法律和政策体系框架，尚未形成健全的碳排放权交易市场，也缺乏如碳税等刺激低碳减排的有效政策。由于未来可能被要求在新的国际条约中承担强制性减排目标，中国亟须在政治、经济和法律等各方面做好准备来迎接新的挑战。从法律角度来说，中国需要建立一整套系统、有效的低碳减排法来促进中国的绿色经济发展。

《继承准据法确定中区别制与同一制的理性抉择——兼评〈涉外民事关系法律适用法〉第31条》

沈涓（研究员）

论文 15千字

《国际法研究》 2014年第1期

该文认为，国际私法历史中存在两种确定继承准据法的制度，即同一制和区别制，它们在较长时期内势均力敌。在区别制的弊害越来越明显以后，同一制逐渐为更多国家和地区接受，这一发展体现了国际社会对继承准据法确定的合理性的理性追求。但中国国际私法却与国际趋势相悖，在最新国际私法立法——《涉外民事关系法律适用法》中仍坚持继承准据法确定的区别制。中国立法中的区别制与英美法系的区别制在制度、理论和法系渊源等方面都不具同源性，更多的是迁就司法的便利，显示了不够理性的态度。

《〈联合国反腐败公约〉履约审议机制刍议》

柳华文（研究员）

论文 19千字

《当代法学》 2014年第1期

该文认为，《联合国反腐败公约》的起草者对履约审议机制的建立采取了一种谨慎和务实的态度，为机制的建立和运行确立了法律基础和工作原则，但是机制的具体制度则留给缔约国大会在公约生效后以决议方式确立。公约履约审议机制在本质上属于同侪审议，它遵循尊重主权、不干涉内政的国际法基本原则，并强调保密、非对抗性和非羞辱性等原则要求，在制度建设和实践中反映一种务实、循序渐进的特点。这些特点是由公约的国际法性质决定的，通过与国际人权条约履约审议机制的比较又可以看出该机制合理的、相对保守的特性。中国作为缔约国，高度重视参加《联合国反腐败公约》履约审议工作，在实施公约、加强能力建设、配合联合国公约秘书处工作等方面，采取了一系列积极举措。

《从〈公民及政治权利国际公约〉第 14 条第 5 款看最高人民法院对刑事案件的一审管辖权》

孙世彦（研究员）

论文 14 千字

《当代法学》 2014 年第 1 期

该文认为，根据我国《刑事诉讼法》第 22 条和第 233 条的规定，在最高人民法院对刑事案件行使一审管辖权之时，判决为终审判决，不存在上诉的可能，这与《公民及政治权利国际公约》第 14 条第 5 款规定的上诉权利相冲突。该文根据人权事务委员会的意见分析了《公约》制度中有关这一问题的理论和实践，并提出了我国应对这一问题的策略。

《人权教育的法律基础及实现途径》

朱晓青（研究员）

论文 14 千字

《人权》 2014 年第 5 期

该文认为，人权能否获得尊重，在很大程度上取决于对人权的认知。人权教育的目的就是让个人和群体了解什么是人权，进而能够要求尊重及享受人权。获得人权教育是个人和群体应享有的人权。人权教育的内容主要包括人权史、人权法律框架以及人权教育权与其他人权的关系。该文认为，人权教育权的实现既需要国际层面的监督，也需要国家实施机制的保证，二者对于人权教育权的实现相辅相成，缺一不可。

《地方政府性债务风险防治的法律对策》

廖凡（研究员）

论文 14 千字

《广东社会科学》 2014 年第 4 期

地方政府性债务是中国财政金融体系当前面临的主要风险和最大变数。对地方政府举债融资行为监管和约束不足、地方政府事权与财权不相匹配以及地方政府职能过宽过滥，是地方政府性债务风险的主要成因。地方政府性债务风险涉及的关键法律问题包括地方政府的举债融资权、地方政府对地方融资平台债务的清偿责任，以及中央政府对地方政府性债务的清偿责任。应当从规范和完善地方融资平台运营及治理、妥善设计银行破产及存款保险制度、建立健全地方政府债券发行制度以及合理配置地方政府事权财权等方面着手，防范和化解地方政府性债务风险。

《外国人权利的法律保护——从国际法到中国法的考察》

戴瑞君（副研究员）

论文 12 千字

《人权》 2014 年第 5 期

该文认为，根据人权的普遍性原则，外国人应当受到与居留国公民平等的对待，国际法只允许国家在明定的例外情况下对外国人权利作出限制。中国依据已经批准的国际人权条约，有义务保障在中国境内的外国人的合法权利和自由。为此，中国宪法和法律对外国人权利作出了原则性与列举式相结合的规定。中国国内法上对外国人权利的规定，使外国人在华权利的保障和救济基本实现了有法可依，然而与普遍、平等地保障本国公民与外国人权利的义务要求之间还有较大差距。为弥合这种差距，该文提出两条可供参考的路径：一是在宪法中明确国际人权条约在国内法律体系中的地位，架起在国内有效实施国际人权法的桥梁；二是在宪法中纳入平等保护本国公民和外国人权利的条款，为进一步完善保障外国人权利的法律提供依据，也为外国人主张法律保障不明的权利提供宪法依据。

《家庭工人权利保障问题检视——国际人权普遍性原则与劳动权利保护的竞合方法》

郝鲁怡（副研究员）

论文　21千字

《河北法学》 2014年第11期

该文认为，近年来国际社会对家庭服务行业保护的法律制度有了很大发展。国际劳工组织2011年通过的《家庭工人体面劳动公约》以促进家庭工人的体面劳动为核心，在规范雇佣合同、工作时间、最低支付报酬、就业待遇、工作条件等方面建立了系统的家庭工人劳动权利保障机制。同时，该公约在保护家庭工人劳动权利方面，采用了一种崭新的劳动权利保护与国际人权法相竞合的立法范式，为家庭工人实现体面劳动构筑了三个层面的权利保障基础，即人权的普遍性原则、国际劳工标准下的基本劳动权利，以及劳动者的一般性劳动权利。我国劳动法律规范将私人雇佣关系下的家庭工人排除在外，致使其权利保障无法可依。该文认为，我国的立法宜借鉴与采纳突破劳动领域、具有保护特定群体权益性质的“权利基础”立法模式，制定家庭工人权益保障的专门性立法。

《欧盟与美国在合并控制领域的双边执法合作》

黄晋（副研究员）

论文　13千字

《国际法研究》 2014年第4期

该文认为，经济全球化的进一步深入使得合并控制领域的双边执法合作成为当前国家和超国家竞争主管机构反垄断行政执法常态化的必然选择。鉴于同一交易会适用不同国家的竞争法律制度，各国反垄断执法机构完全有理由避免合并分析和救济行为的冲突。尽管很多国家在合并控制的实体评估、程序和政策目标上存在一些差异，但各国竞争主管机构还是采取了一些举措来促进协调和减少冲突。当前最为重要的双边合作之一是欧盟与美国两大反垄断司法辖区达成的旨在促进各自竞争执法的双边合作框架机制，其有助于促进欧盟与美国在合并控制领域相互妥协、减少分歧和加强协调。欧盟与美国竞争主管机构在通知、交流与信息交换、合并调查中的协调、礼让原则以及合并救济等四个方面的合作对我国反垄断执法机构具有重要借鉴意义。

《论琉球在国际法上的地位》

罗欢欣（助理研究员）

论文　28千字

《国际法研究》 2014年第1期

该文认为，琉球在历史上曾是中国藩属

国，1879年“琉球处分”的效力之争是琉球地位成为问题的最早源起。第二次世界大战后，琉球作为“敌国领土”从日本剥离，进一步被《旧金山和约》规定为“潜在的托管领土”，其法律地位并未确定。鉴于美国依据《琉球与大东群岛协定》对日本进行“施政权让与”的无效性，日本目前对琉球的管理缺乏合法依据，更不能据此对琉球拥有主权。对琉球地位的处理有必要严格遵循《联合国宪章》的规定，回到和平条约的多边处理机制或者联合国大会、安理会的集体处理机制上来，尊重战后盟国的平等意志和琉球作为“潜在托管领土”本身的权利。

《法理学“指导”型知识生产机制及其困难——从法理学教材出发》

田夫（助理研究员）

论文　24千字

《北方法学》　2014年第6期

该文认为，从知识生产机制的整体视角来看，中国法理学教材还没有走出苏式法理学的框架。苏式法理学教材的“指导”型知识生产机制基于法理学与部门法学具有不同的研究对象这一基本原理，认为法理学是部门法学的指导性学科，并由此决定了“指导”型知识生产机制的运行机制；运行机制包含正面向度和反面向度两个方面，正面向度指的是法理学针对部门法学生产“指导”型知识；反面向度指的是部门法学帮助法理学生产“指导”型知识，法律关系理论和法律行为理论分别典型地对应着这两个方面。然而，对上述理论的检讨表明，“指导”型知识生产机制在运行机制层面是无效的。进而言之，该机制在基本原理层面及其理论基础层面也是错误的，应当被抛弃。

政治学研究所

《中国的民主道路》

房宁（研究员）

专著　156千字

中国社会科学出版社　2014年11月

民主政治是人类社会进入工业化时代后政治发展的普遍趋势。中国正处于实现工业化、现代化的历史进程之中。民主政治是中国工业化、现代化发展的必然产物，为当代中国社会发展所需要。探索和建立适应时代需要、适合中国国情、符合发展要求的民主政治，将为中国的工业化、现代化发展提供政治保证。中国的民主有与其他国家的民主相通的地方，也有与其他国家的不同之处。该书论述了在追求民族独立、国家富强和社会进步的长期奋斗和探索中，中国民主建设取得的有自己特色的重要经验，它是一种体现民主基本价值和普遍原则又具有中国特色的民主制度，是一条有中国特色的民主道路。

《政治认同与危机压力》

史卫民（研究员）　周庆智（研究员）　郑建君（助理研究员）　田华（博士）等

专著　596千字

中国社会科学出版社　2014年5月

该书利用问卷调查得到的数据，依据设定的指标体系，指出在调查涉及的六种认同中，中国公民的身份认同水平最高，发展认同、政党认同和政策认同的水平也较高，体制认同和文化认同的水平略低于另四种认同；在调查涉及的六种危机压力中，民众感受压力最强的是生态危机压力，其次是国际压力，第三是社会危机压力，第四是文化危机压力，第五是政治危机压力，经济危机压力最弱；数据分析结果还显示，权利、利益、政治沟通、政治参与、公民满意度五个因素，对政治认同水平的高低以及危机压力的强弱，都有重要的影响。该书对政治认同与危机之间的理论关系做了系统的整理，并用回归分析等方法，勾勒出了中国公民政治认同与危机压力的基本形态，期望在进行进一步的改革时，能够注意到这样的政治文化现象。

《县政治理：权威、资源、秩序》

周庆智（研究员）

专著　493千字

中国社会科学出版社　2014年10月

该书从现代国家建构的角度，阐释中国县政治理的历史逻辑和现实发展条件。通过历时性、长时域的分析，该书认为，自清末到民国以至新中国的中国县政治理现代化一直致力于完成两大功能：一是（政治资源）社会控制和动员能力；二是（经济资源）财税汲取能力。这两大功能决定了中国县政治理的权威结构、职能区分化以及社会整合原则和治理方式。该书认为，今天的中国县政治理的结构性功能依然体现为向社会大规模汲取财税和对社会的全面主导和控制能力的不断强化。当今中国县政治理要改变以往的治理原则以及权力本身性质，完成一种面向公共组织的性质转变，而这样一个角色及其与公民制度化关系代表的公共性（公民）权利原则，是现代国家建构所包含的规范性含义。就中国县政治理现代化而言，就是顺应经济社会的结构性变化，向着确立在公民权利原则基础上的多元治理格局的转型和朝着确立在制度化法治化基础上的民主治理方向的努力。

《政治意识的话语建构——基于当代中国背景的分析》

陈承新（助理研究员）

专著　210千字

中国出版集团世界图书出版公司　2014年1月

该书廓清了当代中国政治意识的发展状况，评述了当代中国几大政治意识流派的主要主张以及在当代中国的演进，概括了当前政治意识话语建构存在的理论困境和现实问题。从现实政治出发分析了政治意识话语建构存在的四大现实问题和深层次原因，阐述了提升政治意识话语建构能力的必要性和紧迫性。立足于认清制约原因和提升必要性的基础，着重阐述执政党及其政府在政治意识话语建构过程中应该担当起的作用，提出相应的政策建议。

《亚洲政治发展比较研究的理论性发现》

房宁（研究员）

论文　16千字

《中国社会科学》　2014年第2期

该文认为，基于对亚洲地区日本、韩国、印尼、泰国、新加坡、伊朗、越南、菲律宾、印度以及我国台湾地区政治发展状况为期5年的考察和调研。可以发现。政体结构、权力结构和利益结构是构成政治体系的基本结构。其中政体结构对权力结构具有规制作用。利益结构对权力结构具有建构作用。亚洲政治发展的经验表明。在工业化进程中出现的新兴社会集团是政治发展的主要动力。其获取政治参与和政治权力的努力导致政治体系的变化。而相对于美国政治发展中权力与权利的双重开放。亚洲国家普遍采取了保障民众权利与集中国家权力的"对冲"发展策略。以防止权力开放导致的社会政治冲突。旨在发挥推动工业化和国民经济快速发展的"生产性激励"效应。"快亚洲"与"慢亚洲"的差异表明。传统社会结构限制了国民的平等权利。且易于形成垄断性的分利集团。因此成功实现工业化的国家传统社会结构的瓦解程度较高。权力集中程度较高的政体更倾向于优先推进社会理想目标的实现。更适合于发展中国家；而权力分散程度较高的政体更顾及民众的现实利益诉求。更适合于发达国家。

《推进国家治理体系与国家治理现代化》

郑言（研究员） 李猛（博士）

论文 9.5千字

《吉林大学社会科学学报》 2014年第2期

该文认为，中国推进国家治理体系与国家治理能力现代化的目的是完善和发展中国特色社会主义制度。国家治理体系指的是在党领导下管理国家的制度体系和各领域体制机制、法律法规相互协调。日趋合理；国家治理能力则是运用国家制度管理社会各方面事务的能力。推进国家治理体系现代化。就是要适应时代变化。通过改革和完善体制机制、法律法规。促进各项制度日趋科学完善。实现国家治理制度化、规范化、程序化。推进国家治理能力现代化。就是要不断适应社会主义现代化建设需要。增强依法按照制度治国理政的本领。把各方面制度优势转化为管理国家的能力与水平。为了实现国家治理体系和国家治理能力的现代化。应当从以下几个方面着手：加强党的领导。转变党治国理政的方式；注重国家治理的法制化和制度化。明确各治理主体的责任；发挥党和政府的引导功能。培育各治理主体按制度办事、依法办事的意识与能力；推动全面性目标的国家治理。提高国家治理的实际效果。

《论政府与市场关系的两个主要方面》

张明澍（研究员）

论文 14千字

《政治学研究》 2014年第6期

该文认为。在微观经济层面。政府应当采用消极的方式进行管理，即政府应当制定一套严密的法律并且严格地执行法律。防止经济个体在市场环境中追求自身利益时损害他人和社会的利益。在宏观层面。政府应当采用积极的方式进行管理。即政府应当通过制定和执行公共政策。在整体上引导和调节市场经济的发展方向。力求使市场经济的发展有利于社会公平。使所有社会成员受益。把对微观经济的消极管理与对宏观经济的积极管理结合起来。是正确处理政府与市场关系的努力方向。

《**发展导向型参与民主**——中国民主建构的路径分析》
周少来（研究员）
论文 12.5 千字
《政治学研究》 2014 年第 2 期

该文认为，依据中国社会主义现代化的实现逻辑。当代中国民主建构的路径特征可以概括为发展导向型参与民主。这是“以发展为导向、以参与为重点”的民主发展路径。中国全面现代化依次推进的展开逻辑和国家主导的现代化实现战略决定了这种民主建构路径的选择。发展导向型参与民主的路径特征。既是对既往中国民主建构路径的制度性总结。也是对未来中国民主提升路径的制度性限定。在此制度路径的架构下。未来中国政治建设有望在完善民主和权力监督方面得以提升和深化。

《**走向基层治理现代化**——以成都为个案分析》
赵秀玲（研究员）主编
研究报告 290 千字
广东人民出版社 2014 年 11 月

该书聚焦于四川省成都市的基层治理创新，在对成都多个区、县进行广泛、深入调研的基础上，选取村民议事会、社会协商对话制度、基层政府体制创新、社会组织培育、社区网格化治理、区域化党建等具有较大影响的制度作为研究重点，站在全国视野尤其是从中国基层民主自治发展全局，以基层治理现代化的维度进行探讨。成都经验可以解决长期以来面临的重要现实和理论问题。如对于村两委关系，成都市经验在于：为党组织重新定位，将党的领导定位在把握大政方向，强调其指导、管理和监督等功能，这在村民议事会制度建设中得到充分体现；通过强化党组织和广大党员的“服务意识”和“奉献精神”，提升党组织的凝聚力、战斗力和信任度。成都基层治理重在还权赋能，重视社会力量的培育和壮大，特别是社会组织参与社区治理，许多经验都值得总结和借鉴。

《**官员的选择**——中西用人制度比较》
贠杰（研究员）
论文 5.3 千字
《红旗文稿》 2014 年第 4 期

该文通过中国与西方国家的官员选拔任用制度的比较，深入分析了西方官员选任的特点与局限，全面回顾了中国干部人事制度逐步改革完善的实践进程，对中国官员选拔任用的规律和特点进行了系统分析和概括。该文认为，经过数十年的改革和完善，我国在实践中逐步形成了具有中国特色的、贯彻党管干部原则、符合现实政治制度需要的干部选拔任用机制。我国干部选拔任用机制主要具有以下特点与优势：第一，有效保证了执政的稳定性和政策的连续性；第二，有利于注重干部选拔的德才兼备；第三，能够较好实现制度刚性和灵活性的统一，避免西方文官体系以规则指导行动、制度僵化的问题；第四，干部选拔任用的公平公正、竞争择优原则正逐步得到贯彻。

《**邓小平“三个有利于”思想及其启示**》
田改伟（副研究员）
论文 8 千字

《毛泽东邓小平理论研究》 2014 年第 5 期

该文认为，在我国改革开放的历史实践中。邓小平提出并完善了“三个有利于”思想。使这一思想成为判断我国改革得失成败的标准。全面把握邓小平“三个有利于”思想。既要从历史发展的角度把握其不同之处。也要从改革的内在一致性来把握其共性。我国当前要推进全面深化改革的精神和目标与邓小平的“三个有利于”的改革思想是一脉相承的。是邓小平开创的改革历史进程的继续和深化。只有全面把握邓小平的“三个有利于”思想，才能够坚持我国改革的正确方向。实现中华民族伟大复兴的中国梦。

《马克思主义国家治理思想及其当代价值》

徐海燕（副研究员）

论文　16 千字

《重庆社会科学》 2014 年第 10 期

该文认为，马克思以鲜明的阶级立场，提出了国家政权中的无产阶级政党的核心地位；市场模式中的生产资料的公有制主体；社会领域以实现人的发展为根本价值等治理的价值观，同时指出了社会主义国家治理实现的条件性：无产阶级政党的纯洁性及其核心地位，社会主义社会发展的阶段性，以及人全面发展的有条件性。马克思国家治理在中国的当代价值在于，国家治理应符合相应的社会性质，要注重甄别国家治理的职能属性，传承自身文化传统。马克思的国家治理思想对理解国家治理属性的本质，社会主义国家治理结构、内涵、方式具有重要指导意义。

《基层公务员组织承诺和建言行为的关系——以领导成员关系为调节变量的模型检验》

郑建君（助理研究员）

论文　16.5 千字

《山西大学学报（哲学社会科学版）》 2014 年第 5 期

政府公共部门行政效能的有效提升。离不开基层公务员积极的建言献策参与。该文采用问卷法对 441 名基层公务员展开调查。探讨了组织承诺、领导成员关系对基层公务员建言行为的影响作用。层次回归分析的结果表明：基层公务员组织承诺对其建言行为具有显著的正向预测作用；领导成员关系对基层公务员组织承诺与建言行为的关系具有显著的调节作用。当领导成员关系较强时。基层公务员组织承诺对建言行为的预测关系较弱；反之。当领导成员关系较弱时。基层公务员组织承诺对建言行为的预测关系更为强烈。

民族学与人类学研究所

《民族团结云南经验——云南省民族团结进步边疆繁荣稳定示范区建设调研报告》

中国社会科学院课题组

专著　646 千字

社会科学文献出版社　2014 年 9 月

西藏“3·14”事件、新疆“7·5”事件及近期在新疆和全国一系列暴力恐怖事件的发生，使民族问题成为一段时间以来社会各界普遍关注的一个热点问题。如何看待当前我国的民族关系和民族问题，如何看待全国不同地区建设和谐民族关系的实践，云南省给出了构建和谐民族关系的鲜活例子。中国社会科学院和云南省社会科学院“云南省民族团结进步边疆繁荣稳定示范区建设研究”课题组经过近一年的调查研究，认真总结了云南的诸多成功经验和启示，比如：致力于各民族平等发展，推进民族工作创新；大力推进民族法制建设，充分信任并不断加强民族干部的培养使用；充分发挥丰富民族文化资源，努力打造民族文化强省；大力推进民族交往交流交融，促进民族关系和谐发展；积极推进跨境交流合作，促进中国西南边疆与周边民族共同繁荣发展。该书认为，民族问题从本质上讲是如何处理民族关系的问题，民族工作的基本内容就是构建和谐民族关系，促进共同发展。

《中国西南民族社会生活史》

管彦波（副研究员）

专著 296千字

中国社会科学出版社 2014年9月

该书从历史学与民族学的角度，对西南民族社会生活史进行系统研究。绪论从民族史学发展的高度，提出了民族社会生活史这个概念，并对民族社会生活史的学科属性、研究内容、对象以及民族社会生活史与其他学科的相互关系等一系列理论问题，进行了深入探讨。在理论分析的基础上，又从狭义社会生活史的角度，运用了大量文献和田野调查资料，以衣食住行为切入点对西南民族的社会生活内容进行了阐释。如在《聚落·建筑与西南民族的家居生活》一章中，作者以西南民族聚落的8个主要物质构成要素为主纲，追寻西南民族聚落的形态、结构与分布规律，剖析了经济生活、生产力发展水平与技术条件、家族制度、各种观念形态及其宗教信仰对西南民族聚落的影响与制约。在对西南民族饮食生活的考察中，作者不局限于对西南民族饮食的种类、构成、制作与炊爨方式的探讨，具体分析了在饮食行为的演进中，饮食所反映出来的社会层次与饮食观念。在对西南民族服饰文化与社会生活的研究中，该书未停留在对服饰的形制、款式风貌、服装面料与饰物的介绍，而是着力对服饰的多维属性与社会功能进行探究。

《世界民族·中国卷》

王希恩（研究员） 何星亮（研究员）主编

专著 590千字

中国社会科学出版社 2014年11月

该书分为综合卷和族别卷。综合卷从民族分布、种族、语言文字、宗教、历史演进和遗产、民族关系、现实的民族政策，以及当代少数民族的发展繁荣等方面对中国的整体民族状况做出叙述。族别卷是依序对中国56个民族的逐一介绍，基本内容包括族称、民族来源、人口与语言、社会与经济、文化、宗教等。该书的内容古今纵横、涉域广泛，但体例统一、内容凝练，学术性和普及性兼具，既可作为国内读者了解中国民族知识的普及读本，也可作为国外读者了解中国各民族的历史、文化以及当前我国的民族政策和民族关系的入门书。

《族群冲突与治理——基于冷战后国际政治的视角》

王剑峰（副研究员）

专著　383 千字

社会科学文献出版社　2014 年 4 月

该书的核心是研究冷战结束以来族群冲突的国际层面问题，着力研究国际环境的变化带给族群冲突的影响。该书在理论分析部分，从国际关系、国际准则、国际安全、国际干预等视角分析族群冲突四个层面的问题。实证分析部分所使用的案例，基本代表了冷战结束以来族群冲突的典型案例，反映了当代世界族群冲突国际化的主要维度。该书认为，后冷战时期对国际秩序构成的最大挑战之一就是族裔民族主义和族群冲突。它不仅表现出全球性，而且还表现出激烈性和突出的政治性。该书认为，国际准则框架实际上是不支持族裔民族主义和族裔分离主义的，因为国家主权原则、不干涉原则、民族自决原则共同抵制族裔分离主义的诉求。族群冲突国际化与国际政治族群化是后冷战时代族群冲突的一个显著特点。

《萨米人萨满文化变迁研究》

吴凤玲（助理研究员）

专著　220 千字

社会科学文献出版社　2014 年 3 月

在亚欧大陆北部的地理环境和北极地区的生态环境中，萨米人发展了独特的狩猎采集和放牧驯鹿的生计方式，并形成了与之相适应的萨满教的宗教文化传统。在漫长的历史中，这种宗教文化传统在来自文化内部的动力和来自文化外部的影响下经历了变迁，并最终在基督教的影响下几近消失。萨米人的萨满文化变迁是一个很好的探讨宗教变迁的个案。该书从历史学、宗教学和人类学的角度探讨萨米人萨满文化的变迁，在说明萨米人的历史道路和生计方式变迁的前提下，探讨萨米人的萨满文化如何从狩猎社会的文化原型渐变到放牧驯鹿时代的信仰状况，以及如何在基督教传播下发生巨变的过程。

该书是中国学者进行国外民族萨满文化研究，以一个具体的民族为切入点探讨国际萨满教研究的一次尝试。在萨米人的文化整体中探讨它的宗教变迁，关注生态环境与宗教、生计方式变迁与宗教变迁、文化涵化与宗教变迁、宗教与民族文化复兴和民族权力运动等多个层面，进行了相应的理论探讨。

《当代回族建筑文化》

孙嫱（博士）

专著　310 千字

宁夏人民出版社　2014 年 10 月

该书从文化的视角出发，将回族建筑作为一个研究整体，力求记录和展现其当下的生存现状。该书将回族建筑系统划分为宗教建筑与世俗建筑两大类，并运用民族学、人类学的理论和方法，除关注建筑本身之外，还透过丰富的建筑符号挖掘不同历史背景下回族群体与社会的互动关系。同时，通过主位的视角，呈现作为文化创造者与拥有者的回族群体是如何修建、认识和评价自己的建筑。在此基础上，作者提炼出“生存智慧”这一蕴藏于回族建筑文化之中的精神内核，为读者呈现出一幅回族建筑的文化图景。

《中国老年保障体系研究》

王延中（研究员）等

专著　332 千字

经济管理出版社　2014 年 5 月

该书根据中国人口老龄化进程不断加快、老龄风险不断增多的现实，提出加快建设中国特色的老年保障体系的意见。这个体系包括物资和资金保障、服务和护理保障、精神保障三个方面，这与西方主要强调资金保障与服务保障的理念有一定差异。三位一体的老年保障体系强调物质保障是基础，服务保障是重要发展内容，精神保障充分发挥中国孝道文化和传统家庭保障的特色。三位一体老年保障体系不仅需要财力和政策支持，还需要进一步加强中国社会保障管理体制机制建设。

《中国社会保障发展报告（2014）：社会保障与社会服务》

王延中（研究员）主编

皮书　310 千字

社会科学文献出版社　2014 年 5 月

该书是社会保障绿皮书的第六部。建设更高水平的社会保障体系，必须高度重视与之相关的社会服务体系建设，这也是该部皮书论述的主题。社会保障体系不仅仅是资金筹集、管理和发放的金融问题，还必须建立与之相适应的社会服务的提供及管理问题。随着我国城乡居民收入水平不断提高，消费结构加快转型升级，公众对社会保障公共服务的多层次、个性化、项目数量、质量要求越来越高。人口老龄化来势迅猛，劳动力和社会成员在城乡之间频繁流动，社会摩擦和矛盾的化解，对社会保障服务提出了新的要求。社会保险主要负责资金管理，各类社会服务则需要在资金运行过程中把重点放到如何提供高质量的服务上，服务的数量以及布局、分配也至关重要，因为这关系到服务的效率，更关系到服务的公平性。因此，各类社会服务更需要平衡资金保障、服务提供和福利服务权益公平、公正的“大三角”关系。

社会学研究所

《普遍整合的福利体系》

景天魁（研究员）等

专著　680 千字

中国社会科学出版社　2014 年 4 月

该书针对中国社会福利项目不断增加和普及面扩大，但社会福利碎片化现象却越来越突出的现实，指出“普惠”不仅仅是指社会福利覆盖范围，更指的是完整意义上的社会福利体系。该书提出“普遍整合福利体系”和“普遍整合福利模式”概念，系统论述了“普遍整合福利体系”的理论基础、基本特征、制度构成和运行机制，推进中国社会福利模式研究理论创新，为党和政府制定、实施社会福利政策提供了新的理论观点和实证依据。

《多元文化模式与文化张力：西方社会的创造性源泉》

张旅平（研究员）

专著　614 千字

社会科学文献出版社　2014 年 4 月

该书从文化模式和历史社会学的视角对西方社会创造性的源泉给予了与众不同的探讨。该书认为，西方文化模式是一种多元模式，其中充满了内在矛盾和张力，而这种多元性及其张力是西方社会独特的、创造性的动力和源泉。该书认为，社会的发展和创新除了要有经济基础与上层建筑的矛盾和阶级冲突的推动（必要条件）外，还需有文化张力的促动（充分条件），否则，社会变迁会成为历史的循环。这表明，文化的多元性及其内在张力和适当的融合具有重要意义。因此，在实践上必须善于借鉴外来优秀文化，并在文化融合中保持合理的张力，这无疑是创造性的重要源泉。

《人类学》

罗红光（研究员）

专著　582 千字

中国社会科学出版社　2014 年 6 月

该书以"人为的事实"为基本线索，从人之所以称之为人的身体、性、语言、信仰、时空、交换等出发建立章节。作者基于人类建构的"文化事实"，提出了科学精神的文化问题，在系统梳理科学共同体内部的"科学家行为"及"科学范式"的基础上，提出了关于理解、建构并表述人与人、人与自然、人与信仰之间关系的意义系统的"科学的文化范式"理论。

《青年与社会变迁：中国和俄罗斯的比较研究》

李春玲（研究员）［俄］科兹诺娃等

专著　383 千字

社会科学文献出版社　2014 年 9 月

该书是中国社会科学院社会学研究所和俄罗斯科学院社会学研究所开展的一项历经三年的比较研究合作项目的主要成果。"青年是国家的未来"，中国和俄罗斯作为新兴经济大国，整个社会都在发生巨变，代际差异和观念的断裂会对未来的国家走向产生重要影响。理解新一代青年，就是理解未来的世界。基于这种共识，两国研究者各自对本国青年的生活方式、生活状况以及价值观和政治态度进行了全面调查。该书是两国研究成果的第一次碰撞，内容涉及"社会变迁与青年研究""青年人口的基本特征""文化、认同、价值观""消费与休闲""教育与就业""恋爱、婚姻、家庭""意识形态与政治参与"及"互联网与公共生活"八个方面，为人们在国际视野里理解当下正在经历的转型现实提供了着眼点。

《当代中国社会工作总论》

李培林（研究员）　王春光（研究员）主编

专著　834 千字

社会科学文献出版社　2014 年 7 月

该书从中国经验出发，结合社会工作理论，介绍和探讨了社会工作知识、技巧、在中国的实践以及面临的挑战。该书具有以下特点：一是既具有较高的理论深度，又有很强的应用性；二是从理论、人才、制度、方法到具体的面向不同群体和领域的社会工作，都做了全面、系统的探讨和介绍；三是跨学科性，即不同学科的作者借鉴不同学科的理论视角探讨社会工作，其中尤为重视社会学和社会政策视角对社会工作的意义。

《社会建设与扶贫开发新模式的探求》

王春光（研究员）等

专著　260 千字

社会科学文献出版社　2014 年 7 月

该书探讨的主题是扶贫开发的社会基

础。以往的研究大多是将扶贫开发放在经济学语境中进行探讨和分析，得出的结论依然围绕着投入与产出、效用等进行的，往往忽略了影响贫困、扶贫开发的社会文化因素。这在很大程度上主导了当前中国的扶贫开发工作，使得许多扶贫开发项目没有取得预期的效果。该书通过调查研究，并借鉴相关的理论视角，阐述和论证了社会建设对扶贫开发的重要性，并提出将社会建设纳入扶贫开发之中的看法，为中国扶贫开发工作提供了新的视角和思维。

《中国农村福利》

潘屹（研究员）

专著　284 千字

社会科学文献出版社　2014 年 5 月

该书探索了中国农村社会福利体系的历史发展和构成因素，挖掘了古代中国、国家、社会和传统文化对中国农村福利的塑造和影响，以及近代对农村福利改善的实践，特别是集中分析了社会主义福利制度建设和近三十年农村福利的改革。该书用国际社会政策的理论和研究框架，从政治、经济、社会、文化的角度分析中国农村福利的独特内涵和相互关系，提炼出具有中国特色的社会发展模式，把中国式的社会福利制度展示在国际的大视野下。该书强调中国福利制度的社会体制、政治、社会、文化传统，以及兼收西方的管理技术，对构建可持续发展的福利制度的意义。

《社会心态理论：一种宏观社会心理学范式》

王俊秀（研究员）

专著　238 千字

社会科学文献出版社　2014 年 5 月

该书运用社会心理学研究中国化的探索，论述了社会心态研究的现状、范式、结构和机制，以及社会心态的测量和指标体系。阐述了社会心态的表层和深层结构，提出了超稳定、稳定、阶段性、变动性的不同社会心态结构特点，以及以社会需要、社会认知、社会情绪、价值观和社会行为机制为核心的社会心态结构构成元素，并分析了从微观、个体的社会心态到人际互动的社会心态，再到群体内和群际互动的社会心态，直到宏观层面以社会共识、社会需要、社会共享情绪、社会合作行为和社会核心价值观构成的宏观社会心态的内在运作机制。

《气候变化与社会适应——基于内蒙古草原牧区的研究》

王晓毅（研究员）　张倩（副研究员）　荀丽丽（副研究员）等

专著　320 千字

社会科学文献出版社　2014 年 3 月

该书基于对内蒙古六个嘎查（村）的案例分析，揭示了内蒙古草原牧区的气候变化和制度变迁过程及其面临的挑战。在梳理牧民和社会脆弱性与恢复力深层原因的同时，提出一种不曾预料到的风险：不当的气候变化适应措施可能对牧民产生比气候变化本身更严重的不利影响。该书将气候变化这一全球性宏观命题带入“地方性”的语境中来探讨其社会性的影响，引入了理解气候变化的社会学新视野。该书提出以提高社区“社会适应力”为中心的社区自主治理草原方案，对中国生态脆弱带的可持续发展具有政策参考价值。

《规则竞争：乡土社会转型中的纠纷解决与法律实践》

张浩（副研究员）

专著 262 千字

中国社会科学出版社 2014 年 4 月

任何社会都有矛盾冲突的一面，都要面对解决纠纷、维系秩序的问题，处于变迁中的社会尤其如此。在变迁和转型中，旧的规则失去效用，新的规则又无法一蹴而就，新旧纠葛，青黄不接，纠纷的解决、秩序的维系就成了问题。这正是中国乡村社会自近代以来所面临的一个基本困境。该书遵循韦伯的法律社会学传统，以华北一起土地纠纷为研究案例，探讨乡土社会转型中的纠纷解决与法律实践，揭示了乡村社会纠纷解决的过程、机制和逻辑。该书认为，乡村社会存在多种纠纷解决途径和规则，供民众权宜性地选择使用，司法途径虽有一定进步，但囿于内外局限，并不享有优先或权威地位。多元规则并存竞争，在共同推动纠纷解决的同时，也埋下了潜在的危机。

《新型农村合作医疗制度信任的形成过程》

房莉杰（副研究员）

专著 153 千字

社会科学文献出版社 2014 年 12 月

该书以新型农村合作医疗（以下简称“新农合”）为案例，试图从“信任过程”的角度解释“制度信任”。在理论层面，通过“制度信任的过程”将信任研究的信任文化、关系嵌入、理性分析、信任经验四个主要视角联系起来。制度信任不仅是个体的理性分析过程，同时也是一个从宏观信任环境到微观信任行为的过程，链接这个过程的桥梁是信任者内部成员之间，以及信任者与制度执行者之间的“利益关系”，具体而言就是利益共同体和利益相关性。该书是以新农合的制度信任为例进行的研究，但是研究的结果也可以推广到其他自上而下执行的正式制度，连接政府与民众的“利益关系”是建立整个社会的“制度信任”的核心。

社会发展战略研究院

《中国社会发展年度报告（2014）》

李汉林（研究员）

专著 385 千字

中国社会科学出版社 2014 年 12 月

2014 年，中国社会科学院社会发展战略研究院根据社会管理与社会建设重大问题研究的要求，在 2012、2013 年的基础上继续开展了关于社会态度与社会发展的社会调查。依据科学抽样和统计分析方法，从 31 个省、自治区、直辖市中抽出了 60 个市县区旗和 540 个社区委员会和居委会，对全国总体的社会经济发展状况进行系统评估，并形成《中国社会发展年度报告（2014）》。该书包括：社会景气、社会包容、公众参与、城市公共服务包容性评估、社会管理绩效评估、城市居民生活质量、城市居民工作环境、民众的环境满意度、政府信任、城市居民社区参与等 12 个方面内容。

《嵌入过程中的主体与结构——对政企关系变迁的社会分析》

李汉林（研究员） 魏钦恭（助理研究员）

专著 412 千字

中国社会科学出版社 2014 年 5 月

政府与企业的关系是中国经济转轨、政府职能转变和社会组织变迁过程中经济社会关系调整的一个重要组成部分，在相当长一段时期内还将处于中国社会发展变迁的核心位置。该书以政府及其主导目标为中心，阐述政企关系的演变，强调作为主体的政府与企业嵌入在特定的政治、经济、社会环境之中。读书分析了在不同结构环境中，政府的制度安排如何规范不同类型企业的行为，以及这些制度安排以何种逻辑机制改变与形塑政企关系。该书认为，政企关系的复杂性及其演变路径的多变性，在众多方面反映出中国总体性改革的某些典型特征，并可进一步提炼出与中国社会发展经验相关的特殊成分。

《国家与社会："强国"与"新民"的重奏》

高勇（副研究员） 吴莹（副研究员）

专著 206 千字

中国社会科学出版社 2014 年 5 月

该书认为，将国家与社会的议题置于中国近代史发展视野当中，研究国家力量增强和社会活力激发这两个进程之间的动态关系和内在张力，而不是仅仅将国家与社会视为业已形成的两个实体。建设现代国家与激发民众活力的过程，包括了在实践中密不可分、彼此支撑的三个方面：塑造民众的身份认同，以这种身份认同来联结国家与民众；调整社会的组织体系，以此促进国家动员能力，建立社会激励体系；确立国家与社会互动的主导策略和手段，以此解决社会治理问题。该书从以上三个方面梳理了中国在建设现代国家与激发民众活力的曲折进程中展现出来的逻辑脉络。

《城乡关系演变的制度逻辑和实践过程》

折晓叶（研究员） 艾云（助理研究员）

专著 402 千字

中国社会科学出版社 2014 年 5 月

该书聚焦于中国经济体制改革前后 60 年的长时段，从社会关系结构转型的角度观察这一关系的变化。通过对制度安排和日常生活实践逻辑的双重关怀，所呈现出来的城乡关系，与一般经济学、城市学、城乡规划学所论有所不同。该书侧重于分析城乡关系演变的各阶段所面临的主要问题，以及在面对这些问题时变迁主体所采取的对策，既包括国家和地方政府的制度和政策设计，也包括城乡基层单位和民众的应对策略。通过将社会结构与社会行动结合在一起观照，提出各时期不同的"机会结构""互动机制"和"行动策略"，既为城乡关系的演变带来一定程度上的推进，又给其发展带来新的更为复杂的难题。正是在这些新旧问题和压力的交替作用下，城乡关系在进入一个个新的阶段时，后边都拖着一条长长的问题尾巴，表现出诸种与一般城市化和现代化理论不相一致的路径和实践。

《组织变革和体制治理：企业中的劳动关系》

渠敬东（研究员） 傅春晖（讲师） 闻翔（助理研究员）

专著　201 千字

中国社会科学出版社　2014 年 5 月

该书通过梳理改革开放三十年来中国社会中企业与职工关系的变迁过程，从占有、经营和治理三个维度出发，考察了劳动关系发展变化的阶段性特点。着重分析了企业的单位制结构及组织内部的师徒制等机制，提出了体制治理与民情治理相结合的研究思路，考察了改革开放以来承包制、市场制和项目制下乡镇企业、国有企业和民营企业中劳动关系的演变过程，总结了造成不同时期劳动关系矛盾的诸因素，提出了从结构和机制出发多向调整劳动关系的看法。

《中国企业社会责任报告编写指南之一般框架》

钟宏武（副研究员）等

专著　180 千字

经济管理出版社　2014 年 1 月

社会责任报告已成为企业与利益相关方沟通的重要载体和渠道，发布社会责任报告对于企业充分阐释社会责任理念，展现社会责任形象，体现社会责任价值具有重要意义。该书从发挥社会责任报告综合价值的角度提出“社会责任报告全生命周期管理”的概念，介绍了企业编写社会责任报告应遵循的流程和规范，以及一份“好报告”的标准，并对社会责任报告的指标体系提供了详细的释义。

《中国古代精神病人管理制度的发展》

刘白驹（研究员）

论文　28 千字

《社会发展研究》 2014 年第 1 期

该文从法制史和社会史的角度，通过梳理自商末到清末有关精神病人管理制度，考证并分析了这一管理制度发展的历史沿革。重点揭示了清代对疯病杀人的防治与报官锁锢制度的合理性及其严重弊端，进而透过追溯光绪年间的《附设疯人院简章》，为当代《精神卫生法》的建立找到了相应的历史渊源。

《包容性社会发展：从理念到政策》

葛道顺（研究员）

论文　25 千字

《社会发展研究》 2014 年第 3 期

该文回顾了包容性社会发展相关理念的历史演进和理论脉络，对包容性社会发展的概念、政策要素和战略路径进行了梳理，并分析了我国关于包容性社会发展的理论探讨和政策实践。该文认为，包容性作为社会发展的内在机制和规律，应该成为社会发展主流范式的核心理念。

《农村回迁社区的社会组织建设》

吴莹（副研究员）

论文　16 千字

《社会发展研究》 2014 年第 3 期

我国近三十年的高速城市化促成了一批村庄的“撤村并居”，农村回迁社区的出现对城市基层治理提出新的挑战。在社区基层自治组织方面，从村委会到居委会面临着组织结构、人员构成和职能范围上的全面转变，但这种转型并不是一个简单的后者对前者的替代过程。该文通过对北京、临沂、武汉、昆明等地回迁社区的考察，归纳出回迁社区中村委会转型的四种模式，及其在组织结构和职能范围方面的主要转变以及面临的问题。该文认为，回迁社区实际上是一个统一名称下的复杂存在，其组织体系、运作机制和基本秩序也是具体的行动主体在各自的利益诉求和行为方式下动态塑造的结果。

《人类学与发展：一个两难的话语》

杨清媚（副研究员）

论文　16千字

《社会发展研究》 2014年第1期

该文尝试对人类学的发展研究进行综述，从“发展人类学”与“发展的人类学”两者的区别与联系入手，指出发展研究的基础有两个方面：一是人类学的应用研究；二是对发展的理论反思。两者互相呼应，与国际格局的变化有密切关系。通过梳理西方人类学对发展问题研究的兴起、发展过程和当下的前沿动态，该文尝试总结人类学对发展问题研究的阶段特点。在此基础上，简要介绍中国人类学的发展研究的历史和现状，以求为进一步探索当代中国的发展提供借鉴和思考。

《中央企业社会责任报告质量评价及影响因素研究》

张蒽（助理研究员）　许英杰（博士）　陈锋（博士）

论文　88千字

《首都经济贸易大学学报》 2014年第2期

该文通过构建包括完整性、实质性、可比性、平衡性、易读性、创新性六个维度的社会责任报告质量框架。分析了111份2011年度中央企业社会责任报告的质量。在此基础上。构建了多元线性回归模型对影响中央企业社会责任报告质量的因素进行了实证分析。该文认为，企业的国际化程度提高了社会责任报告的完整性、可读性和整体质量；行业的敏感性提高了社会责任报告的完整性、实质性、平衡性、可读性和整体质量；外部评价提高了所有六个维度的得分以及报告整体质量；企业规模与社会责任报告的实质性、平衡性、可比性、创新性和整体质量具有正相关关系。

《1940年代苏南地区借贷市场的网络分析》

孙秀林（副教授）　陈华珊（助理研究员）

论文　10千字

《学术研究》 2014年第12期

对于解放前的中国农村，通常认为，借贷市场高度关联于其他市场尤其是土地市场。该文利用一个非常独特的数据，使用社会网络的分析方法，对这一假设进行了实证分析。结果显示，在某种程度上，借贷市场与土地租赁市场是关联的；但是，这种关联性的程度并不高。从概况上来说，并不能认为，20世纪40年代的苏南农村，借贷市场与土地租赁市场是高度关联的，而更多是分离的。

《中国高等教育异质性回报的变化：1992~2009——基于MTE方法的实证研究》

张巍巍（助理研究员）　李雪松（研究员）

论文　17千字

《首都经济贸易大学学报》 2014年第3期

该文基于存在异质性时经济政策微观效应评价的一般理论框架，运用半参数局部工具变量（LIV）估计方法，使用微观调查数据，实证研究了1992～2009年中国高等教育异质性回报的变化趋势。研究表明，1992年、2000年和2009年任意一个随机的个体上大学的年化平均回报率（ATE）分别为5.5%、9.9%和11.4%，呈现上升趋势，反映了中国劳动力市场化改革的积极效应。

新闻与传播研究所

《移动新媒体时代的舆论引导研究》

雷霞（助理研究员）

专著 15.1千字

中国广播电视出版社 2014年1月

该书较早提出“移动新媒体”的概念，并指出受众不再是被“设置”和安排的被动的信息接收者，而更多的是信息的主动搜索、加工、生产和分享者。新媒体技术层出不穷，但公开化和分享的理念只会越来越深入人心，并不断深化。因此，传统媒体时代的舆论引导不再适应移动新媒体时代的需要，舆论引导的概念也变得更加宽泛，我们需要用开放和包容的态度应对新媒体上的信息创造、分享与传播，用尊重和理解用户需求的软性方式来引导舆论，同时努力促进大众科技素养和媒体素养的提升，有效利用多种新媒体平台，并利用组织文化的正能量来影响舆论，以理性视角看待和开展舆论引导工作。

《马克思主义新闻传播史论的研究历程——中国学界文选》（第二卷：1990～1999）

宋小卫（研究员） 向芬（副研究员）主编

论文集 425千字

中国社会科学出版社 2014年11月

新中国成立以来特别是改革开放至今，我国学界有关马克思主义经典作家新闻活动及相关论述的研究、有关中国共产党新闻实践及其理论表达的研究已积累了较为丰富的治学成果。为便于广大读者对这一研究领域学理文献的了解，该书第二卷收录了20世纪90年代的研究成果。该文选将各卷收录的文章分别归入三种类属：（1）史实考辨类，主要指考察和描述马克思主义经典作家以及中共主要领导人参与、指导新闻工作之史实的研究成果；（2）原著解读类，即解说和研读马克思主义经典作家以及中共主要领导人有关新闻工作论述的相关成果；（3）理念阐析类，主要包括有关马克思主义新闻观的建构性学理论证和创新观点的讨论。

该文选的出版，为推进马克思主义新闻理念的中国化、时代化、大众化，深入开展马克思主义新闻观教育，拓建中国特色社会主义新闻理论创新体系提供了文献参考。

《中国的网络管理和网络舆论》

唐绪军（研究员） 黄楚新（副研究员）

朱鸿军（副研究员）等

论文 18千字

载《全面深化改革二十论》

社会科学文献出版社 2014年10月

该文论述了目前中国互联网管理的基本现状、存在的问题及解决的对策。当前，网络管理法规缺乏统筹规划，层级较低，网络管理“九龙治水”，统筹协调机制难以实施，重外部管理，轻“自律”约束和权利保障，网络安全管理问题突出。解决这些问题的策略是建立统一的互联网管理机构，统揽全局，制定国家互联网发展战略，重视顶层设计，建立健全互联网法律治理体系，以法管网。该文还分析了中国网络舆论的形成及网络舆论突发事件的基本态势及特点。网络舆论突发事件在舆论传播上具有突然性、速度快、传播广、影响大、防范难的特点。其处置机制中尤其值得关注。文章对中国网络舆论实施正确舆论导向提出了对策建议，如加强核心关键节点的建设，尤其是加强政务微博的建设，重视次核心关键节点的监控，特别是"大 V"们的微博。在当今网络热点事件频发的背景下，该文对网络的管理，网络舆情的形成机制及引导机制提出的措施和办法具有现实意义。

《试析"财新网"特色频道的新闻整合》

黄楚新（副研究员）

论文　12 千字

《中国青年政治学院学报》　2014 年第 5 期

该文论述了新闻整合的概念和类型、财新网新闻整合的现状以及由此引发的借鉴意义。

财新网的新闻整合主要是财新传媒内部的内容整合和外部的内容整合。内容整合是对财新传媒拥有的所有平台内容的整合，将其自有的杂志内容、视频内容、会议内容还有各种图书的内容整合到财新网这个平台上，建立以自己的专业团队为中心，聚集一批精英博主和专栏作家的内容生力军，打造优质权威的原创内容。通过盘活海量的互联网资源，为我所用；创新栏目，在解读上下功夫。同时，加入更多的互动元素，调动网民阅读新闻的积极性，提高网民的参与度。

《电视模式产业发展的全球态势及中国对策》

殷乐（研究员）

论文　13 千字

《现代传播》　2014 年第 7 期

模式产业正在成为当前创意产业发展的重要一环，模式输出不仅带来巨大经济效益，也正成为国家软实力的重要构成之一。该文在对 2000 年以来，尤其是 2009 年至 2013 年欧美及日韩电视模式的文本、产业及受众等层面持续关注的基础上，深入考察电视模式产业的全球发展态势，提出欧美依然是主要模式输出国，模式创制主体出现多元裂变；模式流通周期缩短，超级模式节目与日常模式并存；亚洲国家模式逐步形成与欧美有别的模式产业路径，未来将进一步推动全球模式的多向流通；标准化与多元化齐头并进四个态势，进而观照中国电视模式发展状况并从多个层面提出对策建议。

《新自由主义与好莱坞全球霸权》

张建珍（副研究员）　吴海清（教授）

论文　11 千字

《电影艺术》　2014 年第 2 期

该文梳理了自 20 世纪 80 年代年代以来以好莱坞为代表的新自由主义全球电影体系建构基本渗透到全球主要电影市场的过程。全文分成三个部分，第一部分梳理了新自由主义的历史、主要观点和特点以及新自由主义全球扩张的过程与结果；第二部分分析了各国采取新自由主义电影政策融入全球电影市场过程之中；第三部分分析了新自由主义、好莱坞对中国电影管理、电影市场和电影文化的影响。

该文从政治经济学角度反思新自由主义、好莱坞、全球电影和中国电影发展之间的关系，提出了由于各国或主动或被动采取新自由主义的电影政治经济管理政策，才导致了不少国家和地区本土电影的衰落和好莱坞电影全球霸权，也导致了各国电影产业和电影市场对好莱坞电影的依赖，而好莱坞则凭借其新自由主义和全球电影市场的强势地位获得了充分地整合全球电影资本、资源、市场等方面的强大能力。

《构建全球视野下中国话语体系》

孟威（研究员）

理论文章 31 千字

《光明日报》理论版 2014 年 9 月 24 日

在对外传播中，话语体系的建立具有重大理论和现实意义。该文揭示了西方话语垄断下的国际传播图景及其意识形态操控，指出中国话语权建设还需要解决三大现实问题。从理念内涵、文本表达、话语主体性等方面提出路径选择。理论上提出话语权是国家权力的重要组成，新媒体拓展国家权力场域，成为意识形态操控新途径。该文揭示了国内媒体受制于西方思想舆论，主动让出话语权的严峻问题；提出了话语体系构建需重视解决文本叙事关系问题。

《影像战争：美国的故事与世界的抵抗——关于好莱坞全球扩张的国际贸易争端与公共舆论争议》

张满丽（副编审）

论文 17 千字

《新闻与传播研究》 2014 年第 6 期

以好莱坞为代表的美国大众文化的全球扩张，引发了国际范围内的贸易争端与文化争议，该文分析围绕“文化例外”论所发生的公共辩论中各方的观点及其意识形态背景，探讨大众文化全球支配性地位对民族国家文化独立与世界文化多样性的可能影响，以及民族国家采取文化抵制政策立场的社会历史原因。

国际研究学部

世界经济与政治研究所

《2014 年世界经济形势分析与预测》

王洛林（研究员） 张宇燕（研究员）主编

孙杰（研究员）副主编

皮书 441 千字

社会科学文献出版社 2014 年 1 月

该书作为年度形势报告，其主旨是为读者了解 2013 年的世界经济形势和把握 2014 年世界经济的发展趋势提供分析和参考。该书认为，2013 年的世界经济依然行进在坎坷复苏的道路上。发达经济体经济复苏继续巩固，美国和日本经济进入低速增长通道，欧元区结束衰退并呈复苏迹象。新兴市场与发展中经济体步入结构调整进程中，伴随着大宗商品价格低迷、外需下降以及发达经济体量化宽松政策“退出”预期提升等因素，经济增长进一步放缓。

展望2014年，世界经济增长仍面临着诸多不确定因素。例如。美国退出量化宽松的政策会带来一些负面影响；欧元区债务危机存在着进一步恶化的可能性；“安倍经济学”最终效果如何仍是一个大问号；一些新兴市场经济体将面临经济硬着陆的风险；大宗商品价格出现波动；TPP谈判、跨大西洋贸易与投资伙伴协定（TTIP）谈判等区域贸易谈判也会成为影响双边和多边经贸关系的因素等。该书预测2014年全球经济仍将维持中低速增长，略高于2013年的水平。

《全球政治与安全报告（2014）》

李慎明（研究员） 张宇燕（研究员）主编

李东燕（研究员）副主编

皮书 383千字

社会科学文献出版社 2014年1月

该书作为国际政治领域的年度形势报告，其宗旨是根据形势发展，以专题的形式阐述2014年国际政治与安全的现状，进行原因解释并提出预测。该书全面阐释了国际形势的总体发展，提供了有关大国关系与国际机制、全球重大冲突与军事形势、全球恐怖主义与反恐斗争、能源政治、全球公域、国际移民问题以及国际组织与政党政治等方面的专题报告。该书还关注朝核危机、网络安全、海洋与岛屿争端、西亚北非局势等焦点问题。

《中国海外投资国家风险评级报告2014》

张明（副研究员） 王永中（研究员）等

皮书 200千字

中国社会科学出版社 2014年4月

该书从中国的企业和主权财富的海外投资视角出发，在全面梳理与系统概括国家风险评估理论，并借鉴多家国际知名评级机构的主权信用和国家风险的评级实践的基础上，构建了经济基础、偿债能力、社会弹性、政治风险和对华关系共5个大指标37个子指标，全面量化评估了中国企业海外投资的26个主要东道国的国家风险。

《理性与情感：中日与德法和解比较研究》

任琳（助理研究员）

专著 200千字

[德]斯普林格出版社 2014年7月

该书通过科学化的选择方式，对影响和解的自变量进行选定，主要包括贸易联系、权力均衡、历史记忆、政治相似度、敏感领土归属的主张。该书提出了每个自变量变化值的测量方式。相应地，该书要检验的基本假设有五个：以往交战国之间贸易联系越紧密，越容易达成和解；以往交战国越寻求维持权力均衡，越容易达成和解；以往交战国之间的历史记忆越趋同，越容易达成和解；以往交战国之间的政治相似度越高，越容易达成和解；以往交战国之间对敏感领土归属的主张越不存在分歧，越容易达成和解。该书还介绍了和解研究的重要意义、研究方法设定的原因以及选取两个案例比较的理由。

《汇率制度与国际货币体系》

黄薇（副研究员）

专著 220千字

社会科学文献出版社 2014年10月

从16世纪到今天，国际货币体系几经更迭，经历了复本位、金本位、金汇兑本位、货币集团、布雷顿森林体系直到现在的牙买加体系。不同的国际货币体系也为各国汇率制度安排划定了可能的边界。该书研究国家与国家之间的汇率制度以及这种制度所赖以生存的国际货币体系。该书选取了不同国际货币体系下汇率制度安排的宏观视角和不同国别汇率制度研究的个案视角，介绍了汇率制度研究的发展脉络，分别从国际与国别、历史与现状、经验与实证、定性与定量研究等不同侧面分析汇率制度相关理论与事实发展。

《未来中国东亚安全政策的四轮架构》

徐进（副研究员）

论文　15 千字

《当代亚太》 2014 年第 1 期

该文认为，中国的快速崛起和美国的亚太再平衡战略使东亚地区出现了经济中心与安全中心相分离的二元格局，并使中国面临较大的安全压力和有陷入崛起困境的可能。而中国仅依靠对内制衡和多边安全合作机制是远远不够应对压力的。该文提出一个东亚安全合作的“四轮”架构以期扭转中国的不利局面。其中，中国打造亚太战略支点国家和中美亚太事务磋商构成两个前轮或驱动轮，中国积极参与东盟主导的安全合作机制和六方会谈构成两个后轮或被动轮。这是一个以双边为主、多边为辅、可以覆盖整个东亚地区的安全架构，既涵盖了中国的大国政策，也包括了对中小国家的政策；既有一定的制度约束力，也保持了自身的灵活性。

China and the Trans-Pacific Partnership: A Numerical Simulation Assessment of the Effects Involved（《中国和跨太平洋伙伴关系协定：影响效应的数值模拟评估》）

李春顶（副研究员）等

论文　12 千字（英文）

The World Economy（《世界经济》） 2014 年第 2 期

跨太平洋伙伴关系协定是由美国主导的、正在谈判中的高标准自由贸易协议，一旦达成或将形成新的国际贸易规则，对于中国和世界的影响是深远的。该文使用一般均衡建模和数值模拟方法评估了跨太平洋伙伴关系协定对于中国及相关国家的潜在影响效应。该文构建了一个包含 11 个国家的全球一般均衡框架，加入贸易成本和内生货币的贸易不平衡结构，并校准数值模型和模拟影响效应。该文认为，跨太平洋伙伴关系协定对于中国的整体福利影响不大；所有成员国都能够获益且小国获利更多，而美国的收益较小；所有其他非成员国的福利都会受损，损害程度与其对成员国的贸易依赖程度有关；日本的加入会提高跨太平洋伙伴关系协定的成员国福利，但会略微增加对中国的损害；如果中国加入协定，会大大增加美国和其他成员国的福利，且中国的福利也会有较大提高。

《学科史视阈下的中国国际政治经济学》

徐秀军（副研究员）

论文　34 千字

《国际政治科学》 2014年第4期

该文从学科发展史的视角梳理了20世纪70年末期以来中国国际政治研究学发展的脉络及其特点。该文认为，近40年以来，中国国际政治经济学学科建制日益完善，研究队伍的专业背景日益多元，研究议题涵盖了贸易、货币金融、投资、区域一体化以及能源、气候等多个领域，并且尤为关注国际制度研究，并逐步形成了制度化的学术研究网络。尽管中国国际政治经济学学科的发展也存在诸多问题，但总体来看，学科的发展历程，反映了改革开放以来中国不断适应国际形势变化、逐步走向世界和融入世界的过程。在这一过程中，中国国际政治经济学逐步建立了具有自身特色的综合性学科发展体系，并形成了以政策导向、现实导向和宏观导向为特征的学术研究发展路径。展望未来，中国国际政治经济学将继续保持和呈现学科的专业化、多元化、制度化以及国际化的发展趋势。

《大国权力竞争方式的两种演化路径——基于春秋体系和二战后体系的比较研究》

杨原（助理研究员）

论文　41千字

《当代亚太》 2014年第5期

该文研究了两个相关联的问题：第一，同样处于无政府状态，为什么在春秋初期和二战后初期的国际体系都出现了明显的大国主动“利他”的行为？第二，为什么二战后初期出现的“利他”行为得以延续并被逐渐巩固，而春秋初期出现的“利他”行为却未能延续，反而逐渐退化为一个彻底的霍布斯式的自然状态？该文的理论模型和案例比较显示，如果体系中存在抑制大国剥夺小国自主性的社会规范，那么具有“利他”效应的利益交换战略就有可能成为大国竞争权力的主导性战略。但如果大国对小国施加武力胁迫的成本较小，这种良性权力竞争模式在不断演化过程中就会逐渐被武力胁迫这种恶性竞争模式所取代。

《美国区域贸易投资协定框架下的竞争中立原则分析》

东艳（副研究员）　张琳（助理研究员）

论文　15千字

《当代亚太》 2014年第6期

美国倡导的新一代高标准贸易投资规则体系中，“竞争中立”原则是一项值得关注的代表性规则，也是美国主导的TPP协定中最具有特色的条款之一。“竞争中立”原则涉及国有企业、竞争政策、投资保护等议题，是美国等发达经济体维护其在全球竞争地位的新工具，也是中国新一轮经济体制改革所面临的外部挑战之一。该文以美国在区域贸易投资协定中推进“竞争中立”原则为案例，将国际规则形成机制的分析由宏观层面向微观层面扩展；通过经济学和政治经济学双重视角的理论框架，分析美国推进新一代高标准贸易投资规则的动因和收益，研究“霸权衰落导致霸权国干预国际经济政策的力度加强”这一观点具体的实现机制和效果；探讨国际经济规则调整和实现的具体路径，并结合中国新一轮经济体制改革，提出了中国应对“竞争中立”原则的政策建议。

《中国工业企业规模与生产率的异质性》

高凌云（副研究员）

论文 12千字

《世界经济》 2014年第6期

虽然企业异质性假设的引入对贸易理论的发展至关重要，但其引入异质性的方式，通常是依据企业规模的分布形态，假定企业生产率也服从同类分布，并不区分企业规模异质性和生产率异质性的差别，缺乏对生产率分布的科学估计和严格检验。而针对企业规模分布的研究，也存在样本代表性差、以估计替代检验等问题。该文利用中国经济普查数据库中的全样本工业企业以及分布参数的极大似然估计和非参数检验，从总体和行业层面，具体估计、检验和比较了我国工业企业规模和生产率的异质性特征。该文认为，我国企业整体上仍面临扩张约束，较大规模企业所占比重略小于目标状态；部分规模较大企业的生产率水平实际不高，存在明显的资源错配问题；总体和细分行业层面的生产率分布存在较大差异；在细分行业层面，企业规模和生产率的分布并不能简单类推。

《奥巴马主义：内涵、缘起与前景》

王鸣鸣（研究员）

论文 21千字

《世界经济与政治》 2014年第9期

该文认为，奥巴马担任美国总统之后，对冷战后美国对外战略进行了以内向收缩为特点的一系列调整，被称为“奥巴马主义”。奥巴马政府外交转型的方向是：注重软实力、淡化外交中的意识形态因素、提倡地区安全责任分担和注重多边外交。在战略布局调整上，奥巴马主义注重全球范围的均衡用力，在中东、北非实行“离岸制衡”和“背后领导”，在亚太地区强调“再平衡”。与二战后美国对外战略的另两次“收缩型”调整不同，此次转型是在美国硬实力仍然远超任何其他国家，而且自认为有能力继续“领导世界”背景下进行的。转型的根源是美国领导人吸取前任教训，在对国际环境再认识之后转变观念和思路，试图以更为务实的原则确定美国对外战略的手段和策略。奥巴马主义出台以来，其指导思想一直得到贯彻和坚持，尽管面临各种挑战，仍可能成为美国政府未来中长期对外决策的指导原则。

《网络空间战略互动与决策逻辑》

任琳（助理研究员）

论文 18千字

《世界经济与政治》 2014年第11期

在互联网时代，国家做出战略决策需要面对海量、无序和非结构性的数据，传统的承诺、威慑、进攻与防御等主要的意图传递机制都因受到网络信息传输特性的影响而失效。当互动双方难以有效传递彼此意图，也很难准确判断对方意图，因而出于自保目的的国家更偏好于选择“即时打击”的反应策略，甚至在无法准确判断攻击发起方的状况下就进行报复。误判发生的可能性骤然上升，网络空间呈现出战略不稳定性。为了在网络空间避免过度依赖直观印象导致战略误判、冲突升级的情况发生，国家在未来战略博弈中取得优势的关键在于能够通过迅速分析大数据，定位战略对手、辨别对手意图、理解对手行为模式。从而减少误判，提高决策质量。

俄罗斯东欧中亚研究所

《俄罗斯黄皮书：俄罗斯发展报告（2014）》

李永全（研究员）主编

皮书　330 千字

社会科学文献出版社　2014 年 7 月

该书由总报告、俄罗斯政治、俄罗斯经济、俄罗斯外交四部分组成。

政治方面，俄罗斯保持总体稳定，同时也面临挑战。2013 年的地方选举中，俄罗斯的执政党——统一党获得压倒性的优势，"一党独大"的格局仍难以打破。昔日活跃的反对派日渐衰落，对普京政权几无影响。但普京政府在严控反对派活动的同时，也释放出安抚信号。在意识形态方面，保守主义思想不仅是统一俄罗斯党的核心价值，也成为普京总统所领导的全俄人民阵线运动的纲领。

经济方面，2013 年绝大多数经济指标趋向恶化，增长乏力，生产下降，投资不振，出口减少。从现实状况和发展潜力来看，俄罗斯经济短期内基本不具备高速增长的基础，但大幅衰退的可能性也不大，未来若干年将继续维持低增长态势。

外交方面，俄罗斯以一系列"亮点"受到国际社会瞩目。斯诺登事件、叙利亚以"化武换和平"、伊朗核问题的转机等，都显示了俄罗斯厚重的外交实力和灵活的外交手段。但是在 2013 年年末的乌克兰危机中，俄罗斯的对乌政策以及兼并克里米亚的强势做法，使俄罗斯多年来改善国际形象的努力受到极大损害，也使俄罗斯与西方和乌克兰的关系处于严重的危机状态。2013 年，中俄两国关系顺利发展。双方在经贸合作领域取得了很大的进展，在一些重大的国际问题上彼此配合，全面战略协作伙伴关系迈上新台阶。

《上海合作组织黄皮书：上海合作组织发展报告（2014）》

李进峰（研究员）　吴宏伟（研究员）　李伟（教授）主编

皮书　415 千字

社会科学文献出版社　2014 年 8 月

该书分为"总报告""重要会议""地区形势与热点问题""探讨与建议""各领域合作的新情况新进展""成员国、观察员国、对话伙伴国与上海合作组织""附录"7 个部分。该书分析了当前上海合作组织所面临的国际和地区形势以及复杂的地缘政治经济格局变化，深入解读了地区热点问题和重大事件对上海合作组织发展的影响，对一些组织机构发展中遇到的重大问题，如一体化问题、阿富汗问题与上海合作组织、上海合作组织成员扩充等进行了细致的探讨。该书还梳理分析了 2013 年至 2014 年初上海合作组织在反恐、军事、教育、经济、文化和农业等领域的合作现状以及取得的成果，对成员国、观察员国和对话伙伴国发展现状与上海合作组织的关系进行了系统客观的描述。

《中亚黄皮书：中亚国家发展报告(2014)——"丝绸之路经济带"专辑》

孙力（研究员）　吴宏伟（研究员）主编

皮书　391 千字

社会科学文献出版社　2014 年 8 月

该书由 5 个板块和大事记组成，包括总报告、形势分析与热点问题、中亚国家与世界、中亚国家与中国、中亚五国的国别形势。该书简要地介绍了外高加索格鲁吉亚、亚美尼亚和阿塞拜疆三国的政治、经济现状以及发展情况。该书运用定量与定性相结合的方法，从宏观和微观上对2013年以来中亚地区政治、安全、经济等领域的形势、热点问题、重大事件以及各国的基本国情进行了深入分析，并对2014年中亚国家的政治、经济发展趋势进行了展望。

总体来说，2013年，中亚地区保持了国内政治局势的基本稳定和经济的稳步发展。在对外关系方面，中亚国家继续采取多元外交政策，积极发展与俄罗斯、中国、美国、欧盟等国家和国际组织的关系，继续参与俄罗斯的经济一体化进程，同时也响应中国的“丝绸之路经济带”的战略构想。

《俄罗斯历史（1900～1945）》

[俄]丹尼洛夫　菲利波夫著　吴恩远（研究员）等译　张树华（研究员）　张达楠（译审）校

译著　431千字

中国社会科学出版社　2014年6月

该书是俄罗斯教育出版社出版的教师参考书，系统研究了俄罗斯1900～1945年的历史，采用了俄罗斯历史学家最新的研究成果，体现了对这段历史的现代阐释，目的是维护和巩固国家主权、培养公民成为俄罗斯的爱国者。这段历史，是俄罗斯历史上发生天翻地覆变革的时期，经历了太多的战争、革命和变革，建立了世界第一个社会主义国家，有许多经验、教训值得总结和研究。该书主要吸收和容纳了苏联解体、苏东剧变以来，俄罗斯学术界反思和研究的最新成果，值得人们重视。

《当代俄罗斯精英与社会转型》

李雅君（研究员）　张昊琦（研究员）主编

专著　230千字

社会科学文献出版社　2014年12月

该书运用当代精英理论及转型政治学的相关理论，以俄罗斯精英——政治行为中的“人”为研究对象，详细考察了社会转型中俄罗斯各类精英的形成过程、组成方式与类型特点，归纳和总结了俄罗斯各类精英在社会转型中的社会地位、政治影响和相互博弈的状况，并概括出了当代俄罗斯精英的一般特征。

该书还介绍了近年来在俄罗斯学术界非常流行的“精英学”的主要内容，分析了俄罗斯精英政治传统的主要特征，探讨了俄罗斯历史上所特有的“社会动员型发展模式”“服务型精英”与“帝国意识”等政治传统对当代俄罗斯精英形成和发展具有的特殊意义和影响。

《俄罗斯民生制度：重构与完善》

高际香（副研究员）

专著　280千字

社会科学文献出版社　2014年4月

该书综合运用财政经济学、人口学、社会学、管理学等研究方法，援引大量权威数据及相关法律法规，以俄罗斯人口问题和人口与移民制度为基础，对俄罗斯的养老、医疗、住房、教育这民生四大制度的制度改革设计和演进过程进行了梳理、分析、对照和诠释，提出了俄罗斯民生制度建设对我国的三大启示：一是必须坚持把保障民生作为国家发展的优先方向；二是必须注重夯实民生保障制度的法律基础；三是民生保障水平必须与国家经济发展水平和财政承受能力相匹配。

《俄罗斯与离岸金融中心》

许文鸿（副研究员）

专著 222千字

社会科学文献出版社 2014年4月

该书对俄罗斯的“油气利润——外逃资本——离岸金融中心——返程资本——影子经济”所构成的“俄罗斯资本的国际大循环”进行了深入研究。该书认为，具有俄罗斯特色的资本外逃现象在一定程度上夸大了俄罗斯经济短期面临的困难，从资本流动的角度认识俄罗斯经济，会对俄罗斯有全新的认识。

该书还剖析了俄罗斯与离岸金融中心的相互关系、俄罗斯的巨额资本外逃对中国金融开放和金融改革的启示和借鉴意义。

《乌克兰危机折射出的大博弈》

李永全（研究员）

论文 12千字

《俄罗斯学刊》 2014年第3期

2013年底，乌克兰反对派发起抗议浪潮，乌克兰危机爆发。局势发展到现在，出现了不可控之势。

分析乌克兰危机，该文发现，乌克兰权力与资本的关系是政治危机的元凶，大国博弈则是作用于这场危机的外部因素。目前的情况是博弈的各方难以达成协议，乌克兰内部地区之间难以弥合矛盾，基辅的政治家们也做不到平心静气地思考和解决问题。短期内乌克兰局势不会稳定，危机搅动的全球地缘政治关系的变化也不会止息。

《中俄战略协作和中美俄“三角关系”》

李静杰（研究员）

论文 10千字

《俄罗斯东欧中亚研究》 2014年第4期

该文认为，当前中俄关系处在历史上的最好时期，并成为新型大国关系的典范。相互尊重和平等是中俄战略协作伙伴关系最重要的前提。随着形势的变化，中俄关系将会在现有的基础上，迎来大发展的新时期。影响中俄关系的主要外部因素是美国。中俄与美国之间存在结构性的矛盾和利益冲突。但是现在的中美俄“三角关系”与历史上的中美苏“三角关系”有质的不同。在政治和安全领域，中俄关系的水平大大超过中美关系；在经济和社会方面，中美关系的发展水平大大超过中俄关系。推动中俄关系发展的主体主要是政府；推动中美关系发展的主体主要是民间和市场。美国企图同时对付中俄两个大国，是注定要失败的。中俄各自的战略处境不管发生什么样的变化，都必须坚守战略协作伙伴关系的基本原则，否则两国关系的基础就会遭到破坏。良好的中美关系对中国极为重要。中美应该避免走历史上大国冲突的老路，坚定不移地致力于建立相互尊重、合作共赢的新型大国关系。在复杂多变的多极化时代，“进取性的均衡外交”应该是中国明智的选择。

《普京权威统治与保守主义意识形态》
吴恩远（研究员）
论文　8千字
《人民论坛》 2014年第6期

该文认为，普京强调国家在改革中的作用：在政治层面，加强在国家权威的基础上发展民主，强调有序和控制；在经济层面，改变了叶利钦时期寡头绑架国家的局面，理顺了市场经济秩序。强力领袖首先自己的意志力要强，面对复杂形势个人具有铁腕手段和果敢的意志。其次善于借用民力。强力领袖不能靠匹夫之勇，一定要善于运用民力，借助整个统治阶级，乃至整个民众的力量。最后，强力领袖一定不是孤家寡人，吸纳众人力量的胸襟要宽。

《重启的消亡：普京重新执政后的俄美关系》
郑羽（研究员）
论文　13千字
《俄罗斯东欧中亚研究》 2014年第5期

该文分析了2009年以来俄美关系“重启”的原因和成果，梳理了普京在2012年5月重新执政后俄美关系逐步恶化的一系列事态及其根源，分析了俄美重新开始在独联体地区进行地缘政治竞争的战略背景以及乌克兰危机及其前景对俄美关系和中俄美三角关系的影响。

《后危机时期的俄罗斯经济形势》
程亦军（研究员）
论文　11千字
《欧亚经济》 2014年第6期

当代俄罗斯经济发展历程大致可以划分为四个时期，即全面衰退时期、恢复性增长时期、金融危机时期和后危机时期。每个时期均有鲜明的特色。除去受国际金融危机影响出现严重衰退的2009年，2013年是自1999年以来俄罗斯经济发展最缓慢的一年，国内生产总值仅实现1.3%的增长率。远远低于危机前的平均增长水平。造成经济增长幅度下滑的主要原因在于出口不振、投资下降、消费增长趋弱。

后危机时期俄罗斯经济方面值得关注的问题主要有：国民经济能源原材料化倾向进一步加重；高油价对经济增长的刺激作用大大降低；现行财政政策偏于保守，不利于扩大投资；未来一个时期，如果不能有效地扩大投资，同时尽快形成新的经济增长点，那么俄罗斯经济发展将出现新的停滞甚至衰退。

《丝绸之路经济带、欧亚经济联盟与中俄合作》
李建民（研究员）
论文　13千字
《俄罗斯学刊》 2014年第5期

该文认为，中国提出丝绸之路经济带倡议是国家深化全方位对外开放格局的战略举措。“丝路经济带”提倡不同发展水平、不同文化传统、不同资源禀赋、不同社会制度国家间开展平等合作，共享发展成果，关键是要创新合作模式，通过合作与交流，把地缘优势转化为务实合作的成果。建设丝绸之路经济带的重点、障碍和关键环节在国外，中亚是丝绸之路经济带的重点区域。中国要处理好与俄罗斯主导的欧亚经济联盟的关系，共同推进地区合作。从现有基础看，丝绸之路经济带与欧亚经济联盟可将互联互通、电力、农业、金融等领域的合作作为重点方向，以实现沿线各国共同发展、互利共赢的大战略。

《乌克兰危机：内因、大国博弈因素与前景》

柳丰华（研究员）

论文　12 千字

《俄罗斯学刊》 2014 年第 3 期

该文认为，乌克兰危机是深刻的国内政治矛盾在俄罗斯与西方博弈因素的作用下发展而成的。迄今为止，乌克兰危机经历了三个阶段，即反对派通过街头抗议活动夺取政权、克里米亚危机、东南部地区局势动荡。在深入分析每个阶段危机的演变过程、内部原因以及俄罗斯与西方在乌克兰的竞争的基础上，可以看出，乌克兰危机最为有利的解决方案，是在俄罗斯和美国、欧盟的调解下，由分别代表中西部和东部地区、乌克兰族和俄罗斯族利益的政治力量通过对话与谈判，达成一份可行且有效的乌克兰危机调解协议，其中包括国家体制、中央与地方权力划分、俄语地位等。

《俄罗斯的欧亚战略：兼论对中俄关系的影响》

庞大鹏（研究员）

论文　11 千字

《教学与研究》 2014 年第 6 期

欧亚战略集中体现了俄罗斯精英阶层的时代观和国际政治观，这构成了当代俄罗斯国家身份认同的基础。普京再次执政以来将其概念化并以欧亚联盟的方式加以落实，虽然政治稳定是欧亚战略顺利实施的保障，但是经济低速发展则在一定程度上限制了其前景。

2014 年，俄罗斯基于欧亚战略的考量在乌克兰及克里米亚问题上采取了符合俄罗斯利益的举措，这些举措及西方的反制措施已经引发大国博弈及国际格局的变动。这对中国战略环境的改善是有利的。而俄罗斯与西方矛盾加深的同时，有利于进一步巩固中俄两国业已建立的全面战略协作伙伴关系，也将有可能为解决中俄双边合作中长期难以解决的问题提供机遇。

《中俄贸易额在各自国家对外贸易中的贡献分析》

高晓慧（研究员）

论文　12 千字

《俄罗斯东欧中亚研究》 2014 年第 4 期

中俄贸易额是考量中俄经贸合作水平的一个重要指标。俄罗斯经济转型以来，中俄经贸合作稳步发展，中俄贸易额不断提高。但中俄贸易额在各自国家对外贸易中所做的贡献却不尽相同，还有很多潜力可以挖掘。该文通过对中俄贸易额贡献率的分析，探寻提升中俄贸易额的路径，用回归分析的方法，对中俄贸易额的未来走势进行初步研判。

《中东欧国家转型和资本主义类型》

朱晓中（研究员）

论文　15 千字

《俄罗斯东欧中亚研究》 2014 年第 2 期

该文认为，进入 21 世纪之后，随着中东欧国家转型的深化，新的政治和经济制度得到巩固，人们在关注转型的同时，也开始关注这些国家通过转型建立了何种资本主义的问题。有关这些国家的社会和经济发展出现了许多新的话语。如今，中东欧国家已经成为西方相关理论的试验场，但人们也越来越质疑简单的移植或采用这些理论框架的做法。

该文简要介绍几种有关中东欧资本主义类型的理论及其演化，初步评述相关理论在实践上的若干非适应性，以期引起人们对中东欧国家转型及其所建立资本主义类型更多的关注和讨论。

《中东欧民主化与市场化关系初探》

高歌（研究员）

论文　12 千字

《俄罗斯学刊》 2014 年第 6 期

该文认为，中东欧国家的民主化与市场化遭遇困境时呈恶性互动关系，政治动荡中的市场化和经济衰退中的民主化给彼此带来不利影响，加剧各自的困难。

市场化与民主化发展顺畅时，呈良性互动关系，民主化和市场化程度越高，越是相互促进，共同进步。因此，民主化进度较快、民主制度较为巩固、政局较为稳定的国家一般也是市场化步子较大、市场经济较为成熟、经济发展较为迅速的国家。中东欧国家民主化与市场化的这种正相关关系得益于民主制度与市场经济之间的兼容性，更得益于欧盟在其中所起的规范和推动作用。

《部落传统与哈萨克斯坦当代社会》

吴宏伟（研究员）　张昊（博士）

论文　13 千字

《俄罗斯东欧中亚研究》 2014 年第 6 期

该文认为，哈萨克民族的社会结构在长期的生产、生活过程中形成了以血缘为纽带、以氏族部落社会组织为基础的宗法氏族结构。其中血缘关系是社会结构中最根本的连接纽带，并以此为基础。在哈萨克汗国时期逐步发展出包括汗国、玉兹、兀鲁思、阿尔斯、鲁乌、阿塔阿依马克以及阿吾勒七个层级的传统社会基本架构。后来，虽然哈萨克汗国解体，但从玉兹到部落，再到最基层组织单位阿吾勒，这一体系随着游牧生产生活的延续一直被完好地保留下来，并且在哈萨克族社会和政治生活中发挥着至关重要的作用。哈萨克斯坦独立以来，部落意识、部落传统、部落政治和部落文化得到进一步强化，成为影响哈萨克斯坦政局和当代社会一个非常重要的因素。

《俄罗斯和德国在历史反思问题上的分歧与争论》

张盛发（研究员）

论文　23 千字

《俄罗斯东欧中亚研究》 2014 年第 1 期

该文认为，俄罗斯和德国历史上都有让人震惊的“黑色”篇章，它们既有各自所属的单独篇章，也有紧密相缠的共同部分。俄罗斯（包括苏联）和德国战后对待“黑色”篇章的态度差别很大：苏联对历史上的“黑暗”现象基本上是讳莫如深，俄罗斯则要一分为二地对待苏联及其领导人斯大林。德国完全否定和严厉批判第三帝国及其领导人希特勒。在如“二战”这些共同的历史问题上，俄罗斯和德国也存在着严重的分歧和争论。造成德俄两国对待“黑色”历史的不同态度的主要原因就是它们各不相同的社会制度、价值体系和民族性格。

《20世纪20～30年代苏联“本土化”政策在乌克兰的实践》

刘显忠（研究员）

论文 14千字

《俄罗斯东欧中亚研究》 2014年第4期

该文认为,20世纪20～30年代苏联“本土化”政策在乌克兰表现为乌克兰化。“本土化”政策在乌克兰是以行政命令的方式贯彻落实的。强制乌克兰化确实取得了很大的成就，使党员及苏维埃机关中本土民族的成分增加，乌克兰语得到了推广，促进了乌克兰民族教育的发展。但乌克兰的“本土化”是与当时苏联推行的新经济政策的命运密切相关的，随着新经济政策的终结。全国中央集权化的加强，民族关系领域的宽松政策也难以为继，导致了对乌克兰化政策拥护者及乌克兰民族知识分子的打压和“清洗”，乌克兰化政策收缩，乌克兰重又回到了两种语言并存的状态。

《第一次世界大战前俄国的军事准备》

吴伟（研究员）

论文 8千字

《历史教学》 2014年第12期

该文认为，俄国在第一次世界大战前进行了积极的军事准备。陆海军都制定了多个加强军力的纲要和计划。这些被赋予法律效力的文件，反映出俄国军事部门能够把握当时军事发展的大方向，对各国军事发展形势有比较清楚的认识，并针对俄国军队的弱点作出调整和补救。但是由于多种因素影响，俄国在大战爆发时仍然没有完成军事准备，这是造成俄军在大战中军事危机和失败的重要原因之一。

欧洲研究所

《欧洲发展报告（2013～2014）》

周弘（研究员）主编

皮书 491千字

社会科学文献出版社 2014年6月

2014年，是欧盟东扩10周年。欧盟10年东扩对中东欧新成员国和欧盟都产生了深刻的影响，该书分析了欧盟扩大所取得的成就、对自身和成员国的积极作用以及面对的问题和挑战；探讨了中欧光伏产品贸易争端、欧盟青年失业问题、欧洲银行业联盟建设、欧洲新能源发展、克罗地亚转型、欧盟航空碳税实施的进展和未来动向，并从多个角度对欧盟的内政外交和30多个欧洲国家2013年的新变化进行了梳理和分析。

《欧洲经济周期趋同研究》

秦爱华（副研究员）

专著 174千字

社会科学文献出版社 2014年12月

随着欧洲经济一体化程度加深，欧盟国家的经济趋同日益受到关注，并成为制约欧洲一体化进一步发展的关键。

该书对20世纪60年代以来，欧盟国家经济周期趋同的背景、原因进行了分析，分别从关税同盟、统一市场、经济货币联盟三个时期，探讨经济一体化对成员国经济周期趋同的影响；并分析了欧盟的贸易政策、货币政策和财政政策对成员国经济周期趋同的影响。

《国际法之治：从国际法治到全球治理——欧洲联盟、世界贸易组织与中国》

刘衡（助理研究员）

专著　256千字

武汉大学出版社　2014年1月

该书以全球治理“依何而治”这一基本问题为切入点展开论述。首先对基本概念进行了界定，其次提出了全球治理的“国际法之治”新模式理论假设，以此为基础建立一个理论分析框架，作为全书的理论分析工具，从历史演进、当代实践和中国三个场域进行了论证，最后尝试确立“国际法之治”的标准，为未来发展提供指引。作者提出的“国际法之治”认同威斯特伐利亚体系的基本架构，认为其进程取决于国际法。该书试图回答“‘国际法之治’是什么、从哪里来、到哪里去”这三个本体性问题。

《欧盟利益集团与欧盟决策——历史沿革、机制运作与案例比较》

张海洋（助理研究员）

专著　200千字

社会科学文献出版社　2014年6月

该书在梳理欧盟层面利益集团历史发展的基础上，探讨利益集团在欧盟决策机制中的运作空间，分析其在欧盟决策进程中扮演的角色，并从决策质量和决策民主化两个视角出发，通过欧盟社会政策、环境政策、健康政策、统一大市场建设和经贸联盟建设等领域的案例比较，对利益集团在欧盟决策中的地位和作用做出了评估。

《多极世界与第五国际》

［埃及］萨米尔·阿明　著

沈雁南（编审）　彭姝祎（副研究员）译

译著　300千字

社会科学文献出版社　2014年11月

该书运用社会主义理念，从人类社会发展的视角，对国际社会中的各种行为体进行深入、独到的阶级分析，这对于以美国学者为主的国际理论流派，无疑是一种鲜明的批判。作者的理论学说及其分析方法，对于我们全面认识当今世界，发展中国特色的国际关系理论，有一定的参考价值和借鉴意义。

《主权债务危机》

［法］安东·布朗代　弗洛朗丝·皮萨尼

埃米尔·加尼亚　著　江时学（研究员）等译

译著　190千字

中国社会科学出版社　2014年2月

在全球化时代，债务问题或债务危机的影响是全球性的。因此，该书探讨了国际金融体系动荡不安的根源。该书认为，发达国家的主权债务危机也对贸易盈余的新兴经济体产生了负面影响，导致这些国家本币面临升值压力，出口受挫，使其不得不采取扩大内需的政策。因此，紧密的国际经济合作将是防止货币危机和世界经济增长持续放缓的唯一办法。

《并未反转的全球治理：论全球化与全球治理地域性之间的关系》

赵晨（副研究员）

论文　14 千字

《欧洲研究》　2014 年第 5 期

该文认为，近年来全球治理出现全球性减弱，而地域性和国家性增强的现象，但这并不意味着全球治理出现“倒退”或“反转”。由于全球化仍是当今世界不可逆转的潮流，因全球化而生的全球治理并没有丧失规范上的合法性，实证层面上全球各地区协同治理也依然是国际政治的主流趋势。该文从经济全球化和政治全球治理的关系入手，论证了全球治理所具有的地域性特征。全球治理的这种地域性可以很好地解释当前全球治理中出现的“新”现象，在一定意义上，它们并非“新”现象，只是全球治理地域性特征的应有之义。

《试析 1970 年代以来的欧洲经济转型——产业结构的视角》

孙彦红（副研究员）

论文　13 千字

《欧洲研究》　2014 年第 1 期

产业结构转型始终是欧洲经济转型的核心内容之一。该文分三个阶段梳理与分析了自 1970 年代以来欧洲在产业结构转型与升级方面最具关键意义的变化，以期为更好地理解欧洲经济转型提供一个重要视角。该文认为，作为欧洲经济结构核心内容的产业结构始终处于自身积累的“内生动力”与竞争环境变化带来的“外力”共同作用的发展过程之中，其整体趋势则由不同时点上内外力的方向与强度对比所共同决定。自 1970 年代以来，欧洲即开启了向“绿色经济”与“低碳经济”转型的进程，如今已取得显著成绩；在 1970 年代即初露端倪的新技术浪潮中，欧洲还未摆脱整体上落后于美国的状态，能否克服各种结构性“顽疾”对其未来的产业结构升级至关重要；1970 年代以来，注重经济社会环境可持续发展的欧洲经济社会模式逐步形成，对其产业结构调整产生了深刻影响，未来仍将在很大程度上决定后者的发展方向与内容。

《中国与欧盟在二十国集团内的合作》

江时学（研究员）

论文　7 千字

《世界经济与政治论坛》　2014 年第 4 期

该文认为，二十国集团（G20）已成为推动全球治理的主要动力之一。中国和欧盟都积极参与 G20 事务。中国与欧盟的国际影响力也在扩大。而且中国和欧盟对 G20 的立场和态度都是积极和肯定的，对 G20 的期待和要求有许多相似之处。因此，中欧应在 G20 内加强合作，合作的内容及方式方法可包括以下 5 个方面：共同帮助发展中国家；对 G20 轮值主席国施加更大的影响；在改革国际金融体系的过程中加强合作；合力推动 G20 的功能转型；在担任轮值主席国时相互帮助。

《福利伦理的演变：“责任”概念的共性与特性》

周弘（研究员）　张浚（研究员）

论文　12 千字

《社会保障研究》　2014 年第 1 期

在当代福利国家中有关“责任”的理念已经被高度伦理化，致使福利国家的改革被迫采取迂回措施。但事实上，“责任”概念并非一成不变。该文考察了“责任”概念在欧洲社会福利和社会救助历史中的演变，跟踪了从“个人责任”到“国家责任”再到“个人责任”的发展，对比了“责任”的内容和履行方式在英国和德国的差异。该文认为，虽然有关社会责任归属的讨论是一种人类共通的关切，但是社会责任的内涵和方式却必然因社会生产和生活方式的不同而有所不同。

《“去议会化”还是“再议会化”——欧盟的双重民主建构》

李靖堃（研究员）

论文　18 千字

《欧洲研究》 2014 年第 6 期

该文认为，欧洲共同体/欧洲联盟作为新型政治形态的出现与发展，对建立在民族国家基础上的传统政治学理论提出了诸多挑战，特别是《马斯特里赫特条约》生效之后，欧洲政治一体化不断深入，欧盟的权能也不断扩大，其政策领域涉及的范围越来越广，并且开始越来越多地触及与成员国主权有关的敏感问题，从而引起了对于欧盟是否具有民主合法性的愈益广泛的关注，而 2008 年以来的国际金融危机使得欧盟“民主赤字”问题再次成为人们关注的焦点，特别是欧盟决策机制缺乏民主监督的问题。该文认为，事实上，欧盟多年来一直致力于通过多种途径，特别是通过加强欧洲议会和成员国议会在欧盟决策程序中的作用和影响来改善和增强民主，以构建一种双重民主。到目前为止，这种“双重民主”途径对于增强欧盟的民主合法性起到了重要作用。

《试论欧盟扩大对中东欧新成员国的影响》

孔田平（研究员）

论文　14 千字

《欧洲研究》 2014 年第 4 期

2004 年 5 月的欧盟扩大是冷战结束后欧洲最重要的地缘政治事件之一。入盟意味着中东欧国家完成了“回归欧洲”的历史夙愿，欧洲因此实现了史无前例的统一。欧盟成员国的地位也对新成员国产生了深远影响。入盟后的现实表明，欧盟成员国地位对中东欧国家的国内政治没有实质性影响。欧盟无法左右成员国的国内政治，无法改变成员国政治力量的平衡。欧盟东扩是促进新成员国经济增长的主要因素。欧盟扩大有助于中东欧新成员国国际地位的提升，有助于新成员国国际影响力的扩大，有助于新成员国国家形象的改善。

《欧盟贸易协定政策的变化与影响——法律的视角》

叶斌（助理研究员）

论文　20 千字

《欧洲研究》 2014 年第 3 期

该文从三个方面分析欧盟贸易协定政策的变化与影响：首先讨论欧盟对多边贸易机制与区域贸易协定之间关系的态度；其次分析欧盟现有贸易协定和当前贸易谈判的现状，探究欧盟贸易协定政策转变的原因，并以欧韩 FTA 和 TTIP 为列分析欧盟新一代自贸协定的目标和内容；最后，讨论欧盟贸易协定对中国的潜在影响并提出建议。

《2014年欧洲议会选举探析——"欧洲选举"还是"次等国内选举"?》

张磊（助理研究员）

论文 20千字

《欧洲研究》 2014年第4期

该文认为，2014年5月22～25日，第八次欧洲议会选举在欧盟28个成员国进行。选举结果是：主流政党丢失选票，极右翼政党获得更多席位。此次选举充分体现了欧洲议会选举所具有的"次等国内选举"的特征。新一届欧洲议会的联盟构建总体保持稳定，极右翼议员的增多会促使主流党团结盟即"大联盟"的比例有所增加。极右翼政党对欧洲议会的影响相对有限，但是对成员国政治可能影响深远。欧洲议会与欧洲理事会围绕下一届欧盟委员会主席的人选进行了复杂的政治博弈，容克的最终当选体现出诸多政治信息。

《欧洲国家劳动力市场转型：由"充分就业"到"促进就业"》

田德文（研究员）

论文 12千字

《欧洲研究》 2014年第5期

该文认为，20世纪70年代石油危机后，欧洲国家先后陷入经济停滞与通货膨胀并存的"滞涨"局面，战后长期奉行的以宽松财政政策刺激经济增长，进而实现"充分就业"目标的做法不再可行。在这种背景下，欧洲国家先后将控制通货膨胀作为宏观经济政策的首要目标，转而将劳动力市场改革作为"促进就业"的主要手段。该文认为，如果我们接受较高失业率为欧洲国家的常态，就可以发现，欧洲国家30多年来的改革在促进就业方面其实已经取得了显著效果，较高就业和较高失业并存正在成为欧洲劳动力市场的总体特征。在我国经济进入"新常态"的背景下，对欧洲国家的这一转型过程进行研究，不仅有助于我们理解战后欧洲的政治、经济、社会变化，而且对我国的相关改革也具有借鉴意义。

《"深化"还是"扩大"？东扩十年欧洲一体化走向评析》

刘作奎（副研究员）

论文 10千字

《欧洲研究》 2014年第4期

该文认为，欧盟东扩十年来，欧洲一体化出现明显转型，即由"深化"和"扩大"协调发展，步入了只"深化"不"扩大"的阶段。有案例研究证明，欧盟扩大十年虽然取得很多成就，但产生的问题更多，扩大的动力不足。欧债危机则进一步减弱了欧盟扩大的趋势。欧洲民意的反对、精英角色的式微、政府间主义的强势回归以及成员国资格效应的递减，是欧盟选择"深化"而不是"扩大"的主要影响因素。

西亚非洲研究所

《中东发展报告No.16(2013～2014)：盘点中东安全问题》

杨光（研究员）主编

皮书 355千字

社会科学文献出版社 2014年10月

该书分为主报告、专题报告、市场走向和资料数据四个部分，以地区安全问题为主线，以埃及局势、叙利亚内战和伊朗核问题三大热点问题为重点，全面反映了一年来中东地区政治、经济的发展变化和突出热点问题的动向，分析了中东国家与中国的货物贸易、建筑工程承包和投资金融市场的情况与趋势。此外，该书还介绍了国内外中东学科一年来取得的进展，中国学术界中东研究的最新成果，并提供了中东形势大事记。该书以“盘点中东地区安全”为主题,选择了民族、教派、部族、边界、难民、恐怖主义、核扩散、能源安全、金融安全、粮食安全和水资源安全等十一个地区安全问题进行了专门论述，盘点当前中东地区存在的主要安全问题，介绍其产生原因、发展脉络以及现状，对该地区安全与稳定的影响进行了剖析，最后以主报告的形式对中东安全问题进行了综合分析。

《非洲发展报告（2013 ~ 2014)》

张宏明（研究员）主编

皮书　395 千字

社会科学文献出版社　2014 年 7 月

该书设置了“世界主要国家对非政策新动向”和“中非关系发展面临的国际环境”两个相互关联的专题。第一个专题选取英、法、德、美、日等发达国家，以及印度、俄罗斯和土耳其三个新兴国家作为研究对象，分析了它们的政策动向、工作重点、政策目标、实际效果及其可能对中国在非洲的利益与存在构成的影响等。第二个专题侧重于从宏观视角探讨国际政治生态和世界经济形势变化对今后一个时期中非关系发展的影响及中国应采取的对策。

《眼睛里的你：中国与以色列》（中英文对照版）

杨光（研究员）主编

专著　211 千字

社会科学文献出版社　2014 年 4 月

该书收集了潘光、徐新、殷罡、张倩红、傅有德等中国、以色列和犹太人的知名学者、记者的代表性论文和文章，从历史与现实的多视角展示了中国与犹太人和以色列的关系。

《多样非洲：2013 年非洲政治、安全与经济发展》

贺文萍（研究员）

论文　13 千字

《亚非纵横》 2014 年第 1 期

2013 年。非洲主要表现为政治上自主发展意识增强。凸显了非洲自强、自主和对非洲尊严的捍卫；安全上出于无奈依靠西方的趋势凸显。如何在“自主维和”与“外来干预”之间寻求平衡和最大限度地维护非洲的主权与利益已成为非洲亟需解决的重大课题；经济上通过“向东看”政策。并依靠与亚洲等新兴经济体的紧密经济联系。保持了稳步增长。整个撒哈拉以南非洲的经济增长率保持在 5% ~ 6% 之间。大大高于 3% ~ 4% 的世界经济增长平均水平。2013 年也是中非关系平稳推进、继往开来续写新传奇的一年。

《中国在非企业社会责任案例研究——以赞中经贸合作区为例》

安春英（研究员）

论文　10 千字

《亚非纵横》 2014年第2期

经贸合作区是中国对非投资的新模式。其未来发展的可持续性需关注区内企业履行企业社会责任情况。赞比亚—中国经贸合作区是中国政府在非洲建设的第一个经济贸易合作区。通过建立社会责任管理体系。为当地吸引投资、创造产值、缴纳税收、创造就业。提升当地员工技能水平。完善企业保障机制。保护生态环境。参与社会公益活动等方式。为投资东道国经济与社会发展做出了较大的贡献。同时也促进了企业自身的可持续发展。从赞中经贸合作区案例研究可以看出。履行企业社会责任系中资企业在非长期可持续健康发展的要件与发展方向。

《冷战结束以来德国对非战略的演变与新走势》

刘中伟（助理研究员）

论文　10千字

《亚非纵横》 2014年第2期

该文认为，冷战结束以来。德国对非战略经历了20世纪90年代的边缘化和“9·11事件”所导致的重大调整两个阶段。而2011年德国对非政策文件的发布。堪称德国对非关系的“新思维”，反映了德国对非战略的新特点与新走势。德国对非战略的演进。以及其发展与非洲关系的成功经验。将对中国发展对非关系带来一些重要启示。

《俄罗斯对非洲政策探析》

徐国庆（研究员）

论文　14千字

《西亚非洲》 2014年第2期

该文认为，在美、苏两极格局对峙时期。苏联曾将发展对非关系置于对外关系的重要地位。但冷战结束前后的一段时间里。苏联及之后的俄罗斯基本执行“退出非洲”的政策。俄罗斯总统叶利钦执政后期。俄罗斯出于融入全球经济体系与恢复大国地位等因素的考量。逐渐调整对非外交政策。通过发挥领导外交、注重多边参与及利用产业优势等方式。俄罗斯不但深化对非外交、经贸与军事等领域的合作关系。而且还提升了俄罗斯的国际影响力。在普京第三次执掌俄罗斯政权背景下。俄罗斯与非洲关系有望获得持续深入发展。双边合作的重点领域也将日渐显现。

《中东地缘政治格局变化与中阿经贸发展长远战略》

王建（副研究员）

论文　12千字

《西亚非洲》 2014年第3期

该文认为，美国在中东实施战略收缩。导致中东地缘政治格局发生深刻变化：美国与中东传统盟国的关系出现裂痕。中东国家寻求外交多元化；俄罗斯和法国等大国获得在中东扩大影响的空间；教派矛盾尖锐。极端宗教势力和恐怖主义组织活动猖獗。中东政局动荡长期化；中东面临军备竞赛和核竞赛的危险。中东地缘政治格局变化对中阿经贸关系的发展将产生重大影响：一方面增加了中国在阿拉伯世界的战略回旋余地。为扩大与阿拉伯国家的经贸关系提供了新机遇；另一方面。也使中国在发展与阿拉伯国家经贸关系时面临更为激烈的竞争和政局动荡带来的各种风险。从长远来看。中国应在中东地缘政治格局变化中趋利避害。合理布局。确定战略支点国家；根据阿拉伯国家不同经济发展水平。以及中国的经济发展需要和相对优势。确定重点合作领域。

《伊斯兰教与肯尼亚政治变迁》

李文刚（副研究员）

论文　11 千字

《亚非纵横》 2014 年第 3 期

该文认为，伊斯兰教在肯尼亚属少数派宗教。但因穆斯林聚居区的经济、战略位置对该国政局稳定、领土完整和经济社会发展非常重要。故伊斯兰教从一开始就在肯政治中发挥着一定的影响力。总体而言。肯尼亚历届政府谨慎、稳妥处理两大宗教的关系。穆斯林与基督徒长期和平共处。对国家稳定和民族一体化进程大有裨益。20 世纪 90 年代初以来。随着多党民主制的引入。宗教日益被政治化。一方面。穆斯林自己认为被边缘化。越来越倾向于将伊斯兰教作为向外界申诉的平台；另一方面。原教旨主义在肯尼亚迅速发展。不断加大与政府的博弈。受国内外因素的影响。伊斯兰极端势力、恐怖势力在当前的肯尼亚较为突出。亟须一个综合方案加以应对。

《如何辩证地看待中国在非洲的国际处境——兼论中国何以在大国在非洲新一轮竞争中赢得“战略主动”》

张宏明（研究员）

论文　20 千字

《西亚非洲》 2014 年第 4 期

得益于 20 世纪 80 年代初期的“政策储备”、90 年代中期以来的“能量储备”。以及世纪之交的“规划发展”。中国在 20 世纪最后 10 年的“大国与非洲关系”中把握了战略先机。进而在 21 世纪第一个 10 年中。在非洲新一轮的攻防态势上赢得了某种程度的“战略主动”。中国在非洲利益存在和力量结构中排位的提升。不仅增强了中国与非洲关系中的地位和影响力。而且也使得中国在非洲的竞争中处于更加有利的位置。不过。鉴于中国在非洲的“战略主动”系持续加大对非工作力度之“副产品”。是偶得之作；尤其是鉴于现阶段大国在非洲的整体力量结构依旧是“西强我弱”。随着近年来西方大国以“反恐维安”之名强化其在非洲军事布局。中国在非洲活动的自由度乃至战略空间或将受到挤压；加之。中非合作关系及中国对非战略的结构性缺憾。因此。中国作为大国在非洲“竞合”关系中并不占据战略优势。其“战略主动”也不具备可持续性。

《从苏丹和沙特阿拉伯研究案例透析中国石油企业的国际化经营》

陈沫（副研究员）

论文　12 千字

《西亚非洲》 2014 年第 5 期

随着中国经济改革的深入发展。为保证石油供应的安全。中国石油企业运用获得的自主权实行跨国化经营。得到政府在政策、资金和外交上的支持。加之国际石油市场结构性变化导致资源国“向东”看造成与中国合作的机会。以及老牌石油公司调整国际战略部署这些都给中国企业腾出一些空间。推动了中国石油企业的国际化发展。但是。从联合国贸发会的跨国化指数看。与外国石油企业相比较。中国石油企业国际化程度不高。而且面临地缘政治风险、资源民族主义、企业竞争力差距、人力资源差距等诸多挑战。中国石油企业在苏丹和沙特阿拉伯两个国家国际化经营的情况。验证了中国石油企业国际化经营的原因、条件和面临的挑战。以及中国石油企业和政府应对这些挑战的方法。中国石油企业国际化经营正在探索一条互利多赢的一体化推进的新道路。

《阿富汗总统大选及其政治发展态势研判》

王凤（副研究员）

论文　12千字

《西亚非洲》　2014年第5期

驻阿富汗美军和北约联军将从阿富汗撤出主要作战部队，2014年阿富汗总统大选因此成为影响该国和平稳定的一个重要因素。迄今为止。大选一波三折。尤其是阿卜杜拉和加尼进入第二轮选举后。因出现大规模舞弊行为。选举一度陷入困境。尽管如此。在美国斡旋以及客观形势推动下。将来有可能产生某种形式的联合政府。或由其中一方主导未来的政府。受内在分歧制约。阿富汗未来新政府可能比较弱势。同时面临美国撤军后严峻的政治、经济和安全考验。而竞选双方提出的一些共同执政理念。深刻地反映了新形势下阿富汗为确保生存和发展做出的理性思考。因此有可能成为未来政策的一些基本面。

《非洲经济发展的理论与反思：阿明的依附论》

姚桂梅（研究员）

论文　12千字

《西亚非洲》　2014年第6期

萨米尔·阿明的依附论对非洲国家如何选择发展道路产生过重大影响。代表着一种对西方现代化发展理论的挑战和替代方案。其理论目标在于探索造成欠发达国家发展困境的原因和寻找摆脱不发达状态的有效路径。依附论在思想渊源上与马克思主义有密切的关联。它借助于结构主义发展学的“中心—外围”模式。提出了世界性的资本主义生产体系导致欠发达国家对外依附的基本假设。主张走与世界体系“脱钩”的社会主义道路。在世界进入全球化的时代。阿明的依附论因过于强调外因作用的单向理论图式难以适应非洲多样化发展的需求。其致命的局限性使其在主流学术舞台日渐式微。但是其理论本身和曾经有过的重要影响都给非洲国家探索自身发展道路留下了反思空间。

《跨国公司和非洲国家的利益博弈：冲突与合作》

朴英姬（副研究员）

论文　15千字

《西亚非洲》　2014年第5期

强有力的经济和技术力量正在创造一个高度相互依赖的世界经济。跨国公司在其中扮演着重要角色。许多大型跨国公司比大多数非洲国家掌握着更多的经济资源。在跨国公司对非洲国家的直接投资中。跨国公司的占优动机是获取利润。而非洲国家谋求更多的是长期发展利益。由于双方有不同的利益诉求。必然会导致诸多领域的利益冲突。如果要将潜在的利益诉求变成真实的获益。需要双方的长期合作。这是双方利益合作的重要出发点。在现实的决策中。非洲国家的政府希望能最大限度地利用跨国公司的投资为本国经济发展服务。同时将潜在的负面影响降至最低；跨国公司在谋求自身利益的基础上。也会顾及当地政府和民众的利益诉求。以获取长期的投资收益。

《试析鲁哈尼“重振经济”的路径和制约——兼议哈梅内伊的“抵抗型经济政策”》

陆瑾（副研究员）

论文　13千字

《西亚非洲》　2014年第6期

鲁哈尼因承诺解决伊核问题和经济问题当选伊朗总统。为重振经济。其新政府采取外交、经济并举的“双轨政策”。并把政策重点向外交倾斜。新政府履职百日。尽管外交努力成效斐然。但伊朗经济形势依然严峻。鲁哈尼的内外政策遭到反对派的批评和攻击。国内政治团结氛围受到严重挑战。民众情绪低落。在此背景下。宗教领袖哈梅内伊宣布了“抵抗型经济总政策”。旨在建立一种基于本土文化和资源的新经济模式以战胜各种经济困难。尽管伊朗各级政府部门根据要求为实施该政策制订了具体的行动计划。但能否落实有待于时间的检验。在未来相当长的时间内。伊朗经济的结构性矛盾和美欧制裁仍将是影响伊朗走出经济滞胀的重要制约因素。

《土耳其经济政策从自由主义到国家主义的演变》

姜明新（副研究员）

论文　13千字

《阿拉伯世界》　2014年第6期

凯末尔政府曾长期在国内实行自由放任的经济政策，努力培养和扶植该国民族资本和民族资产阶级的发展，但进展缓慢。1929年全球经济危机的爆发，改变了土耳其政府的经济政策走向，使其从古典自由主义转向国家主义。在苏联的影响和帮助下，土耳其国家主义从临时性的经济自保措施转向国家主导的中央计划经济，从而造成了与传统自由主义经济政策的断裂。

《阿联酋经济发展战略浅析》

仝菲（副研究员）

论文　12千字

《亚非纵横》　2014年第6期

阿联酋是典型的油气资源国。自20世纪80年代实施经济多元化战略以来。单一石油经济面貌取得了可喜变化。近几年。阿联酋非石油收入占国内生产总值的比重保持在60%以上。作为地区贸易、金融、物流中心的地位也进一步加强。这些成就得益于国家在不同时期对经济发展战略的及时部署和调整。尽管阿在经济发展过程中取得了骄人的成就。但也存在不少的问题和失误。短时期内。阿联酋经济发展仍难以摆脱国际油价和国际经济形势的影响。

拉丁美洲研究所

《中国与拉丁美洲：未来10年的经贸合作》

苏振兴（研究员）主编

专著　503千字

中国社会科学出版社　2014年8月

以2008年爆发的国际金融危机为标志，国际经济环境发生了重大变化，新兴市场国家日益成为世界经济增长的主要推动力。这种变化给予中拉经贸合作又一历史性机遇。该书在总结21世纪以来拉美地区经济发展趋势和政策调整的基础上，通过对主要拉美国家资源禀赋、产业结构、经贸合作等多角度的案例分析，深入探讨了今后10年中拉经贸合作的前景和实现途径。

《国际变局中的拉美：形势与对策》

苏振兴（研究员）主编　刘维广（编审）副主编

论文集　418千字

知识产权出版社　2014年7月

进入21世纪以来，国际局势继续深刻变动，拉丁美洲和加勒比地区发生了令人鼓舞的变化，中国与拉美和加勒比地区的合作引人注目。该书收录了关于拉丁美洲和加勒比地区经济、政治、文化、外交以及中拉关系的研究论文30篇，为国内学界21世纪拉美发展及中拉关系研究领域的又一研究成果。

《拉美黄皮书：拉丁美洲和加勒比发展报告（2013～2014）》

吴白乙（研究员）主编

皮书　445千字

社会科学文献出版社　2014年5月

该书是中国社会科学院拉丁美洲研究所推出的第十三份有关拉丁美洲和加勒比地区发展状况的年度报告。该书系统介绍了2013年拉丁美洲和加勒比地区诸国的政治、经济、社会、外交等方面的发展情况，总结和分析了相关国家的热点和焦点问题，并在此基础上预测2014年的发展前景。

城市化将成为中国未来增长和繁荣的核心，推进新型城镇化建设已成为当前中国政府的政策重点和改革方向之一。该书以“城市化率达到50%以后，拉美国家的经济、社会和政治转型”为主题，系统分析与拉美地区高城市化率相伴而生的历史和现实问题，全面揭示其各类政策缺位或错配的成因和相互关联度，有助于读者全面、深入地理解拉美地区经济、社会和政治转型严重滞后，诸多国家持续徘徊于中等收入水平的主要经验和教训。

《2014年拉丁美洲经济展望——面向发展的物流与竞争力》

中国社会科学院拉丁美洲研究所

译著　181千字

知识产权出版社　2014年5月

该书是经济合作与发展组织发展中心和联合国拉美经委会联合编写的关于拉丁美洲经济发展的年度分析报告。该书首先对拉美地区的宏观经济以及世界经济对拉美经济的影响进行分析，其次对拉美地区发展过程中的问题、挑战和机遇进行深入分析。

《拉丁美洲的创业：从基本生存型到生产力变革型》

中国社会科学院拉丁美洲研究所

译著　248千字

知识产权出版社　2014年5月

该书所关注的是创业，即创建的企业可以产生就业和生产力的可持续增长，这是拉美发展的核心要素。在此问题上，拉美国家与发达国家所不同的是：一方面，在拉美地区非正规的小微企业数量庞大；另一方面，建立的正规企业发展活力不足。这两个问题直接相互联系且相互影响：正规企业没有发展，因为他们没有具备必要能力的劳动者；而之所以如此，是因为没有企业能创造劳动机会来抑制自我就业者。因此，旨在促进创业的公共政策应当多方面、完整地关注企业能力的开发、鼓励创新、资金的可获性及劳动力的培训。涉及创业环境的上述四要素是所有现存的和正在创建的企业都应当享有的，包括拥有发展潜力的微型企业。

《拉丁美洲的崛起对世界及中国的影响》

袁东振（研究员）

论文 8千字

《外国问题研究》 2014年第1期

该文认为，进入21世纪以来，拉美国家处于一个不断崛起的进程中，其最突出的表现是：经济持续增长，国际竞争力明显增强；一批国家有望摆脱“进步陷阱”，跨入高收入国家行列；发展潜力日益显现，国际声誉改善；新兴大国崛起，国际话语权增加；发展政策趋于稳定，发展道路趋于成熟；自主空间扩大，国际影响力有所提升。

拉美的崛起不仅增加了自身的综合实力，也壮大了发展中国家整体实力，有助于维护发展中国家的整体权益；拉美的崛起对世界力量格局及大国关系的重新构建、对政治经济新秩序及规则的建立产生了重要影响，既有利于国际力量均衡化和建立多极化世界，又有利于新型国际关系的构建。然而，拉美国家仍处于崛起过程中，对外依附程度虽有改善，但其多元化外交目标远未实现，其对世界的影响仍面临众多制约因素，其中最主要的是区域合作更加分散化，不能用一个声音说话；各国利益诉求不同，缺乏公认的地区领袖；小国对大国缺乏信任，团结的意愿受到抑制。

拉美的崛起是世界新兴经济体崛起的重要组成部分，对中拉合作具有重要意义和影响。从总体上讲，拉美的崛起有利于中国的国家利益和中拉战略合作关系的巩固，但双方利益冲突和矛盾也会有所增加，对此应未雨绸缪。

《变化中的拉美：选择与挑战——2013年拉丁美洲和加勒比形势评析》

吴国平（研究员）

论文 18千字

《拉丁美洲研究》 2014年第1期

该文认为，2013年。面对国内外形势的变化及其产生的挑战。不少拉美国家都面临改革的压力。政治格局出现新变化。选民诉求呈现分化趋势。传统的政治生态环境发生变化。政治或宪制改革逐渐成为不少国家的选择；经济增速逐年趋缓。外部环境变化的不利影响日益显现。宏观经济稳中有变。多国面临经济增长与稳定的两难选择。经济结构性调整压力日趋加大；社会结构正在发生深刻而重要的变化。中等收入家庭数量的增加与其在收入分配中所占比重的提高并不对称。面对当前的经济环境，处于转型期的拉美社会存在一定的脆弱性。当经济形势出现波动时。不同经济利益的冲突对转型期社会的稳定和融合形成挑战。对政府治理也是一个重大考验；对外关系继续呈现出稳定发展的趋势但出现新变化。务实外交仍是当前多数国家的重要选择。区域一体化进程出现了由地缘组合向利益导向重组的趋势。

《全球治理：中国与拉美构建伙伴关系的机遇与挑战》

贺双荣（研究员）

论文 12.5 千字

《拉丁美洲研究》 2014 年第 3 期

该文认为，中国与拉美构建全球治理的伙伴关系符合全球治理、中国外交转型及中拉关系进一步深入发展的需要。近年来。中国与拉美的双边经贸关系呈跨越式发展。但在全球治理方面的合作水平很低。尚未建立起有效的合作机制。拉美是全球治理的一支重要力量。与中国在推动全球治理机制改革、维护和完善全球治理规则及在一些重大议题上有共同的利益诉求。但由于全球治理机制改革的艰巨性和一些拉美国家的国家身份认同出现了变化。中拉在全球治理问题上的合作仍面临许多挑战。

《论 20 世纪 70 年代的中国和墨西哥关系：以国家身份为视角》

谌园庭（副研究员）

论文 12 千字

《拉丁美洲研究》 2014 年第 3 期

该文认为，基于对第三世界国家身份的认同。20 世纪 70 年代中国和墨西哥迅速拉近距离。实现了建交和两国关系的快速发展。同时。也正是这种认同使中墨关系超越了相互间在历史、文化背景、基本国情、社会制度等方面存在的巨大差异。发展成为第三世界国家友好关系的典范。在此过程中。国际格局的阶段性变化、国内政治经济变革的压力是加深彼此身份认同的重要因素。

《墨西哥革命制度党执政的经验教训》

杨建民（副研究员）

论文 15 千字

《拉丁美洲研究》 2014 年第 4 期

该文认为，革命制度党在指导思想上奉行“革命民族主义”。将 1917 年宪法作为自己的执政纲领。通过国有化和土地改革丰富了执政资源、通过建立职团主义政治模式巩固了党与工农组织的联系、增强了自身执政能力。创造了“墨西哥奇迹”；20 世纪 80 年代以来。革命制度党逐渐背弃“革命民族主义”。修改宪法。停止土地改革。开始实行新自由主义改革和私有化。该党的执政资源逐渐减少以致丧失群众基础。职团结构和庇护主义体系的瓦解损害了党的执政能力。最终使其在选举中落败。2000 年下台后。革命制度党总结了其长期执政期间的经验教训。实现了从“官方党”向议会民主政党的转型。在 2012 年再次上台执政。

《中拉农业贸易与投资发展趋势》

张勇（副研究员）

论文 10 千字

《拉丁美洲研究》 2014 年第 4 期

该文认为，农业经贸合作是推动经济发展的重要引擎。中国和拉美双方农业在市场需求、资源禀赋、产品结构等方面各有优势。互补性较强。随着中拉经贸关系快速发展。中拉农业合作也进入崭新的阶段。贸易方面。虽然中拉农产品贸易总额在增长。但是贸易结构却呈现出不平衡关系：中国“低出口、高进口”以及贸易国别和贸易产品集中度较高。中国贸易多元化战略仍需继续深化。投资方面。近年来。中国大部分对拉投资集中在油气和矿产领域。投资到农业领域的资金规模相对较小。而且易受拉美国家土地政策、劳工问题和环境保护政策的影响。鉴于拉美国家国情各不相同、资源禀赋和投资风险程度相异。以及中国企业经营能力千差万别。因此。未来中国应该分阶段、抓重点、循序渐进推进对拉美的农业投资。

《美国对拉美政策的源起及其启示》

王鹏（副研究员）

论文　12 千字

《拉丁美洲研究》　2014 年第 6 期

该文认为，19 世纪初。美国抓住西半球力量格局大变动带来的机遇。不但率先与拉美国家建交。还提出自己的西半球秩序构想。为未来深度介入拉美事务奠定基础。从风险与收益的视角看。美国率先承认拉美国家独立和单方面发布“门罗宣言”的做法具有相当程度的风险。但最终收益超过风险成本。从地缘政治视角看。美国的早期拉美政策加速了欧洲在美洲殖民统治的崩溃。为改善它的周边环境发挥了重要的推动作用。从历史演进规律的视角看。美国制定了一套具有后殖民时代色彩的拉美政策。为建构美拉关系发挥了重要作用。美国的经验对于中国发展对拉关系具有借鉴意义。中国与拉美国家具有共同身份和共同诉求。因而可以尝试构建一个新时代的“命运共同体”。中国为此需要出台有力的政策工具。集中阐明一整套具有前瞻性的对拉关系指导原则。大力推动这一共同体的建构。

《英帝国在拉美：经济霸权与外交策略》

孙洪波（副研究员）

论文　11 千字

《拉丁美洲研究》　2014 年第 6 期

该文认为，英帝国作为新殖民者在拉美成功挑战了西、葡老殖民者，同时又适应了来自美、德等国实力上升时期的挑战。英帝国进入拉美的历史动因主要受经济利益驱动，在“大不列颠治世”背景下，英帝国崇尚与拉美的自由贸易，并不断扩大投资和货款。英帝国以竞争、合作甚至妥协等方式与其他大国在拉美谋求共存，但拉美的经济民族主义使英国的经济利益受损，同时英国在拉美也遭受市场饱和、投资失败、债务纠纷等多种经济风险。

《巴西外交的“发展”维度》

张凡（研究员）

论文　10 千字

《拉丁美洲研究》　2014 年第 4 期

该文认为，“发展”是 20 世纪以后国际舞台上外交议程中的重大主题之一。对于包括拉美国家在内的发展中国家而言更具有特殊意义。由于历史和地缘政治等方面的原因。独立自主和经济社会发展成为巴西外交最主要的目标。从 20 世纪上半叶以来的历届巴西政府无不围绕发展目标制定和实施对外政策。这不仅体现在瓦加斯政府、库比契克政府和军政府具有强烈发展主义色彩的政策中。更在20世纪90年代至今巴西在国际舞台上的行为中得以充分展现。以发展为主题的外交是国家发展模式的有机组成部分并服务于这一模式的运作。而国家身份和认同的确立则决定了发展的意义和价值并系于发展的成效。

《阿根廷正义党的执政经验与教训》

林华（副研究员）

论文　11千字

《拉丁美洲研究》　2014年第5期

该文认为，从执政时间和次数上看，正义党无疑是阿根廷近一个世纪以来最有影响力的政党。作为传统政党，正义党的生命力源自其鲜明的理论依据、坚实的社会基础、强大的感召力以及务实性的政策路径选择。但在多次执政过程中，正义党也暴露出很多问题和弱点，甚至出现过危机。其中执政能力的欠缺、过于突出领袖个人地位、党内缺乏团结、过度依赖工会是正义党面临的最大挑战。从正义党自身来看，执政能力的磨炼和提高是决定其未来能否继续执政的关键因素。

亚太与全球战略研究院

《亚洲：发展、稳定与和平》

李文（研究员）

专著　521千字

中国社会科学出版社　2014年3月

该书力图通过对亚洲特有经验的总结和分析，揭示冷战结束后亚洲发展、稳定与和平之间的内在联系，寻求亚洲国家的最大公约数，显示了我国学者积极进行学术创新以及运用亚洲理论解释亚洲实践的时代担当。

该书聚焦于亚洲国家经济发展优先地位确立以及经济持续增长、人民福祉提升、国家间经济联系加强的过程，认为这些对亚洲国家国内和国际矛盾冲突起到了重要的缓解与抑制作用。在此基础上，作者提出，亚洲国家创造的新的现代化模式为人类社会实现从动乱、战争到稳定、和平的重大历史转折开辟了新道路，尤其是中国的经济发展及其倡导的和平、合作、和谐理念对亚洲和平与发展起到了积极推动作用。

《中国崛起与亚洲地区市场构建》

赵江林（研究员）

专著　241千字

社会科学文献出版社　2014年8月

该书从地区角度出发，以未来5~10年为研究时段，对亚洲工业化面临的市场问题以及中国调整与亚洲地区关系的可能性、可持续性进行探讨，认为包括中国在内的亚洲工业化具有一种地区行为特征，在外部市场约束背景下，建立统一的地区市场成为亚洲经济体共同目标；整合亚洲市场不仅关系到中国工业化和经济发展的稳定问题，也关系到中国未来实施对外战略的基础构建问题；未来一定时期内，中国将成为地区市场构建的主要参与者甚至是领导者，但限于经济实力，中国还不是一个对地区经济活动施加影响的塑造者，因而地区市场整合将是一个进程。

《中国周边投资环境监测评估研究》

张中元（助理研究员） 赵江林（研究员）

专著 250 千字

社会科学文献出版社 2014 年 4 月

该书采用中国商务部公布的各年度《中国对外直接投资统计公报》中国对外直接投资流量和存量数据，采用指标体系的量化方法来评估监测中国的对外直接投资环境，该书设计了由 22 个指标构成的中国周边投资环境监测指数，在指标体系量化评估的基础上，对中国周边国家和主要对外直接投资国（地区）的投资环境进行了详细的评估监测，进而针对不同国家的具体情况提出合理可行的政策建议，及时预防对外直接投资风险，为中国的对外直接投资决策提供参考，有利于对直接投资区域做出合理的选择，规避不利对外直接投资环境给投资者带来的风险。

《国家创新体系的比较与创新型国家建设》

王晓蓉（副研究员）

专著 248 千字

经济管理出版社 2014 年 10 月

该书比较系统地讨论了国家创新体系的概念起源、发展和分析框架，总结出了目前国家创新体系研究中的三个缺陷；运用比较创新体系的研究方法，分别研究了美国、日本、韩国和拉丁美洲的创新体系的起源、演化和基本特点，通过比较分析，探讨了这些国家和地区创新体系建设的经验教训及其对我国的借鉴和启示；讨论了以“绩效比较”研究为基础的国家创新能力测评的缺陷，论证了“体制比较”研究的重要性；在对美国、日本、东亚和拉丁美洲创新体系进行比较研究的基础上，通过对全球产业价值链文献的批判性考察，运用比较历史创新体系的研究方法对我国在东亚区域生产网络中面临的挑战与抉择提出了新观点；提出并论证了后进国家创新体系建设的两条道路以及我国创新体系建设的战略选择问题。

《国际河流河口：地缘政治与中国权益》

李志斐（副研究员）

专著 280 千字

海洋出版社 2014 年 8 月

该书旨在从战略的高度和政治、经济、安全的视角，阐述国际河流河口的特殊地缘价值及对中国核心利益的重要意义。国际河流河口是连接内陆与海洋的中端，是陆地国家主权权益向海洋的延伸，是海洋国家海洋权益的重要支点。如今，中国正面临着“南失海岛，北无出海权”的窘境，中国的河口权益及延伸出来的海洋权益面临着严峻的挑战。作为海陆兼备的大国，中国的国力和海上利益在发展，如何维护在国际河流河口上广泛的战略利益，是中国未来政治与经济发展中应该思考的重要议题。

《论海上丝绸之路的多元化合作机制》

李向阳（研究员）

论文 16 千字

《世界经济与政治》 2014 年第 11 期

该文认为，与其他区域贸易协定相比，海上丝绸之路的一个突出特征是合作机制的多元化。这种多元化特征一方面源于亚洲发展的特殊性，亚洲国家政治、经济、历史、文化的差异性是全世界最突出的，因而短期内亚洲不可能形成统一的机制化安排；另一方面源于海上丝绸之路的基本定位，即中国新时期经济外交的重要平台，为此要体现亲诚惠容的理念。落实到具体区域，这种多元性体现为：东北亚地区应该成为海上丝绸之路的起点，以推动中蒙俄朝韩次区域合作为主攻方向；中国沿海地区应以两岸四地之间的区域经济合作框架为核心；在东南亚地区以打造中国—东盟自贸区的升级版为基础；在南亚地区，以正在构建的孟中印缅经济走廊与中巴经济走廊为突破口；延伸到西亚地区，应加快中国—海合会自贸区的谈判进程。至于海上丝绸之路的终点则应该是一个开放的选择。

《显性的双框架与隐性的双中心》

王玉主（研究员）

论文　20千字

《世界经济与政治》　2014年第10期

该文试图以“冷和平”来重新界定中国崛起背景下亚太及全球秩序的变化特点，以此作为分析区域合作的全新国际关系背景，突出国际合作的国际政治经济学含义。在实践中，这种分析对突破传统意义上以经济利益为主导分析区域合作有一定的意义。从国际秩序角力层面认识和分析区域合作的重要性在中国提出“一带一路”战略后已经充分显现。在守成大国遏制中国崛起的情况下，单纯从经济利益角度分析区域合作会影响战略性项目的推进。

《论全球化、政治稳定性对经济增长的影响》

张中元（助理研究员）

论文　20千字

《世界经济与政治》　2014年第4期

该文利用全球128个经济体在1975~2012年的相关数据，采用动态面板模型检验全球化与政治稳定性对经济增长的影响，结果发现：一个经济体全球化程度的提高会显著地促进其经济增长；政治稳定对经济增长有明显的促进作用，而且全球化与政治稳定性在促进经济增长上存在替代效应，即一个经济体全球化程度的提高降低了政治稳定性对促进经济增长的正向效应。该结论对全球化与政治稳定性影响经济增长的机制和渠道有了更深入的认识：在一个封闭的经济体内，政治稳定对经济增长的正向效应非常显著，但随着该经济体全球化程度的提升，不同利益团体可以在全球范围内获取资源、实现利益，从而降低了该经济体的经济增长对政治稳定性的依赖。

《“页岩气革命”、“乌克兰危机”与俄欧能源关系》

富景筠（副研究员）

论文　15千字

《欧洲研究》　2014年第6期

全球能源体系变革及地缘政治危机对地区性天然气市场及权力结构的演变具有重要意义。该文试图构建基于天然气商品与地缘政治双重属性的俄欧能源关系分析框架，将“页岩气革命”和“乌克兰危机”作为市场层面和地缘政治层面的影响变量纳入对欧洲天然气市场与权力结构演变的动态分析。就市场层面而言，以页岩气为代表的非常规天然气的发展正在影响着欧洲天然气供给格局的演变，而“乌克兰危机”后欧盟降低对俄能源依赖的政治意愿成为促使欧洲天然气需求格局转变的强烈动机。就地缘政治层面而言，“页岩气革命”和“乌克兰危机”对俄罗斯在欧洲天然气市场上的传统能源权力产生了冲击效应，进而使俄欧能源博弈能力出现此消彼长。由此，欧洲传统市场结构下生产国、消费国与过境国之间的三元博弈被转变成新市场结构下传统区内生产国、潜在区外生产国、消费国与过境国之间的多元博弈。“页岩气革命”和“乌克兰危机”双重冲击下的俄罗斯能源战略重心东移将对中国能源安全及未来亚洲能源格局产生深远影响。

《超越地缘政治的迷思：中国的新亚洲战略》

钟飞腾（副研究员）

论文　25 千字

《外交评论》 2014 年第 6 期

该文研究了新时期的中国亚洲战略，主要认识有三点：第一，美国的“再平衡”战略已经扩大到印度洋，但其核心思路仍基于欧洲历史经验，是一种麦金德式的、以均势为核心的地缘政治思想体系；第二，中印引领的亚洲崛起，改变了亚洲地缘政治版图，特别表现为美国东亚盟国实力地位的下降，亚洲地缘政治经济中心从东向西偏移；第三，中国基于共同发展理念，以“一带一路”为核心，积极推进亚洲的基础设施建设，对接亚洲国家的发展战略，适应区域内国家的多重战略目标，超越以压制挑战者为特征的霸权国的地缘政治思想。

《冷战后朝鲜半岛局势演变的基本特征》

朴键一（研究员）

论文　22 千字

《美国研究》 2014 年第 1 期

该文认为，2008 年以来的朝鲜半岛局势。为总结归纳冷战后 20 多年来朝鲜半岛局势演变的基本特征提供了重要的事实依据。冷战后朝鲜半岛局势。实为由六大类问题构成的所谓“朝鲜半岛问题”的综合性表现。其中。有关朝鲜半岛南北关系的问题。对于冷战后朝鲜半岛局势的演变具有首要的意义。朝鲜半岛南北双方和周边大国构成的国际关系系统具有内在的结构性联系。因而。这些国家周期性的国内政治变化和政策调整。以及对朝鲜半岛的长远战略目标和诉求。使得冷战后朝鲜半岛局势演变表现出周期性和连锁性特征。尽管 2013 年朝鲜进行了第三次核试验。但朝鲜半岛问题的基本内容没有发生根本变化。因此朝鲜半岛局势没有发生根本变化。未来两到三年内。冷战后朝鲜半岛局势演变的基本特征仍将继续显现。

《中国崛起背景下的周边格局变化与战略调整》

高程（研究员）

论文　18 千字

《国际经济评论》 2014 年第 2 期

该文认为，中美相对实力和利益关系的变化，导致东亚地区从互利、兼容的二元格局走向竞争、相斥的二元格局。中美互动关系从注重追求相对经济收益的正和博弈，逐渐向以权力竞争和相对国际影响力为目标的零和博弈转变，中国与周边关系演变为与美国及其联盟体系之间的战略互动关系。面对周边力量与利益格局的变化，主动塑造一个以我为主、具有自我扩展和深化能力的周边合作秩序，是获得与我实力增长相称的影响力和中国作为大国实现民族复兴的战略需要。

美国研究所

《郑秉文自选集》（上中下卷）

郑秉文（研究员）

专著 1384千字

人民出版社 2014年12月

该书搜集了作者近10年独立撰写的学术论文。文集分上中下三卷，根据内容和主题分为十编："福利国家与经济理论""福利制度与模式比较""福利制度与福利陷阱""国际社会保障改革与投资体制比较""拉丁美洲的城市化与社会保障改革""中国社会保障改革与经济发展""中国社会保障改革与国际比较""中国社会保障改革与'名义账户制'""中国企业年金治理与模式选择""中国社会保障基金管理与国际金融危机"。

《美国研究报告（2014）——中美关系中的第三方因素》

黄平（研究员） 郑秉文（研究员）主编

皮书 367千字

社会科学文献出版社 2014年7月

该书对2013年以来美国内政外交的重大事件及主要政策进行了较为系统全面的回顾和梳理，并重点关注了中美关系中的一些第三方因素及其影响。

该书认为，作为第二任期的开局之年，2013年奥巴马政府仍需面对美国国内事务方面的种种挑战。经济增长的不确定性、波士顿爆炸事件、预算赤字和政府关门危机、"斯诺登事件"等新旧挑战接踵而来。在对外政策方面，奥巴马政府继续调整步伐，力图在多边收缩的同时继续推进战略东移的步伐，强化盟友关系并使盟友分担更多的义务。

《美国思想库与冷战后美国对华政策》

陶文钊（研究员）主编

专著 483千字

中国社会科学出版社 2014年2月

美国的思想库数量多，占全球的近30%。如何在已有成就的基础上把对美国思想库的研究进一步推向深入，是该书认真探讨的一个问题。该书把美国对华政策解析为以下几个方面："对台湾的政策""经贸政策""人权政策""环境和能源政策"。

《美国军控政策中的政党政治》

樊吉社（研究员）

专著 226千字

社会科学文献出版社 2014年1月

20世纪最后10年美国国内关于是否建立国家导弹防御系统的激烈争论表明，政党政治已经深深地扎根于美国军控政策的形成与实施之中，政党政治对美国军控政策的缘起与发展有着重要影响。那么，政党政治对美国军控政策的影响经历了怎样的变化过程？民主共和两党如何才能使其政策偏好在军控政策的形成与实施中得到体现？有哪些因素可能会影响政党政治介入军控政策的程度？政党政治影响美国军控政策会产生什么样的结果？该书尝试对这些问题进行解答并提供自己的分析。

《社会保险基金投资体制“2011 改革”无果而终的经验教训与前景分析》

郑秉文（研究员）

论文　26.3 千字

《辽宁大学学报（哲学社会科学版）》 2014 年第 5 期

该文认为，由于社会保险基金规模逐年扩大，保值增值的压力也越来越大。虽然基本养老保险基金投资体制“2011 改革”无果而终，但其基本经验告诉人们，改革总比不改革要好；“2011 改革”的主要教训就是，投资体制改革本来属于专业问题和技术范畴，但却遭遇了媒体炒作，在互联网时代，非专业化的网络表达方式占据了上风，扭转了改革进程。作为一个压力测试，“2011 改革”的主要经验是需要处理好五大关系。在党的十八届三中全会“全面深化改革”的战略部署下，养老保险实行名义账户制是大势所趋，但由于种种原因，在现收现付的融资方式下仍需建立一个基金投资体制。

《贫民窟：拉丁美洲城市化进程中的一个沉痛教训》

郑秉文（研究员）

论文　12.9 千字

《国家行政学院学报》 2014 年第 5 期

回顾一个世纪以来拉丁美洲地区住房政策的演变历史，有三个因素制约了其住房潜在市场需求的显性化，即过度城市化、城市贫困化和收入分配不公。同时，储蓄、住房补贴和抵押信贷这三个手段却从未在拉丁美洲地区成功地为提高居民购买住房能力作出明显的贡献，于是，在拉丁美洲地区公租房比重十分有限的前提下，自建房便得以大规模地存在下来。上述这些社会现象互为前提，恶性循环，成为贫民窟普遍存在的主要根源。贫民窟在拉丁美洲地区普遍经历了非法化、合法化和正规化等三个阶段，由此成为一个历史必然。拉丁美洲地区住房政策和住房供给体系百年历史的演变显示，它经历了民粹主义、新自由主义和新民粹主义这样一个“之”字型的弯路，为世人提供了很好的反面案例。

《美国长期经济增长前景及其对我国的影响》

王荣军（研究员）

论文　8.7 千字

《江西社会科学》 2014 年第 12 期

该文认为，近两年来美国经济呈现出较为稳定的增长趋势，许多分析人士对近期美国经济走势作出了较为乐观的估计，有观点认为美国经济可能彻底扭转金融危机以来的疲弱态势，走上快速增长的轨道。但如果从较长时期来看，美国未来经济、社会和政治发展实际面临着不少问题，其中有些问题已成为美国实现长期经济增长所必须面对的挑战。美国经济的中长期增长前景以及美国政府为稳定和改善其经济增长前景而采取的政策措施，都可能影响世界经济格局的走向，并对我国的外部经济环境以及经济发展产生复杂的影响。

《意识形态与国际经济制裁》

王孜弘（研究员）

论文　10.3 千字

《国际论坛》 2014 年第 4 期

该文认为，人权与民主日益成为国际经济制裁中的重要政策目标。不仅发达国家经常发起以人权或民主为政策目标的经济制裁，且发展中国家也发起以人权或民主为政策目标的经济制裁。尽管存在发起方另有目的的可能性，但以人权或民主为政策目标的经济制裁确有其理念上的渊源与“真实性”。评估方法的局限与其他制裁措施的同时实施等因素使这种经济制裁的效果在评估中有被稀释的倾向。发起方以人权或民主为由追求其他目标也会使以人权或民主为目标的经济制裁效果更难评估。总体而言，以人权或民主为政策目标的经济制裁难以单独成功，但并非无效。在有其他制裁配合下，经济制裁可能相对有效，但其效果在评估中更难体现。

《中—美—非三边视角下的中非石油关系：争论与辨析》

罗振兴（副研究员）

论文 16.8 千字

《西亚非洲》 2014 年第 1 期

该文基于中—美—非三边关系的角度，从关于中非石油关系和世界石油市场的一些典型事实和趋势分析得出以下推论：无论何种情况，中国都将继续通过公平贸易和投资等方式获取非洲等地的石油；中国石油企业有权进入包括非洲在内的产油地区与其他企业竞争；相比美国，非洲石油资源在中国未来国际能源战略中的地位更为重要，而非洲产油国将会更为审慎地区别对待中非石油关系和美非石油关系；将会有越来越多的包括中国石油企业在内的石油公司参与到非洲石油的竞争中。尽管关于中非石油关系的“消极”派和“积极”派的观点都存在一些不足和缺陷，但仍可基于事实和趋势构建最低共识，并制定相应的政策。

《阿富汗政治秩序建设的国内约束条件》

王欢（副研究员）

论文 6.5 千字

《当代世界》 2014 年第 12 期

该文认为，2014 年 9 月以来，阿富汗政治局势快速出现一些新变化，总体上有利于阿政治秩序建设。第一，行政权力交接顺利实现，阿什拉夫•加尼和阿卜杜拉•阿卜杜拉于 9 月分别就任总统和政府长官，根据协议组建团结政府；第二，阿新政府于 9 月 30 日与美国及北约分别签署《双边安全协定》和《驻军地位协定》，确定 2014 年底之后美国及其北约盟国在阿保留部分驻军的条约基础；第三，中国在双边和多边舞台上对阿全面建设支持力度显著加大，在加尼总统 10 月底访华时确定多项对阿支持与双边合作事宜，并顺利承办伊斯坦布尔进程第四次外长会议；第四，阿富汗省议会选举结果于 10 月正式公布，既是省级政权建设的关键步骤，也给 2015 年国会选举奠定基础；第五，加尼总统 11 月中旬访问巴基斯坦，着力改善与这个长期卷入阿内政的邻邦的关系。

《留美科技人才资源对中国经济社会发展的影响》

姬虹（研究员）

论文 13 千字

《中国社会科学院研究生院学报》 2014 年第 4 期

该文认为，留学生是重要的人才资源，也是目前国际上各国争夺的热门人才，美国是我国改革开放以后留学生的主要目的地之一，大批学子赴美学习，其中很多人多年后成为各行业的领军人士。如何积极引进海外留学人员，使之成为中国经济社会发展的骨干力量，是我们面临的重要问题。该文认为，由于中国留美科技人才是中国海外科技人才的主体，美国也是中国留学生高层次人才最集中的国家，在美留学科技人才的回流对于中国发展所发挥的作用引人注目，他们是中国经济与社会发展的重要力量。

《冷战后美国南海政策的演变及其根源》

周琪（研究员）

论文 22.8 千字

《世界经济与政治》 2014 年第 6 期

该文认为，美国的南海政策在冷战后逐渐发生了变化。1990 ~ 1994 年，美国对南海问题的基本政策是对各方领土要求的合法性不持立场，只强调用和平手段解决领土纠纷，同时关注南海的航行自由。从 1995 年中菲美济礁争端开始，美国对南海问题的关注程度逐步加深，但不认为其航行自由受到阻碍，因此还没有改变在南海领土问题上“不选边”的立场。然而，以 2010 年 7 月希拉里·克林顿国务卿的河内讲话为转折点，美国的南海政策发生了实质性改变，从“观察”转变为“干预”。当南海领土主权问题与在南海的国际航行自由问题叠加在一起时，它就不再仅仅是一个“第三方因素”，而成为一个直接关系到美国核心利益的问题。美国政府内部已经就在南海问题上对中国采取更加强硬的立场形成了共识，中国对此应有所准备。

《美国对中日两国的再平衡战略论析》

刘卫东（副研究员）

论文 17.3 千字

《世界经济与政治》 2014 年第 10 期

该文认为，在美国对亚太地区实施的再平衡战略中，中国和日本作为两个支柱性国家受到格外关注。对美国来说，尽管中国是其再平衡战略的主要防范对象，而日本是其主要的合作者，但从更宏观和长远的角度来看，中国和日本都具有可以利用的价值，也都对美国构成不同性质和程度的挑战。鉴于当前中日两国均处于迅速变化的过程中，而美国实施再平衡战略的能力也广受质疑，为了实现在亚洲的利益，奥巴马政府抓住中日因领土争端问题而关系紧张的机会，利用美国在中美日三边关系中的有利地位，从政治、安全、经贸等各领域着手，分别采取不同的对策，对中国和日本区别对待，争取通过复杂微妙的举措在两国间再次达成一种符合美国利益需求的平衡状态，以此来降低其在亚洲的管理成本并提升影响力。但是由于很多现实条件的限制，实施这项战略不会让客观上相对实力已经下降而主观上控制东亚的意图并未减弱的美国感到轻松。

《美国对外战略是如何出台的？》

袁征（研究员）

论文 7 千字

《当代世界》 2014年第5期

该文认为，在考察第二次世界大战后美国对外关系时，人们会发现美国不时会推出新的外交战略。奥巴马政府也不例外，推出了“亚太再平衡”战略。鉴于美国超级大国的国际地位，其对外战略调整往往会引发全球和地区内一系列联动效应，因而引发人们的高度关注。在研究美国外交时，准确把握美国对外战略的主线，就能够拨开迷雾见月明，在纷繁复杂的现实中更为清晰地认知美国的对外政策。

《朝核问题与中美战略共识》

樊吉社（研究员）

论文 12.6千字

《美国研究》 2014年第2期

该文认为，朝核问题历经20余年外交努力至今仍未获解决，但朝鲜核与导弹能力均得到显著提升。无论朝核问题僵局持续，还是朝鲜继续增强其核与导弹能力，这都不符合中美两国的安全利益。中美两国在朝核问题上的利益与核心关切虽然不同，应对朝核问题的政策偏好也不一样，但求同化异，保持东北亚稳定应是两国追求的共同目标。两国应该在朝核问题恶化之前合作管控朝核危机，通过这种合作就朝核问题的最终解决模式和最终解决方案达成基本共识。中美有必要尝试新的政策思路，这也有助于新型大国关系的构建。新的政策思路至少应该包括共同改善朝鲜的外部安全环境、支持朝鲜的“软着陆”、推动朝鲜政权转型而非政权更迭或者政权崩溃。

《论阅读》

潘小松（译审）

论文 4.3千字

《中国出版》 2014年第13期

该文主张人本主义阅读。人本主义阅读的核心主张是阅读“以人为本”，不做文本的奴隶。人的阅读理性有局限，是因为人的理性思维有局限。我们这个时代其实并不缺乏技术层面的“学术”阅读指导，缺乏的是阅读的主张，是阅读的立场。“文似看山不喜平”是我们文化里少有的几个审美标准之一，尤其适用于“阅读”。

《2014年美国国会中期选举及其对中美关系影响》

刁大明（助理研究员）

论文 11.4千字

《现代国际关系》 2014年第10期

该文认为，2014年，美国中期选举是美国政治的新一轮重要洗牌。从选情发展看，中期选举将延续甚至恶化为两党对峙、府会分立的极化状态，直接左右奥巴马政府的内政外交议程。就中美关系而言，美国中期选举将继续成为政治人物炒作中国议题的舞台；关键涉华议员的变动将给中美关系带来不确定性；中期选举及其后续的政治乱象也可能使奥巴马成为“外交总统”，为其推进亚太战略以及中美“新型大国关系”产生助力。

日本研究所

《日本社会保障制度》

王伟（研究员）

专著 216千字

世界知识出版社 2014年12月

该书勾勒了一幅日本社会保障制度的全景图。涵盖日本的养老金制度、医疗保险制度、护理保险制度等，综合介绍了日本社会福利的不同领域、社会福利设施及社会福利的运营机制。特别关注了日本少子老龄化对社会保障的影响以及日本采取的相关政策，阐述了日本家庭结构的变迁与相关社会保障政策。同时，结合日本经济社会的变化探讨了日本社会保障改革的基本方向。

《日本蓝皮书：日本研究报告（2014）》

李薇（研究员）主编

皮书 383千字

社会科学文献出版社 2014年3月

该书由总论、政治安全篇、对外关系篇、经济社会篇和附录构成，对2013年日本的政治安全、对外关系、经济社会诸领域做了回顾分析，特别是围绕安倍内阁加速推进日本"全面正常化"和钓鱼岛主权争端激化背景下的中日关系等进行了深入研讨，对2014年日本政治、外交、安全防务和经济社会发展趋势做了展望。附录还收录了2013年度日本大事记。

《日本经济蓝皮书——日本经济与中日经贸关系研究报告（2013）》

王洛林（研究员） 张季风（研究员）主编

皮书 413千字

社会科学文献出版社 2014年5月

该书以"总报告"为基础，以分析现状与发展趋势为起点，对日本宏观经济运行、日本经济结构、金融、财政、产业、贸易、投资、区域合作、中日经济关系等各个领域的问题进行全方位的分析。全书分为"安倍经济学：三支箭的解读与分析""安倍经济学：效果与影响""比较与借鉴""自贸区合作与TPP"和"'政冷经热'态势下的中日经贸合作"五个栏目。

《论民间交往在中日关系史上的地位》

武寅（研究员）

论文 16千字

《日本学刊》 2014年第1期

民间交往是国家间关系的基础，中日之间的民间交往与官方交往共同构成了两千余年的中日关系史。民间交往的产生早于官方交往的产生，并且内容丰富、形式多样、硕果累累，极大地提升了两国关系的质量。官方关系的好坏，对民间交往有着重要的影响。官方关系密切，则民间交往顺畅；官方关系恶化，则民间交往受累。民间交往也反过来以其特有的形式对官方关系起着能动的推进作用，其作用同样不可低估。

《试论日本的核电技术发展——福岛核事故与日本核电发展路径缺陷》

冯昭奎（研究员）

论文 28千字

《日本学刊》 2014年第4期

日本福岛核事故是已有先兆的危机，各种不安全因素日积月累，最终导致了核事故的爆发。从日本核电技术发展历程可见其路径缺陷：美日政府共同制造的“绝对安全”神话促使日本核电事业迅速起步；一味引进存在本质缺陷的美式轻水堆给核电安全埋下隐患；核燃料循环技术自主开发乏善可陈，暴露出日本科技“应用强、基础弱”“模仿能力强、自主开发弱”的瘸腿特征；基于核电将在“拥核”和“反核”两种力量更加激烈的博弈中艰难前行，但“拥核”仍占主流，右翼势力“拥核武”之心不死。关闭所有核电站的“零核电”不意味着“零风险”，还需在处置核电“负遗产”过程中继续与“不安全”因素作斗争。日本核电能否可持续稳步发展，取决于对迄今核电发展战略进行深刻反思并实施真正转型。

《论日本政治右倾化的民族主义特征》

吕耀东（研究员）

论文　18千字

《日本学刊》 2014年第3期

政治右倾化是日本政坛总体保守化的历史必然。日本政治右倾化的内容或目标与日本民族主义的政治诉求有着“同一性”特征，且日本执政的保守政党实施政治右倾化所奉行的保守主义理念含有民族主义成分，进一步证实日本的政治右倾化具有民族主义特征。日本保守势力的保守主义执政理念体现为政治右倾化及其民族主义言行，并在政治过程中成为影响政府决策及政策方针的重要因素。

《日本汽车产业对华投资战略研究——基于对外投资理论视角》

刘瑞（副研究员）

论文　22千字

《日本学刊》 2014年第5期

近年来，日本汽车产业一直加速对外投资布局，海外生产比率持续攀升。在对外投资理论的多维视角下，日系企业对华投资演变体现出深层特征，如投资动因弱化垂直型投资因素，偏重水平型投资；区位选择从分散转向相对集中，并形成产业集群；投资方式从边际部门向比较优势部门转移；投资影响反映在对中国自主品牌的双重效应等。钓鱼岛事件后，中国市场上日系车购买意愿降低，日系品牌在华销售份额大幅缩水。事实上，从2008年起，日系车在华市场占有率便呈下降趋势，其根本原因在于竞争优势弱化。日系车企以钓鱼岛事件为契机，重新布局在华生产投资战略。在日本汽车产业在华投资模式发生转变之际，中国应在技术优势、区位优势、市场环境等方面对日系车企加以政策引导，加强中日节能环保技术合作，以推动中国自主汽车品牌在全球价值链中的产业升级。

和平发展研究所

《奥巴马第二任期对华经济政策》

廖峥嵘（研究员）

一般文章　3千字

《领导文萃》 2014年第1期

该文认为，第二任期内奥巴马对华经贸关系仍将以合作与竞争并重，合作仍是主流，但规则之争趋于白热化。美国通过两洋自贸区战略的实施，重塑全球治理架构，使中国在国际经贸合作中面临严峻挑战，两国竞争与利益碰撞将更加激烈。

《中美矛盾被夸大》

廖峥嵘（研究员）

一般文章 1.3千字

《环球时报》 2014年8月

该文认为，中美关系是当今世界最重要的一对双边关系，同时也是挑战最多、最为复杂的一对双边关系。为了稳定双边关系的基本走向，中美有意建立起一种有别于“国强必霸、争霸必战”逻辑的新型大国关系。中美构建新型关系的一个重大挑战是发展过程中无可避免的结构性矛盾，只是在国际政治话语体系中，中美间结构性矛盾被夸大了。中美之间的结构性矛盾与安全环境和意识形态有关，但中国与苏联不同，因此中美之间意识形态因素的影响并没有想象中那么大。

《美经济增长新态势值得关注》

廖峥嵘（研究员）

一般文章 1.2千字

《环球时报》 2014年12月

该文认为，较长时期以来，特别是2008年美欧发生严重金融危机以来，我们已经习惯于美欧经济增长的疲态、中国经济的高歌猛进。但是，美国经济2014年下半年以来的强劲增长却可能导致中美增长态势发生变化，其中有些情况值得我们关注。一是美国制度的弹性及经济自我修复能力使其率先完成结构调整，走出危机阴影，增长后势可期；二是美国成熟市场机制为技术创新提供足够激励，确保美国在关键领域、关键行业不断形成新的竞争优势，其主要表现是页岩油气革命。2008年金融危机加速了权势从西方向东方转移，中国迅速崛起，并缩小与美国的差距，这一势头延续至今，再度引发美国会否衰落甚至美国主导秩序会否崩塌的讨论。而随着美国经济强劲复苏，美国可能找到新支点，巩固其主导全球秩序的权力基础，恢复其作为超级大国的自信。面对可能出现的新态势，美国的对外战略选择会不会出现新变化，值得我们高度关注。

马克思主义研究学部

马克思主义研究院

《中国梦与中国特色社会主义》研究丛书

邓纯东（研究员） 总主编

专著（共10本） 1600千字

红旗出版社 2014年5月

该丛书共10本。丛书一为《寻梦之旅——中国梦的由来》，该书立足史学角度，梳理和探寻了近代一百七十多年以来中华民族在艰苦卓绝中探寻中国梦的历程；丛书二为《实现中国梦的科学指南——马克思主义及其中国化的理论创新成果》，着力于探讨实现中国梦的理论基础，回答实现中国梦为何一定要高举中国特色社会主义伟大旗帜，理论是行动的先导，实现中国梦必须继承和发展中国特色社会主义理论体系；丛书三为《实现中国梦的必由之路——中国特色社会主义道路》，该书立足科学社会主义视野，从纵向角度梳理了历史上西方国家所选择道路带来繁荣的昙花一现，并从中国古人以及近代中国人民探寻适合自己道路的艰辛历程谈起，充分论证了中国特色社会主义道路的科学性以及实现中国梦就必须走中国特色社会主义道路；丛书四为《实现中国梦的制度保障——诗意理想与先进制度的协奏曲》，着眼于立足对比视域，通过区域（中西方）、时间（封建与现代）等方面比较，进一步凸显了中国特色社会主义制度的优越性；丛书五为《实现中国梦的物质基础——中国特色社会主义经济建设》，该书立足唯物史观，全面论述了实现中国梦必须要有充足的物质基础，并对如何加强中国特色社会主义经济提出了实质性的建议；丛书六为《实现中国梦的政治保障——中国特色社会主义政治建设》，该书立足中国化马克思主义最新成果，并从中国特色社会主义政治发展道路、共产党的领导、人民代表大会制度、基本政治制度、中国特色社会主义法律体系、政治体制改革等方面对实现中国梦的政治保障进行了全面阐述和科学论述；丛书七为《实现中国梦的精神支柱——中国特色社会主义文化建设》，该书立足文化强国视域，科学阐述了文化建设助推中国梦的相关性、重要性与紧迫性，并科学提出了如何借文化强国建设助推中国梦的早日实现等实质性举措；丛书八为《实现中国梦的重要支撑——中国特色社会主义社会建设》，该书从中国梦所追求的社会建设以及中国特色社会主义社会建设助推中国梦等方面着手，详细阐述了中国特色社会主义社会建设是实现中国梦的重要支撑；丛书九为《实现中国梦的生态环境保障——中国特色社会主义生态文明建设》，该书基于生态文明视角并详细论述了建设美丽中国是中国梦的重要追求之一，同时为建设生态文明提出了一些重要建议；丛书十为《中国共产党是实现中国梦的坚强领导核心——党的建设研究》，该书在详细论述中国共产党的优越性的基础上进一步说明了只有坚持中国共产党领导才能实现中国梦。

《永恒的丰碑——邓小平理论与中国特色社会主义》

赵智奎（研究员）

专著　385 千字

青岛出版社　2014 年 8 月

该书结合改革开放 35 年来中国取得举世瞩目的巨大成就以及当前存在的某些问题，重点阐述了邓小平理论的主题、邓小平与社会主义市场经济理论、邓小平社会主义民主法治理论、邓小平“两个飞跃”思想的现实意义、邓小平“一国两制”的社会主义等重大理论问题；阐述了中国特色社会主义旗帜、道路、理论体系；中国特色社会主义制度的特点和优势，中国特色社会主义与世界资本主义的关系，等等。该文认为，邓小平理论是世界社会主义运动和马克思主义发展史上又一座永恒的丰碑。

该书在一些重大理论问题上，驳斥了对邓小平和邓小平理论的某些非议和贬损。例如，澄清了“猫论”的真正来源，论证了“猫论”的真实含义；对邓小平关于中国农业改革与发展“两个飞跃”的思想，再一次做出了分析和呼吁，阐述了当前特别是在全面小康社会的建设中，第二个飞跃即走集体经济发展道路、实行规模化经营的迫切性及其现实意义；对邓小平关于共同富裕的理论进行了阐释和“辩护”。

《中国特色社会主义》（中英文版）
赵智奎（研究员）
专著　180 千字
北京时代华文书局出版社　2014 年 12 月

该书比较完整地阐述了中国特色社会主义的基本命题、总依据、总布局、总任务、基本要求，中国特色社会主义市场经济、核心价值体系，中国特色社会主义道路、理论体系、制度，中国特色社会主义与各种社会思潮、中国特色社会主义与世界资本主义、中国特色社会主义与世界和平的关系，中国特色社会主义的“一国两制”等。该书从中国特色社会主义的内涵和外延、历史和现实、理论和实践成果等各个方面勾勒出中国特色社会主义的全部内涵。

《〈资本论〉正义——怎样理解资本主义》
余斌（研究员）
专著　200 千字
广西人民出版社　2014 年 12 月

该书按照马克思的原意给出了马克思主义政治经济学皇冠上的明珠——价值转形问题的解答，回击了西方经济学界对马克思的劳动价值论的百年挑衅，解答了围绕《资本论》中的一些观点的学术争论，并指出，一些学者对马克思的著作的理解和解读存在理解力不足、对于马克思主义经典著作的阅读不足或阅读不仔细，甚至有意曲解直至完全走向了反面。

该书以争议主题的“擂台赛”形式，还原了一部真实的《资本论》。该书还对顶着西方马克思主义者帽子的一些学者的著作进行了分析批判，指出这些学者其实只是伪马克思主义者，因为他们的观点是完全与马克思对立的，从而捍卫了马克思主义的科学性与纯洁性。

《问题·旨趣·路径：社会主义核心价值观新探究》
冯颜利（研究员）　廖小明（博士）
专著　145 千字
人民出版社　2014 年 1 月

该书坚持以中国特色社会主义理论体系为指导，按照科学发展观的要求，坚持体现马克思主义中国化最新成果、批判吸收中华民族优秀文化传统特别是传统价值观合理成分、借鉴吸收人类最新文明特别是当代西方价值观合理成分的原则，在总结吸收现有关于社会主义核心价值观提炼的有益经验和成果的基础上，坚持社会主义核心价值观提炼体现阶级性、时代性和发展性三个向度，将社会主义核心价值观概况提炼为“人本”“正义”“法治”“自由”“诚信”五个要素。这个新概括体现出从国家社会到个人的基本要求，既解决了“核心价值观高高在上不被理解和接受”的问题，也解决了“价值观仅仅作为对公民的要求”的低层次、不能体现社会主义本质和发展要求的困惑，有助于发挥其对国家、社会和个人发展的“导航”作用。

《38位著名学者纵论邓小平理论》

中国社会科学院马克思主义研究学部

论文集 505千字

中国社会科学出版社 2014年12月

2014年是邓小平同志诞辰110周年，也是落实党的十八届三中全会精神的关键年。为更加完整地准确地理解和把握邓小平理论以及与中国特色社会主义理论体系的关系，正确评价邓小平和邓小平理论的历史地位与贡献，以进一步推进邓小平理论研究和全面深化改革；为纪念伟人和坚持发展伟人思想，根据党的十八大、十八届三中全会与习近平总书记的系列重要讲话精神，中国社会科学院马克思主义研究学部组织一批著名专家学者，在沿着邓小平开启的改革开放和中国特色社会主义道路上，结合改革开放30多年的实践，从经济、政治、文化、社会等多领域多视角，撰文重温邓小平及其理论，畅言全面深化社会主义改革，力图为重建改革共识、重聚改革底气和开启新一轮全面深化改革开放的辉煌大幕，作出学界的一点贡献。最终成果汇成该文集。

《完善双重调节体系：市场决定性作用与政府作用》

程恩富（教授）

论文 12千字

《中国高校社会科学》 2014年第6期

该文认为，市场调节和政府调节各有其功能强弱点及不同特点，是层次、领域和功能不尽一致的经济调节方式和机制，两者不是此消彼长的关系。发挥市场和政府的“两个作用”，不仅直接关系到促改革、稳增长、转方式、调结构、增效益、防风险等“经济新常态”的塑造，也直接关系到完全的竞争性市场机制能否真正解决高房价、高药价、乱涨价、低福利、贫富分化、就业困难、食药品安全、行贿受贿严重、劳资冲突频发、城镇化的质量不高等民生领域的迫切问题。该文认为，今后需要将市场决定性作用和更好发挥政府作用看作一个有机整体。既要用市场调节的优良功能去抑制“政府调节失灵”，又要用政府调节的优良功能来纠正“市场调节失灵”，从而形成作用较大的高效市场即强市场、作用较大的高效政府即强政府这一“双高”“双强”格局。这样，既有利于发挥社会主义国家的良性调节功能，同时在顶层设计层面避免踏入新自由主义陷阱和遭遇金融经济危机风险。

《关于毛泽东思想和中国特色社会主义理论体系的思考》

靳辉明（教授）

论文 10千字

《党的文献》 2014年第1期

该文认为，毛泽东对适合中国国情的社会主义道路进行了先行探索，在倡导和坚持马克思主义普遍真理同中国具体实际相结合，强调不照搬苏联模式，提出走自己的路，制定适合中国国情的社会主义经济、政治、文化建设方针政策，创立社会主义社会矛盾的学说等方面作出了突出贡献。关于中国特色社会主义理论体系的构建。除分析其时代背景、客观依据和哲学基础以外，还应阐发其基本范畴、基本观点、基本原理及其内在的逻辑结构，以及作为这个理论的实践纲领的基本路线。改革开放前后两个历史时期的关系，从思想、理论形成和发展的角度讲，就是毛泽东思想和中国特色社会主义理论体系的关系。这两者是辩证关系，既有明显的区别，又有内在的联系。后者是对前者的坚持、发展、继承和创新。

《从科学社会主义视角把握马克思主义的“整体性”》

李崇富（教授）

论文 8千字

《马克思主义研究》 2014年第5期

该文认为，就马克思主义的统一性和整体性而言，其三个基本组成部分，并不是三足鼎立、没有重点的，而是可以理解为以其哲学世界观和政治经济学为两大理论支柱所支撑的科学社会主义学说。该文认为，科学社会主义在理论结构上是马克思主义的“主题”和“核心”；科学社会主义在实践上是马克思主义奋斗的“目标体系”；科学社会主义的理论和实践能够开创和保障社会发展的社会主义、共产主义方向及其主体力量的充分发挥。可以说，应当以科学社会主义作为“核心”和“中轴”，来领会和把握马克思主义的“整体性”。而列宁曾把科学社会主义视为马克思主义的同义语来使用，即说“科学社会主义学说，也就是马克思主义”，就包含有这样的深刻意蕴。只不过，我们过去没有从这样思想理论的高度，来领会马克思主义内在的结构关系而已。

《全面深化改革必须牢牢坚持中国特色社会主义的正确方向》

金民卿（研究员）

论文 5千字

《马克思主义研究》 2014年第1期

该文认为，党的十八届三中全会通过的《中共中央关于全面深化改革若干重大问题的决定》(以下简称《决定》)明确提出。全面深化改革。必须高举中国特色社会主义伟大旗帜。努力开拓中国特色社会主义事业更加广阔的前景。《决定》号召：全党同志要把思想和行动统一到中央关于全面深化改革重大决策部署上来。增强进取意识、机遇意识、责任意识。牢牢把握方向。大胆实践探索。习近平总书记在对《决定》所作的说明中特别强调：“我们在改革开放上决不能有丝毫动摇。改革开放的旗帜必须继续高高举起。中国特色社会主义道路的正确方向必须牢牢坚持。全党要坚定改革信心。以更大的政治勇气和智慧、更有力的措施和办法推进改革。”这就向世人宣示：中国的改革是有方向、有立场、有原则、有领导的。全面深化改革必须牢牢坚持中国特色社会主义的正确方向。完善和发展中国特色社会主义制度的总目标。明确了改革的根本性质和制度取向；坚持社会主义市场经济的改革方向。明确了改革的根本方向和光明前途；以促进社会公平正义、增进人民福祉为出发点和落脚点。明确了以人为本的核心立场；加强和改善党的领导。确保全面深化改革沿着正确的方向发展。

《推进国家治理体系和治理能力现代化的三个基本问题》

辛向阳（研究员）
论文　9千字
《理论探讨》 2014年第2期

十八届三中全会提出了推进国家治理体系和治理能力现代化的思想，这一思想具有重要意义。该文论述了制度基础、基本内涵、现实路径等推进国家治理体系和治理能力现代化的三个基本问题，认为推进国家治理体系和治理能力现代化，必须以完善和发展中国特色社会主义制度为基础，离开了中国特色社会主义制度，国家治理体系与治理能力现代化就会变成无本之木、无源之水。国家治理体系是指按照一定的治理理念确立起来、使国家能够顺利运行的体制机制。国家治理能力是国家统筹各个领域治理主体、处理各种主体关系，实现经济社会发展进步的水平与质量。实现国家治理体系和治理能力现代化就是要到2020年在重要领域和关键环节改革上取得决定性成果，形成系统完备、科学规范、运行有效的制度体系，使各方面的制度更加成熟更加定型。

《资本主义国家共产党关于社会主义实现形式的论争》

吕薇洲（研究员）
论文　12千字
《马克思主义研究》 2014年第11期

该文认为，国际金融危机爆发以来，围绕社会主义的实现形式，资本主义各国共产党之间以及某些共产党内部发生过多次论争。论争不仅阻碍了资本主义各国共产党之间的团结与合作，而且削弱了一些国家共产党的力量，导致了不少资本主义国家的共产党分化派生出了许多不同的共产党，并进而使其在谋求执政过程中的挫败。

为实现社会主义的复兴，各国共产党人应从以下三方面努力：其一，尽快停止只会导致内耗的无谓论争，包容差异，尊重各国共产党自己的选择，这是正确选择社会主义实现形式的重要前提；其二，积极加强马克思主义和社会主义的宣传教育，提高工人阶级和广大民众的阶级意识与阶级觉悟，这是正确选择社会主义实现形势的根本保证；其三，努力探讨如何在资本主义制度下，更好地把议会民主同群众斗争有机地结合起来，这是顺利完成社会主义替代资本主义历史使命的有效途径。

当代中国研究所

《中华人民共和国史编年（1960卷）》

李正华（研究员）　姚力（研究员）主编
学术资料　890千字
当代中国出版社　2014年9月

该卷为《中华人民共和国史编年》第十二卷，起止时间为1960年1月1日至12月31日。全书由纲文、目文、文献、注释、图片、附录等部分组成，是一部以编年体形式全面反映中华人民共和国1960年各个领域重大史事的资料书，旨在为研究中华人民共和国史提供翔实可靠的史料。条目均采自原始、权威的资料，以时间先后为序。

《中华人民共和国国史编年（1961卷）》

刘国新（研究员） 欧阳雪梅（研究员）主编
学术资料 940千字
当代中国出版社 2014年9月

该卷为《中华人民共和国史编年》第十三卷，起止时间为1961年1月1日至12月31日。该卷主要反映的是从"大跃进"走向正视困难、实施调整的历史。该卷条目主要资料来源于档案和文献、国家领导人和重要人物的文集、文稿、年谱、传记、日记、书信、专题史料、报纸杂志、回忆录、地方史志、政府公报、年鉴等工具书。该卷正文共收编2003条，文献14篇，图片52幅。

《中华人民共和国史编年（1962卷）》

丁明（研究员） 李文（研究员）主编
学术资料 887千字
当代中国出版社 2014年9月

该卷为《中华人民共和国史编年》第十四卷，起止时间为1962年1月1日至12月31日。该卷采用纲目体，逐日记述该年历史上方方面面的大事。在内容上注重突出国史特色，举凡涉及中华人民共和国政治、经济、文化、科技、教育、卫生、民族、社会、人口、宗教、疆域、地理、区划、灾害、气候、生态、资源、国防、军事、外交、对外关系等方面的大事，均在编写之列，为国内外读者查阅中华人民共和国史1962年的资料提供了可靠史料。

《中华人民共和国史编年（1963卷）》

陈东林（研究员） 郑有贵（研究员）主编
学术资料 937千字
当代中国出版社 2014年9月

该卷为《中华人民共和国史编年》第十五卷，起止时间为1963年1月1日至12月31日。该卷以编年体形式，全面反映了中华人民共和国1963年各个领域重大史事。该卷节录引用了大量的档案文献资料，中央档案馆首次公开发表的档案约占全书字数的10%，为研究国史提供了翔实可靠的资料。

《当代中国水利史（1949～2011）》

王瑞芳（研究员）
专著 725千字
中国社会科学出版社 2014年6月

该书从江河治理和农田水利建设两个基本维度，揭示了新中国治水方针的转变及由此带来的水利建设重心的转移，清晰地勾画出当代中国水利建设发展的历史轨迹。该书利用翔实的文献资料，对新中国成立后水利建设取得的成就作了全面阐述，对水利建设的利弊得失作了客观评判，并正视水利建设中的一些失误和缺点，总结了经验教训。

《〈中华人民共和国史稿〉出版后的思考》

张星星（研究员）主编
论文集 150千字
当代中国出版社 2014年3月

中国社会科学院当代中国研究所编写的多卷本《中华人民共和国史稿》出版后，引起了广泛的社会反响。为深入总结《中华人民共和国史稿》的编写经验，当代中国研究所邀请主持和参加编写工作的李力安、有林、梁柱、周新城、田居俭、刘国新、张启华、程中原、张星星等，就《中华人民共和国史稿》编写的指导思想、编撰原则、治学体会和工作经验等问题，举办了系列专题讲座。该书汇集了《中华人民共和国史稿》出版后各主要媒体发表的7篇评介文章和9篇专题讲座的讲稿，系统阐述了《中华人民共和国史稿》所体现的世界观、历史观、方法论和编纂原则、治学经验，以作为继续推进国史研究和编修工作的参考与借鉴。

《中国特色社会主义与毛泽东的奠基和探索》

张星星（研究员）主编

论文集 770千字

当代中国出版社 2014年9月

该书是中国社会科学院当代中国研究所和中华人民共和国国史学会于2013年9月在北京共同主办的第十三届国史学术年会的论文集，共收入大会致辞、主旨发言和会议总结4篇,参会论文74篇。该书集中围绕“中国特色社会主义与毛泽东的奠基和探索”的会议主题，以邓小平、江泽民、胡锦涛、习近平关于科学评价毛泽东和毛泽东思想的历史地位、正确认识毛泽东与中国特色社会主义关系的重要论述为科学指南和基本依据，着重从六个方面进行了深入探讨：科学认识毛泽东思想与中国特色社会主义理论体系的关系，坚持把马克思主义基本原理与中国实际和时代特征相结合；正确认识毛泽东与当代中国发展进步的根本政治前提和制度基础，坚定不移走中国特色社会主义政治发展道路；正确认识毛泽东与社会主义基本经济制度和社会主义建设物质基础的建立，继续拓展中国特色社会主义经济发展道路；正确认识毛泽东文化思想及其历史经验，建设中国特色社会主义文化强国；继承和弘扬毛泽东的群众路线思想，推进党的群众路线教育实践活动；坚持和发展毛泽东军事思想、外交思想，坚定不移走和平发展道路。

《当代中国系列丛书》（8本）

武力（研究员）主编

专著 1600千字

五洲传播出版社 2014年6月

该丛书共8本，分别为:《中国概览》《中国共产党与当代中国》《当代中国经济》《当代中国政治》《当代中国文化》《当代中国社会》《当代中国外交》《当代中国生态文明》。该丛书属于通俗读物，目的是通过深入浅出、简明扼要的叙述和图文并茂的形式向国外介绍当代中国的真实情况。目前已经出版中文、英文、俄文三种文本，还将陆续出版其他外国文字的版本。

《站在人民立场上做学问》

宋月红（研究员）

论文 3千字

《人民日报》 2014年8月3日

该文以“做学问为什么人”的问题为研究对象，认为在人类社会思想发展史上，马克思主义唯物史观第一次科学揭示了社会历史的客观基础和矛盾运动，阐明人民群众是历史的创造者和推动历史前进的根本动力，是社会实践的主体和社会财富的创造者。这一科学历史观为做学问指明了研究的根本依据、认识源泉和最终目的，概括起来就是为人民做学问。站在人民的立场上做学问，就是尊重人民群众的历史主体地位、从人民群众的根本利益出发进行学术研究。人民群众的社会实践，是做学问的不竭源泉和根本动力。研究人民群众的社会实践，根本点在于总结人民群众的实践经验，反映和表达人民群众的意志、利益与要求，推动社会实践发展。

《从传统到现代：中国农村和农民的复兴梦》
武力（研究员）
论文　6千字
《红旗文稿》 2014年第1期

1949年新中国的建立是中华民族从半殖民地、半封建社会向现代独立民主的社会主义国家转变、由农业文明向工业文明发展的伟大历史转折点。新中国建立以来的64年里，中国农业怎样走向现代化、中国农民是怎样支持国家工业化的，是需要认真研究的历史课题。该文从改革开放前后两个历史时期分析了上述问题，提出只有中国共产党和社会主义制度才能解决好中国的工农关系、城乡关系，才能通过实现农村支持城市、农业支持工业来跨越“贫困陷阱”；才能提出适时提出“反哺”政策，统筹城乡发展，实现农业现代化和全面建成小康社会的中国梦。

《毛泽东和平外交思想的基本主张及其历史贡献》
黄庆（研究员）　张萍（副教授）
论文　12千字
《马克思主义研究》 2014年第6期

该文全面系统地阐述了毛泽东的和平外交思想产生的社会历史条件、基本主张、基本宗旨和历史贡献。毛泽东以其独创性的理论丰富和发展了马克思列宁主义，他的和平外交思想成为中国国际战略和外交工作理论的思想基础和基本原则。中国外交一直遵循毛泽东的和平外交思想，与世界各国发展友好关系，毛泽东的和平外交思想极大地改善了中国的安全环境，拓展了中国外交活动的舞台，为开展社会主义建设创造了较好的国际环境，为新时期的改革开放以及更加积极地参与国际事务活动创造了前提。

《中国经济发展奇迹的实现机制——基于制度、政府、优势发挥机制的研究述评》
郑有贵（研究员）
论文　12千字
《教学与研究》 2014年第7期

该文认为，中国经济发展奇迹的实现是各种因素综合作用的结果，其中主导因素是中国共产党的领导，构建起平等社会，实行公有制为主体、多种所有制经济共同发展的基本经济制度和社会主义市场经济体制，政府从国家和人民长远利益出发及能够实施中长期发展战略、计划或规划。对于中国经济发展奇迹实现机制的研究，还需要从以人为中心的经济发展动力机制，以整体史视阈下政治、文化、社会、生态、国际因素对经济发展的综合影响等方面加以深化。

《邓小平与中国特色社会主义文化》
欧阳雪梅（研究员）
论文　11千字

《当代中国史研究》 2014 年第 5 期

该文认为，邓小平在领导开创中国特色社会主义道路的进程中，非常重视文化建设。他不但以巨大的勇气，完成文化领域拨乱反正的任务，坚持文化发展的社会主义方向，进行文化政策调整，而且把握时代主题，指出精神文明是社会主义的重要特征，要努力提高全民族的思想道德素质和科学文化素质；尊重文化发展规律，强调文化主体的创造作用，营造了“尊重知识、尊重人才”的社会文化大环境，并用世界视野审视中华文化，推动文化的对外开放，确立了中国特色社会主义文化发展道路的基本思路和基本原则。

《从“小康社会”到“中国梦”》

李文（研究员）

论文 12 千字

《当代中国史研究》 2014 年第 3 期

该文认为，从总体小康到全面小康，从“三步走”到“新三步走”，是新时期中国共产党领导全国人民建设“中国式”现代化的总体方略和发展步骤。在务实稳健的发展理念指导下，从中共十四大到十八大，不断提出、更新和充实更为具体明确的阶段性目标，其中，建党 100 年全面建成小康社会、新中国成立 100 年基本实现现代化的两个 100 年的目标是个不变的“魂”，并被以习近平为总书记的中共新一代领导集体继承下来，构成实现国家富强、民族振兴、人民幸福的“中国梦”的基础性内容。“中国梦”是中国共产党成立以来历史赋予的民族使命，更是改革开放以来国家层面发展战略和发展目标一以贯之的继承和发展，承载的是全民族、全体海内外中华儿女的共同期盼和凝聚力。

《周恩来与新中国文化事业的初创》

张星星（研究员）

论文 10 千字

《党的文献》 2014 年第 6 期

该文以翔实的文献史料特别是新近出版的《建国以来周恩来文稿》为依据，从制定新民主主义的文化建设方针、促进新中国文化队伍的大团结、组建新中国文化事业领导机构、推动新中国各项文化事业的发展、提出和贯彻对知识分子的正确政策五个方面，研究和探讨了周恩来为开创新中国文化事业做出的重要决策和阐述的文化思想，较为全面地反映了周恩来在新中国创建之初对文化建设的高度关注和卓越贡献。

信息情报研究院

《久远的文明与文化多样性的假想》

肖俊明（研究员） 贺慧玲（助理研究员）

杜鹃（助理研究员）主编

论文集 450 千字

中国书籍出版社 2014 年 1 月

该书以“文明的进化与现实”“文化多样性的反思”和“审美与多元文化”为主线，精选了东西方国家相关领域著名学者的 26 篇论文，从不同学科、不同视角、不同层面展现了有关文明和文化的最新研究成果。

《人文科学与社会发展》

朴光海（研究员） 肃草（研究员）主编

论文集　291 千字
中国社会科学出版社　2014 年 11 月

该书汇集了 20 余篇国内外知名学者的新近论文，根据论题和内容分为四个部分：第一部分“新世纪的人文科学：困境与挑战”着重论述了人文科学的总体现状和走向，尤其是人文科学所面临的挑战和危机；第二部分“哲学的地位与价值”重新审视了哲学的价值和实际效用，尤其探讨了哲学的出路所在；第三部分“历史与社会发展”将历史学置于社会发展的大背景中进行探讨，特别指出了历史学的不可替代的作用；第四部分“文学的社会文化意义”论述了人文科学的精髓——阅读经典及其与文学的社会功用的关系。

《论西方国家工人阶级的现实境况和社会地位》

姜辉（研究员）
论文　11 千字
《教学与研究》 2014 年第 7 期

该文认为，20 世纪 70 年代以来，资本主义经济结构和社会结构发生了深刻变化，工人阶级仍然是当代发达资本主义社会的客观存在，仍然是社会中的绝大多数群体，仍然具有潜在的社会变革主体地位。西方国家工人阶级经历着新一轮的“无产阶级化”：一是被纳入“中产阶级”范围的广大雇佣劳动者，在劳动方式上越来越“去技能化”；二是被纳入“中产阶级”的广大白领雇员“蓝领化”趋势。当然，西方工人阶级的社会变革主体地位也遭遇严峻挑战，特别是工人阶级的阶级认同感、政治行动意识和能力、组织动员程度等发生了很大变化，难以形成明确的阶级认同和阶级意识，难以形成强大的集体组织和行动能力。

《中国特色社会主义对世界社会主义的贡献》

姜辉（研究员）
论文　7 千字
《中共贵州省委党校学报》 2014 年第 7 期

该文认为，中国特色社会主义是世界社会主义发展的新阶段，对 21 世纪世界社会主义的振兴具有里程碑意义：一是开辟了世界社会主义实践发展的新道路，成功回答了经济文化比较落后的国家如何建设和发展社会主义的历史课题；二是确立了世界社会主义理论发展的新形态，中国特色社会主义理论体系也是世界范围内社会主义实践经验的理论总结和升华，代表了当今时代科学社会主义理论发展的最新水平；三是中国特色社会主义成为世界社会主义走向振兴的中流砥柱，成为代表世界社会主义运动发展最新水平和未来走向的标志性参照系。

《乌克兰转型之殇：西化道路上的民主迷失》

张树华（研究员）
论文　9 千字
《人民论坛·学术前沿》 2014 年 3 月 15 日

该文认为，由制度失范而导致的“政治无序化”无疑是乌克兰政局长期持续动荡的根本原因。历史地看，这种制度性缺陷也正是其盲目推行西化道路以致最终陷入民主迷失的必然结果。以美国为首的西方国家打着民主的旗号，输出的却是导致无休止的混乱与无序的劣质民主。在内忧外患的双重压力之下，如果乌克兰各方力量仍不能尽早在国家建设和发展道路这些根本性问题上达成共识，而是继续陷入党派纷争、民族和区域矛盾等泥潭中，继续在财阀、寡头和党派利益中周旋，那么将无法从根本上摆脱大国政治“夹缝”的束缚，无法逃脱“周期性”政治动荡的怪圈，也无法摆脱边缘化生存的泥潭。

《乌克兰局势说明了什么》

张树华（研究员）

论文 4.6 千字

《党建》 2014 年第 4 期

该文认为，自苏联解体之后，乌克兰国内政局混乱、经济衰败、社会和民族严重分裂，这些问题都成为独立以来的乌克兰挥之不去的西化、民主化之殇。回顾冷战后国际民主化的曲折历史，乌克兰落入“民主陷阱”的教训值得我们深刻反思和警惕。

《境界与教化：文化哲学的地位和任务》

肖俊明（研究员）

论文 28 千字

《辽宁党政干部学刊》 2014 年第 11 期

该文认为，文化哲学不应是一个学科分支或部门哲学，文化哲学的出现代表着哲学方向和视角的一种转变，更预示着哲学反思的一次飞跃，一种哲学核心概念的转换。卡西尔的“符号形式的哲学”和伽达默尔的“教化哲学”对于理解和认识这种飞跃和转换具有一定的启示意义，而从境界和教化的角度来实施文化哲学的构建显然具有相当的可行性和极大的现实意义。文化哲学要在中国获得其应有的地位，有很长的路要去探索。一旦东西方哲学从文化上完成一种“视域融合”而进入一个“共同世界”，不仅使文化哲学本身达到一个更高的境界，而且也会给整个哲学找到一条出路。

《中国智库的规模与建设取向》

崔玉军（副研究员）

论文 18 千字

《重庆社会科学》 2014 年第 7 期

该文认为，麦甘(James G. McGann)及《全球智库报告》对智库的认定并不以独立性为主要标准，而将研究、分析和参与公共政策的研究机构都视为智库。这种宽泛的定义标准与中国学者的观点较为一致，也符合中国智库的现实状况。《全球智库报告》低估了中国智库的实际数量与规模，其相关结论不具权威性和公信力。当然，这并非否认该系列报告在其他方面的重要贡献。中国智库的主要问题不在其数量，而在其质量。中国智库应抓住时机，加强横向联系，努力培育一个富有竞争性的思想市场，提高智库的社会责任感，使智库政策产品经受住实践的检验，更好地服务决策和我国的现代化建设。

《克服情感，征服命运：对于笛卡尔伦理学的反思》

[泰]素巴格瓦迪·阿玛打耶军著 肖俊明（研究员）译

译文 12.2 千字

《第欧根尼》 2014 年第 1 期

该文对笛卡尔的情感理论进行了重构，尤其着眼于“慷慨”美德。笛卡尔将“慷慨”视为主要美德，认为它可以帮助人类掌控其欲望，从而超越命运的不可预测性和任意性，实现最高层次的幸福。文章首先分析了笛卡尔的“神意”“徒劳欲望”及“遗憾”等概念，然后对作为情感和美德的“慷慨”进行了探究，最后将“慷慨”作为掌控情感的工具进行了审视。

《全球化时代的国家认同：危机与重构》

王文娥（副研究员）

译文 11 千字

《中国社会科学》（英文版） 2014 年第 2 期

全球化时代的到来，对国家认同产生了诸多的挑战。要应对这一挑战，需要我们从理论的层面加以科学阐释。考察国家认同的概念可以看到，国家认同实质上是包含制度、利益、文化、非国家共同体认同的“四位一体”，其基本特征包含生成机制的原生性和构建性、表现形式的意识性和行动性、内容体系的政治性和行动性、维持机制的情感性和利益性以及发展状态的稳定性和发展性。全球化时代国家认同危机包含着政治、经济、文化三个层面，民族国家认同危机产生的根源是国家治理的失效。要在全球化背景下推动国家认同的构建，着力点在于，推动政治体制改革，探索治理民主模式，构建国家认同的制度性前提；促进经济发展，维护公平正义，构建国家认同的利益性保障；发展民族文化，加强价值整合，丰富国家认同的文化内涵；正视不同层次共同体的发展，促进国家认同的共同体整合。

《从欧洲中心主义到多中心世界观：范式转换的主张》

［马里共和国］阿达马·萨马塞库著 李红霞（助理研究员）译

译文 15 千字

《第欧根尼》 2014 年第 2 期

该文认为，人文社会科学迄今所采取的路径是将欧洲置于科学讨论的中心位置，因为损害了其他大陆以及世界上其他文化，后者被降至知识反思和知识生产的边缘。这种欧洲中心在经济、社会文化、政治以及宗教领域是显而易见的。非洲与欧洲的关系就是发人深省的例证。最近的危机不仅是金融和经济危机，而且是文化和更普遍的社会危机，反映出由于试图将世界上各种文化标准化造成的意识丧失。这种标准化是由加速的全球化所引发的，而全球化导致个人、民族、国家之间的关系的去人性化。通过重构人文社会科学来进行一种范式转换已是刻不容缓。这种范式转换的视角是一种基于世界语言和文化多样性的多中心主义，这种多中心主义能够加强各种文化和文明之间的对话，因而巩固世界和平。

《德国智库的发展与意义》

［德］马丁·W.蒂纳特 著 杨莉（助理研究员）译

译文 16 千字

《国外社会科学》 2014 年第 3 期

该文是在《德国政策研究》上发表的一篇关于德国智库概况的文章。该文通过审视德国智库管理、筹资、人员配备及策略实施等问题，对德国智库进行了分类，并调查了德国智库在政策制定过程中发挥的作用，最后考察了限制和促进德国智库发挥潜能的条件与机遇。

其 他 单 位

中国社会科学院研究生院

《世界能源发展报告 2014》

黄晓勇（教授）主编

皮书　350 千字

社会科学文献出版社　2014 年 6 月

该书是一部阐述世界能源发展现状的蓝皮书。以全球视角并用国际政治、国际经济的研究方法，对东北亚、东南亚、中东北非、欧盟、俄罗斯中亚、北美、拉丁美洲等重要能源板块的发展现状及其战略进行了分析和阐述，对石油、天然气、电力等能源的供求、贸易、投资等情况进行了分析，并重点研究了中亚的能源状况及中国与中亚的能源合作等问题。

《中国医药卫生体制改革报告(2014 ~ 2015)》

文学国（教授）主编

皮书　380 千字

社会科学文献出版社　2014 年 11 月

该书是一部医改蓝皮书。该书以 2009 年新医改以来的医药卫生体制改革为背景，分为总报告、专题报告、地方医改、医改案例 4 编。总报告总结了新医改 5 年来的政策措施与实施效果，并对下一步的改革提出了设想。专题报告梳理了新医改以来有关理论与政策的观点争鸣以及相关的改革探索；阐述了我国的医改如何既要实现政府的改革目标，又要充分发挥市场机构的作用；研究了我国政府如何对药品流通进行干预及干预的效果；政府对药品的价格如何进行管制及管制的效果；公立医院的发展态势与改革路径以及其去行政化问题；对我国近几年的医疗纠纷进行了总结与分析，从大量的医疗纠纷案例中分析了其产生的原因，提出相应的防控对策；对我国新医改以来的医疗保险制度改革进行了回顾与展望。地方医改方面，重点介绍了北京医改的做法与取得的成效。医改案例主要通过实地调研，对陕西神木医保制度改革进行全景式的扫描。

《康德文艺美学思想与现代性》

张政文（教授）

专著　274 千字

人民出版社　2014 年 12 月

康德不仅是西方美学史上的重要里程碑，也是对中国近现代美学产生重大影响的西方美学家。该书尝试突破国内康德研究中普遍存在的就康德论康德的旧有模式，把康德作为轴心，宏观概括康德有关审美现代性建构四大基本问题的立场，阐述康德美学与德语世界诗学、音乐美学、艺术史学、艺术设计学现代转型之关系，论述了康德美学在英国浪漫主义诗学、俄国形式主义诗学、美国抽象主义艺术、中国现代美学建构中的接受和影响问题，贯串出“现代性”诸多领域的各个链条的脉络。同时又考察了康德思想影响与接受中的种种“变形”现象，从“文艺美学”的角度阐释了康德的现代性。

《中国人对欧盟的看法论》

董礼胜（教授）

论文（英文） 10千字

《当代中国》 2014年第7期

该文使用2010年问卷调查数据。对中国公众和精英对欧盟的看法进行了系统的比较分析。该文发现大多数中国市民对欧盟不是很了解，但他们对欧盟的印象非常正面，并且对中国—欧盟关系的未来有着良好的预期。中国精英与普通市民在“肯定欧盟”还是“肯定俄罗斯”的选项上差别显著。多元回归分析表明欧盟旅行的经历、年收入水平、互联网依赖度对“肯定欧盟”的态度具有正相关性。具有欧盟旅行经历者、年收入高者、有更多机会从互联网获取信息者更有可能对欧盟持肯定态度。

《我国C2C电子商务平台纠纷处理机制有效性及其改进研究》

李为人（讲师）

论文 7.9千字

《中国社会科学院研究生院学报》 2014年第2期

C2C电子商务平台纠纷处理机制的有效性会对买卖双方和C2C网站造成影响。我国现有C2C电子商务平台纠纷处理机制在约束警示不诚信行为、处理效率和执行力等方面还存在不足，从而会使消费者丧失维权信心，降低投诉意愿。该文通过问卷分析，得到影响投诉决策的4个主要因素：纠纷解决时间、商品价格、搜集证据的困难度、对卖家的惩罚力度。该文认为，评价反馈放大法、动态信用处罚机制、信用度细分机制的采用和建立可望提升纠纷处理机制的有效性，以规范C2C电子商务市场，促使其良性发展。

《诺贝尔奖之问》

黄晓勇（教授）潘晨光（教授）

专著 530千字

中国社会科学出版社 2014年7月

何谓诺贝尔奖？诺贝尔奖的“幕后”历史是什么？诺贝尔奖有本质吗？诺贝尔奖是跨越国家、民族和政治的吗？诺贝尔奖获得者有哪些统计学意义上的特征？不同国家在已经颁发的诺贝尔奖记录中是怎样的“排位”？中国人的诺贝尔情结是如何产生的？中国第一个诺贝尔科学奖会在何时诞生？一个旨在赢得诺贝尔奖的教育科研政策是好的政策吗……

该书从包括传播学、政治学、科学社会学、科学史等多学科的视野。来审视、分析并尝试回答上述问题。该书也反思了我国的人才政策和教育科研制度，探讨了科学和人文的价值与精神在中国当下的意义。

《以用户需求为导向，构建文献采访工作的机制》

蔡曙光（研究馆员）

论文 7.3千字

中国书籍出版社 2014年10月

随着网络技术的发展和用户需求的不断提高，图书馆能否为教学、科研工作提供高水平的文献保障服务已直接关系到教学及人才培养的质量。各类型文献信息数量剧增，复杂多变的文献信息状况增加了采访工作甄别、选择的难度。对此，我们着手改革不合理采访工作模式，构建以用户需求为导向的采访工作机制，加强与用户和选书专家的沟通，采取多种措施，充分调动他们参与文献建设的积极性。实践表明，通过采访工作重心的转移，馆藏文献资源质量得到了一定程度的提高，用户对图书馆服务的满意度也相应提高。图书馆要想在当今网络高度发达，获取文献信息途径广泛的情况下，还能继续保持学术核心存在价值，就需要继续付出更大的努力。

《当代视阈下的传统图书馆学》

袁宝龙（馆员）

论文　14 千字

《图书馆学研究》　2014 年 3 月

该文综合运用了历史学图书馆学的研究方法，对中国传统图书馆学从近代至今的发展脉络进行了梳理考察。该文认为，尽管符合学术标准的中国图书馆学诞生于近代西学东渐之际，但是实际上中国传统图书馆学作为中国传统学术的一部分由来已久，正是在中国传统图书馆学与现代西方图书馆学的交融会合之下，才促成了中国当代图书馆学的诞生发展。在网络化时代，随着社会变革和技术手段的提升，传统图书馆学渐趋式微，该文指出了上述问题，并对网络化时代的当代视阈下中国传统图书馆学的发展方向做出了分析。

《对江户时代经济思想的考察——以山片蟠桃和二宫尊德的思想比较为主》

李晓东（副教授）

论文（日语）　9 千字

《日本语言文化研究第三辑（下）》　2014 年 6 月

该文从思想史的角度，以日本江户时代的商人学者山片蟠桃和农民思想家二宫尊德为比较对象，从农本论、俭约论、经济论等三个方面阐明二者经济思想的异同点，同时深入探讨、研究日本江户时代经济思想的特质。一是相同点：两人不约而同提出农本论思想。二是不同点：山片蟠桃倡导执政者带头俭约，而二宫尊德认为每个人都应该俭约度日。山片蟠桃受到儒家思想的影响，吸收了儒家的政治哲学思想即儒家的王道思想，结合儒家的道德伦理和经济观点，提出了解决江户时代社会问题的方法。二宫尊德认为，应该对执政者、百姓提倡道德经济一体化思想。

监察局、直属机关纪委

《反腐倡廉蓝皮书：中国反腐倡廉建设报告 NO.4》

李秋芳　张英伟　主编

皮书　285 千字

社会科学文献出版社　2014 年 12 月

该书从“治病树、拔烂树”净化政治生态、以发现问题为导向强化监督实效、改革为制约公共权力提供“内生动力”、严管公共资金资产资源、构建公职人员道德诚信与行为规范、让社会廉洁文化彰显核心价值观等六个方面，综述了 2014 年度党风廉政与反腐败工作的实践和效果。

《强化反腐倡廉体制机制创新》

中国廉政研究中心课题组

论文　23 千字

《全面深化改革二十论》社会科学文献出版社　2014 年 10 月

该文认为，构建科学有效的反腐败体制机制，是有效遏制腐败问题的基本保障，也是反腐倡廉建设的重要内容。党的十八大以来，新一届中央领导集体在不断加大打击腐败力度的同时，对健全和改革反腐败体制机制提出了新的更高的要求，强调要通过体制机制的完善与创新，推动反腐败向纵深发展。

《科研单位加强党风廉政建设的思考》

张英伟

一般文章　3 千字

《中国监察》 2014 年第 5 期

该文认为，科研工作和廉政建设如鸟之两翼、舟之双桨，相辅相成、不可偏废。既加强科研管理、学术创新等主业，又把好政治纪律、财经纪律等关口，两手都要抓好。两手都要硬，是坚持正确办院方向。确保科研事业健康有序发展的重要前提。

《让组织纪律成为“全天候带电的高压线”》

张英伟

一般文章　2 千字

《中国纪检监察报》 2014 年 4 月 22 日

该文认为，习近平总书记在十八届中央纪委三次全会强调，要严明党的组织纪律，增强党的组织纪律性。我们要认真学习贯彻习近平总书记重要讲话精神，全面把握组织纪律建设的重要意义、主要内涵和基本途径，增强组织意识，强化组织观念，健全组织制度，加强组织管理，严格组织监督，形成对违反组织纪律行为“零容忍”的高压态势，让组织纪律成为带电的高压线。

《切实严明党的组织纪律》

孙壮志（研究员）

一般文章　3 千字

《辽宁日报》 2014 年 3 月 25 日

该文认为，习近平同志在十八届中央纪委第三次全体会议上指出，要“严明党的组织纪律，增强组织纪律性”，强调“党要管党、从严治党，靠什么管，凭什么治？就靠严明纪律”。这是继 2013 年习近平同志在第十八届中央纪委第二次全会上特别强调维护政治纪律之后，又把严明党的组织纪律提到一个同等重要的高度。

《“丝绸之路经济带”：打造区域合作新式》

孙壮志（研究员）

论文　8.7 千字

《新疆师范大学学报（哲学社会科学版）》 2014 年第 3 期

该文认为，“丝绸之路经济带”是欧亚大陆国家通过交通、信息、能源等领域的互联互通，促进贸易和投资便利化，形成一种独特的地缘经济合作方式。首先，它应该是互惠的利益共同体，不断扩大各国的经济贸易联系；其次，它应该是共赢的发展共同体，各国都可以从合作中受益，以基础设施建设为优先方向，加强融资合作，创造更多就业机会，真正造福于各国人民；再次，它应该是开放的合作共同体，辐射的地理范围非常广阔。区域外的国家也可以参与。“丝绸之路经济带”是一种创新的合作模式，旨在促进各国充分发挥地缘上的优势，开辟一条不同发展水平、不同文化传统、不同资源禀赋、不同社会制度国家间开展平等合作，共享发展成果的有效途径。

《关于落实好监督责任的思考》

高波（副研究员）

一般文章　3千字

《中国纪检监察》 2014年第18期

该文认为，各级纪检机关做好党内监督这篇大文章，把监督责任扛在肩上，既是加强党的建设、维护党的执政地位的必然要求，也是完善监督体制机制、有效防治腐败的重要保障。当前，在深化转职能、转方式、转作风的要求下，纪检监察机关应牢牢锁定“监督、执纪、问责”三个关键词，把更多力量投到主责主业上，坚决遏制腐败蔓延势头，深入推进党风廉政建设和反腐败斗争，为全面深化改革提供有力保证。

《做好落实纪委监督责任这篇大文章》

高波（副研究员）

一般文章　2.1千字

《中国纪检监察报》 2014年8月5日

该文认为，在改革开放初期，邓小平同志谈到政治体制改革时曾指出：“最重要的是要有专门的机构进行铁面无私的监督检查。”在全面深化改革新时期，十八届三中全会作出“落实党风廉政建设责任制，党委负主体责任，纪委负监督责任”的重大决定，并在《党的纪律检查体制改革实施方案》中对“落实纪委在党风廉政建设中的监督责任”作出细化安排。纪检监察机关做好落实监督责任这篇大文章，既是改革党的纪检体制、维护党的执政安全的必然要求，也是切实提高执纪监督能力、坚决遏制腐败蔓延势头的重要保障。

中国社会科学杂志社

《中国梦》（中文版、英文版）

李红岩（研究员）

专著兼画册　250千字

黄山书社　2014年4月

该书由文字与新华社授权图片两部分组成。全书围绕“中国梦”主题，回顾民族复兴历程和道路抉择，展现新中国建设成果和人民幸福生活，展望实现梦想的美好前景；通过典型人物与事件，颂扬国家富强、民族复兴、人民幸福、世界和谐的精神。同时向海内外全面阐释中国梦的科学内涵、实现途径以及世界意义，传递发展壮大的中国是维护和平、公正世界秩序负责任大国的重要信息。

《新时期散文的发展向度》

王兆胜（编审）

专著　292千字

广东人民出版社　2014年7月

该书包括4章，分别是新时期散文的观念变构与反思、新时期散文的文体建构与反思、新时期散文的文化选择与透视、新时期散文作家个案解读。该书打破了长期以来“形散、神不散”的散文观，提出“形不散、神不散、心散”的新的散文观。作者对新时期以来诸如大文化散文、新艺术散文、新感觉散文等重要散文现象都有涉及和研讨，提出了自己的观点。该书还对余光中、史铁生、余秋雨、贾平凹、林非、周涛等新时期重要作家都给予了实事求是的评价。在研究方法上，作者将现代性与天地之道相印证，突破了长期以来过于崇尚西方研究方法的局限，对于现当代散文乃至于新文学研究都有借鉴和启示作用。

《“故事”视角下的古代英雄传奇》

李琳（编审）

论文　12千字

《学术研究》2014年第2期

该文力图转换传统研究视角，即将英雄传奇视为“故事”而非“小说”，由此而探讨故事类型研究方法对于中国古代英雄传奇研究具有的适用性。“故事”的核心要素，一为叙事性，二为民间性。而叙事作品的民间性，则主要是指向类型化、模式化。古代英雄传奇模式化的叙述方式以及叙述观念的民间化，正体现了这种故事性特征。古代英雄传奇故事主要包括“出身（出生）”“征战”“婚姻”“死亡”四大核心故事类型，其下可细化若干情节单元。每种故事类型及其异文都具有丰富、复杂的文化内涵。转换传统研究视角，从故事角度来看古代英雄传奇，可为古代文学开辟新的研究空间。

《公司自治的限度——以有限公司股东资格取得与丧失为视角》

赵磊（副教授）

论文　16千字

《法学杂志》2014年第10期

公司法本质上属于私法，公司又被认为是一系列合同的联结，但公司又是依法成立的企业法人。这决定着公司法既有任意性规范，又有强制性规范；既要贯彻私法自治原则，又要受到国家强制的限制。股东资格的取得是公司自治的始点，而是不是股东要以法律标准来判断：一是股东是否对公司出资；二是是否履行法定程序。在自治范围内，公司可以依法或章程对个别股东除名。公司自治应当受到限制，主要原因是：股东的有限责任、保护第三人利益和公司社会责任。

《重新认识国家起源与血缘、地缘因素的关系》

晁天义（副编审）

论文　16千字

《史学理论研究》2014年第2期

该文对摩尔根等人关于国家起源过程中血缘与地缘因素关系的传统观点进行了反思。按照摩尔根等人的观点，国家的产生必然以血缘因素的削弱、地缘因素的强化为前提，并最终建立于地缘组织基础之上。20世纪以来，随着人类学调查材料及历史学研究成果的不断丰富，人们发现不少国家建立于血缘组织基础之上的案例。这意味着国家起源与血缘、地缘因素关系的传统观点有待重新认识。具体而言，地缘组织与血缘组织在史前时期长期并存，共同发挥着凝聚群体、团结社会的重要功能。在史前社会向国家时代过渡的进程中，血缘组织与地缘组织均可能成长为政治性团体。一个地区的国家建立于何种组织的基础之上，取决于国家产生前血缘因素与地缘因素何者能够得到更充分的发展而占据主导地位。

《费孝通的社会学主义》

刘亚秋（副编审）

论文 15 千字

《学术研究》 2014 年第 9 期

《费孝通的社会学主义》是有关中国社会学史领域中的重要论题。社会学在中国的发展已历经百余年，但仍然面临一些质疑。该文认为，已有的质疑与社会学的学科特点有着密不可分的关系。费先生作为中国社会学尤其是当代中国社会学的奠基人物之一，探索其对这一问题的回应及其态度，一定程度上，可以管窥社会学这门学科的特点，同时也是思考中国社会学思想传统的一条较为有效的路径。通过阅读《费孝通全集》，作者试图梳理一些相关概念，探索费先生的社会学主义特征及其形成，阐述他对社会学的期待，回应社会学所面临的质疑并探索未来社会学研究的可能路径。

《塑造亚太均势：中国大战略的未来》

焦兵（助理研究员）

论文 12 千字

《江汉论坛》 2014 年第 4 期

该文针对近年来中国崛起所引发的周边国家的猜疑，美国对中国的战略防范，中国与周边国家的领土领海争端，提出中国未来的大战略应该是积极塑造于我有利的亚太战略均势。该文的创见是将现实主义理论与地缘政治理论相结合，提出中国大战略的目标是防止周边国家和美国组成针对中国的军事联盟，主动塑造对中国有利的亚太均势。具体而言，中国在维护国家主权和领土完整的原则下，要进一步加强军事力量建设，深化与俄罗斯的战略合作，努力构建中美新型大国关系，坚定抵制日本的地区野心，利用经济杠杆加强与东南亚国家的经济相互依赖。

《早期儒家的德目划分》

匡钊（编辑）

论文 12 千字

《哲学研究》 2014 年第 7 期

该文结合新出土文献，对先秦儒家对于德性分类的理解进行了研究，指出在先秦儒家的学术谱系中，可以观察到不同立场的划分德性类别的方式，其中较早本来存在一个类似于古希腊的、大体以“理智”和“道德”为标准划分德目的方式，并具有两条不同的德性培养路线。但此种德性分类，却受到后起的以“内”“外”为标准的德目划分的混淆，而变得模糊起来，并最终在后来让人们再也无法分辨出早期儒家原有的德性分类方式。重现先秦儒家当中存在的某种德性分类标准，对于深入理解儒家的道德观具有重要影响，且能进一步与西方思想形成有益对照。

《哲学实践和哲学语言——爱尔兰根学派与海德格尔的对话》

莫斌（编辑）

论文 13 千字

《哲学动态》 2014 年 7 月

该文认为，20 世纪 60 年代兴起的爱尔兰根学派涉及领域广泛，国内学界对此关注不多。在“哲学思考及其实践”的问题框架下，爱尔兰根学派学者卡姆拉、洛伦琛、米特尔施特拉斯等人对海德格尔哲学多有批评，讨论了哲学的公开演讲方式及其社会效应，提出了对现代技术进行批判的新思路。人们关注的不仅仅是一种语言构造方面的尝试，而是语言的创制层面必须在语言的日常应用机制上获得一种补偿，它以诸多个体化行为的区分性为前提，力图呈现可能性论证的诸多方式。

《始终引领当代中国史学的前进方向——写在〈历史研究〉创刊60周年之际》

高翔（研究员）

理论文章　3.7千字

《人民日报》　2014年6月29日

该文回顾中国史学60多年曲折但不失辉煌的历程，总结其中的成败得失，反思当代中国史学的前进方向。针对马克思主义史学衰弱、理论思维钝化、理论与实践脱节、碎片化研究盛行等当代中国史学存在的突出问题，该文指出当代中国史学的前进方向：唯物史观是当代中国史学的旗帜和灵魂；探索历史规律是当代中国史学的本质追求；经世致用是当代中国史学的优良传统。该文认为，面对各种学术流派的相互激荡，如何引领中国史学界坚守自己的学术理念、学术传统和学术品格；如何以更大的理论勇气，探索新问题，形成新观点，使史学更有生机、更具激情、更富活力；如何推动学者在国际学术舞台上更加自信、更具尊严，为人类文明的提升贡献中国史学的智慧。所有这些问题，都是当代中国史学尤其是《历史研究》必须直面的时代课题。

郭沫若纪念馆

《郭沫若生平文献史料考辨》

蔡震（研究员）

专著　442千字

社会科学文献出版社　2014年7月

该书从两个方面对郭沫若生平文献史料进行梳理：一是关于缺失文献史料的发掘、钩沉、整理、考释；二是对现有生平史料中存在疏漏、舛误的考辨、订正。每一问题或一则史料单独成篇，按照郭沫若生平活动的几个方面归类，分为“史迹”“著述”“交往”“书信”四篇。内容包括郭沫若旧体诗词的整理、著译版本的考辨、散佚作品的勾稽等。

《中国能源发展报告2014》

崔民选（研究员）等主编

皮书　401千字

社会科学文献出版社　2014年8月

该书立足于中国国情与现状，综合考虑当今国际、国内形势，并针对我国能源行业进行深入和细致的研究，从而得出具有独创性的研究成果。该书的出版，旨在对中国能源行业的深化改革，对政府、行业和研究机构的研究决策，对企业和投资者把握未来行业趋势，对构建中国稳定、经济、清洁的能源发展体系作出贡献。

《〈女神〉等同于“五四”时期的郭沫若吗？——“女神时期”郭沫若佚诗解读》

张勇（副研究员）

论文　12千字

《鲁迅研究月刊》　2014年第6期

《女神》俨然已经成为郭沫若的代表词，只要是提到郭沫若首先我们想到的肯定会是《女神》中那些慷慨激昂的诗篇，同样只要谈到《女神》中凤凰涅槃的诗句便不能不联想到郭沫若的青春诗人的形象。但我们目前阶段所研究的《女神》并不是一个完整的文本,还有很多丰富的信息遗失在《女神》之外，这也造成对“五四”时期郭沫若认识的片面性和残缺性。因此，对《女神》及其佚诗进行整体全面的解读，将会对于“五四”时期郭沫若文艺思想、文化选择等方面的问题研究具有重要意义。

《郭沫若的“石鼓文”研究及出版》

梁雪松（助理研究员） 雨辰（研究员）

论文 3.5 千字

《鲁迅研究月刊》 2014 年第 11 期

1933 年 12 月，日本东京文求堂影印出版了郭沫若的《古代铭刻汇考四种》，其中第三种《石鼓文研究》是关于石鼓文的研究专论。1939 年 7 月,单独成书的《石鼓文研究》由长沙商务印书馆出版发行。该文旨在揭示此间 6 年中围绕“石鼓文”研究所涉及的许多郭沫若在日本流亡期间学术研究活动、人际交往史事。

《〈静晤室日记〉中的郭沫若》

李斌（副研究员）

论文 14 千字

《郭沫若学刊》 2014 年第 2 期

《静晤室日记》为著名史学家金毓黻所撰，自出版后引起了学术界的高度重视，但其中有关郭沫若的资料尚未引起学界注意。该文勾稽相关材料，并做初步解读，展现从 1936 年到 1957 年，在治学方法和行事方式上略显守旧的历史学家金毓黻，对于郭沫若从不理解到相与过从，诗词唱和，低首学习的过程。总体上说，金毓黻赞赏郭沫若的人格精神，对其在学术研究上的勤奋耕耘和不断创获表示钦佩和赞誉，郭沫若对于金毓黻的友谊亦非常珍视，多次与他唱和并畅谈学问。这从一个侧面呈现出郭沫若在 20 世纪知识分子中的影响和分量，从中亦能管窥 20 世纪知识分子复杂的精神世界。

《论周作人主笔的〈世界日报 · 明珠〉》

李斌（副研究员）

论文 10 千字

《汉语言文学研究》 2014 年第 1 期

该文考察 1936 年 10 月 1 日至 12 月 31 日间林庚主编的以周作人为核心撰稿人的《世界日报 · 明珠》副刊。它是以周作人为核心的部分北平文人的重要发表阵地。在外敌压境，全国文化界掀起抗日救亡高潮的历史语境中,《明珠》作者群反对激进的救亡方式，提倡坚忍精神，继续国民性批判；反对“国防文学”，品味文章作法，沉浸小品尺牍。这影响了部分文学青年，但在当时北平文化界却相对孤立。

第五编

学术人物

XUESHURENWU

一 中国社会科学院博士学位研究生指导教师（2014～2015）

系　别	学科专业	姓　名	出生年月	主要研究方向
中国社会科学院马克思主义学院	政治经济学	卫兴华	1925.10	马克思主义政治经济学
	马克思主义发展史	王学东	1953.08	马克思主义发展史
	马克思主义中国化研究	王顺生	1944.12	马克思主义中国化
	马克思主义中国化研究	尹汉宁	1955.01	马克思主义中国化
	思想政治教育	田克勤	1945.12	思想政治教育
	马克思主义哲学	邢贲思	1930.01	马克思主义哲学
	科学社会主义与国际共产主义运动	闫志民	1936.12	中国特色社会主义理论体系
	科学社会主义与国际共产主义运动	许全兴	1941.07	毛泽东思想
	科学社会主义与国际共产主义运动	许志功	1945.11	中国特色社会主义理论体系
	科学社会主义与国际共产主义运动	严书翰	1950.01	中国特色社会主义理论体系
	马克思主义哲学	杨春贵	1936.01	马克思主义哲学
	马克思主义哲学	杨信礼	1958.01	马克思主义哲学
	思想政治教育	张耀灿	1937.10	思想政治教育

续表

系　别	学科专业	姓　名	出生年月	主要研究方向
	中共党史	金冲及	1930.12	中国共产党党史
	科学社会主义与国际共产主义运动	周新城	1934.12	科学社会主义
	马克思主义哲学	庞元正	1947.09	马克思主义哲学
	科学社会主义与国际共产主义运动	赵　曜	1932.02	科学社会主义
	政治经济学	逄锦聚	1947.02	马克思主义政治经济学
	马克思主义哲学	袁贵仁	1950.11	马克思主义哲学
	马克思主义哲学	贾高建	1959.05	马克思主义哲学
	马克思主义中国化研究	夏兴有	1954.01	马克思主义中国化
	政治经济学	顾海良	1954.01	马克思主义政治经济学
	法学理论	徐显明	1957.04	马克思主义法学原理
	文艺学	董学文	1945.01	马克思主义文学理论
	中共党史	蔡长水	1936.04	中国共产党的建设
哲学教学研究部马克思主义研究系	国外马克思主义研究	冯颜利	1963.08	国外马克思主义研究中的公正思想
	科学社会主义与国际共产主义运动	吕薇洲	1970.06	国外马克思主义与社会思潮研究
	科学社会主义与国际共产主义运动	李崇富	1943.09	科学社会主义、马克思主义哲学
	马克思主义发展史	李慎明	1949.10	民主政治
	马克思主义中国化研究	金民卿	1967.08	文化与意识形态理论
	国外马克思主义研究	郑一明	1962.10	西方马克思主义、马克思主义哲学史

续表

系　别	学科专业	姓　名	出生年月	主要研究方向
	马克思主义中国化研究	赵智奎	1950.01	邓小平理论、马克思主义哲学
	马克思主义基本原理	胡乐明	1965.10	马克思主义经济理论、现代西方经济理论
	马克思主义发展史	侯惠勤	1949.02	马克思主义发展史、当代意识形态研究
	科学社会主义与国际共产主义运动	姜　辉	1969.11	国外马克思主义
	马克思主义中国化研究	夏春涛	1963.11	马克思主义中国化发展历史、当代中国马克思主义理论前沿问题究
	马克思主义基本原理	程恩富	1950.07	中外马克思主义经济学、中外社会主义市场经济理论与政策
哲学教学研究部哲学系	马克思主义哲学	王伟光	1950.02	历史唯物主义
	科学技术哲学	王延光	1955.09	医学哲学与生命伦理学
	美学	王柯平	1955.05	美学与诗学
	伦理学	甘绍平	1959.08	应用伦理学、西方伦理学
	外国哲学	叶秀山	1935.06	欧洲哲学史
	科学技术哲学	朱葆伟	1949.01	科学技术的价值论与伦理学问题
	逻辑学	刘培育	1940.04	逻辑因明学
	外国哲学	江　怡	1961.05	语言哲学
	马克思主义哲学	孙伟平	1966.01	价值论研究马哲中国化
	伦理学	孙春晨	1963.02	伦理学原理、应用伦理学
	外国哲学	孙　晶	1954.01	东方哲学
	逻辑学	杜国平	1965.10	现代逻辑，应用逻辑与逻辑应用
	中国哲学	李存山	1951.05	儒家哲学及中国现当代哲学
	外国哲学	李　河	1958.08	解释学、文化批判理论

续表

系 别	学科专业	姓 名	出生年月	主要研究方向
	马克思主义哲学	李俊文	1973.04	马克思主义哲学中国化、国外马克思主义
	马克思主义哲学	李景源	1945.07	认识论与历史观
	科学技术哲学	杨通进	1964.02	环境伦理学，科技伦理学
	外国哲学	杨 深	1952.02	近现代欧洲哲学
	伦理学	余 涌	1961.10	应用伦理学
	逻辑学	邹崇理	1953.07	现代逻辑
	外国哲学	张 慎	1954.12	德国近现代哲学
	中国哲学	陈 静	1954.09	汉唐哲学、老庄哲学
	中国哲学	陈 霞	1966.04	道家与道教文化研究
	马克思主义哲学	欧阳英	1964.03	马克思主义政治哲学、毛泽东哲学思想
	外国哲学	尚 杰	1955.09	法国当代哲学
	外国哲学	周贵华	1962.12	东方哲学、佛教哲学
	外国哲学	周晓亮	1949.10	16～18世纪西方哲学
	马克思主义哲学	单继刚	1967.11	历史唯物主义、马克思主义哲学中国化
	伦理学	赵汀阳	1961.06	中西伦理学比较
	马克思主义哲学	赵剑英	1964.10	马克思主义哲学、中国特色社会主义理论研究
	美学	徐碧辉	1963.08	马克思主义美学、中国古代美学、中国现代美学
	美学	章建刚	1952.12	美学原理、艺术史、伦理学
	外国哲学	谢地坤	1956.12	欧洲大陆哲学、德国哲学
	马克思主义哲学	魏小萍	1955.12	马克思主义哲学史、当代国外马克思主义哲学

续表

系　别	学科专业	姓　名	出生年月	主要研究方向
哲学教学研究部世界宗教研究系	宗教学	王　卡	1956.12	道教学、中国哲学
	中国哲学	卢国龙	1959.11	中国哲学
	宗教学	尕藏加	1959.11	藏传佛教历史、藏区宗教文化生态
	宗教学	邱永辉	1961.04	当代宗教
	宗教学	何劲松	1962.08	汉传佛教及佛教艺术
	宗教学	卓新平	1955.03	基督宗教、西方宗教学、中西宗教文化比较
	宗教学	金　泽	1954.05	宗教学、宗教人类学
	宗教学	周伟驰	1969.10	中世纪哲学、基督教思想史
	宗教学	郑筱筠	1969.08	南传佛教
	宗教学	魏道儒	1955.10	佛教
经济学教学研究部经济系	西方经济学	王红领	1952.09	技术创新
	经济思想史	王　诚	1955.10	外国经济思想史、宏观经济理论
	西方经济学	左大培	1952.08	西方经济学理论、经济模型分析
	经济思想史	叶　坦	1956.10	中国经济思想史、东亚经济思想比较研究
	发展经济学	朱　玲	1951.12	收入分配、贫困问题和乡村发展、发展经济学
	西方经济学	朱恒鹏	1969.09	微观经济学
	西方经济学	仲继银	1964.03	公司治理、企业制度的历史演化
	西方经济学	刘小玄	1953.01	微观经济学、产业组织理论
	经济史	刘兰兮	1954.06	中国商业史、中国近代企业史
	西方经济学	刘树成	1945.10	数量经济学、宏观经济学
	西方经济学	刘霞辉	1962.10	经济增长理论、中国经济增长问题
	政治经济学	闫　坤	1964.08	宏观经济与财政政策
	政治经济学	李铁映	1936.09	社会主义市场经济理论

续表

系　别	学科专业	姓　名	出生年月	主要研究方向
	经济思想史	杨春学	1962.11	当代西方经济学说、新制度经济学与公共选择理论
	西方经济学	汪红驹	1970.04	经济周期、货币经济学
	政治经济学	张　平	1964.07	中国经济增长、收入分配、资本市场理论
	西方经济学	张晓晶	1969.09	宏观经济学
	西方经济学	赵志君	1962.02	经济增长理论、宏观经济政策
	经济史	赵学军	1968.07	中华人民共和国经济史
	政治经济学	胡家勇	1962.11	社会主义市场经济理论
	经济史	袁为鹏	1972.12	中国近现代经济史、工业区位研究
	西方经济学	袁钢明	1953.09	宏观经济学、企业理论
	经济史	徐建生	1966.05	中国近代经济史
	西方经济学	剧锦文	1959.10	现代产权与企业理论、资本市场理论
	经济史	董志凯	1944.08	中华人民共和国经济史
	西方经济学	韩朝华	1953.09	微观经济学、企业制度
	政治经济学	裴小革	1956.10	马克思主义经济学基本理论、中国经济改革与发展
	发展经济学	魏　众	1968.03	劳动力市场、收入分配研究
	经济史	魏明孔	1956.09	区域经济史
经济学教学研究部工业经济系	企业管理	王　钦	1975.06	创新管理、战略变革
	产业经济学	史　丹	1961.04	能源经济
	产业经济学	吕　政	1945.07	工业发展理论与政策
	产业经济学	吕　铁	1962.12	产业成长与产业政策
	产业经济学	刘戒骄	1963.03	产业组织理论与政策
	会计学	杜莹芬	1964.09	公司理财、企业并购

续表

系　别	学科专业	姓　名	出生年月	主要研究方向
	企业管理	李海舰	1963.09	战略管理、管理创新
	产业经济学	杨丹辉	1969.09	工业资源与环境
	企业管理	余　菁	1976.11	公司治理、国有企业改革
	企业管理	沈志渔	1954.06	企业制度、企业改革
	产业经济学	张世贤	1956.04	工业投资与融资
	产业经济学	张其仔	1965.05	产业竞争力
	区域经济学	陈　耀	1958.05	区域经济与政策
	企业管理	罗仲伟	1955.10	企业战略管理
	产业经济学	金　碚	1950.04	产业组织
	产业经济学	赵　英	1952.09	产业政策与技术创新、国家经济安全
	产业经济学	郭克莎	1955.07	产业经济学、经济增长
	企业管理	黄速建	1955.11	企业管理、公司理财
	企业管理	黄群慧	1966.08	企业理论与战略管理、管理理论与管理学方法论
	产业经济学	曹建海	1967.12	投资与消费的关系
经济学教学研究部农村发展系	农业经济管理	王小映	1966.10	土地资源管理
	农业经济管理	于法稳	1969.07	生态经济学、水资源管理
	农业经济管理	冯兴元	1965.11	农村金融、农村财政
	农业经济管理	朱　钢	1958.11	农村财政
	农业经济管理	任常青	1965.06	农村金融
	农业经济管理	孙若梅	1962.09	生态经济学、发展经济学
	农业经济管理	杜志雄	1963.02	农村发展融资
	农业经济管理	李成贵	1966.09	农村发展理论与政策
	农业经济管理	李国祥	1963.08	农产品市场与贸易

续表

系 别	学科专业	姓 名	出生年月	主要研究方向
	农业经济管理	李 周	1952.09	资源与环境经济、农村发展理论与政策
	农业经济管理	李 静	1966.03	农村金融
	农业经济管理	吴国宝	1963.12	贫困与发展
	农业经济管理	张元红	1964.02	农村产业经济
	农业经济管理	张晓山	1947.10	农村组织与制度
	农业经济管理	苑 鹏	1962.08	农村组织与制度
	农业经济管理	党国英	1957.06	农村发展理论与政策
	农业经济管理	韩 俊	1963.11	农村发展理论与政策
	农业经济管理	谭秋成	1965.08	中国农村工业化与城市化
	农业经济管理	潘晨光	1954.09	农村人才与人力资源管理
经济学教学研究部财经系	财政学	马 珺	1972.03	财政学、税收学
	旅游管理	王诚庆	1958.08	城市发展与旅游经济
	国际贸易学	王洛林	1938.06	国际投资
	国际贸易学	申恩威	1957.01	国际贸易与跨国公司
	国际贸易学	冯 雷	1954.06	国际投资
	国际贸易学	江小涓	1957.06	国际投资
	国际贸易学	杨圣明	1939.07	国际服务贸易
	财政学	杨志勇	1973.08	财税理论与政策
	金融学	何德旭	1962.09	金融理论与政策
	产业经济学	宋 则	1951.12	市场理论与流通创新
	产业经济学	张群群	1970.10	市场组织与价格制度
	国际贸易学	赵 瑾	1965.03	WTO与中国外经贸发展
	产业经济学	荆林波	1966.04	信息服务与供应链
	金融学	钟春平	1977.04	金融经济学、宏观经济学

续表

系　别	学科专业	姓　名	出生年月	主要研究方向
	旅游管理	姚战琪	1971.05	旅游业投融资、中国旅游业国际竞争力
	国际贸易学	夏先良	1963.06	国际知识产权
	旅游管理	夏杰长	1964.03	旅游与现代服务业
	金融学	倪鹏飞	1964.03	城市房地产金融
	财政学	高培勇	1959.01	财税理论与政策
	金融学	裴长洪	1954.05	国际金融与投资
经济学教学研究部金融系	金融学	王　力	1959.09	区域金融、资本市场
	金融学	王松奇	1952.03	国际金融理论与政策
	金融学	王国刚	1955.11	金融市场
	金融学	李　扬	1951.09	货币理论与货币政策
	金融学	杨　涛	1974.01	产业金融与政策、互联网金融
	金融学	周茂清	1954.03	金融市场
	金融学	胡　滨	1971.05	金融监管与金融法律
	金融学	殷剑峰	1969.12	宏观金融与政策
	金融学	郭金龙	1965.04	现代金融体系和保险、保险与社会保障
	金融学	彭兴韵	1972.04	宏观经济与货币政策
经济学教学研究部数量经济与技术经济系	技术经济及管理	王宏伟	1970.11	技术创新与经济增长
	数量经济学	王国成	1956.11	博弈论
	技术经济及管理	齐建国	1957.06	技术创新、知识经济
	技术经济与管理	李文军	1966.10	产业技术经济学、循环经济
	技术经济及管理	李　平	1959.06	技术创新、能源经济
	数量经济学	李　军	1963.04	经济数量分析方法及应用
	技术经济及管理	李　青	1964.09	区域经济学

续表

系　别	学科专业	姓　名	出生年月	主要研究方向
	数量经济学	李金华	1962.11	国民经济核算、经济统计理论与方法
	技术经济及管理	李京文	1932.10	技术经济学理论与方法、宏观经济预测
	数量经济学	李雪松	1970.09	经济模型理论与应用
	数量经济学	李　群	1961.12	人力资源与经济发展
	数量经济学	汪同三	1948.07	经济模型与经济预测
	技术经济及管理	汪向东	1954.03	信息化理论与实践、互联网经济与应用
	会计学	张国初	1942.06	会计、技术经济与管理
	数量经济学	张昕竹	1964.05	管制经济学与管制政策、激励理论与应用
	技术经济及管理	张　晓	1957.03	环境与发展的经济分析
	数量经济学	张　涛	1973.08	经济模型与经济预测
	数量经济学	郑玉歆	1945.11	生产率研究
	数量经济学	赵京兴	1950.01	增长理论及应用
	数量经济学	樊明太	1963.11	数量经济学与政策模拟
经济学教学研究部投资经济系	国民经济学	马晓河	1955.08	产业经济和宏观经济
	国民经济学	王一鸣	1959.08	宏观经济、区域经济
	国民经济学	王昌林	1967.01	产业经济
	国民经济学	刘立峰	1965.05	公共部门投资
	国民经济学	杨　萍	1965.09	宏观经济、资本市场
	国民经济学	肖金成	1955.09	投资经济、区域经济

续表

系　别	学科专业	姓　名	出生年月	主要研究方向
	国民经济学	汪文祥	1962.12	投资理论与实践、产业经济
	国民经济学	张长春	1962.11	政府投资、宏观经济政策
	国民经济学	陈东琪	1956.08	政治经济学、宏观经济分析、资本市场与投资
	国民经济学	罗云毅	1949.05	宏观经济与投资
	国民经济学	曹玉书	1948.09	投资理论与实践、产业经济发展
	国民经济学	臧跃茹	1964.11	经济体制改革
经济学教学研究部政府政策与公共管理系	国民经济学	马建堂	1958.04	国民经济发展与政策
	国民经济学	王延中	1963.04	社会保障
	国民经济学	文学国	1966.04	反垄断与竞争政策、私募股权基金
	国民经济学	厉无畏	1942.11	国民经济发展与政策
	国民经济学	刘迎秋	1950.08	国民经济发展与政策
	国民经济学	李连仲	1949.10	国民经济发展与政策
	国民经济学	李剑阁	1949.12	国民经济发展与政策
	国民经济学	李晓西	1949.03	国民经济发展与政策
	国民经济学	杨建龙	1969.02	国民经济发展与政策
	国民经济学	邹东涛	1949.10	国民经济发展与政策
	国民经济学	张承惠	1957.05	国民经济发展与政策
	国民经济学	岳福斌	1953.01	国民经济发展与政策
	国民经济学	郑秉文	1955.01	社会保障
	国民经济学	郑新立	1945.04	国民经济发展与政策
	国民经济学	赵　芮	1967.11	人力资本投资、人力资源开发与管理
	国民经济学	黄晓勇	1956.11	能源经济与政策比较
	国民经济学	崔民选	1960.09	制度经济学、资源与环境

续表

系　别	学科专业	姓　名	出生年月	主要研究方向
	国民经济学	董礼胜	1955.03	公共政策分析、公共管理
	国民经济学	辜胜阻	1956.01	国民经济发展与政策
	国民经济学	曾培炎	1938.12	国民经济发展与政策
	国民经济学	谢伏瞻	1954.08	国民经济发展与政策
	国民经济学	谢朝斌	1963.04	国民经济发展与政策
经济学教学研究部人口与劳动经济系	人口学	王广州	1965.10	人口分析技术与应用
	劳动经济学	王美艳	1975.07	劳动力市场与劳动关系
	人口学	王跃生	1959.12	人口与社会变迁
	人口学	田雪原	1938.08	人口理论
	劳动经济学	吴要武	1968.11	城镇劳动力市场
	劳动经济学	张车伟	1964.10	就业与收入分配
	人口学	张展新	1955.07	社会分层
	人口学	郑真真	1954.12	人口统计
	劳动经济学	都　阳	1971.04	中国劳动力市场
	劳动经济学	高文书	1974.06	人力资本投资、人力资源开发与管理
	人口、资源与环境经济学	蔡　昉	1956.09	人口、资源与环境经济学
经济学教学研究部城乡建设经济系	区域经济学	仇保兴	1953.11	城市发展
	区域经济学	秦　虹	1963.01	住房保障与房地产监管、城市公用事业投融资
	区域经济学	陈　淮	1952.02	城市化理论、房地产经济

续表

系　别	学科专业	姓　名	出生年月	主要研究方向
经济学教学研究部城市发展与环境研究系	可持续发展经济学	庄贵阳	1969.09	低碳经济、气候变化政策
	城市经济学	李景国	1957.01	区域与城镇规划
	城市经济学	宋迎昌	1969.11	城市与区域发展
	可持续发展经济学	潘家华	1957.06	资源与环境经济学
	城市经济学	刘治彦	1967.08	城市经济发展战略、城市问题经济分析
	可持续发展经济学	陈　迎	1969.04	全球环境治理、能源气候变化政策
	城市经济学	魏后凯	1963.12	城市与区域经济、产业集群
法学教学研究部法学系	民商法学	王家福	1931.02	民法总论、物权法
	经济法学	王晓晔	1948.10	经济法、竞争法
	诉讼法学	王敏远	1959.11	刑事诉讼法学
	宪法学与行政法学	冯　军	1965.12	行政法、传媒法
	国际法学	朱晓青	1955.09	国际公法
	刑法学	刘仁文	1967.09	中国刑法学、外国刑法学
	法学理论	刘作翔	1956.09	法律文化理论、法理学、法治理论
	国际法学	刘楠来	1933.05	国际海洋法、 国际人权法
	民商法学	孙宪忠	1957.01	民法总论、物权法
	法学理论	李步云	1933.08	马克思主义的法律理论
	宪法学与行政法学	李　林	1955.11	宪政民主理论、立法学、人权理论
	知识产权法学	李明德	1956.03	知识产权法
	经济法学	李顺德	1948.04	知识产权法
	法律史	杨一凡	1944.04	中国法律史
	法学理论	吴玉章	1955.09	法律学、西方法理学

续表

系　别	学科专业	姓　名	出生年月	主要研究方向
	宪法学与行政法学	吴新平	1951.10	宪法基本理论
	民商法学	邹海林	1963.08	保险法、破产法、民法债权、担保法
	国际法学	沈　涓	1962.08	国际私法
	民商法学	张广兴	1954.03	债权法
	宪法学与行政法学	张明杰	1962.03	信息公开法
	法律史	张冠梓	1966.08	中国传统法律文化、法律人类学与法律社会学
	刑法学	陈泽宪	1954.07	国际刑法、中国刑法
	经济法学	陈　洁	1970.04	证券法、公司法
	经济法学	陈　甦	1957.12	公司法、证券法
	宪法学与行政法学	周汉华	1964.10	行政法学、政府管制
	刑法学	屈学武	1949.07	中国刑法学、国际刑法学
	国际法学	赵建文	1956.01	国际法基本制度
	法学理论	信春鹰	1956.10	法理学、港澳台法学
	国际法学	莫纪宏	1965.05	宪政、国际人权法
	法学理论	夏　勇	1961.11	法理学、人权、大众传媒法
	法律史	徐立志	1951.06	中国近现代法制史
	国际法学	陶正华	1942.05	国际公法、国际经济法
	民商法学	龚赛红	1966.06	侵权责任法、医事法
	经济法学	崔勤之	1944.02	公司法
	民商法学	梁慧星	1944.01	民法总论、民法债权和法学方法论
	民商法学	谢鸿飞	1973.12	民法总论、债权法
	诉讼法学	熊秋红	1965.10	刑事诉讼法学

续表

系别	学科专业	姓名	出生年月	主要研究方向
	诉讼法学	冀祥德	1964.02	刑事诉讼法学、司法制度
法学教学研究部政治学系	政治学理论	史卫民	1952.10	比较政府体制、政府理论
	政治学理论	贠　杰	1972.05	政府管理与改革、公共政策分析与评估
	政治学理论	杨海蛟	1955.03	政治学理论与当代中国政治建设
	政治学理论	张树华	1966.09	比较政治、政治比较与国别政治
	政治学理论	陈红太	1957.10	比较政府体制、政府理论、中国政治
	政治学理论	周少来	1964.11	民主及民主化理论、中国民主发展及其理论
	政治学理论	周庆智	1960.08	政府治理、社会治理
法学教学研究部社会学系	社会学	王春光	1964.03	农村社会学
	社会学	苏国勋	1942.02	社会理论
	社会学	李春玲	1963.01	社会分层
	社会学	李培林	1955.05	企业组织与社会发展
	社会学	杨宜音	1955.12	社会心态
	社会学	吴小英	1967.09	家庭社会学、性别与社会
	社会学	张　翼	1964.12	社会保障
	社会学	陈光金	1962.05	社会结构与变迁、农村社会学
	社会学	陈婴婴	1952.06	社会调查、社会分层
	社会学	罗红光	1957.01	社会人类学
	社会学	赵一红	1963.09	发展社会学
	社会学	夏传玲	1964.02	组织社会学
	社会学	景天魁	1943.04	发展社会学

续表

系　别	学科专业	姓　名	出生年月	主要研究方向
法学教学研究部民族学系	民俗学	尹虎彬	1960.05	民俗学
	民族学	王希恩	1954.06	民族理论、民族问题
	中国少数民族史	乌　兰	1954.04	古代蒙古史及蒙古文文献
	专门史	史金波	1940.03	西夏学、中国民族史、中国民族古文字学
	人类学	色　音	1963.07	人类学、民俗学
	民族史	刘正寅	1963.06	民族史、西域史
	语言学及应用语言学	江　荻	1954.10	藏族计算语言学、汉藏语理论
	中国少数民族语言文学	孙伯君	1966.03	梵汉对音、西夏学、契丹文献学、女真文献学
	语言学及应用语言学	李云兵	1968.01	描写语言学
	人类学	何星亮	1956.08	宗教人类学、中国少数民族文化
	中国少数民族语言文学（侗傣语族、西夏文、苗瑶语族）	呼　和	1962.01	语音学、少数民族实验语音学
	人类学	孟慧英	1953.03	宗教人类学
	民族学	郝时远	1952.08	民族理论、民族学、民族史、海外华人
	专门史	聂鸿音	1954.11	西夏学、民族古典文献学
	语言学及应用语言学	徐世璇	1954.01	藏缅语族语言研究
	语言学及应用语言学	黄　行	1952.06	汉藏语研究

续表

系　别	学科专业	姓　名	出生年月	主要研究方向
	民族学	曾少聪	1962.12	世界民族研究
	民族学	管彦波	1967.06	生态人类学、民族历史地理
法学教学研究部社会发展系	社会学	折晓叶	1950.01	社会组织与制度变迁
	社会学	李汉林	1953.11	社会结构与社会组织
	社会学	沈　红	1965.05	发展社会学
	社会学	渠敬东	1970.01	社会理论
	社会学	葛道顺	1966.02	社会发展政策、社会组织发展
文学教学研究部文学系	中国古代文学	王达敏	1961.11	明清文学与近代文学
	比较文学与世界文学	叶舒宪	1954.09	文学人类学
	中国古典文献学	刘跃进	1958.11	中国古典文献(先秦至唐)
	中国民间文学	安德明	1968.10	口头艺术的民族志研究
	比较文学与世界文学	孙　歌	1955.05	中日比较文化研究、东亚文化研究
	中国古代文学	李　玫	1957.01	中国古代戏曲史
	中国现当代文学	李建军	1963.05	中国当代小说创作、中国当代小说理论
	中国现当代文学	杨　义	1946.08	中国现代文学
	中国古典文献学	杨　镰	1947.02	中国古典文献（宋元明清）
	中国古代文学	吴光兴	1963.09	魏晋南北朝隋唐五代文学
	中国现当代文学	张中良	1955.02	中国现代文学
	比较文学与世界文学	陆建德	1954.02	英国文学
	文艺学	陈定家	1962.01	文学理论与批评、网络文学批评
	中国古代文学	范子烨	1964.05	魏晋南北朝文学

续表

系　别	学科专业	姓　名	出生年月	主要研究方向
	文艺学	金惠敏	1961.11	文学理论与当代文化思潮
	中国古典文献学	郑永晓	1963.01	唐宋文学、古典文献学
	中国现当代文学	赵京华	1957.11	中国现代文学研究
	中国现当代文学	赵稀方	1964.01	中国现代文学
	文艺学	党圣元	1955.09	中国古代文论
	文艺学	高建平	1955.03	比较美学
	文艺学	彭亚非	1955.04	中国古代美学
	比较文学与世界文学	董炳月	1960.09	近现代中日文学关系、现代日本思想文化
	中国古代文学	蒋　寅	1959.06	中国诗学
	中国现当代文学	黎湘萍	1958.08	中国当代文学（台港文学）
文学教学研究部外国文学系	比较文学与世界文学	叶　隽	1973.07	德语文学
	比较文学与世界文学	史忠义	1951.06	中西比较诗学、中西比较文学
	俄语语言文学	刘文飞	1959.11	俄罗斯文学与文化
	比较文学与世界文学	李永平	1956.05	德语文学
	法语语言文学	余中先	1954.08	法国当代文学
	比较文学与世界文学	陈中梅	1954.01	古希腊文学
	比较文学与世界文学	陈众议	1957.10	西班牙语文学
	俄语语言文学	周启超	1959.04	俄罗斯文论、比较诗学
	英语语言文学	黄　梅	1950.02	英国小说

续表

系别	学科专业	姓名	出生年月	主要研究方向
	英语语言文学	程巍	1966.05	英美文学
	英语语言文学	傅浩	1963.04	英语诗歌及诗论、文学翻译
文学教学研究部少数民族文学系	民俗学	巴莫曲布嫫	1964.04	口头传统
	中国少数民族语言文学	张春植	1959.02	朝鲜族移民文学、朝鲜族现当代文学
	中国少数民族语言文学	阿地里·居玛吐尔地	1964,02	突厥与民族文学，口头史诗理论
	中国少数民族语言文学	斯钦孟和	1954.07	蒙古文学
	中国少数民族语言文学	斯钦巴图	1963.1	蒙古族文学研究
	中国少数民族语言文学	朝克	1957.09	中国北方语言学
	民俗学	朝戈金	1958.08	民间文艺学、史诗学
文学教学研究部新闻学与传播学系	新闻学	卜卫	1957.03	信息传播的影响
	新闻学	尹韵公	1956.10	新闻史、新闻理论
	新闻学	李仁臣	1941.10	新闻业务研究
	新闻学	宋小卫	1958.03	新闻理论、媒介消费保障与受众权益理论
	新闻学	姜飞	1971.06	新闻学、传播学理论、国际传播、跨文化传播研究
	新闻学	唐绪军	1959.02	媒介经济学

续表

系　别	学科专业	姓　名	出生年月	主要研究方向
文学教学研究部语言学系	汉语言文字学	方　梅	1961.04	语法学
	汉语言文字学	刘丹青	1958.08	语言类型学、汉语语法学、汉语方言学
	汉语言文字学	许嘉璐	1937.06	训诂学
	汉语言文字学	麦　耘	1953.08	方言学、汉语历史音韵学
	语言学及应用语言学	李爱军	1966.09	声学语音学
	汉语言文字学	李　蓝	1957.11	方言学
	汉语言文字学	杨永龙	1962.07	汉语历史语法
	汉语言文字学	吴福祥	1959.10	汉语历史语法
	汉语言文字学	沈　明	1963.12	汉语方言学
	汉语言文字学	沈家煊	1946.03	英汉对比语法、现代汉语语法、语义和语用研究
	汉语言文字学	张伯江	1962.11	句法语义学
	汉语言文字学	张国宪	1954.11	现代汉语语法
	汉语言文字学	孟蓬生	1961.02	文字与训诂学
	语言学及应用语言学	胡建华	1962.11	句法学与语义学、儿童语言获得、理论语言学
	语言学及应用语言学	顾曰国	1956.10	语用学、话语分析、修辞学、语料库语言学
	汉语言文字学	程　荣	1952.09	词典学
	汉语言文字学	谭景春	1958.04	词典学

续表

系　别	学科专业	姓　名	出生年月	主要研究方向
文学教学研究部语言文字应用系	语言学及应用语言学	苏金智	1954.02	社会语言学
	语言学及应用语言学	李宇明	1955.06	应用语言学，语言理论
	媒体语言学	姚喜双	1957.01	广播电视语言
	语言学及应用语言学	郭龙生	1964.04	社会语言学
历史学教学研究部历史系	历史文献学	卜宪群	1962.11	秦汉史
	专门史	王启发	1960.01	中国思想史、礼学思想史
	中国古代史	王震中	1957.01	先秦史（史前与夏商）
	中国古代史	刘　晓	1970.04	元史 、法制史
	中国古代史	孙　晓	1963.09	秦汉史、经学史
	专门史	李锦绣	1965.09	唐代西域史
	中国古代史	杨　珍	1955.06	清代政治史
	中国古代史	杨振红	1963.12	战国秦汉史，简帛学
	历史文献学	吴玉贵	1957.11	历史文献学、隋唐史
	历史文献学	宋镇豪	1948.01	古文字学、中国上古史、甲骨文献学
	中国古代史	陈祖武	1943.10	清代学术史
	中国古代史	陈高华	1938.03	元史、中亚史、绘画史、海外交通史
	中国古代史	林甘泉	1931.10	秦汉史、中国封建社会经济史、史学理论
	中国古代史	高　翔	1963.10	清代政治史、清代社会文化史
	中国古代史	黄正建	1954.07	唐史

续表

系　别	学科专业	姓　名	出生年月	主要研究方向
	史学理论及史学史	彭　卫	1959.02	史学理论与中国古代史学史、秦汉史
历史学教学研究部近代史系	中国近现代史	于化民	1958.03	中国革命史、中国现代政治史
	中国近现代史	马　勇	1955.12	中国现代化史
	中国近现代史	王建朗	1956.11	中国外交史
	中国近现代史	左玉河	1964.10	中国近代思想文化史
	中国近现代史	刘小萌	1952.03	清史
	中国近现代史	刘俐娜	1958.12	中国近代思想史
	中国近现代史	李长莉	1958.02	中国近代社会文化史
	中国近现代史	李细珠	1967.06	中国近代政治史
	中国近现代史	邹小站	1971.01	中国近现代史学史
	中国近现代史	汪朝光	1958.10	中华民国史
	中国近现代史	张海鹏	1939.05	中国近代政治史、台湾史
	中国近现代史	罗检秋	1962.07	中国近代思想文化史
	中国近现代史	金以林	1967.12	中华民国史
	中国近现代史	郑大华	1956.08	中国近代思想史、中国近代文化史
	中国近现代史	闻黎明	1950.09	中国现代政治史
	中国近现代史	姜　涛	1949.07	中国近代社会史、中国近代政治史
	中国近现代史	耿云志	1938.12	中国近代思想史、文化史、政治史
	中国近现代史	崔志海	1963.12	晚清政治史、中国近代思想史

续表

系　别	学科专业	姓　名	出生年月	主要研究方向
	中国近现代史	虞和平	1948.09	中国现代化史、现代化理论、中国近代社会经济史
历史学教学研究部世界历史系	世界史	毕健康	1967.06	中东近现代史
	史学理论及史学史	于　沛	1944.05	西方史学思想史
	世界史	吴必康	1954.05	西欧近现代史
	世界史	张顺洪	1955.02	英帝国史
	世界史	武　寅	1950.03	日本史
	世界史	易建平	1957.12	古代政治制度比较研究、文明与国家起源比较研究
	世界史	赵文洪	1958.03	西欧中世纪和近代早期史
	世界史	俞金尧	1962.05	近现代西方经济社会史
	史学理论及史学史	姜　芃	1950.11	外国史学理论
	世界史	徐建新	1953.06	日本古代史
	世界史	王晓菊	1965.09	俄罗斯史、西伯利亚史
	世界史	徐再荣	1967.04	欧美环境史、20世纪美国社会经济史
	世界史	黄立茀	1951.09	苏联政治理论社会史
历史学教学研究部考古系	考古学及博物馆学	白云翔	1955.12	秦汉考古
	考古学及博物馆学	冯　时	1958.10	古文字学
	考古学及博物馆学	刘庆柱	1943.08	秦汉考古
	考古学及博物馆学	李裕群	1957.09	佛教考古
	考古学及博物馆学	张雪莲	1957.12	碳十四考古年代学、古人类食物结构研究

续表

系　别	学科专业	姓　名	出生年月	主要研究方向
	考古学及博物馆学	陈星灿	1964.12	中国史前考古、考古学的历史、理论与方法
	考古学及博物馆学	赵志军	1956.05	植物考古学
	考古学及博物馆学	朱岩石	1962.08	汉唐考古、日本历史考古学
	考古学及博物馆学	许　宏	1963.07	夏商周考古、中国古代城市考古
	考古学及博物馆学	唐际根	1964.01	夏商周考古、文化遗产保护
	考古学及博物馆学	袁　靖	1952.10	动物考古
历史学教学研究部中华人民共和国国史系	中国当代史	王瑞芳	1963.04	中国当代经济史、中国当代农业经济史
	中国当代史	朱佳木	1946.06	中华人民共和国史
	中共党史	刘国新	1950.12	中共党史
	中国当代史	李　文	1963.07	中国当代社会史
	中共党史	李正华	1964.06	中国当代史
	中国当代史	张星星	1955.04	中国当代政治史
	中国当代史	张英聘	1967.08	方志学
	中共党史	宋月红	1965.01	中国当代政治史、中华人民共和国研究的理论与方法
	中国当代史	武　力	1956.11	中国当代经济史
历史学教学研究部中国边疆历史系	中国边疆史地	于逢春	1960.04	中国疆域史
	中国边疆史地	厉　声	1949.08	中国边疆史、西域史
	中国边疆史地	邢广程	1961.10	周边国家政治与中国边疆
	中国边疆史地	李　方	1955.01	中国西北边疆史
	中国边疆史地	李大龙	1964.05	中国边疆史地研究、汉唐边疆及疆域理论

续表

系　别	学科专业	姓　名	出生年月	主要研究方向
	中国边疆史地	李国强	1963.01	中国海洋疆域，西南边疆历史与现状
国际教学研究部世界经济与政治系	世界经济	孙　杰	1962.10	国际金融
	国际关系	李东燕	1960.09	当代全球政治
	世界经济	何　帆	1971.04	中国宏观经济、国际金融
	世界经济	何新华	1962.03	世界经济统计
	世界经济	宋　泓	1965.07	国际贸易
	世界经济	张宇燕	1960.09	国际政治经济学
	世界经济	张　斌	1975.10	宏观经济分析
	世界经济	姚枝仲	1975.06	国际贸易与投资、宏观经济
	国际关系	袁正清	1966.10	国际关系理论、国际组织
	世界经济	高海红	1964.04	国际金融
	世界经济	鲁　桐	1961.12	国际商务
国际教学研究部美国研究系	世界经济	王孜弘	1960.07	美国经济
	国际关系	周　琪	1952.11	国际关系
	国际关系	赵　梅	1962.10	美国文化
	国际关系	倪　峰	1963.08	美国政治
	国际关系	姬　红	1964.03	美国社会文化
国际教学研究部日本研究系	国际关系	吕耀东	1965.07	日本外交
	国际政治	李　薇	1954.04	日本政法、日本民商法
	世界经济	张淑英	1954.12	日本经济
	国际政治	高　洪	1955.02	日本政治
	世界经济	张季风	1959.08	日本经济、区域经济
	国际政治	崔世广	1956.06	日本政治文化、当代日本文化与社会思潮

续表

系　别	学科专业	姓　名	出生年月	主要研究方向
国际教学研究部欧洲研究系	世界经济	王　鹤	1948.11	欧洲经济、欧洲经济一体化
	国际政治	孔田平	1965.08	转轨经济比较研究、中东欧经济
	国际政治	田德文	1964.12	欧洲社会文化
	世界经济	江时学	1956.09	拉美经济
	国际关系	吴　弦	1952.04	欧洲一体化、欧盟成员国关系
	国际政治	周　弘	1952.10	国际政治、国际问题研究
	国际政治	程卫东	1968.10	欧盟宪政、欧洲市场一体化法律制度
	世界经济	陈　新	1966.09	欧洲经济、中欧经贸关系
	世界经济	裘元伦	1938.05	欧洲经济
国际教学研究部俄罗斯东欧中亚研究系	国际政治	朱晓中	1957.03	中东欧国家对外关系
	国际政治	孙壮志	1966.05	中亚地区社会政治
	国际政治	李建民	1953.04	俄罗斯、独联体经济
	国际政治	吴　伟	1957.10	国际政治与国家关系
	国际政治	张盛发	1957.01	国际关系史、苏联政治和苏联外交
	国际政治	郑　羽	1956.08	俄罗斯外交与中俄关系
	国际政治	高　歌	1968.11	中东欧政治、中东欧外交
	国际政治	程亦军	1959.03	俄罗斯经济、金融、人口

续表

系　别	学科专业	姓　名	出生年月	主要研究方向
国际教学研究部亚洲太平洋研究系	国际政治	吴宏伟	1959.01	中亚政治、上海合作组织
	国际政治	姜　毅	1963.01	俄罗斯外交
	世界经济	朴光姬	1963.03	亚太经济、能源
	世界经济	王玉主	1968.06	亚太经济、区域合作
	国际关系	朴键一	1962.01	东北亚国际关系
	国际关系	许利平	1966.05	亚太国际关系、非传统安全
	国际政治	李　文	1957.01	亚太政治
	世界经济	李向阳	1962.12	世界经济理论
	世界经济	张蕴岭	1945.05	国际经济关系、区域一体化
	世界经济	赵江林	1968.08	亚太经济
国际教学研究部拉丁美洲研究系	国际政治	刘纪新	1951.02	拉美政治
	国际政治	吴白乙	1959.01	拉美政治
	世界经济	吴国平	1952.09	拉美经济
	世界经济	宋晓平	1952.08	拉美经济、区域经济合作
	国际政治	张　凡	1961.06	拉丁美洲政治、拉丁美洲国际关系
	国际政治	袁东振	1963.10	拉丁美洲政治
	世界经济	柴　瑜	1968.10	拉美经济
	国际政治	徐世澄	1942.05	拉美政治、拉美国际关系
国际教学研究部西亚非洲研究系	国际政治	王林聪	1965.05	中东政治发展、中东社会发展
	国际关系	李智彪	1961.09	非洲国际关系
	国际政治	李新烽	1960.07	非洲政治
	世界经济	杨　光	1955.03	西亚非洲经济发展
	国际政治	张宏明	1959.02	非洲政治
	国际关系	贺文萍	1966.10	非洲政治发展

二　2014年度晋升正高级专业技术职务人员

王秀臣（1967 年 3 月～　），湖南桃江人，编审。1990 年 9 月至 1994 年 6 月，在哈尔滨师范大学中文系学习，获得文学学士学位；1998 年 9 月至 2005 年 6 月，在哈尔滨师范大学中文系在职学习，先后获得文学硕士学位和文学博士学位。1994 年 7 月至 2007 年 6 月，在哈尔滨师范大学工作，历任编辑、讲师、副教授；2005 年 9 月至 2007 年 6 月，在中国人民大学文学院博士后流动站从事研究；2007 年 6 月至今，在中国社会科学院文学研究所工作，任副编审，现任《文学评论》编辑部副主任，其间，2011 年 10 月至今，在首都师范大学文学院博士后流动站从事研究。

现从事编辑工作，主要业务专长是古代文学编辑。主要代表作有：《礼仪与兴象——〈礼记〉元文学理论形态研究》（专著）；《三礼用诗考论》（专著）；《乾隆琼山县志》（古籍整理）；《"诗言志"与中国古典诗歌情感理论》（论文）；《"诗味论"溯源》（论文）。

吴子林（1969 年 9 月～　），福建连城人，编审。1989 年 9 月至 1993 年 8 月，在福建漳州师范学院中文系学习，获得文学学士学位；1996 年 9 月至 1999 年 6 月，在福建师范大学中文系学习，获得文学硕士学位；1999 年 9 月至 2002 年 6 月，在北京师范大学中文系学习，获得文学博士学位。2002 年 7 月至今，在中国社会科学院文学研究所工作，历任助理研究员、副研究员、副编审。

现从事编辑工作，主要业务专长是文学编辑。主要代表作有：《经典再生产——金圣叹小说评点的文化透视》（专著）；《自律与他律——现当代文学论争中的理论问题》（专著）；《艺术终结论》（论文集）；《新编文学理论》（教材）；《"重回叙拉古？"——论文学"超轶政治"之可能》（论文）。

侯玮红（1970 年 2 月～　），女，山东郓城人，研究员。1987 年 9 月至 1991 年 7 月，在北京第二外语学院东欧语系学习，获得文学学士学位；1996 年 9 月至 2000 年 7 月，在中国社会科学院研究生院外国文学系在职学习，获得文学硕士学位；2002 年 9 月至 2006 年 7 月，在中国社会科学院研究生院外国文学系在职学习，获得文学博士学位。1991 年 8 月至今，在中国社会科学院外国文学研究所工作，历任研究实习员、助理研究员、副研究员，现任俄罗斯文学研究室副主任。

现从事俄罗斯语言文学研究，主要学术专长是俄罗斯文学。主要代表作有：《当代俄罗斯小说研究》（专著）；《俄罗斯文学20年回顾》（论文）；《你好，新一代俄罗斯文学》（论文）；《继承传统、多元发展——论当代俄罗斯现实主义小说》（论文）。

秦岚（1962年12月～ ），女，云南曲靖人，编审。1981年9月至1985年7月，在东北师范大学中文系学习，获得文学学士学位；1994年4月至1996年3月，在日本富山大学大学院人文科学研究科学习，获得文学硕士学位；1996年4月至1999年3月，在日本立命馆大学大学院文学研究科学习，获得文学博士学位。1994年4月至2000年3月，在日本立命馆大学文学部从事博士后研究；2001年4月至2004年3月，在日本立命馆大学文学部工作，任讲师；2004年6月至今，在中国社会科学院外国文学研究所工作，任副编审。

现从事编辑工作，主要业务专长是外国文学编辑。主要代表作有：《东洋镜里〈西游记〉》（论文）；《浮世狐语》（论文）；《二十四孝在日本》（论文）；《一座城市的影子——前近代的日本有关南京的记忆与想象》（论文）。

刘祥柏（1968年9月～ ），安徽六安人，研究员。1987年9月至1994年7月，在山东大学中文系学习，先后获得文学学士、硕士学位；1994年9月至1997年7月，在北京大学中文系学习，获得文学博士学位。1997年7月至今，在中国社会科学院语言研究所工作，历任研究实习员、助理研究员、副研究员，现任中国语文研究室副主任。

现从事汉语言文字学研究，主要学术专长是汉语方言学。主要代表作有：《安徽黄山汤口方言》（专著）；《中国语言地图集》（专著）；《汉语官话方言研究》（专著）；《“要”为“若”解》（论文）；《北京话“一＋名”结构分析》（论文）。

杨国文（1956年8月～ ），女，北京人，研究员。1978年3月至1982年7月，在清华大学计算机科学系学习，获得工学学士学位；1982年9月至1985年7月，在中国社会科学院研究生院语言系学习，获得文学硕士学位；2001年2月至2006年4月，在德国不来梅大学语言文学系在职学习兼合作研究，获得哲学博士学位。1985年7月至今，在中国社会科学院语言研究所工作，历任研究实习员、助理研究员、副研究员。

现从事语言学研究，主要学术专长是汉语句法语义。主要代表作有：《汉语时态语义研究——理论描述及计算机程序实现》（英文专著）；《汉语“被”字式在不同种类的过程中的使用情况考察》（论文）；《汉语物质过程中“范围”成分与“目标”成分的区别》（论文）；《基于系统功能语法过程类型理论的汉语把字式分析》（英文论文）；《主谓句段的主语界定》（论文）。

刘素民（1967年6月～ ），女，河南滑县人，研究员。1991年7月至1994年7月，在河南师范大学外语系学习，获得文学学士学位；1995年9月至1998年6月，在河南师范大学科技与社会研究所学习，获得哲学硕士学位；2001年9月至2004年6月，在武汉大学哲学学院宗教学系学习，获得哲学博士学位。2006年1月至2008年7月，在北京大学哲学系博士后流动站从事研究；2008年7月至今，在中国社会科学院哲学研究所工作，任副研究员。

现从事西方哲学研究，主要学术专长是中世纪哲学。主要代表作有：《托马斯·阿奎那自然法思想研究》（专著）；《托马斯·阿奎那伦理学思想研究》（专著）；《阿奎那》（专著）；《宗教与社会——华侨华人宗教、民间信仰与区域宗教文化》（专著）；《重返being——雅克·马里旦形而上学思想探析》（论文）。

段伟文（1968年1月～ ），湖南新化人，研究员。1985年9月至1989年7月，在华中师范大学物理系学习，获得理学学士学位；1994年9月至1997年7月，在中国人民大学哲学系学习，获得哲学硕士学位；1998年9月至2001年7月，在中国人民大学哲学系学习，获得哲学博士学位。1989年7月至1994年9月，在湖北鄂州二中任教；1997年7月至1998年9月，在中共武汉市委党校工作，任助教；2001年7月至今，在中国社会科学院哲学研究所工作，历任助理研究员、副研究员，现任科技哲学研究室主任，其间，2004年9月至2005年9月，在英国牛津大学哲学系及计算机系做访问学者。

现从事科技哲学研究，主要学术专长是科学哲学、技术哲学。主要代表作有：《可接受的科学：当代科学基础的反思》（专著）；《对技术化科学的哲学思考》（论文）；《科技哲学30年》（论文）；《对网络空间的自我伦理》（论文）；《从科学活动论到对科学的审度》（论文）。

纪华传（1970年10月～ ），山东即墨人，研究员。1990年9月至1994年7月，在武汉大学环境科学系学习，获得理学学士学位；1997年9月至2000年7月，在武汉大学哲学系学习，获得哲学硕士学位；2001年9月至2004年7月，在中国社会科学院研究生院世界宗教研究系学习，获得哲学博士学位。1994年7月至1996年10月，在山东新华制药厂工作，任助理工程师；2004年7月至今，在中国社会科学院世界宗教研究所工作，历任助理研究员、副研究员，现任佛教研究室副主任。

现从事宗教学研究，主要学术专长是佛教研究。主要代表作有：《中国近代佛教史》（专著）；《明清鼓山曹洞宗文献研究》（专著）；《安上法师生平与著述》（专著）；《中国佛教与禅宗》（论文集）；《永觉元〈贤鼓山〉志及其文献价值》（论文）。

李建欣（1966年12月～ ），河南襄城人，编审。1984年9月至1988年7月，在河南大学汉语言文学系学习，获得文学学士学位；1988年9月至1991年7月，在辽宁大学中文系学习，获得文学硕士学位；1993年9月至1996年7月，在中国社会科学院研究生院亚太系学习，获得哲学博士学位。1991年7月至1993年9月，在沈阳师范学院工作，任讲师；1996年7月至2001年9月，在北京联合大学工作，任副研究员；2001年9月至今，在中国社会科学院世界宗教研究所工作，任副研究员，现任《世界宗教研究》编辑部副主任，其间，2010年9月至2011年

9月，在美国康奈尔大学做访问学者。

现从事编辑工作，主要业务专长是宗教学编辑。主要代表作有：《东方哲学史》（古代编“印度哲学”部分）（专著）；《佛教伦理学：基础、价值与问题（上下卷）》（译著）；《印度宗教与佛教》（论文集）；《印度耆那教的哲学思想》（论文）；《佛教在印度兴起的思想文化背景——沙门思潮论》（论文）。

嘉木扬·凯朝（1963年4月～　），蒙古族，内蒙古克什克腾旗人，研究员。1989年9月至1990年7月，在中国藏语系高级佛学院大专学习；1993年10月至1995年3月，在日本爱知学院大学大学院文学研究科学习；1995年4月至2001年7月，在日本爱知学院大学大学院文学研究科学习，先后获得文学硕士和文学博士学位。1990年7月至1993年10月，在北京雍和宫佛学院工作；2002年1月至今，在中国社会科学院世界宗教研究所工作，历任助理研究员、副研究员。

现从事宗教学研究，主要学术专长是佛教学。主要代表作有：《内蒙古佛教与寺院教育》（专著）；《中国蒙古族地区佛教文化》（专著）；《蒙古地区净土思想》（论文）；《吉祥果聚塔缘起及佛塔浅论——见而获益希奇莲花乐园》（论文）；《藏汉蒙对照无上瑜伽部大威德金刚十三尊成就仪轨》（论文）。

王树芝（1964年2月～　），女，河北辛集人，研究员。1982年9月至1986年6月，在河北农业大学园艺系学习，获得农学学士学位；1998年9月至2000年6月，在北京林业大学资源与环境学院遗传育种专业学习，获得农学硕士学位；2008年5月至2011年1月，在北京林业大学林学院在职学习，获得理学博士学位。1986年7月至1998年8月，在河北省林业科学院工作，任农艺师；1999年7月至今，在中国社会科学院考古研究所工作，历任助理研究员、副研究员。

现从事考古研究，主要学术专长是植物考古和环境考古。主要代表作有：《柴达木盆地考古出土木材的树轮分析》（论文）；《甘肃张掖黑水国西城驿遗址出土炭指示的树木利用和古环境》（论文，第一作者）；《湖北枣阳九连墩1号楚墓棺椁木材研究》（论文）；《陶寺遗址出土木炭研究》（论文，第一作者）；《殷墟大司空M303出土的植物叶片研究》（论文，第一作者）。

徐龙国（1964年5月～　），山东费县人，研究员。1984年9月至1988年7月，在山东大学历史系学习，获得历史学学士学位，2001年9月至2004年6月，在中国社会科学院研究生院考古系学习，获得历史学博士学位。1988年7月至2001年9月，在山东省淄博市博物馆工作，任主任、馆长助理、副研究员；2004年7月至今，在中国社会科学院考古研究所工作，任副研究员。

现从事汉唐考古学研究，主要学术专长是汉唐考古。主要代表作有：《秦汉城邑考古学研究》（专著）；《山东淄博战国西汉墓出土银器及相关问题》（论文）；《汉代的坐具、坐姿及其礼俗》（论文）；《中国古代的城、邑、里》（论文）；《曹操墓出土的画像石及一号墓主初探》（论文）。

邬文玲（1971年11月～　），女，重庆武隆人，研究员。1989年9月至1993年7月，在重庆师范学院历史系学习，获得历史学学士学位；1996年9月至1999年7月，在中国人民大学历史系学习，获得历史学硕士学位；1999年9月至2003年7月，在中国社会科学院研究生院历史系学习，获得历史学博士学位。1993年7月至1996年8月，在重庆高等师范专科学校政史系工作，任助教；2003年7月至今，在中国社会科学院历史研究所工作，任副研究员，现任秦汉魏晋南北朝史研究室副主任。

现从事简帛学研究，主要学术专长是秦汉简牍与秦汉历史研究。主要代表作有：《秦汉法律文化研究》（专著，合著）；《长沙走马楼三国吴简·竹简[叁]》（专著，合著）；《"合檄"试探》（论文）；《长沙东牌楼东汉简牍〈光和六年自相和丛书〉研究》（论文）；《长沙东牌楼东汉简牍断简缀合与研究》（论文）。

陈开科（1965年11月～　），湖南汨罗人，研究员。1982年9月至1985年7月，在湖南岳阳师院政史系学习；1985年9月至1986年7月，在云南大学历史系学习；1997年10月至1999年5月，在俄罗斯科学院远东研究所学习硕士学位基础课程；1999年5月至2004年，在俄罗斯科学院远东研究所在职学习，获得历史学博士学位。1986年9月至2004年7月，在湖南岳阳师院政史系工作，任讲师；2004年9月至2005年9月，在湖南理工学院政法系兼职教师；2005年9月至今，在中国社会科学院近代史研究所工作，任副研究员。

现从事中外关系史研究，主要学术专长是中俄关系史。主要代表作有：《嘉庆十年——失败的俄国使团与失败的中国外交》（专著）；《巴拉第与晚清中俄关系》（专著）；《俄总领事与清津海关道——从刻本史料看同治年间地方层面的中俄交涉》（论文）；《1886年李鸿章、拉德仁天津会谈与中、俄朝鲜政策》（论文）；《耆英与第二次鸦片战争中的中俄交涉》（论文）。

王键（1960年10月～　），内蒙古呼和浩特人，研究员。1982年11月至1984年12月，在轻工业部技术干部学院在职学习；1994年6月至1996年6月，在南开大学日本研究院学习，获得历史学硕士学位；1996年6月至1999年6月，在中国社会科学院研究生院世界史系学习，获得历史学博士学位。1999年6月至2003年4月，在中国社会科学院世界历史研究所工作，历任助理研究员、副研究员；2003年1月至2005年7月，在中国社会科学院近代史研究所博士后流动站从事研究；2003年4月至今，在中国社会科学院近代史研究所工作，任副研究员。

现从事台湾史研究，主要学术专长是日本史。主要代表作有：《战后美日台关系史研究（1945～1995）》（专著）；《战后日台经济关系的演变轨迹》（专著）；《冷战后美日欧盟与台湾关系研究》（专著）；《台湾史稿》（专著）；《出席台共成立大会的中共代表"彭荣"身份辨析》（论文）。

王士花（1967年1月～　），女，山东临邑人，研究员。1984年9月至1988年7月，在山东师范大学政治教育系学习，获得文学学士学位；1988年9月至1991年7月，在北京师范大学马列研究所学习，获得法学硕士学位；1991年9月至1994年7月，在中国社会科学院研究生院近代史系学习，获得历史学博士学位。1994年7月至今，在中国社会科学院近代史研究所工作，历任助理研究员、副研究员，期间，2002年10月至2003年10月，在日本早稻田大学社会科学研究所做访问学者。

现从事中国革命史研究，主要学术专长是抗日战争史。主要代表作有：《日伪统治时期的华北农村》（专著）；《北海银行与山东抗日根据地的货币政策》（论文）；《抗战时期山东农村两面政权研究》（论文）；《论建国初期的农村互助组》（论文）；《华北沦陷区棉花的生产与流通》（论文）。

任灵兰（1966年6月～　），女，甘肃兰州人，编审。1985年7月至1987年7月，在甘肃金城联合大学经济系学习；1992年9月至1995年6月，在兰州大学历史系学习，获得历史学硕士学位；1995年6月至1998年6月，在北京师范大学历史系学习，获得历史学博士学位。1987年7月至1992年9月，在甘肃省兰州柴油机厂工作，任助理会计师；1998年6月至2001年10月，在中华书局工作，任副编审；2001年11月至今，在中国社会科学院世界历史研究所工作，任副编审。

现从事编辑工作，主要业务专长是世界历史编辑。主要代表作有：《2011年中国世界史研究述评》（论文）；《六十年国事纪要》（文化卷）（论文）；《宗教在甘肃及西北地区的影响》（研究报告）；《近五年来中国的海洋史研究》（综述）。

吴英（1968年8月～　），北京人，研究员。1986年9月至1990年7月，在河南大学历史系学习，获得历史学学士学位；1992年7月至1995年7月，在天津师范大学历史系学习，获得历史学硕士学位；2000年9月至2004年7月，在天津师范大学历史系在职学习，获得历史学博士学位。1990年7月至1992年7月，在河南省鹤壁市第二中学工作；1995年7月至2004年12月，在天津师范大学工作，历任讲师、副教授；2004年12月至2006年12月，在中国社会科学院世界历史研究所博士后流动站从事研究；2006年12月至今，在中国社会科学世界历史研究所工作，任副研究员，现任唯物史观与外国史学理论研究室副主任。

现从事史学理论与史学史研究，主要学术专长是马克思主义史学理论。主要代表作有：《马克思恩格斯列宁斯大林论历史科学》（专著）；《对马克思国家理论的再解读》（论文）；《弘扬唯物史观的科学理性》（论文，第一作者）；《对唯物史观几个基本概念的再解读》（论文）；《马克思的两种社会主义理论及其现实意义》（论文）。

姜南（1970年3月～　），女，四川成都人，研究员。1987年9月至1994年7月，在北京大学历史系学习，先后获得历史学学士、硕士学位；2002年9月至2005年6月，在中国社会科学院研究生院世界历史系学习，获得法学博士学位。1994年8月至今，在中国社会科学院世界历史研究所工作，历任研究实习员、助理研究员、副研究员，现任世界史跨学科研究室主任，其间，1998年11月至1999年11月，在美国达勒姆大学进修；2000年9月至2001年9月，在法国巴黎第七大学进修。

现从事世界近现代史研究，主要学术专长是欧洲一体化史。主要代表作有：《民族国家与欧洲一体化（1945～1973)》（专著)；《法德关系与早期欧洲一体化（1944～1963年)》（论文)；《法美矛盾与美国对欧洲一体化的政策（1958～1968年)》（论文)；《英法关系与欧洲共同体的扩大》（论文)；《浅析战后欧洲一体化理论》（论文)。

翟国强（1957年10月～　），内蒙古呼和浩特人，研究员。1978年9月至1980年7月，在内蒙古师范学院图书馆学专业学习；1985年9月至1988年7月，在内蒙古大学蒙古史研究所学习，获得历史学硕士学位；2003年9月至2006年7月，在云南大学民族研究院学习，获得法学博士学位。1980年8月至1985年9月，在内蒙古财经学院图书馆工作；1988年8月至1993年8月，在中国人民银行内蒙古分行金融研究所工作；1993年8月至1996年4月，辞职转业；1996年4月至2003年9月，在内蒙古青年报刊社工作，任记者、副主编；2006年7月至今，在中国社会科学院中国边疆研究所（原中国边疆史地研究中心)工作，历任助理研究员、副研究员。

现从事中国少数民族史研究，主要学术专长是中国西南民族史。主要代表作有：《先秦西南民族史论》（专著)；《滇文化与北方地区文化及族群关系研究》（论文)；《西南民族的历史发展与中华民族多元一体格局关系述论》（论文)；《“五帝”世系与先秦“华夷共祖”思想》（论文)；《试论中国西南新石器文化的地位》（论文)。

张斌（1973年11月～　)，山东平阴人，研究员。1992年9月至1999年7月，在山东大学经济学院学习，先后获得经济学学士、硕士学位；2001年9月至2004年7月，在中国人民大学财政金融学院在职学习，获得经济学博士学位。1999年7月至2004年7月，在山东大学经济学院工作，历任助教、讲师；2004年8月至2006年7月，在中国社会科学院财政与贸易经济研究所博士后流动站从事研究；2006年8月至今，在中国社会科学院财经战略研究院（原财政与贸易经济研究所）工作，历任助理研究员、副研究员，现任税收研究室主任。

现从事财政学研究，主要学术专长是财政税收、理论与政策。主要代表作有：《税制变迁研究》（专著)；《扩大消费需求的税收政策》（论文)；《政府间职能纵向配置的规范分析》（论文)；《个人所得税的目标定位与征管约束》（论文)；《资本报酬、收入分配与福利增长》（论文)。

依绍华（1970年11月～　)，女，黑龙江省哈尔滨市人，研究员。1989年9月至1993年7月，在哈尔滨工业大学管理学院学习，获得工学学士学位；1997年9月至1999年8月，在哈尔滨工程大学社科系学习，获得经济学硕士学位；1999年9月至2002年7月，在中国社会科学院研究生院财贸系学习，获得经济学博士学位。1993年7月至

1997 年 8 月，在黑龙江省对外投资集团工作；2002 年 7 月至今，在中国社会科学院财经战略研究院（原财政与贸易经济研究所）工作，历任助理研究员、副研究员，现任流通产业研究室主任。

现从事产业经济研究，主要学术专长是流通、旅游。主要代表作有：《旅游企业多元化》（专著）；《流通体制改革战略思路与对策研究》（论文）；《流通产业公共支撑体系构成及政府介入方式研究》（论文）；《旅游学科研究进展及当前研究热点领域》（论文）；《完善我国“农超对接”流通体系研究》（论文）。

管育鹰（1969 年 4 月～　），女，贵州平坝人，研究员。1986 年 9 月至 1990 年 7 月，在北京大学法律系学习，获得法学学士学位；1994 年 9 月至 1997 年 7 月，在北京大学法学院学习，获得法学硕士学位；2003 年 9 月至 2006 年 7 月，在中国社会科学院研究生院法学系在职学习，获得法学博士学位。1990 年 7 月至 1994 年 7 月，在北京市第五十中学工作；1997 年 8 月至 2006 年 9 月，在国家法官学院教学部工作，历任讲师、副教授，其间，1999 年 1 月至 1999 年 11 月，在加拿大蒙特利尔大学法学院研修，获高等学习专业学位（D.E.S.S）；2006 年 10 月至今，在中国社会科学院法学研究所工作，任副研究员，其间，2012 年 8 月至 2013 年 8 月，在美国约翰马歇尔法学院作访问学者。

现从事知识产权法学研究，主要学术专长是版权法。主要代表作有：《知识产权视野中的民间文艺保护》（专著）；《知识产权法学的新发展》（专著）；《中日关于产品界面设计法律保护的比较研究》（论文）。

李洪雷（1976 年 1 月～　），江苏盱眙人，研究员。1993 年 9 月至 1997 年 7 月，在中国政法大学法律系学习，获得法学学士学位；1997 年 9 月至 2000 年 7 月，在中国政法大学法律系学习，获得法学硕士学位；2000 年 9 月至 2003 年 7 月，在北京大学法学院学习，获得法学博士学位。2003 年 7 月至今，在中国社会科学院法学研究所工作，历任助理研究员、副研究员，其间，2005 年 7 月至 2006 年 7 月，借调在全国人大常委会法工委国家法室工作；2009 年 7 月至 2011 年 6 月，分别在美国哥伦比亚大学法学院、美国哥伦比亚东亚研究所做访问学者。

现从事宪法与行政法学研究，主要学术专长是行政法学。主要代表作有：《行政法释义学——行政法学理的更新》（专著）；《论互联网的规制体制——在政府规制与自我规制之间》（论文）；《中国行政诉讼制度发展的新路向》（论文）；《中国比较行政法研究的前瞻》（论文）。

刘敬东（1968 年 10 月～　），黑龙江哈尔滨人，研究员。1986 年 9 月至 1993 年 7 月，在中国政法大学法律系学习，先后获得法学学士、硕士学位；1998 年 9 月至 2001 年 7 月，在中国政法大学国际法专业学习，获得法学博士学位。1993 年 7 月至 1998 年 9 月，在中国租赁有限公司工作；2001 年 7 月至 2006 年 12 月，在北京市政法管理干部学院国际经贸系工作，历任讲师、系副主任、研究中心主任、副研究员；2006年12月至今，在中国社会科学院国际法研究所工作，历任副研究员、室副主任、室主任。兼任中国国际经济法学会理事。

现从事国际法研究，主要学术专长是国际经济法。主要代表作有：《WTO法律制度中的善意原则》（专著）；《全球经济治理新模式的法治化路径》（论文）；《WTO未来之路——WTO改革动向及思考》（论文）；《GATT第20条权利性质的国际法分析》（论文）。

王炳权（1968年10月～　），山东泰安人，研究员。1991年9月至1995年7月，在中国人民大学哲学系学习，获得哲学学士学位；1998年9月至2000年7月，在中国人民大学马克思主义学院在职学习，获得法学硕士学位；2003年9月至2008年12月，在武汉大学政治与公共管理学院在职学习，获得法学博士学位。1995年8月至2010年11月在教育部高等学校社会科学发展研究中心工作，历任研究实习员、助理研究员、副研究员；2010年12月至今，在中国社会科学院政治学研究所工作，任副研究员。兼任中国高等教育学会马克思主义研究分会秘书长。

现从事政治学理论研究，学术专长是马克思主义政治学。主要代表作有：《当代中国政治思潮研究》（专著）；《科学发展观的哲学视野与提高党在意识形态领域的执政能力》（论文）；《民族主义何以可能》（论文，第二作者）；《中国特色社会主义民主政治具有强大生命力》（理论文章，第二作者）。

王淑玲（1956年1月～　），女，山东东平人，研究馆员。1977年2月至1980年7月，在北京大学东语系学习。1980年8月至今，在中国社会科学院民族学与人类学研究所工作，历任研究实习员、馆员、副研究馆员。兼任中国社会科学院韩国研究中心理事。

现从事图书馆学研究，主要业务专长是图书馆自动化与数据库建设。主要代表作有：《韩国华侨历史与现状研究》（专著）；《2010～2012年汉文论文索引目录》（索引，合著）；《浅析韩国数字图书馆发展模式》（论文）；《韩国华侨社会的形成变迁及特征》（论文）；《中原文化对高句丽的影响》（论文）。

扎洛（1969年10月～　），藏族，青海兴县人，研究员。1987年9月至1991年7月，在中央民族学院历史系学习，获得历史学学士学位；2001年9月至2005年6月，在中国社会科学院研究生院学习，获得历史学博士学位。1991年7月至今，在中国社会科学院民族学与人类学研究所工作，历任助理馆员、助理研究员、副研究员、所长助理、处长、室主任，其间，2009年12月至2011年12月，在中央民族大学历史文化学院博士后流动站从事研究。兼任中国民族研究团体联合会秘书长、中国民族史学会副秘书长、中国西藏文化保护协会常务理事。

现从事民族史、民族学研究，主要学术专长是藏学。主要代表作有：《清代西藏与布鲁克巴》（专著）；《西藏农村的宗教权威及其公共服务——对于西藏农区五村的案例分析》（论文）；《清末民族国家建设与赵尔丰在康区的法制改革》（论文）；《布鲁克巴德布王希达尔流亡西藏事迹考述——兼论18世纪中叶中国西藏与布鲁克巴的关系》（论文，第一作者）；《清末民族国家建设与张荫棠西藏新政》（论文）。

周毛草（1966 年 6 月～　），女，藏族，青海同仁人，研究员。1985 年 9 月至 1989 年 6 月，在西北民族大学藏语言文化学院学习，获得文学学士学位；1990 年 9 月至 1993 年 6 月，在西北民族大学藏语言文化学院学习，获得语言学硕士学位。1989 年 9 月至 1990 年 7 月，在青海省黄南州同仁县工作；1993 年 6 月至今，在中国社会科学院民族学与人类学研究所工作，历任研究实习员、助理研究员、副研究员。兼任中国社会科学院藏族历史文化研究中心理事。

现从事中国少数民族语言文学研究，主要学术专长是藏语言及文化。主要代表作有：《安多藏语玛曲话动词的名物化》（论文）；《古藏语作格助词在现代方言中的表现》（论文）；《藏族方位词的文化含义》（论文）；《现代安多藏语中的领属格助词》（论文）；《藏语语篇衔接手段初探》（论文）。

张旅平（1956 年 1 月～　），浙江嵊州人，研究员。1979 年 1 月至 1983 年 2 月，在中国人民大学分校学习，获得法学学士学位；1983 年 9 月至 1986 年 7 月，在中国人民大学学习，获得法学硕士学位。1977 年 1 月至 1979 年 1 月，在北京市海淀区电子医疗仪器厂工作；1983 年 2 月至 1983 年 9 月，在北京市社会科学研究所工作；1986 年 7 月至今，在中国社会科学院社会学研究所工作，历任助理研究员、副研究员。

现从事社会理论研究，主要学术专长是现代性与文化比较研究。主要代表作有：《多元文化模式与文化张力：西方社会的创造性源泉》（专著）；《全球化：文化冲突与共生》（专著，第二作者）；《自由与秩序：西方社会管理思想的演进》（论文，第一作者）；《马克斯·韦伯：基于社会动力学的思考》（论文）；《从轴心时代到现代文化建构的演变——古今两次重大文化重建的特征与意义》（论文）。

罗琳（1956 年 1 月～　），女，河北衡水人，编审。1978 年 3 月至 1982 年 2 月，在北京师范大学中文系学习，获得文学学士学位；1987 年 9 月至 1990 年 8 月，在北京师范大学中文系学习，获得文学硕士学位。1975 年 3 月至 1976 年 12 月，在北京市海淀区苏家坨公社插队；1976 年 12 月至 1978 年 2 月，在北京市 101 中学工作；1982 年 3 月至 1983 年 7 月，在北京师范大学附属第二中学工作；1983 年 8 月至 1985 年 8 月，在北京出版社工作；1985 年 9 月至 1987 年 8 月，在广东肇庆师范专科学校暨西江大学中文系工作；1990 年 9 月至 2000 年 7 月，在社会科学文献出版社工作，历任编辑、副编审；2000 年 8 月至今，在中国社会科学院社会学研究所工作，任副编审。

现从事编辑工作，主要业务专长是社会学编辑。主要代表作有：《另类人生：一个摄影师眼中的真实世界》（专著，责任编辑）；《中国乡村：社会主义国家》（译著，责任编辑）；《仪式与社会变迁》（论文集，责任编辑）；《互助合作实践的理想建构——柳青小说〈种谷记〉的社会学解读》（论文）。

王俊秀（1963年8月～　），内蒙古武川人，研究员。1980年9月至1983年7月，在内蒙古广播电视大学数学专业学习；1994年9月至1997年7月，在内蒙古师范大学教育系学习，获得教育学硕士学位；2001年9月至2004年7月，在中国社会科学院研究生院学习，获得法学博士学位。1983年8月至1994年8月，在内蒙古武川县第二中学工作；1997年8月至2003年12月，在北京市第三警察学校工作，任讲师；2003年12月至今，在中国社会科学院社会学研究所工作，历任助理研究员、副研究员研究室副主任，其间，2008年9月至2009年8月，在美国加州大学洛杉矶分校做访问学者。

现从事社会心理学研究，主要学术专长是社会心态研究。主要代表作有：《社会心态理论：一种宏观社会心理学范式》（专著）；《当代中国社会心态研究》（专著，第二作者）；《社会心态：转型社会的社会心理研究》（论文）；《社会心态的结构和指标体系》（论文）；《作为社会心态能量的社会情绪》（论文）。

潘屹（1957年11月～　），女，浙江温州人，研究员。1978年3月至1982年1月，在北京大学中文系学习，获得文学学士学位；1993年9月至1996年12月，在芬兰坦佩雷大学国际社会科学院社会政策和社会工作系学习，获得社会学硕士学位；2002年1月至2006年6月，在英国剑桥大学社会和政治科学系、东方系学习，获得哲学博士学位。1982年1月至1993年8月、1997年1月至1998年10月，在民政部中国社会报工作；2001年1月至2002年9月、2006年7月至2009年5月，在民政部基层民主研究中心工作，任副研究员；2009年5月至今，在中国社会科学院社会学研究所工作，任副研究员。

现从事社会政策研究，主要学术专长是社会政策。主要代表作有：《中国农村福利》（专著）；《优化整合城乡资源，完善社区综合养老服务体系——上海、甘肃、云南社区综合养老服务体系研究》（论文）；《普遍主义福利思想和福利模式的相互作用及演变——解析西方福利国家困境》（论文）；《社会福利制度的效益与可持续——欧盟社会投资政策的解读与借鉴》（论文）；《西方福利国家的普遍主义、整合及中国福利元素——中国社会福利体系再结构的原则和基础》（论文）。

钱莲生（1967年8月～　），安徽无为人，编审。1986年1月至1989年10月，在安徽省高等教育自学考试英语专业学习；1991年9月至1994年7月，在山西大学中文系学习，获得文学硕士学位。1994年8月至2006年3月，在哈尔滨广播电视报社工作，历任编辑、编辑部主任、总编助理、副总编辑，其间，2004年9月，晋升高级编辑。2006年4月至今，在中国社会科学院新闻与传播研究所工作，任编辑室主任、创新工程项目“我国新闻传播学一流期刊建设”主持人（总编辑）。兼任中国社会科学院研究生院新闻学与传播学系教授。

现从事编辑工作，主要业务专长是新闻学与传播学编辑。2006年任《中国新闻年鉴》执行主编，2007年至今任《中国新闻年鉴》主编，2013年起兼任《新闻与传播研究》执行主编。主要代表作有：《用新闻专业主义精神改革新闻评奖》（论文，第一作者）；《汉语成语英译词典》（辞书，第一作者）。

王永中（1974年2月～　），安徽枞阳人，研究员。1993年9月至1995年6月，在安徽财贸学院企业管理系学习；1997年9月至1999年12月，在安徽财贸学院经济系学习，获得经济学硕士学位；2001年9月至2004年6月，在中国社会科学院研究生院经济系学习，获得经济学博士学位。1995年7月至1997年8月，在安徽省枞阳县城关镇政府工作；2000年1月至2001年8月，在安徽财贸学院经济系工作，任讲师；2004年7月至2005年5月，在北京大公国际资信评级公司工作；2005年6月至2006年10月，在深圳市行业协会工作；2006年11月至今，在中国社会科学院世界经济与政治所工作，历任助理研究员、副研究员，其间，2008年9月至2009年6月，在日本经济研究中心做访问学者。

现从事世界经济学研究，主要学术专长是货币经济学。主要代表作有：《中国外汇冲销的实践与绩效》（专著）；《收入不确定、股票市场与中国居民货币需求》（论文）；《中国资本管制与外汇冲销的有效性：基于抵消系数和冲销系数模型》（论文）；《中国货币冲销和资本管制的有效性》（英文论文）；《中国外汇储备的构成、收益与风险》（论文）。

宋志刚（1966年10月～　），吉林长春人，编审。1985年9月至1987年6月，在吉林大学测试中心学习；1996年9月至1999年6月，在吉林大学经济管理学院学习，获经济学硕士学位；2003年9月至2007年7月，在北京师范大学经济与工商管理学院学习，获得经济学博士学位。1987年7月至1994年6月，在北京橡胶工业研究设计院工作；1994年7月至1996年8月，在广东省珠海市科茂公司工作；1999年7月至今，在中国社会科学院世界经济与政治研究所工作，历任副编审、编辑部副主任，其间，2001年10月至2002年9月，在四川省绵阳市安县县政府挂职，任副县长。

现从事世界经济编辑，主要业务专长是国际贸易编辑。主要代表作有：《新兴市场国家的汇率波动与出口：一个经验分析》（论文，第一作者）；《人民币汇率波动性对中国进出口影响的分析》（论文，责任编辑）；《中国进口种类增长的福利效应估算》（审读报告）；《人民币汇率波动性对中国进出口影响的分析》（论文，责任编辑）；《中美贸易摩擦的博弈分析框架：以轮胎特保案为例》（论文）。

张红侠（1964年11月～　），女，天津人，研究员。1982年9月至1987年7月，在南开大学外文系学习，获得文学学士学位；1990年1月至1994年4月，在俄罗斯科学院世界经济与政治研究所学习，获得经济学博士学位。1987年7月至今，在中国社会科学院俄罗斯东欧中亚研究所工作，历任研究实习员、助理研究员、副研究员。

现从事世界经济研究，主要学术专长是俄罗斯经济研究。主要代表作有：《叶利钦时代的俄罗斯》（经济卷）（专著）；《俄罗斯西伯利亚与远东》（合著）；《俄罗斯阿穆尔州》（合著）；

《中俄经贸合作进入互利双赢时代》（论文）；《俄罗斯能源状况及能源战略探微》（论文）。

张聪明（1961年10月～　），甘肃天水人，研究员。1979年9月至1983年7月、1994年7月至1997年7月，在兰州大学经济系学习，先后获得经济学学士、硕士学位；1999年9月至2002年7月，在中国社会科学院研究生院东欧中亚系学习，获得法学博士学位。1983年7月至1999年8月，在兰州师专工作；2002年7月至今，在中国社会科学院俄罗斯东欧中亚研究所工作，历任助理研究员、副研究员，其间，2004年3月至2005年3月，在英国牛津大学做访问学者。

现从事世界经济研究，主要学术专长是俄罗斯经济研究。主要代表作有：《当代中俄国有经济比较研究》（专著）；《普京八年：俄罗斯复兴之路（经济卷）》（合著）；《金砖四国的国家竞争力》（论文）；《石油收益的分配机制：中俄比较》（论文）；《2008～2010年的俄罗斯实体经济：从衰退到复苏》（论文）。

余国庆（1964年10月～　），浙江杭州人，研究员。1983年9月至1987年9月，在杭州师范学院政史系学习，获得历史学学士学位；1987年9月至1990年9月，在中国社会科学院研究生院西亚非洲研究系学习，获得法学硕士学位。1990年9月至1991年10月，在北京市平谷县对外贸易公司工作；1991年10月至今，在中国社会科学院西亚非洲研究所工作，历任研究实习员、助理研究员、副研究员，其间，1998年9月至1999年8月，在美国普林斯顿大学近东研究系作访问学者；2001年11月至2003年11月，借调中国驻以色列使馆政治处研究室工作，任二秘。

现从事国际政治学研究，主要学术专长是中东政治和国际关系研究。主要代表作有：《大国中东战略的比较研究》（专著）；《以色列安全环境：变化与挑战》（论文）；《中东乱局与大国博弈》（论文）；《中东国际关系的变化对我国外交的影响》（论文）；《阿以冲突与中国在中东和平进程中的作用》（论文）。

孙桂荣（1955年3月～　），女，黑龙江哈尔滨人，研究馆员。1977年3月至1980年1月，在黑龙江大学俄语系学习。1980年2月至今，在中国社会科学院拉丁美洲研究所工作，历任研究实习员、馆员、副研究馆员，其间，1996年11月至1998年1月，在俄罗斯莫斯科国际关系学院作访问学者；2003年10月至2004年10月，在俄罗斯莫斯科列宁师范学院作访问学者。兼任中国拉丁美洲学会理事、中国拉丁美洲史学会理事。

现从事图书馆学研究，主要业务专长为图书情报网络信息化工作。主要代表作有：《中国的拉丁美洲研究文献（美洲·拉丁美洲·中美洲）》（专著，第一作者）；《俄罗斯与巴西关系的形成和发展》（论文）；《浅析近十年俄拉经贸—科技合作关系》（论文）；《俄墨经贸关系发展的现状、潜力和制约关系》（论文）；《开辟新路求发展——俄罗斯发展同拉美国家经贸关系的新途径》（论文）。

蔡同昌（1955年1月～　），上海市人，编审。1977年2月至1980年1月，在上海外国语学院学习。1974年2月至1977年1月，在上海市崇明县江口公社工作；1980 年 2 月至 1984 年 12 月，在中国社会科学院苏联东欧研究所工作；1985 年 1 月至今，在中国社会科学院拉丁美洲研究所工作，历任助理研究员、副主任、副编审、主任，其间，1994 年 9 月至 1995 年 9 月，在苏联普希金语言学院进修俄语。

现从事编辑工作，主要业务专长是拉美编辑。主要代表作有：《国家风险识别指引》（三卷本）（内部报告，主编）；《冷战以来苏联（俄罗斯）与巴西关系的演进》（论文，第一作者）；《苏联（俄罗斯）与古巴关系的演进》（论文，第一作者）；《冷战以来苏联（俄罗斯）与委内瑞拉关系的演进》（论文，第二作者）。

董向荣（1973 年 9 月～　），女，山东招远人，研究员。1991 年 9 月至 1995 年 7 月，在北京农业大学应用化学系学习，获得理学学士学位； 1997 年 9 月至 2000 年 7 月，在北京大学社会发展研究所学习，获得法学硕士学位；2000 年 9 月至 2003 年 7 月，在北京大学历史系学习，获得历史学博士学位。1995 年 7 至 2000 年 8 月，在中国农业大学理学院工作；2003 年 7 月至今，在中国社会科学院亚太与全球战略研究院工作，历任助理研究员、副研究员，其间，2005 年 9 月至 2006 年 8 月，在韩国首尔大学政治学研究所作访问学者；2011 年 8 月至 2012 年 8 月，在美国哥伦比亚大学战争与和平研究所作访问学者。

现从事国际政治研究，主要学术专长是亚太政治研究。主要代表作有：《中国在朝鲜半岛的政策困境》（英文论文）；《不对称同盟与韩国的反美主义》（论文）；《韩国新村运动经验的局限性与启示》（论文）；《为什么韩国的“农民工”较快地融入了城市？》（论文）；《中韩经济关系：不对称依赖及其前景》（论文）。

魏红霞（1970 年 2 月～　），女，山东郓城人，研究员。1988 年 9 月至 1992 年 7 月，在山东原烟台师范学院外国语学院学习，获得文学学士学位；1994 年 9 月至 1997 年 7 月，在南开大学历史学院学习，获得历史学硕士学位。1992 年 7 月至 1994 年 8 月，在山东省菏泽市第二中学工作；1997 年 7 月至 2001 年 3 月，在中国社会科学院拉丁美洲研究所工作，任助理研究员；2001 年 4 月至今，在中国社会科学院美国研究所工作，历任助理研究员、副研究员，其间，2011 年 11 月至 2012 年 12 月，在美国卡内基国际和平基金会作访问学者。兼任中国美国史研究会理事。

现从事国际关系研究，主要学术专长是中美关系研究。主要代表作有：《亚太多边合作框架下的中美关系》（专著）；《对奥巴马政府“再平衡亚洲”战略的再评估》（论文）；《重新解读奥巴马政府的亚洲“再平衡”政策》（论文）；《美国的新思想库》（论文）；《东亚多边合作及其对中美关系的影响》（论文）。

吴怀中（1970 年 2 月～　），江苏扬州人，研究员。1987 年 9 月至 1991 年 7 月，在国际关系学院日法系学习，获得文学学士学位；1991 年 9 月至 1994 年 3 月，在北京外国语大学北京日本学研究中心学习，获得文学硕士学位；2001 年 4 月至 2005 年 3 月，在日本名古屋大学大学院学习，获得法学博士学位。1994年4月至1999年3月，在北京外国语大学北京日本学研究中心工作，任讲师；1999年4月至2001年3月，在日本东京大学大学院人文社会系公派留学；2005年5月至今，在中国社会科学院日本研究所工作，历任助理研究员、副研究员，其间，2011年10月至2012年8月，在日本庆应大学综合政策学部做客座研究员。

现从事日本研究，主要学术专长是日本政治外交研究。主要代表作有：《日本在钓鱼岛争端中的国际舆论动员》（论文）；《日本的亚太战略》（论文）；《日本对华安全政策的理论分析》（论文）；《安倍“战略外交”及其对华影响评析》（论文）；《从防卫白皮书看日本对华安全政策》（论文）。

张建立（1956年1月～　），内蒙古赤峰人，研究员。1989年9月至1993年7月，在内蒙古大学外语系学习，获得文学学士学位；1993年9月至1996年3月，在南开大学历史研究所学习，获得历史学硕士学位；2000年4月至2003年3月，在日本立命馆大学文学研究科学习，获得文学博士学位。1996年4月至2003年12月，在南开大学外语系工作，其间，1996年4月至2000年3月，在日本京都里千家学园茶道专门学校研修；2004年1月至今，在中国社会科学院日本研究所工作，历任助理研究员、副研究员、研究室副主任、主任。

现从事日本研究，主要学术专长是日本文化研究。主要代表作有：《艺道与日本国民性》（专著）；《战后日美关系的心理文化学解读》（论文）；《从游戏规则看日中两国国民性差异》（论文）；《中国的日本国民性研究现状与课题》（论文）；《试析日本人的历史认识问题形成原因》（论文）。

邓纯东（1956年1月～　），湖南临澧人，研究员。1979年9月至1986年7月，在中国人民大学中共党史系学习，先后获得法学学士、硕士学位。1974年12月至1979年9月，在部队服役；1986年7至1987年7月，在中央书记处研究室工作；1987年7月至1990年1月，在中央组织部党建研究所工作；1990年1月至2003年11月，在中央政策研究室工作，历任副处级、正处级、副局级调研员、副局长，其间，2001年4月至2003年11月，在广西桂林市委挂职，任市委副书记；2003年11月至2006年9月，在广西桂林市委工作，任副书记（正厅级）；2006年9月至2007年9月，在广西桂林市人大常委会工作，任党组副书记、常务副主任；2007年9月至2012年7月，在广西新闻出版局、版权局工作，任党组书记、局长；2012年7月至今，在中国社会科学院马克思主义研究院工作，历任党委书记、副院长、院长。

现从事中共党史研究，主要学术专长是中共党史研究。主要代表作有：《规范化、法制化：新时期政治机制论》（专著）；《用马克思主义引领哲学社会科学话语体系建设》（论文）；《1956年毛泽东留下的主要“思想理论遗产”》（论文，第一作者）；《对科学发展观关于“发展”的理解》（论文）；《吸收文化精华 推进国家治理体系现代化》（理论文章）。

刘志明（1972年4月～　），湖南华容人，研究员。1992年9月至1996年7月，在湖南师范大学政治系学习，获得法学学士学位；1997年9月至2000年3月，在北京科技大学文法学院学习，获得法学硕士学位；2000年9月至2003年7月，在中国人民大学马克思主义学院学习，获得法学博士学位。1996年7月至1997年8月，在湖南省华容县第二中学工作；2003年7月至2006年2月，在中国社会科学院科研局工作，任助理研究员；2006年2月至今，在中国社会科学院马克思主义研究院工作，任副研究员、室主任。

现从事马克思主义基本原理研究，主要学术专长是马恩列斯思想研究。主要代表作有：《大转折：后危机时代的世界》（专著）；《列宁社会主义建设理论与实践研究》（专著）；《中国特色社会主义社会制度研究》（专著）；《列宁的无产阶级政党思想及其当代意义》（论文）；《新自由主义全球化的兴起、危害与替代——国外马克思主义学者的视角及其评价》（论文）。

张建云（1956年1月～　），女，辽宁阜新人，研究员。1989年9月至1996年7月，在辽宁大学哲学系学习，先后获得哲学学士、硕士学位；1998年9月至2001年7月，在中国人民大学哲学系学习，获得哲学博士学位。1996年7月至1998年9月，辽宁省沈阳市人事局工作；2001年7月至2001年10月，在中国社会科学院马克思主义研究院（原马列所）工作。

现从事马克思主义基本理论原理研究，主要学术专长是马克思主义基础理论研究。主要代表作有：《身内自然人化——马克思主义关于人的内在自然人化思想及当代价值》（专著）；《农业现代化与农村就地城市化研究——关于当前农村“就地城市化”问题的调研》（专著）；《科学把握马克思主义基本原理体系的方法和原则》（论文）；《和谐始于内心——超越身内自然性》（论文）；《关于当前传统农业区农村就地城市化问题的思考》（论文）。

李瑞琴（1956年1月～　），女，山东章丘人，研究员。1979年10月至1983年7月，在新疆师范大学政教系学习，获得法学学士学位；1998年10月至2000年7月，在新疆大学法学院在职学习；2002年10月至2005年7月，在中国社会科学院研究生院马列系学习，获得法学博士学位。1983年9月至1984年12月，在新疆阿勒泰地区师范学校工作；1985年1月至1996年12月，在新疆阿勒泰地委宣传部、地委党办工作，任讲师团副团长、科长；1997年1月至2002年10月，在新疆师范大学法经学院工作；2005年7月至今，在中国社会科学院马克思主义研究院工作，历任科研处副处长、研究室主任，其间，2010年10月至2011年10月，在俄罗斯莫斯科大学历史系做访问学者。

现从事国外马克思主义研究，主要学术专长是苏联演变史、国外左翼社会思潮研究。主要代表作有：《“改革新思维”与苏联演变》（专著）；《俄罗斯反腐败透视》（专著）；《俄罗斯人缘何怀念苏联》（论文）；《腐败对原苏共的毁灭性影响》（论文）；《俄罗斯重评斯大林和苏联历史的社会思潮分析》（论文）。

刘维芳（1973年4月～　　），女，安徽太和人，研究员。1992年9月至1996年7月，在陕西师范大学历史系学习，获得历史学学士学位；1998年9月至2001年7月，在新疆大学政治系学习，获得法学硕士学位；2001年9月至2004年7月，在中国人民大学马克思主义学院学习，获得法学博士学位。1996年9月至1998年7月，在新疆地质矿产厅中学工作；2004年7月至今，在中国社会科学院当代中国研究所工作，历任研究实习员、助理研究员、副研究员。

现从事中国当代史研究，主要学术专长是中国当代政治史。主要代表作有：《当代中国法治国家建设的理论与实践》（专著）；《试论〈中华人民共和国婚姻法〉的历史演进》（论文）；《毛泽东关于党的自我净化思想及其启示》（论文）；《新中国新式婚姻制度的初步确立》（论文）；《新中国妇女地位的历史巨变》（论文）。

朴光海（1972年2月～　　），朝鲜族，黑龙江海林人，研究员。1992年9月至1996年7月，在中央民族大学朝鲜语言文学系学习，获得文学学士学位；1996年9月至1999年7月，在中央民族大学研究生部学习，获得文学硕士学位；2005年9月至2009年7月，在中国社会科学院研究生院哲学系学习，获得哲学博士学位。1999年7月至2011年8月，在中国社会科学院文献信息中心工作，历任助理研究员、副研究员；2011年9月至今，在中国社会科学院信息情报研究院工作，任副研究员。

现从事韩国问题研究，主要学术专长是韩国思想与文化。主要代表作有：《日本韩国国家形象的塑造与形成》（专著，第二作者）；《韩国塑造国家形象的渠道、方法及策略研究》（论文）；《韩流的文化启示——兼论韩流对现代社会生活方式的影响及其文化根源》（论文）；《徐敬德哲学思想探源》（论文）；《中韩文化交流的现状及问题》（论文）。

张菀洺（1973年4月～　　），女，河北阜城人，教授。1996年10月至1999年6月，在中央财经大学金融系学习，获得经济学学士学位；2000年9月至2003年7月，在中国社会科学院研究生院学习，获得法学硕士学位；2003年9月至2006年7月，在中国社会科学院研究生院学习，获得经济学博士学位。2006年7月至今，在中国社会科学院研究生院工作，历任系秘书、办公室主任、院长助理、副教授。

现从事教学工作，主要业务专长是国民经济学教学。主要代表作有：《教育公平：政府责任与财政制度》（专著）；《我国基础教育财政公平与财政中性的定量测度》（论文）；《我国教育资源配置分析及政策选择——基于教育基尼系数的测算》（论文）；《国家核心价值的优先选择与学理基础》（论文）；《中国公共教育的政策取向与财政机制》（论文）。

李琳（1975年7月～　　），女，河南济源人，编审。1992年9月至1996年7月，在郑州大学中文系学习，获得文学学士学位；1996年9月至1999年7月，在郑州大学中文系学习，获得文学硕士学位；1999年9月至2002年7月，在北京师范大学中文系学习，获得文学博士学位。2002年7月至2007年

9月，在郑州大学中文系工作，历任讲师、副教授，其间，2005年9月至2007年9月，在中国社会科学院文学研究所博士后流动站从事研究；2007年10月至今，在中国社会科学杂志社工作，任副编审。

现从事编辑工作，主要业务专长是中国文学编辑。主要代表作有：《中国戏曲通鉴》（专著，第一作者）；《中国古代英雄诞生故事与民间叙事传统——以岳飞出身、出生故事为例》（论文）；《"诗能穷人"与"诗能达人"——中国古代对于诗人的集体认同》（论文，责任编辑）；《"精忠报国"故事源流考辨》（论文）；《新时期以来中国古代文学的文献研究》（论文）。

林跃勤（1956年1月～　），湖南浏阳人，研究员。1979年9月至1983年7月，在湖南财经学院财政系学习，获得经济学学士学位；1986年9月至1987年9月，在中国社会科学院研究生院国际政治与国际组织系学习，获得法学硕士学位；1987年9月至1992年6月，在俄罗斯国立圣彼得堡大学经济学系学习，获得经济学博士学位。1983年7月至1985年4月，在湖南省煤炭工业学校工作；1985年4月至1986年8月，在湖南省进出口总公司计财处工作；1992年7月至2001年11月，在中国航天集团驻俄罗斯代表处工作，任翻译；2001年11月至2010年12月在中国社会科学院经济研究所工作，任副研究员；2010年12月至今，在中国社会科学杂志社工作，任副主任、主任。

现从事经济学研究，主要学术专长是国际经济学研究。主要代表作有：《中国新兴市场的关系：回顾与分析》（英文专著，主编）；《新兴经济体蓝皮书：金砖国家发展报告（2013）》（主编）；《外部冲击与"金砖"国家反危机政策比较研究》（论文）；《新兴经济体增长方式转变评价》（论文）；《全球失衡、金融危机与中国经济复苏》（论文，第三作者）。

第六编

规章制度

GUIZHANGZHIDU

一　中国社会科学院党组关于对党员领导干部进行诫勉谈话和函询的办法

社科党组字〔2014〕35号

第一章　总　则

第一条　为了贯彻党要管党、从严治党的方针，加强对党员领导干部的监督、教育，增强党员领导干部廉洁自律和接受监督的意识，根据《中国共产党党内监督条例》《关于对党员领导干部进行诫勉谈话和函询的暂行办法》等规定，结合中国社会科学院实际，制定本办法。

第二条　诫勉谈话和函询的对象是局级、处级党员领导干部。

第二章　诫勉谈话

第三条　党员领导干部有下列情况之一的，应当对其进行诫勉谈话：

（一）未严格遵守党的政治纪律，贯彻党的路线方针政策和上级党组织决议、决定以及工作部署不力；

（二）未严格遵守党的组织纪律，违反民主集中制，作风专断，个人决定重大事项；拉帮结派，影响领导班子团结；违反工作纪律，泄露班子内部信息；传播谣言，中伤同志；不认真执行组织决定；涉及重大问题、重要事项未按规定向组织请示报告，或者未如实请示报告；群众意见大；

（三）未严格遵守财经纪律，违规使用经费；

（四）未认真履行职责，给工作造成一定损失；

（五）存在形式主义、官僚主义、享乐主义和奢靡之风，违反中央“八项规定”“六项禁令”，铺张浪费，造成不良影响；学风不端；

（六）未严格执行《党政领导干部选拔任用工作条例》，用人失察失误；

注：本办法于2014年3月17日经院党组会议审议通过。

（七）未严格执行廉洁自律规定，造成不良影响；

（八）其他有关情况。

第四条　诫勉谈话的程序：

（一）确定谈话对象，准备谈话提纲；

（二）诫勉谈话时，向谈话对象说明谈话原因，认真听取其对有关问题的解释和说明，指出需要注意的问题，并要求其提出改正措施；

（三）对谈话内容作书面记录（需经本人核实），根据需要，可以要求谈话对象提供书面材料；

（四）谈话情况向党组、党委主要负责人报告。

第五条　根据党组（党委）要求，纪检监察机关（组织）和人事部门按照干部管理权限，对党员领导干部进行诫勉谈话。对下一级领导班子成员，根据具体情况，也可以委托其所在党委或者领导班子主要负责人进行诫勉谈话。

谈话时须两人以上（不含谈话对象）进行。

第六条　纪检监察机关（组织）和人事部门应当采用适当方式，对诫勉谈话对象存在的主要问题的改正情况进行了解。对于没有改正或者改正不明显的，应当根据党组（党委）或者单位领导班子的意见，予以批评教育并督促改正，或者做出组织处理。

第三章　函　询

第七条　纪检监察机关（组织）和人事部门针对群众反映的党员领导干部政治思想、道德品质、廉政勤政、作风学风、选人用人等方面的问题，可以用书面形式向被反映的党员领导干部进行函询。

第八条　党员领导干部在收到函询的十五个工作日内，应当实事求是地做出书面答复。如有特殊情况不能如期回复的，应当在规定期限内说明理由。对函询问题未讲清楚的，可以再次对其函询，或者采用其他方式进行了解。对无故不回复的，应当要求其尽快回复。

第四章　诫勉谈话、函询权限和要求

第九条　对党员领导干部进行诫勉谈话和函询，要严格履行审批程序。按照干部管理权限，由纪检监察机关（组织）或者人事部门提出意见，报本机关或者本部门领导批准。

第十条　党员领导干部接受组织诫勉谈话或者函询，要如实回答问题，不得隐瞒、编造、歪曲事实或者回避问题，不得无故不回复组织函询，不得对反映问题的人进行追查，更不得打击报复。对违反者，应当进行批评教育，情节严重的给予组织处理或者纪律处分。

第十一条 诫勉谈话记录和回复组织的函询材料，由进行诫勉谈话和函询的机关或者部门留存。

第十二条 有关工作人员对党员领导干部进行诫勉谈话和函询内容要严格保密。对失密泄密者，按照有关规定处理。

第五章 附 则

第十三条 需要对研究室（编辑部）主任、非中共党员领导干部进行诫勉谈话和函询的，参照本办法执行。

第十四条 本办法由院纪检监察机关商人事教育局解释。

第十五条 本办法自发布之日起施行。《中国社会科学院党组关于实行同党员领导干部诫勉谈话的规定》（〔2004〕社科党组字66号）同时废止。

二　中共中国社会科学院党组关于落实党风廉政建设主体责任的实施意见

社科党组字〔2014〕107号

根据中共中央、国务院《关于实行党风廉政建设责任制的规定》和十八届中央纪委三次全会关于“各级党委（党组）要切实担负党风廉政建设主体责任”的要求，为深入推进我院党风廉政建设和反腐败斗争，现就院党组落实党风廉政建设主体责任相关工作提出如下实施意见。

（一）指导思想和工作目标

指导思想。贯彻落实党的十八大、十八届三中全会精神和习近平总书记系列重要讲话精神，坚持党要管党、从严治党，紧紧围绕中央对我院“三个定位”根本要求和全面推进哲学社会科学创新工程的总体部署，努力营造风清气正的科研环境，为全面完成改革创新发展各项任务提供有力保障。

工作目标。加强院党组、院属单位党委对党风廉政建设的领导，推进主体责任制度化、规范化，构建党风廉政建设长效机制。深化党风廉政建设主体责任的内涵，促进主体责任与监督责任协调配合、形成合力，不断开创我院党风廉政建设和反腐败斗争新局面。

（二）领导体制和工作机制

明确领导责任。院党组对院党风廉政建设负全面领导责任，党组书记是第一责任人，对重要工作亲自部署、重大问题亲自过问、重点环节亲自协调、重要案件亲自督办，党组其他成员对职责范围内的党风廉政建设负主要领导责任。院属单位党委对本单位的党风廉政建设负全面领导责任，党委书记是第一责任人，领导班子其他成员根据工作分工，各负其责。

健全工作机制。把党风廉政建设纳入领导班子、领导干部目标管理，与学术研究、科研管理以及其他业务工作一起部署、一起落实、一起检查、一起考核，督促各级领导

注：本意见于2014年10月10日经院党组会议审议通过。

干部落实“一岗双责”。充分发挥院党风廉政建设领导小组的组织协调作用，定期召开成员单位主要负责人参加的联席会，听取党风廉政建设进展情况汇报，研究解决全院党风廉政建设重要问题，定期检查院属单位推进党风廉政建设情况，特别是领导班子落实主体责任情况。

（三）主要内容和具体要求

1. 严明“三项纪律”

严抓政治纪律。确保我院在政治上、思想上、行动上与党中央保持高度一致。强化各级党组织对意识形态工作的领导职责，将政治纪律教育融入科研、行政等日常工作。严格执行院党组《关于加强政治纪律建设的决定》《关于加强党的意识形态工作建设马克思主义坚强阵地的意见》。严把违反政治纪律风险点密集的重要关口，加强干部学者的自律意识。适时组织专家学者辨析批驳理论界和社会上出现的错误思潮，澄清干部群众在重大理论问题上的模糊认识。加强对院属媒体的管理，确保我院报刊书籍出版、网站、论坛等坚持正确的政治方向、学术导向和舆论导向。

严格组织纪律。通过多种途径和形式教育引导党员干部，不断强化组织观念，严格遵守“四个服从”，维护党的团结统一。坚持集体领导，严格执行民主集中制，凡“三重一大”事项均由党委会议集体讨论决定。严格执行请示报告制度，凡涉及重大问题、重要事项均要按规定如实向上级组织请示或者报告。

严守财经纪律。严格执行国家财经法律法规和财务制度，加强预算管理。修订完善经费管理办法，健全和规范安全使用财政资金的长效监督管理机制。加大对创新工程经费检查力度，提高检查实效。认真执行防治“小金库”各项规定，明确防治工作任务、职责部门、责任人员，加重对设立“小金库”的处罚。

2. 转变“三个风气”

领导率先垂范。院党组带头转变学风、作风、文风，严格执行《关于贯彻落实〈十八届中央政治局关于改进工作作风、密切联系群众的八项规定〉的意见》。党组成员按照坚定、团结、勤政、自律的标准严格要求自己，深入基层、深入群众、深入实践，写短文、讲短话、开短会。

建立长效机制。持之以恒地推进学风、作风、文风建设，党组定期分析研究我院“三个风气”方面存在的问题，结合落实党的群众路线教育实践活动整改工作，建立“三个风气”建设长效机制，以扎实管用的制度机制保障和促进“三个风气”建设。

严肃追责问责。严格执行《关于改进机关工作作风的若干规定》《关于加强科研学风、文风、作风建设的若干要求》《领导干部深入基层调查研究制度》，对“三个风气”方面存在的苗头性问题抓早、抓小、抓细。对突出问题，开展专项治理，坚决纠正学术不端、作风不实、文风不正等问题。对于违反中央八项规定精神的行为，发现一起，查处一起，通报一起。

3.选好用好干部

严格用人标准。坚持党管干部、党管人才原则，严格执行《党政领导干部选拔任用工作条例》，坚持正确的用人导向和德才兼备、以德为先的用人原则。严把领导干部选拔任用政治关，注重考察干部的政治表现和品德。考察干部的廉政情况，廉洁自律确有问题的干部，不得列入选用范围。在酝酿提拔干部时，提前征求纪检监察组织意见。

规范选人程序。充分发挥院党组的领导和把关作用。在提拔局级干部的动议、确定考察人选和拟任职人选等环节，要坚持组织人事部门研究提出建议，院纪检监察机关和直属机关党委、纪委出具意见，党组书记、副书记、纪检组长共同酝酿，条件成熟后再提交党组集体讨论决定的工作机制。

健全考察机制。完善民主推荐、民主测评的措施、方法。多渠道、多层次、多角度深入了解干部。近距离接触干部，对干部考察的功夫下在平时。了解干部对本职工作的责任心，对重大问题的思考，对待群众的感情，对待名利的态度，处理复杂问题的过程和结果。为勇于担当、有真本事、坚持原则、不怕得罪人的干部说公道话。

强化用人监督。严格执行干部选拔任用工作“一报告两评议”制度。建立健全干部管理信息平台，促进干部教育管理工作信息公开透明。探索建立干部选任纪实制度和拟提拔干部廉政报告制度。严格执行党员领导干部报告个人有关事项制度。严查选人用人中的不正之风。实行干部“带病”提拔责任倒查制。

4. 规范民主决策

坚持科学决策。认真执行《中国社会科学院领导班子议事规则和会议制度》，进一步规范党组会议、院务会议、院长办公会议。坚持和贯彻落实民主集中制原则，健全党组的集体领导和集体决策制度，广泛征求意见，增强决策的科学性与民主性。

完善决策程序。修改完善《研究所党委工作条例》和《研究所所长工作条例》，建立健全领导班子的议事规则和决策程序。规范研究所党委工作制度和会议制度，定期召开党委会，对重大问题的研究决策不得临时动议，会前要明确议题，党委会须有会议记录和会议纪要。不得以所长办公会、所务会代替党委会，或以党委会代替所长办公会、所务会。

加强班子建设。贯彻落实院党组《关于加强院属单位领导班子建设的若干规定》。领导班子成员要严以修身、严以用权、严以律己，依法依纪履行职责，加强沟通协调，形成既分工明确又互相配合的团结共事工作机制。严格党内生活，落实领导干部双重组织生活会、民主评议干部等制度，切实解决好领导班子自身存在问题。

5.加大惩处力度

坚决查处腐败。通过诫勉谈话、函询等方式，提醒党员干部对自身存在的苗头性问题及时加以纠正，防止小问题发展为大问题。对发生的腐败案件，无论涉及什么人，都要一查到底，决不姑息、没有例外。

支持查办案件。院党组、院属单位党委要切实加强对纪检监察组织查办案件工作的领导，为查办案件工作提供人力、物力、财力保障。不护短、不说情，不干扰纪检监察组织查办案件。

（四）健全“双责”协调机制

纪检监察机关落实监督主体责任。院纪检监察机关要充分履行监督职责，定期检查院属单位落实党风廉政建设主体责任情况，提出党风廉政建设的工作任务、阶段性目标和工作重点，组织起草、制定有关规定。协助党组对党风廉政建设任务进行分解，明确责任，提出要求，加强检查考核，促进任务落实。

支持纪检监察机关落实“三转”。院党组支持院纪检监察机关调整内设机构、充实力量，重视纪检监察干部的选拔使用，完善工作机制、明晰工作职责、聚焦主责主业、加大执纪监督问责力度，努力实现“转职能、转方式、转作风”。

提高纪检监察干部执纪监督能力。进一步健全完善院属单位纪检监察组织机构，配齐配强纪检监察干部队伍，把政治素质过硬、作风过硬、业务过硬的干部选拔到纪检监察岗位上来。强化院纪检监察机关对院属单位纪检监察组织的指导。全面加强对纪检监察干部的素质培养和业务培训，不断提升履职尽责能力。

（五）强化监督检查和责任追究

执行主体责任落实情况报告制度。院党组建立和完善党风廉政建设责任制执行情况专题报告制度，定期向中央和中央纪委报告落实党风廉政建设主体责任情况，党组书记报告履行党风廉政建设第一责任人职责情况。院属单位党委书记定期向院党组和院纪检监察机关报告本单位党风廉政建设工作情况。

加强对院党组落实主体责任的监督。党组书记对党组成员履行主体责任的情况进行监督，对落实主体责任不到位的，及时提醒、批评和纠正。将党组成员抓分管范围的党风廉政建设实施情况列入党组民主生活会的重要内容。院党组成员年度述职报告要有落实主体责任情况。党组落实党风廉政建设主体责任的情况作为每年反腐倡廉建设工作会议报告的必要内容，听取广大职工意见，接受监督。

督促指导院属单位领导班子落实主体责任。院党组成员不定期约谈党委书记，听取落实主体责任的情况。对院属单位开展巡查，将领导班子落实主体责任的情况作为重点内容。院党组成员带队检查党委落实党风廉政建设主体责任情况。将党委落实主体责任情况作为对其考核评价的重要指标。

追究主体责任落实不力的领导责任。对履行党风廉政建设主体责任不到位，导致所在单位发生严重违反党规党纪和重大腐败案件，造成不良影响的，既要追究当事人的责任，又要追究相关领导的责任。建立对我院发生的违纪违法案件实行“一案双查”的工作机制。

院属单位党总支、支部参照执行本实施意见。

三 中国社会科学院关于进一步加强政治纪律建设的决定

社科党组字〔2014〕139号

为更好地贯彻落实党中央关于将中国社会科学院建设成马克思主义坚强阵地、中国哲学社会科学研究的最高殿堂、党中央国务院重要的思想库智囊团的要求，特就进一步加强政治纪律建设做如下决定：

（一）加强政治纪律建设的重要性和必要性

1．政治纪律是党的全部纪律的基础。加强政治纪律建设，最核心的就是坚持党的领导，坚持党的基本理论、基本路线、基本纲领、基本经验、基本要求，同党中央保持高度一致，维护中央权威，保证中央政令畅通。加强政治纪律建设，是繁荣发展哲学社会科学，推进我院创新工程的重要保证，是全院工作人员的共同责任。

2．院党组认真贯彻党中央和中央纪委对政治纪律的要求，牢牢掌握意识形态工作的领导权管理权话语权，把政治纪律建设作为兴院强院的基础性工作来抓。各级党组织、各单位领导班子坚决维护政治纪律，努力探索规律、强化宣传教育、加强制度建设、加大监督检查工作的力度，积极预防政治违纪问题的发生。全院人员认真遵守政治纪律，政治敏感性、政治鉴别力和社会责任感进一步增强。同时也必须看到，意识形态领域的斗争日益复杂尖锐。境外敌对势力勾结境内敌对势力，加紧对我国进行渗透颠覆破坏，将我院作为渗透的重点对象，对我院人员进行“西化”“分化”活动。境内敌对势力和别有用心者宣扬错误思潮，否定我国社会主义制度，否定中国共产党的领导。面对国际国内新形势，加强政治纪律建设尤为必要。

（二）加强政治纪律建设的原则和主要任务

3．标本兼治，预防为主。注重提高全院人员遵守政治纪律的自觉性，不断加大从源头上预防政治违纪的工作力度。

注：本决定于2014年12月4日经院党组会议审议通过。

4．研究无禁区，宣传有纪律，行为守法律。学术研究要在马克思主义指导下，坚持为人民服务、为社会主义服务的方向，贯彻“百花齐放、百家争鸣”的方针，既要营造大胆探索、勇于创新的宽松科研环境，又要守法纪、负责任，内外有别。

5．从严治党，从严治院。全院人员（包括离退休人员和编制外聘用人员）必须严格遵守政治纪律。对于违反政治纪律的行为，各单位要严肃处理，不得姑息迁就。

6．实事求是，依纪依法。正确区分思想认识错误与行为违纪违法的界限，确定错误性质。对于违反政治纪律的行为，应以事实为依据，以党纪政纪和法律为准绳，区别不同情节，给予恰当处理。

7．通过加强政治纪律建设，确保党的路线、方针、政策在我院的贯彻执行，确保我院正确的政治方向和学术导向。

（三）加强政治纪律建设的具体要求

8．坚持马克思主义在哲学社会科学研究中的指导地位。不得公开发表反对或违背党的基本理论、基本路线、基本纲领、基本经验、基本要求和宪法的言论。

9．我院人员发表研究成果或主张、意见等，须坚持正确的政治方向，遵守宣传出版纪律。对政治敏感度高的成果，发表前应进行政治效果评估；涉及党和国家现行体制机制制度等方面的研究，应具有建设性、可行性。对党和国家的大政方针政策如有不同意见，在贯彻执行的前提下，可通过适当的组织程序向有关部门直至党中央、国务院提出，也可通过内部刊物反映。

10．我院主办或协办的各类学术会议，须按照规定程序审批。不得邀请有违反四项基本原则行为、被我院或者有关部门通报的人员和有不良政治意图的人员参会，会议主办单位应认真审阅参会论文，严把政治关。

11．开展对外学术交流活动，包括：派遣因公出国（境）人员、邀请境外人员来访、举办涉外会议与活动、涉外合作研究和接受境外资助、境外发表成果与合作办刊、接受境外媒体采访、与驻华使（领）馆和国际组织驻华机构交往活动、与境外非政府组织交往活动等，必须严格遵守院有关规定。我院人员在境外出版书籍、在境外媒体和出版物上发表文章和言论以及向境外学术会议提交论文，相关内容须报所局级分管领导审阅。不得参加有政治错误和不良政治意图的院外组织和个人举办的活动。

12．图书报刊出版工作要严格执行国家新闻出版管理法规，坚持政治标准与学术质量相统一。对重大或敏感选题，须按有关规定报相关部门审批。

13．我院主管的社团和研究中心，须遵守法律法规和本院规章制度，按照社团和中心章程开展活动，不得从事与自身宗旨和业务范围不符的活动，不得从事非法活动。

14．严格遵守《中华人民共和国保守国家秘密法》等法律法规和我院保密工作制度，不得泄露国家秘密。在发表研究成果和学术交流时，要有保密意识，采取保密措施，自觉维护国家安全和利益。

15．不得在互联网上散布违反党和国家路线方针政策以及法律法规的信息，不得制造、传播政治谣言及丑化党和国家形象的言论。不得参加非法组织。不得参与有违反四项基本原则内容的会议、签名、串联等活动。

16．对违反政治纪律的行为要敢于批评、抵制，对正确的批评要给予鼓励支持和保护。

（四）加强政治纪律建设的宣传教育

17．建立健全马克思主义理论学习制度，把学习教育情况作为年度考核的重要内容，使全院人员能够正确运用马克思主义立场、观点和方法指导推动工作。

18．将政治纪律宣传教育融入日常工作。进行共产主义远大理想和中国特色社会主义共同理想教育、党的路线方针政策教育、遵纪守法教育、职业规范和操守教育、宣传出版纪律教育、保密纪律教育、外事纪律教育和安全形势等教育，筑牢理想信念基础和纪律防线。

19．旗帜鲜明地宣传政治方向正确、学术水平突出、学风正派的先进典型，并给予奖励，弘扬正气。充分利用反面典型进行警示教育，促使全院人员牢固树立政治意识、大局意识、责任意识。

20．院有关部门和单位要结合实际，适时向我院人员通报党中央、国务院和有关部门发布的国家安全形势、相关政策信息和工作要求等，增强阵地意识、危机意识、主体意识，提高政治纪律教育的针对性和有效性。

（五）加强政治纪律建设的制度执行

21．严格政治纪律常态化管理制度。紧密结合实际，将维护政治纪律贯穿于科研管理、党务行政管理、学术交流、书刊出版、接受采访、出国（境）访问、专家评审、接受资助、合作研究等各项制度建设中，负责任地把住关口，预防违反政治纪律问题的发生。

22．严格评奖和晋升的政治把关制度。建立健全研究成果政治标准和学术标准相统一的评价和奖惩机制。政治上不合格的科研成果，不能参加评奖；个人发生违反政治纪律行为的，当年考核不得评为合格，不能获得各类先进称号，不得晋升领导职务和专业技术职务；出现政治违纪问题，不适宜担任领导职务的，一律予以免职。

23．严格执行政治纪律情况报告和通报制度。在每年工作总结、年度考核、述职述纪、领导干部民主生活会、落实党风廉政建设责任制检查等工作中，单位和个人要报告维护和遵守政治纪律的情况，在适当范围通报本单位政治纪律建设情况。

24．切实执行政治纪律的规章制度，维护纪律的严肃性，保证制度的执行力。要根据实际需要，进一步建立健全本单位加强政治纪律建设的规章制度。

（六）认真履行维护政治纪律的责任，加强监督检查

25．建立集体领导和个人分工负责相结合的政治纪律监督检查工作机制。党委、领导班子及其成员、职能部门负责人、学术委员会成员、专业技术职务评审委员会成员、研究室（编辑部）主任、图书刊物主编和责任编辑、创新工程首席岗位人员、项目课题主持人等，均须在各自职责范围内切实担负起维护政治纪律的主体责任。

26．坚持监督关口前移。有针对性地了解本单位人员遵守政治纪律的情况，及时分析容易发生政治违纪行为的工作岗位、环节和人员，做好预警防范工作。

27．加强对遵守政治纪律情况的检查，对发现的苗头性问题切实采取措施加以纠正。

28．完善图书、期刊等出版物的审读把关机制，通报审读结果，发挥审读在保证政治方向和学术质量上的监督和导向作用。

29．各级纪检监察组织要切实履行监督主体职责，监督检查维护和遵守政治纪律情况，加强执纪问责工作。

（七）处理违反政治纪律行为的程序和权限

30．对于违反政治纪律的行为，要依据法律法规、党内法规以及我院有关规定，根据情节轻重程度，给予党纪政纪处分或者组织处理。

31．发生违反政治纪律问题的，违纪人员所在单位党委要进行研究，制定工作方案，指定专人负责，认真核实情况。

32．局级干部违反政治纪律的问题，由院纪检监察机关会同有关部门进行调查，提出处理意见报院党组。其他人员违反政治纪律的问题，由所在单位党委、纪委（纪检组监察组）进行调查，提出处理意见报院纪检监察机关备案。

33．给予党纪处分的，依据《中国共产党纪律处分条例》《中国共产党中国社会科学院研究所纪律检查委员会工作办法》等规定处理。给予政纪处分的，依据《事业单位工作人员处分暂行规定》《中国社会科学院监察工作暂行规定》等规定处理。

34．错误较轻，不予纪律处分的，按照党内或者人事管理有关规定处理。

35．本决定自发布之日起施行。《中国社会科学院关于加强政治纪律建设的决定》（〔2006〕社科党组字 63 号）同时废止。

四　关于加强和改进国情调研工作的若干意见

社科研字〔2014〕3号

开展国情调研是贯彻落实党中央指示精神，更好地履行中国社会科学院“三个定位”要求和实践群众路线的重要举措。自2006年以来，我院的国情调研工作努力发挥深入实际、深入基层的实践作用，着力提高调研成果服务中央决策、服务社会发展的水平；努力发挥国情调研在树立正确世界观、人生观、价值观方面的积极作用，着力培养了解国情、“接地气”的高素质的人才队伍；努力探索国情调研对于加强学科建设、推进学术发展的基础作用，着力开创学术研究新领域、新方式。我院的国情调研工作在探索中发展，在发展中不断提高。为适应党中央提出的全面深化改革和我院实施哲学社会科学创新工程的新形势、新任务，我院的国情调研工作应在深入总结经验的基础上，进一步加强领导、改进机制、突出重点、取得实效。为此，提出如下意见。

（一）关于指导思想和基本原则

1. 加强和改进国情调研工作，应紧密围绕中央赋予的中国社会科学院“三个定位”职责和围绕中心、服务大局要求，以满足党和国家现实需求、满足我院学科发展需求、满足相关部门和相关地区对策谋划需求为目标，整体推进我院国情调研工作上一个新台阶。

2. 要更好地将系统调研同短期考察结合起来，将长期跟踪调研同专项任务调研结合起来，将重大现实问题调研同学科调研结合起来，将多学科、跨领域调研同以所（院）为单位的调研结合起来。

3. 国情调研工作应体现以下基本原则：

（1）以重大现实问题为主、注重国家需求的原则；

（2）以后期激励为主、注重成果质量的原则；

（3）以跟踪调研为主、注重系统性的原则；

（4）以大中型调研为主、注重平台建设的原则；

注：本意见于2014年1月2日经院务会议审议通过。

（5）以全院整合为主、注重分类指导的原则。

（二）关于资源配置和项目体系

1．根据新形势、新任务要求，我院的国情调研工作将整合资源配置、调整国情调研项目体系，以突出重点，保障需求，确保国情调研取得更加显著的成绩。自 2014 年起，国情调研经费由院集中使用，原先按研究所（院）下达的国情调研经费不再拨付。

2．国情调研项目主要设立以下三类：

（1）以党和国家关注的重大理论和现实问题为主要目标和任务的国情调研重大项目；

（2）以基本国情长期、系统跟踪调研为主要目标和任务的国情调研基地项目；

（3）以青年科研人员、管理人员培养为主要目标和任务的国情考察项目。

3.2014 年院划拨 1500 万元用作全院的国情调研经费。

4．全院每年的国情调研经费，原则上按照以下比例进行配置。

（1）国情调研重大项目资助经费：30%；

（2）国情调研基地及调研基地项目资助经费：40%；

（3）国情考察项目资助经费：20%；

（4）项目鉴定、成果发布及数据库维护经费：10%。

（三）关于国情调研重大项目

1．国情调研重大项目着重围绕党和国家关注的重大理论和现实问题开展实时而深入的实际调研。要集中优势科研力量加强重大现实问题调研，努力取得高质量调研成果，积极发挥我院思想库、智囊团重要作用。

2．国情调研重大项目立项由院组织部署，以院党组交办和院内招标相结合的方式落实。

（1）每年年末，结合国家重大现实问题和我院重大研究项目，制定第二年重大国情调研领域指南，面向全院各研究单位招标。

（2）每年的重大国情调研领域指南分为 15 个左右调研方向，由科研局根据党和国家需要并征求院党组成员，学部委员，全国“两会”代表、委员意见后提出建议，提交院务会议审定。

（3）各学部、研究所（院）可各自投标，同时鼓励横向联合投标。

（4）每年第一季度进行当年国情调研重大项目立项评审。

（5）国情调研重大项目完成期限一般为 2 年。有特殊需要的，项目完成年限可适当延长，但每年须有可供检查的阶段成果。

（6）国情调研重大项目每项资助经费 30 万元左右，根据需要可分年度拨付。

（四）关于国情调研基地建设以及国情调研基地项目

1．国情调研基地是获取基层基本数据和推进国情调研走向深入的重要平台。中国社会科学院及其研究所(院)通过与当地政府合作的方式,逐步在各地建立一批国情调研基地。

2．基地选点应有典型性、代表性，兼顾我国经济社会发展的不同地区和不同领域。

3．基地分作院级国情调研基地和所级国情调研基地，建设周期为5年，期满可作调整或继续实施下一个周期。

4．设立院级国情调研基地应遵循以下要求：

（1）院级基地由中国社会科学院与省级政府以及副省级市合作建立。院级基地数目保持已有规模不变。

（2）院级基地主要任务：一是对具有当地特点、又具有全国普遍意义的重要问题进行深度调研，为中央决策和地方发展战略服务；二是为我院科研人员、管理人员培训提供实践场所。

（3）院级基地由科研局管理，每个基地根据需要每年可资助5万元，用于基地建设所需费用。

5．设立所级国情调研基地应遵循以下要求：

（1）所级基地由研究所（院）与基层政府（一般在县级及以下）合作建立，具备条件的研究所（院）可设立1～2个。

（2）所级基地由研究所（院）根据要求申报，院审议批准。可优先在研究所（院）已有的合作调研点中选择。

（3）所级基地主要任务是长期跟踪调研地区经济、政治、社会、文化和生态文明中的某一项基本状况，依托中国社会科学院以及当地研究力量，每年完成一份标准、系统、连贯的基础数据。在此基础上，通过整合各基地数据，建立有特色的、可信的“中国社会科学院国情调研基础数据平台”。

（4）所级基地由研究所（院）管理，每个基地根据需要每年可资助1万元，用于基地建设所需费用。

（5）所级基地每2年评选一次“优秀国情调研基地建设奖”，获奖基地可优先实施下一个周期。

6．国情调研基地建设要充分发挥研究所（院）和当地政府积极性。设立国情调研基地项目带动基地工作开展：

（1）国情调研基地在建设周期内，每年可申请立项一项国情调研基地项目。

（2）国情调研基地项目分作院、所两级。院级基地项目由科研局会商院国情调研基地所在地提出调研选题，在全院范围内招标落实；所级基地项目由研究所（院）根据基地工作需要提出项目申请，报院审议批准。

（3）每年第一季度进行当年国情调研基地项目立项评审。

（4）国情调研基地项目按照“当年立项、当年结项”原则实施调研计划。

（5）国情调研基地项目应依托所在基地开展调研工作，并吸收当地科研人员参加。

（6）院级调研基地项目每项资助经费 20 万元左右；所级调研基地项目每项资助经费 5 万元左右。

（五）关于国情考察项目

1. 密切联系群众、“接地气”是锻炼、造就一支合格的哲学社会科学队伍的重要途径。本着“集中管理、重在实效”的原则，自 2014 年起国情考察活动统一由院组织实施，分作青年科研人员国情考察项目和按系统组织国情考察项目两类。

2. 国情考察项目事先应有明确的调研主题和调研计划，考察完成后应有相应的考察成果。

3. 青年科研人员国情考察项目分别由院直属机关党委、人事教育局牵头组织。

（1）青年科研人员国情考察项目主要参加人员是：①年龄不满 40 周岁、没有基层工作经历的人员（由直属机关党委牵头组织）；②近 5 年新入院人员（由人事教育局牵头组织）。每年参加青年科研人员国情考察项目的人数为 50 人左右。

（2）青年科研人员考察方式主要是通过院、所两级国情调研基地等渠道，在工厂、农村、社区等基层进行蹲点调查，为期 3 个月。

（3）考察人员蹲点调查期间，每人资助 2000 元调研经费，交通、食宿费用在规定标准内由国情调研经费实报实销。蹲点调查期间，不影响创新报偿发放。

（4）青年科研人员考察期满，需提交一篇不少于 8000 字的考察报告以及考察工作总结。

4. 按系统组织国情考察项目由院职能部门分别按照行政、人事、党务、后勤、采编等系统组织全院相关人员参加。每个系统每年资助 10 万元。考察项目结项应完成不少于 5 万字的文字成果（其中考察报告字数应不少于 1 万字）。

（六）关于国情调研数据平台建设

1. 为拓宽国情调研数据采集渠道和推进国情调研成果发挥作用，建立国情调研数据平台。数据平台主要由三个部分组成：

（1）国情调研信息数据采集平台：主要为国情调研项目采集数据提供可用渠道。

（2）国情调研基础数据平台：主要收录、加工所级国情调研基地每年完成的标准、系统、连贯的基础数据。

（3）国情调研成果数据库：主要收录、加工各类国情调研项目取得的文字报告、调查问卷、访谈笔录、音像资料等。

2. 国情调研数据平台纳入全院信息数据网络建设规划，统一建设，统一维护。

3. 国情调研数据平台建设，要按照大数据理念，注重标准、注重积累、注重维护，持之以恒，常抓不懈。

4. 鼓励研究所（院）利用自有数据平台资源为国情调研数据平台建设提供支持；鼓励国情调研项目利用国情调研数据平台进行调研工作。

（七）关于国情调研标准化建设

1. 为规范国情调研工作开展和提高调研成果质量，根据不同学科特点开展国情调研标准的论证和拟定。

2. 科研局根据国情调研标准，制订《中国社会科学院国情调研指导手册》。

3. 科研局和各单位根据《中国社会科学院国情调研指导手册》及相关教材组织国情调研培训工作。

（八）关于国情调研项目的鉴定结项

1. 国情调研重大项目、国情调研基地项目和国情考察项目分别依照设计任务和调研标准进行鉴定结项。

2. 结项鉴定分为成果质量鉴定和成果入库鉴定两部分，其中有一项不合格的，即为项目鉴定不合格。

3. 结项鉴定结果分作优秀、合格、不合格三个等级。

4. 结项鉴定合格以上的国情调研项目，计入创新单位和个人年度考核分值。没有完成当年国情调研任务或在调研中违反有关规定的，当事人下一年度不得进入创新工程。

（九）关于国情调研成果的发表与发布

1. 国情调研成果要为党和国家的战略决策发挥更大作用。国情调研重大项目、院级国情调研基地项目以及其它项目在项目实施期间应完成一定数量的专题调研成果，并及时通过《要报》等方式报送。

2. 符合公开出版的重要调研成果可申请列入“国情调研丛书”出版。

3. 符合下列条件的国情调研成果可参与创新工程科研成果发布活动：

（1）对国家经济、政治、社会、文化和生态文明建设具有重大意义；

（2）坚持正确的政治方向，符合学术规范，遵守保密规则，注重社会效应。

（十）关于国情调研的管理工作

1. 国情调研是由院党组直接领导、部署的一项重要工作。各级领导组织要高度重视和加强国情调研工作。

（1）各研究所（院）要积极组织国情调研项目申报，保障国情调研项目开展和国情调研基地良性运转，推进国情调研项目取得高质量调研成果。承担国情调研项目数量和完成国情调研成果状况将列入研究所（院）考核评价指标。

（2）相关职能部门应做好国情考察项目的组织工作，为考察活动安全、有效地进行提供保障。

2. 在院党组和院国情调研领导小组领导下，科研局设立国情调研办公室负责国情调研工作具体事务，认真抓好重大调研选题征集，国情调研项目立项与结项，国情调研基地运转，国情调研数据平台建设，国情调研成果保管、出版与转化，国情调研方法培训等各项工作。

五　中国社会科学院学术期刊审读办法

社科研字〔2014〕9号

为规范我院学术期刊审读工作，根据国家《出版管理条例》《期刊出版管理规定》《中国社会科学院创新工程学术期刊实施方案》《中国社会科学院学术期刊编校质量管理办法》等，制订本办法。

第一条　我院期刊审读范围为院主管、院属各单位主办，受国家社会科学基金资助或院全额资助的学术期刊。

第二条　期刊审读工作旨在坚持正确的政治方向、理论方向和科研方向，认真贯彻执行国家新闻出版政策和法规，不断提高我院学术期刊的质量和水平。

第三条　期刊审读工作应坚持实事求是原则，遵循匿名审读的方式，确保审读工作准确、客观、公正。

第四条　期刊审读工作按季度组织进行。审读意见按照年度进行汇总，作为评价各期刊该年度质量的依据。

第五条　院科研局负责全院学术期刊审读的管理工作。包括：

（一）制订审读工作方案；

（二）聘任审读专家；

（三）组织期刊审读会议；

（四）汇总专家审读意见，撰写《期刊审读意见通报》；

（五）对期刊审读工作中有争议的问题组织审读专家进行复议；

（六）向期刊主办单位或期刊负责人通报期刊审读情况。

第六条　审读专家应具备期刊审读工作的政治理论素养、政策水平、专业理论知识，熟悉和掌握新闻出版工作方针、政策及国家相关法规，热爱期刊审读工作，责任心强，从事编辑工作5年以上，具有编辑或相应正高级专业技术资格，年龄一般不超过70岁。

注：本办法于2014年2月27日经院务会议审议通过。

第七条　审读专家由科研局商相关单位提出候选名单，报院务会议批准。每期聘任25名左右。

第八条　审读专家聘期3年，可酌情续聘。审读专家在审读工作中出现重大失误，或因个人原因提交退出申请，经院批准，终止其审读工作。

第九条　审读专家应严格审查学术期刊的政治导向、基本内容、出版规范和编校装帧质量。

第十条　期刊的政治导向审查包括：

（一）是否符合党的基本纲领、基本理论、基本路线、基本经验；是否遵守党和国家的方针政策、出版方向和理论导向；

（二）是否贯彻执行党和国家有关方针、政策、法律、法规；是否遵守宣传出版工作的有关规定；

（三）是否遵守《出版管理条例》和其他法律、法规以及相关规定；

（四）是否坚持期刊的办刊宗旨、编辑方针和范围。

第十一条　期刊的基本内容审查包括：

（一）稿件选用是否具有理论性、前瞻性、指导性、时效性和导向性；

（二）发表或摘转涉及国家重大政策、军事、民族、宗教、外交、保密等内容是否符合有关规定；

（三）涉及重大革命和重大历史题材的内容，是否按规定履行重大选题备案程序，办理有关审批手续；

（四）转载、摘编来稿和互联网信息，是否符合有关规定，是否按规定对其内容进行核实，并标明下载文件网址、下载日期等；转载、摘编内部发行出版物的内容，是否符合国家相关规定；

（五）书评、会议综述的刊发是否规范；

（六）涉台内容是否符合国家有关部门的规定；

（七）使用地图是否为国家主管部门认可的最新版本。

第十二条　期刊的出版规范审查包括：

（一）标示的版本记录是否符合规定，专版、专刊、增刊的内容，是否与报刊宗旨、业务范围一致；

（二）出版质量是否符合报刊质量管理的有关要求，出版形式是否符合报刊出版形式规范的有关要求；

（三）出版质量是否符合现行国家标准和行业标准，使用语言文字是否符合国家主管部门关于通用语言文字法的规定；

（四）刊登广告内容是否符合国家法律法规规定。

第十三条 期刊的编校装帧质量审查包括：

（一）编校装帧是否规范；

（二）期刊名称、主管单位、主办单位、出版单位、国内统一连续出版物号、总编辑（主编、社长）姓名、出版周期、出版日期、总期号、版数、版序、出版单位地址、电话、邮政编码、报刊定价、印刷单位名称与地址、广告经营许可证号等版本记录和标识是否完整、规范；

（三）文字编校质量是否符合规定要求；

（四）期刊的总体设计、印装质量是否良好；

（五）同一期刊的体例是否一致；

（六）是否按期正常出版。

第十四条 审读专家应按照职责要求做到：

（一）及时反馈审读情况；

（二）每季度提出一份综合审读报告。报告应着重反映期刊的办刊特色、经验、存在的问题和改进的措施。报告应准确、客观、公正、及时，要注意反映期刊存在的主要问题，尤其是重大的、带有倾向性的问题，要增强针对性和时效性。

第十五条 社会科学文献出版社等期刊出版单位应及时寄送样刊，以确保审读工作的顺利进行。

第十六条 本办法由科研局负责解释。

第十七条 本办法自院务会议批准之日起实行。

六　中国社会科学院皮书管理办法

社科〔2014〕研字54号

为进一步加强皮书编撰、出版及发布工作的管理，提高皮书的学术水平和出版质量，制定本办法。

第一章　总　则

第一条　本办法所指皮书是由中国社会科学院院属单位组织编撰和院外机构组织编撰并由院授权使用“中国社会科学院创新工程学术出版项目”标识，对中国与世界发展状况和热点问题进行年度分析和预测的连续性公开出版物。

第二条　皮书编撰与出版应坚持正确的政治方向和学术导向，具有较高的学术水平和出版质量。

（一）皮书责任单位对皮书的政治方向、理论水平、学术规范、数据准确性、编撰时限负责；

（二）出版社对皮书出版质量、出版时限负责；落实“三审三校”制度，严把政治关、学术关和编校关。

第三条　科研局负责协调相关部门对皮书进行日常管理。

第二章　皮书资助

第四条　中国社会科学院对皮书择优实施后期资助，原则上每个单位资助 1~2 种，全院资助 40 种左右。后期资助经费包括研究经费、稿酬补贴和出版经费。

第五条　皮书获得后期资助应同时具备以下条件：

注：本办法于2014年5月29日经院务会议审议通过。

（一）院属单位组织编撰，由院内学者担任主编，是某一领域、门类或地域最新情况或前沿问题的研究报告，具有原创性、实证性、前瞻性、权威性、时效性；

（二）坚持正确的政治方向和学术导向，符合学术规范；

（三）已连续出版 3 年（含）以上，在院组织的皮书评价中排名前 50 位；

（四）社会反响好，能够体现本院学术水平。

第六条 每种皮书研究经费资助 4 万元／年，从科研专项业务经费中列支。研究经费拨付皮书责任单位，主要用于：

（一）召开组稿会、审稿会、研讨会等与皮书编撰有关的工作性会议；

（二）编撰过程中开展的调研活动；

（三）购买研究资料及相关数据。

支出标准按照院创新工程经费管理有关规定执行。

第七条 每种皮书稿酬补贴按 200 元／千字标准核算，最多不超过 6 万元／年，从科研专项业务经费中的学术出版经费中列支。稿酬补贴拨付皮书责任单位。每篇研究报告的稿酬补贴发放标准为 500 元至 3000 元。

第八条 皮书出版经费拨付出版社，从院创新工程学术出版经费中列支，资助标准为：

（一）获得“优秀皮书奖”的皮书，每种资助 8 万元／年；

（二）综合评价排名前 30 位的皮书，每种资助 6 万元／年；

（三）综合评价排名前 50 位的皮书，每种资助 4 万元／年。

第九条 皮书研究经费和稿酬补贴申请、评审程序：

（一）皮书责任单位在皮书出版后提出申请；

（二）皮书学术评审委员会评审并投票表决，得票超过半数方可通过，并按得票数末位淘汰，淘汰率不低于 20%；

（三）科研局审核，提出经费资助额度；

（四）院务会议批准。

第十条 出版经费申请、评审程序：

（一）出版社依据皮书评奖和综合评价结果，提出皮书出版资助申请；

（二）皮书学术评审委员会评审并投票表决，提出是否资助的意见和建议，淘汰率不低于 10%；

（三）科研局审核，提出出版经费额度；

（四）院学术出版资助管理委员会审定；

（五）院务会议批准。

第三章 院外皮书使用创新工程标识

第十一条 中国社会科学院院外机构编撰的皮书，同时具备以下条件可申请使用“中国社会科学院创新工程学术出版项目”标识。

（一）政治导向正确、学术水平高、社会正面效应显著、符合学术规范、社会影响较大；

（二）遵守我院创新工程学术出版有关规定，并由院属出版社统一装帧、统一印制、统一发行；

（三）具有固定的责任单位和稳定的研究团队；

（四）已连续出版 3 年（含）以上；

（五）在皮书综合评价中排名连续 3 年进入前 100 位。

第十二条 院外皮书使用创新工程学术出版项目标识，每年申请、评审一次，程序为：

（一）皮书责任单位提出申请；

（二）院属出版社推荐；

（三）院皮书学术评审委员会评审并投票表决，得票超过半数方可通过，并按得票数末位淘汰，淘汰率不低于 20%；

（四）科研局审核；

（五）院务会议批准。

第十三条 院外皮书使用创新工程学术出版项目标识，其编撰、出版等经费由皮书责任单位自筹，并保证在当年出版。

第十四条 院外皮书出现以下情况之一，停止使用创新工程学术出版项目标识：

（一）出现政治方向性问题；

（二）违反学术规范；

（三）出现图书编校质量问题；

（四）未能于规定时限出版；

（五）未履行皮书成果发布备案程序；

（六）缺少必要的经费支持，无法完成编撰及出版工作；

（七）其他有损创新工程学术出版项目声誉的情况。

第十五条 出版使用创新工程学术出版项目标识的院外皮书，其编撰机构须与中国社会科学院院属出版社签订出版协议。

第四章 皮书成果发布

第十六条 皮书成果发布应遵循宣传纪律，坚持正确的立场，遵守党的路线、方针、政策和国家的法律、法规。

第十七条 皮书成果发布应确保内容客观、论点正确、数据真实、资料可靠，符合学术规范，并提前十个工作日向科研局申报备案，程序为：

（一）皮书责任单位撰写皮书成果发布新闻稿、填写《皮书成果发布备案表》，经单位主要负责人批准后送出版社审核；

（二）出版社审核盖章，经出版社社长、总编签字后报分管院领导批准；

（三）科研局备案。

未履行皮书成果发布备案手续的，取消下一年度皮书研究经费、稿酬补贴和出版经费的申请资格；院外皮书取消使用创新工程学术出版项目标识资格。

第十八条 皮书成果发布一般以责任单位或课题组名义进行。未经院务会议批准，不得以中国社会科学院名义进行皮书成果发布。

第十九条 皮书成果发布实行三层审批责任制，三层责任者分别为皮书主编、研究所所长（或皮书责任单位主要领导）、出版社社长。各层责任人均要对皮书的政治方向、理论水平、研究方法、学术规范等方面进行审核并签字确认。

第二十条 皮书主编为皮书成果发布的第一责任人，研究所所长（皮书责任单位主要负责人）、出版社社长为皮书成果发布的共同责任人，对本单位皮书成果发布负有领导、审核和监管职责。对皮书成果发布把关不严造成不良社会影响的，要承担相应责任。

第二十一条 皮书成果发布的新闻稿由皮书责任单位组织撰写，经研究所所长（或皮书责任单位主要负责人）审定。

第二十二条 皮书成果发布会的主办单位有责任引导媒体准确报道，防止片面和断章取义的宣传报道。

第五章 附 则

第二十三条 本办法自院务会议通过之日起实施。

第二十四条 《中国社会科学院皮书资助规定（试行）》（社科〔2012〕研字 127 号）和 2013 年 10 月 24 日院务会议通过的“《中国社会科学院皮书资助规定（试行）》的若干说明”、《中国社会科学院皮书类成果发布管理办法（试行）》（社科〔2013〕研字 83 号）、《院外皮书使用中国社会科学院创新工程学术出版项目标识的规定》（社科〔2013〕文版字 139 号）等文件同时废止。

第二十五条 本办法由科研局负责解释。

七　中国社会科学院离退休人员学术出版资助和后期资助实施细则

社科〔2014〕离退干字23号

为加强我院离退休人员学术出版资助和后期资助管理工作，充分发挥离退休专家学者继续从事科研活动的积极性和创造性，激励离退休人员多出高水平研究成果，根据《中国社会科学院创新工程学术出版资助管理办法》《中国社会科学院科研成果后期资助实施办法》，制定本实施细则。

（一）学术出版资助

第一条　资助范围和条件

1. 我院离退休人员在离退休后完成的专著、研究报告集、学术资料、古籍整理、译著、工具书等。可择优支持出版离退休人员的高水平专题论文集。

2. 出版资助申请人须为著作主要完成人。

3. 补充修订二分之一以上内容的再版著作可申请出版资助。

4. 申请出版资助的成果，内容应坚持正确的政治方向和理论导向，符合学术规范，不存在知识产权争议和其他法律问题。

5. 多卷本成果可以单本申请出版资助，也可以待多卷本全部完成后申请出版资助。

6. 申请出版资助的个人专题论文集须符合以下条件：

（1）申请人应具有正高级职称，以前未出版过个人论文集。

（2）论文集应为专题论文集，一般不超过3个专题。所选论文应为作者的代表作，主要观点雷同的论文原则上只选一篇。原则上不包含非第一作者的论文、学术综述、著作目录等。不包含回忆性、报导性、评介性、科普性文章和其他非学术研究类文章及译文。

（3）有合作者的论文，需无著作权纠纷问题，并提供合作者的书面同意书。已发表过的论文，应注明原发表刊物（单位）及时间。

（4）书名应以论文集的主题命名，一般不以个人名字命名。

（5）申报字数原则上不超过30万字。

7. 已立项的各类研究项目（包括国家和院、所及老年科研基金资助项目），须按有关规定结项合格后，方能申请出版资助。已经得到院内外出版资助的项目，老年科研基金不再资助。

8. 原则上不受理已去世离退休人员的学术出版资助申请。

第二条 申请程序

1. 学术出版资助项目每年申报、评审一次。申请者填写《中国社会科学院离退休人员学术出版资助申请书》(以下简称《申请书》),同时提交完整的著作稿(纸质版和电子版)。

2. 申请学术出版资助的著作，须经 2 名具有正高级职称的同行专家审读。审读专家须就著作的政治方向、学术价值和实践意义等提出书面审读意见，填写《学术出版资助推荐意见书》，并亲笔签名。

3. 申请者所在单位学术委员会对申报项目的政治方向、学术水平、书稿质量进行审议，投票表决推荐意见，赞成票数达到投票人数的三分之二为通过。由单位领导签署出版资助鉴定意见，注明参会人数、赞成票、反对票、弃权票数，加盖单位公章。

4. 各单位将《离退休人员学术出版资助申报项目一览表》《申请书》（原件及复印件 10 份）和《学术出版资助推荐意见书》（原件及复印件 10 份）及完整的书稿一部（纸质版和电子版），报离退休干部工作局。

5. 获得出版资助的作者须与离退休干部工作局签订《学术出版资助协议书》。

6. 出版资助项目原则上由院内出版社出版。如因特殊原因需由院外出版社出版，须经离退休干部工作局同意，出版合同由作者、离退休干部工作局与出版社三方签订，一式三份。

7. 出版资助的成果纳入我院科研成果采集系统管理。

第三条 评审程序

1. 离退休干部工作局负责组织实施评审工作。成立评审委员会，评审委员会名单经征求科研局意见后报分管副院长批准。

2. 评审委员会按学部设置，由有关学科的资深离退休专家学者、在职专家学者和离退休干部工作局有关领导组成。根据具体情况亦可从院外聘请相关学科专家。每个学科评审委员会人数一般为 7 ～ 11 人。

3. 评审委员会委员和主持人由离退休干部工作局聘请。受聘委员应具有正高级职称，有政治责任感，有较高学术水平和学术威望，为人公道正派。本年度申报老年科研学术出版资助项目的离退休专家学者不能聘为评审委员会委员。

4. 评审委员会就以下方面进行审核和评议：(1) 书稿内容的政治方向正确。(2) 有较高的学术价值和实践意义。思路清晰，论证充分，在研究方法、材料应用、研究观点等方面有所创新。(3) 书稿作者符合申请条件。

5. 学术出版资助项目原则上不超过申请项目总数的 80%，评审委员会在项目控制数内进行无记名投票表决，获得三分之二票数为通过。

6. 评审结果由离退休干部工作局公示 7 个工作日后，报院离退休干部工作领导小组审议批准。

7. 评委会一致认为优秀的出版资助项目，可由离退休干部工作局推荐参加院创新工程学术出版资助的评审。获得批准后，相关出版事宜及稿酬补贴标准按院有关规定执行。

8. 出版社审稿后认为优秀的项目，可由出版社推荐参加"国家哲学社会科学成果文库"或"国家社科基金后期资助项目"评审，评审通过后，出版资助事宜和稿费补贴标准按照全国哲学社会科学规划办公室相关规定执行。

第四条 经费管理

1. 对批准的出版著作给予图书出版全额资助和稿酬补贴的方式实施。图书出版资助经费和稿酬补贴从老年科研基金中支出。

2. 作者与出版社签订出版合同书后，按院财务有关图书出版资助标准和规定将出版资助经费拨付到合同出版社账户。

3. 学术出版资助经费不得挪作他用。出版社须对资助出版著作单独核算，保留原始单据以备核查审计。出版社若变更原出版计划，不再出版原资助著作，须将资助经费如数退还。

4. 老年科研基金资助出版的学术著作（包括专著、研究报告、学术资料、古籍整理、译著、工具书），给予稿酬补贴的标准为：

（1）未获老年科研基金立项资助、经评审资助出版的专著，80 ~ 100 元 / 千字；其他形式的著作，50 ~ 80 元 / 千字。

（2）获得老年科研基金立项资助、经评审资助出版的专著，50 ~ 80 元 / 千字；其他形式的著作，30 ~ 50 元 / 千字。

（3）经评审给予出版资助的个人专题论文集，20 元 / 千字。

单项成果的稿酬补贴一般最多不超过5万元；多卷本成果酌情增加，最高不超过8万元。

第五条 出版与监督

1. 出版社收到离退休干部工作局转交的著作稿后，应在一个月内与作者取得联系，告知责任编辑姓名及电话联系方式，签订图书出版合同，按照合同规定时间出版。每年 12 月向离退休干部工作局提供资助项目出版进度情况书面说明。

2. 出版资助项目原则上由院属出版社（中国社会科学出版社、社会科学文献出版社、当代中国出版社、经济管理出版社和方志出版社）按照合同书的要求出版。

3. 凡接受中国社会科学院老年科研基金资助的出版著作，均应在封面左上角使用"中国社会科学院老年科研基金资助项目"标识。

（二）学术论文、理论文章和对策研究报告的后期资助

第六条 离退休人员在有关刊物上发表的学术论文、理论文章和对策研究报告，资助标准为：

1. 在中央三报一刊（人民日报、光明日报、经济日报、求是杂志，不包含人民网、光明网、中国经济网、求是理论网）公开发表的理论文章 3000 字及以下的，每篇 2000 元；3001 ～ 5000 字，每篇 3000 元；5001 字以上的每篇 4000 元。

2. 经院《要报》报送的对策研究报告，每篇 2000 元。

3. 在最新版《中国人文社会科学核心期刊要览》（中国社会科学院文献计量与科学评价研究中心）学科排名前三位的期刊上公开发表的学术论文，每篇 4000 元；在学科排名第四至第十的期刊及所在研究所主办学术刊物上公开发表的学术论文，每篇 2000 元。

第七条 学术论文、理论文章和研究报告类成果的后期资助每年集中申报审核一次。

1. 作者本人提交上一年度公开发表学术文章的刊物原件、复印件一份及电子版原文。

2. 各单位将刊物原件、复印件及电子版收齐后，填写《中国社会科学院离退休人员科研成果后期资助汇总表》（加盖公章），及《中国社会科学院老年科研基金科研成果后期资助人员信息表》（加盖财务章），一并报送离退休干部工作局。

3. 离退休干部工作局负责对后期资助申请成果进行审核。报分管副院长批准后，将后期资助款拨付作者账户。

第八条 离退休人员科研成果后期资助经费从老年科研基金中支出。

第九条 院纪检检察机关对学术出版资助和后期资助工作进行全程监督。

第十条 本细则由离退休干部工作局负责解释。

第十一条 本细则自 2014 年 5 月 15 日院务会议审议批准后施行。《中国社会科学院离退休人员出版资助管理办法》（社科〔2010〕离退干字 18 号）同时废止。

八　中国社会科学院重大信息化项目管理办法

社科〔2014〕信管字16号

为实现我院信息化发展战略目标，贯彻落实信息化建设“统一领导、统一管理、统一经费、统一网站、统一数据库、统一数字化图书馆、统一综合集成实验室平台、统一综合管理平台”的“八统一”原则，加强对重大信息化项目的管理，规范重大信息化项目的决策、实施、监管和验收，特制定本办法。

第一章　总　则

第一条　院重大信息化项目（以下简称重大项目）是指利用现代信息技术实现科研手段与科研管理信息化的院级重大建设项目，包括海量数据库项目、中国社科网项目、数字化图书馆项目、综合管理平台项目、综合集成实验室项目、重大社会调查研究项目、院网络基础设施项目、院领导交办信息化项目和其它院级信息化项目。

第二条　院信息化管理办公室是重大项目的管理机构，负责对院图书馆（调查与数据信息中心）、中国社会科学杂志社（中国社会科学网）等院重大项目责任单位的建设进行指导和监管，会同财务基建计划局和监察局等部门，对项目招标、工程进度、建设质量及经费使用进行监督。

第三条　重大项目的立项遵循以下原则：符合我院社科党组字〔2013〕53号文件精神，符合我院信息化建设中长期发展规划，符合我院信息化建设的“八统一”原则，满足建设单位实际需求并列入信息化年度计划和预算方案；不搞重复建设，不建信息孤岛；设备设施建设以院为主，研究院所和院属单位主要负责信息内容建设，信息内容建设侧重于后期资助，一般不做前期投入；安全保障体系同步规划，同步建设。

第二章　项目申报、评审与立项

第四条　申报单位论证并编制项目方案，填写《中国社会科学院重大信息化项目申报书》，对项目意义、目标任务、建设内容、运行机制、安全保障、资源配置、经费预算、经济效益和社会效益等做出具体说明。院信息化管理办公室在接到申报书后，应在 10 个工作日内作出是否受理的答复。

第五条　院信息化管理办公室组织专家评审。评审专家由院内学科专家、信息化专家和院外特邀专家组成，评审通过会议方式进行，评审专家应为七人以上的单数，院外专家应不低于专家总数的三分之一，且实际到会的专家须达到所确定人数的三分之二以上（最低为五人），否则评审结果无效。评审工作经费列入院信息化管理办公室年度预算。

第六条　专家评审组对重大项目的立项条件进行评审。申报单位人员不得担任申报项目的评审专家。

第七条　院信息化管理办公室根据专家评审意见形成立项建议，报院务会议审批。

第八条　经审批同意立项的重大项目，由院信息化管理办公室作为职能部门向项目主持人及其责任单位下发《中国社会科学院重大信息化项目任务书》。

第九条　重大项目金额达到国务院规定的政府采购限额标准和公开招标数额标准的，应执行《中华人民共和国政府采购法》《中华人民共和国招标投标法》和国务院的有关规定，招投标文件和中标结果应在院信息化管理办公室备案。对重大项目要实行项目全程监理，监理单位须具有国家认可的信息化项目工程监理资质。

第十条　重大项目经费列入院信息化建设预算。立项后由院信息化管理办公室通知财务基建计划局，按照合同约定或项目计划逐项分期划拨。项目经费主要用于支付项目合同款，其他经费的开支范围及使用管理参照《中国社会科学院创新工程研究经费管理办法》及《中国社会科学院创新工程研究经费管理办法实施细则》执行。

第三章　项目中期管理

第十一条　信息化管理办公室负责对在建重大项目的监管和督查。中期管理以年度检查方式实施。由院信息化管理办公室依据《中国社会科学院重大信息化项目申报书》和《中国社会科学院重大信息化项目任务书》，对在建重大项目进行年度检查。

第十二条　项目责任单位每年十月底前向院信息化管理办公室提交《中国社会科学院重大信息化项目进展情况报告书》，主要内容包括：

1. 项目建设进度；
2. 项目目标和具体任务的实现程度；

3．项目经费使用情况；

4．存在问题及处理和改进措施。

第十三条 院信息化管理办公室审核《中国社会科学院重大信息化项目进展情况报告书》，提出合格或不合格评审意见，作为项目组年度考核和财务基建计划局下年度项目续拨款的依据。

第十四条 项目实施过程中，项目责任单位不得擅自调整、变更项目内容或中止项目实施；如确有必要调整变更项目内容或中止项目实施的，须由项目责任单位向院信息化管理办公室提交书面报告，申明理由，由院信息化管理办公室拟定答复意见，报院务会议审批。

第四章　项目结项

第十五条 重大项目完成后，责任单位向院信息化管理办公室提出结项申请，填写《中国社会科学院重大信息化项目结项申报书》，提供相关项目文档材料。

第十六条 涉及软、硬件投入较多的重大项目在验收前由院信息化管理办公室组织第三方技术测评（含等级保护测评等安全测评），出具测评报告。第三方评测机构须具有国家认可的测评资质，测评经费由该项目经费支出。测评认证合格的项目予以验收。

第十七条 院信息化管理办公室根据《中国社会科学院重大信息化项目结项申报书》、相关技术文档和第三方测评报告（是否需要参见第十六条），组织专家验收。

第十八条 验收专家由院内学科专家、信息化专家和院外特邀专家组成，院外专家应不低于专家总数的三分之一。验收一般采取会议方式进行，验收专家应为七人以上的单数，且实际到会的专家须达到所确定人数的三分之二以上（最低为五人），否则验收结果无效。专家须根据项目的预期目标、完成时间、完成质量、应用效果及经费决算等内容进行严格验收；如属于国家规定须在验收前进行财务审计的项目，则验收前须提交财务审计报告。验收经费由该项目经费支出。

第十九条 实行重大项目维保制度。重大项目责任单位必须与建设单位签订责任书，履行维保责任。维保期限自项目竣工验收合格之日起不得少于两年。

第二十条 重大项目完成结项验收后，由院信息化管理办公室通知财务基建计划局拨付项目尾款。如果验收不合格，项目责任单位需根据验收专家组意见进行整改，整改完成后再次申请验收。最终验收不合格的项目，停止拨付项目尾款，追究项目相关责任人的责任，项目责任单位下年度不能进入创新工程。

第五章　项目绩效评估

第二十一条　项目绩效评估是指项目验收合格并投入运行后，对项目在我院科研、管理工作中及社会环境中产生的绩效及影响进行评估。

第二十二条　项目绩效评估主要依据项目申报书中设定的各项绩效评估指标的实现程度、项目正式运行后的各项考核结果及用户反馈意见。项目绩效评估必须坚持“科学、公正、客观、实用”的原则。

第二十三条　院信息化管理办公室负责组织绩效评估工作，每年对若干院重大项目进行绩效评估。评估组由院内外专家组成，必要时委托第三方评估机构进行。评估工作经费列入院信息化管理办公室年度预算。

第二十四条　重大项目绩效评估结果要及时报送院领导，并通知项目责任单位。院信息化管理办公室依据绩效评估报告，及时调整信息化项目规划和预算，不断提高信息化经费的使用效率。

第六章　附　则

第二十五条　本办法由院信息化管理办公室负责解释。

第二十六条　本办法自院务会议批准之日起施行。2009 年 7 月 2 日颁布的《中国社会科学院院属单位信息化项目管理办法》（社科〔2009〕网络字 14 号）、2009 年 8 月 13 日颁布的《中国社会科学院院级信息化项目管理办法》（社科〔2009〕网络字 21 号）和 2011 年颁布的《中国社会科学院创新工程信息化项目管理实施细则》（社科办字〔2011〕36 号）同时废止。

九　中国社会科学院创新工程重大社会调查项目管理办法

社科〔2014〕信管字17号

社会调查是哲学社会科学研究的组成部分和主要方式，是树立理论联系实际的优良学风，实施哲学社会科学创新工程的重要途径和基础环节。信息化是进行重大社会调查的必要条件和先进手段，社会调查数据是信息化建设项目的重要成果。为加强我院重大社会调查项目的管理，促进社会调查的科学化、规范化、程序化，提高社会调查的质量和水平，为哲学社会科学研究提供科学、准确、丰富的调查数据，特制定本办法。

第一章　总　则

第一条　重大社会调查项目（以下简称调查项目）是指为哲学社会科学各领域的学术研究提供可靠的数据支持而开展的全面的、系统的、多样化的社会调查，包括各种类型的访谈、座谈、蹲点调研和田野调查，以及通过问卷调查、网上调查等方式，获得自有知识产权的调查数据及其他调研成果。

第二条　调查项目应坚持正确的政治方向和科研方向，坚持马克思主义的立场观点方法；把握世界发展大势，立足中国具体实际；深入基层，贴近群众，找准问题，求真务实；抽样适当，规模适度，节约资源，注重时效；坚持党性与人民性相一致，定性分析和定量分析相结合，解剖典型与把握全局相统一，取得符合客观实际，经得起实践检验和历史考验的调研成果。

第三条　院信息化管理办公室是调查项目的管理机构，负责对调查项目责任单位进行监管，会同科研局、财务基建计划局、图书馆（调查与数据信息中心）、监察局对调查项目进行评审，同时对招投标、项目进度、调查质量及经费使用等进行监督。

第四条　调查项目的立项，应满足科研实际需求，合理设计，科学实施。研究所（院）主要负责调查项目的数据信息内容建设，院投入经费应用于数据信息内容建设，不允许购买设施设备，不允许用于数据库硬件建设。设施设备建设、数据库录入、数字化工作、数据库设施设备投入由院负责。调查产生的数据，统一纳入院哲学社会科学海量数据库。

第五条 每年设立 1 ～ 3 个调查项目，调查项目资助总额原则上不超过 200 万元，项目责任单位提供 30% 的配套资金。上级交办的和对经济社会发展具有重大意义的大型调查项目，采取一事一议的办法，经评审后由院务会讨论通过。

第二章　项目申报、评审与立项

第六条 申报单位论证并编制项目方案，填写《中国社会科学院重大社会调查项目申报书》，对项目意义、目标任务、调查内容、调研方式、资源配置、经费预算、调查成果等做出具体说明。院信息化管理办公室在接到申报书后，在 10 个工作日内做出是否受理的答复。

第七条 调查项目的申报需满足以下条件：具有重大学术价值和应用价值；主持人一般具有高级专业技术职称，不能连续两年主持同一项目；单次调查周期一般不超过一个自然年度。

第八条 调查项目由院信息化管理办公室组织专家进行评审。评审组由科研管理专家、有关学科专家、社会调查专家和院外特邀专家组成，评审专家为七人以上的单数，院外专家不低于专家总数的三分之一，且实际到会的专家须达到所确定人数的三分之二以上（最低为 5 人），否则评审结果无效。评审工作经费列入院信息化管理办公室年度预算。

第九条 专家评审组对调查项目的立项条件进行评审。申报单位人员不能担任申报项目的评审专家。

第十条 院信息化管理办公室根据专家评审意见形成立项建议，会同科研局、财务基建计划局对调查项目经费预算进行审核，报院领导审批。

第十一条 经审批同意立项的调查项目，由院信息化管理办公室作为相关职能部门与项目主持人及其责任单位，签订《中国社会科学院重大社会调查项目任务书》。

第十二条 调查项目金额达到政府采购限额和公开招标数额的，应执行《中华人民共和国政府采购法》《中华人民共和国招标投标法》和其他法规及财务制度。由项目责任单位编制招标文件，院信息化管理办公室牵头组织招标。

第十三条 调查项目经费列入信息化年度计划和预算方案。立项后由院信息化管理办公室通知财务基建计划局，按照项目计划或合同约定逐项分期划拨。

第三章　项目中期检查

第十四条 调查项目进展过半时，院信息化管理办公室会同科研局，依据《中国社会科学院重大社会调查项目申报书》和《中国社会科学院重大社会调查项目任务书》，对调查项目执行情况进行中期检查。

第十五条　调查项目责任单位向院信息化管理办公室和科研局提交《中国社会科学院重大社会调查项目进展情况报告书》，主要内容应包括：

1. 项目执行及工作进度；
2. 项目目标和具体任务的实现程度；
3. 配套资金落实和项目经费使用情况；
4. 主要阶段性调研成果；
5. 存在的问题及处理和改进措施。

第十六条　院信息化管理办公室会同科研局审核《中国社会科学院重大社会调查项目进展情况报告书》，提出合格或不合格评审意见，作为财务基建计划局是否续拨调查项目经费的依据。

第十七条　调查项目执行过程中，项目责任单位不得擅自调整、变更项目内容或中止项目的实施；如确有必要调整、变更项目内容或中止项目实施的，须由项目责任单位向院信息化管理办公室提交书面报告，申明理由，由院信息化管理办公室拟定答复意见，报院领导审批。

第四章　项目结项

第十八条　调查项目完成后，执行单位向院信息化管理办公室提出结项申请，填写《中国社会科学院重大社会调查项目结项报告书》，并按规范要求提供相关项目的采集资料、调查数据和调查报告等材料。

第十九条　院信息化管理办公室会同科研局组织专家进行验收。验收专家由科研管理专家、相关学科专家、社会调查专家和院外特邀专家组成，院外专家应不低于专家总数的三分之一。验收一般采取会议方式进行，验收专家应为七人以上的单数，且实际到会的专家须达到所确定人数的三分之二以上（最低为五人），否则验收结果无效。专家须根据项目申报书提出的预期目标、完成时间、完成质量和调研成果以及配套资金使用、财务审计报告等，对项目进行严格验收。验收经费由该项目预留经费支出。

第二十条　调查项目完成结项验收后，由院信息化管理办公室通知财务基建计划局拨付15%项目尾款。如果验收不合格，项目责任单位需根据验收专家组意见进行整改，整改完成后再次申请验收。最终验收不合格的项目，停止拨付项目尾款，追究项目相关人员的责任，项目责任单位下年度不能进入创新工程。

第二十一条　项目通过验收后，调查获得的数据及最终成果须纳入院图书馆（调查与数据信息中心）统一数据库，数据成果的著作权、产权、管理权分别属于项目组、我院、院图书馆（调查与数据信息中心）。

第二十二条 调查项目数据需在限定时期内开放，并首先在院内实现共享。

第五章　项目绩效评估

第二十三条 调查项目完成后，院信息化管理办公室会同科研局在适当时间，组织对调查数据的使用情况、调查报告影响力等进行评估。

第二十四条 调查项目的绩效评估参照《中国社会科学院重大信息化项目管理办法》执行。

第六章　附　则

第二十五条 本办法由院信息化管理办公室负责解释。

第二十六条 本办法自院务会通过之日起执行。2011 年颁布的《中国社会科学院创新工程社会调查项目立项审批程序》（社科办字〔2011〕46 号文件之一）同时废止。

第七编

统计资料

TONGJIZILIAO

一 中国社会科学院2014年在职各类人员情况

项目 人数 单位	合计	专业人员						管理人员	工勤人员
		小计	正高级	副高级	中级	初级	未定级		
总　计	3696	3045	763	901	991	155	235	551	100
文学研究所	123	114	36	35	32	1	10	9	0
民族文学研究所	43	41	11	10	14	2	4	2	0
外国文学研究所	81	73	19	26	23	3	2	8	0
语言研究所	81	71	23	25	21	1	1	5	5
哲学研究所	127	113	37	42	21	4	9	11	3
世界宗教研究所	79	75	18	22	24	4	7	4	0
考古研究所	149	135	37	43	45	3	7	11	3
历史研究所	127	119	37	39	34	2	7	8	0
近代史研究所	119	105	26	37	37	3	2	9	5
世界历史研究所	80	72	18	20	25	2	7	8	0
中国边疆研究所	33	31	10	8	9	1	3	2	0
经济研究所	122	107	36	36	20	4	11	12	3
工业经济研究所	92	83	24	22	24	3	10	8	1
农村发展研究所	81	73	22	23	19	4	5	8	0
财经战略研究院	74	70	17	17	27	1	8	4	0
金融研究所	47	45	13	13	18	0	1	2	0
数量经济与技术经济研究所	66	°58	22	18	16	0	2	8	0

续表

项目 人数 单位	合计	专业人员						管理人员	工勤人员
		小计	正高级	副高级	中级	初级	未定级		
人口与劳动经济研究所	50	48	11	16	15	1	5	2	0
城市发展与环境研究所	41	39	12	9	11	0	7	2	0
法学研究所	103	94	29	31	27	2	5	9	0
国际法研究所	32	30	7	10	11	2	0	2	0
政治学研究所	42	41	9	12	15	3	2	1	0
民族学与人类学研究所	151	139	40	44	44	5	6	12	0
社会学研究所	81	75	15	28	24	2	6	6	0
社会发展战略研究院	13	10	4	3	2	0	1	3	0
新闻与传播研究所	45	41	9	11	16	3	2	3	1
世界经济与政治研究所	109	100	23	31	35	7	4	6	3
俄罗斯东欧中亚研究所	87	76	21	26	23	2	4	9	2
欧洲研究所	51	45	13	11	16	1	4	6	0
西亚非洲研究所	55	49	12	17	11	3	6	6	0
拉丁美洲研究所	51	43	10	13	12	5	3	8	0
亚太与全球战略研究院	57	54	9	16	26	1	2	3	0
美国研究所	59	53	12	16	19	1	5	6	0
日本研究所	48	43	10	13	14	3	3	5	0
马克思主义研究院（含中特中心）	132	123	26	33	59	1	4	9	0
当代中国研究所	84	62	7	16	14	2	23	16	6
信息情报研究院	37	35	8	9	12	1	5	2	0
研究生院	133	87	13	18	37	13	6	36	10
中国社会科学院图书馆	87	79	5	24	36	11	3	8	0
中国社会科学出版社	35	28	11	8	6	3	0	3	4

续表

项目 人数 单位	合计	专业人员						管理人员	工勤人员
		小计	正高级	副高级	中级	初级	未定级		
中国社会科学杂志社	55	47	8	12	20	2	5	7	1
社会科学文献出版社	15	12	4	2	0	3	3	3	0
服务中心	110	13	0	1	6	4	2	52	45
郭沫若纪念馆	18	12	0	1	4	2	5	5	1
中国人文科学发展公司	19	4	0	1	3	0	0	12	3
中国地方志指导小组办公室	49	37	4	5	7	5	16	12	0
院领导	16	10	9	1	0	0	0	6	0
办公厅	52	18	3	4	5	6	0	34	0
科研局（创新办）	40	25	3	7	10	5	0	15	0
人事教育局	33	8	1	2	4	1	0	25	0
国际合作局	32	18	3	5	8	2	0	13	1
财务基建计划局	35	10	0	0	6	4	0	22	3
离退休干部工作局	19	4	0	2	2	0	0	15	0
直属机关党委	22	5	1	1	3	0	0	17	0
纪检组、监察局	23	3	0	0	0	3	0	20	0
基建工作办公室	13	8	0	0	4	4	0	5	0
信息化管理办公室（含评价中心）	38	32	5	6	15	4	2	6	0
1. 研究单位	2852	2585	693	801	815	83	193	235	32
2. 院直属单位	510	314	46	73	127	42	26	132	64
3. 院直机关	285	109	20	22	42	25	0	172	4
4. 女职工	1529	1316	195	381	525	97	118	195	18

二 中国社会科学院2014年在职人员年龄结构

项目 人数 单位	合计	年龄结构									
		25岁及以下	26~30岁	31~35岁	36~40岁	41~45岁	46~50岁	51~55岁	56~60岁	女	60岁以上
总　　计	3696	23	232	523	563	596	582	632	467	90	78
文学研究所	123	0	3	18	18	19	20	21	21	4	3
民族文学研究所	43	0	1	8	8	8	3	9	6	1	0
外国文学研究所	81	0	7	9	16	12	11	16	8	2	2
语言研究所	81	0	2	5	11	17	16	14	11	1	5
哲学研究所	127	0	7	20	15	17	23	23	19	8	3
世界宗教研究所	79	0	1	10	13	16	10	17	11	3	1
考古研究所	149	0	6	17	25	25	24	32	17	3	3
历史研究所	127	1	3	14	27	30	16	20	14	2	2
近代史研究所	119	0	6	13	22	19	22	25	12	3	0
世界历史研究所	80	0	2	14	15	18	11	8	9	2	3
中国边疆研究所	33	0	2	6	6	3	3	8	5	1	0
经济研究所	122	2	8	20	15	20	14	24	15	5	4
工业经济研究所	92	1	3	15	15	13	13	16	13	1	3
农村发展研究所	81	0	3	15	7	4	17	21	12	1	2
财经战略研究院	74	0	6	18	14	18	4	7	5	1	2
金融研究所	47	1	0	11	8	17	5	3	2	0	0

续表

项目 人数 单位	合计	年龄结构									
		25岁及以下	26～30岁	31～35岁	36～40岁	41～45岁	46～50岁	51～55岁	56～60岁	女	60岁以上
数量经济与技术经济研究所	66	0	4	0	7	15	9	14	12	1	5
人口与劳动经济研究所	50	0	3	13	7	7	5	9	5	1	1
城市发展与环境研究所	41	0	0	5	7	8	9	7	5	2	0
法学研究所	103	0	6	12	23	14	16	18	11	1	3
国际法研究所	32	0	3	6	6	6	4	3	4	2	0
政治学研究所	42	0	2	7	4	11	8	6	4	0	0
民族学与人类学研究所	151	0	5	12	20	34	34	28	14	4	4
社会学研究所	81	1	5	16	14	8	10	13	12	6	2
社会发展战略研究院	13	0	1	4	2	1	2	1	1	0	1
新闻与传播研究所	45	0	2	11	4	8	8	3	9	3	0
世界经济与政治研究所	109	0	11	19	22	14	16	17	9	3	1
俄罗斯东欧中亚研究所	87	2	6	8	8	21	17	11	12	2	2
欧洲研究所	51	0	3	6	13	9	7	7	4	0	2
西亚非洲研究所	55	0	1	7	10	8	12	9	7	0	1
拉丁美洲研究所	51	1	5	5	12	11	5	8	3	1	1
亚太与全球战略研究院	57	0	1	14	8	12	11	6	4	1	1
美国研究所	59	0	2	7	11	12	10	10	7	1	0
日本研究所	48	0	2	5	7	9	12	4	8	2	1
马克思主义研究院（含中特中心）	132	0	4	19	37	29	18	10	11	1	4
当代中国研究所	84	0	2	10	12	19	20	15	6	1	0

续表

项目 人数 单位	合计	年龄结构									
		25岁及以下	26～30岁	31～35岁	36～40岁	41～45岁	46～50岁	51～55岁	56～60岁	女	60岁以上
信息情报研究院	37	0	1	6	11	6	5	5	2	2	1
研究生院	133	3	23	17	18	15	18	16	21	3	2
中国社会科学院图书馆	87	1	12	12	4	5	24	16	12	5	1
中国社会科学出版社	35	0	0	0	0	2	10	17	6	0	0
社会科学文献出版社	15	0	0	0	0	1	2	6	6	2	0
中国社会科学杂志社	55	0	2	9	15	10	8	8	2	0	1
服务中心	110	1	7	6	4	7	17	32	36	1	0
郭沫若纪念馆	18	1	5	3	2	1	0	3	3	0	0
中国人文科学发展公司	19	0	0	0	0	1	4	7	7	0	0
中国地方志指导小组办公室	49	1	11	10	4	3	10	6	3	1	1
院领导	16	0	0	0	0	0	0	1	6	0	9
办公厅	52	0	6	6	6	4	4	19	7	1	0
科研局（创新办）	40	1	7	8	5	6	2	8	3	1	0
人事教育局	33	2	8	10	4	2	3	3	1	1	0
国际合作局	32	2	3	3	2	7	7	4	4	0	0
财务基建计划局	35	0	6	4	0	4	8	9	4	1	0
离退休干部工作局	19	0	3	4	2	0	4	4	2	0	0
直属机关党委	22	2	3	4	4	2	3	3	1	0	0
纪检组、监察局	23	0	4	6	3	3	3	1	2	0	1
基建工作办公室	13	0	1	4	2	1	1	1	3	0	0

续表

项目 / 人数 / 单位	合计	年龄结构									
		25岁及以下	26~30岁	31~35岁	36~40岁	41~45岁	46~50岁	51~55岁	56~60岁	女	60岁以上
信息化管理办公室（含评价中心）	38	0	2	12	8	4	4	0	8	2	0
1. 研究单位	2852	9	129	405	480	518	450	468	330	72	63
2. 院直属单位	510	6	51	59	51	46	87	105	101	13	4
3. 院直机关	285	7	41	49	28	29	35	53	33	4	10
4. 女职工	1529	12	133	265	274	256	259	229	90	90	11

三　中国社会科学院 2014 年在职各类专业人员学历结构

类别 / 人数 / 项目	专业人员总数	学历结构							
		研究生	博士	硕士	大学	大专	中专	高中	初中及以下
总　　计	3045	2342	1498	805	533	143	7	10	10
其中：正高	763	653	446	197	107	1	0	0	2
副高	901	740	490	236	131	29	0	1	0
中级	991	736	409	312	170	76	3	3	3
初级	155	33	0	31	84	29	3	5	1
未定级	235	180	153	29	41	8	1	1	4
1. 研究人员	2228	1987	1379	590	223	11	0	0	7
研究员	646	566	410	151	77	1	0	0	2
副研究员	707	643	452	180	61	3	0	0	0
助理研究员	678	611	381	226	59	6	0	0	2
研究实习员	34	20	0	20	14	0	0	0	0
研究未定职	163	147	136	13	12	1	0	0	3
2. 编辑人员	330	222	91	121	77	30	0	0	1
编审	85	66	28	35	19	0	0	0	0
副编审	99	65	24	38	25	9	0	0	0
编辑	99	65	23	39	18	15	0	0	1
助理编辑	12	1	0	0	7	4	0	0	0
编辑未定职	35	25	16	9	8	2	0	0	0

续表

项目 人数 类别	专业人员总数	学历结构							
		研究生	博士	硕士	大学	大专	中专	高中	初中及以下
3. 翻译人员	32	21	2	15	10	1	0	0	0
译审	8	6	0	4	2	0	0	0	0
副译审	9	7	2	5	2	0	0	0	0
翻译	12	7	0	5	4	1	0	0	0
助理翻译	3	1	0	1	2	0	0	0	0
翻译未定职	0	0	0	0	0	0	0	0	0
4. 教学人员	70	54	20	34	15	1	0	0	0
教授	20	14	8	6	6	0	0	0	0
副教授	17	15	8	7	2	0	0	0	0
讲师	26	22	4	18	4	0	0	0	0
助教	4	2	0	2	2	0	0	0	0
教学未定职	3	1	0	1	1	1	0	0	0
5. 工程技术人员	42	7	0	7	31	4	0	0	0
高级工程师	6	1	0	1	5	0	0	0	0
工程师	20	4	0	4	14	2	0	0	0
助理工程师、技术员	16	2	0	2	12	2	0	0	0
工程未定职	0	0	0	0	0	0	0	0	0
6. 图书、文博、资料人员	250	45	5	36	127	64	4	9	1
研究馆员	4	1	0	1	3	0	0	0	0
副研究馆员	57	7	3	4	35	14	0	1	0
馆员	122	24	1	19	54	39	2	3	0
助理馆员、管理员	46	6	0	6	26	8	1	4	1
图书未定职	21	7	1	6	9	3	1	1	0

续表

项目 人数 类别	专业人员总数	学历结构							
		研究生	博士	硕士	大学	大专	中专	高中	初中及以下
7. 会计人员	76	1	0	0	45	26	2	1	1
高级会计师	2	0	0	0	1	1	0	0	0
会计师	24	0	0	0	14	10	0	0	0
助理会计师、会计员	37	1	0	0	19	14	2	1	0
会计未定职	13	0	0	0	11	1	0	0	1
8. 经济人员	8	3	1	0	2	3	0	0	0
高级经济师	2	1	1	0	0	1	0	0	0
经济师	4	2	0	0	1	1	0	0	0
助理经济师、经济员	2	0	0	0	1	1	0	0	0
经济未定职	0	0	0	0	0	0	0	0	0
9. 统计人员	1	0	0	0	1	0	0	0	0
高级统计师	0	0	0	0	0	0	0	0	0
统计师	1	0	0	0	1	0	0	0	0
助理统计师、统计员	0	0	0	0	0	0	0	0	0
统计员未定	0	0	0	0	0	0	0	0	0
10. 卫生技术人员	8	2	0	2	2	3	1	0	0
主任医师	0	0	0	0	0	0	0	0	0
副主任医师	2	1	0	1	0	1	0	0	0
主治医师	5	1	0	1	1	2	1	0	0
医师、医士	1	0	0	0	1	0	0	0	0
卫生未定职	0	0	0	0	0	0	0	0	0

四　中国社会科学院2014年在职各类专业人员年龄结构

项目 / 人数 / 单位	合计	年龄结构									
		25岁及以下	26～30岁	31～35岁	36～40岁	41～45岁	46～50岁	51～55岁	56～60岁	女	60岁以上
总　　计	3045	6	144	454	514	541	490	495	328	86	73
其中：正高	763	0	0	0	13	76	175	227	202	47	70
副高	901	0	0	38	181	262	197	134	86	36	3
中级	991	1	49	297	267	170	83	91	33	1	0
初级	155	0	52	36	9	5	16	33	4	0	0
未定级	235	5	43	83	44	28	19	10	3	2	0
1. 研究人员	2228	0	75	340	428	453	342	300	230	52	60
研究员	646	0	0	0	12	70	145	184	176	39	59
副研究员	707	0	0	34	166	232	143	90	41	12	1
助理研究员	678	0	34	228	212	130	42	20	12	0	0
研究实习员	34	0	13	12	5	1	1	2	0	0	0
研究未定职	163	0	28	66	33	20	11	4	1	1	0
2. 编辑人员	330	1	16	37	37	44	61	77	50	16	7
编审	85	0	0	0	1	4	20	35	19	5	6
副编审	99	0	0	2	11	18	29	18	20	11	1

续表

项目 人数 单位	合计	年龄结构 25岁及以下	26～30岁	31～35岁	36～40岁	41～45岁	46～50岁	51～55岁	56～60岁	女	60岁以上
编辑	99	0	5	25	18	17	8	16	10	0	0
助理编辑	12	0	1	1	1	1	1	7	0	0	0
编辑未定职	35	1	10	9	6	4	3	1	1	0	0
3. 翻译人员	32	0	1	3	3	6	6	9	4	1	0
译审	8	0	0	0	0	0	1	4	3	1	0
副译审	9	0	0	0	0	3	3	3	0	0	0
翻译	12	0	1	1	2	3	2	2	1	0	0
助理翻译	3	0	0	2	1	0	0	0	0	0	0
翻译未定职	0	0	0	0	0	0	0	0	0	0	0
4. 教学人员	70	1	5	7	13	13	11	8	6	2	6
教授	20	0	0	0	0	2	5	4	4	2	5
副教授	17	0	0	0	3	5	4	3	1	0	1
讲师	26	1	2	6	9	5	2	0	1	0	0
助教	4	0	3	0	1	0	0	0	0	0	0
教学未定职	3	0	0	1	0	1	0	1	0	0	0
5. 工程技术人员	42	0	6	15	3	3	5	7	3	0	0
高级工程师	6	0	0	0	0	1	2	1	2	0	0
工程师	20	0	1	7	3	2	2	5	0	0	0
助理工程师	16	0	5	8	0	0	1	1	1	0	0
工程未定职	0	0	0	0	0	0	0	0	0	0	0

续表

项目 人数 单位	合计	年龄结构									
		25岁及以下	26~30岁	31~35岁	36~40岁	41~45岁	46~50岁	51~55岁	56~60岁	女	60岁以上
6. 图书、文博、资料人员	250	4	31	39	19	14	48	68	27	12	0
研究馆员	4	0	0	0	0	0	4	0	0	0	0
副研究馆员	57	0	0	2	1	3	16	17	18	11	0
馆员	122	0	6	26	16	8	21	38	7	1	0
助理馆员、管理员	46	0	22	6	0	2	4	10	2	0	0
图书未定职	21	4	3	5	2	1	3	3	0	0	0
7. 会计人员	76	0	9	12	8	8	14	21	4	2	0
高级会计师	2	0	0	0	0	0	0	0	2	1	0
会计师	24	0	0	3	4	5	5	7	0	0	0
助理会计师	37	0	7	7	1	1	7	13	1	0	0
会计未定职	13	0	2	2	3	2	2	1	1	1	0
8. 经济人员	8	0	1	0	0	0	2	2	3	0	0
高级经济师	2	0	0	0	0	0	0	1	1	0	0
经济师	4	0	0	0	0	0	1	1	2	0	0
助理经济师	2	0	1	0	0	0	1	0	0	0	0
经济未定职	0	0	0	0	0	0	0	0	0	0	0
9. 统计人员	1	0	0	0	0	0	0	1	0	0	0
高级统计师	0	0	0	0	0	0	0	0	0	0	0
统计师	1	0	0	0	0	0	0	1	0	0	0

续表

项目 人数 单位	合计	年龄结构									
		25岁及以下	26~30岁	31~35岁	36~40岁	41~45岁	46~50岁	51~55岁	56~60岁	女	60岁以上
助理统计师、统计员	0	0	0	0	0	0	0	0	0	0	0
统计未定职	0	0	0	0	0	0	0	0	0	0	0
10. 卫生技术人员	8	0	0	1	3	0	1	2	1	1	0
主任医师	0	0	0	0	0	0	0	0	0	0	0
副主任医师	2	0	0	0	0	0	0	1	1	1	0
主治医师	5	0	0	1	3	0	0	1	0	0	0
医师、医士	1	0	0	0	0	0	1	0	0	0	0
卫生未定职	0	0	0	0	0	0	0	0	0	0	0

五　中国社会科学院 2014 年邀请来访人员统计

表 1　　中国社会科学院 2014 年邀请来访人员按交流学科划分统计

国际合作局 / 交流学科	合计		亚非处		美大处		欧洲处		欧亚处		国际处		联络处	
	批次	人次	批次	人次	批次	人次	批次	人次	批次	人次	批次	人次	批次	人次
法学	7	8	1	1	2	2	3	4	0	0	1	1	0	0
国际问题	36	164	16	69	8	30	7	45	3	11	2	9	0	0
经济学	55	176	19	73	10	15	20	72	0	0	3	5	3	11
马克思主义	0	0	0	0	0	0	0	0	0	0	0	0	0	0
民族学	4	14	1	1	0	0	1	1	1	2	1	10	0	0
社会学	6	20	1	2	3	11	1	2	1	5	0	0	0	0
史学	19	72	7	52	1	1	6	10	4	8	0	0	1	1
图书资料	0	0	0	0	0	0	0	0	0	0	0	0	0	0
文学	9	36	1	12	2	3	4	4	1	1	0	0	1	16
语言学	7	9	1	2	2	2	3	4	1	1	0	0	0	0
哲学	12	34	0	0	1	6	10	27	0	0	0	0	1	1
政治学	3	15	1	2	0	0	1	6	0	0	0	0	1	7
宗教学	1	15	0	0	1	15	0	0	0	0	0	0	0	0
新闻出版	2	2	0	0	0	0	1	1	0	0	0	0	1	1
综合	6	47	2	19	1	1	0	0	3	27	0	0	0	0
其他	11	33	0	0	4	9	6	22	1	2	0	0	0	0
总计	178	645	50	233	35	95	63	198	15	57	7	25	8	37

表 2　　中国社会科学院 2014 年邀请来访人员按交流方式划分统计

国际合作局 / 交流方式	合计		亚非处		美大处		欧洲处		欧亚处		国际处		联络处	
	批次	人次	批次	人次	批次	人次	批次	人次	批次	人次	批次	人次	批次	人次
学术访问	105	229	34	70	24	48	33	58	9	33	0	0	5	20
工作访问	10	21	1	2	5	10	4	9	0	0	0	0	0	0
国际会议	20	167	3	70	0	0	11	79	0	0	6	18	0	0
双边会议	20	155	5	44	4	35	4	32	4	22	1	7	2	15
合作研究	8	13	0	0	0	0	6	10	1	1	0	0	1	2
讲学	8	13	1	1	1	1	5	10	1	1	0	0	0	0
进修	5	45	5	45	0	0	0	0	0	0	0	0	0	0
其他	2	2	1	1	1	1	0	0	0	0	0	0	0	0
总计	178	645	50	233	35	95	63	198	15	57	7	25	8	37

六　中国社会科学院2014年派遣出访人员统计

表1　　中国社会科学院2014年派遣出访人员按交流学科划分统计

国际合作局 交流学科	合计		亚非处		美大处		欧洲处		欧亚处		国际处		联络处	
	批次	人次	批次	人次	批次	人次	批次	人次	批次	人次	批次	人次	批次	人次
法学	69	101	10	17	12	13	22	42	2	2	4	4	19	23
国际问题	249	364	129	177	42	62	38	54	28	58	2	2	10	11
经济学	288	417	83	132	80	92	72	104	2	5	17	18	34	66
马克思主义	14	51	8	30	1	2	1	1	1	8	3	10	0	0
民族学	17	30	6	11	3	4	4	4	0	0	1	1	3	10
社会学	72	123	19	29	10	14	17	33	1	5	3	9	22	33
史学	140	251	51	85	24	35	20	30	10	34	4	4	31	63
图书资料	4	12	1	6	0	0	2	5	1	1	0	0	0	0
文学	73	93	17	18	8	9	17	31	7	8	6	6	18	21
语言学	38	71	9	13	9	16	7	8	2	2	1	1	10	31
哲学	11	13	1	1	2	4	8	8	0	0	0	0	0	0
政治学	12	22	1	4	3	4	1	1	0	0	1	1	6	12
宗教学	23	33	9	14	2	2	4	4	0	0	1	1	7	12
新闻出版	33	72	4	4	6	12	5	14	2	9	1	5	15	28
综合	62	163	13	38	15	58	8	14	2	7	7	10	17	36
其他	5	13	2	2	0	0	2	7	0	0	0	0	1	4
总计	1110	1829	363	581	217	327	228	360	58	139	51	72	193	350

表 2　　中国社会科学院 2014 年派遣出访人员按交流方式划分统计

国际合作局 交流方式	合计		亚非处		美大处		欧洲处		欧亚处		国际处		联络处	
	批次	人次	批次	人次	批次	人次	批次	人次	批次	人次	批次	人次	批次	人次
学术访问	551	1000	153	287	111	174	128	217	37	100	14	23	108	199
工作访问	31	66	2	9	7	9	7	12	2	10	0	0	13	26
国际会议	395	518	168	205	68	89	74	94	13	14	31	43	41	73
双边会议	90	173	35	74	14	15	10	25	4	11	0	0	27	48
合作研究	15	21	3	4	4	4	6	9	1	3	0	0	1	1
讲学	4	4	0	0	1	1	2	2	0	0	0	0	1	1
进修	24	47	2	2	12	35	1	1	1	1	6	6	2	2
总计	1110	1829	363	581	217	327	228	360	58	139	51	72	193	350

七　中国社会科学院图书馆系统2014年藏书情况

项目 单位	合计（万册）	新购图书（册）		新购期刊（种）	
		中文	外文	中文	外文
院图书馆	180	10548	7083	844	1400
法学分馆	23.99	73	0	110	62
民族分馆	44.2	1670	655	190	47
国际研究分馆	22.55	580	1619	479	470
研究生院分馆	38.6	14665	682	1163	86
经济研究所	70	2653	159	98	239
考古研究所	30.96	2499	452	145	120
历史研究所	60.5655	1353	102	386	0
近代史研究所	61.3	2943	734	285	61
世界历史研究所	11.1699	77	590	104	95
中国社会科学杂志社	5.6972	216	0	407	16
边疆研究所	1.8262	209	0	65	2
当代所	8.9839	2139	0	204	0
总计	559.8427	39625	12076	4480	2598

八　中国社会科学院各出版社2014年图书出版情况

表1　　中国社会科学出版社2014年图书出版情况

项　目 分　类	版本图书种数（种）		总印数（万册）	总印张（千印张）	定价总金额（万元）
	合计	其中：新出			
图书总计	1856	1619	343.695	81471.589	18387.275
使用“中国标准书号”部分合计	1856	1619	343.695	81471.589	18387.275
马克思列宁主义、毛泽东思想	46	46	5.69	1343.075	357.74
哲学	190	168	30.91	7738.85	2129.7
社会科学总论	57	54	9.415	2606.413	725.315
政治、法律	596	427	170.78	44642.4	7736.31
军事	1	1	0.12	50.4	13.92
经济	279	267	37.31	6440.913	1950.49
文化、科学、教育、体育	129	128	15.39	2854.25	811.78
语言、文字	86	82	9.43	1869.088	540.77
文学	215	211	28.28	5726.375	1635.58
艺术	39	38	4.53	745.675	229.26
历史、地理	160	142	25.15	6215.45	1857.1
自然科学总论	6	6	0.65	104.375	33.3
数理科学和化学	1	0	0.3	39.75	7.5
天文学、地球科学	4	4	0.37	78.45	22.91
生物科学	5	5	0.5	98.5	28.5
医药、卫生	8	7	1.18	154.5	52.94
农业科学	2	2	0.23	37.7	10.84
工业技术	15	15	1.65	310	125.46

分类 \ 项目	版本图书种数（种）		总印数（万册）	总印张（千印张）	定价总金额（万元）
	合计	其中：新出			
环境科学	13	12	1.37	299.325	80.68
综合性图书	4	4	0.44	116.1	37.18

表 2　　　　社会科学文献出版社 2014 年图书出版情况

分类 \ 项目	出版图书种数（种）		总印数（万册）	总印张（千印张）	定价总金额（万元）
	合计	其中：新出			
图书总计	1500	1350	4929638	70500	27846
使用“中国标准书号”部分合计	1500	1350	4929638	70500	27846
马克思列宁主义、毛泽东思想	10	6	69641	605	164
哲学、宗教	87	79	157119	3528	1766
社会科学总论	95	81	195076	3907	1356
政治、法律	386	345	811898	17274	6696
军事	16	15	57382	1183	527
经济	380	357	794681	16672	6314
文化、科学、教育、体育	152	141	400440	6387	2400
语言、文字	29	27	40745	456	207
文学	59	55	89440	2119	1066
艺术	35	33	54499	689	536
历史、地理	167	149	596846	9855	4734
天文学、地球科学	12	10	19630	391	155
生物科学	1	1	800	34	16
医药、卫生	20	8	1525506	5633	1275
农业科学	5	3	28891	190	55
工业技术	15	10	35386	573	180
交通运输	2	1	6000	101	31

项目 / 分类	出版图书种数（种）		总印数（万册）	总印张（千印张）	定价总金额（万元）
	合计	其中：新出			
环境科学、安全科学	17	17	28700	694	254
综合性图书	3	3	2900	62	37

表 3　　经济管理出版社 2014 年图书出版情况

项目 / 分类	出版图书种数（种）		总印数（万册、万张）		总印张（千印张）		定价总金额（万元）	
	合计	新出	合计	新出	合计	新出	合计	新出
图书总计	634	586	251.75	227.10	39031.73	35069.12	13894.66	12946.78
使用《中国标准书号》部分合计	634	586	251.75	227.10	39031.73	35069.12	13894.66	12946.78
社会科学总论	24	22	9.70	8.10	1504.52	1271.09	447.34	411.14
政治、法律	40	40	13.50	13.50	2919.96	2919.96	1434.78	1434.78
经济	456	418	178.35	160.30	27754.70	24701.29	9654.54	8901.36
文化、科学、教育、体育	52	51	23.50	22.50	3066.43	2927.89	1009.70	989.70
语言、文字	19	16	7.40	5.70	1185.63	1000.92	355.70	306.40
文学	2	2	0.90	0.90	117.50	117.50	28.00	28.00
艺术	5	5	1.70	1.70	166.37	166.37	231.00	231.00
历史、地理	9	8	3.00	2.50	511.30	441.13	168.30	144.30
数理科学、化学	3	3	1.20	1.20	228.04	228.04	45.30	45.30
天文学、地球科学	1	1	0.30	0.30	50.27	50.27	20.40	20.40
医药、卫生	5	4	3.90	3.40	475.24	373.66	173.00	149.00

项目 分类	出版图书种数（种）		总印数（万册、万张）		总印张（千印张）		定价总金额（万元）	
	合计	新出	合计	新出	合计	新出	合计	新出
工业技术	12	11	5.10	4.80	624.83	555.08	182.00	170.60
交通运输	1	1	0.60	0.60	93.00	93.00	28.80	28.80
环境科学	5	4	2.60	1.60	333.92	222.91	115.80	86.00

九 中国社会科学院 2014 年期刊一览表

序号	名称	主办单位	主编	地址	邮编
1	文学评论（双月刊）	文学研究所	陆建德	北京市东城区建国门内大街 5 号	100732
2	文学遗产（双月刊）	文学研究所	刘跃进	北京市东城区建国门内大街 5 号	100732
3	民族文学研究（双月刊）	民族文学研究所	汤晓青	北京市东城区建国门内大街 5 号	100732
4	世界文学（双月刊）	外国文学研究所	余中先	北京市东城区建国门内大街 5 号	100732
5	外国文学动态（双月刊）	外国文学研究所	苏　玲	北京市东城区建国门内大街 5 号	100732
6	外国文学评论（季刊）	外国文学研究所	陈众议	北京市东城区建国门内大街 5 号	100732
7	当代语言学（季刊）	语言研究所	沈家煊 顾曰国	北京市东城区建国门内大街 5 号	100732
8	方言（季刊）	语言研究所	麦　耘	北京市东城区建国门内大街 5 号	100732
9	中国语文（双月刊）	语言研究所	沈家煊	北京市东城区建国门内大街 5 号	100732
10	世界哲学（双月刊）	哲学研究所	周晓亮	北京市东城区建国门内大街 5 号	100732

续表

序号	名称	主办单位	主编	地址	邮编
11	哲学动态（月刊）	哲学研究所	余　涌	北京市东城区建国门内大街5号	100732
12	哲学研究（月刊）	哲学研究所	谢地坤	北京市东城区建国门内大街5号	100732
13	中国哲学史（季刊）	中国哲学史学会（挂靠哲学研究所）	李存山	北京市东城区建国门内大街5号	100732
14	世界宗教文化（双月刊）	世界宗教研究所	金　泽	北京市东城区建国门内大街5号	100732
15	世界宗教研究（双月刊）	世界宗教研究所	卓新平	北京市东城区建国门内大街5号	100732
16	考古（月刊）	考古研究所	王　巍	北京王府井大街27号	100710
17	考古学报（季刊）	考古研究所	刘庆柱	北京王府井大街27号	100710
18	中国史研究（季刊）	历史研究所	邵　蓓	北京市东城区建国门内大街5号	100732
19	中国史研究动态（双月刊）	历史研究所	刘洪波	北京市东城区建国门内大街5号	100732
20	近代史研究（双月刊）	近代史研究所	徐秀丽	北京王府井大街东厂胡同1号	100006
21	抗日战争研究（季刊）	近代史研究所	高士华	北京王府井大街东厂胡同1号	100006
22	史学理论研究（季刊）	世界历史研究所	张顺洪	北京王府井大街东厂胡同1号	100006
23	世界历史（双月刊）	世界历史研究所	张顺洪	北京王府井大街东厂胡同1号	100006

续表

序号	名称	主办单位	主编	地址	邮编
24	世界史研究（英文）（半年刊）	世界历史研究所	张顺洪	北京市东城区王府井大街东厂胡同 1 号	100006
25	中国边疆史地研究（季刊）	中国边疆研究所	李大龙	北京市东城区建国门内大街先晓胡同 10 号	100005
26	台湾研究（双月刊）	台湾研究所	刘佳雁	北京市海淀区中关村东路 21 号	100083
27	经济学动态（月刊）	经济研究所	杨春学	北京市阜外月坛北小街 2 号	100836
28	经济研究（月刊）	经济研究所	裴长洪	北京市阜外月坛北小街 2 号	100836
29	中国经济史研究（双月刊）	经济研究所	刘兰兮	北京市阜外月坛北小街 2 号	100836
30	经济管理（月刊）	工业经济研究所	金　碚	北京市阜外月坛北小街 2 号	100836
31	中国工业经济（月刊）	工业经济研究所	金　碚	北京市阜外月坛北小街 2 号	100836
32	中国经济学人（英文）（双月刊）	工业经济研究所	金　碚	北京市阜外月坛北小街 2 号	100836
33	中国农村观察（双月刊）	农村发展研究所	李　周	北京市东城区建国门内大街 5 号	100732
34	中国农村经济（月刊）	农村发展研究所	李　周	北京市东城区建国门内大街 5 号	100732
35	财贸经济（月刊）	财经战略研究院	高培勇	北京市朝阳区曙光西里 28 号中冶大厦	100028

续表

序号	名称	主办单位	主编	地址	邮编
36	中国财政与经济研究（英文）（季刊）	财经战略研究院	高培勇	北京市朝阳区曙光西里 28 号中冶大厦	100028
37	金融评论（双月刊）	金融研究所	王国刚	北京市朝阳区曙光西里28号中冶大厦11层	100028
38	数量经济技术经济研究（月刊）	数量经济与技术经济研究所	李　平	北京市东城区建国门内大街 5 号	100732
39	劳动经济研究（双月刊）	人口与劳动经济研究所	蔡　昉	北京市朝阳区曙光西里 28 号中冶大厦	100028
40	中国人口科学（双月刊）	人口与劳动经济研究所	蔡　昉	北京市朝阳区曙光西里 28 号中冶大厦	100028
41	城市与环境研究（季刊）	城市发展与环境研究所	潘家华	北京市朝阳区曙光西里 28 号中冶大厦	100028
42	法学研究（双月刊）	法学研究所	梁慧星	北京市东城区沙滩北街 15 号	100720
43	环球法律评论（双月刊）	法学研究所	刘作翔	北京市东城区沙滩北街 15 号	100720
44	国际法研究（双月刊）	国际法研究所	陈泽宪	北京市东城区沙滩北街 15 号	100720
45	政治学研究（双月刊）	政治学研究所	房　宁	北京市朝阳区曙光西里 28 号中冶大厦	100028
46	民族研究（双月刊）	民族学与人类学研究所	郝时远	北京市海淀区中关村南大街27号 6 号楼	100081
47	民族语文（双月刊）	民族学与人类学研究所	黄　行	北京市海淀区中关村南大街 27 号	100081
48	世界民族（双月刊）	民族学与人类学研究所	王延中	北京市海淀区中关村南大街27 号	100081

续表

序号	名称	主办单位	主编	地址	邮编
49	青年研究（双月刊）	社会学研究所	单光鼐	北京市东城区建国门内大街5号	100732
50	社会学研究（双月刊）	社会学研究所	李培林	北京市东城区建国门内大街5号	100732
51	社会发展研究（季刊）	社会发展战略研究院	李汉林	北京市西城区三里河东路5号中商大厦8层	100045
52	新闻与传播研究（月刊）	新闻与传播研究所	唐绪军	北京市朝阳区光华路15号楼1号楼泰达时代中心10层	100026
53	国际经济评论（双月刊）	世界经济与政治研究所	张宇燕	北京市东城区建国门内大街5号15层	100732
54	世界经济与政治（月刊）	世界经济与政治研究所	张宇燕	北京市东城区建国门内大街5号	100732
55	中国与世界经济（英文）(双月刊)	世界经济与政治研究所	余永定	北京市东城区建国门内大街5号	100732
56	世界经济（月刊）	中国世界经济学会、世界经济与政治研究所	张宇燕	北京市东城区建国门内大街5号	100732
57	俄罗斯东欧中亚研究（双月刊）	俄罗斯东欧中亚研究所	李永全	北京市东城区张自忠路3号东院	100007
58	欧亚经济（双月刊）	俄罗斯东欧中亚研究所	高晓慧	北京市东城区张自忠路3号东院	100007
59	欧洲研究（双月刊）	欧洲研究所	周　弘	北京市东城区建国门内大街5号	100732
60	西亚非洲（双月刊）	西亚非洲研究所	杨　光	北京市东城区张自忠路3号东院	100007

续表

序号	名称	主办单位	主编	地址	邮编
61	拉丁美洲研究（双月刊）	拉丁美洲研究所	吴白乙	北京市东城区张自忠路3号	100007
62	当代亚太（双月刊）	亚太与全球战略研究院	李向阳	北京市东城区张自忠路3号东院	100007
63	南亚研究（季刊）	亚太与全球战略研究院	李向阳	北京市东城区张自忠路3号东院	100007
64	美国研究（双月刊）	美国研究所、中华美国学会	郑秉文	北京市西城区鼓楼西大街甲158号东楼3层	100720
65	日本学刊（双月刊）	日本研究所	李　薇	北京市东城区张自忠路3号东院	100007
66	马克思主义研究（月刊）	马克思主义研究院	程恩富	北京市东城区建国门内大街5号	100732
67	科学与无神论（双月刊）	中国无神论学会	申振钰	北京市东城区建国门内大街5号	100732
68	当代中国史研究（双月刊）	当代中国研究所	张星星	北京市地安门西大街旌勇里8号	100009
69	第欧根尼（半年刊）	信息情报研究院	肖俊明	北京市东城区建国门内大街5号	100732
70	国外社会科学（双月刊）	信息情报研究院	张树华	北京市东城区建国门内大街5号	100732
71	当代韩国（季刊）	院韩国研究中心、社会科学文献出版社	汝　信	北京市西城区北三环中路甲29号院3号楼华龙大厦B座1606室	100029

续表

序号	名称	主办单位	主编	地址	邮编
72	历史研究（双月刊）	中国社会科学院	高　翔	北京朝阳区光华路15号院1号楼泰达时代中心11～12层	100026
73	中国社会科学（月刊）	中国社会科学院	高　翔	北京朝阳区光华路15号院1号楼泰达时代中心11～12层	100026
74	国际社会科学杂志（季刊）	中国社会科学杂志社	王利民	北京朝阳区光华路15号院1号楼泰达时代中心11～12层	100026
75	中国社会科学（英文版）（季刊）	中国社会科学杂志社	高　翔	北京朝阳区光华路15号院1号楼泰达时代中心11～12层	100026
76	中国社会科学评价（季刊）	中国社会科学杂志社	张　江	北京朝阳区光华路15号院1号楼泰达时代中心11～12层	100026
77	中国社会科学文摘（月刊）	中国社会科学杂志社	余新华	北京朝阳区光华路15号院1号楼泰达时代中心11～12层	100026
78	中国文学批评（季刊）	中国社会科学杂志社	张　江	北京朝阳区光华路15号院1号楼泰达时代中心11～12层	100026
79	中国社会科学院研究生院学报（双月刊）	研究生院	文学国	北京市房山区良乡高教园区中国社会科学院研究生院	102488
80	中国地方志（月刊）	中国地方志指导小组办公室	于伟平	北京市朝阳区潘家园东里9号	100021

续表

序号	名称	主办单位	主编	地址	邮编
81	中国近代史（英文）（半年刊）	近代史研究所	王建朗、徐秀丽	北京王府井大街东厂胡同1号	100006
82	财智生活（月刊）	经济研究所	裴长洪	北京阜外月坛北小街2号	100836
83	中国经营报（周报）	工业经济研究所	李佩钰	北京市海淀区玉泉山路23号院北区7号楼	100097
84	商学院（月刊）	中国经营报社	汪　静	北京市海淀区玉泉山路23号院北区7号楼	100097
85	家族企业（月刊）	中国经营报社	王立鹏	北京市海淀区玉泉山路23号院北区7号楼	100097
86	精品购物指南（周2报）	中国经营报社	张书新	北京市海淀区中关村大街甲28号海淀文化艺术大厦B座7～8层	100086
87	风尚志（月刊）	精品购物指南报社	冯楚轩	北京市海淀区中关村大街甲28号海淀文化艺术大厦B座10层	100086

续表

序号	名称	主办单位	主编	地址	邮编
88	精彩（旬刊）	精品购物指南报社	冯楚轩	北京市海淀区中关村大街甲28号海淀文化艺术大厦B座14层	100086
89	中国城市与环境研究（英文）（半年刊）	城市发展与环境研究所	潘家华	北京市朝阳区曙光西里28号中冶大厦	100028
90	商业评论（月刊）	美国研究所、社会科学文献出版社	黄　平	北京市西城区鼓楼西大街甲158号东楼3层	100720
91	程序员（月刊）	文献信息中心（图书馆）	杨　齐	北京市东城区建国门内大街5号	100732
92	环球市场信息导报（周刊）	文献信息中心（图书馆）	刘振喜	北京市东城区建国门内大街5号	100732

十　中国社会科学院 2014 年年鉴一览表

序号	刊　名	编写单位	主编／总编辑／编委会主任	出版单位
1	中国社会科学院年鉴	院办公厅	王伟光	中国社会科学出版社
2	中国文学年鉴	文学研究所	陆建德	中国社会科学出版社
3	中国哲学年鉴	哲学研究所	谢地坤	中国社会科学出版社
4	中国宗教研究年鉴	世界宗教研究所	曹中建	中国社会科学出版社
5	中国考古学年鉴	中国考古学会（挂靠考古研究所）、考古研究所	王　巍	中国社会科学出版社
6	郭沫若研究年鉴	郭沫若纪念馆	崔民选	中国社会科学出版社
7	中国经济学年鉴	经济学部	李　扬	中国社会科学出版社
8	中国人口年鉴	人口与劳动经济研究所	蔡　昉	中国社会科学出版社
9	中国城市年鉴	中国城市发展研究会（挂靠经济研究所）	程安东	自出
10	中国城市年鉴（英文版）	中国城市发展研究会（挂靠经济研究所）	程安东	自出

序号	刊　名	编写单位	主编／总编辑／编委会主任	出版单位
11	中国辽夏金研究年鉴	中国民族史学会（挂靠民族学与人类学研究所）辽金暨契丹女真史分会、院西夏文化研究中心	史金波 宋德金	中国社会科学出版社
12	中国新闻年鉴	新闻与传播研究所	钱莲生	中国新闻年鉴社
13	世界经济年鉴	世界经济与政治研究所	陈国平	中国社会科学出版社
14	马克思主义理论研究与学科建设年鉴	马克思主义研究学部	王伟光	中国社会科学出版社
15	中国地方志年鉴	中国地方志指导小组办公室	赵　芮	中国社会科学出版社

十一　中国社会科学院2014年主管学术社团一览表

序号	学会名称	负责人	挂靠单位	成立时间
1	中国当代文学研究会	白　烨	文学研究所	1979.08
2	中国近代文学学会	王　飚		1988.01
3	中国鲁迅研究会	赵京华		1979.11
4	中国现代文学研究会	张中良		1979.01
5	中国中外文艺理论学会	高建平		1994.04
6	中华文学史料学学会	陈才智		1989.01
7	中国《江格尔》研究会	斯　钦	民族文学研究所	1991.09
8	中国蒙古文学学会	斯　钦		1989.11
9	中国少数民族文学学会	朝戈金		1979.09
10	中国维吾尔历史文化研究会	吐鲁甫巴拉提		1994.12
11	中国外国文学学会	陈众议	外国文学研究所	1978.12
12	全国汉语方言学会	刘丹青	语言研究所	1981.11
13	中国语言学会	沈家煊		1980.01
14	中国考古学会	王　巍	考古研究所	1979.04
15	中国明史学会	商　传	历史研究所	1989.04
16	中国秦汉史研究会	周天游		1981.09
17	中国魏晋南北朝史学会	李　凭		1984.11
18	中国先秦史学会	宫长为		1982.05

续表

序号	学会名称	负责人	挂靠单位	成立时间
19	中国殷商文化学会	王震中	历史研究所	1989.05
20	中国中外关系史学会	万 明		1981.05
21	中国郭沫若研究会	蔡 震		1983.05
22	中国抗日战争史学会	李宗远	近代史研究所	1991.01
23	中国史学会	张海鹏		1949.07
24	中国孙中山研究会	汪朝光		1984.01
25	中国现代文化学会	金以林		1989.04
26	中国中俄关系史研究会	栾景河		1991.08
27	中国朝鲜史研究会	姜 南	世界历史研究所	1979.09
28	中国德国史研究会	景德祥		1980.07
29	中国第二次世界大战史研究会	张晓华		1980.06
30	中国法国史研究会	端木美		1978.08
31	中国非洲史研究会	毕健康		1980.01
32	中国国际文化书院	张顺洪		1989.03
33	中国拉丁美洲史研究会	王文仙		1979.12
34	中国美国史研究会	孟庆龙		1979.11
35	中国日本史学会	汤重南		1980.07
36	中国世界古代中世纪史研究会	徐建新		1991.07
37	中国世界近代现代史研究会	俞金尧		1984.09
38	中国苏联东欧史研究会	黄立茀		1985.05
39	中国英国史研究会	吴必康		1980.09
40	中国中日关系史学会	徐启新		1984.08
41	全国台湾研究会	周志怀	台湾研究所	1988.08
42	国际易学联合会	孙 晶	哲学研究所	2004.03
43	中国辩证唯物主义研究会	孙伟平		1982.06

续表

序号	学会名称	负责人	挂靠单位	成立时间
44	中国伦理学会	孙春晨	哲学研究所	1980.06
45	中国逻辑学会	邹崇理		1979.08
46	中国马克思主义哲学史学会	魏小萍		1979.01
47	中国现代外国哲学学会	江　怡		1979.05
48	中国哲学史学会	李存山		1979.01
49	中华美学学会	徐碧辉		1980.06
50	中华全国外国哲学史学会	谢地坤		1980.05
51	中国宗教学会	卓新平	世界宗教研究所	1989.03
52	中国《资本论》研究会	裴小革	经济研究所	1981.12
53	中国比较经济学研究会	杨春学		1986.11
54	中国城市发展研究会	旷建伟		1984.12
55	中国经济史学会	刘兰兮		1986.05
56	中国经济思想史学会	钱　津		1980.06
57	中国工业经济学会	吕　政	工业经济研究所	1978.01
58	中国企业管理研究会	黄速建		1995.07
59	中国区域经济学会	金　碚		1990.02
60	中国城郊经济研究会	徐小青	农村发展研究所	1986.01
61	中国国外农业经济研究会	杜志雄		1978.05
62	中国林牧渔业经济学会	刘玉满		1991.07
63	中国生态经济学学会	何　维		1984.08
64	中国西部开发促进会	赵　霖		2006.03
65	中国县镇经济交流促进会	权兆能		1992.11
66	中国成本研究会	揣振宇	财经战略研究院	1980.09
67	中国市场学会	林　旗		1991.03

续表

序号	学会名称	负责人	挂靠单位	成立时间
68	中国数量经济学会	李　平	数量经济与技术经济研究所	1991.09
69	中国城市经济学会	潘家华	城市发展与环境研究所	1986.05
70	中国法律史学会	吴玉章	法学研究所	1979.01
71	中国红色文化研究会	刘润为	政治学研究所	1985.09
72	中国政策科学研究会	谢和军		1994.05
73	中国政治学会	李慎明		1980.12
74	中国民族古文字研究会	聂鸿音	民族学与人类学研究所	1980.08
75	中国民族理论学会	王希恩		1979.12
76	中国民族史学会	史金波		1983.04
77	中国民族学学会	何星亮		1980.01
78	中国民族研究团体联合会	王延中		1978.07
79	中国民族语言学会	周庆生		1979.05
80	中国世界民族学会	郝时远		1979.05
81	中国突厥语研究会	黄　行		1980.01
82	中国西南民族研究学会	何耀华		1981.11
83	中国社会心理学会	杨宜音	社会学研究所	1982.04
84	中国社会学会	李培林		1979.03
85	新兴经济体研究会	万　军	世界经济与政治研究所	1978.12
86	中国世界经济学会	邵滨鸿		1980.04
87	中国俄罗斯东欧中亚学会	李静杰	俄罗斯东欧中亚研究所	1980.07
88	中国欧洲学会	周　弘	欧洲研究所	1984.11
89	中国亚非学会	张宏明	西亚非洲研究所	1962.04
90	中国中东学会	杨　光		1982.07
91	中国拉丁美洲学会	王立峰	拉丁美洲研究所	1984.05

续表

序号	学会名称	负责人	挂靠单位	成立时间
92	中国南亚学会	李　文	亚太与全球战略研究院	1979.11
93	中国亚洲太平洋学会	张蕴岭		1993.04
94	中国世界政治研究会	黄　平	美国研究所	2013.04
95	中华美国学会	胡国成		1988.12
96	全国日本经济学会	黄晓勇	日本研究所	1987.01
97	中华日本学会	刘德有		1990.02
98	中国历史唯物主义学会	李崇富	马克思主义研究院	1981.01
99	中国社会主义经济规律系统研究会	毛立言		1982.05
100	中国无神论学会	习五一		1979.01
101	中华外国经济学说研究会	程恩富		1979.07
102	中国社会科学情报学会	黄长著	院图书馆	1986.12
103	中华人民共和国国史学会	朱佳木	当代中国研究所	1992.01
104	中国地方志协会	邱新立	中国地方志指导小组办公室	1981.08
105	中国企业投资协会	宋晓鹤		1992.01
106	中国战略文化促进会	罗援		2011.01

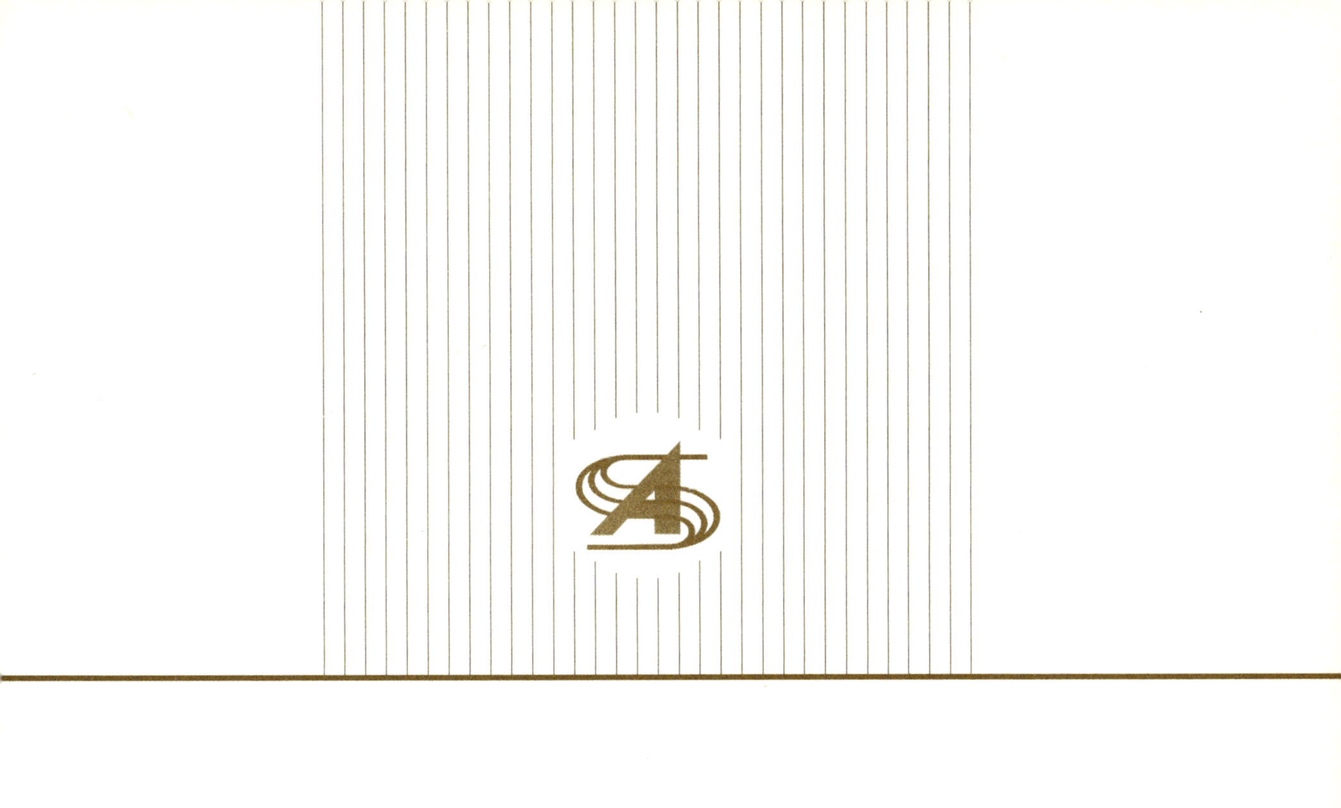

第八编

大事记

DASHIJI

中国社会科学院2014年大事记

一　月

1月2日　党组书记王伟光主持召开第292次院党组会议。会议审议了《中国社会科学院研究室主任聘用管理办法》《关于中国经营出版传媒集团成立机关党委和机关纪委有关事项的请示》等。

△　院长王伟光主持召开2014年度第1次院务会议。会议审议了《关于在2014年度院工作会议期间开展机关作风评议的请示》《中国社会科学院与上海市人民政府合作共建上海研究院的方案》《中国社会科学院经济战略研究部整合方案》《关于加强和改进国情调研工作的若干意见》等。

1月3～4日　中国社会科学院领导班子成员王伟光、李捷、张江、李扬、李培林、张英伟、高翔等在北京出席全国宣传部长会议。

1月4日　院长王伟光在北京出席培育和践行社会主义核心价值观座谈会。

1月6日　副院长李扬在北京出席“2014年中国社会科学论坛·中美新型大国关系智库对话”国际学术研讨会并致辞。

1月9日　院长王伟光主持召开2014年度第2次院务会议。会议听取了办公厅关于2014年度院工作会议暨反腐倡廉建设工作会议筹备情况、相关单位2013年度各项督办任务完成情况的汇报。会议审议了《2014年度创新工程签约方案》《中国社会科学院创新工程大型学术出版资助项目评审办法》《关于院创新工程重大成果发布稿的请示》等。

1月10日　院长王伟光，副院长张江、李培林，中央纪委驻院纪检组组长张英伟，秘书长高翔出席中国社会科学院2014年度创新工程签约仪式。

1月13～14日　中央纪委驻院纪检组组长张英伟出席十八届中央纪委第三次全会。

1月14日　院长王伟光出席2014年第二批创新单位签约仪式，并与有关单位首席管理签署创新工程合约。

△　院长王伟光出席全院古籍普查登记工作总结表彰大会。

△　副院长李培林在北京出席中央精神文明建设指导委员会第二次全体会议。

1月15～16日　中国社会科学院2014年度工作会议暨反腐倡廉建设工作会议在北京召开。院领导班子成员王伟光、李捷、张江、李扬、李培林、张英伟、高翔等和院原领导王洛林、高全立、武寅、江蓝生、李英唐、朱锦昌、郭永才等出席开幕会。王伟光作《深入贯彻习近平总书记系列重要讲话精神　全面推进哲学社会科学创新工程》的报告。张英伟作《恪尽职守，积极作为，扎扎实实做好党风廉政建设工作》的报告。李捷主持开幕会议。李扬主持闭幕会议。

1月16日　院长王伟光在青海省西宁市出席学习贯彻习近平同志系列重要讲话精神交流会议。

1月17日　中国社会科学院举办2014年院领导班子成员与老领导新春茶话会。院长王伟光致辞。

1月20日　副院长李培林会见蒙古国科学院院长恩赫图布新等一行。

1月21～27日　院长王伟光率中国社会科学院代表团在瑞士、伊朗访问。

1月23日　副院长李捷出席中央文献研究室召开的全国纪念邓小平同志诞辰110周年学术研讨会组委会第一次会议。

△　副院长李扬会见乌克兰驻华大使德明一行。

1月24日　全院传达贯彻中央党的群众路线教育实践活动第一批总结暨第二批部署会议和十八届中央纪委第三次全会精神会议在北京召开。党组成员李捷、张江、李扬、张英伟、高翔等出席会议。张英伟传达十八届中央纪委第三次全会精神。高翔传达中央党的群众路线教育实践活动第一批总结暨第二批部署会议精神。

1月28日　中国社会科学院举行2014年春节团拜会。院长王伟光和院领导班子成员张江、李扬、李培林、张英伟、高翔等向全院职工和离退休老同志拜年。王伟光致新春贺词。

1月29日　党组书记王伟光主持召开第294次院党组会议。会议审议了《关于我院党的群众路线教育实践活动工作总结会议方案的请示》。会议研究了院党组中心组第一季度学习计划、所局级主要领导干部经典著作读书班及处级干部学习习近平总书记系列重要讲话培训班相关事宜。

△　院长王伟光主持召开2014年度第3次院务会议。会议审议了《中国社会科学院2014年度创新单位创新岗位审核情况的报告》《中国社会科学院所属事业单位分类意向的报告》《2014年度重大国情调研领域指南》等。

二　月

2月11日　院长王伟光在北京出席国务院第二次廉政工作会议。

△　中国社会科学院领导班子成员王伟光、张江、高翔出席院信息化建设工作汇报会。

2月12日　党组书记王伟光主持召开第295次院党组会议。会议研究了中国社会科学院2014年度学部委员增选和中国社会科学院与内蒙古自治区合作建设内蒙古气候研究院事宜。会议审议了《关于报送2014年度中国社会科学院省部级领导因公临时出国计划的请示》《中国社会科学院2014年度马克思主义理论学科建设与理论研究工程工作要点》等。

△　院长王伟光代表中国社会科学院与匈牙利科学院院长巴林卡斯·约瑟夫在人民大会堂共同签署两院新的科学合作协议并出席国务院总理李克强为匈牙利总理欧尔班举行的欢迎晚宴。

△　匈牙利总理欧尔班在中国社会科学院作题为“变化中的世界力量平衡”的演讲。院长王伟光会见匈牙利代表团并致欢迎词。副院长李扬主持演讲会。

2月17～21日　院长王伟光在中央党校参加省部级主要领导干部学习贯彻十八届三中全会精神全面深化改革专题研讨班。

2月19日　中国社会科学院领导班子成员李捷、张江、李培林、高翔出席中国社会科学院马克思主义理论学科建设和理论研究领导小组会议。李捷主持会议。

△　副院长张江、李培林分别会见广东省社会科学院副院长王珺一行。

2月21日　党组书记王伟光主持召开第296次院党组会议。会议审议了《关于我院学部委员规模和2014年度增选的若干决定》《2014年中国社会科学院学部委员增选工作方案》《中国社会科学评价中心“五定”方案》《关于加强所局领导班子建设和领导干部培养使用的若干意见》《中国社会科学院所局级主要领导干部马克思主义经典著作读书班工作方案》《中国经营出版传媒集团管理委员会会议纪要》《关于深入推进中国社会科学院“三项纪律”建设的实施方案》等。

△　院长王伟光主持召开2014年度第4次院务会议。会议审议了《关于2013年研究单位科研绩效评价情况的说明》《中国社会科学院重大问题综合研究中心管理办法》《关于对第三届中国出版政府奖我院获奖出版物追加奖励的请示》《中国社会科学院古籍管理条例》等。

2月24日　院长王伟光在北京出席中央政治局集体学习。

2月25日 院长王伟光在北京出席中央主要宣传文化单位主要负责人会议。

△ 副院长李培林会见湖北省社会科学院院长、党委书记宋亚平一行。

2月26日 中国社会科学院领导班子成员王伟光、李捷、张江、李培林、高翔出席院2014年度马克思主义理论学科建设与理论研究工程工作会议。

△ 院长王伟光在北京出席国务院常务会议。

△ 副院长李扬会见文化部副部长丁伟一行，双方就共同举办汉学家座谈会等事宜进行了研讨。

2月27日 党组书记王伟光主持召开第297次院党组会议。会议传达了中共中央总书记习近平在省部级主要领导干部学习贯彻十八届三中全会精神全面深化改革专题研讨班上的重要讲话和中共中央宣传部部长刘奇葆在中央主要宣传文化单位主要负责人会议上的讲话并研究了贯彻落实意见。

△ 院长王伟光主持召开2014年度第5次院务会议。会议审议了《中国社会科学院2014年专项科研业务经费预算报告》《中国社会科学院创新工程大型学术出版后期资助项目管理办法》《中国社会科学院学术期刊审读办法》《中国社会科学院因公临时出国经费管理办法》等。

2月28日 院长王伟光在北京出席中央宣传思想工作领导小组会议。

△ 院长王伟光出席院话语体系建设各协调会议成员单位联席会。副院长李培林主持会议。

△ 副院长李扬在上海与上海市副市长翁铁慧进行会谈。

△ 副院长李培林会见宁夏社会科学院副院长张少明、刘天明一行。

三　月

3月3日 院长王伟光出席中国社会科学院老干部工作会议。

△ 副院长李扬在香港出席两岸三地人文社会科学论坛第一次常务理事会会议。

3月3～9日 副院长李捷在北京出席全国政协十二届二次会议。

3月4～13日 副院长李扬在北京出席第十二届全国人大第二次会议。

3月6日 党组书记王伟光主持召开第298次院党组会议。会议审议了《关于对科研局（学部工作局）和创新工程综合协调办公室（人才交流培训中心）进行调整重组的意见》。

△ 院长王伟光主持召开2014年度第6次院务会议。会议审议了《2014年招收“马克

思主义理论骨干人才计划”博士研究生录取工作方案》《中国社会科学院文学理论与文学批评工程实施方案》《中国社会科学院2013年第四季度创新工程学术出版资助项目评审报告》《中国社会科学院古籍善本个人借阅清单及古籍催还通知》《中国社会科学院院际合作现状分析报告》《中国社会科学院2014年度主要学术会议计划》等。

△ 院长、中国地方志指导小组组长王伟光，副院长、中国地方志指导小组常务副组长李培林在北京市方志馆调研。

3月7日 副院长张江在北京列席全国政协十二届二次会议。

△ 院长王伟光、副院长李培林会见广东省人大常委会主任黄龙云一行。

3月8日 副院长李培林在北京列席全国政协十二届二次会议。

3月9日 中央纪委驻院纪检组组长张英伟列席全国政协十二届二次会议。

3月10～12日 副院长李捷在北京出席全国政协十二届二次会议。

3月12日 院长王伟光、副院长李培林会见浙江省委宣传部部长葛慧君，浙江省社会科学院党委书记张伟斌、院长迟全华一行。

△ 副院长李培林在北京出席国务院专题会议，研究农村集体产权制度改革有关问题。

3月13日 院长王伟光在北京列席第十二届全国人大第二次会议闭幕会议。

3月14日 副院长李扬出席中宣部、教育部、中央党校、国防大学、军事科学院与中国社会科学院共同组织召开的“国家人文社会科学奖”设立问题调研座谈会。

3月17日 党组书记王伟光主持召开第299次院党组会议。会议审议了《关于核减服务中心7名编制的意见和建议》《关于加强所局领导班子建设和领导干部培养使用的若干意见》《关于贯彻落实〈中国社会科学院研究室主任聘任管理办法〉的试点工作方案》《中国社会科学院党组关于对党员领导干部进行诫勉谈话和函询的办法》等。

△ 院长王伟光主持召开2014年度第7次院务会议。会议审议了《中国社会科学院科研档案管理暂行规定》《中国社会科学院重要人物档案管理暂行规定》《中国社会科学院声像档案管理暂行规定》《中国社会科学院创新工程大型学术出版后期资助项目管理办法》《2014年度全院国际交流合作项目经费预算方案》等。

3月17～20日 中央纪委驻院纪检组组长张英伟率院重大国情调研组在贵州省考察调研。

3月18～19日 院长、中国地方志指导小组组长王伟光，副院长、中国地方志指导小组常务副组长李培林在河北省石家庄、保定等地考察调研地方志工作，分别召开市级、县级地方志机构主任座谈会。

3月20日 副院长李培林在北京出席中央外宣办组织召开的丝绸之路经济带国际研讨会第一次筹备工作会议。

3月20～21日 副院长李扬在北京主持召开中国社会科学院与英国学术院共同主办的国际经济

治理国际研讨会并致辞。

3月22日　院长王伟光、副院长李扬在北京会见经济合作与发展组织秘书长安赫尔·古里亚一行，并出席中国社会科学院和经济合作与发展组织代表团的签约仪式。

3月23～26日　中国社会科学院举办所局主要领导干部马克思主义经典著作读书班。党组成员全部驻会指导。王伟光作开班动员和关于严格“政治纪律、组织纪律、财经纪律”的专题报告。张江传达中央领导讲话、批示精神。张英伟作关于组织纪律建设的专题报告。

3月24～25日　院长王伟光在北京出席全国文化体制改革工作会议。

3月25日　党组书记王伟光主持召开第300次院党组会议。本次会议同时也是院党组中心组学习会。会议审议了《中国社会科学院领导干部经济责任审计规定》。党组成员在自学《资本论》《马克思主义基本原理概论》、习近平同志在十八届中央纪委三次全会上的讲话和在省部级主要领导干部学习贯彻党的十八届三中全会精神全面深化改革专题研讨班上的讲话、刘奇葆同志在中央宣传文化单位主要负责人会议上的讲话等。

△　院长王伟光主持召开2014年度第8次院务会议。会议审议了《关于交办课题“财经形势与预测跟踪分析”立项的请示》《关于我院2014年专业技术职务评审工作的实施意见》《关于〈中国社会科学院创新工程科研评价指标体系〉认定期刊范围的说明》。会议听取了科研局关于相关研究单位编撰2013年度《学科年度新进展综述》情况的汇报。

3月26日　副院长李捷会见荷兰教育、文化和科学大臣杰特·布斯马克率领的代表团，并代表中国社会科学院与荷方签署科学交流合作谅解备忘录。

3月27日　副院长李培林在中宣部出席《2014年组织推动培育和践行社会主义核心价值观指导方案》各项工作安排部署电视电话会议。

3月28日　院长王伟光在中国社会科学院研究生院主持召开马克思主义理论专业博士生开学典礼。中共中央政治局委员、中宣部部长刘奇葆出席典礼并作重要讲话。中宣部常务副部长雒树刚、副部长王晓晖，教育部副部长杜玉波，审计署副审计长董大胜，院领导班子成员李捷、张江、李扬、李培林、张英伟、高翔等出席开学典礼。

四　月

4月1日　院长王伟光在人民大会堂出席中央国家机关第28次党的工作会议暨第26次纪检工作会议。

4月2日　院长王伟光出席近代史研究所举行的中国近代史档案馆揭牌仪式并参加近代史所党委会。

4月3日　院长王伟光主持召开2014年度第9次院务会议。会议审议了《关于我院参与主办“中国实践与中国话语”全国高层理论研讨会的请示》《关于我院与黑龙江省人民政府联合主办“中俄经济合作高层智库研讨会”的请示》《关于“经济体制和生态文明体制改革第三方评估”作为交办课题立项的请示》《中国社会科学院与上海市人民政府合作共建上海研究院方案》《中国社会科学院2014年干部统一培训计划》《中国社会科学院古籍管理规定》《中国社会科学院重大信息化项目管理办法》《中国社会科学院信息化管理办公室管理工作细则》等。

△ 院长王伟光主持召开2014年度第1次院长办公会议。会议听取了办公厅、科研局、人事教育局、国际合作局、马克思主义研究院、信息情报研究院等关于2014年第一季度有关工作落实情况的汇报。

4月8～10日 中央纪委驻院纪检组组长张英伟率院重大国情调研组在陕西省调研。

4月9日 副院长李扬会见芬兰驻华大使古泽森一行。

4月9～11日 院长、中国地方志指导小组组长王伟光，副院长、中国地方志指导小组常务副组长李培林在江苏省盐城市、淮安市、宿迁市等地考察地方志工作，分别召开江苏省地市方志办主任座谈会和部分县市方志办主任座谈会。

4月10日 副院长李捷在北京会见上海市委宣传部副部长李琪一行。

4月11日 秘书长高翔会见中国妇女发展基金会秘书长秦国英一行。

4月12日 副院长李捷在当代中国研究所主持召开院首届毛泽东思想论坛并讲话。

△ 副院长李扬在北京出席国际欧亚科学院中国科学中心主席团会议，并作关于当前国际国内经济形势分析的专题报告。

4月14日 中国社会科学院领导班子成员王伟光、张江、李培林、高翔等在研究生院参加义务植树活动。

△ 副院长李培林会见比利时布鲁塞尔自由大学校长一行。

4月14～18日 副院长李扬、中央纪委驻院纪检组组长张英伟在中央党校参加省部级干部学习贯彻习近平总书记系列重要讲话精神研讨班。

4月15日 院长王伟光在北京出席国务院常务会议。

△ 副院长张江在北京会见法国波尔多政治学院院长万桑·奥弗马–马尔梯诺一行，并代表中国社会科学院与对方签署交流协议。

△ 副院长李培林会见贵州省社会科学院院长吴大华一行。

4月16日 副院长张江主持召开《人民日报》“文学观象”专栏座谈会。

△ 副院长李培林出席中国社会科学院农村发展研究所主办的“为了多数人的现代化”研讨会并讲话；会见瑞典高等研究院院长比扬·维特洛克和瑞典银行三百周年基金会总裁戈兰·布罗姆奎斯特一行并签署备忘录。

4月17日 党组书记王伟光主持召开第301次院党组会议。会议审议了《中国社会科学院五、六级管理岗位干部交流工作方案》《关于开展干部经常性考察的工作方案》《关于同意中共人口与劳动经济研究所委员会增补委员选举结果的批复》，研究了干部工作，听取了经济研究所、工业经济研究所党委的工作汇报。

△　院长王伟光主持召开2014年度第10次院务会议。会议审议了《中国社会科学院职能部门和部分直属单位创新工程绩效考评方案》（修订稿）、《关于成立“人民研究院”的请示》《关于“21世纪初中国少数民族地区经济社会发展综合调查”经费资助问题的请示》《中国社会科学院五、六级管理岗位干部交流工作方案》《关于第六届人才引进专家评审参评人资格审查意见的请示》《中国社会科学院2014年科学事业费预算安排方案》等。

4月19～20日　中国地方志指导小组在北京召开第五次全国地方志工作会议。中共中央政治局委员、国务院副总理刘延东出席会议并接见部分与会代表。院长、中国地方志指导小组组长王伟光作《发扬成绩，谋划长远，奋力书写地方志事业发展新篇章》的工作报告。副院长、中国地方志指导小组常务副组长李培林作《全国地方志事业发展规划纲要（2014～2020）》说明和会议总结报告。国家档案局局长、中国地方志指导小组副组长杨冬权部署有关工作。军事科学院副院长、中国地方志指导小组副组长何雷主持会议。

4月22日　院长王伟光、副院长李培林在浙江省杭州市出席“中国梦想与浙江实践”调研座谈会。

4月23日　院长王伟光在北京出席国务院常务会议。

△　副院长李扬出席中央办公厅涉外管理专项会议；出席国务院专项工作会议。

4月24日　党组书记王伟光主持召开第302次院党组会议。会议学习讨论了中央有关会议和文件精神，部署了贯彻落实措施。会议研究了人事和召开暑期工作会议的有关工作。会议听取了直属机关纪委关于院属单位组织纪律建设情况、工业经济研究所组织纪律建设情况的专题报告和金融研究所、人口与劳动经济研究所、城市发展与环境研究所、政治学研究所党委的工作汇报。

△　院长王伟光主持召开2014年度第11次院务会议。会议审议了第9次院务会议专题纪要和《关于交办课题“宏观形势跟踪分析与对策研究”立项与资助的请示》《中国社会科学院马克思主义学院（马克思主义理论学科建设与理论研究工程）学术委员会名单》《中国社会科学院创新工程重大社会调查项目管理办法》。会议听取了人事教育局关于中国社会科学院第九届专业技术资格评审委员会换届工作的汇报。

4月25日　副院长李扬在人民大会堂出席由经济日报社、《香港经济日报》和《台湾经济日报》共同主办的两岸及香港金融合作新机遇高层论坛，并作专题演讲。

4月26日　副院长李扬出席中国社会科学论坛——《中国支付清算发展报告（2014）》发布暨支付清算理论与政策高层论坛并致辞。

4月29日　院长王伟光在北京出席全国社科规划工作会议。

4月30日　院长王伟光在北京出席国务院常务会议。

△　党组书记王伟光主持召开第303次院党组会议。会议学习讨论了习近平总书记有关重要批示精神。会议审议了《关于加强干部实践锻炼的工作方案》《中国社会科学院中国经营出版传媒集团管理委员会关于重大及敏感性报道的管理规定》《关于我院研究所和直属单位党委工作情况的调研报告》等。

△　院长王伟光主持召开2014年度第12次院务会议。会议审议了《关于对部分院属单位2014年度人才引进计划》《关于申请承办“CASS财经战略论坛”的请示》《关于2014年国情调研重大项目、院级基地项目和国情考察项目立项的请示》《关于〈基督宗教研究〉情况的说明》《关于申请〈宗教人类学〉为我院创新工程核心刊物的说明》。会议听取了人事教育局关于第六届人才引进院级专家评审情况和图书馆关于中国社会科学院与华为公司合作进展情况的汇报。会议决定，成立院重大信息化建设项目领导小组，负责数据库建设及与华为公司合作事宜。

△　副院长李扬出席由中国社会科学院国际研究学部主办的纪念“和平共处五项原则”发表60周年研讨会并致辞。

五　月

5月4日　院长王伟光、副院长李培林与中国社会科学院科研局新领导班子成员进行任前谈话。

5月8日　党组书记王伟光主持召开第304次院党组会议。王伟光宣读了中央有关部门关于荆惠民同志任中国社会科学院党组成员、当代中国研究所所长，免去李捷同志的中国社会科学院副院长、党组成员、当代中国研究所所长职务的决定。会议审议了《关于院直属机关党委换届选举工作方案的请示》《关于任免人口与劳动经济研究所纪委书记的请示》等。

5月12日　院长王伟光在北京出席2014年度国家社科基金项目评审工作会议。

5月12～14日　副院长李扬、李培林在北京出席2014年度国家社科基金项目评审工作会议。

5月13日　副院长张江会见德国马普学会代表团一行并代表中国社会科学院与德方签署双边合作谅解备忘录。

△　党组成员、当代中国研究所所长荆惠民出席纪念陈云诞辰109周年座谈会并致辞。

5月14日　院长王伟光在北京出席国务院常务会议。

5月15日　党组书记王伟光主持召开第305次院党组会议。会议传达学习了中央有关文件。会议审议了《关于同意中共农村发展研究所委员会增补委员选举结果的批复》《中国经营出版传媒集团管理委员会〈关于重大及敏感性报道的管理规定〉》。会议研究了《中国经营报》的有关工作，听取了民族学与人类学研究所党委工作情况的汇报。

△　院长王伟光主持召开2014年度第13次院务会议。会议审议了老年科研基金有关文件和《中国社会科学院网上不良行为处理办法》《研究生院2014年经费预算》等。

5月19日　院长王伟光在北京出席中央国家机关部门党组（党委）落实党风廉政建设主体责任交流会。

△　院长王伟光主持召开中国社会科学院学部主席团会议。副院长李扬、李培林出席会议。

△　院长王伟光、副院长李培林出席中国社会科学院可持续发展研究中心内蒙古气候政策研究院揭牌仪式。

5月20日　院长王伟光在中央党校出席“深入学习贯彻习近平总书记系列重要讲话精神暨《干在实处，走在前列——推进浙江新发展的思考与实践》理论实践研讨会”。

△　院长王伟光主持召开专题会议，讨论《中国社会科学院管理岗位绩效考核办法》等文件。

△　副院长李扬在《求是》杂志社作关于当前国内外经济形势分析的报告；会见法国农业信贷集团秘书长拉罗什富科伯爵一行。

5月21日　院长王伟光在北京出席国务院常务会议。

5月26日　院长王伟光会见英国爱丁堡皇家学会代表团一行。

△　副院长李扬主持召开中国社会科学院与爱丁堡皇家学会共同主办的“城镇化、可持续发展和公有部门改革”国际研讨会。

5月27日　副院长李培林出席国务院农村集体产权制度改革有关问题座谈会。

△　中央纪委驻院纪检组组长张英伟在北京出席全国节俭养德全民节约行动视频会议。

5月27～28日　中国社会科学院主办，亚太与全球战略研究院承办的“中国与邻国：推动共同繁荣发展”国际学术研讨会在北京举行。院长王伟光、柬埔寨合作与和平研究所主席西里武亲王、全国人大外事委员会主任委员傅莹等分别作主旨发言。副院长李扬主持大会开幕式。

5月28日　院长王伟光会见世界经济论坛主席施瓦布一行。

5月29日　党组书记王伟光主持召开第306次院党组会议。会议传达学习了中央领导同志有关重要讲话精神，研究部署了中国社会科学院贯彻落实工作。会议审议了《中国社会科学院派驻上海研究院干部管理办法》《关于2014年度人才引进计划微调和参评人员资格审查的意见》《关于院属单位纪检组织建设情况的报告》《我院拟推荐全国新闻出版行业第四批领军人才人选名单》。会议听取了关于学部委员增选工作情况和中国社会科学杂志社、新闻与传播研究所党委工作情况的汇报。

△　院长王伟光主持召开2014年度第14次院务会议。会议审议了《中国社会科学院职能部门和部分直属单位创新工程绩效考评办法》《中国社会科学院皮书管理办法》《关于

组织编制我院“十三五”规划有关问题的请示》《2015年院学术期刊定价调整方案》《黑龙江屯垦史系列专题研究工作方案》《中国社会科学院关于加强招标监督的实施意见》《中国社会科学院与华为技术有限公司战略合作框架协议》《关于组成第八届中国社会科学院学位委员会的报告》《关于组建第十届中国社会科学院研究生院学位评定委员会的请示》《关于推荐国务院学位委员会第七届学科评议组成员工作的请示》《我院推荐全国新闻出版行业第四批领军人才人选名单》等。

5月30日　院长王伟光在北京出席国务院常务会议。

△　副院长李培林出席中国社会科学院俄罗斯东欧中亚研究所举办的新形势下发展中塔关系的机遇和前景——庆祝“中华人民共和国和塔吉克斯坦共和国建立战略伙伴关系一周年”学术研讨会并致辞。

六　月

6月1日　中央纪委驻院纪检组组长张英伟在山西省出席第十七次全国社会科学院院长联席会议暨首届河东盐文化历史与开发国际研讨会。

6月4日　院长王伟光在北京出席国务院常务会议。

△　副院长李扬在北京出席全国人大财经委专题会议。

6月5日　党组书记王伟光主持召开第307次院党组会议。会议传达学习了刘云山同志在中央各部门各单位党的群众路线教育实践活动专项推进会上的讲话精神。会议审议了《关于进一步规范人才引进工作的若干意见》《关于调整第七届人才引进院级专家评审参评人资格审查结果的意见》《关于近期人才引进计划微调情况的报告》等。

△　院长王伟光主持召开2014年度第15次院务会议。会议审议了《中国社会科学院院史展布展方案》等。

6月9日　副院长李扬在北京出席国务院“稳增长促改革调结构惠民生政策措施落实情况督察动员电视电话会议”。

△　副院长李培林在人民大会堂出席中国科学院第十七次院士大会、中国工程院第十二次院士大会开幕式。

6月10日　院长王伟光在北京出席中国社会科学院历史研究所建所60周年纪念座谈会。

6月10～11日　中国社会科学院领导班子成员王伟光、李扬、李培林等出席中国社会科学院学部委员增选评审会议。

6月11日　院长王伟光在北京出席国务院常务会议。

6月12日　党组书记王伟光主持召开第308次院党组会议。会议审议了《关于进一步加强研究所和直属单位党建工作的若干意见》《关于完善党员干部直接联系群众制度的意见》等。

△　院长王伟光主持召开2014年度第16次院务会议。会议审议了《关于第七届人才引进院级专家评审情况的请示》《关于“与国际知名智库交流平台项目”2014年度派出人员名单及相关预算的请示》等。

6月12～14日　院长、中国地方志指导小组组长王伟光，副院长、中国地方志指导小组常务副组长李培林在甘肃省调研地方志工作，并在兰州市出席甘肃、青海、宁夏三省（区）地方志工作座谈会。

6月16日　院长王伟光、副院长李扬陪同国务委员杨洁篪在中南海会见应中国社会科学院邀请访华的伊朗最高领袖国际事务顾问、伊朗确定国家利益委员会战略研究中心主任韦拉亚提一行。

△　院长王伟光在北京与伊朗最高领袖国际事务顾问、伊朗确定国家利益委员会战略研究中心主任韦拉亚提签署双边备忘录并在韦拉亚提演讲会上致辞。副院长李扬主持演讲会。

△　副院长李培林出席中国社会科学院“全球能源安全智库论坛2014年会暨《世界能源发展报告2014》发布会”。

6月18日　副院长李培林主持召开社会政法学部2014年度中国社会科学院级专业技术资格评审会。

6月18～24日　院长王伟光应台湾亚太和平基金会邀请率中国社会科学院代表团在台湾访问。

6月19日　副院长李扬会见澳大利亚人文科学院院长莱斯利·约翰逊及参加“哲学与当代社会”双边研讨会的代表并与澳大利亚人文科学院签署双边合作交流协议。

△　副院长李培林会见浙江省社会科学院党委书记、院长张伟斌一行。

6月22日至7月1日　副院长李培林率中国社会科学院代表团在西班牙、葡萄牙、以色列访问。

6月25日　院长王伟光在北京出席国务院常务会议。

△　副院长李扬在北京主持由中国社会科学院经济学部主办的纪念邓小平同志诞辰110周年讨论会并致辞；在北京出席中央专题座谈会。

6月26日　党组书记王伟光主持召开第309次院党组会议。会议审议了《中国社会科学院关于新任局处级干部廉政谈话的办法》《关于提请院党组审批任免世界宗教研究所纪委书记的请示》等。

△　院长王伟光在中国社会科学出版社主持召开2014年度第17次院务会议。会议审议了《中国社会科学院创新工程国情调研重大项目招标投标管理办法》（试行）、《院创新工程2014年第一批学术出版资助项目》《院2014年度学术著作翻译出版（中译外）项目和外文期刊项目》《研究生院关于2014年博导遴选工作的报告》《关于历史研究所院重大信息化项目“域外汉籍电子文库”项目立项的请示》等。

6月27日　副院长张江、李扬在北京出席研究生院2014届研究生毕业典礼及学位授予仪式。

6月29日　院长、中国地方志指导小组组长王伟光在黑龙江省哈尔滨市出席2014中俄经济合作高层智库研讨会并进行方志工作调研。

6月30日　印度副总统安萨里在中国社会科学院发表演讲。副院长李扬主持演讲会。

6月30日至7月1日　副院长李扬在北京出席全国人大财经委专题会议。

七　月

7月2日　院长王伟光出席中国城市百人论坛发起人会议；在北京出席国务院常务会议。

7月3日　党组书记王伟光主持召开第310次院党组会议。会议审议了《在对外交流合作中加强外事管理和防渗透工作的规定》《认真组织学习〈习近平总书记系列重要讲话读本〉的通知》。会议通报了国家审计署对中国社会科学院相关单位的审计情况。

△　院长王伟光主持召开2014年度第18次院务会议。会议审议了《对外交流合作信息台账登录管理办法》（试行）、《关于研究生院马克思主义学院学位评定委员会主席人选问题的请示》等。

△　院长王伟光主持召开2014年度第2次院长办公会议。会议听取了院属有关单位第二季度工作汇报。

△　秘书长高翔会见上海市社会科学界联合会党组书记、专职副主席沈国明一行。

7月4日　院长王伟光在北京出席中央会议。

7月7日　中国社会科学院领导班子成员王伟光、张江、李培林等出席创新工程综合协调例会，讨论采编岗考核评价办法。

△　副院长李培林会见巴西社会学家桑多斯一行。

7月8日　院长王伟光、秘书长高翔在北京出席“历史是最好的教科书：《历史研究》创刊60周年学术研讨会”。

7月9日　院长王伟光在北京出席国务院常务会议。

7月10日　党组书记王伟光主持召开第311次院党组会议。

△　院长王伟光主持召开2014年度第19次院务会议。会议审议了《中国社会科学院2014年青年拔尖人才推荐工作的请示》《关于对哲学研究所和民族学与人类学研究所古籍管理工作的通报》等。

△　院长王伟光主持召开2014年度第3次院长办公会议。

7月10～19日　副院长李扬率中国社会科学院代表团出访法国、秘鲁、荷兰。

7月14日　院长王伟光在北京出席国务院经济形势座谈会。

7月15日　院长王伟光、秘书长高翔出席中国社会科学院《中国思想通史》项目专题会议。

△　副院长李培林会见江西省政协常委、江西省社会科学院原院长汪玉奇一行。

7月16日　院长王伟光在北京出席国务院常务会议。

△　院长王伟光，副院长李培林等出席2014年中国社会科学院学部委员增选大会。

7月17日　党组书记王伟光主持召开第312次院党组会议。会议传达学习了中央纪委有关会议精神，研究讨论了中国社会科学院落实党风廉政建设主体责任、加强“三项纪律”检查等工作。会议审议了2014年度中国社会科学院学部委员增选结果和《中国社会科学院所局级正职领导后备干部选拔培养工作方案》等。

△　院长王伟光主持召开2014年度第20次院务会议。会议听取了研究生院关于马克思主义学院聘请学位评定委员会主席及聘请博导评审结果汇报和人事教育局关于中国社会科学院2014年国家百千万人才工程人选推选、2014年享受政府特殊津贴人员选拔、2014年度专业技术职务评审、全国杰出专业技术人才人选、专业技术人才先进集体推荐等工作情况的汇报。会议审议了《中国社会科学院关于加强和规范管理岗位人员引进工作的若干意见》《关于世界社会主义研究中心并入信息情报研究院的方案》等。

△　院长王伟光主持召开2014年度第4次院长办公会议。会议听取了全院在2014年上半年对《中国社会科学院关于加强党和国家重要思想库建设的若干意见》《中国社会科学院关于加强科研学风、文风、作风建设的若干要求》《中国社会科学院关于加强院属单位领导班子建设的若干意见》《关于加强全院信息报送工作的意见》落实情况的汇报。

7月23日　院长王伟光在北京出席国务院常务会议。

7月24日　党组书记王伟光主持召开第314次院党组会议。会议传达了中央组织部有关文件，研究讨论了干部人事工作。

△　院长王伟光主持召开2014年度第21次院务会议。会议审议了《关于对部分院属单位2014年度人才引进计划进行微调的请示》《关于申请批复“中国社会科学院可持续发展研究中心内蒙古气候政策研究院”组织机构的请示》《关于批准新闻与传播研究所“中国舆情指数调查”项目立项的请示》，研究推荐一位主要负责同志担任中国工程院第六届主席团顾问等事宜。

△　党组书记王伟光主持召开第315次院党组会议。会议一致同意中组部干部考察组将蔡昉同志作为中国社会科学院副院长人选上报中央。

7月26日　副院长李培林出席“第一次世界大战和第二次世界大战回顾：教训和启示”国际学术研讨会并致辞。

7月28日　党组书记王伟光主持召开第316次院党组会议暨2014年第三季度党组中心组理论学习会。会议审议了《关于我院三级四级非领导岗位使用情况及有关建议》《中国社会科学评价中心机构建设方案》《中国社会科学院与甘肃省合作开展干部实践锻炼的工作方案》等。

△ 中国社会科学院召开学习习近平总书记系列重要讲话精神会议。副院长李培林传达中央有关文件和中央领导批示精神，副院长李扬主持会议。

7月29～31日 中国社会科学院召开加强“三项纪律”建设专题工作会议。院长王伟光作主题报告，副院长李扬就加强智库建设和提高执行力等工作讲话，中央纪委驻院纪检组组长张英伟就深化“三项纪律”建设的思考和认识作讲话，副院长李培林、党组成员荆惠民分别主持会议。31日，召开闭幕大会。副院长张江主持会议。

八 月

8月1日 党组书记王伟光主持召开第317次院党组会议。会议研究了有关人事问题，宣读了中共中央关于批准蔡昉同志任中国社会科学院副院长的通知，研究了院领导工作分工调整问题。

8月1～3日 副院长李培林在黑龙江省哈尔滨市出席全国社科院系统社会学所所长会议。

8月12～13日 院长王伟光在北京出席中央宣传思想工作领导小组2014年务虚会。

8月15日 副院长李扬在贵州省贵阳市出席由中国社会科学院主办，社会科学文献出版社、贵州省社会科学院共同承办的第十五次全国皮书年会并致辞。

8月15～17日 副院长张江在河南省出席由中国社会科学院文学研究所与中国中外文艺理论学会、国际美学协会、河南大学文学院联合举办的中国中外文艺理论学会第十一届年会暨“面向时代的文学理论与批评”学术研讨会并致辞，作题为“系统发育——理论之后的理论”的演讲。

8月18日 党组书记王伟光主持召开第318次院党组会议。会议研究了中国社会科学院下半年主要工作。

△ 院长王伟光主持召开2014年度第22次院务会议。会议审议了《中国社会科学院培训费管理办法》《关于建立“新疆智库”的建议》。会议听取了关于与上海市教委领导沟通上海研究院筹备工作的情况汇报。

8月19日 中国社会科学院领导班子成员王伟光、张江、李扬、李培林、蔡昉、高翔、荆惠民等出席中国社会科学院纪念邓小平同志诞辰110周年学术研讨会。王伟光作题为“邓小平是中国特色社会主义的创建者”的报告。荆惠民主持会议。

△ 院长王伟光会见巴基斯坦驻华大使马苏德·哈立德一行。

8月20日 院长王伟光在人民大会堂出席纪念邓小平同志诞辰110周年座谈会。

△ 副院长蔡昉出席由中国社会科学院与日本学术振兴会主办、人口与劳动经济研究所承办的中日经济增长与劳动力市场研讨会并作主题演讲。

8月21日 院长王伟光，副院长李扬、李培林、蔡昉等在北京出席全国纪念邓小平同志诞辰110周年学术研讨会。

8月22日 院长王伟光、副院长蔡昉出席创新工程专题会，研究讨论创新工程绩效考核管理办法。

8月24日 副院长李扬在北京出席由《经济研究》编辑部、北京大学光华管理学院、武汉大学高级研究中心共同主办的第十四届中国青年经济学者论坛，并作主题演讲。

8月25日 副院长张江在中国社会科学出版社出席中国社会科学院主办、中国社会科学出版社承办的中国社会科学论坛（2014）开幕式并致辞。

△ 副院长李扬列席十二届全国人大常委会第十次会议。

△ 副院长李培林在人民大会堂出席西藏工作电视电话会议。

8月27日 院长王伟光在北京出席国务院常务会议。

△ 院长王伟光会见伊朗离任驻华大使马赫迪·萨法里一行。

△ 副院长李培林会见浙江省委宣传部副部长胡坚等一行。

8月28日 党组书记王伟光主持召开第319次院党组会议。会议传达学习了王岐山同志在新任纪委书记培训班座谈会上的讲话和中央纪委落实八项规定电视电话会议精神。会议审议了《中国社会科学院“十三五”发展规划纲要》（征求意见稿）、《关于纳入国家“十三五”规划〈基本思路〉重点内容的建议》（征求意见稿）、《关于提请院党组审批任免经济研究所纪委书记的请示》等。

△ 院长王伟光主持召开2014年度第23次院务会议。会议审议了《关于同国务院研究室共建“中国社会科学院经济政策研究中心”事宜的请示》《关于社会科学文献出版社“学术期刊采编系统建设项目”立项的请示》等。

△ 院长王伟光会见红十字国际委员会主席彼得·莫雷尔一行。

8月29日 院长王伟光、秘书长高翔出席《中国思想通史》项目座谈会。

△ 副院长李扬出席中国社会科学院欧洲研究所、社会科学文献出版社与中国欧洲学会共同主办的“中欧大使论坛暨2013～2014年欧洲蓝皮书发布会”并致辞。

8月31日 院长王伟光，副院长李培林、蔡昉在北京出席“中国城市百人论坛”成立大会暨“人的城镇化”研讨会。

九　月

9月1日　副院长李培林在北京出席吉林省档案馆馆藏“日军侵华档案”国际学术研讨会并讲话。

9月2日　院长王伟光在北京出席国务院专题会议。

9月3日　中国社会科学院领导班子成员王伟光、高翔等出席中国社会科学评价中心挂牌仪式。

△　副院长李培林在人民大会堂出席纪念中国人民抗日战争暨世界反法西斯战争胜利69周年座谈会。

9月4日　院长王伟光主持召开2014年度第24次院务会议。会议审议了《关于2015年度41种院外皮书使用“中国社会科学院创新工程学术出版项目”标识的请示》《关于追缴不合格图书出版单位创新工程出版资助经费有关规定的请示》《中国社会科学院领军人才引进方案》《第八届人才引进院级专家评审参评人资格审查意见》《院属部分单位进人计划调整有关审核意见》等。

9月5日　院长王伟光、副院长蔡昉等在人民大会堂出席纪念全国人大成立60周年庆祝大会。

△　中国社会科学院领导班子成员王伟光、张江、高翔会见河北省三河市市委书记张金波一行。

△　副院长李培林会见海南省社科联（院）党组书记、主席赵康太一行。

9月9日　副院长李培林会见全国台联会会长汪毅夫一行。

△　秘书长高翔在人民大会堂出席党和国家领导人接见全国教育系统先进集体和先进个人代表活动。

9月10日　院长王伟光在天津市出席世界经济论坛第八届新领军者年会（又称夏季达沃斯论坛）并会见世界经济论坛执行主席施瓦布、泛美开发银行行长莫雷诺。

9月11日　党组书记王伟光主持召开第320次院党组会议。会议研究讨论了有关人事工作。会议审议了《中国社会科学院第八届人才引进院级专家评审情况的报告》《中国社会科学院公务用车制度改革领导小组成员名单》等。

△　院长王伟光主持召开2014年度第25次院务会议。会议审议了《改造机关食堂厨房设备设施项目预算》和《服务中心关于医务室改造升级的工作方案》等。

△　院长王伟光主持召开《新大众哲学》出版工作协调会。

△　院长王伟光、副院长李培林和中宣部副部长、中央政研室副主任王晓晖出席历史研究所所长卜宪群试讲讨论会。

9月12日　副院长李培林、秘书长高翔在北京出席社会科学文献出版社举办的“新常态·新视野：《全面深化改革研究书系》报告会”。

△　副院长蔡昉在湖北省宜昌市出席“中国社会科学论坛（2014·经济学）——新型城镇化：质量提升路径”并发表主题演讲。

9月12～14日　院长王伟光在北京出席中央会议。

9月13日　副院长李培林在北京出席第十三届精神文明建设“五个一工程”表彰座谈会。

△　副院长蔡昉在北京出席第十届社会保障国际论坛并致辞。

9月13～14日　副院长张江、秘书长高翔在北京出席中国社会科学杂志社与中国文学批评研究会联合召开的“当代中国文论：反思与重建”高级学术研讨会并讲话。

9月15日　院长王伟光、秘书长高翔出席创新工程专题会议。

△　副院长李扬在北京出席由中国社会科学院俄罗斯东欧中亚研究所主办的中俄青年友好交流论坛并致辞。

△　副院长李培林在北京出席国务院专题工作会议。

9月15～21日　中央纪委驻院纪检组组长张英伟率中国廉政研究中心代表团在比利时、匈牙利、希腊三国访问。

9月16日　院长王伟光在北京出席国务院会议。

△　副院长李扬在北京主持召开中国社会科学院与北京CBD国际金融研究院共同主办的2014年北京CBD国际金融圆桌会议。副院长蔡昉出席会议并发表主旨演讲。

9月16～18日　院长、中国地方志指导小组组长王伟光，副院长、中国地方志指导小组常务副组长李培林在山东省进行地方志工作调研，并在山东省威海市出席纪念甲午战争120周年国际学术研讨会开幕式。

9月16～25日　副院长张江率中国社会科学院学术代表团在德国、英国、俄罗斯访问。

9月17日　副院长蔡昉在北京出席国务院专题工作会议。

9月18日　副院长李培林在北京出席“住房储蓄进入中国”学术研讨会。

9月21日　副院长蔡昉在江苏省苏州市出席“2014年东沙湖论坛——中国管理百人峰会”。

9月22日　副院长蔡昉出席“中国社会科学论坛·第五届中国——北欧妇女与性别研讨会”并致辞。

9月25日　党组书记王伟光主持召开第321次院党组会议。会议研究了有关干部人事问题。会议审议了《中国社会科学院关于培育和践行社会主义核心价值观的工作方案》《中国社会科学院研究所正职后备干部培养使用管理办法》等。

△　院长王伟光主持召开2014年度第26次院务会议。会议审议了《中国社会科学院创新工程教学岗位绩效考核办法及评价指标体系》《关于推进〈中华人民共和国国家历史地图集〉（二、三卷）编纂工作的建议》《关于〈史学理论研究〉重复刊文问题的通报》

《关于我院研究所学术委员会换届工作有关问题的请示》《中国社会科学院〈中华思想通史〉项目实施方案》《我院庆祝建国65周年活动和有关工作方案》等。

9月26日　中国社会科学院主办的《新大众哲学》首发式暨出版座谈会在北京召开。院长王伟光、副院长李培林、秘书长高翔和国家新闻出版广电总局党组书记蒋建国、中央编译局局长贾高建、《求是》杂志社社长李捷出席会议。

9月26～28日　中国社会科学杂志社与中山大学在广东省清远市联合举办第八届中国社会科学前沿论坛。院长王伟光出席开幕式并讲话。秘书长高翔出席会议。

9月27日　副院长李培林在北京出席《文学遗产》创刊60周年纪念会。

9月28日　副院长李扬在人民大会堂出席庆祝中华人民共和国成立65周年外国专家招待会。

9月29日　党组书记王伟光主持召开第322次院党组会议。会议研究讨论了有关媒体对《红旗文稿》近日刊发的王伟光同志《坚持人民民主专政，并不输理》一文的议论等相关事宜。

△　院长王伟光在北京出席国务院会议。

9月30日　院长王伟光在北京出席国庆招待会。

十　月

10月8日　院长王伟光在北京出席中央党的群众路线教育实践活动总结大会；在北京出席国务院会议。

10月10日　党组书记王伟光主持召开第323次院党组会议。会议传达学习了习近平同志在党的群众路线教育实践活动总结大会上的讲话精神。会议决定，党组中心组近期专题学习重要讲话，并结合实际，把讲话精神贯彻到中国社会科学院工作当中。会议审议了《关于对研究生院设置临时纪委书记、副书记的有关审核意见》《中共中国社会科学院党组关于落实党风廉政建设主体责任的实施意见》等。

△　院长王伟光主持召开2014年度第27次院务会议。会议审议了《中国社会科学院创新工程技术工勤岗位绩效考核办法》《中国社会科学院创新工程图书资料专业技术岗位绩效考核办法》《2014年第二批创新工程学术出版资助项目》《2013年度首席管理评优方案》《中国社会科学院公务用车制度改革方案》《关于2013年优秀对策信息表彰工作有关事项的请示》《关于图书馆“中国社会科学院科研成果知识门户”立项的请示》《关于图书馆“创新工程综合管理系统远程接入安全加固项目”立项的请示》《“中国考古研究基地”建设项目战略合作协议书》等。

10月10～12日　秘书长高翔在湖北省武汉市出席第八届历史学前沿论坛。

10月11日 副院长李扬在北京出席由中国社会科学院金融研究所和中国证券报共同主办的2014首届中国网贷论坛暨网贷评价体系发布会并致辞。

△ 副院长李培林在北京出席中国社会科学院历史研究所主办的“中国襄阳·汉水文化论坛”。

10月11～12日 副院长蔡昉在上海市出席“《中国的奇迹：发展战略与经济改革》新一版出版座谈会暨中国经济的改革与发展研讨会”。

10月12日 副院长李培林和全国人大法工委副主任信春鹰、最高人民法院副院长李少平在北京出席中国社会科学院法学研究所主办的法学博士后论坛。

10月13日 院长王伟光、副院长李培林在北京出席中央政治局集体学习。中国社会科学院历史研究所所长卜宪群就“我国历史上的国家治理”作专题讲解。

10月14日 中国社会科学院领导班子成员王伟光、高翔、荆惠民出席《中华思想通史》项目第4次工作会议。

△ 副院长李培林会见黑龙江省社会科学院党委书记艾书琴一行，研讨农垦史项目。

10月15日 副院长李扬出席中国社会科学院民族学与人类学研究所与国际合作局共同主办的“纪念中蒙建交65周年智库圆桌会议”并致辞。

10月16日 党组书记王伟光主持召开第324次院党组会议。会议审议了《〈中华人民共和国史稿〉第五至七卷（1984～2012年）编撰方案》《关于同意中共历史研究所委员会和纪律检查委员会选举结果的批复》《关于报送中国社会科学院第三届直属机关党委和纪委委员候选人初步人选以及下一步有关事项的请示》等。

△ 院长王伟光主持召开2014年度第28次院务会议。会议审议并原则通过关于对中国社会科学院主管的学术社团予以重点扶持的几点建议；进一步规范和严格学术社团管理，由科研局在原有相关规定基础上制定“学术社团管理办法”，参照创新工程相关制度规定，制定学术社团资助经费管理办法，提交院务会议审议等事宜。

△ 院长王伟光主持召开2014年度第5次院长办公会议。会议听取了办公厅关于2014年第三季度《中国社会科学院关于加强党和国家重要思想库建设的若干意见》、相关单位各项督办任务、《中共中国社会科学院党组关于贯彻落实〈十八届中央政治局关于改进工作作风、密切联系群众的八项规定〉的意见》《中国社会科学院关于改进机关工作作风的若干规定》贯彻落实情况；科研局（创新办）关于2014年第三季度主要工作完成情况、《中国社会科学院关于加强科研学风、文风、作风建设的若干要求》贯彻落实情况的汇报；人事教育局关于2014年第3季度各项工作落实情况、《中国社会科学院关于加强院属单位领导班子建设的若干规定》；信息情报院关于2014年第三季度《关于加强全院信息报送工作的意见》及各项工作落实情况的汇报。

△ 副院长李扬在北京出席全国人大财经委专题会议。

10月17日　副院长李培林在北京出席全国哲学社会科学话语体系建设理论研讨会。

10月18日　院长王伟光在北京出席中央会议。

△　副院长张江出席中国文艺理论学会年会开幕式。

10月20～23日　院长王伟光、副院长李培林出席中共十八届四中全会。

10月24日　副院长张江在北京师范大学出席“讲述中国与对话世界：莫言与中国当代文学”国际研讨会。

10月25日　院长王伟光、原副院长武寅在北京出席“中国社会科学院世界历史研究回顾与展望暨世界历史研究所成立50周年座谈会”并讲话。

△　秘书长高翔在中央政研室出席“如何适应新形势，繁荣发展哲学社会科学”座谈会。

10月26日　院长王伟光、副院长张江、秘书长高翔出席中国农工民主党中央委员会与中国社会科学院研究生院举办的“关于共同推动人才联合培养战略合作框架协议”签署仪式。

△　副院长蔡昉在北京出席全国人大农业与农村委员会全体会议。

10月27日　院长王伟光在北京出席中央会议。

△　党组书记王伟光主持召开院党组扩大会议，传达党的十八届四中全会精神。院党组成员张江、李扬、李培林、张英伟、高翔、荆惠民出席会议。王伟光传达了习近平同志受中央政治局委托作的工作报告及在第二次全体会议上的讲话精神，并就全院落实党的十八届四中全会精神作出具体要求。李培林传达了党的十八届四中全会关于全面推进依法治国决定的精神。部分院老领导和所局级领导干部参加会议。

△　副院长李扬在北京列席第十二届全国人大常委会第十一次会议。

△　副院长李培林在北京出席匈牙利外交和对外经济部部长西雅尔多演讲会并致辞。

△　秘书长高翔在北京出席第十二届中国传播学大会开幕式并致辞。

10月27日至11月1日　副院长蔡昉在北京出席第十二届全国人大常委会第十一次会议。

10月28日　党组书记王伟光主持召开第325次院党组会议。会议进行了党组中心组学习。党组成员在先行自学习近平同志在党的十八届四中全会上关于中央政治局工作的报告、在党的十八届四中全会第二次全体会议上的讲话、关于《中共中央关于全面推进依法治国若干重大问题的决定（讨论稿）》的说明，习近平同志在党的群众路线教育实践活动总结大会上的讲话，《中共中央关于全面推进依法治国若干重大问题的决定》，习近平等中央领导同志近期关于意识形态工作的重要批示，刘奇葆同志在中央宣传部部务扩大会专题学习时的讲话基础上，结合个人思想和工作实际，畅谈了学习体会。会议对全院学习贯彻工作进行了部署。

△　院长王伟光主持召开2014年度第29次院务会议。会议审议了《中国社会科学院2015年度创新工程研究领域指南》《2015年国情调研重大项目选题和院级国情调研基地项目选题》《关于设立“长江中游城市群发展战略研究”课题并适当安排课题经费的请示》

《关于我院支持〈中国大百科全书〉第三版编纂出版工作的建议》《关于2014年度创新工程绩效考核及2015年度创新方案审核和岗位聘用日程安排》《关于“子网站迁移搭建中转平台项目”立项的请示》等。

△　中国社会科学院外国文学研究所党委书记党圣元在北京主持召开庆祝外国文学研究所建所50周年暨学科建设座谈会并宣读院领导贺词。

10月28～30日　中国社会科学院与文化部共同举办第二届国外汉学家座谈会。院长王伟光、副院长李扬陪同中央领导出席会议。副院长张江在闭幕式上讲话。副院长李培林致开幕词。

10月29日　副院长、《中国文学批评》主编张江主持召开《中国文学批评》筹办工作会议并讲话。

△　副院长李培林在北京会见加拿大蒙特利尔大学副校长盖伊·勒费布尔，双方签署了学术交流与合作协议。

10月30日　“根在基层·情系民生”2014年中央国家机关青年干部调研实践活动总结汇报会在社科会堂召开。中央书记处书记、国务委员兼国务院秘书长杨晶，中国社会科学院院长王伟光，中央国家机关工委常务副书记李智勇、副书记姚志平，教育部副部长李卫红，团中央书记处书记傅振邦，中央国家机关工委委员常大光、刘涛出席会议。中央国家机关团工委书记冀萌新主持会议。来自中央国家机关各部门机关党委负责同志、机关团委书记、实践团员和青年代表600多人参加会议。

△　院长王伟光主持召开专项工作会议，就贯彻落实党的十八届四中全会精神、举办“依法治国与法制中国”国际研讨会一事进行了研究。副院长蔡昉出席会议。

△　院长王伟光、副院长张江、秘书长高翔出席马克思主义学院学位评定委员会议。

△　副院长李培林应邀在中央党校作题为“中产阶层成长和橄榄型社会”的学术报告。

10月31日　中国社会科学院《中国思想通史》项目编委会办公室在学术报告厅召开项目启动大会。院长、编委会主任王伟光出席会议并讲话。秘书长、编委会副主任高翔主持会议。院党组成员、当代中国研究所所长荆惠民出席会议。

△　院长王伟光会见意大利环境、国土和海洋部部长姜卢卡·加雷蒂一行。

△　副院长蔡昉在北京出席国务院专题工作会议。

十一月

11月1日　院长王伟光、国务院研究室主任宁吉喆在财经战略研究院出席院经济政策研究中心成立仪式暨首次学术委员会。

11月1～2日　中国社会科学院与北京大学、复旦大学、南京大学、台湾大学、台湾“中央大学”、香港中文大学在北京共同主办“两岸三地人文社会科学论坛：公平与发展”。副院长李扬致辞并主持两岸三地人文社会科学论坛常务理事会。副院长李培林作主旨演讲。

11月2日　中国社会科学院领导班子成员王伟光、张江、李培林、张英伟、蔡昉、高翔在河北省三河市出席“中国考古研究基地项目”签约仪式。

11月3日　副院长李扬会见欧盟商会主席伍德克一行。

△　副院长李培林会见山东省社会科学院党委副书记王希军一行。

11月4日　副院长李扬在北京出席中央国安办专题会议。

11月5～6日　院长王伟光、副院长李培林在北京出席国务院学位委员会第31次会议。

11月6日　党组书记王伟光主持召开第326次院党组会议。会议研究了有关干部问题和关于调整首席管理考核优秀人员名单事宜。会议审议了《关于有关人员出国问题的核实情况和整改措施的报告》《关于调整中共中国社会科学院直属机关第三届纪律检查委员会委员候选人初步人选的请示》等。

△　院长王伟光主持召开2014年度第30次院务会议。会议审议了《关于马克思主义学院2014年第一学期教学评估工作的报告》《关于马克思主义学院学位评定委员会会议博导遴选工作的报告》《中国社会科学院“十三五”时期经济社会发展研究选题》《关于创新工程“海外珍稀档案收集整理与研究”项目（第二期）预算的请示》《新调入人员竞聘创新岗位时间准入条件》《关于与上海市教委、上海大学协调上海研究院筹备工作情况的报告》《学术期刊“许可使用权”转让收益使用管理暂行办法》《关于批准人事教育局“院人事管理信息化建设（一期）”项目立项的请示》《关于批准中国社会科学杂志社“中国社会科学网子网站迁移”项目立项的请示》《中国社会科学院出版编辑系列高级专业技术职务任职资格申报标准》等。

△　副院长李扬在北京出席中宣部专题会议。

11月7日　院长王伟光出席第二十四届中国新闻奖、第十三届长江韬奋奖颁奖报告会。

11月7～8日　秘书长高翔在浙江省金华市出席第三届全国人文社会科学期刊高层论坛并讲话。

11月8日　院长王伟光出席“中国社会科学论坛（2014·法学）——依法治国与法治中国”国际研讨会。副院长蔡昉致辞。

11月10日　副院长李扬出席中国社会科学院亚洲研究中心主办、世界经济与政治研究所承办的“第四届亚洲研究论坛——TPP与RCEP：竞争性与互补性”国际研讨会并致辞。

11月12日　院长王伟光在北京出席面向未来的中墨关系研讨会。

11月13日　党组书记王伟光主持召开第327次院党组会议。会议传达学习了中央有关文件，研究了2015年度院工作会议暨反腐倡廉建设工作会议工作报告起草有关事宜和近期中国社会科学院主要工作。会议审议了《关于同意中共近代史研究所委员会和纪律检查委员会选举结果的批复》《关于我院“三项纪律”专项巡查试点工作方案及关于巡视工作调研情况的报告》等。

△　院长王伟光主持召开2014年度第31次院务会议。会议审议了《关于批准图书馆“中国社会科学院海量数据库建设工程（一期）项目”立项的请示》《关于批准社会学研究所“2015年中国社会状况综合调查项目”立项的请示》等。

11月14日　副院长李培林在北京师范大学出席中国社会科学杂志社与北京师范大学社会发展与公共政策学院联合主办的第一届社会学前沿论坛。

△　副院长蔡昉在北京出席“中国社会科学论坛2014暨第十次代际转移的宏观经济学年会——人口老龄化挑战和政策应对”国际研讨会并发表主题演讲。

11月15日　院长王伟光在北京出席国务院常务会议。

11月17日　中央纪委驻院纪检组组长张英伟会见来院调研的全国党建研究会科研院所专委会主任委员王庭大一行。

11月18日　副院长李培林在中宣部出席21世纪海上丝绸之路国际研讨会第一次筹备会议。

△　秘书长高翔在中央国安办出席专题会议。

11月19日　副院长李扬在北京出席由凤凰网和凤凰卫视联合主办的2014凤凰财经峰会并作主题演讲。副院长蔡昉出席会议。

△　中央纪委驻院纪检组组长张英伟会见来院调研的审计署科学技术审计局局长韩大川、原局长李捷一行。

11月20日　党组书记王伟光主持召开第328次院党组会议。会议审议了《关于落实甘肃挂职锻炼有关工作的请示》《关于组织开展2014～2015年度干部实践锻炼的请示》《关于开展2014年度考核评价和做好2015年度创新工程有关工作的通知》《关于开展2014年度考核评价和做好2015年度创新工程有关工作通知的起草说明》《2014年度中国社会科学院考核文件材料》《关于我院召开2014年度民主生活会方案的请示》《关于2014年“四项经费”检查情况的报告》等。

△　院长王伟光主持召开2014年度第32次院务会议。会议审议了《中国社会科学院加强会计委派、代理制度的暂行办法》等。

△　中国社会科学院领导班子成员王伟光、张江、李培林、蔡昉、荆惠民等出席院2014年度考核评价及2015年度工作部署会议。

11月21日　副院长张江出席中国文学批评研究会第一次代表大会，当选为会长并讲话。

11月22日　中国社会科学院在人民大会堂举办首届全国人文社会科学评价高峰论坛。院长、中国社会科学评价中心学术指导委员会主任王伟光出席论坛。副院长、中国社会科学评价中心学术指导委员会副主任张江和中共中央党校副校长黄浩涛、中央编译局局长贾高建、《求是》杂志社社长李捷、全国哲学社会科学规划办公室主任佘志远出席论坛并讲话。秘书长、中国社会科学评价中心主任高翔主持开幕式。

△ 院长王伟光、人民日报社总编辑李宝善、中宣部副部长黄坤明出席“学习贯彻习近平总书记文艺座谈会讲话精神，开展积极健康文艺批评”暨《人民日报》“文学观象”专栏作者座谈会总结大会并讲话。人民日报社副总编辑陈俊宏，中国文联副主席杨承志，中国作协副主席、书记处书记李敬泽，中国作协书记处书记阎晶明，福建省政协副主席南帆等出席会议。

△ 院长王伟光、副院长张江、中宣部副部长黄坤明出席中国文学批评研究会成立大会并讲话。秘书长高翔宣读中央国家机关有关部门关于同意成立该研究会有关批复文件。中国文联副主席杨承志，中国作协副主席、书记处书记李敬泽分别宣读贺信。中国作协书记处书记阎晶明、福建省政协副主席南帆等出席会议。

△ 副院长蔡昉出席第五届中国经济安全论坛（2014）——“新形势下我国粮食安全的现状、挑战及对策”并做主题报告。

11月23日　副院长张江出席中国社会科学院第一届马克思主义文艺理论论坛暨马克思主义文艺理论与中国文学发展研讨会并致辞。

11月23～26日　院长王伟光率院学部委员考察团在福建省厦门市进行考察调研。

11月25日　院长、中国地方志指导小组组长王伟光，副院长、中国地方志指导小组常务副组长李培林在福建省厦门市出席福建省地方志工作座谈会。

11月26日　副院长蔡昉在北京出席全国离退休干部先进集体和先进个人表彰大会。

11月27日　院长王伟光、副院长蔡昉在北京出席“2014中欧文化高峰论坛：迈向后2015的可持续发展世界”并讲话。

△ 副院长李扬在北京出席国务院专题会议。

△ 副院长李培林在广东省广州市出席“2014·广州论坛——建设21世纪海上丝绸之路”学术会议。

11月28日　副院长李扬在北京出席由国际金融学会主办的中国国际金融学会学术年会暨2014年《国际金融研究》论坛（秋季）——“再平衡格局下的全球经济与金融”，并作主旨演讲。

△ 副院长蔡昉在江西省南昌市出席第十届全国社科农经网络大会并发表主题演讲；出席江西省社会科学院建院30周年座谈会。

11月28～29日　院长王伟光在北京出席中央外事工作会议。

△ 副院长李培林在云南省腾冲市出席“中国社会科学论坛·西南论坛（2014）：中国沿边开发开放与周边区域合作”国际学术研讨会。

11月30日　院长王伟光出席中国社会科学院与甘肃省委、省政府干部双向挂职启动仪式暨2014年度干部实践锻炼动员大会。副院长蔡昉出席会议并作形势教育报告。

十二月

12月1日　中国社会科学院召开学习贯彻党的十八届四中全会精神报告会。院领导班子成员王伟光、张江、李扬、李培林、蔡昉、荆惠民等出席会议。中央司法体制改革领导小组办公室副主任、中央政法委政法研究所所长黄太云作辅导报告。院长助理郝时远、副秘书长晋保平及中国社会科学院党的十八大代表、全国人大代表和全国政协委员，院属各单位副局级以上领导干部、党办主任和党支部书记，职能局处长等500余人参加报告会。

12月2日　院长王伟光出席中国社会科学院世界经济与政治研究所庆祝建所50周年大会。

12月3日　副院长蔡昉在北京出席中央国安办专题会议。

12月4日　院长王伟光主持召开第329次院党组会议。会议审议了《中共中国社会科学院党组2014年度民主生活会对照检查报告撰写提纲》《中共中国社会科学院党组2014年度民主生活会方案》《关于同意中共世界历史研究所委员会增补委员选举结果的批复》《关于同意中共美国研究所委员会增补委员选举结果的批复》《中国社会科学院职能部门挂职人员管理办法》《2014年反腐倡廉建设检查工作方案》《中国社会科学院关于进一步加强政治纪律建设的决定》等。

△　院长王伟光主持召开2014年度第33次院务会议。会议审议了《新疆智库管理办法》《关于我院期刊编辑人员工作和思想状况调研报告》《关于2014年创新工程重大科研成果推荐和评审情况的报告》等。

12月5日　中国社会科学院领导班子成员王伟光、高翔、荆惠民在北京出席《中华思想通史》项目第6次编委会议。

△　党组书记、院长王伟光主持召开传达中央文件精神会议。

△　副院长张江在北京出席中宣部有关工作会议。

12月8日　副院长李扬就发展新常态问题接受中宣部《时事报告》杂志专访；会见文化部副部长丁伟一行。

△　副院长李培林在北京出席国务院副总理汪洋主持召开的集体产权制度改革工作会议。

12月8～10日　院党组书记王伟光，党组成员张江、李扬、李培林、张英伟、蔡昉、高翔、荆惠民分别主持召开党组2014年度民主生活会征求意见座谈会。

12月9日　副院长李扬出席由中央国家机关团工委举办的“与院士面对面”访谈活动。

12月9～11日　院长王伟光在北京出席中央经济工作会议。

12月11日　党组书记王伟光主持召开第330次院党组会议。会议学习讨论了中央《关于加强中国特色新型智库建设的意见》，并对相关工作进行了部署。

△　院长王伟光主持召开2014年度第34次院务会议。会议审议了《关于“中国城市百人论坛”相关情况的请示》《关于2014年第四批创新工程学术出版资助项目和追加项目评审情况的报告》《我院长城学者、基础研究学者和青年学者资助计划2015年立项评审结果》《2014年度第二批学术著作翻译出版（中译外）项目评审结果》《关于我院研究单位分类意向的意见建议》《中国社会科学院报刊出版馆网库和评价中心人才资源状况调研报告（阶段性成果）》《中国社会科学院引进领军人才管理办法》等。

△　副院长李扬出席“中国社会科学论坛（2014·经济学）——深化改革与中国长期增长和发展：农村发展的作用”并致辞。

12月12日　中国社会科学院领导班子成员王伟光、李扬、李培林、张英伟、蔡昉、高翔、荆惠民等在研究生院原校址出席院2014年报刊出版馆网库学术评价名优建设工程工作会议。

△　院长王伟光在北京出席中国社会科学院城市发展与环境研究所庆祝建所20周年论坛和座谈会。

12月15日　中国社会科学院召开传达中央经济工作会议精神大会。院长王伟光传达会议精神。

△　副院长李培林在北京出席中国社会科学院工业经济研究所主办的中国社会科学论坛——“经济新常态下的中国工业发展”学术研讨会暨第三届中国工业发展论坛。

12月16日　院长王伟光出席院第四部反腐倡廉蓝皮书发布会暨第八届廉政研究论坛并致辞。中央纪委驻院纪检组组长张英伟主持会议。中国廉政研究中心理事长李秋芳作题为“抓紧创造反腐格局深刻变化的充要条件”的主旨报告。

12月17日　副院长李扬会见吉尔吉斯斯坦吉中友好协会会长、国家科学院院士科伊丘耶夫一行。

△　副院长李扬、蔡昉出席“中国社会科学论坛（经济）中国经济新常态——速度、结构与动力”国际研讨会并讲话。

12月18日　党组书记王伟光主持召开第331次院党组会议。会议审议了中国社会科学院贯彻落实《关于加强中国特色新型智库建设的意见》《2010年以来信访举报情况分析报告》等。

△　院长王伟光主持召开2014年度第35次院务会议。会议审议了《中国社会科学院2014年人才工作总结和2015年人才工作计划》《中国社会科学院第九届人才引进院级专家评审报告》等。

12月18～20日　副院长张江在上海市主持召开国家社科基金项目论证会。

12月19日　院长王伟光在北京出席中国社会科学院世界宗教研究所建所50周年纪念大会。副院长李培林出席世界宗教研究所建所50周年成果展览会。

△　副院长蔡昉在北京出席全国机关事业单位“吃空饷”问题治理工作电视电话会

议；在北京出席国家发改委“十三五”规划专家咨询委员会全体会议。

12月20日　院长王伟光在北京出席由中国地理学会、中国城市百人论坛、中国科学院地理科学与资源研究所主办，中国地理学会人文地理专业委员会等承办的中国城市群发展高层论坛。

△　副院长李扬在北京出席中国经济五十人论坛并作主旨演讲。

12月21日　副院长蔡昉在北京出席第十二届全国人民代表大会农业与农村委员会全体会议。

12月22日　副院长张江主持召开文学观象工作会、《中国文学批评》工作会议。

12月23日　副院长张江在北京出席《人民日报》文艺工作座谈会。

12月25日　院长王伟光在北京出席中央会议。

△　党组书记王伟光主持召开第332次院党组会议。会议研究了人事工作；审议了《关于做好挂职与交流干部年度考核和下年度进创新岗位工作的意见》等。

△　院长王伟光主持召开2014年度第36次院务会议。会议审议了《中国社会科学院2015年度工作会议暨党风廉政建设工作会议筹备工作方案》《中国社会科学院督查工作管理办法实施细则》《中国社会科学院督办联络员制度》等。

12月26日　院长王伟光、副院长李培林出席中国社会科学院2014年度学部工作大会。

△　副院长李扬在浙江省宁波市出席由中国社会科学院支付清算中心和宁波市人民政府共同主办的2014中国互联网金融论坛并作主旨演讲。

12月28日　院长王伟光出席财经战略年会2014：“经济发展新常态下的中国”。副院长李扬出席并作主旨演讲。

12月29日　院长王伟光在中国社会科学院农村发展研究所检查2014年度党风廉政建设工作。

12月30日　院长王伟光出席中国社会科学院社会学研究所党员领导干部民主生活会并讲话。

△　院长王伟光出席院党风廉政建设领导小组会议并讲话。中央纪委驻院纪检组组长张英伟主持会议。会议听取了各牵头单位2014年任务落实情况和2015年工作安排。党风廉政建设任务分解牵头单位负责同志参加会议并发言。

12月31日　副院长李培林出席新闻与传播研究所党员领导干部民主生活会并讲话。